Ingolf Bender

Pferdehaltung und Fütterung

- HALTUNG OPTIMAL PLANEN – PRAXISGERECHT VERWIRKLICHEN
- FÜTTERUNGSGRUNDLAGEN VERSTEHEN UND BEDARFSGERECHT UMSETZEN

KOSMOS

Inhaltsverzeichnis

Vorwort 6

TEIL 1: PFERDEHALTUNG 7

Pferde – Natur und Kultur 8

BIOLOGIE – DIE GRUNDLAGEN 15

Wildpferde und Hauspferde 15
Prähistorische Entwicklung 15
Wilde Stammformen echter Pferde 16
Nord- und Südpferde 18
Ansprüche frei lebender Hauspferde 22
Rassenunterschiede 42
Artgerechtigkeit 44

KAUF, HALTUNG, ZUCHT – DIE PRAXIS 48

Pferdekauf 48
Pferdebeurteilung 48
Pferdeauswahl 53
Equidenpass (Pferdepass) und Transponder 56

Haltungsformen 63
Geschichte der Haltung und Nutzung 63
Grundsätze, Tierschutz, Sachkunde-Nachweis 66
Stallhaltung 68
Auslaufhaltung 71
Stallarten 71
Stallklima 73
Eigenhaltung, Pensionshaltung, Haltergemeinschaft 79

Auslaufhaltung 83
Einzelhaltung mit eingeschränkten Sozialkontakten 83
Gruppenhaltung mit ständigen Sozialkontakten 86

Haltungsanlagen 87
Planung, Standort, Flächenbedarf 87
Automatisierung 90
Finanzen 91
Pacht und Kauf von Weideland 92
Baurecht 97
Beispiel für eine »Mini«-Gruppenauslaufanlage 104
Stallbau 106

Auslauf 146
Grundsätze und Flächenanforderung 146
Paddock-Technik 150

Zaunbau 154

Weidepflege und -düngung 159
Grünlandeignung 159
Weidepflege und -umzäunung 160
Düngung 166

Wasserversorgung 167
Wasseranschluss/Tränkstelle 168
Tränken mit Regenwasser 168
Wintertränke 171

Haltungshygiene 171
Hygiene und Abwehrsystem 173
Magen-Darm-Parasiten 179
Einstreupraxis 180

Mistverwertung 184

Zucht 188
Bedeckung 188
Trächtigkeit 190
Fohlengeburt 193
Saugfohlen 194
Jungpferdaufzucht 194
Kastration von Hengsten 194

Resthof-Nutzung **196**
Planung/Konzeption 198
Objektsuche 202
Kauf und Finanzierung 203
Modernisierung, Um- und Ausbau 206

Pferdepflege **208**
Anbinden mit Panikhaken 208
Fellpflege/Putzen 209
Scheren 209
Pflegetechnik auf einen Blick 210
Hufpflege 212
Zwangsmaßnahmen 212

Eselhaltung **214**

TEIL 2: PFERDEFÜTTERUNG 217

ERNÄHRUNGSLEHRE – DIE THEORIE 218
Wissenschaft und Praxis **218**

Stoffwechsel – Grundlage des Lebens **219**
Bau- und Lebensvorgänge 219
Bausteine des Körpers 221
Zellaufbau, -funktion und Zusammenwirken 221
Bau- und Energiestoffwechsel 225
Vergleich zwischen Pflanzen und Tieren 228
Kreislauf der Stoffe 231

Bestandteile von Nahrung und Pferdekörper **233**

Ernährungsgewohnheiten **237**
Wildpferd und Hauspferd 237
Raumbedürfnis 238
Rassengruppen 241
Ernährungsrelevante Unterschiede 243
Fütterung in geschichtlicher Zeit 246

Weg der Nahrung und Verdauung **249**
Verdauungsphysiologie 249
Futteraufnahme 253
Das Pferd als Pflanzenfresser 255
Maulhöhle, Zähne und Schlund 257
Magen 269
Dünndarm 277
Dickdarm 282
Ausscheidung 285
Bedeutung der Nahrung für den Organismus 286

Energetische Nahrung **291**
Kohlenhydrate und Energieumsetzung 294
Fette und ihr Stoffwechsel 297

Stoffliche Nahrung **300**
Proteine als Baustoffe 300

Funktionelle Nahrung **304**
Ballaststoffe 304
Aroma- und Geschmacksstoffe 306
Mineralstoffe 307
Wirkstoffe 320

FÜTTERUNGSLEHRE – DIE PRAXIS 337
Wasser 337
Nahrungsbedarf bei unterschiedlicher Beanspruchung 341
Grundsätze des Nahrungsbedarfs 341
Muskelarbeit 343
Fortpflanzung 350
Gravidität 351
Laktation 352
Wachstum 355
Versorgungsempfehlungen 360
Kontrolle des Futterzustandes 368
Futtermittel 370

Grundfutter **381**
Grünfutter 381
Heu 388
Grünfuttersilage 398

Zusatzfutter **408**
Einzelfutter 408
Hafer 410
Gerste 414
Mais 414
Weizen und Roggen 414
Mischfutter 432
Futtermittel richtig lagern 439
Grundlagen der Rationsgestaltung 445
Praktische Rationsberechnung und -gestaltung 460
Beispielrationen 479

Ernährungsbedingte Störungen **491**
Fehlernährung und Abwehrsystem 491
Erkrankungen vorbeugen, erkennen, abstellen 495
Gesundheitsrisiken durch Gifte 498
Magen-Darm-Parasiten 508

Alte Pferde **512**
Alterungsprozess 512
Abschied 512

SERVICE 516
Nachwort **516**
Tabellen, Übersichten, Rationsplaner **517**
Fachlexikon **532**
Register **539**
Impressum 543

Zur raschen Orientierung

Dieses Buch ist so angelegt, dass der Einstieg an jeder beliebigen Stelle gelingt: Wer gleich mit dem Pferdekauf und der praktischen Pferdehaltung beginnen möchte, kann direkt ab Seite 48 einsteigen. Tauchen Verständnisfragen auf, hilft das Fachlexikon (Seite 532 ff.). Wird Hintergrundwissen mit Fundierung biologischer und historischer Grundlagen gewünscht, orientiert man sich an den entsprechenden Abschnitten im Grundlagenteil ab Seite 8.

Kopiervorlagen zur Stallplanung mit Modellvorschlägen finden Sie auf Seite 519 f.

Vorwort

Im Hinblick auf die umfangreiche Materie rund um's Pferd mit zahlreichen Spezialgebieten wurde die Reihe meiner Praxishandbücher bisher als »Quadrologie« mit den Einzeltiteln »Pferdehaltung«, »Pferdefütterung«, »Pferdeweide« und »Pferdegesundheit« vom Verlag angeboten.
Der Gesamtkomplex »Pferdehaltung« stellt sich im Kern als ein Geflecht aus biologischen und technischen Sachverhalten dar. Dabei sind Haltungstechnik und Pferdefütterung im Haltungsalltag eng miteinander verknüpft.
So lag es nahe, diese beiden Fachgebiete nunmehr leserfreundlich in einem »Sammel«-Praxishandbuch zusammenzufassen.
In dem nun vorliegenden (teils neu bearbeiteten) Sammel-Band wurden zudem weitere nützliche aktuelle Praxiserfahrungen berücksichtigt.
Das Buch gibt fundierte, primär praxiserprobte Antworten auf alle wesentlichen Fragen artgemäßer Pferdehaltung mit den Schwerpunkten Planung, Bau und Verbesserung von Ställen, Schutzhütten und Gruppenauslaufanlagen unter Berücksichtigung kostensparender Eigenhilfe.
Der zweite wichtige Schwerpunkt des Buches liegt in praxisbewährten und erfahrungswissenschaftlich gut untermauerten Ratschlägen zur Fütterung.
Zum gesamten Haltungskomplex findet der Leser/die Leserin auch die notwendigen wissenschaftlichen Grundlagen verständlich erklärt. Denn bewusste Pferdehalter wollen neben dem praktischen »Wie« auch das »Warum«, also Zusammenhänge und Begründungen, kennen. Erst dadurch ergibt sich schließlich die Fertigkeit, eigene pferdegerechte Kompromisse (bezogen auf die individuellen örtlichen Verhältnisse und die unterschiedlichen Leistungsanforderungen) zu durchdenken, zu finden und umzusetzen.
Ergänzt werden die wissenschaftlichen Erkenntnisse durch real von mir in mehr als vierzigjähriger Eigenpferdehaltung durchgeführte Haltungsmaßnahmen und Beispielfütterungen. Haltung beim Haus, täglicher Umgang sowie Reit- und Fahr-Nutzung verschiedener Rassen – und nicht zuletzt selbst erzeugtes Futter – ergaben zahlreiche praxistaugliche Daten.
Schließlich sind auch zahlreiche eigene Untersuchungsergebnisse aus Fremdbetrieben sowie Tipps von Lesern einbezogen worden. Mein Bemühen war, alle Daten und Fakten sowie die Zusammenhänge logisch, präzise und allgemein verständlich zu erläutern und mit zahlreichen Fotos, Tabellen und Grafiken aufzubereiten. Gerade deshalb bietet dieses Buch jedem Pferdebetreuer, aber auch jedem Pferdeeigner, der sein Pferd in einem Pensionsstall untergebracht hat (und insbesondere auch Studierenden verschiedener Fachrichtungen, Stallplanern, Fütterungsberatern und landwirtschaftlichen Betriebsinhabern) übersichtliches, schnell umsetzbares Wissen über und für die Praxis.
Das Buch kann allerdings kein »Rezeptbuch« für alle Fälle sein: Kreativität und Eigenverantwortung wird bewusst Raum gelassen.
Allen, die mir mit Wissen und Tat geholfen haben, vor allem meiner Frau Ursula, möchte ich herzlich danken. Darin schließe ich selbstverständlich auch meine Fjord- und Vollblutaraber-Stuten ein, denn sie sind die eigentlichen »Lehrmeisterinnen«!

Appeldorn, im März 2015
Ingolf Bender

TEIL 1

Pferdehaltung

Pferde – Natur und Kultur

Von einem Sachbuch über Pferdehaltung erwartet man selbstverständlich in erster Linie u. a. Empfehlungen zu Planungs- und Ausführungsdetails technischer Art, Hinweise zu landwirtschaftlichen Praktiken sowie Beispiele zur Rationsgestaltung oder Weidedüngung. Um die dazu in den folgenden Kapiteln beschriebenen technisch-biologischen Zusammenhänge und viele Haltungs-Tipps aber mit eigenen Vorstellungen in Einklang zu bringen, ist es grundlegend sinnvoll und für ein pferdegerechtes Haltungsverständnis unumgänglich, zunächst über die Natur des Pferdes und vor allem die eigene Einstellung zum Pferd als Lebewesen selbstkritisch nachzudenken. Daraus resultieren dann wichtige Einsichten, die Haltungsumfeld, Haltungspraxis, Umgang und Nutzung nachhaltig beeinflussen oder verändern können. Denn das vorliegende Buch setzt voraus, dass sich Pferdehalter bzw. Pferdebetreuer zunächst »aus der Sicht des Pferdes« mit dem Haltungskomplex beschäftigen. Erst in zweiter Linie spielen dann wünschenswerte Kostenersparnis, Arbeitserleichterungen und Zeitgewinn, Technisierung oder betriebswirtschaftliche Faktoren eine ebenfalls wichtige Rolle. Auch in dieser Prioritätenfestlegung unterscheidet sich dieses Buch von manchen anderen Büchern, die nicht selten teils fragwürdige, »unausgegorene« Technik und rein menschliche Spar- und Komfortbedürfnisse als Maßstab »moderner« Haltung vorziehen.

Tarpan (Holzschnitt aus »Naturgeschichte des Thierreichs« von E. Giebel, Leipzig 1859/Ex libris I. Bender).

Reiten und Pferdehaltung sind ein starker Wirtschaftszweig: Auf 1.000 Einwohner kommen in Deutschland statistisch berechnet 7,3 Pferde, pro 100 Hektar Landwirtschaftsfläche werden 3,5 Pferde gehalten. Basis jeder Beschäftigung mit Pferden sind Motive, die entweder wirtschaftlich oder hobbymäßig einzustufen sind. Die gesamte Entwicklung des Pferdebestandes und die Zielrichtung der Pferdehaltung sind seit Jahren schwerpunktmäßig vom Reitsport beeinflusst worden, und zwar überwiegend vom hobbymäßigen Freizeitreitsport. Die Zeiten, in denen man ausschließlich berufsmäßig mit Pferden arbeitete, sowohl in der Landwirtschaft als auch bei der Kavallerie, sind in Europa seit etlichen Jahrzehnten vorbei. Ausnahmen finden sich in osteuropäischen Ländern, vornehmlich in Polen mit einem Pferdebestand von gut einer Million. Dort behielt das Pferd als Zugtier für die landwirtschaftliche Produktion in Kleinbetrieben – und laut Dokumentation der Tierschutzorganisation *Pro Animale e.V.* leider auch als Schlachttier mit teils tierquälerischen Transport-Exzessen – bis heute einige Bedeutung. Abgesehen von diesen Ausnahmen gelten nur noch in verhältnismäßig wenigen Verwendungsbereichen, so beim Galopp- und Trabrennsport oder beim Spitzenspring- und Dressursport, bei Holzrückbetrieben, in Zirkus- sowie Reit- und Fahrbetrieben unterschiedlichster Zielrichtung, professionelle Anforderungen im Hinblick auf Art und Maß der verlangten Leistungen.

Aus unterschiedlichen Leistungsanforderungen und der Individualität des jeweiligen Pferdes ergeben sich – in Verbindung mit dem örtlich gegebenen Haltungsumfeld – Konsequenzen, die zu akzeptablen Haltungskompromissen sinnvoll kombiniert werden müssen. Wenngleich sich aus solchen ziemlich individuellen Gründen eine gänzlich umfassende Schematisierung aller Haltungsanforderungen eigentlich verbietet, müssen dennoch die grundlegend gleichen

Rahmenbedingungen für jede Haltung von Pferden klar gesehen werden: Es war und ist nämlich stets die gleiche Spezies, mit der es sowohl der altägyptische Streitwagenlenker im 13. Jahrhundert v. Chr. (siehe Abbildung rechts) oder der historische Kavallerist (siehe Abbildung rechts unten), aber auch der heute Erholung suchende Wanderreiter und der Profi-Rennreiter zu tun hatten und haben, nämlich das seit rund 5.000 bis 6.000 Jahren domestizierte Hauspferd. Unsere Hauspferde sind oberflächlich betrachtet höchst unterschiedlich. Das Rassenspektrum reicht vom kleinwüchsig-stämmigen Shetlandpony bis zum hochgewachsen-feingliedrigen Vollblut-Galopper. Diese Rassenvielfalt ergab sich teils durch Naturauslese, aber auch durch schon frühgeschichtlich belegte gezielte (= kultivierte) Zuchtselektion (z. B. bei Reitervölkern in der Ukraine vor 5.000 Jahren und bei den Sumerern vor 4.500 Jahren, siehe Abbildung auf Seite 10). Im Hinblick auf die grundlegenden naturgegebenen Bedürfnisse, die physischen und psychischen Besonderheiten im Kreis unserer Haustiere sind alle Pferde – unabhängig von ihrer Rassenzugehörigkeit – vergleichbar. Das betrifft insbesondere die Ansprüche an eine natürliche Umwelt in ihrem gesamten 24-stündigen Haltungsalltag. Diese Ansprüche unterscheiden sich grundsätzlich nicht von denen der Wildpferde, z. B. dem ausgestorbenen Tarpan-Wildpferd (*Equus ferus gmelini*; siehe Abbildung auf Seite 8) oder den heute noch reservatgehaltenen Przewalski-Wildpferden (*Equus ferus przewalskii*). Durch »kultivierte« Zucht wurde die »wilde« Natur des Pferdes in den entscheidenden Punkten, soweit sie für jede Haltung bestimmend sein müssen, keinesfalls verändert.

Neben grundsätzlich gleichartigen Ansprüchen bzw. Bedürfnissen – u. a. nach Artgenossenkontakten, nach viel Licht und Luft sowie Umweltreizen, nach genügend Bewegungsraum und nach ballaststoffreicher, täglich mehrstündiger Futteraufnahme – müssen bei jedem Pferd dennoch zusätzlich immer auch typbedingte (siehe Grafik 1, Seite 21) und durch Aufzucht beeinflusste sowie sonstige wichtige individuelle Unterschiede und daraus resultierende Ansprüche, z. B. ein unterschiedlicher leistungs- und altersabhängiger Futterbedarf oder ein besonderes Witterungsschutzbedürfnis sowie bei Gruppenfütterung die Konsequenzen aus der Rangstellung, berücksichtigt werden. Dies, um die jeweils maximal pferdegerechte Haltungsform, die optimalen Stall- und Fütterungseinrichtungen sowie besonders das unerlässliche, aber ganz unterschiedlich aufwändige betreuende Management im Einzelfall herauszuarbeiten und zu praktizieren. Dazu ist – neben notwendigen Fachkenntnissen, einer guten Beobachtungsgabe sowie praktischen Erfahrungen mit Pferden – in erster Linie als Grundlage eine tiergerechte

Ägyptischer Kampfwagen (19. Dynastie Ramses II., 1.304–1.238 v. Chr.; Tempelrelief aus Abydos).

Militärpferde aus der Bretagne (Holzschnitt aus »Naturgeschichte des Thierreichs« von E. Giebel, Leipzig 1859/ Ex libris I. Bender).

Equiden der Sumerer (Mosaik-Standarte aus Ur, 2.640–2.550 v. Chr.; British Museum, London).

Einstellung und die darauf aufbauende konsequente Kommunikation mit Pferden auf deren Verständigungsniveau unverzichtbar. Wirklich befriedigend werden pferdegerechte Haltung, kultivierter Umgang, angepasstes Training und erfolgreiche Nutzung letztlich auf Dauer nur denjenigen gelingen, die in Pferden eben nicht nur reine Nutztiere ohne subjektives Lebensrecht sehen, sondern Lebewesen, die als hochorganisierte Säugetiere mit »Herz, Hirn und Nervenkostüm« ähnliche Gefühle wie wir Menschen haben, z. B. Zuneigung, Eifersucht und Neid sowie Schmerzen und Angst – aber auch teils unergründliche Launen und Aggressionen! Sieht man es biologisch, so unterscheidet sich das Pferd vom Menschen zunächst primär dadurch, dass es in einem speziellen Organbereich, nämlich der Gehirnoberfläche, nicht ebenbürtig ist. In der Leistungsfähigkeit anderer Organe aber, z. B. der Lungenkapazität, ist es indes dem Menschen überlegen (siehe Abbildung auf Seite 32).

Gelegentlich sind nicht nur falsch verstandene, sondern u. a. auch traditionell geprägte und gelehrte, teils »kuriose« und ziemlich »intelligenzfreie« Einstellungen zu Tieren (z. B. in vielen Religionen) der Grund für offensichtliche Geringschätzungen. Maßgeblich dafür ist vor allem die ungerechtfertigte, mindestens fragwürdige pauschale Feststellung: »Das Tier ist der Untertan des Menschen«. Noch zu häufig wirkt sich dies (auch im Unterbewusstsein!) aus in unbeherrschtem, rabiatem Umgang, aber auch schierer Ausnutzung und vernachlässigender Haltung auf völlig übertriebenem »Spar-Niveau« bis hin zur perversen Tierquälerei sowie zum regelrechten »Tierverbrauch« nach gesellschaftlich teils tolerierten ausschließlichen Nützlichkeitsgesichtspunkten. Wer diese traditionell geprägte Untertanen-Formel so praktiziert, offenbart damit mangelhafte Geisteskultur: Humanität und Kultur beweisen wir gerade im Umgang mit Schwächeren, aber nicht nur in menschlicher Gesellschaft, sondern auch in der Beziehung zu Tieren.

Der Verfasser will hier nicht einer Anthropomorphisierung, also der wissenschaftlich unzulässigen Vermenschlichung, das Wort reden. Es sei hier – im Gegensatz zum religiösen Schöpfungsglauben – die naturwissenschaftlich konsequente Auffassung des international renommierten Verhaltensbiologen *Prof. Dr. Volker Sommer* unterstrichen, der kurz und knapp uns Menschen schlicht und einfach als »Mit-Tiere« bezeichnet – mit den entsprechenden Umgangs- und Haltungskonsequenzen bezogen auf unsere Haustiere. In diesem Zusammenhang sind am Rande auch neuere genetische Untersuchungen von *Prof. Dr. Morris Goodman* (Universität Wayne/Detroit-USA, Proceedings 2003) zu sehen. Aufgrund der 99,4 %-igen genetischen Identität zwischen Schimpansen und Menschen sieht er eine Rechtfertigung, den Schimpansen (neben dem Menschen) als weiteren Hominiden der Gattung Homo zuzuordnen. Zu dieser Gattung gehört bisher nur der Mensch als »Homo sapiens«. *Goodmann* erklärt: »Wir Menschen sind nur leicht umgebaute, den Schimpansen ähnliche Affen.« Erkennbar ist daraus, dass insgesamt das überkommene, recht einfache Weltbild mit striktem Tier-Mensch-Gegensatz so jedenfalls nicht haltbar ist. Es geht um nicht mehr und nicht weniger als um die Einbeziehung der physiologisch und verhaltensbiologisch beweisbaren Fakten in den Umgangs- und Haltungsbereich. Diese Fakten widerlegen auch eindeutig die Philosophie eines *René Descartes*, der in Tieren biologische Roboter sieht, die nur durch angeborene Instinkte genetisch programmiert sind. Demgegenüber hat bereits *Rousseau* (1712–1778) in seiner Philosophie mit Klarheit die Gleichbehandlung der Tiere angesprochen:

»Wenn ich verpflichtet bin, meinen Mitmenschen kein Leid zuzufügen, so geschieht dies weniger, weil sie vernünftige Wesen sind, sondern vielmehr, weil sie empfindende Wesen sind. Da nun Mensch und Tier das gleiche Empfindungsvermögen haben, kommt ihnen auch das Recht zu, sich von anderen nicht unnütz misshandeln und quälen zu lassen.«

Vergleicht man das Pferd nun mit anderen Haustieren oder den sog. landwirtschaftlichen Nutztieren im engeren Sinne, dann ergibt sich, dass – trotz mannigfaltiger Veränderungen – das Hauspferd seinen wilden Stammformen viel näher steht als jedes andere unserer Haustiere. Denn im Gegensatz zu den meisten anderen Haustieren beruht die seit der Domestikation durch den Menschen vom Pferd geforderte Leistung zum überwiegenden Teil auf arttypischer Bewegungsarbeit, die größtenteils im Freien unter natürlichen Bedingungen des Außenklimas zu erbringen ist. Dazu ist als eine der wesentlichen körperlichen Voraussetzungen die optimal funktionierende Thermoregulation erforderlich, d.h. die Anpassungsfähigkeit des Organismus an die sich ändernde Umgebungstemperatur muss vorhanden sein. Diese Anpassungsfähigkeit kann nur unter abhärtenden Bedingungen des natürlichen Außenklimas erreicht sowie durch ständiges Training unter außenklimatischen Bedingungen beibehalten werden – aber nicht vorwiegend oder gar ausschließlich in stallklimatisierter »Kuschel«-Atmosphäre. Weitgehend natürliche Haltungs- und Umweltbedingungen bieten zudem insgesamt Gewähr für gute gesundheitliche Resistenz mit unverzichtbarer Stärkung des Abwehrsystems, da dadurch z.B. Erkältungen und Überhitzungen vermieden oder zumindest gemildert werden. Sehr treffend hat dies die Agrarwissenschaftlerin und Vollblutexpertin *Dr. Barbara Rauch* ausgedrückt, indem sie fordert: »Offenstall statt Ofenstall!« (Zitat aus einem Vortrag an der Kölner Pferde-Akademie).

Seit jeher konnte Pferdehaltung und -zucht, sollten nicht die nützlichen Eigenschaften wie Kraft, Trittsicherheit, Ausdauer und Schnelligkeit verloren gehen, nur unter Einbeziehung der Natur vonstatten gehen. Da Pferde weltweit nie primär zu artfremden Zwecken als Woll-, Fleisch- oder Milchlieferanten domestiziert und gezüchtet wurden (wie etwa Rinder, Schweine oder Schafe), kam auch keine gravierend haltungsrelevante züchterische Veränderung auf Grund einer von der wilden Stammform abweichenden Leistungsrichtung zustande. Für das agrar-industriell auf reine Schlachtausbeute gezüchtete sog. System-Ferkel(!) ist zwar auch – vor allem aus ethischen Gründen – eine weitaus tiergerechtere Haltung in vielen Fällen dringend angebracht, aber für dieses hoch gezüchtete »Nutztier« wären die natürlichen Umweltverhältnisse, ein Wildleben – jedenfalls als ausschließliche Haltungsgrundlage – auf Dauer vermutlich tödlich. Sehr krass sind die Verhältnisse auch in manchen Sparten der Hundezucht. Fern jeder Vernunft entstanden durch peinliche Modetrends und laienhafte »Schönheits«-Zuchtzielbestimmungen in nicht wenigen Hundezucht-Verbänden oder durch fehlgeleitete Zuchtexperimente Rassen, die als so genannte »Qualzüchtungen« nur noch mit erheblicher menschlicher Fürsorge existieren können oder denen aufgrund angeborener Defekte lediglich ein kurzes Schoßhunddasein beschert ist. In natürlicher Umgebung – ohne Betreuung auf sich gestellt, würden solche Hunde binnen kurzer Zeit qualvoll eingehen. Ganz konträr dazu das Pferd: Bei ihm sind vor allem die im Einzelnen noch später dargelegten naturgemäßen Haltungsansprüche für gesunde Aufzucht und Existenz sowie zufriedenstellende Leistungen auf Dauer – im eigentli-

chen Sinne des Wortes – lebensnotwendig. Jede noch so gut gemeinte übertriebene Verhätschelung quittieren Pferde langfristig mit Krankheiten und Leistungseinbußen!
Wurde früher z. B. bei Pferden landwirtschaftlicher Betriebe das arttypische Bewegungsbedürfnis teilweise bereits durch täglich mehrstündige (Schritt-)Arbeit auf dem Acker oder im Gespann mit Artgenossen vor dem Wagen befriedigt, sodass von daher allenfalls noch geschlossene Stallhaltung überhaupt irgendwie vertretbar erscheinen konnte, so trifft dies heute so nicht mehr zu. Selbst dort, wo professionelle Maßstäbe das Leistungspensum heute noch bestimmen, sind sechs- bis achtstündige Arbeitstage – wie in der Landwirtschaft vor über 60 Jahren – für Pferde unüblich oder die rare Ausnahme. Folge dieser Verschiebungen im Leistungsbereich – bei allerdings gleichzeitigem Festhalten an den genannten überholten Stallhaltungspraktiken – sind u. a. Bewegungsmangel und daraus resultierende Erkrankungen wie Kolik und Verschlag. Sie führen häufig zum frühen Verlust von Pferden. Da die meisten herkömmlichen Ställe zu beengt und auch zu warm sind, weil menschliche Komfortbedürfnisse und entsprechendes Behaglichkeitsempfinden völlig undifferenziert und unzulässigerweise auf das Pferd übertragen werden, zudem Luftfeuchtigkeit und Gaskonzentration durch mangelnde Belüftung extrem unzuträglich für den außerordentlich leistungsfähigen, aber auch sehr sensiblen Atmungsorganismus des Pferdes sind, führen noch zu häufig Atemwegs- und Lungenerkrankungen sowie Allergien zu einem Dahinsiechen eines Teils der Stallpferde. Hierbei handelt es sich oft um schleichende, zu Beginn wenig auffällige Prozesse, die zunächst unbemerkt bleiben oder mehr oder weniger hilflos beschwichtigend als hinzunehmende »Unpässlichkeiten« qualifiziert werden. Leider ziehen diese haltungsbedingten Unpässlichkeiten auf Dauer gravierende Spätfolgen nach sich. Schließlich führen Haltungsmängel auch zu unterschiedlichsten Verhaltensstörungen, den sog. Untugenden und vielfältigem Bedürfnisstau. Dies deshalb, weil die für ein Herdentier unabdingbar notwendigen sozialen Kontaktmöglichkeiten zu Artgenossen bei geschlossener Stallhaltung nur sehr begrenzt oder aus baulichen Gründen nahezu unmöglich sind und keine ausreichende Teilnahme am Umweltgeschehen das enorm wichtige naturgegebene Erkundungsbedürfnis und die arteigene Neugier des Fluchttieres befriedigt.

Solche »Bruchbuden« werden schon aus optischen Gründen zu Recht behördlich beanstandet; sie sind zur Pferdehaltung erst nach Instandsetzung geeignet.

Ähnlich wie bei haltungsbedingten Krankheiten versucht man dann, an den Symptomen herumzukurieren, Verhaltensauffälligkeiten z. B. mit schärferen Gebissen, noch einem Hilfszügel mehr oder Kopperriemen usw. einzudämmen. Sinnvoller und befriedigender ist die Bekämpfung der Ursachen durch konsequente Umstellung der Haltung hin zu mehr »Natur«, um vorrangig Sozialkontakte zu Artgenossen und täglich ausreichende freie Eigenbewegung an frischer Luft mit genügend Umweltreizen zu gewährleisten.
Eine Verwahrhaltung ausschließlich in geschlossenen, meist stickigen Ställen mag denjenigen als »optimal« erscheinen, die kurzfristige betriebswirtschaftliche und organisatorische Gesichtspunkte sowie vorrangig komfortable menschliche Nutzungskriterien als maßgebliche Faktoren für wichtig halten. Aus der Sicht des beobachtenden Biologen, des sensiblen Tierschützers, des verantwortlich agierenden Reiters und nachdenkenden Pferdeliebhabers ist solcherlei Stall-Verwahrung nichts als Kümmerstallhaltung, die ebenso verwerflich ist wie jede

naturwidrige »Pseudo«-Robusthaltung in zugigen, verletzungsträchtigen Wellblechbuden mit Dauermatsch auf verkoteten Parzellen in Vorgartengröße.

Das sind allerdings im Grundsatz nicht etwa nur aktuelle, »moderne« Erkenntnisse, sondern ähnliche Forderungen werden seit Jahrzehnten in der maßgeblichen hippologischen Literatur aufgestellt. In seinem Werk »Das Buch vom Pferde« (vierte Auflage, Stuttgart 1902) schreibt *Graf C. G. Wrangel* zur Unterbringung des Pferdes (Zitat): »Wer dasselbe in feuchte, schlecht ventilierte Stallungen einsperrt, handelt also ebenso grausam und unvernünftig wie derjenige, der dem treuen Genossen das notwendige Futter vorenthält.« *Graf Wrangel* lobt in seinem über 100 Jahre alten Werk die traditionell viel naturnäher und großräumiger bemessene englische Pferdehaltung und beschreibt englische Ställe (Zitat): »Zu jeder Box gehört ein Laufhof ... Alle Boxen stehen mittelst einer Thür in Verbindung mit dem gemeinsamen, geräumigen und von einigen Bäumen beschatteten Paddock.« Und weiter: »... nähert sich das hier beschriebene Stallgebäude, soweit dies überhaupt möglich ist, dem von jedem Pferdefreunde angestrebten Ideale.« Beispielhaft zeigen die Abbildungen rechts oben und unten (Quelle: Baily's Magazine, London 1895/*Ex libris I. Bender*) ähnliche pferdegerechte englische Stallsysteme mit großzügiger Paddockhaltung auch für Hengste. Vieles davon ist von manchen Stallplanern in den vergangenen Jahrzehnten bei uns auf dem mitteleuropäischen Festland, also jenseits der britischen Inseln, offenkundig zum Nachteil vieler Pferde hartnäckig ignoriert worden.

Die Verhaltensforschung hat seit Jahren vertiefte Einsichten für eine pferdegerechte Haltung durch umfangreiche wissenschaftliche Studien untermauert, die sowohl aus tierschutzrechtlichen als auch aus wirtschaftlichen Gründen berücksichtigt werden müssen. Erwartungsgemäß konnte akribisch belegt werden, dass die Ständerhaltung tierschutzwidrig ist (BUSCHMANN, 2000/2002). Im Ergebnis hat sich gezeigt, dass fortdauernde Haltungsmängel auch ganz erhebliche Folgekosten nach sich ziehen, die oft wesentlich höher zu beziffern sind als jene Mittel, die für eine optimale Haltung besser frühzeitig hätten aufgebracht werden müssen. Diesen Aspekt könnten auch solche Pferdehalter oder Pferdepensions-Betreiber einmal betriebswirtschaftlich korrekt durchrechnen,

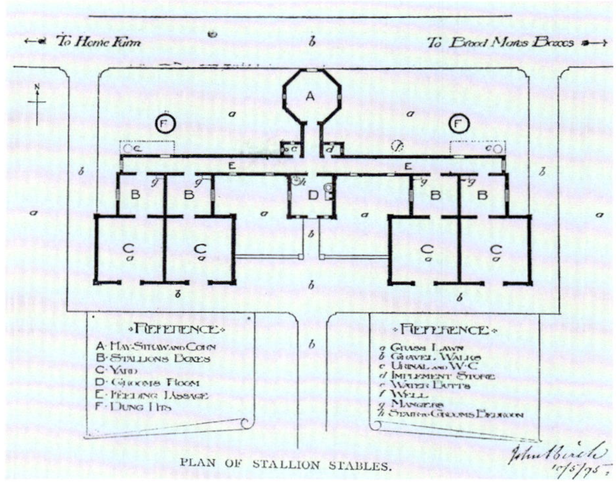

Grundriss-Skizze einer traditionellen britischen Hengststation des 19. Jahrhunderts. Es liegen zwei Hengstboxen sowie daran anschließende Ausläufe (»C« = Yard) nebeneinander, wodurch eine nicht artgemäße Einzelhaltung verhindert wird (Abbildung aus »Baily's Magazine of Sports and Pastimes« v. Sir W. Gilbey, No. 424, London 1895/Ex libris I. Bender).

ARAB STALLION SIR ROBERT.

The property of Sir H. F. de Trafford.

Traditionell großzügige Hengstbox (Holzschnitt aus »Baily's Magazine of Sports and Pastimes« von E. D. Miller, No. 419, London 1895/Ex libris I. Bender).

die nicht in erster Linie aus Idealismus mit dem Pferd verbunden sind, sondern eher aus geschäftlichen Interessen. Dem Pferd ist es im Endeffekt egal, aus welchen Motiven seine Haltung optimiert wird – nicht nur Idealismus, sondern auch förderlicher Eigennutz »als Ersatz edler Motive« ist ihm insofern ersatzweise auch willkommen! Da die meisten Haltungsfehler auf Unkenntnis, falsch verstandener Sparsamkeit und unzureichender Ausschöpfung der vorhandenen, aber häufig ungenutzten Möglichkeiten des Haltungsumfeldes beruhen, sollen die folgenden Kapitel Kenntnisse, Erfahrungen und Fertigkeiten vermitteln, die – praktisch umgesetzt – das Wohlbefinden des Freizeitpartners Pferd sicherstellen.

Kritiker aus dem Profisportbereich bemängeln gelegentlich die angeblich überzogene Herausstellung »artgerechter« Ansprüche. Man möge »die Kirche im Dorf lassen«, heißt es, sonst könne man Pferde »nur noch zur eher nutzlosen Zierde oder im Streichelzoo« halten. Dazu: Bei der notwendigen Herausstellung und Berücksichtigung der Natur des Pferdes und den sich daraus ergebenden Ansprüchen wird vom Verfasser keinesfalls übersehen, dass Pferde selbstverständlich ihren Haltungszweck, z. B. als kultivierte sportliche Reitpartner zu »dienen«, erfüllen sollen und die Nutzung dazu unbestritten grundsätzlich auch tierschutzrechtlich völlig legitim ist. Pferde sind, einer überkommenen und nach wie vor sicher gültigen Bauernweisheit entsprechend, »gute Diener, aber schlechte Herren«. Allerdings steht dem »dienenden« Pferd, das eben nicht Sklave sein sollte, »kultivierter« Respekt zu und damit auch eine bedürfnisentsprechend praktizierte artgerechte Haltung. Darin – und nicht etwa nur in durchaus faszinierenden, brillanten Schauvorführungen oder im diskussionswürdigen spektakulären Springen über extrem massige Oxer-Hindernisse vor beifalltobendem Publikum – drückt sich die eigentliche Verbindung von Pferde-Natur und Menschen-Kultur letztlich aus. Erfreulich ist, dass die Zahl der Pferdehalter aus allen Sparten des Reit- und Fahrsports sowie der Zucht, die bereit und guten Willens sind, auch ihren Vierbeinern ein gesundes Leben durch artgemäße Haltungsbedingungen zu ermöglichen, inzwischen stärker gestiegen ist. Erkennbar ist dies auch in etablierten Kreisen mit Dressur- und Springsportambitionen sowie in den entsprechenden Verbänden. Hier zeigt die Praxis zahlreiche kreative, tragfähige Haltungskompromisse und vor allem einen Verständniswandel. Auch Handel, Industrie und wissenschaftliche Forschungseinrichtungen haben z. B. durch Importe, eigene innovative Produktentwicklungen sowie Experimente für den Stall- und Auslaufbaubereich dazu beigetragen, Pferdehaltern pferdegerechte Gestaltungsmöglichkeiten zu erleichtern. Diese gilt es offensiv zu nutzen.

Auch Hochleistungspferde brauchen natürliche Haltungsbedingungen und keine stallklimatisierte Atmosphäre.

Wildpferde und Hauspferde

PRÄHISTORISCHE ENTWICKLUNG

Einleitend wurde bereits festgestellt, dass unser Hauspferd den wilden Stammformen näher steht als jedes andere Haustier. Auch von praktischer Bedeutung ist deshalb ein Blick in die Entwicklungsgeschichte (Phylogenese) der Stammformen, um ein für jede artgemäße Haltung notwendiges grundlegendes Verständnis der Merkmale und Verhaltensweisen zu erhalten.

Alle Equiden (Familie Equidae = Pferdeartige) gehören nach biologischer Klassifizierung zur Ordnung der Unpaarhufer (Perissodactyla) und haben einen gemeinsamen Ursprung. Die heute noch lebenden (rezenten) Arten, die zur Gattung Equus (Pferde) zählen, sind die sog. echten Pferde (*Equus caballus*), die Halbesel oder auch Pferdeesel (*Equus hemionus*), die Esel (*Equus asinus*) und die Zebras (*Equus hippotigris*). Erst in der Eiszeit (Pleistozän) haben sich diese einzelnen Arten innerhalb der Gattung Equus herausgebildet und verbreitet.

In der Biologie wird als Gattung eine Gruppe von Tieren bezeichnet, die alle entfernt miteinander verwandt sind, deren Arten jedoch wichtige Unterschiede untereinander aufweisen, sodass z. B. unter natürlichen Bedingungen bei freier Gattenwahl zwischen den verschiedenen Arten einer Gattung – vor allem wegen des stark abweichenden Paarungsverhaltens – keine Fortpflanzungsgemeinschaft besteht. Paarungen z. B. zwischen Hauspferd (64 Chromosomen) und Hausesel (62 Chromosomen), also unterschiedlichen Arten der Gattung Equus, sind zwar durch menschliche Zuchtmaßnahmen möglich, doch sind die Nachkommen (Pferdehengst × Eselstute = Maulesel; Eselhengst × Pferdestute = Maultier) ganz überwiegend steril (= fortpflanzungsunfähig). Die Sterilität dieser Hybriden beruht u. a. teils auch auf ihrer ungeraden Zahl von 63 Chromosomen, die bei der Keimzellenbildung häufig zu Fehlern führt. Allerdings sind z. B. Kreuzungen zwischen Hauspferden mit 64 Chromosomen und Przewalskiwildpferden mit 66 Chromosomen – trotz der sich auch hier ergebenden ungeraden Zahl von 65 Chromosomen bei den Nachkommen – meist fortpflanzungsfähig! Przewalskipferd und Hauspferd sind augenscheinlich näher verwandt als Hauspferd und Esel. Am Rande sei erwähnt, dass 2002 erstmals ein Equide durch das Forscherteam um *Professor Dr. Gordon Woods* von der Universität Idaho (USA) geklont wurde. Nach etwas mehr als zwölf Monaten kam am 4. Mai 2003 das Maultier »Idaho Gem« zur Welt. Seit 2003 spezialisieren sich Gentechnikunternehmen auf das Klonen von Pferden. Das französische Unternehmen Cryozootech erschuf z. B. in den vergangenen Jahren über 100 Klone. Das Unternehmen wirbt u. a. mit geklonten Springstars wie E. T. und Gem Twist. Wer rd. 230.000 Dollar zahlt, kann sich aus einem Katalog sein Lieblingspferd aussuchen und bestellen. Die Wissenschaftler bedienen sich des »somatischen Zellkerntransfers«, d. h., sie isolieren aus der Haut des zu klonenden Pferdes Zellkerne und schleusen sie in leere Eizellen. Auch deutsche Pferde wurden bereits geklont. Der Klon (»Rusty Clone 1«) des bekannten Dressurhengstes Rusty 347 (ehemalige Reiterin: *Ulla Salzgeber*) wurde lt. Pressemitteilung der Firma Cryozootech im März 2015 erfolgreich eingeritten.

Ein internationales Forscherteam konnte 2009 in dreijähriger Arbeit das Erbgut des Hauspferdes *Equus ferus caballus* vollständig entschlüsseln. Das globale Projekt wurde von der Tierärztlichen Hochschule in Hannover angestoßen. Daraus ist eine Datenbank mit über einer Million Varianten einzelner Basenpaare, sogenannter *single nucleotide polymorphisms* (Abk.: SNPs), entstanden. Die Ergebnisse (Quelle: Fachmagazin *Science*; Ausgabe 5954 v. 6.11.2009, S. 865 bis 867) sollen die Grundlage bilden, um die Entstehung von Krankheiten und die Evolution der Pferde besser erforschen zu können.

Tiere einer Art (also z. B. alle echten Pferde) sind eng miteinander verwandt, obwohl sie sich im Aussehen stark voneinander unterscheiden mögen. Alle von Menschen jemals gehaltenen Hauspferde stammen vermutlich von 77 wilden Müttern ab, die in frühgeschichtlicher Zeit zu Beginn der Haustierwerdung weltweit in 17 Regionen eingefangen wurden. Die Forscher von »Biopsytec Analytik«, die diese Ergebnisse veröffentlichten (Fachblatt »Proceedings«, Rheinbach 2003), analysierten für ihr Forschungsprojekt die Gene von etwa 600 Hauspferden unterschiedlicher Rassen, vornehmlich aus dem Orient und aus Europa.

Bei Wildformen spricht man indes nicht von »Rassen«; bei Wildtieren können Unterschiede innerhalb der Art so weit führen, dass sich sog. Unterarten, z. B. als geografisch begrenzte Gruppe lokaler Populationen, herausbilden. Entsprechend könnte man die Hauspferde (= domestizierte Pferde) als »ökologische Unterart« der (»Wild«-) Art echter Pferde bewerten, weil sich ihre Grundlage in der vom Menschen beeinflussten ökologischen Nische des Hausstandes befindet. Eine Schwäche dieser Bewertung liegt sicher in der Tatsache, dass der weite geografische Raum des Hausstandes polytop ist, also kein einheitliches geografisches Gebiet darstellt.

Schaut man heute nur auf die unterschiedlichen Erscheinungsformen (= Rassen) unserer Hauspferde, so kommt dies einer Momentaufnahme gleich, die rein zufällig aus dem in Jahrmillionen sich abspielenden dynamischen Geschehen herausgegriffen ist. Dieses Bild ist unvollständig, wenn man nicht die wichtigsten Veränderungen vergangener Zeiträume kurz beleuchtet.

Forscher um *Ludovico Orlando* von der Universität Kopenhagen entdeckten 2003 im Permafrost des kanadischen Thistle Creek fossile Knochen eines Ur-Pferdes. Die Knochen (etwa 700.000 Jahre alt) stammen von einem sehr frühen Vorfahren der heutigen Pferde aus dem frühen mittleren Pleistozän, das bis vor etwa 560.000 Jahren andauerte. Daten aus diesem Fund von 2013 ergaben, dass der jüngste gemeinsame Vorfahr aller Pferdeartigen vor vier bis viereinhalb Millionen Jahren lebte (Quelle: Wissenschaftsmagazin Nature; Ausgabe v. 26. Juni 2013, DOI, 10.1038/nature/2323). Das rekonstruierte Genom verglichen die Wissenschaftler dann mit dem Erbgut von sechs heute lebenden Pferderassen, dem Esel und dem Erbgut eines vor 43.000 Jahren lebenden Urpferds. Dadurch konnten sie die Evolution der Urpferde nachvollziehen und Rückschlüsse auf die Stammeslinien der heutigen Pferdeartigen ziehen. Aus dem Erbgut geht hervor, dass die Population der Urpferde im Laufe dieser Zeit mehrfach stark schwankte. Auch über die Abstammung des Przewalskipferdes ergaben sich neue Daten. Demnach trennte sich seine Stammeslinie vor rund 50.000 Jahren von der restlichen Pferdepopulation.

Alle heutigen Equiden gehen zurück auf den letzten Urahn, den nordamerikanischen Pliohippus, der gegen Ende des Miozäns (vor etwa 12 Millionen Jahren zu Zeiten des Vormenschen) entstand. Er hatte den bis dahin fortschrittlichsten Entwicklungsstand erreicht. Dies gilt für die Zähne, den Schädel und vor allem für die Fußentwicklung. Er war der erste einzehige Equiden-Urahn. Direkte Abkömmlinge von Pliohippus sind unsere Vertreter der Gattung Equus, die in Nordamerika entstanden und zu einem großen Teil bereits zu Beginn der Eiszeit vor einer Million Jahren in andere Kontinente auswanderten (es bestand noch eine Landbrücke zwischen Alaska und Sibirien). Die Pliohippu-Abkömmlinge der Gattung Equus bildeten im Laufe der Jahrtausende selbstständige Arten, nämlich die echten Pferde, die Halbesel (auch Pferdeesel/Onager/Kiang genannt), die Esel und die Zebras.

WILDE STAMMFORMEN ECHTER PFERDE

Die Wanderungen aus dem ursprünglichen Verbreitungsgebiet Nordamerika begannen gegen Ende der Warmzeit langsam bis nach Beginn der Eiszeit (vor rund 600.000 Jahren). Mit diesen Wanderungen setzt die Geschichte des Neuzeitpferdes ein. Die Erstauswanderer, Equiden graziler Erscheinungsform, noch vom milden Klima geprägt, wählten die ihnen adäquate südliche Warmklimaroute nach Asien. Nach Beginn der Eiszeit hatten sich die noch in Nordamerika verbliebenen Pferde bereits dem kälteren Klima angepasst. Erscheinungsbild und Lebensraum veränderten sich in tausenden Jahren der Entwicklung. Diese nun ponyähnlichen Pferde wanderten erst spät aus, sie bevorzugten das nördliche Eurasien als neuen Lebensraum. Ein Teil nordamerikanischer Equiden wanderte zwar nicht aus und durchlebte die eiszeitliche (pleistozäne) Epoche in Nordamerika (dem Ursprungsland aller Pferde), starb aber dort vor rund 12.000 Jahren aus. Die Gründe dafür sind bis heute rätselhaft. Erst im 15. Jahrhundert n. Chr., um 1.492, kamen erstmals wieder Pferde mit *Christoph Kolumbus* und später auch mit anderen europäischen Eroberern nach Amerika. Die heute in Amerika beheimateten wilden Mustangs gehen – ebenso wie die legendären Indianerpferde – auf eingeführte Hauspferde vorwiegend spanischer Herkunft zurück.

Über die eigentliche wilde Stammform unserer im Hausstand lebenden Pferderassen gehen die Meinungen auseinander. Eine Reihe von Wissenschaftlern glaubt belegen zu können, dass allein das mongolische Przewalskipferd (*Equus przewalskii*) der Stammvater aller heutigen Pferderassen ist (sog. monophyletische Theorie). Sie vertreten die Meinung, dass sich aus dieser Urwildpferdform mit vielgestaltigem Erbgut alle Hauspferderassen entwickeln konnten. Insbesondere *Prof. Dr. Günter Nobis* (u.a. ehemaliger Direktor des Zoologischen Forschungsinstituts und Museums Alexander Koenig, Bonn) hat hierzu in seiner Habilitationschrift umfangreiches Material vorgelegt mit umsichtigen Analysen und beeindruckenden Gebissstudien, die seine eindeutigen Aussagen als »Dogma« untermauern. Die wilde Stammform wird nach NOBIS (1997) als *Equus ferus* bezeichnet mit drei Unterarten, und zwar *Equus ferus solutreensis* (= ausgestorbenes Solutrépferd), *Equus ferus gmelini* (= ausgestorbener Tarpan) und *Equus ferus przewalskii* (= das rezente Przewalskipferd).

Andere Forscher sind der Auffassung, dass unsere rezenten Pferderassen von mehreren Urahnen abstammen, sie vertreten die polyphyletische Theorie. Solche Auffassungen werden z. B. von NOBIS (2000) als Abstammungshypothesen abgelehnt, weil sie sich »in der Starrheit typologischen Denkens verstricken«. SPEED und EBHARDT (1962) belegen allerdings als Vertreter der polyphyletischen Theorie durch röntgenologische Vergleichsuntersuchungen sehr anschaulich und in den Kernaussagen durchaus diskutabel, dass das Erbgut der von ihnen beschriebenen vier Urformen (siehe Grafik 1, Seite 21) in den heutigen Pferden mehr oder weniger vermischt erhalten geblieben ist.

Der norddeutsche Industrielle und Privatforscher mit eigenem Pferde-Reservat *Hermann Ebhardt*, zu dem der Verfasser 1980 lehrreichen fachlichen Kontakt hatte, kam zur Überzeugung, dass bestimmte Merkmale im Knochenbau prähistorischer und heutiger Pferde exakt übereinstimmen. Aus Rückzüchtungsversuchen ist bekannt, dass Knochenmaße und -struktur mit bestimmten Verhaltensweisen und äußerlichen Merkmalen (morphologische und ethologische Fakten) gekoppelt sind. Erläuternd sei angefügt, dass es sich bei diesen vier Urformen und auch bei der schematischen Einteilung in Nord- und Südpferde nicht um eine wissenschaftlich international anerkannte, also etwa streng definierte biologische Kategorie handelt.

Fest steht, dass sich die echten Pferde während der Eiszeit in verschiedenen Klimazonen entwickelten und dabei im Laufe vieler tausend Jahre unterschiedliche Formen bildeten. Es spricht auch sehr viel dafür, dass sich in diesen Urformen die Unterschiede in Exterieur und Interieur erblich gefestigt hatten, es sich also nicht lediglich (wovon die monophyletische Auffassung ausgeht) um »Spielarten« von *Equus ferus* entsprechend der Beschreibung von *Prof. Dr. Nobis* handelte. Auch der Tierarzt und unermüdliche Privatforscher *Dr. Michael Schäfer* orientiert sich aus Überzeugung an der polyphyletischen Typenlehre (»Handbuch Pferdebeurteilung«, Kosmos, 2000). Schließlich sieht auch der Verhaltenskundler *Prof. Dr. Klaus Zeeb* in der Typenlehre mindestens hilfreiche Beurteilungskriterien, um die Kenntnisse über Zusammenhänge zwischen Exterieur und Verhalten darzulegen. Im Abschnitt »Pferdetypen« (Handbuch Pferd, BLV-Verlagsgesellschaft 2000) führt er aus: »Mögen die evolutions- und domestikationsbezogenen Aussagen von SPEED und EBHARDT noch so problematisch sein, so ist dennoch anzunehmen, dass es um die Zeit der Domestikation des Pferdes im Hinblick auf Morphologie und Verhalten unterschiedliche Pferdeformen gab. Demzufolge besaßen sie im Hinblick auf die Nutzung durch den Menschen recht verschiedene Eigenschaften.« Neuerdings ergeben sich zudem nicht geringe Zweifel an der monophyletischen Theorie, z. B. durch die Forschungsergebnisse von »Biopsytec Analytik« (vgl. Ausführungen auf Seite 16) und durch die 1995 veröffentlichten Forschungen des *Dr. Nobushige Ischida* von der Universität Tokio, wonach es sich beim Przewalskipferd um eine relativ frühe Abspaltung vom Hauptstamm echter Pferde handelt.

► **Fazit: Ohne hier die Feinheiten wissenschaftlicher Diskussionen zur vollständigen Begründung noch weiter ausbreiten zu wollen, kann allgemein davon ausgegangen werden, dass zur Zeit der Frühdomestikation, also der ersten Haustierwerdung, die möglicherweise in verschiedenen Erdteilen (Nordafrika, Europa, Asien) vor etwa 5.000 bis 6.000 Jahren begann, den Menschen unterschiedliche Wildpferdformen zur Verfügung standen. Vermutlich erfolgte die Erstdomestikation in der Ukraine. Durch Vermischung im Hausstand entstanden zahlreiche Rassen. Lediglich das Przewalskipferd ist uns als reiner Vertreter der wilden Vordomestikationsformen bis heute in etlichen Zoos und Reservaten erhalten geblieben. Die übrigen Vordomestikationsformen existieren heute nicht mehr, wurden aber anhand ausgegrabener Knochen und in Anlehnung an entsprechende Fels- und Höhlenzeichnungen rekonstruiert.**

SPEED/EBHARDT ordnen die vier Urformen (sog. Skelett-Funktionstypen), entsprechend den nördlichen und südlichen Einwanderungsströmen aus Nordamerika, zwei Gruppen zu und bezeichnen diese als:

1. Ponyartige nördliche Gruppe (Urpony und Tundrenpony);
2. Pferdeartige südliche Gruppe (Steppenpferd und Wüstenpferd).

Die Grafik 1 auf Seite 21 enthält Abzeichnungen des Verfassers nach Originalen von *Eberhard Trumler*, entnommen der Arbeit »Ponys und Pferde im Röntgenbild nebst einigen stammesgeschichtlichen Bemerkungen dazu« aus Säugetierkundliche Mitteilungen, Heft 4, München 1962; mit freundlicher Genehmigung des Autors *Hermann Ebhardt*, Isernhagen 1980.

NORD- UND SÜDPFERDE

Die Skelett-Funktionstypen werden als Typen I bis IV bezeichnet; Fototafel 1 auf Seite 19 zeigt wichtige Exterieurunterschiede (im Winterfell) zwischen Nord- und Südpferden am Beispiel der Rassen Fjordpferd und Vollblutaraber.

Das Urpony (Typ I) existierte schon zu Beginn der Eiszeit in Nordamerika (Fossilfunde aus Alaska). Es war ein unermüdlicher Wanderer und erschloss sich einen riesigen Raum, den es während und nach der Eiszeit besiedelte. Man fand Skelette in Europa, Kleinasien, Südrussland, Zentral- und Ostasien und sogar in Afrika. An seinen vorwiegend nördlichen Lebensraum war es fortschrittlich angepasst. Dauerhafte Kauwerkzeuge mit breiten Schneidezähnen und langen Mahlzähnen, für starke Abnutzung bestimmt, gaben ihm in Verbindung mit

Unterschiede zwischen Nord- und Südpferden

1 Große Nüstern, geringer Kinnbart.
2 Kleine Nüstern, starker Kinnbart (= schnellere Erwärmung der Atemluft, bessere Ableitung von Niederschlagswasser).
3 Vollblutaraberstute *Petschora*: Lange, bepelzte Ohren, wenig Stirnschopf.
4 Fjordstute *Nancy-Nordal*: Kurze, pelzige Ohren, stärkerer Stirnschopf (= weniger starke Ohrauskühlung, Nässeschutz durch Stirnschopf).
5 Schweifglocke relativ hoch angesetzt.
6 Schweifglocke tiefer angesetzt (= besserer Nässeschutz im Genitalbereich).

1
2
3
4
5
6

einem kräftigen Verdauungstrakt die Möglichkeit, große Mengen Raufutter zu verwerten. Nährstoffarmes, hartes Futter vermochte das Urpony gut aufzuschließen.
Sein Kopf, kurz und kräftig, mit geradem Nasenprofil, hatte eine breite Stirn, kleine Mausohren, weit auseinanderstehende runde Augen und große Nasenräume zur Erwärmung der kalten Luft. Für das Gebäude des Urponys war kennzeichnend der tonnige Rumpf mit hochaufgesetztem, massivem Hals und einer breiten Kruppe. Die stämmigen, kurzen Gliedmaßen mit breiten Gelenken hatten feste, steile Hufe. Bevorzugte Gangart war ein flacher, wenig raumgreifender Trab mit schnellem Fußwechsel bei gleichmäßiger Beteiligung der Vor- und Hinterhand.
Das Haarkleid war dicht und bildete im Winter eine starke Unterwolle. Fallmähne, Schopf und Schweif wuchsen üppig und dienten speziell dem Nässe- und Windschutz. Ähnlich wie bei anderen Tierarten aus vergleichbar feuchtkalten Gebieten (Elche, Wisente) war die Farbe des Urponys braun mit Aufhellungen der Maulpartie (»Mehlmaul«), der Augenumrandung sowie des Unterbauches und der Flanken. Gliedmaßen, Mähne und Schweif waren fast schwarz; Streifen (Aalstrich, Schulterkreuz oder Beinstreifung) fehlten. Urponys lebten gesellig in Großherden.
Das Tundrenpony (Typ II) trat zeitlich erst später auf als das Urpony, es kam zunächst – wie das Urpony – auch in Nordamerika vor. Später siedelte es sich in den Tundren Nordasiens und Nordeuropas am Rande der Waldzone an, bewohnte moorige Gebiete in Gebirgsgegenden und war zeitweise fast im gesamten eisfreien europäischen Raum verbreitet. Immer wieder wurden große Gruppen dieser Tundrenbewohner, die einen im Vergleich zum Urpony mäßigen Wandertrieb besaßen, von vordringenden Gletschern für einige tausend Jahre eingeschlossen. In Anpassung an die neue Umwelt entwickelten sich so verschiedene geografische Sonderformen des Tundrenponys, deren Grundbauplan sich insgesamt aber glich. Das Przewalskipferd, die einzige heute noch in verschiedenen Zoos und Reservaten gehaltene sowie in der Mongolei mit 120 ausgewilderten Exemplaren vorkommende Wildform der Equus-Art echter Pferde, ist eine solche Sonderform, die sich schon früh in Innerasien dem trockenen, kühlen Steppenklima anpasste.
Die Grundform des Tundrenponys, fossil auch in der Mendiphöhle (Mendip II) nachgewiesen, war stärker als das Urpony an kontinentales Kaltklima angepasst. Seine Widerristhöhe betrug etwa 135 cm, wobei in der Eiszeit auch Großformen bis zu 180 cm Widerristhöhe vorkamen. Diese Großformen waren zwar zur Zeit der Domestikation schon ausgestorben, doch behielten die später wieder kleiner werdenden Tundrenponys die Erbinformation Größenwachstum bei. Nur so konnte es auch in geschichtlicher Zeit gelingen, aus den 140 cm Stockmaß großen Germanenpferden, die im Wesentlichen Mischlinge der beiden Ponyformen waren, die schweren Ritterpferde herauszuzüchten.
Entsprechend seinen Lebensbedingungen war das Tundrenpony von allen Urpferden am stärksten spezialisiert und stellte – bezogen auf den Urahn Pliohippus – die damit höchstentwickelte wilde Pferdeform dar. Kauwerkzeuge, Rumpf und Verdauungstrakt waren noch stärker als beim Urpony auf hartes, voluminöses, auch hart gefrorenes Futter eingestellt. Der Schädel mit schmaler Stirn, tiefliegenden kleinen Augen und einem langen Schnauzenteil mit mächtigen Kiefern und ramsnasiger Nüsternpartie diente ganz der Futtersuche, dem Fressen und dem Vorwärmen eisiger Kaltluft. Einen edlen Kopf mit kleinen Kiefern konnte sich dieses Pferd nicht leisten, alles war auf das Überleben im kalten Klima eingerichtet. Auch die starkknochigen Gliedmaßen, die in breiten, flachen Hufen endeten, waren sinnvoll an die teils sumpfige, teils schneeverharschte Tundra angepasst. Das Tundrenpony bewegte sich vornehmlich im Schritt unter verstärkter Vorhandmitwirkung – bedingt durch die Tundren-Bodenverhältnisse. Sonderformen, wie das Przewalskipferd, passten sich der Umwelt später durch rot-braun-gelbe Färbung an. Die Steppenformen dieser Färbung wurden auch hochbeiniger und von ihrem Gangwerk her schneller.

Grafik 1

Nord- und Südpferde

• Skelett-Funktionstypen nach SPEED/EBHARDT •

Nordpferde, z. B. Shetlandponys, Islandponys

Südpferde, z. B. Vollblutaraber, Großpferde

Typ I: Urpony

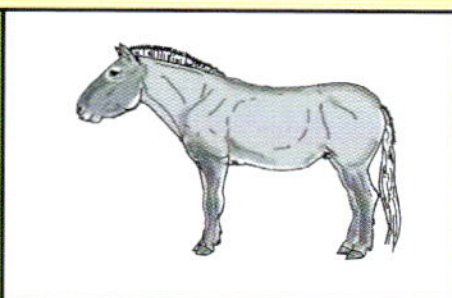

Typ II: Tundrenpony

Typ IV: Wüstenpferd

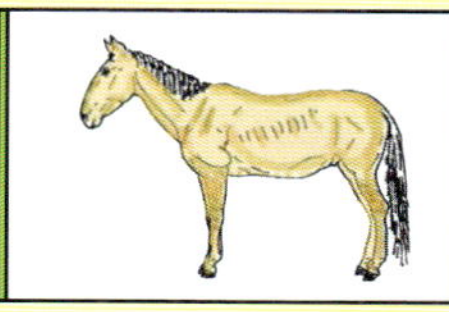

Typ III: Steppenpferd

Habituszeichnungen der vier Skelett-Funktionstypen nach SPEED/EBHARDT
Quelle: Säugetierkundliche Mitteilungen, Heft 4, München 1962.
Typ I bis IV: Originalzeichnungen von E. TRUMLER; abgebildet sind Abzeichnungen von I. BENDER – mit Genehmigung von HERMANN EBHARDT, Isernhagen 1980.
Die Typenlehre nach SPEED/EBHARDT ist ein nützliches Hilfsmittel zur Verdeutlichung von Merkmalen und Unterschieden im Äußeren und im Verhalten verschiedener wilder Pferdeformen. Führende Verhaltenskundler wie *Prof. Dr. Klaus Zeeb* und *Dr. Michael Schäfer* berücksichtigen diese Merkmale.
Die ebenfalls mit der Typenlehre verbundenen evolutions- und domestikationserklärenden Aussagen sind umstritten und stimmen – nach *Prof. Dr. Günter Nobis* – mit modernen archäozoologischen Forschungen nicht überein.
→ Die Skelett-Funktionstypen sind keine streng definierte biologische Kategorie; es handelt sich also nicht um Arten, Unterarten oder Rassen, sondern lediglich um „Pferdeformen".

Zur Gruppe der südlichen Urwildpferde gehören das Steppenpferd und das Wüstenpferd. Diese beiden südlichen Urformen waren bereits gegen Ende des warmen Tertiärs, früher als die zuvor beschriebenen nördlichen Urformen, von Nordamerika nach Südasien, Nordwestafrika und Südspanien eingewandert.

Das Steppenpferd (Typ III) war ein ausgesprochenes Lauftier, schlank, lang gestreckt und hochwüchsig. Die Widerristhöhe lag vor der Eiszeit bei 170 cm, nacheiszeitliche Formen maßen zwischen 150 und 160 cm. Der Langgesichtsschädel hatte ein ramsnasiges Profil, enge Nasenräume und kräftige Kiefer mit langen, kurzkronigen Zahnreihen für Grasweiden südlicher Zonen. Die Ohren der Steppenpferde waren eselartig lang. Fellfarbe und Mähnenform sind heute nicht mehr eindeutig rekonstruierbar. Es wird vermutet, dass diese Pferde ursprünglich Gelbfalbe waren mit Aalstrich auf dem Rücken und bräunlicher Streifung an den Beinen und der Schulter. Mähne und tiefangesetzter Schweif werden vermutlich dünn und dunkelfarbig gewesen sein. Anders als bei den nördlichen Ponyformen war der Magen-Darm-Trakt der Steppenpferde auf gehaltvolleres Futter eingestellt. Die Rumpfform geriet deshalb schmaler, die Rippenwölbung flacher. Als Lauftier hatte das Steppenpferd hohe Gliedmaßen mit langen Röhrbeinen, weichen Fesseln und hohen schmalen Hufen. Der überwiegende Hinterhandantrieb gab diesen Pferden große Schubkraft. In sehr lockeren Verbänden lebend, schätzt man diese Pferde hinsichtlich des Verhaltens eher einzelgängerisch als gemeinschaftsliebend ein. Große Verteidigungsbereitschaft, Futterneid und waches Temperament sind auch heute noch bei Hauspferden dieses Erbgutes festzustellen. Weitgehend hinterließ das Steppenpferd sein Erbe in den reingezüchteten Berberpferden Nordafrikas und in den Primitivandalusiern aus der Rückzüchtungsherde von *Ruy D'Andrade*, Portugal. Nach den Berichten von *Hardy Oelke* sind auch bei nordamerikanischen Mustangs verblüffend typähnliche Pferde anzutreffen, die offenbar auf Pferde im Primitivandalusiertyp der spanischen Eroberer zurückzuführen sind. Aber auch die heutigen Warmblut- und Vollblutrassen gehen in wesentlichen Merkmalen auf das Steppenpferd zurück. So war einer der Stammväter der englischen Vollblutzucht der marokkanische Berberhengst *Godophin Barbe*.

Das Wüstenpferd (Typ IV), auch Uraraber oder Urvollblüter genannt, bevorzugte nach seiner Auswanderung aus Amerika für einige tausend Jahre den subtropischen asiatischen Raum, der vergleichbare Umweltbedingungen wie das spättertiäre Nordamerika bot. Einer Anpassung oder Spezialisierung bedurfte es über lange Zeiträume hinweg nicht, so behielt dieses Urpferd noch viel von der Ursprünglichkeit der grazilen Pliohippu-Ahnen.

Erst gegen Ende der Eiszeit, als der fruchtbare Lebensraum dieses nur rund 120 cm Widerristhöhe messenden Pferdchens langsam versteppte und in seinem afrikanischen Verbreitungsgebiet gar zur Wüstensteppe wurde, entwickelte sich dieses subtropische Urpferdchen zum Wüstenpferd. Diese Entwicklung war aber nicht – wie bei den übrigen Urpferdeformen – gleichzeitig verbunden mit einer umweltangepassten Fortentwicklung und Änderung des äußeren Erscheinungsbildes oder spezieller Körperfunktionen, sondern in erster Linie eine Höherentwicklung der Sinnesorgane. So entwickelte sich ein ungewöhnliches Witterungsvermögen, um in Trockengebieten auf weite Entfernungen niedergehende Regenfälle wahrzunehmen. Bedingt durch Futter- und Wassersuche über lange Strecken, wurde aus dem ehemaligen »Kurzstrecken-Galopper« ein harter, ausdauernder Langstreckenrenner. Der verhältnismäßig kurze Zeitraum vom Ende der letzten Eiszeit vor ungefähr 12.000 Jahren bis zur vermuteten Erstdomestikation vor etwa 5.000 bis 6.000 Jahren hat auch für eine körperlich umfassende Weiterentwicklung, etwa des Gebisses – wie bei den nördlichen Urpferdformen, nicht ausgereicht. Das von allen Einhufern größte Großhirn, das dieses Wüstenpferd schon damals besaß, konnte also bestimmte – sonst für ein Überleben unter veränderten Umweltbedingungen unerlässliche – körperliche Anforderungen durch erhöhte Sinnesleistungen kompensieren. Knochenfunde aus dem Westiran und aus Japan sowie alte Felszeichnungen, zum Beispiel die rund achttausend Jahre alte Zeichnung eines Wüstenpferdes aus dem Acacus-Gebirge im Fezzan (Libysche Sahara), deuten darauf hin, dass der heute noch reinblütig (»asil«) gezogene Saqlawi-Araber weitgehend dem Typ dieses Urpferdchens entspricht. Das bedeutet aber nicht zwangsläufig, dass der Uraraber als spezielle Wildpferdform der arabischen Halbinsel anzusehen ist, wie es u. a. der Araberexperte *Carl Raswan* annimmt, denn dazu fehlen sowohl paläontologische (Fossilfunde) als auch biologische (körperliche Merkmale) Beweise. Vielmehr wird (u. a. nach Recherchen des Verfassers) das Verbreitungsgebiet auf die Wüstensteppen Nordafrikas zu beschränken sein. Das Wüstenpferd ist der Urahn vieler Pferderassen des Orients, Südasiens und Nordafrikas. Gelehrigkeit, Spurtschnelligkeit, Umgänglichkeit und Reaktionsvermögen sind geschätzte Erbmerkmale für die heutige Pferdezucht.

ANSPRÜCHE FREI LEBENDER HAUSPFERDE

Durch die Domestikation ist ein Wandel in der Beschaffenheit des genetischen Materials eingetreten, was sich bereits aus der unterschiedlichen Zahl der Chromosomen ergibt. Hauspferde verfügen über 64 Chromosomen, Przewalskipferde hingegen über

66; bei ihnen werden zwei (sog. acrozentrische) Chromosomen mehr gefunden. Ebenso wie domestikationsbedingte körperliche Veränderungen, die bis in den Feinbau des Organismus reichen, sind bei allen Haustieren domestikationsbedingte Verhaltensänderungen erfolgt.

LORENZ (1959) hebt hervor, dass sich die wesentlichen Domestikationsänderungen auf angeborene (oder höchstwahrscheinlich angeborene) Verhaltensweisen beziehen. HERRE und RÖHRS (1973) verweisen darauf, dass auch die Rolle der Hormone, die Verhalten mit verursachen, deshalb zu berücksichtigen ist, weil die hormonproduzierenden Organe (Inkretorgane) erheblichen Wandlungen in der Domestikation unterworfen sind. Nach ihren Angaben lässt auch die Abnahme des Hirngewichtes bei Haustieren vermuten, dass weniger zentralnervöse Energien produziert werden als bei den Wildformen. Allgemein kann gesagt werden, dass bei Haustieren die Fluchtdistanzen beträchtlich verringert sind, die Fluchthandlungen und -reaktionen stark abgenommen haben und auch Angriffshandlungen weniger häufig durchgeführt werden als von Wildtieren. Viele dieser Änderungen sind sicher erblich, was belegt wird durch die Tatsache, dass der Züchter auf bestimmte Verhaltensmerkmale selektieren kann. Hervorzuheben ist, dass die Verhaltensänderungen in der Domestikation, auch die der angeborenen Verhaltensweisen, rein quantitativ sind und bei Haustieren zusätzlich gesteigerte Variabilität (innerartliche Ausformungsmöglichkeit) vorkommt. Der generelle Ablauf der verbliebenen angeborenen Verhaltensweisen hat sich allerdings bei Haustieren gegenüber Wildformen nicht verändert! Vielfältige Beobachtungen und Auswertungen vergleichender Studien konnten in den vergangenen Jahrzehnten belegen, dass sich Ansprüche und Verhaltensweisen domestizierter Pferde – mit graduellen Einschränkungen – in wichtigen Bereichen im Rahmen der Verhältnisse der Wildvorfahren halten.

Erst seit verhältnismäßig kurzer Zeit befasst sich die Naturwissenschaft mit der Ethologie (Lehre vom Verhalten) des Pferdes. Über diesen Forschungsbereich schreibt RAU 1937: »So stehen wir heute noch vor geringen Kenntnissen.« Dass die Erforschung des Verhaltens der Tiere erst recht spät den Naturwissenschaften zugeordnet und dann mit biologischer Fragestellung und Methodik betrieben wurde, ist historisch begründet. Ursprünglich war die Erforschung des Verhaltens Teil der Psychologie, die sich aus der Philosophie entwickelt hat, demnach geisteswissenschaftlicher Art ist. So ist auch die einleitend bereits erwähnte Philosophie eines *René Descartes* entstanden, der in Tieren fälschlicherweise nur biologische Roboter sieht. Um die Jahrhundertwende entdeckten die Zoologen WHITMAN und HEINROTH, dass bestimmte Verhaltensweisen für einzelne Arten genauso spezifisch sind wie körperliche Merkmale. Durch diese Erkenntnisse ergab sich die naturwissenschaftliche Notwendigkeit, das Verhalten mit vergleichbaren Fragestellungen und Methoden zu untersuchen, mit denen die Biologen seit DARWIN Körperbau, Leistungen und stammesgeschichtliche Herkunft der Lebewesen erforschen. HEINEMANN hat sich 1943 in seiner Dissertation über »Affektausdruckserscheinungen im Gesicht des Pferdes« als einer der ersten Autoren mit wissenschaftlicher Gründlichkeit um die Verhaltensforschung beim Pferd bemüht. Insbesondere durch die wissenschaftlichen Arbeiten von GRZIMEK (1943–1952), MONTGOMERY (1957) und ZEEB (1958) erreichte das Pferd erstmals die ihm entsprechende Bedeutung innerhalb der Verhaltensforschung. Anhand verschiedenster Populationen sind zwischenzeitlich eine Vielzahl von Untersuchungen mit unterschiedlichen Zielsetzungen durchgeführt worden, die unsere Kenntnisse vertiefen. Besondere Popularität erlangten hier vor allem die Veröffentlichungen von EBHARDT (Verhaltensweisen von Islandpferden), STERN (Bemerkungen über das Pferd), SCHÄFER (Die Sprache des Pferdes) und ZEEB (Die Natur des Pferdes – Wildpferde in Dülmen). Es gibt weitere interessante Arbeiten, so z. B. von JEZIERSKI über die im Tarpantyp stehenden Primitivpferde (im Sinne von »urtümliche« Pferde) aus Popielno/Polen. Leider sind Wildpferde in freier

Wildbahn wahrscheinlich längst ausgestorben – bis auf einen von chinesischen Biologen immer noch vermuteten Restbestand weniger Exemplare in der Mongolei (die aber nicht zur Gruppe der 120 ausgewilderten Zoonachzucht-Exemplare zählen). Die Beobachtung von ursprünglich in unberührter, freier Wildbahn geborenen und dort lebenden Wildpferden entzieht sich der Verhaltensforschung. Lediglich die in Gefangenschaft gehaltenen Zoo- und Reservatbestände (auch die ausgewilderten Przewalskiherden in der Mongolei) bieten interessante – für die vergleichende Verhaltensforschung wichtige – Untersuchungs- und Beobachtungsmöglichkeiten, wie sie z.B. von MOHR (1959), MAZAK (1961), BOYD et al. (1988, 1994), VOLF (1996) und u.a. im Semireservat Schorfheide bei Berlin von SCHEIBE et al. (1997) erarbeitet wurden. Aufgrund der Größe und der Bedingungen (z.B. vorhandener Beobachtungshochstand, Tränke mit präziser Messeinrichtung) des Semireservates Schorfheide mit rund 180 Morgen Fläche (davon 32 Morgen Wald) und dem flächenangepassten Besatz von 12 Stuten, können solche Reservatbeobachtungen in Verbindung mit praxisgerecht-auswertbarer Methodik zuverlässige Ergebnisse vorweisen. Nach EIBL-EIBESFELDT (1967) »... sind Gefangenschaftsbeobachtungen keinesfalls als geringer einzuschätzen, wenn man gefangenschaftsbedingte Störungen umgeht und die Tiere relativ frei in ihrer natürlichen Umgebung hält.«

Der weitaus größere Teil der Arbeiten über die Ethologie frei lebender Pferde bezieht sich auf verwilderte Nachkommen von Hauspferden (Dülmener in Westfalen, Pferde der Namib in Süd-West-Afrika, Mustangs in Nordamerika und Australien). Verhaltenskundliche Aussagen über Hauspferde, die meist in recht kleinräumlichen und zudem gut kultivierten Haltungseinheiten beobachtet werden, sind für vergleichende Betrachtungen ebenso wichtig, wenn die Ergebnisse streng prämissenbezogen beurteilt werden. Auch vielfältige private Beobachtungen und Erkenntnisse der Pferdehalter mit langjähriger Haltungspraxis sind wertvoll, weil sie Verhaltensnuancen belegen können, die im Rahmen von räumlich, zeitlich und finanziell begrenzten, meist hochschulgebundenen wissenschaftlichen Studien so nicht beobachtbar wären. So wurde von Pferdehaltern mit biologischem Verständnis schon über zahlreiche interessante Beobachtungen berichtet, die wissenschaftliche Untersuchungen gut ergänzen. Selbstverständlich sind auch dabei immer umsichtige Analysen vor eindeutigen Aussagen erforderlich. Der Verfasser hatte unterschiedliche Gelegenheiten, durch eigene Freilandstudien von Pferden im Herdenverband Verhaltens- und Ausdrucksformen zu dokumentieren und auszuwerten. So ergab sich u.a. die seltene Möglichkeit, eine überwiegend aus reinrassigen vierjährigen Fjordpferden niederländischer Zucht bestehende frei lebende Herde aus drei Stuten, sechs Wallachen und einem Hengst intensiv unter winterlichen Bedingungen zu beobachten und eine ethologische Studie darüber anzufertigen. Aufgrund der ungewöhnlichen Haltungsverhältnisse und der untypischen Herdenzusammensetzung war es reizvoll, die Sozialstruktur mit ihren individuellen Rangunterschieden ebenso zu untersuchen wie die Nahrungsaufnahme. Während des Beobachtungszeitraumes wurde die zehnköpfige Herde in einem rund 100 Morgen großen Polderwiesenareal (Überschwemmungsgebiet) am unteren Niederrhein, das durch Kraftfahrzeuge oder Menschen wenig frequentiert wird, von einem Landwirt »reservatähnlich« gehalten. Neben geringem Schutzbewuchs (Büsche und Bäume) stand ein z.T. undichter ehemaliger Melkstall (Grundfläche 25 × 3 Meter; dreiseitig geschlossen) den Pferden als bedingter Witterungsschutz zur Verfügung. Das Nahrungsangebot bestand aus überständigem Altgras. Oberflächenwasserlachen und der Rhein dienten als Wasserquellen.

Menschliche Einflüsse waren äußerst gering, sie beschränkten sich im Wesentlichen auf das Zufüttern von Heu bei extremsten winterlichen Bedingungen (geschlossene, eisverharschte Schneedecke) sowie auf eine jährlich einmalige (oberflächliche) Hufpflege und die Kastrationserlebnisse der Wallache. Aufgrund der sehr extensiven Aufzucht und Haltung waren die Pferde teils größenmäßig

Quarter Horse-Wallach *Arthur* in typisch scharrend-suchender Haltung kurz vor dem Wälzen. Staubiger Untergrund scheint für Pferde besonders attraktiv für das Wälzen zu sein.

zwar unterentwickelt, aber durchweg in einer Verfassung ohne erkennbaren akuten Mangelzustand. Der ranghöchste, gut entwickelte Wallach, den der Verfasser aus der Herde heraus als »Wildling« erwarb, entwickelte sich bereits nach kurzer, einfühlsamer Umgewöhnung trotz seines eher hengsttypischen Selbstbewusstseins zu einem sehr angenehmen, lernwilligen, mutigen Freizeitpferd – ohne jede Verhaltensstörung (wie man sie regelmäßig bei Jungpferden aus kleinräumlichen, übertrieben behüteten, zu stark menschenbezogenen und überdies unnatürlich verhätschelten Aufzuchten findet). Dieses Beispiel soll exemplarisch darauf hinweisen, dass es für reine Zuchtherden bzw. Jungpferdeherden keine artgemäßere Aufzucht gibt als die ganzjährige großräumige natürliche Freilandhaltung. Pferdegerecht wird diese Haltungsform allerdings erst durch bedarfsgerechte Zufütterung, regelmäßige fachkundige Hufpflege und konsequente Gesundheitsvorsorge (Wurmkuren und Impfungen) sowie einen ausreichend großen, trockenen Offenstall oder – in eher theoretischen Ausnahmefällen bei optimal großen reservatähnlichen Arealen – durch wirklich ausreichenden natürlichen Schutzbewuchs bei stetiger Kontrolle auf Gesundheits- und Versorgungsmängel. Vorhandener Schutzbewuchs, so man diesen nutzen darf (auf Waldflächen ist in Deutschland grundsätzlich keine Pferdehaltung erlaubt) sollte kombiniert werden mit großflächig überdachten, auf befestigten Flächen stehenden, stabilen Winterfutterraufen, die in Ergänzung des Schutzbewuchses durch ihre Bedachung Schutz vor den ärgsten Witterungsunbilden bieten. Gleichzeitig dienen solche Raufen mit Schleppdach dazu, ein sicheres Anbinden auf festem Grund zu gewährleisten, wenn notwendige tierärztliche oder pflegende Maßnahmen dies erfordern. Pferdehaltern mit sehr naturkonformer Einstellung und ebensolcher Haltung sei in diesem Zusammenhang empfohlen, denjenigen, die präzise Dienstleistungen am Pferd erbringen sollen, auch akzeptable Arbeitsbedingungen durch überdachte, befestigte Flächen zu bieten. Hufschmiede und vor allem Tierärzte mit Großtierpraxen sind wetterhart und durch hier und da arg zu beanstandende Zu-

stände in landwirtschaftlichen Tierhaltungen nicht gerade verwöhnt. Sie sollten aber von Pferdehaltern nicht auch noch »bei Nacht und Nebel« in eine von Taschenlampen dürftig beleuchtete Matschwüste ohne trockenen Anbinde-Unterstand gerufen werden.
Aus den angeführten Untersuchungen sowie weiteren umfangreichen Dokumentationen des Verfassers, insbesondere der Beobachtung der Dülmener »Wildpferd«-Herde (2003), der Langzeitbeobachtung einer gemischtrassigen Pferdeherde bestehend aus fünf Vollblutarabern, fünf Fjordpferden und zwei Dülmenern in überwiegend ganzjähriger Weidehaltung mit Offenstall sowie Untersuchungen in einigen Reitställen, ergeben sich fünf grundlegende Haltungs-Faktoren, die bei jeder Form artgemäßer Pferdehaltung ausreichend zu berücksichtigen sind:

- Raumbedürfnis,
- Licht- und Luftbedürfnis,
- Herdenmentalität,
- Trink- und Fressgewohnheiten sowie
- Schlafgewohnheiten.

RAUMBEDÜRFNIS

Unter Raumbedürfnis ist nicht etwa allein die erforderliche Stall- oder Liegefläche zu verstehen, sondern insgesamt die Größe des Aktionsraumes der Haltungsanlage. Pferde als Pflanzenfresser und Fluchttiere verfügen über einen angeborenen kontinuierlichen Bewegungstrieb, der genetisch verbunden ist mit dem Fresstrieb, denn in der Natur wird nicht aus Raufen und Krippen zugefüttert. Vielmehr muss das Pferd sich in der Natur mehr als zwölf Stunden (= über 50 % des Tages, in Abschnitten verteilt auf die Gesamttageszeit von 24 Stunden) beim Grasen fortbewegen, um unter natürlichen Bedingungen satt zu werden. SCHEIBE et al. geben als ein Ergebnis ihrer Verhaltensuntersuchungen einen Mittelwert für die Nahrungsaufnahmezeit von 46 % bei Przewalskipferden im Semireservat Schorfheide an. Die dabei zurückgelegten Entfernungen lagen täglich zwischen sechs und zehn Kilometern, wobei die Autoren auf die reichliche Motivation der Wildpferde zu Ortswechseln aufgrund des großen, unterschiedlich strukturierten Geländes in der Schorfheide hinweisen. ZEEB ermittelte, dass Camarguepferde pro Tag etwa eine Strecke von sechs Kilometern beim Grasen zurücklegen. In kargen Gebieten nutzen frei lebende Pferde sogar einen Radius von 20 bis 30 km um ihre Wasserstellen, wie bei wild lebenden Pferden der Wüsten-Hochebene Namib im Süden Afrikas in Dürrezeiten zu beobachten war. Die vom Verfasser untersuchte frei lebende Fjordherde legte beim ruhigen Abgrasen des überständigen winterlichen Altgrases auf dem 100 Morgen großen Areal durchschnittlich täglich zwischen vier bis sieben Kilometer bei Fresszeiten zwischen elf bis sechzehn Stunden zurück (ermittelt und hochgerechnet nach der so genannten »Tortenstückmethode«). FRENTZEN belegt durch sehr aufwändig und präzise durchgeführte, gut dokumentierte Vergleichsversuche über die Bewegungsaktivitäten von Haflingern bei reinem Weideaufenthalt in sieben Versuchsdurchgängen Tagesstrecken von minimal 1,7 km bis maximal 9,3 km. Die von ihr beobachteten volljährigen Haflinger legten im Durchschnitt ca. 8,4 km innerhalb von 24 Stunden zurück.
Zu berücksichtigen ist die jahreszeitliche Variabilität der Nahrungsaufnahme, die sich zum Sommer hin erheblich verringern kann und zum Herbst – besonders ausgeprägt bei Pferden des Nordtyps – instinktiv stetig zunimmt, um hohe Fettreserven für die unter naturkonformen Bedingungen zu erwartende Mangelperiode des Winters zu bilden. Unter guten Bedingungen (satte Weide, schnell erreichbare Tränke) wird der Aktionsradius insgesamt zwar kleiner, das Pferd wird in solchen Fällen dann aber wählerischer, neugieriger und setzt dies ebenfalls in Bewegung um. Auch der Spieltrieb bei Jungpferden oder Aggressions- und Rangordnungsgeplänkel, also aktive Bewegung ohne Nahrungsaufnahme, nehmen offensichtlich zu, je komprimierter das Futterangebot ist und je weniger der Zwang besteht, sich auf sättigende Nahrungssuche begeben zu müssen. So konnte bei der Fjord-Beobachtungsherde am Niederrhein (1980) festgestellt werden, dass bei schneebedeckter, verharschter Narbe die erforderliche Grasungsaktivität

Eigenbewegung

1 Weideauslauf stimuliert besonders im Frühjahr und im Herbst das natürliche Bewegungsrepertoire: Vollblutaraberstute *Petschora* kurz vor dem Absprung zur sog. Levade.

2 Südpferde, hier die Vollblutaraberstute *Messalina*, »jagen« aus Lauffreude kurzzeitig mit 70 km/h im Renngalopp über die Weide.

3 Nur genügend hohe und Respekt einflößende Zäune veranlassen tobende Pferde zu rechtzeitigen Stopps.

4 Auch Nordpferde, hier die Fjordstute *Nancy-Nordal* im »Schwebetrab«, zeigen auf der Weide, was in ihnen steckt.

5 Nach dem Austoben wird zufrieden durchgeatmet.

kaum Raum ließ für nachrangige Bewegungsaktivität anderer Funktionskreise. Sobald die Schneedecke schmolz und kein zeitraubendes Scharren mehr zur Erlangung der nötigen Futtermengen erforderlich war, zeigten sich kleinere Geplänkel und Laufspiele zwischen den Pferden, die dem Funktionskreis »soziale Aktivität« zuzuordnen sind. Die Langzeitbeobachtung einer gemischtrassigen zwölfköpfigen Herde (Vollblutaraber, Fjord und Dülmener) in überwiegend ganzjähriger Weidehaltung durch den Verfasser ergab bei einzelnen Pferden im Winter Tagesstrecken auf der Weide von über sieben Kilometern, wobei im Rahmen dieser Studie beobachtet wurde, dass die Vollblutaraber beim Weideaufenthalt oft erheblich größere Strecken als die übrigen Pferde der Herde zurücklegten. Denn im Gegensatz zu den nordischen Pferden nahmen sie Altgras zu jeder Jahreszeit weniger intensiv auf, waren weitaus wählerischer und – je nach dem Vegetationsangebot der zugeteilten Koppel – bereits nachmittags auf die abendliche Zufütterung abwartend fixiert, was sich in gesteigerter Schrittbewegung bei wenig Nahrungsaufnahme und durch vermehrtes Einlegen kurzer Fresspausen sowie durch häufige Laufreprisen, vornehmlich im Galopp, ausdrückte. Oft wurden dabei Geräusche (z. B. lautes Fahrgeräusch eines Motorrades) oder optische Ereignisse (Auftauchen eines Radfahrers mit beilaufendem Hund) spielerisch als Flucht auslösende Umweltreize genutzt. Solche Rassenunterschiede sind bei Haltungsplanungen möglichst zu berücksichtigen, d.h. für hochblütige Pferde sollte der Aktionsraum, also die Größe des Areals insgesamt sowie die jeweilige Koppelgröße, sehr großzügig bemessen werden. Kleinflächigkeit führt ansonsten eher zu Haltungs- und Umgangsproblemen aufgrund von Triebstau.

Der Schluss liegt nahe, dass in allen Pferden (mit rasseabhängigen Unterschieden) ein genetisch fixierter Bewegungstrieb angelegt ist mit einem »Grenzwert«, bis zu dem täglich Bewegungsaktivität möglich sein muss, wenn nicht Psyche und Organismus auf Dauer Schaden nehmen sollen. Dies bestätigen auch medizinische Sachverhalte. Das bewegungsarm gehaltene Pferd besitzt z. B. weit weniger rote Blutkörperchen, die als Sauerstoffträger enorm wichtig sind, als ein bewegungsaktiv gehaltenes. Zwanghufe, Gelenkerkrankungen usw. resultieren aus Bewegungsmangel, der zu »Verweichlichungen« wie vermehrten Sehnenschäden und Stoffwechselstörungen führt. Psychisch-neurotische Defekte, die bereits einleitend angesprochen wurden, sind ebenfalls zwangsläufige Folge von Triebstau aus Bewegungsmangel (u. a. Koppen, Weben, Aggressivität mit Widersetzlichkeit).

Zum Raumbedürfnis gehört im Zusammenhang mit der Bewegungsaktivität auch die lebhafte Teilnahme am Umweltgeschehen. Damit ist die relativ ungezwungene Möglichkeit gemeint, vielfältige Sinnenreize aufzunehmen, die arttypische Neugier zu befriedigen und den Fluchttrieb, mal ernst, mal spielerisch, frei auszuleben. Eine halbe Stunde Freilaufen in einer geschlossenen Reithalle ist zwar besser als gar nichts, aber leider eben nicht ausreichend, zwar sicher gut gemeint zur Förderung der Kondition und zum Atem- und Muskeltraining, dennoch eigentlich mehr Alibi als pferdegerechte Bedürfnisbefriedigung. Pferdegerechte Sinnenreize der Außenwelt kann das Pferd hier nur sehr begrenzt aufnehmen. Ein weit verbreiteter Irrtum besteht auch darin, die Bewegung unter dem Reiter oder im Gespann als Ersatz für freie Bewegung und damit als ausschließliche Befriedigung des Bewegungstriebs zu verstehen. RODEWALD (1989) ermittelte als durchschnittliche Tagesbewegungsleistung von Privatpferden unter dem Reiter 4,9 km innerhalb einer Durchschnittszeit von 41 Minuten bei meist schnellen Gangarten. Das entspricht weder nach Zeitrahmen noch Gangarten dem natürlichen Bewegungsverhalten des Pferdes. Aus einer Untersuchung des Verfassers in zwanzig Pensionsbetrieben Niedersachsens und Nordrhein-Westfalens (1995) ergibt sich, dass die Tagesreitleistung privat eingestellter Pferde jahreszeitlich enorm schwankt und aus unterschiedlichen Gründen – auch beim Vorhandensein einer Bewegungshalle – im Winter auf nur täglich 35 Minuten im Durchschnitt sinkt. Dabei wurde auch deut-

lich, dass bei Stallhaltung ein Teil der – nach ihrer eigenen Einschätzung – selbst wenig abgehärteten Reiter winterliche Ausritte aus Angst vor diffusen Erkältungskrankheiten ihrer Vierbeiner vermeidet.
Die oben schon angedeuteten »rasseabhängigen Unterschiede« erfordern Differenzierungen mit praktischen Konsequenzen. Gerade hochblütige Rassen des Südtyps, galoppierfreudig und sensibel, brauchen weniger die technisch und optisch »piekfein« maßgeschneiderte Box als vielmehr lange Koppeln und laufgeeignete, drainierte Winterausläufe. Das ist für Warmblüter oder Vollblutaraber heute immer noch die Ausnahme, obwohl gerade sie aufgrund ihres starken Bewegungstriebs noch mehr danach verlangen als die gemeinhin heute schon viel naturnäher und großräumiger gehaltenen nordischen Rassen. Der Eigenbewegungsdrang dieser so genannten Robustrassen ist bei ausgewachsenen Exemplaren weitaus geringer als bei gleichaltrigen Südpferden, also z. B. Warmblütern oder Vollblutarabern. Robustrassen des Nordtyps sind im Temperament gelassener und neigen bei Triebstau zwar auch zu nervösen Aufladungen, aber bei ihnen verstärken sich aus Aktivitätsmangel überproportional teils stereotype Ersatzhandlungen (z. B. Holzbenagen, Scharren, Scheuern, Beißen). Trotzdem sollten Pferde des Nordtyps, auch Kaltblüter, in ihrer Bewegungsaktivität nicht unterschätzt werden. Müßiggang, zu gehaltvolle Fütterung, starker Wind und frostige Temperaturen lassen solche Pferde aus Lauffreude und zum Aufwärmen intervallartig »explodieren« und extreme Galoppaden und Kampfspielattacken vorführen, die ebenfalls genügend Raum mit gut sichtbaren, respektierten Zäunen erfordern.
Bedacht werden muss, dass Pferde aller Rassen, die ihren Eigenbewegungsdrang voll ausleben, zeitweise vermutlich durch körpereigene Stoffe (Endorphine) in einen rauschartigen Zustand geraten. Anzeichen dafür sind einleitendes Piaffieren, trompetenartiges Prusten und hohe Schweifhaltung. In diesem Zustand sind sie nur noch begrenzt beeinflussbar, sie toben bis die Flanken zittern, putschen sich in der Gruppe gegenseitig auf – und brauchen diesen Rauschzustand freier Entfaltung für ihr Wohlbefinden. Jede kleinräumliche Anlage aber behindert und verlagert (u. a. Pullen unter dem Reiter!) dieses ganz natürliche Verlangen (siehe Fototafel 2 auf Seite 27).

LICHT- UND LUFTBEDÜRFNIS

Das Licht- und Luftbedürfnis des Pferdes, verbunden mit dem Bedarf nach jahreszeitlich unterschiedlichen Außenklimareizen, resultiert aus seiner entwicklungsgeschichtlichen Herkunft. Zunächst als Waldbewohner, später vorwiegend als Steppentiere, waren Einhufer niemals Höhlenbewohner wie etwa die Vorfahren unserer Haushunde. Für ein großes, Gras fressendes Fluchttier, das für seinen Stoffwechsel, sein Wachstum und seine Organfunktionen viel Licht und Luft benötigt, wäre auch eine theoretisch

Wenigstens etwas pferdefreundlich ist bei Gitterboxen ein »Ausguck« zur Stallgasse.

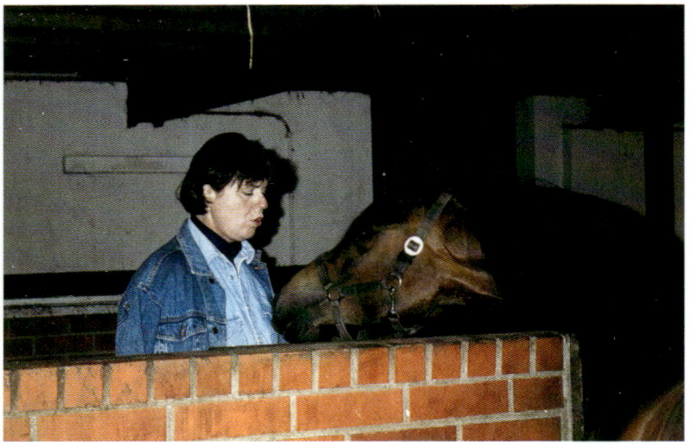

Ideal sind halbhohe Boxenabtrennungen aus stabilem Mauerwerk.

Holztrennwände aus herausnehmbaren Bohlen (eingesetzt in U-Profile) eigenen sich gut für Boxen in Holzbauweise.J

denkbare evolutionäre Höhlenanpassung, vielleicht in einem eiszeitlichen Rückzugsgebiet ohne Ausweichmöglichkeiten, das vorprogrammierte Aussterben gewesen. Die natürlichen Feinde, nämlich Höhlenbewohner wie Bär und Wolf, hätten leichte Beute gehabt. Das Pferd ist eben kein Kaninchen, dessen Baueingänge durchweg kleiner sind als seine Feinde, die Füchse! Das wird in der Praxis zu oft völlig übersehen. Nun mag dieser Vergleich überzogen scherzhaft klingen. Er ist es nicht, wenn man einmal mit offenen Augen durch die Stallgassen traditioneller Reitställe läuft. Aneinandergereihte, platzsparend-normierte Gitterkästen mit über zwei Meter hohen Trennwänden bestimmen das Bild ziemlich einfallsloser Nur-Boxenhaltungen ohne die wichtigen Auslauf- und Kontaktmöglichkeiten. Der Verfasser fühlt sich stets wie ein Zwergmensch zwischen überdimensionierten Kaninchenställen! Die Möhren und der Stallgeruch bestärken diesen Eindruck noch (wobei gegen Erstere selbstverständlich nichts einzuwenden ist). Verbesserungsmöglichkeiten zeigen die Abbildungen links.

Mangelhafte Befriedigung des Licht- und Luftbedürfnisses durch einseitige Stallhaltung hat eine Vielzahl negativer Auswirkungen auf das Pferd. Betroffen sind

- das Abwehrsystem,
- Atmung und Blutkreislauf,
- Stoffwechsel und Futteraufnahme,
- das Knochenwachstum (Vitamin-D-Bildung),
- der Hormonhaushalt,
- Blutbildung und
- Muskelleistung.

Wir verlangen von unseren Pferden vielfältige Bewegungsleistungen unter dem Sattel oder im Gespann, wir freuen uns über galoppierende Pferde, bewundern kraftvolle Eleganz und Ästhetik der Bewegung, registrieren dabei bestenfalls oberflächlich, welche erstaunlichen biologischen Abläufe im Pferdeorganismus vor sich gehen, die ebenfalls bewundernswert sind. Intensives Interesse für funktionelle Abläufe, grundlegende anatomische Details und ursächliche Haltungszusammenhänge wird häufig dann erst geweckt, wenn die Eleganz dem Husten weicht und in fortgeschrittenen Stadien der Tierarzt Lungenemphysem, chronische Bronchitis oder Stauballergie diagnostiziert. Von Natur aus sind Pferde mit einem maximal leistungsfähigen Atmungsapparat ausgestattet, der – so an frische Luft gewöhnt und trainiert – Voraussetzung ist für hohe Ausdauerbewegungsleistungen. Dabei können die Lungen (siehe Abbildung auf Seite 32) die Sauerstoffaufnahme um weit mehr als das 30-fache steigern (bezogen auf den Ruhewert). Beim Hund beträgt die Steigerungsmöglichkeit kurzzeitig etwa das 15-fache (z. B. bei Deutsch-Kurzhaar-Jagdhunden, Greyhounds und anderen Windhunden), beim trainierten Menschen das 20-fache. Gegenüber dem Ruhezustand erhöht sich beim mittelgroßen Pferd das ausgetauschte Luftvolumen durch Ein- und Ausatmen bei stärkstem Galopp um das 5-fache auf über 25 Liter (pro Atemzug). Jeder Galoppsprung ist mit einem Atemzug verbunden, die Atemfrequenz steigt um das Acht- bis Zehnfache der Ruhewerte (ca. 10 bis 16 je Minute) an. Auch die Milz des Pferdes vermag unter zunehmenden Belastungen außerordentlich große Blutmengen in die Organe zu pumpen, um die Sauerstoffversorgung der aktuellen Leistung anzupassen. Daraus wird deutlich, dass Pferde mit Atemwegserkrankungen, resultierend aus stickiger, ammoniakbelasteter, staubgeladener Stallluft und Anämie (geringe Zahl von roten Blutkörperchen, die wiederum für den notwendigen Sauerstofftransport sorgen), auf Dauer dahinsiechen. Wer in der Anatomie einer Tierärztlichen Hochschule die sezierte, durch nicht artgemäße Haltung erkrankte Lunge eines Pferdes einmal gesehen hat, wird sehr viel nachdenklicher im Hinblick auf die Umsetzung vorsorglicher Haltungskompromisse, die auch jedem traditionellen, noch nicht modernisierten Reitstall zugemutet werden müssen. Von Unwissenden wird als Ursache von Lungenproblemen nicht selten eine undifferenzierte »Erkältung« vorschnell angeführt, ausgelöst durch Unterkühlung bei geschwächtem Abwehrsystem. Erkältungen aber sind eigentlich vornehmlich die Domäne des Menschen. Bei Pferden sind sie als Hauptursache des Hustens eher die Ausnahme, denn das Anpassungsvermögen des Pferdes an veränderte Umweltbedingungen, seine beeindruckende Hitze-Kälte-Toleranz, basieren auf seiner arttypischen Bewegungsfunktion. Ausschlaggebend für die Anpassungsfähigkeit – und damit die grundsätzlich geringe Erkältungstendenz – sind in erster Linie Funktion und histologischer Aufbau der Pferdehaut. Etwa ein Drittel der Körperblutmenge, zahllose Nervenpunkte und ca. 100 Schweißdrüsen pro Quadratzentimeter (!) weist die Haut auf. So wird das Schweißbildungsvermögen als wichtiger Regulator für den Wärmehaushalt des Pferdes erklärlich. Die schweißfeuchte Fellbehaarung (bei nicht geschorenen Pferden; vgl. Ausführungen auf Seite 209) sorgt bei vorhandener frischer Luft (die im geschlossenen Stall und in vielen Reithallen eher selten ist) für die nötige Verdunstungskälte. Frische Luft fördert deshalb bei starken Anstrengungen den Abbau des in der Haut entstehenden Wärmeanstiegs. Insbesondere lebhafte, gehfreudige, auf hohe Bewegungsleistungen gezogene Rassen zeigen durch stärkeren Blutandrang in der Haut und außerordentlich hohe Schweißbildungsfähigkeit ihre Sensibilität, aber auch gerade ihre sehr große Anpassungsfähigkeit an. Diese Zusammenhänge werden nicht immer richtig interpretiert – mit der Folge unangebrachter, weil auf Dauer schädigender »Verhätschelung«. Negative Auswirkungen sind dann – mit entsprechenden Gefahren – ein geschwächtes Abwehrsystem aufgrund mangelhaften Trainings des naturgegebenen Anpassungsvermögens.

Dem jahreszeitlichen Temperaturwechsel passen sich alle Pferderassen durch den Fellwechsel an. Während Pferde des Nordtyps sich im mitteleuropäischen Klima zum Winter hin ein stärkeres Unterhautfettpolster in Verbindung mit gröberer und etwas längerer Fellbehaarung zulegen, sieht das Winterfell der Südpferde meist pelziger aus; es ist insgesamt kürzer. Haben Pferde (vor allem Südpferde) die Möglichkeit, sich nach eigenem Belieben besonders vor Dauernässe und starkem Wind gut zu schützen sowie trocken zu liegen, dann sind Minustemperaturen selbst für Vollblutaraber zuträglich – wenn die Pferde konsequent dem Jahresrhythmus entsprechend naturnah gehalten und nach der Arbeit selbstverständlich witterungs- und leistungsbezogen umfassend versorgt werden (und an gutem Raufutter nicht gespart wird!). Was die Anpassungsfähigkeit an extreme Temperaturen betrifft, so sind gerade Vollblutaraber, so sie nicht verzärtelt nach übertriebenen menschlichen Komfortgesichtspunkten aufgezogen und im geschlossenen Stall warm gehalten und zu allem Überfluss noch eingedeckt werden, die wohl anpassungsfähigste Rasse. Das trifft nicht auf solche bemitleidenswerten Vollblutaraber (oder auch Exemplare anderer Rassen, z. B. Quarter Horses) zu, die von ihren Eignern oder Pflegern durch Ganzkörperschur oder Teilschur (Kopf, Beine, Schweif) verstümmelt wurden, um ein von

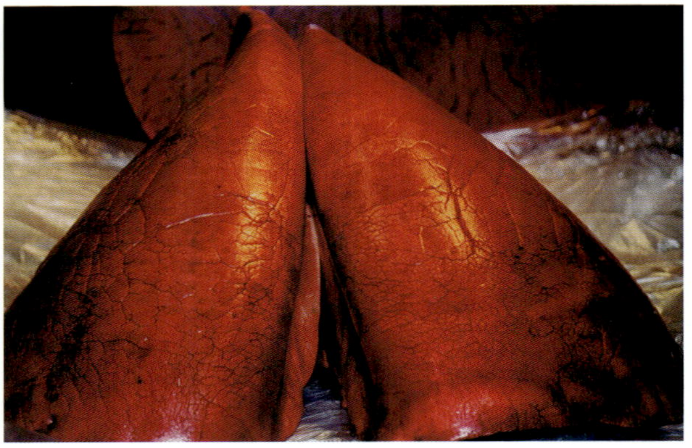

Die Pferdelunge ist ein extrem leistungsfähiges, aber auch empfindliches Organ für den Gasaustausch (Luft wird eingeatmet, Kohlendioxid wird ausgeatmet); sie besitzt eine sog. alveolare Gewebeoberfläche von mehreren hundert Quadratmetern.

Laien ersonnenes Show-Outfit zu erzielen, mit dem das Pferd bei Schauen in übertriebener Show-Manier präsentiert wird. Die Begründung, die verbreitet wird, wonach durch dieses amerikanisierte »Grooming« oder »Stylen« erst das »Pferde-Ideal« für Zuschauer und Richter erkennbar sei, ist nicht nachvollziehbar. Materialrichter jedenfalls, die nur gestylte Pferde nach Form und Bewegung beurteilen können, begünstigen damit erhebliche Zweifel an ihrer Ernsthaftigkeit und Fachkompetenz.

Erika Schiele, Hippologin und international anerkannte Expertin für Vollblutaraber, berichtet über die Haltung bei den Beduinen (Zitat aus »Arabiens Pferde – Allahs liebste Kinder«): »Das Pferd des Beduinen kannte keinen dumpfen Stall mit schlechter Lüftung, sondern lebte ständig in Luft und Licht und Wind. Also unter günstigsten Bedingungen. Wirklich? Tagsüber brannte die Sonne schattenlos herab, am Abend sank die Temperatur sehr rasch um 30° bis 40° Celsius und fiel noch tiefer in der Nacht. Vermehrt sanken die Bodentemperaturen, da Sand die Wärme abgibt und nicht hält; es wurden Unterschiede von 60° Celsius in sieben Stunden festgestellt.« Mit diesem Zitat soll selbstverständlich nicht eine extreme, nicht pferdegerechte stalllose Robusthaltung propagiert werden, sondern aus dieser Tatsachenbeschreibung wird deutlich, zu welchen extremen Anpassungen Pferde in der Natur fähig sind. In Mitteleuropa gelten aus guten Gründen andere Einsichten für die Haltung von Pferden als im Orient – auch Mentalitätsfragen spielen eine Rolle. Keine ausschlaggebende Rolle aber sollten unsere menschlichen Komfortbedürfnisse oder gar deplatziert-laienhafte Showgesichtspunkte spielen; sie können nicht ohne Schaden für das Pferd auf dessen Haltung übertragen werden.

HERDENMENTALITÄT

Die Herdenmentalität unserer Pferde ist eng gekoppelt mit ihrer stammesgeschichtlichen Entwicklung als friedfertige, hochflüchtige Vegetarier. Die Herde gab dem Individuum Sicherheit vor Feinden durch abwechselnde Wachposten während der Ruhephasen und sicherte dadurch primär die Arterhaltung. So ist der Herdentrieb bei Pferden u. U. so stark, dass dahinter sogar Fresstrieb und Sexualtrieb zurückstehen. Jeder Reiter und Pferdehalter kennt die – an sich ganz natürlichen – Eigenschaften wie »Kleben« oder »Pullen«. Sie können Ausdruck eines übermächtigen Herdentriebs sein, den sich der einfühlsame, erfahrene Trainer bei der Ausbildung des Jungpferdes zu Nutze macht, aber auch durch konsequente Erziehung und zielgerichtetes Training abzumildern versteht.

Frei lebende Pferde gruppieren sich nicht zu großen Herden, sondern leben in kleinen Gruppen zusammen. So konnte in Nevada/USA beobachtet werden, dass wild lebende Mustangs Gruppen von maximal zwanzig Pferden bilden. Die aus rund 350 Pferden bestehende Dülmener Herde in Westfalen bestand nach Beobachtungen des Verfassers im Zeitraum 2003–2008 aus durchschnittlich 30 Gruppen, die im Herdenverband mehr oder weniger locker zusammen lebten (siehe Fototafel 3, Seite 35).

In der Namib-Hochebene, einer jahreszeitabhängig fast vegetationslosen Stein- und Sandwüste im Süden Afrikas (ehemalige Kolonie Deutsch-Südwest) lebten nach aktuellen Zählungen 2003 nur noch 30 bis 50 Nachkommen entlaufener Hauspferde wild. Es handelt sich bei diesen Pferden um Warmblüter mit Vollblutanteil (ursprünglich in der Mehrzahl Trakehner), die 1915 durch

Ereignisse im Zusammenhang mit Machtverschiebungen des I. Weltkriegs aus der großflächigen Farm des deutschen Barons *Hans-Heinrich von Wolf* in die Freiheit der Hochebene entkamen. Im Laufe von zwanzig Generationen ist durch gnadenlose natürliche Auslese – basierend auf den erblichen Anlagen der Urpferde – eine extrem harte Steppenpferdrasse entstanden, die in Dürrezeiten sogar in Ausnahmefällen aus Not den eigenen, getrockneten Kot nochmals zur Verwertung der darin enthaltenen Restnährstoffe aufnimmt. In der Namib sind kleine Familiengruppen von zwei bis maximal acht Pferden anzutreffen. In diesem Zusammenhang ist erwähnenswert, dass dort eine Gruppe beobachtet wurde, die überwiegend einvernehmlich von zwei erwachsenen Hengsten begleitet wurde. Dies ist aber nicht die Regel, denn normalerweise duldet ein erwachsener Herdenhengst keinen Rivalen in seiner Gruppe.

Aus vielen Untersuchungen unterschiedlicher Herden ergibt sich ferner, dass bei frei lebenden Gruppen die Hengste nicht immer und überall die Leitfunktion ausüben, die in netten, spannend geschriebenen Geschichten über »Fury«, den schwarzen Hengst, unterstellt wird. Bei solchen unterhaltsamen Darstellungen bleibt unberücksichtigt, dass sich die frei lebende Pferdegruppe meist aus zwei bis vier Stuten, Saugfohlen beiderlei Geschlechts sowie einigen Jungstuten zusammensetzt und die älteste Stute klar die Leitfunktionen wahrnimmt – sie führt die Gruppe bei normalem Tagesablauf. Der Hengst, obwohl das ranghöchste Pferd (sog. Alpha-Tier) des Familienverbandes, läuft typischerweise hinter der Herde und dirigiert nur gelegentlich. In der Paarungszeit und bei Begegnung mit Junghengst-Rudeln oder älteren Rivalen, z. B. an Wasserstellen, zeigt sich der Hengst als das stärker bestimmende Alpha-Tier. Mit gesenktem Kopf in der sog. Treibhaltung hält er seine Herde zusammen und drängt sie (manchmal betont aggressiv) in eine von ihm bestimmte Richtung – ganz ähnlich dem Verhalten eines guten Hütehundes. Auch bei der Absonderung von heranwachsenden Hengsten der eigenen Herde,

Bei Familiengruppen sieht man sehr geringe Individualabstände bis zum Hautkontakt; rechts abgebildet ist die Vollblutaraberstute *Mashuga* mit ihrer zweijährigen Tochter *Messalina* in antiparalleler, körpernaher Ruhestellung.

meist Zweijährigen, zeigt sich die situationsgebundene Leitfunktion des Hengstes. Es wird durch dieses Absonderungs-Verhalten instinktiv zu enge Verwandtschaftszucht in der Natur vermieden. Die Junghengste schließen sich zu eigenständigen Hengstgruppen zusammen, wo sie in Rangeleien ihre Kampfkraft trainieren, um dann vielleicht irgendwann in einem echten Rivalenkampf einem Herdenhengst eine Stute abzunehmen – oder die ganze Herde. Ein solcher Wechsel droht ganz natürlich älteren, geschwächten Hengsten, die sich in einem solchen Fall zurückziehen, um mit größerer Distanz der Herde zu folgen oder mit einem oder mehreren anderen Hengsten eine Hengst-Gruppe zu bilden. In der vom Verfasser untersuchten Fjord-Beobachtungsherde mit Stuten und mehreren männlichen Pferden war die Gruppenteilung ziemlich klar. Der Hengst lief und graste manchmal wie ein Wachposten zwischen seinen drei Stuten und der sechsköpfigen Wallachgruppe. Andererseits war vornehmlich gegen Abend, bei extremer Witterung und bei Ortswechseln beim sog. Ziehen im »Gänsemarsch« über ausgetretene schmale Wege (Wechsel) diese Gruppenbildung aufgelöst bei verringerten Individualabständen. Stärkere rivalenähnliche Geplänkel gab es nur zwischen Hengst und ranghöchstem Wallach. Trotz einer – im Vergleich zu diesem Wallach – geringeren Körpergröße, schlechterem Futterzustand und chronischen Kampfspuren blieb der Hengst während der Beobachtungszeit das Alpha-Tier der gesamten Herde. Vermutlich ist die geschlechtshormonelle Energie – im Unterschied zur veränderten Hormonbasis der kastrierten männlichen Pferde – hier der ausschlaggebende Faktor für die beständige Zähigkeit und Durchsetzungskraft des Hengstes. Gemessen an männlichen Tieren anderer Säugetierarten haben Pferdehengste ein äußerst intensives Fortpflanzungsverhalten. Dazu gehörende Rivalenkämpfe werden bereits im Fohlenalter spielerisch (auch mit Stutfohlen) geübt. Die stark geschlechtsgebundene Stimmung der Hengste und ihre Kampfeslust wird besonders deutlich, wenn paarungsbereite Stuten zugegen sind. Hengste orientieren sich in erster Linie an den Stoffwechselprodukten der Stute, aus deren Geruchsstoffen sie den Sexualzustand erkennen.

Rivalenkämpfe zwischen männlichen Pferden (in abgeschwächter Ausprägung auch bei Wallachen zu beobachten) laufen nach typischen Ritualen ab:

- Drohen mit tiefem Kopf und angelegten Ohren, einander umkreisend,
- Steigen und Schlagen oder auch – im Steigen – Umfassen mit den Vorderbeinen sowie Beißversuche in den Hals,
- Beißen in Hals, Schulter, Brust, Vorderbeine, Widerrist und Kruppe, Flanken, Hinterbeine (bei Flucht des Rivalen),
- Niedergehen vorn auf die Vorderfußwurzelgelenke, Beißversuche; Halskampf und Kreiseln,
- Ausschlagen mit der Hinterhand.

Neben fortpflanzungsbedingten Rivalenkämpfen sind bei Pferden beiderlei Geschlechts vielfältige rangordnungsstiftende Verhaltensformen stark ausgeprägt. In jeder Gruppe entwickelt sich eine Rangordnung aufgrund direkter Kämpfe, Drohung, passiver Unterwerfung oder auch durch Kombination dieser Ausdrucksformen. Stuten kämpfen im Wesentlichen durch Beißen und Ausschlagen mit der Hinterhand. Solche, die mit Hengstfohlen aufwuchsen, neigen nach Beobachtungen des Verfassers vermehrt auch im fortgeschrittenen Alter zum hengstartigen Steigen. Rangbedingte Faktoren sind: Alter, Geschlecht, Gewicht, Kraft, Erfahrung, Geschicklichkeit sowie Mut und Intelligenz.

Im Zusammenhang mit der Rangordnung stehen zwei grundsätzliche Verhaltensweisen:

Aggression und Unterwerfung. Beim so genannten allgemeinen »Hackrecht« entsteht eine lineare Rangordnung, die allerdings bei Pferden durch »Dreiecksverhältnisse« (A hackt B, B hackt C, C hackt A) modifiziert wird (so auch HECHLER, 1971, und GRÖNGRÖFT, 1972).

Ranghohe Tiere genießen Vorrechte, sie dürfen zuerst saufen, wählen die besten Futter- und Schlafplätze und animieren rangniedere Herdenkumpanen in der Regel zur Fellpflege. Nur in Ausnahmefällen (bei eng befreundeten Pferden) geht ein Körperkontakt

Dülmener Wildbahnpferde

1 Unterschiedliche Stuten-Typen der Dülmener Herde: links Nordpferd (Fjordtyp mit Mausohren, kürzerer Halsung), rechts Südpferd (Tarpantyp mit langen Ohren, leicht ramsnasigem Kopf, langem Hals, lockerem Kehlgang).

2 Zum Witterungsschutz wird der »Einstand« unter Bäumen aufgesucht.

3 Wälzen ist für alle Pferde ein tägliches Bedürfnis – wie man sieht, auch für hoch tragende Stuten.

4 Mit leicht gesenktem Kopf und angelegten Ohren wird eine nicht zur Familiengruppe zählende Stute »angedroht«.

5 Eine selbst noch nicht voll entwickelte, vermutlich erst zweijährige Stute säugt ihr Fohlen.

6 Häufig liegen die Saugfohlen in der Mitte der Familiengruppe, die ihnen Schutz bietet.

ungestraft von Rangniederen aus. Ist die Rangordnung einmal geklärt, dann bleibt sie über einen langen Zeitraum konstant. Durch das ausgeprägte Sozialverhalten und die Vorliebe für geselliges Leben sieht man innerhalb der Pferdegruppe typische Freundschaften zwischen rangnahen Pferden, oft sind sie miteinander verwandt (z. B. Stute und Tochter, siehe Abbildung auf Seite 33). Ausdruck finden solche Freundschaften im gemeinsamen Grasen und vornehmlich bei der sozialen Fellpflege. Dabei beknabbern sich zwei Pferde jeweils an den Partien (Mähnenkamm, Rücken, Widerrist), die sie selbst

Tabelle 1

Sozialverhalten/Aktivitäten bei Pferden

Verhaltensweise »attraktiv«	Verhaltensweise »kohäsiv«	Verhaltensweise »repulsiv«
Aufsuchen	Zusammensein	Drohen
Begrüßen	Hüten	Angreifen
naso-nasal	Nachfolgen	Vertreiben
soziales Lecken	Geruchskontrolle	Verfolgen
	soziale Hautpflege	Kampf
	Spiel	Ausweichen
	spielerische Auseinandersetzung	Meiden

Die wichtigsten Formen des Sozialverhaltens erkennt man an den folgenden Aktivitäten.

▸ Zusammensein:
Darunter ist enges Zusammenstehen beim Ruhen oder gemeinsamen Grasen zu verstehen.

▸ Soziale Körperpflege:
Die Pferde stehen antiparallel und beknabbern mit den Schneidezähnen gegenseitig das Fell.

▸ Kampfspiel:
Spielerische Auseinandersetzung mit Rollenwechsel (bei mindestens einem der Partner sind die Ohren aufgestellt). Es können dabei eine Reihe von Einzelaktionen beobachtet werden, z. B. Kopf-, Hals- und Schulterkneifen, Beinkneifen und Kreiseln, spielerisches Verfolgen sowie beim Verfolgten Buckeln durch Hochwerfen der Hinterhand ohne auszuschlagen.

▸ Meiden:
Der Rangniedere hält einen bestimmten Abstand zum Ranghöheren ein – ohne dass dieser gedroht hätte.

▸ Ausweichen:
Der Bedrohte entfernt sich vom Angreifer mit seitwärts stehenden Ohren und eingeklemmtem Schweif.

▸ Drohen:
Die Ohren sind mit den Öffnungen nach hinten angelegt, das Maul ist nach hinten gezogen und die Nüstern sind zusammengezogen verschmälert; unterschiedliche Intensitätsstufen mit Attacken sind zu beobachten.
– Drohschwingen: Mit Drohmimik bei geschlossenem Maul schwingt der Angreifer seinen Kopf gegen den in der Nähe stehenden Bedrohten – ohne sich dabei von seinem Platz zu bewegen.
– Beißdrohen: Intensive Drohmimik mit geöffnetem Maul und fast waagerecht gehaltenem Kopf, auch verbunden mit abrupter Schrittbewegung in Richtung des Bedrohten.
– Beißen: Eine Körperstelle wird mit den Schneidezähnen bei intensiver Drohmimik erfasst.
– Schlagdrohen mit der Hinterhand: Zusammen mit Drohmimik ist die Hinterhand gegen den Bedrohten gerichtet oder es erfolgt ein Rückwärts- bzw. Seitwärtstreten in seine Richtung.
– Schlagen mit der Hinterhand: Bei erkennbarer Drohmimik wird mit einem Hinterbein oder mit beiden Hinterbeinen ausgeschlagen.

▸ Angreifen:
Der Angreifer geht mit Drohmimik und über der Waagerechten gehaltenem Kopf in allen Gangarten auf ein anderes Pferd zu.

▸ Verdrängen:
Der Ranghöhere versucht – anfangs ohne Drohmimik – durch Wegdrücken mit Brust oder Schulter den Platz des Rangniederen einzunehmen. Verdrängungsversuch in Fressständen (nach KOLTER) durch Auflegen des Kopfes auf den Rücken des zu verdrängenden Pferdes.

weder mit den Hufen noch mit Zähnen erreichen können. Neben solchen Freundschaften, bei denen ein geringer Individualabstand und nur ganz seltene Rangeleien kennzeichnend sind, gibt es innerhalb von Pferdegruppen auch ausgesprochene Feindschaften. Ausdruck solcher Feindschaften können willkürliche Überfälle des Ranghöheren sein oder auch nur Drohgebärden, sobald der Individualabstand aus der Sicht des Ranghöheren zu gering wird. Die Berücksichtigung der Herdenmentalität, das ausgeprägte Sozialverhalten einschließlich der Möglichkeit, Aggressivität ausleben zu können, muss bei der Haltung unserer Hauspferde gebührend berücksichtigt werden. Einleuchtend dürfte jedem sein, dass die dauernde Einzelhaltung von Pferden in einem Areal ohne weitere Artgenossen der gravierendste Verstoß gegen den naturgegebenen Anspruch auf Berücksichtigung der Herdenmentalität darstellt. Wenn in Ausnahmefällen andere Weidetiere anstelle der an sich erforderlichen Artgenossen Gesellschaft leisten, kann dies mildernd wirken, doch sind sie – ebenso wie menschliche Gesellschaft – niemals vollwertiger Ersatz für Artgenossen, mit denen Pferde auf ihre typische Art und Weise kommunizieren wollen. Erschreckend ist unter solchen Gesichtspunkten die immer noch zu häufig anzutreffende einfallslose Praxis der strikt separaten Hengsthaltung: eine lebenslänglich verordnete Einzelhaft! Dass es bei gutem Willen – sicherlich mit Kompromissen und Mehraufwand – anders ablaufen kann, zeigen Gestüte und Einzelzüchter mit echtem Pferdeverstand und Gefühl für das Pferd als Lebewesen (s. S. 191).
Die ursächlich mit der Herdenmentalität verbundenen sozialen Aktivitäten bestimmen auch einen wichtigen Teil der Bewegungsaktivitäten. Zwar überwiegt rein zeitlich bei frei lebenden Pferden die Bewegungsaktivität zur Nahrungsaufnahme im Schritt, doch ist der Stellenwert jener Aktivitäten, die sich aus dem Zusammenleben ergeben, sehr hoch – und für das gesamte Wohlbefinden unerlässlich. Wenn bereits für ausgewachsene Pferde die Berücksichtigung der Herdenmentalität als unverzichtbar zu gelten hat, so muss dieser Faktor nochmals als fundamental unterstrichen werden, wenn es um die Aufzucht von Fohlen und Jungpferden geht. Sie brauchen im besten Fall wenigstens zeitweise in der Gruppe sowohl gleich alte Spielgefährten als auch erwachsene Pferde, durch die sie artgerechtes Rangordnungs- und Sozialverhalten lernen.
Die sozialen Verhaltensweisen werden unterteilt in verschiedene Kategorien (siehe hierzu Tabelle 1, Seite 36):

- attraktive Aktivitäten (= zusammenführende),
- kohäsive Aktivitäten (= zusammenhaltende) und
- repulsive Aktivitäten (= auseinandertreibende).

TRINK- UND FRESSGEWOHNHEITEN

Die Trink- und Fressgewohnheiten frei lebender Pferde sind einerseits instinktgebunden, werden aber zusätzlich von Stoffwechselvorgängen, anatomischen Faktoren und vor allem vom Lebensraum und dem erreichbaren Nahrungsangebot sowie klimatischen Bedingungen bestimmt. Ob in offenen Steppen, Grünland- und Waldarealen oder in teilbewaldeten bergigen Gebieten, frei lebende Pferde wählen ihren Standort innerhalb natürlicher oder reservatbedingter Grenzen selbst. Ihr Lebensraum vermag ihnen zu jeder Jahreszeit unterschiedliche und unter wechselnden Witterungsbedingungen oft karge, weil nährstoffarme, aber meist ausreichende pflanzliche Nahrung zu

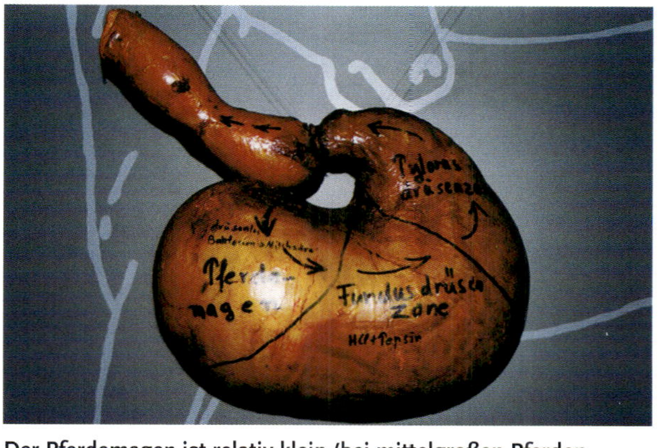

Der Pferdemagen ist relativ klein (bei mittelgroßen Pferden ca. 15 Liter Fassungsvermögen); er wird eingeteilt in drei Zonen mit unterschiedlichen Sekretdrüsen.

Willkommenes Zusatzfutter ist in der Haarwechselzeit auch Schnittholz von Obstbäumen oder schon mal eine Fichte (alles aber nur nach vorheriger sättigender Raufutterfütterung).

bieten, die von ihnen kontinuierlich in kleinen Portionen über zehn bis vierzehn Stunden pro Tag aufgenommen wird. Unsere Hauspferde müssen üblicherweise als Reit-, Gespann- oder Holzrückpferde mehr leisten als frei lebende Pferde oder Wildpferde, weshalb die Futteransprüche durchweg höher sind. Allerdings sind Bau und Funktion des Verdauungsapparates sowie das Futteraufnahmeverhalten in wesentlichen Punkten im Vergleich zu den Wildpferden unverändert geblieben. Der sehr lange Darmtrakt aller Equiden, vor allem der riesige Dickdarm mit seiner bakteriellen Verdauungsfunktion, muss kontinuierlich mit vegetarischer Nahrung versorgt werden. Deshalb gilt es, alle Faktoren des natürlichen Nahrungsaufnahme-Verhaltens bei der Haltung weitgehend zu berücksichtigen. Es sind dies:

- Stetige Nahrungsaufnahme mit Bewegungsaktivität,
- Selektionsmöglichkeit,
- ausgiebige Kautätigkeit und Einspeichelung,
- langdauernde Beschäftigung mit der Nahrungsaufnahme und -suche,
- kontinuierliche Aufnahme kleiner Portionen mit maximal bis zu vierstündigen Fresspausen,
- Aufnahme größerer Mengen Trinkwasser vor und nach der Futteraufnahme.

Auftretende Fütterungsfehler (siehe Tabelle 2, Seite 39), verursacht durch Nahrungsmängel und nicht ausreichende Berücksichtigung der natürlichen Faktoren, führen zu teils lebensbedrohlichen Erkrankungen des Magen-Darm-Traktes (Symptomenkomplex Kolik = Schmerzen im Bauchraum, z. B. durch Fehlgärungen), zu gravierenden Stoffwechselstörungen (z. B. Hufrehe und Kreuzverschlag), Störungen des Bewegungsapparates durch Muskulatur- und Skelettveränderungen sowie – leider gar nicht so selten – zum Verlust von Pferden.

Ohne an dieser Stelle alle Details erörtern zu wollen, soll zumindest kurz am Beispiel des Pferdemagens dargestellt werden, wie wichtig die Berücksichtigung natürlicher Gesetzmäßigkeiten ist. Da auf kontinuierliche Aufnahme kleiner Futtermengen eingerichtet, ist das Magenvolumen mit einem Fassungsvermögen von etwa 15 Litern bei mittelgroßen Pferden ziemlich klein (siehe Abbildung auf Seite 37). Die in die Magenwand mündende Speiseröhre besitzt einen Schließmuskel, der sich – abhängig vom Magenfüllungsdruck – reflexartig öffnet oder schließt. Bei Magenüberladung kommt es gerade dann, wenn ein Erbrechen nützlich wäre, zum Verschluss. Ein normales Erbrechen des Mageninhalts ist nicht möglich.

Damit die Verdauungsvorgänge im Magen ungestört ablaufen können, muss zunächst in der Maulhöhle eine starke Zerkleinerung des aufgenommenen Futters durch die Backenzähne stattfinden. Durch den Kauprozess wird die Tätigkeit der Speicheldrüsen angeregt und das Futter je nach seiner Struktur eingespeichelt. Dadurch wird es u. a. durchweicht und schluckfähig. Im Magen wird der Futterbrei weiter durch Magensaftsekretion verflüssigt und kann im Normalfall in den Darm passieren. Werden diese Vorgänge gestört, z. B. durch übermäßige Arbeit des Pferdes nach der Fütterung, durch starke Unruhe oder hastige Futteraufnahme sowie zu große Kraftfutterrationen pro Mahlzeit oder auch größere Mengen geschroteten Futters (Getreidemehl), so setzt sich eine bakterielle Zerlegung des Futters mit starker Gas- und Druckbildung im Magen fort. Solche Fehlgärungen können bis zum Magenriss und zum Verlust des Pferdes führen.

Fütterungsfehler und Folgen

Tabelle 2

Ursache	Wirkung
zu rohfaserarme, stärkereiche Futtermittel wie Weizen oder Roggen	Fehlgärungen, Verkleisterungen im Magen durch enthaltene Kleber-Eiweiße
zu viel frisches Grünfutter beim Anweiden im Frühjahr	Durchfall, Hufrehe
zu starke Fütterung sperriger, rohfaserreicher Futtermittel wie Stroh	Magen-/Darmverstopfungen (sog. Obstipationen)
zu starke Fütterung von blähendem Futter (Äpfel, Brot, Klee, Kohl, junges Grünfutter)	Gasbildung im Blinddarm (sog. Trommelsucht)
verschimmeltes Futter, ungenügend abgelagertes Heu, verschmutzte Futtermittel	Magen-/Darmkatarrh, Hufrehe, Sandkolik
zu kurz geschnittenes Gras (Rasenmähergras)	Darmverfilzung, -verstopfung
nicht genügend eingeweichte Trockenschnitzel	Schlundverstopfung, Magenüberladung
plötzlicher Futterwechsel	Hufrehe, Durchfall
zu wenig Mahlzeiten oder zu große Kraftfuttermengen pro Mahlzeit	Hufrehe, Magenüberladung, Übersäuerung, Magenschleimhautentzündung
zu lange Zeitspanne (z. B. nachts mehr als sechs bis acht Stunden) zwischen einzelnen Fütterungen (= überlange sog. Futterkarenz)	Durchfall, Störung der Magen-Darm-Flora und -Fauna, Holzknabbern, Sandfressen, Magenschleimhautentzündung
überhöhte Mengen an Futtermitteln mit hohem Magnesium- und Phosphor-Gehalt (Kleien, Nachmehle)	Darmsteinbildung
zu fein gemahlenes Futter	Schlundverstopfung
Pelletfütterung oder Heucobfütterung bei Pferden mit Zahnfehlern bzw. bei Jungpferden im Zahnwechsel	Schlundverstopfung
zu starke körperliche Belastung nach der Fütterung	Hufrehe, Magenriss
zu wenig Bewegung bei zu gehaltvoller Fütterung	Hufrehe, pathologische Fettsucht
Wassermangel	Eindickung des Darminhaltes, Verstopfung

SCHLAF- UND RUHEGEWOHNHEITEN

Die Schlaf- und Ruhegewohnheiten des Pferdes unterscheiden sich ganz erheblich von den Gewohnheiten, die man von anderen Haustieren, z. B. Hunden, kennt. Während die Wölfe – fleischfressende Raubtiere und Vorfahren unserer Haushunde – kurze, intensive Fresszeiten nach mehr oder weniger langdauernder Jagd der Beute pflegen mit darauf folgenden sehr langen Ruhe- und Schlafzeiten – oft in warmen Höhlen, verhält es sich bei den Pflanzen fressenden Fluchttieren genau umgekehrt. Frei lebende Pferde verbringen mehr als 50 % ihrer Zeit mit der Nahrungssuche und -aufnahme. Für die sehr kurzen Schlafzeiten und Ruhepausen bevorzugen sie offenes Gelände und – so vorhanden – Hügel, die dem Wind ausgesetzt sind. So wird das Sicherheitsbedürfnis am ehesten befriedigt. Durch die Luftbewegung können Geräusche und Gerüche besser wahrgenommen werden. Hinzu kommt, dass durch Luftbewegung an solchen Plätzen die Insektenplage geringer ist und in der feucht-kalten Jahreszeit Hügel oder andere windbestrichene Plätze erheblich trockener sind als Absenkungen, in denen Kaltluftseen oder Nebelbänke entstehen. EBHARDT (1954/1956) berichtet über solche Verhaltensweisen bei

frei lebenden Islandpferden, die schon am ersten Tag der Beweidung eines neuen Areals durch kurzes Abweiden der Grasnarbe damit begannen, einige windbestrichene Hügel als Schlafplätze einzurichten. Diese benutzten sie dann auch während der gesamten Weideperiode. Vermutlich ist sogar (nach SCHÄFER) die Virulenz (= Schädlichkeit) von Krankheitserregern in bewegter Luft geringer im Vergleich zu stehender. Die eigentliche Schlafdauer bei Pferden ist unterschiedlich lang und hängt im Wesentlichen vom Alter ab. Drei unterschiedliche Intensitätsgrade des Schlafs sind zu beobachten. Dabei werden jeweils wechselnde typische Schlafstellungen eingenommen (siehe Abbildungen unten und auf Seite 41).
Abgesehen von nur bei Fohlen zu beobachtenden sog. infantilen Ruhestellungen, schlafen Pferde

Schlafende Wildbahnjungstute in Seitenlage, die Gras als »Kopfkissen« bevorzugt.

- im Stehen, wobei dieses »Dösen« der schwächste Intensitätsgrad ist, zeitlich allerdings die längste Ruhephase darstellt;
- in der Bauchlage (Kauerstellung), bei der Pferde mit untergeschlagenen Beinen und frei getragenem oder aufgestütztem Kopf leicht schlafen und
- in der Seitenlage mit weggestreckten Beinen (Tiefschlafphase).

Nach langjährigen Beobachtungen des Verfassers beträgt die Dauer der Tiefschlafphase bei Pferden ab einem Alter von etwa zwölf Jahren nachts – und im Sommer auch nachmittags – insgesamt weniger als zwei Stunden. Bei Fohlen dagegen kann diese Phase unregelmäßig über 24 Stunden verteilt dreimal so lang sein. Die gesamte Ruhezeit (dösen plus schlafen) kann auch bei älteren Pferden acht bis zwölf Stunden betragen, je nach Haltungsumfeld, Futterangebot, klimatischen Bedingungen und Außenreizen sowie in Abhängigkeit von der Rangordnung. Die Tiefschlafphase des ranghöchsten Pferdes einer Gruppe ist durchschnittlich um rund 20 % kürzer als bei den nicht so hoch im Rang stehenden, etwa gleichaltrigen Gruppenmitgliedern.
Bemerkenswert ist, dass Pferde primär zum Dösen in der Mittagszeit gerne gemeinsam den Stall aufsuchen (die Stimmung zum Dösen überträgt sich auf die gesamte Gruppe). Intensive Beobachtungen der Dülmener Herde ergaben, dass im Hochsommer die gesamte 350-köpfige Herde, bestehend aus etwa 30 Gruppen, mehrmals täglich langsam über die ausgetretenen Wege des Reservates (sog. Wechsel) in einen baumbestandenen Ruhebereich zog. Im Gegensatz zum Dösen wird die Tiefschlafphase in Seitenlage von Hauspferden vorzugsweise bei trockenen Bodenverhältnissen außerhalb des Stalles verbracht. Aus diesem Grund sollten Ausläufe möglichst nicht ausschließlich einen befestigten Boden (z. B. Beton- oder Pflasterboden) erhalten, sondern wenigstens teilweise immer einen körperfreundlichen Liege- und Wälzbereich anbieten.
Studien zum Ruhe- und Schlafverhalten wurden u. a. von HASSENBERG (1971) durchgeführt. Wissenswert ist, dass das Aufsuchen des Schlafplatzes vor dem Niederlegen be-

Ruhende Pferde sollte man nicht aufscheuchen. Auch muss unter beengten Boxenbedingungen ohne Ausweichmöglichkeit die Einstreu besonders gut gepflegt werden.

reits beim Pferd den psychischen Ruhezustand einleitet. Der Schlafplatz entspricht dem sog. Einstand bei Wildtieren. Werden Wildtiere im Einstand nachhaltig gestört, flüchten sie verunsichert und suchen diesen Einstand nicht wieder auf. Eine solche Wahlmöglichkeit hat das Hauspferd in der Regel nicht. Deshalb ist zur Verhinderung von Stresseinwirkungen der Schlafplatz durch Betreuer und Reiter zu respektieren: Das »Aufscheuchen« ruhender Pferde von ihrem angestammten Ruheplatz sollte nach Möglichkeit vermieden werden, um Regenerierung und Sicherheitsgefühl nicht zu stören. Durchweg suchen sich Pferde die für sie besonders attraktiven Stellen im Auslauf und auf der Weide als Liegeplatz aus.

Es empfiehlt sich, den Offenstall-Liegebereich oder auch bei geschlossener Stallhaltung die Box weitgehend als Ruhezone zu achten. Das schließt in diesen Räumen alle Aktivitäten aus, die das Pferd mehr oder weniger verunsichern oder belasten können! Tierärztliche Behandlung, Eingabe von Wurmmitteln, Ausprobieren neuer Reitutensilien oder Hufbeschlag sind deshalb besser auf der Stallgasse oder einem überdachten Vorplatz zum Offenstall zu erledigen – nicht im Ruhebereich. Übel für den Regenerierungserfolg wirkt sich auch auf- und abschwellender Lärm im Stall selbst oder auf der Stallgasse in Reitställen aus. Herumschreien, stark bass- oder schlagzeugbetonte Rapper- oder Rockmusik sowie zackige Marschmusik mit Trommeln und Blasinstrumenten sind nach Feststellungen des Verfassers (2002) für Pferde erheblich nervender als beispielsweise klassische Musik. Dies nur am Rande: Ähnlich wie im Humanbereich, wo zu Therapiezwecken klassische Musik des Komponisten Mozart (1756–1791) bei Kindern eingesetzt wird, hat sich nach Experimenten des Verfassers gezeigt, dass insbesondere Vollblutaraber offenbar klassische Kompositionen als (gedämpfte) Hintergrundmusik im Stallbereich zu lieben scheinen und sich dabei erkennbar entspannen.

Vor dem Hinlegen sieht man bei Pferden immer ähnlich ablaufende Scharr- und Drehbewegungen. Diese Bewegungen weisen auf das Bedürfnis einer Vorbereitung des Schlafplatzes hin. Bei zugleich beginnendem Zu-

sammenknicken der Extremitäten mit auf den Ruheplatz gerichteten Kopf legen sich Pferde zuerst vorn nieder (abwechselndes Einknicken der Vorderextremitäten und abruptes Fallenlassen des Hinterkörpers). Das Aufstehen läuft dann umgekehrt ab (der Vorderkörper richtet sich zuerst auf). Es ist nützlich, wenn Pferdebetreuer diese Abläufe kennen, um bei einem Festliegen des Pferdes, z. B. im Stall (das kommt in der Natur nie vor, weshalb Pferde in solchen Situationen sehr unbeholfen wirken; sie besitzen dafür kein Verhaltensmuster), oder bei Unfällen das Aufstehen oder Niederlegen des Pferdes vorsichtig unterstützend betreiben zu können. Während der Ruhephasen ist bei allen Pferden einer Gruppe geringe (10 bis 20 cm) bis mittlere (ein bis zwei Meter) Individualdistanz zu beobachten, die bei Stuten mit Fohlen oder älteren Nachkommen (siehe Abbildung auf Seite 33) bis zum Körperkontakt verringert wird (auch zu beobachten bei sehr eng befreundeten Pferden). In besonders lebhaften, meist neu zusammengefügten Beständen mit ganz normalen, manchmal längere Zeit anhaltenden Rangordnungsgeplänkeln sind die selbst gewählten Individualabstände oft sehr viel größer. Sie betragen in den Ruhephasen manchmal zwei bis drei Pferdelängen zwischen stark rangunterschiedlichen Tieren, vor allem, wenn diese erst vor kurzer Zeit in die Gruppe integriert wurden. Als Konsequenz, z. B. für Offenställe und ganz besonders für geschlossene Gruppen-Laufställe, muss das gesamte Flächenangebot dann erheblich größer sein, je unausgeglichener die Pferdegruppe ist und je wahrscheinlicher wechselnde Bestandszusammensetzungen für die Zukunft sind (z. B. bei Pensionshaltungen). Zu warnen ist vor »Raumteilern« in Laufställen, die gelegentlich empfohlen wurden, um ein (zweifelhaftes) Bewegungsangebot auszulösen. Solche Elemente verunsichern Pferde, weil sie deren Erkundungsverhalten (»freie Sicht«) und besonders die Ausweichmöglichkeiten für Rangniedere behindern.
Die später im Kapitel Stallbau beispielhaft genannten Maße (siehe hierzu auch Tabelle 114, Seite 517) sind für unausgeglichene Bestände immer sehr deutlich zu erhöhen, um leistungsmindernden und krankmachenden chronischen Stress sowie mangelnde Regenerierung (Störungen beim Ausruhen) bei rangniederen Pferden von Beginn an auszuschließen oder auf ein akzeptables Niveau, das natürlichen Gesetzmäßigkeiten nahe kommt, abzumildern. Nur unter räumlich großzügigen Voraussetzungen kann eine Gruppenhaltung schließlich pferdegerecht und weitgehend verletzungsverhütend praktiziert werden. Jede räumliche Enge birgt bei Pferden Unfallgefahren und Psychostress, was vorausschauend abzumildern ist (das trifft allerdings nicht nur auf Gruppenhaltung zu, sondern auch auf nicht selten erheblich zu kleine Boxen, die z. B. ein Festliegen mit schlimmen Folgen bis zum Verlust des Pferdes extrem begünstigen).

RASSENUNTERSCHIEDE

In Anlehnung an die Einteilung prähistorischer Pferdeformen nach SPEED/EBHARDT sollen im Folgenden Unterschiede zwischen den Hauspferderassen kurz beschrieben werden. Die Orientierung an den vier Skelettfunktionstypen (siehe Grafik 1, Seite 21) zur Veranschaulichung der Unterschiede ist verhältnismäßig unkompliziert, gut einprägsam und hat sich deshalb bewährt. Gerade für die Haltungspraxis ist es nützlich, die Einteilung der Pferderassen nach dieser Typisierung und hierbei insbesondere nach der ursprünglichen geografischen Herkunft und Klimaverträglichkeit vorzunehmen. Dabei stellen die Skelettfunktionstypen allerdings selbst keine Rassen und keine strenge biologische Kategorie dar. Das wurde gelegentlich zu Unrecht unterstellt oder vorschnell vermutet und dann von »nomenklatorischen Puristen« überflüssigerweise kritisiert. Der Privatforscher *Hermann Ebhardt* hat dies, also Skelettfunktionstypen = Pferdeformen, auch explizit in einem Gespräch mit dem Verfasser klargestellt (Hannover, 1980).
Grob kann unterteilt werden in Pferde der Kaltklimazone (Nordpferdetypen) und Pferde der Warmklimazone (Südpferdetypen). Sie unterscheiden sich im Interieur (psychisch) und Exterieur (anatomisch) teils erheblich (siehe Fototafel 1, Seite 19).

NORDPFERDETYP

Herkunftsgebiet:

Regenreiche Hügelländer und Inseln sowie kalte, schneereiche Flachlandgebiete und Hochgebirgstäler Eurasiens.

Haut und Behaarung:

Derbe Haut mit starker Unterhaut-Fettansatztendenz; im Sommer kräftige Kurzbehaarung des Fells, im Winter dichte Unterwolle und mittlere bis längere Behaarung des Fells; kräftiges, lang wachsendes Deckhaar (Mähne, Schweif, Fesselbehang).

Klimatoleranz:

Extrem große Kältetoleranz; Hitzetoleranz eher mäßig; Widerstandsfähigkeit gegen ergiebige Schnee- und Regenschauer durchweg gut, gegen andauernde feuchte Kälte, Sturm und Dauerregen mäßig.

Ernährung und Stoffwechsel:

Raufutterverwerter aufgrund der kräftigen Kiefer und eines starken Fresstriebs; im Erhaltungszustand keine oder nur geringe Kraftfutterzufütterung erforderlich; sog. Ansatztyp, der Futter in Masse (= Muskel- und vor allem Fettansatz) umsetzt.

Widerristhöhe/Kaliber:

Klein bis mittelgroß, bis Stockmaß 160 cm; Verhältnis von Rumpftiefe zur Beinlänge und Körpergröße komprimiert, gedrungen, rundrippig.

Temperament und Bewegung:

Lebhaft bis ruhig-phlegmatisch; meist verhaltener Fluchtreflex; selbstbewusst-mutig; bevorzugte Gangarten neben dem Schritt sind Trab oder Tölt.

Herdenmentalität und Sozialverhalten:

Stark herdenbezogen; auch in größeren Gruppen relativ unproblematisch; nach Festigung der Rangordnung gute Verträglichkeit bei geringem Individualabstand.

Anatomische Merkmale:

Keilförmiger Kopf mit breiten Kiefern und geradem Nasenrücken; kurzer bis mittellanger Hals; kurzer bis mittellanger Rücken; runde oder abgeschlagene Kruppe; tiefe, breite Brust; oft stämmig-starkes Röhrbein; gewinkelte Hinterhand – auch kuhhessige Stellung; oft breite, eher weiche Hufe.

Rassen:

a) kleine Ponyrassen (z. B. Shetlands, Welsh-Mountain, Exmoor);
b) große Ponyrassen (z. B. Isländer, Fjord, Haflinger, Dülmener, New Forest, Dartmoor, Welsh Cob, Connemara);
c) Kaltblüter und Tinker.

Eignung für die Gruppenauslaufhaltung mit Offenstall:

Sehr gut für Freizeitpferde sowie Zucht- und Jungpferde; bei Beachtung leistungsangepasster Haltungsmaßnahmen und dem Vorhandensein einer optimalen Haltungsanlage (z. B. mit sog. Notbox) auch gut für überwiegend ganzjährig sportlich beanspruchte Pferde.

SÜDPFERDETYP

Herkunftsgebiet:

Warme Länder und Trockensteppen Eurasiens, Nordafrikas und der arabischen Halbinsel.

Haut und Behaarung:

Dünne, empfindliche Haut; im Sommer feine Kurzbehaarung des Fells, im Winter sehr dicht, aber relativ kurz bei mäßiger Unterwolle; Deckhaar (Mähne, Schweif, Fesselbehang) fein, nicht üppig-dicht.

Klimatoleranz:

Relativ große Hitzetoleranz; Kältetoleranz sehr gut (trockene Kälte!); Widerstandsfähigkeit gegen Schnee- und Regenschauer mäßig, gegen andauernde feuchte Kälte und Dauerregen sowie Sturm schlecht bis sehr schlecht (besonders empfindlich gegenüber Dauernässe sind Vollblutaraber, sie kühlen relativ schnell stark aus und brauchen immer eine frei verfügbare winddichte Schutzhütte.

Ernährung und Stoffwechsel:

Raufutterverwerter mit obligatorischem Kraftfutterbedarf; sog. Atmungstyp, der Futter teils in Bewegung umsetzt und nicht so sehr in Fettansatz.

Widerristhöhe und Kaliber:

Mittelgroß bis sehr groß, 150 bis 180 cm Stockmaß; Verhältnis von Rumpftiefe zur Beinlänge und Körpergröße ausgeglichen, schlankwüchsig, flachrippig.

Temperament und Bewegung:

Sehr lebhaft bei großer Bewegungsaktivität; sensible, betonte Wachsamkeit; ausgeprägter Fluchtreflex; bevorzugte Gangart neben Schritt und Trab ist der Galopp; Gangpferde aus südlichen Klimazonen (z. B. Paso Fino,

Tennessee Walker) bieten Spezialgangarten, z. B. Tölt oder Walk, an.

Herdenmentalität und Sozialverhalten:
Herdenbezogen mit individualistischer Tendenz zur Kleingruppe; nach Festigung der Rangordnung gute Verträglichkeit bei genügend Individualabstand.

Anatomische Merkmale:
Langer bis mittellanger Kopf mit schmalen Kiefern und geradem oder gebogenem Nasenrücken; langer, dünner Hals; kurzer bis langer Rücken; runde oder gerade Kruppe; schmale bis mittelbreite Brust; genügend kräftiges bis feingliedrig-dünnes Röhrbein; gut gewinkelte bis steile Hinterhand; Hufe oft schmal und hart, manchmal auch weit und weich.

Rassen:
a) Warmblüter,
b) Vollblutaraber (»Reinblutaraber«; Abk.: O. A.),
c) Vollblüter, Traber und Araber (= Kreuzungen wie Angloaraber und Halbblüter),
d) Westernpferde (Quarter Horses, Paint Horses, Appaloosa),
e) Sonstige hochblütige Rassen (Andalusier; Gangpferde wie Paso u. Ä.),
f) Kreuzungen Nordtyp × Südtyp.

Eignung für die Gruppenauslaufhaltung mit Offenstall:
Gut für Freizeitpferde sowie Zucht- und Jungpferde; mäßig bis gut für überwiegend ganzjährig sportlich beanspruchte Pferde – bei strikter Beachtung leistungsangepasster Haltungsmaßnahmen, dem Vorhandensein einer optimalen Haltungsanlage und eines kenntnisreichen Managements.

Besonderheiten bei Südpferden im Vergleich zu Nordpferden:
Relativer großer Mehrbedarf an Auslauf- und Liegefläche, Mehrbedarf an Kraftfutter, erheblich höherer Erfahrungsgrad beim Betreuer erforderlich sowie besonders sensibler Umgang unter Beachtung der größeren »Nervigkeit«, der gesteigerten Bewegungsaktivität, des ausgeprägteren Futterneids in der Gruppe sowie z. B. situationsabhängiger schnellerer Keilreflexe oder der stärker ausgeprägten Neigung zum Steigen. Im Winter steigt der Mehrbedarf an Raufutter bei strenger Kälte überproportional an.

▸ Wichtig: Für individuell sehr empfindliche Pferde (z. B. manche Vollblutaraber bei Sturm und Dauernässe) und für sog. Sportpferde (aller Rassen) ist zur (kurzzeitigen) Aufstallung immer eine Notbox angeraten, die notwendig sein kann bei anhaltend nass-kaltem Wetter, zur Versorgung nach schweißtreibender Arbeit, zur Durchführung von Pflegemaßnahmen sowie auch zur Vermeidung von Futterneid, z. B. bei überdurchschnittlich hoher Kraftfutterzuteilung einzelner Pferde im Vergleich zu anderen Pferden der Gruppe. Eine Notbox erleichtert jede Gruppenhaltung »für den Fall der Fälle« (auch bei Krankheit eines Pferdes).

Artgerechtigkeit

«Artgerechte Haltung« ist inzwischen fast schon eine allgemeine Floskel, deren Bedeutung sich teig- oder schwammartig, also nicht klar umrissen, sondern meist total verschwommen darstellt. Manchmal ist dieser Begriff ein Schlagwort, das von Diskutanten streitig – und geprägt von individuellen Ansichten, Erfahrungen und Einsichten – entweder vehement verteidigend oder forsch fordernd benutzt wird. Der Begriff resultiert aus den Anforderungen des Tierschutzgesetzes, das »artgemäße Bewegung« und »verhaltensgerechte Unterbringung« fordert (Bundesgesetzblatt I 1998, S. 1.105 ff.). Was der Begriff nun genau beinhaltet, welche rechtliche Bedeutung ihm praktisch zukommt, stellt im Einzelfall vor Ort (z. B. bei Verdacht auf Tierschutzverstoß) der zuständige Amtstierarzt gutachtlich fest – oder im Rahmen eines Gerichtsverfahrens der Spruch einer letztinstanzlichen Justizkammer. Eine verbindliche, auch allgemein anerkannte umfassende Definition der »artgerechten Haltung«, die man auf jede Haltung als einfach nachvollziehbaren Maßstab anwenden könnte, existiert nicht. Tatsachenbeweise, Auslegungs- und Bewertungsfragen sowie örtliche Verhältnisse spielen rein juristisch im Einzelfall die entscheidende Rolle. Aber auch ohne strenge, juristisch umfassende Definition kann der Rahmen praxisnah abgesteckt werden.

Die wesentlichen Kriterien des Verfassers sollen dazu im Folgenden kurz skizziert werden.

Rein sprachlich beinhaltet »artgerechte Haltung« zunächst einmal den allgemeinen Begriff »Haltung«. Durch »Haltung« drückt sich »Festhalten« aus, was klar bedeutet, dass sich mit diesem Begriff keine absolut freie, nicht eingegrenzte Lebensweise verbindet. Das Pferd wird als Hauspferd hinter Zäunen festgehalten. Durch das Attribut »artgerecht« wird der Begriff ergänzt. Die (eingegrenzte) »Haltung« soll demnach »gerecht« sein, sich beziehen auf die »Rechte« (Ansprüche) der biologischen Art. Zu klären bliebe, wie der Begriff »Art« im Hinblick auf unsere Hauspferde zu bestimmen ist und welche »Rechte« denn diese Art haben könnte oder hat. Ohne hier letzte biologisch-nomenklatorische Feinheiten erörtern zu wollen, kann festgehalten werden, dass die biologische Artdefinition folgende Aussagen enthält:

Arten sind Serien von Individuen mit Grundübereinstimmungen, aber nicht in allen Merkmalen einheitlich; sie weisen eine natürliche innerartliche Variabilität auf, wobei Haustiere keine eigene Art bilden. Haustiere sind vielmehr ihren wilden (teils ausgestorbenen) Stammarten zuzuordnen, mit denen sie bei freier Gattenwahl eine Fortpflanzungsgemeinschaft bilden (würden). Unsere domestizierten Pferde, die Hauspferde, welche wiederum in Rassen unterteilt werden, stellen demnach nicht etwa eine eigene Art dar, sondern sie bilden zusammen mit den wilden Stammformen echter Pferde eine biologische Art. Konsequenterweise muss sich deshalb artgerechte Haltung für unsere Hauspferde an der Lebensweise frei lebender (wilder) Pferde orientieren – allerdings modifiziert im Rahmen des »Festhaltens«, womit eine entscheidende Relativierung im Vergleich zu Wildtieren vorgegeben ist. Folgerichtig ergibt sich daraus auch, dass auf nicht domestizierte Tiere, also Wildtiere, niemals in diesem Sinne der Begriff »artgerechte Haltung« anwendbar ist. Wildtiere haben Anspruch auf »haltungsfreies artgerechtes Leben«, denn sie sind keine Haustiere. Für sie ist jedes Festhalten grundsätzlich nicht artgerecht. Unter diesem Aspekt kann eine Haltung von Wildtieren im Zoo oder im Zirkus – unabhängig von den teils sehr verständlichen, redlichen Motiven wie Nachzüchtung aussterbender Arten u. Ä., – niemals im strengen Sinne »artgerecht« genannt werden.

Der Vollständigkeit halber sei noch auf einen kleinen Unterschied zwischen den Begriffen »artgerecht« und »artgemäß« hingewiesen. Beide Begriffe sind im Aussageziel identisch, wobei mit »artgerecht« der Bedeutungsschwerpunkt mehr auf den rechtlichen Anspruch gelegt wird (= Tierschutz), während »artgemäß« eine praktische Tendenz (= naturnah) beinhaltet.

Ein Pferd »seiner Art gemäß zu halten« heißt, dass es nach den naturvorgegebenen Grundregeln der Art als Haustier gehalten wird. Dies muss aber nicht in allen Einzelheiten auch zwanghaft deckungsgleich mit allen natürlichen Bedingungen übereinstimmen, sondern soll im Wesentlichen »naturgemäß« sein, also der Natur entsprechend unter beeinflussten kultivierten Bedingungen – ohne vermeidbare Leiden oder Schäden. Grundlage der artgemäßen Haltung ist die spezielle Biologie unserer Pferde mit den sich daraus ergebenden Ansprüchen, die das Pferd von seiner Natur her stellt.

Um den natürlichen Ansprüchen des Pferdes gerecht zu werden, genügen reine Begeisterung oder teils diffuse, wenngleich häufig sehr wohl meinende Absichten und pauschal-oberflächliche Informationen über Pferde nicht. Pferde sind Großsäuger mit anspruchsvollem Verhaltensrepertoire und daraus resultierenden relativ großräumigen Haltungsansprüchen. Selbst kleine Ponys, die beim Menschen aufgrund ihrer rundlichen, soften Formen den tiefenpsychologisch erklärbaren »Pflegetrieb« auslösen können (weil die runden Formen unserem »Kindchenschema« nahe kommen), sind nicht in erster Linie »Knuddeltiere«, schon gar keine »Heimtiere« wie Goldhamster oder Meerschweinchen und sollten niemals als Vorgarten-Rasenmäher betrachtet werden. Es müssen im Idealfall deshalb umfassende oder mindestens vertiefte überblickhafte

Kenntnisse und praktische Grunderfahrungen sowie daneben auch räumlich-materielle Voraussetzungen vorhanden sein, um eine artgemäße Haltung zunächst planen und dann auch praktizieren zu können. Dies spiegelt sich wider in den Anforderungen des Tierschutzgesetzes, das von jedem privaten, landwirtschaftlichen oder gewerblichen Tierhalter fachliche Kenntnisse und Fähigkeiten (= Sachkunde) verlangt (siehe hierzu auch die Ausführungen auf Seite 68). Was das Pferd als Objekt der Freizeitbeschäftigung, aber auch als Wirtschaftsfaktor eigentlich ist – oder nicht ist, kann mit folgenden Punkten grob umrissen werden:

Es ist

- ein Teil der belebten Natur,
- ein hoch organisiertes Säugetier mit Lebensansprüchen, die sich aus seiner Biologie ergeben und in wesentlichen Punkten kompromisslos akzeptiert werden müssen,
- manchen Juristen zum Trotz keine Sache, sondern ein Lebewesen.

Daraus folgt auf der Grundlage von Erkenntnissen der Verhaltensforschung, dass nach Auffassung und Definition des Verfassers nur jene Haltung artgemäß genannt werden kann, die unserem Pferd

- naturgemäße Grundlagen bietet,
- die ihm eigenen Instinkthandlungen in umfassender Weise ermöglicht und
- Lern-, Intelligenz- sowie körperliche Leistungen nur im Rahmen der artspezifischen Grenzen abverlangt unter Berücksichtigung individueller Faktoren (z. B. Alter, Krankheit) sowie der Veranlagung, also der Lernfähigkeit und Kondition des einzelnen Pferdes.

Gerade was die Instinkthandlungen betrifft, so soll in diesem Zusammenhang nochmals herausgestellt werden, dass die jeweiligen Haltungsbedingungen solche in möglichst umfassender Weise bieten müssen. Offenbar aus falsch verstandener Rücksichtnahme auf die abzulehnenden Praktiken eines Teils etablierter Reitsportkreise und leider oft auch mangels ausreichendem biologischem Verständnis wird in manchen Veröffentlichungen dieser wichtige Sachverhalt verschleiert. Nun ist der Instinkt als solcher biologisch nur schwer zu definieren. Es kann aber davon ausgegangen werden, dass der Instinkt wie ein körperliches Organ anzusehen ist. So wie die Lunge als Organ die Atemluft zu ihrer Funktion benötigt oder das Gehirn nur bei ungestörter Durchblutung korrekt arbeitet, so erforderlich sind für den funktionierenden Instinkt des Pferdes naturgemäße Haltungsbedingungen mit entsprechenden Reizen, die Instinkthandlungen auslösen. Fehlen solche Reize, weil die Haltungsbedingungen »reizlos« sind, also unnatürlich und damit nicht pferdegemäß, kommt es u. a. zu Triebstau sowie nervösen Aufladungen mit der zwangsläufigen Folge körperlicher und psychischer Defekte. Dies deshalb, weil zum natürlichen Leben des Pferdes die Instinktfunktion mit ihren Handlungen, immer beeinflusst von exogenen (äußeren) und endogenen (inneren) Faktoren, zwingend dazugehört. Kann das Pferd beispielsweise seinen Fluchttrieb nicht auf der Weide oder in einem separat angelegten vegetationslosen Auslauf zu jeder Jahreszeit wenigstens stundenweise durch teils spielerisches Scheuen ausleben, wird es dies unter dem Reiter tun – oder mangels Möglichkeit in die einleitend bereits erwähnten so genannten Untugenden ersatzweise »flüchten«. Pferde sind durchweg geduldig und ordnen sich als sozial lebende Säugetiere relativ widerspruchslos ein in vorgegebene und durch ständige Übung vertraute Zwänge – selbst wenn diese Zwänge gegen ihre Natur sind! Diese Veranlagung nutzen wir, wenn es um sinnvolle, im Allgemeinen schmerzneutrale (allerdings durchaus nicht stressfreie) Vorgänge geht wie beispielsweise das Verladen und Transportieren von Pferden.

Die Gefahr allerdings, die in der Duldsamkeit des Pferdes und seiner Fähigkeit des relativ widerspruchslosen Ertragens nicht naturgemäßer Lebenslagen besteht, liegt im Missbrauch. Missbrauch liegt stets vor, wenn Pferde nicht überwiegend ihrer Natur gemäß gehalten und in Unkenntnis oder Ignoranz gar körperliche und psychische Auffälligkeiten als Warnsignale fehlinterpretiert werden. Sinngemäß gilt dies parallel dazu auch für Umgang und Erziehung im Haltungsalltag. Es ist stets die pferdetypische Denkweise zu berücksichtigen, denn die menschliche Denkweise oder den Sinn der Sprache kann das Pferd weder lernen noch erahnen! Kein Pferd macht bewusst etwas – nach rein menschlicher Bewertung – Schlechtes oder will gar den Halter oder Reiter absichtlich irgendwie hereinlegen oder gar vorsätzlich ärgern. Gut oder Böse, diese menschlichen Kategorien, Denkweisen oder Bewertungen sind Pferden fremd. Pferde denken anders als Menschen, sie selektieren vorwiegend nach »nützlich oder schädlich« und »angenehm oder unangenehm«. Ein Pferd kann positive oder negative Erfahrungen nur sofort mit einer aktuellen Handlung oder einem Zustand verbinden. Die Verknüpfung von Vorgängen ist lediglich innerhalb von ca. zwei Sekunden möglich. Lob (u. a. sog. positive Verstärkung, z. B. durch Stimme kombiniert mit Leckerli) und Strafe, z. B. mit einer Gerte (nie mit der bloßen Hand) oder mit scharfem Stimmlaut (»lass es« oder »nein«), müssen einer Handlung deshalb unverzüglich folgen, sonst kann das Pferd den Zusammenhang nicht begreifen! Vornehmlich durch Lob (nicht durch Strafe) kann das Pferd motiviert werden, das zu tun, was Halter, Ausbilder und Reiter für gut und richtig erachten. Leckerli als Belohnung können nach einer Gewöhnungszeit durchaus auch fortgelassen werden, es wird dann nur noch mit der Stimme gelobt (»so-o ist es fein« oder »br-a-a-v«). Durch Strafe kann man zwar eine Handlung unterbinden und Angst erzeugen, aber keinen Zustand der Motivation und Lernbereitschaft erhalten. Gelernt wird mit Belohnung. Falsch ist, im Haltungsalltag nun stets mit Leckerli bei jeder Gelegenheit »um sich zu werfen«, denn dadurch »verzieht« man Pferde und schafft sich unangenehme Beißer, Bettler, Drängler und Scharrer, die den Betreuer lediglich »als zweibeinigen, wandelnden Futterautomaten« ansehen – fern jeder vernünftigen Dominanz. Es ist andererseits sicher auch falsch, ein Pferd nicht strafen zu wollen. Strafen – wohl dosiert, verständlich und »gerecht« sofort nach der Tat (z. B. bei Aggressionen gegen den Betreuer) – sind bei der Erziehung unvermeidlich und im Prinzip durchaus artgerecht, denn auch unter seinen Kumpanen kennt das Pferd regelnde Zeichen und Strafen, nämlich Drohen, Beißen, Treten oder auch nur Wegdrängeln. Gezielt kann der Mensch beim Umgang die Körpersprache einsetzen und z. B. während der Fütterung in der Gruppe gegenüber einem übereifrigen Drängler, der die Schubkarre mit Heu erobern will, drohend mit einem Fuß »auskeilen« (nie mit den Händen drohen oder gar schlagen!). Das registrieren und verstehen Pferde – diese harmlose Droh- und Abwehrgebärde wirkt sehr schnell.

▸ **Wichtig: Wenn Kinder mit Pferden vertraut gemacht werden, muss ihnen das »Denk- und Reaktionsschema« des Vierbeiners erklärt werden. Grundsätzlich sollte immer ein Erwachsener dabei sein, wenn kleine Kinder mit Pferden umgehen, um schlimme Unfälle aufgrund von Missverständnissen und allein schon im Hinblick auf die unterschiedlichen Größen- und Kräfteverhältnisse zu verhüten (s. Abb. Seite 48).**

Nur unter weitgehend naturgemäßen Haltungsbedingungen können Pferde ihre Instinkte ausleben.

Pferdekauf

PFERDEBEURTEILUNG

Im Folgenden sollen einige Aspekte der Beurteilung von Pferden erläutert werden. Angesichts der umfangreichen und komplizierten Materie kann es sich lediglich um einen Wegweiser handeln, zumal die unterschiedlichen, auch sehr exotischen Pferderassen, die heute als Freizeitpferde oder sog. Sportpferde verwendet werden, in Details der Anatomie sowie des Bewegungsablaufs stark differenziert zu beurteilen sind. Eine schematische Einheitsbeurteilung aller Merkmale für alle Rassen kann es deshalb nicht geben. Generell zu berücksichtigen sind wichtige Unterscheidungen zwischen Primitivpferden, die als »urtümlich-naturgeprägt« gelten – und wegen ihrer Allroundeignung beliebt sind – sowie Kulturpferden, die stärker selektiv im Hinblick auf Spezialverwendungen gezüchtet werden.

Auch kleine Kinder können mit gut erzogenen Pferden unter Aufsicht passabel umgehen (hier die 15-jährige Fjordstute *Nancy-Nordal* und die 4-jährige *Julia*); wichtig sind allerdings immer festes Schuhwerk und zur Sicherheit ein Kopfschutz.

PRIMITIVPFERDE

Zu den Primitivpferden im engeren Sinne zählen die Ponyrassen. Diese Rassen sind sehr alt, wirken teils urtümlich oder (oberflächlich betrachtet) »wildpferdähnlich«, obwohl auch sie über Jahrhunderte durch menschliche Selektion gezüchtet wurden. Allerdings hat in den Ursprungsländern dieser urtümlichen Rassen stets aufgrund extremer Leistungsanforderungen in Verbindung mit stark naturkonformen Haltungsbedingungen maßgeblich eine – in dieser Form heute züchterisch und tierschutzrechtlich nicht mehr vertretbare – rigoros unnachsichtige Auslese stattgefunden. Diese Auslese hat vor allem eine erstaunliche Leistungsfähigkeit in jedem Gelände und die klimatische Robustheit gefördert und bis heute erhalten. Es wird Pferdeeignern heutzutage nur selten bewusst, welche gewaltigen Kapazitäten in ihrem Pony wirklich stecken.

Am Beispiel der Norwegischen Fjordpferde wird dies deutlich. Die Rasse stammt aus dem norwegischen Vestland, einer regen- und schneereichen Landschaft mit alpinem Hochgebirgscharakter und teils extremen Umweltbedingungen bei äußerst kargen Nahrungsgrundlagen und geschichtlich belegten hohen Leistungsforderungen (KARSTAD, 1949). Diese Pferde sind nachweislich noch am ehesten hinsichtlich des Skeletts und der Größe vergleichbar mit den Wikingerpferden des Vestlands um 1.000 n. Chr. (NOBIS, 1961). Equidenstudien des Verfassers (1989) ergaben, dass erste bildliche Darstellungen frühgeschichtlicher Fjordpferde aus der Eisenzeit stammen (7. Jh. n. Chr.: Helmbeschlag aus dem Bootgräberfeld Vendel VII). Auch die als heutige Freizeit- und Turnierpferde mit den Spezialgangarten Tölt und Rennpass hochgeschätzten Islandpferde gehen auf diese Pferde zurück. Sie wurden aber durch Einkreuzung keltischer Pferde aus Nordschottland zur Zeit des isländischen Freistaates (930 bis 1262) und auch aufgrund späterer Einflüsse während norwegisch-dänischer Oberhoheit über die Insel Island zur eigenständigen Rasse mit unterschiedlichen Typen (EBHARDT, 1956). Nur am Rande sei hier erwähnt, dass für Fjordpferde oder Islandpferde eine immer wieder – insbesondere für letztere in der gesamten Literatur – gern werbend behauptete »tausendjährige Reinzucht« seit der Wikingerzeit weder faktisch noch historisch den Tatsachen entspricht, wie vom Verfasser 1991 ermittelt und durch isländische Fachleute, u. a. *Gunnar Bjarnason*, bestätigt. Diese Korrektur schmälert aber keinesfalls die enorme Bedeutung dieser Rassen, gehören sie doch immerhin zu den ältesten und leistungsfähigsten Pferderassen überhaupt. Sie beeindrucken in vielen Sparten des Reit- und Fahrsports durch außerordentlich ausdauernde Lauffreude, Trittsicherheit, Mut, klimatische Anpassungsfähigkeit und beispiellose Genügsamkeit.

Bei der Beurteilung dieser Rassen sind klassische Exterieurmängel, z. B. kuhhessige Hinterhandstellung – je nach Grad der Ausprägung – nicht als Fehler, sondern als (für Gebirgspferde) förderlich und rassetypisch zu qualifizieren. Gleiches gilt für eine an sich nicht ganz ideale, weil wenig reitpferdgemäße kürzere Halsung und die häufig zu sehende, etwas ungünstige Ganaschenenge. Diese Merkmale ergeben sich bei Primitivrassen des Nordtyps aus Gesamtproportion und selektionsbedingter Anatomie. Schwere, rassetypische Kiefer der Nordtypen mit großkronigen Mahlzähnen, die in der Lage sind, damit auch sehr rohfaserreiche, stängelige Nahrung zu zerkleinern, um daraus Nährstoffe aufzuschließen, sind zwangsläufig bei diesen Rassen mit mehr Ganaschenenge verbunden als bei Pferden der Warmklimazonen mit recht schmalen Kiefern. Die sich daraus manchmal bei Pferden des Nordtyps ergebenden Beizäumungsprobleme nach rein mitteleuropäisch-klassischen Kriterien sind für kundige Ausbilder und Reiter, aber auch für Turnierrichter akzeptabel. Sie wissen, dass die dressurmäßig (sicher korrekte) senkrechte Kopfhaltung bei diesen Rassen zu schmerzhaftem Druck im Ganaschenbereich (Speicheldrüsen) führen kann und berücksichtigen dies in der Praxis und in ihrem Urteil. Selbstverständlich wird heute bei der Zucht dieser Rassen auch auf ein reitpferdgemäßeres Gebäude selektiert und nicht etwa Pferden (vor allem keinen Zuchtpferden) mit grobem Kopf und dominierender Ganaschenenge der Vorzug gegeben. Bei Erhaltung des Typs dieser Pferde, soweit dies als an sich sehr wichtiges Zuchtziel verfolgt wird, werden aber genetisch typgekoppelte Unterschiede zu anderen Rassengruppen in solchen Punkten immer erkennbar bestehen bleiben. Die Islandpferdezucht zeigt heute in verschiedenen Zuchtstämmen, dass eine einseitig-strenge Selektion auf mitteleuropäische Reitpoints und auf bestimmte Gangleistungen primär das im Erbgut der Isländerrasse enthaltene Keltenpferdeblut hervorholt. Als Ergebnisse sieht man deshalb auf dem Turnierplatz Islandponys, die zwar exzellente Sportleistungen im Oval zeigen, aber hinsichtlich des Typs und des Temperaments nicht mehr das »urwüchsige Allround-Freizeitpony für Jung und Alt« verkörpern. So gibt es inzwischen Islandpferde, die an Sensibilität und Nervigkeit fast einem Vollblutaraber Konkurrenz machen. Die angeführten Beispiele mögen als Hinweis darauf verstanden werden, dass zu jeder Pferdebeurteilung spezielle Rassenkenntnisse in Verbindung mit einer exakten Rassebeschreibung, die das Zuchtziel konkret nachvollziehbar formuliert, erforderlich sind.

KULTURPFERDE

Zu den Kulturpferden zählen alle züchterisch recht stark vom Menschen, etwas weniger von der Naturselektion beeinflussten, zum Teil höherblütigen speziellen Pferderassen, die mehrheitlich im Vergleich zu Primitivpferden auch historisch jünger sind, z. B. Vollblutgalopper, Trabrennpferde, Warmblutpferde, Quarter Horses, Friesen und diverse Gangpferderassen (außer Islandpferde) sowie auch die heutigen Kaltblüter. Die Rasse Vollblutaraber/Reinblutaraber wird auch zur Kulturpferdegruppe gezählt. Besonders aber mit Blick auf jene Rassevertreter, die im originalen Wüstentyp stehen und deshalb nach den Kriterien des Asil-Clubs das Prädikat »asil« (= reinblütig) verdienen, nehmen sie bei der Zuordnung eine Zwitterstellung ein. Einerseits verkörpern sie als wohl älteste Pferderasse Elemente der »Primitivpferde«, soweit man sie als »urtümlich-naturgeprägt« – bezogen auf ihren arabischen Ursprung – bezeichnet (»... Robuste, urwüchsige Konstitution«, v. EGAN, 1896; »Naturrasse«, SEYDEL, 1933). Andererseits züchteten bereits seit Jahrhunderten die Beduinen diese Rasse – auch ohne exakte naturwissenschaftliche Kenntnisse und bar jeglicher Zuchtdokumente – auf hohem kultiviertem Niveau unter Beachtung von Grundsätzen der Linienzucht und der Inzucht. Es entstand eine Rasse mit einzigartig durchschlagender Erbkraft. Damit wird letztlich die Zuordnung zu den Kulturpferden begründet.

BEURTEILUNGSPRINZIP

Von großem Wert für die eigene Beurteilungsqualität ist, dass man sich nicht nur mit »seiner« Lieblingsrasse befasst, sondern auch Unterschiede zu anderen Rassen kennen lernt und deren positive Eigenschaften auch verständig registriert. Wer Pferde beurteilt, muss sich zunächst bemühen, wirklich tolerant zu sein, also auch andere Rassen als wertvoll (ganz unabhängig vom Preis!) gelten zu lassen.

Das Grundprinzip der Beurteilung von Pferden ist ziemlich gleich, egal ob jemand als Kaufinteressent oder dessen Berater ein Pferd zum Kauf besichtigt oder z. B. als Materialrichter offiziell anlässlich einer Zuchtschau Bewertungen vornimmt. Selbstverständlich wird von einem Kaufberater oder einem Materialrichter ein hohes, breitgefächertes Kenntnisniveau erwartet. Kaufempfehlungen oder Zuchtbeurteilungen, die stets innerhalb eines (zugestandenen) persönlichen Beurteilungsspielraumes abgegeben werden, sollten schon sowohl wirtschaftlich als auch juristisch verantwortbar sein. Fundierte Pferdebeurteilung setzt Wissen, Erfahrung und Sehen können voraus. Vieles ist für wirklich interessierte Pferdeliebhaber, Reiter, Fahrer und Züchter durch fachkundige Anleitung und fleißige Übung des Blicks erlernbar, aber es dauert!

Grob definiert bedeutet Pferdebeurteilung – sowohl bei der Besichtigung eines verkäuflichen Pferdes als auch anlässlich von Schauen: Erkennen und Abwägen der Vorzüge und Fehler des Individuums anhand eines vorgegebenen Maßstabs. Bei der Beurteilung sollten folgende Grundregeln beachtet werden:

- Dem Beurteiler muss der Maßstab (Gebrauchs- und Zuchtzielkriterien) detailliert bekannt sein; er sollte sich schon speziell und intensiv mit der jeweiligen Rasse befasst haben. Zu einem ernsthaften Urteil – insbesondere bei Material- und Zuchtschauen sowie Gangartenturnieren – gehört, dass der Beurteiler auch eine gehörige Portion an eigenen praktischen Erfahrungen im Umgang und in der Verwendung der zu beurteilenden Rasse gesammelt hat (Theoretiker sind fehl am Platz, sie verdienen selten Respekt).
- Das zu beurteilende Pferd muss in seiner Gesamtheit beurteilt werden.
- Die rein anatomischen Merkmale sollten nicht ausschließlich für sich isoliert beurteilt, sondern miteinander in Beziehung gebracht werden.
- Es gilt, Vorzüge und Fehler des Exterieurs und Interieurs gegeneinander abzuwägen, um ein richtiges Urteil abgeben und begründen zu können.
- Dabei ist es erheblich, dass Pferden mit leichten Gebäudefehlern, aber einwandfreiem Charakter, gegenüber anderen mit makelloserem Gebäude, aber erkennbaren Charaktermängeln, in der Regel der Vorzug zu geben ist.
- Zu unterscheiden ist zwischen Pferden, die als Zuchttiere in möglichst vollkommener Weise dem Zuchtziel entsprechen sollen, und Gebrauchstieren, die primär im Hinblick auf den Gebrauchszweck zu beurteilen sind, bei denen es aber nützlich ist, wenn auch sie die Vorzüge des Zuchtmodells verkörpern.

▸ Nicht allzu gravierende Unkorrektheiten im Gebäude, gering ausgeprägte Stellungsfehler oder auch Typabweichungen werden bei Gebrauchstieren eher durch eine ansonsten durchaus harmonische Gesamterscheinung, einwandfreien Charakter und eine den Anforderungen entsprechende fachlich einwandfreie Ausbildung kompensiert.

▸ Eine Beurteilungstechnik, die ausschließlich aus dem Suchen nach Fehlern besteht, ist einseitig und höchst unqualifiziert, sie offenbart allenfalls laienhaftes Beurteilungsverständnis und ein unzulängliches Kenntnisniveau. Man sollte vor allem bei Schauen am Vorführring als Zuschauer keine lauten Kommentare abgeben, das wirkt meist unhöflich und »klugschwätzerisch«.

ZUCHTPFERDEBEURTEILUNG

Grundlage der Zuchtpferdebeurteilung – und damit Maßstab – ist das Idealbild einer Rasse, das in der Regel in einer Rassebeschreibung mit Definition des Zuchtziels zu finden ist. Dieses Zuchtziel wird in den Zuchtbuchordnungen der einzelnen Zuchtverbände für jede Rasse verankert. Zur umfassenden Beurteilung von Pferden, die als Zuchttiere verwendet werden sollen, gehören folgende Bewertungskriterien:

▸ Alle Merkmale der äußeren Erscheinung, die Abstammung (Vorfahren und Geschwister) sowie die Ergebnisse von Leistungsprüfungen und die Qualität von Nachkommen.

Bei der Bewertung der äußeren Erscheinung werden berücksichtigt:

▸ Rassetyp, Geschlechtstyp,
▸ Körperbau (Rahmen, Bemuskelung, Skelettmechanik, Hufe, Zähne),
▸ Gang (Bewegungsmechanik),
▸ Gesamteindruck (unter Berücksichtigung der Umgänglichkeit und Entwicklung).

Prüfungen, Turniererfolge oder Distanzrittergebnisse geben Hinweise auf das körperliche Leistungsvermögen (Rittigkeit, Schnelligkeit, Zugleistung oder Fahreignung) sowie das innere Leistungsvermögen (Leistungsbereitschaft, Charakter, Umgänglichkeit und Temperament). Abstammungs- und Nachkommenbewertungen sind nützlich, um ererbte und vererbte Anlagen erkennen zu können. Die Beurteilung des Rassetyps ist nicht von minderer Bedeutung und kann keinesfalls zurückstehen hinter ebenso wichtigen Kriterien wie Skelett- und Bewegungsmechanik. Der rassetypische Ausdruck sagt vieles über die inneren Eigenschaften des zu beurteilenden Pferdes aus.

Anlässlich von Pferdeschauen ist bisweilen beim interessierten Publikum, aber auch bei Materialrichtern manchmal durch einseitige Kenntnisse und Fixierung auf das »Deutsche Reitpferd« (Pferde der Warmblut-Rassen) oder das »Deutsche Reitpony« (Kreuzungspferde bis 148 cm Stockmaß, die als Turnierpferde für Jugendliche gezüchtet werden) hinsichtlich der Einschätzung und Beurteilung anderer Rassen eine Blickrichtung festzustellen, die nicht genügend der – bereits oben angesprochenen – Forderung nach Differenzierung gerecht wird. Es soll nochmals unterstrichen werden, denn es wird zu häufig vergessen, dass die Vertreter der Primitivrassen, der Westernpferderassen oder auch der Gangpferderassen und Vollblutaraber nicht etwa verkleinerte oder »züchterisch verunglückte« Ausgaben der Großpferde sind. Die genannten Rassengruppen stellen innerhalb der vielgestaltigen Rassenbildungsprozesse eine – sowohl exterieur- als auch interieurbezogene – wertvolle und zu respektierende Eigenständigkeit – wie die Großpferderassen selbst – dar.

Professor Dr. Hans Löwe, legendärer Hippologe, unterstreicht am Beispiel von Primitivrassen den Einfluss der Natur: »Selbst wenn auch der züchtende Geist des Menschen weitgehend das Aussehen der Pferderassen in neuerer Zeit beeinflusst hat, so ist andererseits durch die Natur die Hauptvorarbeit für die Gestaltung des großen Rassenmosaiks geleistet. Die arabische Wüste und die asiatische Steppe haben eben ein anderes Pferd entstehen lassen als das schottische Hochland, und die rauen Felseneilande Islands und Norwegens haben einen anderen Pferdetyp geformt als die fruchtbaren Niederungen mit ihrem maritimen Klima«.

Die Forderung nach Differenzierung wird auch vom ehemaligen hessischen Zuchtleiter und Preußischen Oberlandstallmeister *Dr. Wilhelm Uppenborn* unterstrichen, wenn er – in einem Gespräch mit dem Verfasser –

für die Ponyzucht feststellte, dass es vermieden werden müsse, »zur Zucht Typen auszuwählen, die dem Geschmack des Großpferdezüchters als hübsche kleine Pferde entsprechen. Das Auge muss die Schönheit der für das primitive Urpferd zweckmäßigen Formen erkennen lassen.«
Prägend für eine Rasse sind Pferde mit durchschnittlicher Erbanlagenzusammensetzung.
Sie sind die für die Rasse typischen Vertreter, denn die große Masse der Pferde einer Rasse gehört den Gruppen von Genotypen an, welche nach den Gesetzen der Kombination und der Wahrscheinlichkeit am häufigsten gebildet werden. Das sind die Genotypen mit durchschnittlicher Zusammensetzung. Obwohl viele Rassen oberflächlich ausgeglichen geprägt sind, bieten sie dennoch kein Einheitsbild, sondern man findet in jeder Rasse innerhalb der Gesamtbandbreite des Rassetyps Raum für charakteristische Feinheiten einzelner Linien- bzw. Familientypen (bei den Isländern z. B. die Kirkjubae-Linie, bei den Fjordpferden z. B. die Hjalmar-Linie, bei den Vollblutarabern z. B. die Kaisoon-Linie, bei den Warmblütern z. B. die Romulus I-Linie).
Was die Ausprägung des Geschlechtstyps bei Zuchttieren betrifft, so sind mit dieser Forderung nicht allein die rein hormonell gesteuerte Funktion und die anatomisch einwandfrei ausgebildeten Geschlechtsorgane gemeint, sondern Zuchttiere müssen eindeutig in ihrer Gesamterscheinung beim ersten Hinsehen bereits in Ausdruck, Form und Verhalten als Hengst oder Stute einzuordnen sein. Nur jene Zuchttiere lassen Erbtreue erwarten, die selbst alle Merkmale ihres Geschlechts in möglichst umfassender Weise ausstrahlen und verkörpern. Der Hengst muss kraftvoll-selbstbewusst, die Stute anmutig-weiblich (mütterlich) erscheinen. Junge Pferde können selbstverständlich diese umfassende Prägnanz des Geschlechtstyps noch nicht zeigen. Das sollte besonders bei Primitivrassen sowie bei Vollblutarabern besonders beachtet werden.

RITTIGKEITSFAKTOREN

Bei der Beurteilung der Anforderungen an Körperbau und Gang kommt es entscheidend darauf an, was zweckmäßig für welche Aufgabenstellung ist. Die meisten Pferde sollen primär Reitpferde sein mit rassespezifischen Besonderheiten und teils eingeschlossener Fahreignung. Zweckmäßig für die häufigste Aufgabenstellung als Freizeitreitpferd sind solche Pferde, die aufgrund ihres Gebäudes in der Vorwärtsbewegung und im Halten leicht ihre Selbsthaltung im (natürlichen) Gleichgewicht bei raumgreifenden, taktmäßigen Gängen finden. Dass die Erfüllung dieser Anforderungen allein nichts wert ist, wenn nicht die Leistungswilligkeit hinzu kommt, soll hier gleich eingeschoben werden, denn »Temperamentsfehler sind schwieriger zu korrigieren als Gebäudefehler« (Zitat aus der altösterreichischen Reitvorschrift).
Warum nun soll das zweckmäßige Gebäude des Pferdes gleichgewichtsfördernd sein? Die Begründung liegt darin, dass prinzipiell nur solche Pferde, die leicht in »Haltung« (= in das Gleichgewicht) zu reiten sind oder gar diese Gleichgewichtshaltung von selbst – ohne starkes Heranarbeiten durch den Reiter von hinten – einnehmen, substanzschonend (= ohne frühzeitigen Vorhandverschleiß) und für den Reiter angenehm (und deshalb im engeren Sinne »leicht«) zu reiten sind. In diesem Zusammenhang sollte ein verbreiteter Irrtum korrigiert werden: Oft wird nämlich unter »leicht reitbar« lediglich ein lammfrommes Pferd verstanden, das nie einen Reiter abwirft u. Ä. Für den Laien ist deshalb das Pferd „leicht reitbar«, das Kinder herumträgt oder auf dem unbeschadet »herumgehopst« werden kann. Der erfahrene Reiter indes weiß, dass Frömmigkeit oder »Nichtabwerfenwollen« allein unbedeutend sind als Rittigkeitsfaktoren, ja, solche Pferde – egal welcher Rasse – oft ein Übermaß an Phlegma in Verbindung mit quelligem, unzweckmäßigem Gebäude zeigen und deshalb eigentlich genau gegenteilig, nämlich als »schwer reitbar« einzustufen sind.
Solche Pferde also, die fälschlicherweise als »leicht reitbar« bezeichnet werden, sind gebäudebedingt, temperamentsbeeinflusst oder durch völlig laienhaftes »Reiten« nicht oder nur mit unsäglichen Mühen in eine Gleichgewichtshaltung mit raumgreifenden

Gängen zu bringen. Gerade der jugendliche oder erwachsene Freizeitreiter mit nur durchschnittlichem Können braucht aber ein Pferd, das im Sinne vorstehender Erläuterungen »leicht reitbar« ist aus der Sicht des Reiters – und nicht aus der Sicht des »sich-tragen-lassen-wollenden« Laien.

Aufgrund seiner Anatomie befindet sich das unausgebildete, reiterlose Pferd in der Regel nicht im Gleichgewicht. Durch das Gewicht von Kopf, Hals und Rumpf liegt der Schwerpunkt vorn, wodurch von Natur her die Vorderbeine stärker als die Hinterbeine belastet werden. Dieses Gewichtsverhältnis kommt der von der Hinterhand ausgehenden Schubkraft und damit der Vorwärtsbewegung des Fluchttieres Pferd sehr zustatten. Kommt nun das Gewicht eines nahezu einwirkungslosen (nicht im Gleichgewicht sitzenden) Reiters hinzu, müssen die – im Vergleich zu den Hinterbeinen – schwächeren Vorderbeine zusätzlich als Stütze für das Reitergewicht herhalten. Sie verbrauchen sich – besonders häufig bei kleineren oder mittelgroßen Rassen – dadurch vorzeitig, da bereits drei Fünftel des Pferdeeigengewichts darauf lasten. Das Gewichtsverhältnis zwischen Pferd und Reiter ist bei diesen Rassen (im Vergleich zu Großpferden) enger. Daraus wird klar, dass gerade der Freizeitreiter auf solchen Pferden durch seinen Sitz und seine Einwirkungen dazu beitragen muss, die Hinterbeine des Pferdes – neben ihrer Schubfunktion – stärker zur Entlastung der Stützfunktion der Vorhand zu bringen. Durch Entlastung der Vorhand entsteht eine mehr oder weniger starke Aufrichtung des Pferdes, weil jetzt (und dafür muss der Reiter sorgen) die Hinterbeine weiter unter den Pferdekörper treten. Je stärker versammelt wird, desto mehr muss der Schwerpunkt nach hinten verlagert werden. Jene Pferde, die ohne Schwierigkeiten und ohne Hilfszügel sowie nur bei leichter Zügelanlehnung unter dem Reiter ihr Gleichgewicht finden, weil sie es aufgrund ihres Gebäudes, eines einfühlsamen Reiters und der Ausbildung gelernt haben, nehmen die so genannte »Selbsthaltung« ein.

Zu dem Gleichgewicht in der Bewegungsrichtung, also dem Bestreben, den Schwerpunkt weiter nach hinten zu verlegen, kommt die Notwendigkeit des seitlichen Gleichgewichts, der Balance. Auch hier hilft ein zweckmäßiges Gebäude, dem Reiter ein angenehmes Reitgefühl zu geben. Langbeinige Pferde mit geringer Brusttiefe (»Gurtentiefe«) haben hier häufig mehr Schwierigkeiten als kompakte Pferde mit genügend Brusttiefe und deshalb tieferem Schwerpunkt. Sehr langbeinige Pferde verlieren beim Galoppieren in Kurven leicht die Balance, werden aus der Bahn geworfen und stürzen mit üblen Folgen für den Reiter!

Die Beurteilung, ob Körperbau und Gänge den Rasseanforderungen genügen, ist nur demjenigen möglich, der sich mit dem Skelett (Lage, Länge, Stärke, Form, Winkelung und Beziehung der Teile zueinander), dem Sehnen- und Bandapparat sowie der Muskulatur des Pferdes beschäftigt hat. Gleiches gilt für den Komplex Bewegungsmechanik, zu dem die Gangartenbeurteilung nach Korrektheit, Takt, Raumgriff und Elastizität gehört. Bei allen Pferderassen, die Spezialgangarten wie Walk, Tölt, Pass usw. anbieten, gehört hierzu neben eigener Reiterfahrung in diesen Gangarten eine besondere Schulung des Blicks, um eine korrekte Beurteilung abgeben zu können.

So wie der fortgeschrittene Beurteiler eigentlich nie auslernt, so muss der Anfänger erst einmal beginnen zu lernen. »Das Pferd ist kein Mechanismus, sondern ein Organismus«, diesen Satz von *Alfred Knopfhart* sollte man sich einprägen und damit das Pferd als Wesen aus Fleisch und Blut mit Willensäußerungen in seiner Gesamtheit betrachten – und nicht als mechanisierte Sache. *Marie-Luise Schwartz*, eine erfahrene Hippologin mit exzellenter Beurteilungsgabe, warnt: »Man sei als Beurteiler nicht zu selbstherrlich: Das Wesen des Individuums kann man mit wenigen Blicken meist nicht erfassen.«

PFERDEAUSWAHL

GRUNDSÄTZE

Bei Diskussionen und Überlegungen über das ideale Pferd, hier Fahrpony, töltendes Gangpferd – dort Großpferd, Westernpferd oder Vollblutaraber, sollten unter wirklichen Pferdefreunden und -kennern Intoleranz,

Verunglimpfung, Snobismus und Vorurteile unbedingt vermieden werden. Nichts ist unter Pferdeleuten so unangenehm und auch bei Unterhaltungen nervend wie Einbildung und rasseneegoistische Fixierung auf eine einzig und allein für gut befundene Pferderasse – meist leider aus Ignoranz und Unkenntnis anderer Rassen und Nutzungsziele. »Wo Einbildung beginnt, hört Bildung auf!«, sagt der Volksmund, was gerade auch für Pferdeleute zutreffend ist. Es gibt eben keine Rasse, der man ganz allgemein den Vorzug geben müsste und die deshalb »die Rasse« schlechthin ist. Erfreulich ist, dass durch die Entwicklung der vergangenen drei Jahrzehnte aus einem Maximum der Rassenvielfalt für jeden Pferdeliebhaber ein geeignetes Pferd gefunden werden kann.

Unter Berücksichtigung individueller Interessen, Verwendungswünsche, Größenanforderungen, der optischen Vorlieben und nicht zuletzt besonders der Haltungsmöglichkeiten ist dasjenige Pferd jeweils »das Beste«, das sich für die spezielle Situation des Käufers optimal eignet.

Warum soll sich jemand, der mit einem zünftigen Original-Shetlandpony freizeitmäßig auch im Straßenverkehr sicher fahren möchte, einen Vollblutaraber zulegen, nur weil dieser vielleicht optisch imponierender auf Laien und die Nachbarschaft wirkt? Mit diesem hochblütigen Pferd wäre das Nutzziel »freizeitmäßiges Gespannfahren« bestimmt nicht zu erreichen, wohl aber noch am ehesten ungewollt die nächstbeste Unfall-Ambulanz!

Hat man sich entschieden, ein eigenes Pferd zu kaufen und sind die Haltungsvoraussetzungen dafür mindestens gut durchgeplant und finanziell abgesichert (besser noch: bereits geschaffen), dann kann das »Abenteuer Pferdekauf« beginnen. Damit diese Aktion nicht als halsbrecherische Galoppade mit folgenschwerem Ausgang endet, mag der Kauflustige einige Ratschläge beherzigen. Um einen Käufer zu betrügen, bedurfte es vor fünfzig Jahren schon einiger versteckter Rosstäuscher-Tricks. Heute hat sich die Situation gewandelt: Die Zahl der Pferdeliebhaber steigt, die Zahl der wirklichen Pferdekenner ist dagegen sehr viel kleiner geworden. Mancher gewitzte Verkäufer weiß sehr genau, dass unkundige Käufer mögliche Mängel teils nicht kennen und diese deshalb weder erfragen noch aufzuspüren versuchen. Der geschickte Verkäufer wird sich im Normalfall im Dunstkreis höflicher Ablenkungsmanöver auf die Herausstellung der positiven Eigenschaften des Pferdes beschränken, die schließlich irgendwo auch jedes mangelhafte Pferd hat.

Wer Laie ist, der nehme zum Pferdekauf unbedingt einen vertrauenswürdigen Kaufberater mit, der gleichzeitig auch bei auftretenden außergerichtlichen oder gar gerichtlichen Streitigkeiten als wertvoller Zeuge dient.

ANKAUFSUNTERSUCHUNG

Spätestens dann, wenn der Käufer konkret an einem Pferd interessiert ist, aber noch keinen rechtsgültigen schriftlichen Kaufvertrag abgeschlossen hat, sollte ein kundiger Tierarzt den Gesundheitszustand des Pferdes im Rahmen einer Ankaufsuntersuchung begutachten. Eine solche Untersuchung, worunter ein Gutachten verstanden wird, das den Gesundheitszustand zum Zeitpunkt der Kaufabsicht exakt beschreibt, ist vernünftig und für jeden – angesichts des aktuellen Kaufrechts – empfehlenswert. Das gilt für Käufer, aber auch für Verkäufer aus Gründen der Rechtssicherheit, um den tierärztlich befundeten Gesundheits- und damit auch den Gebrauchszustand des Pferdes zum Zeitpunkt des Vertragsabschlusses bzw. des konkret zu vereinbarenden sog. Gefahrübergangs später einmal bei auftretenden Rechtsstreitigkeiten durch Dokumente genau belegen zu können. Solche Befunde mit Röntgenbildern und das mindestens formularmäßige Gutachten des Tierarztes sind in diesem Fall die ausschlaggebenden Beweismittel. Röntgenbilder bleiben allerdings in der Regel beim Tierarzt und werden in seiner Praxis archiviert, sie sind nach dem Urheberrecht dessen Eigentum – wenngleich sie vom Kunden bezahlt werden. Besonders beim Kauf von Zuchttieren sollte eine spezielle Ankaufsuntersuchung (sie ist gesetzlich nicht vorgeschrieben) immer obligatorisch sein, alles andere wäre sehr fahrlässig. Jede Ankaufsuntersuchung muss zwischen Verkäufer und Käufer vorher verbindlich abgesprochen werden, denn der Abschluss des Kaufvertrages wird vernünftigerweise vom Ergebnis dieser Untersuchung abhängig gemacht. Es sollten während der Untersuchung beide künftigen Vertragspartner oder aber kompetente, bevollmächtigte Vertreter zugegen sein. Zu klären (und nach Möglichkeit z. B. in einem Kaufoptionsvertrag schriftlich festzuhalten) ist vorher stets, wer die Kosten der Untersuchung trägt und welcher Tierarzt damit von wem beauftragt wird. Nicht ratsam ist es, ohne vorherige Absprache mit dem Verkäufer als Kaufinteressent einfach einen Tierarzt eigenmächtig zu beauftragen und schon zum ersten Besichtigungstermin mitzubringen. Es kann nämlich sein, dass der Tierarzt vom Vertragspartner spontan nicht akzeptiert wird. Wenn der Verkäufer andererseits darauf besteht, dass die Untersuchung von einem Tierarzt seiner Wahl durchzuführen ist, sollte man selbst nicht gleich grundlos übertrieben misstrauisch sein, aber aus Vorsicht auch kein grenzenloses Vertrauen in eine unparteiische Begutachtung setzen. Offene Augen und Ohren sowie ein neutraler Zeuge sind dann ebenso Pflicht wie eine sehr genaue schriftliche Untersuchungsdokumentation (die immer ratsam ist, übrigens auch aus der Sicht jedes in der Regel korrekt arbeitenden Tierarztes). Die Dienstleistungen des Tierarztes sind nach der Gebührenordnung honorarpflichtig. Untersuchungsmaßnahmen (z. B. Röntgen, Endoskopie, Dopingprobe) und das schriftliche Gutachten sollten nach Art, Umfang und Honorierung vor Durchführung klar abgesprochen und eindeutig festgelegt werden. Üblicherweise benutzen Tierärzte für Ankaufsuntersuchungen Formulare, in die man als Auftraggeber vorher Einsicht nehmen sollte, um auch die Haftung des Tierarztes für fehlerhafte Ankaufsuntersuchungen gleich zu klären, bevor man den Auftrag vergibt. Manche Tierärzte verlangen für ihren mit der Ankaufsuntersuchung verbundenen – nicht unerheblichen – Untersuchungs- und Materialaufwand sowie für die Anfahrt nach der Gebührenordnung (GOT) sofortige Barzahlung. Das ist völlig berechtigt, gar nicht unüblich und bestimmt kein individuelles Misstrauen, sondern basiert auf der leider nicht selten bei Pferdehaltern verbreiteten zögerlichen bis mangelhaften Zahlungsmoral. Hat man sich ein enges Kosten-Limit gesetzt, z. B. 100 Euro, informiere man vorher den Tierarzt, der dann zunächst grob kalkuliert, welche Leistungen im Rahmen dieses bescheidenen Limits überhaupt sinnvoll erbracht werden können und welche nicht. Denn: 100 Euro reichen gerade einmal aus, um bei den heutigen Kosten einen fähigen Schlüsseldienst zu beschäftigen, während die minimalsten Tierarztkosten für eine Ankaufsuntersuchung mit einigem Aussagewert schon bei etwa 350 bis 500 Euro liegen.

KAUFVERTRAG

Wer ein Pferd kauft und Eigentümer werden will, muss mit dem rechtmäßigen Eigentümer einen rechtsgültigen, schriftlichen Kaufvertrag schließen. Unbedingt erforderlich ist dazu, dass vor dem Kauf die zum Pferd gehörenden Dokumente, das sind der Pferdepass (darin ist ein etwaiger Abstammungsnachweis eingeheftet) und die separate Eigentumsurkunde, vom Käufer eingesehen werden. So können die Identität des Pferdes und auch die Eigentumsverhältnisse genauestens überprüft werden. Sind weder Pferdepass noch Eigentumsurkunde vorhanden, diese Dokumente (nach Angaben des Verkäufers) vielleicht »irgendwie« spurlos verschwunden oder aber z. B. verdächtig-dubios ausgefüllt, durch »Überkritzeln« verändert oder stimmt das vorgestellte Pferd nicht einwandfrei mit der Beschreibung im Pass überein, dann sollte vor Klärung aller Zweifel kein Kaufvertrag abgeschlossen und schon gar keine Anzahlung geleistet werden! Das Pferd könnte gestohlen sein oder bereits an einen anderen Interessenten verkauft worden sein. Die Folge: Rechtmäßiger Eigentumserwerb ist dann nicht möglich. Ein Vertrag wäre nach bürgerlichem Recht nichtig oder zunächst schwebend unwirksam. Selbst wenn bereits gezahlt worden ist, muss das Pferd vom Käufer u. U. an den rechtmäßigen Eigentümer (z. B. an den Bestohlenen) herausgegeben werden. Ein sog. gutgläubiger

Erwerb des Käufers mit anderer Rechtsfolge wäre überhaupt nur vorstellbar, wenn die Dokumente exzellent gefälscht worden wären und der Käufer später auch nachweisen kann, dass er diese sorgfältig vor dem Kauf geprüft hat – also tatsächlich betrogen wurde. Generell ist man gut beraten, bei verdächtig-dubiosen Angeboten (»Schnäppchen« ohne Dokumente) den Sachverhalt mit der Polizei zu besprechen, damit Diebe und Betrüger ermittelt werden können.

Equidenpass (Pferdepass) und Transponder
Innerhalb der Europäischen Union ist im Juli 2000 der Equidenpass für alle Equiden, also hauptsächlich Pferde und Esel, eingeführt worden. Zusätzlich muss bei Equiden seit 2009 auf der linken Halsseite ein Transponder (Chip) in den Muskel implantiert werden. Pferde, die vor dem 1. Juli 2009 geboren wurden und bereits im Besitz eines Passes sind, müssen nicht nachträglich gechippt werden. Der Mikrochip (12 x 2 mm) ist ein elektronisches Mittel für das automatisierte und genormte (ISO) Erkennen von Tieren sowie das zentrale Speichern (www.hi-tier.de). Pferde gelten (je nach Deklaration des Eigentümers) deshalb in der EU – wie Schafe, Rinder und Schweine – u. U. als »Lebensmittel liefernde Tiere«, z. B. zur Verwertung in Sauerbraten und Salami. Es wurde deshalb gesetzlich geregelt, dass für jedes Pferd ein solcher Pass ausgestellt werden muss, denn die Pferde-Salami muss selbstverständlich »sauber« sein! Am Rande dazu: Man mag diese gesamte Situation (von der Qualifizierung empfindsamer, hoch sensibler Lebewesen als »Sache« bis zur »Salamiverwertung«) – zumal als Tierrechtler und Vegetarier – zu Recht als völlig unkultiviert und empörend einstufen oder selbst als Fleischverzehrer den Lebensmittelstatus des Pferdes noch »irgendwie« beklagen, vielleicht weil Pferde »eigentlich« nun mal »etwas Besonderes« sind? Siehe zur letzten Konsequenz auch die Ausführungen im Kapitel »Alte Pferde«, Seite 512 ff.
Die Pferdepass- und Transponder-Regelung gilt auch für ausländische Pferde oder solche ohne Abstammungsnachweis. Der Pass ist z. B. stets mitzuführen, wenn ein Pferd transportiert wird. Ohne Pferdepass darf kein Pferd mehr geschlachtet werden. Aus diesem Dokument ergibt sich die Identität des Pferdes durch die Namensangabe, eine 15-stellige Lebensnummer und die detaillierte äußere Beschreibung. Aber: Aktuelle Eigentumsverhältnisse ergeben sich nicht zwangsläufig auch aus dem Pass. Das Eigentum an einem Pferd wird nämlich nicht durch den Pferdepass, sondern durch eine separat zum Pferdepass ausgestellte (und auch sicherheitshalber immer separat aufzubewahrende!) Eigentumsurkunde nachgewiesen. Nur bei Turnierpferden, die bei der Deutschen Reiterlichen Vereinigung (FN) registriert sind, wird der jeweils aktuelle Eigentümer – zusätzlich zur Eigentumsurkunde – auch im Pferdepass dokumentiert. Bei erstmaliger Beantragung des Passes muss vom Eigentümer im Antrag angegeben werden, ob das Pferd zur Lebensmittelgewinnung bestimmt ist (= Schlachtung zum menschlichen Verzehr) oder nicht, denn danach richtet sich die jeweils künftig zulässige und – bei Pferden, die der Lebensmittelgewinnung dienen – immer in den Pass einzutragende Medikation bei tierärztlicher Behandlung. Im ausgestellten Pass selbst muss diese Entscheidung, also Lebensmittelstatus ja oder nein, nochmals unterschriftlich bestätigt werden.
Es kann sich grundsätzlich bei Pferden, die z. B. einmal verkauft werden sollen, im Hinblick auf die Entscheidungsfreiheit des Käufers empfehlen, das Pferd immer zunächst als lebensmittellieferndes Tier anzugeben (auch wenn einem das selbst nicht behagt und man das Pferd nie schlachten lassen würde!). Dieser Status »Schlachtpferd« kann in späteren Jahren immer noch vom jeweiligen Eigentümer durch Eintragung im Pferdepass rückgängig gemacht werden. Hinzu kommt, dass man selbstverständlich nicht verpflichtet ist, ein so deklariertes Pferd auch tatsächlich durch Schlachtung verwerten zu lassen! Dagegen ist jede Entscheidung für den »Nicht-Lebensmittelstatus«, also »kein Schlachtpferd«, endgültig. Ein so deklariertes Pferd darf niemals geschlachtet werden, selbst wenn der Eigentümer das wollte. Die im Pferdepass eingetragene Ent-

scheidung »Nicht-Lebensmittelstatus« gilt auch für alle nachfolgenden Eigentümer des Pferdes und ist nach aktuellem Recht nicht mehr abänderbar.
Die Entscheidung, Schlachtpferd ja oder nein, hat allerdings weitere praktische und zusätzliche rechtliche Konsequenzen, denn nur bei Pferden, die nicht der Lebensmittelgewinnung dienen, darf der Tierarzt relativ frei über die Medikation entscheiden und z. B. auch Fertigarzneimittel, die primär nicht für Pferde bestimmt sind, »umwidmen« und effektiv anwenden. Behandlungen müssen weder im Pferdepass noch in einem (für Schlachtpferde vorgeschriebenen) Bestandsbuch des Halters dokumentiert werden.
Demgegenüber darf ein Pferd, das zur Schlachtung bestimmt ist, nur mit Medikamenten behandelt werden, die bei Tieren, die der Lebensmittelgewinnung dienen, amtlich zugelassen sind. In Ausnahmefällen können bei Therapienotstand zwar auch andere Medikamente verwendet werden (soweit sie in einem Anhang zum Arzneimittelgesetz verzeichnet sind), doch darf erst sechs Monate nach der letzten Verabreichung eines solchen Medikamentes geschlachtet werden. Für Schlachtpferde muss der Tierarzt einen Anwendungs- und Abgabebeleg doppelt ausstellen. Eine Ausfertigung muss er selbst fünf Jahre aufbewahren, die andere erhält der Pferdehalter zur entsprechend langen Aufbewahrung und zur Eintragung der Daten in das Bestandsbuch.
Bei korrekter Führung des Pferdepasses und des Bestandsbuches ergibt sich daraus eine komplette Krankengeschichte des jeweiligen (zur Schlachtung deklarierten) Pferdes. Unterbleiben die Eintragungen, werden Tierarzt, Halter (z. B. Pensionsgeber) und Eigentümer belangt! Gleiches gilt, wenn bei der Schlachtung eines Pferdes Arzneimittelrückstände festgestellt werden.
Die Dokumente Pferdepass und Eigentumsurkunde werden von anerkannten Zuchtverbänden und der Deutschen Reiterlichen Vereinigung (FN) in D-48229 Warendorf auf Antrag ausgestellt. Anträge für nicht eingetragene Pferde, also solche ohne Abstammungspapiere, bekommt der Pferdehalter von seinem Tierarzt, der auch diesen Antrag mit Identitätsfeststellung gegenzeichnet und dafür ein festgesetztes Honorar berechnet. Die Gesamtkosten einschließlich Passausstellung und Zusendung belaufen sich auf etwa 100 Euro, bei Pferden mit Abstammungspapieren auf etwa 50 Euro. Beim Verkauf eines Pferdes erhält der Erwerber vom Verkäufer den Pferdepass und die separate Eigentumsurkunde gegen Quittung.

Pferdekaufrecht

Seit Beginn des Jahres 2002 hat sich entsprechend einer Richtlinie der Europäischen Union (EU) das Pferdekaufrecht grundlegend geändert. Die frühere Regelung des bürgerlichen Rechts mit sog. Hauptmängeln und kurzen Fristen gilt nicht mehr. Insbesondere die Gewährleistungsrechte des Pferdekäufers wurden erweitert. Nach dem alten Recht konnte durch mündlichen Kaufvertrag, also auch per Handschlag, rechtswirksam ein Pferd gekauft werden. Es galt – wenn nichts anderes vereinbart wurde, die gesetzliche Haftung für die Hauptmängel (Rotz, Dummkoller, Dämpfigkeit, Kehlkopfpfeifen, periodische Augenentzündung und Koppen) entsprechend der ins Bundesrecht übernommenen Kaiserlichen Verordnung von 1899. Die gesetzliche Haftung des Verkäufers bestand nach diesen Bestimmungen nur innerhalb recht kurzer Fristen, in denen sich ein Mangel zeigen musste. Sechs Wochen nach dem Ende der Gewährfrist verjährten die Ansprüche des Pferdekäufers. Durch diese juristische Abwicklung bestand in der Praxis recht schnell Rechtssicherheit – eher zum Nachteil des Käufers.
Nach EU-Recht ist das Pferd »Verbrauchsgut« und deshalb gelten im Wesentlichen die gleichen Regeln wie für den Verkauf von Sachen, z. B. Autos! Das ist schon erstaunlich und schwierig zu handhaben, aber geltendes Recht. Es gibt keine Hauptmängel mehr und auch keine Gewährfristen. Für jeden Mangel muss der Verkäufer grundsätzlich haften. Wann aber ein Pferd mangelfrei ist, richtet sich nach der zwischen den Vertragspartnern vereinbarten »Beschaffenheit«. Ein Handschlag-Kauf alleine ist nicht rechtswirksam, sondern Pferdekäufe sind immer schriftlich zu vereinbaren. Falls darin zum Nachteil des

Käufers von der gesetzlichen Regelung abweichende Vereinbarungen getroffen werden, sind diese unwirksam!
Wenn im Kaufvertrag nichts konkret über die speziellen Eigenschaften des verkauften Pferdes vereinbart wird, gilt nach aktuellem Recht das Pferd dann als frei von Mängeln, wenn es sich für die nach dem Vertrag vorausgesetzte Verwendung eignet oder es sich für die gewöhnliche Verwendung eignet und eine Beschaffenheit aufweist, die bei Tieren gleicher Art üblich ist und die der Käufer nach der Art des Tieres erwarten kann.
Neben Gesundheitsmängeln können auch andere wichtige Faktoren zu Mängeln führen, wenn z. B. die Schmiedefrömmigkeit oder der Ausbildungsstand nicht den schriftlichen Vereinbarungen über die »Beschaffenheit« entsprechen. Dann kann ein Pferd bis zu zwei Jahre nach dem Kauf zurückgegeben oder eine Preisminderung erstritten werden.
Jeder Pferdeverkäufer ist gut beraten, wenn er die zum Zeitpunkt des Verkaufs bestehenden Mängel des Pferdes klar im Vertrag angibt, denn dadurch verliert der Käufer etwaige Gewährleistungsrechte. Grundsätzlich ist es Sache des Käufers, bei Streitigkeiten zu beweisen, dass ein Mangel besteht und dass dieser Mangel bereits bei Vertragsschluss vorgelegen hat. Der gewerbliche Verkäufer (z. B. Züchter oder Händler) muss allerdings in den ersten sechs Monaten nach Kauf im Zweifel beweisen, dass seine »Sache« mangelfrei verkauft wurde (sog. Beweislastumkehr). Von dieser Regelung wird nur abgesehen, wenn »diese Vermutung mit der Art der Sache oder des Mangels unvereinbar ist« (§ 476 BGB-neu). Nach einem Gerichtsbeschluss ist dies dann der Fall, wenn charakterliche Probleme des verkauften Pferdes, die starken psychischen Schwankungen unterliegen, vom Käufer moniert und als »Mängelrüge« vorgebracht werden. Auch in diesem Punkt hilft dem Verkäufer primär die tierärztliche Ankaufsuntersuchung, die auch Hinweise zum Umgang beinhalten kann, um die Gewährleistungspflicht für sich und für den Käufer klar ersichtlich zu begrenzen. Durch ein tierärztliches Ankaufsgutachten können vorhandene Fehler, die der Käufer später nach dem Kauf erst moniert, seitens des Verkäufers als dem Käufer bei Kaufabschluss bekannt belegt werden (dann entfallen Ansprüche des Käufers) oder aber auch später auftretende Mängel als zum Kaufdatum noch nicht vorliegend bestritten werden. Bei Prozessen kommt Sachverständigen eine entscheidende Bedeutung zu, insbesondere, wenn Käufer Schadenersatz verlangen oder ein mangelhaftes Pferd behalten möchten, aber den Minderwert vom Verkäufer ersetzt bekommen wollen.

- **Fazit:**
- **Vor dem Pferdekauf sollten sich beide Vertragsparteien über den Zustand des Pferdes verständigen, was Offenheit und eine gründliche Kaufuntersuchung voraussetzt.**
- **Es empfiehlt sich für beide Vertragspartner immer eine tierärztliche Begutachtung (Ankaufsuntersuchung) und zudem ein ausgiebiger Test (Proberitt usw.) durch den Käufer oder einen Vertrauten.**
- **Auf bekannte Mängel sollte der Verkäufer den Käufer immer hinweisen, um spätere Ansprüche des Käufers, wenn er Mängel entdeckt, wegen »Arglist« auszuschließen. Bekannte Mängel sind in den Vertrag deshalb auch vorsichtshalber ausnahmslos immer aufzunehmen.**
- **In einem schriftlichen Vertrag muss die Beschaffenheit (u. a. Gesundheitszustand, Ausbildungszustand) unmissverständlich formuliert werden. Teigige Begriffe wie »leichtrittig« oder »fromm« sind unangebracht, weil sie nicht eindeutig sind: Eine inhaltliche genaue Beschreibung ist deshalb für den Einzelfall immer ratsam.**
- **Falsche Anpreisungen eines Händlers (z. B. in Anzeigen), die kaufmotivierend sind, können u. U. Rückgabegrund sein, weshalb darauf tunlichst verzichtet werden sollte!**
- **Private Verkäufer können zur Haftungseinschränkung in den schriftlichen Vertrag (ähnlich wie beim privaten Gebrauchtwagenverkauf) eine Klausel aufnehmen, z. B. »Gekauft wie besehen und probegeritten unter Ausschluss jeglicher Gewährleistung«. Allerdings stellt eine solche Formulierung keinen Haftungsschutz für den**

Verkäufer dar, wenn Ansprüche des Käufers aus solchen Mängeln reklamiert werden, die nachweislich bekannt waren, aber vom Verkäufer verschwiegen wurden! Hier ist Anspruchsgrundlage u. U. der Tatbestand der »arglistigen Täuschung« mit entsprechenden Rechtsfolgen (z. B. Rückgabe des Pferdes durch den Käufer, wenn er solche Mängel später feststellt).

Kaufgelegenheiten

Von Händlern, die über keine seriösen, nachprüfbaren Referenzen verfügen (als Käufer frage man offen danach), werden häufig Pferde sogar mit Umtauschrecht (!) feilgeboten, um dem Käufer vermeintliche Risikolosigkeit zu suggerieren. Bei solchen Pferden, die bereits durch etliche Ställe gewandert sein können, ist betont sorgsam auf Gesundheits-, Ausbildungs- und Verhaltensmängel sowie eine seltene, aber nicht auszuschließende verkaufsfördernde Dopingmedikation zu achten. Vor übereilten »Schnäppchenkäufen« sollte man sich hüten.

Allenfalls bei Händlern, die in Fachkreisen als langjährig verlässliche Direktimporteure von Warmblütern aus Osteuropa, Islandpferden aus Island oder Quarter Horses aus Nordamerika usw. bekannt sind, kann man ein interessantes Angebot unterschiedlich veranlagter Pferde aller Altersgruppen erwarten. Pferdehandel ist ein risikobehaftetes, kapitalintensives und deshalb zwangsläufig gewinnorientiertes Geschäft.

Besonders bei importierten Islandpferden lasse man sich immer eine mindestens einjährige schriftliche Garantie auf Ekzemfreiheit im Kaufvertrag unterschriftlich persönlich vom Importeur zusichern.

Bei Quarter Horses, Paints und Appaloosas ist es generell (nicht nur bei Importpferden) leichtsinnig, wenn nicht vor dem Kauf u. a. auf die erbliche, kaliumstoffwechselbedingte Muskelerkrankung HYPP (Hyperkalemic Periodic Paralyse) untersucht wird. Der einfache DNA-Test kann in Deutschland sowohl an EDTA-Blut oder an Langhaarproben mit Wurzeln durchgeführt werden. Proben bearbeiteten z. B. Institute für molekularbiologische Diagnostik (siehe im Internet z. B. unter www.laborklin.de).

Empfehlenswert ist der Kauf direkt bei einem renommierten Züchter oder Aufzüchter. Die Anschriften von Züchtern und Aufzüchtern mit verkäuflichen Pferden erfährt man durch die regionalen oder zentralen Zuchtverbände, aber auch bei Rassen-Interessengemeinschaften.

Städtische Pferdekäufer werden überrascht sein, wie geschickt, aber auch kenntnisreich mancher oberflächlich etwas rustikal und bieder wirkende züchtende Landwirt beim Verkaufsgespräch taktiert und verhandelt. Hier hat man es in der Regel mit nicht zu unterschätzenden Profis zu tun, die im pokerähnlichen Rindviehhandel über langjährige Verkaufserfahrung verfügen und beim Pferdeverkauf selten ein schlechtes Geschäft machen!

Eine weitere Möglichkeit, ein Pferd zu suchen und zu finden, ist die Lektüre von Verkaufsinseraten in Fachzeitschriften sowie in speziellen Pferdeverkaufsanzeigenblättern und im Internet. Viele Anzeigen sind klar und sachlich richtig mit vollständigen Angaben aufgesetzt. Dazu gehören

- Rasse, Geschlecht, Alter, Stockmaß, Farbe, Abstammungsnachweis,
- Charakter, Ausbildungsstand, Turniererfolge,
- Preisvorstellung (entweder Festpreis oder Verhandlungsbasis),
- Name und Anschrift des Verkäufers,
- Telefon-, Fax-Nummer oder E-Mail-Adresse sowie
- Standort des Pferdes (bei weit vom Wohnort des Verkäufers entfernter auswärtiger Haltung).

Floskelhafte Textzusätze wie »nur in gute Hände abzugeben« sind zwar durchweg ehrlich gemeint, doch lassen sie nicht zwangsläufig auch den Schluss zu, dass das angebotene Pferd auch aus ebensolchen kommt. Nur in seltenen Fällen hat zudem der Verkäufer überhaupt die Gelegenheit, nachzuprüfen, ob das Pferd beim Käufer wirklich auf Dauer in gute Hände kommt. Solche Zusätze sagen darum wenig aus und sind deshalb eher verzichtbares Beiwerk.

Nicht nur über Verkaufsinserate, sondern auch über ein eigenes Inserat kann man ein passendes Pferd finden. Erfolg versprechend sind die Spalten »Kaufgesuche« in Fachzeitschriften. Voraussetzung für den Erfolg der eigenen Anzeige ist, dass die Wünsche (mit etwas Spielraum bezüglich Farbe und Alter) klar zum Ausdruck kommen. Irreführende Formulierungen ergeben unpassende Angebote.

Kaufverhalten

Nach einer kurzen oder längeren Reise wird der Kaufinteressent beim Verkäufer angelangt sein, mit dem er vorher einen festen Termin vereinbart hat. Unangemeldet aufzukreuzen hat zwar den Vorteil, dass man vielleicht Dinge sieht, die einem sonst verborgen bleiben, doch ist dies letztlich eine Höflichkeitsfrage. Am besten trifft man frühzeitig vor einem vereinbarten Termin am Zielort ein, schaut sich aber erst einmal als unauffälliger Spaziergänger ausreichend um. Detektivmanieren und unerlaubtes Betreten von Weiden oder Stallungen gehören aber nicht dazu. Seinen Begeithund leint der kultivierte Kaufinteressent an. Er unterbindet auch, dass Gassi-Geschäfte sofort vor der Haustür der Verkäufers erledigt werden. Denn: Kaufinteressenten, die mit tosendem Gebrüll ihre zwei- und vierbeinigen Familienmitglieder beispielsweise auf dem Bauernhof des Verkäufers erst mal quasi »entsorgen«, um selbst Ruhe zu haben, sind selten gern gesehene Gäste eines Pferdeverkäufers! Möglicherweise beobachtet der Kauflustige beim unauffälligen Kundschaften, wie man mit vereinten Kräften gerade sein zukünftiges Freizeitpferd auf der Weide einzufangen versucht. Macht der Vierbeiner größere Schwierigkeiten, wird man seine Schlüsse daraus ziehen. Hier wird man zunächst mindestens ein aufwändiges Bodentraining investieren müssen. Oder man sieht, wie ein Trainer schnell vor dem Termin noch das verkäufliche Pferd gehörig »auf Vordermann« bringt. Sieht man dabei wenig einfühlsame, unnötige Disziplinierungsmaßnahmen, so dokumentiert dies ein eigenartiges Verständnis von »Horsemanship« – obwohl man dies vielleicht auf dem Werbeflyer des Trainers ganz anders gelesen hatte! Das wird man dann im Gespräch mit dem Verkäufer aufmerksam und genügend kritisch bewerten.

Die eigentliche Musterung des Pferdes geschieht zunächst im Stand. Von der Seite, von vorne und von hinten werden Gebäude und Beinstellung des Pferdes begutachtet. Der Ausdruck der Augen und das Ohrenspiel geben Aufschluss über die Art des Temperaments. Um die Gangmanier, das Vorwärtsstreben und fehlerhafte Abweichungen (z. B. Fuchteln) feststellen zu können, wird das Pferd an der Hand im Schritt und im Trab vorgeführt. Peitschengeknalle und massive Anfeuerungen verbitte man sich dabei höflich, aber entschieden, denn das Pferd soll seine natürlichen Bewegungen demonstrieren und nicht aufgeregt posieren. Kommt das Pferd direkt von der Weide oder aus einem geschlossenen Stall, so rechne man beim Vorführen immer mit Schlaffheit durch die Grünfutterbelastung des Magen-Darm-Traktes oder mit Stallsteifheit und Übermut. Eigentlich sind solchermaßen unvorbereitete Pferde nicht besonders ergiebig zu begutachten. Besser ist es, wenn Pferde mindestens eine Stunde vor der Musterung ohne Futter in einem Paddock verbracht haben, um dann vorgeführt zu werden.

Nach der Vorführung an der Hand untersuche man den Gesamtzustand. Man greife dem Pferd an die Ohren, dabei darf es keinen widersetzlichen Eindruck machen, da es sonst schwierig aufzutrensen sein wird. Hals, Widerrist, Bauch (bei Stuten: Euterbereich) und Kruppe werden (vorsichtig) abgeklopft und die Reaktion des Pferdes beobachtet. Schläger, Beißer und kitzlige Pferde werden sich entsprechend verhalten. Verletzungen und Scheuerstellen (Ekzemverdacht!), Sattel- und Gurtdruck sowie Narben lassen sich durch genaues Hinsehen und Abtasten feststellen. Äußerst wichtig ist das Heben und Untersuchen der Hufe. Gibt das Pferd die Hufe nur widerwillig, wird es mit der Schmiedefrömmigkeit nicht weit her sein. Mit einem Hufkratzer säubert man Strahlbereiche, Sohlen und die Eckstreben der Hufe, um diese untersuchen zu können. Es sollte immer auf trockene oder nässende Mauke untersucht werden, die besonders bei Kaltblütern mit starkem Fesselbehang nicht ungewöhnlich ist, langwieriger Behandlung bei konsequenten Haltungsmaßnahmen bedarf und zu Lahmheiten führen kann. Das Abtasten der Beine folgt. Gelenke, Sehnen, Fesseln, Kniescheiben und Hufkronen werden abgefühlt, ob sie Anschwellungen, Überbeine, Wärme oder Druckempfindlichkeit aufweisen. Auch die Zähne des Pferdes schaue man sich an, soweit diese ohne Probleme erkundbar sind und nicht im Rahmen tierärztlicher Begutachtung noch überprüft werden. Die Überschreitung des Ponyhöchstmaßes (148 cm Stockmaß) kann für Turnierponys die Teilnahme an offiziellen Schauen und Turnieren ausschließen, deshalb messe man die Größe des Pferdes nach (auch bei Zuchtpferden wichtig, wenn Rassestandards Größenangaben beinhalten!).

Im Allgemeinen wird der Interessent bereits in diesem Stadium – nicht zuletzt aufgrund der bereits bis dahin vorliegenden ersten tierärztlichen Befunde – wissen, ob das Pferd für die engere Wahl ausscheidet. Ist er nach wie vor am Kauf interessiert, dann muss das Pferd noch auf seinen Verwendungszweck geprüft werden, nachdem man vorher sicherheitshalber den Verkäufer befragt hat, ob er für dieses Fremdreiterrisiko haftpflichtversichert ist. Als typisches Freizeitpferd beispielsweise, das vorwiegend zuverlässig von Durchschnittsreitern oder Anfängern im Gelände geritten werden soll, muss es recht hohe Anforderungen erfüllen. Das wird häufig allerdings nicht so gesehen, weil mancher denkt, dass Freizeitpferde »Abfallprodukte« des großen Sports sind und jedes Pferd am Ende der Leistungsskala immer noch gut als Freizeitpferd taugt und vermarktet werden kann. Ein geeignetes Freizeitpferd sollte sich willig satteln und auftrensen lassen, ruhig stehen und ohne zu kleben vom Hof und von anderen Pferden zügig im flotten Schritt wegzubewegen sein. Es darf aufmerksam sein, aber weder vor Autos noch vor Traktoren, knickenden Zweigen oder auffliegenden Fasanen in panischer Angst flüchten wollen, sondern sollte idealerweise im Punkt Scheufreiheit eine Lebensversicherung sein. Ein Geländeritt, eventuell mit zwei oder drei anderen – ebenfalls in die engere Wahl gezogenen Pferden, die vom Berater, vom Eigentümer oder von Hilfskräften geritten werden, schließt die Musterung ab. Unterwegs kann man selbst jedes Pferd ausprobieren und dabei auch – soweit vorhanden, kleinere Naturhindernisse (Baumstämme) springen. Pferde zum Fahren lässt man einspannen und in Schritt und Trab im Gelände und auf der Straße gehen. Dressur- und Springpferde oder Westernpferde müssen zunächst in der Bahn von einem Fremdreiter vorgestellt werden und ihre Qualitäten zeigen, bevor man sie selbst reitet (nach Möglichkeit auch immer zusätzlich im Gelände). Gangpferde, die z. B. in den Gangarten Tölt, Pass oder Walk ausgebildet wurden, sollten ebenfalls immer erst vorgeritten werden, damit man sich optisch gut orientieren kann. Auch bei ihnen ist stets eigenes Ausprobieren in Bahn und Gelände obligatorisch.

Bei der Pferdemusterung und bei der anschließenden Verhandlung über den Kaufpreis sowie über evtl. zu vereinbarende Garantien vermeide man es grundsätzlich, die vorgestellten Pferde schlecht zu machen oder bei Interesse allzu große Begeisterung zu zeigen. Man tut gut daran, dem Verkäufer eine Menge ganz konkreter Fragen zu stellen und auf korrekte, plausible Antworten zu achten. Die Bewertung sollte man für sich vornehmen und eigentlich gar nicht großartig erörtern.

Überschwängliche Bewirtung und daraus resultierende falsch verstandene moralische Verpflichtung oder auch ungebetene »Experten« (die offenbar zufällig, aber manchmal auch von Verkäufern extra bestellt, lobende, oft unsinnige Kommentare abgeben) haben schon manchen Interessenten zum übereilten Kauf ermuntert. Selbst wenn ein Pferd den Käufer noch so treu anblickt, aber krank ist, sollte man den Kaufvertrag nicht deshalb unterschreiben, weil man sich einbildet, die Krankheit schon auskurieren zu können und dafür vorab den Kaufpreis kräftig herunterhandeln zu können. Die Folgekosten werden die guten Absichten und die Einsparung beim Kaufpreis schnell zunichte machen – das zeigt die Erfahrung.

Die vorstehenden Erläuterungen können nur einen groben Überblick über die allgemeine Rechtslage geben, die sich aufgrund von gesetzlichen Änderungen und insbesondere von zu erwartenden Gerichtsurteilen ändern

Muster für einen Kaufvertrag

zwischen

a) Vertragspartner (Name und Anschrift)

Verkäufer: Käufer:

b) Kaufobjekt

Der Käufer kauft vom Verkäufer das nachfolgend beschriebene Pferd mit Pferdepass:

Name des Pferdes: Geburtsdatum:

Rasse: Geschlecht:

(bei Wallachen: Kastrationsdatum) Farbe und Abzeichen:

Brandzeichen: Stockmaß:

Gangarten: Lebens-Nr. laut Pferdepass:

Eingetragen beim Verband: Transponder: ja/nein

Angaben zur Gesundheit: keine/es gilt das tierärztliche Gutachten (Tierarzt, Datum)

Geeignet für den Verwendungszweck:

Bisherige Verwendung und Ausbildungsstand:

Bisherige Haltungsform:

Letzter Hufbeschlagtermin/Hufpflegetermin:

Letzte Wurmkur am: Präparat/Medikament:

Letzte tierärztliche Behandlung: Diagnose:

Letzte Medikation: Medikament:

Impfpass vorhanden/nicht vorhanden; Impfungen:

c) Kaufpreis

Der Kaufpreis beträgt EURO (in Worten:)

zu zahlen in bar an (empfangsberechtigt): Frau/Herrn bei Übergabe des Pferdes.

► Der Verkäufer versichert, dass das Pferd sich in seinem Eigentum befindet und frei von Rechten Dritter ist. Bis zur vollständigen Bezahlung des Kaufpreises bleibt der Verkäufer Eigentümer des Pferdes.

► Zeitpunkt Gefahrübergang: Ort/Datum der Übergabe:

Transport am durch

► Die Transportkosten in Höhe von und das Transportrisiko trägt der Käufer/Verkäufer.

► Die Kosten einer tierärztlichen Untersuchung durch

am werden vom Käufer/Verkäufer übernommen/werden je zur Hälfte getragen.

d) Garantien

Es wird garantiert für Gesundheit entsprechend dem Gutachten vom /Das Pferd wird verkauft wie besehen und zur Probe geritten/gefahren/longiert/geführt ohne jegliche Gewährleistung.

e) Gerichtsstand

Gerichtsstand für Streitigkeiten aus diesem Vertrag ist das für den Wohnsitz des Käufers/Verkäufers zuständige Gericht.

f) Sonstige Vereinbarungen

► Der Verkäufer übergibt den Pferdepass bei Barzahlung und veranlasst die Eintragung des Besitzwechsels in die Eigentumsurkunde sowie deren Übersendung an den Käufer bis (Datum); entstehende Kosten trägt der Verkäufer.

► Jeder Vertragspartner erhält eine Ausfertigung dieses Vertrages.

Ort Datum

Unterschrift des Verkäufers Unterschrift des Käufers

kann. Deshalb empfiehlt es sich im konkreten Einzelfall, bei Mängelrügen die aktuelle Rechtslage immer ohne Verzögerung durch einen erfahrenen Rechtsanwalt beurteilen zu lassen. Er wird rechtzeitig die weiteren Schritte einleiten. Wenn der eigene Anspruch berechtigt ist, hat der Gegner auch die Kosten des Anwalts zu tragen.

Bei aller Vorsicht und Fachkenntnis ist beim Pferdekauf immer eine Portion Glück notwendig, um einen geeigneten vierbeinigen Partner zu finden. Man bedenke auch, dass absolut fehlerfreie Exemplare – selbst bei der Spezies Mensch – nicht anzutreffen sind.

Das Muster für einen Kaufvertrag unter Privatleuten (siehe Seite 62) ist nur ein allgemeines Beispiel, das Mindestdaten enthält, es erhebt keinen Anspruch auf juristische Vollständigkeit.

Haltungsformen

GESCHICHTE DER HALTUNG UND NUTZUNG

Mit der Haustierwerdung (Domestikation), in deren Verlauf und Folge sich unterschiedliche Nutzungen und Haltungsformen herausgebildet haben, beginnt die Geschichte der Pferdehaltung. Wir wissen, dass unsere Pferde nicht zur Gruppe der ältesten Haustiere gehören. Sehr viel früher wurden Hund, Schaf und Rind domestiziert. Daher hatten die Tierhalter in früher historischer Zeit bereits umfangreiche Erfahrungen mit Haustieren, bevor Equiden – zunächst Onager (Halbesel) bei den Sumerern im heutigen Irak – gehalten wurden. Vermutlich begann die Haltung »echter« Pferde wahrscheinlich um rund 3.000 v. Chr. Nach PASSEK (zitiert nach ZEUNER, 1967) sind Pferdefunde im Rahmen der Tripolje-Kultur (gebietlich zwischen Karpaten und Dnjepr in der Ukraine gelegen) jedenfalls als erste Hinweise auf eine systematische Pferdehaltung einzuordnen. Es spricht vieles dafür, dass Pferde im frühen Stadium der Haustierwerdung ursprünglich nur als reine Fleischlieferanten der Ernährung dienten. Wenig umsorgt wurden sie auf natürlicher Grundlage in Pferchen zusammen mit Rindern gehalten. Auch mit Beginn des Ackerbaus kam Pferden noch keine weitere Bedeutung zu, denn die Zugkraft des Rindes wurde zunächst primär weiter genutzt.

Vermutlich breitete sich der Ackerbau bereits zu einem sehr frühen Zeitpunkt in den Ebenen von Russisch-Turkestan im westasiatischen Raum (später im 5. Jahrhundert v. Chr. Zentrum des Reitervolkes der Skythen) aus. Gleiches gilt für das Gebiet des »fruchtbaren Halbmondes« (im Mittelpunkt Mesopotamien zwischen den Flüssen Euphrat und Tigris, Zentrum der Sumerer, heute Irak und Syrien). Dies förderte die Entwicklung von politisch und kulturell unabhängigen Siedlungseinheiten, verlangte aber auch ein entwickeltes ziviles und nicht zuletzt militärisches Transportsystem. Da das Pferd dem Menschen eine größere Beweglichkeit verlieh, wurde im Laufe der Jahrhunderte das Rind als Zugtier für einen Großteil der Transportaufgaben abgelöst.

Die alten Sumerer, die zwischen 3.200–2.800 v. Chr. im Süden Mesopotamiens siedelten und eine der frühesten menschlichen Hochkulturen mit Stadtstaaten gründeten (z. B. Ur, heute Muqajir/Irak), spannten sehr früh die ersten halbwegs gezähmten Onager an, später dann echte Pferde. Dies geschah noch in der Schirr- und Lenkungsweise, die bei Rindern gebräuchlich war. Die Schirrung bestand aus einem ledernen Halsstück, mit dem die Equiden an das Joch gebunden waren, das ihnen am Widerrist auflag. Sie zogen demnach mit dem Hals. Das entsprach zwar der Zugkraftnutzung des Rindes, war aber anatomisch für Equiden wenig geeignet. Ebenfalls angelehnt an die Rinderlenkung war ein Leitseil, befestigt an einem (schmerzhaften!) Nüsternring. Das Lenkungsprinzip mit Trensen entwickelte sich erst später. Mosaiktafeln und schriftliche Belege geben interessante Anhaltspunkte für die frühe historische Pferdenutzung. Auch aus der Bibel (AT) ergeben sich Hinweise auf die allgegenwärtige Bedeutung des historischen Pferdeeinsatzes, wenn etwa um 700 v. Chr. *Jehova* durch den Propheten *Jesaias* dem assyrischen König *Sanherib* (dem Belagerer Jerusalems) bildhaft weissagt: »So will ich meinen Ring Dir in die Nase legen und mein Gebiss in Deinen Mund und Dich des Weges zurückführen, den Du gekommen bist.«

Etwa mit Beginn des 2. Jahrtausends v. Chr. trat der pferdebespannte Streitwagen seinen Siegeszug über die gesamte westliche Welt an, ausgehend von den ersten Hochkulturen des Alten Orients.

Wie schwierig diese Art des kriegerischen und auch jagdsportlichen Fahrens war und deshalb in hohem Ansehen stand, wird daran deutlich, dass die ägyptischen Pharaonen der 18. und 19. Dynastie stets als kühne Streitwagen-Einmannbogenschützen voll imponierender Beherrschung von Gespann und eigener Körperkraft wiedergegeben sind. Um die Hände als Bogenschütze frei zu haben, band man sich die Leitseile des Zweigespanns um die Hüften!

Ein solches Gespann setzt nicht nur voll domestizierte, sondern auch zweckentsprechend ausgebildete und leistungsfördernd gehaltene Gespannpferde voraus (die Reitverwendung des Pferdes hatte zu dieser frühen Zeit allenfalls Versuchscharakter und erlangte erst ab 1.500 v. Chr. stärkere Bedeutung). Die auf zunehmende Laufleistung gerichtete intensivere Nutzung historischer Pferde verlangte Konsequenzen für die Haltung. Aus der militärischen Verwendung ergaben sich Forderungen nach

- Training und Konditionierung,
- schneller Verfügbarkeit,
- Reduzierung der langen Nahrungsaufnahmezeiten,
- Begrenzung des bei Alleinfütterung von Raufutter leistungshemmenden Futtervolumens,
- Deckung des gesteigerten Energiebedarfs durch zusätzliche konzentrierte Futtermittel,
- Konservierung von Futtermitteln,
- Bevorratung und Mitnahme von Futtermitteln auf langdauernde Fahrten zu kriegerischen Auseinandersetzungen.

Dies alles war erklärlicherweise erst möglich, nachdem der Übergang vom Nomadentum zum Ackerbau stattgefunden hatte, denn ein Teil der Anforderungen war fütterungsrelevant. Nur bei Fütterung von Gras, Schilf, Heu und Laub konnten Gespannpferde nicht die geforderten Leistungen bringen. Dieses Raufutter allein gab den Pferden des Südtyps zu wenig leicht verdauliche Energienahrung, es verursachte sehr lange Fresszeiten bei hohem Volumen. Erst seit durch den Anbau von Gerste und gebietsweise auch Weizen energiereiches Futter zur Verfügung stand, das als Ergänzung zum Heu auch als relativ kleinvolumiger Vorrat mitgeführt werden konnte, waren die beschriebenen Entwicklungen im Transport- und Militärwesen möglich. Um schnell über die im aufwändigen Training stehenden Pferde verfügen zu können, änderte sich die Haltung der Gebrauchspferde. Statt der Pferch- und Weidehaltung, die für Zuchttiere beibehalten wurde, gab es nun Reihen-Anbindestände mit tönernen Futterkrippen. Vermutlich waren diese Anbindehallen in früher historischer Zeit um (nicht überdachte) Innenhof-Ausläufe gruppiert, in denen sich Schöpfbrunnen mit Tränken befanden. Ähnliche Stallformen mit Innenhöfen, die als Ausläufe dienen, findet man auch heute noch in Nordafrika (Marokkanische Berberzucht), Ägypten (Vollblutaraber-Staatsgestüt El Zahraa) und Spanien. Erstaunlich ist das Ausmaß der frühen Pferdehaltung: Überlieferungen zufolge wurden z. B. in der Kadesch-Schlacht zwischen den Truppen des Ägypters Ramses II. und den Hethitern (1.296 v. Chr.) mehr als 10.000 Pferde mit Kampfwagen eingesetzt. Für die damalige Zeit war dies aus haltungstechnischer Sicht eine brillante Logistik- und Managementleistung, musste doch die Versorgung der Hochleistungspferde mit Wasser und Futter täglich sichergestellt werden. Hinzu kam, dass überwiegend Gespanne mit Hengsten gefahren wurden, deren Rivalitäten (soweit sie nicht aus einer gemeinsamen Haltungsgruppe stammten) bei allem auch noch berücksichtigt werden musste. Der sog. Kikkuli-Text aus dem 14. Jahrhundert v. Chr. belegt, dass Haltung und Training bei den Hethitern mit sorgsamer Fachkunde betrieben wurden. Empfindliche Strafen drohten jenen, die verantwortlich waren für etwaige Verluste wertvoller Pferde durch Trainings- oder Haltungsfehler (insbesondere Folgen unsachgemäßer Fütterung).

In Europa setzte die Ausdehnung der Pferdehaltung – nach Verbreitung des Ackerbaus – erst sehr viel später ein. Während in Südeuropa mit Erstarkung des Römischen Reichs die Bedeutung des Pferdes für Transportaufgaben und als Reittier schnell zunahm, beschränkte sich die Pferdehaltung Mittel- und Nordeuropas – ähnlich wie zu Beginn der Domestikation in den alten Kulturen – zunächst auf eine Pferchhaltung zu Nahrungszwecken. Bei einigen germanischen Stämmen entwickelte sich das Pferd sehr früh bereits zum religiösen Kulttier, das in heiligen Hainen gehalten, gepflegt und verehrt wurde.

Spätestens seit der Römerzeit (Rheinüberquerung Cäsars 55 v. Chr.) wurde auch in Mitteleuropa die bereits sporadisch erprobte Nutzung von Pferden forciert. Es dauerte aber mehrere hundert Jahre, bis sich auch in Nordeuropa eine breite Haltung und Nutzung von Pferden durchgesetzt hatte. In der Wikingerzeit – im 1. Jahrtausend n. Chr. – wurden Pferde häufig in Waldarealen gehalten. Aus unterschiedlichen Gründen, u.a. um schnellere Verfügbarkeit sicherzustellen, gab es im Winter eine zeitweise stallähnliche Haltung innerhalb des so genannten germanischen Einhauses. Bei dieser Hausform lebten in der großen Wohnhalle Mensch und Tier zusammen – gruppiert um die zentrale Feuerstelle.

Erstmals nach der Krönung Karls des Großen zum Deutschen Kaiser (800 n. Chr.) wurden größere Gestüte eingerichtet, in denen später im Laufe der Jahrhunderte sehr intensiv Pferde gezüchtet und ausgebildet wurden. Inzwischen hatte sich auch in Mittel- und Nordeuropa durch den Ackerbau das Nahrungsangebot für Pferde verbessert. Neben Raufutter erhielten Pferde eingeweichte Gerste und Roggen, aber auch schon Hafer, der sich als das pferdegeeignetste Körnerfutter erwies. Auf dieser verbesserten Ernährungsgrundlage schließlich gelang auch die Züchtung größerer, sehr schwerer Pferderassen, die als Ritterpferde dienten. In Turnieren mit Kampfsportcharakter und leider auch in unsinnigen Kreuzzügen zeigten diese neuen Rassen ihr Leistungsvermögen. Wertvolle Zuchtrelikte aus mittelalterlicher Zeit sind heute u.a. noch die englischen Shire Horses.

Während des Mittelalters entstand ein haltungs- und rassebezogenes »Klassenbewusstsein« unter Pferdehaltern, das heute gelegentlich noch in den Köpfen mancher Zeitgenossen zu spuken scheint. Da nämlich die Haltung der schwereren, teils sehr edlen und temperamentvollen, teuren und großen bis mittelgroßen Pferde (etwa heutigen »Barockpferden« bzw. Friesenpferden und Warmblütern vergleichbar) nur Begüterten zustand und auch nur diesen wegen der höheren Unterhaltungskosten (u.a. Körnerfutter) überhaupt möglich war, nutzten die Bauern nach wie vor die traditionellen kleinen Landpferdeschläge (den Dülmenern vergleichbar). Deren Leistungsfähigkeit war aufgrund der geringeren Größe, der sehr extensiven, billigen Fütterung (Weide, Laub und Waldweide, keine Körner) wenig spektakulär im Vergleich zu den »Edelrössern«. Daraus ergab sich eine (heute immer noch latent vorhandene) gesellschaftliche Bewertung nach dem Prinzip: »Großer Mann (im Sinne von nobel oder herrschaftlich) auf hoch gewachsenem, edlem, temperamentvollem Pferd – kleiner Mann (im Sinne von bäuerlich oder unterprivilegiert) auf kleinem, untersetztem, phlegmatischem Pferd!«

Hier stecken auch die Wurzeln des sich bis heute gehaltenen Begriffs »Herrenreiter« und die – fast schon instinktähnlich zu nennende – manchmal panische Angst vieler Fußgänger bei der Konfrontation mit Reitern (was berittene Ordnungskräfte bewusst z.B. zur Verhütung oder Eindämmung von Krawallen bei Massenveranstaltungen nutzen). Deshalb, dies sei hier eingeflochten, muss jeder kultiviert reitende Mensch im Interesse der Erhaltung des immer enger werdenden Freiraums für Reiter – vor allem in der Natur – ein Höchstmaß an höflicher Rücksichtnahme gerade auch auf nicht reitende Menschen praktizieren. Das beginnt schon mit der Optik (Rauchen im Sattel ist eine »Todsünde«!) und setzt sich fort mit rechtzeitigem Durchparieren zum Schritt und einem freundlichen, verbindlichen Gruß.

Die historisch jüngste Entwicklung mit explosionsartig sich ausbreitender Pferdehaltung begann im 18. Jahrhundert und setzte sich bis in die fünfziger Jahre des 20. Jahrhunderts fort. Maßgeblich für den rasanten Aufwärtstrend in Europa und Nordamerika war die Ausdehnung des Handels, die Erschließung von Ländern (z. B. Besiedlung Amerikas) und der Abbau von Rohstoffvorkommen (Kohleförderung und -transport, Baustoffhandel usw.). Zudem wuchs der Pferdebedarf stetig in der Landwirtschaft, ganz enorm im Militärwesen sowie vor allem auch in den sich ausbreitenden Städten. Für Droschkenverkehr und Speditionszwecke benötigte man eine große Zahl von Pferden. Diese mussten ab dem 19. Jahrhundert in Industrie-, Speditions-, Post- und Droschkenbetrieben nutzungsnah gehalten werden. Man übernahm deshalb weitgehend auch für zivile Zwecke die vom Militär (nicht von Bauern!) her bekannte geschlossene Stallhaltung. Übrig geblieben sind bis heute nur noch die in Festumzügen zu Werbezwecken präsentierten prächtigen Brauereigespanne als Relikte dieser historischen Zeit, deren Fortdauer abrupt durch ungeahnte Technisierung in Landwirtschaft, Militär und Verkehr seit Ende der fünfziger Jahre des 20. Jahrhunderts gestoppt wurde. Diesen im Laufe der Geschichte veränderten Anforderungen kam die Fähigkeit des Pferdes entgegen, sich an unterschiedliche Haltungs- und Nutzungsbedingungen und insbesondere auch an neue Futtermittel anzupassen.

GRUNDSÄTZE, TIERSCHUTZ, SACHKUNDE-NACHWEIS

Haltung bedeutet als Kernaussage nichts anderes als »Festhalten«. Dieses Festhalten kann gestaltet sein: a) räumlich eng begrenzt und stark beeinflusst (= restriktive Kulturhaltung) oder b) großräumig und weitgehend frei (= resistive Naturhaltung). Bestimmende Faktoren für die jeweils gewählte Haltungsform sind durchweg Nutzungsrichtung, Nutzungsintensität, Futterangebot, Standortverhältnisse, Arbeitszeitbedarf, Investitionen und laufende Unterhaltungskosten sowie individuelle Vorlieben des Pferdehalters. Als allgemeiner Grundsatz gilt: Hohe Nutzungsintensität bedingt hochgradig restriktive Kulturhaltung bis zum Verlust der Artgemäßheit. Daraus folgt im Hinblick auf die Forderung nach artgemäßer Haltung, dass die Nutzungsintensität dem naturgegebenen Rahmen artgemäßer Haltungsansprüche angepasst sein muss, weil jede Umkehrung widernatürlich und tierschutzrechtlich zu beanstanden ist sowie nach Rechtslage als Straftat (z. B. nach § 17 TierSchG) oder als Ordnungswidrigkeit (z. B. nach § 18 TierSchG) verfolgt werden kann, wenn die gesetzlichen Tatbestände vorliegen. Die Neufassung des Tierschutzgesetzes (Abk.: TierSchG) datiert vom 1. Juni 1998; am 1. August 2002 wurde der Schutz von Tieren als Staatsziel im deutschen Grundgesetz verankert. Seither hat dieser Komplex in Deutschland Verfassungsrang, was zwar fortschrittlich klingt, aber erst nach erheblichen, noch ausstehenden materiell-rechtlichen Verbesserungen wirklich ausgefüllt ist. Tierschutz ist aber nicht allein Aufgabe des Staates, sondern jeder Mensch trägt hierfür Verantwortung.

Maßgebend für die Nutzung von Pferden ist § 3 (Nr. 1, 5, 6 und 11) TierSchG. Für den Bereich der Pferdehaltung ist § 2 anzuwenden. Danach hat derjenige, der ein Tier hält (z. B. Eigentümer), betreut (z. B. Pfleger) oder zu betreuen hat (z. B. Pferdepensionsinhaber),

1. das Tier seiner Art und seinen Bedürfnissen entsprechend angemessen zu ernähren, zu pflegen und verhaltensgerecht unterzubringen.
2. Er darf die Möglichkeit des Tieres zu artgemäßer Bewegung nicht so einschränken, dass ihm Schmerzen oder vermeidbare Leiden oder Schäden zugefügt werden.

Als Extrakt einer gutachtlichen Kommentierung führt *A. Hirt*, Vorsitzende Richterin am Oberlandesgericht München, dazu aus: «Im Bereich der Pferdehaltung sind wirtschaftliche Gesichtspunkte allein zur Rechtfertigung haltungsbedingter Schäden, Schmerzen oder Leiden ebenso wenig geeignet wie in der Hühnerintensivhaltung. Auch Tierarztkosten stellen keinen vernünftigen Grund dar, eine gebotene tiermedizinische Behandlung zu unterlassen. Ebenso wenig kann Zeitmangel darauf beruhende Schmerzen, Leiden oder Schäden rechtfertigen«, (in DZ – ISSN 0938-1120, Heft 2, Degreif-Verlag, Stücken 1997).

Bereits bei der Darstellung der Ansprüche des Pferdes wurde klar, dass rein aus der Sicht des Pferdes für dessen Wohlbefinden als Steppentier in adäquater Umwelt jeder Stall eigentlich entbehrlich ist. Folgerichtig kommt auch *Dr. Wilhelm Uppenborn*, langjähriger Leiter des Vollblutgestüts Harzburg, im Grundsatz zu diesem Ergebnis, wenn er feststellt: »Die Stallhaltung des Pferdes ist naturwidrig ...«. Wollte und könnte man dieser richtigen grundsätzlichen Bewertung in der Praxis folgen, dann wäre die ganzjährige Freilandhaltung ohne Stall als hochgradig resistive Naturhaltung die artgemäße Haltung schlechthin, wenn sowohl rassebezogen als auch individuell die klimatischen Bedingungen pferdegemäß wären, die adäquate Umwelt noch existieren würde und wir unsere Nutzungsansprüche auf ein Minimum zurückschrauben könnten. Doch: Es geht bei der typischen Haltung um die sehr wohl berechtigte Nutzung des Pferdes und von intakter, adäquater Umwelt kann – abgesehen von naturschutzbetreuten Reservaten wie im Merfelder Bruch bei Dülmen in Westfalen – eigentlich nur noch selten die Rede sein.

Damit scheidet die ganzjährige Freilandhaltung ohne Stall für jede typische Nutzpferdehaltung aus. Zu fragen wäre auch, worin denn etwaige Vorteile einer völlig stalllosen ganzjährigen Haltung für den Normalfall liegen sollten? Allenfalls abwegige Ersparnisgründe könnten hierfür Motiv sein. Der Vollständigkeit halber muss hinzugefügt werden, dass die Vertreter nordischer Robustrassen (z. B. Shetlandponys, Fjordpferde, Islandpferde, Dülmener), so sie nicht verweichlicht aufgezogen wurden, die ganzjährige Haltung ohne Stall grundsätzlich vertragen. Beispiel für die praktizierte ganzjährige Freilandhaltung unter den klimatischen Bedingungen Mitteleuropas sind die 350 Dülmener Wildbahnpferde im Münsterland, die auf großen Flächen (350 Hektar) mit befriedigendem natürlichem Schutzbewuchs ganzjährig ohne Stall gehalten werden – allerdings auch mit winterlicher Zufütterung, regelmäßiger Kontrolle und ohne jede Gebrauchsnutzung (siehe Fototafel 3, Seite 35).

Auch im englischen Wales werden – bei gemäßigtem Seeklima – freilebende Welsh-Pony-Herden ebenso naturkonform gehalten wie eine Herde Rückzüchtungs-Tarpane im polnischen Popielno-Gebiet. Gelegentlich wird aber von Pferdehaltern zur Begründung einer fachlich zu beanstandenden, nicht pferdegerechten kleinräumlichen oder stalllosen »Pseudo-Robusthaltung« u. a. auf angeblich probate isländische Haltungsbedingungen verwiesen, die man eben nur übernommen habe. Festzuhalten ist dazu, dass auch in Island Gebrauchspferde nicht ganzjährig stalllos gehalten werden. Allerdings leben Zuchtherden mit Stuten und heranwachsendem Nachwuchs ganzjährig überwiegend im Freien auf großen Flächen ohne – an sich mindestens zu fordernden – optimalen Schutzbewuchs. Entscheidend ist hierbei, dass auch in Island in der klimatisch vegetationsneutralen feucht-kalten Jahreszeit täglich in großen Scheunen mindestens mehrstündig zugefüttert wird! Auch die zeitweise notwendige Felltrocknung wird dadurch ebenso unterstützt wie die allgemeine Regenerierung und eine wichtige optische Kontrolle der Pferde durch Betreuer. Bei extremer Witterung bleiben die isländischen Pferde zeitweise auch nachts in diesen Scheunen. Immer aber sind extreme Haltungspraktiken zu beanstanden, weil sie überwiegend eine Vernachlässigung darstellen – egal wo und von wem sie praktiziert werden. Deutlich ergibt sich aus dem Island-Beispiel, dass eine unüberlegte, kritiklose Nachahmung zu beanstandender Haltungspraktiken, z. B. aus Ursprungsländern, nicht schon deshalb als »pferdegemäß« gelten kann, weil man es dort angeblich schon immer so aus Tradition und Sparsamkeit gemacht hat. Nur Gleiches kann im übrigen gleich behandelt werden. Das wird übersehen, wenn z. B. hiesige Parzellen einer arg kleinräumlichen, zeitweise total vermatschten und verkoteten »Pseudo-Robusthaltung« mit erheblich großflächigeren Verhältnissen gleichgesetzt werden. Letztere bieten den Pferden durchweg viele Ausweichmöglichkeiten, worin bereits ein erheblicher Unterschied zu sehen ist.

Bevor im Folgenden die konkret praktizierten Haltungsformen im Überblick dargestellt werden, ist vorauszuschicken, dass bei jeder

Haltungsform haltungsbedingte Schäden, Schmerzen oder Leiden vorsätzlich oder fahrlässig durch Tun oder Unterlassen verursacht werden können. Selten existiert die absolut reine Form der artgemäßen Haltung – trotz redlichen Bemühens. Es gibt auch keine Haltungsform, die sozusagen »automatisch« artgemäß ist. Auch Offenstallhaltungen sind nicht bereits nur wegen des offenen Stalles schon artgemäß, wenn andere ähnlich wichtige Komponenten wie ausreichende, stressfreie Fütterung und genügend Umgebungsreize sowie trockene Einstreu und auch zusammen passende Gruppenkumpane fehlen. In solchen Defizit-Fällen kann sogar eine vernünftig modifizierte Boxenhaltung mit täglich freiem Auslauf und Sozialkontakten u. U. als Kompromiss artgemäßer sein.

Sachkunde-Nachweis

Als Grundsatz jeder Form von Pferdehaltung gilt, dass Schwächen des Haltungssystems durch forciertes Management auszugleichen sind. Immer müssen durch kontinuierliche Überwachung und Betreuung mit Wahrnehmung verantwortungsvoller Sorgfaltspflicht bestehende oder unvorhersehbar auftretende Probleme des Haltungssystems sofort erkannt und dann beseitigt oder wenigstens vertretbar abgemildert werden. Dazu sind Fachkenntnisse und Erfahrungen wichtig. Das Tierschutzgesetz schreibt klar im § 2 für alle Pferdehalter, egal ob privat, landwirtschaftlich oder gewerblich Pferde gehalten werden, Eignung vor. Eignung setzt Sachkundewissen voraus. Das Tierschutzgesetz sagt dazu (§ 2, Ziffer 3.): »Wer ein Tier hält, betreut oder zu betreuen hat, muss über die für eine angemessene Ernährung, Pflege und verhaltensgerechte Unterbringung des Tieres erforderlichen Kenntnisse und Fähigkeiten verfügen.«

Wer gewerbsmäßig Pferde züchtet, hält oder einen Reit- oder Fahrbetrieb unterhält (z. B. der Betriebsinhaber eines gewerblichen Reitstalles) ist z. B. nach § 11 des Tierschutzgesetzes gesetzlich verpflichtet, dazu eine Erlaubnis zu beantragen (Pferdehalter im Rahmen einer Landwirtschaft oder private Pferdehalter benötigen diese Erlaubnis nicht). Dem Antrag auf Erlaubnis ist nach § 11 (1) TierSchG in gewerblichen Fällen explizit ein Nachweis über die Sachkunde beizufügen. Die Sachkunde muss auf Verlangen der Behörde nach Ziffer 1. des § 11 (2) TierSchG u. U. durch ein Prüfungsgespräch mit dem Amtstierarzt nachgewiesen werden. Sachkunde kann aber nach § 11 (2) auch durch berufliche oder sonstige Tätigkeit im Pferdebereich oder beispielsweise durch ein Zertifikat nach einer schriftlichen Prüfung bei Reiter-Verbänden und Lehrinstituten belegt werden. Welche Qualifikationen und Zertifikate entsprechend den Forderungen des § 11 TierSchG anerkannt werden, sollte vor Ablegung solcher Prüfungen im Einzelfall mit dem Amtstierarzt des zuständigen Kreises besprochen werden, denn er entscheidet darüber. Zertifikate können nach Absolvierung von Mehrtages-Lehrgängen, z. B. bei Pferdeverbänden wie FN oder VFD oder anerkannten privaten Fortbildungsinstituten wie der KPA (Kölner Pferdeakademie), erworben werden. Landwirtschaftliche oder private Pferdehalter müssen gegenüber den Behörden zwar nicht den explizit geforderten Sachkunde-Nachweis im Sinne des § 11 TierSchG führen, dennoch sind sie aber verpflichtet, sich zur Einhaltung der Sachkundevorschrift des § 2 TierSchG entsprechend aus- und fortzubilden. Dies kann sehr gut durch Teilnahme an den genannten Lehrgängen geschehen.

STALLHALTUNG

Eine der Haltungsformen, die für Pferde bereits ursächlich mit dem Mangel an Artgemäßheit verbunden sind, ist die ausschließliche Stallhaltung in geschlossenen Haltungssystemen. Sie ist als Dauerhaltungsform tierschutzrechtlich zu beanstanden, wenn nicht zur Modifizierung gravierende Managementmaßnahmen zur unabdingbar notwendigen ergänzenden Bedürfnisbefriedigung getroffen werden. Diese Haltungsform resultiert in erster Linie aus militärischem Kosten-Nutzen-Denken. Sie entsprach den Anforderungen der Kavallerie, die militärhistorisch als Vorläufer der heutigen beweglich-kampfstarken Panzerwaffe gilt. Durch ausschließliche Stallhaltung konnten die militärischen Anforderungen nach

Grafik 2

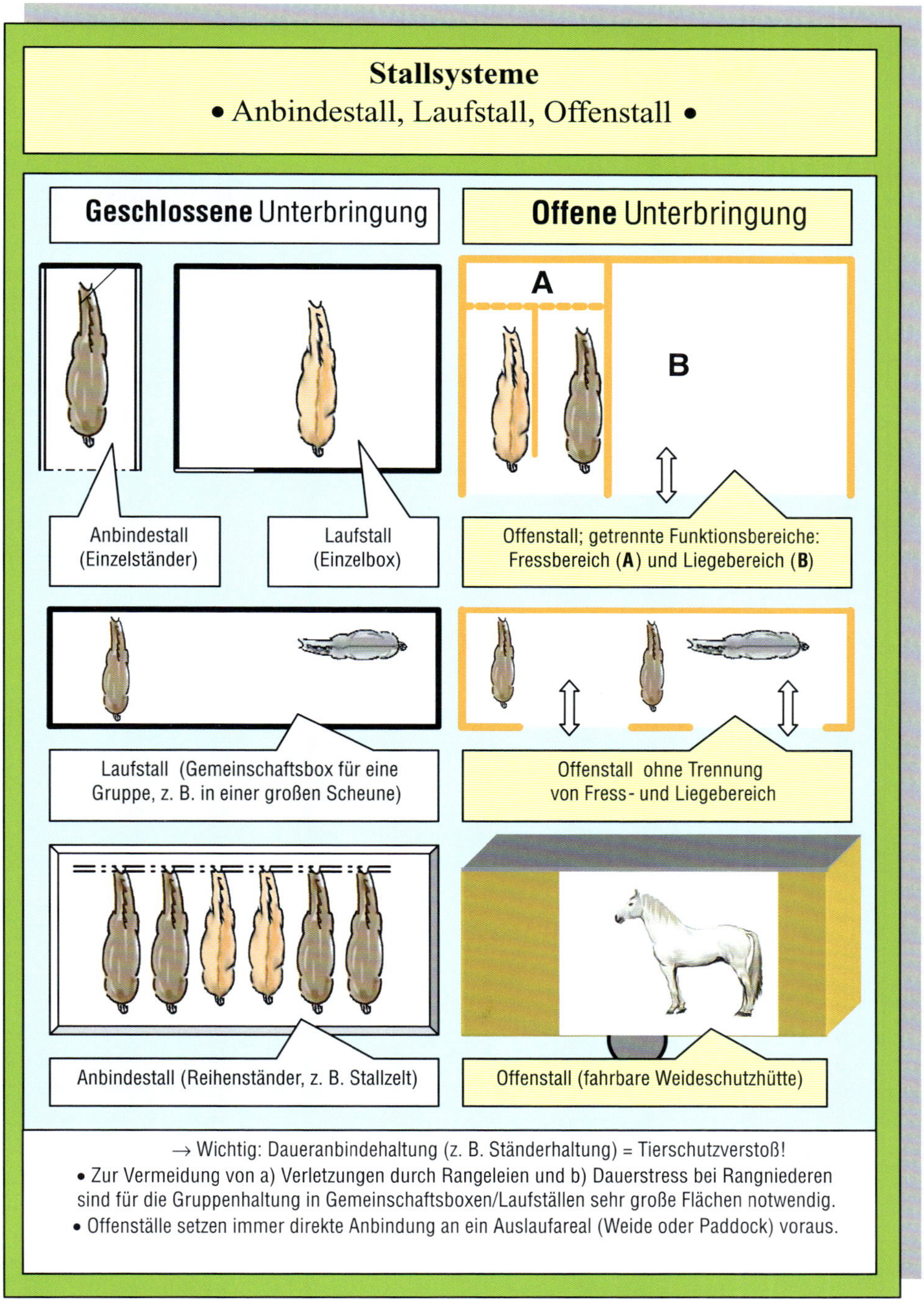
Stallsysteme
• Anbindestall, Laufstall, Offenstall •
Geschlossene Unterbringung
Offene Unterbringung
A
B
Anbindestall (Einzelständer)
Laufstall (Einzelbox)
Offenstall; getrennte Funktionsbereiche: Fressbereich (A) und Liegebereich (B)
Laufstall (Gemeinschaftsbox für eine Gruppe, z. B. in einer großen Scheune)
Offenstall ohne Trennung von Fress- und Liegebereich
Anbindestall (Reihenständer, z. B. Stallzelt)
Offenstall (fahrbare Weideschutzhütte)
→ Wichtig: Daueranbindehaltung (z. B. Ständerhaltung) = Tierschutzverstoß!
• Zur Vermeidung von a) Verletzungen durch Rangeleien und b) Dauerstress bei Rangniederen sind für die Gruppenhaltung in Gemeinschaftsboxen/Laufställen sehr große Flächen notwendig.
• Offenställe setzen immer direkte Anbindung an ein Auslaufareal (Weide oder Paddock) voraus.

- umfassender Nutzung bei schnellem Zugriff, größter Nutzungsintensität und komprimierter Fütterung zu allen Jahreszeiten ebenso erfüllt werden wie die
- Anpassung an stadtnahe, flächensparende Standortverhältnisse durch Kasernierung auch der Pferde und die
- Senkung von Arbeitszeitbedarf, Investitionen und Unterhaltungskosten erfüllt werden.

Kavalleriehaltung in Verbindung mit militärischer Disziplin und regelmäßigem Training konnte Teilbedürfnisse des Pferdes – trotz der ausschließlichen Stallhaltung – befriedigen. Die oben geforderten modifizierenden Managementmaßnahmen bestanden z. B. aus täglich mehrstündiger Arbeit an frischer Luft unter dem Reiter oder im Gespann. Dies vermochte einen großen Teil des Bewegungstriebs und den Mangel an Sozialkontakten ansatzweise zu befriedigen. Militärisches Reittraining fand durchweg in Gruppen im Gelände statt. Gefahren wurde fast ausschließlich mehrspännig, bei der Artillerie nicht selten 16-spännig im Geschützvorspann. Vorsätzliche Tierquälereien oder Vernachlässigungen waren – schon aus Angst vor Strafe – aufgrund umfassender Stall- und Trainingsordnungen sowie eines strikten Disziplinarrechts gering, denn jeder wusste, dass sein Pferd auf dem Appellplatz regelmäßig auf Leistung und Zustand kontrolliert wurde. Eine auf ernährungsphysiologischen Kenntnissen aufgebaute Fütterung war die Voraussetzung für hohe Bewegungsleistungen. Deshalb gab es Fütterungspläne, die bereits morgens um fünf Uhr die erste Fütterung vorsahen und nach weiteren Tagesfütterungen die letzte Ration vor dem »Zapfenstreich« gegen 22 Uhr anordneten. Trotz hoher militärischer Nutzungsintensität und der hochgradig restriktiven Kulturhaltung war der damit verbundene Verlust der Artgemäßheit abgeschwächt durch ergänzendes Management.

Erhebliche Bedürfnismängel bestanden immer noch in den Bereichen
- freie Sozialkontakte,
- freie Futtersuche und -selektion,
- freie Bewegung mit nicht beengten Wälzmöglichkeiten und beim
- Stallklima.

Schaut man nun – in Kenntnis der historischen Sachverhalte – auf die teils heute immer noch in ausschließlicher Stallhaltung untergebrachten Pferde, ist festzustellen, dass die raum- und kostensparenden Elemente der ehemaligen Kavalleriehaltung stets gerne als vorteilhaft für den Halter übernommen wurden. Leider fehlen aber durchweg alle ergänzenden Kavallerie-Faktoren, die Vorteile für das Pferd brächten, z. B. »Rund-um-Versorgung« mit bedarfsgerechter Fütterung und Pflege sowie ausgiebige, abwechslungsreiche Arbeit an frischer Luft mit vielen Außenreizen und Abwechslung in der Natur. Diese ergänzenden Kavallerie-Faktoren sind heute selten ganzjährig vorhanden, weil sie für viele Halter nicht komfortabel genug und zu zeit- und arbeitsintensiv sind. Zusätzlich zu diesem Defizit ergibt die Addition weiterer Bedürfnismängel – die auch schon bei der historischen Kavalleriehaltung hervortraten (z. B. mangelnde freie Sozialkontakte) – eine erschreckende Summe von Haltungsmängeln.

Deshalb ist die ausschließliche Stallhaltung ohne bedürfnisgerechte Ergänzungen, die dann zur Abmilderung der vorhandenen Haltungsmängel führen könnten, als nicht artgerecht abzulehnen und eigentlich tierschutzrechtlich zu beanstanden, weil u. a. die Bewegung des Lauftieres Pferd unverhältnismäßig stark eingeschränkt wird und dadurch vermeidbare Schäden auf Dauer nicht auszuschließen sind. Diese ausschließliche Stallhaltung – ohne täglich freien Auslauf in einem Außenareal – widerspricht somit dem § 2 des Tierschutzgesetzes.

Begründend sei im Hinblick auf § 2 des Tierschutzgesetzes auf umfangreiche wissenschaftliche Untersuchungen hingewiesen. Belegt werden darin kausale Zusammenhänge zwischen stallhaltungsbedingten Bedürfnismängeln und akuten sowie chronischen psychischen und physischen Leiden. Nach Feststellungen sind chronische Lungenerkrankungen und solche des Bewegungsapparates die häufigsten leistungserschwerenden und -hemmenden Krankheiten (DEEGEN, 1986). Besonders zu erwähnen sind hier die Untersuchungen von RODEWALD (1989). Sie untersuchte zwei Jahre lang fünf

Reitställe. Bei dem untersuchten Gesamtbestand von 172 Pferden traten im Beobachtungszeitraum 237 Krankheitsfälle auf. Davon 35 % Schäden am Bewegungsapparat und 21 % Atemwegserkrankungen. Bei der Untersuchung der Abgangsursachen von Warmblutpferden (BUTLER und ARMBRUSTER, 1984) wurden folgende Hauptgründe ermittelt: 31,9 % Schäden am Bewegungsapparat, 25,3 % Schäden am Atmungsapparat, 2,4 % Schäden des Verdauungstraktes. An den Ergebnissen einer empirisch-faktischen Dokumentation des Verfassers (1995) ist bemerkenswert, dass im Vergleich zwischen sog. Sportpferden einerseits und Freizeitpferden andererseits bei ersteren die Beinschäden nahezu viermal so hoch sind. Die Gründe dafür dürften nutzungs- und haltungsbedingt sein. Ganz entscheidend stellen sich die Unterschiede bei den Lungenerkrankungen als Grund für den Verlust dar. Hier können in erster Linie haltungsbedingte Mängel ursächlich sein; immerhin sind diese nach Befragungen bei sog. Sportpferden aus geschlossener Stallhaltung zweieinhalbmal so hoch wie bei Freizeitpferden aus nicht geschlossener Stallhaltung.

Im Hinblick auf Verhaltensstörungen ergibt sich ganz klar der Zusammenhang zwischen Haltungsform und diesen Störungen. Insbesondere jene untersuchten Betriebe mit einem zusätzlichen Gemeinschaftsauslauf schneiden besser ab. Auch ist festzuhalten, dass Betriebe mit Auslauf und zeitweisem Weidegang weit weniger Fälle mit Funktionsstörungen der Verdauungsorgane registrierten. Das deckt sich mit anderen Beobachtungen.

HEINTZELMANN-GRÖNGRÖFT (1984) unterstreicht die Bedeutung der die Futteraufnahme begleitenden gleichmäßigen und ruhigen Bewegung bei grasenden Pferden für die Funktion der Verdauungsorgane. Negative Auswirkungen der reinen Stallhaltung sind zusätzlich in gehäuften Unfällen zu sehen, durch die Menschen und Pferde Schäden erleiden. Reizarmut, Bewegungsmangel und dadurch verursachte nervöse Aufladungen haben beim Umgang und der Nutzung schon erhebliche Schäden verursacht. Bei Stallhaltung in landwirtschaftlichen Betrieben ereignen sich im Verhältnis zu den übrigen ebenfalls dort erwerbsmäßig gehaltenen Tieren die meisten Unfälle. Ermittelt wurde, dass sich innerhalb eines Jahres pro 1.000 Tiere 21,6 Unfälle mit Pferden, aber nur 1,2 Unfälle mit Rindern und 0,2 Unfälle mit Schweinen ereignen (nach GROH und HESSE, 1989).

Auch aus wirtschaftlicher Sicht ist deshalb eine artgemäße Haltungsform notwendig, die entscheidend dazu beiträgt, unkontrolliertes Verhalten und unfallträchtige Situationen erst gar nicht in diesen Größenordnungen entstehen zu lassen.

AUSLAUFHALTUNG

Sowohl Anforderungen als auch Befriedigung der naturgegebenen Bedürfnisse werden – je nach Ausgestaltung des Haltungsumfeldes – weitgehend abgedeckt durch die Auslaufhaltung.

Auslaufhaltung bietet – im Gegensatz zur ausschließlichen Stallhaltung – ein Maximum an individuellen Gestaltungsmöglichkeiten. Die Skala beginnt mit kleinen Maßnahmen. Dazu gehört die Anlage eines Paddocks zur Einzel-Box als »erster Schritt«, was schon sehr gut geeignet ist, eine vorhandene Stallhaltung pferdegerecht zu verbessern. Verbessungsmaßnahmen gipfeln in der weitgehend verhaltensgerechten – gleichzeitig im Normalfall auch eine vernünftige Nutzung gewährleistenden – Gruppenauslaufhaltung. Kennzeichnend für alle Formen der Auslaufhaltung sind die Möglichkeiten des Pferdes, zeitweise

- frei von starker menschlicher Restriktion außerhalb des Stalles,
- innerhalb eines umgrenzten Areals mit teilweise unbefestigter, wälzgeeigneter Bodenfläche,
- im Freien an frischer Luft Klima- und Umweltreize aufzunehmen,
- sich zu bewegen sowie
- Artgenossenkontakte zu pflegen.

Für jede Auslaufhaltung ist ein Stall erforderlich.

STALLARTEN

Die Frage nach der »besten« Stallart ist vermutlich fast so alt wie die Pferdehaltung

Grafik 3

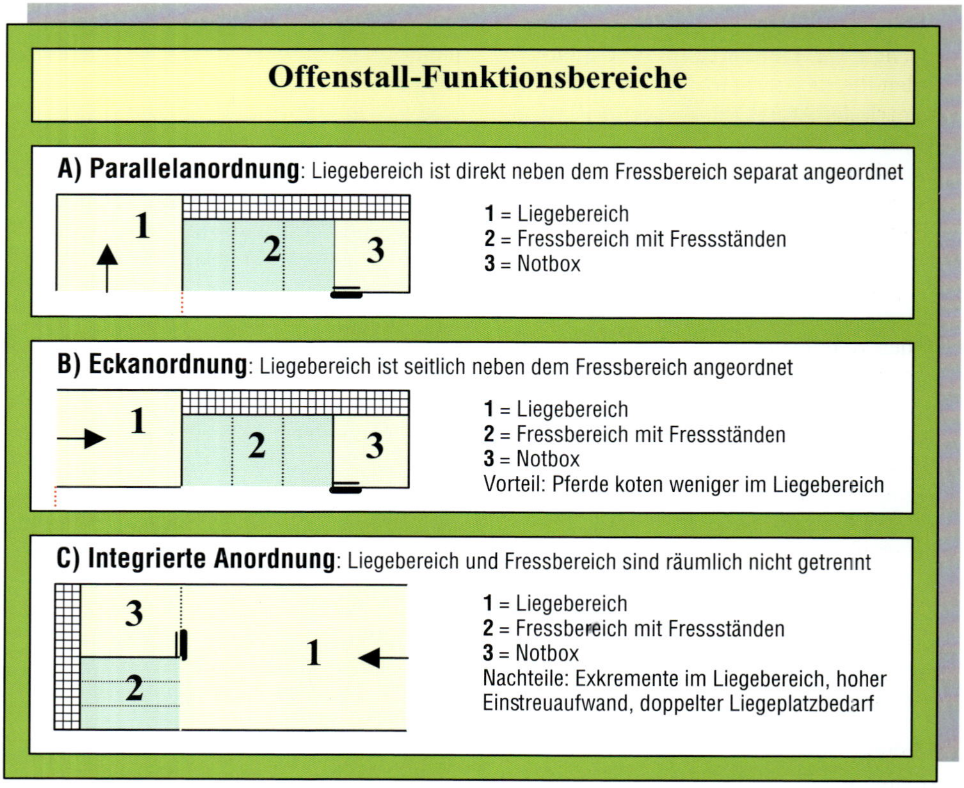

selbst. Aus Sicht der Verhaltenskunde wird heute dem Offenstall eindeutig der Vorzug gegeben. Ob er tatsächlich immer und überall die »beste« Stallart ist, wird später noch dargelegt – im Grundsatz jedenfalls ist diese Stallart aber als »Allround-Haltungssystem« für alle Nutzungsrichtungen die geeignetste Form. Aber auch andere Stallarten sind vorhanden, sie sollen hier im Überblick vorgestellt werden (siehe Grafik 2, Seite 69) .

Rein systematisch ist zunächst einmal nach räumlichen Kriterien zwischen zwei Stallgattungen zu unterscheiden, und zwar dem

- offenen Stall und dem
- geschlossenen Stall.

Der Unterschied ist fundamental haltungsrelevant: Beim offenen Stall können die Vierbeiner den Stall dauernd selbstbestimmt verlassen – beim geschlossenen Stall nicht.

Die Stallgattung »Offener Stall« kann wiederum unterteilt werden in zwei Arten, in

- Weideschutzhütte und in
- Offenstall.

Beide Arten des offenen Stalls unterscheiden sich prinzipiell nicht, sondern die Begriffe weisen lediglich auf unterschiedliche Standorte hin. Dabei ist Offenstall in der Regel ein Stallgebäude, das – im Gegensatz zur Weideschutzhütte – direkt an einen nicht in erster Linie der Ernährung, sondern der Bewegung dienenden vegetationslosen (Sand-) Auslauf angrenzt. Ein moderner Offenstall hat mehrere Funktionsbereiche (siehe Grafik 3, oben). Eine Weideschutzhütte hingegen steht auf einem der Ernährung und der Bewegung dienenden Weidegrundstück und wird häufig nur als Witterungsschutz in der Vegetationszeit benutzt.

Bei der Stallgattung »Geschlossener Stall« werden ebenfalls zwei Arten unterschieden, und zwar

- Anbindestall und
- Laufstall.

Der Anbindestall ist das traditionelle geschlossene Haltungssystem, das seit früher historischer Zeit sowohl beim Militär als auch im Transportwesen und in der Landwirtschaft verbreitet war. Meist in Reihen wurden Pferde nebeneinander zur Fütterung und nach der Arbeit für die Nachtruhe angebunden. Die Fläche je Großpferd war ca. vier qm groß (1,30 × 3,00 m) und durch Stangen (sog. Flankierbäume) seitlich abgegrenzt. Die Vorteile dieser so genannten Ständerhaltung waren Platzersparnis, schnelle Mistbeseitigung und rasche Verfügbarkeit des Pferdes. Heute findet sich dieses nicht pferdegerechte Ständer-System noch in Gestüten (z. B. zur Hengsthaltung) und aus Platzgründen in manchen Reitställen. Der Ständer-Anbindestall ist aber zur Dauerhaltung als nicht artgemäß strikt abzulehnen und als Tierschutzverstoß bereits in verschiedenen Ländern endlich verboten worden. Nur zur kurzzeitig vorübergehenden Unterbringung kann generell eine Anbindehaltung heute überhaupt noch toleriert werden (z. B. zu tierärztlichen Zwecken oder ausnahmsweise bei Wanderritten, wenn andere Möglichkeiten der Unterbringung ausscheiden). Zwar waren die tierschutzrechtlichen Bedenken gegen die Ständerhaltung immer schon stichhaltig, aber erst durch akribische Untersuchungen, die von *Stephanie Buschmann* (2000/2002) durchgeführt wurden, konnten manche Politiker dazu bewegt werden, tierschutzrechtliche Konsequenzen daraus zu ziehen. Neben der eigentlichen Ständerhaltung muss aber jede Form der Dauer-Anbindehaltung strikt abgelehnt werden. Das trifft gerade auch für Zirkuspferde oder Karussellpferde auf Jahrmärkten zu, die zwar nicht in typischen Ständern angebunden stehen, sondern – ohne flächenteilende Flankierbäume oder Wände – in Zelten oder unter freiem Himmel einzeln oder in einer Reihe angebunden teils den Tag und meistens die gesamte Nacht verbringen müssen. Auch in großen Scheunen stehen noch in manchen Haltungen Pferde (meist Zuchtstuten) angebunden nebeneinander – ohne dass es sich um Ständer handelt. Insofern ist es sinnvoll, explizit nicht nur die Ständerhaltung, sondern jede Form der Dauer-Anbindehaltung zu ächten.

Die Stallart Laufstall bezeichnet das Gegenteil von Anbindestall und hat sich aus diesem Haltungssystem erst entwickelt. Im Unterschied zur Ständerhaltung hat das im Laufstall zwar eingeschlossene, aber nicht mehr angebundene Pferd mehr Bewegungsfreiheit auf einer umschlossenen Rechteckfläche von durchschnittlich 10 qm (3,20 × 3,20 m). Aus dem Englischen übernommen wird der Laufstall für die Einzelhaltung als »Box« (= Schachtel) und für die Gruppenhaltung als »Gemeinschaftsbox« bezeichnet.

Leider ist durch verschiedene – sicher wohl meinende – Veröffentlichungen eine unnötige, insbesondere für Anfänger oder Umsteiger in der Pferdehaltung undurchsichtige, zum Teil sogar entscheidungshemmende Begriffsverwirrung eingetreten, die deshalb abzulehnen ist. Stalltypen, die sich nur in geringen Ausstattungsvarianten voneinander unterscheiden, bedürfen nicht der »schöpferischen« Begriffsdefinition. Bezeichnungen wie »Bewegungsstall« oder »Kombi-Laufbox« sind solche Kreationen, aber unpräzise, also mehrdeutig und deshalb für die Pferdehaltungspraxis nicht hilfreich, sondern eher störend. Gleichfalls ist in solchen Veröffentlichungen – offenbar in Unkenntnis der tatsächlichen Begriffsbedeutung und der historischen Herleitung – von der Stallart »Laufstall« dann die Rede, wenn »Offenstall« gemeint ist. Gelegentlich taucht dann noch – selbst in ernst zu nehmenden Sachbüchern – der Begriff »Offenlaufstall« auf, wenn ebenfalls ein »Offenstall« beschrieben wird.

Diese Begriffsverwirrung führt dazu, dass z. B. falsch informierte Pferdehalter in Bauvoranfragen von einem Laufstall sprechen, obwohl sie einen Offenstall planen. Da das Baurecht explizit für »Offenställe« baulich geringere Anforderungen stellt (u. a. ist nur für Offenställe kein fester Boden erforderlich), führt eine solche Begriffsverwechslung auch zu Missverständnissen, die wiederum Frust und Zeitverzögerungen nach sich ziehen können.

STALLKLIMA

Wie das Stallklima beschaffen sein soll und welche Maßnahmen im Einzelfall zur Optimierung angezeigt sein könnten, ist in der Praxis häufig unklar. Dieses Thema ist nicht selten Anlass für streitige Auseinanderset-

Tabelle 3

Beeinflussung des Stallklimas

Faktoren				
klimatische	chemische	physikalische	biologische	mechanische
Großklima	Sauerstoff	Temperatur	Schimmelpilze	Luftführung
Kleinklima	Schadgase	rel. Luftfeuchte	Viren	Einstreupflege
		Staubgehalt	Bakterien	Fütterung
		Luftbewegung	Parasiten	
		Baustoffe		

zungen zwischen Pferdebesitzern und Betreibern von Reitställen oder landwirtschaftlichen Pensionspferdehaltungen. Dort, wo aus außenklimatischen Gründen und wegen hoher Nutzungsintensität unterschiedlich modifizierte Stallhaltung in Boxen notwendig ist, gilt als Hauptforderung: Viel Licht und Luft!

Selbst wenn in Boxenhaltungen durch geeignete Managementmaßnahmen (z. B. zusätzliches freilaufen lassen an frischer Luft in einem Auslauf mit Artgenossen) die sozialen Bedürfnisse und der Drang nach Bewegung ansatzweise befriedigt werden, besteht in der Praxis häufig im geschlossenen Stall u. a. ein Sauerstoff-Defizit. Anhaltend mangelhaftes Stallklima aber beinträchtigt die Abwehrkräfte, wesentliche Körperfunktionen erlahmen – auf Dauer erkrankt das Pferd. Denn: Optimale Bedingungen, die den Außenklimareizen entsprechen, sind in geschlossenen Stallungen nicht zu erreichen. Minimalforderungen sollten aber erfüllt werden; sie ergeben sich aus der Vernetzung aller sog. Stallklimafaktoren (siehe Tabelle 3, oben).

Beeinflusst wird das Stallklima zunächst einmal von klimatischen Faktoren. Neben dem Großklima, das regions-, jahres- und tageszeitabhängig ist, spielt das jeweilige Standortklima als sog. Kleinklima eine nicht zu unterschätzende Rolle. Ein Stall, der in einer Talsenke gebaut werden soll, wird durch Verdunstungskälte mit häufigem Bodennebel ungünstige Klimabedingungen bieten. Neben diesen äußeren Faktoren sind insbesondere die chemischen und physikalischen (= inneren) Faktoren maßgebend für das Stallklima, hier primär für die Qualität der Stallluft. Frischluft, die wir und unsere Vierbeiner im Freien einatmen, besteht (neben Stickstoff und Edelgasen) aus etwa 21 % Sauerstoff und gut 0,03 % Kohlendioxyd. Der Wassergehalt der Luft liegt bei durchschnittlich 65 % relativer Luftfeuchte. Lebensnotwendig ist das Einatmen des Sauerstoffs aus der Luft – ohne Sauerstoff kein Leben! Besteht nun in der Frischluft ein Sauerstoff zu Kohlendioxyd-Verhältnis von rund 700:1, so verschlechtert sich dieses Verhältnis in der ausgeatmeten Luft auf 4:1. Prozentual ausgedrückt enthält die Ausatmungsluft des Pferdes durchschnittlich 16 % Sauerstoff und 4 % Kohlendioxyd. Kann dem geschlossenen Stall keine oder nur ungenügend Frischluft zugeführt werden, findet also kein ausreichender Luftaustausch statt (was in geschlossenen Ställen »normal« ist), dann nimmt der Sauerstoffgehalt der Stallluft rapide ab, der Kohlendioxydgehalt dagegen enorm zu.

Sehr problematisch ist, dass mit zunehmendem Kohlendioxydgehalt (CO_2) der Atemluft die lebensnotwendige Sauerstoffaufnahme schleichend blockiert wird – im Extremfall bis zur Lähmung des Atemzentrums! Bereits ab einem Kohlendioxydgehalt der Stallluft von 0,2 % kann ein Pferd nicht mehr ungestört atmen. Dies zeigt sich aufgrund entsprechender Untersuchungen an erhöhter Puls- und Atemfrequenz, Stoffwechselstörungen, Apathie und Müdigkeit sowie insbesondere auch an einer Senkung des für den Sauerstofftransport im Blut so wichtigen Hämoglobingehaltes.

Ob nun im Einzelfall der Kohlendioxydgehalt der Stallluft erhöht ist, kann exakt nur mit entsprechenden Analysegeräten geprüft werden; geruchlich ist dieses Schadgas alleine nicht auffällig. Man kann aber davon ausgehen, dass in den meisten geschlossenen Ställen der Kohlendioxydgehalt zu hoch ist. Die CO_2-Ausatmung eines Großpferdes beträgt in 24 Stunden ungefähr 3.000 Liter. Um diese Schadgasanreicherung pferdeverträglich auszugleichen, müssten stündlich etwa 200 cbm Frischluft zugeführt werden, in 24 Stunden demnach 4.800 cbm. Ein weiteres Schadgas, das zur »Verpestung« des Stallklimas in übelster Form beiträgt, ist das Ammoniakgas (NH_3). Dieses Reizgas kann man riechen, es ist leider für fast alle geschlossenen Stallungen typisch. Der Laie qualifiziert Ammoniakgeruch denn auch entsprechend als typischen Pferdestallgeruch. Ammoniak entsteht u.a. bei der Zersetzung des im Urin enthaltenen Harnstoffs. Die nachweisbare Schädigung der Atmungsorgane beginnt etwa bei einem NH_3-Gehalt der Stallluft von 0,003 %, das entspricht einer Messskala von 30 ppm (= parts per million). In Ställen, die solche Reizgasbelastungen ständig aufweisen, sind die gesundheitlichen Folgen vorhersehbar: Zunächst Schwächung des Abwehrsystems der Pferde – einhergehend mit Leistungsabfall und Schleimhautreizungen, danach Husten, Bronchialkatarrh, Dämpfigkeit und am Ende Verlust des Pferdes durch Infektionen. Zusätzlich zu den erwähnten Schadgasen ist stickige, verbrauchte Stallluft noch angereichert durch Riech- und Ekelstoffe aus dem Pferdekot sowie aus Zersetzungsprozessen des Einstreumaterials. Es entsteht u.a. Schwefelwasserstoff (H_2S), ein übelriechendes Faulgas, das in Konzentrationen von mehr als 0,04 % lebensbedrohende Schäden verursacht. Anders als bei der Kohlendioxyd-Konzentration ist der Gehalt der Stallluft an Ammoniak und Schwefelwasserstoff nicht allein abhängig von ausreichender Frischluftzufuhr, sondern hängt wesentlich zusammen mit der Einstreupflege. Aufgabe der Einstreu ist es, dem Pferd einen trockenen, bodenisolierenden Liegebereich zu schaffen. Bei geschlossener Stallhaltung in Boxen ist damit in der Regel auch ein Zwangskontakt mit den eigenen Fäkalien verbunden, weil die Einstreu dort zusätzlich die Aufgabe hat, Fäkalien aufzufangen und zu binden. Bei Einstreu mit Stroh dient dieses auch zum Teil als Nährstoff sowie zur Rohfaserversorgung und Kauzeitverlängerung. Grundsätzlich sind stetige Zwangskontakte zu eigenen Fäkalien bei Pferden naturwidrig. Frei lebende Pferde und solche, die großräumig aufgezogen und fortlaufend so gehalten werden, setzen im engeren Liegebereich keine Fäkalien ab. Zwar haben fremde Fäkalien für jedes Pferd informatorische Bedeutung (»Pferdeäpfel = Post der Pferde«), denn aus den Geruchsstoffen (u.a. Pheromone) ergibt sich die Identität oder der Sexualzustand. Aber darauf beschränkt sich auch schon das Interesse des Pferdes für Exkremente. Nach Untersuchungen des Verfassers in zwanzig Betrieben konnte festgestellt werden, dass ausnahmslos solche Ställe, die sog. Matratzenstreu oder Tiefstalleinstreu (wie sie aus der Bullenmast bekannt ist) bevorzugten, bereits geruchlich nicht tolerierbare Schadgaskonzentrationen aufwiesen. Demgegenüber wies nach den o.a. Untersuchungen die Luft der Ställe mit ausreichender Stallhygiene, täglich erneuerter Wechselstreu und Ableitung des Urins sowie mehrmals täglicher Kotbeseitigung weitaus pferdeverträglichere Qualität auf. Dies auch bei etwa vergleichbarer Lüftungstechnik.

Man stelle sich die Pferdebox mit misthaufenähnlicher Matratzenstreu oder Tiefstalleinstreu bildhaft als eine Art »Wohnklo« vor, bei dem die Kloschüssel dann gleichzeitig – neben ihrer Fäkalien-Auffangfunktion – zum »appetitlichen« Futtertisch und zum »entspannenden« Ruhesitz werden soll. Das gelingt nicht, es ist nicht pferdegemäß! In diesem Zusammenhang sollte man sich auch drastisch vor Augen halten, welche Menge an Stoffwechselprodukten Großsäuger wie Pferde ausscheiden: Das sind bei einem mittelgroßen Pferd durchschnittlich fast 20 kg Fäkalien pro Tag, bestehend aus Urin (etwa 25 % = 5 bis 7 Liter) und Kot (etwa 75 % = 12 bis 15 kg). Alles zusammen ergibt das Volumen einer Schubkarre. Bezogen auf die durchschnittliche Boxengröße von nur 10 qm sind dies je Quadratmeter zwei Kilogramm Ausscheidungsprodukte täglich, die bei ungepflegter Matratzenstreu nur unzureichend beseitigt und stattdessen tage- oder wochenlang nur mit neuem Einstreumaterial überdeckt werden (das von den Pferden teilweise aus Langeweile oder Rohfasermangel noch weggefressen wird). Unterstellt man eine Stallhöhe von vier Metern, dann ergibt sich ein Luftvolumen von 40 cbm in einem Boxenstall. Ohne ständigen Luftaustausch ist dieses relativ geringe Luftvolumen durch Matratzen-Ausgasungen in kurzer Zeit extrem sauerstoffarm und damit extrem ungesund, ja absolut lebensfeindlich.

Neben den angesprochenen chemischen Faktoren sind physikalische Faktoren für die Qualität des Stallklimas bedeutsam. Luftfeuchtigkeit und -temperatur stehen in enger Beziehung zueinander. Beim Luftaustausch, also verbrauchte Luft raus und Frischluft rein, muss gleichzeitig Stallfeuchtigkeit nach außen transportiert werden. Diese Stallfeuchtigkeit resultiert einerseits aus Atmung und Hautausdünstungen (etwa 6 Liter in 24 Stunden je Pferd) sowie aus Verdunstungen der Exkremente. Die Luftfeuchtigkeit sollte möglichst auf dem durchschnittlichen Niveau des Außenklimas gehalten werden, denn sowohl zu hohe Luftfeuchtigkeit als auch zu trockene Luft (die staubreich ist) schädigen die empfindlichen Atmungsorgane des Pferdes. Die Luftfeuchte, und zwar die sog. relative Luftfeuchtigkeit, misst man mit einem Hygrometer. Relative Luftfeuchtigkeit bezeichnet den Prozentsatz der tatsächlichen zur größtmöglichen Luftfeuchtigkeit (Wasserdampfmenge) in einem cbm Luft bei einer bestimmten Temperatur (siehe Tabelle 4, unten).

Warme Luft ist erheblich aufnahmefähiger für Wasserdampf als kalte Luft. Beträgt z. B. bei einer Temperatur von 15 °C der größtmögliche Wassergehalt je cbm Luft 13 g (= 100 %), so sinkt das Aufnahmevermögen bei 10 °C auf 9,5 g. Bei einer relativen Luftfeuchtigkeit von z. B. 70 % läge der Wassergehalt bei 9,1 g/cbm bei einer Temperatur von 15 °C bzw. bei 6,65 g/cbm bei einer Temperatur von 10 °C.

Was nun die beste Stalltemperatur betrifft, so gehen die Meinungen der Pferdehalter auseinander. Immer noch tendieren traditionell geprägte Stallbesitzer dazu, eine möglichst dauernde Behaglichkeitstemperatur um 10 bis 15 °C im Stall einzuhalten. Das ist ungefähr der Temperaturbereich, den man in der landwirtschaftlichen »Tierproduktion« als sog. klimatische Leistungszone einstuft, damit sämtliche Energie zur Erzeugung von Eiern, von Fleisch bzw. zum Wachstum eingesetzt wird.

Pferde werden nicht gehalten, um »Eier« zu legen, sondern sie sollen laufen und möglichst gesund auch bei der Arbeit im Freien ihr Bestes geben. Das bedeutet u. a., dass unser Vierbeiner seine ihm biologisch eigene schnelle Anpassungsfähigkeit, das Thermoregulationsvermögen, behalten und dafür auch laufend trainieren muss. Nur so können Erkältungen oder Überhitzungen weitgehend vermieden oder physiologisch schadlos bewältigt werden.

Übermäßig sensible Pferdeeigner, meist solche mit hochblütigen Pferden des Südtyps

Tabelle 4

Wassergehalt in g je Kubikmeter

Lufttemperatur in ° Celsius	bei erreichtem Sättigungsgrad (= 100 %)	bei 70 % Luftfeuchte
30	30,4	21,3
20	17,75	12,4
15	13,0	9,1
10	9,5	6,65
5	6,85	4,8
0	4,85	3,4
– 5	3,25	2,3
– 10	2,15	1,5
– 20	1,4	1,0

aus Warmklimazonen, tendieren am ehesten zur »Warmhaltung« ihrer Pferde. Ist durch eine ziemlich gleichbleibende, demnach »reizlose« Stalltemperatur die Thermoregulation mangels Training erlahmt, wirkt jeder größere Temperaturunterschied auf unseren Vierbeiner schockartig. Diese Verweichlichung fordert dann ihren Preis, das ist hinreichend tierärztlich zu belegen. Offenbar fehlen z. B. vielen an sich gutwilligen Reitstallmenschen die grundlegenden Kenntnisse der Physiologie unserer Pferde, denn durch eine relativ gleichbleibende Behaglichkeitstemperatur im Stall sinkt der Hämoglobingehalt des Blutes und damit die letztlich auf Sauerstoffzufuhr gründende Leistungsfähigkeit ab. Auch der durch aufwändige Arbeit erzielte und gewünschte Trainings- und Konditionierungszustand des so gehaltenen Pferdes wird teilweise immer wieder aufgehoben. Das ist also kontraproduktiv!

Nach den langjährigen Erfahrungen des Verfassers mit so extrem gegensätzlichen Pferderassen wie Norwegischen Fjordpferden und Arabischen Vollblutpferden kann davon ausgegangen werden, dass – vernünftig verstandene robuste Aufzucht und stetige überwachende Gewöhnung vorausgesetzt – alle gesunden Pferde Stalltemperaturen weit unter der Null-Grad-Grenze, also trockene Kälte, sehr gut vertragen. Da die Wärmeverluste bei rassetypisch auch im Winter eher kurzhaarigen Vollblütern (auch sie legen sich ein Winterfell zu) erheblich größer sind als bei Nordpferdetypen, ist bei ihnen in jedem Fall bei extremer Kalthaltung sehr viel dickere Einstreu sowie eine Erhöhung der Kraftfutterration erforderlich. Zusätzlich (und das wird nicht immer bedacht) ist für die innere Wärmeproduktion besonders bei Südpferden im Winter auch sehr reichlicher Raufutterverzehr von nicht zu unterschätzender Bedeutung. Durch die bakterielle Umsetzung im Dickdarm entsteht »Abwärme«, die das Wohlbefinden der Pferde ganz enorm steigert. Dort, wo Pferde im Winter bei Kälte z. B. zittern, stimmt durchweg die Raufutterration nicht, sie muss dann um 50 bis 100 % erhöht werden.

Vernetzt man die wichtigsten Stallklimafaktoren miteinander, dann muss zur Erzielung eines pferdeverträglichen Stallklimas die mit Schadgasen und Wasserdampf angereicherte verbrauchte Luft kontinuierlich abgeführt und durch frische, trockenere in ausreichender Menge ersetzt werden. Dies alles in der kalten Jahreszeit bei Stalltemperaturen, die geringfügig über der Außentemperatur liegen sollten und auch deren Schwankungen, insbesondere dem Tag-Nachtrhythmus, entspricht. Da die aufgestallten Pferde ständig Wärme abgeben (ca. 3.000 J/h bei mittelgroßen Pferden), wird die Stallluft auf natürliche Weise erwärmt, liegt dadurch etwas über der Außentemperatur (abhängig von den verwendeten Baumaterialien und der Wärmedämmung) und wird aufnahmefähiger für Feuchtigkeit.

Man unterscheidet zwei Arten des Luftaustausches:

a) Schwerkraftlüftung (»freie Lüftung«) und
b) die Drucklüftung (»Zwangslüftung«).

Die Schwerkraftlüftung ist die normale freie Lüftung durch Fenster, Türen, Abluftkamine oder Trauf-First-Öffnungen. Dabei steigt erwärmte, verbrauchte Luft nach oben und wird durch natürliche Sogwirkung abgeführt. Bei Wind funktioniert das recht gut, bei Windstille oder geringen Temperaturunterschieden zwischen Stallluft und Außenluft nur mäßig oder gar nicht. Gleiches gilt auch für die eingangs erwähnten Stallungen in Talsenken oder ähnlich vermeintlich »geschützten« Lagen mit wenig natürlicher Luftbewegung. Dort ist das Stallklima im Sommer meist unerträglich stickig, im Winter herrscht feucht-kaltes »Waschküchenklima« mit entsprechenden Gesundheitsrisiken, Kondenswasserbildung an Wänden und Decken sowie einhergehender Durchfeuchtung der Bauteile.

Verlässlicher sind für größere Ställe in jedem Fall technische Drucklüftungen. Sie werden auch »Zwangslüftungen« genannt, weil diese technischen Systeme mittels Ventilatoren Luft herein- bzw. herausdrücken. Beim Unterdrucksystem wird verbrauchte Luft abgesaugt, Frischluft strömt in den Stallbereich. Ein weiteres Drucklüftungssystem, das Überdruckverfahren, drückt Frischluft in den Stall

und verbrauchte Luft heraus. Für sehr große Ställe empfiehlt sich das recht aufwändige Gleichdrucksystem. Hier wird Frischluft in den Stall gedrückt und die Abluft mit Ventilatoren abgesaugt.
Zu warnen ist vor Do-it-yourself-Lüftungssystemen und dem mancherorts in Eigenhilfe entstandenen und zu »bewundernden« wahllosen Einbau irgendwelcher Ventilatoren. Planung und Herstellung der Lüftungssysteme gehören unbedingt in die Hand eines Fachmannes. Hierzu ist – salopp gesagt – allerdings auch nicht jeder selbsternannte »Stallklima-Fachmann« aus dem Nachbardorf in der Lage, der vielleicht einmal einen Ventilator in einem Hühnerstall eingebaut hat! Die Zahl der Dilettanten mit Halbwissen ist recht groß. Man sollte sich deshalb in jedem Fall Referenzen vorlegen lassen und diese penibel nachprüfen. Auch kann es helfen, wenn man die geltenden DIN-Vorschriften mit dem Fachmann durchspricht.
Sowohl bei der Schwerkraftlüftung als auch bei jedem System der Zwangslüftung treten gelegentlich Luftströmungen auf, die als »Zugluft« qualifiziert werden. Solche Kaltluftströmungen sind bei Kalthaltung und Pferden mit aktiver Thermoregulation kurzzeitig völlig ohne Belang. Bei verweichlichten Pferden, die warm gehalten werden, ist dagegen größere Fürsorglichkeit angebracht. Auch verschwitzte Pferde sollten solchen Kälteströmungen nicht ausgesetzt werden, da diese partiellen Kältereize nicht immer die gesamte Thermoregulation des Pferdes auslösen. Mangelhaft geplante und technisch unzulänglich eingebaute Lüftungssysteme führen immer zu unerwünschten Kaltluftströmungen, die Unterkühlungen hervorrufen können und deshalb durch bessere Installationen beseitigt werden sollten.
Die Gefahren durch Aufwirbelung von – immer im Verdacht der Lungengängigkeit stehenden – Staubpartikeln sollte ebenfalls beachtet werden. Einerseits durch eine nicht optimal arbeitende Lüftungsanlage und andererseits durch rein mechanische Vorgänge im Stallbereich ergeben sich daraus oft unterschätzte, aber schleichend krankmachende Effekte. Grundsätzlich sollte der Staubeintrag in den gesamten Stallbereich so gering wie möglich gehalten werden. Das Aufschütteln von Raufutter muss nach Möglichkeit immer außerhalb des Stallbereichs geschehen. Auch Reinigungsvorgänge im Stallbereich erledigt man am besten mit speziellen Staubsaugern und nicht mit typischen Stallgassenbesen.
Wenig Schwierigkeiten mit der Luftführung gibt es bei genügend großen Außenboxen mit Firstentlüftung oder geteilten Türen, deren oberer Teil stets offen bleibt. Sinngemäß gilt dies auch für Offenställe. Hier ist der Luftaustausch und damit die notwendige Frischluftzufuhr unter der Voraussetzung bester Stallhygiene (Wechselstreu mit Abfluss des Urins) stets ausreichend für ein pferdeverträgliches Stallklima.
Wo bei geschlossener Stallhaltung das Stallklima aus baulichen, technischen oder organisatorischen Gründen oder gar aus Gründen der Bequemlichkeit des Stalleigners nicht pferdeverträglich ist, empfiehlt es sich dringend, im Interesse des Vierbeiners und des eigenen Geldbeutels nachhaltig eine Verbesserung durchzusetzen – oder umgehend den Stall zu wechseln. Übergangsweise muss das jeweilige Pferd täglich mehrstündig freien Auslauf an frischer Luft erhalten oder zumindest geführt oder geritten werden. Nur so können die gröbsten Gesundheitsrisiken gemildert werden. In Pensionsställen ist es günstig und durchweg Voraussetzung für Änderungen, wenn sich alle Pferdeeigner einig sind und gemeinsam konstruktiv Verbesserungen zusammen mit dem Stalleigner durchchecken und umsetzen. Selbst wenn man die durch schlechtes Stallklima provozierten Leiden emotional und tierschutzrechtlich außer Acht ließe, dürften am Ende die Tierarzt- und Medikationskosten – abgesehen vom drohenden Verlust des Pferdes – schon genügendes wirtschaftliches Motiv für Verbesserungen sein. Zu berücksichtigen sind gerechterweise allerdings auch Kosten-Nutzen-Überlegungen des Stalleigners. Scharf kalkulierte Dumping-Pensionspreise am Existenzminimum des Pensionsgebers motivieren niemanden in dieser Branche, dafür auch noch kräftig in Lüftungstechnik zu investieren. Pensionspferdehaltung ist legitimes »Geschäft«, das sich rechnen muss.

Es ist insofern Sache der Pferdeeigner selbst, für optimale räumliche und personelle Leistungen auch einen adäquaten Pensionspreis zu zahlen und Dumpingpreise – nach erfolgten Stallverbesserungen – nach oben anzupassen.

EIGENHALTUNG, PENSIONSHALTUNG, HALTERGEMEINSCHAFT

Von ausschlaggebender Bedeutung für die Zufriedenheit des Pferdeeigners ist – neben der Haltungsform – die richtige Wahl des Haltungsstandorts. Tabelle 5, unten, verdeutlicht die Möglichkeiten der Unterbringung und Haltung.

Die meisten Pferdeeigner wünschen sich die Eigenhaltung, um alles in eigener Regie entscheiden und bewerkstelligen zu können. Dies ist verständlich, denn die eigene Haltung bietet ein Optimum an Beschäftigung rund um die eigenen Pferde. Durch täglichen Umgang und Beobachtung lernt man Pferde bei Eigenhaltung am besten kennen – erlebt auch den Naturkreislauf wesentlich intensiver, hat aber auch erheblich mehr praktische Arbeit, die z. B. körperlich beansprucht und regelmäßig die eigene Reitzeit kürzt. Pferdehaltung direkt beim Haus auf eigenem Grundstück ist die kostengünstigste Unterbringungsmöglichkeit, aber eben auch die zeitintensivste mit großer Bindung. Will man nur ein einzelnes Pferd anschaffen, muss zu einer artgemäßen Eigenhaltung ein zweiter Artgenosse dazugesellt werden, damit Sozialkontakte gewährleistet sind. Dann ist es ratsam, entweder ein weiteres Pferd zum eigenen Vierbeiner in Pension zu nehmen oder mit Gleichgesinnten eine Haltergemeinschaft zu gründen.

Wer den Schwerpunkt auf reit- und fahrsportliche Ziele legt, sollte über hohe Zeitreserven oder verlässliche Helfer verfügen, um Eigenhaltung und Sport in Einklang zu bringen.

Die Pensionshaltung ist erfahrungsgemäß immer ein Kompromiss, bei der man als Pferdeeigner jemanden für Unterbringung, Versorgung und evtl. auch für die Pflege und Bewegung des Pferdes bezahlt. Für wenig Erfahrene und beruflich oder familiär zeitlich stark gebundene Pferdeeigner empfiehlt es sich, stets eine Pensionshaltung zu wählen. Das ist immer die bessere Lösung. Später kann man nach einiger Erfahrungszeit und Abschätzung der eigenen Möglichkeiten dann vielleicht immer noch sein ursprüngliches Ziel – die Eigenhaltung – verwirklichen. Auch wenn beabsichtigt ist, nur ein einzelnes Pferd anzuschaffen und innerhalb einer vielleicht erwogenen Eigenhaltung lediglich Raum für ein Pferd wäre, sollte im Interesse des Vierbeiners einer Pensionshaltung, in der bereits andere Pferde als künftige Sozialpartner des eigenen Pferdes untergebracht

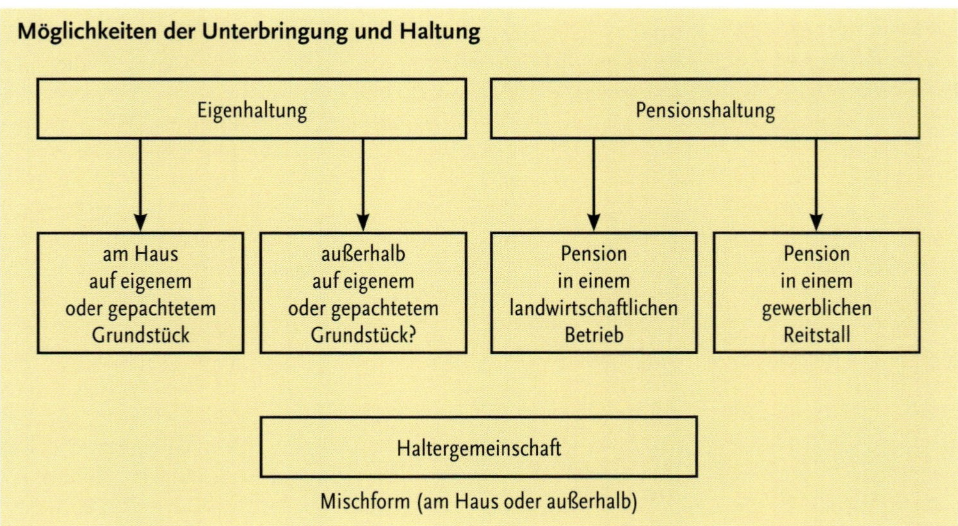

Tabelle 5

sind, ebenfalls der Vorzug gegeben werden. Für den Städter ist die Pensionshaltung in der Regel die einzige Möglichkeit, überhaupt ein eigenes Pferd anzuschaffen.
Pensionshaltung in Reitställen, die mancherorts wie Pilze aus der Erde schießen, ist eine Lösung. Dabei gibt es gute und schlechte. Ähnlich wie beim Pferdekauf lohnt es sich, vor irgendwelchen Abmachungen ausgiebige Erkundigungen in Betrieben anzustellen, da sonst das Desaster der Unzufriedenheit erfahrungsgemäß seinen Lauf nimmt.

▸ **Wichtig: Um den richtigen Pensionsbetrieb ausfindig zu machen, sollte auch der Pferdeeigner ohne Eigenhaltung über genügend fundierte Haltungskenntnisse verfügen, denn sonst kann er eine Pensionshaltung nicht beurteilen oder mit anderen Betrieben vergleichen. Auch sind ohne Haltungskenntnisse Gespräche oder gar Beschwerden mit/bei der Stallleitung nahezu sinnlos, weil der Pferdeeigner in der Regel »als Laie« nicht sehr ernst genommen wird oder gesprächsweise Begründungen, z. B. zu Einstreupraktiken oder Fütterungsmaßnahmen, erhält, die vielleicht nur Beschwichtigungen darstellen und denen er nichts an schlüssigen Argumenten entgegenzusetzen hat. Wer nicht wenigstens die wichtigsten Zusammenhänge fachlich richtig einordnen und in Ansätzen beurteilen kann oder sich gar – oft mit Halbwissen – besserwisserisch bei Diskussionen vergaloppiert, »hat schlechte Karten« – und sein Vierbeiner leider auch!**

Gewerbliche Pferdehaltung ist ein legitimes Geschäft, das für den Betreiber logischerweise Gewinne abwerfen soll. Dagegen wäre nichts einzuwenden, wenn nicht in der Praxis gelegentlich diese Gewinne zu Lasten der Pferde (und unter Ausnutzung der Abhängigkeit des Pferdeeigners vom Reitstall) erzielt würden. Eine Dokumentation des Verfassers (die nicht absolut repräsentativ sein kann) mit Befragung von aktiven Reitern und Pferdehaltern ergab immerhin einen geringen Zufriedenheitsgrad mit vielen wichtigen Haltungsfaktoren. Andererseits war aber die Bereitschaft der Pferdeeigner, für haltungsverbessernde Maßnahmen den Pensionspreis entsprechend anzuheben, sehr niedrig, weil überwiegend die Meinung vertreten wurde, dass dies bereits durch den aktuell gezahlten und vorher ausgehandelten Preis abgedeckt sei, demnach nur ein Defizit in der tatsächlichen Leistung der Stallleitung bestehe.
Neben den haltungstechnischen Belangen prüfe man während der Auswahl des Pensionsstalles, ob bei der Stallleitung (und den übrigen Pferdeeignern) genügend Fachkunde und auch ein akzeptables Horsemanship vorhanden sind. Damit ist in erster Linie die Einstellung zum Pferd gemeint und das tatsächliche Verhalten den Vierbeinern gegenüber. Nerven einen zum Beispiel bereits die Sprücheklopfereien des Stalleigners, ist der Umgangston pseudo-professionell und geringschätzig (»Wenn der Bock beim Turnier wieder am Wassergraben scheut, bekommt er die rote Krawatte!« = Schlachter), stinkt die auf der Stallgasse bereitstehende Silage erbärmlich oder wird man als Frau unkultiviert oder gar aufdringlich machohaft »angemacht«, fahre man lieber 20 Kilometer weiter zum nächsten Stall!
Immer sind vor jeder bindenden Vereinbarung alle Wünsche oder die beobachteten Mängel konkret durchzusprechen und die mündlichen Zusagen der Stallleitung (z. B. Zusage: »Ihr Pferd bekommt selbstverständlich die große Außenbox«) schriftlich im Einstellungsvertrag zu protokollieren. Dazu gehört auch ein außerordentliches (fristloses) Kündigungsrecht des Pferdeeigners bei unzumutbaren Haltungsmängeln. Weigert sich die Stallleitung bereits bei Vertragsanbahnung, mündlich zugesagte Regelungen auch schriftlich anzuerkennen, ist von einer Einstellung des Pferdes grundsätzlich abzuraten. Legt man selbst keinen Wert auf eine schriftliche Vereinbarung oder gewinnt den Eindruck, dass solcher »Formalkram« dort allgemein unüblich ist, schadet es nicht, wenn bei der mündlichen Vereinbarung neutrale Zeugen zugegen sind. Das kann übrigens auch für die Stallleitung dann vorteilhaft sein, wenn Pferdeeigner ihren Pflichten nicht nachkommen und zum Beispiel die Zahlungsverein-

barungen ignorieren, was in wirtschaftlich schlechten Zeiten gar nicht so selten ist.

Pensionshaltung im landwirtschaftlichen Betrieb ist im Durchschnitt kostengünstiger, aber für sportlich ambitionierte Pferdeeigner nicht immer optimal. Hier wird man allerdings am ehesten die für eine artgemäße Haltung erforderlichen abwechslungsreichen Weideflächen und ein gutes Auslaufangebot zur Verfügung haben. Inzwischen haben Landwirte erkannt, dass sich mit Pensionspferdehaltung unterschiedlicher Gestaltung zufriedenstellender (und manchmal auch mehr) Geld als mit aufwändigem Melken von Milchkühen oder der Mast von Tausenden von Puten verdienen lässt. Wie in jeder Berufsgruppe, so gibt es auch unter Landwirten unseriöse Zeitgenossen, die versuchen, Begeisterung für Pferde auszunutzen, also den Pferdeeigner zu »melken« – und dadurch haufenweise Euros bei geringen Gegenleistungen zu verdienen. Solche Pensionsanbieter sind es, die das Ansehen des Berufsstandes schmälern und dann durch Dumpingpreise den wirklich fundiert arbeitenden, ernsthaften Fachkollegen den Markt und das Image verderben! In Pensionen landwirtschaftlicher Betriebe treten (ähnlich wie in Reitställen auch, aber mit anderer Gewichtung) nicht selten Haltungsfehler auf, die zurückzuführen sind auf

- nicht vorhandene Tierliebe,
- Folgen von Fehleinschätzungen des tatsächlichen Arbeitszeitbedarfs für eine ordentliche Pferdehaltung (die sich gravierend von typischer Massentierhaltung unterscheidet),
- Nichtbeachtung von wesentlichen Wünschen des Eigners,
- geringe pferdespezifische Fachkenntnisse und
- Unerfahrenheit im Umgang mit Pferden.

In der heutigen Ausbildung der Landwirte spielt die Pferdehaltung keine oder nur eine untergeordnete Rolle, weil betriebswirtschaftliche Grundlagen und die Produktion (Ackerbau, Nutztierhaltung- und -fütterung, aber auch Maschinenkunde) im Vordergrund stehen. Die speziellen Kenntnisse über Pferde und die notwendige praktische Umgangs- und Haltungserfahrung sind bei Landwirten nicht mehr grundsätzlich zu unterstellen. Pferdeliebhaber, die gutgläubig einem x-beliebigen Landwirt ihr Pferd anvertrauen wollen, weil dieser ja auch mit seinen Rindern offenbar klarkommt, sollten ihre Absicht ändern. Aussprüche wie »Wir haben früher vor dem Krieg hier auf dem Hof beim Opa immer Pferde gehabt«, versprechen zwar höchst interessante Geschichten, aber nicht unbedingt auch aktuelle Sachkunde beim jungen Landwirt. Wesentlich sind auch Mentalitätsunterschiede, die zu zwischenmenschlichen Problemen führen können – aber selbstverständlich nicht müssen! Landwirte verstehen sich nicht in dem Umfang – wie es bei gewerblichen Reitställen stärker der Fall ist – als »Dienstleister«. Deshalb begegnen sie berechtigten, vertragsgestaltenden Haltungswünschen (die im Grunde »Kundenwünsche« oder – juristisch formuliert – »Anweisungen« sind) manchmal mit hartnäckiger Ignoranz. Das kann in der Praxis in Ausnahmefällen für Pferdehalter äußerst unangenehm sein. Andererseits ist Pferdehaltern zu raten, Landwirten mit einer gehörigen Portion Verständnis für deren landwirtschaftliche Belange gegenüberzutreten, denn Landwirtschaft ist heute in vielen Fällen »kein Zuckerschlecken« mehr. Das Verstehen und eine gewisse bodenständige Diplomatie erleichtern Gespräche und manches Übereinkommen ganz gewaltig. Gar nicht oder nur ungern lässt sich ein Landwirt auf dem eigenen Hof Vorschriften machen. Hier spielen Mentalitätsfragen eine Rolle, ein überkommenes Freiheitsgefühl »auf eigener Scholle« und auch manchmal eine (ungerechte) Geringschätzung der »ahnungslosen Pferdeleute«.

Völlig kontraproduktiv ist es da, wenn hier und da seitens landwirtschaftlicher Beratungsstellen (Kammern, Berufsverbände) aus Unkenntnis des Marktes gelegentlich versucht wird, Landwirten als Betriebsergänzung zu Pensionspferdehaltungen zu raten – ohne diese auf entscheidende Marketinggesichtspunkte und Mentalitätsfragen nachhaltig hinzuweisen. Dienstleistungswilligkeit, persönlicher Arbeitseifer und Verantwortung sind die Komponenten, die der private Pferdehalter zunächst einmal – zusätzlich zum selbstverständlichen Haltungsumfeld – zu Recht auch vom Landwirt erwartet. Im Interesse des Landwirts selbst und einer geplanten zukunftsträchtigen Betriebsumstellung muss deshalb jede Betriebsberatung zuerst Horsemanship- und Managementdefizite ausgleichen sowie Marketinganforderungen erfüllen. Fragliche Mechanisierung der Pferdehaltung – von der automatischen Computerfütterung, die nicht für jeden Bestand taugt, bis letztlich zum absolut untauglichen Gülle-Spaltenboden für Pferde – als Fortsetzung der teils nicht tiergerechten Praktiken aus der Massennutztierhaltung, können sich ebenfalls durch Falschberatung leicht als kapitalzehrender Irrweg herausstellen.

Andererseits, das muss fairerweise klar herausgestellt werden, gibt es seriöse, passionierte, arbeitsfreudige Landwirte, die sich fortgebildet und spezialisiert haben, meist selbst erfolgreiche Pferdezüchter und Reiter sind, über viel Erfahrung, versiertes »Knowhow« sowie das unbedingt erforderliche Horsemanship mit Kundenorientierung verfügen. Mit solchen Landwirten wird man in der Regel akzeptable Pensionsbedingungen bei ausgeglichenem Preis-Leistungsverhältnis aushandeln können. Dabei dürfte klar sein, dass heute kein seriöser Vertragspartner zu Dumpingpreisen eine ordentliche, arbeits- und kapitalintensive Pferdehaltung anbieten kann. Im Zweifel sollte der Pferdeeigner nicht auf 50 Euro mehr oder weniger sehen, sondern seinem Pferd zuliebe die beste Pferdepension aussuchen.

Die Gründung einer Haltergemeinschaft ist ein Haltungskompromiss, der Elemente von Pensionshaltung und Eigenhaltung einschließt. Darunter versteht man den Zusammenschluss von Pferdeeignern zu dem Zweck, die Haltung gemeinsam zu betreiben. Am Rande sei hier auf den zivilrechtlichen Aspekt hingewiesen. Die Haltergemeinschaft ist eine »Gemeinschaft Bürgerlichen Rechts« (§§ 741 ff. BGB). Für das Zustandekommen gelten keine besonderen Formvorschriften (wie etwa bei der Gründung eines Vereins). Denkbar ist, dass eine Haltergemeinschaft gemeinsam Weideland oder einen aufgegebenen Bauernhof pachtet, bewirtschaftet und nutzt. Auch wer eigene Gebäude und Land besitzt, kann mit einem oder mehreren Partnern eine gemeinsame Haltung als »Haltergemeinschaft« vereinbaren.

Wegen bestehender Formfreiheit wäre auch eine mündliche Vereinbarung rechtswirksam. Empfehlenswert ist allerdings aus kosten-, arbeits- und haftungsrechtlichen Gründen immer eine weitgehend detaillierte schriftliche Vereinbarung (einstimmig jederzeit änderbar). Nur mit einer solchen Vereinbarung wird man auch als Gemeinschaft z. B. einen Pachtvertrag abschließen können. Grundsätzlich müssen im Rahmen einer Haltergemeinschaft (z. B. als formlose BGB-Gesellschaft nach §§ 705 ff. BGB) alle Entscheidungen gemeinsam beraten und einstimmig beschlossen werden. Mehrheitsentscheidungen, die z. B. in einem Verein legitim wären, binden bei der BGB-Gesellschaft den Einzelnen, so er nicht einverstanden ist, nicht! Deshalb kann eine Haltergemeinschaft auf Dauer nur Bestand haben bei einigermaßen harmonischer menschlicher Qualität – verbunden mit Fleiß, Rücksichtnahme, Kooperationsbereitschaft und etwas finanzieller Gelassenheit. Man sollte unbedingt kompromissbereit sein und darf nicht jede Handvoll Hafer, die man vielleicht aus der eigenen Tasche bezahlt hat, die aber ein Partner gerade mal brauchte, gegeneinander aufrechnen! Auch Toleranz kann nicht schaden: Zeigt die Erfahrung doch, dass bereits unterschiedliche Pferderassen und damit verbundene gegenteilige Beschäftigungen zu ernsten Kontroversen führen können. Es kann Probleme geben, wenn der eine Partner als Haflingerbesitzer züchten will oder gerne anspannt und kaum Verständnis hat für die Idee eines anderen, der Isländer bevorzugt und seit Jahren von einer Ovalbahn träumt, die er nun auf dem gemeinsamen Gelände zu Lasten der Weiden anlegen will. Die Sportreiterin schließlich möchte den Auslauf als Spring-Parcours nutzen – aber die Hindernisse nicht stets neu aufbauen und deshalb den Auslauf teilen, was wiederum einem anderen Partner nicht zusagt. Das kann Ärger bedeuten – und im ungünstigsten Fall das Ende der Gemeinschaft.

Andererseits liegen die großen Vorteile einer Haltergemeinschaft klar auf der Hand:

- Kostenteilung bei Anschaffungen und laufender Unterhaltung,
- Arbeitsteilung bei täglichen und saisonal anfallenden Arbeiten (Heuernte),
- Vertretung bei Urlaub oder Erkrankung,
- gemeinsame Transporter-Nutzung und Beschäftigung mit den Pferden (Ausritte),
- Erörterung und Lösung auftretender Haltungs-, Reit- und Umgangsprobleme.

Auslaufhaltung

EINZELHALTUNG MIT EINGESCHRÄNKTEN SOZIALKONTAKTEN

Weil Sozialkontakte zu Artgenossen für ein Herdentier unersetzlich sind, ist grundsätzlich jede Einzelhaltung von Pferden problematisch. Einzelhaltung innerhalb eines aus mehreren Pferden bestehenden Gesamtbestandes lässt sich aber befriedigend gestalten durch zeitweise modifizierte Sozialkontakte. Demgegenüber ist die völlig naturwidrige Einzelhaltung eines einzigen Pferdes in einem Areal ohne weitere Artgenossen abzulehnen. Wenn zu den nachfolgend beschriebenen Auslaufhaltungen noch stundenweise gemeinsamer Weidegang haltungstechnisch verwirklicht werden kann, sind dadurch wesentliche Faktoren artgemäßer Haltung als akzeptabler Kompromiss zwischen den berechtigten Nutzungsansprüchen des Pferdeeigners und den Bedürfnissen des Pferdes erfüllt.

BOX MIT AUSLAUF

Die Box als Einzel-Laufstall ist nach wie vor die verbreitetste Aufstallungsform. Gründe dafür sind in erster Linie:

- platzsparende, kostengünstige bauliche Erstellung,
- schnelle Verfügbarkeit und gute Kontrolle des Pferdes,
- überschaubarer Arbeitsbereich ohne lange Wege,
- zeitsparende Fütterung und Pflege,

Gruppenintegration sollte nicht zu forsch erfolgen. Nach mehreren Tagen »Zaun an Zaun« wird das erste Zusammensein ohne trennenden Zaun mit »Nasalkontakten« eingeleitet; danach folgt die Klärung der Rangordnung – hier zwischen einer Appaloosa-Stute (links) und einer Camargue-Stute.

Wenig spektakulärer Verandenanbau an einen Boxenstall; aber: In Verbindung mit dem Auslauf lässt sich so zeitweise eine Gruppenauslaufhaltung praktizieren.

- komfortables Innenklima für die Betreuung,
- relativ kurzfellige, deshalb »wartungsfreundlichere« Pferde und
- insgesamt größere Nutzungsintensität in der feucht-kalten Jahreszeit.

Diesen vorwiegend nutzungs- und arbeitstechnischen Vorteilen entsprechen auf der anderen Seite ziemlich deckungsgleich Bedürfnismängel, die sich daraus für das Pferd ergeben.

Um einen Teil dieser Bedürfnismängel auszugleichen und die Haltung entscheidend zu verbessern, dient ein witterungsresistent angelegter, genügend großer Gemeinschafts-(Sand-) auslauf dazu, zu jeder Jahreszeit Artgenossenkontakte, freie Bewegung und freies Wälzen an frischer Luft für alle Boxenpferde sicherzustellen. Neben den flächenmäßigen Voraussetzungen sind die mit dieser Form der Auslaufhaltung gestiegenen Managementanforderungen durch den jeweiligen Betreuer zu erfüllen. In der Praxis muss sich durch genaue Beobachtung der Pferde herausbilden, welche Pferde man gemeinsam als Gruppe stundenweise in den Auslauf lässt. Das hängt von der Fläche (Miniauslauf für zwei mittelgroße Pferde: 100 qm), den Rangordnungsverhältnissen, dem Temperament, den Fütterungsintervallen – und bei Pensionshaltungen – von den Vorstellungen und Zeiteinteilungen (Reitstunden) der Pferdeeigner ab. Generell gilt, dass Pferde, die langjährig nur im geschlossenem Stall gehalten wurden, zunächst unter klimatisch günstigen Bedingungen ab Frühjahr/Sommer allmählich an die zeitweise Auslaufhaltung mit Artgenossen gewöhnt werden. Das sollte stets unter Aufsicht geschehen und wird sich nach ein paar Tagen eingespielt haben. Recht schnell akzeptieren sie instinktiv, dass Witterungsunbilden natürlich sind, sie gewöhnen sich daran und können später auch in der kalten Jahreszeit wenigstens zeitweise im Auslauf gehalten werden. Stallbetreibern sei geraten, mit den jeweiligen Pferdeeignern die Gruppenzusammenstellung einvernehmlich festzulegen, um haftungsrechtliche Risiken auszuschalten. Wirklich ernsthafte Verletzungen durch Rangeleien sind bei genügend großen Ausläufen und einigermaßen richtig zusammengestellten Gruppen eher selten. Heftige, wenig gearbeitete oder auch verhaltensgestörte Pferde sollten – vor der gemeinsamen Auslaufzeit mit Artgenossen – immer mindestens halbstündig an der Longe oder durch einfaches Freilaufenlassen mit treibender Peitschenhilfe im Round Pen bewegt werden, damit sie ihren »Stallmut« oder aggressiv geladenen Frust abbauen können. Es ist auch günstig, wenn besonders problematische Pferde oder solche, die ganz neu im Bestand sind, sich erst einmal tagelang als Boxen-Nachbarn »beschnuppern« können. Dabei wird durch begleitendes »Quieken« schon manche Attacke gegen den Nachbarn an schützenden Boxenwänden ungefährlich abprallen.

Bei regelmäßig trainierten Pferden besteht die Bewegung im Auslauf selten aus Galopp- oder Trabreprisen, sondern überwiegend aus Erkundungsgängen im Schritt. Es werden Gerüche (z. B. Markierungen anderer Pferde) selektiert, Neugier befriedigt und Kontakte zu Artgenossen gepflegt – oft durch ganz unspektakuläres Zusammenstehen bei geringem Individualabstand – ohne trennende Boxenwände. Die Ansicht, der Auslauf sei überflüssig, wenn Pferde gar nicht heftig umherjagen und eine etwaige Schlussfolgerung daraus, man könne sich deshalb den Auslaufaufenthalt gar sparen, ist völlig falsch. Im Gegenteil: Schon das einfache Beisammensein ohne Boxentrennwände, das Zusammenstehen, das Beriechen und Beknabbern ist Ziel des so genannten »attraktiven Sozialverhaltens« bei Pferden und bereits wichtige, entspannende Bedürfnisbefriedigung – gerade auch für sportlich genutzte Pferde, die in der übrigen Zeit in Boxen stehen.

Damit der Arbeitsaufwand für das Herauslassen und Hereinholen der Pferde in den Gemeinschaftsauslauf nicht zu arg wird, sollte bei Neuanlagen oder Ergänzung bestehender Stallhaltungen der Auslauf direkt angrenzend an die Stallungen angelegt werden. Gleichzeitig müssen alle Einzelboxen mit geteilten Ausgangstüren zum Auslauf versehen sein. So ist es möglich, auch Kontakte zwischen frei laufenden Pferden und jenen, die noch in den Boxen sind (bei denen die Obertüren geöffnet wurden) herzustellen. Neuankömmlingen bieten sich dadurch ebenfalls erste Kontaktmöglichkeiten zu den Stammpferden eines Bestandes.

Neben der Möglichkeit, Boxenpferde zeitweise in einem Gemeinschaftsauslauf zu halten, kann als weitere Variante zur Optimierung einer Einzelaufstallung die Boxen-Paddock-Haltung ebenfalls Verbesserungen bringen. Bei dieser Haltungsform wird jede Box einer Reihenanlage mit einem eigenen Kleinauslauf verbunden. Diesen Kleinauslauf kann das Pferd nach Öffnung der Tür durch den Betreuer aufsuchen und stundenweise Außenreize aufnehmen. Optische und geruchliche Kontakte zu benachbarten Artgenossen sind dadurch ebenfalls möglich, allerdings keine Körperkontakte. Die Boxen-Paddock-Haltung stellt keine ganz optimale artgemäße Haltung dar, kann aber für sehr stark beanspruchte Pferde, die kleinräumlich gehalten werden, immerhin erhebliche Verbesserungen gegenüber der ausschließlichen Stallhaltung bewirken.

OFFENSTALL MIT AUSLAUF

Ähnlich wie die Boxen-Paddock-Haltung kann innerhalb eines größeren Pferdebestandes auch eine Offenstallhaltung als Einzelhaltung praktiziert werden (siehe hierzu das Stallumbau-Beispiel »Putenstall wird Offenstall« auf Seite 144 ff.). Es reicht oft schon aus, wenn die Türen von Reihenboxen ausgehängt werden und dadurch stets freier Zugang von der Box (aus der nun ein »Offenstall« wird) zum Auslauf oder Innenhof besteht. »Kleine Ursache, große Wirkung«, könnte man sagen. Sinnvoll ist – generell bei offenen Ställen – und besonders für die Haltung intensiv genutzter Pferde, wenn die Türöffnung durch Installation spezieller durchsichtiger PVC-Streifen einen Wind-, Kälte- und Insektenschutzvorhang erhält. Pferde gewöhnen sich an die speziellen, handelsüblichen Streifenvorhänge unterschiedlich schnell. In Einzelfällen kann dies bei sensiblen Vollblütern zwei Tage dauern (bei ihnen ist von schweren 5 mm starken PVC-Vorhängen abzuraten). Einzelheiten zum Material und zu den Kosten enthält das Kapitel »Stallbau«, siehe Tabelle 7, (S. 113 ff.), Tabelle 8 (S. 122) und Tabelle 9 (S. 123).

GRUPPENHALTUNG MIT STÄNDIGEN SOZIALKONTAKTEN

WEIDE MIT SCHUTZHÜTTE

Der ganzjährige Aufenthalt auf großflächigen Weiden mit einer Schutzhütte ist für Pferde aller Rassen die artgerechte Haltung schlechthin. Diese resistive Naturhaltung bietet sich in erster Linie an für Zuchtpferdegruppen. Nur mit Einschränkungen ist sie für solche Pferde geeignet, die reit- oder fahrsportlich genutzt werden, da Fütterung und Konditionierung bei dieser Haltungsform – besonders für intensivere sportliche Nutzungen – nur unzureichend aufeinander abgestimmt werden können. Grundsätzlich erfordert diese Haltungsform den geringsten Managementaufwand, aber die größten Flächen, die sowohl der Ernährung als auch der Bewegung dienen. Befriedigende Voraussetzungen dafür finden sich in abwechslungsreichen Gras- und Ödlandflächen, die durch Extensivbewirtschaftung (= geringe Düngung, kein Herbizideinsatz) als Stilllegungsflächen aus der landwirtschaftlichen Produktion herausgenommen wurden. Durch großzügige Umtriebskoppeln und Mischbeweidung mit Rindern oder Schafen können so ideale Lebens- und Aufzuchtbedingungen geschaffen werden. Für eine ganzjährige Haltung sind folgende Voraussetzungen zu berücksichtigen:

- Schutzhütte und separate Raufutterraufe (oder Offenstall mit Fressständen, wie im Kapitel Stallbau, s. Seite 126 ff. beschrieben);
- Weideflächen für mittelgroße Pferde jeweils ca. 3 Morgen (= 7.500 qm je Pferd);
- gesicherte Betreuung mit vegetations- und zuchtleistungsabhängiger Zufütterung von Mineralstoffen, z. B. ausreichend Natrium/ Salzlecksteine, Kraft- und Raufutter; Hufpflege, Weidepflege), Kontrolle (z. B. auf Verletzungen, Funktionssicherheit der Tränke, Ausbruchsicherheit der Zäune) und Gesundheitsvorsorge (z. B. Tetanus- und Tollwutimpfungen).

Auch eine einfache Schutzhütte sollte dreiseitig geschlossen sein; die offene Seite weist in die windärmste Richtung nach Süden. Sie kann auch auf der Südseite über zwei mindestens 1,20 m breite Eingänge (für mittelgroße Pferde mit 1,55 m Stockmaß) verfügen. Nur eine einzige schmale Türöffnung ist nicht empfehlenswert, da ranghohe Pferde durch Querstellen den Eingang für Rangniedrige sonst versperren können. Zweckmäßig sind auch hier PVC-Streifenvorhänge als Wind-, Kälte-, Schlagregen- und Insektenschutz. Standort der Schutzhütte sollte eine Bodenerhebung mit trockenem Untergrund sein. Empfehlenswert ist bei jedem Stall ein Blitzschutz, den man von einem Elektroinstallationsunternehmen anbringen lässt. In bergigen Gegenden empfiehlt sich Süd- oder Südwesthanglage – Nordhänge sind aus Witterungsgründen ungeeignet. Der Hüttenboden kann aus gestampftem Lehm oder Sand bestehen und sollte möglichst 10 cm höher als der Außenboden liegen, damit von außen kein Wasser hineinfließen kann. Als Schwelle kann im Eingangsbereich ein Kantholz angebracht werden, das hoch genug ist, um auch die Wintereinstreu zum Ausgang hin abzugrenzen.

GRUPPENAUSLAUF MIT OFFENSTALL

Der Begriff »Offenstallhaltung«, unter dem immer schon die Haltung einer Gruppe in einem Areal mit frei zugänglichem, offenen Stall verstanden wurde, erfuhr durch die Bezeichnung »Gruppenauslaufhaltung« eine Differenzierung. Aus dem Experimentierstadium einiger »Pioniere«, u. a. BRUNS (1958), HOFFMANN (1972), VON GRONE (1977), BENDER (1976), entwickelte sich eine heute für alle Pferde allgemein anerkannte und bewährte Haltungsform. Grundlage der Gruppenauslaufhaltung sind Bedürfnisse und Verhalten des Pferdes. Wissenschaftlich sehr gründlich hat sich erstmals PIOTROWSKI, 1984, mit der »Mehrraum-Pferdeauslaufhaltung« am Beispiel einer Haflingergruppe in Versuchen auseinandergesetzt. Untersuchungen der vergangenen Jahre belegen eindeutig auch die Eignung der Gruppenauslaufhaltung für Hochleistungspferde, wie z. B. Trabrennpferde (GEHRKEN, KIENE, KREIMEIER, BOCKISCH, 1996). Im Hinblick auf ethologische und ökonomische Faktoren wird diese Haltungsform deshalb von führenden Hippologen empfohlen. Mindestanforderungen an eine optimal pferdegerechte Gruppenauslaufhaltung sind im Wesentlichen erfüllt, wenn vorhanden sind:

- eine Gruppe zusammenpassender Pferde,
- ein genügend großer Offenstall, der auch ganz oder teilweise zusperrbar sein sollte (oder eine Notbox enthält, um verschwitzte oder kranke Pferde zeitweise aufstallen zu können) mit möglichst getrenntem Liege- und Fressbereich,
- ein direkt an den Offenstall angrenzender vegetationsloser Auslauf, der hinsichtlich Lage, Größe und Ausgestaltung unabhängig von Jahreszeit und Witterung Bewegungsanreize sowie Wälzmöglichkeiten bietet und
- Weideflächen.

Gruppenauslaufhaltungen bieten viele Gestaltungsmöglichkeiten, es bleibt Raum für Individualität und Kreativität. Auch dadurch unterscheiden sie sich von traditionellen Haltungsformen, bei denen sich in Jahrzehnten nichts gravierend veränderte. Die Zufütterung in Gruppenauslaufhaltungen kann ohne separate Fressstände problematisch sein. Deshalb empfiehlt sich zur relativ ungestörten, individuellen Versorgung immer ein entsprechend gestalteter separater Bereich (technische Erläuterungen enthält das Kapitel »Stallbau«, siehe Seite 106 ff.). Pferde, die im Offenstall gehalten und sportlich genutzt werden, sind nach der Arbeit witterungsangepasst zu versorgen. Das bedeutet auch (zeitweise) Aufstallung und Eindeckung. Für solche Pferde sollte die Offenstallanlage eine separate »Notbox« bieten.

Aufgrund lokaler Unterschiede, individueller Gruppenzusammensetzung und Leistungsanforderungen kann es »die Gruppenauslaufhaltung« schlechthin nicht geben. Für Pferdehalter ergeben sich oft erst durch intensive Beobachtung und Beschäftigung mit den Pferden und dem Haltungsumfeld neue Gesichtspunkte und der Wunsch nach Verbesserungen oder auch Arbeitserleichterungen. Als Grundsatz gilt: Je mehr Leistung von den Pferden verlangt wird, desto aufwändiger müssen Haltungsanlage und -management der Gruppenauslaufanlage gestaltet sein. In nasskalten Zeiten (aber zeitweise auch im Sommer) kann der Einsatz einer Solaranlage zur Felltrocknung bei sog. Sportpferden sinnvoll sein.

Haltungsanlagen

PLANUNG, STANDORT, FLÄCHENBEDARF

Wer eine Haltungsanlage plant, ist gut beraten, nichts zu überstürzen, denn Planungsfehler können teuer werden. Immer wird allerdings auch bei gut durchgeplanten Projekten nicht jedes Detail vorhersehbar sein. Etwas Variabilität kann daher nicht schaden. Zunächst sollen die wichtigsten Voraussetzungen in vier Checklisten mit 20 Punkten dargelegt werden, um eine Gruppenauslaufanlage planen zu können. Solche Haltungsanlagen beanspruchen in der Regel mehr Fläche als z. B. Boxenhaltungen mit Kleinausläufen. Empfehlenswert ist, primär die in Checkliste 1 (siehe Seite 88) genannten Voraussetzungen maximal auf die individuellen örtlichen Standortverhältnisse abzustimmen, um nach Möglichkeit eine Einzelboxen-Aufstallung zu vermeiden. Checkliste 2 (siehe Seite 90) enthält weitere wichtige Standort-Aspekte, die in zweiter Linie individuell zu gewichten sind. Mit den Checklisten 3 und 4 (siehe Seite 90) sind persönliche Voraussetzungen zu klären.

In der Realität müssen Kompromisse gefunden werden – allerdings gilt es, sich nicht vorschnell mit der erstbesten Lösung zufrieden zu geben. Nachdenklichkeit, Besichtigung von anderen Haltungs-Anlagen, Diskussion mit Gleichgesinnten und auch durch Skizzen dargestellte Alternativplanungen ergeben häufig neue Gesichtspunkte und bessere oder sogar optimale Lösungen. Viele Eigenpferdehaltungen tendieren spätestens nach etwa zwei Jahren Erfahrungszeit zur Erweiterung, weil Vierbeiner hinzugekauft werden. Das ist fast schon ein »Naturgesetz« und ergibt sich aus Befragungen. Wenn möglich, lasse man deshalb ein »Hintertürchen« auf, um Stall und Auslauf pferdegerecht erweitern zu können. Für jede Haltungsplanung ist die Beantwortung der Fragen nach dem geeigneten Standort zuerst zu stellen. Sie ist von grundlegender Bedeutung, nicht nur allein für die Haltung der Vierbeiner, sondern auch für die Zufriedenheit der Betreuer. Kritisch zu prüfen sind die folgenden Punkte der Checklisten 1 bis 4 und 5 (s. Seite 96).

Checkliste 1: Standort (Priorität I)

1. Ist flächenmäßig ausreichendes und qualitativ befriedigendes Weideland vorhanden?
   Als grobe Faustzahl rechnet man für die Haltung von zwei Großpferden mit einem Flächenbedarf von einem Hektar, das sind vier Morgen je 2.500 qm, demnach insgesamt 10.000 qm. Diese Fläche wird benötigt, um auch Winterheu oder Heulage für zwei Pferde selbst zu erzeugen. Will man das erforderliche Heu (gut 30 dz, das sind etwa 220 Hochdruckballen à 14 kg) nicht selbst ernten, sondern zukaufen, können auch insgesamt nur 5.000 qm Weidefläche für die Vegetationszeit ausreichend sein. Grünland auf Sandböden oder in Bergregionen mit teils felsigem Untergrund ist wenig ertragreich. 5.000 qm reichen bei diesen Untergründen zur alleinigen Ernährung zweier Großpferde in der Vegetationszeit von Mai bis Oktober nicht aus. Als Kompromiss muss in solchen Fällen, wo nur begrenzter Weidegang (auch zur Schonung der Grasnarbe) möglich ist, auch während der Vegetationszeit (vornehmlich in den Monaten September und Oktober) ausreichend Heu und Heulage zugefüttert werden.
2. Sind Offenstall oder Scheune vorhanden bzw. darf neu gebaut werden?
   Bei vorhandenem Stall lässt sich dieser vielleicht für die geplante Haltung umbauen. Oft können durch Seiten- oder Giebelanbauten mit Schleppdächern an bestehende Scheunen sehr zweckmäßige, kostengünstige Offenstall-Lösungen erzielt werden. Dabei berücksichtige man auch den Bedarf an Lagerraum für Heu, Einstreumaterial (Stroh, Sägespäne) und für Geräte wie Balkenmäher u. Ä. Ob das Gelände bebauungsfähig ist, hängt nicht nur vom Untergrund ab (schwierige Bebauung mit hohen Drainagekosten z. B. bei hohem Grundwasserstand), sondern auch von unterschiedlichen Bauplanungs- und Genehmigungsvorschriften sowie der örtlichen Genehmigungspraxis. Zusätzlich müssen Belange des Nachbarrechts (Geruchs- und Lärmimmissionen) sowie weitere Baubeschränkungen (z. B. im Naturschutzgebiet oder in einem Wassergewinnungsgebiet) geprüft werden. Zunächst hilft ein Blick in den Flächennutzungsplan, der für jedes Gemeindegebiet verbindlich aufgestellt und beschlossen wurde (der aber auch gelegentlich geändert wird). In diesem öffentlich zugänglichen Plan (einzusehen beim Bauamt oder Planungsamt) sind alle Parzellen mit ihrer aktuellen Nutzmöglichkeit beschrieben. Erkennen kann man daraus, ob das jeweilige Grundstück im Dorfgebiet oder am Rand eines Dorfes (meist ohne dafür aufgestellten Bebauungsplan) oder aber z. B. in einem Bebauungsplangebiet liegt. Besteht ein Bebauungsplan, dann richtet sich die zulässige Bebauung nicht nach der vorhandenen Art der Bebauung (wie im Dorf), sondern es gilt für die Bebauung ein konkret festgelegter Rahmen, d. h., es steht weitgehend fest, was und wie gebaut werden darf – und vor allem wo. Aus dem Flächennutzungsplan ersieht man auch, ob ein Grundstück im sog. Außenbereich nach § 35 Baugesetzbuch liegt. Dort darf nur unter ganz besonderen Voraussetzungen und bei Beachtung strenger Bedingungen überhaupt gebaut werden. Zulässig sind im Außenbereich in erster Linie Baumaßnahmen für landwirtschaftliche, gärtnerische oder forstwirtschaftliche Betriebe. Aber auch sonstige Vorhaben (z. B. Weideschutzhütten, die keinem landwirtschaftlichen Betrieb dienen) sind zulässig, wenn öffentliche Belange nicht entgegenstehen und die Eigenart der Landschaft dadurch nicht beeinträchtigt wird. Siehe hierzu auch die Ausführungen im Kapitel »Baurecht«, Seite 97 ff.)
3. Gibt es störende Baumaßnahmen in direkter Nachbarschaft?
   Durch Baumaßnahmen in der Nachbarschaft kann das Grundstück für eine Pferdehaltung ganz oder teilweise nutzlos werden. Wenn z. B. ein Putenmaststall mit einer Kapazität von 10.000 Tieren direkt nebenan gebaut wird, sind Immissionen (Gerüche, Stäube durch Putenmist, Fliegenplage) denkbar, die eine Pferdehaltung stark beeinträchtigen können. Auch neue

Auskiesungsflächen und Verladeanlagen neben der Weide mit zu erwartendem starken Lkw- und Ladeverkehr sowie erheblicher Geräusch- und Staubbelästigung sind für keine Pferdehaltung förderlich. Ähnliches gilt für Windkraftanlagen.

4. Änderungen der Flächennutzungsplanung?
   Eingeleitete oder beabsichtigte Planfeststellungsverfahren können hinweisen auf mögliche Nutzungsbeeinträchtigungen. Das kann u. U. bei Verfahren zum Bau von Kläranlagen oder zur Aufstellung von Windkraftanlagen, bei der Planung von Schnellstraßen wie Autobahnzubringer u. Ä. gegeben sein. Hier muss man nach Interessenlage und Sachverhalt entscheiden, ob rechtzeitig Einwendungen dagegen erhoben werden sollten (Fristen sind zu beachten!). Über die eigenen Einwendungen wird dann später in einem öffentlich anberaumten Erörterungstermin mit dem Antragsteller des Planfeststellungsverfahrens (= Bauherr) und der Genehmigungsbehörde verhandelt. Auskünfte zu solchen Vorhaben oder auch zu baurechtlichen Details erteilen die Kreisbehörden (Bauämter und Landschaftsämter).
5. Kann ein Auslauf, der an den Stall angrenzen sollte, angelegt werden?
   Vegetationslose Bewegungsausläufe sind eigentlich immer erforderlich. Auch bei sehr großen Weideflächen und der ausschließlichen Haltung von Zuchtpferden (Stuten mit Fohlen), die üblicherweise ganztägigen Weidegang benötigen, ist die Anlage eines vegetationslosen (Sand-) Auslaufs zweckmäßig für die Zeiten der Weidesperrung. Zwar werden in der Vegetationszeit vom Mai bis Oktober Zuchtpferde überwiegend auf den Koppeln gehalten, doch gibt es immer wieder Anlass, die Pferde zeitweise, z. B. generell nachts aus Sicherheits- und Überwachungsgründen, im Auslauf beim Stall zu halten. Auch im Winter benötigt man den Auslauf nicht nur für Reitpferde, sondern auch für Zuchtpferde, selbst wenn eine sog. Trampelkoppel als zusätzliche natürliche Auslauffläche zur Verfügung steht. Sandausläufe sind nach dem Landschaftsrecht im Außenbereich nicht immer zulässig und als bauliche Anlagen genehmigungspflichtig. Sie sind indes ökologisch sehr sinnvoll, denn es wird der Bodenerosion durch zeitweise Haltung der Pferde im Auslauf vorgebeugt.

Wenn die Standortfragen zufriedenstellend geklärt sind, wird eine artgemäße Haltungsanlage gut zu erstellen sein. Das ist meistens nur dann der Fall, wenn beispielsweise ein Resthof zur Haltung dienen soll (Ausführungen dazu siehe Seite 196 ff.). Dort sind in der Regel durch das Vorhandensein von Altgebäuden weniger Behördenprobleme zu erwarten. Dennoch: In der Praxis sind unproblematische »Ideallösungen« und Fälle, in denen fast alles »stimmt«, die rare Ausnahme. Kompromisse können z. B. bei kleinen Grundstücken dann gemacht werden, wenn diese Flächenmängel durch anderweitige Maßnahmen kompensiert werden. So kann die Auslaufgröße für sportlich regelmäßig trainierte Pferde aufgrund örtlicher Zwänge am ehesten kleiner bemessen sein. Nicht unterschritten werden sollte allerdings eine Mindestauslauffläche von 50 qm für jedes mittelgroße Pferd. Welche Möglichkeiten es gibt, die vorhandene Fläche des gesamten Haltungsareals zweckmäßig aufzuteilen, wird später noch am praktischen Beispiel erläutert (siehe Seite 104 ff.). Vorausgeschickt sei, dass auch bei kleinen Flächen kein Zwang zur Einzel-Aufstallung bestehen muss. Eine adrette »Minianlage« als kleine Gruppenauslaufhaltung ist zwar nicht ideal, aber dann möglich und vertretbar, wenn man bereit ist, neben begrenztem sommerlichen Weidegang zuzufüttern und die Anlage besonders hygienisch zu pflegen. Ist der Standort grundsätzlich geeignet, sind noch weitere Punkte zu prüfen.

Optimal wird der Standort, wenn vorhanden sind:

Checkliste 2: Standort (Priorität II)

1. Ausreitgelände, möglichst ohne Reitbeschränkungen und ohne lange Anmarschwege über Asphaltstraßen;
2. geeigneter Hufschmied in der Umgebung;

3. Tierarzt in der Nähe;
4. Wasser- und Stromanschluss vor Ort;
5. Möglichkeit, zusätzlich zum Auslauf noch eine ebene Reitbahn und/oder einen Longierzirkel (Round Pen) anzulegen.

Bei der Haltung in eigener Regie nützen Begeisterung, traumhafte Pläne und letztlich der gute Wille oder auch ein dickes Bankkonto allein noch nicht viel. Neben entsprechender Motivation sollten immer eigene handwerkliche Grundfähigkeiten oder einigermaßen ausreichende theoretische sowie ein paar praktische Kenntnisse vorhanden sein (oder erworben werden). Das gilt im Prinzip auch für Pferdeigner, die sich Personal leisten können. Denn auch derjenige, der Personal beschäftigt, muss schon wissen, »wo es lang geht«, denn sonst sind nachvollziehbare Anweisungen oder Erfolgskontrollen/Überwachungen kaum möglich – als Laie wird man von Mitarbeitern nicht immer respektiert.

Wichtige Punkte sind:

Checkliste 3: Welche Grundfähigkeiten sind Voraussetzung?
1. Umgang mit Pferden, Kenntnisse über Pferdeverhalten und Pferdebedürfnisse;
2. Fütterung (Futtermittel, Rationsgestaltung, Gruppen-Management);
3. Weidebewirtschaftung (Weideführung, Zaunbau, Düngung, Pflege);
4. Gesundheitsvorsorge (u.a. Erste Hilfe, Körperpflege, Eingabe von Wurmmitteln);
5. Grundregeln der Hufpflege.

Auch den Faktor Zeit und die ständige Bindung überdenke man gründlich bei Planung einer eigenen Gruppenauslaufhaltung.

Checkliste 4 : Welche zeitliche Beanspruchung ist einzukalkulieren?
1. Täglich für zwei Pferde insgesamt rund eine Stunde Arbeitszeit;
2. kundige, zeitlich schnell verfügbare Helfer bei unvorhersehbarer Verhinderung;
3. Urlaubs- und Krankheitsvertretung;
4. eigene Fortbildung;
5. saisonale Ernte, Futterbeschaffung und -bevorratung.

Beim Zeitbudget ergeben sich schnell Engpässe. Für die Haltung zweier Pferde ist unter günstigen Bedingungen mit täglich insgesamt gut einer Stunde reiner Arbeitszeit zu rechnen (ohne Saisonarbeiten wie Zaun- und Stallausbesserungen im Frühjahr, Weidepflege und Heuernte im Sommer). Durch Hilfe von Familienmitgliedern oder sonstigen verlässlichen Mitstreitern können eigener Zeitaufwand reduziert und zeitliche Bindung gelockert werden. Erfahrungsgemäß nicht sehr erfolgreich sind allerdings Vorstellungen, über sog. Reitbeteiligungen dauerhaft eifrige Mitstreiter in den Stall zu holen, um dadurch selbst mehr Zeit zu haben. Oft handelt es sich bei diesen Reitbeteiligungen um Jugendliche, die zunächst begeistert zupacken, aber auf Dauer bei wenig Disziplin und geringem Durchhaltevermögen, manchmal gepaart mit Unpünktlichkeit, eher unzuverlässig sind. Das schließt selbstverständlich Ausnahmen nicht aus, die man mit etwas Geduld und Glück auch findet.
Ein wesentlicher Vorteil der Gruppenauslaufhaltung mit Offenstall besteht auch darin, dass – im Gegensatz zur typischen Boxenhaltung – der Zwang zum täglichen Bewegen der Pferde durch Longenarbeit oder Reiten bzw. zum Herauslassen in einen Gemeinschaftsauslauf fortfällt, denn die Pferde bewegen sich auf der Weide sowie im Offenstall-Auslauf-Areal selbst. Insofern sind die zeitlichen Verpflichtungen schon erheblich lockerer. Das »schlechte Gewissen«, das sich bei manchen Boxenhaltungen ganz natürlich durch Zeitenge einstellt (»... ich müsste unbedingt häufiger reiten, aber ...«), hält sich bei Gruppenauslaufhaltung in Grenzen!

AUTOMATISIERUNG

Wer im Beruf oder durch familiäre Aufgaben stark eingebunden ist, sehr unregelmäßige Arbeitszeiten nicht vermeiden kann und über keine regelmäßige Vertretung am Pferdestall verfügt, sei besonders kritisch in der Abschätzung eigener Möglichkeiten. Hier sollte im Zweifel unbedingt einer Pensionshaltung oder der Haltung innerhalb einer Haltergemeinschaft der Vorzug gegeben werden. Sonst kann Eigenhaltung zum Dauerstress führen! In diesem Zusammenhang muss betont werden, dass alle technischen Hilfsmittel in der Pferdehaltung niemals den täglich kontrollierenden Menschen ersetzen können. Besonderes Augenmerk gilt in diesem Zusammenhang der Pferdefütterung, die nun häufiger als arbeitszeitsparende Computerfütterung propagiert wird. Fütterungsautomaten sind aus der Massen-Nutztierhaltung (Sauenhaltung, Schweinemast, Rindviehfütterung, Legehennenhaltung) bekannt. Dort (z. B. bei der Sauenhaltung) hat man teils schon erkannt, dass eine Einzelfütterung in automatisierten Fressboxen nicht tiergerecht ist. Allenfalls in Pferdehaltungen mit hohem täglichen Kraftfutterbedarf, z. B. in Rennpferdehaltungen, kann Automatisierung sinnvoll sein, wenn gemeinsames Fressen möglich ist (z. B. durch Automaten in Reihen-Fressständen oder Reihen-Boxen; siehe Abbildung rechts oben). Für Freizeitpferde kann der Einsatz von Automaten nicht überzeugen.

Manchen falsch informierten, geschäftlich stark gebundenen Berufstätigen hat dies schon in Versuchung gebracht, sich bei der Planung einer Pferdehaltung zur eigenen Entlastung eines Automaten bedienen zu wollen. Das funktioniert auf Dauer nicht sicher genug. Der beste »Automat« ist immer noch der Weidegang, eine gefüllte Raufutterraufe und die eigentlich unerlässliche »Hand-und-Augen-Fütterung« eines Menschen. Verzichtet man darauf, geht auch ein wesentliches Beziehungselement, das klar zum Horsemanship gehört, verloren.

Bei täglichen Kraftfuttermengen von drei bis sechs Kilogramm für große Reitpferde ist es ausreichend, diese in vier Portionen (verteilt über 24 Stunden) aufzuteilen, je Fütterung also maximal 1,5 kg auf der Grundlage von vorher verzehrtem Raufutter. Zeitlich erheblich höhere Bedeutung mit einem Anteil von sieben Achtel hat für das Pferd die Raufutterfresszeit. Denn Raufutter (Heu und Heulage) ist das Grund- und Hauptfutter, wird aber durch die typischen Computerfütterungsanlagen nicht dosiert und sollte bevorzugt manuell aufgeschüttelt und zugeteilt werden. Technische Entwicklungen zeigen, dass die Raufutterdosierung teils auch durch spezielle Automaten möglich ist.

FINANZEN

Bei Einschätzung der eigenen Möglichkeiten werden gelegentlich auch die Kosten der Pferdehaltung »schön« gerechnet, was sehr verständlich ist – man kalkuliert in der Planungsphase zu knapp. Folge: Die freie Finanzspitze reicht auf Dauer nicht aus. Etwas Großzügigkeit bei der Kalkulation ist angebracht (etwa 20 % Zuschlag zu den errechneten Kosten), um nicht von Beginn an eine »Sparhaltung« praktizieren zu müssen. Solche Sparhaltungen sieht man landauf und landab, sie tangieren die Grenze zur Tierschutzwidrigkeit, weil die notwendigen Unterhaltungskosten, z. B. für Wurmkuren, Reparaturen oder den Schmied, von (wichtiger) Tierliebe allein nicht aufgebracht werden können. Für die Haltung von zwei mittelgroßen Pferden rechnet man pauschal jährlich bei Eigenhaltung insgesamt mit 2.500 Euro. In günstigen Einzelfällen kann sich der Betrag auch halbieren, wenn z. B. die Hufpflege aufgrund eigener – tatsächlich auch ausreichender – Fertigkeiten selbst durchgeführt wird, preiswertes Raufutter zur Verfügung steht oder auch Einnahmen erzielt werden, wenn Freunde gegen eine großzügige »Futterspende« an Ausritten teilnehmen. Bei schwer vorhersehbaren Ereignissen (u. a. Verletzungen durch Unfälle, Viruserkrankungen, Heupreiserhöhung in Trockenzeiten, Reparaturen des Balkenmähers oder Pferdeanhängers) können allerdings leicht 500 Euro, bei Operationen auch flott 1.500 Euro und mehr zusätzlich an Unterhaltungskosten fällig sein. Als Faustzahl sollte man für Unvorhergesehenes, z. B. für zwei Pferde, wenigstens einen Betrag in Höhe der Jahreskosten (hier: 2.500 Euro) als Spar- oder Festgeld zur freien Verfügung haben, das wäre jedenfalls ideal. Bei Überlegungen, den Kindern zuliebe Pferde anzuschaffen, muss wenigstens ein Erwachsener aus der Familie ebenfalls Spaß an diesem Hobby haben, sonst ist dies ein »Strohfeuer«, das auf Dauer Frust erzeugt und nur unnötig Geld kostet. Es kam schon vor, dass beispielsweise Sprösslinge mit dem Spruch »Pferde statt Drogen« auf eine eigene Pferdehaltung drängten und dabei (an sich lobenswert) ernsthaft versprachen, durch Austragen von Zeitungen kräftig die Unterhaltskosten zu subventionieren. Wenn ein so versprochener Nebenverdienst aber die Haupteinnahmequelle sein sollte, kann damit auf Dauer keine Pferdehaltung finanziert werden. Pferde sind eben keine Heimtiere wie Goldhamster oder Meerschweinchen, die aus einer Laune heraus für 20 Euro mit Käfig gekauft und bei Nichtgefallen kurz und bündig – ohne Schaden zu nehmen – an einen Liebhaber wieder weggegeben werden. Bei schmalem Budget hilft konsequente Konzentration auf das Wesentliche, um Enttäuschungen zu vermeiden. Wer »so närrisch« ist und unbedingt Pferde selbst halten will, obwohl er finanziell »nicht rosig« ausgestattet ist, muss dann auch bereit sein, wirklich dauerhaft Opfer zu bringen und weitere kostenträchtige Wünsche, Urlaubspläne und Hobbys einzuschränken oder ganz aufzugeben. Besser ist, sich – nach Möglichkeit – beruflich zu verbessern, um mehr zu verdienen, wobei dann wieder bei verstärktem Berufsengagement das Zeitproblem akut werden kann. Solche Entscheidungen sollten deshalb sehr bewusst nach längerer Prüfungszeit getroffen werden, dann sind sie dauerhaft und – auch bei eher knappen Finanzen – persönlich zufriedenstellend. Nicht empfohlen werden kann (besonders in solchen knappen Finanzsituationen), sich aus Ersparnisgründen ein »Schlachtpferd« oder ein irgendwie nur halbwegs taugliches Pferd mit gravierenden Stellungsfehlern oder mit Ekzem (weil man z. B. schon immer vom erschwinglichen Tölter geträumt hat) zu kaufen. Treue Augen haben fast alle Pferde, nur man kann sie deshalb nicht alle kaufen und sollte es in solchen Fällen aus Eigenschutz erst recht nicht tun. Das wäre der beste Weg, sich unglücklich zu machen! Ausnahmen (sehr rar und unwahrscheinlich) bestätigen auch hier nur die Regel.

PACHT UND KAUF VON WEIDELAND

GRÜNLANDSUCHE

Weidehaltung ist wichtiger Bestandteil jeder Pferdehaltung, aber man muss erst einmal ein Stück Land finden. Wer nicht über eigenes Land verfügt, muss demnach Weiden anpachten oder kaufen. Ohne die richtige Taktik funktioniert das nicht – hier werden von Neueinsteigern die häufigsten Fehler gemacht. Wie stellt man das also richtig an? Typische private Pferdehalter haben es als Nichtlandwirte generell nicht einfach, geeignetes Weideland zu finden. Das liegt zum einen daran, dass allgemein der Ruf »der Pferdehalter« bei Landwirten, die üblicherweise Grünland zu verpachten haben, nicht immer optimal ist. Ja, man kann schon sagen, dass der Ruf eher schlecht ist. Es fehlen bei einer Reihe von Pferdeliebhabern noch zu häufig ausreichende landwirtschaftliche Kenntnisse und Fertigkeiten, die aber für eine ordnungsgemäße Grünlandpflege unerlässlich sind. Da hilft kein Beschönigen, denn wohlmeinende Absichten mit bloßer Naturverbundenheit oder z. B. emsiges »Herumfrickeln« mit Provisorien beim Zaunbau oder Weidepflege nach Lust und Laune reichen alleine nicht aus, das zeigt sich tagtäglich in der Praxis. Landwirte legen durchweg Wert auf Fachkenntnisse und -fertigkeiten bei ihren Pächtern, wenngleich sie selbst auch nicht immer und überall Garant für ordnungsgemäße Weidepflege sind, das sei kritisch hinzugefügt. Wichtig ist dennoch (schon im Interesse der eigenen Vierbeiner), dass private Pferdehalter sich fachlich mit der Materie Grünland beschäftigen, etwas über Bodenarten, Narbenzusammensetzung und Weidepflege sowie Düngung und Zaunbau lesen und praktisch auch anwenden können (siehe hierzu das Buch des Verfassers »Praxishandbuch Pferdeweide«, erschienen in vierter Auflage 2013 im selben Verlag). Im Gespräch mit einem Landwirt (und natürlich in der Praxis) kann dieses Wissen dann vorteilhaft bei der Suche nach einer Weide verwendet werden. Das öffnet ganz erheblich bessere Chancen zu einem gedeihlichen Pachtverhältnis als man gemeinhin glaubt. Leider stehen besonders Frauen (eigentlich unberechtigt und letztlich unfair, wie die Praxis zeigt, weil Frauen oft viel fleißiger ihr Grünland pflegen) hier und da bei manchen noch arg konservativ eingestellten Landwirten »im Verdacht«, fachlich nicht genügend bewandert oder körperlich zu wenig »kräftig« zu sein, um eine Weide bewirtschaften zu können. Hier gilt es, den Gesprächspartner und potenziellen Verpächter bei Vertragsanbahnung fachlich vom Gegenteil zu überzeugen. Man zeige, dass man weiß, worum es geht und mache klar, dass auch Frauen sehr wohl in der Lage sind, z. B. Weidepfähle einzuschlagen, Zäune zu unterhalten und Pflegearbeiten durchzuführen!

Zu warnen ist davor, zur Unzeit irgendwie undiplomatisch bei Landwirten aufzukreuzen. Wer z. B. in der Mittagszeit, wenn traditionsgemäß gegen 12.00 Uhr bei Landwirten gegessen wird, oder zur Melkzeit morgens oder abends einen Bauernhof – noch dazu mit »protzigem« Geländewagen und unpassendem Stadt-Outfit mit Lackschuhen oder Western-Outfit mit Stiefeln und Sporen – ansteuert, sollte besser den Rückwärtsgang einlegen, denn er hat sicher kaum Chancen, ein aussichtsreiches Verpachtungsgespräch mit einem Landwirt führen zu können. Man sollte generell Landwirte, die vielleicht manchmal etwas bedächtig-bieder und abwartend-zurückhaltend wirken mögen, auch nie unterschätzen: Das ist ein Fehler, der häufig gemacht wird – und sich rächt! Oft ist der Landmann gewieft, kenntnisreich und aktuell gut informiert (Landwirte lesen vergleichsweise viele Fachzeitschriften!) sowie verhandlungssicher – ohne dies aber nach außen großartig zu zeigen. Wer jemals einem Rindviehhandel zwischen Landwirt und Viehhändler zugeschaut und zugehört hat, weiß um diese für Landwirte fast schon überlebenswichtigen Eigenschaften. Nützlich ist, dass man als Pferdehalter(in) auch die wirtschaftlichen und strukturellen Probleme der heutigen Landwirtschaft sieht, auch wichtige Begriffe der landwirtschaftlichen Fachsprache kennt und weiß, was theoretisch und praktisch dahinter steht. Beispielsweise werden von »pfiffigen« Verpächtern schon mal untaugliche Wiesen als Grünland für eine Pferdehaltung angeboten – und mancher nicht ganz so kundige Pferdefreund denkt, er habe nun ein Schnäppchen gemacht und Wiese sei das Gleiche wie eine Weide. Wiesen sind aber nach landwirtschaftlicher Definition und praktischem Gebrauch – im Gegensatz zu Weiden – meist aufgrund von Bodennässe gar nicht oder nicht zu jeder Jahreszeit beweidungsfähig. Sie dienen gebietsweise lediglich zur Ernte von Heu oder Silage in trockenen Sommermonaten. Deshalb sind sie in der Regel auch nicht eingezäunt. Zu bedenken ist auch, dass speziell auf Wiesen häufig erheblich mehr gefährliche Giftpflanzen (u. a. Herbstzeitlose, Kreuzkraut, scharfer Hahnenfuß) wachsen als auf Weiden. Die Ursache liegt in den Standortverhältnissen, denn bei Wiesen findet z. B. weniger Selektion durch Abbiss unter den Pflanzen statt und auch der Boden ist viel lockerer und meist auch feuchter, da u. a. keine Huftritte den Boden verdichten usw. Die Begriffe »Wiese und Weide« werden nicht selten von vielen Pferdeleuten (und erstaunlich häufig auch von Mitarbeitern in manchen Reiterfachzeitschriften) hartnäckig verwechselt oder austauschbar gleichartig gebraucht. Es handelt sich aber eben nicht um das Gleiche. Wird von einem Landwirt beispielsweise ausdrücklich eine »Wiese« verpachtet, dann darf sich der Pferdehalter hinterher nicht wundern, wenn es sich unter Umständen um für eine Pferdebeweidung untaugliches, feuchtes Grünland mit Giftpflanzen handelt. Das ist schon vorgekommen mit der Folge, dass dieses Grünland (nach starken Regenfällen) nicht beweidungsfähig, also unzureichend für Pferde war und man deshalb zeitweise in der Vegetationszeit mit entsprechenden Zusatzkosten Heu zufüttern musste, das man wiederum zukaufen musste, weil das eigene Heu von der Wiese auch noch mit Herbstzeitlosen stark giftend durchsetzt war und heftige Leberschäden verursacht hätte! Genügend Grünlandkunde hilft also, solche und ähnliche sehr ärgerliche, kostenträchtige Fehler bereits im Stadium des Pachtverhandlungsgesprächs zu vermeiden.

KAUF/PACHT

Die gesetzlichen Vorschriften zu Kauf und Pacht sind im jeweiligen nationalen Privatrecht sowie in Spezialgesetzen (z. B. Grundstücksverkehrsgesetz in Deutschland) enthalten. Für Pachtverhältnisse gibt es Vertrags-Formulare bei den Landwirtschaftsbehörden. Pacht ist nicht gleichzusetzen mit Miete. Wesentlicher Unterschied zwischen Pacht und Miete ist, dass bei der Pacht der Pächter sämtliche Unterhaltungskosten tragen muss, z. B. Zaununterhaltung. Eine eventuelle Vermietung von Weidegrundstücken, bei denen der Vermieter dann (ähnlich wie bei einer Mietwohnung) alle Unterhaltungsaufwendungen für das Grundstück zu tragen hätte, ist unüblich und man sollte danach auch erst keinen Landwirt fragen!

Hat man einen reellen Vertragspartner gefunden, dann muss u. a. der Pacht- oder Kaufpreis ausgehandelt werden. Üblicherweise wird die Pacht jährlich gezahlt, wobei die Höhe des Preises sich nach der Lage, der Qualität und z. B. dem Zustand der Zäune und der Wasserversorgung richtet (für die Unterhaltung der Zäune/Wasserversorgung ist der Pächter zuständig). Durchschnittlich werden für Weiden je Morgen (= 2.500 qm) im Jahr etwa 250 Euro gezahlt. In Stadtnähe bzw. bei großer Nachfrage kann der Grünlandpachtpreis für Pferdehalter auch 750 Euro im Jahr betragen, in abgelegenen Gebieten mit geringer Nachfrage oder bei ungepflegten, verkrauteten Flächen oder sog. Obstwiesen auch nur 100 Euro.

Will man landwirtschaftliche Nutzflächen nicht pachten, sondern kaufen, dann muss der Vertrag über einen Notar abgewickelt werden, der auch evtl. Genehmigungen nach dem Grundstücksverkehrsgesetz (z. B. Genehmigung der Landwirtschaftsbehörde) einholt oder Vorkaufsrechte (z. B. solche der Gemeinde) zu prüfen hat. Solche Genehmigungen sind beispielsweise in Deutschland immer erforderlich beim Kauf, manchmal auch bei Pacht landwirtschaftlicher Grundstücke ab einem Hektar (10.000 qm) Fläche. Geprüft wird durch die Landwirtschaftsbehörde, ob die jeweilige Fläche nicht von einem Haupterwerbsbetrieb mit landwirtschaftlicher Produktion benötigt wird. Benötigt ein Betrieb die anvisierte Fläche, dann besteht ein Vorrecht – und der Pferdehalter ohne Landwirtsanerkennung hat das Nachsehen (siehe zum Grundstückskauf zusätzlich auch die Ausführungen auf Seite 203).

Die Durchschnitts-Quadratmeterpreise für Weideland lassen sich nur schwer ermitteln, sie liegen allerdings immer erheblich unter den Preisen für Bauland und variieren zudem nach Lage, Bodenqualität, Stadtnähe und der regionalen Nachfragesituation. Für jedes Gemeindegebiet gibt es sog. Bodenrichtwertkarten, die eine grobe Orientierung zulassen. Als Anhaltspunkt kann man davon ausgehen, dass Weideland allgemein etwa 10 % des Preises kostet, der in Dorflagen für erschlossenes Bauland zu zahlen wäre. 5 bis 15 Euro je qm Weideland sind in Norddeutschland beispielsweise denkbar, was für einen Morgen Weide als Untergrenze 12.500 Euro ergibt. Land mit sehr ertragsschwachem Sandboden oder felsigem Untergrund mit Hanglage in Mittelgebirgen kann aber örtlich auch schon je Morgen für unter 10.000 Euro erstanden werden.

Häufiger als früher kann man aufgegebene Bauernhöfe oder Teilflächen (Ackerland und Grünland), teils mit Gebäuden, pachten. Wichtig ist, dass man einen reellen Vertragspartner findet, die aktuelle Rechtslage prüft und in einem schriftlichen Pachtvertrag eindeutige Vereinbarungen trifft, um spätere Streitfälle zu vermeiden. Niemals sollten Pferdehalter aufgrund mündlicher Zusagen

Beispiel für einen individuellen Pachtvertrag

Vertrag *)

Zwischen dem Verpächter und dem Pächter

über

a) die Pacht einer Morgen großen Weide, Gemarkung

Flur Flurstück

derzeitige Nutzung und Zustand

Belastungen/Überfahrtsrechte/Zutrittsrechte bestehen für:

Innerhalb des Grundstücks verlegte Leitungen/sonstige Besonderheiten:

Einzäunung: Zufahrt:

zur artgemäßen Pferdehaltung/sonstigen Nutzung und

b) die Errichtung eines pferdegerechten Offenstalles mit Auslauf und separater Einzäunung auf dem Flurstück entsprechend den beiliegenden Skizzen.

Die Vertragsparteien vereinbaren, dass

- der Pächter auf eigene Kosten und Gefahr im Auftrag des Verpächters die bauliche Anlage den geltenden Bauvorschriften entsprechend errichten wird;
- Bauherr der Verpächter in seiner Eigenschaft als Landwirt ist, da die bauliche Anlage seinem Betrieb dient; Entscheidungen in dieser Eigenschaft bezogen auf das Bauvorhaben sind für den Pächter nur rechtsverbindlich nach vorheriger einvernehmlicher Absprache; der Pächter verpflichtet sich, alle für behördliche und sonstige Erlaubnisse erforderlichen Unterlagen rechtzeitig und vollständig beizubringen, damit der Verpächter diese im eigenen Namen an die zuständigen Stellen fristgerecht weiterleitet – allerdings ohne Kosten für den Verpächter. Insbesondere wird der Pächter den Verpächter freistellen von etwaigen Bußgeldern, Genehmigungsgebühren u. Ä.;
- der Verpächter nach vorheriger Absprache und Festlegung durch den Pächter den Pachtgrund zur Wechselbeweidung mit Rindern nutzt;
- nach Beendigung der Laufzeit des Vertrags alle fest mit dem Grundstück verbundenen Anlagen in das Eigentum des Verpächters übergehen nach Bezahlung einer Ablösesumme. Der Betrag ergibt sich aus Investitionen abzüglich Abschreibungen; für jede Investition werden einvernehmlich Erstellungskosten und Abschreibung zukünftig festgelegt – sie sind unterschriftlich bestätigt Bestandteil (Anlage) dieses Vertrags;
- die Laufzeit des Vertrages Jahre beträgt;
- innerhalb dieses Zeitraumes Vertragsauflösung nur bei gegenseitiger Vereinbarung rechtswirksam ist; die Laufzeit rechnet vom Tage der Baugenehmigung. Wird die Baugenehmigung nicht erteilt, ist der Pächter berechtigt, den Vertrag nach eigener Fristbestimmung zu kündigen; etwaige Forderungen aus entgangener Pachteinnahme für die Restzeit stehen dem Verpächter in diesem Fall nicht zu, da er nach Kündigung neu verpachten kann;
- der Pächter nach Ablauf der Vertragszeit Anspruch auf Fortsetzung des Vertrags hat zu neu auszuhandelnden, marktüblichen Konditionen, es sei denn, dass die Fortsetzung dem Verpächter nicht zuzumuten ist aufgrund grober Vertragsverletzungen des Pächters oder weil der Verpächter bei Fortsetzung des Vertrages nachweislich in der beabsichtigten Verwertung seines Eigentums behindert würde. Bei Fortsetzung über die ursprüngliche Vertragslaufzeit hinaus verbleiben die Investitionen im Eigentum des Pächters;
- der Pächter die gepachtete Fläche sowie die zu errichtenden baulichen Anlagen auf eigene Kosten ordnungsgemäß zu unterhalten und zu versichern hat; der Verpächter Wasser und Strom gegen jährlich abzurechnendes Entgelt auf der Grundlage von Zwischenzählern zur Verfügung stellt;
- das jährliche Pachtentgelt (Pachtzins) Euro beträgt, zu zahlen in einer Summe im voraus am 1.3. jeden Jahres. Gekoppelt wird der Pachtzins an den Lebenshaltungskostenindex eines 4-Personen-Arbeitnehmerhaushalts mit mittlerem Einkommen. Maßgebend sind die Veröffentlichungen des Statistischen Bundesamtes, Wiesbaden, nach dem Stand vom Januar; der Pachtzins ist erstmals am 1.3. 2016 um den %-Betrag zu erhöhen, der sich aus dem Datenvergleich von Januar 2015 zu Januar 2016 ergibt. Basis für die prozentuale Berechnung der Veränderung ist jedes Jahr der ursprünglich vereinbarte Betrag von Euro;
- der Pächter berechtigt ist, während der Vertragslaufzeit einen Nachpächter zu benennen, den der Verpächter nur bei Vorliegen nachweislich wichtiger Gründe, die in der Person des Nachpächters liegen müssen, ablehnen kann;
- alle Vereinbarungen einen etwaigen Rechtsnachfolger (Erben, Käufer) des Verpächters binden.

Jede Vertragspartei erhält eine Ausfertigung dieses Vertrags. Soweit Meldepflichten für diesen Pachtvertrag zu beachten sind, übernimmt der Verpächter diese Aufgabe; er trägt die dadurch entstehenden Kosten.

(Ort) den 1. März 2015

Unterschrift Pächter Unterschrift Verpächter

*) Regional u. U. bestehende Sonderregelungen über Land- und Hofpacht sowie die Bestimmungen des bürgerlichen Rechts (BGB) sollten vor Vertragsschluss immer mit in die Überlegungen einbezogen werden. Nützlich ist auch eine konkrete Rechtsberatung für den Einzelfall durch einen Anwalt sowie Nachfrage bei der zuständigen Landwirtschaftskammer, bei der auch Vordrucke zu erhalten sind.

eine Haltung auf Pachtland beginnen oder von jemandem – ohne schriftliche Vereinbarungen mit dem Eigentümer – übernehmen! Einzuhalten sind in jedem Fall die regional unterschiedlichen Landpachtgesetze. Man erkundige sich vor Abschluss eines Pachtvertrages erst einmal danach.

Es kann (mit regionalen Unterschieden) selten der Fall eintreten, dass der Pferdehalter durch Bewirtschaftung landwirtschaftlicher Nutzflächen sozialrechtlich als Landwirt eingestuft wird. Dies hat unter bestimmten Voraussetzungen dann Beitragsleistungen an die zuständige Berufsgenossenschaft (Unfallversicherung) sowie die Alterskasse für Landwirte zur Folge (auch wenn bereits anderweitig eine versicherungspflichtige Tätigkeit besteht). Leider ist normalerweise mit dieser denkbaren Einstufung als Landwirt im sozialrechtlichen Sinne nicht gleichzeitig auch die Anerkennung als Landwirt im baurechtlichen Sinne nach § 201 Baugesetzbuch verbunden. Die Kriterien dafür sind unterschiedlich, denn Landwirt ist nur, wer »Urproduktion« betreibt; diese Anforderungen erfüllt aber eine hobbymäßige oder gewerbliche Landbewirtschaftung (z. B. die eines Reitstalles) nicht (siehe hierzu auch die Ausführungen im Kapitel »Baurecht«, Seite 98).

Die rein vertragsrechtlichen Vorschriften über die Landpacht sind im Bürgerlichen Gesetzbuch enthalten (§§ 581 ff.). Es herrscht »Vertragsfreiheit« (abgesehen von den bereits oben erwähnten Landpachtvorschriften). Die zivilrechtliche Vertragsfreiheit sollten Vertragspartner nutzen und die zu schließenden Verträge ihren persönlichen und wirtschaftlichen Verhältnissen anpassen. Bei den Landwirtschaftskammern sind geeignete Formulare erhältlich, die man aber – so es um frei zu vereinbarende Sachverhalte geht – ändern kann. Was man bei Abschluss eines Pachtvertrages regeln sollte, ergibt sich aus Checkliste 5.

Checkliste 5: Was ist zu regeln?

1. Verwendungszweck des Pachtgegenstandes, evtl. Berechtigung zur Unterverpachtung im Rahmen einer Haltergemeinschaft.
2. Beschreibung des Zustands bei Übernahme (z. B. Einzäunung, Überfahrtsrechte); bei einer Betriebspacht (Bauernhof einschließlich Grundstücke) muss eine genaue Betriebsbeschreibung und Wertschätzung der einzelnen Sachen (z. B. Maschinen) vorgenommen werden. Bei Pachtende dient dieses von den Vertragspartnern bei Pachtabschluss zu unterschreibende Dokument der Beweissicherung.
3. Haftungsfrage für Schäden, die bereits bei Vertragsbeginn vorhanden sind oder während der Vertragslaufzeit entstehen.
4. Pachtentgelt einschließlich jährlicher Anpassung z. B. durch Indexregelung entsprechend den Preisindices des Statistischen Bundesamtes, Wiesbaden.
5. Lastentragung (Flurbereinigungsbeiträge, Versicherungen, Beiträge zu Wasser- und Bodenverbänden).
6. Dauer der Pacht, Verlängerungsmöglichkeiten, Kündigungsvereinbarung beim Eintritt unvorhersehbarer Ereignisse; Berechtigung des Pächters zur Bestimmung eines Nachpächters.
7. Festlegung der Nutzung und Erhaltung der Pachtsache (z. B. Pflege und Ersatz von Anpflanzungen).
8. Rückgabe der Pachtsache (Ersatzansprüche, Mängelbeseitigung, Umwelthaftungsrecht).
9. Bauherreneigenschaft des Landwirts gemäß § 201 Baugesetzbuch für zu errichtende Offenställe und Zäune im Außenbereich nach § 35 Baugesetzbuch, falls der Pächter kein anerkannter landwirtschaftlicher Betriebsinhaber ist (siehe hierzu auch das Kapitel »Baurecht«, Seite 97 ff.).
10. Abgeltung von Investitionen des Pächters, die bei Pachtende vom Verpächter übernommen werden; hierbei muss detailliert festgelegt werden, ob und in welchem Umfang der Verpächter Verbesserungen (Investitionen) und Anpflanzungen (Bäume, Hecken) vornehmen darf und inwieweit der Verpächter bei Pachtende den Wert der Verbesserungen zu ersetzen hat (z. B. könnten für Gebäude Abschreibungssätze festgelegt werden, die sich an steuerlichen Regeln orientieren).

Selbstverständlich ist, dass bei Anpachtung kleinerer Flächen von Nachbarn (etwa in der Größe von 500 qm – z. B. zur Ergänzung bereits vorhandener Grundstücke) keine aufwändige Vertragsgestaltung erforderlich ist, sondern nur wenige Sätze als schriftliche Abmachung ausreichen können.

BAURECHT

RECHTSGRUNDLAGEN

Stallbauvorhaben, ganz gleich ob Umbau, Erweiterung oder Nutzungsänderung – und massive Einzäunungen sowie Auslauf- und Reitplatzanlagen – unterliegen dem Baurecht und sind zusätzlich auch noch nach anderen Rechtsvorschriften zu beurteilen, z. B. durch die Untere Landschaftsbehörde nach dem Landschaftsgesetz und den dazu ergangenen Verordnungen. In der Regel wird für alle Vorhaben der Pferdehaltung und des Pferdesports deshalb eine Baugenehmigung benötigt, denn bei diesen Projekten handelt es sich um sog. bauliche Anlagen im Sinne des Baurechts. Sehr unterschiedliche regionale Bestimmungen gelten in diesem Rechtsgebiet. Aufgrund der Vielfalt (in Deutschland 16 Bundesländer mit unterschiedlichen Landesbauordnungen und Durchführungsbestimmungen; in Österreich verschiedene Bestimmungen der Bundesländer; in der Schweiz unterschiedliche kantonale Vorschriften) ist eine kurze Darstellung aller Einzelheiten aus Platzgründen nicht möglich. Die hier zusammengestellten allgemein für Deutschland geltenden Informationen sind im Einzelfall zu ergänzen um regional bzw. länderspezifisch zu beachtende Vorschriften. In allen Ländern sind überörtliche Baugesetze sowie dazu ergangene Verordnungen ebenso maßgebend wie örtliche (gemeindliche) Bebauungspläne. Auch allgemeine Vorschriften (u. a. Nachbarrecht, Immissionsschutzgesetz) sowie Sonderregelungen wie Verordnungen zur Ausweisung von militärischen Sperrgebieten, Naturschutzgebieten und Wassergewinnungsflächen u. Ä. können die Rechtslage erheblich beeinflussen. Grundsätzlich bestimmt das bundesrechtliche Bauplanungsrecht, <u>wo</u> gebaut werden darf. Diese Vorschriften sind enthalten im Baugesetzbuch (BauGB) und in der Baunutzungsverordnung (BauNVO). In der Landesbauordnung des jeweiligen Bundeslandes (z. B. BauO NW) wird demgegenüber festgelegt, <u>wie</u> gebaut werden darf, welche Bauprodukte verwendet werden dürfen, wer am Bau zu beteiligen ist (z. B. Entwurfsverfasser) und welche Vorhaben genehmigungsbedürftig sind.

Allgemeine Rechtslage

Es empfiehlt sich, zunächst immer Erkundigungen über die Rechtslage einzuholen durch Konsultation eines Architekten oder zunächst durch Einsicht in Bauleitpläne, z. B. einen Flächennutzungsplan, denn die Genehmigungsfähigkeit hängt in erster Linie bauplanungsrechtlich vom Standort des geplanten Vorhabens ab. Bauplanungsrechtlich werden drei Bereiche unterschieden:

▸ Grundstücke im Geltungsbereich eines Bebauungsplanes

Ist innerhalb einer Gemeinde aufgrund eines Flächennutzungsplans (sog. vorbereitender Bauleitplan) für ein darin enthaltenes, konkret festgelegtes Gebiet ein Bebauungsplan (sog. verbindlicher Bauleitplan) aufgestellt worden, so ist nach § 30 BauGB die bauliche Nutzung darin genau und verbindlich festgelegt. Das bedeutet, dass dort nur Vorhaben in Übereinstimmung mit dem Bebauungsplan bei gesicherter Erschließung (Versorgungsleitungen, Zufahrten, Entwässerung) zulässig sind. Hier kann es sein, dass Grundstücke im Bebauungsplan als Sondergebiete (Abk.: SO) ausgewiesen sind, auf denen »Anlagen für sportliche Zwecke« erstellt werden können. Auch Reitställe und Reitplätze gehören dazu. Solche Anlagen sind nach der Baunutzungsverordnung ebenfalls zulässig in Dorfgebieten (MD), Mischgebieten (MI), Gewerbegebieten (GE), Kerngebieten (MK) und allgemeinen Wohngebieten (WA). In einigen Punkten liegt es im behördlichen Ermessen, wenn »städtebauliche Vertretbarkeit« gegeben ist, auch Ausnahmen (sog. Befreiungen) von bestimmten festgesetzten Nutzungen des Bebauungsplans zuzulassen. Auch ist es möglich, dass ein Bebauungsplan aufgrund des Antrags eines Bürgers geändert wird. Dann wird ein aufwändiges Verfahren mit Beschlussfassung durch den Rat der Gemeinde und mit Bürgerbeteiligung in Gang gesetzt.

- Grundstücke im unbeplanten Innenbereich

In Gebieten, die bereits bebaut sind, für die aber kein Bebauungsplan aufgestellt wurde (= unbeplanter Innenbereich), sind nach § 34 BauGB solche Vorhaben zulässig, die sich »nach Art und Maß der baulichen Nutzung, der Bauweise und der Grundstücksfläche, die überbaut werden soll, in die Eigenart der näheren Umgebung einfügen und deren Erschließung gesichert ist.« Sind in der Umgebung des für eine Pferdehaltung oder eine Reitanlage vorgesehenen Grundstücks (im unbeplanten Innenbereich) nur Wohnhäuser gebaut worden, kann u. U. eine Genehmigung für Bauten der Pferdehaltung und des -sports versagt werden. Weist der Flächennutzungsplan das Gebiet allerdings als »Landwirtschaftsgebiet« aus, wird sich eine Pferdehaltungsanlage durchweg einfügen und genehmigungsfähig sein. Dies gilt in der Regel ebenfalls, wenn es sich um ein Dorfgebiet (Baugebietstyp MD nach der BauNVO) handelt.

- Grundstücke im Außenbereich

Grundstücke, die außerhalb der im Zusammenhang bebauten Ortsteile liegen und für die kein Bebauungsplan aufgestellt wurde, zählen zum Außenbereich. Das Baurecht will dort die freie Landschaft erhalten, einer Zersiedelung vorbeugen und den Außenbereich vor störenden Bauten schützen. Deshalb regelt der § 35 BauGB, dass ein Bauvorhaben dort grundsätzlich nur zulässig ist, wenn öffentliche Belange nicht entgegenstehen und das Grundstück z. B. einem landwirtschaftlichen Betrieb dient. Sowohl private Pferdehaltungsanlagen als auch Vereinsanlagen oder gewerbliche Reiterhöfe sind aber in diesem baurechtlichen Sinne keine landwirtschaftlichen Betriebe – lediglich Flächen für die Landwirtschaft im Sinne des Baugesetzbuches sind dafür zunächst einmal privilegiert. Untergeordnete Bauten, z. B. dreiseitig geschlossene Schutzhütten, können auch von sonstigen Pferdehaltern nach § 35 (1), Nummer 4 genehmigt werden (siehe hierzu die Ausführungen auf Seite 100). Was baurechtlich Landwirtschaft ist, wie dies definiert wird, sagt das Baugesetzbuch im § 201. Zusätzlich finden sich Hinweise dazu in Rechtskommentaren und in Urteilen der Verwaltungsgerichte. Zu den Voraussetzungen der Landwirtschaft zählen u. a. Bodengebundenheit der Tierproduktion (»Urproduktion«), genügende Flächenausstattung, Gewinnerzielungsmöglichkeit (also nicht reine Hobbybewirtschaftung) und Qualifikation des Betriebsleiters sowie auch die Dauerhaftigkeit des Betriebs. In der Regel zulässig sind im Außenbereich z. B. Bauvorhaben für eine Pferdezucht im hauptberuflich geführten landwirtschaftlichen Betrieb oder Bauvorhaben zur Pensionspferdehaltung eines Landwirts mit vorwiegend eigener Futtergrundlage (Grünland und Ackerland zur Heu-/Heulage- und Kraftfuttererzeugung). Dabei sind etwa 0,5 Hektar Fläche je Pferd der übliche Beurteilungsmaßstab. Bei Pachtlandnutzung müssen langfristige, unkündbare Verträge (z. B. über 18 Jahre) abgeschlossen werden, damit dieses Land als dauerhafte Futtergrundlage anerkannt wird.

Landwirtschaftliche Privilegierung liegt allerdings z. B. nicht mehr vor, wenn Landwirte zum Pferdepensionsbetrieb ein Reiterkasino bauen und betreiben wollen oder eine Reithalle errichten möchten, in der sie primär Dienstleistungen erbringen, die nichts mit Landwirtschaft zu tun haben (z. B. Reitlehrertätigkeit). Dann ist immer die Grenze zur »gewerblichen« Pferdehaltung erreicht mit der Folge, dass die Privilegierung für Baumaßnahmen fortfällt, was aber nicht immer auch gleichzeitig Ablehnung bedeuten muss, denn möglicherweise sind diese Vorhaben nach § 35 (2) BauGB als »Sonstige Vorhaben« genehmigungsfähig.

Auch wenn die Privilegierung landwirtschaftlicher Flächen vorliegt, dürfen zusätzlich keine öffentlichen Belange (z. B. Natur- und Landschaftsschutz) entgegenstehen. Bei Bauvorhaben in Schutzgebieten werden die Mitglieder des Landschaftsbeirates hinzugezogen, bevor eine bauliche Anlage errichtet werden darf. Immer sind zudem – neben diesen bauplanerischen Zulässigkeitsvoraussetzungen – auch bei privilegierten Vorhaben die bauordnungsrechtlichen Bestimmungen einzuhalten (Statik, Grenzabstände, Brandschutz usw.). In der Regel ist deshalb auch von Landwirten immer ein Bauantrag zu stellen, zumal wenn es sich um Standorte in Schutzgebieten handelt oder wenn Mindestbaumaße nach der geltenden Bauordnung überschritten werden (z. B. in Nordrhein-Westfalen bei Gebäuden von mehr als vier Metern Firsthöhe oder bei Gebäuden über 30 cbm umbautem Raum ohne Aufenthaltsraum = meist Ställe oder Lagerräume).

Spezielle Rechtslage

Soweit Landwirte für ihren Betrieb Baugenehmigungen für Ställe usw. benötigen, ist die allgemeine Rechtslage relativ klar, wenn ihre Flächen privilegiert sind. Anders sieht es aus, wenn gewerbliche Pferdehalter oder private Pferdehalter ihre Vorhaben auf primär nicht privilegierten Flächen umsetzen wollen. Diese speziellen Vorhaben und ihre Genehmigungsfähigkeit sollen nachfolgend beispielhaft angesprochen werden.

▸ Grundstücke im Geltungsbereich eines Bebauungsplanes

Wenn bauliche Anlagen für eine Pferdehaltung im beplanten Innenbereich erstellt werden sollen, muss immer zuerst geprüft werden, ob die textlichen Festsetzungen des geltenden Bebauungsplans Gebäude für die Tierhaltung nicht etwa ausschließen. Erhält man von einem Amt dazu die Auskunft: »Gebäude sind ausgeschlossen oder Großtierhaltung ist nicht statthaft«, ist es ratsam, diese Aussage immer nachzuprüfen durch eigene Einsichtnahme in den Plan. Sind nach den textlichen Festsetzungen solche Anlagen tatsächlich explizit ausgeschlossen, dann ist eine Baugenehmigung so gut wie nicht zu bekommen. Wenn aber der Bebauungsplan (was an sich normal ist) gar keine Bestimmungen über die Haltung von Großtieren bzw. entsprechende Gebäude enthält, besteht die Chance, eine Genehmigung zu bekommen, wenn

1. die Grundzüge der Bebauungsplanung durch das Vorhaben nicht berührt werden,
2. Gründe des Allgemeinwohls nicht entgegenstehen,
3. Abweichungen vom Plan städtebaulich vertretbar sind,
4. die strikte Durchführung des Plans offenbar zu einer nicht beabsichtigten Härte führen würde,
5. eine Abweichung vom Plan auch unter Würdigung nachbarlicher Interessen mit den öffentlichen Belangen vereinbar ist.

Diese Punkte sind allerdings seitens der Behörde nahezu beliebig auszulegen, weshalb der Antragsteller von Beginn an ein Höchstmaß an Diplomatie und Kooperationsbereitschaft mitbringen muss. Dazu gehört eine sehr detaillierte, überzeugende und kenntnisreiche Haltungsbeschreibung mit aufschlussreichen Texten und Skizzen, die Abklärung der nachbarlichen Gemüts- und Beschwerdelage (möglichst Einverständniserklärungen der Nachbarn sammeln!) und das unbedingte Eingehen auf (zumutbare) behördliche Vorstellungen (z. B. Anpflanzungen um den Stallbereich herum). Wer sich im Umgang mit Behörden und Gerichten als selbst- und rechtsbewusster Bürger in »Einzelkämpfermanier« im Gesetzesdschungel profilieren will, vielleicht lauthals (möglicherweise völlig berechtigte) Forderungen stellt, hat bereits verloren, bevor er einen Antrag gestellt hat oder gar einen Bescheid oder ein Urteil erhält! So traurig sich das im »demokratischen Rechtsstaat« anhören mag, aber das ist manchmal nach konkreten Berichten (zum Glück nicht immer) die »raue« Praxis. Zu bedenken ist: Recht haben – und Recht bekommen, sind zwei Paar unterschiedliche Schuhe, wie der Volksmund zu sagen pflegt. Das gilt für Behörden und Gerichte. Man erinnere sich an das Schicksal des »Michael Kohlhaas«, den allzu rechtsbewussten Recken mit seinen Rössern aus der Literatur von *Heinrich von Kleist*. Die Zeiten haben sich seit 200 Jahren in manchen Landstrichen nur unwesentlich geändert, könnte man meinen, wenn man als Autor gelegentlich geradezu haarsträubende Berichte von Pferdehaltern erhält! Oft geht es also leider nur auf »Schleichwegen« mit Verbindungen und mit der oben angeregten Diplomatie, um zum Ziel zu kommen.

▸ Grundstücke im unbeplanten Innenbereich

Was zulässig ist »innerhalb der im Zusammenhang bebauten Ortsteile« bestimmt sich nach § 34 BauGB. Zusätzlich zu den Ausführungen im Abschnitt »Allgemeine Rechtslage« (siehe Seite 97) kann festgestellt werden, dass es für die Zulässigkeit hier primär nicht entscheidend, ob jemand Landwirt, gewerblicher Tierhalter oder privater Pferdehalter ist. Wichtig als Kriterium ist, dass eine Beeinträchtigung des Ortsbildes unterbleibt. Entspricht das Umfeld des Vorhabens im (noch) unbeplanten Innenbereich einem der umliegenden Baugebiete mit Bebauungsplan, wird die Zulässigkeit von Vorhaben auch danach beurteilt, ob in diesem Bebauungsplangebiet ähnliche bauliche Anlagen vorhanden sind.

- Grundstücke im Außenbereich

Wenn Bauvorhaben geplant sind, die u. a. nach § 35 (1), Nummer 1, nicht einem landwirtschaftlichen Betrieb im Sinne des § 201 BauGB dienen, sondern von gewerblichen Pferdehaltern (z. B. Pferdepensionen/Reitställen) und Privatleuten (»Hobbylandwirte«) verwirklicht werden sollen, ist die Rechtslage nicht immer ganz eindeutig und eine Entscheidungsprognose ebenfalls durchweg schwierig zu beurteilen. Es spielt dabei – vor allem im Außenbereich – örtliches Behörden-Ermessen die entscheidende Rolle. Und dieses örtliche Ermessen kann niemand pauschal vorhersehen! Dabei sitzen in den Behörden nicht unbedingt »Pferdegegner«, weshalb es sich bei »Ermessen« nicht gleich um gerichtlich anfechtbare »Willkür« (= ablehnende Entscheidungen aufgrund von »an den Haaren herbeigezogenen Gründen«) handeln muss. Es sind vielmehr die örtlichen Verhältnisse und auch die einzelnen Vorhaben in Funktion und Gestaltung genau und individuell »nach pflichtgemäßem Ermessen« (wie es der Jurist ausdrückt) zu beurteilen. Immer ist auch zu unterscheiden zwischen Schutzhütten (auch fahrbare Weideschutzhütten sind bauliche Anlagen), die nach § 35 (1), Nummer 4 BauGB genehmigt werden können und anderen aufwändigeren, ganz oder teils geschlossenen oder verschließbaren Stallbauten, die als »Sonstige Vorhaben« (z. B. nach § 35 (2) BauGB) zu beurteilen sind – und selten genehmigt werden! Bei Schutzhüttenbauten spielen (neben anderen) oft rein optische Fragen eine nicht unbedeutende Rolle. Beispiel: Es stellt sich die Frage, ob eine durch Wiesen und Weiden geprägte Landschaft durch Errichtung einer handwerklich soliden und dunkel gebeizten Schutzhütte in Holzbauweise etwa negativ beeinflusst oder aber im Gegenteil optisch bereichert wird? Eine solche agrarisch genutzte Landschaft ist seit Jahrhunderten eindeutig geprägt mit den zur Tierhaltung zwingend notwendigen Weideeinrichtungen und demzufolge als Kulturlandschaft einzuordnen, weshalb ein solcher Unterstand zur Landschaft passt und eine Ablehnung geradezu im Widerspruch zum Bild der Kulturlandschaft steht. Hinzu kommt, dass die Schutzhütte tierschutzrechtlich erforderlich ist.

▸ Wichtig: Ein Inhaltsirrtum über die Motivation des Gesetzgebers im Hinblick auf die Zulässigkeit von Vorhaben im Außenbereich scheint sich bei manchen Baugenehmigungsbehörden festgesetzt zu haben. Privilegiert ist nicht allein – wie fälschlich angenommen wird – der Berufsstand des Landwirts, sondern die Nutzung der Fläche! Häufig werden aber Weideunterstände (offene Schutzhütten), deren Genehmigung von privaten Pferdehaltern beantragt wird, nicht zugelassen mit der – nach Meinung des Verfassers unzulässigen – Begründung, der Antragsteller sei nicht Landwirt. Übersehen wird dabei, dass im § 35 (1) die Nummer 1, wonach Vorhaben zulässig sind, wenn sie einem landwirtschaftlichen Betrieb dienen, gleichberechtigt neben der Nummer 4 steht. Und danach ist der Schutzhüttenbau ein zulässiges Vorhaben, das nach dem Gesetzestext des § 35 (1), Nummer 4 »wegen seiner besonderen Anforderungen an die Umgebung und wegen seiner besonderen Zweckbestimmung nur im Außenbereich ausgeführt werden soll«, wenn öffentliche Belange nicht entgegenstehen. Auf den Berufsstand kommt es demnach überhaupt nicht an, sondern nur auf die Fläche und die Zweckbestimmung der Schutzhütte. Eine Weideschutzhütte kann nur auf der Weide stehen – und die liegt in der Regel im Außenbereich.

Diese Rechtsauffassung wird u. a. gestützt durch die Ausführungen von *Karl-Reinhard Seehausen* (Ltd. Baudirektor und Lehrbeauftragter der TU Kassel; Zitat aus *freizeit im sat-*

tel, Heft 11, Bonn 2000): »Aus Nummer 4 ergibt sich: Es genießen alle Bauvorhaben Privilegien, die nur im Außenbereich errichtet werden können und die der zulässigen Nutzung des Grundstücks dienen – auf einen Weideunterstand trifft dies zu. Mit anderen Worten: Die Weide muss nicht einem landwirtschaftlichen Betrieb dienen, sondern muss durch ihr Vorhandensein die Tierhaltung erst ermöglichen. Ist ein Grundstück im Außenbereich demnach als Weide zugelassen, sind dort auch Tierunterstände in dem Umfang planungsrechtlich zulässig, die für die Weidetierhaltung notwendig sind. Die Prüfung dieser Notwendigkeit erfolgt unabhängig von landwirtschaftlichen Kriterien nach dem Bedarf und den Grundsätzen artgerechter Tierhaltung. Oder anders ausgedrückt: Das Pferd des Freizeitreiters hat den gleichen Rechtsanspruch auf einen Unterstand wie das Tier des Landwirts. Probleme wird es nur geben, wenn der Tierunterstand tatsächlich ein vierseitig geschlossener Stall ist, nicht bedarfsgerecht geplant wurde oder andere öffentlich-rechtliche Vorschriften verletzt sind.«

Wiederholt sind die Probleme auch in Fachzeitschriften diskutiert worden. Genau so wichtig wie einfache Schutzhütten sind aber auch für eine artgemäße Haltung etwas aufwändigere Offenställe und Sandausläufe auf Weidegrundstücken, die im Zweifel nicht nach § 35 (1), Nummer 4, sondern nach § 35 (2) BauGB als »Sonstige Vorhaben« genehmigt werden können. Auch der Deutsche Tierschutzbund e.V., Bonn, hat mehrfach mit bemerkenswerter Klarheit Stellung bezogen. Unter Hinweis auf das Tierschutzgesetz wird die traditionelle Pferdehaltung, wie sie als »normal« und »üblich« angesehen wird, als nicht artgerecht qualifiziert. In einer Stellungnahme zur Thematik »Tierschutzgerechte Pferdehaltung«, die dem Verfasser auf Anfrage zuging, wird die seinerzeitige Einschätzung bestätigt. Frau *Dr. Rusche*, die wissenschaftliche Leiterin der Akademie für Tierschutz, führt aus: »Nach Auffassung des Deutschen Tierschutzbundes bedeutet artgerechte Pferdehaltung Offenstallhaltung in Gesellschaft von Artgenossen.« Und weiter: »Dass privaten Pferdehaltern aus gesetzlichen Gründen (§ 35 Baugesetzbuch) oft nicht gestattet wird, vorwiegend auf der Weide gehaltenen Pferden eine stabile Schutzhütte aufzustellen, ist aus der Sicht des Tierschutzes eine sehr unbefriedigende Situation.«

Immerhin hat selbst das Bundeslandwirtschaftsministerium seinerzeit festgestellt: »... verdient die private Pferdehaltung uneingeschränkte Unterstützung; agrarpolitische wie auch allgemein strukturpolitische Gründe lassen die mannigfachen Formen der privaten Pferdehaltung als eine von vielen Arten sinnvoller alternativer Bodennutzung erscheinen«. Das sind nette Worte, die ohne konsequente Rechtsanwendung in der Praxis nahezu bedeutungslos sind. Gleiches gilt leider in diesem Zusammenhang auch für die »Leitlinien zur Beurteilung von Pferdehaltungen unter Tierschutzgesichtspunkten« (herausgegeben von einer Sachverständigengruppe, die vom Bundeslandwirtschaftsminister berufen wurde). Neben wohlmeinenden und begrüßenswerten Grundregeln und Mindestanforderungen, wozu auch der explizit für notwendig erachtete »künstliche Witterungsschutz« auf Weiden gehört, fehlen greifbare Konsequenzen, die tatsächlich in der Praxis materiell-rechtliche – und damit einklagbare – Anspruchsgrundlagen auch für ausreichende Offenställe mit Ausläufen auf Weidegrundstücken schaffen.

BAUGENEHMIGUNGSVERFAHREN

Sinnvoll ist, vor eigenen Aktionen einen bauvorlageberechtigten Architekten zu konsultieren und mit ihm die Vorgehensweise abzusprechen. Aber unabhängig davon empfehlen sich immer – vor allen offiziellen und formellen Anfragen oder Anträgen – frühzeitige mündliche Kontakte mit den zuständigen Bearbeitern der Unteren Bauaufsichtsbehörde und der Unteren Landschaftsbehörde der Stadt oder des Kreises. Nach einer ersten mündlichen Besprechung wird zunächst eine so genannte Bauvoranfrage schriftlich eingereicht, erst später ein Bauantrag. Dieser Anfrage sind eine genaue Beschreibung des Bauvorhabens, Grundflächen- und Ansichtsskizzen sowie ein Lageplan und ein Flurkartenauszug (erhältlich beim zuständigen Katasteramt) beizufügen. Auch schriftliche Erläuterungen zur Art und Weise der geplanten Pferdehaltung sind in diesem Stadium sehr nützlich. Durch eine Bauanfrage lassen sich die Chancen einer Genehmigung ohne hohe Verfahrenskosten vorab klären.

▸ **Wichtig: Beachtet werden muss, dass auch Nutzungsänderungen genehmigungspflichtig sein können. Wenn eine Scheune, die nie der Tierhaltung diente, zu einem Pferdestall umgebaut werden soll, liegt eine Nutzungsänderung vor. Hier wird es in der Praxis wenig oder keine Probleme geben, da Pferdehaltungen immissionsrechtlich und nachbarrechtlich im ländlichen Bereich weit weniger problematisch sind als beispielsweise Schweinehaltungen. Auch bei Anbauten an bestehende landwirtschaftliche Gebäude sind geringere Hürden zu nehmen als beim Bau eines Pferdestalles im Siedlungsgebiet.**

Bauanträge werden durch bauvorlageberechtigte Personen im Auftrag des Bauherrn bei der Unteren Bauaufsichtsbehörde eingereicht. Bauvorlageberechtigt sind in der Regel Architekten, aber auch Zimmermeister und in Ausnahmefällen (bei kleinen Vorhaben) der kundige Bauherr selbst. Die Untere Bauaufsichtsbehörde wickelt das Baugenehmigungsverfahren unter Einschaltung der Träger öffentlicher Belange ab. Dazu zählen u. a. die Untere Landschaftsbehörde, die Untere Wasserbehörde, das Umweltschutzamt, das Denkmalschutzamt sowie die Landwirtschaftskammer. Die Stellungnahmen aller Ämter werden später im Baubescheid bzw. in der Baugenehmigung zusammengefasst. Neben der Zulässigkeitsprüfung sind baulich-statische Anforderungen und optische Maßstäbe relevant. Ein exotischer Verschlag aus Palettenresten und Wellblech oder ein hühnerstallähnlicher aufgebockter Bauwagen, wie sie gelegentlich bei sogenannten »Pseudo-Robust-Sparhaltungen« zu sehen sind, entsprechen weder den Anforderungen an eine pferdegerechte Haltung noch den optischen Ansprüchen der Ästhetik sowie des Natur- und Landschaftsschutzes. Wenn dann noch in sicher wohlmeinenden Aufsätzen oder Büchern solche »Pappbuden« als vorbildlich deklariert werden, wirkt dies kontraproduktiv für die gesamte Offenstallszene und behindert die Akzeptanz – und damit letztlich die wünschenswerten Verbesserungen der Pferdehaltung.
Gleiches gilt übrigens auch für die Auslaufgestaltung, deren kostensparende, aber dennoch zweckmäßige Erstellung in einem gesonderten Kapitel behandelt wird. Unsinnige Experimente oder gar Empfehlungen, die leider propagiert wurden, nämlich Kiesselladungen oder Reisigzeug einfach auf vorhan-

Tabelle 6

Maßnahmen zum Bauantrag

Vor dem Bauantrag	Bestandteile des Bauantrags
Erkundung der Rechtslage (Bebaubarkeit des Grundstücks)	Amtliches Antragsformular
Baugrunduntersuchung (u. a. Fundamentgründung, Brunnenbau)	Lageplan des Baugrundstücks mit Einzeichnung des Gebäudes (im Maßstab 1:500)
Einverständnis der Nachbarn einholen	Auszug aus dem Flurkartenverzeichnis
Erschließung und Entsorgung sicherstellen (Zufahrt, Versorgungsanschlüsse, Mistverwertung)	Bauzeichnungen (Grundrisse, Schnitte, Ansichten)
Alternativplanungen durchchecken von der einfachen Schutzhütte bis zum Offenstall mit getrennten Funktionsbereichen	Bau- und Betriebsbeschreibung (u. a. Erläuterung von Brandschutzmaßnahmen, Weidewirtschaft, Besatz der Fläche, Mistverwertung)
Kostenberechnungen	Standsicherheitsnachweis (Statik)
Mündliche Vorbesprechung	Entwässerungsplan
Bauvoranfrage mit Anlagen	Baukostenberechnung

denen Matsch zu kippen in der Hoffnung, damit eine pferdegerechte bewegungs- und wälzfreundliche dauerhafte Unterlage zu schaffen, sollte der Nachdenkliche tunlichst aus seinen Überlegungen streichen. Bereits nach kurzer Zeit ergeben solche Tretschichten unhygienische »Matsch-Stein-Reisig-Suhlen«, deren Anblick selbst jedes Wildschwein hochflüchtig werden ließe!

Warum an dieser Stelle diese etwas markante Herausstellung unakzeptabler Zustände? Nun, immer noch gilt es, tatsächliche oder vermeintliche Vorurteile sachlich auszuräumen. Offenstallhaltung ist für manche Zeitgenossen eben neben messbaren Größen wie erhöhtem Zeit-, Arbeits- und Finanzaufwand mit »Dreck, Schweiß, Nässe und Komfortmangel« verbunden. Mindestens den »Dreck« im Sinne unäthestischer Zustände sollte jeder im eigenen – und natürlich im Interesse der Vierbeiner – vermeiden.

BETRIEBSBESCHREIBUNG

Bei allen Anträgen und Anfragen gegenüber Behörden bedarf es des Geschicks, der stichhaltigen Begründung und vor allem einer umfangreichen Betriebsbeschreibung (gerade auch bei Genehmigungen von Weideschutzhütten!) mit einem durchdachten Haltungskonzept auf ökologischer Basis, damit das Bauvorhaben schließlich genehmigt wird. Wie insbesondere die Weiden landschaftsverträglich zu bewirtschaften sind, damit Landschaftsschutz und Tierschutz eine Einheit bilden, ist im Buch »Praxishandbuch Pferdeweide« des Verfassers, erschienen 2013 im selben Verlag, dargelegt. Um vermeidbarem Ärger vorzubeugen, ist immer Diplomatie angesagt – wenn es auch schwer fällt, weil man meint, aus tierschutzrechtlichen Gründen einen Anspruch auf eine Genehmigung zu haben. Wenn von Diplomatie im Umgang mit Baubehörden oder Naturschutzbehörden die Rede ist, dann auch deshalb, weil der Bauwillige von Beginn an konsequent klarmachen muss, dass eine »optisch und technisch« ordnungsgemäße Haltungsanlage umweltverträglich erstellt und nach neuesten Erkenntnissen der Verhaltenskunde betrieben werden soll. Erhält die Behörde bereits bei Vorgesprächen oder schriftlichen Anfragen das Gefühl, hier wolle jemand eine »Schmuddel-Arena« in den Ort oder die freie Landschaft setzen, die zudem vielleicht noch als Wochenendhaus oder »Naturdisco« zweckentfremdet werden könnte, ist die Sache schon gelaufen, bevor sie überhaupt richtig zu Papier gebracht wurde!

TECHNISCHE VORSCHRIFTEN

Ställe sind nach den Vorschriften grundsätzlich so anzuordnen, zu errichten und zu unterhalten, dass eine gesunde Tierhaltung gewährleistet ist und die Umgebung nicht unzumutbar belästigt wird. Sie müssen eine für ihre Benutzung ausreichende Grundfläche und lichte Höhe haben sowie ausreichend zu be- und entlüften sein. Die ins Freie führenden Stalltüren müssen nach außen aufschlagen. Ihre Zahl, Höhe und Breite müssen so groß sein, dass die Tiere ohne Schwierigkeiten ins Freie gelangen können. Wände, Decken, Dächer und Fußböden müssen wärmedämmend sein. Sie sind gegen schädliche Einflüsse der Stallfeuchtigkeit, der Stalldämpfe, der Jauche und gegen andere chemische Einflüsse zu schützen. Der Fußboden des Stalles muss undurchlässig sein. Er ist mit Gefälle und Rinne zum Ableiten der Jauche zu versehen. Die Jauche ist in wasserdichte Jauchegruben oder in Abwasserbeseitigungsanlagen zu leiten.

Für Offenställe sind Ausnahmen zulässig, für geschlossene Laufställe (Boxen) sind die Vorschriften dagegen immer zwingend anzuwenden.

Bei Pferden ist je Tag im Durchschnitt mit 6–10 Litern Jauche zu rechnen, die allerdings bei Gruppenauslaufhaltung zum größten Teil auf dem Weideland oder aber im Auslauf versickert. Insofern sind Offenställe/Weideschutzhütten – anders als Boxenstallungen, nicht zur dauernden Unterbringung von Pferden vorgesehen. Deshalb sollte man bei den Behörden klar die eindeutige, auch in den Vorschriften enthaltene Bezeichnung »Offenstall« und nicht irgendwelche mehrdeutigen Stallbezeichnungen verwenden und darauf dringen, dass keine festen Böden aus Beton vorzusehen sind, sondern drainierte Stallböden, die ähnlich wie der Auslaufboden aufgebaut sind. Die Einstreu im Stall

Grafik 4

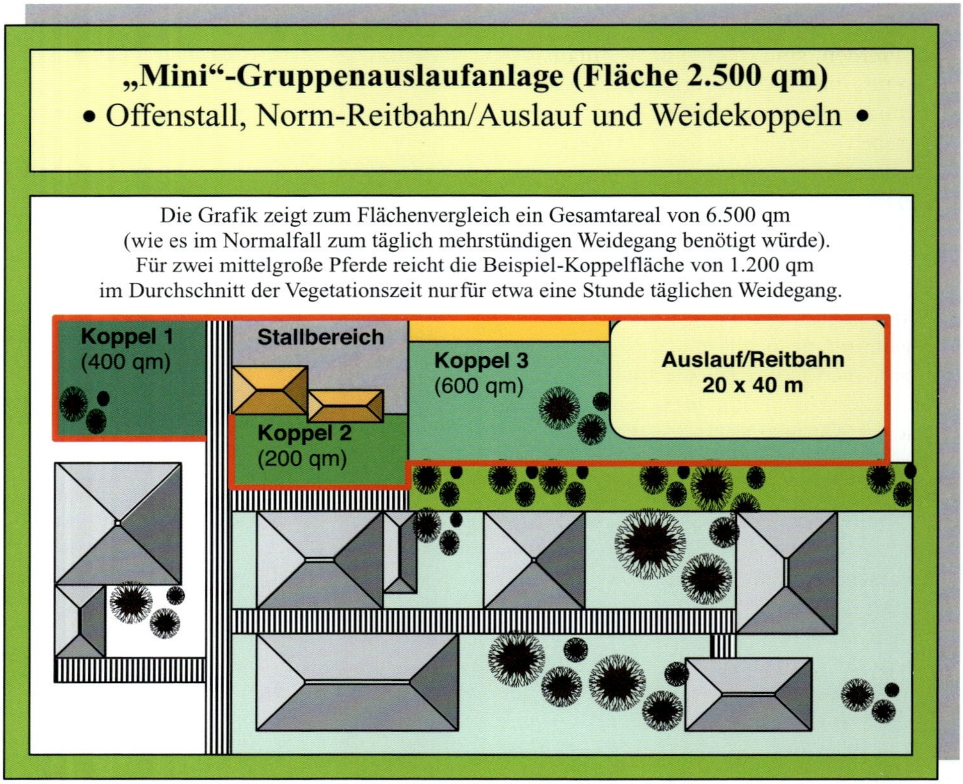

bindet dann normalerweise auch die anfallende geringe Jauchemenge.

Wichtig ist weiterhin die Gewährleistung der Standsicherheit des Stalles (Statik). Dazu müssen bei größeren Vorhaben detaillierte Berechnungen eines Statikers vorgelegt werden. Klar dürfte auch für kleinere bauliche Anlagen sein, dass im norddeutschen Küstengebiet größere Windkräfte zu erwarten sind als im Inland, während in bergigen Regionen die Tragfähigkeit der Dachkonstruktion der zu erwartenden Schneelast entsprechen muss.

Jede Elektroinstallation in und an Ställen muss den Vorschriften entsprechend abgenommen, für die Pferde geschützt verlegt werden und mit einem Fehlerstromschalter (FI-Schutz mit 0,03 Ampère) versehen sein, um Gefährdungen (Stromschlag, Brandgefahr) zu minimieren. Besonders bei eingebauten Heiztränken achte man auf einwandfreie Funktion des Niederspannungstrafos. Ausschalter für Weidezaungeräte müssen zweipolig ausgeführt werden (die üblichen Ausschalter trennen nur einen Pol!). Bei allen Ställen sollte zur Sicherheit ein Blitzschutz angebracht werden, vor allem bei frei stehenden Schutzhütten ist die Gefahr nicht zu unterschätzen (auch technisch stets intakte Feuerlöschgeräte sollte man anbringen).

BEISPIEL FÜR EINE »MINI«-GRUPPENAUSLAUFANLAGE

Die Modellanlage (siehe Grafik 4, oben) soll in erster Linie allgemeine Anregungen zur zweckmäßigen Aufteilung vorhandener Flächen geben. Aus haltungstechnischen Gründen ist es immer ratsam, möglichst über große arrondierte Flächen verfügen zu können – z. B. bei Anpachtung.

Selbst wenn weiter entfernt liegende Weiden preislich sehr viel günstiger zu bekommen wären, lohnen sich Mehrausgaben für direkt an den Stall-/Auslaufbereich angrenzende Weiden, denn sie reduzieren den Haltungsaufwand ganz erheblich. Bei typischen priva-

ten Freizeitpferdehaltern mit zwei mittelgroßen Pferden sind Gruppenauslaufanlagen verbreitet, die im Durchschnitt auf einer Fläche von 4.000 qm angeordnet sind.
Als grobe Faustzahl kann für den Flächenbedarf einer Gruppenauslaufhaltung zur ganzjährigen Ernährung zweier Großpferde von 10.000 qm ausgegangen werden. Dabei ist zu berücksichtigen, dass bereits die naturgegebenen unterschiedlichen Boden- und Aufwuchsverhältnisse sowie Nährstoff- und Bewirtschaftungszustand nie einheitlich sein können. 10.000 qm können bei humusreichen, ackerfähigen Böden mit artenreicher, gepflegter sowie gut mit Feuchtigkeit und Nährstoffen versorgter Dauerweiden-Grasnarbe optimale Weideverhältnisse bei großem Heuertrag bieten. Die gleiche Fläche wird im Mittelgebirge mit teils felsigem, staunässegefährdetem Untergrund oder bei mageren Sandböden weniger als 50 % Ertrag bringen. In Mittelgebirgslagen wie Harz, Westerwald, Odenwald oder Schwäbische Alb werden ebene Parzellen sehr gut bezahlt, während Hänge oder auch »vergammelte« Obstwiesen mit einem Morgen Fläche schon für 100 Euro Jahrespacht zu haben sind, weil mit diesen Flächen durch Landwirtschaft keine marktgerechten Erträge zu erzielen sind. Als Jahrespacht für einen Morgen gutes Weideland (2.500 qm) rechnet man mit 250 Euro.
Während eine wünschenswerte »Ein-Hektar-Anlage« mit 10.000 qm optimale Haltungsvoraussetzungen bietet, orientiert sich die skizzierte »Mini-Anlage« auf einer Fläche von einem Morgen (= 2.500 qm) an den nicht selten sehr beengten Möglichkeiten. Die Grafik zeigt insgesamt eine Fläche von 6.500 qm, um die Größenverhältnisse zum Vergleich darzustellen. Die »Mini-Anlage« nimmt nur die Fläche im oberen Bereich ein. Im unteren Bereich befindet sich eine Wohnsiedlung mit größeren Baumanpflanzungen. So oder ähnlich sind Grundstücke angeordnet, die Pferdefreunden am Ortsrand oder innerhalb eines Dorfes zur Verfügung stehen können.
Berücksichtigt sind bei der Flächenaufteilung dieser Anlage die Grundbedürfnisse zweier Großpferde, die sportlich stark genutzt werden. Offenstall und Auslauf (der gleichzeitig als Reitbahn mit Normalmaß 20 × 40 m zur Verfügung steht) sind durch einen Laufgang verbunden. Im Auslauf ist die zentrale Tränke installiert, im Offenstall befinden sich neben dem Liegebereich separate Fressstände.
Die Trennung der Funktionsbereiche »Fressen« und »Trinken« entspricht natürlichen Verhältnissen; dadurch entsteht ein für jede Auslaufhaltung gewünschter Bewegungsanreiz.
Weidegang beschränkt sich aufgrund des kleinflächigen Angebots auf ein notwendiges Minimum von ca. einer Stunde täglich in der Vegetationszeit (was eigentlich nicht ideal ist!). Vordergründig ist bei dieser Art begrenzten Weidegangs nicht die Ernährung, sondern das wenigstens zeitweise artgemäße, mit Schrittbewegung verbundene freie Futtersuchen und -selektieren. Die Ernährung muss bei einer solchen Haltung auch im Sommer hauptsächlich aus Heu/Heulage und leistungsangepassten Kraftfutterrationen bestehen. Um den natürlichen Verhältnissen in bescheidenem Umfang entgegenzukommen und die Grasnarbe nicht zu arg zu strapazieren, kann es ratsam sein, die sehr stark begrenzte Weidezeit aufzuteilen in morgendlichen und abendlichen – jeweils halbstündigen – Weidegang. Zwischendurch muss – abhängig von den Trainingszeiten – mindestens noch zweimal genügend Raufutter und anschließend jeweils das erforderliche Kraftfutter gegeben werden. Die Summe der Fresszeiten sollte ca. sechs Stunden nicht unterschreiten. Wo aus privaten oder beruflichen Zwängen morgendlicher Weidegang zeitlich nicht passt, sollte den Pferden zunächst eine Heuration, ca. drei bis vier kg je Großpferd, vorgelegt werden (Fresszeit ca. 2,5 Stunden). Mittags nochmals eine kleinere Portion Heu mit anschließender Teilration Kraftfutter. Nach gut einer Stunde Verdauungspause ohne jedes Futter wird nachmittags trainiert. Zur Entspannung, zum Wälzen und zur Regeneration folgt anschließend der ca. einstündige Weidegang. Danach leistungsangepasste Abendfütterung mit Heu/Heulage und Kraftfutter im Offenstall.

Dieses beschriebene Management ist vorteilhaft, weil

- die Fütterung in Teilrationen über den gesamten Tag verteilt wird, die Pferde beschäftigt sind,
- das Training nicht mit gefülltem »Grasbauch« vonstatten geht,
- der Weidegang einen physisch und psychisch entspannenden Tagesabschlusseffekt einleitet,
- abends eine der Tagesleistung entsprechende Kraftfutterration berechnet und gefüttert werden kann.

Stallbau

KONSTRUKTIONEN UND BAUKOSTEN

Pferdeställe vieler Pensionspferdehaltungen, die vor allem für traditionelle Stallhaltung bestimmt sind, werden fast ausschließlich in Massivbauweise erstellt. Aus Ziegeln, Leicht- oder Gasbetonsteinen gemauert, sind sie oft mangelhaft beleuchtet und durchweg unzureichend belüftet. Massivbauweise ist Sache der Profis und lässt sich in Eigenleistung ohne erforderliche praktische Erfahrung mit Maurerarbeiten nicht bewerkstelligen. Steinmaterial hat für Pferdeställe Vor- und Nachteile:

- Es hat – im Gegensatz zu Holz – einen entscheidenden Vorteil, denn es ist nicht so leicht durch Pferde »anzuknabbern« (ausgenommen Gasbetonsteine, an denen manche Pferde ihre Zähne wetzen);
- zudem sind die Sommertemperaturen in einem wärmegedämmten Steinstall vorteilhaft kühler als im Holzstall.
- Nachteilig ist die Kältestrahlung, die bei einem Kaltstall, also einem Offenstall oder einer Außenbox aus Stein, ein ungünstiges Stallklima erzeugen kann. Lediglich die Bauweise mit Gasbetonsteinen ist »innenklimafreundlicher«.

Durch aufwändiges zweischaliges Mauerwerk mit Zwischenisolierung – wie beim Wohnhausbau – können die Nachteile teils ausgeglichen werden, doch sind die Kosten und die bereits angesprochene mangelnde Selbsthilfemöglichkeit oft hemmend. Es mag dahingestellt sein, inwieweit beispielsweise durch Radon-Ausgasungen aus dem Mauerwerk in Verbindung mit schlechter Stallbelüftung zusätzlich ungünstige Bedingungen in geschlossenen Ställen entstehen können.

Da Massivbauten aus Stein als Offenställe – insbesondere im Außenbereich – behördlich durchweg unerwünscht sind, muss auch darauf Rücksicht genommen werden. Bewusst werden auch deshalb in erster Linie in diesem Kapitel keine aufwändigen »Architektenställe« oder optimale Zimmermannskonstruktionen mit allem baulichen »Schnickschnack«, sondern nur solche Stallneubauten in Leichtbauweise beschrieben, die sich als eingeschossige, ebenerdige Projekte in Eigenleistung durch handwerklich normal geübte private Pferdehalter oder Landwirte vollständig erstellen lassen.

Dabei handelt es sich mehrheitlich um einfache, aber ausreichende und haltungstechnisch zweckmäßige Stallbaulösungen. Dies gilt für die Größe, die Konstruktion, das zu verwendende Material und für die Bauausführung. Technische Hinweise, Baubeschreibungen und die Erläuterungen zur praktischen Durchführung beschränken sich aber auf das Wesentliche und können die im Einzelfall erforderliche Materialauswahl oder genaue Planung und Abstimmung mit versierten Fachleuten (u. a. Dachdecker, Elektriker) keinesfalls ersetzen. Vor Ort muss immer (neben den bauplanungsrechtlichen Zuordnungen) erst die praktische Durchführbarkeit des Vorhabens konkret geprüft werden, wozu oft erst hinzuzuziehende erfahrene Zimmerer, Maurer, Architekten bzw. Hochbauingenieure in der Lage sind.

Die angegebenen Endverbraucherpreise sind Euro-Durchschnittspreise des Jahres 2015. Bei den später folgenden Grundrissskizzen sind die Materialstärken wegen der Variationsbreite der verwendungsfähigen Materialien nicht immer berücksichtigt. Die Konzeption der Einzelvorschläge legt besonderen Wert auf

- Praxisnähe,
- Herstellung mit maximal zwei Personen,
- erträgliche Kosten und
- ansehnliche Außengestaltung.

HOLZ-KONSTRUKTION

Für den rustikalen Offenstallbau empfehlen sich Rundholzkonstruktionen und Kantholzkonstruktionen. Erstere sind zweckmäßig für einfachere Weideschutzhütten, bei denen weder Türen noch Fenster eingearbeitet sind. In Mittelgebirgsregionen mit Fichtenkulturen zur Holzproduktion sind Rundhölzer sehr preisgünstig direkt ab Sägewerk zu beziehen. Mit Kantholzkonstruktionen kann dagegen genauer gearbeitet werden, sie empfehlen sich für übliche Offenstallanlagen zur Sommer- und Winterhaltung sowie für Außenboxen. Optimal verwindungssteif und dauerhaft sind Stützen und Traversen/Binder aus Leimholz, wie sie heute bei größeren Hallen, z. B. bei Reithallen und landwirtschaftlichen Bauten, verwendet werden. Auch für kleinere Bauvorhaben bietet der Holzhandel ein entsprechendes Sortiment, das aber preislich im oberen Bereich angesiedelt ist

Grundsätzlich eignet sich Holz für alle Stallbauvorhaben ganz hervorragend. Neben guter Wärmedämmung (= weniger Schwitzwasserbildung als bei Steinen) und ausreichender Dampfdurchlässigkeit (= kein feucht-warmes bzw. feucht-kaltes Stallklima) hat es noch folgende ideale Eigenschaften: Es ist gut zu bearbeiten, einfach zu reparieren, leicht zu transportieren, widerstandsfähig und dauerhaft (bei Tiefdruckimprägnierung nach DIN oder jährlichem Anstrich mit umweltschonenden Mitteln). Für handwerklich Begabte – selbstverständlich auch für Frauen, die oft geschickter sind als mancher männliche Heimwerker glauben mag, kommt als Massivholz Fichten- und Tannenholz in Frage. Diese Holzarten gehören zu den Weichhölzern und sind leicht zu bearbeiten, während Eiche oder Buche Harthölzer sind, die wesentlich schwerer wiegen, nicht so leicht zu bearbeiten sind und einen stolzen Preis haben. Buchenholz arbeitet außerdem übermäßig stark und verbiegt sich, wenn es Feuchtigkeit aufnimmt. Über dieses Arbeiten des Holzes muss man Bescheid wissen, um unangenehme Überraschungen zu vermeiden. Infolge der Poren des Holzes, die je nach Feuchtigkeit der Luft Wasser aufnehmen oder abgeben, quillt oder schrumpft das Holz; man sagt »es arbeitet«, und zwar hauptsächlich in Richtung quer zur Faser. Wird ein Baumstamm in Bretter zersägt, erhält man in der Mitte das sog. Herzbrett. Es ist das wertvollste Holz mit dem kleinsten Schwundverlust beim Nachtrocknen und mit der geringsten Quellung bei Feuchtigkeit. Die weiteren Bretter des zersägten Stammes werden als Mittelbretter und als Rand- oder Seitenbretter bezeichnet. Das äußerste Stück mit der gewölbten Stammseite ist die Schwarte. Rand- oder Seitenbretter arbeiten aufgrund der größeren Poren stärker als Herzbretter oder Mittelbretter. Wer gute Holzqualitäten wünscht, sollte darauf achten, gut getrocknete, ziemlich astfreie Bret-

Holzkonstruktionen müssen aus statischen Gründen ausreichend ausgesteift werden; Drucklasten werden durch schräg laufende Kanthölzer, sog. Kopfbänder, abgefangen.

ter und Kanthölzer (Balken) zu kaufen, die keine Risse zeigen und eben sind. Dort, wo sehr genau Türen einzupassen sind, empfehlen sich immer als senkrechte Stützen Balken aus dem Kernbereich des Stammes (Herzholz, ca. 30 % teurer als Normalware).
Naturholzbretter sind üblicherweise 1/2 Zoll (12 mm), 3/4 Zoll (18 mm) und 1 Zoll (24 mm) stark; gehobelte Bretter etwas dünner. Die Breite der handelsüblichen, besäumten Bretter schwankt zwischen 10 und 52 cm.
Unbesäumte Bretter werden von Pferdehaltern gerne zur Weidezaunherstellung verwendet, da die an solchen Brettern belassene seitliche Rinde (Schwarte) originell und rustikal wirkt (so genannter »Bonanza-Zaun«).
Rundholzkonstruktionen sind kostengünstiger als Kantholzkonstruktionen, weil Rundholz billiger ist. Um aus einem Baumstamm nämlich ein Kantholz mit den gleichen statischen Eigenschaften wie bei einem Rundholz zu schneiden, benötigt man einen doppelt so großen Holzquerschnitt. Darin steckt dann der Mehrpreis für Kanthölzer. Seit der Entwicklung von Rundholzverbindern, das sind vorgefertigte und vorgelochte verzinkte Stahlbleche, hat auch der weniger erfahrene Stallbauer die Möglichkeit, eine statisch berechenbare Blechnagelverbindung (nach DIN 1052) selbst haltbar herzustellen. Es muss nicht gezapft oder gebohrt werden, deshalb wird die Festigkeit des Materials nicht geschwächt.
Verzinkte Stahlbleche in Schalenform werden beidseitig auf stumpf gestoßene Rundhölzer mit Spezialnägeln aufgenagelt. Ein umfangreiches Programm (System Weihenstephan) ermöglicht viele Konstruktionsarbeiten.

STALL-AUSSENWÄNDE

Einfache Stallwände können sowohl bei Rundholz- als auch bei Kantholzkonstruktionen als Stülpschalung, Parallelplankung oder Nut- und Federplankung hergestellt werden. Einfachste Form ist die Stülpschalung (z. B. für Weideschutzhütten). Mit Holzschutz imprägnierte Schalbretter nagelt man waagerecht – von unten beginnend – mit jeweiliger Überlappung an die senkrechten Pfosten des Konstruktionsskeletts. Besser und massiver ist die Herstellung der Wände als Parallelplankung aus nicht überlappenden Schalholzbrettern, die also einfach stumpf aneinander gesetzt werden. Da sich hierbei aber zwischen den Brettern Durchzug fördernde Ritzen ergeben, muss zusätzlich immer eine ausreichend dichte Innenbeplankung solcher Wände erfolgen; bei Bedarf mit einer zwischenliegenden Isolierschicht. Nach dem gleichen Prinzip können auch Rundhölzer übereinander genagelt werden; auch hier sind dann Innenbeplankungen erforderlich. Ritzen können vermieden werden, wenn statt der Schalholzbretter gehobelte Fußbodenbretter (Handelsbezeichnung: Rauspund) mit Nut und Feder verwendet werden. Diese quellen oder schrumpfen allerdings auf der Wetterseite – bedingt durch klimatische Einflüsse (Sonne und Regen). Eine schützende Außenbeplankung (z. B. mit senkrecht angebrachten Onduline-Wellplatten®) verhindert dies weitgehend. Besonders gut geeignet sind witterungsresistente, sehr dauerhafte Eichenbohlen mit Nut- und Federprofil. Dieses Material wird von professionellen Herstellern zum Bau von Außenboxen oder Blockhäusern verwendet. Die Kosten sind um ein Vielfaches höher als bei der Verwendung von Weichhölzern. Vor Einplanung solcher Eichenbohlen recherchiere man die lieferbaren Längen und Materialstärken. Ratsam ist weitgehend plangenauer Zuschnitt der benötigten Mengen bereits im Sägewerk, um zuviel Verschnitt vorzubeugen.

INNEN- UND AUSSENBEPLANKUNG

Mit abgeschliffenen Schalbrettern oder auch wasserfest verleimten Span- oder OSB-Platten (Nut- und Federverbindungssystem) können Wandinnenbeplankungen hergestellt werden. Spanplatten dürfen keine Schadstoffe ausdünsten, weshalb die Qualitätskennzeichnung wichtig ist (z. B. F 0, V 100, E 1 = es ist kein Formaldehyd enthalten). Die Platten bestehen aus maschinell zerkleinerten Holzspänen bzw. Holzfasern, die mit Hilfe eines Bindemittels unter hohem Druck haltbar zusammengepresst werden. Solche Platten lassen sich wie Naturholz bearbeiten. Bei Rangeleien ist nicht auszuschließen, dass Pferde durch Auskeilen eine Platte durchtre-

ten. Hier muss durch entsprechend stabile Unterkonstruktion und Wahl der optimalen Plattenstärke vorgebeugt werden. Stärken von 16 bis 22 mm sind handelsüblich; mindestens 19 mm Plattenstärke ist immer ratsam. In lebhaften, wechselnden Pferdebeständen – und deshalb gehäuften Rangordnungsgeplänkeln – kann sich auch eine Doppelbeplankung der Wände bis zur Auskeilhöhe empfehlen. Span- oder OSB-Platten begünstigen allerdings die Schwitzwasserbildung und sollten deshalb nur als Teilinnenbeplankung dienen, da sie sonst (auch bei wasserfester Verleimung!) aufquellen.
Nur Wärme dämmende Wände oder Decken (z. B. bei Außenboxen) vermindern Schwitzwasserbildung. Um solche Wände herzustellen, sollte man – vor Anbringung der Innenbeplankung – von innen auf die Holzwand Latten aufschrauben. In gleicher Stärke wie diese Latten ist feuchtigkeitsresistentes Isoliermaterial einzubauen (z. B. Styrodur). Je nach Herstellervorschrift des Isoliermaterials ist eine Hinterlüftung wichtig. Lüftungsöffnungen sind immer mit Metallfliegengitter zu verschließen, um u. a. das Einnisten von Wespen und anderen unerwünschten »Stallgästen« zu verhüten. Anschließend, nach Aufbringung des Iso-Materials, wird die Innenbeplankung auf die Lattung geschraubt.
Zur Außenbeplankung (Wetterseite!) eignen sich Bitumen-Wellplatten (z. B. Onduline), die senkrecht angebracht werden. Sie bestehen aus Faserstoffen, die mit bindefähigen Materialien verbunden und mit Bitumen imprägniert sind. Bitumen-Wellplatten sind sehr witterungsbeständig. Mit Spezialnägeln sind sie problemlos auf Holzflächen oder Lattenkonstruktionen zu verlegen. Vorsicht ist geboten bei dünneren Wandstärken: Im Stallinneren hervorstehende Nagelspitzen abkneifen oder umschlagen und im Holz versenken. Die Platten sind 2,00 m lang, 0,89 m breit (zehn Wellen je Platte) und wiegen ca. 0,8 kg je Platte. Mit elektrischer Säge oder Handsäge (z. B. Fuchsschwanz) lassen sie sich nach Bedarf zusägen. Pferde neigen dazu, Bitumen-Wellplatten anzuknabbern oder sich an ihnen kräftig zu scheuern. Die an den Auslauf angrenzenden, mit Wellplatten verkleideten Außenwände schirmt man daher durch einen Elektrozaun ab.
Besonderes Augenmerk gilt im gesamten Stallbaubereich den Nagern (Ratten und Mäuse), die sich nicht nur in Heu oder Stroh, sondern bevorzugt z. B. in Zwischenwänden oder in Wellplattenverkleidungen einnisten und auch dort erhebliche Fraß- und Urinschäden anrichten. Wellplattenverkleidungen sind deshalb vorsichtshalber im Bodenbereich in Beton zu setzen. In jede Platte kann dann ein kleines Lüftungs- und Wasserabflussloch (über dem Betonabschluss) gebohrt werden. Obere Wellenöffnungen schäumt man 10 cm tief mit PU-Schaum (»Bauschaum«) aus, um sie abzudichten. Sinngemäß geht man bei allen zwischenisolierten Doppelwänden vor. Immer ist zur Abschreckung und zur Eindämmung der Nagerpopulation eine Stallkatze sehr wertvoll (siehe auch Ausführungen zum Kapitel »Haltungshygiene«, Seite 171 ff.).

BEDACHUNG

Für die Bedachung von Ställen sind alle bauordnungsrechtlich zulässigen, statisch gebotenen und vertretbaren handelsüblichen Materialien geeignet, wenn die Verlegeanweisung des Herstellers genau eingehalten wird. Optisch ansprechend und dauerhaft sind alle Ziegeleindeckungen. Sie erfordern aber größeres Dachgefälle, das meist bei Flachdächern (Pultdächern) nicht optimal ist. Für Spitzdächer (ab 18 ° Gefälle) bieten sie sich dagegen dann an, wenn bei Eigenherstellung die notwendigen handwerklichen Erfahrungen ausreichen. Bei Ziegeleindeckung von Satteldächern sollte möglichst eine Unterspannbahn sowie Trockenfirstlüftung vorgesehen werden. Besondere Sturmsicherheit einer Ziegeldachfläche wird erreicht durch Verwendung geklammerter Firstziegel und seitlich anschraubbarer Ortgangziegel, auf die man deshalb nicht verzichten sollte. Weniger geeignet sind Dacheindeckungen mit Stahl- oder Alublechen (Wellblech), weil diese – ohne Innenisolierung – im Sommer zu starken Erwärmungen des Stallinneren und im Winter zu Schwitzwasserbildung führen. Auch einfache Teerpappe erfüllt keine dauerhaften Anforderungen und ist durch die er-

forderliche Teerverschweißung der Bahnen handwerklich aufwändig (Aufnageln allein ist nicht dauerhaft).
Für geschickte, aber körperlich weniger starke Stallbauer eignen sich die bereits als Wandverkleidung beschriebenen Bitumen-Wellplatten sehr gut. Lieferbar in verschiedenen Farben (grün, rot, schwarz), lassen sie sich auch auf Satteldächern mit speziellen First- und Ortgang-Abschlusselementen sauber verlegen.
Sie erfordern zur Begehbarkeit unbedingt eine sehr dichte Dachbalken- (Pfetten-) und Lattenunterkonstruktion. Die Platten dürfen auch dann allerdings nur nach dem Auflegen einer Leiter oder breiter Bretter (bei Flachdächern) begangen werden, um Beschädigungen der Wellen zu vermeiden. Neben Bitumen-Wellplatten haben sich für Pultdachställe asbestfreie Faserzement-Wellplatten (z. B. Eternit®) seit Jahren bewährt.
Diese Platten werden entsprechend der Verlegeanweisung des Herstellers mit speziellen Sechskantschrauben, die mit Dichthütchen versehen sind, auf die Dachbalken (Traversbalken/Pfetten) geschraubt. Die Platten sind sehr dauerhaft, lassen sich nach Bedarf sägen und anbohren. Bei nicht zu weit auseinanderliegenden Traversen erfordern sie keine Unterlattung und sind (über aufgelegte Bretter!) sicher begehbar. Gebrauchte alte Platten, die schon einige Jahre der Witterung ausgesetzt waren und evtl. sogar noch asbesthaltig sind, gehören auf die Spezial-Deponie. Von der Verwendung solcher gelegentlich billig angebotenen Altbestände ist dringend abzuraten. Durch den Transport können bei älteren Platten zudem kleine Haarrisse entstehen, die bei erneuter Verlegung zu Undichtigkeiten führen. Handelsübliche Faserzement-Wellplatten (Profil 8) sind 6 mm stark, 1,00 m breit und 1,25 m bis 3,10 m lang; die Nutzbreite beträgt 0,91 m (eine Welle wird beim Verlegen der Platten jeweils durch die daneben liegende Platte überdeckt). Faserzement-Wellplatten sind wesentlich schwerer als Bitumen-Wellplatten und wiegen je nach Länge zwischen 16 kg und 60 kg. In die Dacheindeckung können Lichtplatten einbezogen werden. Lichtplatten gibt es in den gleichen Größen wie die eigentlichen Faserzement-Wellplatten. Sie sind mit diesen kombinierbar – allerdings aus zerbrechlicherem Kunststoff, lassen sich aber ebenfalls aufschrauben, allerdings nicht begehen. Um eine gute Luftzirkulation unterhalb des Stalldaches zu erreichen, können die oberhalb des Front-Traversbalkens über dem Eingangsbereich verbleibenden Wellenöffnungen offen bleiben. Die Wellenöffnungen auf der Rückseite verschließt man mit so genannten Traufenzahnleisten, und zwar so, dass zwischen Wellplatten und Traufenzahnleisten ein ca. 0,5 cm breiter Lüftungsspalt verbleibt.
Bei längerem Aufenthalt von Pferden in einem mit Wellplatten gedeckten Stall kommt es in der feucht-kalten Jahreszeit an der Decke bei niedrigen Außentemperaturen zu Reifansatz und Schwitzwasserbildung. Das ist physikalisch einfach zu erklären, denn das Bedachungsmaterial hat etwa Außentemperatur. Im Stallinnern ist aber die Temperatur (auch im winterlichen Offenstall, wenn Pferde sich dort aufhalten) leicht höher. Durch Körperdunst (Atemluft, Verdunstungen der Ausscheidungen) reichert sich das Stallinnere mit Wasserdampf an. Dieser kühlt nach oben und zu den Seitenwänden hin ab und schlägt sich nun an den kältesten Stellen, meist am Dachinnern und in Wandecken, als Feuchtigkeit nieder. Folge: Es tropft von der Decke, es bilden sich Eiszapfen. Besonders bei Außenboxen oder Offenställen für sportlich stark genutzte Pferde empfiehlt sich deshalb, eine zusätzliche Bretterdecke (z. B. mit Rauspundbrettern) unter die Dachbalken (Traversen) anzunageln (Aussparung bei Lichtplatten). Darauf kann z. B. alukaschiertes Isoliermaterial als Zwischenschicht zwischen den äußeren Wellplatten und der Bretterdecke angebracht werden. Die Alukaschierung (oder Folie) gehört als so genannte »Dampfsperre« zur warmen Seite, also nach innen zur Bretterdecke. Zur erforderlichen Hinterlüftung des Isoliermaterials dürfen die Wellen der Dachplatten allerdings nicht mit Isoliermaterial zugestopft werden, denn die Luft muss zirkulieren können. Wenn eine Zwischenisolation erfolgt, ist es ratsam, die Wellen auch an der Vorderseite mit Traufenzahnleisten weitgehend – bis auf 0,5 cm Lüf-

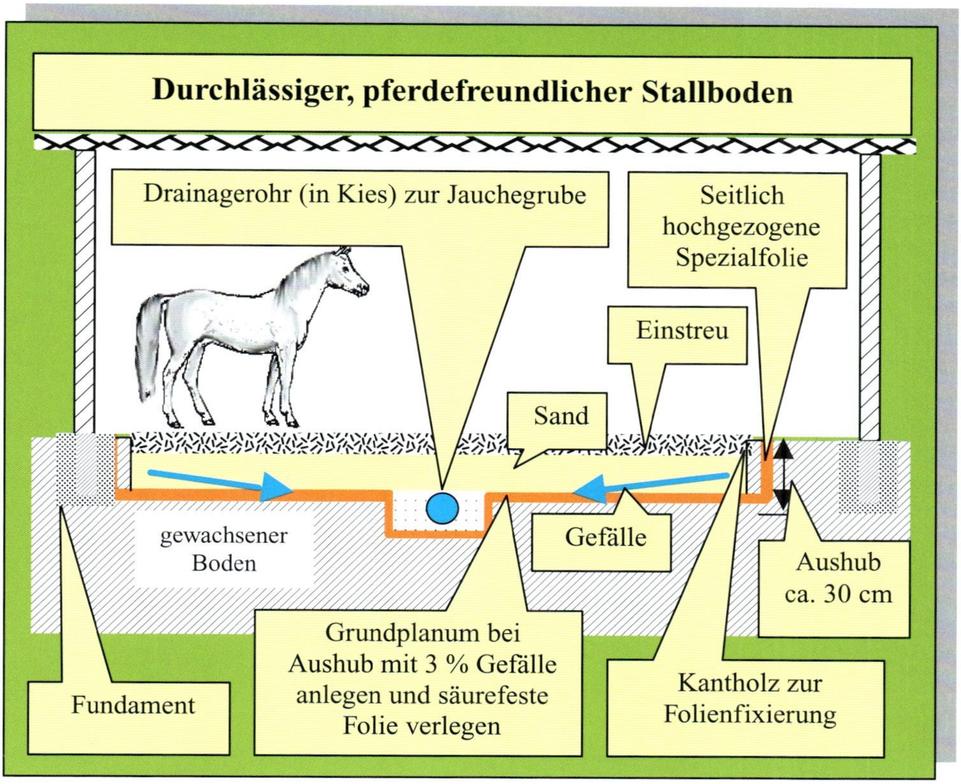

Grafik 5

tungsspalt – zu schließen, da sonst das Isoliermaterial durch nistende Vögel beschädigt wird. Gelegentlich nisten in solchen Dächern Insekten, die unter Artenschutz stehen (z. B. Hornissen); sie sind durchweg ungefährlich (Bekämpfung erlaubnispflichtig!).

FUNDAMENTE UND BÖDEN

Das Material für Fundamente richtet sich nach örtlicher Bodenbeschaffenheit, baurechtlicher Zulässigkeit, der Konstruktionsart sowie nach den statischen Erfordernissen.

Man kann Stahlstützen oder Stützbalken/Masten (Pfosten) des Stalles in Einzelfundamente oder Streifenfundamente aus Beton direkt einbinden, dies ist eine einfache und stabile Lösung. Präzisere Vorbereitung ist erforderlich, wenn man Pfostenschuhe bzw. Stahlanker einbetoniert, an die erst nach dem Aushärten des Betons die Stützen/Pfosten (oder Leimholzbinder) lotrecht angeschraubt werden (siehe Abbildungen Seite 117). Eine solche Stahlbefestigung ist immer aus Vorbeugung gegen Fäulnis zu empfehlen, wenn die Pfosten im unteren Bereich der Witterung ausgesetzt sind oder häufig feucht werden könnten.

Ist die feste Verbindung des Stalles mit dem Boden aus baurechtlichen Gründen nicht erlaubt, dann kann der Stall (ebenso wie große Außenraufen) auf ein Streifenfundament aus Ziegeln gesetzt werden. Durch geeignete massive und tiefe Spezial-Bodenanker (die auch z. B. bei Weidezelten erforderlich sind) wird die Standfestigkeit hergestellt. Der Stall sollte dann aus einzelnen Elementen mit Schraubverbindungen gebaut werden (Rahmen-Konstruktion), damit er problemlos auf- und evtl. abgebaut und auch transportiert werden kann.

Im Liegebereich ist Beton (plus Einstreu) wegen seiner Strahlungskälte grundsätzlich schlecht geeignet. Bis zu einem gewissen Grad kann dieser Nachteil durch Auflage von Stallmatten in Verbindung mit Einstreu ausgeglichen werden. Der Nachteil der Stallmatten liegt in der mangelnden Möglichkeit, den feucht-warmen Zwischenraum (zwischen Betonboden und Matte) regelmäßig zu reinigen. So können sich unhygienische Zustände, Fäulnisbakterien und Krankheitserreger entwickeln, die u. U. das Einstreumaterial kontaminieren. Gesundheitsrisiken für Pferde sind – je nach Verlegeart – nicht auszuschließen.

Ideal ist, wenn der Boden des Liegebereichs 10 bis 15 cm über dem Außenniveau liegt, damit kein Wasser in den Stall hineingelangt. Als Eingangsschwelle, die gleichzeitig das Einstreumaterial innen begrenzt, dient ein massiver Balken. Nach Abtragen des gewachsenen Humusbodens der Liegefläche (ungefähr 30 cm tief) wird eine Kiesschicht (15 cm dick; Material: Körnung) eingefüllt und mit Sand (15 cm dick) als Tretschicht aufgefüllt. Darauf verteilt man 10 cm Einstreu aus entstaubten Hobel-/Sägespänen (kein Sägemehl!) oder Stroh. So erhält man eine tiefgründig weiche und trockene Liegefläche.

Da bei Auslaufhaltung der überwiegende Teil des anfallenden Urins im Weichbodenbereich des Auslaufs und in den grasbewachsenen Koppeln – seltener aber im Liegebereich des Stalles – abgesetzt wird, ist eine Bodenkontamination im Offenstallbereich unwahrscheinlich.

Im Regelfall bindet die Einstreu den Urin. Im überdachten Stallbereich können Auswaschungen von Kot und Urin in den Boden oder das Grundwasser, z. B. durch Niederschläge, völlig ausgeschlossen werden. Regelmäßige Einstreu- und Tretschichtpflege (Austausch) vorausgesetzt, sind keine störenden Immissionen (z. B. Gerüche) zu erwarten.

Gegenüber Baubehörden muss dieser Sachverhalt immer entsprechend begründet werden, damit von einer Befestigung des Stallbodens abgesehen werden kann. Evtl. kann auch eine Bodenwanne mit Spezialfolie hergestellt werden (siehe Grafik 5, Seite 111).

Es empfiehlt sich, die Fläche vor dem Stall mindestens ca. 2,00 m breit zu befestigen, ebenso die Böden des Fressbereichs und des Futterlagers. Das kann grob abgestrichener Beton sein. Auch Betonsteinpflaster hat sich für diese Bereiche bewährt. Die so befestigten Flächen lassen sich dann jederzeit gut mit dem Besen kehren und säubern; auch Exkremente sind leicht zu entfernen. Wenn vergitterte Wasserablaufkästen, die mit einer Drainage verbunden sein müssen, mit in diese befestigten Flächen eingebaut werden, kann auch mit Hochdruckreiniger vorteilhaft gereinigt werden. Erfahrungsgemäß halten sich nämlich Pferde in der feucht-kalten Jahreszeit überwiegend in Stallnähe vor dem Liegebereichseingang und den Fressständen auf. Diese Flächen würden ohne Befestigung in kurzer Zeit sehr stark mit zertretenen Exkrementen verunreinigt, weshalb auch bei ausschließlichen Weideschutzhütten eine Befestigung vor dem Stall – auch aus Umweltschutzgründen (Verhütung von Erosion) – vernünftig ist. Das sollte auch bei Baubehörden entsprechend erläutert werden, weil behördlich häufig keine befestigten Flächen auf Weiden zugelassen werden.

WERKZEUG, ARBEITSKRAFT, MATERIALKOSTEN

Mit verschiedenen Werkzeugen und Maschinen geht ein Stallbau in Holzbauweise leicht von der Hand. Nicht alle Maschinen muss man selbst besitzen, sondern man kann gegen Entgelt Maschinen auch in Baumärkten ausleihen. In erster Linie werden benötigt:

Handwerkzeuge: Schubkarre, Spaten, Schaufel, Eimer, Hammer, Kneifzange, Schraubenzieher, Schraubenschlüssel, Stemmeisen, Beil, Messer, Wasserwaage, Richtscheit, Messlatte, Bandmaß, Stahl-Winkel, Maurerschnur mit Senklot, Spannsäge, Fuchsschwanz, Bohrer, Hobel, Stecheisen, große Schraubzwingen.

Maschinen/Elektrowerkzeuge/Hilfsmittel: Bohrmaschine, Bohrschrauber, Winkelschleifer, Tacker, Stichsäge, Handkreissäge, Kettensäge, Betonmischmaschine, Tischkreissäge, Brunnen-Bohrramme, Minibagger, Zementtonne, Abdeckplane.

Ist kein Stromanschluss vorhanden (z. B. beim Bau von Weideschutzhütten auf entlegenen Flächen), empfiehlt es sich, den größten Teil des Baumaterials bereits fertig zugesägt zur Baustelle zu transportieren. Bei einem Stall in Rahmenbauweise kann man die

Tabelle 7

Preise für Baumaterial und Werkzeuge/Maschinen

lfd. Nr.	Art	Maßeinheit	EURO
	Holz		
1	Kanthölzer, 15 × 15 cm (tauchimprägniert)	m	15,00
2	Kanthölzer, 10 × 15 cm (tauchimprägniert)	m	11,00
3	Kanthölzer, 8 × 16 cm (roh)	m	9,00
4	Kanthölzer, 10 × 10 cm (roh)	m	8,00
5	Kanthölzer, 8 × 10 cm (roh)	m	7,00
6	Kanthölzer, 6 × 12 cm (roh)	m	6,00
7	Rundhölzer, 12 cm Durchmesser	m	6,00
8	Latten, 4 × 6 cm (imprägniert)	m	2,50
9	Latten, 2,8 cm × 4,8 cm (imprägniert)	m	2,00
10	Dielenbretter (Gerüstdielen), 28 cm breit, 4 cm stark	qm	18,00
11	Schalbretter, 20 cm breit, 2,4 cm stark	qm	11,00
12	Rauspund mit Nut und Feder, 10 cm breit, 2 cm stark	qm	12,00
13	Zaunbretter (»Bonanza-Zaun«), 20 cm breit, 2,50 m lang	Stück	10,00
14	Spanplatten, 19 mm stark, wasserfest verleimt (F = 0, V 100, E1), Größe 2,05 × 0,925 m, mit Nut und Feder	qm	10,00
15	Bretter, unbesäumt, 20 cm breit, 2,4 cm stark	qm	10,00
	Beton		
16	Fertigbeton (z. B. Stampfbeton B 10 KS)	cbm	95,00
17	Betonkies, ca. 0–35 mm, 1 Lkw-Ladung	5,5 cbm	95,00
18	Sand, Körnung 0-3,5 mm	5,5 cbm	95,00
19	Estrichsand	5,5 cbm	100,00
20	Portland-Zement	25 kg	8,00
	Wellplatten		
21	Bitumen-Wellplatten, 200 x 90 cm, 0,3 cm stark	Stück	12,50
22	Faserzement-Wellplatten, P 8, Breite 91 cm, 0,6 cm stark, 310 cm lang	Stück	35,00
23	Faserzement-Wellplatten, P 8, Breite 91 cm, 0,6 cm stark, 250 cm lang	Stück	30,00
24	Faserzement-Wellplatten, P 8, Breite 91 cm, 0,6 cm stark, 200 cm lang	Stück	25,00
25	Faserzement-Wellplatten, P 8, Breite 91 cm, 0,6 cm stark, 160 cm lang	Stück	20,00
26	Faserzement-Wellplatte, P 8, Breite 91 cm, 0,6 cm stark, 125 cm lang	Stück	16,00
27	First-Abdeckplatten für Satteldächer	Stück	20,00
28	Lichtplatten, P 8, Breite 91 cm, 250 cm lang	Stück	35,00
29	Lichtplatten, P 8, Breite 91 cm, 200 cm lang	Stück	30,00
	Isoliermaterial		
30	Poresta (Styropor), 50 mm stark, Platten 0,50 × 1,00 m	qm	10,00
31	Styrodurplatten, 50 mm stark, 0,50 × 2,00 m	qm	10,00
32	Alukaschierte Isoliermatten (Glaswolle-Uniroll)	qm	12,00

Tabelle 7 (Fortsetzung)

Preise für Baumaterial und Werkzeuge/Maschinen			
lfd. Nr.	Art	Maßeinheit	EURO
	Isoliermaterial (Fortsetzung)		
33	PU-Schaum-Dose	Stück	8,50
34	PVC-Folie, Typ 200	qm	1,00
	Sonstiges Material		
35	Winkeleisen, verzinkt, 20 × 20 cm	Stück	6,00
36	Lochplattenwinkel, 6 × 6 × 6 cm	Stück	1,50
37	Kalksandleichtsteine, 11,5 cm breit	Stück	2,50
38	Verschlussriegel	Stück	12,50
39	Türbänder und Plattenkloben, verzinkt, 60 cm lang	Stück	13,00
40	Holzschutzmittel	kg	6,50
	Maschinen		
41	Betonmischmaschine , 125 Liter, 220 Volt	Stück	350,00
42	Handkreissäge, 220 Volt, 45 mm Schnitttiefe	Stück	190,00
43	Bohrschrauber, 220 Volt	Stück	120,00
44	Stromaggregat mit Benzinmotor für 220 Volt/12 Volt	Stück	850,00
45	Bohrramme für den Brunnenbau, Leihentgelt	1 Tag	50,00
46	Minibagger für Aushubarbeiten, Leihentgelt	1 Tag	150,00
47	Radlader mit Fahrer, Entgelt	je Stunde	75,00
	Spezialzubehör		
48	Weich-PVC-Türvorhänge/Streifen 200 × 4 mm	je lfd. m	16,00
49	Windnetze aus PVC-beschichtetem Polyester (350 g/qm)	qm	25,00
50	Kunststoff-Bodengitterplatten (5 bis 6 Platten = 1 qm)	qm	13,00
	Leimholz/Leimbinder		
51	Balken (12 × 12 cm)	m	20,00
52	Balken (12 × 20 cm)	m	28,00
53	Balken (6 × 14 cm)	m	14,00

Stallbaupraxis

1 **Bauzeichnungen (aber auch Statik und eine Materialliste) gehören zu jedem größeren Projekt.**
2 **Nach dem Einmessen sind die Fundamentlöcher zu graben.**
3 **Pfostenschuhe aus Stahl werden zunächst einbetoniert.**
4 **Ausrichten und Anschrauben der Stützpfosten.**
5 **Dachkonstruktion.**
6 **Dacheindeckung mit dreilagiger Teerpappe.**
7 **Nur Pfosten aus Kernholz sind ziemlich gerade.**
8 **Imprägnierte Bretter mit Nut und Feder für Seitenwände oder zur Dachbeplankung (z. B. bei Isolierdächern).**

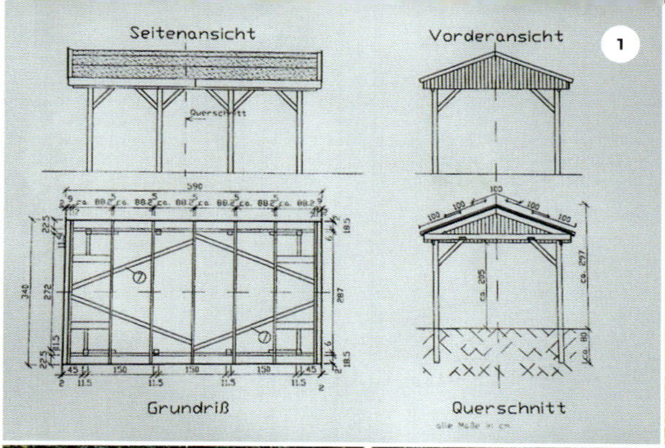
1
Seitenansicht
Vorderansicht
Querschnitt
Grundriß
Querschnitt

2

3

4

5

6

7

8

einzelnen Elemente komplett auch in »Heimarbeit« bauen. Dabei sollte schon sehr genau gearbeitet werden, damit die vorgefertigten Teile am vorgesehenen Bauplatz auch exakt zusammengeschraubt werden können. Hierfür lohnt sich dann die Anschaffung von genügend starken Akku-Werkzeugen (Bohrmaschine und Elektroschrauber). Es kann auch sinnvoll sein, im Außenbereich mit einem Benzinmotor-Stromgenerator, den man bei gewerblichen Werkzeugverleihern bekommt, zu arbeiten.
Geschickte, körperlich genügend kräftige und routinierte »Pferdemenschen« können einfachere Ställe durchaus auch ohne Hilfskräfte selbst bauen. Kräfteschonend – aber auch bei manchen Arbeiten sicherer – wird die Arbeit mit einem Helfer. Empfehlenswert ist die Zusammenarbeit von mindestens zwei Personen für die Ausrichtung/Anbringung der Stützen und Dachbalken sowie für die Dacheindeckung bei Verwendung von Faserzement-Wellplatten. Die Baukosten für Offenställe oder Außenboxen in Leichtbauweise belaufen sich je qm Stallfläche grob pauschaliert auf etwa 250 Euro. Bei vollisoliertem Dach und Doppel-Seitenwänden sowie aufwändigeren Nebenräumen mit Türen und Fenstern sollte mit ca. 350 Euro je qm gerechnet werden – bei Selbstbau. Tabelle 7, Seite 113, enthält zur groben Orientierung die wichtigsten Materialpreise.

PRAKTISCHE BAUAUSFÜHRUNG IN EIGENHILFE

Wenn die detaillierte Planung einschließlich erforderlicher Bau- oder Nutzungsänderungsgenehmigungen, statischer Berechnungen und rechtswirksamer Vereinbarungen mit Verpächtern oder Nachbarn vorliegt, wird man einen Zeitplan aufstellen, sich mit Helfern absprechen, auch mit den Nachbarn den Ablauf erörtern (falls dies aufgrund der Grundstücksverhältnisse und zu erwartender Störungen sinnvoll ist) sowie Baustoffe bestellen. Dies alles sind zunächst rein organisatorische Voraussetzungen, deren Erledigung wichtig ist, um Ärger und Verzug zu vermeiden. Wie man bei einfachen Stallbauten vorgehen kann, soll nachfolgend beschrieben werden, damit der weniger erfahrene Stallbauinteressent einen Einblick bekommt. Die komplette Vielfalt aller technischen Möglichkeiten und baulichen Raffinessen (wie professionelle Maurer und Zimmerer sie anwenden) ist hier bewusst nicht aufgeführt, denn dies würde den Selbstbauwilligen mehr verwirren als zur Selbsthilfe animieren. Erfahrene Selbstbaupraktiker kennen noch weitere Lösungsmöglichkeiten und Ausführungsvarianten, die sie für die eigenen Pläne sicher ergänzend verwerten können. Auch besteht die Möglichkeit, im Handel erhältliche Offenstallsysteme für die eigenen Verhältnisse zu nutzen (siehe Grafik 6, Seite 118).

EINMESSEN

Sind alle organisatorischen Bauvorbereitungen abgeschlossen, wird der Bauplatz eingeebnet und mit Hilfe eines Bandmaßes vermessen, wobei als Orientierungspunkte die Grenzmarkierungen des Grundstücks oder die Außenwände bereits bestehender Gebäude dienen können. Benötigt werden hierzu auch die Bauzeichnung und der Lageplan, sofern für das Projekt ein solcher angefertigt wurde. Bei großen, genehmigungspflichtigen Stallbauten muss ein Vermessungstechniker mit Präzisions-Messinstrumenten die Vermessung vornehmen, um den Lageplan und die Katasterunterlagen zu aktualisieren. Zur Vermessung des Bauplatzes werden zunächst die Eckpunkte des Stalles durch je einen Holzpflock markiert. Dabei müssen wiederholt rechte Winkel (90°) abgesteckt werden. Auf dem Papier ist dies mit zeichnerischen Hilfsmitteln einfach; im Gelände praktiziert man den Lehrsatz des Pythagoras oder benutzt Instrumente. Dem Lehrsatz des *Pythagoras* entsprechend ergibt sich bei einem Dreieck mit dem Seitenverhältnis 3 : 4 : 5 (oder 3 m : 4 m : 5 m) immer ein rechter Winkel. Man legt als erstes eine der Seitenlinien (Seitenwandflucht des künftigen Stalles) fest und misst vom Ausgangspunkt (ein in die Erde geschlagener Holzpflock) 4 m ab. Nun hat man bereits zwei Punkte festgelegt. Auch der zweite Punkt wird durch einen Pflock markiert. Mit einer Schnur oder dem Bandmaß wird dann vom ersten Punkt aus ein Halbkreis mit der Länge 3 m und vom zweiten Punkt aus ein Halbkreis mit der Länge 5 m gezogen. Der dritte Punkt ist der Schnittpunkt der beiden Halbkreise. Werden diese drei Punkte als Pflöcke mit einer Schnur verbunden, erhält man ein rechtwinkliges Dreieck. Der rechte Winkel liegt in der Spitze gegenüber der langen Seite des Dreiecks, also beim Ausgangspunkt. Das hört sich theoretisch vielleicht kompliziert an, ist aber praktisch schnell umzusetzen.

Nachdem die Lage eines viereckigen Stalles durch vier rechte Winkel bestimmt ist, misst man als letzte Kontrolle noch die Diagonalen quer durch den (nun im Gelände als Viereck durch Pflöcke markierten) Stallgrundriss. Wenn sich bei beiden Diagonalen das gleiche Maß ergibt, ist alles im rechten Winkel. Ansonsten muss die Mess-Prozedur präziser wiederholt werden.

Die gesetzten Eckpflöcke sind nur ein Provisorium; spätestens vor dem Fundamentaushub werden sie entfernt. Damit die bereits ermittelten Fluchtlinien als Orientierung für die weitere Arbeit erhalten bleiben, müssen sie außerhalb der Grundrissfläche markiert werden. Um jede Ecke baut man einen Schnurbock, der aus drei Pfählen und zwei geraden Brettern besteht und so weit von den Fluchtlinien entfernt steht, dass dazwischen noch genügend Arbeitsraum verbleibt. Durch Schnüre, die an – in die Bretter eingeschlagenen – Nägeln befestigt und straff verspannt werden, ergeben sich die Fluchtlinien der Grundrissfläche.

Die Oberkante der Schnurbretter (und die verspannten Schnüre) können gleichzeitig ein bestimmtes Höhenmaß (z. B. 50 cm über Fundamentniveau) festlegen. Als Hilfsmittel für die horizontale Übertragung von Messpunkten dient entweder ein Laserinstrument, eine Schlauchwaage oder bei kleineren Ställen ein gerades Brett, welches an einem Messpunkt aufgelegt wird und mit Hilfe einer Wasserwaage entsprechend auszurichten ist.

FUNDAMENTE, STÜTZPFOSTEN, DACHBALKEN

Es folgt die Fundamentherstellung sowie das Setzen der Stützpfosten und die Befestigung der Dachbalken (sog. Traversen oder Pfetten).

Einbetonierte Metall-Pfostenschuhe sind ideal, um Kantholzstützen langlebig zu befestigen; sie müssen sehr genau gesetzt werden.

Bevor man Kantholzstützen anschraubt, sollten sie erst mittels starker Schraubzwingen fixiert werden – so lassen sie sich noch korrigierend mit der Wasserwaage ausrichten.

Grafik 6

Beispiel aus dem Handel: Offenstall-Baukastensystem

• Stahl in Feuerverzinkung + Lärchenholz mit Nut und Feder •

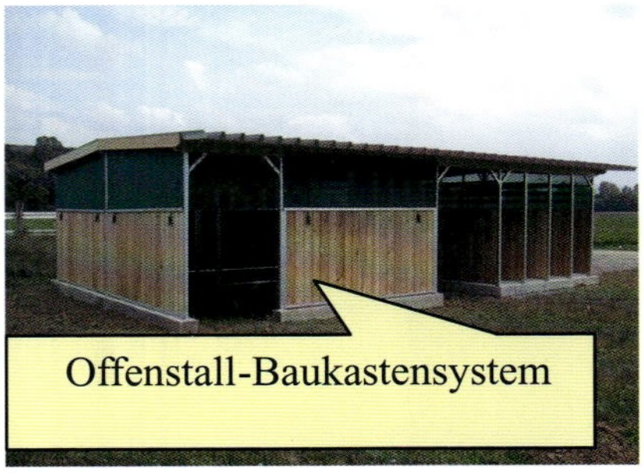

Fotos: Firma MHO, D-88367 Hohentengen

Soll der Stall ein Streifenfundament erhalten (Tiefe 0,80 m bis 1,00 m, 0,10 m über Erdbodenniveau), können die Stützpfosten entweder vor Herstellung des gesamten Fundamentes direkt eingegossen werden oder aber anschließend in vorbereitete Fundamentöffnungen einbetoniert werden. Will man die Stützbalken erst nach Herstellung des Streifenfundamentes einbetonieren, müssen die Fundamentöffnungen zur späteren Aufnahme der Stützpfosten bereits vor der Einschalung festgelegt werden. Es ist zweckmäßig, hierzu einen Holzeinsatz aus Brettchen oder Balkenabschnitte (5 cm stärker als die Stützen selbst) zu verwenden, die in die Verschalung eingesetzt und gut befestigt werden, damit sie beim Ausgießen der Fundament-Einschalung mit Beton nicht verrutschen. Noch bevor der Beton voll abgebunden hat, müssen Holzeinsätze oder Balkenstücke nach etwa einem Tag vorsichtig entfernt werden. Sehr viel stabiler und dauerhafter ist, wenn man senkrechte Kantholzstützen oder Rundholzpfosten in vorher einbetonierte Metallanker/Pfostenschuhe einpasst und mit diesen verschraubt (nachdem der Beton gut abgebunden hat!). Immer sind Stützpfosten paarweise zu setzen und in Höhe sowie Flucht genau auszurichten. Jedes Stützpfostenpaar wird gleichzeitig durch genügend starke Winkeleisen/Lochplattenwinkel mit dem zugehörigen Dachbalken verschraubt. Für Rundholzkonstruktionen finden die speziellen Nagelverbinder Verwendung. Damit vor Endtrocknung des Betons schon Stabilität gewährleistet ist und die Abstände zwischen den einzelnen Stützen und Dachbalken korrekt erhalten bleiben, werden sie untereinander jeweils mit zwei Brettern provisorisch verbunden.

Die Trocknungszeit der Betonfundamente hängt von Witterung, Betongüte (Mischungsverhältnis) und verwendetem Zement ab (Hochofenzement benötigt längere Trocknungszeit als Portland-Zement).

DACHEINDECKUNG

Mit der Bedachung kann begonnen werden, wenn die Stützen fest verankert im Fundament stehen. Bei Beton mit einem Mischungsverhältnis von einem Teil Portland-Zement auf sechs Teile Kies, einer Außentemperatur von 22 °C und relativer Luftfeuchtigkeit um 70 %, wird nach gut einer Woche das Fundament so abgebunden sein, dass mit der Dacheindeckung begonnen werden kann. Die provisorisch angenagelten Abstandsbretter werden von Stützen und Dachbalken entfernt und anschließend nagelt bzw. schraubt man entsprechend der Verlegeanleitung des Herstellers (hinten beginnend) die Wellplatten auf die Dachbalken. Das Dach sollte an der Vorderfront (Eingangsbereich/Südseite) mindestens 0,50 bis 1,00 m überstehen.

Bei Isolier-Dächern muss allerdings vor Außendacheindeckung die Innendecke unter die Dachbalken genagelt und Isoliermaterial von oben verlegt werden (ist eine Folie als Dampfsperre vorgesehen, muss diese innen auf der Bretterdecke liegen).

BÖDEN

Als nächstes hebt man den Stallboden im Liegebereich aus und füllt mit Körnung und Sand wieder auf. Betonböden für Fressstände und Futterkammer können gleichzeitig oder sofort anschließend an die Fundamentherstellung nach vorherigem Aushub des Oberbodens mit Beton ausgegossen werden. Dabei sind unterirdische Leitungsverlegungen (z. B. Wasser, Strom, Alarmleitung – z. B. für Rauchmeldung oder Videoüberwachung, Erdungsleitung zum Elektro-Weidezaungerät oder eine Telefonleitung) rechtzeitig einzuplanen. Auch die Einbindung weiterer Stützpfosten (z. B. für innenliegende Trennwände) ist zu berücksichtigen.

Wenn im Stallbereich ein Brunnenbau vorgesehen ist, z. B. in der Futterkammer, ist die Bohrung noch vor Herstellung der Dacheindeckung und vor Bodenbetonierung zu erledigen. Zur Bohrung mit einer Elektroramme benötigt man eine Arbeitshöhe von wenigstens drei Metern, was bei bereits erfolgter niedriger Dacheindeckung problematisch wird.

Ein separater Heulagerraum erhält vorzugsweise einen doppelten Boden. Die Naturbodenfläche sollte zunächst mit einer PVC-Baufolie (Stärke 0,2 mm) bedeckt und eingeschalt werden. Darauf füllt man Beton, dessen Oberfläche ca. 10 cm über dem Außenbodenniveau liegen sollte, damit kein Wasser von außen hineinlaufen kann. Nach dem groben Nivellieren des Betons können als so genannte »Lagerhölzer« Latten in der Stärke 4 × 6 cm oder (sehr viel effektiver) Kanthölzer/Rundhölzer von 15 cm Dicke in Abständen von ca. 0,50 m in den frischen Beton gepresst werden. Später nach dem Abbinden des Betons nagelt man auf diese Lagerhölzer als zweiten Boden einfache Bretter (Schalholz) beliebiger Breite mit ca. 10 cm Abstand zueinander. Dieser Bodenaufbau im Heulagerraum ist besonders wichtig, damit durch die PVC-Plane als Sperre unterhalb des Betons keine Bodenfeuchtigkeit aufsteigen kann, der Betonboden Nagetieren das Unterwühlen sowie Verschmutzen des Heus verwehrt und Schimmelbildung im Heu ausgeschlossen oder mindestens stark reduziert wird, wenn zwischen Beton- und Bretterboden ständig Luft zirkuliert. Besteht mindestens ein Abstand von 15 bis 20 cm zwischen Bretterboden und Betonboden, dann kann auch die Stallkatze unterhalb des Heulagers für nützliche Parasitendezimierung sorgen.

HOLZSCHUTZ

Weichhölzer können einerseits durch stetige Feuchtigkeit faulen, aber auch durch die Fresslust der Holzinsekten auf Dauer stark beschädigt werden und ihre statische Funktion einbüßen. Deshalb ist Holzschutz wichtig. Jeder Holzschutz enthält Stoffe, die imprägnierend und schädlingsbekämpfend wirken. Sparsame Dosierung und Einhaltung der Herstellerhinweise sollten beachtet werden. Durch die ständige Belüftung ist bei Offenställen und Außenboxen eine allgemeine Gesundheitsgefährdung von Mensch und Tier wenig wahrscheinlich, aber auch nie ganz auszuschließen. Zweckmäßig ist, wenn alle verwendeten Holzteile bereits im Rohzustand vor der Bearbeitung durch Kesseldruck-, Tauch-, Spritz- oder

Schalbretter als Außenwand in sog. Stülpschalung.

Streichverfahren mit Holzschutz behandelt wurden und trocken verarbeitet werden. Nach der Verarbeitung streicht man noch frische Sägeflächen nach.

Werden Stallteile aus Holz von Pferden »angeknabbert«, gibt es dafür zu 99 % drei Ursachen: a) Langeweile (= zu viel Müßiggang, wenig abwechslungsreiches Haltungsumfeld), b) Raufuttermangel (= zu wenig Gras, Heu, Stroh oder Heulage) und c) eine überlange nächtliche Futterkarenz (oft bei alternativer Einstreu, die – anders als traditionelle Stroheinstreu – nicht der Kaubeschäftigung dient). In solchen Fällen hilft nur die Ursachenbekämpfung (mehr Beschäftigung, längere Kauzeiten), denn stärkerer Holzschutz ist zur Abstellung solcher Knabberattacken keine Dauerlösung. Vor allem sind »Hausmittel (!)« wie Schmieröl- oder Kotanstrich von Holzteilen als unhygienisch und letztlich auch unwirksam abzulehnen.

ABSCHLUSSARBEITEN

Ist der Stallbau im Endstadium schon weit fortgeschritten, sind die aufwändigsten und schwierigsten Arbeiten bereits geschafft und lässt die Stabilität der Gesamtkonstruktion keine Zweifel an den Fähigkeiten des Erbauers aufkommen, folgt nach einer »Verschnaufpause«, die man als nachträgliches Richtfest nutzen kann, die Herstellung/Anbringung

- der Außenwände (bei Stülpschalung die Bretter immer von unten nach oben aufnageln),
- der Innenbeplankung (mit evtl. Wandisolierung),
- der Außenbeplankung (Bitumen-Wellplatten),
- der Innenwände,
- der Dachrinnen, Traufenzahnleisten, Giebelwinkel oder Ortgangbretter,
- der Türen (Stalltüren sollten sich immer nach außen und dabei nach links öffnen lassen, weil Pferde mit der rechten Hand geführt werden; im Einzelfall kann allerdings auch die Öffnung nach rechts aufgrund örtlicher Verhältnisse erforderlich sein (Untertüren müssen sehr stabil und mit zwei Riegeln verschließbar sein: unten Schubriegel, oben sog. »Schweinestallriegel«, den Pferde wegen eines verdeckten Überwurfs nicht öffnen können);
- der Streifenvorhänge vor Stall-Eingängen aus speziellem Weich-PVC als Wind-, Kälte- und Insektenschutz (möglichst mit Tragschiene, die den Vorhang hält und in einer über dem Eingang befestigten Laufschiene verschiebbar gelagert ist),
- der Fressbereichsinstallation mit (möglichst herausnehmbaren) Trennwänden und Futtertrögen.

Der Innenausbau wird abgeschlossen durch

- die Elektroinstallation (nach VDE-Vorschrift für Feuchträume; Installation darf für Pferde nicht erreichbar sein; in jedem Fall ist ein Fehlerstromschalter – FI-Schutzschalter 0,03 Ampère – zu installieren; Abnahme der Anlage erfolgt durch einen vom Stromlieferanten konzessionierten Elektromeister),
- die Wasserinstallation,
- den Ausbau der Nebenräume.

Allgemein sei noch hinzugefügt, dass der Stall weitgehend zugfrei sein muss, die Stützbalken abgerundet werden sollten und keine scharfkantigen Metallbeschläge angebracht werden dürfen; hervorstehende oder herumliegende Nägel sind zu entfernen.

Grafik 7

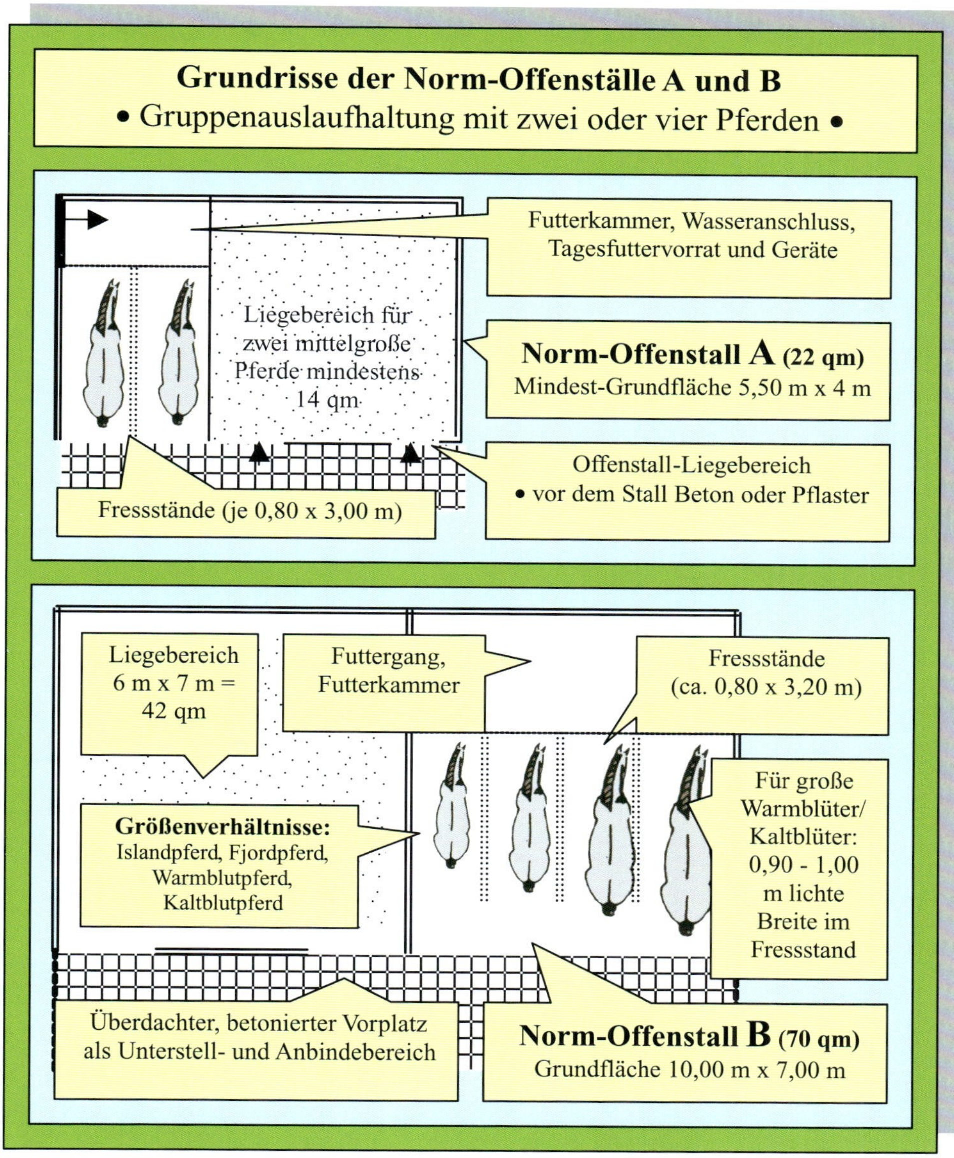

▸ **Wichtig: Die Brandgefahr darf nie unterschätzt werden. Vorsorglich bringe man einen Feuerlöscher evtl. in der Futterkammer oder an einer von den Pferden nicht erreichbaren Außenwand in einem Kasten an. Besonders für Boxenstallanlagen, aber auch für Heu- und Strohlagerräume sind Rauchmelder und Sprinkleranlagen sinnvolle Schutzmaßnahmen (s. Seite 531).**

ANPFLANZUNGEN

Sehr nützlich sind bei allen Stallbauten sowohl im Außenbezirk als auch in Hausnähe bodenständige Bepflanzungen. Laub- und Nadelbäume sowie Heckenpflanzungen ungiftiger Sorten spenden auf Dauer Schatten, sorgen für Windschutz, ziehen Insekten vertilgende Vögel an und sind letztlich auch optisch eine gefällige Bereicherung jeder Haltungsanlage. Immer empfiehlt es sich, alle

Norm-Offenstall A mit getrenntem Liege- und Fressbereich; der Eingang zu den Fressständen ist durch ein empfehlenswertes Vordach witterungsgeschützt.

Tabelle 8

Norm-Offenstall A (Grundfläche 5,50 m × 4,00 m) Baubeschreibung + Materialkosten

Bauteil	Erläuterung	ca.-Preis (Euro)
Stützpfosten + Einzelfundamente	Kanthölzer/Beton/Stahlanker	700,00
Dach-Traversbalken + Wandverstrebungen	Kanthölzer	400,00
Fressstandtrennwände (Höhe = 1,50 m)	Kanthölzer/Bohlen; Sichtschlitze im Kopfbereich	350,00
Kastentröge/Fressstandfüllklappen	Bohlen/Latten/Kanthölzer; verzinkte Scharniere	250,00
Tür Futterkammer + Innenwände	Nut- und Federbretter; verzinkte Beschläge	600,00
Innendecke mit Isolierung	Nut- und Federbretter/Styrodur	300,00
Außenwände	Schalbretter in Stülpschalung	400,00
Betonboden für Fressstände, Futterkammer, 20 qm Vorplatz	grob abgestrichener Beton auf Schotterunterbau	500,00
Dach	Wellplatten, asbestfrei, Eternit P 5, je 7 Stück à 3,10 m + à 2,00 m	750,00
Bodenaufbau Liegebereich (15 cm über Außenbodenniveau)	Unterbau: 15 cm Füllkies, Tretschicht: 20 cm Grobsand, Einstreu: Hobel-/Sägespäne	400,00
Schutzanstrich	Bio-Lasur	150,00
Materialkosten insgesamt		4.700,00
► Arbeitszeitbedarf ca. 150 Selbsthilfe-Stunden		

Tabelle 9

Norm-Offenstall B (Grundfläche 10,00 m × 7,00 m) Baubeschreibung + Materialkosten		
Bauteil	Erläuterung	ca.-Preis (Euro)
Stützpfosten + Einzelfundamente Böden: Fressbereich, Lager und Eingangs-/Unterstellbereich	Kanthölzer/Beton/Stahlanker Beton (Mischung 4:1 = 4 Teile Kies : 1 Teil Zement)	800,00
Stützen/Dach-Traversbalken Wandverstrebungen	kesseldruckimprägnierte Kanthölzer/Bohlen	2.100,00
Wände	Nut- und Federbretter	2.100,00
Kastentröge/Trenngitter zum Futtergang/ Fressstandabtrennungen	Bohlen, Latten, Kanthölzer kesseldruckimprägnierte Garten- Zaunelemente als Gitteraufsätze, wasserfest verleimte Spanplatten als Trennwandbeplankung	2.200,00
Dacheindeckung	Wellplatten à 3,10 m	3.400,00
Zubehör	Lochplattenwinkel, Nägel, Schrauben	550,00
Elektroinstallation	Beleuchtung, Leitungen 3 × 1,5 qmm	300,00
Bodenaufbau Liegebereich	Aushub, Kies, Mauersand	350,00
Schutzanstrich	Bio-Lasur	200,00
Materialkosten insgesamt		12.000,00
▸ Arbeitszeitbedarf ca. 250 Selbsthilfe-Stunden		

Anpflanzungen (auch solche, die ungefährlich sind) ausreichend durch E-Zaun abzusichern, um ein ständiges »Knabbern« der Pferde an Zweigen (Vorsicht bei Dornen!) und Früchten zu unterbinden.
Für Bau- und Naturschutzbehörden sind solche – bereits auf freiwilliger Basis mit in die Stallbauplanung einbezogenen – Bepflanzungen ein positiver Hinweis auf eine ökologisch motivierte (auch wichtige Allgemeininteressen berücksichtigende) Pferdehaltung. Bepflanzungsauflagen der Behörden bei Stallbaugenehmigungen sind im Übrigen üblich, dem kann man freiwillig zuvorkommen, was die förderungswürdige Bodennutzung unterstreicht.

NORM-OFFENSTÄLLE A UND B

In wissenschaftlich begleiteten Praxisversuchen hat sich gezeigt, welche Bedürfnisse bei Gruppenauslaufhaltung am besten in welchen unterschiedlichen Funktionsbereichen befriedigt werden können. Der voll funktionstüchtige Offenstall sollte danach mindestens drei miteinander verbundene Funktionsbereiche aufweisen, nämlich

- Liegebereich (Ausruhen, Schlafen, Schutz suchen),
- Fressbereich (Fressen),
- Lagerbereich (Futterkammer, Bevorratung, Wasseranschluss, Geräte).

Um interessierten Pferdehaltern eine überschaubare, praxisgerechte und vor allem auch preiswerte sowie handwerklich schnell umsetzbare Planungshilfe zu liefern, hat die *AEP* (Arbeitsgemeinschaft für angewandte Ethologie in der Pferdehaltung) unter Projektleitung des Verfassers zwei Norm-Offenställe konzipiert, die für kleine Pferdehaltungen mit zwei (Offenstall A) oder vier Pferden (Offenstall B) einsetzbar sind. Das dargestellte Grundkonzept (siehe Grafik 7, Seite 121) hat sich – mit unterschiedlichen, sehr wünschenswerten Erweiterungen, z. B. einer zusätzlichen Notbox – in der Praxis bewährt. Hinzuzufügen ist, dass es sich bei den skizzierten Vorschlägen bewusst um sehr einfache Minimal-Lösungen handelt. Diese können konstruktiv, optisch und von den Flächenmaßen her individuell noch optimiert werden (z. B. sind Satteldachkonstruktionen statt der vorgestellten einfachen Flachdachbauweise immer eine optische Bereicherung, andererseits aber auch eine finanzielle »Entreicherung«!). Empfohlene Maße für alle Bereiche einer Haltungsanlage sind enthalten in den Tabellen 114 und 115 (siehe im Serviceteil Seite 517 ff.).

GRUNDRISS NORM-OFFENSTALL A

Der Stall benötigt eine Fläche von 22 qm (5,50 m Breite und 4,00 m Tiefe). Dies ist die Mindestfläche, die z. B. als Offenstall einer Gruppenauslaufhaltung für zwei mittelgroße Pferde (bis etwa 1,50 m Stockmaß) zur Verfügung stehen muss.

Auch Weideschutzhütten, die üblicherweise als eher schlichte Offenstall-Konstruktionen nur einen Unterstell-/Liegebereich – ohne separate Fressstände und ohne ein Futterlager – aufweisen, sollten vorzugsweise in der Größenordnung wie Offenstall A erstellt werden, denn sowohl zu Beginn der Weidesaison als auch im Herbst zum Ende der Vegetationszeit ist eine Raufutter-Beifütterung der Weidepferde immer erforderlich. Hierzu muss wenigstens ein kleiner Vorrat witterungsgeschützt im Stall gelagert werden können. In der vegetationsknappen Frühjahrs- bzw. Herbstzeit tragen Fressstände – gerade auch in Weidehütten – zur erheblich stressfreieren Versorgung der Pferde bei, wenn während des Anweidens oder aus Grasmangel im Herbst beigefüttert werden muss. Fressstände verhüten a) Gesundheitsschäden durch Rangeleien aufgrund von Futterneid und b) auch durch gieriges Fressen evtl. verursachte Schlundverstopfungen. Es empfiehlt sich, diese Argumente bei Bauanträgen für Weideschutzhütten als Begründung für eine etwas großzügigere Bauausführung dieser baulichen Anlagen unbedingt vorzubringen, denn – verständlicherweise – sind bei Baubehörden nur selten die genauen Haltungszusammenhänge bekannt. Welche Abmessungen sich für kleinere oder größere Pferde jeweils als Liegefläche und für Stalleinrichtungen mindestens empfehlen, lässt sich nach den »Widerrist-Formeln« (siehe im Serviceteil Tabelle 114, Seite 517) leicht ermitteln.

GRUNDRISS NORM-OFFENSTALL B

Der Stall benötigt eine Fläche von 70 qm (10,00 m Breite und 7,00 m Tiefe). Auf dieser Mindestfläche, die z. B. als Offenstall einer Gruppenauslaufhaltung für vier mittelgroße Pferde (bis etwa 1,50 m Stockmaß) zur Verfügung stehen sollte, sind die Bereiche Fressen, Liegen, Lagern und Unterstellen (unter einem Vordach) untergebracht.

LIEGEBEREICHE/EIN- BZW. AUSGÄNGE DER NORM-OFFENSTÄLLE

Der Liegebereich von Offenstall A ist mit 14 qm und einem Raumvolumen von 38 cbm für zwei mittelgroße Pferde zwar ziemlich knapp, aber soeben ausreichend für gut verträgliche Pferde. Wenn die örtlichen Platzverhältnisse dies zulassen oder die Pferde sich (u. a. aufgrund von »Müßiggang«) durchweg lebhafter bewegen, ist eine Liegebereichsfläche von 25 qm in den Abmessungen 5 × 5 m grundsätzlich als viel pferdegerechter und verletzungsverhütender für zwei mittelgroße Pferde vorzuziehen. Das räumlich knappe Beispiel A mit 14 qm soll lediglich dazu dienen, aufzuzeigen, dass auch bei kleinen Flächen eine Offenstallhaltung möglich ist. Offenstall B bietet jedem Pferd im Liegebereich (Fläche ca. 42 qm) gut 10 qm Mindestfläche (im Offenstall A sind es je Pferd nur 7 qm), was aber ebenfalls nicht allzu üppig ist. Je größer die Gruppe ist, desto lebhafter agieren Pferde, wodurch insgesamt der Platzbedarf ansteigt (im vorliegenden Beispiel B gegenüber A um 43 %). Optimal (auch aus Gründen der einfacheren Einstreupflege!) wären je Pferd durchaus 20 qm Liegefläche.

Durch die Anordnung von zwei Ein- bzw. Ausgängen

- wird weitgehend der Blockierung durch das ranghöhere Pferd vorgebeugt (wie es gelegentlich bei nur einem vorhandenen Eingang zu beobachten ist);
- ergibt sich die Möglichkeit, nur einen oder auch beide Öffnungen mit einem Weich-PVC-Streifenvorhang zuverlässig als Wind-/Kälte- und Insektenbremse zu ver-

Norm-Offenstall B (Fotos 1 bis 4 und 6)

1 Ansicht: links Liegebereich, rechts Fressbereich.
2 Dacheindeckung aus Wellplatten.
3 Angrenzender Paddock rund 200 qm.
4 Fressstände (Breite 80 cm).
5 Überdachte Außenraufe für Raufutter.
6 Fressstand Innenansicht.
7 Fressgitter aus Stahlrohren in einem Laufstall (Rohrabstand etwa 1,5fache Kopfbreite).

sehen. Dieser kann zwar auch bei einer einzelnen, dann allerdings notwendigerweise größeren Ein- bzw. Ausgangsöffnung montiert werden, ist dadurch aber aufgrund der größeren Windangriffsfläche erheblich instabiler und in der Wirkung bei weitem nicht so optimal wie ein schmalerer Vorhang. Für sportlich stark genutzte Pferde, die häufig verschwitzt in den Offenstallbereich entlassen werden – oder bei ungünstiger (örtlich unabänderlicher) Lage des Stalles (z. B. Öffnungen statt zum Süden nach Westen) – sollte zwei schmaleren Öffnungen mit lichtdurchlässigen PVC-Streifenvorhängen immer der Vorzug gegeben werden.

FUTTERKAMMER/RAUMBEDARF

Im Norm-Offenstall A kann die Futterkammer mit knapp zwei qm lediglich

- als Zugang zum Befüllen der Fressstand-Tröge,
- zum Abstellen der Kraftfuttertonne und zur Lagerung des Tagesbedarfs an Heu und Einstreu,
- als Aufbewahrungsraum für Feuerlöscher, Erste-Hilfe-Sets für Zwei- und Vierbeiner, Putz-Utensilien, Werkzeug, Stiefel, Regenjacke, Halfter und Pferdedecken sowie
- als Installationsraum für Elektro- und Wasseranschluss

dienen.

Zur Winterfutterbevorratung ist dieser Raum zu klein. Es muss deshalb außerhalb des Offenstalles zusätzlich ein Lagerraumvolumen von 30 cbm, z. B. für etwa 180 bis 200 kleine Heuballen (sog. »HD-Ballen«), die den Winterbedarf zweier mittelgroßer Pferde decken, zur Verfügung stehen. Ein Lagerraum mit 12 qm Fläche (3 × 4 m) und 2,60 m Höhe wäre ausreichend. Das kann beispielsweise eine größere, gut belüftete Garage sein, die mit einem unterlüfteten Holzboden (z. B. aus lose aneinandergereihten Paletten) ausgestattet wird.

Im Offenstall B ist der Lagerraum mit 3,00 × 1,80 m nur etwas mehr als ein Futtergang; es fehlen in diesem Stallgebäude ca. 60 cbm Raum zum Lagern des Wintervorrats Raufutter für vier Pferde. Der Lagerraum müsste also anderweitig zur Verfügung stehen; gleiches gilt für eine Notbox.

FRESSSTÄNDE

Der Platzbedarf für Fressstände im Fressbereich des Offenstalles richtet sich nach der Größe der gehaltenen Pferde. Grafik 7, Seite 121, veranschaulicht am Stallbeispiel des Offenstalles B durch einen Größenvergleich unterschiedlicher Rassen, dass eine Innenbreite von 0,80 m und die Gesamttiefe (einschließlich Trogkasten) von etwa 3,20 m geeignete Durchschnittsabmessungen darstellen. Wichtig ist, dass jeder Fressstand einerseits zwar nicht zu eng, andererseits aber auch nicht zu breit sein darf, damit sich das Pferd nicht drehen kann, sondern immer rückwärts den Fressstand verlassen muss. Vor allem würde durch einen überbreiten Fressstand das unerwünschte Verdrängen des fressenden rangniederen Pferdes durch einen von hinten hinzukommenden ranghöheren Herdenkumpanen nicht verhindert, sondern dieser würde sogar dazu animiert. Damit wäre der eigentliche Sinn und Zweck der Fressstände, nämlich eine individuell weitgehend ungestörte Futteraufnahme bei Gruppenhaltung zu gewährleisten, nur unzureichend erfüllt.

Folgende (eigentlich selten auftretende) Probleme müssen trotzdem immer individuell für jede Haltung bewertet werden, um Gefahren bei der Benutzung von Fressständen auszuschließen bzw. zu minimieren:

a) Nur bei sehr ruhigen Pferden ist es vertretbar, diese durch eine gepolsterte, schnell herausnehmbare hintere Absperrung während der Fütterung in einen Fressstand einzusperren. Das kann ausnahmsweise erforderlich sein, damit sie nicht anderen – oft rangniedrigeren, aber lebhafteren – Pferden, die während der Fresszeit vielleicht kurzzeitig ihren Fressstand verlassen, das Restfutter wegfressen. Eine solche Absperrung kann wie die Absperrungen in Pferdeanhängern konstruiert sein. Wird der Fressstand z. B. durch einzuhängende Sperrketten abgesperrt (wie man es gelegentlich sieht), müssen diese Ketten aus dicken, glatten Gliedern bestehen und nicht aus verrosteten Schrottketten. Dünne Ketten führen häufig zu Schnittverletzungen an der Hinterhand und zum Verlust von Schweifhaaren. Hintere Fressstand-Absperrungen dürfen weder zu hoch noch zu tief angebracht werden, da sonst die Absperrwirkung gering oder gar gefährlich wird, wenn Pferde z. B. rückwärts über die Kette treten (u. a. Gefahr von Euterverletzungen!) oder mit dem Rücken unter die Kette geraten, was u. a. zur Panik und zu Wirbelverletzungen führen kann. Manchmal ist es erforderlich, solche »verfressenen« Pferde im Fressstand aus Sicherheitsgründen auch anzubinden, damit sie nicht versuchen, nach rückwärts (evtl. dann unter die Kette!) aus dem Fressstand herauszutreten. Falls man eine Anbindemöglichkeit schaffen möchte, ist im vorderen Teil des Fressstands (Trogkastenbereich) ein stabiler Anbindering mit Stahlgrundplatte so verdeckt anzubringen, dass keinerlei Verletzungsgefahr besteht, aber gleichzeitig Durchreichemöglichkeit vom Futtergang aus zum Festmachen oder Lösen gegeben ist. Bei hochblütigen und/oder nervösen Pferden (u. a. bei jungen Vollblutarabern) ist indes äußerste Vorsicht geboten: sie sollten im Fressstand weder angebunden noch durch Ketten u. Ä. am Heraustreten gehindert werden. Wenn sie dennoch zur Fütterung eingesperrt werden, muss während der gesamten Fresszeit immer eine kontinuierliche Überwachung gewährleistet sein, um bei – oft durch Umweltreize verursachten – Störungen wie Hubschrauberlärm, Autohupen u. Ä. sofort beruhigend einwirken zu können.

▸ **Wichtig: Nur mit ungefährlich lösbaren Panikhaken (siehe Ausführungen im Abschnitt »Anbinden«, Seite 208), die vom Futtergang aus durch den Betreuer schnell erreichbar sein müssen, dürfen Pferde im Fressstand angebunden werden. Verchromte Ketten sind hierzu nützlich.**

b) In extrem seltenen Einzelfällen hat das Festliegen von Pferden in Fressständen (bedingt durch Kollaps u. Ä.) ernsthafte Probleme verursacht, wenn die Trennwand nicht beweglich angebracht war. Deshalb: Immer wenn alte und kranke Pferde gehalten werden (z. B. in sog. Gnadenhöfen), empfiehlt es sich, jede Trennwand so zu konstruieren, dass sie herausgenommen oder geschwenkt werden kann. Dazu ist im Grunde genommen sogar generell zu raten, denn dies erleichtert oft auch die jährliche »General«-Reinigung der Fressstände mit einem Hochdruckreiniger.

▸ Kolikanfälligen Pferden sperre man während und nach akuten Krankheitsfällen für wenigstens einen Tag den Fressstand, da ein spontanes Hinlegen im Fressstand zwar unwahrscheinlich, aber auch nicht absolut auszuschließen ist.

Pferde gewöhnen sich in verhältnismäßig kurzer Zeit (ca. drei Tage) an die ihnen individuell zugeteilten Fressstände. In Einzelfällen ist allerdings beobachtet worden, dass es zwei Monate dauerte, bis hochblütige Pferde den Fressstand akzeptierten und in Ruhe (ohne ständiges Heraustreten mit einem Maul voll Futter) dort Kraftfutter und Raufutter fraßen. Nach entsprechender Übung kennen Pferde »ihren« Fressstand genau und suchen diesen im Regelfall auch zu den Fütterungszeiten auf. Es kommt allerdings vor, dass sie aus Neugier auch einmal einen anderen Fressstand belegen. Der eigentliche Inhaber dieses dann bereits besetzten Fressstands läuft in einem solchen Fall normalerweise problemlos in den nächsten freien Fressstand. Ein Vertreiben eines Pferdes aus einem Fressstand – etwa durch Beißen in die Kruppe des »Besetzers« – ist sehr selten, denn dieser hat die Möglichkeit (auch als Rangniedriger), sich mit der Hinterhand erfolgreich zur Wehr zu setzen. Vom Verfasser ist einmalig beobachtet worden, dass eine ranghohe Vollblutaraberstute mit der Hinterhand auf einen im Fressstand stehenden rangniedrigeren (sich nicht wehrenden) Gruppenkumpanen keilte. Das muss glücklicherweise als rare Ausnahme gelten.

Trennwandmontage

Bei Montage der Trennwand zwischen Fressständen und bei Installation der Einrichtung des Fressstands (siehe Abbildung auf Seite 125) stehen Forderungen nach Stabilität und Verhütung jeglicher Verletzungen obenan. Stabilität wird erreicht durch eine Kantholzkonstruktion (Stärke der Kanthölzer mindestens 8 × 8 cm, bei Kaltblütern 10 × 10 cm) mit stabilisierenden Ausfachungen und beidseitiger Beplankung mit zwei

Zentimeter starken gehobelten Nut- und Federbrettern oder OSB- bzw. Spanplatten. Bei alternativ möglicher Beplankung mit Schalholzbrettern müssen diese abgeschliffen und parallel eng zueinander auf die Kantholzkonstruktion genagelt oder geschraubt werden. So erhält man Trennwände, die mindestens 12 cm stark sind und seitlichem Druck ausreichend standhalten.
Trenn- und Begrenzungswände dürfen im unteren Bereich keine Zwischenräume aufweisen, denn das kann zu einem Festklemmen eines Hufes führen. Empfehlenswert ist die Konstruktion von herausnehmbaren Trennwänden. Man schraubt dazu auf die Wand z. B. vorne und hinten je zwei Torbänder, die wiederum in Plattenkloben gehängt werden (vorn und hinten: jeweils oben und unten). Alle vier Plattenkloben (jeweils mit einem Eisendorn, der das eingehängte Torband hält) werden oben und unten an die Stirnseite der genügend starken Trennwand-Pfosten (vorne und hinten je ein Pfosten) in ausreichend hoch aufgestemmte Nischen so verdeckt aufgeschraubt, dass die Trennwand durch Anheben nach oben entfernt werden kann und Verletzungen ausgeschlossen sind. Die Anbringung der Aufhängung muss sehr präzise und maßgenau ausgeführt werden. Um solche Trennwände herauszunehmen, müssen diese unten durch Hebelwirkung (Brecheisen benutzen) angehoben werden. Zweckmäßig ist deshalb, im (betonierten) Boden der Fressstände unterhalb der Trennwand mehrere fingerdicke Spalten zu belassen, in die das Hebelwerkzeug eingesetzt wird. Kräftemäßig sind zwei Personen zum (seltenen) Herausheben einer Holztrennwand erforderlich. Benutzt werden können als Trennwand auch (herausnehmbare) bodentiefe Stahlpanels, wenn die offenen Felder dieser Panels durch (beidseitiges) Aufschrauben von dicken Spanplatten geschlossen werden. Schrauben und Muttern sollten tunlichst versenkt bzw. mit dem Winkelschleifer weitgehend plan geschliffen werden, um Risswunden bei den Pferden auszuschließen!
Als Anhaltspunkt für die Trennwandhöhe dient das Stockmaß der gehaltenen Pferde. Während z. B. für Pferde mit 1,55 m Widerristhöhe die Trennwand im hinteren Teil 1,20 m bis 1,50 m hoch sein kann, sollte sie im vorderen Trogkastenbereich etwa 1/3 höher gebaut werden, demnach maximal 2,00 m hoch sein. In diesem vorderen Trennwandteil bringt man ab Augenhöhe der fressenden Pferde ein Sichtgitter oder Sichtschlitze an. Das können auch glattverzinkte, entgratete Stahlstäbe sein oder eingeleimte, tiefdruckimprägnierte Rundholzstäbe. Sichtschlitze oder -gitter gewährleisten, dass sich die fressenden Pferde sehen können. Sie fühlen sich in Gemeinschaft sicher – trotz der Enge im Fressstand – weil der Herdenkumpan nebenan steht. Da Drohgebärden und Futterneidattacken stets erfolglos verlaufen, verlieren sie ihren Sinn im Fressstand. Nach kurzzeitiger Gewöhnung an die Fressstandfütterung lernen auch sonst sehr futterneidische Pferde schnell, dass ihre Drohgebärden keinem Nachbarn mehr imponieren. Dieses Verhalten reduziert sich deshalb drastisch und ist auf Dauer allenfalls noch in sehr milder Form zu beobachten.

Boden und Trogkasten im Fressstand

Befestigt werden muss der Boden des gesamten Fressstands, um diesen regelmäßig reinigen zu können. Nicht unbedingt notwendig, aber vorteilhaft ist, wenn der Boden als ca. 10 cm tiefe Betonwanne mit einem verschließbaren Abfluss hergestellt wird. Es darf aber im Fressstandeingang dazu keine Schwelle gegossen werden, sondern der Boden sollte mit leichtem Gefälle rampenähnlich auf das niedrigere Wannenniveau hinlaufen. Eine solche Wannenausbildung bietet große Vorteile für Pferde mit sommerlichen Hufhornproblemen. Durch Befüllung der Fressstandbodenwanne mit Wasser kann das entsprechende Pferd längere Zeit – bei gleichzeitiger Futtervorlage – darin verbringen, das Horn saugt sich voll. Auch bei Pferden mit Huf- und Beinerkrankungen (z. B. Hufrehe) ist auf diese Art lindernde Kühlung als Teiltherapie einfach und wirksam zu bewerkstelligen.
Im vorderen Teil des Fressstands wird über die gesamte Breite ein Trogkasten aus abgeschliffenen und abgerundeten vier bis sechs Zentimeter starken biolasierten Fichten- oder

Eichenbohlen gebaut, der zur Aufnahme des Raufutters dient. Um eine anatomisch günstige Fresshaltung zu gewährleisten, hat es sich bewährt, den Trogboden in einer Höhe anzubringen, die etwa einem Drittel des Stockmaßes entspricht. Zur regelmäßigen Säuberung des Trogkastens von Staub und Fremdkörpern kann man einen Sauger benutzen oder Reinigungsöffnungen vorsehen. Ist der Trogkasten freihängend an der Stirnwand befestigt, dient zur Säuberung ein größeres Bohrloch, durch das der Schmutz mit einem Handbesen nach unten auf den Boden gekehrt wird. Den Trogkastenboden mit Gittern zu versehen (durch die dann der Schmutz fallen soll) ist möglich, hat sich in der Praxis aber nicht bewährt. Um herausnehmbare Kraftfutterkrippen zu benutzen, müssen verletzungsverhütende Halterungen ausgewählt und montiert werden. Feste Kraftfutterkrippeneinsätze kann man innerhalb des Trogkastens (als Teil dieses Kastens) vorsehen, sie sind aber schwieriger zu reinigen als herausnehmbare Krippen. Feste Einsätze erleichtern bei größeren Pferdebeständen die Kraftfutterzuteilung, da man nicht mit etlichen Gefäßen hantieren muss, sondern aus einer Futterkarre Kraftfutter jeweils in die vorhandenen Krippen füllt. Durchaus praktikabel ist bei kleineren Pferdebeständen das einfache Hineinstellen von Kraftfuttereimern in den Trogkasten. Nach dem Fressen entfernt man diese umgehend. Damit die Futterzuteilung und -dosierung weitgehend reibungslos funktioniert, auch z. B. Eimer herausgenommen werden können, wenn Pferde noch im Fressstand verweilen, muss jeder Trogkasten von der Futterkammer aus durch eine sich öffnende Füllklappe oder ein Gitter mit Durchreiche zugänglich sein. Füllklappen sollten sowohl im geschlossenen als auch im geöffneten Zustand mit sicheren Arretierungen versehen sein, damit Pferde nicht durch Übersteigen des Trogkastens in die Futterkammer gelangen können.
Eingänge zu Fressständen bleiben üblicherweise offen, können aber ebenfalls mit Weich-PVC-Streifenvorhängen versehen werden, um bei ungünstiger Lage des Fressbereichs den Pferden ausreichend Witterungsschutz während des Fressens zu bieten (z. B. bei Öffnung nach Westen immer erforderlich). Bei sportlich sehr stark auch in der feucht-kalten Jahreszeit genutzten Pferden sind diese Vorhänge besonders zu empfehlen. So können die verschwitzten Pferde nach dem Reiten (je nach Bedarf eingedeckt) geschützt ihre Futterrationen fressen. Werden die handelsüblichen Befestigungselemente (Aufhängeblech für jeden Streifen, Trag- und Laufschiene) verwendet, lassen sich Streifenvorhänge problemlos abnehmen und bei jahreszeitlich wechselndem Bedarf auch schnell wieder einhängen. Günstig ist, wenn mit Vorhängen ausgestattete Fressstände eine um 0,50 m längere Standfläche erhalten. Fressende Pferde stehen dann näher zur Stirnwand. Sturmbedingte Störungen durch nach innen flatternde Vorhänge, die bei kurzem Fressstand stets die Hinterhand des Pferdes streifen würden, entfallen dadurch.
Sehr zweckmäßig ist auch ein Vordach, das man über die gesamte Breite der Fressstände als zusätzlichen Schutz der Eingänge und auch zum Unterstellen anbringen kann (siehe Abbildung auf Seite 122).

EINFACHE STALLBAUTEN DURCH ANBAU ODER ERWEITERUNG

Während der Bau eines separaten, frei stehenden Stalles – vom Einmessen des Bauplatzes bis zum akzeptablen Ausrichten der Stützen – handwerklich schon anspruchsvoller ist, kann der Anfänger auch Außenboxen oder Offenställe mit wenig Aufwand durch Anbau an ein bestehendes Objekt erstellen. Anbauten haben den entscheidenden Vorteil, dass die neue Konstruktion sich an ein vorhandenes Gebäude »anlehnt«. Auch die Verlegung von notwendigen Versorgungsleitungen (Wasser, Strom) ist mit erheblich weniger Aufwand und geringen Materialkosten verbunden. Einer seitlichen Erweiterung (an der Traufenseite, also da wo sich die Dachrinne des bestehenden Gebäudes befindet) ist – falls örtlich durchführbar, der Vorzug zu geben, da bei dieser Lösung der Dachansatz des neuen Anbaus geschützt unter dem Traufendachüberstand des bestehenden Gebäudes liegt. Denkbar ist bei einem seitlichen Anbau auch das sog. »Abschleppen« des Daches. Dies bedeutet nichts anderes als Verlänge-

Grafik 8

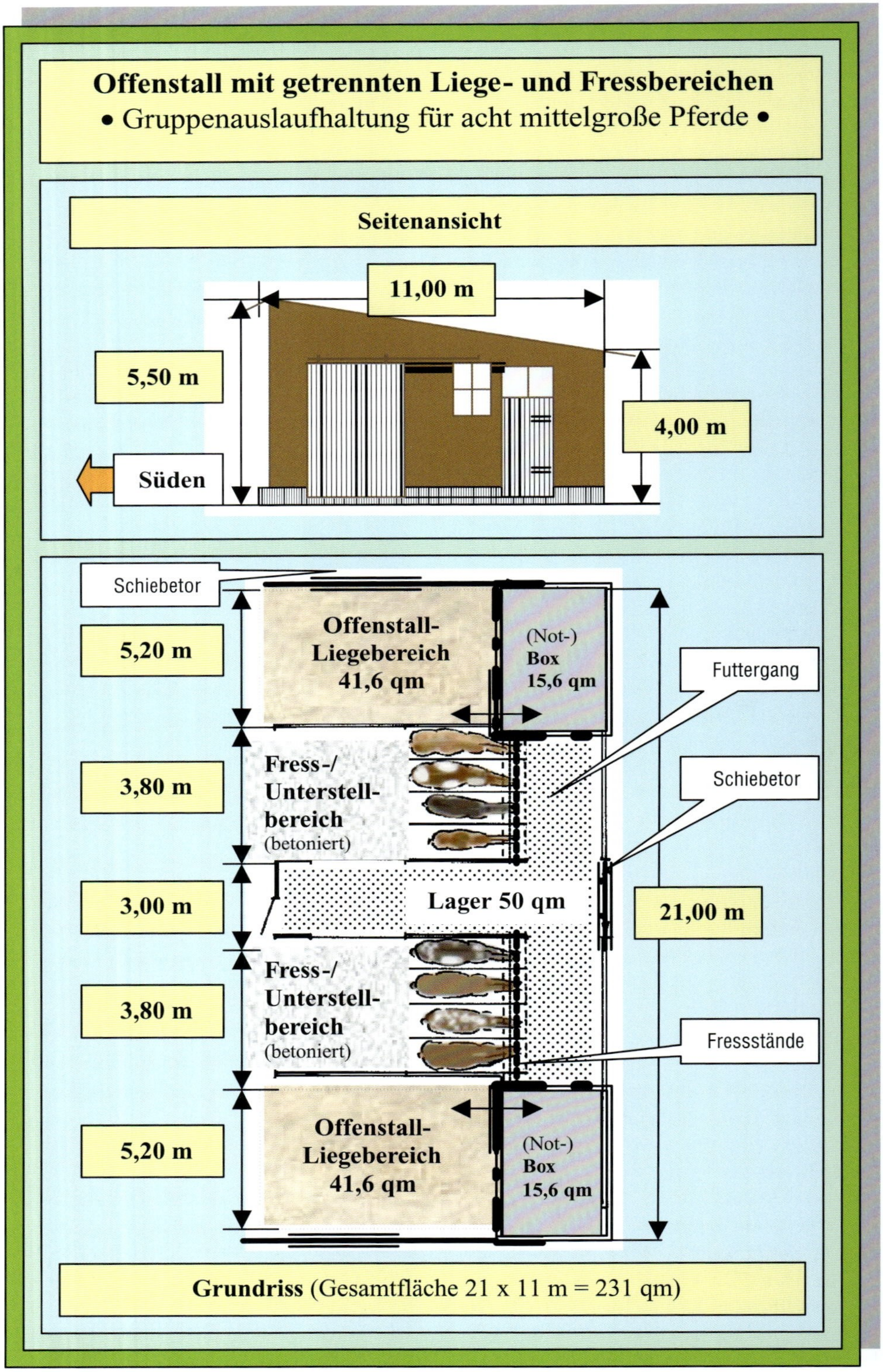
Offenstall mit getrennten Liege- und Fressbereichen
• Gruppenauslaufhaltung für acht mittelgroße Pferde •
Seitenansicht
11,00 m
5,50 m
4,00 m
Süden
Schiebetor
5,20 m
Offenstall-
Liegebereich
41,6 qm
(Not-)
Box
15,6 qm
Futtergang
3,80 m
Fress-/
Unterstell-
bereich
(betoniert)
Schiebetor
3,00 m
Lager 50 qm
21,00 m
3,80 m
Fress-/
Unterstell-
bereich
(betoniert)
Fressstände
5,20 m
Offenstall-
Liegebereich
41,6 qm
(Not-)
Box
15,6 qm
Grundriss (Gesamtfläche 21 x 11 m = 231 qm)

rung der Dachfläche des bestehenden Gebäudes um die gewünschte Tiefe des Anbaus. Eine Verlängerung kann mit gleicher oder verminderter Dachneigung vorgenommen werden. Durch verminderte Neigung erhält der Anbau dann ein flacheres Dach als das bereits bestehende Gebäude (dadurch vermeidet man u. U. eine zu geringe Eingangshöhe beim Anbau). Beim Anbau an Stirn- oder Rückfront (Giebelseite) ist handwerklich einwandfreie Abdichtung zwischen Giebelwand und neuem Dachansatz erforderlich. Das kann z. B. durch eine sog. »Zinkblechkehle« oder Auskleidung mit Walzblei geschehen. Mit einer handelsüblichen Kappleiste, speziellen Spenglerschrauben und zusätzlicher Silikonabdichtung werden diese Metallbleche haltbar an der Wand befestigt. Wie ein sehr einfacher Pultdachoffenstall als »Veranda« an einen Zweier-Boxenstall angebaut wurde, zeigt die Abbildung auf Seite 84.

OFFENSTALL FÜR EINE GRUPPENAUSLAUFHALTUNG MIT ACHT MITTELGROSSEN PFERDEN

Für Gruppenauslaufhaltungen mit größeren Pferdebeständen kann der nachfolgend beschriebene Pultdachoffenstall in Kantholz-Ständerwerkbauweise als Beispiel dienen (s. Grafik 8, Seite 130). Er eignet sich sowohl für typische Freizeitpferde als auch für sportlich stärker genutzte Pferde. Es steht in diesem Beispiel je Pferdegruppe eine große Notbox zur Verfügung. Wenn in diesem Stall Zuchtpferde gehalten werden, kann die Einplanung von weiteren bzw. größeren Boxen, die zum Abfohlen dienen, sinnvoll sein. Empfehlenswert sind Boxenflächen um 20 qm.

Grundriss

Auf einer Gesamtbaufläche von 231 qm (21,00 m Breite und 11,00 m Tiefe) bietet dieser Stall die Möglicheit zur getrennten Haltung zweier Gruppen. Deckungsgleiche Stallteile weisen jeweils vier Fressstände (à 0,80 m × 3,00 m), einen davor angeordneten Unterstellbereich (3,80 m × 5,00 m = 19 qm) sowie den separaten Liegebereich mit 41,6 qm Fläche (5,20 m × 8,00 m) auf. An den Offenstall-Liegebereich ist jeweils eine große Box angegliedert. Die Maße beziehen sich auf mittelgroße Pferde.

Liege-/Unterstellbereich

Nach der Widerristformel wären für jedes mittelgroße Pferd sieben qm Liegebereichsfläche vorzusehen. In vorliegender Skizze müssten dies 4 × 7 = 28 qm für jede Vierergruppe sein. Allerdings ist im skizzierten Beispiel der eingestreute Liegebereich mit 41,6 qm doppelt so groß, weil der Mindestplatzbedarf in der Praxis oft zu Rangordnungsproblemen führt. Zusätzlich ist ein separater (gepflasterter) Unterstellbereich vor den Fressständen angeordnet. Zwar wird der Liegebereich selten von allen Pferden gleichzeitig zum Liegen benutzt, doch sollte man nach Möglichkeit immer etwas Flächen-Komfort einplanen. Da mit dem Unterstellbereich vor den Fressständen ein weiterer wirksamer und genügend großer Schutzbereich vorhanden ist, der von mindestens zwei Pferden frequentiert werden kann, könnten evtl. Flächeneinsparungen um 25 % beim Liegebereich vertretbar sein.

Der gepflasterte Unterstellbereich vor den Fressständen ist immer vorteilhaft, weil

- die Fressstände im rückwärtigen Stallteil dadurch sehr geschützt liegen;
- Pferde kurze Zeit nach der Fütterung Kot absetzen, der aus dem gepflasterten Bereich einfach zu entfernen ist;
- dieser Bereich gleichzeitig als Putz- und Anbindeplatz, aber auch für tierärztliche Maßnahmen und für den Schmied zur Verfügung steht.

Damit zwischen Pferden im Unterstellbereich und im Liegebereich trotz der Trennwand optische Kontakte möglich sind, kann die Wand auf 1,50 m Höhe begrenzt werden oder ab 1,30 m Höhe aus einem Metallgitter bestehen.

Nützlich sind bei höheren Trennwänden (und auch generell bei Frontwänden) als oberer Wandersatz sog. Windnetze, die – abhängig von der Maschengröße und Materialstärke – einerseits Luftströme abmildern, andererseits ein Minimum an Be- und Entlüftung bewirken und noch genügend Licht hereinlassen. Im Stallzubehörhandel sind für diese Zwecke maßangefertigte Windnetzpanele mit Aluminium-Rahmen, aber auch sehr praktische, bewegliche Rollo-Systeme erhältlich.

Grafik 9

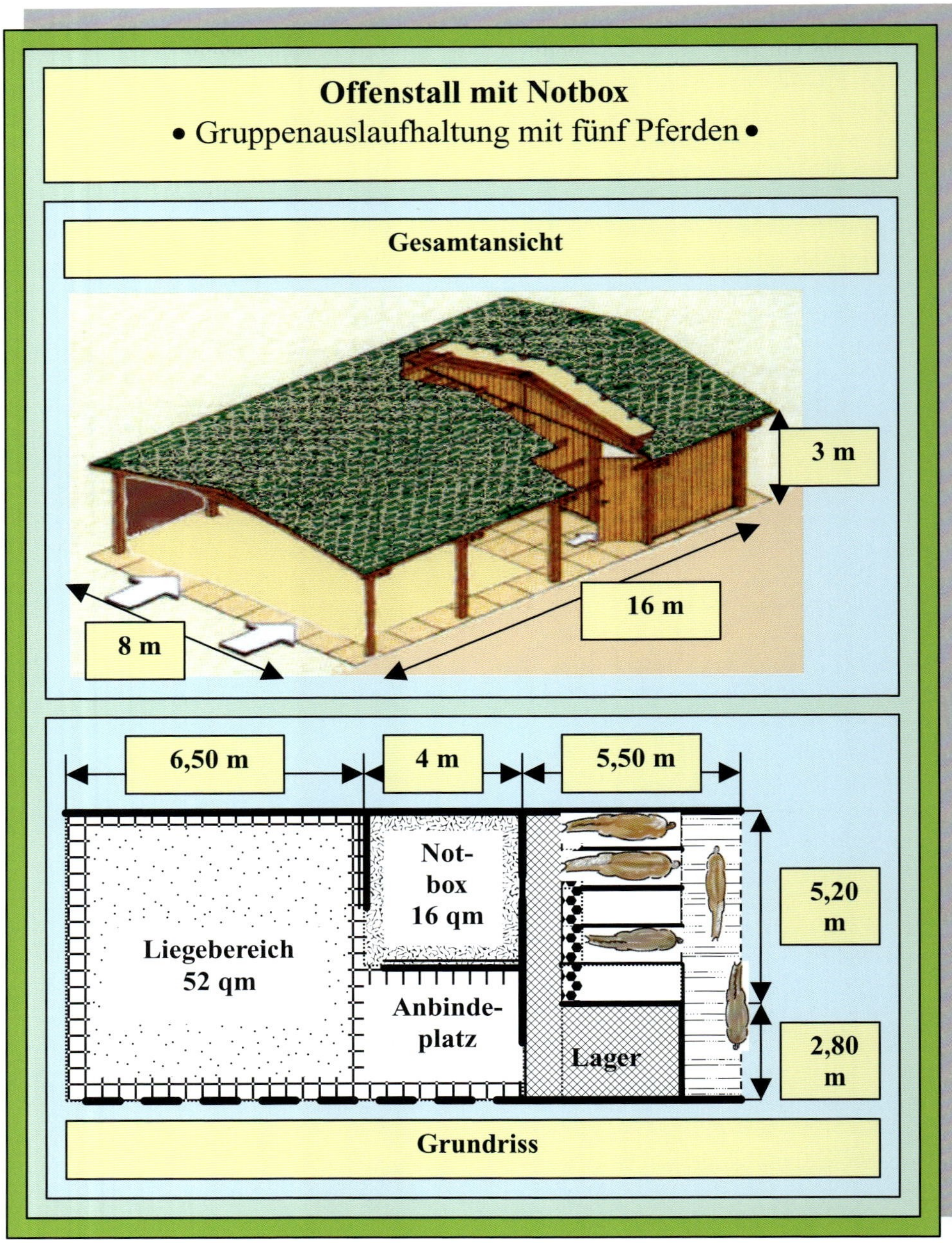

Lagerraum/Zugänge

Im hinteren Stallbereich ist ein Futtergang mit Lagermöglichkeit eingeplant. Hier lässt sich ein Teil des benötigten Winterfutters (Monatsvorrat) lagern und bequem in die Fressstände einfüllen. Sowohl seitlich als auch von vorn (Auslauf) sind normale Zugangstüren zu den Boxen und zum Futtergang vorgesehen; an der Rückwand befindet sich eine zwei Meter breite Schiebetür, durch die zu lagerndes Raufutter transportiert werden kann. Jeder Liegebereich ist von der Seite durch eine Schiebetür zugänglich, denn das erleichtert die Einstreupflege. Schiebetüren schließen im Allgemeinen nur dann zugdicht, wenn sie mit breiten Gummifalzen versehen werden.

Materialkosten

Als grober Anhaltspunkt kann bei diesem Stall von reinen Materialkosten in Höhe von 55.000 Euro ausgegangen werden.

OFFENSTALL MIT NOTBOX FÜR EINE GRUPPENAUSLAUFHALTUNG MIT FÜNF PFERDEN

Während die bisher vorgestellten Stallkonzepte als einfache Pultdachkonstruktionen ausgeführt werden konnten, ist der in Grafik 9, Seite 132, dargestellte Komplex mit Satteldach aufwändiger herzustellen. Experimentierfreudige Pferdehalter könnten diesen Stall statt mit üblichen Bedachungsmaterialien alternativ mit einem Grasdach versehen, wie es in nordischen Ländern, z. B. Island, bei solchen Bauten gelegentlich zu sehen ist. Die gesamte Konstruktion und Abdichtung des Daches muss dafür speziell durchgeplant werden. Vorteile der natürlichen Grasbedachung sind günstige klimatische Raumbedingungen durch die Isolationswirkung zu jeder Jahreszeit.

Grundriss

Bei einer überbauten Gesamtfläche von 128 qm (8,00 m × 16,00 m) können räumlich recht großzügig etwa fünf mittelgroße Pferde gehalten werden. Die Funktionsbereiche »Fressen« und »Liegen« wurden jeweils an die Giebelseiten verlegt. Eine generell immer empfehlenswerte Notbox ist dem Liegebereich angegliedert. Das in der Box zeitweise untergebrachte Pferd kann – ebenso wie der Fressstandbereich – über den Futtergang des Lagers vom Betreuer versorgt werden und hat Sichtkontakt zu den Pferden in den Fressständen.

Notbox

Für die Notbox sind verschiedene Installationen erforderlich. Zum Futtergang des Lagers wäre eine größere Futterklappe vorzusehen, die einerseits das Vorlegen des Futters erleichtert und andererseits auch dem dort fressenden Pferd Kontakt zu den Artgenossen bietet. Anstelle der Futterklappe, die nach der Fütterung geschlossen werden sollte, könnte auch eine geteilte Türe eingebaut werden. Sinnvoll wäre es, an der Untertür einen (abnehmbaren) Trog anzubauen und während des Fressens die Obertür geöffnet zu halten. Für die Box empfiehlt sich eine eigene Selbsttränke.

Besonderheiten

Die örtlichen Witterungsverhältnisse (Hauptwindrichtung) sind bei einem solchen Stall besonders genau mit in die Planung einzubeziehen. Immer sollte der Liegebereich allerdings seine Zugangsöffnung nach Süden haben. Die Fressstände können dann zu einer anderen Seite gelegt werden, wenn ein Vordach (wie hier im Beispiel skizziert) angebracht wird. Eine Mindesttiefe des Vordaches von einer Pferdelänge (ca. 3,00 m) ergibt zusätzliche Unterstellmöglichkeiten und etwas »Komfort« für den Betreuer. Obligatorisch sind bei ungünstiger Lage der Fressstände PVC-Streifenvorhänge, die gleichzeitig auch unangenehmen Luftzug in den vorderen Notboxen-Liegebereich vermeiden, wenn die Fressklappe der Notbox geöffnet ist.

Die getrennte Anordnung des Fressbereichs und des Liegebereichs (hier im beschriebenen Beispiel jeweils Zugang von den Giebelseiten) ist vorteilhaft, weil der den Stall umgebende Auslauf ohne großen Aufwand ständig oder auch nur zu bestimmten Zeiten durch Elektrozaun geteilt werden kann (Teilung etwa dort, wo der Anbindeplatz an das Lager grenzt). So ergibt sich ein Auslaufteil, der mit dem Liegebereich verbunden ist und ein zweiter Teil, der den Fressbereich umgibt. Es besteht dadurch die Möglichkeit, jeweils vor den nächsten Fütterungszeiten die Fressstände zu befüllen – ohne dass Pferde dabei im Bereich der Fressstände stören oder »scharrend« gar um Futter betteln. Erst zur Fütterungszeit öffnet man die Absperrung und lässt die Pferde in den Auslaufteil des Fressbereichs.

Bauweise

Die Konstruktion entspricht einer typischen Mehrzweckhalle, wie sie in Leichtbauweise seit Jahren in Amerika, in Frankreich und in skandinavischen Ländern errichtet wird. Heute sind ähnliche Hallen auch im hiesigen landwirtschaftlichen Bereich anzutreffen. Kennzeichnend für diese Leichtbauweise ist, dass Kanthölzer (ca. 24 × 24 cm) oder Rundmasten (Durchmesser 30 cm) als direkt in Beton einzuspannende Stützen verwendet werden. Aus statischen Gründen (Tiefenschutz zur Fäulnisabwehr) müssen alle verwendeten Stützen mit mindestens 90 kg Steinkohlenteer/cbm kesseldruckimprägniert sein. Rundmasten sind im Bauholzhandel nicht erhältlich, sie bezieht man in den erforderlichen Abmessungen bei Imprägnierwerken, die hauptsächlich Elektrizitäts- oder Telefonunternehmen beliefern. Das übrige Holz kann Nadelholz der Güteklasse II sein, das in Salzlösungen tauchimprägniert wird.

Bauausführung

Bauliche Selbsthilfe ist auch bei solchen Bauten möglich – vorhandenes praktisches Geschick und handwerkliche Erfahrung vorausgesetzt. Allerdings sollten die Grenzen der eigenen Fähigkeiten erkannt werden, weshalb auf eine fachkundige Anweisung und verantwortliche Überwachung nicht zu verzichten ist. Stützen müssen beispielsweise sehr zuverlässig im Boden verankert sein, um sämtlichen auf das Gebäude einwirkenden Sog- und Druckkräften standzuhalten und diese sicher in das Erdreich abzuleiten. Man halte sich vor Augen, dass bei Stürmen mit Windgeschwindigkeiten von 100 km/h ein Staudruck von ca. 50 Kilopond/qm entsteht, dem der Stall standhalten muss. Bei Traufenhöhen um 3,00 m und Firsthöhen von etwa 4,00 bis 5,00 m sind Stützenabstände von 3,50 bis 5,00 m einzuhalten. Als Einspanntiefe der Stützen reichen 1,30 bis 1,50 m aus. Die Fundamentlöcher lassen sich mit einem zapfwellenangetriebenen Erdbohrer herstellen. Dabei sollten die Löcher nicht mehr als 15 bis 20 cm breiter als die verwendeten Stützen sein. Notwendig zur verbesserten Lastverteilung und Aufnahme der Vertikallasten (Dachfläche, Schnee) ist Betonierung der Lochsohle (20 cm dick). Mit Frontlader und Greifwerkzeug können die Stützen in die Fundamentlöcher gestellt werden. Primär unter Anleitung eines erfahrenen Zimmermanns sind Stützen auszurichten und anschließend mit Längsriegeln zu befestigen. Danach ist Betonverfüllung der Fundamentlöcher fällig. Später folgt druck- und zugfeste Verbindung der Dachkonstruktion mit den Stützen.

VARIABLER BOXEN-OFFENSTALL

Optisch ansprechender als Pultdachställe ist der in Grafik 10, Seite 135, skizzierte variable Boxen-Offenstall mit 40°-Satteldach. Er könnte als typischer Privatstall für zwei sportlich genutzte Warmblüter dienen.

Grundriss

Der eigentliche Satteldach-Stall hat eine Grundfläche von 36 qm (4,50 m × 8,00 m). Hinzu kommen 24 qm (3,00 m × 8,00 m) Funktionsbereich unter der »Schleppdach-Veranda«. Nutzung und Aufteilung sind variabel. Es können

- der 36 qm große Stall als großzügiger Offenstall-Liegebereich genutzt und unter dem Schleppdach Fressstände und ein Anbindebereich vorgesehen werden.

Denkbar ist auch, dass

- der Stall in zwei jeweils 18 qm große Boxen (4,00 × 4,50 m) unterteilt wird und unter dem Schleppdach zusätzlich eine Offenstallhaltungsmöglichkeit (Fressstände 6 qm und Unterstellbereich 12 qm) besteht.
- Im Stallteil hinter den Fressständen wäre auch eine 9 qm große Futterkammer mit Außentür zweckmäßig (vergleiche dazu sinngemäß Grundriss Norm-Offenstall A in Grafik 7, Seite 121). Der Offenstall-Liegebereich hätte dann eine um die Fläche der Futterkammer verminderte Fläche von 27 qm oder alternativ zwei Boxen von jeweils 3,00 m × 4,50 m (= 13,5 qm).

Lager

Über dem Liegebereich wäre in 3,10 m Höhe eine Holzdecke einzubauen. Wenn gleichzeitig an einer Giebelseite eine Einstiegsklappe vorgesehen wird, ergibt sich im Dachraum Lagerkapazität für ca. 60 kleine Hochdruckballen Heu. Die Holzdecke muss geschlossen sein (Nut- und Federbretter oder Schalholzbretter plus miteinander verleimte Spanplatten), damit Stalldämpfe nicht ins Heu gelangen und auch keine Schmutzpartikel in den Stallbereich rieseln. Die unter dieser Holzdecke verlegten, ausreichend zu dimensionierenden Balken (ca. 8 cm × 20 cm hochkant

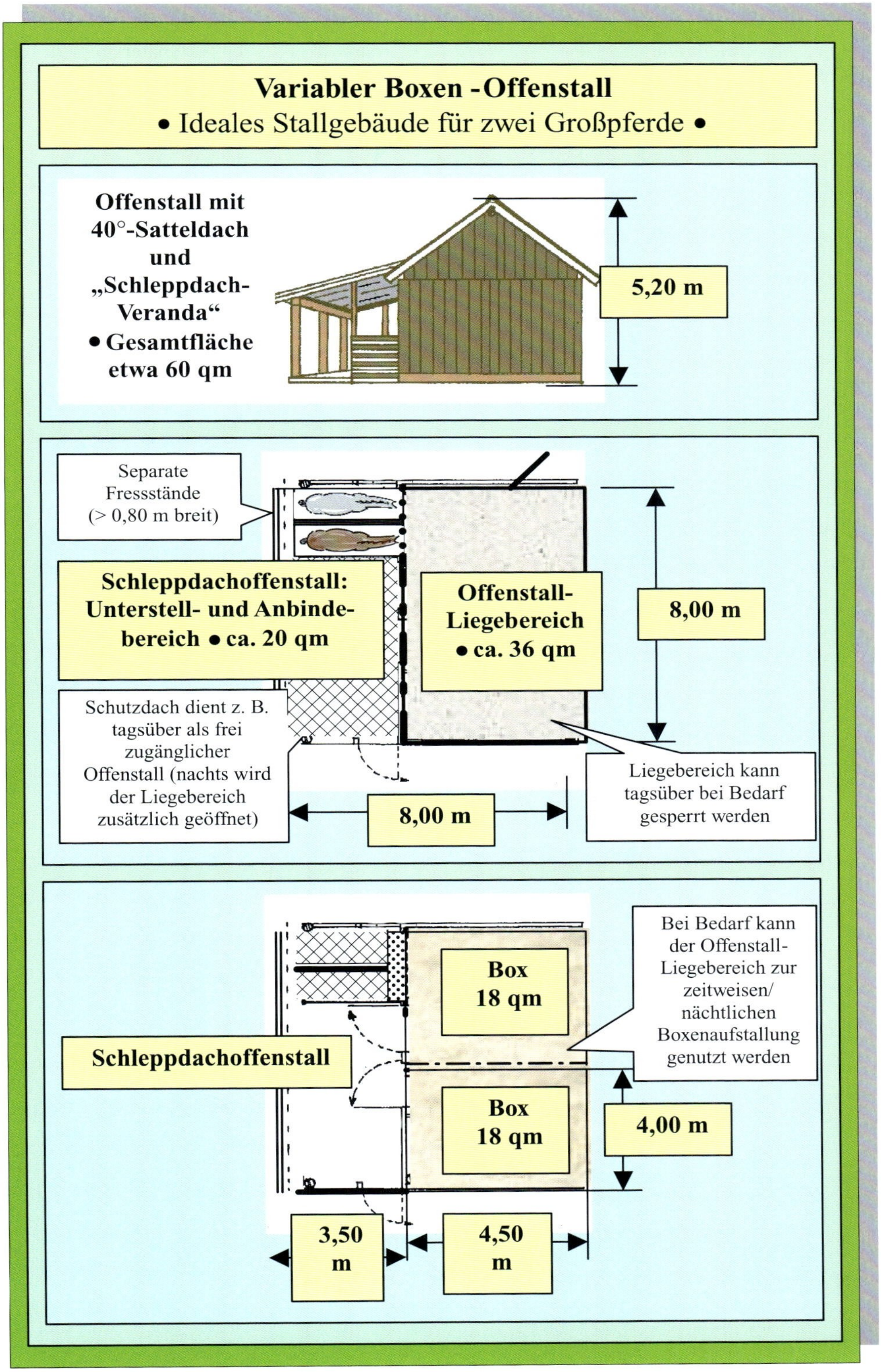
Variabler Boxen - Offenstall
• Ideales Stallgebäude für zwei Großpferde •
Offenstall mit 40°-Satteldach und „Schleppdach-Veranda“ • Gesamtfläche etwa 60 qm
5,20 m
Separate Fressstände (> 0,80 m breit)
Schleppdachoffenstall: Unterstell- und Anbindebereich • ca. 20 qm
Offenstall-Liegebereich • ca. 36 qm
8,00 m
Schutzdach dient z. B. tagsüber als frei zugänglicher Offenstall (nachts wird der Liegebereich zusätzlich geöffnet)
8,00 m
Liegebereich kann tagsüber bei Bedarf gesperrt werden
Bei Bedarf kann der Offenstall-Liegebereich zur zeitweisen/ nächtlichen Boxenaufstallung genutzt werden
Box 18 qm
Schleppdachoffenstall
Box 18 qm
4,00 m
3,50 m
4,50 m

verlegt) dürfen nicht zu weit auseinanderliegen. Als sog. Kehlbalkenlage richten sich die Abstände nach den Dachsparren. Statisch erforderlich ist deshalb, die Sparrenabstände mit maximal 0,50 m einzuplanen. Immerhin hat das zu lagernde Raufutter mehr als eine Tonne Gewicht.

Materialkosten

Bereits Dach- und Deckenkonstruktion sowie auch die Bedachung aus Ziegeln sind wesent-

Grafik 11

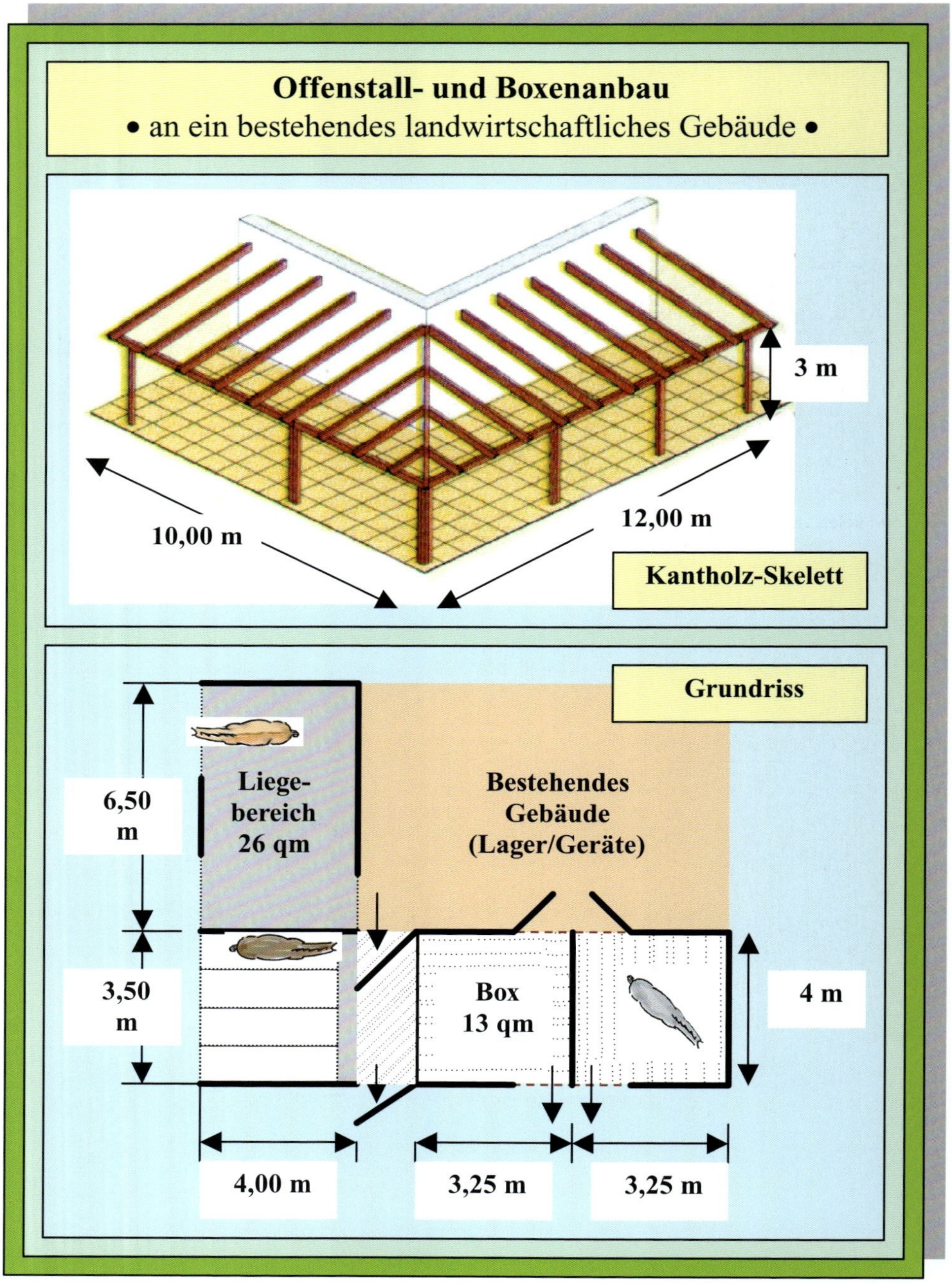

Rohbau-Skelett mit Satteldachkonstuktion (siehe hierzu Grafik 10 auf Seite 135).

Dacheindeckung und Anlage des Sandauslaufs.

Grafik 12

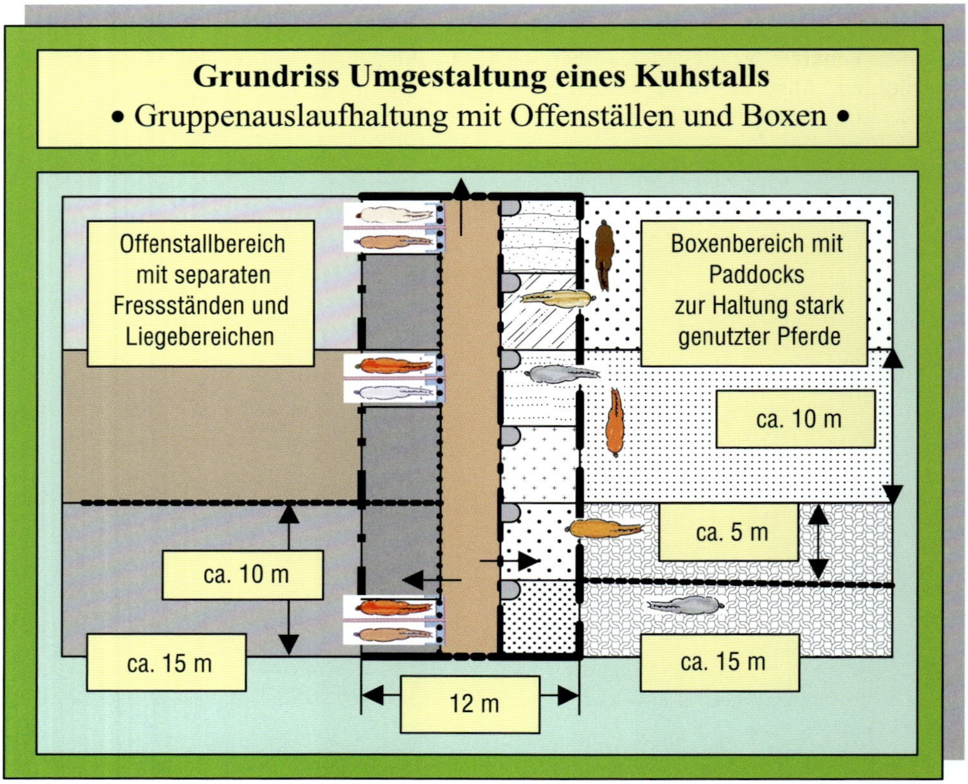

lich kostenträchtiger als rein flächenmäßig vergleichbare Pultdachbauten mit Wellplatteneindeckung. Als grober Anhaltspunkt belaufen sich die reinen Materialkosten für den Satteldachstall mit Schleppdach und Lager auf gut 25.000 Euro.

STALLANBAU AN EIN BESTEHENDES LANDWIRTSCHAFTLICHES GEBÄUDE

Landwirtschaftliche Betriebshaltung

Bei Darstellung der Unterbringungsmöglichkeiten wurde bereits im Kapitel »Eigenhaltung, Pensionshaltung, Haltergemeinschaft« auf die Pferdehaltung im Rahmen landwirtschaftlicher Betriebe hingewiesen. Diese Haltungen können

- als professionelle Pensionshaltungen »reitstallähnlich« vom Betriebsinhaber durchgeführt oder auch
- ähnlich wie eine Haltergemeinschaft aufgebaut sein – mit Teilbereichen der Haltung, die vom Pferdeeigner selbst erledigt werden.

Beide Arten der landwirtschaftlichen Betriebshaltung bieten für alle Beteiligten Vorteile. Bei professioneller Pensionshaltung (meist als ein »Standbein« unter mehreren) ergeben sich im Regelfall für den Landwirt im Vorhinein größere Investitionsausgaben und eine nicht zu unterschätzende bindende Dienstleistungsverpflichtung, die mit anderen Aufgaben des Betriebs saisonal stark konkurrieren kann. Die Gegenleistung des Pferdeeinstellers ist entsprechend hoch – aber auch seine Erwartungen an die Haltungsqualität. Nicht selten gibt es in diesen Punkten Differenzen. Die Möglichkeit, »haltergemeinschaftsähnlich« in teilweise eigener Verantwortung im Rahmen eines landwirtschaftlichen Betriebs Pferde zu halten, wird heute gerne von Pferdeeignern nachgefragt. Auch die Bereitschaft von Pferdeeignern, selbst zu investieren, ist nicht gering – bei gleichzeitiger Zahlung leistungsangepasster Miet- und Dienstleistungsentgelte. Nur einige Landwirte sind in diesem Bereich der Haltergemeinschaft allerdings bisher erfolgreich. Nur bei wenigen Betriebsinhabern bestehen konkrete Vorstellungen über die Realisierung. Aber auch die berufsständische Beratung kennt diesen Bereich offenbar nicht oder vernachlässigt solche Kooperationsmodelle mangels bedeutsamer Umsatzchancen völlig. Der realistische Spruch »Auch Kleinvieh macht Mist« gilt auch heute noch. In übermäßigen Umsätzen liegen die tatsächlichen Chancen nicht, sondern in Zusatzeinnahmen ohne großartige Vorinvestitionen durch den landwirtschaftlichen Betriebsinhaber. In der gewerblichen Wirtschaft sind vergleichbare Zusatzeinnahmen üblich und auch in kleineren Dimensionen willkommen. Beispielsweise bei einfallsreicher Vermietung von Lagerraumüberkapazitäten, vertraglich vereinbarter Mitnutzung des Betriebsfahrzeugparks durch andere Unternehmer und Ähnliches. Deshalb soll das folgende Beispiel aufzeigen, wie Unterbringungsmöglichkeiten für pferdefreundliche Gruppenauslaufanlagen überhaupt erst durch einen Anbau geschaffen werden können. Für den innovativ denkenden, an Zusatzeinnahmen interessierten Landwirt kann dies ein Hinweis darauf sein, welche brachliegenden Hof- oder Gebäudeteile nutzbar zu machen wären. Entweder durch eigene Investitionen oder durch vertraglich zu vereinbarende Fremdinvestitionen von Pferdeeignern auf Mietbasis. Dazu sind gegenseitige Abmachungen erforderlich – mit Abschreibungs- und Zahlungsregelungen für die Vertragsauflösung, wenn mit dem Grundstück fest verbundene Bauteile entsprechend dem Zivilrecht in das Eigentum des Betriebsinhabers übergehen. Grundsätzlich setzt diese Art der Haltung auf beiden Seiten selbstverständlich langfristigen Bindungswillen voraus. Es bedarf keiner allzu komplizierten Vertragsgestaltung, sondern ausreichend ist, wenn beide Partner in einer einfachen Liste alle Punkte aufschreiben und die Liste mit Ort und Datum unterschreiben. Auch mündliche Absprachen wären wegen bestehender Vertragsfreiheit wirksam, aber bei Streitfällen erfahrungsgemäß nur ungenügend zu beweisen.

Offenstall- und Boxenanbau

Einen größeren Anbau in Form einer Ecklösung zeigt Grafik 11, Seite 136. Durch entsprechende Auslaufanordnung sind bei diesem Stallkomplex zwei getrennte Gruppenauslaufhaltungen mit insgesamt vier mittelgroßen Pferden (Stockmaß ca. 1,55 m) oder sechs kleineren Pferden (z. B. Islandpferde) möglich. Als großzügige kombinier-

Kuhstall mit befahrbarem Futtertisch, der auch zur Pferdehaltung entsprechend genutzt werden kann.

te Offenstall-Boxenhaltung mit vier Pferden ergäbe sich eine recht komfortable Anlage, wenn die Versorgung durch das rückwärtige bestehende Gebäude erfolgt. Es kann auch (wie die Abbildung unten rechts in der Fototafel 5 auf Seite 125 zeigt) ein Fressgitter statt einzelner Fressstände in einem solchen Anbau installiert werden. Zur Herstellung dieses Eckstalles mit einer Fläche von rd. 80 qm sind schätzungsweise 20.000 Euro als Materialkosten anzusetzen.

UMGESTALTUNG EINES EHEMALIGEN KUHSTALLES

Landwirtschaftliche Pensionshaltung

Bedingt durch die Umstrukturierung landwirtschaftlicher Betriebe werden verstärkt seit gut zwanzig Jahren ehemalige Kuhställe zur Pferdehaltung benutzt. An sich notwendige, handwerklich aufwändigere, lüftungs- und auch haltungstechnisch erforderliche Umbauten wurden selten verwirklicht. Die Gründe dafür sind unterschiedlich. Einerseits liegen sie im verständlichen Bestreben nach geringen Investitionskosten, sind andererseits aber auch in wenig fundierter Beratung der Landwirte zu sehen. Besonders deutlich sind neuerdings Fehlentwicklungen in den neuen Bundesländern kritisch anzumerken.

Betriebsberatung

Bei Landwirtschaftskammern und Beratern berufsständischer Verbände sind die notwendigen Kenntnisse und Erfahrungen mit fortschrittlicher, fundierter artgemäßer Pferdehaltung noch nicht überall im erforderlichen Umfang vorhanden. Das ist insgesamt mehr als ärgerlich. Hier ist auf eine positive Entwicklung zu hoffen, damit der »Einfallsreichtum« sich nicht erschöpft in Empfehlungen, die aus einem Kuhstall das sattsam bekannte Gitterboxeneinerlei machen. Solche Empfehlungen haben bereits gebietsweise zu einem Überangebot an Gitterboxenpensionen geführt. Konstruktive Ansätze zu fachlich vertretbaren Haltungsempfehlungen in der Beratungspraxis sind allerdings bei engagierten Beratern erkennbar. Auch »Stallbauwettbewerbe«, wie sie von Baumaterialherstellern in Verbindung mit Fachzeitschriften und Verbänden ausgeschrieben wurden, geben begrüßenswerte Impulse.

Leider ist in Einzelfällen der aktuellen landwirtschaftlichen Beratung wiederholt die Tendenz festzustellen, den Landwirten jetzt zu suggerieren, profitabel auf »artgemäße« Pferdehaltung mit Offenställen umzusteigen – weil das angeblich so arbeits- und materialsparend sei! In der Praxis bleiben bei solchen Betrieben dann Fütterungs-, Einstreu-, Auslauf- und Weidehygiene völlig auf der Strecke, weil die arbeitszeitlichen und baulichen Voraussetzungen einwandfreier Haltungspraxis nicht ins Kalkül passen – oder schlimmstenfalls überhaupt nicht bekannt sind. Nur einseitig informierte »Experten« können zum Ergebnis kommen, dass fortschrittliche Gruppenauslaufhaltung von Reitpferden insgesamt weniger Aufwand als Boxenhaltung bedeutet. Die Frage ist natürlich, was man jeweils darunter versteht. Wenn solche Rechenkünstler bei der Boxenhaltung tägliche Entfernung und Ersatz der Einstreu korrekterweise voraussetzen, aber bei Vergleichen zwischen den Haltungsformen unzulässigerweise im Ergebnis von ihnen suggeriert wird, man könne die Einstreupflege und Auslaufhygiene bei Offenstallhaltung vernachlässigen, ergibt sich rein rechnerisch für die Offenstallhaltung dadurch ein geringerer Arbeitszeitbedarf!

Missstände in der Praxis

Eine wildschweinartige »Suhlenhaltung« mit total verdreckten Matschausläufen oder betonierten Mistplatten, die als Ausläufe deklariert werden, ist in der Tat arbeitssparend, aber eben nicht pferdegerecht. Und – welcher Pferdeeigner will dafür überhaupt gutes Geld bezahlen? Die »arbeitssparenden« Fütterungseinrichtungen, die man zu sehen bekommt, z. B. aus nicht oder nur notdürftig überdachten Betonringen, in die einfach Rundballen oder Silagehaufen gekippt werden, sind abzulehnen. Das darin durch Witterungseinflüsse langsam verderbende Futter mag für wiederkäuende Mastrinder noch halbwegs unschädlich sein, für Pferde ist solches Futter höchst bedenklich und letztlich gesundheitsschädlich.

Mit fachlich vernünftiger landwirtschaftlicher Pferdehaltung hat das nichts zu tun. Berater, die solche Zustände nicht erkennen oder unsinnigerweise darin auch noch vor-

Altbewährtes britisches Außenboxen-Stallgebäude in stallklimatisch günstiger Holzbauweise (Abbildung aus »Horse Breeding and Stud Management« von Henry Wynmalen, London 1950/Ex libris I. Bender).

bildliche Lösungen sehen und weiterempfehlen, schaden damit sowohl den Pferden als auch dem Ansehen des gesamten Berufsstandes erheblich. Nachdenklichen Landwirten sei deshalb empfohlen, jede Beratung kritisch zu durchdenken, sich mit anspruchsvollen, kundigen Pferdehaltern zu besprechen und deren Wünsche zu erkunden. Die Gefahr besteht sonst, dass am Ende Umstellungsprobleme mit Fehlentwicklungen vorprogrammiert werden und die guten Absichten zunichte machen.

Für eine Top-Gruppenauslaufhaltung oder eine saubere Boxenhaltung mit Paddocks, die wirklich fachlich einwandfrei funktioniert und eben keine Beutelschneiderei ist, wird der Pferdehalter allerdings im Gegenzug bereit sein müssen, gut zu bezahlen! Niedrigpreise von 250 Euro im Monat – wie sie nicht selten vereinbart werden für die Unterbringung mittelgroßer Pferde – sind in der Regel nicht kostendeckend. Wie ein großer ehemaliger Kuhstall im Prinzip genutzt werden könnte, zeigt Grafik 12, Seite 138.

Grundriss

Der typische Kuhstall hat einen 3,50 bis 6,00 m breiten, befahrbaren mittleren Tennengang, der auch für die skizzierte Pferdestallbaulösung ähnliche Funktionen wie bei der Rinderhaltung erfüllt. Der Gang dient als Lager für Grün- und Raufutter sowie Silage, kann aber auch als (evtl. erhöhter) Futtertisch für Fressstände und Boxen dienen (siehe Abbildung auf Seite 139). Baulich müssen dafür allerdings verschließbare Futterklappen vorgesehen werden. Auf der linken Seite sind drei große Offenställe mit separaten Fressständen angeordnet; jeweils 40 qm groß (4,00 x 10,00 m) einschließlich des Fressbereichs. Für zwei große Warmblüter wären dies ideale Platzverhältnisse mit einem Liegebereichsanteil von 32 qm. Auf der gleichen Fläche könnte aber auch (bei Einplanung von 4 Fressständen) eine Vierergruppe (verträglicher) Isländer untergebracht werden, die über einen Liegebereich von rund 25 qm verfügte (40 qm Gesamtfläche abzüglich 15 qm Fressbereich). Den rechten Stallteil nehmen sechs große Boxen ein (4,00 x 5,00 m). Solche 20 qm-Boxen entsprechen dem Bedarf von Warmblutzuchtstuten. Bei Haltung kleinerer Rassen könnten im rechten Stallteil auch acht bis zehn Boxen à 15 qm bzw. 12 qm eingeplant werden. Sowohl der linke als auch der rechte Stalltrakt erhalten zum Tennengang hin eine Ab-

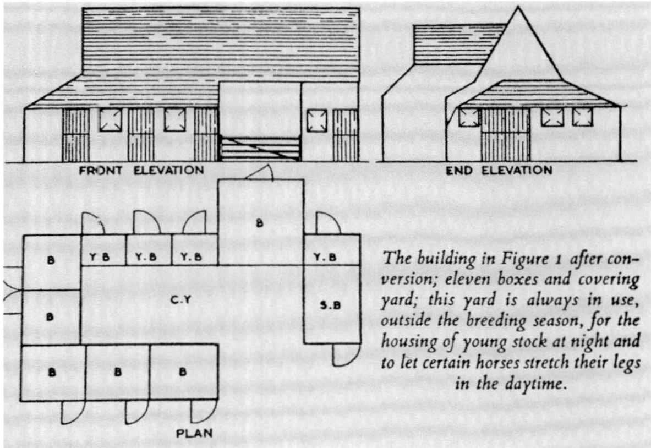

Ansicht- und Grundriss-Skizze zum Außenboxen-Stallgebäude. Die Abkürzung »C.Y.« in der Skizze bedeutet »Central Yard«, ein Innenhof als Auslauf - wie er in England und Irland traditionell seit mehr als 100 Jahren jede pferdegerechte Boxenhaltung ergänzt (Abbildung aus »Horse Breeding and Stud Management« von Henry Wynmalen, London 1950/Ex libris I. Bender).

schlusswand, die mit Türen und Futterklappen zu versehen ist. Ohne Abschlusswand ergäben sich ungünstige Zuglufttturbulenzen, denn beide Stallteile haben (gegenüberliegende) Türöffnungen an den Traufenseiten.

Ausläufe (Paddocks)

Alle Ställe verfügen über direkte Ausgänge zu Ausläufen, die hinsichtlich ihrer Größe abhängig sind von Gruppenzusammensetzung, Bewegungsverhalten und Nutzungsintensität der gehaltenen Pferde. Zwei Boxenpferde können einen gemeinsamen Auslauf mit 10 m Mindestbreite nutzen. Wenn Einzelausläufe vorgesehen sein sollten, müssen diese über die gesamte Boxenbreite reichen. Mindest-Paddockbreite ist 5,00 m, woraus sich dann auch die Boxenbreite ergibt. Schlauchartige Paddocks von solch geringer Breite empfehlen sich grundsätzlich nur als wirkliche Notlösung; sie bergen immer die Gefahr der Zaunkarambolage beim Wälzen – mit entsprechenden Verletzungsrisiken. Deshalb empfiehlt es sich, schmale Paddocks zu pflastern und für anderweitige großzügige Wälzmöglichkeiten zu sorgen (z. B. Reitplatz oder -halle und Koppel).

Besonderheiten

Voraussetzung für eine solche Stallbaulösung ist, dass die Wandhöhe an beiden Traufenseiten des Gebäudes nicht zu gering ist, denn die Durchlasshöhe muss der Pferdegröße entsprechen (ca. 2,30 m für mittelgroße Pferde). Für Offenställe und Boxen sind im Regelfall neue Mauerwerksöffnungen zu brechen. Oft sind in Teilen des Gebäudes ehemalige Schweinebuchten mit kleineren Öffnungen vorhanden, die ebenso wie Fensteröffnungen zu Türdurchbrüchen umzufunktionieren sind. Das lässt sich allerdings auf beiden Traufenseiten nicht ohne vorherige statische Untersuchungen durchführen, hängt von der Qualität des Mauerwerks, der Fundamentgründung der Wände und auch von der Lagerung des sog. Fußholzes ab (das ist ein Kantholz – oder bei alten Gebäuden ein Rundholz, das auf der Wand befestigt ist und als Auflage der Dachsparren dient). Besonders bei sehr alten Gebäuden mag sich der Neubau einer Außenwand (mit anschließendem Abbruch des alten Mauerwerks) anbieten.

Versorgungs- und Entmistungsarbeiten

Über den Tennengang sind Versorgungs- und Teil-Entmistungsarbeiten witterungskomfortabel bei kurzen Wegen abzuwickeln. Ob für die Stallentmistung Maschinen (z. B. Kleinschlepper wie Hoftrac®) eingesetzt werden können, muss sich örtlich zeigen. In den Ausläufen, die im stallnahen Bereich befestigt sein müssen, kann ein neu entwickeltes Entmistungsgerät (Breite ab 1,20 m; Anbaumöglichkeit für Schlepper, Stapler und Hoftrac) benutzt werden (Preis: ab 4.000 Euro). Dieses Gerät eignet sich ebenso zur Entmistung von Koppeln.

Unumgänglich ist für einen großen Teil der Haltungsbewältigung Handarbeit, das kann man drehen und wenden wie man will! Diese Handarbeit muss im Pensionsbetrieb gebührend bezahlt werden – und sie wird auch von Pferdeeignern dann honoriert, wenn die Leistungen erkennbar sind und die Haltungsqualität stimmt.

Zusammenfassung

Um es markant auszudrücken: Landwirtschaftliche Pensionspferdehaltung kann eben nicht mit üblicher maschineller Mastrinderhaltung im Tiefstall auf einem Meter Tretmist gleichgesetzt werden. Nur – und das wird von Rechenkünstlern gerne übersehen, die Pferdehaltung bringt auf lange Sicht auch erheblich mehr Einnahmen für die damit verbundene Mehrarbeit als die Haltung von Mastrindern. Die unseriöse Zielrichtung, die davon ausgeht, mit dem gleichen geringen Arbeitseinsatz wie für die Mastrinderhaltung eine Reitpferdehaltung betreiben zu können, aber dafür auch noch das Mehrfache an Profit zu machen, ist eine peinliche Milchmädchenrechnung. Abhängig von den erforderlichen Investitionen und vom Angebot (z. B. Reithalle) sowie von der Nachfrage, können heute je Großpferd monatlich zwischen 350 bis 600 Euro Pensionspreis realisiert werden. Arbeitsentgelte je Stunde variieren von minimal 18 Euro bis ca. 35 Euro, sind aber stark einzelfallbezogen.

Vor jedem Stallumbau in der Landwirtschaft sind deshalb – neben den Fragen der Bautechnik, der Grundrissgestaltung und der Funktionsabläufe – immer auch die wirtschaftlichen Bewertungen mit realistisch prognostizierter betriebswirtschaftlicher Erfolgsrechnung durchzuführen.

REIHEN-AUSSENBOXEN

Neben den bekannten Boxenaufstallungen in großen Massivhallen oder Scheunen sind vor einigen Jahrzehnten Außenboxen als Baukasten-Fertigsysteme aus Großbritannien eingeführt worden, die sich inzwischen nach bautechnischen Modifizierungen sehr bewährt haben. Auch einheimische Hersteller liefern solche Ställe nun seit etlichen Jahren. Die Vorteile solcher Fertigboxen sind

- genaue Baukostenkalkulation,
- statische Berechnung und Baupläne des Herstellers zur Vorlage bei Baubehörden,
- schneller Aufbau,
- einfache Erweiterungsmöglichkeit durch Anbauten (in Selbsthilfe) und
- vielfältige Nutzung, z. B. als Box, Offenstall, Sattelkammer oder Futterlager.

Wände und Decke

In der Regel dienen solche Außenboxen zur zeitweisen Aufstallung sportlich genutzter Pferde. Deshalb empfiehlt sich auch bei Selbstbau isolierte Doppelwandausführung. Mindestens aber die Decke sollte isoliert sein – mit hinterlüftetem Hohlraum von ca. 2 cm zwischen dem Bedachungsmaterial und dem Isoliermaterial. Zur Innendecke ist zusätzlich unter das Isoliermaterial eine Folie als Dampfsperre zu verlegen, um einer Kondenswasserdurchfeuchtung des Isoliermaterials vorzubeugen. Während in isolierten Decken ein verschließbarer Dachlüfter zweckmäßig ist, muss ständige Firstentlüftung bei

Außenboxen für Turnier-Islandpferde – tagsüber Nutzung als Offenstall.

nicht isolierten Decken gewährleistet sein, um der starken Kondenswasserbildung vorzubeugen.

Einrichtung

Als Einrichtung sollten Außenboxen über eine anatomisch günstig angebrachte Kraftfutterkrippe, Salzlecksteinhalter und über eine Selbsttränke verfügen (bei Reihenboxen bringt man im Trennwandbereich eine Tränke für zwei Boxen an; ratsam sind heizbare Tränken). Raufutter kann vom Boden gefüttert werden.

Boden

Wenn die Box nur zeitweise als geschlossener Stall benutzt wird, ansonsten aber einen Offenstall darstellt (in dem kaum Exkremente anfallen) kann – falls bauordnungsrechtlich durchzusetzen – der Boden unbefestigt bleiben und eine Sandtretschicht mit Einstreu erhalten (siehe hierzu Grafik 5, Seite 111). Den Innenboden baut man um etwa 15 cm höher als das Außenniveau auf. Eine Kantholzschwelle im Türrahmen verhindert das Heraustreten der Einstreu. Zur Raufuttervorlage hat sich in einem solchen Fall bewährt, an einer Boxeninnenseite einen Bodenstreifen von 0,50 m Breite als »Futtertisch« zu pflastern oder zu betonieren. Den Übergang zum unbefestigten Boden mit Einstreu bildet dann ein fest eingelassenes Kantholz, um Verletzungen des Pferdes an der Pflaster-/Betonkante zu vermeiden.

Möglichkeiten zur Optimierung

Reihen-Außenboxen sollten mit Ausläufen kombiniert werden. Können Reihenboxen bei entsprechendem Platz direkt mit einem großen Gruppenauslauf verbunden werden, ist dies den Einzel-Paddocks vorzuziehen.

PUTENMASTSTALL-UMBAU = MODERNE STALLKONZEPTION

An einem konkreten Beispiel soll verdeutlicht werden, wie man mit relativ geringen Mitteln, planendem Sachverstand und natürlich viel Fleiß aus einem Putenmaststall eine ganz passable Boxen-Paddock-Anlage herstellen kann. Wie auf der Abbildung rechts oben zu sehen, handelt es sich um ein Satteldachgebäude mit Wellplatteneindeckung und Dachlüftern (Abluftluken). Das Dach ist von innen (siehe Abbildung rechts unten) mit Styrodurplatten isoliert. Diese Platten wurden (auf einer zusätzlichen Lattung) an die Sparren der Dachkonstruktion geschraubt und verhindern im Winter Schwitzwasserbildung und im Sommer zu extreme Aufheizung des Stalles. Durch die offenen Wellplattenfronten an den Traufen ist eine wichtige Hinterlüftung zwischen Isolierung und Dach gewährleistet (Feuchtigkeit wird dadurch weitgehend abgeführt).

Zunächst bestand dieser Umbau-Boxenstall aus typischen Innenboxen. Alles war relativ dunkel. Die aufgestallten Großpferde standen in den Boxen und hatten lediglich »freie Sicht« auf die Stallgasse. Zur Verbesserung der gesamten Haltungskonzeption wurden dann die Außenwände teils abgebrochen und das Dach durch statisch ausreichende Pfeiler abgestützt. Jede Box (Fläche rund 4 × 4 m = 16 qm) erhielt einen ca. 1,20 m breiten Ausgang zu einem Außen-Paddock (Fläche rund 4,50 × 4 m = 18 qm. Um mehr Licht im Inneren zu erhalten, wurden durchsichtige Kunststoffwellplatten an den Seiten angebracht.

Das Ergebnis des ersten Verbesserungsstadiums zeigen die Fotos: Innen im Stallbereich ist alles gut durch Tageslicht ausgeleuchtet, außen hat jedes Pferd nun einen mit Stahlprofilen etwa 1,40 m hoch eingezäunten Paddock und kann mit dem Nachbarn Sozialkontakte wenigstens über den Zaun pflegen (es fehlt u.a. noch die Pflasterung des Paddocks).

Die Kosten sind erträglich, vor allem, wenn man Eigenhilfe einsetzt. Grob muss man rechnen mit Materialkosten von 2.000 bis 2.800 Euro je Box bzw. Offenstall für Abbruch, Stützpfeiler, durchsichtige Wellplatten, Paddockpflaster und Stahleinzäunung aus geschweißten Vierkantprofilen (Schweißgrate müssen immer abgefeilt werden).

Fazit: Kleine Veränderung mit großer Wirkung! Aus der Box wurde ein Offenstall, der das Leben des Boxenpferdes entscheidend positiv verändert. Dadurch steigt nicht nur die Zufriedenheit des Pferdes, sondern dies wirkt sich sehr positiv auf seine gesundheitliche Resistenz und nicht zuletzt auch auf bessere Kondition und effektivere Arbeitsleistung aus.

Ehemaliger Putenmaststall, den man zunächst als Boxenstallung nutzte und der nunmehr – durch Anordnung von Einzel-Paddocks und Öffnung der Seitenwand – bereits weitgehend in eine Reihen-Offenstall-Anlage umgebaut wurde.

Blick in die Stallgasse des ehemaligen Putenmaststalles, der in eine Reihen-Offenstall-Anlage »umgewandelt« wurde: Viel natürliches Licht, großzügige Flächen und breite Türen erleichtern hier die gesamte Haltung.

Auslauf

GRUNDSÄTZE UND FLÄCHENANFORDERUNG

Rein sprachlich ist jeder Auslauf ein »Paddock« (= englisches Wort für Auslauf), also ein eingezäuntes, in der Regel vegetationsloses Bewegungsareal für Pferde oder auch andere Equiden (Esel, Maultiere). Manchmal wird im deutschsprachigen Raum der Begriff »Paddock« lediglich für Kleinausläufe verwendet. Dies vornehmlich für solche Kleinausläufe, die direkt mit einer (Offen-)Box verbunden sind und dem Boxenpferd als Ganzjahres-Einzelauslauf ganztägig oder – vom Betreuer reglementiert – stundenweise offen stehen. In den USA und Kanada kann »Paddock« auch einen mit Stahlpanels umzäunten (leicht versetzbaren) Weideauslauf bezeichnen (wie man es in Mitteleuropa von versetzbaren Schafpferchen her kennt). Vom Verfasser wird der Begriff »Paddock« für alle künstlichen, vegetationslosen Auslaufarten verwendet, nicht aber für Weideparzellen.

Das tägliche Bewegen unter dem Sattel oder im Gespann – im Durchschnitt bei den meisten Boxenpferden unter einer Stunde täglich – ist für Pferde völlig unzureichend. Generell gilt, dass die Bewegung bei der Nutzarbeit kein Ersatz für freie Bewegung des Pferdes sein kann. Aus langjährigen Beobachtungen ergibt sich, dass Pferde aller Rassen – in jeder Verwendungs- und Leistungskategorie – das Bedürfnis nach täglich freier Bewegung zu jeder Jahreszeit bei frischer Luft mit Anteilnahme am Umweltgeschehen haben. Es unterscheiden sich in diesem Grundbedürfnis weder Shetlandpony noch Englischer Vollblüter, weder Freizeitpony noch Dressurchampion voneinander. Täglich freie Bewegung – ideal in einer Artgenossengruppe in Form der bereits beschriebenen und vom Verfasser favorisierten Gruppenauslaufhaltung – ist sowohl psychisch als auch physisch für jedes Pferd sinnvoll und letztlich überall zu fordern. Eindeutig gesteigert werden durch täglich freie Bewegung die Faktoren Vitalität, Futterverdauung sowie Grundkonditionierung und ausgeglichene Leistungs-

Modell-Querschnitt durch einen künstlichen Auslauf- oder Reitplatzboden mit Tragschicht, Trennschicht und Tretschicht.

willigkeit. Dabei beinhaltet freie Bewegung nicht immer unbedingt den Drang nach spektakulären Galoppaden oder spielerischem Herumtoben mit Artgenossen, sondern bedeutet schwerpunktmäßig

- entspannendes Bewegen im Schritt nach eigenem Belieben und ohne Lederzeug,
- Aufnahme bewegungsauslösender Außenreize mit Befriedigung arttypischer Neugier,
- sich wälzen können oder auch vielfach nur
- bloßes Zusammenstehen mit anderen Pferden – ohne Trennwände – zur Pflege der für ein Herdentier psychisch ausgleichenden und damit enorm lebenswichtigen Sozialkontakte (was man vergleichen kann mit einem menschlichen »Plausch« am Stammtisch nach getaner Arbeit – dort wird auch überwiegend gesessen und nicht etwa bewegungsaktiv »herumgejoggt«!).

Für jede Haltung von Freizeitpferden und so genannten Sportpferden ist deshalb zur freien Bewegung, zum reinen Zusammenseinkönnen der Pferde – vor allem auch im Herbst und im Winter, wenn die Weiden gesperrt werden – ein separater, vegetationsloser Auslauf erforderlich, er ist die eigentliche »Zentrale« der Haltungsanlage.

Grundsätzlich ist für jedes Pferd der »natürliche Auslauf« innerhalb der Vegetationszeit die Weidefläche. Dort können Pferde aller Stallsysteme ganztägig oder auch stundenweise ihren Eigenbewegungsdrang – verbunden mit ihrem angeborenen Nahrungsaufnahmetrieb – abreagieren.

Ergänzend sei hinzugefügt, dass dieser Nahrungsaufnahmetrieb, das Grasungsverhalten, als sog. autonome Instinkthandlung bezeichnet werden kann. Wie sich aus Experimenten des Verfassers ergibt, besteht dieser natürliche Futtersuch- und -selektionstrieb auch bei – voll gesättigten – Pferden aus geschlossener Stallhaltung eigenständig fort. Auch wenn sie voll »aus dem Sack« gefüttert und mit Heu gesättigt auf die Weide kommen, beginnen sie zu grasen! Auch sehr junge Fohlen »beknabbern« schon – ihrem Suchtrieb entsprechend – zunächst aus Neugier und auch in Verbindung mit einem angeborenen Nachahmungstrieb, der sich auf die Beobachtung des Grasungsverhaltens der Mutter bezieht, Grünzeug auf der Weide – auch wenn sie durch Milchaufnahme gesättigt sind.

Jeder vegetationslose »künstliche Auslauf« ergänzt im besten Fall also den natürlichen Auslauf (= Weide) oder dient als Kompromiss zum ganzjährigen Ersatz für die – grundsätzlich allerdings immer zu fordernden – natürlichen Weide-Auslaufbedingungen, z. B. bei Betrieben mit knappen oder ungünstig parzellierten Weideflächen, u. a. im Bergland.

AUSLAUFARTEN

Nach dem Verwendungszweck können künstliche Ausläufe unterteilt werden in

- Ganzjahres-Kombinationsausläufe, die Reitplatz- und Auslauffunktionen gemeinsam erfüllen,
- Ganzjahres-Gemeinschaftsausläufe einer Laufstall-(= Boxen-)haltung,
- Ganzjahres-Einzelausläufe (= Klein-Paddocks) einer Laufstall-(= Boxen-)haltung,
- Ganzjahresausläufe einer sog. Gruppenauslaufhaltung mit Offenstall sowie
- Sommerausläufe einer Weidehaltung mit Weideschutzhütte (dort ist um die Schutzhütte herum noch extra ein Sandauslauf angelegt, der eine – manchmal notwendige – zeitweise Weidesperre möglich macht).

Künstliche Ausläufe, die – zur Vermeidung von ständigem Futtersuchen unter dem Zaun – auch in den Randbereichen der Einzäunung keinerlei Vegetation aufweisen sollten, können im Hinblick auf Größe und Gestaltung in Abhängigkeit vom eigentlichen Haltungssystem sehr unterschiedlich aussehen.

AREAL-AUFTEILUNG

Bei Planung oder Umbau empfiehlt es sich, mit einer maßstäblichen Lageskizze das zur Verfügung stehende Haltungsareal in verschiedene Funktionsbereiche planerisch aufzuteilen und die täglich zu erwartenden »Bewegungen« – von Ver- und Entsorgungsarbeiten bis zu Reinigungs- und Unterhaltungsarbeiten – praxisnah »durchzuspielen«. Manchmal hilft auch ein Modell weiter, um die Planung zu verfeinern. Flott wird dann ersichtlich, wo es »hakt«, was umgeplant werden muss. Da jedes Areal bereits von aufstehenden Gebäuden, vom Flächenzuschnitt und auch von der Geländeformation deutlich von Idealvorstellungen abweichen kann, ist vor Ort zunächst die eigene planende »Kreativität« gefordert. Eine Einheitslösung kann es deshalb nicht geben. Besonders bei kleineren Pferdehaltungen in Ortslage oder auch in Mittelgebirgslagen oder gar im Hochgebirge sind aufgrund beengter Raumverhältnisse oder ungünstiger Geländeformation immer Kompromisse erforderlich. Es sind im Wesentlichen zwei grundlegende Faktoren, die jede Arealplanung beeinflussen:

- Zielgruppe Mensch = Welche pferdesportlichen Interessen stehen im Vordergrund, welche Form der Haltung wird angestrebt oder praktiziert?
- Zielgruppe Pferd = Welche Pferderassen sollen in erster Linie betreut werden, wie sehen die Haltungsansprüche, das Bewegungsverhalten dieser Pferde aus?

Daraus ergeben sich für die Arealaufteilung, insbesondere für die Auslauf- und auch für eine evtl. Reitplatzplanung, die maßgebenden Eckpunkte.

Schleuse

Sehr zweckmäßig ist, wenn der Auslauf entweder fest oder mit mobilen Zaunelementen (E-Zaun oder Stahlpanels) so unterteilt werden kann, dass ein separater, vorgelagerter Eingangsbereich, eine »Schleuse«, entsteht. Hier können Pferde zunächst (wenn sie von der Weide kommen) urinieren und Kot absetzen. Das ist sehr typisch für Pferde, die nur stundenweise weiden und nach dem Hereinholen sonst (ohne Schleuse) zunächst im Auslauf (oder im Offenstall!) Exkremente absetzen. Die Schleuse hilft dann, zumindest im Sommer einen Teil des Urins aufzufangen, der sonst u. U. im Offenstall abgesetzt würde. Auf die Urinstellen können Holzspäne oder Holzgranulat gestreut werden (siehe Abbildung 8 auf Seite 169). Dieses Material saugt Urin auf und bindet Gerüche.
Bei ausschließlichem Pflasterboden des Auslaufs steigt (wenn keine benutzbare Schleuse vorhanden ist) zwangsläufig der Aufwand für die Stalleinstreupflege, weil dort dann ausschließlich Exkremente auf Weichboden bzw. Einstreu abgesetzt werden. So kann es im Ergebnis zutreffen, dass die Arbeitszeitvorteile, die zweifellos ein komplett gepflasterter Auslauf wegen schnellerer Reinigungsmöglichkeit bietet, durch den dann folgenden notwendigen Mehraufwand zur pferdegerechten Stallhygiene voll wieder aufgefangen wird.
Vorteilhaft ist eine Schleuse zudem beim Herausholen eines Pferdes aus der Gruppe durch nicht ganz so erfahrene Betreuer oder Jugendliche. Durch die vorgelagerte Schleuse wird vermieden, dass ein zweites Pferd ungewollt den Auslaufbereich verlässt, denn es wird immer zunächst aus dem eigentlichen Auslauf in die umzäunte Schleuse gelangen. Die Schleuse hat auch Vorteile, um einzelne Pferde einmal von der Gruppe zu separieren. Hinzu kommt, dass einzelne Pferde einer Gruppe, wenn sie ruhebedürftig nach einiger Zeit von einem Ausritt zurückkommen, vom daheim gebliebenen Rest der Gruppe normalerweise erst einmal pferdetypisch (= neugierig) bedrängt werden. Hat man die Schleuse zur Separierung, kann der einzelne Vierbeiner erst einmal genüsslich und in Ruhe wälzen und entspannen, bevor er wieder in die Gruppe entlassen wird. Jede Schleuse sollte eine Tretschicht aus Sand erhalten. Dieser Sandplatz ist auch – neben seiner Funktion als Schleuse – als eigentlicher Außen-Wälzplatz dann erforderlich, wenn der übrige Auslauf aus Gründen der besseren maschinellen Reinigungsmöglichkeit komplett gepflastert wird. In einem solchen Fall sollte man aber zeitweise den Zugang vom eigentlichen Paddock in die Schleuse ganz offen stehen lassen, um den Pferden Wälz- und Außen-Liegemöglichkeit sowie Urinierplätze außerhalb des Stalles anzubieten.

Ganzjahres-Gemeinschaftsauslauf bei Boxenhaltung

Man rechnet für ein mittelgroßes, regelmäßig gerittenes Pferd um 1,50 m Stockmaß mit mindestens 50 qm Auslauffläche. Für wenig gearbeitete mittelgroße Pferde dagegen jeweils mit 200 qm, weil deren Eigenbewegungsdrang größer ist und nach mehr Fläche verlangt.

▸ **Wichtig: Wenn Kompromisse unumgänglich sind, gilt immer der Grundsatz: Besser ein kleiner als gar kein Auslauf!**

Ist eine räumliche Trennung der beiden Bereiche »Freizeit (= Paddock) und Arbeit (= Reitbahn)« nicht möglich, kann es sinnvoll sein, z. B. einen mit 60 × 40 Meter Fläche ausreichend großen Reitplatz nicht komplett als ganzflächigen Kombinationsauslauf für Reiten und Laufen zu nutzen, sondern den Platz grundsätzlich mit einem Mobilzaunsystem in zwei klar getrennte Bereiche, nämlich Arbeits- und Freizeitbereich, zu unterteilen. Dies kann zusätzlich den Vorteil haben, dass Pferde, die im Auslaufteil des Platzes verweilen, ihre arttypische Neugier »als Zuschauer« befriedigen können, wenn sie andere Vierbeiner nebenan im Reitplatzteil der Fläche bei der Arbeit beobachten. Andererseits können bei Bedarf, zum Beispiel für ein »Hausturnier«, auch einmal beide Bereiche zusammen genutzt werden.
Von der Lage her – und das beeinflusst die Arealaufteilung besonders – ist es sehr ratsam, einen separaten Gemeinschaftsauslauf (in den Pferde aus Einzelboxen stundenweise gebracht werden) möglichst in der Nähe des Stalles einzuplanen. Kurze Wege erleichtern auch bei schlechter Witterung das Hinausführen oder Hereinholen der Boxenpferde.

Auslauf für eine Gruppenauslaufhaltung

Flächenmäßig wird deutlich, dass der Gesamtaufwand bei naturgemäßer – und damit optimal pferdegerechter – Haltung höher ist als bei einer sehr eng begrenzten, unnatürlichen ausschließlichen Stallhaltung der Pferde. Ein größeres Areal mit Auslauf und Stallbereich ist aufwändiger zu pflegen, zu unterhalten und zu überwachen als eine geschlossene Stallhaltung auf eng begrenzter Fläche mit kurzen Wegen. Auch sind die durch Gruppenhaltung bedingten Kenntnis- und Managementansprüche an den Betreuer weit höher zu gewichten.
Kernbereich jeder Gruppenauslaufhaltung ist – wie in vorherigen Kapiteln schon angedeutet – ein eingezäunter, vegetationsloser Ganzjahresauslauf, in dem mehrere Pferde relativ frei unter natürlichen Außenklimabedingungen und unter Anteilnahme am Umweltgeschehen als Gruppe ständig oder stundenweise zusammenleben können – wie es ihrem arteigenen Komfort- und Sozialbedürfnis als Herdentiere entspricht.

Auslauf- und Gruppengröße

Gruppen von zwei bis sechs Pferden sind ideal zu managen. Größere Herden können ebenfalls auf sehr großflächigem Areal mit genügend großen Liegebereichen (z. B. offenen, stets zugänglichen Scheunen mit zusätzlicher Infrastruktur) zusammen gehalten werden, teilen sich dann nach eigener Neigung aber in Kleingruppen auf. Das konnte durch den Verfasser auch bei der 350-köpfigen Dülmener Wildpferd-Herde in Westfalen beobachtet werden. Abgrenzbar sind in dieser großen Herde Familiengruppen aus Stuten mit Nachzucht, die selten mehr als 10 Pferde zählen; die kleinste Gruppe bestand aus zwei ausgewachsenen (sog. adulten) Stuten mit einem Saugfohlen sowie einer (noch saugenden) Jährlingsstute. Nimmt man ein Auslaufareal von 800 qm (= 20 × 40 m = normale Reitbahn) als Maßstab, so kann man auf dieser Fläche sehr gut etwa sechs mittelgroße Pferde oder vier Großpferde halten.

Fütterungseinrichtungen im Auslauf

Bewährt haben sich für alle großflächigen Auslaufarten auch stabile, überdachte Raufutterraufen aus verzinkten Rohren, die in einem flächenbefestigten Teil des Auslaufs aufgestellt werden. Hier und da zu sehende Betonringe (= Kanalbauelemente), die der Raufuttervorlage im Auslauf dienen, sind nicht pferdegerecht, da durch die senkrechte, meist zu hohe Außenwand dieser Ringe den Pferden der typische »Ausfallschritt« beim Fressen unmöglich gemacht wird. Bei Pferden muss zudem der Auflageboden für Raufutter erhöht sein (auf etwa 25 % der Widerristhöhe über Standniveau). Hinzu kommt, dass in solchen Beton-Provisorien Heu, Stroh oder Silage mangels geeigneter Überdachung aufgrund von Witterungseinflüssen und Verschmutzungen durch Vögel (z. B. Krähen) schnell verdirbt und damit unhygienische, krank machende Effekte verstärkt gefördert werden. Zweckmäßig ist auch ein gepflasterter Futtertisch im Auslauf – vor oder neben dem Stall.

Vorteile des Auslaufs

Bei Nutzung eines genügend großen, vegetationslosen Auslaufs ergeben sich folgende Vorteile:

- durch ständige freie Eigenbewegung Eindämmung aggressiver Aufladungen, die primär durch Stallhaltung begünstigt werden, dennoch aber Erhalt der gewünschten Lebhaftigkeit – ohne den fälschlicherweise häufig von Dressurreitern befürchteten Verlust akzentuierter Gangveranlagung;
- »zufriedene Pferde«, die sich während der eigentlichen Nutzung unter dem Sattel oder im Gespann stärker auf ihre Arbeit konzentrieren und im Umgang ausgeglichener sind;
- auch ohne Nutzarbeit stetiges Muskel- und Sehnentraining durch Eigenbewegung, dadurch weniger Probleme mit Verspannungen, Erkrankungen des Muskelstoffwechsels oder Sehnenschäden;
- verdauungsfördernde, durch Eigenbewegungsmöglichkeit den natürlichen Verhältnissen nahe kommende Anregung der wichtigen Darmperistaltik (= Darmbewegung), dadurch weniger (sonst häufig durch Bewegungsmangel verursachte) Kolikerkrankungen;
- höherer Hämoglobingehalt des Blutes durch Bewegung an der frischen Luft und dadurch bessere Sauerstoffversorgung der Organe mit weitgehendem Erhalt einmal erzielter Konditionierungsleistungen;
- Training der pferdetypischen, naturgegebenen Thermoregulation durch stets wechselnde Klimareize und den natürlichen Tag-Nacht-Rhythmus, dadurch erheblich weniger Erkältungsgefahren (die besonders bei Erlahmung des Regulationsvermögens durch ausschließliche Stallhaltung stets zu befürchten sind);
- Verminderung des Allergierisikos, das aufgrund ungünstiger stallklimatischer Faktoren in vielen geschlossenen Stallungen dort latent vorhanden ist, sich aber bei außenklimatischen Frischluftbedingungen der Offenstallhaltung durchweg erheblich vermindert, wenn staubfreie Einstreu- und Fütterungspraktiken gewährleistet sind;
- durch Teilnahme am Umweltgeschehen natürliche Umweltreize und die Möglichkeit zum Abreagieren und zur Gewöhnung, dadurch mehr Ruhe und Konzentration speziell bei Geländeausritten; weniger Unfälle aufgrund von Scheuen und Durchgehen – insgesamt für den Reiter oder Gespannfahrer mehr »Lustgewinn« und für den Pensionsgeber weniger Beschwerden »haltungsfrustrierter« Reiter.

PADDOCK-TECHNIK

Ein Ganzjahresauslauf sollte sicher eingezäunt, vegetationsfrei und im Idealfall hinsichtlich der Bodenbeschaffenheit folgende Eigenschaften ganz oder mindestens in Teilen miteinander kombinieren: Elastizität, nur geringe Tiefgründigkeit, gute Trittfestigkeit, weitgehende Staubfreiheit, Nässeverträglichkeit und unkomplizierte Reinigungsmöglichkeit.
Sinnvoll ist, den Auslauf mit einem wälz- und liegegeeigneten Weichbodenteil (u. a. Sand mit Zuschlagstoffen, z. B. spezielle Gatterspäne) und einem stallnahen Festbodenteil (z. B. Beton oder Beton-Pflaster, aber keine Beton-Rasengittersteine) anzulegen.

PLANUM

In der Regel empfiehlt es sich, den vorhandenen Naturboden immer (auch bei örtlich vorhandenem relativ durchlässigen Humus-Sandgemisch) abzutragen und zu planieren, um ein geeignetes sog. Planum für den weiteren künstlichen Bodenbaufbau herzustellen. Der gewachsene Boden eignet sich nämlich auf Dauer weder als oberste Tretschicht (das gibt den berühmten »Matschauslauf« mit Urin-Pfützen; siehe Abbildung auf Seite 207) noch als Tragschicht für eine aus anderen Materialien bestehende neue Tretschicht. Kippt man nämlich auf den vorhandenen Naturboden (der im Regelfall ja grasbewachsen ist und auch bei Vermatschung noch genügend keimfähiges Material enthält) einfach z. B. als Tretschicht Sand, dann wachsen nach einiger Zeit die sehr widerstandsfähigen Gräser und Quecken durch. Gleiches gilt für Ganzjahres-Trampelkoppeln. Diese werden von den Pferden bis zu den Wurzeln abgenagt mit der Folge, dass große Mengen an Sand aufgenommen werden (im Kilobereich!). Hierdurch sind Krankheiten des Verdauungstraktes, also mindestens Durchfälle, aber auch gefährliche Sandkoliken u. Ä. vorprogrammiert. Davor ist energisch zu warnen!

▸ **Tipp: Es empfiehlt sich, allen Auslaufpferden jährlich eine sog. »Flohsamenschalen-Kur« zu verabreichen, um einen Teil des im Magen-Darm-Trakt angestauten Sandes zu entfernen.**

Jede Vegetation im Auslauf selbst, aber auch an den Rändern (!), ist deshalb auszumerzen oder bereits bei Anlage des Auslaufs durch Abtragen der Humusschicht zu verhindern. Dabei berücksichtige man, dass – um ständiges Futtersuchen unter dem Zaun zu verhindern – der neue Auslaufboden über die Auslaufgrenze noch rd. 0,5 m hinausgeht oder aber die Auslaufgrenze im Bodenbereich mit Bohlen aus Harthölzern oder Betoneinfassungselementen von angrenzender Vegetation strikt getrennt wird. Für Kaltblüter und robuste Ponyrassen ist es ratsam, selbst einen massiven Auslaufzaun aus Stahl zusätzlich noch mit einem extra schlagstarken E-Zaun zu sichern, um Ausbrüche gerade dieser sehr »erfindungsreichen« (und dickfelligen) Rassen zu verhindern.
Jeder Ganzjahresauslauf- oder Reitplatzboden muss in Teilen eine elastische, weiche Oberfläche aufweisen, dennoch aber trittfest sein und jegliches Oberflächenwasser ohne große Verzögerung abführen. Zusätzliche Anforderungen sind das Freisein sämtlicher verwendeten Materialien von Schadstoffen sowie von Verletzungspartikeln. Schließlich spielt auch die Hygiene eine entscheidende Rolle, weshalb das tägliche Absammeln des Pferdekots nicht unnötig durch untaugliches Tretschichtmaterial erschwert werden sollte. Kiesel, Kiesgemische oder auch (an sich durchaus zweckmäßige) Weichholzschnitzel sind aus arbeitstechnischer Sicht als Komplettfläche schlecht geeignet. Ihre Säuberung erfordert einen unvertretbar hohen manuellen Arbeitsaufwand, den man bei der Planung nicht unberücksichtigt lassen sollte – und den ein Pensions-Reitbetrieb sich heutzutage arbeitsmäßig erst recht nicht leisten kann. Geeignete Tretschichtmaterialien enthält die Tabelle 116 im Serviceteil, siehe Seite 521. Nach einiger Zeit (manchmal erst nach Jahren) kann es erforderlich sein, stark durch Urin kontaminierte weiche Tretschichtteile zu entsorgen. Das ist bei verwendeten natürlichen Materialien weniger problematisch als bei Industrie-Reststoffen, bei deren Verwendung immer Vorsicht geboten ist, wenn nicht eindeutig nachprüfbare Zertifikate gesetzeskonforme Entsorgungsmöglichkeiten zuverlässig attestieren.

Reitbahn mit Spezialsand-Tretschicht und Masteneinzäunung.

KÜNSTLICHER BODENAUFBAU

Der Bodenaufbau des nicht befestigten Auslaufs mit weichem Boden oder des Reitplatzes sollte aus Tragschicht, Trennschicht und (oberer) Tretschicht bestehen. Ein Teil des Auslaufs in Stallnähe (dort halten sich die

Pferde erfahrungsgemäß in der feucht-kalten Jahreszeit verstärkt auf und setzen Exkremente ab) ist zweckmäßigerweise zu betonieren oder zu pflastern.
Für relativ enge Klein-Paddocks empfiehlt sich stets eine durchgehende, harte Tretschicht mit Gefälle (0,5 %), da bei weicher Tretschicht die Wälzneigung verstärkt würde, aber auf recht engem Paddockraum dabei Zaunkollisionen zu befürchten wären. So wird das Wälzen auf den Stallbereich beschränkt. Bei solchen sehr engen Klein-Paddocks sollte im übrigen kein E-Zaun, sondern ein sicherer Massivzaun aus Holz oder – erheblich besser noch – z. B. Stahlpanels installiert werden.
Eine 20 bis 30 cm starke Schicht aus wasserdurchlässigem Bauschutt-Recyclingmaterial (»Rotrecycling«), eine reine Schotterschicht oder ein Schotter-Kies-Gemisch sind als Ersatz für den abzutragenden Humusboden, also als Tragschicht, gut geeignet. Bei ordnungsgemäßer Verlegung von handelsüblichen Drainagerohren (wie sie auch für die Verrieselungsstränge von ländlichen Kleinkläranlagen vorgesehen werden) in eigens (unterhalb der Tragschicht) ausgehobenen Gefälle-Rohrgräben (oder evtl. ausnahmsweise bei weniger hohem Bodendruck auch innerhalb dieser Tragschicht) wird die Oberflächenwasserabführung gut funktionieren. Das Gefälle sollte in der Längslinie 0,5 %, in der Querlinie (= Breite des Platzes) bis zu max. 3 % betragen. Diese Arbeiten sollte man vor Ort mit einem fachkundigen Tiefbauunternehmer zunächst immer konkret durchsprechen. Auch Spezialfirmen für Reitanlagenbau führen örtliche Beratungen durch und erstellen evtl. erforderliche Genehmigungsantragsunterlagen. Mit ihrem Sachverstand garantieren sie auch für die Funktion vor Ort. Auf die Tragschicht muss sehr sorgfältig als Trennschicht (damit sich die Tragschicht nicht mit der Tretschicht vermischt) z. B. ein geeignetes Filtervlies (auch »Kunststoffvlies« genannt) aus sog. »Geotextilien« in Bahnen, die sich seitlich überlappen, verlegt werden. In jedem Fall sollte unbedingt beachtet werden, dass (auch bei abschüssigem Gelände!) die Tragschicht eine waagerechte Oberfläche aufweist und das Vlies niemals im Gefälle verlegt wird (weil sich sonst die darauf lagernde obere Tretschicht mit der Zeit verschiebt und das Vlies beschädigt werden könnte, wenn es frei liegt).
Als Trennschicht sowie auch für sonstige Bodenbefestigungen (z. B. Wege- oder Parkplatzbau) sind auch spezielle Gummimatten oder unterschiedliche Gitter-Rasterelemente (siehe Abbildungen auf Seite 153) gut geeignet. Bei manchen Gitter-Rasterelementen (siehe Abbildung 8 auf Seite 153) ist keine besondere Tragschicht unterhalb der Gitter für Pferdeausläufe erforderlich, sie werden direkt auf den vorhandenen (planierten) Untergrund verlegt. Alle Gitterplatten oder Matten werden entsprechend den Herstellervorschriften teils mit leichtem Gefälle verlegt, müssen immer Dehnungsfugen aufweisen und sind in der Regel mit Splitt, grobem Sand oder Lava bündig zu verfüllen. Sie dienen – bei entsprechender Konstruktion – auch der Abführung des Oberflächenwassers und ersparen deshalb oft eine aufwändige Drainagerohrverlegung. Die Kosten sind mit 20 bis 30 Euro je qm zu veranschlagen. Bei allen Materialien verlange man vor Kauf vom

Auslauf-/Bodenbefestigung

1 **Mit Bodengitterplatten können Weidezufahrten einfach befestigt werden.**

2 **Hackschnitzel sind als Tretschicht nur zweite Wahl, denn sie verrotten schnell.**

3 **Elastische Tretschicht aus einem Sand-Späne-Gemisch.**

4 **Bodengitterplatten dienen als durchlässige Trag-Elemente für die Tretschicht.**

5 **Mit zwei Lkw-Ladungen Sand kann man etwa 150 qm Tretschicht herstellen.**

6 **Um ein »Wegschwimmen« der Tretschicht zu verhindern, sind untere Begrenzungshölzer nützlich.**

7 **Vor dem Stall empfiehlt sich z. B. Betonverbundpflaster (keine Rasengittersteine verwenden!).**

8 **TTE-Massiv-Gitter® und TTE-Pflastersteine® können ohne aufwändigen Unterbau verlegt werden; das System ist wasserdurchlässig.**

1
2
3
4
5
6
7
8

Anbieter die Bestätigung ökotoxikologischer Unbedenklichkeit. Sonderangebote oder »Restposten« können sonst u. U. zu teurem Sondermüll werden!

Tretschicht

Als Tretschicht sollte nur nutzungsentsprechendes Material verwendet werden und nicht irgendein Füllmaterial, das man gerade günstig erstehen kann. Hier kommt es natürlich sehr auf die örtlichen Liefermöglichkeiten an. Gut verwendbar sind sowohl für Weichboden-Ausläufe als auch für Reitplätze Sandgemische (Sand + 5 % bindige Lehmanteile + 10 % spezielle Säge-/Gatterspäne).

▸ **Tipp: Ratsam ist, vor Ort auf kleiner Fläche zunächst immer einen eigenen Test solcher Bodengemische anzustellen, bevor man riesige Mengen bestellt.**

Bei Verwendung eines Vlieses muss die Tretschicht besonders dick sein (20 bis 30 cm), damit keine Pferdehufe durchtreten und das Vlies beschädigen. Werden z. B. Gitterplatten oder Gummimatten als Trennschicht verwendet, reichen auch 10 bis 15 cm Schichtdicke aus; seitlich muss die Tretschicht befestigt werden. Pflege und Planierung von Ausläufen (und Reitbahnen) sind für eine dauerhafte Funktion entscheidend: Kot sollte stets täglich – mehrmals – mit einer engzinkigen Stahlgabel (im Landhandel für ca. 30 Euro erhältlich) abgesammelt werden. Manche handelsüblichen Sammelgefäße mit kurzstieligen »Schüppchen« sind nur für kleine Flächen geeignet, da sich sonst bei großen Flächen arge Rückenprobleme beim Betreuer einstellen können! Die Tretschicht größerer Ausläufe oder Reitbahnen pflegt der Profi regelmäßig mit einer »Bollen-Kehrmaschine« plus Schleppe oder einem speziellen Reitbahnplaner.

Tore

Tore zu Reitplätzen oder Ausläufen müssen einfach und ungefährlich zu öffnen und zu schließen sein. Dazu sind stabile Aufhängungen und sichere Verschlüsse notwendig. Bewährt haben sich sowohl leichtlaufende Schiebetore (Rollen in U-Stahlprofilen) als auch Pendeltore aus verzinkten Stahlrohren in unterschiedlichen Breiten. Wo Maschinendurchfahrt erforderlich ist, empfiehlt sich eine Mindestbreite von 3,50 m. Auch aus Holzstangen sind im Eigenbau zweckmäßige Tore herstellbar. Zudem bietet der Handel sehr dekorative Holztore an, die allerdings immer zusätzlich durch E-Zaun-Installation gesichert werden sollten. Schmale Ein- und Ausgangstore sollten normalerweise mindestens Schubkarrenbreite aufweisen oder auch als Durchlass für ein Pferd geeignet sein. Dazu ist eine Breite von 1,20 m erforderlich. Als Personendurchschlupf sieht man gelegentlich Zaunöffnungen (ca. 30 cm breit). Sie ersparen zwar beim Begehen des Auslaufs das Öffnen und Schließen größerer Tore, können aber nicht empfohlen werden, weil aus der Praxis in Einzelfällen bei Nachgiebigkeit von Pfosten über Unfälle (Einquetschungen von Pferden, die versuchten den Durchschlupf zu nutzen) berichtet wurde.

▸ **Warnung: Die Verwendung handelsüblicher Zugfeder-Spiralen als E-Zaun-Tore kann zu schlimmen Unfällen führen und scheidet deshalb für den Pferdebereich immer aus. So kam es vor, dass Pferde nachts in Panik durch eine solche Absperrung rasten, wobei der ausklinkende Torgriff mit hoher Geschwindigkeit (bedingt durch die Spannung der Zugfeder-Spirale und den Druck eines dagegen galoppierenden Pferdes) das Auge eines anderen Pferdes durchschlug!**

Zaunbau

Pferde gehören – salopp ausgedrückt – »hinter Schloss und Riegel«. Zäune sind kein notwendiges Übel, das man deshalb eher vernachlässigen könnte, sondern enorm wichtig, weil wir nicht in Naturreservaten leben. Schaut man sich aus der Not geborene hausbackene Spar-Konstruktionen mit tüftelnd zusammengebundenen E-Zaunseilen oder ein bis zwei kaum sichtbaren E-Drähtchen an, mit denen manche Zeitgenossen temperamentvolle Pferde halten, dann stockt dem

Shetlandponys sind kluge, dickfellige Gesellen mit starkem Erkundungstrieb: sie sind nur selten mit zwei E-Zaunkordeln zu halten!

Praktiker der Atem: Ausgebrochene Pferde sind der Alptraum jedes verantwortlich denkenden Pferdehalters! Denn: Pferde sind von Natur aus stetige Lauftiere mit Erkundungstrieb aufgrund großer Neugierde, begierigem Futtersuchtrieb und blitzschnellem Fluchtreflex. Zudem sind sie bestrebt, nach eigenem Gutdünken umherwandernd Sozial- und Sexualkontakte zu fremden Artgenossen herzustellen und zu erhalten. Nicht nur Vollblüter, sondern gerade auch kleine, dickfellige und »arg verfressene« Ponys sollten in diesen Punkten nicht unterschätzt werden. Typische Ausbruchmotive sind eine abgegraste Weide als Trampelkoppel ohne Ernährungswert oder ein Zurückbleiben auf der Koppel, während der Weidekumpan geritten wird. Auch z. B. am Zaun vorbei trabende fremde Pferde und nicht zuletzt – bei Hengsthaltung – rossige Stuten, die in erreichbarer Nähe sind, verleiten zu Ausbrüchen. Vorausschauend muss alles getan werden, damit der ganz natürliche Freiheitsdrang ohne Verletzungsgefahren gestoppt wird.

Ausbruchsicherheit und Ungefährlichkeit sind deshalb die primären Kriterien, die jeder taugliche Zaun zu erfüllen hat. Pferde müssen bereits die Berührung mit Zäunen vorsorglich meiden, um sich ihrer Körperkraft erst gar nicht bewusst zu werden. Um diese natürlichen Freiheitsbedürfnisse einzugrenzen und zu kontrollieren, sind ausbruchsichere Zäune, die von Pferden oder anderen gehaltenen Tieren zu ihrer eigenen Sicherheit und zum Schutz Anderer (z. B. diverser Straßenverkehrsteilnehmer) unbedingt respektiert werden müssen, erforderlich.

Wer Halter eines Pferdes ist, haftet nach geltendem Zivilrecht für Schäden, die – wie der Jurist sagt – von der »Tiergefahr« ausgehen. Nur in Fällen, in denen Pferde dem Lebensunterhalt dienen, muss bei Schäden überhaupt geprüft werden, ob ein Verschulden des Halters oder Hüters vorliegt. Ansonsten reicht allein für die Heranziehung zur Haftung die Tatsache aus, dass jemand ein Pferd hält – egal ob ihn eine Schuld an einem angerichteten Schaden trifft. Für diese gesetzliche Tierhalterhaftung nach § 833 des Bürgerlichen Gesetzbuches (BGB) besteht zwar kein Versicherungszwang (wie z. B. im öffentlichen Straßenverkehr für Kraftfahrzeuge), dennoch empfiehlt sich ausnahmslos für alle Pferde eines Bestandes der freiwillige Abschluss einer entsprechenden Versicherung mit hohen Deckungssummen für alle Schäden. Die Jahreskosten sind abhängig vom Deckungsumfang, sie betragen je Pferd zwischen 50 und 100 Euro.

ZAUNARTEN

Die Umzäunung des Weideareals muss Respekt einflößend sein, um Ausbrüche mit üblen Folgen zu verhindern. Jede Umzäunung kann – abhängig vom verwendeten Material – als Festzaun oder als variabler Zaun hergestellt werden. Nur mit einer ausschließlichen oder zusätzlichen Installation eines jederzeit funktionstüchtigen Elektrozaunes ist Sicherheit einigermaßen gewährleistet. Stacheldrahtzäune sind für Rindvieh vielleicht noch akzeptabel zu nennen, aber für Pferde gerichtlich verboten worden. Sind Drahtzäune vorhanden, dann muss innen mit einem Abstand von wenigstens etwa einem Meter ein ausbruchsicherer Elektrozaun als variabler Zaun installiert werden (das Anschlagen von sog. Abstandsisolatoren an die Pfähle des vorhandenen Stacheldrahtzaunes reicht nicht als Schutzmaßnahme aus. Bevor man den Zaunbau beginnt, ist zu entscheiden, welche Kosten man aufwenden möchte – und vor allem, ob man den Zaun wieder abbauen will oder gar muss, wenn man dies mit einem Verpächter so vereinbart hat. Danach richtet sich die Art des Zaunes (siehe Fototafel 10, Seite 165):
Festzäune sind die aufwändigsten, teuersten Zäune. Es sind solche Zäune, die langjährig unverändert stehen bleiben sollen und in der Regel aus robusten Materialien, also z. B. Holzpfosten mit Holzstangen/-planken be-

Tabelle 10

Welcher Zaun für welches Pferd?*)

Pferderasse	Besonderheiten	Zaunempfehlung
Shetland, Welsh A	Ponys sind kluge und fressbegierige Gesellen, die jede Zaunlücke finden und dann prompt ausbrechen; sie brauchen keine aufwändigen massiven Zäune, wohl aber starke E-Zaun-Absicherung, weil dickes Fell und üppige Mähnen stark isolieren und deshalb nur starke Stromstöße überhaupt Respekt erzeugen	Holzpfosten-E-Zaun: Höhe 1,00 m, am besten vier Reihen E-Leiter; unterster E-Leiter bei etwa 0,30 m Bodenabstand
Fjord, Haflinger, Isländer, Kaltblüter, Welsh Cob	wie vor	Holzpfosten-E-Zaun: Höhe 1,30 m, drei Reihen E-Leiter; unterster E-Leiter bei etwa 0,40 m Bodenabstand
Dt. Reitponys, Freiberger, Paso, Quarter Horse, Vollblutaraber	Hochblütige Pferde sind in ihrem Nervenkostüm empfindlicher, sie reagieren auch auf geringe E-Zaun-Impulse; sind weniger mutig im Aufspüren von Zaunlücken, dafür aber bei Panik erheblich schneller, weshalb der Zaun optisch sehr gut wahrnehmbar sein muss	Holzpfostenzaun mit oberem Riegelabschluss und drei Reihen E- Leiter: Höhe 1,40 m, unterster E-Leiter bei etwa 0,50 m Bodenabstand
Friesen, temperamentvolle Kaltblüter (z. B. Percheron), Warmblüter	wie vor	Holzpfostenzaun mit oberem Riegelabschluss und drei Reihen E-Leiter: Höhe 1,60 m, unterster E-Leiter bei etwa 0,60 m Bodenabstand

*) Es handelt sich hier um allgemeine Beispiele mit Mindesthöhen, deren Umsetzung im Einzelfall örtlich zu prüfen ist (z. B. wird bei Hengsthaltung oder bei Weiden an Autobahnen immer ein Sicherheitszuschlag erforderlich = mindestens plus 10 % mehr Zaunhöhe). Immer sind auch u. a. die örtlichen bau- und landschaftsschutzrechtlichen Bestimmungen sowie Spezialgesetze (Wasserhaushaltsgesetz, Jagdvorschriften) einzuhalten (z. B. sind in Naturschutzgebieten häufig nur dunkle E-Zaunbreitbänder zugelassen, um das Landschaftsbild nicht zu verunstalten, oder es sind in Wassergewinnungsgebieten keine imprägnierten Pfosten erlaubt; nach regional unterschiedlichen Vorschriften dürfen in der freien Landschaft massive Holzzäune oder Stahlmattenzäune nur mit Baugenehmigung errichtet werden).

Tore und E-Zaun-Material

1 Holztor, z. B. als Paddockeingang.
2 Dekoratives Tor aus Eichenholz für alle Zwecke.
3 Eisentore eignen sich für Weide und Paddock an sich sehr gut, wenn – anders als abgebildet – sowohl der Bodenabstand recht groß ist als auch die einzelnen Felder (Rohrabstände) ein evtl. Einklemmen von Hufen verhindern.
4 Dieses Eisentor ist eine akzeptable Konstruktion mit genügendem Bodenabstand und großen Feldern.
5 E-Zaunband ist qualitativ sehr unterschiedlich. Technisch und optisch zu empfehlen sind dunkle 4 cm-Breitbänder (sie sind meist in Naturschutzgebieten vorgeschrieben).
6 Spezialisolatoren können mit Metallplatten versehen werden, um z. B. auch Torgriffe einhängen zu können.
7 Nur Metall-E-Zaunverbinder sichern die stromführende Verbindung von zwei E-Zaunband-Teilen; ein »Verknoten« ohne Zaunverbinder ist zu vermeiden, da die Stromdrähte dadurch reißen.

Tabelle 11

Welche E-Zaunleiter wählen?*)

Art des Leiters	Vorteile und Nachteile	Empfehlung
Draht	Sehr schnelle, preiswerte Verlegung oder Reparatur, preiswerte Isolatoren; andererseits ist der Draht schlecht zu sehen, es gibt Rostprobleme und Verletzungsgefahren (Vorbeugung: Sollbruchstellen einbauen)	Nur als Ergänzung/Absicherung zu Holzzäunen
Litze	Schnellste und billigste Art der E-Zäunung, geringe Haltbarkeit, da sehr dünn; oft mangelhafte Impulsleitung durch Drahtbruch	Nur als Ergänzung/Absicherung zu Holzzäunen
Seil	Besser zu sehen als Draht oder Litze, auch sehr gut leitfähig und schnell installierbar; kann beim Verheddern um Pferdebeine – wie Draht und Litze – schlimme Verletzungen verursachen	Mit Einschränkungen auch als alleinige Außenumzäunung (vier Reihen) für ruhige Pferde geeignet (wenn die unterste Reihe – rasseabhängig – genügend Bodenabstand hat)
Breitband (20 mm)	Ähnlich zu beurteilen wie E-Seile, Haltbarkeit relativ gering, kann nach fünf Jahren durch starken Wind reißen	Weniger empfehlenswert, allenfalls für innere Wanderzäune oder als separater innerer Zusatzzaun vor Stacheldraht
Breitband (40 mm)	Aufwändigste, aber auch beste Art der E-Zäunung: gut sichtbar, gute Leitfähigkeit bei genügend Nirostaleitern, gute Reißfestigkeit, lange Lebensdauer. Wichtig: Zur Funktionssicherheit nur Qualitätsisolatoren und entsprechende Torgriffe verwenden	Sehr empfehlenswert für alle Zaunarten; als Außenzaun mindestens drei Reihen erforderlich. Aber: Als alleiniger Außenzaun bei Hengsthaltung oder in der Nähe stark befahrener Straßen/Bahnkörper/Flugplätzen/Hubschrauberlandeplätzen/Militärbasen nur mit Einschränkungen alleine geeignet. Besser ist zusätzlich in solchen Fällen eine Holzbeplankung oder gar ein Doppelzaunsystem

*) Enthalten ist nur ein beispielhafter Ausschnitt aus dem Handelsangebot.

stehen, fest mit dem Boden verbunden bleiben; zusätzlich sind maximal hütesichere Festzäune innen noch mit E-Zaunleitern gesichert (z. B. mit verzinktem E-Draht). Solche Festzäune sind für eigene Grundstücke immer sinnvoll, aber bei Pachtland dürfen sie in der Regel bei Pachtende nicht abgebaut werden (für diesen Punkt empfehlen sich deshalb immer genaue Vereinbarungen zwischen den Vertragspartnern).

Variable Zäune bestehen durchweg aus relativ flott entfernbaren Pfosten (Eisen, Kunststoff) mit ausreichend E-Zaunleitern; sie sind häufig auf Pachtgelände sinnvoll.

Weidepflege und -düngung

GRÜNLANDEIGNUNG

Nicht jedes Grünland kann auf Dauer als Pferdeweide dienen, denn Pferde stellen verschiedene Ansprüche an Boden und Aufwuchs. Daneben sind immer auch lagebedingte Störquellen für die eigenen Verhältnisse zu bewerten. Stehen z. B. Windkraftanlagen zur Stromgewinnung oder Hochsitze des Jagdausübungsberechtigten auf der Weidefläche, dann schränken diese u. U. die Nutzung für Pferde mehr oder weniger stark, evtl. auch nur saisonal, ein. Sehr entlegene Weiden, die nie ausreichend überwachbar sind, oder solche an stark frequentierten Spazierwegen, Jugendtreffs oder Kinderspielplätzen können erhebliche Störungen mit Ärgernissen und nicht selten manche unruhige Nacht für Pferde und Halter mit sich bringen. Solche Weiden sind aus Sicherheitsgründen durchweg ungeeignet für Pferde.

Grundvoraussetzung für eine Pferdeweide ist primär

- trittfester Boden, dieser ist naturgegeben und das »A und O«, da sonst die Grasnarbe auf Dauer vermatscht und in Folgejahren der Ernährungswert aufgrund von Veränderungen der Bodenstruktur ganz erheblich sinkt: Unerwünschte Pflanzen siedeln sich nach Vermatschung verstärkt an, werden von Pferden verschmäht, alles verkrautet zunehmend innerhalb kurzer Zeiträume. Die Weide sollte prinzipiell zu jeder Jahreszeit begehbar und wenigstens teilweise auch vor und nach der Haupt-Vegetationszeit nutzbar sein.

Wichtig ist hinsichtlich der Lage einer Pferdeweide, dass diese möglichst

- nicht in Talsenken mit häufigem Nebel und ungesunder Bodenfeuchte oder an einem Nordhang liegt (ungünstige kalte Winde, mangelhafte Sonneneinstrahlung und deshalb nährstoffungünstiger Aufwuchs),
- direkt an die Stall- und Auslaufanlage grenzt, weil sonst erforderliches aufwändiges Führen zur Weide zeitintensiv und u. U. auch unfallträchtig sein kann.

Weitere wichtige Voraussetzung ist der für Pferde geeignete Bewuchs einer Weide, die Grasnarbe. Die Zusammensetzung der wandelbaren Grasnarbe bestimmt den Weidetyp; grob kann man in vier Typen einteilen:

Kräuter-Grasweiden sind für Pferde besonders gut geeignet. Sie bieten unterschiedliche Pflanzenarten, keine Monokultur und genügend pferdegemäße Selektionsmöglichkeiten und im Ergebnis eine ausgeglichene Ernährungsbasis für alle Pferderassen. Zudem bieten solche Weideflächen, wenn sie koppelunterteilt sind und sich darin sowohl hoch wachsende Vegetation als auch abgeweidete Flächen ökologisch gut ergänzen, einer Vielzahl von Tieren Lebensraum. Solche Weiden sind bei extensiver Bewirtschaftung auch mit den Zielen des Natur- und Landschaftsschutzes gut vereinbar.

Grasweiden mit wenig oder gar keinen Kräutern sind nur bedingt für Pferde geeignet, da sie meist aus sehr energie- (= zucker-) reichen Gräsern (oft vornehmlich Weidelgras) bestehen, die primär der Milchviehversorgung dienen. Bei längerem Weideaufenthalt können vor allem Nordpferde (Ponys und Kaltblüter) auf solchen Flächen zu fett werden und u. U. an Hufrehe erkranken.

Klee-Grasweiden sind ebenfalls nur bedingt geeignet; sie sind eher rohfaserarm, aber für Pferde übermäßig eiweißreich und von daher allenfalls noch am ehesten für hochtragende Zuchtstuten und säugende Stuten mit Fohlen geeignet, wenn diese unbedingt zusätzlich in Weidepausen Heu oder Stroh vorgelegt bekommen.

Kräuterweiden sind optisch ansprechend, aber zur ausschließlichen Pferdeernährung nicht geeignet, denn sie bieten unausgeglichene Nähr- und Wirkstoffe, d. h. viel Eiweiß und Mineralstoffe, aber wenig Energie, auch wenig Rohfaser bzw. ungenügende Ballaststoffe und teils nicht ganz ungefährliche einseitige Kräuterinhaltsstoffe, die – in Mengen aufgenommen – u. a. zu Magen-Darmstörungen oder u. U. zu Ataxie (Hinken durch übermäßigen Ferkelkrautverzehr) führen können.

- Obstwiesen (»Streuobstwiesen«) als ausschließliche Pferdeweiden bringen Probleme, da diese im Spätsommer nicht beweidet werden sollten, um gefährlichem, übermäßigem Fallobstverzehr vorzubeugen. Auch ist

Schwach gedüngte Kräuter-Grasweide mit artenreicher Vegetation: Das Ideal für Pferde.

das Schattengras auf solchem Grünland für Pferde geschmacklich unattraktiv sowie zusätzlich (mangels ausreichender Sonneneinstrahlung) nähr- und (vor allem) wirkstoffarm (= weniger Vitamine etc.).

WEIDEPFLEGE UND -UMZÄUNUNG

Bei Pferdeweiden handelt es sich vorrangig um sog. extensive Grünlandnutzung, weil keine übermäßig große Grünzeugmasse aus Hochleistungsgräsern, sondern eher eine große Artenvielfalt angestrebt werden muss. Auf einer gepflegten, nicht total verkrauteten Weidefläche (gute Ackerbodenqualität, ca. 70 Bodenpunkte) von 5.000 qm (= zwei Morgen) kann man – bei Unterteilung in vier bis sechs Koppeln sowie turnusmäßigem Koppelwechsel und ertragsangepasster Nachdüngung – in der Vegetationszeit bei täglich fünf bis sechs Stunden Weidegang halten: fünf kleine Ponys (z. B. Welsh A) oder drei mittelgroße Pferde (z. B. Quarter Horses, Vollblutaraber, Fjord, Haflinger) oder zwei Großpferde.

Weiden sollten im Verhältnis zum Besatz groß sein. Günstig ist, wenn Weiden lang und eher schmal angelegt werden, denn dies kommt dem Bewegungsbedürfnis mehr entgegen als quadratische Anlagen. Sehr gut geeignet für hochblütige Pferde sind Weiden, deren Ecken abgerundet wurden, damit bei spielerischen Galoppaden die typischen sehnenzerrenden Stopps in Zaunecken unterbleiben.

Sowohl zur nachhaltig-gesunden Ernährung als auch zur Ernte befriedigenden Winterfutters sowie nicht zuletzt auch zur Pflege der Grasnarbe ist eine Nutzung mit ausgewogener Weideführung notwendig. Umfangreiche Einzelheiten mit vielen fachlichen Tipps zur Anlage und Pflege von Weiden sowie zur Ernte von Heu und Silage enthält das »Praxishandbuch Pferdeweide« des Verfassers, erschienen im selben Verlag.

WEIDEFÜHRUNG

Ein überlegtes Weidemanagement zu praktizieren, ist Grundvoraussetzung jeder Weidepflege, und zwar nicht etwa nur bei großflächigen Pferdehaltungen, sondern gerade auch bei »Mini«-Flächen, damit diese nicht degenerieren und dadurch zur Pferdeernährung, aber auch aus ökologischer Sicht wertlos werden. Am besten ist die Umtriebs-Weideführung, sie setzt Unterteilung der Gesamtweide in einzelne Koppeln voraus. Dadurch können sich gesperrte Koppeln re-

Weide

1 Im Frühjahr vor Weidebeginn sind Pflege- und Sanierungsmaßnahmen wichtig (Abschleppen, Nachsäen, Walzen).

2 Im Sommer wird von Teilflächen des Grünlands Winterfutter (Heu/Heulage) geerntet und konserviert.

3 Im Herbst sollte überständiges Gras abgeweidet werden, damit der Frühjahrsaustrieb der Pflanzen nicht behindert wird.

4 Im Winter sind die Koppeln zur Regenerierung grundsätzlich zu schonen.

5 Knaulgrasweide in der Blüte (Juni).

6 Knaulgras ist ein relativ hartes, rohfaserreiches Gras, das weniger Zucker enthält als Hochleistungs-Weidelgras; Knaulgras wird von Pferden nicht so gierig gefressen wie Weidelgras, ist aber bekömmlicher, weil sie sich daran seltener »überfressen«.

7 Knaulgrasweide vor Ende der Blüte; in diesem Stadium als Heu konserviert, erhält man ein hartes, sehr positiv zum langsamen Kauen animierendes, nährstoffreduziertes Winterfutter – vor allem für Freizeitpferde mit Müßiggang!

generieren und nach jedem Umtrieb steht schmackhaftes Futter bereit. Vorteilhaft ist es, wenn man alle Koppeln durch einen Treibgang mit dem Stall-/Auslaufbereich verbindet. Innerhalb einzelner Koppeln kann durch einen sog. Wanderzaun mit schnell versetzbaren Steckpfählen die Weidefläche nochmals in sog. Portionsweiden aufgeteilt werden. Letzteres kann erforderlich sein, wenn im Mai/Juni zu viel Grünfutter wächst und man vermeiden will, dass die gesamte Koppel von den wählerischen Vierbeinern zertreten wird. Auch um die Grasaufnahme einzuschränken, kann eine zusätzliche Portionierung sinnvoll sein.

PFLEGEMASSNAHMEN

Regelmäßig (möglichst täglich) den Pferdekot abzusammeln (das machen selbst große, gut geführte Gestüte!), um Verwurmung und sog. Geilstellen einzudämmen.
Zum Absammeln des Pferdekots benutzt man in der Regel eine Schubkarre und eine engzinkige Stahlgabel (sie kostet 25 Euro und bietet auch genügend Widerstand beim Kotabsammeln aus hohem Gras). Zerbrechliche Kunststoffgabeln oder harkenähnliche Utensilien mit kurzen Stielen, die man nur in – auf Dauer krankmachender – gebückter Haltung benutzen kann, sind zum Kotabsammeln unbequem, nicht effektiv und deshalb ungeeignet. Für größere Betriebe empfehlen sich Traktor-Anbaugeräte als praktikable Lösung.
Nach jedem Koppelwechsel alles überständige Grünzeug »köpfen«, damit sich diese verschmähten Pflanzen nicht übermäßig vermehren. Das Nachmähen geschieht mit Balkenmäher, Rasentraktor oder Traktor-Anbaumähwerk.
Saisonarbeiten, hauptsächlich z. B. im Frühjahr, Ausstechen von Sauerampfer im März, Zauninstandhaltung, Abschleppen und Anwalzen der Weiden (alle Maulswurfshügel und Narbenschäden der Trampelkoppel beseitigen).

»UNKRAUTPLAGE«

Der Begriff »Unkraut« ist zwar volkstümlich, aber eigentlich nicht ganz korrekt, weil er generell wenig aussagen kann. Gemeint sind damit alle Pflanzen (egal ob Kräuter, Gräser oder Klee), die vom jeweiligen Standpunkt der speziellen Nutzung gerade nicht erwünscht sind. Nur ist dieser Standpunkt sehr unterschiedlich. Weißklee ist z. B. auf Pferdeweiden »Unkraut«, weil unerwünscht (wegen der Durchfallgefahr), aber auf Rindviehweiden erwünschte Nutzpflanze, weil er eiweißreicher Nährstofflieferant für Milchvieh ist. Auch Feingräser (Straußgras, Windhalm) oder manche Kräuter (Rainfarn, Ferkelkraut), die an sich nicht hoch giftig, aber z. B. verstopfungsfördernd oder Durchfall auslösend sind, zählen zum »Unkraut«. Generelles »Unkraut« sind dagegen alle Giftpflanzen, wobei hier die Schwere der Giftigkeit eine Rolle spielt. Während kleine Plätze mit Hahnenfuß auf der Pferdeweide noch kein Problem darstellen, sind Herbstzeitlosen und alle Kreuzkraut-/Greiskrautarten immer eine latent vorhandene ernste Gefahr für Pferde, vor allem im Heu, das eine Selektion für Pferde unmöglich macht. Das sich rapide verbreitende giftige Greiskraut ist als (selten) gefressene einzelne Frischpflanze

Traktoren und Geräte

1 **Traktoren mit Frontschaufel sind für Erdarbeiten (z. B. beim Auslaufbau) nützlich. Solche (älteren) Traktoren kosten gebraucht um 6.500 Euro.**
2 **Mit einer Traktor-Frontgabel lässt sich Mist verladen, Heu transportieren usw.**
3 **Heuwender (Kosten – gebraucht – ca. 500 Euro).**
4 **Scheiben-Anbau-Mähwerk (Kosten – gebraucht – ca. 650 Euro).**
5 **Rasentraktor zum Nachmähen kleiner Koppeln und zum Aufsammeln von Schnittgut (Kosten mit Doppelmähwerk und 12,5 PS ca. 3.500 Euro).**
6 **Drillmaschine zum Säen (Kosten – gebraucht – ca. 1.500 Euro).**
7 **Mulchmähwerk für große Flächen (Kosten – gebraucht – ca. 1.200 Euro).**
8 **Dünger-(Mist-)streuer (Kosten – gebraucht – ca. 1.300 Euro).**
9 **Kleintraktor (Kosten – gebraucht – ca. 2.800 Euro).**
10 **Anbau-Mulchmähwerk für kleine Flächen (Kosten – neu – 3.200 Euro).**

1
2
3
4
5
6
7
8
9
10

noch nicht sehr schädlich, aber die Summierung macht es aus. Gefährdet sind Pferde auf kahl gefressenen, kleinen Weiden – dort probieren sie alles beim ersten Übergrasen Verschmähte, also später Überständige, noch am ehesten aus, bis es ihnen dann aus Not schmeckt.

«Unkraut« bekämpfen: Es ist kontraproduktiv, wenn man z. B. Unkraut stets nur kurz mäht. Dadurch verbreitet es sich durch Ausläufertriebe immer mehr. Im Laufe des Jahres sollte man alle sich zeigenden Giftpflanzen mechanisch (nur ausnahmsweise mit Spritzmitteln) ausmerzen und alle sonstigen unerwünschten Pflanzen (= Platzräuber) vor der Samenreife ausgraben oder mit Kalkstickstoff (Düngemittel mit herbizider Wirkung) bestreuen sowie an den so entstandenen kahlen Plätzen anschließend nachsäen (primär Knäuelgras oder Weidelgras), da sonst z. B. Hahnenfuß oder Moos diese Lücken wieder besiedeln.

Giftpflanzen

Pferde sind als Fluchttiere stets neugierig, um sich in ihrer Umwelt ausreichend orientieren zu können. Die gleiche Neugier betrifft das Futter, sie wird noch durch den ständigen Fresstrieb bestärkt. Es stimmt zwar, dass Pferde alles Neue, auch alles Futter, das ihnen suspekt erscheint, zunächst meiden, aber es gibt den Gewöhnungsfaktor. Giftpflanzen werden von Pferden nicht generell instinktiv gemieden, darauf darf man sich also nicht etwa verlassen! In Mitteleuropa sind es rund 180 Pflanzen, die für Pferde mehr oder weniger giftig sind. Oft ist die gesamte Pflanze giftig, manchmal sind es nur Teile wie Wurzeln oder Blätter. Rund 100 giftige Inhaltsstoffe wären zu nennen. Diese werden in elf Stoffgruppen eingeteilt, wobei die Gruppe der sog. Alkaloide die wichtigste ist (u. a. Atropin in der Tollkirsche, Colchicin in der Herbstzeitlose, Pyrrolozidin im Kreuz-/Greiskraut, Taxin in der Eibe). Manche Giftwirkung verliert sich teils bei vollständiger Trocknung im Heu (z. B. Hahnenfußgift), bleibt aber z. B. in der Silage noch wirksam. Andere Toxine wirken in Graskonservaten u. U. noch stärker als im frischen Zustand.

UMZÄUNUNG

Die Umzäunung des Weideareals sollte unbedingt Respekt einflößend sein, um Aus-

Tabelle 12

Häufiger vorkommende Giftpflanzen*)

Pflanze	Wirkung/Wirkstoff	Vorkommen	Symptome
Adlerfarn	Vitamin B_1 schädigend	Wiesen und Weiden am Waldrand	Krämpfe, blutiger Durchfall
Buchsbaum	Buxin	Park, Garten, Waldrand	Nervenlähmung
Eibe	Taxin	Park, Garten, Waldrand	Herz- und Atemlähmung
Fingerhut	Digitalisglycoside	Waldrand	Herzlähmung
Goldregen	Zytisin	Wald, Park	Atemlähmung
Hahnenfuß	Protoanemonin	Wiesen, Weiden	Durchfall, Darmentzündung
Herbstzeitlose	Colchicin	Wiesen, Weiden	Atemlähmung
Kreuzkraut Greiskraut	Alkaloide	Wiesen, Weiden, Ödland	Leberschäden
Rainfarn	Thujon	Wegränder, Wiesen, Weiden (hat nichts mit Farn zu tun!)	Durchfall

*) Es handelt sich hier nur um einige Beispiele ohne Anspruch auf Vollständigkeit oder Gewähr! Vor allem sind alle Parkpflanzen und Hecken (u. a. alle Zypressenarten/Thuja/Lebensbaum, Ligusterhecken, Robinien) immer hoch giftig. Teils genügen kleinste Mengen als tödliche Dosis (z. B. 50 bis 100 g Eibennadeln), teils ist zur vollständigen Giftwirkung eine längere Aufnahmezeit erforderlich, also mehrere kg über mehrere Wochen verteilt. Informationen finden sich auch im Internet, z. B. unter www.vetpharm.unizh.ch.

Zäune

1 Holzzaun mit oberem Halbholz und zwei E-Zaun-Bändern.
2 Weidezaun aus Gummigurten und E-Zaun-Draht.
3 Maroder Fichtenzaunpfahl (unprägniert) nach sechs Jahren Standzeit.
4 Kunststoffpfähle eigenen sich gut für Elektrozäune.
5 Holzzaun mit »Bonanza«-Brettern.
6 Massiver Weidezaun aus Bahnschwellen-Pfosten und Gummigurten.
7 E-Zaun-Kordel leitet gut, ist aber als Absperrmaterial für Außentore zu unsicher, weil von galoppierenden Pferden nicht sehr gut zu sehen.
8 Als Außenzaun müssen stets drei breite E-Zaun-Bänder verwendet werden, wobei das untere Band etwas höher gespannt werden sollte als hier abgebildet, um u. a. die Gefahr des Verfangens beim Wälzen in Zaunnähe zu minimieren.
9 E-Zaun-Draht ist nur als Zusatzsicherung zu massiven Holzzäunen geeignet, weil von galoppierenden Pferden nicht sehr gut zu sehen.

Hochgiftige Eiben wachsen als Ziergehölze an vielen Orten; bereits 50 g töten ein Pony.

Giftige Zypressen sind z. B. als Thuja-Hecken/ Lebensbäume in Norddeutschland verbreitet.

Rainfarn wird nicht von allen Pferden auf Weiden oder an Wegrändern verschmäht; er muss auf der Weide ausgemerzt werden, bevor er sich rapide verbreitet.

brüche mit üblen Folgen zu verhindern. Jede Umzäunung kann – abhängig vom verwendeten Material – als Festzaun oder als variabler Zaun hergestellt werden. Stacheldraht ist lebensgefährlich und muss bei Pferdeweiden immer durch einen separaten inneren Zaun (auf Abstand) abgeschirmt werden. Siehe auch das Kapitel »Zaunbau«, Seite 154 ff.

DÜNGUNG

Was Pflanzen dem Boden an Nährstoffen entziehen, muss diesem zurückgegeben werden. Naturgemäße Weideführung bedeutet nicht etwa, dass man alles einfach der Natur überlässt und nichts nachdüngt, weil dies in der Natur auch niemand macht. In der (unkultivierten) Natur wird (abgesehen von geringer Wildäsung) nichts an Pflanzen entnommen – sie verwelken und gelangen mit ihren organischen und anorganischen Bestandteilen zurück in den Boden und ernähren die Bodenlebewesen – und deren Produkte ernähren die Nachfolgepflanzen. Bei einer Weide wird demgegenüber viel Pflanzenmaterial entnommen (abgegrast oder als

Heu bzw. Silage konserviert), es gelangt also nur wenig an Nährstoffen durch abgestorbene Pflanzenteile zurück in den Boden. Wird nun nicht nachgedüngt, aber stets weiter geerntet bzw. gegrast, dann verarmt der Boden, es siedeln sich nur noch nährstoffarme Pflanzen an, die Weide degeneriert auf Dauer total, verliert ihren Ernährungswert und wird auch ökologisch unattraktiver.
Beste Form der Düngung für Pferdeweiden ist deshalb die biologische Methode mit reifem Kompost, der zunächst gemäß der Natur das Bodenleben ernährt. Nur zweite Wahl ist die ausschließliche chemische Düngung mit wasserlöslichem Mineraldünger aus dem Sack. Bei beiden Methoden ist turnusmäßig immer zusätzlich Kalk als Regulator der Bodensäure (gemessen als sog. pH-Wert) einzusetzen. Zeigt sich z. B. viel Moos in der Grasnarbe, so ist in der Regel der Boden zu sauer und insgesamt unterversorgt mit Nährstoffen. Für die Düngung gibt es kein Patentrezept, das für jede Weide anwendbar wäre. Zu unterschiedlich sind Lage, Klima, Vegetation und Nutzungsart. Bevor man düngt, sollte man wissen, was dem Boden konkret fehlt. Darüber gibt eine Bodenanalyse, die bei Instituten bzw. bei ländlichen Raiffeisen-Genossenschaften in Auftrag gegeben wird, Auskunft. Insbesondere braucht der Boden Phosphorsäure, Kali, Magnesium, Natrium, Mangan, Kupfer, Bor und – vor allem zum Massen-Wachstum – Stickstoff. Die Devise »Viel hilft viel«, ist falsch, denn auch das Verhältnis der einzelnen Düngenährstoffe zueinander entscheidet über den Düngeerfolg und das Pflanzenwachstum.
Düngebeispiel (Pauschalangaben): Zur Erhaltung des Durchschnitts-pH-Wertes (zeigt den Säuregrad des Bodens an) von 5,1 sind jährlich im Frühjahr für zwei Morgen Weideland (= 5.000 qm) etwa 200 kg Thomasphosphat auszustreuen. Dazu per Miststreuer als Grunddüngung 3.000 kg reifer Kompostdünger mit 200 kg Basaltmehl. Statt des organischen Kompostdüngers (der immer vorzuziehen ist und durch Eigenkompostierung des Pferdemistes hergestellt wird) kann als chemischer Ersatz Handels-NPK-Volldünger maßvoll eingesetzt werden. Auszustreuen sind im zeitigen Frühjahr max. 100 kg auf die Gesamtfläche, im Sommer 75 kg, im Spätsommer 50 kg (im Sommer und Spätsommer nicht alles zugleich auf die Gesamtfläche, sondern verteilt auf die jeweils abgegrasten Koppeln).

Wasserversorgung

Wasser enthält zwar keine Nährstoffe, ist deshalb kein Nahrungsmittel, aber es ist als Lösungsmittel wesentlicher Bestandteil der Fütterung des Pferdes. Der Organismus benötigt es stets in ausreichender Menge. Sowohl für den Stoffwechsel als auch zur Regulierung des Zelldrucks und des Wärmehaushalts ist es unentbehrlich. Der Wasserbedarf des Pferdes schwankt und hängt ab vom Körpergewicht, von der Zusammensetzung des Futters, vom Klima und schließlich auch von Bewegung und psychischer Disposition (Mehrbedarf u. a. bei starker Schweißbildung). Bei mittelgroßen Pferden kann man im Jahresschnitt von täglich 20 Liter Tränkwasser ausgehen. Die Wasseraufnahmefrequenz ist witterungsbedingt unterschiedlich. Bei herbstlichem Weidegang nicht arbeitender Pferde und Umgebungstemperaturen um 4 bis 8 °C nahmen Pferde durchschnittlich in 24 Stunden 3,5 mal Wasser auf. Im Hochsommer bei extremer Hitze (38 °C) und geringer Luftfeuchtigkeit wurde unter sonst gleichen Bedingungen sogar maximal 20 mal Wasser in 24 Stunden aufgenommen – mit Schwerpunkt in den Nachmittagsstunden bis zu zweimal je Stunde. Einen Teil des aufgenommenen Wassers verbraucht der Körper für den Stoffwechsel, zur Speichelbildung, zur Flüssigerhaltung des Blutes usw., den verbleibenden Rest scheidet er über Niere (Urin), Darm (Kot), Haut (Schweiß), Lunge (Hustentröpfchen) und Euter (Milch) aus. Als Urinmenge fallen täglich durchschnittlich 6 bis 10 Liter an. Bei starker Eiweißüberfütterung steigen Wasserbedarf und Urinmengen an. Neben der Menge ist die Güte des Tränkwassers entscheidend, denn Pferde sind außerordentlich empfindlich. Tränkwasser mit chemischen Rückständen oder Fäkalienverschmutzung ist ungeeignet. Andererseits konnte beobachtet werden, dass Pferde – trotz des vorhandenen Angebots hygienisch einwandfreien Wassers – sehr genüsslich nach Regenfällen Oberflächenwasser aus Pfützen mit Sand- und Lehmuntergrund tranken. Vermutlich ist dieses chlorfreie Wasser geschmacklich (z. B. durch ausgeschwemmte Huminstoffe und Mineralien) besonders attraktiv.

WASSERANSCHLUSS/TRÄNKSTELLE

Die technisch beste Lösung ist der Anschluss an das öffentliche Wassernetz mit Leitungsverlegung in den Auslauf, die Box und in einzelne Koppeln. Über installierte Selbsttränkebecken können sich die Pferde jederzeit beliebig selbst versorgen.

TRÄNKEN MIT REGENWASSER

TRADITION

Bereits seit tausenden von Jahren nutzen Menschen – neben natürlichem Süßwasservorkommen aus Quellen, Bächen und Flüssen – auch Niederschlagswasser. Speziell aus der Antike ist bekannt, dass Griechen und Römer sog. Zisternen zum Auffangen des Regenwassers bauten. Dieses Wasser wurde vielfältig genutzt als Trinkwasser für Mensch und Tier sowie als Badewasser und zur Bewässung von Anbauflächen. Auch aktuell ist es stets sinnvoll, Regenwasser aufzufangen und z. B. zur Gartenbewässerung zu nutzen. Durch Filterung aufbereitetes Regenwasser kann kostengünstig sogar im Haushalt (z. B. zum Wäsche waschen) verwendet werden.

REINHEIT

Regenwasser lässt sich hinsichtlich der Zusammensetzung nicht generell qualifizieren, denn es kommt u. a. sehr auf das Gebiet des Niederschlags sowie auf die Art und Weise des Auffangens und Lagerns an.

Regenwasser, das aus Wolken auf natürlichen Untergrund fällt, enthält durchweg anorganische Substanzen, die u. a. aus der Luft des Niederschlagsgebietes ausgewaschen wurden. Das kann beispielsweise Schwefel sein, aber auch z. B. mit Metallspuren belasteter Feinstaub. Ursächlich dafür sind überwiegend Abgase (meist industrieller Art), aber auch Gase und Stäube natürlichen Ursprungs (wie z. B. Substanzen, die durch Vulkanausbrüche in die Luft ausgestoßen werden).

Das «reinste» Regenwasser findet man dort, wo die Luft unbelastet ist und auch der Untergrund, auf den der Regen fällt, weitgehend frei von schädlichen Stoffen ist. Beispielsweise kann das vergleichsweise klare Regenwasser, das sich in einer Bodenvertiefung oder in einem künstlich angelegten Wasserabzugsgraben nach starken Regenfällen auf Weiden finden lässt, durchaus qualitativ als Tränkwasser für Pferde ausreichend sein. Aber auch hier sind organische (z. B. Kot, Parasitenstadien) und anorganische (z. B. Schwermetalle) Belastungen des Wassers nie ganz ausgeschlossen – je nach Untergrundbeschaffenheit. Moderige Oberflächenwasseransammlungen werden zwar von Pferden durchaus auch als Tränke angenommen, sind aber auf Dauer kein Ersatz für klares Tränkwasser.

Regenwasser in Bächen ist vermischt mit Grundwasser. Hier hängt es auch sehr stark von der Untergrundbeschaffenheit und der Fließgeschwindigkeit ab, ob solches Wasser als Tränkwasser eingesetzt werden kann. Hinzu kommt, dass evtl. Gülle- und Mineraldüngereintrag in solche Gewässer ein zusätzliches Problem bescheren können. Insofern ist von der Nutzung solcher Wasserläufe abzuraten.

EIGNUNG

Man kann Regenwasser als Tränkwasser verwenden, wenn es keine meßbaren Schadstoffgehalte/Verunreinigungen aufweist. Es gibt Pferdehaltungen, die Tränkwasser überwiegend aus Regenwasser bereithalten und in denen offenbar keinerlei Probleme bei den so versorgten Pferden auftreten.

Doch kann generell die Verwendung von Regenwasser nicht als problemlos empfohlen werden, denn die Verwendung ist einzelfallbezogen zu beurteilen. Das Maß der möglichen Verunreinigung weist nämlich ein großes Spektrum und eine nicht vorhersehbare Dynamik auf. Das bedeutet, dass man u. a.

Wasser und Hygiene

1 Kübeltränken aus Kunststoff sind zweckmäßig; es empfiehlt sich, lebensmittelechte Kübel (z. B. Jagdwannen) zu verwenden, die keine Schadstoffe (u. a. Weichmacher) ins Wasser abgeben.

2 Metalltränken oder -kübel sind weniger empfehlenswert, da die Verletzungsgefahren bei Rangeleien nicht zu unterschätzen sind.

3 Selbsttränkebecken sind für Stall, Auslauf und Weide ideal.

4 Tränke-Installationen mit Schwenkarm können problematisch sein, wenn Pferde sich z. B. mit lockeren Halftern daran verfangen.

5 Windkraftpumpen (hier die Tränke der Dülmener Wildbahn) eignen sich primär im windreichen Flachland für große Bestände.

6 Mit dem Hochdruckgerät sind Futtertröge schnell gereinigt.

7 Nager, besonders Mäuse und Hausratten, sind die gefährlichsten Schädlinge jeder Pferdehaltung, weshalb eine Stallkatze für natürliche Dezimierung sorgen sollte.

8 Zur Geruchsdezimierung können Urinstellen in Ausläufen mit Holzgranulat bestreut werden (das Material ist später zu kompostieren).

Tabelle 13

Weidetränken

Art der Tränke	Voraussetzungen/Besonderheiten	Eignung
Kübeltränke (z. B. Jagdwanne)	hoher Arbeitsaufwand durch tägliches Säubern und Befüllen	für alle Weiden (PE-Mörtelkübel enthalten Weichmacher = bedenklich!)
Selbsttränke mit elektrischer Grundwasserpumpe (»Hauswasserwerk«)	wenn sauberes Grundwasser ausreichend vorhanden ist und Netzstromversorgung zur Verfügung steht	für alle Weiden beim Haus
Selbsttränke mit Anschluss an das öffentliche Wasserversorgungsnetz oder die eigene Hauswasserversorgung	wenn öffentliches Versorgungsnetz (oder eigene Hauswasserbrunnenanlage mit ausreichend starker Pumpe!) erreichbar sind	für alle entlegenen Weiden die beste Wasserversorgung
Offenes Gewässer	nur in Ausnahmefällen – wegen oftmals mangelhafter Wasserqualität – möglich; immer nur mit besonderer Uferabzäunung; wenig empfehlenswert	für Weiden mit Bachdurchlauf oder an Seeufern
Tränkewagen mit Selbsttränke	regelmäßige Befüllung und Säuberung müssen durchgeführt werden; oft ist ein zu hoher Keimgehalt des Wassers im Hochsommer bei mehrtägiger Lagerung zu erwarten (Durchfallgefahr); empfehlenswert nur an schattigem Standort	für alle Weiden, die nur kurzzeitig beweidet werden oder z. B. im Gebirge, wenn weder Grundwasser noch Bachläufe eine andere Versorgung möglich machen
Brunnen mit Kolbenpumpe und Tränkbottich	hoher Arbeitsaufwand durch tägliches Säubern und Befüllen	für alle Weiden
Kolbenweidepumpe	wenn sauberes Grundwasser vorhanden ist; Bedienung mit dem Nasenrücken ist für Pferde sehr gewöhnungsbedürftig; auch verletzungsträchtig, daher nicht zu empfehlen	mit den genannten Einschränkungen grundsätzlich für alle Weiden mit Grundwasserbrunnen

klären muss, ob eine Dachfläche, von der man Regenwasser in eine Tonne laufen lässt, schädliche Substanzen an das Wasser abgibt. Auch eine Kunststofftonne könnte z. B. sog. Weichmacher in das Wasser abgeben und damit – bei dauerhafter Verwendung – könnte solches Tränkwasser Pferde schädigen.

Ganz pauschal kann man davon ausgehen, dass solches Regenwasser, das in einem Gebiet ohne Luftverschmutzung von einem Tonziegeldach in ein Glasgefäß fießt, ziemlich unbedenklich sein wird. Aber auch hier wäre zu prüfen, inwieweit die Dachrinne (durchweg aus Kupfer oder Zink hergestellt und oxidiert), die das Wasser auffängt und in das Auffanggefäß leitet, unerwünschte, weil gesundheitsschädliche metallische Verunreinigungen des Wassers bewirkt.

SCHADSTOFFE IM REGENWASSER

Es sind im Wesentlichen organische und anorganische Spurenstoffe wie Stickoxide, Ruß, Kohlenstoff, Blei, Schwefel, Chlor, Magnesium, Natrium, Kupfer, Zink, Kohlenwasserstoffe, PAK, Phenole, PCDD/

PCDF, die sich im belasteten Regenwasser detektieren lassen. Schadstoffe können akut (z. B. eine Allergie auslösen) oder chronisch (fortschreitend) Schäden im Organismus verursachen.
Wasser für Säugetiere ist kein Nahrungsmittel (weil es im engeren Sinne keine Nährstoffe enthält), sondern ein lebensnotwendiges Lösungsmittel zur Nahrungsverwertung, zur Aufrechterhaltung der Thermoregulation sowie des Blutkreislaufs. Sämtliche Inhaltsstoffe (sowohl nützliche Wirkstoffe wie Mineralien als auch Schadstoffe wie Schwermetalle) werden vom Organismus aufgesogen und landen letztlich in den Zellen des Organismus.
Nehmen Fohlen kontinuierlich mit Schadstoffen belastetes Wasser auf, so führt dies u. a. zu Wachstumsstörungen. Auch bei ausgewachsenen Pferden sind vielfältige Störungen durch belastetes Wasser zu befürchten und belegbar. Symptome sind z. B. Durchfall, aber auch Fellprobleme und diffuse Auswirkungen auf das Immunsystem mit allgemein erhöhter Infektanfälligkeit.
Für die Bewertung der Verunreinigung von solchem Regenwasser ist kein Indikatorparameter definiert. Grenzwertfestlegungen unterschiedlicher Parameter enthält allerdings die Trinkwasserverordnung. Daran angelehnt sollte man Regenwasser beurteilen, das für Pferde als Tränkwasser bestimmt ist. Dazu sind Analysen erforderlich. Zur Regenwasseraufbereitung informiere man sich im Fachhandel.

WINTERTRÄNKE

Für die kalte Jahreszeit kann die Versorgung über Durchlauferhitzer oder z. B. über eine NELSON®-Heiztränke bzw. eine mechanisch arbeitende, frostsichere »Ball«-Tränke erfolgen. Es lohnt sich, genaue technische Details im Handel zu recherchieren, denn bei Anschaffungskosten von 500 Euro plus Zuleitungskosten ist der Aufwand nicht gering – auf Dauer aber lohnenswert. Bei heizbaren Selbsttränken, die bis etwa minus 20 °C sicher sind, muss die Zuleitung im Erdreich oder auch im Kaltstall ausreichend isoliert und vor Verbiss und Tritten geschützt sein. Möglich ist auch eine (geschützte) Umwicklung der Zuleitung mit elektrischen Heizkabeln oder die Verlegung eines Schwachstrom-Heizkabels im Inneren des Wasserrohres. Für die Installation bedient man sich am besten so genannter PE-Kunststoffrohre, die als Rolle ab 25 m Länge in allen Stärken (ab $^1/_2$ Zoll) lieferbar sind und mit Messingkupplungen untereinander, aber auch mit den herkömmlichen verzinkten Eisenrohren verbunden werden können. Wichtig ist bei der Installation und Leitungsverlegung, dass Absperrventile vorgesehen werden, sowohl am Ausgangspunkt der Leitung (im Haus) als auch nach Möglichkeit direkt vor der Tränke (da nicht bei allen Tränken eigene Absperrmöglichkeiten eingebaut sind). Technische Unterschiede der Heiztränken bestehen wesentlich in den Punkten Reinigungsmöglichkeit, Wasserdurchfluss und Regulierbarkeit sowie Energieverbrauch.

Haltungshygiene

Seit 1907 die Firma Henkel das erste selbsttätige Waschmittel auf den Markt brachte, ist das allgemeine Hygienebewusstsein revolutioniert worden. Für die Waschküche jedenfalls gilt: Flecken, Grauschleier und Mikroben raus, porentiefe Sterilität rein! Im Umfeld der Pferdeställe muss ein Mittelweg zwischen den Extremen – auf der einen Seite Sterilität, auf der anderen totale Mikrobenverseuchung – erreicht werden. Schon *Pasteur*, Chemiker und Hygieniker, stellte fest: »Das Bakterium ist nichts, das Milieu ist alles.« Durch naturnahe Offenstall- und Auslaufhaltung oder Kombinationsformen (Boxen mit Paddocks), durch ein pferdegerechtes klimatisches Milieu in Verbindung mit sauberer Einstreu, ausreichender Futter- und Wasserversorgung wird besonders das Thermoregulationsvermögen trainiert bei gleichzeitiger Stärkung des Abwehrsystems. Nur ein starkes Abwehrsystem kann wiederum noch am ehesten geringgradige Hygienemängel, die sich zugegebenermaßen bei jeder Haltung kurzzeitig einmal einstellen können, kompensieren.

Dreck- oder Kadavereinschlüsse verderben jedes Futter, weshalb Raufutter (hier: Heulage) immer vor der Verfütterung außerhalb des direkten Pferdebereichs zur Sicht- und Geruchskontrolle aufzuschütteln ist!

Ganz allgemein und primär versteht man unter Hygiene (= griechisch: Gesundheitslehre) zunächst einmal alle Maßnahmen, die sich auf Wechselbeziehungen zwischen Menschen sowie der belebten und unbelebten Umwelt auswirken. »Hände waschen vor dem Essen«: (Fast) jedes Kind lernt dies schon früh als eine der Hygienemaßnahmen, die Gesundheitsbeeinträchtigungen unterschiedlichster Ursachen vermeiden helfen soll. Als Gegenpol hört man Sprüche wie: »Dreck scheuert den Magen, hat noch keinem geschadet!«, »Auweia, bloß keinen Sauberkeitsfimmel« oder »Damit wird das Abwehrsystem schon fertig!«. Offenbar nehmen solche »Sprücheklopfer« in jüngster Zeit zu, denn nach Berichten von Kinderärzten sind z. B. bei den zweibeinigen Sprösslingen gar nicht selten Darmschmarotzer wie Spulwürmer, Hakenwürmer, Bandwürmer, aber auch äußere Hautparasiten anzutreffen. Ursache sind oft Schleimhautkontakte zwischen Haustieren und Menschen, also mangelnde Hygiene im Umgang mit Tieren. Selbst die Verwurmung bei Erwachsenen steigt an …! Alles irgendwie ziemlich unappetitlich, weshalb man darüber geflissentlich schweigt: ein Tabuthema also.

Ähnlich sind die Verhältnisse im Umfeld unserer Pferdeställe. Durch mangelhafte Hygiene in der Haltungsanlage siechen Pferde gar nicht so selten dahin, oft werden Symptome vom Betreuer nicht erkannt oder fehlgedeutet. Während man noch um 1900 den ursächlichen Zusammenhängen zwischen mangelnden Hygienemaßnahmen im Haltungsumfeld und Krankheiten speziell im Tierhaltungsbereich wenig Beachtung schenkte, ist das Aufklärungsniveau durch biologische und medizinische Forschungen inzwischen erheblich gestiegen. Eine Vielzahl von Medikamenten, angefangen von Wurmmitteln bis zu Antibiotika und Sulfonamiden, suggeriert heute allerdings, dass man im Ernstfall, wenn z. B. die Immunabwehr versagt oder Verwurmung zu Gesundheitsstörungen führt, »Killer« zur Hand hat, die wirksam auch bei unhygienischen Zuständen und Haltungsmängeln erkrankten Pferden helfen können. Die »Killer« helfen zwar zum Teil tatsächlich, aber eben – und vor allem auf Dauer – nur zum Teil: Genau deshalb darf weder auf Hygiene im Haltungsumfeld noch auf eine natürliche Stärkung des Abwehrsystems verzichtet werden.

HYGIENE UND ABWEHRSYSTEM

Mangelhafte Hygiene wird besonders dann zu einer ernsten Gefahr, wenn das Abwehrsystem des Pferdes geschwächt ist. Zum Abwehrkomplex (sog. Immunsystem) zählen alle Vorgänge, die sich zwischen dem Körpereigenen und dem Körperfremden abspielen. Körpereigen sind alle normalen Zellen, Moleküle und auch die angeborenen Mechanismen des jeweiligen Organismus. Körperfremd ist alles, was für den Organismus störend sein könnte, vor allem Giftstoffe, Parasiten, Mikroorganismen (Bakterien, Viren, (Schimmel-)Pilze, Einzeller etc.), Geschwulstzellen, Zellen von nicht identischem Körpereiweiß usw. Da laufend Körperfremdes auf jeden Körper einwirkt, muss der Organismus eine Überlebensstrategie beherrschen, also grundsätzlich in der Lage sein, Körperfremdes zu erkennen, zu bewerten, zu verarbeiten – und abzuwehren. Andernfalls erkrankt der Körper. Wenn aber durch

- unhygienisches Stallklima – insbesondere aufgrund von ungepflegter Einstreu, staubigem oder schimmelpilzkontaminiertem Futter – die Atemwegsschleimhäute zwangsläufig enorm belastet werden oder durch
- verdorbenes, stark keimhaltiges Futter der Verdauungskanal in seiner Schutzfunktion beeinträchtigt wird, weil sich u. a. durch Störungen des Säurehaushalts Schleimhautdefekte und Umschichtungen der Darmflora einstellen, dann werden die Barrieren des Immunsystems in ihrer Funktion beeinträchtigt und geschwächt: Fremde Substanzen (z. B. Krankheitserreger) dringen dann schneller in den Körper vor. Atemwegs- und Magen-Darm-Erkrankungen mit entsprechendem Leistungsabfall sowie zusätzliche Kosten für Diagnosen und Therapien – auf Dauer gar chronische Schäden – sind u. a. mögliche Folgen. In diesen Punkten führen kleine Ursachen vernachlässigender Hygiene zu großen Wirkungen.

Sind die Barrieren, z. B. die Schleimhäute der Bronchien, erst durch körperfeindliche Stoffe oder Organismen durchbrochen, mobilisiert der Körper über die Blutbahn zur Bekämpfung das weitere Abwehrarsenal. Wenn, was zusehends häufiger bei Mensch und Tier vorkommt, das Abwehrsystem durch unterschiedliche Vorgänge verwirrt ist, kann es entweder zu stark oder zu schwach reagieren. Beide Reaktionsweisen sind krankhaft (pathologisch). Eine unangemessen starke Immunantwort findet sich bei Überempfindlichkeit gegenüber manchen Stoffen, z. B. gegenüber Eiweiß aus Pollen, Heustaub, Milben, Insektengiften, Nahrungseiweiß, chemischen Substanzen wie Schädlingsbekämpfungsmitteln oder Medikamenten, die dann Allergene genannt werden. Die Immunantwort führt in solchen Fällen zu allergischen Reaktionen, u. a. zu Hautveränderungen, Hustenanfällen oder zum Schockzustand. Diese allergischen Reaktionen können entweder echte Allergien sein, die nach einer Sensibilisierungsreaktion auftreten, oder Unverträglichkeitserscheinungen, die als sog. Pseudoallergien bezeichnet werden.

Solche äußeren Faktoren, die das Immunsystem des Pferdes beeinflussen, sind in erster Linie

- der Haltungs- und Hygienekomplex sowie
- die Ernährung.

Wenn diese Faktoren in der Praxis nicht einigermaßen pferdegerecht berücksichtigt werden, das Pferd sich demnach in seiner Umweltorientierung, in seinem Verhalten und seinen physiologischen Ansprüchen (Stallklima, Futter) und Leistungen stets nur an vorgegebene, unbefriedigende und z. T. extrem unnatürliche Verhältnisse anpassen muss, führt dies zum Stress (= u. a. Änderung der Hormonproduktion usw.) Das ist beim Pferd ähnlich wie bei allen anderen Säugetieren. Unter Stress ist hier ein Zustand zu verstehen, der sowohl vegetative als auch motorische Störungen verursacht und damit Erkrankungen hervorruft oder durch Schwächung des Immunsystems begünstigt. Insbesondere bei unhygienischen Zuständen (viel Staub, Abgase, Allergene) erkrankt ein solcher Körper dann weitaus schneller, weil sich z. B. unter unhygienischen Bedingungen auch an sich harmlose

Bakterien stark vermehren und damit – besonders bei bereits geschwächtem Abwehrsystem – »virulent« (= gefährlich) werden.

HYGIENEMASS

Ein vernünftiges Maß an Hygiene hat allerdings nichts gemein mit einem übertriebenen, hysterischen »Krankheitskeim-Verfolgungswahn« oder der Vorstellung, wonach z. B. jeder einzelne Erreger eine »mikroskopische Lenkwaffe« sei. Jede Umwelt (einmal abgesehen von den notwendigen weitgehend sterilen Verhältnissen in einem Operationsraum) ist belastet mit unbelebten Stoffen oder biologischen Einheiten, die auf einen Organismus einwirken. Ob diese Einwirkungen letztlich zu Störungen und Krankheiten führen, hängt dann von vielen weiteren Faktoren ab.

Unsere Pferde sind von Natur her mit Abwehrmechanismen ausgestattet, die – unter natürlichen, großräumigen Umwelt- und Haltungsbedingungen – auch ohne besondere »Hygienemaßnahmen« oder tierärztliche Behandlung ein Überleben sichern. So sind bei Wildpferden oder wild lebenden Pferden Infektionskrankheiten, Vergiftungen, Allergien oder Atemwegserkrankungen die rare Ausnahme, während letztere allerdings gerade bei solchen Hauspferden, die in beengten, unnatürlichen Haltungen leben müssen, rapide zunehmen.

Das individuell richtige Maß an Hygiene und die erforderlichen einzelnen Hygiene-Methoden richten sich nach Art der Haltung und Nutzung sowie nach Alter, Verfassung und Futterzustand des bzw. der zu betreuenden Pferde(s).

Tabelle 14

Anwendung verschiedener Desinfektionsmittel[1][2][3]

Firma	Impfstoffwerk Dessau-Tornau GmbH		Interhygiene Rieder GmbH		Josera Erbacher GmbH & Co Betriebs KG	Menno Chemie-Vertriebs GmbH			Schülke & Mayr GmbH		
Produktname	Dessau des Forte	Dessau Des Plus	Rodasept	Tad Cid	Josera Desin 1-3	Venno Vet 1	Venno Vet 1 super	Venno FF super	Lysovet PA	Lysovet V1	Orbivet
Bei Desinfektions-Anwendung gegen Bakterien											
vorbeugend	1 % 1 h	1 % 1 h	2 % 2 h	0,5 % 1 h	1 % 2 h	1 % 1 h	1 % 0,5 h	1 % 1 h	2 % 1 h	1 % 1 h	1 % 1 h
speziell	2 % 2 h	1 % 2 h	–	1 % 2 h	2 % 3 h	2 % 2 h	1 % 2 h	1 % 2 h	2 % 2 h	1 % 2 h	2 % 2 h
Bei Desinfektionsanwendung gegen Pilze/Hefen											
speziell	1 % 1 h	1 % 2 h	–	1 % 2 h	2 % 3 h	1 % 1 h	1 % 2 h	1 % 2 h	2 % 1 h	1 % 2 h	2 % 2 h
Bei Desinfektionsanwendung gegen Viren											
behüllte Viren	1 % 0,5 h	1 % 1 h	1 % 1 h	0,5 % 3 h	1 % 3 h	1 % 0,5 h	1 % 0,5 h	1 % 1 h	1 % 1 h	1 % 1 h	1 % 1 h
alle Viren	1 % 2 h	2 % 1 h	–	1 % 2 h	–	1 % 2 h	1 % 1 h	2 % 1 h	2 % 2 h	2 % 2 h	2 % 2 h

[1] Vom Verfasser modifizierte Tabelle – ohne Gewähr – auf der Grundlage eines Prüfberichtes der Deutschen Landwirtschaftsgesellschaft (DLG). Vor Anwendung der Desinfektionsmittel ist immer Konsultation des Tierarztes erforderlich; bei Anwendung sind Schutzmaßnahmen nach Herstellervorschrift strikt zu beachten; die Tabelle ist aus haftungsrechtlichen Gründen unverbindlich, sie erhebt insbesondere keinen Anspruch auf Vollständigkeit und ist nicht Ergebnis eines eigenen Tests durch den Verfasser.

[2] Alle genannten Produktnamen sind keine frei verfügbaren Bezeichnungen, sondern eingetragene Warenzeichen der Hersteller.

[3] Die Anwendungsangaben beinhalten die empfohlene Mindestkonzentration (Beispiel: 1 % bedeutet, dass die Desinfektions-Lösung aus 1 % des Desinfektionsmittels (= Konzentrat) plus 99 % Wasser besteht, also z. B. 1 Liter Desinfektionsmittel-Konzentrat plus 99 Liter Wasser ergibt 100 Liter anwendungsfähige Desinfektions-Lösung); die Zeitangabe (h = engl. hour = Stunde) gibt die Mindest-Einwirkungszeit an.

Richtungweisend dafür sind zunächst einmal folgende Faktoren:
a) Je artgerechter die Haltung (= naturnahe Fütterung, sachverständige, großräumige Robusthaltung; weitgehend stabile, homogene Pferdegruppe) in Verbindung mit relativ stressfreien Arbeitsbedingungen für das Pferd (= verständiger, stets gleicher Reiter/Betreuer, rasse- und ausbildungsadäquate Leistungsanforderungen in ausgeglichener Arbeitsatmosphäre), desto stabiler ist die Psyche und sehr gut sind dann z. B. Thermoregulation, Stoffwechsel, Gefäßsystem und Schleimhautdurchblutung bei solchen Pferden trainiert; sie sind deshalb durchweg erheblich widerstandsfähiger gegen Umweltreize und krank machende Keime als Stallpferde; wichtige Hygienemaßnahmen sind: primär Exkrementbeseitigung sowie »normale« Tränkwasser- und Futterhygiene.
b) Je restriktiver die Haltung (= weitgehend geschlossene Stallhaltung, z. B. in vielen Reitställen) in Verbindung mit eher stressauslösenden Haltungs- und/oder Arbeitsbedingungen (häufiger Wechsel im Pferdebestand, Schadgas-, Keim- und Staubbelastung des Stallklimas, Turnierteilnahme, Transporte, wechselnde Reiter/Betreuer), desto instabiler kann die Psyche, aber auch das gesamte Abwehrsystem solcher Pferde sein; sie sind deshalb in der Regel erheblich empfindlicher gegenüber unterschiedlichen Umweltreizen und auch krankheitsgefährdeter, z. B. aufgrund einer Vielzahl von Hygienemängeln; unverzichtbare Hygienemaßnahmen sind primär – zusätzlich zu immer sehr penibler Einstreupflege und Futterhygiene – ausreichende Stallbe- und entlüftung, weitgehend staubfreie Reinigung der Stallanlagen (z. B. durch Absaugen statt Kehren) sowie Desinfektion von Boxen mindestens bei jedem Pferdewechsel (siehe hierzu Tabelle 14, Seite 174).

DESINFEKTION

Bei der Kavallerie wurden stets im Frühjahr sämtliche Ställe grundsätzlich vollkommen desinfiziert. Vor allem aus Zeitgründen spart man sich das heute in privaten Haltungen, aber auch leider meist in Pensionsställen. Sinnvoll wäre regelmäßige Desinfektion wenigstens einmal jährlich schon, obwohl auch durch Desinfektion keinesfalls absolute Keimfreiheit erzielt werden kann. Auch bei umfassender Hygiene werden im Stallbereich immer Keime übrig bleiben, was in Grenzen durchaus wünschenswert ist, denn so erhält jeder damit in Kontakt kommende Organismus eine wichtige (und natürliche) Abwehrstimulanz.
Keime (Bakterien, Viren, (Schimmel-)Pilze, Hefen) können pathogen, d. h., sie sind Krankheitserreger, oder nützlich sein (z. B. Hefe beim Backen oder bestimmte Pilze im Käse). Manche Keimformen sind – abhängig von den Umweltbedingungen (z. B. hohe Luftfeuchtigkeit, Dreck als Nährboden) – pathogen oder nicht pathogen. Sie lösen zwar keine spezielle Krankheit aus, sondern verstärken krankhafte Zustände (z. B. latent vorhandene Atemwegsprobleme). Vermehrt sind solche Keime in der Stallluft zu finden, die mit Feuchtigkeit und Allergenen angereichert ist. Nahrungsgrundlage für solche Keime sind Kotpartikel, Haare, Hautschuppen, Futterreste und Dreck aus der Einstreu. Böden und Stalleinrichtungen sind dadurch manchmal mit einem Nährbodenfilm oder Verkrustungen überzogen. Werden solche Verkrustungen nur trocken abgeputzt oder abgebürset, verteilen sich wiederum keimangereicherte Staubpartikel mit der Stallluft, weshalb eine Reinigung immer mit Desinfektionsmittelzusatz vorgenommen werden sollte. Dadurch vertilgt man – neben den Keimen – auch teilweise Insekten, Wurmbrut, Milben und Haarlinge.

Grundsätze für Desinfektionsmaßnahmen:

- Im Zweifel immer den Tierarzt bei speziellen Desinfektionen, z. B. nach Infektionskrankheiten oder Verlust von Pferden, vor allen Maßnahmen befragen und dessen konkrete Hinweise auch tatsächlich befolgen,
- Pferde und andere Stallbewohner (Hunde, Katzen) sowie Kinder schon vor der Säuberungsaktion aussperren,
- ausreichende Schutzkleidung (u. a. Augen-, Atemschutz) anziehen,
- zunächst komplette Trocken-Reinigung vornehmen (u. a. Mist, Spinnweben beseitigen),

- anschließend komplette Nass-Reinigung (möglichst mit Hochdruckreiniger 40 bis 150 bar, 60 °C Wassertemperatur, Rundstrahl- und Flachstrahldüse; evtl. Reinigungsmittel zusetzen, danach mit klarem Wasser abspülen und gesamtes Schmutzwasser beseitigen),
- abschließend Desinfektion mit geeigneten Sprühgeräten und Mischungen vornehmen (siehe Tabelle 14, Seite 174), dabei alle evtl. noch verbliebenen Dreckverkrustungen lösen und auch Stallschränke, Gabeln, Besen, Stiefel, Arbeitshandschuhe usw. säubern und gleichfalls desinfizieren,
- die Dosierung der Desinfektionsmischung darf nie zu gering sein, da sonst genügend Keime überleben, die u. U. desinfektionsresistente Stämme bilden.

Beispiel: Lungenentzündung
Warum unhygienische Verhältnisse viele Krankheiten noch erheblich verstärken, zeigt das Beispiel der Lungenentzündung. Es ist übrigens ein Irrglaube, dass Lungenentzündungen durch Kalthaltung hervorgerufen werden. Neben chronischer Bronchitis wird häufig, z. B. bei akuter Lungenentzündung (katarrhalische Bronchopneumonie mit hohem Fieber, die vermehrt bei Fohlen auftritt), noch zusätzlich durch unhygienische Stallhaltung ein Verstärkungseffekt hervorgerufen. Verursacht wird eine Lungenentzündung meist durch Influenza-, Arteritis- oder Herpesviren. Diese führen zur Entzündung der Oberflächen von Lungenbläschen und Bronchialschleimhaut und schwächen das Lungengewebe. Zu einer solchen Grundinfektion durch Viren (das sind biologische Strukturen mit Erbinformation ohne eigenen Stoffwechsel; sie benötigen zur Vermehrung eine Zelle) gesellen sich unter unhygienischen Verhältnissen Bakterien (Organismen/Einzelzellwesen, die sich durch Teilung vermehren und einen eigenen Stoffwechsel besitzen). Es entstehen dann Sekundärinfektionen durch Staphylokokken, Streptokokken und weitere Eiterbakterien, die z. B. eingeatmet werden und aus der ursprünglich nichteitrigen Entzündung eine schwer beherrschbare eitrige Lungenentzündung hervorrufen, die nach sechs Wochen chronisch werden kann: Lungengewebe wird zerstört, eingeatmeter Sauerstoff kann nicht mehr im erforderlichen Umfang ins Blut abgegeben werden, woraus dann Sauerstoffmangel resultiert mit weiteren Organschäden. Wer auf die heilende Kraft von Medikamenten setzt, sollte bedenken, dass der Satz »Vorbeugen ist besser als heilen« nach wie vor Geltung hat. Zu bedenken ist auch, dass manche Antibiotika, beispielsweise Tetrazykline, zur Behandlung solcher Erkrankungen umstritten sind, weil sie als Nebenwirkung Dickdarmentzündungen (blutige Colitis) auslösen können. Um nicht in den Teufelskreis von Wirkung und Nebenwirkung zu geraten, beugen – neben Hygienemaßnahmen und artgerechter Haltung – regelmäßige Influenza- und Herpesimpfungen solchen Krankheitsverläufen vor.

Beispiel: Botulismus
Als Folge mangelnder Hygiene ist auch die Futtermittelvergiftung Botulismus in den vergangenen Jahren ins Blickfeld der Öffentlichkeit geraten. Offenbar einhergehend mit verstärkter Silagefütterung und dabei gar nicht selten zu beobachtenden unhygienischen Zuständen im Pferdebereich sind daraus resultierende spektakuläre Vergiftungen mit Pferdeverlusten publiziert worden.
Botulismus mit der Folge von Organlähmungen wird durch die Aufnahme des Nervengiftstoffes Botulin hervorgerufen, der von *Clostridien* (Fäulnisbakterien) ausgeschieden wird. Auch bei anderen Erkrankungen sind u. a. *Clostridien* beteiligt, z. B. bei Durchfallerkrankungen, Wundinfektionen (Para-Rauschbrand) und bei der Entstehung des Wundstarrkrampfes (*Clostridium tetani*).
Clostridien sind anaerobe Bakterien, die überall in der Natur als Reduzenten an Fäulnisprozessen beteiligt sind. Sie gedeihen im Mist, in der Erde, aber auch im Darm vieler Lebewesen sowie in luftdicht abgeschlossenen, unhygienisch geernteten oder gelagerten Futtermitteln. Nicht alle *Clostridien* sind gleich gefährlich. Besonders giftig sind die Ausscheidungen von *Clostridium perfringens* und vor allem *Clostridium botulinum* (ist in der menschlichen Ernährung Verursacher von Fleischvergiftungen und wurde von

nordamerikanischen Indianern noch vor 150 Jahren bevorzugt als tödlich wirkendes Pfeilgift eingesetzt!).

Als Ursachen einer Botulismuserkrankung sind – grob vereinfacht – folgende Faktoren und Zusammenhänge zu beachten:

Ausgelöst werden kann die Erkrankung durch Aufnahme

- von jedwedem Futter und Wasser, das von Ratten oder Mäusen durch Exkremente kontaminiert wurde;
- von fauligem Futter jedweder Art, z. B.

a) Silage, die hygienisch und handwerklich nicht ordnungsgemäß geerntet und gepresst wurde (verdrecktes Grünzeug), und in der dadurch die Milchsäuregärung (= Konservierung und Vermehrungshemmung von schädlichen Fäulnisbakterien durch Milchsäurebakterien) nur unvollkommen ablief;

b) Silage oder Heu/Stroh mit eingepressten faulenden, clostridienbehafteten Kadavern oder Kadaverteilen (auch Heu/Stroh mit ausgetrockneten, »mumifizierten« Kadavern ist weder als Futter noch als Einstreu geeignet);

c) zu lange in warmer Umgebung eingeweichten Trockenrübenschnitzeln;

d) Getreide oder Mischfuttermitteln, die in feuchten Behältnissen aufbewahrt wurden;

e) feucht-muffigem Heu oder Stroh, dessen Pressballenkern allen nur denkbaren Keimen gute Vermehrungsbedingungen bieten.

Die Folgen einer Botulismuserkrankung können perakut verlaufen (= sehr heftig einsetzen) und in kurzer Zeit durch Atemlähmung zum Verlust des betroffenen Pferdes führen. Bei akutem (= plötzlich auftretendem) oder subakutem (= weniger heftigem) Verlauf sind länger andauernde Lähmungen mit Schluckbeschwerden und Bewegungsstörungen typische Symptome. Aber auch bei diesen Verläufen tritt meist der Tod durch Atemlähmung ein. Eine erfolgversprechende Therapie, z. B. durch ein Gegengift, wird in den USA erforscht. Dort werden Pferde inzwischen gegen Botulismus geimpft.

Letztlich hilft nur penible Vorbeugung, d. h. Ernte, Lagerung und Zuteilung aller Futtermittel müssen in erster Linie im Interesse des Pferdes, aber schließlich auch im Hinblick auf den eigenen Geldbeutel den hygienischen und fachlichen Anforderungen genügen. Unangebrachtes Verhalten oder falsche Sparsamkeit (z. B. Toleranz gegenüber Nagern, Kauf billiger, teilverdorbener Silage), Zeitdruck und mangelnde Hygiene bei der Fütterung (z. B. verdreckte Futterkrippen oder Verzicht auf Sinnenprüfung aller zuzuteilenden Futtermittel) können auch ein zusätzlicher »Nährboden« für Botulismus sein.

Beispiel: Unhygienischer Einsatz von Bekämpfungsmitteln

Gelegentlich sind in der Praxis Vergiftungserscheinungen bei Pferden nach unhygienischem Gebrauch (z. B. Rattengiftköder im Heu verstreut) bzw. Überdosierung oder falscher Lagerung, d. h. unter Nichtbeachtung der Anwendungsbestimmungen, von Desinfektionsmitteln (Keimtötungsmittel), Herbiziden (Pflanzenschutzmittel), Insektiziden (Schädlingsbekämpfungsmittel) und Rodentiziden (Nagerbekämpfungsmittel) beobachtet worden. Auswirkungen äußern sich zunächst durch Störung des Normalverhaltens und Appetitlosigkeit (sog. Inappetenz). Funktionsstörungen innerer Organe sind anzunehmen (z. B. Leber). Nach der Aufnahme von Rodentiziden muss mit inneren Blutungen gerechnet werden. Unverzüglich ist durch den herbeizurufenden Tierarzt schon bei Vergiftungsverdacht ein Gegenmittel zu injizieren, beispielsweise Injektion von Vitamin K_1 nach Aufnahme von Rodentiziden (wie z. B. Racumin® Plus).

Beispiel: Unhygienisches Trinkwasser

Jedes veralgte Wasser ist für Pferde ungeeignet. Tränken, vor allem Kübeltränken, sind eine nicht zu unterschätzende Gesundheitsgefahr, wenn nicht tägliche Reinigung sichergestellt wird. Vor allem im Sommer bei hohen Umgebungstemperaturen bilden sich zunächst (eigentlich harmlose) Grünalgen, die wiederum – zusammen mit Nahrungsresten – Nährboden für Bakterien (Kolibakterien, Salmonellen, aber auch Druseerreger) und Pilze bieten. Das Wasser wird dadurch mehr oder weniger verseucht mit der Folge, dass Durchfall und Atemwegsprobleme auftreten können. Am besten geeignet sind verzinkte Behälter, sie bieten Algen – und damit dem Keimwachstum – weniger günstige Entwicklungsbedingungen als Kunststoffbottiche oder Steintröge. Auch Leitungen/Wasserschläuche, in denen Wasser längere Zeit steht, können übrigens verseucht sein, sie müssen regelmäßig ausgespült werden.

Absolut unhygienisch und lebensgefährlich sind Tränkstellen, die mit giftigen Blaualgen (Cyanobakterien) kontaminiert sind. Auf flachen Tümpeln mit stehendem Wasser oder Pfützen können gelegentlich mattenähnliche Blaualgenkolonien gedeihen.

Als Hilfsmittel zur Wasserhygiene bei Kübel-Weidetränken kann sich der Zusatz

Tabelle 15

Magen-Darm-Parasiten bei Pferden

Parasitenart	Infektion	Erläuterungen
Palisadenwurm/ Strongylide (Strongylus- und Trichonematiden-Arten)	1–2 Wochen nach Ausscheidung; Larven bis zu einem Jahr lebens- und überwinterungsfähig	kleine Strongyliden bis 2,5 cm lang; große Strongyliden bis 5 cm lang, rötlich; in Grünfutter sowie Heu und Silage enthalten
Zwergfadenwurm (Strongyloides westeri)	Larven sind sofort nach dem Ausschlüpfen infektionsfähig	vorwiegend bei Fohlen; Infektion über die Muttermilch
Magenfadenwurm (Trichostrongylus axei)	1–2 Wochen nach Ausscheidung; Larven über ein Jahr lebens- und überwinterungsfähig	ist auch Parasit bei Rindern, Schafen, Ziegen und Schweinen; im Grünfutter enthalten; bei gemeinsamem Weidegang auch Wiederkäuer regelmäßig entwurmen
Pfriemenschwänze (Oxyuris equi)	Larven in der Eihülle nach 7 Tagen	Parasit kann bis 18 cm lang werden, legt Eier am After
Magenwurm (Habronema)	Larvenübertragung durch Fliegen	Magen, Lunge, Haut und Lidbindehaut werden befallen
Lungenwurm (Dictyocaulus arnfieldi)	Larven nach 1–2 Wochen; 3 Monate lebensfähig, aber nicht überwinterungsfähig	Länge von 2–6 cm; hauptsächlich Parasit in Eseln und Maultieren
Spulwurm (Parascaris equorum)	Larven in der Eihülle 3–7 Wochen nach Ausscheidung; Lebensfähigkeit etwa 12 Monate	vor allem in Futtermitteln, die mit Pferdekot/Schweinemist oder Gülle kontaminiert sind; weiße Würmer 10–40 cm lang sitzen im Dünndarm und in der Lunge (vor allem bei Fohlen); Hauptinfektionsorte: dunkle Ställe mit Matratzenstreu und feuchte, schattige Weiden
Pferdebandwurm (Anaplocephala perfoliata)	über Weidepflanzen mit Moosmilben etwa 4 Monate nach Ausscheidung	Form eines Kürbiskernes (2–8 cm lang), Darmperforation möglich bei massivem Befall
Bandwurmfinnen (Echinococcus hydatidosus)	sofort durch Bandwurmglieder oder -eier	Futtermittel, die mit Hundekot kontaminiert wurden, z. B. Grünfutter
Magendassellarven (Gastrophilus intestinalis)	Eiablage durch Biesfliege, danach Schlüpfen der Larven	3 Larvenstadien im Körper, nach 8–10-monatigem Aufenthalt Ausscheidung
Leberegel (Fasciola hepatica)	nach Ausscheidung 2 Monate; Weiterentwicklung in Schnecken als Zwischenwirt	durch Wiederkäuerkot kontaminierte feuchte Weiden sind Hauptansteckungsort; auch im Heu enthalten

Magendasseln (hier im Pferdekot) sind hartnäckige Parasiten, die rigoros im Herbst/Winter durch Spezialwirkstoffe recht einfach zu bekämpfen sind.

von Desinfektionsmitteln nach Herstelleranweisung empfehlen. Als Tränkbottiche sollten zudem nur lebensmittelechte Gefäße eingesetzt werden, die keine Weichmacher (Phthalate) in das Tränkwasser abgeben.

MAGEN-DARM-PARASITEN

Im Zusammenhang mit Fragen nach der richtigen Einstreuhygiene ist auch das durch Ausscheidungen bedingte Parasitenproblem zu sehen. Viele innere Parasiten sind spezifisch, sie haben sich auf eine bestimmte Tierart als »Wirt« spezialisiert, d. h., dass sie sich im Laufe ihrer Evolution an das spezielle (= arttypische) Eiweiß dieser Tierart angepasst haben und diese Tierart zur eigenen Entwicklung und Vermehrung nutzen (siehe Tabelle 15, Seite 178). In einem anderen Tierkörper gehen sie (meist) zugrunde. Aber auch innere Parasiten, die in unterschiedlichen Stadien ihrer Entwicklung verschiedene Tierarten besiedeln, sind für Pferde nicht ungefährlich (z. B. Bandwurmfinnen/Hundebandwürmer). Vorbeugend helfen in erster Linie

- tägliche Einstreupflege mit Heraussammeln des Kotes und
- wöchentlicher Einstreuwechsel,
- aber auch entsprechende Auslauf- und Weidehygiene sowie
- regelmäßige Wurmkuren nach Absprache mit dem Tierarzt

zur Eindämmung der Parasitenbesiedlung und zur Vermeidung ernsthafter Folgeschäden (z. B. Ernährungsstörungen, Organschäden).

Ganz wesentlich ist die im Frühjahr etwa eine Woche vor dem ersten Weidegang gleichzeitig bei allen Pferden eines Bestandes durchzuführende Wurmkur. Darauf darf nie verzichtet werden, auch wenn man meint, dass die eigene Haltungshygiene durch gute Einstreupflege und regelmäßiges Kotabsammeln optimal ist. Ratsam ist, z. B. bei Boxenhaltung viermal zu entwurmen, und zwar im Frühjahr (etwa März), im Juli, im Spätherbst (Oktober/November) und im Januar. Wurmmittel gibt es in unterschiedlicher Form, meistens als Paste in einem Kunststoffinjektor mit Dosierschieber. Die Paste kann mit ein wenig Übung sehr verlässlich dosiert und über das Pferdemaul eingegeben werden.

Bei stark verwurmten Pferden sieht man bereits am Tag nach Verabreichung des Wurmmittels in den Kothaufen tausende weitgehend abgetöteter Strongyliden (rote Blutwürmer). Auffällig sind auch abgehende, einen Zentimeter lange rötliche Magendassellarven, die im Sommer von der so genannten Biesfliege (auch Pferdedassel genannt, eine hummelähnliche Fliege) als sichtbare gelbe Eier an den Vorderröhren der Pferde abgelegt wurden und von Pferden (falls man die Eier nicht mit Insektiziden beseitigt hat) durch Ablecken aufgenommen wurden. In den Organen verendeter Pferde aus unhygienischen Haltungen sind z. B. ca. 30.000 parasitierende Strongylidenwürmer gezählt worden. Fälle tödlich verlaufender Wurmkoliken bei Pferden, die zwar jahrelang regelmäßig entwurmt wurden, bei denen aber die Haltungshygiene (insbesondere die Einstreupflege) mangelhaft war, belegen die langfristig auftretenden unweigerlichen Gesundheitsprobleme durch innere Parasiten – trotz regelmäßiger Wurmkuren. In Pferdehaltungen, die durch Nichtabsammeln des Kots von den Weiden oder durch unhygienische, schlecht gepflegte Matratzenstreu chronisch parasitenverseucht sind, muss deshalb wenigstens alle sechs Wochen jedes Pferd entwurmt werden. Dabei wechselt man vorsorglich stets den Wirkstoff (z. B. Ivermectin = nicht gleichzusetzen mit dem Marken-/Herstellernamen des Präparates!). Durch Wirkstoffwechsel wird Resistenzen bei Parasiten vorgebeugt.

Bandwürmer, die vermutlich in über 25 % aller Pferdebestände auftreten, werden häufig unterschätzt und nicht ausreichend sicher bekämpft. Sie sind – ebenso wie Rundwürmer – jährlich im Frühjahr und im Herbst (evtl. auch noch im Sommer) zu bekämpfen durch Wurmkuren mit Spezialpräparaten, z. B. mit dem Kombipräparat Equimax®, das die beiden Wirkstoffe Ivermectin und Praziquantel enthält und sowohl Rund- als auch Bandwürmer vernichtet (im Herbst werden damit auch Magendasseln bekämpft).

Fohlen müssen immer frühzeitig erstmals nach der ersten Lebenswoche (spätestens ab 10. Lebenstag) zusammen mit der Mutter und danach am 17., 24. und 38. Lebenstag entwurmt werden (danach reichen größere Abstände). Durch die Muttermilch sind sie bereits mit Parasiten (oft auch schon mit recht großen Spulwürmern) infiziert. Insbesondere die nur wenige Millimeter großen Zwergfadenwürmer (*Strongyloides westeri*) sind häufige Dünndarmparasiten, deren Larven bei Fohlen gefährliche Lungenentzündungen mit tödlichem Ausgang hervorrufen können.

Die Verwurmungsproblematik ist insgesamt nicht gering und hängt vor allem ursächlich zusammen mit der Einstreupraktik. Schließlich ist auch jede Fütterung mit vorzüglich ausgeklügelten Rationszusammenstellungen nur Stückwerk, wenn Haltungsumfeld und Prophylaxe nicht stimmen. Parasiten fressen einen Teil der zugeführten Nährstoffe und schädigen durch Fraß z. B. Schleimhäute und Darmteile, so dass auch die Resorption der verbleibenden Nährstoffe für das Pferd arg gestört wird. Auch in den Geweben von Leber, Lunge und Herz richten Larven erst nach längerer Zeit feststellbare, oft zunächst unbemerkte Schäden an. Es empfiehlt sich deshalb eine fachgerechte Haltungshygiene mit Wechseleinstreu, damit der Pferdeorganismus nicht ständig organschädigenden Reinfektionen durch immer neue Larvengenerationen ausgesetzt wird.

EINSTREUPRAXIS

Bereits der mittelalterliche Chronist *J. Chr. Pinter von der Au* forderte in seiner Schrift »Neuer vollkommener, verbesserter und ergänzter Pferd-Schatz« (Frankfurt/M., 1588) vor 400 Jahren einen Stall, der »... allzeit mehr trucken als feucht, luftig und hell sey und reinlich gehalten werde ...« Der oberste Teil des Bodens in jedem Liegebereich muss aus Einstreumaterial bestehen, das einerseits dem natürlichen Ruheverhalten des Pferdes entspricht, andererseits aber auch dem leistungsbezogenen Ruhebedürfnis entgegenkommt. Das gilt besonders für geschlossene Boxenhaltung, denn dort hat das Pferd keinerlei Ausweichmöglichkeit. Dem natürlichen Ruheverhalten entspricht eine Einstreu, die trocken und weich sowie frei von Strahlungskälte und Exkrementen ist. Unter Berücksichtigung des leistungsbezogenen Ruhebedürfnisses sind die Anforderungen zu unterstreichen. Ein sportlich gefordertes Pferd muss – im Grunde noch mehr als ein »Naturpferd« – durch ständig optimal gepflegte Einstreu animiert werden, sich möglichst häufig liegend auszuruhen. Nur dann kann die geforderte Leistung ausgeruht erbracht werden.

Aus zahlreichen Beobachtungen ergibt sich die ausgeprägte natürliche Abneigung des Pferdes, sich sowohl in den eigenen Kot zu legen als auch damit verunreinigtes Futter zu fressen. Bei ständiger unsauberer Haltung setzt aber eine zwangsläufige Gewöhnung ein, die bei älteren Pferden kaum noch umzukehren ist. Dagegen sind Fohlen, die aus einwandfrei peniblen Haltungen kommen und später ebenfalls unter hygienischen Bedingungen gehalten werden, ein Leben lang »sauber« – sie trennen selbst im geschlossenen Stall, wenn er großflächig genug ist, den Liegebereich vom Kotplatz.

Das natürliche, instinktive Eigenhygieneverhalten des Pferdes ist bereits an den sog. Geilstellen auf Koppeln für jeden Beobachter feststellbar. Dort, wo einmal Exkremente abgesetzt wurden, wird solange nicht mehr gefressen, bis sowohl geruchlich als auch geschmacklich sämtliche Stoffe neutralisiert sind. Darin steckt auch die instinktive Vermeidung möglicher Parasitenneuinfektionen, denn Wurmlarven kriechen zunächst immer im Umkreis der Geilstellen.

Die gängige Einstreupraxis in vielen Stallungen ist abzulehnen. Aus Bequemlichkeit und noch häufiger aus falsch verstandener Sparsamkeit, aber auch aus Unkenntnis der Pferdenatur – schlimmstenfalls aus Gleichgültigkeit – werden in nicht wenigen Ställen Pferde völlig naturwidrig auf einem regelrechten »Misthaufen« ohne Ausweichmöglichkeit gehalten. Selbst wenn jemand aus Gefühllosigkeit für das Pferd die Verhältnisse bagatellisiert, sind doch die Folgen mangelhaft gepflegter Einstreu für Pferdeeigner wirtschaftlich nicht von der Hand zu weisen. Denn Pferde legen sich nur dann zum Ausruhen auf fäkalienkontaminierten Untergrund, wenn sie gar keine andere Wahl haben – lieber dösen sie lange Zeit im Stehen. Hält man Pferde nun über längere Zeit in Ställen mit ungepflegter, feuchter Einstreu, sind sowohl Gesundheitsschäden (Verwurmung, Erkrankungen der Atmungsorgane, Strahlfäule) als auch Leistungsminderung (wenig ausgeruhte Knochen, sinkender Hämoglobingehalt des Blutes und damit mangelhafter Sauerstofftransport zu allen Körperzellen) die Folgen. Abzuraten ist deshalb von jenen Einstreupraktiken, z. B. Matratzenstreu und Tiefstalleinstreu, die aus dem Liegebereich nichts anderes als einen überdachten Misthaufen machen.

Die überwiegend bei Laufstall-(= Boxen-)haltung gebräuchliche Matratzenstreu und die aus landwirtschaftlichen Mastbetrieben übernommene Tieflaufstalleinstreu unterscheiden sich von der – grundsätzlich vorzuziehenden – Wechselstreu gravierend. Bei der Matratzenstreu wird täglich nur feuchtes Material mit groben Exkrementen mehr oder weniger sorgfältig von der einmal erstellten Matratzenlage entfernt und anschließend wird nachgestreut. So wird die Matratze immer dicker, fäkalien-, parasiten- und geruchsbelasteter – bis zum Ausmisten nach Wochen oder Monaten. Bei der Tieflaufstalleinstreu, die gegenüber Landwirten von Beratern z. B. für deren Offenstall-Pensionspferdehaltung als arbeitssparend und deshalb vorteilhaft empfohlen wurde, wird täglich lediglich neues Einstreumaterial ohne vorheriges Kotabsammeln aufgefüllt. Die Prozedur des Ausmistens erfolgt bei Tiefstalleinstreu (auch Tretmistverfahren genannt) nur ein- bis zweimal jährlich. Solche Misthaufenmatratzen sind besonders durch Palisadenwürmer (*Strongyliden*) und Spulwürmer (*Parascaris equorum*) enorm belastet. Mit dem Kot ausgeschieden, entwickeln sich z. B. die Palisadenwürmer über drei sog. Larvenstadien, wovon das dritte Stadium am sechsten Tag ansteckungsfähig ist. Über die Einstreu vom Pferd wieder aufgenommen, wandern die Larven ins Gewebe von Lunge, Leber, Herz und Darm. Die gravierenden Folgen manifestieren sich zwar erst über längere Zeiträume, manchmal Jahre, lassen sich aber eindeutig aufgrund der bekannten Ursachen für den frühzeitigen Verlust von Pferden belegen. Ein völliger Irrtum ist, dass durch Wurmkuren dieses Problem vollständig in den Griff zu bekommen sei – und deshalb die Einstreu vernachlässigt werden könne: Wurmkuren sind (wie oben schon ausgeführt) regelmäßig erforderlich, ersetzen aber nicht hygienische Zustände. Hinzu kommen bei allen Formen der Matratzenstreu verhältnismäßig starke Probleme mit Fliegenbrut. In einem Kilogramm Pferdemist entwickeln sich innerhalb von 10 Tagen über 2.000 Fliegen, die nicht nur lästig sind, sondern auch als Überträger verschiedener Krankheiten für Mensch und Tier gefährlich sein können. Sehr treffend heißt in den USA die Stubenfliege deshalb auch »Typhusfliege«.

Demgegenüber ist die sog. Wechselstreu für alle Liegebereiche, ob in der Box oder im Offenstall, ein akzeptabler Kompromiss mit hohem Hygienegrad. Bei der Wechselstreu wird unterschiedliches Einstreumaterial in liegefreundlicher Schichtstärke und Qualität auf dem vorhandenen Liegebereichsboden aufgeschichtet. Täglich werden – abhängig von der Stallart und -größe sowie der Haltungsform – mehrmals Exkremente entfernt mit folgendem Nachstreuen neuen Einstreumaterials. Wenigstens nach vier bis fünf Tagen (wenn die Ansteckungsfähigkeit der Wurmlarven droht) erneuert man die komplette Einstreu. Dies ist besonders wichtig in solchen Haltungen, in denen Stroheinstreu bewusst – unter Kürzung der ansonsten erforderlichen höheren Heu- oder Heulageration – als Teil der Raufutterration in die Fütterung einbezogen wird. Gut geführte Gestüte und besonders Vollblutrennställe, auch verschiedene sog. Turnierställe, aber auch sachkundige Landwirte mit Pensionsstallungen bevorzugen ausschließlich die Wechselstreu. Für wirkliche Profis ist eine gepflegte Einstreu, ebenso wie für passionierte private Pferdehaltungen, die »Visitenkarte« der Haltung. Wie peinlich wirkt es, wenn gelegentlich in Stallungen, die anlässlich von Tagen der »offenen Tür« gezeigt werden, sich Schleife an Schleife und Pokal an Pokal reiht, die Abstammungstafeln brillante Vorfahren der gehaltenen Pferde und hohe Kaufsummen widerspiegeln, aber die an sich recht bescheidenen Kosten für eine Wechselstreu und der zugegeben nicht unbedeutende zeitliche Aufwand für tägliches Kotaufsammeln offenbar gespart werden! Mit Herausstellung der Wechselstreu soll insgesamt keine unrealistische, praxisferne, überzogene Anforderung ausgedrückt werden. Selbst in penibel geführten Haltungen kann – überspitzt ausgedrückt – rein zeitlich und personell nicht hinter jedem Pferd ständig ein »zweibeiniger Exkrementensammler« abwartend herumstehen, um nun jeden Pferdeapfel schon vorsorglich aufzufangen, noch bevor die Einstreu beschmutzt wird! Auch in durchweg gut geführten Haltungen wird man deshalb gelegentlich Pferde mit Mistflecken oder zeitweise einmal unordentliche Einstreu vorfinden und tolerieren können und müssen.

▸ **Wichtig: Was zu fordern ist und vernünftigerweise im Vordergrund stehen sollte, ist eine grundsätzlich penible Einstellung des Pferdebetreuers, wobei die Hygiene als ein selbstverständliches Hauptanliegen jeder Pferdehaltung einbezogen wird und nicht die Kosten allein zum Maßstab der Einstreupraxis gemacht werden. Das gilt besonders auch für Pensionsbetriebe.**

Die beschriebene sog. »Wochenwechselstreu« ist arbeitsintensiver und erheblich materialaufwändiger als andere Einstreupraktiken, allerdings nach Überzeugung des Verfassers die einzig pferdeverträgliche Einstreuform, die – zusätzlich zu später noch erörterten räumlich-technischen Faktoren –

- eine saubere Liegefläche sowie
- eine parasitenreduzierte und
- stallklimatisch weitgehend erträgliche Haltung ermöglicht.

Empfehlenswert für Pferdeeigner, die ihr Pferd in Pension gegeben haben, ist zu bedenken, dass diese aufwändigste Form der Einstreupflege nicht zu »Dumpingpreisen« von Pensionsbetrieben angeboten werden kann. Wenn Pferdeeigner solche Dienstleistungen nicht gebührend honorieren wollen, ist – rein wirtschaftlich gesehen – verständlich, dass professionelle Pensionsbetreiber aus Kostengründen die Einstreupflege eher sparsam und nachlässig handhaben.

EINSTREUMATERIAL

Jedes Einstreumaterial sollte Eigenschaften aufweisen, die einen Teil der unnatürlichen Bedingungen bei Stallhaltung – aber auch bei winterlicher Offenstallhaltung (wenn der Auslauf als Außenliegebereich seltener frequentiert wird) – ausgleichen. Dazu gehören die Eigenschaften: Feuchtigkeitsbindung und Isolierung sowie trockene, weiche Struktur. Hinzu kommen Forderungen nach einfacher Säuberungsmöglichkeit und möglichst guter Kompostierbarkeit. Geeignete Einstreumaterialien sind: Stroh (es soll trocken und weder muffig noch faulig oder schimmelpilzbelastet sein), Hobel-/Sägespäne und Holzgranulat (möglichst gesiebt, also weitgehend staubfrei und ohne Formaldehyd und sonstiges Gift). Daneben gibt es weitere Einstreumaterialien (z. B. Strohpellets, Biolan, Leinstroh, Rapsstroh, Papierschnitzel), die sich in manchen Haltungen als Alternativeinstreu bewährt haben. Die alternativen Einstreumaterialien sind erheblich keimärmer als Stroh, weshalb sie speziell für Allergiker prädestiniert sind.

EINSTREUPFLEGE UND -MENGE

Pflege und Erneuerung der Wechselstreu gehören zur täglichen Arbeit des Pferdebetreuers, egal ob es sich um Offenstall oder Box handelt. Der Kot muss täglich aufgesammelt und entfernt werden. Dazu benutzt man bevorzugt eine engzinkige Spezialgabel, die der Zubehörhandel für etwa 30 Euro anbietet. Neben dem Kot werden auch besonders feuchte Teile der Einstreu entfernt, danach wird satt eingestreut. Bei Stroheinstreu rechnet man täglich mit gut 1/3 Ballen Stroh je Einzelbox oder Offenstallplatz. Bei Verwendung von Säge-/Hobelspänen (Ballen à 30 kg/600 Liter, Preis etwa 9 Euro) kommt es sehr auf die Örtlichkeit und die konkrete Haltungsform an. Ein Liegebereich von 25 qm Sandunterlage für zwei Pferde kann mit zwei Ballen Späne einigermaßen eingestreut werden (die Späne sind vor oder beim Einstreuen zu »zerbröseln«). Abhängig von der Witterung (Nässe) und dem Hygieneverhalten der Pferde selbst muss mit einem Spänebedarf zum Nachstreuen je Tag von bis zu einem halben Ballen für zwei Offenstallpferde gerechnet werden. Dieser Bedarf kann im Sommer stark reduziert sein (weil die Pferde oft draußen ruhen), bei Boxenhaltung aber generell erheblich höher liegen. Immer ist Säge-/Hobelspäne-Einstreu teurer als Stroheinstreu.

▸ **Wichtig: Besonders beachtet werden sollte, dass Pferde mit alternativer Einstreu (Späne, Holzgranulat, Flachs oder Hanf) nachts aus dieser Einstreu nichts zur Beschäftigung kauen können. Das ist grundsätzlich im Vergleich zu Stroheinstreu ein erheblicher Mangel. Diesen Mangel sollte man pferdeverträglich abstellen: Entweder durch eine gefüllte Strohraufe oder durch sehr späte Abendfütterung und zeitige Morgenfütterung, damit eine nächtliche Futterkarenz von sechs bis maximal etwa sieben Stunden nicht überschritten wird. Bei überlanger Futterpause sterben z. B. Dickdarmbakterien ab, es kommt zu Durchfällen. Auch verursacht die bei Pferden kontinuierlich produzierte Magensäure bei überlangen Futterpausen Magengeschwüre.**

AUSLAUFTRETSCHICHT

Auch Ausläufe sollten hygienisch »gewartet« werden. Verschmutzte Tretschichtteile müssen bei Bedarf erneuert werden, denn besonders die Auslauftretschicht wird von den Pferden im Jahresdurchschnitt am stärksten zum Absetzen der Exkremente frequentiert. Oft verbreiten Urinstellen im Auslauf unangenehme Gerüche, die auch zu Nachbarschaftsstreit führen können. Es hat sich bewährt, diese Stellen regelmäßig mit Holzgranulat zu bestreuen (siehe Abbildung auf Seite 169) und nach mehren Tagen das mit Urin kontaminierte Material auf den Kompost zu kippen. So erhält man zeitweise eine Geruchsminderung von bis zu 70 %.
Während der befestigte, stallnahe Bereich des Auslaufs verhältnismäßig einfach mit Schaufel, Besen und Wasser (Hochdruckreiniger) zu säubern ist, erfordert das tägliche Kotabsammeln im Restauslauf mehr Geduld und eine Spezialgabel – oder bei großen Flächen zusätzlich ein Anbauentmistungsgerät. Größere Aufmerksamkeit und Pflege verdienen alle organischen Tretschichtmaterialien

(z. B. Weichholzschnitzel), die von Pferden gerne als Außenliegebereich angenommen werden. Nach unterschiedlich langer Zeit beginnen diese Materialien – durch Witterungseinflüsse und bakterielle Prozesse bedingt – zu verrotten. Exkrementenreste tun ein Übriges, um einen erforderlichen Komplettaustausch zu signalisieren. Das Material muss entsorgt oder zunächst geschreddert und danach kompostiert werden (das braucht etwa zehn Jahre).

Mistverwertung

Kennzeichnend für jedes Leben sind Nahrungsaufnahme, Stoffwechsel und Ausscheidung der Reststoffe. Während die Nahrungsaufnahme durchaus lustbetont ist, sind Ausscheidungen eher ein notwendiges Übel. Jeder Pferdehalter muss sich mehr oder weniger intensiv mit diesem »Übel« seiner Vierbeiner herumplacken und Exkremente am besten durch Kompostierung verwerten oder aber durch andere Maßnahmen entsorgen (z. B. Abgabe an Landwirte, Gärtner oder Pilzkulturbetreiber).

▸ **Wichtig: Niemals darf Pferdemist frisch auf Pferdeweiden ausgebracht werden, da die Reinfektion mit inneren Parasiten dadurch erheblich steigt und zudem Ekelstoffe des Mistes das Grünfutter für Pferde extrem unattraktiv machen.**

Je nach Art der Pferdehaltung – und auch abhängig von Menge und Art der Einstreu – fallen unterschiedliche Dungmengen an (siehe Tabelle 16, Seite 186). Grob kann man davon ausgehen, dass bei der Haltung von zwei mittelgroßen Pferden täglich etwa 30 kg Frischmist plus Einstreumaterial und sonstiges Material aus der Weidehaltung (z. B. Altgras) anfallen. Das ergibt jährlich – bei Strohmist schon nach zwölf Monaten – etwa 5.000 kg verrotteten bzw. kompostierten Dung (= Humus), der als Dünger zur Verfügung steht. Diese Menge reicht aus, um als wertvoller Humus eine Weidefläche von zwei bis vier Morgen (abhängig von örtlich unterschiedlicher Fruchtbarkeit und Bodenart) mit den Hauptnährstoffen für das Pflanzenwachstum zu versorgen. Damit wäre – unter weitgehendem Verzicht auf chemische Düngemittel »aus dem Sack«, eine ideale Kreislaufwirtschaft erreicht. Es empfiehlt sich, diese Kreislaufwirtschaft als naturgemäß wirtschaftender Pferdehalter zumindest anzustreben. Positiver Effekt gegenüber kontrollierenden Behörden: Bei Kreislaufwirtschaft stimmt die Pferdehaltung mit den Zielen des Natur- und Umweltschutzes klar überein. Nützlich ist, diesen Sachverhalt bei Bauanträgen erklärend herauszustellen.

ENTMISTEN

Die Entmistungsvorgänge zur Trennung der Exkremente von verbleibender Einstreu werden seit Jahrhunderten immer manuell durchgeführt. Das lässt sich leider nicht umfassend mechanisieren. Der Weitertransport erfolgt in kleinen Pferdehaltungen manuell in Handarbeit mit einer ein- oder zweirädrigen Schubkarre. Dabei empfiehlt es sich, darauf zu achten, die Verletzungsgefahren zu minimieren, z. B. sind Bretter als steile Fahrrampe auf eine Miete oder einen bereitste-

Mist und Stroh

1 **Stapelmist darf nur auf undurchlässigem Untergrund gelagert werden.**
2 **Eine sinnvolle Verwertung im Sinne der ökologischen Kreislaufwirtschaft ist die Kompostierung von Pferdemist zu Humus.**
3 **Firmen stellen gegen Bezahlung zur Mistentsorgung Container auf, die regelmäßig abgeholt werden.**
4 **Kompostplätze kann man preiswert und optisch erträglich durch Holunderbüsche eingrenzen.**
5 **Hauptsächlich durch Regenwürmer gelingt die Umwandlung von Mist in Humus, der im Idealfall nach wenigstens 12 Monaten als Dünger ausgebracht werden kann.**
6 **Stroh sollte – nach dem obligatorischen Wenden – absolut trocken geerntet und sofort nach dem Pressen unter Dach gelagert werden.**
7 **Freilandlagerung unter Planen liefert selten gute Strohqualität für den Pferdebereich, denn dieses Stroh ist teil durch Keime stärker belastet.**

1

2

3

4

5

6

7

Tabelle 16

Mistmengen und Verwendungmöglichkeiten[1]

Haltungs-/Stallform/ Jahreszeit[2]	Mistanfall	Erläuterung/ Gesamt-Tagesmenge	Lagerung/Beimischung/ Verwendungs-möglichkeit[3]
Boxen- bzw. Laufstall-haltung mit Stroheinstreu/ Winterhalbjahr	ca. 100 % im Stallbereich	Kontaminierte Stroh-einstreu 3 kg + 15 kg Kot = 18 kg	A oder B; C
Boxen- bzw. Laufstall-haltung mit Stroheinstreu + begrenzter Weidegang/ Sommerhalbjahr	jeweils ca. 50 % im Stall-bereich und auf der Weide	Kontaminierte Stroh-einstreu 2 kg + 8 kg Kot = 10 kg Stallmist plus abzusammelnder Weide-mist ca. 7 kg = 17 kg	A oder B; D
Offenstall oder Paddockboxenhaltung mit Späneeinstreu/ Winterhalbjahr	ca. 70 % im Stallbereich, 30 % im Paddock-bereich	Kontaminierte Späne-einstreu 0,5 kg + 10,5 kg Kot = 11 kg Stallmist plus abzusammelnder Paddock-mist ca. 4,5 kg = 15,5 kg	A oder B; D; E
Offenstall oder Paddockboxenhaltung mit Späneeinstreu + begrenzter Weidegang/ Sommerhalbjahr	jeweils ca. 30 % im Stall-bereich, im Auslauf und auf der Weide	Kontaminierte Späne-einstreu 0,2 kg + 5 kg Kot = 5,2 kg Stallmist plus jeweils 5 kg abzusam-melnder Paddock- und Weidemist = 15,2 kg	A oder B; D; E

[1] a) Alle Pauschalangaben beziehen sich auf mittelgroße Pferde; bei kleinen Ponys reduzieren sich die Mengen auf ein Drittel, bei Großpferden und schweren Kaltblütern sind die Mengen um bis zu 50 % erhöht. Die Unterschiede zwischen Sommerexkrementen (= Stoffwechselreste von Weidegras mit hohem Wasseranteil) und Winterexkrementen (= Stoffwechselreste von Heu/Heulage mit geringem Wasseranteil) nivellieren sich im Festmist bzw. im Kompost u. a. durch Verdunstung; die Gewichtsunterschiede wurden aus Gründen der Übersichtlichkeit in der Tabelle nicht berücksichtigt.
b) Zu berücksichtigen ist, dass – unabhängig vom Gewicht des Mistes – das Volumen für den vorzuhaltenden Lagerplatz/Kompostplatz entscheidend von der Mistzusammensetzung abhängt; Mist mit Stroheinstreu ist z. B. um bis zu 100 % voluminöser als Spänemist. Beispiel: Täglich zwei Schubkarren Strohmist je Box reduzieren sich vom Volumen her auf eine Karre bei Späneeinstreu.

[2] Box/Laufstall = geschlossenes Stallsystem, in dem anfallende Exkremente zu 100 % mit der Stalleinstreu mehr oder weniger vermischt werden; Offenstall und Paddockbox = offene Stallsysteme, die mit vegetationslosen Ausläufen verbunden sind: Exkremente verteilen sich jahreszeitlich unterschiedlich stark auf die beiden Funktionsbereiche Stall und Auslauf.

[3] A = Stapelmist zur Zwischenlagerung und späteren Abholung durch Gärtner, Champignonzüchter oder zur landwirtschaftlichen Verwendung auf Ackerland.
B = Kompostierung, z. B. zur späteren Verwendung als Dünger für Pferdeweiden oder im Gartenbereich (für Pferdeweiden erst frühestens nach 12 Monaten verwenden); Strohmist ergibt den besten Kompost.
C = Keine zusätzliche Beimischung erforderlich.
D = Bei Weidemist/Spänemist/Auslaufmist sollte zur Kompostierung entweder Stallmist mit Strohanteil untergemischt oder Stroh, Altheu, Schnittgras bzw. Rasenabschnitt/Gartenabfall sowie Korallalgenkalk (Algomin) und Steinmehl zur Auflockerung/Rotteverbesserung mit in die Miete eingebracht werden. Ohne Auflockerung/Zusätze/Durchmischung leiden aerobe Vorgänge in der Miete, es kommt teils zu anaeroben Prozessen mit Ausgasungen sowie zu einer qualitätsmindernden Vertorfung des Materials, das aber dennoch als (nicht ganz so optimaler) Dünger und Bodenverbesserer verwendet werden kann.
E = Je Schubkarre Exkrementmaterial mit Spänen kann zur Rotteförderung eine Handvoll Kalkstickstoff (Handelsname: Perlka®) zugestreut werden.

henden Miststreuer schon häufig Ursache für schlimme Stürze mit Knochenbrüchen gewesen. Wenn man solche Rampen installiert, dann ist zu ausreichend starken und genügend breiten Bohlen mit aufgeschraubten Querbrettern zu raten, damit einem Zurück- oder Abrutschen von Schubkarre und zweibeinigem Entmister wirksam vorgebeugt wird.

MECHANISIERUNG

Weitaus einfacher gelingt der Misttransport im gesamten Haltungsareal mit einem Hoftrac® (gebraucht ab 15.000 Euro) oder gut funktionierenden modernen Traktor-Entmistungs-Anbaugeräten für Weide und Auslauf. Mechanische Entmistungsanlagen für den Stallbereich sind z. B.

- stationäre, seilgezogene Mistschlitten,
- Schubstangensysteme in Mistkanälen oder
- unter dem Boden eingebaute empfehlenswerte Transport- oder Gebläsesysteme, die durch eine bodennahe verschließbare Einwurf-Luke mit jedem Stall verbunden sind.

Vor allem für größere Haltungen mit Boxenstallungen oder Reihenoffenställen sind solche Systeme eine Arbeitskräfte sparende technische Alternative zur üblichen Kräfte zehrenden Handarbeit. Alles hängt von der Haltungsform und den technischen Möglichkeiten vor Ort ab. Wo immer möglich, z. B. bei Neubauten, sollte man diese Transportarbeit maschinell erledigen und entsprechend investieren (kleinere Systeme kosten ab 18.000 Euro). Wenigstens für die notwendige manuelle Arbeit ist immer bestes Handwerkszeug empfehlenswert.

Diese Fleißarbeit des Mistabsammelns erledigt sich bei Späneeinstreu mit der (hier nochmals zu empfehlenden) engzinkigen Stahlgabel in einem Zehntel der Zeit gegenüber anderen eher unbequemen Sammel-Utensilien. Bei Stroh kann die traditionelle (breitzinkige) Mistgabel eingesetzt werden.

FESTMISTLAGERUNG UND KOMPOSTMIETE

Konkrete gesetzliche Vorschriften, in denen speziell die Anlage von Pferdemist-Kompostmieten geregelt ist, existieren zurzeit nicht. Allerdings regeln Vorschriften aus unterschiedlichen Rechtsgebieten (u. a. Wasserrecht, Baurecht) den allgemeinen Komplex der »Mistablagerung«. Diese Vorschriften sind deshalb immer zu beachten. Grundsätzlich ist nach dem Baurecht die (dauernde) Ablagerung von Mist nur auf undurchlässigem Untergrund (= dichte Bodenplatte) zulässig. Zusätzlich muss eine Jaucherinne den Abfluss des Sickersaftes in eine ausreichend groß bemessene abflusslose Jauchegrube (oder z. B. einen verzinkten Aufnahmebehälter) sicherstellen, um eine Bodenkontamination zu verhindern.

In den meisten landwirtschaftlichen Betrieben wird der anfallende Mist fest aufeinandergepackt, um später teilverrottet auf Ackerland ausgebracht zu werden. Dieses typische Lagerverfahren ist keine aerobe Kompostierung, sondern eine Ablagerung mit partiell ablaufender Heißrotte, bei der unter weitgehendem Luftabschluss, also anaerob, Zersetzungsprozesse mit entsprechenden Ausgasungen (Geruchsimmissionen durch Schwefelwasserstoff und Ammoniak) ablaufen. Ein solcher »Misthaufen« riecht unangenehm und zieht deshalb Fliegen an, die dort ideale Eiablagestätten finden. In der Nähe von Wohnbebauung empfiehlt sich schon aus Rücksicht auf Nachbarn der Verzicht auf eine solche Festmistlagerung.

Demgegenüber ist die richtige Kompostierung unter aeroben Bedingungen immissionsfreier. Man kann den Standpunkt vertreten, dass die Anlage einer Kompostmiete kein typischer, auf Dauer angelegter Mistlagerungsvorgang, sondern ein vorübergehender biologisch nützlicher Zwischenlagerungsvorgang ist (weil z. B. für jede neu anzulegende Miete ein anderer Platz gewählt wird). Dazu ist eigentlich eine Bodenplatte weder erforderlich noch biologisch überhaupt sinnvoll, denn sonst gelangen keine Regenwürmer und auch die unterschiedlichen Bodenlebewesen nicht als sog. Reduzenten in die Kompostmiete! Die Rechtsauffassungen der unterschiedlichsten Behörden in 16 deutschen Bundesländern sowie in den angrenzenden Ländern Österreich und der Schweiz sind in diesem Punkt allerdings sehr unterschiedlich, das muss immer berücksichtigt werden. In Ausnahmefällen werden Pferdehalter von nicht sehr fachkundigen Behörden gnadenlos gejagt. Meist sind es selbst ernannte »Naturschützer«, denen natürliche Kompostierungsvorgänge völlig unbekannt zu sein scheinen. Ihnen sollte man ausschließlich sachlich und argumentativ gegenübertreten und wichtige Überzeugungsarbeit leisten. Praxiserprobte Einzelheiten zur erfolgreichen und umweltschonenden Kompostwirtschaft enthält das »Praxishandbuch Pferdeweide« des Verfassers, erschienen im selben Verlag.

ENTSORGUNG

Grundsätzlich muss für jede Pferdehaltung nachgewiesen werden, wie der Dung gelagert wird und wo alles auf Dauer bleibt. Größere

Betriebe mit viel Mistanfall, aber wenig Fläche, müssen inzwischen gegenüber kontrollierenden Behörden detaillierte Abnahmeverträge mit genauen Angaben über Menge, Lagerzeit und -art sowie Abholdaten nachweisen. Sie bekommen zunehmend Probleme, weil wiederum auch die Dung abnehmenden Betriebe (u.a. Baumschulen oder Vieh haltende Landwirte) durch verschärfte Auflagen zunehmend sehr stark reglementiert werden. Aus diesem Grund muss der Pferdehalter für die Abholung des – an sich sehr wertvollen Dungmaterials – noch ordentlich zahlen. Die Kosten sind sehr unterschiedlich. Je Tonne (= 1.000 kg) werden in Ballungsgebieten zwischen 30 und 80 Euro für die Abholung mit Containern (siehe Abbildung auf Seite 185) verlangt. Inzwischen haben Vertreiber von Alternativ-Einstreu (z.B. Raiffeisen-Biolan = Strohpellets) erkannt, dass ihr Einstreu-Absatz steigt, wenn sie den Pferdebetrieben gleichzeitig die regelmäßige Entsorgung des Strohpellet-Mistes (der sich in kurzer Zeit vorzüglich kompostieren lässt) garantieren.
Wichtig: Gegenüber Dungabnehmern, die primär Mist mit Sägespänen nur gegen höhere Entsorgungszahlungen oder gar nicht nehmen wollen, kann folgende Argumentation helfen:
Die manchmal befürchtete Bodenversauerung durch Sägespäne-Mist ist durchweg völlig unbegründet, weil Sägespäne durchschnittlich mit nur 3 % Gewichtsanteilen an den Exkrementen haften. Die Verdünnungseffekte auf Ackerland beim Unterpflügen sind so erheblich, dass eine befürchtete Bodenversauerung sich im nicht mehr messbaren Bereich bewegt. Experimente des Verfassers belegen dies. Durch immer erforderliche turnusmäßige Kalkungen des Bodens sind etwaige Negativeffekte zusätzlich ausgeschlossen.

Zucht

«Wer 's Glück hat, dem fohlt der Wallach!«, so lautet ein humorvoller Züchterspruch. Aber neben einem Quäntchen Glück gehören zu einer erfolgreichen Zucht ernsthaftes Fachwissen und praktische Erfahrung des aktiven Züchters. Man benötigt Zuchttiere, also gesunde Stuten und Hengste. Was man bei deren Kauf beachten sollte, wurde bereits im Kapitel »Pferdekauf« (s. Seite 48ff.) erläutert. Eine Hengsthaltung will sehr gut überlegt sein, denn zu oft sind die räumlichen Haltungsverhältnisse dafür ungünstig. Von Einzelhaltung in Boxen ist abzuraten. Auslaufhaltung (s. Grafik 13, Seite 191) mit Sicht- und Riechkontakten zu Artgenossen hat sich bewährt. Sie wirkt sich positiv auf Psyche, Umgänglichkeit und Gesundheit aus, während durch Boxenhaltung nervöse Aufladungen und Triebstau – vor allem bei gleichzeitigem Müßiggang – gefördert werden.

BEDECKUNG

Hengste sind grundsätzlich ganzjährig deckbereit, wenngleich ihre Decklust und -fähigkeit saisonal bedingt durch Klima und Hormonproduktion besonders im Frühjahr sehr hoch ist. Die Phase der Fortpflanzungsbereitschaft der Stute, Brunst oder Rosse genannt, tritt verstärkt nur im Frühjahr und Sommer auf, und zwar erstmals im Alter von eineinhalb Jahren. Meist dauert die Rosse selbst vier bis sechs Tage; die Zeit vom Ende der letzten Rosse bis zum Beginn der nächsten dauert 17 bis 20 Tage. Immer empfiehlt sich eine rechtzeitige Grundimmunisierung gegen Influenza und Virusabort für Zuchtstuten ebenso wie die (nicht nur für Zuchttiere, sondern für alle Pferde) obligatorische Tetanusimpfung.
Bedeckt werden sollten Stuten nicht aus nebensächlichen Erwägungen (»Wir haben genug Weideland!«) oder emotionalem Vermehrungsmotiv (»Ich hätte so gern ein putziges Fohlen!«), sondern erst, wenn man sich Klarheit verschafft hat, was aus dem Fohlen später werden soll und wie man es unter großräumigen Bedingungen des Außenklimas in Gesellschaft von Artgenossen drei bis vier Jahre aufwachsen lassen kann.
Wenn beständig-ernsthafte Hobbyzucht oder professionell-marktorientierte Pferdezucht betrieben werden soll, ist immer eine sehr

Glossar wichtiger Zuchtbegriffe

Tabelle 17

Abfohlmeldung	Meldung an den Zuchtverband nach der Fohlengeburt
Abort	Vorzeitige Beendigung der Trächtigkeit (Fehlgeburt)
Absetzen	Trennung des Saugfohlens von der Mutterstute
Amnion	Fruchthülle, in der sich das Fohlen entwickelt hat
Antikörper	Schutzstoffe gegen Infektionen
Biestmilch	Erste (gelbliche) Milch der Stute mit Antikörpern
Diöstrus	Zeit vom Ende der Brunst bis zur nächsten (17 Tage)
Fohlenrosse	Rosse der Mutterstute, etwa am 9. Tag nach der Geburt
Foetus	Embryonale Frucht
Fruchtresorption	Aufsaugung der Frucht durch die Gebärmutterschleimhaut
Frühgeburt	Geburt nach dem 300. und vor dem 320. Trächtigkeitstag
Gravide Stute	Tragende Stute
Güste Stute	Stute, die nicht tragend wurde
Harztropfen	Eingetrocknete Milchtröpfchen an den Zitzen der Stute
Ikterus	Gelbsucht neugeborener Fohlen (Notfall!)
Laktierende Stute	Säugende Stute
Maidenstute	Noch nicht gedeckte Stute
MIP-Test	Immunologischer Trächtigkeitstest ab 40. Tag
Ovarien	Eierstöcke
Palpation	Untersuchung durch Abtasten
Plazenta	Mutterkuchen, Nachgeburt
Rosse	Brunsterscheinung (Östrus) der Stute mit Deckbereitschaft
Sterilität	Unfruchtbarkeit
Tragezeit	Dauer der Trächtigkeit; durchschnittlich 336 Tage
Tupferprobe	Bakteriologische Untersuchung der Stutengebärmutter
Umrossen	Trotz Bedeckung wieder rossig werden
Uterus	Gebärmutter
Vagina	Scheide
Virusabort	Seuchenhaftes Verfohlen
Vorsekretprobe	Bakteriologische Untersuchung des Hengstes
Zyklus	Zeitliche Wiederkehr der Rosse

enge Zusammenarbeit mit dem zuständigen Zuchtleiter des Zuchtverbandes ratsam, ja unumgänglich, um nicht am Mainstream des Marktes vorbei Fohlen zu ziehen, deren Absatz dann später erfolglos oder nur schleppend verläuft. Decken sollte ein passend ausgewählter und vom Zuchtverband anerkannter Hengst bester Qualität – möglichst zum Zeitpunkt des Eisprungs. Bei einem Decksprung in der Herde wird der richtige Bedeckungszeitpunkt vom Hengst selbst genauestens durch Erkundung des Sexualzustands der Stute herausgefunden, u. a. durch Beriechen und Bewerten von Sexual-Geruchsstoffen, sog. Pheromonen. Eine Bedeckung in der Herde (»freier Sprung«) ist immer als sehr sicher vorzuziehen, weil alles naturgemäß abläuft. Wenn nicht innerhalb von 24 Stunden nach dem Eisprung eine Befruchtung stattfindet, stirbt das Ei ab. Wird nicht in der Herde frei gedeckt, dann kann bei einer durchschnittlichen Dauer der Rosse von fünf Tagen am dritten oder vierten Tag »an der Hand« (= der Hengst wird aufgehalftert an die Stute herangeführt) gedeckt werden. Insbesondere bei beabsichtigter künstlicher Besamung mit Frischsperma oder Tiefgefriersperma ist die tägliche tierärztliche Rektal-Untersuchung zur Feststellung des Eisprungtermins durch Untersuchung der heranreifenden Follikel während der Rosse wichtig (ein Untersuchungsstand ist für diese Zwecke sehr nützlich, vgl. dazu die Ausführungen auf Seite 214). Für eine Bedeckung zahlt der Stutenbesitzer das Deckgeld. Es liegt – sehr stark abhängig von Rasse und Qualität des Hengstes – zwischen 200 bis 300 Euro (Shetlands), 350 bis 900 Euro (Haflinger, Fjord und Isländer), 1.000 bis 2.500 Euro (Vollblutaraber und Quarter Horse) und mehr als 100.000 Euro (Spitzenvererber der Vollblutzucht).

Unumgänglich ist, dass Deckhengste und Stuten gesund sind. Hengsthalter verlangen vorsorglich eine Bescheinigung über das Freisein der Stute von Krankheitskeimen in den Geschlechtsorganen. Dazu wird eine bakteriologische Tupferprobe aus der Gebärmutter entnommen und untersucht. Spätestens während der Bedeckungs-Rosse sollte diese Probe entnommen werden, um die Übertragung von Paarungsinfektionen (z. B. Beschälseuche oder Deckdruse) zu verhindern. Selbstverständlich muss auch der Deckhengst frei von Krankheitserregern sein. Das ist ebenfalls wesentliche Voraussetzung zur Deckhygiene, denn sonst kann es beispielsweise durch Übertragung von Streptokokken beim Deckakt zu einer späteren Fehlgeburt (Abort) kommen. Im Zweifel lasse man sich vom Hengsthalter vor allen Vereinbarungen bzw. vor dem Deckakt die Hygienemaßnahmen (z. B. antiseptische Waschungen der Geschlechtsorgane des Hengstes nach jeder Bedeckung) genau erläutern und zur Absicherung eine Bestätigung über erfolgte Hygienemaßnahmen unterschreiben.

TRÄCHTIGKEIT

Untersuchungen belegen, dass etwa 80 % aller Fruchtbarkeitsstörungen, Fruchtresorptionen, Fehlgeburten und Frühgeburten durch mangelhafte Haltung und Fütterung sowie unzureichende Gesundheitsvorsorge verursacht werden. Bedenkt man, welcher Aufwand (Transporte, Deckgeld, tierärztliche Untersuchungen etc.) vom Züchter insgesamt im Durchschnitt betrieben werden muss, um Stuten von einem geeigneten Hengst tragend zu bekommen, sollte im Haltungsalltag keine Mühe zur ordentlichen Haltung und Pflege zuviel sein, um die Trächtigkeit zu erhalten. Vom sechsten Monat an kann man durch Auflegen der flachen Hand auf die Unterbrust oder auf die rechte Flanke der Stute die Bewegung des Fohlens fühlen. Neben zunehmendem Umfang des Bauches verändert sich auch das Wesen der Stute, sie wird neidisch, eifersüchtig, hat stärkeren Appetit, ist unwilliger bei der Arbeit und bewegt sich insgesamt vorsichtiger, erscheint dadurch träger. Selbstverständlich dürfte sein, dass diese Wesensveränderungen bei Haltung und Umgang nicht durch unangebrachte Strafen sanktioniert, tragende Stuten nicht überfordert werden und sie vor Schlägen, Tritten, Ausrutschen und Stürzen bewahrt werden. Gleiches gilt sinngemäß für bauliche Engstellen, z. B. enge Türen oder scharfkantige Futterkrippen und sonstige verletzungsträchtige Utensilien in Stall, Auslauf und Weide, die gerade bei tragenden Stuten folgenschwere Verletzungen im Bauch- und Hüftbereich mit Aborten verursachen können und deshalb immer beseitigt werden sollten (das gilt selbstverständlich generell zur Gefährdungsvermeidung – auch bei nicht tragenden Pferden!).

GRUPPENHALTUNG

Empfehlenswert ist, tragende Zuchtstuten nicht einzeln, sondern in Gruppen zu halten. Möglichst sollten sie allerdings, um hochträchtig nicht durch Rangeleien gefährdet zu werden, separat von Jungpferden und güsten

Grafik 13

Auslaufhaltung von Hengsten

Grafik nach einem Foto von W. Thörner

Zuchthengsthaltung Vollblutarabergestüt Ostenfelde

Unterstell- und Fressbereich (Vordach) mit hinterem Liegebereich im Offenstall

Paddockeinzäunung:
- **stabil**
- **ungefährlich**

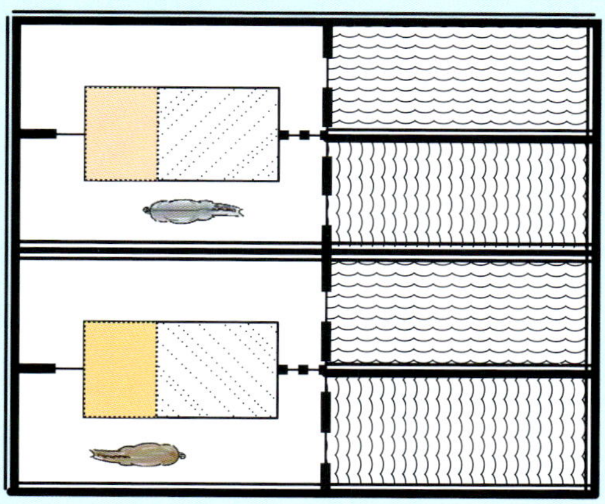

Grundriss-Prinzip

- **Jeder Hengst hat einen Offenstall mit zwei Paddocks und zwei Koppeln**
- **So können die Hengste jeweils im linken oder rechten Teil gehalten werden**

Vorteile dieses Prinzips:
- **Sicht- und Riechkontakte zu Artgenossen und zur Umwelt**
- **Sicherheit durch den jeweils zwischen den Hengsten freibleibenden Paddock-/Koppelbereich**

Stuten untergebracht sein. Sie brauchen sowohl im Sommer als auch im Winter

- einen trockenen, sauber und dick eingestreuten, geräumigen Stall (Offenstall, Außenbox oder Gemeinschaftslaufstall, z. B. eine große Scheune),
- eine ausgewogene, vielseitige, dem Trächtigkeitsverlauf angepasste Ernährung mit Zulagen ab dem achten Monat der Trächtigkeit,
- maximales Tageslicht (Sonneneinstrahlung), frische Luft und wechselnde Klimareize sowie

- ausreichend tägliche Bewegung mit optischen und akustischen Umweltreizen.

Vorwiegende oder gar ausschließliche Stallhaltung von tragenden Stuten bei schlechter Luft und Bewegungsmangel, gar in kleinen, unmodernen Boxen, die als »dunkle Höhlen« zu qualifizieren sind, fördert einerseits psychische Abstumpfung, andererseits die Schwächung des Abwehrsystems, eine extrem ungünstige Futterverwertung und damit u. U. eine Mangelversorgung des wachsenden Fohlens, die später nicht mehr aufzuholen ist. Solche Verhältnisse sind deshalb haltungsfachlich abzulehnen.

UNTERSCHIEDE: NIEDERTRAGENDE UND HOCHTRAGENDE PHASE

Tragende Stuten werden in der Praxis gelegentlich (weil man es »zu gut« meint!) überfüttert und angeblich »zur Schonung« ziemlich bewegungsarm gehalten. Zu berücksichtigen ist aber immer, dass die Trächtigkeit a) zwar eine große Leistung der Stute, aber eben keine Krankheit ist und b) unterteilt wird in die niedertragende Phase bis einschließlich des siebten Monats und die hochtragende Phase vom achten bis zum elften Monat. In der niedertragenden Phase richten sich Haltung, Futterbedarf und Beschäftigung nach den üblichen, also den auch ohne eine Trächtigkeit gegebenen Erhaltungs- und Arbeitsbedingungen – allerdings ohne Teilnahme an Turnieren, Jagden oder sonstigen Wettbewerben, da sonst Resorption oder Abort drohen. Wird eine Stute üblicherweise normal in Bahn und Gelände geritten oder angespannt, so kann dies auch bis zur hochtragenden Phase fortgesetzt werden ohne nennenswerte Abstriche und auch ohne besondere Haltungsmaßnahmen oder größere Futterzulagen, denn die Fruchtentwicklung ist bis Ende des siebten Trächtigkeitsmonats mit 17 % der eigentlichen End-Geburtsmasse noch vergleichsweise unbedeutend.

Die Zunahme beträgt durchschnittlich (bezogen auf ein mittleres Geburtsgewicht von 50 kg für ein Warmblutfohlen) je Monat 2,4 % oder etwa 1,2 kg. In den Folgemonaten steigt die monatliche Entwicklung dann ganz rapide: im achten Monat um + 18 % (z. B. um rund neun kg bei mittelgroßen Pferden), im neunten Monat um + 19 % sowie im zehnten und elften Monat sehr stark um jeweils + 23 % (das sind z. B. jeweils gut elf kg Gewichtszunahme bezogen auf das genannte Beispiel).

BEWEGUNG HOCHTRAGENDER STUTEN

Schädlich ist insgesamt jede Überforderung, aber auch ein Verzärteln tragender Stuten. Auch hochtragenden Stuten schadet regelmäßiges tägliches Spazierenreiten oder Longieren bei schlechtem Wetter nicht, wenn sie dies gewohnt sind. Es wirkt sich günstig auf ihr Wohlbefinden und den unverkrampften Ablauf der späteren Geburt aus.

Etwa ab der zweiten Hälfte der Trächtigkeit darf nicht mehr gesprungen werden, im letzten Drittel vermeidet man das Bergauf- oder Bergabreiten, im elften Monat sollte nicht mehr galoppiert werden.

Vorsicht ist geboten bei gefrorenen oder aus anderen Gründen glatten Böden. Hier besteht die Gefahr von Stürzen, die Aborte auslösen können.

Generell muss sich der Pferdehalter entscheiden, ob er Leistungssport oder Zucht be-

Tabelle 18

Haltungsvorbereitungen vor der Geburt

Maßnahme	Erläuterung
Wurmkur	sechs Wochen vor der Geburt (Tierarzt konsultieren!)
Herabsetzen der Futterration	zwei Wochen vor der Geburt täglich jeweils etwas weniger füttern zur Entlastung des Verdauungstraktes
Abnehmen der Eisen und Abrunden der Hufe	zwei Wochen vor der Geburt
Starkes Herabsetzen der Futterration mit Zufütterung von Weizenkleie und Leinsamen	2 bis 4 Tage vor der Geburt, wenn sich Harztropfen zeigen, damit der Verdauungstrakt entlastet wird

treiben will – beides geht gleichzeitig nicht. Das gilt auch für einige Monate vor der ersten Bedeckung von Maidenstuten. Werden sie sportlich stark beansprucht, sinkt der Bedeckungserfolg, denn Anstrengungen beeinträchtigen die Tätigkeit der Eierstöcke.

WEIDEGANG

Für tragende Stuten ist Weidegang auf abwechslungsreichen Weiden durch kein anderes Futter zu ersetzen. Zustand und Einzäunung der Weiden müssen hohen Ansprüchen genügen. Nasse, ungepflegte, kaum ernährungsrelevante Weiden, die zudem noch mit verletzungsträchtigem Stacheldraht eingezäunt sind, scheiden als Haltungsgrundlage für Pferde generell und für tragende Stuten ganz besonders aus. Giftpflanzen wie z. B. das sich immer stärker ausbreitende Kreuzkraut/Greiskraut (z. B. Jakobskreuzkraut oder Raukenblättriges Greiskraut), das giftige Alkaloide enthält, sind vor Beschickung der Koppeln mit tragenden Stuten auszumerzen. Auch bei Weiden, auf denen z. B. Eichenbäume wachsen, ist im Herbst unbedingt die Aufnahme grüner Eicheln durch Pferde, besonders durch tragende Stuten, zu verhindern. Die Auszäunung der Bäume kann mit Steckpfählen und Elektroband installiert werden (sog. Wanderzaun).

HYGIENE, PFLEGE UND GESUNDHEITSVORSORGE

Die eigentliche Pflege der Zuchtstuten unterscheidet sich grundsätzlich nicht von der üblichen Pferdepflege. Regelmäßiges Putzen fördert die Hautdurchblutung und den persönlichen Kontakt zum Betreuer, der beim Putzen gleichzeitig die Stute täglich intensiv auf Parasiten, Verletzungen, Veränderungen im Genital- und Euterbereich und auf Verhaltensauffälligkeiten untersucht. Zur Gesundheitsvorsorge gehören Stall- und Weidehygiene ebenso wie regelmäßige Wurmkuren (mindestens viermal jährlich) sowie obligate Impfungen, vor allem gegen Tetanus und Virusabort, aber auch möglichst gegen Pferde-Influenza, Tollwut und Borna'sche Krankheit. Im letzten Drittel der Trächtigkeit muss jede Medikamentengabe vorher besonders intensiv mit dem Tierarzt besprochen und das Für und Wider abgewogen werden. Zu berücksichtigen ist, dass einige Wirkstoffe handelsüblicher Wurmmittel und Impfpräparate fruchtschädigend sein können.

FOHLENGEBURT

Jede Geburt ist ein natürlicher Vorgang, dennoch sind verschiedene Haltungs- und Pflegemaßnahmen zur Vorbereitung erforderlich (siehe Tabelle 18, Seite 192). Grundsätzlich kann, vorausgesetzt das Wetter ist nicht zu unwirtlich, jede Stute auf einer ebenen, sorgfältig eingezäunten Weide ohne Wasserlöcher oder Gräben abfohlen. Zweckmäßiger ist es, tragende Stuten rechtzeitig an eine desinfizierte, geräumige, gut eingestreute Abfohlbox zu gewöhnen. Hier sollte sie bereits während der Vorlaufzeit zum Abfohlen täglich gründlich geputzt und gesäubert werden. Dazu sind After, Vagina und Euter mit warmem Seifenwasser und evtl. einem milden Desinfektionsmittel schonend zu waschen. Es empfiehlt sich, dafür Einweg-Handtücher (z. B. von einer Haushaltsrolle) zu verwenden.

Hat man den Tag der Bedeckung im Vorjahr notiert und weiß, dass die Trächtigkeit nach 320 bis 355 Tagen beendet ist (rund elf Monate), kann der Geburtstermin grob vorausberechnet werden. Durch Hormonwirkung wird die Geburt ausgelöst, sie kündigt sich in den letzten Wochen der Trächtigkeit bereits durch Vergrößerung des Euters an. Kurz vor der Geburt kann bereits Milch fließen, meist sind aber harzähnliche Tröpfchen an den Zitzen die ersten Anzeichen. Über 90 % aller Stuten bringen liegend ihr Fohlen zur Welt, und zwar fast ausschließlich des Nachts zwischen 20 und 6 Uhr. Bewährt haben sich zum Abfohlen große, luftig-helle, dick und sauber vorzugsweise mit hygienisch einwandfreien Weichholzsägespänen eingestreute Abfohlboxen. Auch bei robust ausschließlich auf der Weide gehaltenen Stuten empfiehlt sich übergangsweise zum Abfohlen zeitweise der Boxenaufenthalt. Mit der Abfohl-Box sollte die Stute aber schon einige Zeit vor dem Abfohltermin vertraut gemacht worden sein, damit sie sich

dort sicher fühlt und nicht durch Unruhe Geburtskomplikationen auftreten.
Zweckmäßig ist räumliche Angrenzung der Box an den Auslauf und an andere Boxen oder den gewohnten Offenstall, damit Nähe und Kontakt zu Artgenossen immer gewährleistet bleiben.
Kennzeichnend für den Geburtsvorgang sind drei Wehenphasen mit vorhergehender kolikähnlicher Unruhe der Stute. Die erste Phase besteht aus rhythmischem Zusammenziehen der Gebärmuttermuskulatur; die Geburt folgt anschließend in der zweiten, der so genannten »Austreibungsphase«. In der dritten Phase wird die Nachgeburt (Plazenta und Amnionhaut) ausgetrieben. Das sollte spätestens nach ein bis zwei Stunden erledigt sein und sich nicht weiter verzögern (Kontrolle ist wichtig!). Bei Verzögerung muss durch den dann herbeizurufenden Tierarzt die Austreibung der Nachgeburt durch entsprechende Medikation eingeleitet werden. Es droht sonst durch toxisches Nachgeburtsverhalten der Verlust der Stute. Zweckmäßig ist, sich vor jedem Abfohlen bereits vorher zu vergewissern, ob der Tierarzt dienstbereit ist!

SAUGFOHLEN

Junge Fohlen sind »Nestflüchter«, die nach knapp einer Stunde bereits stehen und weit von der Hilfsbedürftigkeit »nesthockender« Hundewelpen oder menschlicher Säuglinge entfernt sind. Einige wesentliche Kontrollmaßnahmen sind dennoch immer erforderlich. Fohlen sind auf die in der ersten Muttermilch (Kolostralmilch) enthaltenen Abwehrstoffe (Antikörper/Gammaglobuline) angewiesen. Darum muss unterstützend darauf geachtet werden, dass die Kolostralmilch innerhalb der ersten 24 Stunden aufgenommen wird, denn nur in diesem Zeitraum können die Abwehrstoffe die Darmschleimhaut des Fohlens passieren und in der Blutbahn des Fohlens wirksam werden. Fohlen finden spätestens innerhalb von zwei Stunden den Euter und saugen. Bei Problemen (z. B. wenn die Mutter wenig Milch gibt) kann sich eine vorsorgliche Impfung gegen Fohlenlähme (= unterschiedliche Infektionen) empfehlen, um – unabhängig von der Menge aufgenommener Kolostralmilch – tatsächlich auch genügend Abwehrkörper zu erhalten. Kotabsatz (so genanntes »Darmpech«) und Harnabsatz sollten innerhalb von 12 Stunden erfolgt sein. Andernfalls muss durch den herbeigerufenen Tierarzt eine nicht ungewöhnliche Verstopfung mittels Paraffinölapplikation beseitigt werden und auch ein Verdacht auf Blasenriss, der sich beim Geburtsvorgang ereignet haben könnte, muss untersucht werden.

JUNGPFERDEAUFZUCHT

Üblicherweise nach einem halben Jahr werden Fohlen von der Mutter abgesetzt; sie können aber auch bis zum Jährlingsalter bei der Mutter bleiben und weiter saugen. Immer ist – neben Gruppenhaltung – die Fütterungsqualität bei Jährlingen immens wichtig.

KASTRATION VON HENGSTEN

BEGRIFF UND WIRKUNG DER „KASTRATION“

Kastration ist immer ein „heißes“ Thema, das widersprüchliche Meinungen provoziert. Grundsätzlich gilt: „Lieber ein glücklicher Wallach, als ein frustrierter Hengst!“
Kastration (von lateinisch „castrare“ = entnehmen) bezeichnet die operative Entfernung der Hoden (= männliche Geschlechts- bzw. Keimdrüsen). Landläufig wird diese Operation auch „Verschneidung“ oder „Legen“ genannt. Das deutsche Tierschutzgesetz erlaubt nach § 6 (5) die Entnahme dieser Fortpflanzungsorgane. Männliche Pferde werden kastriert, um ihr Sexualverhalten auszuschalten. Kastration reduziert die männlichen Sexualhormone (sog. Testosterone), es vermindert sich dadurch die Libido (Geschlechtstrieb). Das Sexualverlangen des Kastraten (= Wallach) lässt im besten Fall stark nach bzw. ist nach einiger Zeit so gut wie nicht mehr vorhanden.
Gleiches trifft auf die ganz natürliche Aggressionsbereitschaft zu, weshalb kastrierte Pferde – vereinfacht formuliert – insgesamt im Verhalten und im Umgang mit Artgenossen sowie mit Menschen unproblematischer („fügsamer“) sind. Der Testosteronspiegel sinkt etwa innerhalb von acht Stunden nach der Keimdrüsenentfernung rapide

ab. Trotzdem tritt die Wirkung bei manchen Pferden nicht sofort, sondern erst im Laufe von Wochen oder gar Monaten ein. Hier spielen eben nicht nur rein hormonelle, sondern genetische und lernbedingte Effekte eine Rolle. Lernbedingte Effekte resultieren aus der sog. Maskulinisierung, die (salopp formuliert) ein Verhaltensmuster im Gehirn darstellt. Es setzt sich z. B. nahezu unauslöschlich fest, wenn zur Kastration anstehende Junghengste auch nur ein einziges Mal vor dem Kastriertwerden „Deckerfolg“ hatten. Damit ist der erste (wesentliche) Schritt zur hirnmäßigen Maskulinisierung getan, der auch den späteren Wallach durchaus noch „motivieren“ kann, Stuten „andeutungsweise“ zu decken.

Genetik und Maskulinisierung erklären auch, warum selbst früh kastrierte Pferde geschlechtsspezifische Verhaltensweisen wie Imponiergehabe und Deckverhalten gegenüber anderen Pferden zeigen. Die Ausprägung vieler geschlechtsspezifischer Verhaltensmuster beruht (besonders bei spät kastrierten Pferden) auf der angesprochenen „Maskulinisierung“ des Gehirns. Das aber ist leider viel zu wenig bekannt. In jedem Fall sollte verhindert werden, dass männliche Jährlinge mehr oder weniger erfolgreich Stuten decken.

Man bedenke: Der aktuelle Testosteronspiegel ist nur in wenigen Verhaltensbereichen allein ausschlaggebend. Zu berücksichtigen ist auch: Eine Kastration ersetzt keinesfalls die wichtige Sozialisation, eine behutsame Gruppenintegration oder Erziehung und verhaltensgerechte Haltung des Pferdes. Sie erspart, wenn erst einmal Probleme aufgetreten sind, auch keine konsequente Verhaltenstherapie.

KASTRATION UND LEISTUNG

Grundtemperament, rassetypischer und individueller Kerncharakter sowie Gangveranlagung und Leistungsfähigkeit werden durch eine Kastration nicht nennenswert verändert. Zwar neigen Wallache durch die veränderte Stoffwechsellage eher zum Fettansatz und ab einem gewissen Übergewicht auch zur Entwicklung eines entsprechenden Kräfte schonenden Phlegmas, doch lässt sich dieses Problem durch sachgerechte Fütterung leicht vermeiden. Unzutreffend ist zudem die Annahme, dass „Leistung“ geschlechtsspezifisch sei: Ein Hengst ist nicht wegen seines Geschlechtstriebs leistungsfähiger als ein Wallach. Verbreitet ist der Gedanke, dass Hengste z. B. als Dressurpferde geeigneter seien als Wallache. Die Tatsache allein, dass Hengste hormongesteuert aufgeregt piaffieren oder sich schon mal im stolzen Mitteltrab auf der Weide präsentieren, sagt absolut nichts über die (eben im Normalfall nicht durch Hormone gesteuerte!) Leistung und Leistungsbereitschaft unter einem Reiter aus. Im Gegenteil: Erfolgreiche Ausbildung und sportliche Förderung von Hengsten setzen überdurchschnittlich hohe Reit- und Haltungserfahrung, vor allem genügend Geduld und Toleranz, aber auch situationsabhängige Konsequenz – bei angepasstem Respekt vor der männlichen Spezies – voraus.

ZEITPUNKT DER KASTRATION

Narkose und Kastrations-OP sind bei jedem Pferd nie ganz ohne Risiko. Minimiert wird das Risiko zunächst immer durch einen guten Gesundheitsstatus und optimale Wurmprophylaxe sowie durch OP in einer Pferdeklinik. Dazu ist grundsätzlich in jedem Fall zu raten, aber z. B. stets nahezu zwingend bei einseitigem Hodenhochstand („Klopphengst“). Komplikationen (insbesondere bei älteren Hengsten möglich) sind in einer Klinik durchweg erheblich besser beherrschbar. Das Wichtigste ist (egal, ob auf der heimischen Weide, in der Box oder in der Klinik), dass der Operateur in sauberer Umgebung, in einer ruhigen, für ihn sicheren, nicht hektischen Atmosphäre sachgerecht arbeiten kann.

Was die beste Jahreszeit für eine Kastration angeht, so ist zum zeitigen Frühjahr zu raten, wenn sich noch keine oder sehr wenig Fliegenbrut entwickelt hat. Vorteil ist, dass operierte Pferde zu dieser Jahreszeit bereits angeweidet werden und durch freie Bewegung auf der Weide an frischer Luft der Heilungsprozess enorm beschleunigt wird. Der weitgehend fliegenfreie Spätherbst ist zwar auch als Zeitraum geeignet, doch sind witte-

rungsbedingte (örtlich und haltungstechnisch unterschiedliche) längere Stallverweilzeiten für den Heilungsprozess eher ungünstig. Ausgleichen kann man dies durch sehr penible Einstreupflege und täglich intensive Wundhygiene. Dies alles setzt aber ein erzogenes Pferd voraus!
Hinsichtlich des Alters der zu kastrierenden Hengste gehen die Meinungen auseinander. Aus biologischer Sicht ist es sinnvoll, bereits im Jährlingsalter zu kastrieren, was nach den Erfahrungen des Verfassers auch die wenigsten Komplikationen mit sich bringt. Insbesondere einjährige Junghengste im Stadium der frühen Geschlechtsreife, bei denen aber die „Maskulinisierung" des Gehirns noch nicht durch erfolgreiche Deckerfahrung (!) geprägt wurde, versprechen sehr leistungswillige, gut zu sozialisierende („gruppentaugliche") Pferde zu werden. Hinzu kommt, dass sich bei früh kastrierten Pferden insbesondere die typischen Hengsthälse (u. a. mit unerwünschter Ganaschenenge bei vielen Rassen, besonders aber bei Naturrassen wie Isländern oder Norwegischen Fjordpferden) gar nicht erst oder nur geringgradig entwickeln.

Resthof-Nutzung

Nahezu jeder Pferdeliebhaber träumt irgendwann vom eigenen Haltungsareal mit Bauernhaus. Denn: Wer zur Miete in der Stadt wohnt oder z. B. ein eigenes Reihenhaus mit Garten im Wohngebiet besitzt, hat zur »Traumanlage« weder das genügend große Grundstück noch sind die rechtlichen Zulässigkeitsvoraussetzungen für eine Pferdehaltung gegeben. Selbst auf größeren Parzellen ist in reinen Wohngebieten eine Haltung von Großtieren, insbesondere eine Pferdehaltung, in der Regel völlig unzulässig. Angewiesen also auf einen guten oder schlechten Pensionsplatz mit den dafür typischen, aber vielfach auch notwendigen Kompromissen, dämmert der Traum oft etliche Jahre dahin – bis er eines Tages plötzlich an Realität gewinnt. Vielleicht hat man eine Immobilienanzeige gelesen, die verlockende Entfaltungsmöglichkeiten und »Freiheit« auf dem Lande verspricht. Oder Familie Meier, die man aus dem Pensions-Reitstall kennt, hat sich (wie es salopp heißt) »auf den Acker gemacht« in ein 100 km entferntes Dorf und schwärmt nun überschwänglich von den neuen Perspektiven mit bislang ungeahnten Möglichkeiten der Eigenhaltung. Das kann ansteckend-enthusiastisch wirken, warum auch nicht? Gleichzeitig ist es dennoch sinnvoll, Begeisterung und neue Absichten wenigstens größtenteils rational auszuloten und familienkonform zu gewichten. Tiefer gehende Überlegungen mit kritischer Sicht für die eigenen Verhältnisse können dann teils auch zu einer Entmythisierung des Landlebens mit der erträumten Eigenhaltung führen – und den stadtnahen Pensionsplatz wieder in einem besseren Licht erscheinen lassen. Schließlich hat auch die Stadtwohnlage ihre Reize – und die Pensionsunterbringung bietet ganz erheblich mehr zeitliche Freiheiten für den Pferdeeigner, als es bei eigener Haltung im ersehnten Landhausareal möglich ist. Ein mittelalterlicher Spruch lautete: »Landluft macht frei«. Das Körnchen Wahrheit zu diesem Spruch, umgemünzt auf neuzeitliche Ansprüche, findet man durchaus in der Realität auch heute noch.

Umbau Resthof A

1. **Norddeutsches Heuerhaus (= Haus eines landwirtschaftlichen Helfers, der früher als Lohn die »Heuer« bekam) im Ursprungszustand.**
2. **Gebäude nach dem Umbau.**
3. **Verwilderter Ödlandgarten des Heuerhauses.**
4. **Nach Sanierung: Parkanlage mit Blumenwiese.**
5. **Eicheständerwerk des Heuerhaus-Stallteiles nach »Entkernung«.**
6. **Wohnhalle im ehemaligen Stallteil.**
7. **Schweinestall des Heuerhauses vor dem Umbau**
8. **Küche im ehemaligen Schweinestall.**
9. **Hausentwässerung mit Kunststoffrohren (sog. KG-Rohre).**
10. **Einbau einer Kleinkläranlage (»Drei-Kammer-System«) statt eines öffentlichen Kanalanschlusses.**

1
2
3
4
5
6
7
8
9
10

Dennoch, die Erfahrungen des aus landwirtschaftlichen Verhältnissen stammenden Verfassers in einigen Jahrzehnten des Landlebens auf eigener Scholle sind zwiespältig. Dies z. B. angesichts der für ländliche Pferdehalter sehr typischen »Tier-Sammelleidenschaft«, d. h. der Jahr für Jahr zunehmenden Zahl hinzugekaufter »hungriger Pferdemäuler« plus eines Rudels Hunde, einer Herde Schafe sowie etlicher Geräte und Nutzfahrzeuge, die das Budget überplanmäßig belasten können. Nicht zu vergessen auch gelegentliche, ziemlich nervende Mäuse-Invasionen auf dem Speicher oder in Wandverkleidungen des renovierten Wohnkomplexes, dazu die sich stetig summierenden unvollendeten Handwerksarbeiten in Haus und Hof. Auch eventuell ziemlich weite Anfahrten zu Arbeitsstellen und – falls Zeit dazu übrig bleibt – die rare Frequentierung von »Kulturtempeln«. Zweifler und Kritiker haben also durchaus gute Chancen, den Spruch »Landluft macht frei« energisch zu widerlegen!

Ländliche Pferdehaltung auf eigens dafür gekauftem (oder gepachtetem) Hof oder Höfchen heißt für Pferdeleute ohne »Gold-Dukaten-Riesenesel« in erster Linie starke zeitliche Bindung mit viel Eigenarbeit (»Muskelhypothek«) – gekoppelt mit der nötigen Portion Pioniergeist und einer gehörigen Prise Rancherambition. Dabei besteht dann allerdings nicht selten die Gefahr, aus Zeitgründen gar das Reiten fast zu verlernen! Als Ersatz dafür haben der Rancher oder die Rancherin durch Eigenhilfe oftmals erstaunliche Pluspunkte gesammelt im virtuosen Umgang mit jeder Art von Bohrmaschine, dem Winkelschleifer und dem Vorschlaghammer. Auch die Kenntnis aller baumarktüblichen Schrauben- und Dübelsorten sowie unzähliger Weidezaun-Utensilien, der kreative Umgang mit Betonmischer, Sense und Mähwerk sowie – im besten Fall – die durch viel Bewegung erzielte allmähliche Reduzierung des Körperübergewichts auf Idealniveau, kennzeichnen viele ländliche Do-it-yourself-Rancher. Dies alles verändert euphorisch motivierte Menschen, die ursprünglich eigentlich »nur« auf selbst gehaltenen Pferden reiten wollten, schon ziemlich – aber es macht trotzdem im Endeffekt Spaß, bietet vielen verdeckten persönlichen Fähigkeiten sinnvolle Entwicklungschancen und wird durchweg selten bereut. Es ist eben nicht allein mit Vernunft zu erklären, dass »normale Menschen mit Versicherungsnummer« aus einem Reihenhaus (mit mühelos zu bändigendem 50 qm Vorgarten) plötzlich Sehnsucht nach einem alten Landgemäuer mit einem Hektar Grünland entwickeln!

PLANUNG/KONZEPTION

Wer plant, z. B. einen Resthof zu mieten (oder zu pachten) statt zu kaufen, überlege sich folgende Rechnung: Bei einer Miethöhe von 1.000 Euro im Monat und einer angenommenen jährlichen Mietsteigerung von 2,5 % summiert sich die Mietzahlung in 30

Umbau Resthof B

1 **Niederrheinisches Kotten-Anwesen im Ursprungszustand (Baujahr 1880).**
2 **Nach Umbau des Kottens: Ansicht im Sommer.**
3 **Ansicht im Winter.**
4 **Marodes Dachgebälk des alten Kottens.**
5 **Die Steinwände des Kotten-Stallteils wurden durch Holzplatten (plus Vertäfelung mit weißem Nut-und-Feder-Paneelholz) auf einem neuen Kantholzständerwerk verkleidet.**
6 **Innenansicht der Kotten-Wohnhalle.**
7 **Wichtige Maßnahme zur Dachstatik: Ausschachten der alten Ständerwerkpfosten-Fundamente.**
8 **Angießen der Eiche-Ständerwerkpfosten (die das Dach tragen) mit Beton.**
9 **Komplett neues Fundament der tragenden Pfosten.**
10 **Sanierter Kotten mit zwei Morgen Land: Kaufpreis im Ursprungszustand ca. 150.000 Euro.**
11 **Rest-Gutshof für zwei Familien mit zwei Hektar Land: Kaufpreis (renoviert) rund 1.200.000 Euro.**
12 **Reetdachhaus mit drei Morgen Land: Kaufpreis (renoviert) ca. 350.000 Euro.**
13 **Landsitz (Herrenhaus eines Gutshofs) mit vier Morgen Land: Kaufpreis (renoviert) ca. 1.300.000 Euro.**

1
2
3
4
5
6
7
8
9
10
11
12
13

Tabelle 19

Checkliste Lage und Beschaffenheit von Haus und Grundstück

Kriterium	Eigene Vorstellung	Objekt 1	Objekt 2	Objekt 3
Alleinlage				
Dorflage				
Dorfrandlage				
Stadtrandlage				
Weideland, qm				
Ackerland, qm				
Garten, qm				
alter Baumbestand				
renoviert				
unrenoviert				
Zahl der Wohnräume				
Zahl der Stallgebäude				
Garagen/Carports				
Remise/Scheune				
Entfernung zur Arbeitsstelle				
Fahrzeiten zur Arbeitsstelle				
öffentliche Verkehrsmittel erreichbar				
Schulen in der Nähe				
ärztliche Versorgung				
Einkaufsmöglichkeiten				

Jahren auf 527.000 Euro! Da lohnt es sich, rechtzeitig Eigenkapital zu sparen und besser zu kaufen statt zu mieten.

Angebotslage, Zustand und Preis für Resthöfe, Kotten bzw. Katstellen oder Heuerhäuser mit zugehörenden landwirtschaftlichen Nutzflächen, die sich zum Wohnen und für eine Pferdehaltung eignen, differieren regional außerordentlich stark. Allgemein ist ein Nord-Süd-Gefälle feststellbar, das bedeutet: Im Norden Deutschlands ist das Angebot groß, die Preise sind moderat – im Süden hingegen ist das Angebot relativ gering, die Preise sind ziemlich »gesalzen«. Letzteres gilt auch im Durchschnitt für Anwesen in Österreich und vor allem der Schweiz. Preiswerteste Anwesen mit akzeptablen Weideflächen finden sich im niedersächsischen Emsland und Ostfriesland ebenso wie in Mecklenburg-Vorpommern. Im Emsland werden schon recht gut renovierte und voll mit Heizung und Bad ausgestattete Resthöfe mit Wohnflächen um 120 qm, einer zusätzlichen Remise sowie zwei Hektar Grünland für 300.000 Euro angeboten – oft in Alleinlage und weit draußen. Vergleichbare Objekte, wenn sie denn angeboten werden, kosten im Großraum Düsseldorf, München oder Stuttgart leicht das Fünffache. Günstig sind hier und da alte, schnuckelige Höfe (allerdings mit wenig Land) in Dorflagen des Alpenvorlands und der Mittelgebirge. Auch hier ist das Nord-Süd-Gefälle feststellbar. Während in Eifeldörfern oder in entlegenen Teilen des Odenwalds solche Kleinobjekte manchmal schon für 150.000 Euro in renovierungsbedürftigem Zustand (Fachwerk!) angeboten werden, kosten ähnliche Objekte im Bereich der Schwäbischen Alb oder im Allgäu wenigstens das Dreifache.

Vor Kauf (oder Pacht) eines Resthofes, eines Kottens oder Landhauses mit Weideland

Zustand des Objektes

Tabelle 20

Grundstück	Haus von innen	Haus von außen	Stallbereich
Gefällt die Lage auf Anhieb? Was sagt der Flächennutzungsplan?	Mauerwerk trocken, riecht es muffig-feucht?	Zu welcher Himmelsrichtung öffnet sich das Haus?	Mauerwerk, Fachwerk baufällig?
Liegt das Haus an einer stark befahrenen Straße oder geplanten Autobahn?	Wasseranschluss an das öffentliche Netz oder Pumpe vorhanden (»Hauswasserwerk«)?	Wie ist der Zustand von Dach und Dachstuhl?	Wie ist der Zustand von Dach und Dachstuhl?
Ist der Garten schön eingewachsen?	Elektroinstallation erneuerungsbedürftig?	Dachrinnenzustand?	Dachrinnenzustand?
Wie wird die nächste Nachbarschaft, das Umfeld beurteilt?	Telefonanschluss, Fernsehantenne vorhanden (ISDN, DSL)?	Ist das Haus denkmalgeschützt?	Türen und Fenster funktionsfähig?
Gibt es Störquellen: Lärm, Gestank, »Schandflecke«, z. B. Silagefahrsilos des Nachbarn mit Gummireifenabdeckungen vor der eigenen Terrasse?	WC, Warmwasserbereitung, Waschgelegenheit, evtl. Bad; Heizungsanlage, Waschmaschinenanschluss?	Grundstücksentwässerung über Kanalanschluss, Jauchegrube oder Drei-Kammer-Kleinkläranlage?	Box- oder Offenstalleinbau möglich mit Anschluss an das Außengelände?
Ist das Hausgrundstück ganz oder teilweise eingezäunt, wie ist der Zustand der Weidezäune?	Fußböden und Beläge erneuerungsbedürftig?	Ist die Fassade verkleidet, wie schaut es darunter aus, Zustand des Mauerwerks, der Fugen?	Lagerbereich vorhanden?
Sind die Grundstücksgrenzen eindeutig feststellbar?	Ist der Grundriss akzeptabel, kann er leicht verändert werden?	Zustand der Fenster und Türen, der Fensterläden und Kellereingänge?	Wasseranschluss?
Gibt es Grunddienstbarkeiten/Überfahrtsrechte, auch evtl. Gewohnheitsrechte?	Wie ist der Aufbau und Zustand der Geschossdecken (Holz, Beton)?	Energieversorgungseinrichtungen: Strom-, Gaszuleitung, Außen-Öltank?	Jauchegrube?
Sind Altlasten zu befürchten und wer haftet dafür?	Wie wird die Wärmedämmung beurteilt?	Grundwasserstand, Drainage erforderlich oder vorhanden?	Stromanschluss und Zustand der Installation?
Ist die Reitgegend akzeptabel?	Möglichkeit zum Kaminofenbetrieb?	Fundamente marode?	Fundamente marode?

überlege man genau, wie das Objekt für die persönlichen Verhältnisse beschaffen sein sollte und welche örtliche Lage in Betracht kommt. Unterschiedliche Ansprüche (Zahl der Familienmitglieder, Größe und Zahl der Haustiere) erfordern unterschiedliche Haus- und Grundstücksflächen – zu unterschiedlichen Preisen. Deshalb sollte man einen Wunschzettel einvernehmlich mit der Familie absprechen, erstellen und danach gemeinsam gezielt suchen. Doch beim Besichtigen unzähliger Objekte kann es sein, dass man sich in ein völlig unvernünftiges Objekt verliebt – und alle Pläne umwirft, aber das ist dann vermutlich das richtige Objekt!

Für eine Objektwahl empfiehlt sich zunächst die Checkliste der Tabelle 19, Seite 200.

OBJEKTSUCHE

Wer ein Objekt sucht, braucht Spürsinn – und Geduld, denn übereilte Entscheidungen sind in diesem Bereich nicht immer die besten. Informationen erhält man durch

- Angebote in Tageszeitungen, in Anzeigenblättern oder im Immobilienteil von Pferdezeitungen,
- Aushänge bei Banken und Sparkassen sowie Amtsgerichten (Zwangsversteigerungen),
- Exposés von Maklern,
- Gespräche in Dorfkneipen,
- eigene Suchanzeigen.

Wer einen Makler mit der Immobiliensuche beauftragt, ist gut beraten, dies schriftlich zu tun. Eine besondere Qualifikation ist für den Maklerberuf nicht erforderlich, weshalb manche nebenberuflich im Wohnzimmer »makeln«. Ein guter Makler sollte einigermaßen professionell arbeiten, er muss für den Kunden stets erreichbar sein, trifft eine geeignete Vorauswahl und beschafft Objektbeschreibungen mit aussagekräftigen Fotos, er kennt das örtliche Preisniveau und klärt im besten Fall wichtige Fragen vor Vertragsabschluss mit einem Grundstücksverkäufer. Dennoch: Zusicherungen des Maklers sind oft nur unverbindlich und deshalb rechtlich meist ohne Belang – der eigentliche Vertragspartner ist immer der Verkäufer, nur er haftet letztlich für Zusicherungen, nicht der Makler. Bei jeder Maklerkonsultation ist zu besprechen und festzuhalten, ob Kosten entstehen, z. B. welche Erstattungsansprüche für Auslagen des Maklers vereinbart sind, wenn kein Geschäft zustande kommt, oder aber, wer die Maklerprovision (ungefähr drei bis fünf Prozent vom Kaufpreis) übernimmt: der Käufer, der Verkäufer oder beide anteilig. Alleinaufträge an einen Makler sollten (wenn überhaupt) zeitlich eng begrenzt werden (auf etwa zwei Monate), damit man bei Erfolglosigkeit einen anderen Makler beauftragen kann.

OBJEKTPRÜFUNG

Erfüllt ein Objekt viele der Checklisten-Anforderungen nach Lage und Beschaffenheit, erscheint der geforderte Kaufpreis (oder der Pachtbetrag) weitgehend marktgerecht, dann sind vor Ort Einzelheiten als Vorentscheidung zu klären, zu untersuchen, zu bewerten. Wenn die eigenen handwerklichen Vorkenntnisse oder das baulich-architektonische Wissen eher bescheiden und unterdurchschnittlich sind, ist immer die Mitnahme eines neutralen Beraters (der an dem späteren Um- und Ausbau nichts verdient!) zur Begehung angebracht. Das kann ein mit Althäusern erfahrener Architekt sein oder auch ein universeller Handwerker (z. B. Maurer, Tischler, Zimmerer, Dachdecker). Nicht selten sind versteckte Mängel für den Laien nämlich kaum zu sehen. Das Raumklima belastende Anstriche mit zweifelhaftem, u. a. Krebs auslösendem Holzschutz gehören ebenso dazu wie frisch verklebte Tapeten, die schon manche feucht-marode Wand nicht nur dekorativ, sondern wirklich »blendend« kaschiert haben! Auch Dachgebälk, Kamin, Wasserleitungen und Zwischendecken bergen verdeckte Mängel, die u. U. nur aufwändig zu beheben sind. Andererseits muss ein ungepflegter erster Eindruck von Haus und Grundstück nicht zwangsläufig auch hohe Summen für eine Sanierung bedeuten. Was man als Interessent – neben eigener fachlicher Sicht oder neutraler Beratung – unbedingt braucht, ist rege Phantasie, um sich auch ein zunächst vielleicht verkommen-liederliches Objekt fertig nach eigenem Geschmack vom Dach bis zu den Weidezäunen vorstellen zu können. Fehlen Phantasie und Vorstellungskraft, dann wird es ziemlich schwer! Vieles an emotionalen Eindrücken hängt allerdings bei ersten Besichtigungen von der Jahreszeit und vom Klima ab: Bei strahlendem Frühlingswetter mit blühenden Kirschbäumen sieht so mancher total marode Resthof verträumt-idyllisch aus, was sich aber in neblig-trübem Herbstwetter bei aufkommendem Regen völlig gegenteilig darstellen kann und schnell unter diesen Bedingungen eine muffige Besichtigungsatmosphäre ergibt. Auch kann eine typische Wochenendbesichtigung durch die dann verminderten Umgebungsgeräusche eine – vielleicht werktägig gar nicht vorhandene – Idylle vortäuschen. Ratsam ist, in die bevorzugte Gegend und zu Objekten der engeren Wahl mehrfach zu fahren, um auch Umwelt- und Nachbargesichtspunkte an unterschiedlichen Tagen bewerten zu können. Mögliche Störquellen in der Nachbarschaft, vom Schweinemastbetrieb über einen ständig kläffenden Zwingerhund bis zur Windkraftanlage, sind besonders kritisch zu überdenken und mit eigenen Ansprüchen zu vergleichen. Die Checkliste der Tabelle 29, Seite 216, enthält Fakten, die man vor Ort prüfen muss.

KAUFPREIS

Der Gesamtpreis eines Altbau-Objektes besteht genau genommen aus Grundstücks- und Gebäudepreis (obwohl rechtlich gesehen das Gebäude wesentlicher, untrennbarer Bestandteil des Grundstücks ist). Diesem Gesamtpreis sind realistischerweise die Kosten für notwendige Instandsetzungsmaßnahmen sowie Um- und Ausbauten zuzuschlagen. Auch die Nebenkosten, die beim Kauf anfallen, sind zu berücksichtigen. Hierzu rechnen: Grunderwerbsteuer, Notarkosten, Eintragungsgebühren beim Grundbuchamt, Schätzkosten (Voraussetzung für die Beleihung mit Krediten), Architekten- oder Beraterkosten, Gebühren für Baugenehmigungen und Bauabnahmen sowie die evtl. Maklerprovision. Eine überlegte Verhandlungsstrategie hilft beim »Feilschen« mit dem Verkäufer, um den Kaufpreis zu senken, der in der Regel als »Verhandlungsbasis« angegeben ist. Um argumentieren zu können, sind qualifizierte Kenntnisse der Marktsituation sowie der Bauqualität des Objektes wichtig. Dies alles kann mit Hilfe der Checklisten als Gedankenstütze zur Verdeutlichung im Verkaufsgespräch vorgebracht werden.

KAUF UND FINANZIERUNG

Bevor der Kaufvertrag beim Notar unterschrieben wird, muss zunächst eindeutig die Höhe des Kaufpreises sowie seine Fälligkeit, aber auch die mögliche Übernahme von Einrichtungsgegenständen (z. B. Kaminofen) oder beweglichen Sachen (z. B. Traktor) mit dafür ausgehandeltem Preis feststehen. Die Klärung der Eigentumsverhältnisse und der Belastungen des Grundstücks ist ebenfalls wichtig, sie erfolgt durch rechtzeitigen Einblick in das Grundbuch (= öffentliches Verzeichnis bei den Amtsgerichten oder staatlichen Grundbuchämtern). Zu klären ist z. B., was mit Grundschulden des Verkäufers geschieht. Grundschulden sind Rechte, durch die eine Zwangsversteigerung des Grundstücks erwirkt werden kann, sie dienen zur Absicherung aufgenommener Baukredite. Es besteht die Möglichkeit, dass der Käufer – unter Anrechnung auf den Kaufpreis – die bestehenden Grundschulden des Verkäufers übernimmt. Im Normalfall sollte aber im Kaufvertrag vereinbart werden, dass der Verkäufer das Grundstück lastenfrei verkauft (er muss dann selbst seine als Grundschuld gesicherten Kredite an den Kreditgeber zurückzahlen). Zu achten ist auch darauf, dass im Kaufvertrag geregelt wird, dass zu Gunsten des Käufers unverzüglich nach dem Vertragsabschluss eine so genannte Auflassungsvormerkung in das Grundbuch eingetragen wird. Denn der Käufer wird nicht mit Abschluss des Kaufvertrages neuer Eigentümer, sondern erst, wenn er – im formalen Grundbuchverfahren – nach vielleicht vier bis sechs Wochen im Grundbuch eingetragen ist. Die zunächst eingetragene Auflassungsvormerkung (sie wird später gelöscht) schützt davor, dass der Verkäufer das Objekt ein zweites Mal verkauft und ein anderer Käufer dann Eigentümer wird! Oft bestehen Vorkaufsrechte an Grundstücken, z. B. zu Gunsten der Gemeinde oder Stadt. Das bedeutet, dass diese Gebietskörperschaft sich (leider erst nach erfolgtem Vertragsabschluss!) entscheiden kann, ob sie in den geschlossenen Vertrag eintreten und ihn zu den vereinbarten Bedingungen übernehmen will. Deshalb sollte im Kaufvertrag die Kaufpreiszahlung abhängig gemacht werden von der Nichtausübung evtl. bestehender Vorkaufsrechte. Meist werden Grundstücke und gebrauchte Immobilien unter Ausschluss jeder Gewährleistung verkauft. Dieser Ausschluss ist dann unwirksam, wenn Mängel vorsätzlich verschwiegen wurden. In den Vertrag sollte aufgenommen werden, auf welche Mängel der Verkäufer hingewiesen hat und auch, nach welchen Mängeln der Käufer gefragt hat und dazu vom Verkäufer eine Erklärung bekommen hat, dass ihm, dem Verkäufer, vom Vorhandensein der erfragten Mängel nichts bekannt sei. Dazu gehört auch immer die Frage nach sog. Altlasten. Diese Sachverhalte können später

Tabelle 21

Beispiele für Modernisierungsmaßnahmen sowie Um- und Ausbauarbeiten

Einzelprojekt	Beschreibung/Baumaterialien	Mögliche Eigenleistung	Werkzeug
Drainage	Bei feuchtem Keller: z. B. Anbringung einer Noppenabstandsfolie	Ausheben des Erdreichs mit Minibagger, Verlegen der Noppenfolie und des Drainagerohrs, Auffüllen mit Kies	Leihbagger, Spaten, Spitzhacke, Schaufel
Kanal-anschluss oder Drei-kammer-Klein-kläranlage	Alte Sickergrube auspumpen und mit Kies und Sand verfüllen, Rohrgräben anlegen und Entwässerungs-rohre verlegen	Verfüllung der alten Grube, Ausheben der Rohrgräben, Verlegung der Rohre im Haus und in den Gräben, Verdichtung Füllmaterial	wie vor
Ölheizung	Heizungsraum und Öllager ausbauen, Kamin sanieren (Rohreinzug) oder neu bauen, Brenner und Kessel installieren, Vor- und Rück-laufleitungen verlegen, Heizkörper anbringen	Öllager mit Spezialfarbe streichen, Aufstemmen von Wänden und Fußböden für Rohrleitungen, kleinere Maurerarbeiten, Anbringen der Heizkörper, Isolierung der Rohre	Pinsel, Hammer, Fäustel, Meißel, Maurerkelle, Wasserwaage, Messer, Spachtel
Sanitär-Installation	Rohrverlegung, Wasser-anschlüsse kalt und warm, Installation des Durchlauf-erhitzers, Sanitärobjekte mit Vorwandinstallation an-bringen, Gipskartonplatten anbringen, Wand- und Bodenverfliesung	Schlagen von Schlitzen, kleinere Maurerarbeiten, Spachteln der Gipskarton-wände, evtl. Verfliesung von Wänden und Boden, Isolierung der Rohre	wie vor, plus Schwamm, Fugeisen, Zahnspachtel, Bohrmaschine mit Rührquirl für Fliesen-kleber
Elektro-Installation	Komplette Erneuerung sämtlicher Leitungen ab Hausanschlusskasten sowie komplett neues Sicherungs-system mit eigenen Strom-kreisen für alle Räume und den Außenbereich, neue Steckdosen, Lampen-anschlüsse, Leerrohre für Antennen- und Telefon-leitungen	Alle Hilfsarbeiten in Absprache mit dem Elektro-installateur, insbesondere Herstellen von Schlitzen, Verlegung von Stegleitungen und Rundkabeln, Steck-doseninstallation, An-bringung des Zähler- und Sicherungskastens	Hammer, Fäustel, Schraubenzieher
Wärme-dämmung	Komplette Sanierung nach Wärmeschutzverordnung	Sparrendämmung mit Mineralwoll-Dämmkeilen, Anbringung einer Dampf-sperre	Messer, Wasserwaage, Handtacker
Fußboden	Holzböden durch Estrich-böden ersetzen und ver-fliesen, teils neue Holz-dielenböden einbauen, Fußbodenheizung instal-lieren	Entfernen der alten Böden, Gießen des Estrichs mit Bodenisolierung, Ver-fliesung, Verlegung von Fertigdielen mit Nut und Feder, Verlegung und Befestigung von Rohren bzw. Komplettelementen für eine Fußbodenheizung	Stemmeisen, Brechstange, Schaufel, Schubkarre, elektrische Mörtelmischmaschine, Stichsäge, Hammer, Holzkeile

Beispiele für Modernisierungsmaßnahmen sowie Um- und Ausbauarbeiten (Fortsetzung)

Tabelle 21 (Fortsetzung)

Einzelprojekt	Beschreibung/Baumaterialien	Mögliche Eigenleistung	Werkzeug
Decken und Wände, Anstrich	Tapeten erneuern, Dämmplatten anbringen, Holzvorsatzwände erstellen, Paneele mit Unterkonstruktion anbringen	Fenster und Türen streichen, Tapeten kleben und streichen, Kanthölzer setzen, Latten aufschrauben, Verputzen der Dämmplatten, Paneele befestigen mit Spezialklammern	Bottich, Bohrmaschine mit Rührquirl, Maurerkelle, Richtlatte, Glättkelle, Schwammglätter, Spachtel, Pinsel, Anstrichrolle, Farbabstreifgitter, Schablonenmesser, Elektrotacker mit Klammerführung, Bohrschrauber, Wasserwaage

aufgrund der schriftlichen Dokumentation nicht mehr zu Streit führen. Zu regeln ist auch die Übernahme der Notarkosten und der Grundbuchgebühren.

NOTARBEURKUNDUNG

Der Kaufvertrag über ein Grundstück bzw. eine Immobilie ist nach dem Zivilrecht (BGB) nur rechtsgültig, wenn er vor einem Notar abgeschlossen und von diesem beurkundet wird. Den Vertragsentwurf sollte man wenigstens eine Woche vorher in Händen haben, um noch Änderungen veranlassen zu können. Diese sind mit dem Verkäufer durchzusprechen und zu vereinbaren, denn weder Notar noch Makler sind die Vertragspartner! Die Aufgabe des Notars ist, die Vertragspartner zu beraten, um den Vertrag mit dem Inhalt zu beurkunden, der den Vorstellungen von Verkäufer und Käufer entspricht. Auch die Eintragung der o. a. Auflassungsvormerkung wird vom Notar veranlasst, ebenso wie die Klärung von Vorkaufsrechten und die spätere Eigentümereintragung. Vertraglich kann auch vereinbart werden, dass die Kaufpreiszahlung über ein Fremdgeldkonto (sog. Anderkonto) des Notars abgewickelt wird.
Wichtig: Vor Unterschrift müssen alle Fragen des Kaufs geklärt sein. Sieht man noch Probleme, bitte man den Notar um Erläuterung.

EIGENKAPITAL UND FREMDFINANZIERUNG

Wer genügend Barmittel als Eigenkapital zur Verfügung hat, benötigt keine Fremdfinanzierung – das ist ein wünschenswert-idealer Fall. Ansonsten bedarf es einer soliden Finanzierung, denn das Traumobjekt soll nicht nach kurzer Zeit bereits ein »Alptraumobjekt« werden und nach Zahlungsunfähigkeit des Käufers durch unrealistische Fremdfinanzierung am Ende gar zwangsversteigert werden. Die tragbaren Belastungen sollten 33 % des verfügbaren Haushaltseinkommens nicht überschreiten. Hat man eigene Barmittel, Sparguthaben, Wertpapiervermögen usw. addiert, kann man den Restbedarf an Fremdmitteln berechnen. Hierzu bedient man sich vorzugsweise der qualifizierten Baufinanzierungsberatung der Hausbank oder der Bausparkasse. Es gibt mehrere Grundmodelle der Kauf- und Baufinanzierung, wovon die Finanzierung über Hypothekendarlehen am verbreitetsten ist. Ein Hypothekendarlehen, das als Grundschuld in das Grundbuch eingetragen wird, ist ein langfristiger Kredit, den man über Raten (sog. Annuitäten) zurückzahlt. Die Annuitäten bleiben über einen vereinbarten Zeitraum von fünf bis 15 Jahren gleich hoch. Im Anschluss daran muss der Kreditvertrag wieder neu ausgehandelt werden. Bei Zahlungsunfähigkeit übernimmt die Bank die Immobilie. Erfahrungsgemäß wollen Banken ihr Risiko minimieren, sie beleihen deshalb Altobjekte mit sog. Erst-Hypotheken nur zu einem Beleihungswert von etwa 80 % der Wertschätzung. Die Kreditvergabe beträgt dann wiederum nur 60 bis 80 % vom Beleihungswert.
Rechenbeispiel: Ausgehandelter Kaufpreis (Liebhaberwert) 300.000 Euro, Wertschätzung (Verkehrswert) 250.000 Euro, Beleihungswert 80 % von 250.000 Euro = 200.000 Euro, Kreditvergabe 80 % von 200.000 Euro = 160.000 Euro Erst-Hypo-

thek; die Finanzierungslücke von 140.000 Euro muss mit Eigenkapital, anderen Krediten (sog. zweitrangigen Krediten), evtl. Förderung aus öffentlichen Mitteln oder einem Bausparvertrag gedeckt werden.
Laufzeit: Sind im o. a. Beispiel genügend Eigenmittel in Höhe von 140.000 Euro vorhanden, dann wäre die Erst-Hypothek von 160.000 Euro bei einem Zins von 5 % effektiv (für eine Zehnjahresfestzinshypothek und eine unterstellte Anschlussfinanzierung für die Restlaufzeit von 7 % effektiv) bei einer anfänglichen Tilgungsrate von 1 % nach 32 Jahren bezahlt – bei vereinbarter Tilgung von 2 % bereits nach 23 Jahren und bei 4 % Tilgung schon nach 16 Jahren. Die monatliche Rate beträgt z. B. bei 1 % Tilgung und 5 % Zinsen 800 Euro für die Ersthypothek.

MODERNISIERUNG, UM- UND AUSBAU

Nahezu jeder Altbau wird zur Verbesserung des Wohnstandards und der Wohnqualität modernisiert sowie zur Erfüllung individueller Ansprüche um- und ausgebaut. Besonders umfangreiche Baumaßnahmen sind mit vielen technischen, wirtschaftlichen, versicherungsmäßigen und behördlichen Problemen verbunden, deren Klärung und Ausführungs-Koordinierung vorzugsweise ein geeigneter, altbauerfahrener Architekt als wichtiger Partner im Auftrag des Bauherrn übernehmen sollte. Je nach Bauumfang (z. B. Eingriff in tragende Bauteile) oder Nutzungsänderung (Stall soll z. B. Wohnung werden) ist eine Baugenehmigung mit Vorbereitungen und Planerstellung durch eine bauvorlageberechtigte Person (Architekt, Maurer- oder Zimmermeister – je nach Umfang) erforderlich (siehe hierzu auch die Ausführungen im Kapitel »Baurecht« auf Seite 97).
Bei vorhandener eigener Erfahrung mit Modernisierungen, im Umgang mit Handwerkern und den sich zwangsläufig ergebenden Ausschreibungs-, Vergabe- und Koordinierungsproblemen, kann vieles auch in Eigenregie organisiert und teils auch in Eigenhilfe erledigt werden. Immer sollte eine Bauunfall- und Haftpflichtversicherung abgeschlossen werden. Zu berücksichtigen ist, dass Um- und Ausbau in Eigenregie erheblich länger dauert, als wenn vornehmlich Handwerkerleistungen in Anspruch genommen werden sollen – darüber sollte man sich gleich klar werden. Die Gefahr liegt oft in der Überschätzung der eigenen Fertigkeiten und der Arbeitsgeschwindigkeit, die selten mehr als 25 % der Profileistung beträgt. Wer schon mal eine Raufasertapete »geweißelt« hat, muss deshalb noch nicht prädestiniert sein, komplizierte und anstrengende Tischlerarbeiten oder Beton- und Estricharbeiten praxistauglich zu verrichten. Dennoch können auch handwerklich wirklich geschickte, gut motivierte und ausdauernde »Bürokraten« gerade bei Altbauten durch emsige Eigenleistung ganz erhebliche Beträge sparen. Sie sind meistens auch in der Lage, organisatorische Abläufe mit Prioritäten in einem Ablauf- und Arbeitsplan mit Abhängigkeiten vernetzt zu erfassen, denn diese Abläufe sind nichts anderes als vorausschauender »Denksport«. Durch einen Arbeitsplan (mit vernetzt dargestellten Abhängigkeiten verschiedener Arbeiten) wird vermieden, dass der Vorgarten bereits detailverliebt mit Schaffensfreude angelegt wird – noch bevor dort der Kanalanschluss gelegt oder die Dreikammer-Kleinkläranlage installiert wird, wobei mit Ausführung dieser Arbeiten dann unweigerlich durch eingesetztes schweres Gerät wieder alles zur Kraterlandschaft »umgestaltet« würde. Solche Planungsfehler sind selbst bei Fachleuten nicht ausgeschlossen, sie kosten den Bauherrn unnötig Geld und erzeugen Spannungen mit frustrierenden familiären »Baudepressionen«, die vermeidbar sind.
Erste Priorität: Zunächst muss immer die vorhandene Bausubstanz durch geeignete handwerkliche Maßnahmen gesichert und ein Minimum an Wohn- und Nutzmöglichkeit für den Winter geschaffen werden. Dazu gehören:
Dachabdichtung, eine funktionierende Dachentwässerung, ein zugkräftiger Kamin, abdichtende Fenster, der sicher verschließbare Eingangs- und Wohnbereich,
Beheizbarkeit (zur Not mit einem Kaminofen oder zusätzlichen elektrischen Heizern), eine Elektroinstallation, die in wichtigen Teilen (z. B. größere Leitungsquerschnitte) er-

neuert und der erforderlichen Kapazität (z. B. Durchlauferhitzer zur Warmwasserversorgung, elektrische Heizer) angepasst worden ist; neue oder zusätzlich isolierte Wasserleitungen; benutzbare sanitäre Einrichtungen (wenn auch noch ohne Komfort) – und ein Stall- und Auslaufbereich, der schon einigermaßen pferdegerecht ausgestattet ist.

EIGENLEISTUNG UND HANDWERKERLEISTUNG

In einer Ablaufplanung sollten die wesentlichen Modernisierungsmaßnahmen sowie Um- und Ausbauarbeiten als Einzelprojekte aufgelistet werden. Zu jedem Einzelprojekt (siehe hierzu Tabelle 21, Seite 204) gehört ein Arbeitsplan, der Angaben zu den sechs »W«-Fragen enthält: »Was, wer, wie und wie viel sowie wann und womit«. Das heißt konkret, was soll gemacht werden (z. B. Fensteranfertigung, -lieferung und -einbau), von wem (z. B. Eigenhilfe oder Tischler *Meier* oder »nach Ausschreibung«), wie soll es gemacht werden (z. B. komplett, also inklusive Beiputz, Versiegelung, Fensterbänke), wie viel darf es kosten (z. B. Angabe des Maximalbetrages nach eigener Modernisierungskalkulation), wann soll das Projekt beginnen und erledigt sein (Daten), womit ist das Projekt vernetzt (z. B. mit vorherigem Ausstemmen neuer Fensteröffnungen). Hat man alle Arbeitspläne mehrfach kritisch durchdacht und auch mit Fachleuten durchgesprochen, kristallisiert sich zunehmend realistisch heraus, was man selbst oder mit eigenen Helfern bewerkstelligen kann und für welche Projekte Lieferungen und Leistungen von Zulieferern und Handwerkern erforderlich sind, die man also terminlich genau abgestimmt bestellen und beauftragen muss.

Grundsätze für Handwerkeraufträge:

1. Für alle Lieferungen und Leistungen sollten auf der Grundlage der Projektbeschreibung detaillierte Leistungsverzeichnisse (evtl. mit Hilfe eines Fachmannes) erstellt werden. Leistungsverzeichnisse enthalten neben Mengenanforderungen, Materialien und Ausführungstechniken auch qualitative Vorgaben (z. B. welche Schallschutzklasse die Fenster haben sollen). Sie dienen als Grundlage einer immer empfehlenswerten Ausschreibung aller Projekte (sog. Gewerke). Ratsam ist, sich für jedes Projekt mindestens drei Angebote bei Handwerkern oder Lieferanten einzuholen. Bei gleichem Leistungsverzeichnis sind diese Angebote

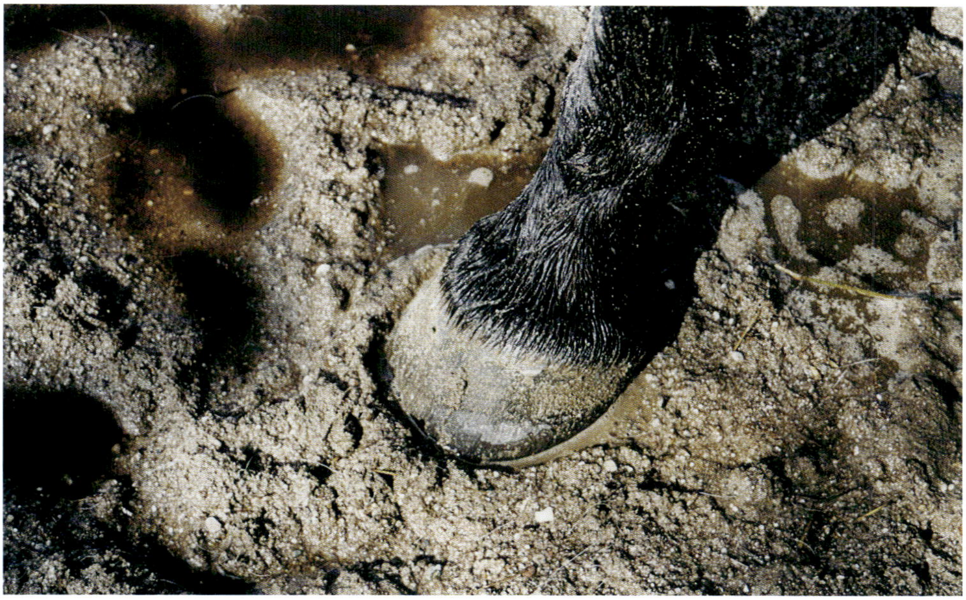

Auch in Offenstallhaltungen verursachen verkotete und mit Urin belastete Flächen u. a. Hufschäden.

dann weitgehend für eine Auswertung miteinander vergleichbar.

2. Genaues Maßnehmen (z. B. bei Fenstern) muss vor Auftragsvergabe durch die Handwerker vor Ort geschehen, insofern sind die Angaben des Bauherrn im Leistungsverzeichnis nur als ungefähre Maße zu bezeichnen.
3. Alle Handwerker sollten schriftlich verpflichtet werden, die Anschlussstellen und Übergänge zum nächsten Projekt (Gewerk) genau untereinander abzusprechen (Beispiel: Der Elektroinstallateur muss vor dem Putzer gearbeitet haben, der Zimmerer sollte den Dachstuhl komplett erstellt haben, bevor das Dach gedeckt wird usw.).
4. Die Erstellung von Angeboten/Kostenvoranschlägen durch Handwerker/Lieferanten ist grundsätzlich unverbindlich und kostenlos (wenn nicht vorher Kostenerstattung für umfangreiche Berechnungen etc. vereinbart wurde). Voranschläge können nach der Rechtsprechung um bis zu 25 % überschritten werden, weshalb man bei Auftragsvergabe möglichst einen verbindlichen Endpreis aushandeln und schriftlich vereinbaren sollte.
5. Wichtig ist, auf welcher Rechtsgrundlage ein Handwerker tätig wird. Grundsätzlich gilt das allgemeine Werkvertragsrecht des Bürgerlichen Gesetzbuches (BGB) und evtl. (falls vereinbart) die »Allgemeinen Geschäftsbedingungen« des Handwerkers. Oft wird auch vorgeschlagen, die Verdingungsordnung für Bauleistungen (VOB) in den Vertrag einzubeziehen. Im Vergleich zum Werkvertragsrecht regelt die VOB die Auftragsabwicklung detaillierter, manchmal abweichend von der BGB-Regelung. Ratsam ist, sich immer mit den jeweils vereinbarten Bestimmungen vertraut zu machen – und erst dann den Auftrag zu erteilen.
6. Sind Gewerke von Handwerkern erstellt worden, müssen die erbrachten Leistungen in Form einer »Abnahme« vom Bauherrn geprüft und als vertragsgerecht anerkannt werden, damit der Handwerker seine Bezahlung verlangen kann (falls nichts anderes vereinbart wurde, z. B. Vorauszahlungen/Abschläge). Vor der Abnahme muss der Handwerker beweisen, dass er die vereinbarte Leistung ordnungsgemäß erbracht hat. Nach der Abnahme tritt eine sog. Umkehr der Beweislast ein, dann muss der Bauherr nachweisen, dass ein Mangel vorliegt, den der Handwerker zu vertreten hat. Jede Abnahme sollte deshalb durch den Bauherrn sehr penibel ausgeführt und – bei Mängeln – im eigenen Interesse verweigert werden bis zur Herstellung eines vertragsgerechten, einwandfreien Zustands. Bei Abnahme und Mängeleinrede sind evtl. Fristen zu wahren, z. B. nach der Verdingungsordnung für Bauleistungen (VOB Teil B), falls diese Vertragsgrundlage ist.

Üblicherweise arbeitet kein Handwerker als »Einzelkämpfer«, sondern er hat mindestens einen angelernten Helfer oder Lehrling dabei, der kleinere Arbeiten selbstständig verrichtet, Material herbeischafft oder nach Anweisung vorbereitende Tätigkeiten verrichtet. Der Lohnanteil bei Bauleistungen beträgt etwa 50 % der Baukosten, ein Helfer kostet stündlich ca. 30 Euro, weshalb es nützlich sein kann, evtl. mit Handwerkern zu vereinbaren, dass man als handwerklich vorbelasteter Bauherr oder als entsprechend qualifiziertes Familienmitglied selbst die Helferrolle übernimmt, so man dies zeitlich einplanen kann. Dadurch lassen sich nicht nur die Helferkosten sparen, sondern man sieht als Bauherr gleich, ob die Arbeiten ordnungsgemäß ausgeführt werden.

Pferdepflege

ANBINDEN MIT PANIKHAKEN

Sowohl zur Pferdepflege als auch bei Arbeiten am Huf oder bei manchen tierärztlichen Maßnahmen ist das sichere Anbinden von Pferden jeden Alters wichtig. Nie darf an wackligen Pfosten oder beweglichen Geräten angebunden werden! Als Anbindehalfter eignen sich grundsätzlich nur qualitativ hochwertige, reißfeste Lederhalfter mit massiven Metallverschlüssen. Als Verbindung zwischen Halfter und Anbindeseil oder -kette dient ein metallener sog. Panikhaken, der sich nicht etwa – wie fälschlicherweise gelegentlich geglaubt wird – bei Panik gar von selbst öffnen kann, sondern dessen Arretierungsschlitten bei Panik des Pferdes, wenn es denn wirklich notwendig ist, aktiv vom Betreuer durch schnellen Zugriff in Pfeilrichtung gelöst werden kann. Strikt vermeiden sollte man, ein Pferd bei jedem »Hopser« gleich durch Lösen des Panikhakens »zu befreien«! Pferde müssen schon als Fohlen konsequent erfahren, dass sie unter Aufsicht angebunden einigermaßen diszipliniert stehen müssen. Es empfiehlt sich, dies gerade mit Jungpferden täglich zu üben, beginnend mit wenigen Minuten. Andernfalls ergibt sich im Laufe der Haltung stets Unruhe beim Anbinden, die sich auf weitere angebundene Pferde und die betreuenden Menschen überträgt. Erst bei wirklich sehr extremem, nachhaltigem Zurückschnellen wird auch ein gut gepolstertes Lederhalfter denkbare osteopathische Probleme (z. B. Nackenwirbelbeschädigungen) nicht vermeiden können. Das sind aber seltene Ausnahmen. Es ist Sache des Betreuers, bei Anbindepanik zunächst beruhigend auf das Pferd einzuwirken und zu entscheiden, ob man notfalls aktiv durch Lösen des Hakens eingreifen muss.

FELLPFLEGE/PUTZEN

Haltungsform und Nutzungsintensität bestimmen den Grad der erforderlichen Fellpflege beim Pferd. Pferde, die überwiegend im Freien gehalten werden, sind nur vor dem Satteln oder Anschirren zu putzen, damit Schmutz und Schweißrückstände aus dem Fell entfernt und dadurch Druck- und Scheuerstellen vermieden werden. Insbesondere im Frühjahr und Frühherbst, wenn der Fellwechsel einsetzt, sollte täglich kräftig geputzt werden, um dem verstärkten Scheuerdrang zuvorzukommen und den Fellwechsel zu unterstützen. Alte Pferde und solche mit Stoffwechselstörungen, Mineralstoffmangel (u. a. Zink), hoher Verwurmung oder Verdacht auf Cushing-Syndrom, wechseln im Frühjahr ihr Fell nur sehr zögernd. Es sollten die Ursachen für Haut- und Fellprobleme immer zügig geklärt werden, da das Fell ein Spiegelbild des Gesundheitszustandes ist. Bei Pferden, die zu Sommerekzem neigen, hat es sich bewährt, bereits im zeitigen Frühjahr – neben der Beachtung besonderer Fütterungs- und Haltungsmaßnahmen – befallene Körperstellen täglich z. B. mit Ekzemlotion zu behandeln.

Pferde genießen das Putzen als willkommene Ergänzung der sozialen Fellpflege durch Artgenossen. Vor allem Pferdehaltern, die ihr Pferd in Pension gegeben haben, bietet sich beim Pflegen die Gelegenheit, mit ihrem Vierbeiner ohne Leistungsstress zu kommunizieren.

▸ **Wichtig: Generell empfiehlt es sich bei allen Pferden, besonders penibel aber bei Ekzempferden, diese in Stall, Weide und Auslauf vor witterungs- und saisonabhängigen Insektenattacken zu schützen. Dies kann kostensparend u. a. durch im Handel erhältlichen textilen Augen- und Ohrenschutz (ca. 25 Euro) und/oder durch tägliches Einsprühen mit speziellen Insektenabwehrmitteln geschehen (1.000 ml kosten etwa 30 Euro). Durch Fliegen leiden viele Pferde z. B. unter Bindehautentzündugen. Vorbeugende Hygiene (u. a. häufige Kotentfernung im Haltungsareal) und Behandlung (u. a. mit Augensalbe nach behutsamen Kamillewaschungen) sind empfehlenswert. Grundsätzlich sollte der Tierarzt konsultiert werden, um bei Augenerkrankungen (sichtbare Schwellung, Rötung, Tränenspur im Gesicht des Pferdes) eine genaue Diagnose zu stellen.**

SCHEREN

Zwar ist z. B. das Fellscheren von Pferden in Reiterkreisen mit Turnierambition ebenso üblich wie auch das traditionelle Scheren der Mähne hauptsächlich bei Zuchtfjordpferden, doch bedeutet dies nicht, dass es auch pferdegerecht und damit richtig ist. Generell muss das übliche Scheren kritisch beleuchtet werden. Unberücksichtigt, weil vielfach unbekannt, bleiben physiologische Vorgänge, die durch Scheren des Fells gestört und negativ beeinträchtigt werden. So fließt beispielsweise der Schweiß bei einem gescho-

Besonders in der Haarwechselzeit leistet ein Rundstriegel gute Dienste.

renen Pferd unnatürlich schnell ab, denn es fehlen die Haare, die den Schweiß auf der Haut halten sollen! Dadurch kann der Schweiß seine Kühlfunktion durch Verdunstung nicht voll erfüllen, weshalb das Pferd wegen der dann mangelhaften Kühlung seiner Körpertemperatur unnötigerweise immer noch mehr Schweiß produziert – mit entsprechend hohen Elektrolytverlusten. Dies ist kontraproduktiv, denn durch Scheren soll die Schweißproduktion angeblich ja vermindert werden. Hinzu kommen nach der Schur zeitweise Auskühlungs- und partielle Zugluftprobleme, die noch größer sind, wenn Pferde nur teilweise geschoren werden. Dann versagt die Thermoregulation des gesamten Körpers am ehesten. Eine pferdegerechte Haltung solcherart manipulierter Pferde ist unter natürlichen Klimaverhältnissen nicht oder nur mit besonderem Aufwand möglich. Ausnahmsweise kann man alte Pferde, die unter verzögertem Fellwechsel klimatisch bedingt leiden, zu Beginn des Sommers scheren.

EINDECKEN

Das Eindecken von gesunden Pferden ist grundsätzlich nicht erforderlich. Es kann mit Spezialdecken aber u. a. bei alten Pferden mit gestörter Thermoregulation oder dann sinnvoll sein, wenn verschwitzte Pferde auf einem zugigen Planenanhänger transportiert werden, im Winter bei Erkrankung oder Mangelernährung ein Pferd übermäßig zittert und vorsorglich aufgewärmt werden soll oder in der feucht-kalten Jahreszeit verschwitzte Pferde nach der Arbeit nicht unter Dach ordnungsgemäß trocken gerieben werden können und deshalb auf einen vorübergehenden künstlichen Schutz zur Nachtrocknung angewiesen sind.

PFLEGETECHNIK AUF EINEN BLICK

Mit dem Gummi- oder Plastikstriegel den groben Schmutz entfernen, ansonsten mit der Kardätsche (= Bürste) von Kopf bis Schweif bürsten. Im Fellwechsel leistet ein Rundstriegel gute Dienste (siehe Abbildung oben). Empfindliche Körperpartien, die durch Weichteile nicht geschützt sind (Kopf, Beine), nur mit der Kardätsche bzw. einem nassen Schwamm säubern. Augenpartie und Nüstern sowie Geschlechtsteile und After mit getrennten Schwämmen reinigen (fusselfreie Schwämme benutzen, die jeweils vor Reinigung der nächsten Körperpartie aus Hygienegründen auszuwaschen sind).

▸ Bei hohen Außentemperaturen: Besonders alten Pferden eine Ganzkörperwäsche mit klarem Wasser »gönnen« (siehe Abbildung auf Seite 213); dabei mit nicht zu scharfem Sprühstrahl vor allem die Extremitäten kühlen (Rücken-/Nierenpartie nur leicht abschwammen!).

▸ Vor dem Reiten oder Fahren:
Hufe reinigen, Beschlag kontrollieren, putzen – dabei das Pferd auf Lahmheiten oder Verletzungen, Sattel und Geschirr auf Beschädigungen untersuchen.

▸ Nach dem Reiten oder Fahren:
Hufe reinigen, Beschlag kontrollieren, bei Barhufen evtl. nachraspeln, Pferd auf Verletzungen und Lahmheiten untersuchen; im

Hufpflege und -beschlag

1 **Huf einer Fjordstute mit gutem Strahl.**
2 **Die Tragränder werden mit der Zange gekürzt.**
3 **Abschließendes Raspeln.**
4 **Vorbereitung der Eisen.**
5 **Anpassen der Eisen.**
6 **Aufnageln der Eisen.**
7 **Vorderhuf mit – rechts am Ballenrand – austretendem Hufgeschwür.**
8 **Zweckmäßige »Rancherhandschuhe« und Hufraspel mit Griff.**

1
2
3
4
5
6
7
8

Sommer Beine abspritzen, Sattel- und Geschirrlage abschwammen und abtrocknen, Pferd wälzen lassen und nach Beruhigung des Kreislaufs mit Raufutter versorgen; im Winter kurzes Abbürsten der Sattel- bzw. Geschirrlage, Pferd mit Stroh, Holzspänen oder alten Handtüchern bis zur weitgehenden Felltrocknung abrubbeln, wälzen lassen und nach Beruhigung des Kreislaufs zunächst geschützt unter Dach mit Raufutter versorgen; bei Benutzung eines Solariums oder eines Heißluftumhangs zur Trocknung darf das Pferd (auch soweit es abgehärtet ist) anschließend erst nach einer mindestens halbstündigen Stallverweilzeit in einen nass-kalten Außenbereich. Nur so wird ein unphysiologischer Temperaturschock vermieden.

HUFPFLEGE

Bereits bei jungen Fohlen (immer sehr früh bei solchen mit Stellungsfehlern und Hufdeformationen, z. B. Bockhufigkeit) ist die fachlich einwandfreie Hufpflege – zusammen mit anderen Haltungsfaktoren – ein wichtiger Garant für spätere Qualität. »Ein Pferd geht wie es steht«, sagten früher schon die Fuhrleute. Entsprechend der individuellen Bein- und Hufstellung sind deshalb regelmäßig alle acht bis zehn Wochen die Pferdehufe von kundigen Hufpflegern oder Schmieden zu bearbeiten (siehe Fototafel 15, Seite 211). Korrekte Eisenbeschläge oder die modernen alternativen Hufbeschläge (u. a. aus Kunststoff) kann nur der routinierte, fachlich geprüfte Spezialist pferde- und gebrauchsgerecht anbringen – Selbsthilfe scheidet hier immer aus. Für die Barhufpflege sind durchschnittlich etwa 30 Euro, für einen normalen Eisenbeschlag je Pferd 100 Euro zu zahlen. Spezialbeschläge sind bis zu 100 % teurer, weil der Arbeitsaufwand erheblich höher ist. Man berücksichtige: Hufpflege und Schmiedearbeit sind kräftezehrende Schwerstarbeit, die zudem mit Präzision und erheblichen Kenntnissen der Anatomie und des Bewegungsablaufs ausgeführt werden müssen. Dilettierenden Billiganbietern – noch dazu ohne Haftpflichtversicherung – gebe man keine Chance, nur damit man ein paar Euro spart. Das rächt sich, weil durch nachlässiges Arbeiten Lahmheiten und Hufgeschwüre provoziert werden können. Diese erfordern dann endgültig sowohl einen Tierarzt (ca. 150 Euro) als auch einen sachverständig-orthopädisch arbeitenden Schmied (ca. 150 Euro), wobei die Kosten sich dadurch schon mehr als verdreifachen.

ZWANGSMASSNAHMEN

Insbesondere bei tierärztlichen Untersuchungs- und Behandlungsmaßnahmen oder beim (oft notfallmäßigen) Verladen in Sonderfällen entstehen in der Praxis nicht selten Probleme, bei denen die an sich vernünftigen und notwendigen Kommunikations- und Erziehungstechniken nicht mehr angewendet werden können oder versagen. Theoretiker meinen zwar, dass Zwangsmaßnahmen nie in Betracht kommen sollten, aber jeder Praktiker kennt den Ernst der Lage, wenn Pferde z. B. aus respektloser Widersetzlichkeit, durch Phobien, »eingebrannte« negative Erfahrungen mit falscher Behandlung und Falscherziehung oder in Einzelfällen aufgrund unergründlich hysterischer Cholerik ausrasten – und am Ende den Betreuer und den Tierarzt in Lebensgefahr bringen können. Hier sind es Gründe der Güterabwägung, die Zwangsmittel tierschutzrechtlich vertretbar und in situationsangepasstem Umfang notwendig machen können. Denn: Der Tierarzt kann und muss Behandlungen ablehnen, die für ihn und Helfer mit ernsten Gefahren verbunden sind. Das Grundproblem steckt darin, dass Pferde nicht sprechen können und auch den Menschen nicht in allen Lebensbereichen verstehen: Die Kommunikation hat ihre natürlichen Grenzen, die man allerdings immer zuerst durch rechtzeitige vertrauensvolle Erziehung ausloten sollte. Früher wurden Pferde in ganz erheblichem Umfang zwangsweise fixiert, die Kommunikation bestand nicht selten primär aus Gewalt = Umgang ohne Verstand (widersetzlichen Pferden wurden z. B. »Zwangsjacken« angelegt).

▸ **Grundsatz: Zwangsmaßnahmen müssen immer das letzte Mittel sein, um ein für das Pferd wichtiges Ziel zu erreichen. Zudem sollte nach Möglichkeit stets eingehend**

Im Hochsommer genießen Pferde eine »kalte Dusche« zur Abkühlung; auch der Feuchtigkeitsgehalt der Hufe wird durch behutsames Abduschen verbessert.

geklärt werden, welche Gründe für Aggressionen vorliegen. Es besteht schon ein Unterschied darin, ob ein Pferd einfach widersetzlich-stur ist oder aber Angst hat! Ängstliche Pferde steigern sich bei Zwangsmaßnahmen eher in Panik, vor allem, wenn diese Zwangsmaßnahmen überfallartig und unüberlegt bereits im Stadium begonnener Aufregung angewendet werden.

GERINGE ZWANGSMITTEL

Zunächst ist es zweckmäßig, geringe Zwangsmittel einzusetzen, wozu z. B. das Hochnehmen (und zuverlässig kraftvolle Festhalten!) eines diagonalen Hinterbeines gehört, wenn an einem Vorderbein untersucht oder behandelt wird (und umgekehrt). Auch der Einsatz einer Führkette mit Gerte durch eine ruhige, bestimmend auf das Pferd einwirkende Person kann widersetzliche (meist unerzogene oder verhätschelte) Pferde umgänglicher machen.

STARKE ZWANGSMITTEL

a) Mit der »Nasenbremse« (richtiger: Oberlippenbremse) kann man Pferde ruhig stellen. Durch Akkupressur (nicht durch ablenkenden Schmerz, wie fälschlicherweise von manchen angenommen!) werden körpereigene Hormone, sog. Endorphine, freigesetzt, die im Gehirn (ähnlich wie entsprechende Medikamente) sedierende Wirkungen auslösen. Diese Akkupressur wird durch leichte Quetschung der Oberlippe erreicht. Um Gewebeverletzungen bis zum Gewebesterben in der Oberlippe zu vermeiden, sind nur handelsübliche Strickbremsen mit dicken Stricken (wenigstens 1 cm stark und mit massivem Griff) pferdegerecht. Bremsen »Marke Eigenbau« mit dünnen Plastikleinen, Heubindfäden oder auch alle metallischen Konstruktionen sind ebenso unzulässig wie Ohrbremsen, Zungenbremsen oder die »polnische Zwangsbremse«, bei der ein Strick zwischen beiden Maulwinkeln und dem Genick verzurrt wird! Zur Anwendung der richtig konstruierten, wirkungsvollen Bremse (auf die allerdings in Einzelfällen bei panischen Pferden u. U. verzichtet werden muss) sollte man wissen, dass

- die Bremse sofort bei problematischen Pferden angelegt werden sollte – noch bevor diese »ausrasten«, denn sonst wehrt sich das Pferd, das Zwangsmittel wirkt dann schlechter;

- die unangenehme Behandlung oder der Eingriff nicht sofort vorgenommen werden dürfen;
- man nach dem – zunächst leichten – Anziehen der Bremse gut eine Minute die Wirkung abwartet – bis die Augen des Pferdes »glasig« aussehen;
- beim Anlegen der Bremse seitliches Stehen angebracht ist (niemals vor dem Pferd stehen, denn beim Steigen oder bei Tritten mit der Vorhand können üble Verletzungen die Folge sein);
- die Bremse möglichst nicht länger als sechs Minuten die Oberlippe belasten sollte.

b) Mit Absicherung durch einen sog. Stutenstrick (den man üblicherweise zur Sicherheit bei Bedeckungen aus der Hand benutzt, damit die Stute nicht ausschlägt) kann man z. B. rektale Untersuchungen, bei denen der Untersuchende hinter dem Pferd stehen muss, ausführen. Lederschlaufen mit Stricken werden um die Hinterfesseln gelegt (einfacher: nur um eine Hinterfessel!), die Stricke zieht man unter dem Bauch zwischen die Vorderbeine hindurch um den Hals des Pferdes. Dadurch wird ein Ausschlagen verhindert. Man sollte die Enden der Stricke nicht verknoten, sondern durch einen kräftigen Helfer mit Handschuhen(!) halten lassen, der im Notfall bei Panik (Hinwerfen des Pferdes!) den Zug der Stricke nachgeben kann. Alle übrigen Fesselmethoden sind wegen der damit verbundenen unkalkulierbaren Gefahren sehr problematisch.

c) Hier und da von Theoretikern gescholten, ist dennoch die medikamentöse Sedierung (Ruhigstellung) oft das effektive Mittel der Wahl, um andere Schäden zu verhindern oder um (noch nicht ausreichend verladetrainierte) Pferde in Sonderfällen zu verladen. Die Sedierung durch Injektion muss – ebenso wie der Einsatz der Bremse – vorher genau eingeplant und präzise dosiert werden und nicht erst im Stadium von Aggressionen und Widersetzlichkeiten als Nothilfe herhalten, denn in dieser gespannten Situation würde sie u. U. gegenteilige Wirkungen erzeugen (man spricht dann von einer sog. inversen Reaktion mit Panik). Sedierung hat den Vorteil, dass Pferde die unangenehmen Umstände, die eine Sedierung erfordern, weder aktuell (Schmerzempfinden ist herabgesetzt) noch in der Erinnerung (nur noch gedämpfte Wahrnehmung) als Stressaktionen speichern.

In größeren Pferdehaltungen mit wechselnden Pferdebeständen oder Gestüten (wo häufig rektale Untersuchungen von Zuchtstuten erforderlich sind) gehört zur vollständigen Ausstattung unbedingt ein Untersuchungsstand (»Zwangsstand«). Das ist eine schwere Eisen- oder Holzkonstruktion, in die das Pferd hereingeführt wird (halbe Klapptüren vorne und hinten werden geschlossen, das Pferd wird mit zwei Ketten angebunden).

Eselhaltung

Hausesel sind Equiden, die auf den Nordafrikanischen Wildesel (*Equus asinus*) als Stammform zurückgehen. Die Domestikation der Esel begann um 4.000 v. Chr. im unteren Niltal. Schon früh wurden Esel und Pferde gekreuzt. Kreuzungsnachkommen sind leistungsfähige Maultiere (Pferdestute × Eselhengst), die man auch »Mulis« nennt, und Maulesel (Eselstute × Pferdehengst). Fast alle Equidenkreuzungen sind unfruchtbar. Maulesel sind sehr selten, weil sie meist (da sich die Größe der Kreuzungstiere primär nach der Mutter richtet) schon kräftemäßig den Maultieren unterlegen sind. Erst in den vergangenen zwanzig Jahren hat sich auch im Freizeit- und Zuchtbereich das »Grautier« (so die liebevolle Bezeichnung für Esel) bescheiden etabliert. Als Trag- und Saumtier sowie als Zugtier, aber auch als Reitesel (wenn die Rückenpartie stark genug ist!) finden die Grauen ihre Liebhaber. Vorher sah man Esel in Deutschland, Österreich und der Schweiz fast ausschließlich in Zoos. Über 90 % aller Esel können keiner Rasse zugeordnet werden, es sind meistens Kreuzungen verschiedener Hauseselrassen und Importe ohne Abstammungspapiere aus südlichen Ländern. Esel

Feingliedriger Esel im Frühjahrs-Haarwechsel. Bei ungefähr gleicher Widerristhöhe wäre ein Pony doppelt so tragfähig.

werden deshalb nach Größen eingeteilt und bei Schauen, die z. B. von der Interessengemeinschaft für Esel- und Mulifreunde in Deutschland e.V. (IGEM, http://esel.org) veranstaltet werden, in diesen Klassen bewertend gerichtet. Die IGEM führt ein Zuchtbuch. Man unterscheidet Zwergesel bis 105 cm Stockmaß, Normalesel bis 130 cm Stockmaß, Großesel ab 131 cm Stockmaß und Maultiere ohne Größeneinteilung. Esel sind bei gleichem Stockmaß viel leichter als Pferde. Ein 130er Esel wiegt nur 270 kg (er hat weniger Muskelansatzfläche als ein Pferd), aber ein gleich großes Pony würde durchaus um 350 kg wiegen können. Grautiere sind liebenswerte Geschöpfe, die fälschlicherweise als »störrisch« bezeichnet werden, nur weil sie ihre Kraftreserven bedächtig schonen oder in brenzligen Situationen wie angewurzelt stehen bleiben können. Völlig abwegig ist die Bezeichnung »dummer Esel«, die im menschlichen Bereich nicht selten als Beleidigung gebraucht wird. Esel sind intelligent, ja clever und anhänglich, sie merken sich beim Umgang jeden Fehler ihres Menschen und nutzen Lücken aus, um auch einmal dickköpfig »durchzubrennen«. Manchmal erinnern sie an Haushunde, die zwar anhänglich sind, aber auch gelegentlich Herrchen oder Frauchen »austricksen«. Erziehung mit Tierverständnis ist also auch bei Eseln wichtig.

Beim Kauf empfiehlt es sich, nicht den »erstbesten« Esel zu nehmen, sondern sich vorab einen Überblick zu verschaffen. Bei vielen Eseln sieht man nämlich Exterieurmängel (Fehlstellungen, schwache Rückenformen, Gebissanomalien), die mehr oder weniger starke Gebrauchsprobleme verursachen können.

Bei der Haltung ist unbedingt zu berücksichtigen, dass diese Equiden absolute Futterverwertungsexperten sind, die selbst Fjordpferde als die Futter-Verwertungsexperten schlechthin noch in den Schatten stellen. Mit karger Vegetation gedeihen Esel sehr gut. Häufige Überernährung und schmerzhafte Hufrehe sind die gefährliche Folge unangepasster Fütterung in einem mitteleuropäischen Umfeld, das nicht ihrer Herkunft entspricht. Mit Stroh, etwas Heu oder Heulage, aber der richtigen gewichtsangepassten Menge an Mineralstoffen und Vitaminen (statt des durchweg unnötigen Kraftfutters) gedeiht ein Esel bestens. Weidegang auf Kulturweiden ist »Gift«, aber auch auf Extensivweiden ist nur sehr begrenzter Weidegang verträglich: Üppige Weiden sind absolut tabu für diese Equiden. Hufpflege, Impfungen gegen Tetanus und Tollwut sowie regelmäßige Entwurmung sind – wie bei Pferden – obligatorisch. Kauft man Esel und will sie zusammen mit Pferden halten, dann empfiehlt sich zunächst Separierung und konsequente Entwurmung nach Rücksprache mit dem Tierarzt, um eseltypische Parasiten auszumerzen. Immer ist der Aufwand für eine gemeinsame Haltung von Esel und Pferd groß, da Esel immer separat gefüttert werden sollten, um die bereits erwähnte Überernährung zu vermeiden. Getrennte Haltung kann auch notwendig sein, weil manche Eselhengste und Eselwallache dazu neigen, selbst größere Pferdestuten in »Machomanier« zu jagen.

TEIL 2

Pferdefütterung

ERNÄHRUNGSLEHRE – DIE THEORIE

Wissenschaft und Praxis

Wer die Ergebnisse biologischer Forschung begreifen, beurteilen und schließlich praktisch umsetzen will oder auch mit Fachberatern von Futtermittelherstellern und -lieferanten Fragen diskutieren möchte, sollte über die Grundvorgänge überblickhaft Bescheid wissen.

Hauptgebiete der Ernährungslehre

- Ernährungs- und Stoffwechselphysiologie (Nahrungsaufnahme, Verdauung, Ermittlung des Nährstoffbedarfs und der Nährstoffverwertung),
- Futtermittelkunde (Erzeugung, Nährstoffgehalt und Verwendung der Futtermittel) und
- Fütterungslehre (Pferdehaltung und -verhalten, Futterrationen, Fütterungstechnik).

Insgesamt liefern diese drei Teilgebiete zusammen Kenntnisse, die für jede praktische Pferdefütterung bedeutsam sind.

Laboranalysen liefern wissenschaftlich untermauerte Grundlagen für die Pferdefütterung.

▸ Wichtiges Ziel ist, das Pferd als Lebewesen, als hochorganisiertes Säugetier und Individuum mit komplizierten, aber begreifbaren Lebensvorgängen zu erkennen und zu versorgen.

Der Leitsatz des Naturwissenschaftlers und Nobelpreisträgers *Niels Bohr* »Das Erstaunen bleibt unverändert – nur unser Mut wächst, das Erstaunliche zu verstehen« mag hilfreich sein, um sich zunächst gedanklich mit dem in den einführenden Kapiteln gebotenen Überblick über Grundvorgänge zu befassen.

DIE SYSTEMATIK

Naturwissenschaftliche Forschung untersucht die reale Welt, die sich allerdings als Ganzes von niemandem wirklich umfassend begreifen läßt und deshalb in einzelne Systeme zergliedert wird. Hauptsysteme sind »nichtlebendig« oder »lebendig«.
Während alles Nichtlebendige dem Arbeitsgebiet der Physik zugeordnet wird, ist Biologie – kurz definiert – die Gesamtwissenschaft vom Lebendigen.
Die Biologie versucht, Eigenschaften und Vorgänge des Lebendigen in vielfältiger Beziehung zu erkennen. Innerhalb der Gesamtwissenschaft vom Lebendigen sind Einzelwissenschaften abgegrenzt worden, wozu die Ernährungslehre gehört.
Aufgabe der Ernährungslehre ist die Ermittlung des Nahrungsbedarfs für bestimmte Haltungs- und Leistungszustände sowie die Deckung dieses Bedarfs durch zweckmäßige Fütterung.

DIE BEDEUTUNG DER PHYSIOLOGIE

Innerhalb der Ernährungslehre nehmen die physiologischen Sachverhalte breiten Raum ein. Physiologie beinhaltet die Be-

schreibung von normalen körperlichen Funktionen der Lebewesen; sie ist letztlich nichts anderes als die auf Lebewesen angewandte spezielle Physik und Chemie. Der Gegensatz zur Physiologie ist die Pathologie, sie befaßt sich mit den nicht normalen, den krankhaften Funktionen.
Erst die Kenntnis der normalen Funktionen, also der Physiologie des Pferdeorganismus, bietet die Grundlage, um jede Fütterung darauf abstellen oder Abweichungen vom Normalen beobachten und bewerten zu können. Festgestellte veränderte Funktionen sind dann entweder Krankheitszeichen oder auch Gradmesser einer Belastung durch äußere Einflüsse.

DIE UMWELTPHYSIOLOGIE

Da demnach Funktionsabläufe im Körper des Pferdes nicht allein von inneren Bedingungen bestimmt werden, sondern auch äußere Einflüsse teils erhebliche Auswirkungen haben können, muß die Physiologie auch Beziehungen zur Umwelt berücksichtigen, also z. B. Haltungsform, Rangordnung, Bewegungsaktivität, Nutzungsart, Klima, Art und Grad jeder Arbeitsleistung usw. Denn dadurch werden physiologisch faßbare Reaktionen hervorgerufen. Gerade bei Pferden ist deshalb die eigentliche Kern-Ernährungslehre (= Ernährungs- und Stoffwechselphysiologie) eng gekoppelt mit Gesichtspunkten und Kenntnissen der Umweltphysiologie.

DIE PHYSIOLOGIE IN DER FORSCHUNG

Will man eine Ernährung sicherstellen, die den Bedarf des Pferdes deckt, muß man wissen, was der Körper denn überhaupt benötigt, welche Nähr-, Wirk- und Ballaststoffe angeboten werden müssen. Diese Fragen sind laufend in Forschungseinrichtungen durch aufwendige physiologische Analysen der sog. Stoff- und Energieumsätze von Pferden in verschiedenen Lebenslagen ermittelt worden. Unterschiedliche Lebenslagen, die als »Funktionszustände« bezeichnet werden, sind z. B. Wachstum eines Fohlens, Trächtigkeit einer Stute oder eine genau festgelegte, meßbare Zugarbeit eines Gespanns.
Neben der Frage, was man denn Pferden anbieten muß, sind Daten über Zusammensetzung und inhaltliche Bewertung von Futtermitteln durch ernährungsphysiologische Versuche wichtig.
Daneben haben auch z. B. Kenntnisse über die Wirkung des Lichtes auf den Pferdeorganismus oder die Auswirkung von unnatürlichen Bewegungsbeschränkungen auf Futteraufnahme, Verdauung und Leistung zur Beurteilung jeglicher Futterwirkung vor allem hohe praktische Bedeutung.
Die Zusammenhänge zwischen Nahrung und den Lebensäußerungen sind außerordentlich umfangreich, vieles ist in den vergangenen Jahren akribisch erforscht und aufbereitet worden. Durch weitere Grundlagenforschung steigen die Erkenntnisse. Wenngleich auch Fütterungsversuche von Praktikern (= Beispielfütterungen) nützliche Ergebnisse bringen können, »dürfen diese streng genommen nicht ohne weiteres verallgemeinert werden ..., das Gebiet spannt sich weit, der möglichen Irrtümer sind viele« (KIRCHGESSNER, 1997). Deshalb empfiehlt es sich, alle durch praktische Erfahrungen in einzelnen Haltungen für gut befundene Ergebnisse stets genügend breit und intensiv zu überprüfen, denn eindeutige Aussagen bedingen umsichtige Analysen.

Stoffwechsel – Grundlage des Lebens

BAU- UND LEBENSVORGÄNGE

Das Ziel, durch ausgewogene Fütterung die Ernährung des Pferdes sicherzustellen, ist ganz allgemein formuliert. Genau

Nord- und Südpferde (links Fjordpferd, rechts Vollblutaraber) zeigen Unterschiede im Grasungsverhalten und insgesamt in der Futterverwertung. Abgebildet ist eine gemischte Stutengruppe beim Anweiden im Frühjahr.

genommen zielt die Fütterung darauf ab, die eigentlichen Bausteine des Pferdekörpers, die Zellen, zu versorgen, damit diese ihre Funktion für den gesamten Organismus erfüllen können.
Schaut man sich Lebewesen nur von außen an, bleiben diese wichtigen inneren Zellstrukturen und -funktionen verborgen. Eine für das Fütterungsverständnis notwendige ganzheitliche Erfassung des Pferdes als Lebewesen wäre aber ohne Blick auf die inneren Eigenschaften rein oberflächlich und deshalb auch für jeden primär praktisch orientierten Pferdebetreuer unvollständig.
Vergleiche mit uns umgebender Technik könnten vorschnell die Auffassung festigen, oberflächliche Vorstellungen seien allemal ausreichend, da in unserer arbeitsteiligen Gesellschaft meist regelmäßig hinzuzuziehende Spezialisten für komplizierte Vorgänge zuständig sind. Beim Kraftfahrzeug – um ein einfaches Beispiel zu nennen – sind tatsächlich Kenntnisse von Details unter der Motorhaube für den täglichen Gebrauch des Halters durchweg unnötig. So reicht für viele Kraftfahrzeughalter als technisches Grundwissen in diesem Zusammenhang aus, zu wissen, wo Kraftstoff eingefüllt, wie der Motor gestartet wird – und vielleicht noch, daß als Folge der Verbrennung im Motor Abgase entstehen. Die Betreuung (= Inspektion) wird schließlich durchschnittlich nur einmal jährlich durch kundige Spezialisten bewerkstelligt und nicht täglich durch den Halter selbst.
Zur Haltung und Versorgung eines lebenden Organismus sind demgegenüber die Anforderungen an den jeweiligen Halter, der gleichzeitig Betreuer ist, um ein Vielfaches höher. Die »Inspektions-Bedürfnisse« müssen eben nicht nur jährlich einmal durch geschultes Servicepersonal, sondern fortwährend täglich durch den »normalen« Betreuer erfüllt werden.
Bereits bei der einfachsten, laufenden Pflege von Zimmerpflanzen ist es für befriedigendes Gedeihen nicht damit getan, nur zu säen oder zu pflanzen und danach mehr oder weniger oft zu wässern. Es bedarf mindestens ausreichender Kenntnisse über die Pflanzenart mit ihren Standort- und Nährstoffansprüchen. Bei den am höchsten organisierten Lebewesen, bei Mensch und Säugetieren, steigen die Ansprüche noch gewaltig an.
Dabei ist zu berücksichtigen, daß unsere eigenen körperlichen Vorgänge und die Nahrungsversorgung gesteuert werden durch Hungergefühl, Gewohnheiten sowie erworbene Kenntnisse oder Begierden aufgrund von Werbung oder Probierlaune. Wir bestimmen dabei weitgehend selbst durch »den Griff in den Kühlschrank« oder durch Verzehr in einem Restaurant über unsere Ernährung. Und – wir spüren selbst und sehen am eigenen Körper die Folgen eigener Über-, Fehl- oder Mangelernährung. Im besten Fall regulieren wir diese Verhältnisse dann ebenfalls selbst nach eigenem Gutdünken – oder nach Konsultation eines Arztes. Immer entscheiden wir letztlich eigenverantwortlich in eigener Sache. Insofern wirken sich mangelnde Kenntnisse über die eigene Ernährung und die damit verbundenen körperlichen Vor-

gänge abgemildert aus. Wir können – so wir wollen – korrigieren.
Pferde können sich allerdings heute in typischen Haltungen überwiegend nur wenig natürlich und nicht mehr selbstbestimmt umfassend versorgen. Auch ihre konkreten Wünsche können sie uns nicht detailliert mitteilen. So muß stellvertretend bei ihnen jede menschliche Betreuung nachhaltig darauf ausgerichtet sein, bereits vorausschauend individuelle Bedürfnisse zu erkennen und zu befriedigen.
Um diese Bedürfnisse, die in späteren Kapiteln noch umfassend erläutert werden, besser bewerten zu können, empfiehlt es sich, zunächst eine gedankliche Vorstellung zu bekommen, welches Bau- und Funktionsprinzip Lebewesen denn beherrscht. Dann ist eine sinnvolle – für jeden Betreuer unerläßliche – Ganzheitsbetrachtung des Fütterungskomplexes möglich.
Denn: Folgen einer nicht vorhandenen Vorstellung von diesen Sachverhalten sind in der Praxis gehäuft Unverständnis über konkrete Futterwirkung und -mängel. Unbeachtet bleibt bei rein oberflächlicher Sicht, daß im Körperinneren, im Feinbau, Prozesse ablaufen, die äußerlich zunächst verborgen bleiben. Berücksichtigt werden sie dann erst, wenn ein Gegensteuern aufgrund erst später äußerlich sichtbarer, nicht rechtzeitig vorausschauend bedachter Fehlentwicklungen kaum noch möglich ist.
Ratsam ist deshalb, bei der Pferdefütterung und -versorgung immer vorausschauend zu bedenken, was im Körper im Wesentlichen abläuft und welche vernetzten Wirkungen diese Abläufe hervorbringen.

BAUSTEINE DES KÖRPERS

Daß Lebewesen einen extrem formenreichen Feinbau besitzen, wurde im 17. Jahrhundert nach Entwicklung der Lichtmikroskopie herausgefunden. Im Jahre 1667 entdeckte der Engländer *Robert Hooke* (1635–1703) die erste Pflanzenzelle. Bei der mikroskopischen Untersuchung dünner Schnitte eines Flaschenkorkens fand er wabenförmige, nebeneinanderliegende Kämmerchen. Die Kämmerchen nannte er – wegen ihrer Ähnlichkeit mit den Zellen der Bienenwaben – Zellen. Mehr als 150 Jahre später stellte der deutsche Forscher *Theodor Schwann* 1839 fest, daß auch alle Tiere aus Zellen aufgebaut sind. Er beschrieb außerdem erstmals die prinzipielle Übereinstimmung zwischen pflanzlichen und tierischen Zellen.

Die Vollblutaraber des Verfassers, hier zwei Stuten, genießen auch im Schnee freien Auslauf. Das fördert den Stoffwechsel und stärkt das Immunsystem.

ZELLAUFBAU, -FUNKTION UND ZUSAMMENWIRKEN

Zwar gibt es keine »typische« Zelle, aber alle Zellen sind durch bestimmte Grundzüge gekennzeichnet. Ihr Bauplan besteht u.a. aus einem Zellkern, der von Zellplasma und einer Zellmembran (bei Pflanzen zusätzlich durch eine Zellwand) umschlossen ist (siehe Grafik 14, Seite 222, und Grafik 15, Seite 223).

Grafik 14

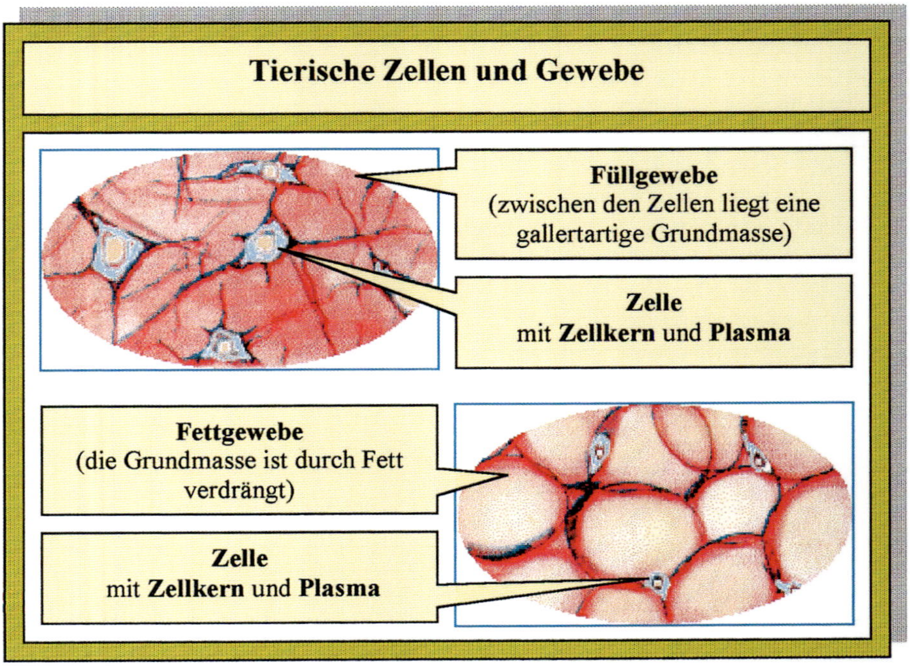

Der Zellkern ist die »Kommandozentrale«, die alle Lebensvorgänge der Zelle steuert, in ihm befinden sich die Chromosomen. Über die in den Chromosomen enthaltene DNA/DNS (Desoxyribonukleinsäure) sind sie Träger der Erbfaktoren (Gene). Durch vier verschiedene Inhaltsstoffe (Nukleotide) ergeben sich große Kombinationsmöglichkeiten der DNA/DNS mit immer neuen Reihenfolgen (Sequenzen), die einen individuellen genetischen »Code« enthalten (dieser wird in der Kriminalistik als »genetischer Fingerabdruck« bezeichnet). Jede Lebewesenart besitzt eine gleichbleibende Chromosomenzahl in jeder einzelnen Körperzelle: z. B. Saatweizen 42, Kartoffel 48, Wildpferd (Przewalskipferd) 66, Hauspferd 64, Mensch 46, Frosch 24, Spulwurm 4. Keimzellen, die der Vermehrung dienen, weisen – im Gegensatz zu Körperzellen – nur jeweils die Hälfte der Chromosomen auf.

Zellen vermehren sich nach dem im Kern enthaltenen individuellen Bauplan (z. B. Wachstum des Fohlens) und sind andererseits wiederum sterblich. Sie erneuern sich bei ausgewachsenen Lebewesen kontinuierlich durch Zellteilung (Kern- und Plasmateilung) – stark abhängig von der Ernährung – in nicht einheitlichen kurzen oder längeren Zeitabständen. Dies alles regelt die »Kommandozentrale«. Wird sie durch teils noch nicht bekannte innere Prozesse oder äußere Faktoren »verwirrt«, erkrankt der Organismus. So entstehen z. B. Krebszellen, die sich nicht mehr an den genetisch vorgegebenen Bauplan halten, sich ungehemmt teilen, dadurch wachsen und sich im Körper verbreiten. Dabei spielen die Ernährung und die jeweilige Umwelt sowie auch die Psyche vermutlich eine entscheidende Rolle.

▸ **Bis ein Fohlen nach etwa fünf Jahren ausgewachsen ist, erfolgen etliche Billionen Zellteilungen. Aber auch beim ausgewachsenen Pferd (wie im übrigen bei allen Lebewesen) finden ständige Erneuerungen durch Zellteilungen statt.**

Grafik 15

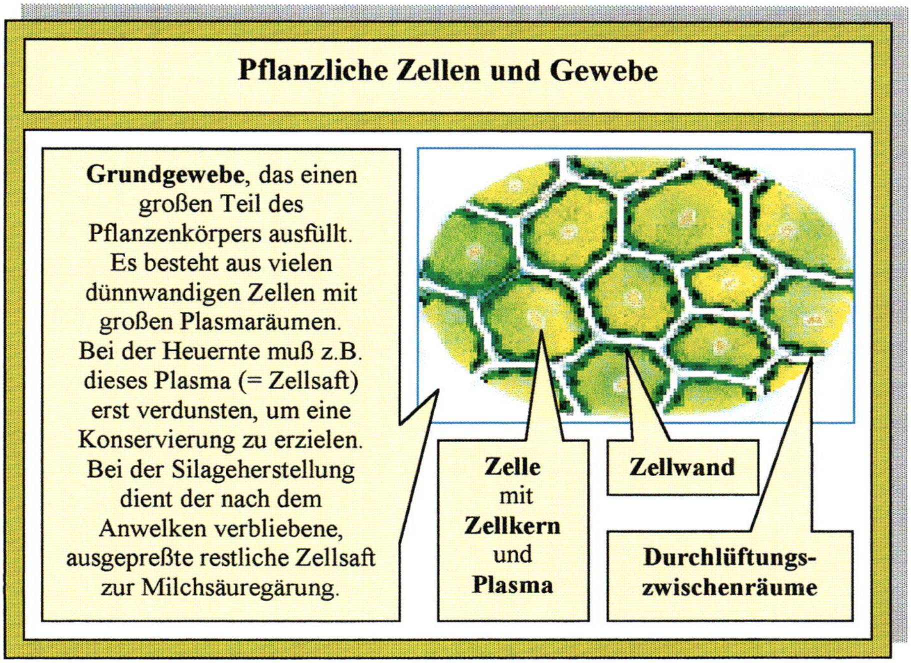

Die Darmschleimhaut kann sich beispielsweise innerhalb weniger Tage regenerieren, das Blut innerhalb eines Jahres, die Fellbehaarung innerhalb der Haarwechselzeit.

Da sich dieser Kopiervorgang der Zellen mit zunehmender Lebenszeit verlangsamt und dabei an Perfektion verliert, kommt es – einer gängigen Theorie zufolge – vermutlich zur Alterung des Organismus. Eine andere Theorie geht davon aus, daß der Sauerstoff – einerseits die absolut lebenswichtige Grundsubstanz für die Zellatmung – im Laufe des Lebens durch Bildung »freier Radikale« etliche Zellen zerstört und dadurch die Alterung des Organismus bewirkt. Insbesondere aus frischer Pflanzenkost (= Weide) und der winterlichen Zufütterung von Wurzeln und Früchten (z. B. Äpfel) ergibt sich eine positive sog. antioxydative Wirkung: freie Radikale werden durch die Inhaltsstoffe teilweise unschädlich gemacht.

Das Zellplasma, das den Kern umgibt, ist flüssig. Es transportiert und verarbeitet Nährstoffe, es lebt. Ist beispielsweise die Wasserversorgung eines Pferdes extrem unzureichend, kommt es zu gefährlichen Austrocknungsprozessen in den Zellen (Dehydration). Durch starkes Schwitzen mit ausbleibender Wasser- und Nährstoffzufuhr verändert sich der Elektrolythaushalt der Zellen. Der sog. osmotische Druck innerhalb der Zelle wird lebensbedrohlich beeinträchtigt, sie trocknet aus und stirbt. Immerhin besteht der Körper ausgewachsener Pferde zu 60 bis 62% aus Wasser (HELFFERICH und GÜTTE, 1972).
Die Zellmembran umschließt das lebende Plasma. Sie wirkt als Barriere, die den Stoffaus- und -eintritt in das Plasma kontrolliert und hat eine aktive Filterwirkung. Flüssigkeiten können die Membran prinzipiell gegenseitig durchdringen (= Diffusion), allerdings mit einseitig gerichtetem Stoffaustausch für Flüssigkeiten verschiedener Konzentration. Dies ist die

Grafik 16

Baustoffwechsel

• Spaltung der Eiweiße durch Verdauung und ihr Wiederaufbau •

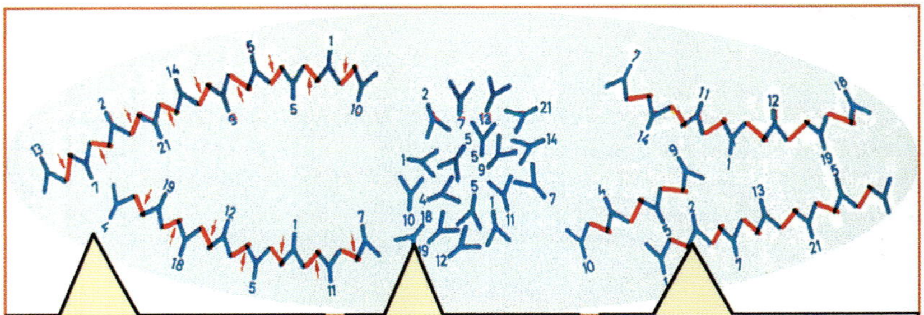

Eiweiße der Nahrung bestehen aus den blau skizzierten Aminosäuren in kettenförmigen Großmolekülen.	Eiweiße werden durch Verdauung zu einzelnen Aminosäuren abgebaut.	Aus den einzelnen Aminosäuremolekülen baut der Körper neue, arteigene Eiweißkettenmoleküle auf.

(modifizierte Darstellung nach KRUSE-STENGEL)

Voraussetzung für die sog. Osmose. Dadurch entsteht die bereits zuvor angesprochene lebenswichtige zellstabilisierende Spannung (osmotischer Druck oder Tugordruck). Bei vielen Zelltypen durchziehen weitere Membranensysteme röhrenartig die ganze Zelle.

Form und Größe der Zellen sind sehr unterschiedlich. Winzige Tiere wie Wimpertierchen (z. B. Pantoffeltierchen in einem Heuaufguß) bestehen nur aus einer einzigen Zelle, sie sind als Einzeller lediglich 0,3 mm groß. Bakterienzellen sind mit 0,001 mm noch sehr viel kleiner und einfacher aufgebaut. Nur in sehr guten Lichtmikroskopen sind sie eindeutig zu erkennen und zu unterscheiden. Hochentwickelte Lebewesen weisen demgegenüber große Unterschiedlichkeit der Zellen auf. Bei ihnen haben sich die Zellen auf verschiedene Aufgaben spezialisiert. Das reicht z. B. von Blutzellen über Muskel- und Nervenzellen bis zu Eizellen.

Gleichartige Zellen bilden als Gewebe Zellgruppen mit gleichartiger Leistung (z. B. Stützgewebe, Muskelgewebe). In vielen Geweben wird überschüssige Nahrung, die der Körper in sog. Neutralfette (Triglyceride) umwandelt, als Depotfett gespeichert. Dadurch bildet sich lebenswichtiges Fettgewebe (siehe Grafik 14, Seite 222). Es dient zur Wärmeisolierung, auch als »Schutzmantel« vor äußeren (mechanischen) Einwirkungen und nicht zuletzt bei Nahrungsmangel als Energiereserve.

Aus mehreren Geweben sind die Organe aufgebaut. So besteht das Auge als Sehorgan aus Muskel-, Deck-, Binde- und Nervengewebe oder ein Blatt als Pflanzenatmungsorgan aus Deck-, Grund-, Leitungs- und Stützgewebe. Mehrere Organe bilden für eine größere gemeinsame Aufgabe ein Organsystem. Zum Beispiel wird die Verdauung der Nahrung durch das Zusammenwirken mehrerer

Organe, nämlich u.a. von Zähnen, Drüsen, Magen und Darm erledigt.
Schließlich bilden alle Zellen, Gewebe, Organe und Organsysteme durch ihre miteinander vernetzte Lebenstätigkeit den Organismus.

BAU- UND ENERGIESTOFFWECHSEL

Die Zellen und damit der gesamte Organismus müssen ernährt werden, damit alle Lebensvorgänge ablaufen können. Grundlage für alle Lebensvorgänge ist der sog. Stoffwechsel (Metabolismus). Für einen gesunden Stoffwechsel des Pferdes müssen wichtige Faktoren zusammenwirken:

▸ **Konstitution und Haltung stehen in einer direkten, naturwissenschaftlich meßbaren Beziehung zu Ernährung und Verdauung.**

So beeinträchtigt z. B. jede geschlossene Stallhaltung mit schlechtem Stallklima – neben anderen Vorgängen – insbesondere auch den Stoffwechsel und damit die Futterwirkung extrem negativ. Denn die Zellatmung (innere Atmung) benötigt zu ihrer Aufrechterhaltung und zur Vermeidung von gravierenden Funktionsstörungen frische, saubere Luft, sog. aerobe Bedingungen. Dies setzt einen ständigen Gaswechsel des Organismus über die Lungen voraus (äußere Atmung).
Dem Gewebe wird durch Atmung Sauerstoff (O_2) zugeführt und Kohlendioxid (CO_2) wird gleichzeitig als gasförmiges Abfallprodukt abgeführt. Die intakte äußere Atmung ist somit Grundlage der Zellatmung, wobei das Blut als Transportmittel für den Gaswechsel dient.
Im Blut selbst ist der in den roten Blutkörperchen (Erythrocyten) enthaltene Hämoglobin-Farbstoff (eine Eiweißverbindung, die Eisen enthält) zuständig für die Sauerstoffspeicherung. Kennzeichnend dafür ist die hellrote Farbe des arteriellen Blutes, das die Zellen versorgt (im Gegensatz zum dunkelroten venösen Blut, das sauerstoffarm ist und – angereichert mit Kohlendioxid – dem Abtransport dient).
Als Grundsatz gilt: Je natürlicher die Haltung des Pferdes in intakter Umgebung, desto höher ist u.a. der Hämoglobingehalt und damit die ernährungs- und leistungsrelevante Sauerstoffspeicherung des Blutes.

Stoffwechsel
bedeutet in erster Linie nichts anderes als eine fortwährende, zielgerichtete Umwandlung, einen »Wechsel« des Ausgangsstoffs (= Nahrung) in solche Stoffe, die der Körper erst nach dieser Umwandlung für seine speziellen Anforderungen verwerten kann.
Dies stellt sich dar als eine Summe komplizierter chemischer Vorgänge im Körperinneren, die den Stoffaustausch im Organismus vermitteln. Aufgegliedert wird der Stoffwechsel in zwei primäre Funktionsbereiche, den Baustoffwechsel und den Energiestoffwechsel. Neben den eigentlichen Nährstoffen werden anorganische Substanzen (Salze), Wasser und Atemgase ausgetauscht.

BAUSTOFFWECHSEL

Zum Baustoffwechsel zählen jene Funktionen, die Nahrungsstoffe (und im Körper z.T. angesammelte Vorratsstoffe) in Substanzen verwandeln, die für Wachstum und Erneuerung der Zellen benötigt werden. Der Körper braucht demnach zwar die Originalnahrungsstoffe, also z. B. Weidegras, muß diese aber erst aufspalten und in arteigene Baustoffe, das sind Eiweißkörper (= Proteine; der Begriff leitet sich ab vom griechischen Wort protos = das Ursprüngliche und Erste) umwandeln. Ein großer Teil der von den Zellen aufgenommenen Stoffe dient deshalb zu-

Parasiten als Spezialisten
Wenig bekannt ist die Erklärung für die Existenz tierspezifischer innerer Parasiten, z. B. der Pferde-Blutwürmer. Diese Blutwürmer haben sich – ebenso wie weitere Parasiten (siehe Grafik 95, Seite 509 im Kapitel »Magen-Darm-Parasiten«) – im Laufe ihrer langen Entwicklung (Evolution) an die Struktur der Pferde-Eiweißkörper angepaßt. Die Würmer benötigen genau diese speziellen Eiweiße für Gedeihen und Vermehrung. Werden ihre Larven von Lebewesen mit anderer Eiweißstruktur aufgenommen, beispielsweise auf der Weide durch Rinder oder Schafe, gehen die Parasiten zugrunde, weil sie an Rinder-Schaf-Eiweißkörper nicht angepaßt sind.
Sinngemäß gilt diese Erklärung auch für Gewebeunverträglichkeiten mit bisher ungelösten immunologischen Problemen bei Organverpflanzungen zwischen unterschiedlichen Arten, z. B. für die xenogene Organtransplantation von Tieren auf Menschen. Hier sind vor allem durch die Unterschiede der Eiweißstruktur natürliche Grenzen der Körperverträglichkeit gezogen. Durch diese natürlichen Grenzen werden im Körper sog. hyperakute Abstoßungen gegenüber Fremdeiweiß ausgelöst.

nächst der Herstellung (Synthese) neuer körpereigener Substanzen (Enzymeiweiß und Struktureiweiß). Aus einfachen Bausteinen wird so lebende Materie geschaffen.
Fast jede Tierart besitzt arteigene Eiweiße. Das ist nur möglich, weil es mehr als zwanzig voneinander verschiedene Grundbausteine für Eiweißkörper (Eiweißmoleküle) gibt, die Aminosäuren. Diese Aminosäuren werden der Nahrung entnommen. Sie werden dann durch gesteuerte Erbinformationen in vielfältigsten Kombinationen zu neuen Eiweißmolekülen, den körpereigenen, zusammengesetzt, bleiben bei jeder Tierart aber immer gleich (siehe Grafik 16, Seite 224).

ENERGIESTOFFWECHSEL

Sowohl der zuvor beschriebene Baustoffwechsel (= Wachstum und Erneuerung) als auch alle anderen Vorgänge des Organismus (z. B. Bewegung, Verdauung, Harnbildung, Hirnleistungen wie z. B. Lernen) laufen nicht so ohne weiteres ab. Sie erfordern zur Funktion »Kraftstoffe«. Wie beim Backen eines Brotes erst die Wärmeenergiezufuhr beispielsweise durch Verbrennung eines Holzscheites als Kraftstoff den Teig härtet, bedarf auch der Körper für alle Vorgänge der Energiezufuhr (siehe Grafik 17, Seite 227).
Die Kraftstoffe müssen die nötige Energie liefern und werden über aufgenommene Nahrung durch den Energiestoffwechsel bereitgestellt. Dabei werden aus der Nahrung (oder den angesammelten Vorratsstoffen des Körpers) stammende organische Stoffe wie Kohlenhydrate (z. B. Zucker), Fette und auch Eiweiße über eine mehrstufige Umwandlung »verbrannt«.

▸ Verbrennung bedeutet zunächst einmal nichts anderes als die chemische Verbindung einer Substanz mit Sauerstoff (O). Die chemische Verbindung wird auch als Oxydation bezeichnet. Beim Stoffwechsel in einem lebenden Organismus ist dieser Vorgang als sog. biologische Oxydation mit komplizierten Abbauprozessen zur Energieumwandlung und -speicherung verbunden.

Eine Verbrennung kann als »äußere Verbrennung« rasch vor sich gehen, wie man es z. B. beim Brennen eines Holzscheites in einem Kaminofen beobachten kann. Dabei entsteht starke Wärme (Energie) sowie aus der Verbindung der Elemente Kohlenstoff (C) – aus dem Holz – und Sauerstoff (O) – aus der Luft – u. a. das geruchlose Gas Kohlendioxid (CO_2). Aus der chemischen Struktur des Kohlendioxid-

Grafik 17

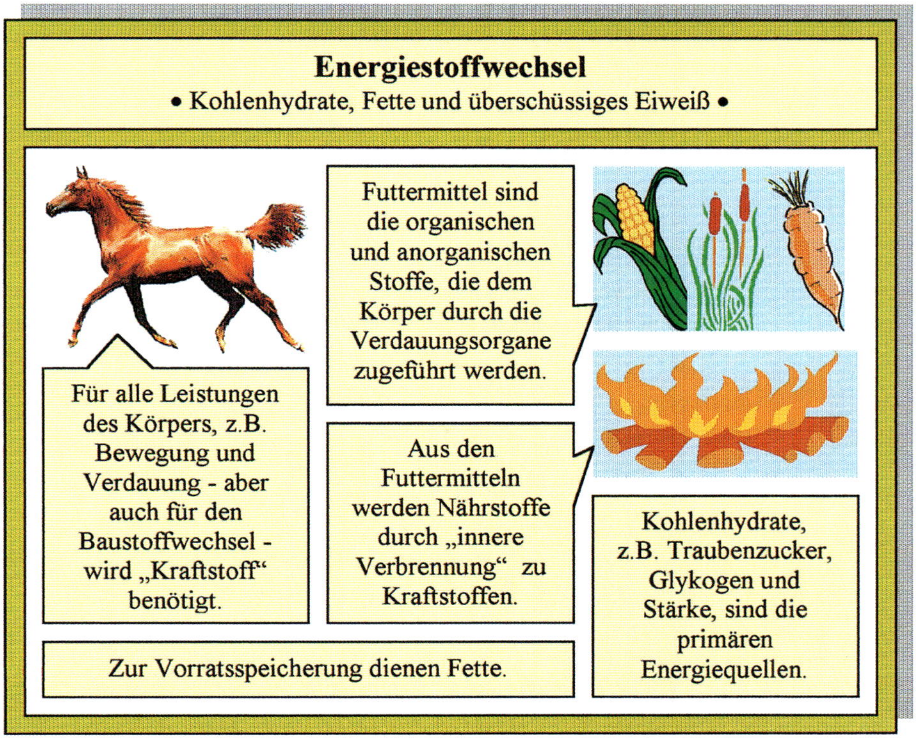

Moleküls ergibt sich, daß für eine vollständig ablaufende Verbrennung immer sehr viel Sauerstoff vorhanden sein muß. Die Molekülbezeichnung CO_2 bedeutet, daß ein Teil Kohlenstoff (C) mit zwei Teilen Sauerstoff (O) eine Verbindung eingeht.

Da eine derartige Gluthitze wie im Kaminofen bei der »inneren Verbrennung«, die der Stoffwechsel darstellt, u.a. lebensfeindlich wäre und auch als Energie so nicht speicherbar wäre, läuft die biologische Oxydation im Körper nicht deckungsgleich wie im Kaminofen, sondern viel langsamer und behutsamer in biochemischen Stufen ab. Dazu ist der eingeatmete Sauerstoff notwendig, der in die Zellen gelangt und dort die Nährstoffe »veratmet« (= oxydiert). Es wird dadurch Energie umgewandelt für vielfältige Leistungen sowie u.a. ebenfalls (wie im Kaminofen) das Gas Kohlendioxid als Abfallprodukt erzeugt, das über die Lungen ausgeatmet wird.

Wird Energie freigesetzt, ohne daß Arbeit geleistet wird, dann besteht diese Energie ausschließlich aus »Reaktionswärme«. Diese Wärme kann zur Arbeit im lebenden Organismus nicht benutzt werden. Das ginge in einer Dampfmaschine, die ein »kalorischer« Mechanismus ist. Lebewesen besitzen demgegenüber einen »chemodynamischen« Mechanismus, der speicherbare, transportierbare und leicht greifbare Energie benötigt. Diese Energie ist beim Pferd (wie auch beim Menschen) zumeist gebunden in Form von Adenosintriphosphat (ATP), das der Körper aus den Kraftstoffen, vor allem den Kohlenhydraten, z. B. Traubenzucker (Glucose), oxydiert (siehe Grafik 42, Seite 295 und Grafik 57, Seite 347). Bei allen Arbeitsvorgängen wird dann ein Teil der Energie als sog. primäre Wärme frei.

Zieht man einen weiteren Vergleich zwischen den beiden beschriebenen Verbrennungsarten, wird – wie oben schon angedeutet – nochmals verstärkt deutlich, wie wichtig die Sauerstoffzufuhr für diese grundlegenden Vorgänge ist. Läuft nämlich eine »äußere Verbrennung« im Kaminofen nur schleppend bei ungenügender Sauerstoffzufuhr ab, ist der Verbrennungsprozeß gestört. Dann stehen nicht genügend Sauerstoffteile zur Verbindung mit dem Kohlenstoff bereit. Es kommt deshalb im Abgas nicht zur normalen Bildung von Kohlendioxid (CO_2 = Verbindung aus einem Teil Kohlenstoff und zwei Sauerstoffteilen), sondern zur Bildung von (tödlich wirkendem) Kohlenmonoxid (CO = Verbindung aus einem Teil Kohlenstoff mit nur einem Sauerstoffteil).

Bei der »inneren Verbrennung« des Stoffwechsels sind die Verhältnisse zwar nicht gleich und erheblich komplizierter, aber die Auswirkungen mangelnder Sauerstoffzufuhr führen im Ergebnis – ähnlich wie bei der beschriebenen Mangelsituation im Kaminofen – zu Oxydationsproblemen mit erheblichen Stoffwechselstörungen. Die Folgen sind wachstums- und leistungshemmende Erkrankungen.

Ergänzend bleibt zu berücksichtigen, daß Pferde, die zur Gruppe der sog. Warmblütler mit lebensnotwendig relativ konstanter Körpertemperatur gehören, einen vergleichsweise hohen Stoffumsatz und daher auch relativ starken Verbrauch von Nährstoffen und Sauerstoff haben.

Besonders bei niedriger Außentemperatur steigt der Bedarf, da der Wärmeverlust des Körpers stets durch Energie aus der Verbrennung der Nahrung ausgeglichen werden muß. Pferde müssen die Körpertemperatur immer ziemlich genau auf 38 °C halten. Bei wechselwarmen Tierarten, die von ihrer Natur her keine gleichbleibende Körpertemperatur benötigen, ist der Stoffumsatz im allgemeinen geringer. Ihre Körpertemperatur paßt sich der Außentemperatur weitgehend an. Bei niedrigen Außentemperaturen werden aktive Lebensleistungen bei wechselwarmen Tieren (z. B. Erdkröte) sogar vorübergehend eingestellt (z. B. durch Winterschlaf/Kältestarre).

VERGLEICH ZWISCHEN PFLANZEN UND TIEREN

Pferde als ausschließliche Pflanzenfresser (Herbivoren) leben von den Nährstoffen, die ihnen Pflanzen bieten. Die Kenntnis der wesentlichen Merkmale des Pflanzenstoffwechsels bietet einen Einblick in das Zustandekommen dieser Nahrung und die Grundlage zur Beurteilung der fütterungsrelevanten Inhaltsstoffe (siehe Grafik 18, Seite 229).

▸ Im Unterschied zu Mensch und Tier ernähren sich grüne Pflanzen u. a. von mineralischen (= anorganischen) Stoffen (sog. Bodennährstoffe).

Im wesentlichen sind dies für den Baustoffwechsel u. a. die Elemente Stickstoff (N), Schwefel (S), Phosphor (P), Kalzium (Ca) und Magnesium (Mg) als »Mengenelemente« sowie in zweiter Linie Bor (B), Eisen (Fe), Kupfer (Cu), Zink (Zn) und Mangan (Mn) als »Spurenelemente«.

Unentbehrliche weitere Stoffe für Wachstum, Gedeihen und Vermehrung sind Wasser (H_2O) und Kohlenstoff (C). Das benötigte Wasser stammt aus dem Boden (Niederschläge, Grundwasser) und wird durch sog. osmotische Saugkraft der Wurzeln zusammen mit den im Wasser gelösten Mineralstoffen aufgenommen. Den Kohlenstoff entnimmt die Pflanze der Luft, denn darin ist verwertbares Kohlendioxid (CO_2) mit einem durchschnittlichen Anteil von 0,04 bis 0,08 % enthalten. Daraus wird Kohlenstoff und Sauerstoff entnommen.

Im Stoffwechsel der grünen Pflanzen (die in ihren Zellen über sog. Blattgrünkörper verfügen) wird beim Aufbau der organischen Stoffe Energie gebunden. Diese

Grafik 18

Pflanzenstoffwechsel

• Assimilation, Atmung, Gärung, Osmose, Photosynthese •

Photosynthese:
Aus *anorganischen* energiearmen Nahrungsstoffen (Wasser, Mineralsalze, Kohlendioxid) bildet die grüne Pflanze energiereiche *organische* Stoffe wie z.B. Kohlenhydrate (Zucker, Stärke, Zellulose), Fett und Eiweiß. Im Stoffwechsel wird Energie gebunden. Pflanzen können diese nicht selbst erzeugen, sondern benötigen dazu Lichtenergie.

Osmose:
Durch die starke Saugkraft der Wurzeln werden Wasser und Mineralien aktiv aufgenommen.

Assimilation:
Nur durch Zusammenwirken von Lichtenergie und Blattgrün (Chlorophyll) ist die Bildung *organischer* Stoffe aus *anorganischer* Nahrung möglich. Die Blattgrünkörper bauen aus Kohlendioxid und Wasser zunächst Traubenzucker auf; dabei wird Sauerstoff frei.

Pflanzen ohne Blattgrünkörper (z.B. Pilze) können keine organischen Stoffe aus anorganischen selbst bilden; ihre Nahrung sind organische Stoffe.

Atmung:
Für innere Bewegungen (im Zell-Plasma) und äußere (z.B. Blattbewegung hin zum Licht) ist Energie erforderlich. Dazu wird ein Teil der selbst erzeugten und gespeicherten organischen Stoffe durch Sauerstoffaufnahme aus der Luft „verbrannt"; Kohlendioxid und Wasser werden frei.

Gärung:
Um Energie für Lebensvorgänge zu gewinnen, kann anstelle der Atmung *unter Ausschluß von Sauerstoff ein anaerober* Gärungsstoffwechsel einsetzen (primär bei Bakterien und Pilzen).

Energie können sie allerdings nicht selbst erzeugen; als Quelle zur Energieumwandlung ist Licht erforderlich.

▸ **Zusammen mit dem Licht zur Energieumwandlung und dem Energieträger Blattgrün (Chlorophyll) entstehen in der Photosynthese aus Wasser und Kohlendioxid zunächst Traubenzucker (= Glucose) und Sauerstoff (der wieder an die Umgebungsluft abgegeben wird).**

Ein Teil des in den Blättern gebildeten Traubenzuckers (= Kohlenhydrat aus Kohlenstoff, Wasserstoff und Sauerstoff) wird zunächst in die – ebenfalls zur Kohlenhydratgruppe zählenden – Verbindungen Stärke und Cellulose umgewandelt. Auch die Gruppe der Fette (z. B. Leinsaat/Leinöl) bildet sich aus Traubenzuckermolekülen.
Die Proteine (Eiweiße) sind – neben Kohlenstoff, Wasserstoff und Sauerstoff – aus dem Element Stickstoff (N) aufgebaut. Oft sind auch Schwefel (S) und Phosphor (P) sowie in seltenen Fällen Eisen (Fe) und Kupfer (Cu) an Eiweißverbindungen beteiligt. Ausgangsstoff für die Eiweißbildung ist u. a. ebenfalls wiederum der Traubenzucker.
Kohlenhydrate, Fette und Eiweiße sind die entscheidenden Bau- und Reservestoffe. Daneben entstehen u. a. aus dem Traubenzucker der Photosynthese als Nebenprodukte des Stoffwechsels Vitamine und andere Stoffe, z. B. Fruchtsäuren, Harze, Anregungsstoffe (z. B. Nikotin) sowie Gift- und Heilstoffe wie Digitalin und Atropin im Fingerhut und in der Tollkirsche.
Zusätzlich zu den bereits beschriebenen Baustoffen und dem Licht benötigt die Pflanze noch »Kraftstoff« für die Bau- und Arbeitsleistung der Zellen (Plasmabewegung) und für sonstige Bewegungen (z. B. Drehen der Blätter zur Sonne, Bewegung und Haltsuchen von Rankpflanzen). Es läuft neben dem Baustoffwechsel deshalb in Pflanzen auch ein Energiestoffwechsel ab. Dazu benutzen sie einen Teil der – in den selbst erzeugten Stoffen (u. a. Traubenzuckermoleküle) – gespeicherten Energie.
Mit Hilfe von molekularem Sauerstoff (O_2), den sie der Luft entnehmen, läuft die Energieumwandlung (= Verbrennung/aerobe Atmung/Oxydation) in Pflanzen überwiegend sehr langsam und ohne nennenswerte Temperaturerhöhung ab. Diese Atmung verläuft entgegengesetzt zur Photosynthese und erfordert kein Licht.
Zur Vollständigkeit sei hinzugefügt, daß bei manchen Pflanzen auch ohne Luftsauerstoff – also unter Luftabschluß (unter sog. anaeroben Bedingungen) – ein Energiestoffwechsel stattfinden kann. Diese Energieumwandlung aus Traubenzucker ist dann keine Verbrennung oder aerobe Atmung, sondern eine Gärung. Dabei oxydiert sich – vereinfacht dargestellt – ein Traubenzuckermolekül zu Lasten eines anderen, wobei durch Umlagerung innerhalb des Traubenzuckermoleküls Kohlendioxidgas und Äthylalkohol gebildet werden. Durch das Fehlen des Luftsauerstoffs ist die Energieumwandlung bei Gärung verändert, so daß nicht Kohlendioxid (CO_2) und Wasser (H_2O) entstehen, sondern – neben Kohlendioxid – verschiedene Gärungsprodukte.
Gärungen finden sich in der Regel bei Pilzen (= Pflanzen ohne Blattgrünkörper) und Bakterien. Bekannt sind die Vergärungen von Zucker durch Hefepilze. Dabei kommt es bei der Weinherstellung aus Traubensaft auf die Alkoholbildung (= Gärungsprodukt) an. Gleiches gilt für die Bierherstellung mit Bierhefe (Saccharomyces cerevisiae). Beim Backeinsatz in einem Hefeteig bewirkt das freigesetzte Kohlendioxidgas die erwünschte Lockerung des Teiges.
Bakterielle Gärungsvorgänge nutzt man bei der Nahrungs- und Futtermittelherstellung. Dabei vergären z. B. Milchsäurebakterien (u. a. Streptococcus lactis und Lactobacillus) den Milchzucker der Milch,

wodurch sie sauer wird und gerinnt; so entsteht Joghurt. Diese Gärung entspricht chemisch der Milchsäuregärung bei anaerober Glycolyse im Muskel (siehe Grafik 42, Seite 295).
Bei der Silageherstellung (siehe Grafik 69, Seite 400) wird die unter Luftabschluß »anaerob« ablaufende Milchsäuregärung zur Einsäuerung (= als Konservierungsverfahren) verwendet, da das Anwelkgrünfutter gärfähigen Zucker enthält. Durch Störungen sind sämtliche Gärungsvorgänge negativ beeinflußbar. So kann eine unsachgemäße, durch Schmutz und Lufteintritt veränderte »aerobe« Silageherstellung oder -lagerung z. B. zu bakteriellen Buttersäure- und Essigsäuregärungen führen. Diese unerwünschten Fehlgärungen verderben das Futter. Gerade bei der Pferdefütterung spielen bakterielle Gärungsvorgänge und innere Fehlgärungen im Verdauungstrakt eine ernstzunehmende Rolle, worauf später noch eingegangen wird. In diesem Zusammenhang muss auch die Gefahr sog. Übersäuerungen in Verbindung mit Silagefütterung berücksichtigt werden. Siehe dazu das Kapitel »Praktische Silagefütterung«, S. 407 ff.

KREISLAUF DER STOFFE

Wenn man den Gesamtstoffwechsel der belebten Welt betrachtet, dann ergibt sich das Bild eines »Kreislaufs« (siehe Grafik 19, Seite 232).
Zur Vervollständigung des Überblicks sei deshalb dieser Kreislauf kurz dargestellt.
In der Natur sind alle grünen Pflanzen (das sind solche mit sog. Blattgrünkörpern) die Produzenten. Sie bilden aus anorganischen Stoffen (Wasser, Kohlendioxid, Mineralsalze) – durch den beschriebenen Vorgang der Photosynthese – organische Stoffe.
Konsumenten sind alle Tiere (und Menschen), die entweder mittelbar oder unmittelbar die von den Pflanzen gebildeten organischen Stoffe verbrauchen. Wie oben erläutert, bauen die Konsumenten in ihrem Stoffwechsel einen Teil in körpereigene Substanzen um, den anderen Teil »veratmen« (= verbrennen) sie, um mit der dadurch entstehenden Atmungs- oder Verbrennungsenergie eigene Lebensfunktionen vollziehen und erhalten zu können.
Die Reduzenten, vorwiegend pflanzliche und tierische Kleinstlebewesen, u. a. Bakterien und auch Pilze (= Pflanzen ohne

Tabelle 22

Stoffwechselvergleich zwischen Pflanzen und Tieren (modifiziert nach KRUSE-STENGEL)

	Grüne Pflanzen	Tiere/Menschen	Bakterien/Pilze
Nahrung	anorganische Stoffe	organische Stoffe	organische Stoffe
Baustoffwechsel	Bildung von organischen Stoffen in der Photosynthese	Umbau der organischen Nahrungsstoffe in körpereigene Stoffe	Umbau der organischen Stoffe in körpereigene Stoffe
Energiequellen	Lichtenergie und Energie aus der Veratmung eines Teils aufgebauter Stoffe (Stoffe = sog. Assimilate)	Energie aus der Veratmung organischer Stoffe (= Verbrennung)	Energie aus der Veratmung und Vergärung organischer Stoffe
Ausscheidungen	Sauerstoff aus der Photosynthese; Kohlendioxid aus der Atmung	Kohlendioxid aus der Atmung und primär organische Abfallstoffe	Kohlendioxid aus Atmung und Gärung sowie mineralisierte Stoffe: Nitrat, Sulfat und Phosphat
Wirkung	Produzenten	Konsumenten	Reduzenten

Blattgrünkörper, die keine anorganischen Stoffe verwerten), sind schließlich durch unterschiedliche Atmungs- und Gärungsprozesse mit dem Abbau organischer Abfallprodukte (z. B. Laub, Mist, tote Körper) beschäftigt. In diesem Rückführungsvorgang oxydiert Kohlenstoff zu Kohlendioxid, Stickstoff zu Nitrat, Schwefel zu Sulfat, Phosphor zu Phosphat usw. So entstehen wieder aus organischen Abfallprodukten anorganische Verbindungen, die den grünen Pflanzen als Nährstoffe zur Verfügung stehen.

Aufbau und Umbau der organischen Stoffe werden durch den Abbau als Kreislauf geschlossen.

Grafik 19

Kreislauf der Stoffe in der Natur

• Produzenten, Konsumenten, Reduzenten •

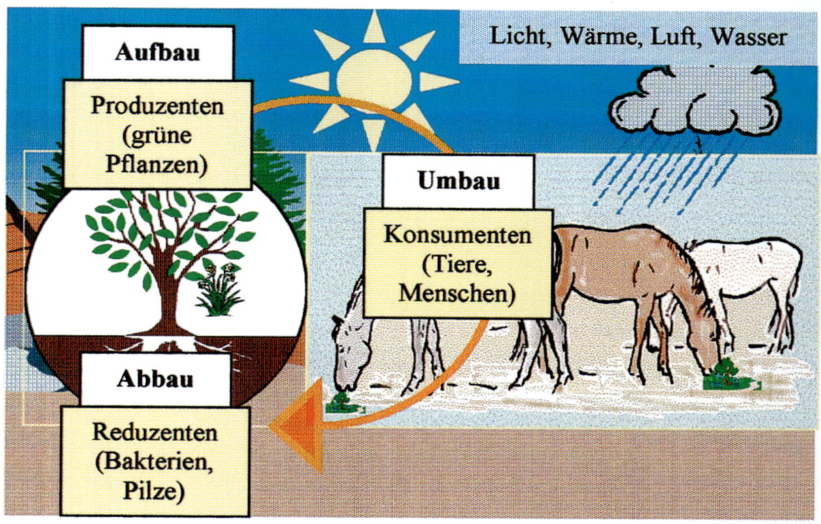

☛ Auf einen Blick:

Alle Lebewesen brauchen zum Wachstum und zum Leben Nahrung. Direkt oder indirekt basiert jedes Tierleben (und auch das menschliche Leben) auf pflanzlichem Leben. Deshalb sind grüne Pflanzen die primären *Produzenten.*

Nach der Art der Nahrung lassen sich alle Tiere in *Pflanzen-, Fleisch-* und *Allesfresser* einteilen. Hinzu kommen die *Aasfresser.* Pferde sind ausschließliche Pflanzenfresser (Herbivoren). Alle Tiere sind *Konsumenten.*

Organische Abfallstoffe der Lebewesen werden von Bakterien und Pilzen durch Atmungs- und Gärungsprozesse in anorganische Stoffe, die wieder dem Aufbau der Produzenten dienen, zurückgeführt. Es handelt sich um *Reduzenten.*

Bestandteile von Nahrung und Pferdekörper

Aus detaillierten Meßdaten über die Bestandteile von Nahrung und Körper ergibt sich in erster Linie unverzichtbares Grundwissen für wissenschaftliche Forschungen. Nur so läßt sich beispielsweise untersuchen und bestimmen, welche Stoffe der Körper selbst aus unterschiedlichen Bausteinen herstellt und welche er, weil er sie nicht selbst herstellen kann, über spezielle Nahrung aufnehmen muß. Bisher kennt man insgesamt über 50 verschiedene Nährstoffe.

PRAKTISCHER NUTZEN

Für die praktische Pferdefütterung sind tiefgehende Kenntnisse aller Untersuchungsdaten und der komplizierten Analyseverfahren weitgehend entbehrlich. Erforderlich sind allerdings überblickhafte Kenntnisse dieser Daten und Sachverhalte, um fachsprachlich orientiert zu sein und die Zusammenhänge einordnen zu können. Dadurch wird erst verständlich nachvollziehbar, was – mit welcher Bedeutung – für die Rationsgestaltung in Tabellen und Futtermittelbeschreibungen (Beipackzettel und Deklarationen als Gebindeaufkleber oder Sackanhänger) aufgelistet ist.
Mißverständnisse und Fehlinterpretationen, die häufig vorkommen, werden durch entsprechendes Wissen vermieden. Wenn z. B. als Gehalt an Inhaltsstoffen u. a. »9 % Rohasche« in der Deklaration eines Fertigfutters angegeben wurde, ist diese Angabe ohne Kenntnis der im folgenden erläuterten Zusammenhänge (siehe Grafik 20, Seite 234) nicht oder nur ungenau bewertbar.

▸ **Schon mancher wenig informierte Pferdehalter grübelte über Analyseergebnisse. Die Frage, ob denn tatsächlich Asche im Futtersack sei, wenn dies so deklariert werde, wird gar nicht so selten gestellt.**
Dabei handelt es sich bei Deklarationen um reine Analyseangaben aufgrund von Proben – und im Sack ist selbstverständlich das Originalfutter und keine Asche!

Gleiches gilt sinngemäß für häufig verwendete Begriffe wie »Trockensubstanz/Trockenmasse (TS/TM)« oder »N-freie Extraktstoffe (N-frE)« oder »Rohprotein« (siehe hierzu auch das Kapitel »Futtermittelrecht und -deklaration«, Seite 376 ff.).

SUBSTANZKLASSEN

Sowohl in der Nahrung selbst als auch im Pferdekörper sind grundsätzlich die gleichen Substanzklassen enthalten: Wasser, Eiweiß, Kohlenhydrate, Fett, Vitamine, Mineralstoffe usw.
Allerdings ergeben sich wesentliche Unterschiede zwischen Nahrung und Körper aus den jeweils anderen Mengenanteilen der enthaltenen Substanzen sowie auch aus der speziellen, arteigenen Zusammensetzung einzelner Stoffe. So ist das Eiweiß des Klees anders zusammengesetzt als das Körpereiweiß des Pferdes.
Die mengenmäßigen Unterschiede von Nahrung und Körper werden besonders deutlich, wenn man die jeweiligen Anteile der Kohlenhydrate vergleicht. Diese Substanzklasse überwiegt in Pflanzen. Denn diese speichern Kohlenhydrate als »Kraftstoffe«, während der Pferdekörper Kraftstoffe als Hauptnährstoffe laufend ab- und umbaut – im Energiestoffwechsel verbrennt – demnach verbraucht. Der Kohlenhydratanteil im Körper ist aus diesem Grund gering und liegt bei nur etwa 1 %.
Nicht verwertete Energie, »Kraftstoff«, wird vom Pferd vorwiegend als Fett in fast allen Geweben, vorzugsweise zu 50 % unter der Haut (= subkutan als Depotfett) gespeichert und nicht – wie bei Pflanzen – als Kohlenhydrat. Fettgewebe

Grafik 20

Zusammensetzung von Nahrung und Pferdekörper

• Weender Analyse-System (Schema modifiziert nach KIRCHGESSNER) •

Die Einteilung und Trennung der Nährstoffe in Bau- und Kraftstoffe ist für die Verdeutlichung der Stoffwechselarten hilfreich. Weitergehende Erkenntnisse aus Stoff- und Funktionsanalysen ergeben allerdings eine dynamische Betrachtungsweise *ohne strenge Trennung*. Dies ergibt sich aus der chemischen Analyse nach dem Weender System.

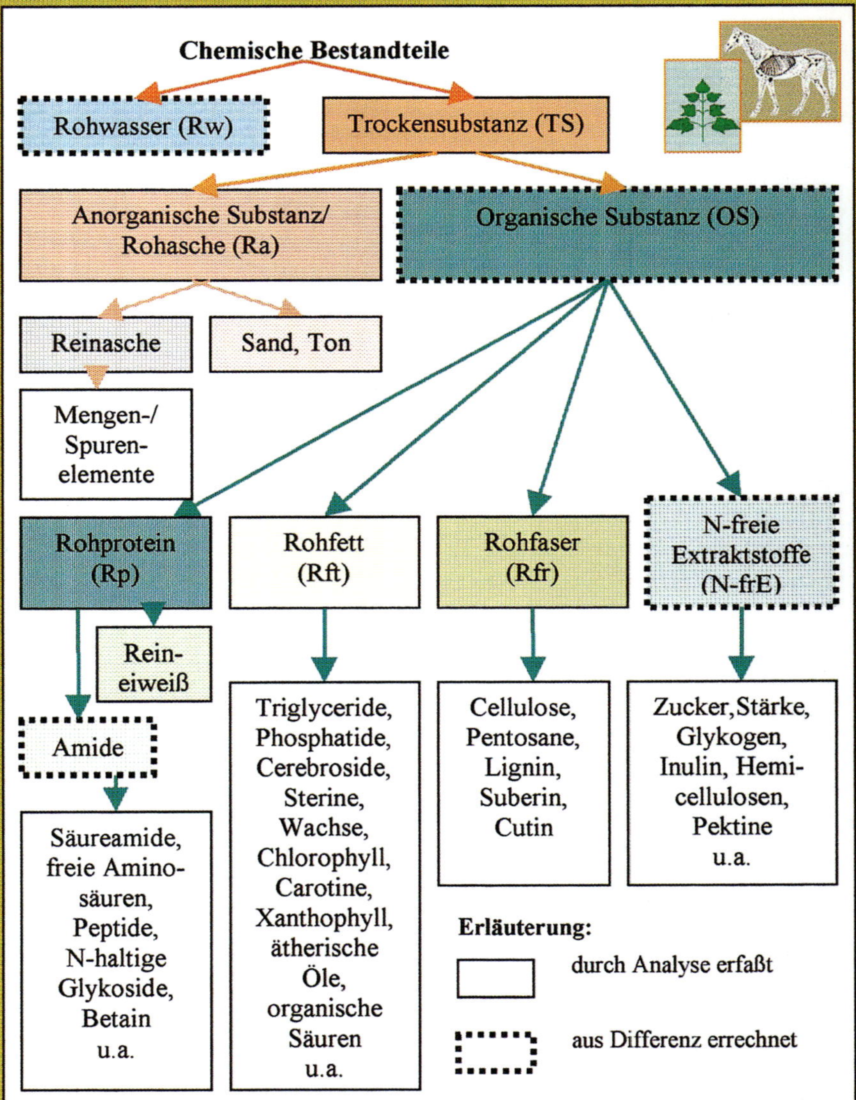

Tabelle 23

Rohnährstoffgruppen

Gruppe	Abkürzung	Erläuterung
Frischsubstanz	FS*)	= Originalfutter**)
Rohwasser	Rw	
Rohasche	Ra	
Rohprotein	Rp	
Rohfett	Rft	
Rohfaser	Rfr	
N-freie Extraktstoffe	N-frE	
Trockensubstanz	TS***)	= FS minus Rw
Organische Substanz	OS****)	= TS minus Ra bzw.
		= FS minus Rw minus Ra
Fettfreie Frischsubstanz	fettfr. FS	= FS minus Rft
Fettfreie Trockensubstanz	fettfr. TS	= TS minus Rft

Gleichbedeutende andere Bezeichnungen:

*) Frischmasse (FM)

**) ursprüngliche Substanz (uS)

***) Trockenmasse (TM)

****) Organische Masse (OM)

dient als »Schutzpolster« für den Körper und seine inneren Organe sowie als Energiereserve.

ZUSAMMENSETZUNG DER NAHRUNG

Durch das Weender Analyse-System, das bereits 1860 in Göttingen-Weende auf der landwirtschaftlichen Versuchsstation von *W. Henneberg* und *F. Stohmann* ausgearbeitet wurde und auch heute noch (z.T. mit Abänderungen für besondere Fälle) angewendet wird, lassen sich einzelne Rohnährstoffgruppen und zugehörige Nährstoffe der oben erwähnten Substanzklassen ermitteln (siehe Grafik 20, Seite 234).

Die Rohnährstoffgruppen selbst sind nicht deckungsgleich mit den eigentlichen Nährstoffen. In den Rohnährstoffgruppen werden verschiedene Nährstoffe mit zwar ähnlichem chemischem Verhalten (z.B. löslich oder unlöslich), aber nicht identischer chemischer Struktur und z.T. voneinander abweichender Ernährungswirkung zusammengefaßt.

Beim Analyseverfahren wird eine Probe zerkleinerten Originalfutters durchschnittlich vier Stunden bei 103°/105°C getrocknet (für Getreideproben sind z.B. zwei Stunden bei 130°C erforderlich). In diesen Temperaturbereichen verflüchtigen sich im wesentlichen Wasser und sehr geringe Substanzmengen niederer Fettsäuren sowie Geruchsstoffe (z.B. Ammoniak und ätherische Öle).

Durch den Gewichtsverlust wird der Anteil des Rohwassers (Rw) errechnet sowie als Rückstand die Trockensubstanz (TS) bestimmt.

Die übriggebliebene, nichtflüchtige Trokkensubstanz enthält organische Stoffe (z.B. Eiweiße) und anorganische Stoffe (z.B. Mineralien). Da die organischen Stoffe überwiegend Kohlenstoff enthalten, kann man sie verbrennen. Dies geschieht im Analyseverfahren bei 550°C.

Als Rückstand verbleibt nach der Verbrennung die Rohasche (Ra) aus anorganischen Stoffen. In dieser Rohasche sind unlösliche Verunreinigungen (z.B. Sand) enthalten; der Rest ist Reinasche, bestehend aus Mineralstoffen, u.a. den Mengenelementen Kalzium, Phosphor, Mag-

Nach sechsstündigem Weidegang hat sich der Verdauuungstrakt bei einem Warmblutpferd um 30 kg bis 40 kg Grünfutter gefüllt – erkennbar an der Rippenwölbung. Vor jeder Arbeit sind leistungsangepasste Verdauungspausen ohne Futteraufnahme notwendig (mindestens eine Stunde vor leichter Arbeit).

nesium, Kalium, Natrium, Chlor und Schwefel sowie den Spurenelementen Eisen, Kupfer, Mangan, Zink, Kobalt, Jod, Molybdän und Selen.

Rechnerisch ergibt die Differenz zwischen Rohasche und ursprünglicher Trockensubstanzmenge die organische Substanz (OS).

Das Rohprotein (Rp), in der organischen Substanz enthalten, wird mit unterschiedlichen, komplizierten chemischen Methoden bestimmt. Beispielsweise kann man zunächst den gesamten Stickstoffgehalt (chemisches Zeichen N = nitrogenium) durch Verbrennungsanalyse ermitteln. Kennt man danach den Stickstoffgehalt, wird mit 6,25 multipliziert, um den Rohproteingehalt zu bestimmen. Diese Zahl »6,25« ist deshalb Multiplikator, weil im Eiweiß der Nahrung durchschnittlich 16 % Stickstoff enthalten sind (6,25 × 16 % = 100 % = Rohproteingehalt).

Rohprotein enthält neben den Eiweißkörpern, also dem Reineiweiß, noch andere – ebenfalls stickstoffhaltige – Substanzen nichtproteinartiger Natur (NPN = non-protein-nitrogen = Nicht-Protein-Stickstoff), u. a. sog. Amide.

Zu den NPN-Substanzen werden üblicherweise auch sog. freie Aminosäuren gezählt. Nur am Rande sei hier erwähnt, daß – der Auffassung von KIRCHGESSNER (1997) folgend – die freien Aminosäuren den Proteinen gleichzusetzen wären.

Als weitere organische Substanz enthält die Trockensubstanz Rohfett (Rft). Hierunter sind nicht nur Fette (Neutralfette = Fettsäureester des Glycerins = Triglyceride) im herkömmlichen Sinne zusammengefaßt, sondern alle Stoffe (z. B. auch nicht energierelevante Harze und Farbstoffe), die analytisch mit einem chemischen Mittel (Petrolether) aus der Trockensubstanz herausgelöst oder teils vorab zusätzlich mit Salzsäure versetzt wurden (HCl-Aufschluß). Nur bei einigen Pflanzen, z. B. Raps oder Leinsaat (Flachs), ist Rohfett nahezu identisch mit dem eigentlichen Fett im herkömmlichen Sinne.

Der Gehalt an Rohfaser (Rfr) bedeutet, daß in der Trockensubstanz z. B. bestimmte unlösliche Anteile an Gerüstsubstanzen/Zellwandstoffen enthalten sind, u. a. große Teile der Cellulose, Teile von Lignin, ein Teil der Hemicellulosen (überwiegend Pentosane).

Es handelt sich bei den Substanzen Cellulose, Lignin und den Hemicellulosen um Kohlenhydrate mit keinem oder nur geringem Nährwert (z. B. Cellulose = Polysaccharid aus Glucose). Diese besonderen Kohlenhydrate sind zwar schwer verdaulich, aber dennoch für das Pferd als Ballaststoffe zur Funktion der Verdauung in bestimmten Mengen enorm wichtig (siehe hierzu auch das Kapitel »Ballaststoffe«, Seite 304 ff.).

In der Rohnährstoffgruppe der N-freien Extraktstoffe (N-frE) sind – aufgrund Differenzberechnung – alle übrigen in

Wasser, Säure oder Lauge leichtlöslichen nichtstickstoffhaltigen Stoffe zusammengefaßt, die nicht zu den bereits besprochenen Stoffgruppen gehören.
Durchweg enthält die Rohnährstoffgruppe der N-freien Extraktstoffe gegenüber der Gruppe Rohfaser die weitaus besser verdaulichen Kohlenhydrate (Zucker, Stärke), die im Energiestoffwechsel die notwendigen »Kraftstoffe« liefern.
Zur Vollständigkeit sei hinzugefügt, daß organische Wirkstoffe (wozu alle Zusatzstoffe gehören, die zum Ablauf der Lebensvorgänge erforderlich sind und speziell auf den Stoffwechsel wirken), z. B. die Enzyme (= Fermente/Katalysatoren biochemischer Reaktionen), Vitamine, Hormone, giftige Wirkstoffe wie Blausäure in Leinsaat, Maniok (= südamerikanische Stärkeknollen) oder Weißklee in jenen Rohnährstoffgruppen enthalten sind, die der chemischen Beschaffenheit dieser organischen Wirkstoffe entsprechen. Enzyme als Proteine sind demnach z. B. in der Rohnährstoffgruppe Rohprotein enthalten.
Oft werden bei Futteranalysen die Vitamine (organische Stoffe) und Mineralstoffe (anorganische Stoffe) noch gesondert bestimmt, insofern wird die Weender Analyse dann ergänzt.

Nichtstickstoffhaltige Stoffe

- Monosaccharide, u. a. Traubenzucker (= Glucose) und Fruchtzucker (= Fructose);
- Disaccharide und Oligosaccharide, z. B. Milchzucker (= Lactose), Rohr- und Rübenzucker (Saccharose);
- Polysaccharide wie Glykogen und Stärke sowie Teile der auch in der Gruppe Rohfaser erfaßten Kohlenhydrate Cellulose und Hemicellulosen – soweit sie in Anteilen löslich sind.

Enthalten ist auch der Stoff Lignin (= Holzstoff), der ebenfalls in manchen Anteilen löslich, in anderen unlöslich ist und deshalb sowohl in der Rohfasergruppe als auch in der Gruppe der N-freien Extraktstoffe vertreten ist.

ZUSAMMENSETZUNG DES PFERDEKÖRPERS

Die chemische Zusammensetzung des Pferdes ist direkt meßbar durch Analyse des toten Körpers (nach dem Weender-Analyseprinzip – wie oben beschrieben). Aber auch der Körper eines lebenden Pferdes kann z. B. bei Fütterungsversuchen durch unterschiedliche Meßmethoden teils indirekt analysiert werden durch Vor-her-/Nachhermessungen, um bestimmte Wirkungen (z. B. Wassergehalt, Fettansatz oder -verbrauch) zu dokumentieren. Durch moderne Diagnosetechnik (magnetische Kernspinspektroskopie) sind z. B. Bestimmungen des Protein-, Fett- und Phosphorgehaltes möglich.

Ernährungsgewohnheiten

WILDPFERD UND HAUSPFERD

Grundlage einer ausgewogenen, gesunden Ernährung eines Pferdes sind die Bedingungen, die von der Natur vorgegeben wurden. Was die Natur vorgegeben hat, ergibt sich aus Beobachtungen von reservatgehaltenen Wildpferden und Hauspferden in großflächigen Extensivhaltungen. Nun sind die Verhältnisse bei Haltung und Nutzung von sog. Sportpferden, Freizeitpferden oder z. B. Holzrückepferden nicht deckungsgleich mit der freien Lebensweise von Artgenossen aus Beobachtungsherden, sondern erfordern besondere leistungs- und haltungsangepaßte Fütterungsmaßnahmen.

▸ **Vom Grundsatz her muß allerdings klar beachtet werden, daß sich pferdegerechte Fütterungsmaßnahmen an wesentlichen Grundregeln orientieren müssen, die auch schon für die wilden**

Stammformen unserer Hauspferde galten und gelten. Das ergibt sich aus einer Reihe vergleichender Untersuchungen.

Interessante Forschungsergebnisse (ISCHIDA et al., 1995) haben der Diskussion über die wilden Stammformen unserer im Hausstand lebenden Pferde weitere neue Impulse gegeben. Ergebnisse biochemischer Untersuchungen des Erbgutes in den Chromosomen (DNA-Sequenzen) spielen dabei die Hauptrolle. Überzeugendes spricht heute dafür, daß der Tarpan (Equus gmelini) für die Entstehung der Hauspferderassen eine größere Rolle gespielt hat als das Przewalskipferd (Equus przewalskii). Tarpannachkomme ist u. a. der polnische Konik. Mit ihm ist – nach NISSEN (1999) – z. B. der spanische Primitivandalusier (Sorraia) aufgrund von DNA-Analysen eng verwandt.

Ob nun zum Zeitpunkt der Haustierwerdung (= Domestikation) vor etwa 5000 Jahren den Menschen eine oder mehrere Wildpferdformen zur Verfügung standen, ist für den Fütterungskomplex weniger bedeutsam als vielmehr die Tatsache, daß Wildpferde und domestizierte Pferde eine gemeinsame biologische Art bilden und sie bereits deshalb gleichartige Ernährungsansprüche stellen.

Wildpferde und Hauspferde unterscheiden sich äußerlich teils sehr stark. Auch im Feinbau, bei den hormonproduzierenden Organen sowie z. B. in der Größe der Organe selbst gibt es meßbare, domestikationsbedingte Unterschiede. Diese Unterschiede sind – ebenso wie domestikationsbedingte Verhaltensänderungen – lediglich quantitativ und deshalb nicht als Grundverschiedenheit zu bewerten.

Der generelle Ablauf der Verhaltensweisen, die Instinkte und die physiologischen Ansprüche des Organismus haben sich bei Hauspferden gegenüber den Wildformen nicht so gravierend verändert wie bei anderen Haustieren oder den züchterisch sehr viel stärker beeinflußten landwirtschaftlichen Nutztieren.

Hauspferde benötigen wie Wildpferde lange Freßzeiten. Ihr Kaubedürfnis muß befriedigt werden – dies ist ein wichtiger Sättigungsfaktor. Abgebildet drei Isländer, die durch ein sog. Freßgitter Heu verzehren. Das engmaschige Heunetz verhindert zu gieriges Fressen. Es bewirkt positiv eine Verlängerung der Futteraufnahmezeit.

RAUMBEDÜRFNIS

Als hochflüchtige Pflanzenfresser verfügen alle Pferde, egal ob Wildpferd oder Hauspferd, über einen angeborenen stetigen Bewegungstrieb. Dieser ist bereits bei neugeborenen Fohlen so stark ausgeprägt, daß etwa eine halbe Stunde nach der Geburt staksiges Laufen und Bocksprünge beobachtet werden können. Parallel dazu findet das Fohlen innerhalb kurzer Zeit im Stehen das Euter der Mutter, um die Kolostralmilch mit lebenswichtigen Abwehrstoffen aufzunehmen. Schon in der ersten Lebenswoche wird – beim Weidegang mit der Mutter – vom Fohlen die Grasnarbe untersucht. Es knabbert an Halmen und selektiert den Aufwuchs unterschiedlicher Gräser und Kräuter erstmals nach Geruch, Beschaffenheit und Schmackhaftigkeit.

Schon im Fohlenalter ist demnach beim Pferd die Nahrungsaufnahme mit aktiver Bewegung verbunden, es ist ein sog. sekundärer Nestflüchter.

Demgegenüber sind z. B. Hundewelpen oder auch menschliche Kleinkinder Nesthocker, die noch Wochen – bzw. bei Kindern bis zu einigen Jahren – nach der Geburt lebensbedrohlich unselbständig sind, wenn nicht stark aktives Behüten und Versorgen durch die Eltern das Aufwachsen erst ermöglicht und später weiter begleitet.
Beim Nesthocker ist die Nahrungsaufnahme zunächst – menschlich gesehen – recht komfortabel: Alles wird ihm ohne eigene Bewegungsleistung mundgerecht »serviert«. Später erst lernt der Nesthocker, daß er mehr oder weniger »bewegt arbeiten« muß, um Nahrung zu erhalten.
Der Unterschied zum Pferd ist erheblich, denn die »Arbeit« zum Nahrungserwerb muß beim pflanzenfressenden Fluchttier Pferd völlig anders eingeordnet werden als bei einem Beutejäger, wie es – nach seiner stammesgeschichtlichen Herkunft – der Hund ist: Das Pferd muß sich schon während des Aufwachsens im Jugendstadium seine Nahrung täglich »erlaufen«.

▸ **Futtersuchen und Fressen bei gleichzeitigem Laufen sind deshalb als instinktive Bedürfnisse, als »Triebe«, genetisch verankert, weil die Sättigung in der Natur eben nur nach langer Bewegungs- und Freßzeit gelingt.**

In der Natur gibt es keine Futterkrippen, die sehr konzentriertes Futter enthalten, das bei geringer Bewegung schnell aufgenommen werden könnte. An eine solche Versorgung ist auch das Hauspferd nicht angepaßt.
Beim Menschen, der im Grunde auch heute noch – selbst unter teils denaturierten verstädterten Lebensbedingungen – einige Verhaltensmerkmale des einstigen steinzeitlichen Jägers und Sammlers besitzt, sind die Verhältnisse zum Nahrungserwerb eher hundeähnlich als pferdeähnlich. Das macht es manchen Pferdebetreuern schwer, sich in das Trieb- und Instinktschema eines Pferdes hineinzuversetzen! Sind Hund oder Mensch durch schnell verfügbare Nahrung gesättigt, erlahmt der Trieb zum Nahrungserwerb – zum »bewegten Arbeiten« – und weicht dem Ruhebedürfnis oder dem Zeitvertreib.

Ungepflegte, artenarme Pferdeweiden bieten keine artgerechte Haltungsgrundlage; sie besitzen so gut wie keinen Ernährungswert. Sind sie zudem noch total verkotet, dann steigt das Verwurmungsrisiko enorm an. Abhilfe: Mist absammeln, nachsäen und düngen, Wiederkäuerbeweidung durch Rinder oder Schafe, aber für Pferde ein Jahr lang sperren.

Die angedeuteten Unterschiede zum Hauspferd liegen zunächst in der Körpergröße und in der Nahrung selbst. Ein mittelgroßes Pferd um 1,50 m Stockmaß Widerristhöhe wiegt ausgewachsen etwa 450 kg. Das ist das Sechsfache des durchschnittlichen Körpergewichts eines Menschen und gut das Fünfzehnfache des Gewichts eines 60 cm Schulterhöhe messenden Jagdhundes.
Während Mensch und Hund als Allesfresser neben pflanzlicher Nahrung durchweg auch sehr nährstoffreiche, komprimierte, verhältnismäßig wenig voluminöse tieri-

sche Nahrung aufnehmen und verwerten, muß das Pferd für seinen erheblich größeren Körper ausschließlich mit stark voluminöser, aber nährstoffärmerer vegetarischer Nahrung auskommen.
Bei Hund und Mensch sind die reinen Freß(Eß)zeiten aus diesen Gründen naturgegeben sehr kurz. Mit täglich kaum einer halben Stunde betragen sie nur ein Zwölftel der grundsätzlich erforderlichen Mindestfreßzeit eines Pferdes. Dafür beanspruchen die Ruhezeiten von Hund und Mensch einen erheblichen Teil des Tages und der Nacht, wovon die eigentliche Schlafdauer etwa viermal so lange währt wie die des Pferdes.
Um beim Weidegang auf Kulturweiden seinen Erhaltungsbedarf (ca. 50 bis 60 MJ verdauliche Energie) von gut 25 kg Grünfutter aufnehmen zu können, braucht ein mittelgroßes, etwa 450 kg schweres Pferd – abhängig von Vegetation und Klima – etwa fünf bis sechs Stunden tägliche Gesamtgrasungszeit – möglichst in einem größeren Areal mit Selektionsmöglichkeiten. Diese beispielhafte Futteraufnahme entspricht einer durchschnittlichen Trockensubstanzaufnahme von 1,22 % des Körpergewichts (220 g TS je kg Frischsubstanz Gras); sie kann in der Praxis individuell auch stark von diesen Pauschalwerten abweichen (siehe hierzu auch Tabelle 44, Seite 361, und Grafik 21 auf Seite 244).
Unter sehr kargen Bedingungen in versteppten Gebieten, in Berggegenden oder bei Extensivhaltung unter feucht-kalten klimatischen Bedingungen auf ausgedehnten Ödlandflächen steigt die Futteraufnahmezeit zur Deckung des Erhaltungsbedarfs gewaltig an, und zwar auf bis zu 16 Stunden täglich (BENDER, 1986).
Gekoppelt damit ist unter natürlichen Bedingungen stetige Fortbewegung mit Selektion aller vorgefundenen ernährungsrelevanten Pflanzen, so daß nach Beobachtungen von SCHEIBE et al. (1996) z. B. bei reservatgehaltenen Przewalskiwildpferden ein tägliches Streckenpensum von bis zu 10 km registriert wurde. Weitere Bewegungsaktivitäten wie Aufsuchen der Tränke nach der Futteraufnahme, Flucht, Laufspiele, Rangordnungsgeplänkel etc. erhöhen die Streckenleistung.

Das natürliche Ernährungsverhalten des Pferdes:
- langdauernde stetige Bewegung bei der Nahrungssuche und -selektion,
- fortwährende Aufnahme kleiner, sich erst langsam bis zur Sättigung summierender Mengen verhältnismäßig wenig gehaltvoller Pflanzennahrung,
- ausgiebige Kautätigkeit, Futtereinspeichelung, ständige Magensäureproduktion,
- Aufnahme größerer Mengen Tränkwasser nach der Futteraufnahme und
- Freßpausen (»Karenzen«) nach eigenem Bedürfnis (max. 4 Std.).

► **Darauf ist der Pferdeorganismus eingestellt: Lange Freßzeiten – kurze Ruhezeiten!**

Bedeutsam – auch als Unterschied zum Menschen – ist, daß Pferde täglich sowohl eine Mindest-Eigenbewegungszeit als auch eine Mindest-Kauzeit benötigen. Beides resultiert aus dem natürlichen Nahrungsaufnahmeverhalten, das offenbar mit »Grenzwerten« für Bewegung und Kauen im Pferd instinktiv verankert ist. Werden diese Grenzwerte (= Zeitvorgaben) durch Haltungs- und Fütterungsmängel stets erheblich mißachtet, dauern Freßpausen (»Karenzen«) länger als 6–7 Std., sind Verhaltensstörungen, Stoffwechsel-, Magengeschwür- und Gebißprobleme die zwangsläufige Folge.

► **Bei Experimenten des Verfassers zeigte sich, daß Pferde – unabhängig von der**

Sättigung – ihr instinktgebundenes Grasungsverhalten ausleben wollen.

Boxenpferden, die – sowohl bezogen auf Futtervolumen, Freßzeiten und Nährstoffangebot – stark gesättigt waren, wurde mehrfach experimentell zusätzlich frisches, qualitativ einwandfreies Schnittgras in die Krippe gefüllt. Nach kurzer Neugier mit Aufnahme einer kleinen Menge erlosch das Interesse. Die Krippe blieb weitgehend gefüllt, weil die Pferde gesättigt waren. Nach dem anschließenden Herauslassen auf eine Koppel wurde zunächst kurz getobt, um den Bewegungstrieb abzureagieren, dann Kontakt zu Artgenossen aufgenommen, aber danach sofort gemeinsam gegrast – obwohl starke Sättigung vorliegen mußte.

Das Grasungsverhalten (= Eigenbewegung mit Abbeißen von Pflanzen) ist nichts anderes als der Nahrungserwerb, also etwa die Jagd des Hundes nach Beute oder unsere menschliche Erwerbsarbeit. Nur: Offenbar ist die »Arbeit«, also das reine Grasungsverhalten – unabhängig von der Sättigung – für das ausschließlich boxengehaltene Pferd dermaßen wichtig und »lustbetont«, daß es dieses Verhalten eigenständig vermutlich als autonome Instinkthandlung ausleben muß. Das erscheint uns sinnlos. Warum grasen, wenn kein aktueller Nahrungsbedarf mehr vorhanden ist? Weil sowohl Sättigung einerseits als auch Schrittbewegung mit Selektieren und Futteraufnahme andererseits nur zusammen das natürliche Futteraufnahmeverhalten darstellen.

Das ausschließliche »Abfüllen« eines Pferdes mit Nahrung aus dem Futtersack reicht deshalb absolut nicht aus, denn in der Natur wird nicht aus Krippen gefüttert – und das Erbgedächtnis des Pferdes weiß dies, es verlangt nach mehr.

Während beim Menschen allenfalls das Essen selbst »lustbetont« abläuft, hat die Arbeit (= eigener Nahrungserwerb bzw. wie beim Pferd: das Grasen mit Bewegung) im Normalfall für Menschen nicht den gleichen Rang, ist nicht lustbetont und dürfte – jedenfalls als zwanghafte, nicht selbstbestimmte Erwerbsarbeit – eher entbehrlich sein.

Beim Pferd, das sei nochmals unterstrichen, sind die Verhältnisse völlig anders: Nicht nur die Sättigung, sondern auch der Nahrungserwerb, das »Grasendürfen«, ist »lustbetont« und sowohl körperlich als auch psychisch grundsätzlich wenigstens stundenweise als Kompromiß erforderlich.

Hinzu kommt, daß für die ungestörte, rhythmische Verdauung, die sog. Darmmotorik (worauf später noch eingegangen wird), u. a. Schrittbewegung sehr förderlich ist.

RASSENGRUPPEN

Entsprechend biologischer Einteilung werden genau abgegrenzte Gruppen nichtdomestizierter, »wilder« Tiere und die von ihnen abstammenden Haustiere generell als »Art« und weitergehende – auf bestimmten zusätzlichen Merkmalen beruhende – Gruppenunterteilungen der Wildform als »Unterart« bezeichnet.

Innerhalb der Haustiere gibt es keine Arten oder Unterarten, es wird in Rassen unterteilt. Bestimmende Kriterien für die Zuordnung zu einer Rasse sowie die Benennung sind nicht einheitlich, sie ergeben sich teils aus willkürlichen Abgrenzungen einer Züchtergemeinschaft, eines Verbandes oder aus langer Tradition.

Im allgemeinen sind Rassen aus solchen Einzeltieren zusammengefaßt, die gemeinsam über bestimmte rassespezifische Eigenschaften (= Erbanlagen) verfügen.

Nach Schätzungen beläuft sich die Pferdezahl weltweit auf cirka 60 Millionen. Durch teils jahrhundertelange Selektion sind über 300 Rassen gezüchtet worden, wovon die Quarterhorses mit über 4 Millionen Pferden die größte Rasse bilden.

Wie viele Pferde heute in Deutschland gehalten werden, ist durch Zählungen nicht genau zu ermitteln. Noch in den fünfziger Jahren gab es vor Beginn der »Motorisierungswelle« über 2,5 Millionen Pferde in Deutschland!
Schätzungen gehen heute davon aus, daß die Pferdezahl vom niedrigsten Niveau, das jemals für Deutschland ermittelt wurde, im Jahre 1970 (ca. 300 000 Pferde einschließlich des Bestandes in der damaligen DDR) auf weit über 800 000 angestiegen ist (BENDER, KOSMOS Handbuch Pferd, 2006).
Durch stürmische Entwicklung aller Sparten der Beschäftigung mit Pferden, insbesondere durch die Vielfalt der Freizeitreiterei, des Westernreitens und der Gangpferdeszene, ist die Rassenvielfalt in Deutschland heute größer denn je. Längst »totgesagte« Kaltblüter für die unterschiedlichsten Aktivitäten bereichern das Rassenspektrum ebenso wie ehemals nur in Filmen oder Reiseberichten vorkommende exotische Rassen aus Übersee – vom Isländer bis zum Paso Fino.

Zugpferde (hier ein Rheinischer Kaltblüter) zählen zur Kategorie Nordpferde; sie finden für unterschiedliche Verwendungen zunehmend neue Liebhaber.

Wesentliche Ursachen für abweichende Ansprüche sind Körper- und Verhaltensunterschiede zwischen den Rassen. Um Besonderheiten deutlich machen zu können, ist es zweckmäßig, alle Rassen in Gruppen einzuteilen, die allerdings keine biologischen Kategorien darstellen.

▸ **Zwar sind alle Pferde – wie bereits betont – mit Blick auf die artgemäßen Ernährungsgewohnheiten prinzipiell gleich zu behandeln, aber die speziellen Ernährungsansprüche unterscheiden sich durchaus. Für die Fütterungspraxis ist die Berücksichtigung rassebezogener Unterschiede erste Grundlage jeder Rationszusammenstellung.**

Generell hat es sich bewährt, alle Pferde zunächst in die Kategorien Nordpferde und Südpferde entsprechend der SPEED/EBHARDT'schen Einteilung nach Skelettfunktionstypen und gebietlicher Abstammungsherkunft einzuordnen.
Charakteristisch ist für Nordpferde, daß sie – als Pferde der Kaltklimazone – ursprünglich aus regenreichen Hügelländern und Inseln sowie kalten, schneereichen Flachlandgebieten und Hochgebirgstälern Eurasiens stammen. Für Südpferde – als Pferde der Warmklimazone – ist die ursprüngliche Herkunft aus warmen Ländern und Trockensteppen Eurasiens, Nordafrikas und der arabischen Halbinsel kennzeichnend. Diesen Herkunfts-Kategorien können Rassengruppen zugeordnet werden, um eine für Beschreibungen allgemeiner Merkmale und Ansprüche einfache, verständliche Abgrenzung zu erhalten.
Tabelle 24, Seite 243, verdeutlicht die Zuordnung. Übernommen wurden vom Verfasser allgemein in Deutschland gängige Pferdegruppen-Bezeichnungen, die in-ternational so nicht gebräuchlich sind. Zu berücksichtigen ist, daß mit den Bezeichnungen »Kalt- und Warmblut« nicht die Bluttemperatur, sondern – ebenso wie

Tabelle 24

Rassenunterschiede auf einen Blick

Rassengruppe	Temperament/ Eigenbewegung	Hautisolation	Fettansatz	Futterverwertung/ Freßtrieb
Kaltblutrassen	gering	gut	gut	sehr gut
Robustrassen	mittel	sehr gut	sehr gut	sehr gut/ extrem
Warmblutrassen	hoch	befriedigend	befriedigend	befriedigend
Vollblutrassen				
– Englische Vollblüter	sehr hoch	ausreichend	ausreichend	befriedigend
– Arabische Vollblüter	sehr hoch/ extrem hoch	ausreichend	befriedigend/ ausreichend	gut/ befriedigend

bei »Vollblut« – ein Temperamentsgefälle von eher phlegmatisch (= kalt) über temperamentvoll (= warm) bis hochsensibel (= heiß, »voll des Blutes«) ausgedrückt werden soll.

▸ **Die Bluttemperatur ist bei allen gesunden Pferden im Ruhezustand ziemlich gleich, sie liegt bei 38 °C; ab 38,7 °C hat jedes Pferd – egal welcher Rasse – Fieber!**

Mit der Bezeichnung »Vollblut« ist auch ein Hinweis auf die richtige englische Rennpferde-Rassenbezeichnung »Thoroughbred« (= durchgezüchtet) verbunden. Der Auffassung von NISSEN (1999) folgend, muß die Bezeichnung »Arabisches Vollblut« als unglücklich gewählt gelten, wenngleich sie hippologisch gängig ist. Die Bezeichnung »Reinblutaraber« wäre treffender.
Zur Gruppe der »Robustpferde« könnte man – sprachlich streng genommen – alle Pferde zählen, die »robust« (= naturkonform) gehalten werden. Gemeint sind bei dieser Gruppenzuordnung allerdings sog. Robustpferde im engeren Sinne. Das sind vorwiegend nordische Primitivrassen (im Sinne von »urtümlich«), die von ihrer Abstammung und Zuchtgeschichte her auf stark bis extrem rigoros unnachsichtig durchgeführte züchterische – und vor allem natürliche – Auslese zurückgehen. Auch innerhalb der Robustpferdegruppe kann noch weiter nach Temperament, Konstitution und Futteransprüchen unterteilt werden.

ERNÄHRUNGSRELEVANTE UNTERSCHIEDE

Jede schematische Gruppeneinteilung von Lebewesen birgt den Nachteil der Vernachlässigung von Individualität. Bei allen Betrachtungen und Umsetzungen muß gebührend berücksichtigt werden, daß jedes Pferd ein Individuum ist und – innerhalb jeder Rassengruppe und in jeder Rasse selbst – durchaus auch Pferde anzutreffen sind, die vom Durchschnitt abweichen. Dennoch vermag die Tabelle 24, oben, hilfreich sein, um die wesentlichen Unterschiede zwischen durchschnittlichen Rassevertretern zu skizzieren.
Futterverwertung und Freßtrieb gehören zu den Eigenschaften, die als Rassenunterschiede bei Pferden in einer gemischtrassigen Haltung besonders auffällig sind. Vom Verfasser wurden im eigenen Pferdebestand mit Arabischen Vollblütern und Norwegischen Fjordpferden sowie in Fremdbeständen mit Warmblütern, Haflingern, Isländern, Dülmenern und Shetlandponys sowie Englischen Vollblütern Beobachtungen und Gewichtsvergleiche über die Futteraufnahme bei Pferden des

Grafik 21

Futteraufnahme auf der Weide

• Vergleich der Grasungsintensität zwischen Nord- und Südpferden •

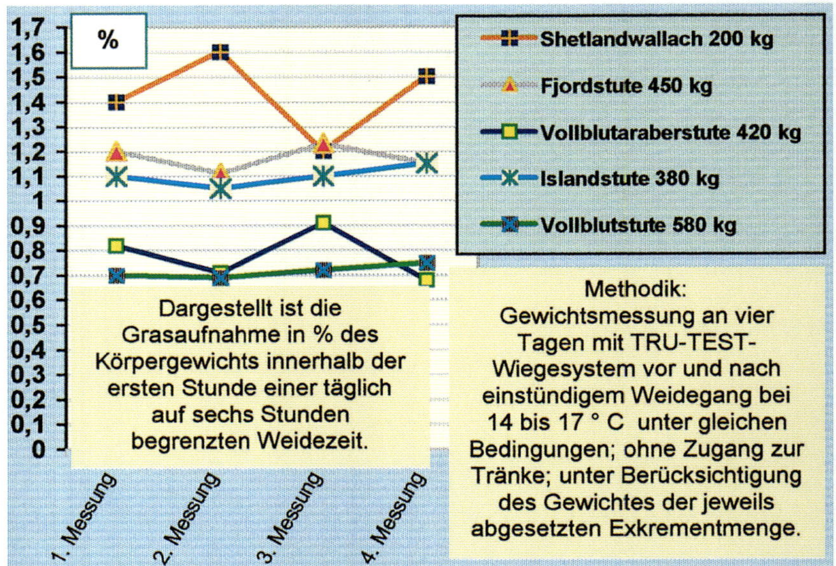

Durchschnittswerte	% des Körpergewichts	Kg Gras (= FS)
Shetlandwallach	1,43	2,85
Fjordstute	1,17	5,28
Vollblutaraberstute	0,78	3,28
Islandstute	1,10	4,18
Vollblutstute	0,70	4,35

Nord- und Südtyps unter vergleichbaren Bedingungen im Erhaltungsstoffwechsel durchgeführt (siehe Grafik 21, oben). Bei diesen Messungen sind hinsichtlich Zahl der untersuchten Pferde, Methodik und Auswertung noch Erweiterungen mit Verfeinerungen möglich, insofern können die ermittelten Daten nur als Annäherung verstanden werden. Zu berücksichtigen ist, daß die ermittelte Grasaufnahmemenge sich auf die erste Stunde einer Weidegangsperiode bezieht und deshalb für Nordpferde sehr hohe Mengen ausweist, weil diese sofort viel »gieriger« fressen als Südpferde. Die aufgenommenen Mengen an Frischsubstanz beim Shetlandpony sind mit durchschnittlich 1,43 % des Körpergewichts enorm und damit gut doppelt so hoch wie die mit durchschnittlich 0,70 % ermittelte Vergleichsmenge beim Englischen Vollblut. Nach längerer Grasungszeit vermindert sich dann die Aufnahmemenge bei Nordpferden, sie werden wählerischer, es wird vermutlich

aus geschmacklichen Gründen stärker selektiert.
Bei Südpferden ist die Situation gegenteilig. Ihre Aufnahmemenge ist in der ersten Stunde offenkundig geringer als in der Folgezeit, weil sie zunächst stärker als Nordpferde selektieren und sich teils – durch Außenreize abgelenkt – ohne Grasaufnahme auf der Weide bewegen. Im Mittel mag die prozentuale Aufnahmemenge bei begrenzter Weidezeit (etwa 6 Stunden) und durchschnittlichem Grünfutterwuchs (15 bis 20 cm hoch) auf Flachlandweiden bei 1,0 bis 1,3 % des Körpergewichtes liegen. Bei Fjordpferden (450 kg LM) wurden nach sechs Stunden Weidezeit Gewichtszunahmen bis zu 35 kg FS Grünfutter registriert (ohne Wasseraufnahme und unter Berücksichtigung von Ausscheidungen).

▸ **Im Ergebnis zeigte sich, daß die Qualifizierung des Nordtyps als »Ansatztyp« und die des Südtyps als »Atmungstyp« sehr treffend ist.**

Der von ZEYNER (1995) formulierten Feststellung, wonach sie »bei Robustrassen (z. B. Shetlandpony) aufgrund einiger energiesparender Anpassungsmechanismen dieser Tiere (ruhiges Temperament, dichtes Haarkleid, starkes Unterhautfettgewebe) einen etwa 10 %igen Abschlag vom Energieerhaltungsbedarf« für vertretbar hält, ist zuzustimmen. Diese Feststellung bezieht sich auf den in manchen Tabellenwerken genannten – lediglich gewichtsorientierten – (nicht rassespezifischen) allgemeinen Erhaltungsbedarf für Pferde jedweder Rasse, z. B. auf Tabelle 45, Seite 363.
Vergleicht man Kiefer und Zähne eines etwa einen Meter großen und 200 kg schweren Shetlandponys mit einem anderthalb mal so großen Vollblutaraber, der 420 kg wiegt, wird die Bedeutung anatomischer Faktoren klar: Das Pony hat einen ungefähr gleich großen Kopf wie der Vollblutaraber. Schwerere Ganaschen mit kräftigeren Kiefern und ebensolchen Zähnen versetzen es in die Lage, selbst härtestes, stengeliges Futter zu kauen. Durch Anpassung an karge Kaltklimazonen ist es in der Lage, auch stengelige Gerüstsubstanzen im Blinddarm weitgehend verwertbar aufzuschließen. Schließlich frißt es auch geschmacklich minderwertige Binsen und verholztes Altgras. Sein Freßtrieb ist auf lange Futteraufnahmezeiten eingestellt und sein

Futterverwertung und Freßtrieb
Aus den empirischen Untersuchungen des Verfassers ergibt sich, daß der genannte 10 %ige Abschlag bei gesunden Exemplaren der nordischen Robustpferderassen das Minimum darstellen sollte. Gezeigt haben sich Verwertungsunterschiede, die in Einzelfällen mindestens 30 %ige Abschläge von allgemeinen Tabellenwerten im Erhaltungsstoffwechsel rechtfertigen – und zur Gesunderhaltung und Vermeidung drohender krankhafter Verfettung auch geboten sind. Zu berücksichtigen ist allerdings dabei, daß Pferde, die in Gruppenauslaufhaltung mit Offenstall gehalten werden, sowohl aufgrund höherer Eigenbewegungsaktivität, aber auch aus klimatischen Gründen einen individuellen Mehrbedarf aufweisen können.
Durchweg sehr gute bis extreme Futterverwertung bei gleichzeitig entsprechend zu qualifizierendem Freßtrieb zeigen (in der Reihenfolge der Nennung) die Robustrassen Shetlandponys, Fjordpferde, Islandpferde und reingezogene Haflinger. Neben den nach ZEYNER zitierten Anpassungsmechanismen sind bei Nordpferden der vorgenannten Rassen auch anatomische sowie vermutlich innersekretorische Faktoren maßgebend für überdurchschnittlich gute Futterverwertung und den vorausgehenden entsprechenden Freßtrieb.

Sättigungsgefühl, das an sich dem Weiterfressen Einhalt gebieten sollte, wird auf kultivierten Weiden zunächst völlig überdeckt. Erst wenn zusätzlich zum Sättigungsgefühl eine bestimmte Zeit abgelaufen ist, legt es Freßpausen ein.

Diese innere Zeituhr mit »Grenzwert« ist »programmiert« auf die Nahrungsbasis seiner ursprünglichen Heimat mit extensiv genutzten Flächen und karger Nahrung. Die Ursprungsverhältnisse erforderten zum Überleben seit Jahrhunderten einen genetisch fixierten ausgeprägten Freßtrieb. Gleiches gilt mit graduellen Unterschieden für alle Robustrassen.

Wissenschaftlich noch nicht abschließend geklärt ist, wie diese »Gefräßigkeit« exakt gesteuert wird und in welchem Umfang z. B. das Gen »obesity« (FRIEDMAN, 1993) bei Nordpferden im Vergleich zu Südpferden verändert ist. Dieses Gen produziert das Hormon Leptin. Je nach Leptin-Konzentration im Blut werden Stoffwechsel- und Verdauungsphysiologie beeinflußt.

Daß sich Stimmungen in einer Pferdeherde übertragen, ist bekannt und auch eine sinnvolle Einrichtung der Natur, wenn man z. B. an fluchtauslösende Signale (trompetenartiges Prusten) und die dadurch ausgelöste Fluchtstimmung mit anschließender gemeinsamer Flucht denkt.

Bezogen auf den Freßtrieb konnte vom Verfasser in diesem Zusammenhang beobachtet werden, daß sich bei Fjordpferden die Freßstimmung weit ausgeprägter überträgt als bei Vollblutarabern. Es zeigte sich wiederholt, daß ein Fjordpferd, das sattgefressen war und von selbst zu fressen aufhörte – bei Vorhandensein weiteren einwandfreien, schmackhaften Rauhfutters (Schnittgras und Heu) – zügig zum Weiterfressen veranlaßt wurde, wenn ein hungriges, sofort eifrig fressendes Herdenmitglied hinzukam. Bei gleichen Experimenten mit Vollblutarabern war die Übertragung der Freßstimmung nur ansatzweise vorhanden, aber mengenmäßig um ein Vielfaches geringer.

Ähnliche Unterschiede konnten bei Gruppenhaltung im Hinblick auf Futterneidattacken beobachtet werden. Bei knapper, stark reglementierter Futterzuteilung waren Nordpferde durchweg futterneidischer.

Konsequenz für die Praxis ist, daß für Nordpferde eine stärkere individuelle Reglementierung der Futterzuteilung erforderlich ist, um starker Verfettung vorzubeugen. Gleichzeitig müssen durch überlegte Fütterungstechnik und geeignete Haltungseinrichtungen (siehe Foto auf S. 238) Futterneidattacken weitgehend eingedämmt werden, damit jedes Pferd ohne Hast seine Ration fressen, kauen und einspeicheln kann.

FÜTTERUNG IN GESCHICHTLICHER ZEIT

Vorfahren unserer Hauspferde, kleine fuchs- bis rehgroße Pflanzenfresser, lebten vor Millionen von Jahren in feuchtwarmen Wäldern. Wie paläontologische Untersuchungen prähistorischer Fundstücke (Fossilien) belegen, ernährte sich dieses Urpferdchen, genannt Eohippus, von Blättern und Früchten der Waldvegetation.

Die Entwicklung (Evolution) zur Gattung Pferd (= Equus) dauerte nahezu 60 Millionen Jahre (SIMPSON, 1977). Klimatische Verschiebungen mit Umweltveränderungen waren Auslöser für diese Entwicklung.

Aus dem kleinen, laubfressenden Waldbewohner wurde ein vorwiegend grasfressendes Steppentier, das sich nicht nur zum schnellen Einhufer entwickelte, sondern sich durch ein spezialisiertes Gebiß mit breiten Backenzähnen zum Zerquetschen und Zermahlen der Nahrung und durch einen komplizierten Verdauungsapparat als universeller Pflanzenfresser fast weltweit verbreiten und anpassen konnte.

In der Eiszeit, vor mehr als 1 Million Jahren, konnten sich u.a. auf der Basis dieser universellen Vegetariereigenschaft alle Arten der Gattung Equus, nämlich die sogenannten echten Pferde, die Halbesel, die Esel und die Zebras, in unterschiedlichen Klimazonen mit teils stark abweichendem Klima und pflanzlichem Nahrungsangebot entwickeln und erneut spezialisieren.

Zu Beginn der Haustierwerdung (= Domestikation), die in verschiedenen Erdteilen (Nordafrika, Europa, Asien) vor etwa 5000 Jahren begann, standen den Menschen unterschiedliche Wildpferdformen zur Verfügung.

Diese Vordomestikationsformen, wozu das letzte heute noch existierende Wildpferd, das Przewalskipferd, gehört, wurden zunächst von umherziehenden Nomaden, die als Jäger und Sammler ihr Leben fristeten, als reine Fleischlieferanten erlegt. Später dann wurden Wildpferde lebend gefangen und in grasbewachsenen Pferchen aus Pfählen gehalten. Vermutlich mit aus Tierhäuten hergestellten Riemen an den Beinen gefesselt (wie es als sog. »Hobbeltechnik« heute noch bei Pferden in Arabien oder auch bei australischen und nordamerikanischen Cowboypferden üblich ist), mußten die gefangenen Pferde zunächst mit dem im Pferch erreichbaren Gras und Buschwerk auskommen. Inwieweit und in welcher Zusammensetzung durch Zufütterung z.B. eine »Mästung« erzielt wurde, kann nicht belegt werden. Vermutlich werden aber die Kenntnisse, die der historische Mensch – zeitlich vor Domestikation des Pferdes – bereits mit der Haltung und Nutzung des Rindes gemacht hatte, für die beginnende Pferdehaltung und -fütterung bestimmend gewesen sein.

Nach PASSEK (zitiert nach ZEUNER, 1967) sind die Pferdefunde im Rahmen der Tripolje-Kultur (gebietlich zwischen Karpaten und Dnjepr in der Ukraine gelegen) als erste Hinweise auf die Haustierwerdung des Pferdes einzuordnen. Wahrscheinlich ist, daß sich bereits zu dieser frühen Zeit um 3000 v. Chr. der Übergang vom Nomadentum zum Ackerbau in den Ebenen von Russisch-Turkestan im west-asiatischen Raum anbahnte (dieses Gebiet war später im fünften Jahrhundert v. Chr. Zentrum des Reitervolkes der Skythen). Eine ähnliche Entwicklung vom Nomadentum hin zur Seßhaftigkeit mit Ackerbau fand im Süden Mesopotamiens (heute Irak/Syrien) um 3200 v. Chr. statt. Dort entstanden die Zentren der Sumerer mit den frühesten menschlichen Hochkulturen (z.B. Ur).

Mit Beginn des Ackerbaus kam den Pferden noch keine größere Bedeutung für Transportaufgaben zu, denn das schon vor dem Pferd domestizierte, leichter beherrschbare Rind spannte man zunächst noch weiterhin primär als Zugtier an.

Etwa ab dem 2. Jahrtausend v. Chr. aber wurde das Pferd – nach vielen Experimenten mit unterschiedlichen Zäumungsarten (z.B. Nüsternringlenkung, die der Rinderlenkung entsprach und Kappzaumgebrauch) – wegen seiner

Wagenpferde wurden bereits im 2. Jahrtausend v. Chr. leistungsgerecht gefüttert (abgebildet ist Pharao Ramses III. bei der Stierjagd; Wandrelief aus Medinet Habu/Ägypten; ca. 1150 v. Chr.).

Schnelligkeit als Zugtier für einen Teil der anspruchsvolleren zivilen und hauptsächlich militärischen Transportaufgaben eingesetzt. Die Reitverwendung hatte zu dieser Zeit nur Versuchscharakter und erlangte erst ab 1500 v. Chr. größere Bedeutung.

Vor allem die Nutzung pferdebespannter Streitwagen zu kriegerischen und jagdsportlichen Zwecken erforderte ab dem 2. Jahrtausend v. Chr. eine eingehende Beschäftigung mit der Fütterung der durch zunehmende Laufleistungsansprüche nun intensiv genutzten Pferde.

Ein solches Gespann setzte nicht nur voll domestizierte, sondern auch gut ausgebildete, auf Ausdauerleistung konditionierte und vor allem leistungsfördernd gefütterte Pferde voraus.

Bestand die historische Pferdefütterung über lange Zeiträume nur aus Gras, Schilf, Luzerne, Baumfrüchten (z. B. im Orient aus Datteln), Baumrinde und Laub, so war erst durch die Entwicklung des Getreideanbaus der wichtigste zukunftsweisende Schritt getan, um energiereicheres, leistungssteigerndes Körnerfutter auch für die Pferdefütterung einsetzen zu können.

Forcierte Impulse erhielten Pferdeeinsatz und Verbesserung der Futterbasis in historischer Zeit durch die jeweiligen Herrscher, z. B. die ägyptischen Pharaonen. Schnell einsatzbereite, schlagkräftige Streitwagenheere boten ihnen Ansehen, Machterhalt und die Aussicht, nach kriegerischen Auseinandersetzungen ihre Territorien ausweiten zu können und damit größere Machtfülle zu erhalten. Das älteste und größte Gestüt der Welt ist rund 3300 Jahre alt und in Ägypten gebaut worden. Bei Ausgrabungen in der Stadt Piramesse im Nildelta entdeckten Archäologen die 17 500 qm große Anlage. Nach Angaben des deutschen Ausgrabungsleiters *Edgar Pusch* sind dort in der Zeit von Ramses II. (1304 bis 1273 v. Chr.) etwa 460 Pferde für Krieg, Jagd und Freizeitvergnügen gehalten und gezüchtet worden.

Überlieferungen zufolge waren beispielsweise in der Kadesch-Schlacht zwischen den Truppen des Ägypters Ramses II. und den Hethitern (1296 v. Chr.) mehr als 10 000 Pferde mit Kampfwagen eingesetzt.

Ein solch gigantischer, sicher mehrere Tage dauernder Aufmarsch war nur möglich, weil man im Laufe der Zeit durch kontinuierliche praktische Fütterungsversuche erkundet hatte, welche Futtermittel in welcher Dosierung geeignet waren und den für eine solche Schlacht unabdingbaren Anforderungen genügten.

Anforderungen

- Reduzierung der sehr langen Nahrungsaufnahmezeit, wie sie bei alleiniger Rauhfutteraufnahme erforderlich ist,
- Minderung des leistungshemmenden Rauhfuttervolumens (»Heubauch«),
- Deckung des aufgrund hoher Laufleistungen gesteigerten Energiebedarfs durch konzentrierte, leicht verdauliche Futtermittelrationen sowie
- Verbesserung der Bevorratung und Vereinfachung der Mitnahmemöglichkeit von Futtermitteln, z. B. beim Anmarsch zu kriegerischen Auseinandersetzungen.

Erfüllt wurden die Anforderungen durch verstärkten Anbau von Futtergetreide (zuerst Weizen und Gerste, später in der Römerzeit auch Hafer). Dadurch bestand die Möglichkeit, einen Teil des Rauhfutters durch Körner zu ersetzen, die nach der Ernte als Vorrat in speziellen Lagerhäusern eingelagert wurden und sowohl für die tägliche Haltung verfügbar als auch für einen Kriegszug leicht verlad- und transportierbar bereitlagen. Belegt ist, daß im alten Ägypten Katzen als Haustiere und sinnvolle Schädlingsbekämpfer auch in diesen Lagerhäusern gehalten wurden und deshalb hochgeschätzt waren. Überhaupt war die Abhängigkeit von ausreichenden Ernten mit Zunahme der Stadtkulturen und der Aufrüstung mit Pferdeanspannung gewaltig. Mißernten durch Witterungseinflüsse (Trockenzeiten und Unwetter) sowie Schädlinge (Heuschreckenschwärme) brachten Staatssysteme ins Wanken und beherrschten – neben dem vorderasiatischen Gebiet – auch die Entwicklung des gesamten Mittelmeerraumes (Griechen/Römer).

Älteste Fütterungsanleitung
Als älteste Fütterungsanleitung gilt der Kikkuli-Text aus dem 14. Jahrhundert v. Chr., der – neben Trainingsanleitungen für die hethitischen Streitwagenpferde – auch Daten zur Rationsgestaltung überliefert. Neben Wasser bestanden die (mehrmals täglich verabreichten) Rationen aus drei Teilen Weizen, zwei Teilen Gerste und fünf Teilen Heu. Das entspricht, grob beurteilt, ungefähr der Rationenzusammenstellung (50% Rauhfutter + 50% Kraftfutter), die auch für heutige Hochleistungsrennpferde als Maßstab gilt!

Nicht immer wird bei Beurteilung und Gewichtung geschichtlicher Abläufe die außerordentliche Bedeutung und Impulswirkung dieser vorstehend nur kurz skizzierten Fütterungsentwicklung richtig gewürdigt.
Neben der Rad-Erfindung und der späteren eigentlichen Zähmung von Pferden sind insbesondere die Fortschritte zur zielgerichteten Pferdelenkung durch erstmalige Trensenentwicklung um 2000 v. Chr. sowie die zeitgleiche parallele Leistungssteigerung durch veränderte Fütterung entscheidend gewesen für die weitere Entwicklung der gesamten menschlichen Zivilisation.
Ohne zügige Überwindung großer Entfernungen mit Hilfe von Pferden wären Handel und Transportwesen, aber auch die Kommunikation mit Austausch vielfältiger kultureller Elemente zwischen Menschen und Völkern sowie die Erschließung von Bodenschätzen nicht weiterentwickelt worden.
Durch rasante Technisierung und Schnellebigkeit wird heute der Blick für solche geschichtlichen Dimensionen vernebelt. Tatsache aber bleibt, daß Pferde noch vor 60 Jahren mindestens als Teilergänzung im Transportwesen und in der Landwirtschaft weltweit unentbehrlich waren.
Dem Pferd – und insbesondere seiner Leistungssteigerung durch veränderte, genau reglementierte Körnerfütterung – kommt eine ähnlich hohe Bedeutung zu wie beispielsweise der Entwicklung des Verbrennungsmotors oder der modernen Computer- und Kommunikationssysteme.

Weg der Nahrung und Verdauung

VERDAUUNGSPHYSIOLOGIE

Um lebenswichtige, körperaufbauende oder -erhaltende Nährstoffe (Eiweiß, Mineralien, Vitamine), energieliefernde Kraftstoffe (Kohlenhydrate, Fette, überschüssiges Eiweiß) und auch gleichzeitig funktionsunterstützende, strukturierte Ballaststoffe (Rohfaser, z. B. Cellulose) zu erhalten, muß das Pferd geeignetes Futter in genügender Menge aufnehmen und so verändern (z. B. durch ausreichend langes Kauen), daß nutzbare Stoffe vom Körper verwertet sowie unverwertbare Reste wieder störungsfrei ausgeschieden werden.
Diese einzelnen Vorgänge werden als
- Futteraufnahme (Ingestion),
- Verdauung (Digestion),
- Aufsaugung (Resorption) und
- Ausscheidung (Exkretion)

bezeichnet.

Grafik 22

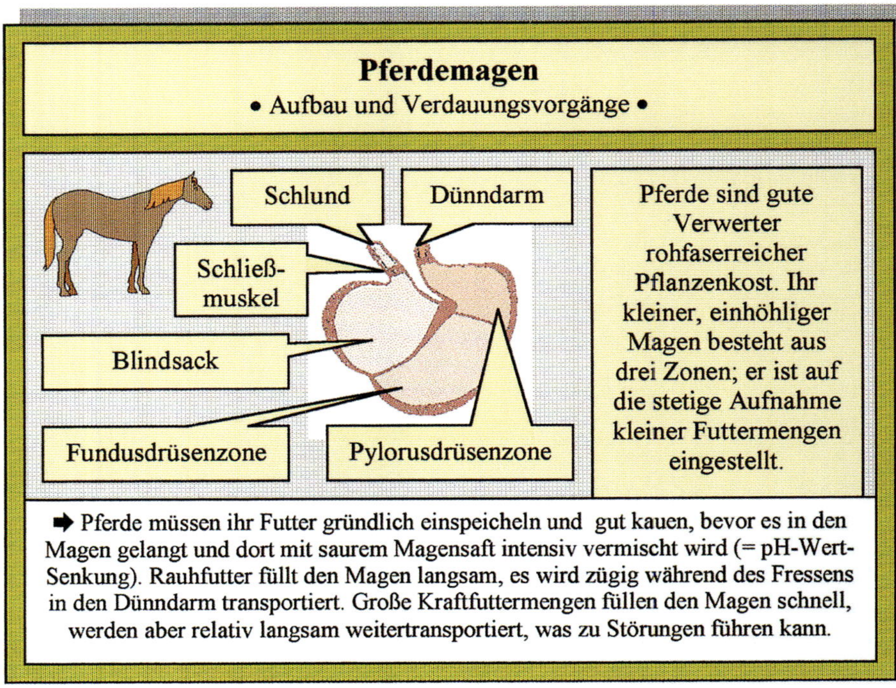

Das Pferd gehört zu den Pflanzenfressern mit einhöhligem Magen (= Monogastrier).

Futterauswahl und Verdauung ähneln den Verhältnissen beim Rind: Beide Tierarten können – zumindest im Erhaltungsstoffwechsel – allein von rohfaserreichen Futtermitteln (Gras, Heu) leben. Trotz anatomischer Unterschiede des Magen-Darm-Trakts (Rinder sind Wiederkäuer mit mehrhöhligem Magen) findet bei Pferd und Wiederkäuer gleichermaßen eine intensive chemische Umwandlung (= Gärung/Fermentation) dieser Futtermittel durch Bakterien (= Keime) und Enzyme (= spezielle Eiweißgruppen) statt (siehe Grafiken 22 und 23, oben und rechts oben). Während Wiederkäuer (Ruminantier) die Nahrung zuerst im Vormagen (Pansen) fermentieren bzw. bakteriell vergären und anschließend im Dünndarm enzymatisch abbauen (= chemisch umwandeln durch Enzymeinwirkung), verdauen Pferde jede aufgenommene konzentrierte (= gehaltvolle, rohfaserärmere) Nahrung (z. B. Kraftfutter) hauptsächlich im Magen und Dünndarm. Restmengen konzentrierter Nahrung und alle schwer verdaulichen Bestandteile des Futters (z. B. Gerüstsubstanzen wie Cellulose von Gras, Heu und Stroh sowie Holzteile) fließen in den Dickdarm und werden beim Pferd im verhältnismäßig großen, magensackähnlich erweiterten Blinddarm – Teil des Dickdarms – mikrobiell fermentiert. Dieser Prozeß ähnelt der mikrobiellen Fermentation durch Bakterien im Pansen des wiederkäuenden Rindes. Pferde können durch die Blinddarmverdauung relativ rohfaserreiche Nahrung, teils auch holzige Gerüstsubstanzen von Pflanzen, absorbieren (= verdauen). Das ist beispielsweise beim Menschen, u. a. mangels Blinddarmverdauung, so nicht möglich. Auch Hunde oder Schweine benötigen – im Vergleich zu Rindern und Pferden – ganz erheblich konzentriertere (= rohfaserärmere) Nahrung. Hinsichtlich der Verdauung rohfaserreicher Kost

Grafik 23

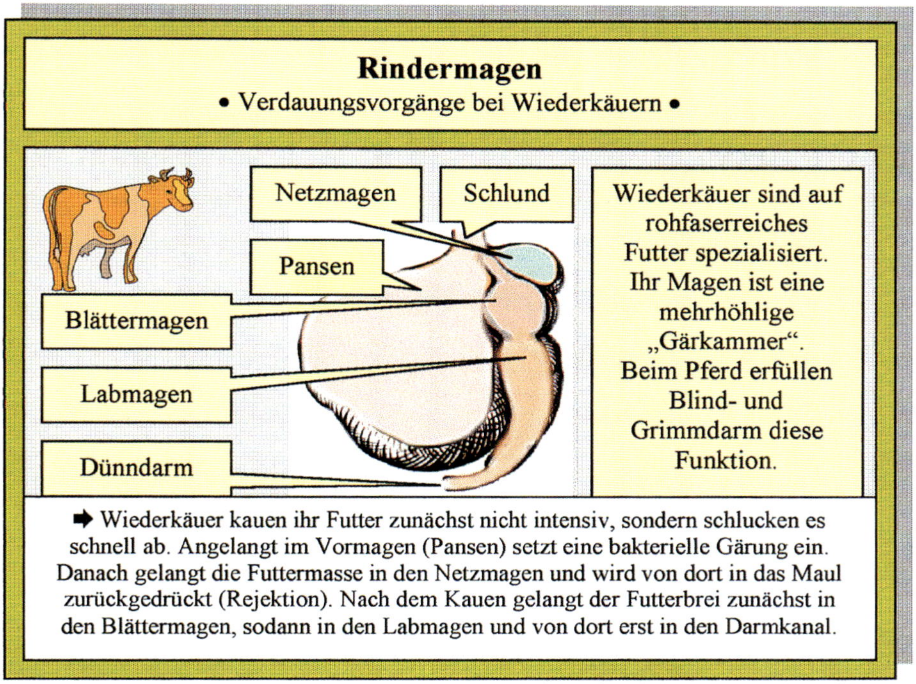

nimmt das Pferd eine Mittelstellung zwischen Rind und Schwein ein.
Die Futteraufnahme erfolgt, wenn das Pferd den Bedarf nach Nahrung verspürt und ein vorhandenes Angebot die Nahrungsaufnahme möglich macht. Dieser Vorgang ist nicht etwa beliebig, sondern wird vom Körper reguliert. Er richtet sich grundsätzlich nach den baustofflichen und energetischen Verlusten, die der Körper zur Substanzerhaltung ausgleichen muß. Maßgebend dafür sind chemische Vorgänge im Körperinnern, die als Stoffwechsel (Metabolismus) in den einleitenden Kapiteln bereits beschrieben wurden.

▸ **Grundsätzlich ist der Körper bestrebt, ein sog. Fließgleichgewicht (z. B. bei einem erwachsenen Pferd im Erhaltungsstoffwechsel) anzustreben und zu erhalten.**

Dabei stehen sich in allen lebenden Zellen stets gleichzeitig zwei Stoffwechselprozesse gegenüber. Zum einen aufbau-

Restvegetation außerhalb des Auslaufs verleitet zum Knabbern und kann durch erhöhte Schmutzaufnahme zu Sandkoliken führen; ratsam ist deshalb eine vegetationsfreie Zone von etwa 0,50 m außerhalb der Einzäunung des Sandauslaufs.

ende Prozesse (Anabolismus), z. B. Eiweiß (= Protein)synthese, Milchzuckersynthese, Fettsynthese oder Knochenbildung, zum anderen abbauende Prozesse (Katabolismus), wie z. B. Knochenabbau oder Oxydation von Glucose (Traubenzucker) zu Kohlendioxid und Wasser. Überwiegen die anabolen Prozesse, dann ist eine sog. anabole Stoffwechsellage gegeben, z. B. beim wachsenden Fohlen oder beim Pferd im Konditionstraining mit verstärkter Muskelbildung. Medikamente bzw. Futterzusatzstoffe, die diese Stoffwechsellage fördern, sind (mit negativen Schlagzeilen) aus der Tiermast und dem Sportbereich als »Anabolica« bekannt (siehe hierzu auch das Kapitel »Leistungssteigernde Stoffe«, Seite 330 ff.).

Beim Überwiegen der katabolen über die anabolen Prozesse ergibt sich eine katabole Stoffwechsellage. Diese ist gegeben bei Unter- und Fehlernährung, Krankheit und hohem Alter. Dabei vermindert sich die Körpermasse so lange, bis der Organismus stirbt.

Sind die anabolen gleich groß wie die katabolen Stoffwechselprozesse, erhält sich der Körper in dem Zustand, in dem er sich befindet: ein Fließgleichgewicht besteht.

Wie die Regulierung, also die innere »Bedarfsberechnung«, der Wechsel zwischen Futteraufnahme und Futterpause (= Karenz), zustandekommt, ist bis in alle – auch genetischen – Feinheiten abschließend noch nicht geklärt. Beobachtet wurde, daß Futterpausen bei freilebenden Pferden selten über vier Stunden ausgedehnt werden.

Bekannte Teilregulatoren für die Nahrungsaufnahme sind Empfindungen wie Hunger, Durst und Sättigung, die – wie beim Menschen – das Verhalten bestimmen können. Im Zwischenhirn beeinflussen sich wechselseitig ein Sättigungs- und ein Appetitzentrum. Offenbar ist das Appetitzentrum ständig aktiv und erzeugt den Nahrungsaufnahmetrieb. Wird dann Nahrung aufgenommen, aktiviert dies das Sättigungszentrum mit der Folge, daß die Erregung des Appetitzentrums für gewisse Zeit gehemmt wird.

Vorgänge, die dem Sättigungszentrum des Organismus signalisieren, daß eine ausreichende Nahrungsaufnahme erfolgt ist, sind z. B. die nach der Futteraufnahme gesteigerte Wärmeerzeugung des Körpers, hormonelle Faktoren (Leptingehalt des Blutes, siehe Seite 246), der jeweilige Gehalt an Blutzucker (wenngleich bei Pferden höhere Gehaltstoleranzen bestehen als z. B. beim Menschen) oder der – für Wiederkäuer als Steuerungsgrundlage festgestellte – Konzentrationsgrad an flüchtigen Fettsäuren. Auch mit Kau- und Schluckbewegungen ist vermutlich ein inneres »Zählwerk« verbunden, das die Nahrungsaufnahme anhand eines vorgegebenen oder vielleicht zusätzlich erlernten Maßstabes »errechnet«. Inwieweit eine Ermüdung der Kaumuskulatur die Beendigung der Futteraufnahme bewirkt, ist nicht abschließend geklärt. Vieles spricht aber dafür, daß gerade bei Pferden dieser Faktor eine ausschlaggebende Rolle spielt.

Offenbar keine wesentlich regulierende Rolle spielt der Magen- und Darmfülldruck beim Pferd, denn nicht selten sieht man z. B. auf Frühjahrsweiden buchstäblich »überfressene Pferde« mit Magenüberladung. Angenommen werden muß, daß entsprechende Rezeptoren, die den Fülldruck an das Sättigungszentrum weitergeben, im Verdauungstrakt nicht vorhanden sind oder durch saisonale »Freßgier« dominiert werden können (z. B. durch einen Bevorratungsinstinkt bei Nordpferden im Herbst).

Weitere Faktoren, die regulierend auf die natürliche Futteraufnahme wirken, sind der Tag-Nacht-Rhythmus, die Umgebungstemperatur (starke Hitze dämpft den Appetit), der Wasserhaushalt des Körpers sowie Schweiß(Elektrolyt)verluste (bei Wassermangel wird ebenso vermindert gefressen wie bei Nährstoffmängeln, z. B. Mangel an Eiweiß, B- und E-Vitaminen sowie Natrium).

▸ **Unter Bedingungen, wie sie regelmäßig in räumlich eng begrenzten, bewegungseinschränkenden, stark reglementierten Pferdehaltungen (= restriktive Kulturhaltungen) vorliegen oder auch bei Reglementierung der Weidezeit, kann die natürliche Regulation der Futteraufnahme teils überdeckt oder völlig ausgeschaltet sein durch Abhängigkeit und Gewöhnung an festgelegte Versorgungszeiten.**

Dabei ist zu beobachten, daß die »innere Uhr« bei Pferden ausgezeichnet funktioniert. Besonders der morgendliche Fütterungszeitpunkt wird von ihnen fast auf die Minute genau abgepaßt und häufig dann durch rufendes Wiehern signalisiert, wenn sich seitens des Betreuers Verspätungen ergeben.
Auch bei großräumiger, freier Weide- bzw. Gruppenauslaufhaltung (= resistive Naturhaltung) ist die natürliche Regulation u.U. teils überdeckt. Das ist der Fall, wenn beispielsweise in der Vegetationszeit genügsamen Primitivrassen (= im Sinne von urtümlich) ein allzu üppiges Nahrungsangebot im Erhaltungsstoffwechsel beliebig zur Verfügung steht. Insbesondere trifft dies für alle Nordpferderassen zu. Allerdings unter dem Aspekt der relativen Genügsamkeit auch auf die – wie zuchthistorisch belegt – an karge Standorte adaptierten Vollblutaraber und auch auf iberische Rassen sowie manche (nicht mit Englischem Vollblut veredelte) Warmblutrassen. Bei üppigem Angebot übersteigt – wie oben schon angedeutet – in solchen Fällen die intensive Futteraufnahme den aktuellen Nahrungsbedarf erheblich und tangiert oder überschreitet die gesundheitlich unbedenkliche Grenze des Fassungsvermögens der Verdauungsorgane.

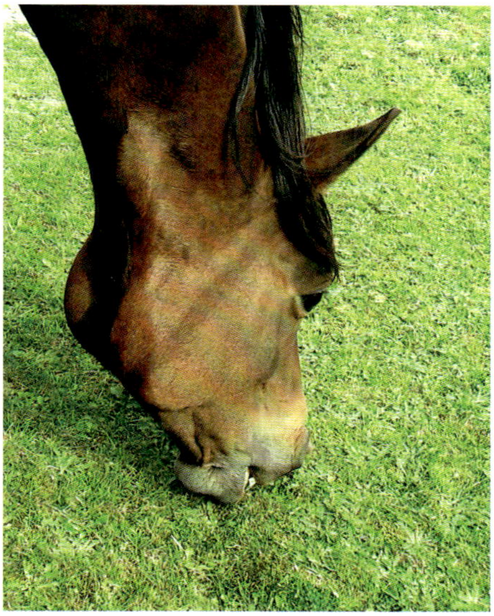

Magervegetation einer Trampelkoppel, die wegen mangelhafter Düngung und Überstrapazierung stark mit Moos bewachsen ist. Dies führt auf Dauer zur Grünlanddegeneration mit Narbenlücken und vermehrter Schmutzaufnahme durch grasende Pferde.

FUTTERAUFNAHME

Die Ernährungsweise, die Art der Futteraufnahme, hängt davon ab, ob das Pferd sein Futter auf natürliche Weise selbst sucht oder bearbeitetes Futter im Stall-/Auslaufbereich vorgelegt bekommt. Zur Nahrungsaufnahme gehört auch die Wasserversorgung, denn Wasser ist unentbehrlich für den Organismus: Leben ohne Wasser ist nicht möglich. Wasser ist Lösungs-, Regulations- und Transportmittel im Organismus, es zählt nicht zu den Nahrungsmitteln im engeren Sinne, denn es enthält keine Nährstoffe.
Ein Teil des Wasserbedarfs wird mit der Nahrung aufgenommen, der größere Teil muß über Tränkwasser aufgenommen werden. Einzelheiten werden im Kapitel »Wasser«, Seite 337 ff., behandelt (siehe auch Grafik 54, Seite 336).
Lippen, Schneidezähne und Zunge des Pferdes dienen der Nahrungsaufnahme. Hohe Beweglichkeit kennzeichnet die Lippen; sie sind ähnlich sensible (und geschickte) Tast- und Greiforgane wie die

Finger eines Menschen. Unterschiedliche Futterpartikel (sogar meist einzelne Preßlinge von 2 bis 4 mm Länge) und Fremdkörper können Pferde ausgesprochen gut selektieren. Im Gegensatz zu Wiederkäuern sind Pferde daher weniger gefährdet, tastbare Fremdkörper mit der Nahrung aufzunehmen.

Steine in den Trog?
Es ist abzuraten, Ratschläge zu befolgen, die empfehlen, Steine oder andere Fremdkörper in Futterkrippen zu legen, um Pferden z. B. bei der Kraftfutter- oder Heucobaufnahme durch das dann verstärkt erforderliche Sortieren eine längere Freßzeit »zu bescheren«. Längere Freßzeiten sind ausschließlich durch Vorlage gröber strukturierter Futtermittel zu erzielen, die – statt Steine zu sortieren – pferdegerechte Kaubeschäftigung bieten. Selektionsbeschäftigung erzielt man durch Nutzung eines engmaschigen Heunetzes mit einem Heu-/Strohgemisch.

Gras und festes Futter (Möhren, Zweige, Rüben etc.) wird mit den Schneidezähnen abgebissen und gelangt portionsweise in die Maulhöhle.
Auch Pferde haben einen »auswählenden Appetit« und ziehen bestimmte Gräser und Kräuter oder Kraftfuttermittel anderen vor.
Was die grundsätzlichen Vorlieben für bestimmtes Futter betrifft, so ergab die Auswertung empirischer Daten aus 124 Pferdebeständen mit 352 Pferden (BENDER, 1999) u. a., daß von allen ballaststoffreichen Grundfuttermitteln am liebsten junges Gras gefressen wird.
Qualitativ sehr gutes, nicht zu feines, sondern griffiges, aromatisch-artenreiches Juni-Heu vom 1. Schnitt rangiert in der Beliebtheit noch vor gemähtem, langhalmigem Grünfutter. Gleichermaßen gut aufgenommen wird frisch-würzig riechende Qualitäts-Heulage aus unbeschädigten Preßballen.
Erstaunlich gut gefressen wird rohfaserreiches (erst im August geerntetes), aber nährstoffarmes Grassamenheu. Nicht

Heunetze (nur engmaschige) sind sehr nützlich. Mit einem Heu-/Strohgemisch erreicht man durch diese Fütterungstechnik lange Beschäftigungszeiten. Das abgebildete Netz hängt zu niedrig, die Unterkante sollte sich etwa in Brusthöhe des Pferdes befinden, um ein Verheddern der Hufe im Heunetz zu vermeiden.

Alle Pferde zeigen Vorliebe für Mash-Futter, das man als Eigenmischung aus handelsüblichem Müsli und Weizenkleie (wie abgebildet) herstellen kann (noch mit heißem Wasser übergießen – schon ist es fertig!).

selten wird es nährstoffreicherem, aber insgesamt qualitativ mittelmäßigem, sehr feinem, artenarmem Heu vom 2. Schnitt (Grummet/Öhmd) und mittelmäßiger, geruchlich etwas diffuser, gehäckselter Grünfuttersilage (aus Silolagerung) vorgezogen.

Am Ende der Beliebtheitsskala rangieren die Strohsorten. Bevorzugt aufgenommen wird innerhalb der Strohsorten einwandfrei getrocknetes Haferstroh. Bei Kraftfuttermitteln spielt für die Futteraufnahme Gewöhnung die entscheidende Rolle. Quetschhafer, Müsli-Mischfutter (siehe z. B. Tabelle 71, Seite 437 ff.) und Mash (= »Schlappfutter« aus je einem Teil Haferschrot-Weizenkleie-Gemisch und Leinsaat plus 20 % Kochsalz, überbrüht mit kochendem Wasser und auf 40 °C abgekühlt »serviert«) sind besonders beliebt.

Es folgen ganzbelassene (nicht gequetschte oder eingeweichte) Getreidekörner und industriell hergestellte Kraftfuttermischungen aus Preßlingen (s. S. 437), die weder zu lang noch zu weich sein sollten. Geschrotetes (= mehliges) Kraftfutter (z. B. Weizenkleie, Mais oder Gerste) wird gelegentlich verweigert oder erst zuletzt aufgenommen. Zögerliche Aufnahme erfolgt anfangs immer bei gepreßten Futtermitteln in Brikettform. Geruch, positive oder negative Geschmackserfahrungen und die physikalische Beschaffenheit (Form und Konsistenz) sind für die Futteraufnahme wichtige Auswahlkriterien.

Hinzu kommen weitere innere und äußere Faktoren. In Streßsituationen (beim Turnier oder nach einem Rennen) zeigen Pferde manchmal mehrstündige Appetitblockaden. Auch fressen Pferde, die normalerweise in Stall- oder Auslaufgemeinschaft mit Artgenossen gehalten werden, in Einzelhaltung abgesondert erheblich weniger. Seltener gibt es »erlernte Geschmacksaversionen« (SCHARRER und LANGHANS, 1986), wenn Pferde ein der Fütterung folgendes »Unwohlsein« als unangenehme Wirkung des verabreichten Futters betrachten. Dies kann bei Hochleistungspferden eintreten, wenn sie stets nach hohen Kraftfuttergaben – ohne ausreichenden vorherigen Rauhfutterverzehr – Verdauungsprobleme bekommen. Man spricht dann von »sauergefütterten« Pferden, die deshalb nur zögerlich Kraftfutter aufnehmen.

Appetitblockaden können z. B. bei Großpferden (LM = 600 kg) durch tägliche Zufütterung von 150 bis 200 g getrockneter Bierhefe oder 1 kg getrocknetem Biertreber (Bezug über Brauereien) gelockert werden. Die appetitanregende Wirkung beruht auf den hohen Vitamin-B-Gehalten; siehe z. B. zu »Bierhefe/Biertreber« Seite 431 f.

DAS PFERD ALS PFLANZENFRESSER

Menschen und Tiere beschaffen sich ihre Nahrung auf unterschiedliche Art und Weise. Nach der vorwiegenden Art der Nahrung werden

- Pflanzenfresser (Herbivoren, z. B. Pferd, Rind, Schaf),
- Fleischfresser (Carnivoren, z. B. Hund, Katze),
- Allesfresser (Omnivoren, z. B. Mensch, Schwein, Ente)

unterschieden. Eine Sondergruppe sind die Aasfresser (z. B. Geier).

Die Aufnahme der Nahrung sowie ihre Verdauung (= Umwandlung in Grundbausteine) ist ebenfalls sehr unterschiedlich. Kleine Wassertiere, z. B. Schwämme, Rädertiere und Muscheln, sind Strudler, die mit Bewegungen Strömungen erzeugen und so die Nahrung herbeistrudeln. Säftesauger, z. B. Fliegen, Stechmücken, Wanzen und Blutegel, besitzen Saugvorrichtungen, mit denen sie flüssige organische Stoffe aufnehmen. Schlinger nehmen ihre Nahrung unzerlegt auf (z. B. Schlangen, Lurche sowie manche Vögel). Zersetzer verflüssigen feste Nahrung au-

Grafik 24

Lage und Funktion der Verdauungsorgane des Pferdes

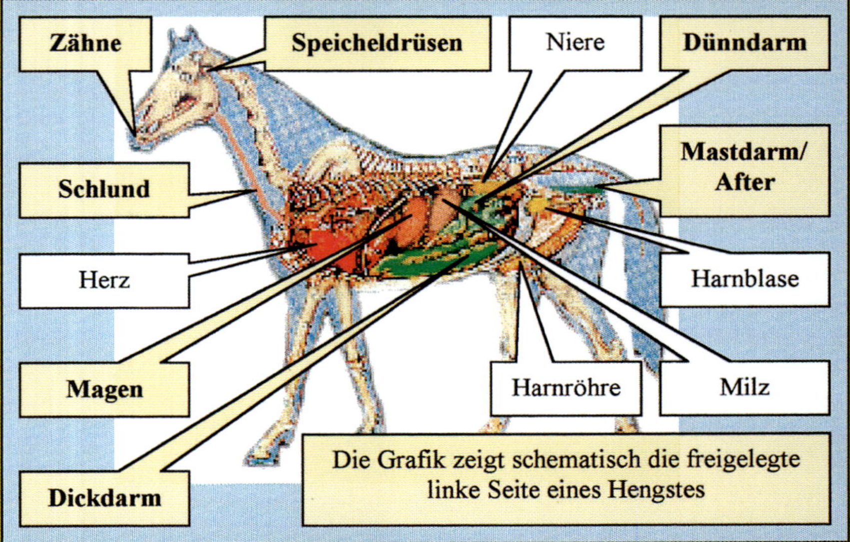

Die Grafik zeigt schematisch die freigelegte linke Seite eines Hengstes

☛ Auf einen Blick:

- Lippen, Zunge und Zähne dienen der Nahrungsaufnahme.
- Kauen und Einweichen mit Speichel führt zum Schluckreflex (➡ Rauhfutter wird intensiver zerkaut und eingespeichelt als Kraftfutter).
- Anschließend beginnt die Magenverdauung (= Aktivität von Enzymen, Mikroorganismen und körpereigenem Magensaft).
- Dabei muß der salzsäurehaltige Magensaft den Futterbrei durchdringen können, um den pH-Wert des Futterbreis zu senken („anzusäuern"). Dies ist zur Reduzierung der Mikroorganismen, die sonst anschließend in den Dünndarm gelangen und dort Fehlgärungen auslösen können, erforderlich.
- Ist aber der Futterbrei wenig zerkleinert und ungenügend durchweicht - ist er also verdichtet - kann der Magensaft ihn nicht durchdringen. Folgen: Ungenügende Ansäuerung des Futterbreis und dadurch bedingte mangelnde Reduzierung der Mikroorganismen (➡ Kolikgefahr).

Grundsatz:

Die ungestörte Verdauung setzt lange Kaubeschäftigung voraus.

Praxis:

Um gleichmäßige Verdauungsvorgänge bei stabilem Darmmilieu zu begünstigen, zuerst Rauhfutter „als Basis" und danach Kraftfutter füttern.

ßerhalb ihres Körpers (z. B. Spinnen und Seesterne).
Pferde sind – wie die überwiegende Zahl der Säugetiere und auch der Mensch – Kauer. Die mechanische Verdauung beginnt bei ihnen mit dem Zerlegen fester Nahrung durch Kaubewegungen/Kauschläge (Mastikation) ihrer Kauwerkzeuge (Kiefer, Zähne) vor Aufnahme der Nahrung in den Magen-Darm-Trakt. Man bezeichnet deshalb auch die Maulhöhle als Kopfdarm.
Mit der mechanischen Verdauung setzt der komplizierte – und anfällige – Verdauungsvorgang beim Pferd ein. Verdauung findet im gesamten Verdauungstrakt nacheinander in Stufen statt (s. Grafik 24 auf Seite 256).
Der Verdauungstrakt gliedert sich in

- Maulhöhle/Kopfdarm (Funktion: mechanische Verdauung und Einspeichelung),
- Schlund/Speiseröhre (Funktion: Transport der Nahrung magenwärts),
- Magen (Funktion: Vor- und Teilverdauung, u. a. pH-Wert-Senkung = Ansäuerung durch Magensaft) und
- Darm (Funktion: Hauptverdauung durch Säfte/Sekrete sowie mikrobielle und enzymatische Vorgänge; Durchmischung des Nahrungsbreis; Aufsaugung der Stoffe in die Lymph- und Blutbahn sowie Ausscheidung von Rest- und Fremdstoffen).

MAULHÖHLE, ZÄHNE UND SCHLUND

In der Praxis ist in erster Linie die mechanische Verdauung in der Maulhöhle für jeden Pferdebetreuer beobachtbar und teils korrigierbar. Ungestörte Bewegungen der Kiefer sind grundlegende Voraussetzung dafür, daß die Nahrung so verändert wird, daß sie später in die Blut- und Lymphbahn eintreten kann, um im Organismus verwertet zu werden (siehe Grafik 25, Seite 258).
Nur wenn die Nahrung insgesamt aufsaugbar (= resorbierbar) – zunächst durch das »Mahlwerk« der Zähne – verändert wird, dient sie der Ernährung. Entscheidend ist demnach letztlich nicht die Menge an Rohnährstoffen, die in einem Futtermittel enthalten ist, sondern nur das, was auch tatsächlich individuell verdaut werden kann.
Pferde kauen das Futter zwischen den Backenzähnen, die wie rauhe Mühlsteine mahlen. Immer wird nur auf einer Seite gekaut, wobei nach unterschiedlich langer Freßdauer stets die Seite gewechselt wird. Die Zahl der Kauschläge beträgt bei mittelgroßen Pferden – abhängig vom Futter – etwa 50 bis 60 pro Minute. Je nach Art des Futtermittels ergeben sich abweichende Freßzeiten (siehe Tabelle 25, Seite 259). Nicht allein wegen der besseren Resorbierbarkeit, sondern immer auch als Vorbedingung zur ungestörten Passage durch den gesamten Verdauungstrakt, ist grundsätzlich starke Zerkleinerung jedweden Futters durch das Pferd selbst erforderlich. Vorsicht ist z. B. angebracht bei Weideaufwuchs aus Feingräsern (z. B. Windhalmgras und dem ähnlich aussehenden Straußgras). Diese Gräser wachsen meist in Horsten auf schwach gedüngten Flächen und werden von Pferden dann gemieden, wenn andere schmackhaftere Gräser vorhanden sind. Wenn Pferde aber Windhalmgras oder Straußgras auf der Weide oder im gemähten Grünfutter aufnehmen, kommt es manchmal vor, daß dieses Gras von ihnen wegen der Feinheit der Halme und Rispen nicht genügend zerkleinert wird. Die Folge können Verstopfungskoliken sein.

► **Es empfiehlt sich, Flächen mit Feingrasaufwuchs vor Beweidung zu mähen und das Schnittgut zu kompostieren und nicht zu verfüttern!**

Ratsam ist, solche Flächen vorsorglich auf Dauer z. B. mit Weidelgras, Wiesenrispe und Lieschgras einzusähen und gut mit reifem Kompost und Stickstoffgaben, z. B.

Grafik 25

Prinzip des Nährstoff- und Sauerstofftransports

• Blut, Blutkreislauf und Lymphe •

Vom Magen-Darm-Trakt müssen die Nährstoffe und von der Lunge der Sauerstoff in alle Zellen transportiert werden, damit Lebensvorgänge ablaufen können. Auch die dabei entstehenden Abfallstoffe sind abzutransportieren.

• Diese und andere Aufgaben teilen sich die Körperflüssigkeiten Blut und Lymphe.

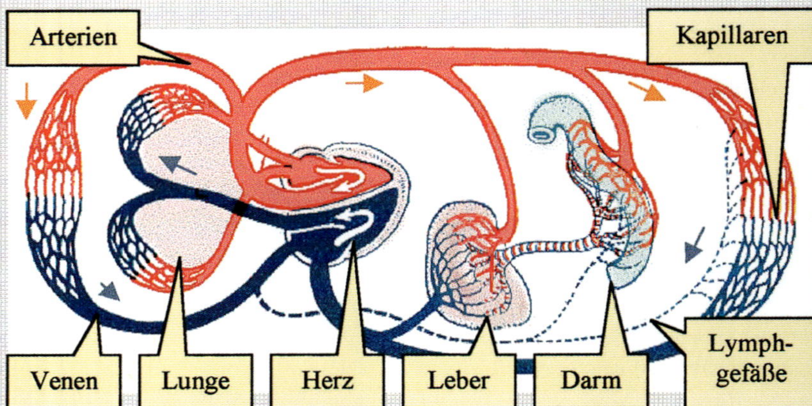

Grundfunktionen:

Blut fließt in verschiedenartigen Blutgefäßen (Adern):
Arterien transportieren sauerstoffreiches Blut vom Herzen in den Körper, Venen leiten sauerstoffarmes, kohlendioxidhaltiges Blut zurück zum Herzen. Beide Gefäßarten gehen in sog. Kapillaren (sehr feine Adern) ineinander über.
Lymphe ist die in den Lymphgefäßen gesammelte Gewebsflüssigkeit, die den Stoffwechsel mit den Zellen vermittelt. Die aus dem Gewebe in den Blutkreislauf rückzuleitende Lymphe wird in Lymphknoten gefiltert und durch Einmündung in die Venen dem Blutkreislauf zugeführt (aus dem sie hervorgegangen ist).

☛ Auf einen Blick:

• **Verdauung (Digestion)** bedeutet Umwandlung des aufgenommenen Futters in aufsaugbare (= resorbierbare) Bestandteile durch mechanische und chemisch-bakterielle Faktoren und Prozesse.

• **Aufsaugung (Resorption)** bewirkt den Übergang von Stoffen aus dem Verdauungstrakt in die Blut- und Lymphbahn. Die Stoffe durchdringen die Wände des Verdauungstrakts z.B. durch Osmose.

Futteraufnahmezeiten*) in Minuten je kg des Originalfutters (= Frischsubstanz – FS –)

Tabelle 25

Futtermittel	Großpferde	Mittelgroße Pferde		Kleine Ponys	
	Warmblüter	Vollblutaraber	Fjordpferde	Shetlands	Welsh-A
Heu, 1. Schnitt	35	45	35	55	65
Heucobs **)	12	15	13	20	22
Haferstroh	44	62	50	68	75
Grassamenheu	40	55	42	58	67
Heulage	39	50	41	52	60
Quetschhafer	12	15	15	20	20

*) Die Daten wurden ermittelt durch Beobachtung von jeweils drei ausgewachsenen Pferden – ausgenommen Welsh-A: zwei Pferde – der angegebenen Rassen (Alter 5 bis 20 Jahre); bei Jungpferden und älteren Pferden verlängern sich die Aufnahmezeiten. Durchschnittswerte zur Grasmengenaufnahme siehe Grafik 21 auf Seite 244.

**) Heucobs mit rund 15 mm Durchmesser.

mit handelsüblichem Kalkammonsalpeter (26% Gesamtstickstoff) zu düngen, um anspruchslose Feingräser zurückzudrängen. Nur in Ausnahmefällen empfiehlt sich der Einsatz von Herbiziden zur Bekämpfung dieser Gräser, denn durch Herbizide werden zwar kurzfristig sichtbare Erfolge erzielt, doch die Standortbedingungen für späteren Aufwuchs der unerwünschten Gräser ändern sich dadurch nicht.

Vorsicht Darmverstopfung!
Besonders problematisch, weil zu bedrohlichen Verstopfungen führend, ist stets die Verfütterung von sehr kurz gehäckseltem Rauhfutter (z. B. unter 3 cm). Gleiches gilt für Rasenabschnitt aus dem heimischen Garten oder von Golfplätzen. Niemals dürfen solche und andere »vorzerkleinerte« Futtermittel verfüttert werden, denn sie verleiten das Pferd zum schnellen Abschlucken – ohne vorheriges ausreichend langes eigenes Kauen mit ausgiebigem Einspeicheln.

Bei Zahnunregelmäßigkeiten (siehe Grafiken 28 und 29, Seiten 264 und 267) sind die wichtigsten Verdauungsvoraussetzungen, Futteraufnahme und ausgiebige Futterzerkleinerung durch Kauen, gestört. Wichtig ist aus diesem Grund die regelmäßige vorsorgliche Beobachtung und Überprüfung der Kauwerkzeuge bei jedem Pferd durch den Betreuer mit – falls erforderlich – zügig folgender fachtierärztlicher Behandlung. Zur praktischen Zahnkontrolle sind die im folgenden beschriebenen Zusammenhänge und Praktiken für jeden Betreuer nützlich, um Unregelmäßigkeiten erkennen zu können.

Das Pferd hat ein Pflanzenfressergebiß mit gut beweglichen Kiefern, in denen sich – je nach Lebensalter und Geschlecht – unterschiedlich viele Zähne (24 bis 40) in knöchernen Zahnfächern befinden. Jeder Zahn besteht aus der sichtbaren Krone, die ein bis zwei Zentimeter aus dem Zahnfleisch ragt, und der Wurzel im Kieferknochen. Aufgebaut ist ein Zahn aus dem Zahnbein (= Knochengewebe Dentin), das an der Krone mit hartem Zahnschmelz und an der Wurzel mit weicherem Zahnzement beschichtet ist. Das Zahninnere, die Pulpa, »lebt«, es wird ausgefüllt von Gewebe mit Blutgefäßen und Nerven (siehe Grafik 26, Seite 261).

Pferdezähne unterscheiden sich ganz erheblich von Zähnen anderer Tiere oder denen des Menschen. Menschenzähne, sog. bunodonte Zähne, besitzen keine Reserven für einen Abrieb, weil sie hauptsächlich für weichere Nahrung bestimmt sind. Hypsodonte Zähne, wie die des

Pferdes hingegen, besitzen unterhalb der Zahnfleischlinie im Kiefer begrenzte, bei mittelgroßen Pferden durchschnittlich etwa 6 cm lange Kronenverlängerungen als Abriebreserven. Diese Reserven schieben sich (nachdem sie ab einem Alter von gut fünf Jahren voll ausgebildet sind) ständig in Abhängigkeit vom tatsächlichen Abrieb, basierend auf der Härte des Futters, nach – und verbrauchen sich im Laufe der Lebenszeit vollständig. Am Rande sei zur Vollständigkeit hinzugefügt, daß z. B. bei Kaninchen, Bibern und anderen Nagetieren die Nagezähne laufend nachwachsen. Solche Zähne werden als hypselodont bezeichnet. Sie müssen wegen verminderter Abnutzung aufgrund mangelnder Nagemöglichkeit bei Haustieren (z. B. Meerschweinchen und Kaninchen) zur Beseitigung störender Überlänge bei Bedarf regelmäßig mit der Zange fachgerecht gekürzt werden.

Natürliche Altersgrenze

Der Verlust sehr alter Pferde hängt auch gerade mit dem Verbrauch der Zahnreserven durch völligen Abrieb zusammen, weshalb die natürliche Altersgrenze bereits aus diesem Grund bei Pferden nur bei 30 bis 35 Jahren liegt. Es gibt Ausnahmen, wie z. B. die Islandstute Tulle, die angeblich 54 Jahre alt geworden sein soll, was unbelegt und auch biologisch unwahrscheinlich ist.

Um Probleme des Zahnwechsels zu berücksichtigen, aber auch eine Altersbestimmung bei Pferden ohne verläßlichen Geburts- und Abstammungsnachweis vornehmen zu können, muß man wissen, wie das Zahnbild aussieht und wie Zähne im allgemeinen und in einem bestimmten Alter beschaffen sind.

Gesunde, ausgewachsene Pferde besitzen normalerweise sowohl im Ober- als auch im Unterkiefer die gleiche Anzahl von Funktionszähnen. Das läßt sich einfach einprägen (siehe Grafik 27, Seite 262): In jedem Kiefer sitzen sechs Schneidezähne und zwölf Backenzähne, ergibt insgesamt für beide Kiefer 36 Zähne. Bei männlichen Pferden (Hengsten und Wallachen) kommt auf jeder Seite des Ober- und Unterkiefers, und zwar in den Lücken zwischen Schneide- und Backenzähnen, noch jeweils ein (weitgehend funktionsloser) Hakenzahn dazu; sie besitzen dadurch 40 Zähne. Hakenzähne kommen in Einzelfällen auch bei Stuten – meist nur in den Unterkieferlücken – vor (sie haben dann 38 Zähne). Sogenannte kleine Wolfszähne, ebenfalls wie die Hakenzähne ohne Funktion, finden sich gelegentlich noch zusätzlich zu den Hakenzähnen bei männlichen Pferden im Oberkiefer auf jeder Seite direkt vor dem ersten Backenzahn. Wenn Wolfszähne Probleme bereiten (falls sie nicht vorzeitig von selbst ausfallen), sollten sie vom Tierarzt operativ (meist vor Ort) entfernt werden.

Die sechs Schneidezähne (im Ober- und Unterkiefer zusammen 12) werden bezeichnet – von der Mitte bzw. innen nach außen – als »Zangen«, »Mittelzähne« und »Eckzähne« (siehe Grafik 26, S. 261). Es sind also im Ober- und Unterkiefer jeweils Zangen als Frontzähne vorne in der Mitte, anschließende Mittelzähne jeweils daneben und die Eckzähne (jeweils vor der Lücke zu den Backenzähnen) vorhanden. In der Lücke selbst befinden sich bei männlichen Pferden die Hakenzähne. Sie sind als sog. Rudimente (= funktionslos gewordene, rückgebildete Strukturen) ebenso wie die Wolfszähne nicht lebenswichtig. Durch ihr Vorhandensein erklärt sich auch die Zahnlücke, die für das Pferd selbst zwar bedeutungslos ist, aber als eine naturgegebene ideale Voraussetzung zur Plazierung von Trensen- und Stangengebissen im Maul genutzt wird.

Anzumerken ist, daß – im Vergleich zu Pferden – andere Pflanzenfresser, z. B. Rinder und Schafe, im Oberkiefer nicht

Grafik 26

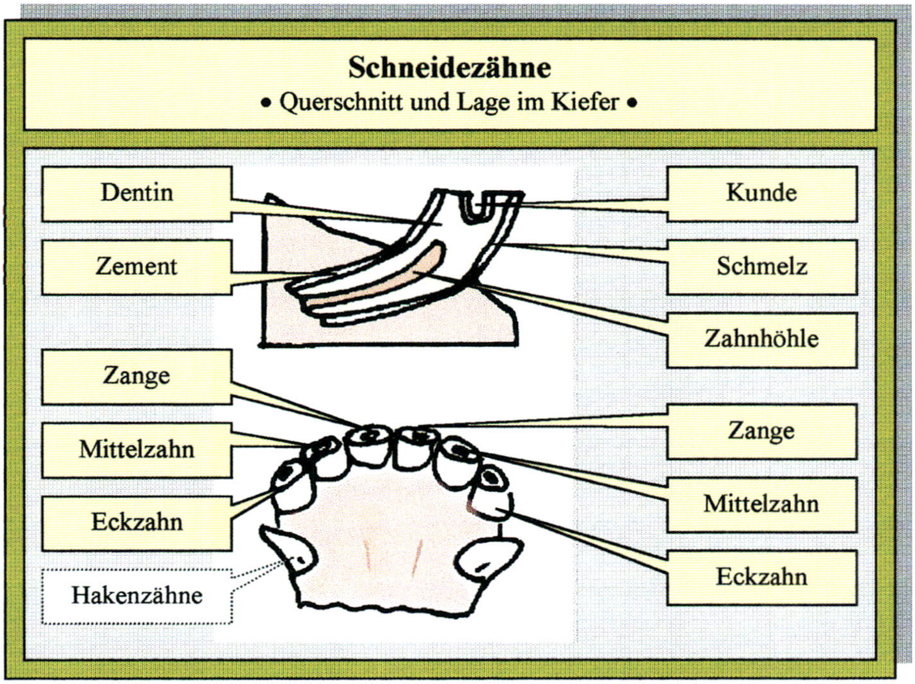

über Schneidezähne, sondern dort nur über eine schleimhautüberzogene Kauplatte verfügen. Sie sind deshalb nur begrenzt in der Lage, hartes Futter oder Holzteile – so wie Pferde – mit den Vorderzähnen anzuknabbern, abzutrennen und zu zerbeißen.

Anschließend an die Lücke zu den Schneidezähnen folgen rachenwärts die kräftigen Backenzähne des Pferdes. Auf jeder Kieferseite sind dies oben und unten drei vordere Backenzähne (Dentes praemolares) und drei hintere Backenzähne (Dentes molares). Die Kauflächen der Backenzähne sind nicht etwa glatt, sondern bestehen aus harten Schmelzfalten, die beim Kauen den Mahleffekt erzeugen. Unterkieferbackenzähne sind schmaler als die oberen. Beim Kauen bzw. Mahlen des Futters verschieben sich die oberen und unteren Zähne seitlich gegeneinander.

Fohlen und Jungpferde haben noch ein unvollständiges Milchgebiß, das mit zunehmendem Alter durch bleibende Zähne ersetzt und ergänzt wird (= Zahnwechsel; siehe Grafik 28, Seite 264). Bis zum Alter von etwa einem Jahr sind nur 24 Milchzähne vorhanden: insgesamt 12 Schneidezähne und 12 vordere Backenzähne (= Praemolaren). Die hinteren Backenzähne (Molaren) sind nicht als

Mindestens mehrstündiger Weidegang in der Vegetationszeit und genügend Rauhfutter (Heu/Heulage) in der übrigen Zeit sorgen am ehesten für gleichmäßige Zahnabnutzung.

Grafik 27

Kopfdarm/Zähne

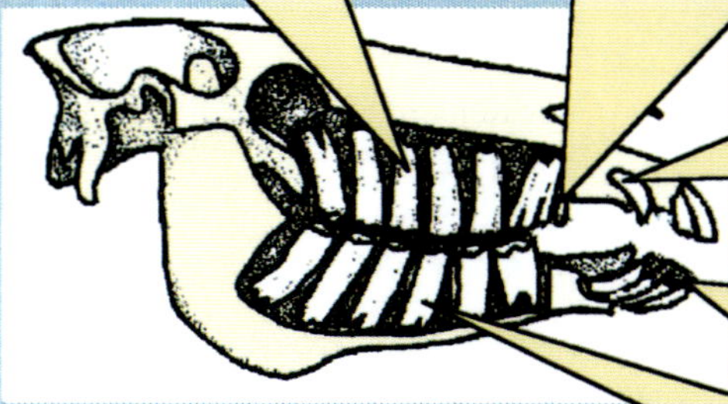

Pferdeschädel
(Zahnwurzeln freigelegt)

☛ Auf einen Blick:

Alle Zähne bestehen aus der Krone (über dem Zahnfleisch) und der Wurzel (im Kiefer). Die ersten drei Backenzähne (dentes praemolares) und die Schneidezähne (dentes incisivi) unterliegen dem Zahnwechsel während der Wachstumsphase in den ersten fünf Jahren.

- Backenzähne und Schneidezähne verfügen über Reserven (gut 6 cm) im Kiefer (= sog. hypsodonte Zähne); sie schieben sich entsprechend dem Kronenabrieb nach (etwa 2 mm je Jahr) und verbrauchen sich im Laufe des Pferdelebens.

Grundsatz:

Die Verdauung beginnt im Maul (= Kopfdarm).
Ohne gesunden Kauapparat sind Futteraufnahme, Verdauung und Wohlbefinden des Pferdes nachhaltig gestört.

Praxis:

Der gesamte Kauapparat (Kieferfunktion und Zustand der Zähne) muß regelmäßig - insbesondere aber bei allen Stoffwechselstörungen - untersucht werden.

Milchzähne ausgebildet; sie brechen als bleibende Zähne abgestuft später durch: der erste Molar nach knapp einem Lebensjahr, der zweite nach zwei Jahren und der dritte im Alter von vier Jahren.
Bei Neugeborenen sind zunächst nur die drei ersten Milchbackenzähne (Milchpraemolaren) vorhanden. Die Milchzangen im Schneidezahnbereich brechen in der ersten Woche durchs Zahnfleisch, die Milchmittelzähne sind mit sechs Wochen ausgebildet. Erst mit sechs bis maximal neun Monaten treten die Milcheckzähne hervor. Mit zweieinhalb Jahren wechseln die Zangen und die beiden vorderen Backenzähne (Praemolaren), mit dreieinhalb die Mittelzähne und der hintere Backenzahn (Praemolar) und mit viereinhalb die Eckzähne. Zangen und Eckzähne wechseln zuerst im Oberkiefer, Mittelzähne zuerst unten. Hakenzähne brechen bei männlichen Pferden mit etwa vier Jahren durch. Innerhalb von sechs Monaten erreicht jeder gewechselte (bleibende) Zahn seine volle Kronenhöhe und damit seine Mahlfunktion, die kontinuierlich zum Abrieb führt.
Erst mit etwa fünf bis fünfeinhalb Jahren ist das Gebiß des Pferdes komplett entwickelt und alle Schneidezähne treten voll in Reibung. Erst dann ist ein Pferd voll ausgewachsen und kann bei regelmäßigem, gesunden Gebiß störungsfrei alle Futtermittel zerkauen.
Betreuer und Ausbilder von Jungpferden müssen über den Zahnwechsel informiert sein. Dadurch lassen sich Störungen bei der Futteraufnahme (z.B Schlundverstopfungen, siehe Grafik 93, Seite 500) und in der Futterverwertung (z. B. Abmagerung während des Zahnwechsels) sowie auch Verhaltensprobleme bei begonnener Ausbildung rechtzeitig pferdegerecht berücksichtigen und erklären.
Was die Zahnaltersbestimmung betrifft, so kann man von der Geburt bis zum sechsten Lebensjahr (= Periode des Zahnwechsels – bis sich alle Schneidezähne in Reibung befinden) das Alter sehr sicher bestimmen. Weniger sicher wird der Altersnachweis vom 6. bis zum 11. Lebensjahr. Da in den Schneidezahnflächen dunkle, ovale Vertiefungen vorhanden sind (= Kunden, siehe Grafik 26, Seite 261), läßt sich z. B. bei einer durchschnittlichen Kundentiefe der Schneidezähne des Unterkiefers von 6 mm und einer jährlich etwa 2 mm starken Abnutzung der Reibeflächen leicht ermitteln, daß die Kunden der Zangen, die mit etwa dreieinhalb Jahren voll in Reibung gelangen, nach drei Jahren verschwunden sein müssen. Sind demnach bei einem Pferd die Kunden der Unterkieferzangen nicht mehr sichtbar (wohl solche noch an Mittel- und Eckzähnen), ist es sechs Jahre alt. Analog verhält es sich mit den Mittel- und Eckzähnen, die später wechselten und entsprechend später in Reibung gelangten. Mit sieben Jahren sind die Mittelzähne des Unterkiefers kundenfrei, mit acht die Eckzähne. Die Kunden an den Schneidezähnen des Oberkiefers sind mit mehr als 12 mm erheblich tiefer als die des Unterkiefers. Daraus ergibt sich, daß – bei 2 mm Abrieb je Jahr – die Zangen des Oberkiefers mit 9, die Mittelzähne mit 10 und die Eckzähne mit 11 Jahren kundenfrei sind. Wegen unregelmäßig starker Abnutzung der Oberkieferschneidezähne ist diese Altersbestimmung nie ganz exakt möglich. Zu berücksichtigen ist auch, daß die Zähne von Pferden des Südtyps offenbar etwas härter sind. Ebenfalls ist der Schneidezahnabrieb bei überwiegend stallgehaltenen Pferden mit keinem oder geringem Weidegang weniger stark als bei Weidepferden.
Die Altersbestimmung bei älteren Pferden geht einher mit vielen unterschiedlichen Details, die selbst für Kenner schwer zu vernetzen sind. Zu nennen ist hier die veränderte Reibeflächenform der Unterkieferschneidezähne von queroval zu rundlich. Bei Zangen ist dies mit etwa 12 Jahren festzustellen, bei Mittelzähnen

Grafik 28

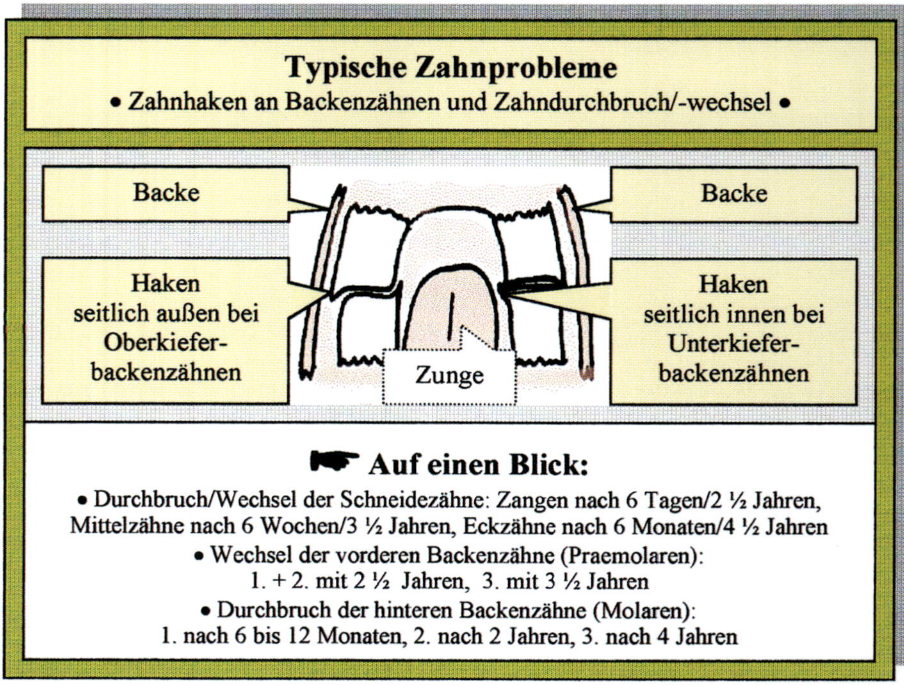

mit 13 Jahren, bei Eckzähnen mit 14 Jahren. Mit 18 bis 20 Jahren wandeln sich die runden Flächen in dreieckige Formen. Bei Pferden über 15 Jahre wird der Zahnbogen des Unterkiefers zunehmend flacher, mit 24 ist er gerade, es ergibt sich ein spitzes Winkelgebiß (manchmal sind die Schneidezähne plan zu schleifen).

Ober- und Unterkiefer einer 22jährigen Fjordstute. Der Zahnbogen des Unterkiefers wird zunehmend flacher. Im Unterkiefer sieht man den bei Stuten seltenen Hakenzahn (»Hengstzahn«).

Erhalten Pferde ständig z. B. wenig Rauhfutter oder nur weiches Futter und sind deshalb ungenügend lange mit Kauarbeit beschäftigt, schleifen sich die Zähne zwangsläufig unregelmäßig ab. Schon bei Jungpferden kann dies als Folge mangelhafter Rationenzusammensetzung auffällig werden.

Ratsam ist, Pferden ohne Weidegang täglich etwa 1,5 kg Rauhfutter mit kaufähiger Rohfaserstruktur (primär Heu) je 100 kg Lebendmasse (LM) als Erhaltungsbedarf zuzuteilen. Dadurch wird eine Mindestkauzeit von 5 bis 6 Stunden gewährleistet.

Dies ist nur ein pauschales Beispiel. Wie Rationen zusammengestellt werden, wie hoch der Gesamtnahrungsbedarf ist und welche Fütterungsfrequenzen (= Zahl der Mahlzeiten) sich empfehlen, wird später in den Kapiteln »Fütterungsmaßnahmen und -technik« (Seite 445 ff.) und »Praktische Rationsberechnung und -gestaltung« (Seite 460 ff.) an konkreten Rationsbeispielen erläutert.

Vordere Praemolaren (Milchzähne), wie man sie beim Zahnwechsel von 2-jährigen Pferden z. B. in der Futterkrippe finden kann. Deutlich zu sehen sind die Kunden (Vertiefungen) in der Oberfläche.

Bei Pferden ohne genügende Kaubeschäftigung werden Verhaltensänderungen provoziert, z. B. extrem gieriges Schlingen von Futter mit der Folge von Schlundverstopfungen, chronischen Verdauungsstörungen, starkem Futterneid gegenüber Artgenossen, Holzbenagen, Krippensetzen und Koppen. In Einzelfällen kann starkes Krippensetzen wiederum zu einer überdurchschnittlich starken Abnutzung der dazu benutzten Schneidezähne mit chronischen Kieferverschiebungen führen. Häufigste Folgen unzureichender Kaubeschäftigung oder reiner Stallfütterung ohne Weidegang sind allerdings mangelnde Abnutzung der Schneidezähne und Bildung von seitlichen Haken (außen zu den Backen hin) an den Oberkieferbackenzähnen. Dadurch wird u. a. die seitliche Kieferbewegung, der eigentliche Futterzerkleinerungs- und Mahlvorgang, behindert – und die Haken führen zu schmerzhaften Backenverletzungen. An den Unterkieferbackenzähnen bilden sich nach innen seitliche Haken, die zu Zun-

Zahnkontrolle gehört zur Routine!
Einige einfache Beobachtungen und Tests, die man als Betreuer regelmäßig machen sollte, zeigen, ob die Zähne weitgehend in beiß-, quetsch- und mahlfähigem Zustand sind. Auch die Zahnentwicklung bei Jungpferden kann so verfolgt werden. Diese Tests sind ebenfalls zur Behandlungsvorbereitung mit Gewöhnung an das Maulöffnen empfehlenswert.

- Futterplätze, Freßstände, Krippen und Tröge sind regelmäßig zu säubern; dabei kontrolliere man auf Futterreste (z. B. Gras- und Heuwickel), die Pferden mit Hakenbildung aus dem Maul fallen. Solche Wickel benutzt das Pferd beim Fressen als schützendes Polster zwischen der empfindlichen Backenschleimhaut und den seitlichen scharfkantigen Haken der Oberkieferbackenzähne. Beim Kraftfutterverzehr sieht man bei betroffenen Pferden Futter seitlich aus dem Maul fallen.
- Hebt man die Lippen eines Pferdes an, ist zu erkennen, ob die Schneidezähne exakt übereinanderstehen. Stehen die Schneidezähne nicht übereinander, kann dies als Hinweis darauf gewertet werden, daß auch die Backenzähne aufgrund von Veränderungen keine normale Kautätigkeit gewährleisten.
- Von außen tastet man die Backenseiten längs der oberen und unteren Backenzahnreihen behutsam ab. Mit etwas Fingerspitzengefühl kann festgestellt werden, an welcher Stelle das Pferd, z. B. im Oberkiefer aufgrund von backenseitigen Haken, empfindlich reagiert. Auch Zahnlücken oder überlange Zähne, die mangels Gegendruck nach einiger Zeit, z. B. vom Oberkiefer in eine Zahnlücke des Unterkiefers ragen (oder umgekehrt), sind durch Abtasten festzustellen (siehe Grafik 29, Seite 267).
- Drückt man mit den Händen Oberkiefer und Unterkiefer zusammen und ver-

schiebt die Kiefer dann seitlich gegeneinander (ebenso wie die typischen Mahlbewegungen des Pferdes), sind normalerweise knirschende Backenzahngeräusche zu hören. Ist eine seitliche Verschiebung nicht möglich, kann diese Blockade an den oben beschriebenen bewegungsbegrenzenden Haken der Oberkieferbackenzähne und/oder an innenseitigen Haken der Unterkieferbackenzähne liegen. Lassen sich zwar die Kiefer seitlich gegeneinander verschieben, sind aber keine Geräusche zu hören, haben die Backenzähne keinen Kontakt zueinander; vermutlich sind dann die Schneidezähne überlang und müssen behandelt werden (siehe Grafik 29, Seite 267).

▸ Eine »Innenansicht« der Maulhöhle kann weitere Hinweise auf Störungen geben, wenn man das Maul mit beiden Händen öffnet und ein Helfer die Pferdezunge kurzzeitig nach unten fixiert bei gleichzeitigem Ausleuchten der Maulhöhle mit einer Taschenlampe. Jede Öffnung des Pferdemauls zu Untersuchungszwecken beginnt mit dem seitlichen Einführen des Daumens in die Maulspalte (dort wo sich die Zahnlücke befindet). Diese etwas längere Untersuchung sollte nicht »überfallartig« vonstatten gehen, sondern behutsam vorbereitet werden durch – vielleicht schon tags vorher geübtes – mehrfaches nur kurzzeitiges Öffnen des Maules und Anfassen der Zunge. Das gelingt auch dem wenig Geübten. Hochblütige Jungpferde reagieren auf solche Untersuchungen gerne mit Steigeversuchen. Dagegen hilft nur Ruhe, Geduld mit Konsequenz und – nach erfolgreichem Maulöffnen – eine Belohnung. Pferde fügen sich nach einigen Versuchen mit beruhigendem Zureden ohne weitere Zwangsmaßnahmen. Cholerisches Ausrasten des Betreuers verbietet sich – wie im gesamten Umgang mit Pferden – gerade auch bei solchen Untersuchungen.

▸ Für eine eventuell anstehende tierärztliche Zahnbehandlung sind Vorübungen zur Gewöhnung an das Öffnen des Maules enorm wichtig, denn vermeidbare Spektakel sind keinem Tierarzt zuzumuten. Kleinere Zahnbehandlungen mit einer – in bereitstehendem warmem Wasser angewärmten – Spezialraspel können nach erfolgreichen Vorübungen oft sogar ohne Maulkeil und auch ohne Nasenbremse vom Tierarzt flott und für alle Beteiligten weitgehend streßfrei erledigt werden. Zu warnen ist vor unkundigen »Do-it-Yourself-Aktionen« oder selbsternannten Fachleuten mit dubiosen Werkzeugen aus dem Heimwerkerarsenal. Ähnlich wie zur Hufpflege gehören zur Zahnpflege und -behandlung – neben Anatomie- und Funktionskenntnissen – genügend Zeit sowie praktische Erfahrung gepaart mit Fingerfertigkeit, Selbstsicherheit und ausreichendem Verständnis für ängstliche Pferde.

genverletzungen führen (siehe Grafik 28, Seite 264). Starke Hakenbildungen begünstigen auch Kieferverschiebungen, Veränderungen der Kaumuskulatur sowie – vielfach nicht berücksichtigte – schmerzbedingte Verhaltensauffälligkeiten mit Umgangs- und Reitproblemen. Schließlich können durch nicht regelmäßig abgenutzte, zu lange Schneidezähne die Backenzähne nicht mehr richtig aufeinandermahlen, ein Spalt entsteht (siehe Grafik 29, Seite 267). Dieser Spalt bewirkt mangelhafte Futterzerkleinerung mit der Folge von Verdauungsproblemen, z. B. Verstopfungen (= Obstipationen), weil die Backenzähne nicht mehr stark quetschen und mahlen können und dann grobe Teile abgeschluckt werden. Bei solchen Pferden ist die – bereits eingangs besprochene – Aufnahme von vorzerkleinertem oder zu feinem Futter (Rasenabschnitt oder Feingras), das bereits schon bei einwandfreier Gebißfunktion Probleme verursacht, noch erheblich gefährlicher. Es wird ohne aus-

Grafik 29

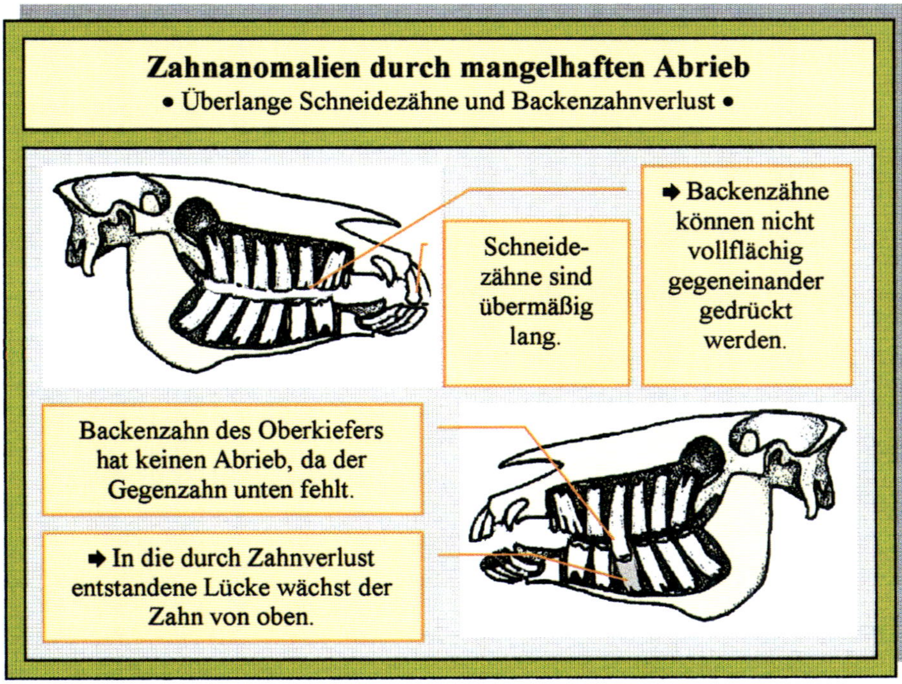

reichende Einspeichelung heruntergeschlungen und »pappt« im Verdauungskanal zu dichten Klumpen zusammen.

Wissenswert ist, daß durch die verdauungsphysiologisch notwendige Quetschwirkung einwandfrei mahlender Backenzähne erhebliche Mengen Zellsaft, z. B. aus dem Weidegras, gepreßt werden. Dieser ausgequetschte Pflanzenzellsaft enthält Nährstoffe (Proteine, Zucker) und Enzyme, die in dieser Konsistenz sofort anschließend im Magen und Dünndarm verdaut werden bzw. für enzymatische Vorgänge verdauungsregulierend wirksam werden können. Die Schnellverdaulichkeit im vorderen Verdauungskanal ist vorteilhafter als die (bei schlechter Quetschung aufgrund mangelnden Kaudrucks erforderliche) weniger ergiebige mikrobielle spätere Verdauung der weniger gequetschten Nahrungsbestandteile im Dickdarm.

In der Praxis hat sich wiederholt gezeigt, daß Pferde mit dubiosen Stoffwechsel- und Verdauungsstörungen oder sonstigen diffusen Beschwerden nicht selten in erster Linie unter Zahnmängeln (z. B. auch Karies, Wurzelentzündungen etc.) leiden. Ratsam ist in solchen Fällen, stets zunächst die Zähne eingehend fachtierärztlich umfassend untersuchen zu lassen, bevor hohe Kosten für vielleicht unnötige sonstige Diagnostik (u. a. Magen) entstehen.

Einhergehend mit der mechanischen Futterbearbeitung durch die Zähne wird das Futter eingespeichelt. Durch Speichelfluß (Salivation) wird die Nahrung aufgeweicht und mit Schleimstoffen schluckfähig gemacht: eine lebenswichtige Vorbedingung, denn ein trockenes Abschlucken ist nicht möglich.

Je besser das aufgenommene Futter eingespeichelt wird, desto günstiger wirkt sich dies auf den ungestörten Ablauf der späteren Verdauung aus. Vom Pferd wird trockenes, sperriges Futter intensiver gekaut als feuchtes. Intensive Kautätigkeit regt wiederum eine entsprechend starke Abgabe (Sekretion) von Speichel an.

Aus diesem Grund ist es verdauungsphysiologisch ungünstig, Heu zum staubfreien Verfüttern (z. B. an Allergiker) stark zu wässern. Das mag mancherorts als Notlösung akzeptabel und sinnvoll erscheinen, aber durch Aufweichung werden Kautätigkeit und Speichelproduktion verdauungsungünstig stark herabgesetzt. Dagegen empfiehlt es sich, in solchen Fällen teils auf Heu zu verzichten und Allergiker mit qualitativ guter Heulage (= relativ spät im Juni geerntete rohfaserreichere Grünfuttersilage; siehe Grafik 69, Seite 400) als Ersatz für Heu zu versorgen. Auch die Verfütterung von qualitativ hochwertigen Heucobs (siehe Grafik 68, Seite 396) kann eine Alternative zur Versorgung von Allergikern sein. Wegen des schnellen Verzehrs – mit der Folge ungenügend langer Kauzeit – sollten Heucobs (bei allen Pferden, nicht nur bei Allergikern) nicht als »Alleinfutter« angeboten werden, sondern nur als Teilration in Verbindung mit genügend Heulage (bzw. Heu bei Nichtallergikern).

Enorme Speichelmengen, bei mittelgroßen Pferden etwa 30 Liter täglich bei Heufütterung, werden im Zusammenhang mit der Futteraufnahme produziert. Diese großen Mengen gelangen zur Verdauung in den Magen-Darm-Trakt (sog. Sezernierung). Hauptsächlich im Dickdarm werden sie größtenteils wieder aufgesogen; sie gehen als Flüssigkeit also nicht verloren. Der Maulspeichel ist ein Gemisch von mineralstoffhaltigen Sekreten, die aus verschiedenen Drüsen, den sog. Wand- und Anhangdrüsen, stammen. Diese Drüsen sind mit dem Zentralnervensystem verbunden. Neben Unterkiefer-, Unterzungen- und Backendrüsen ist als größte Anhangdrüse die Ohrspeicheldrüse (Glandula parotis) für die Speichelproduktion zuständig. Die Konsistenz des Speichels kann dünn- oder mehr zähflüssig sein; sie wird beeinflußt von der Nahrungsstruktur. Fühler (Rezeptoren) tasten das Futter in der Maulhöhle ab und melden dies an bestimmte Stellen des Stammhirns. So wird der Speichelfluß an die Struktur des aufgenommenen Futters angepaßt. Die Speichelflüssigkeit besteht aus unterschiedlichen Inhaltsstoffen (u. a. Bicarbonat zur Abpufferung der Magensäure). Unterschieden werden sog. seriöse Flüssigkeiten mit Elektrolyt- und Eiweißanteilen und sog. mucöse Flüssigkeiten mit Schleimanteilen. Enzyme, das sind Proteingruppen, die chemische (Verdauungs-)Reaktionen bewirken, sind im Pferdespeichel nicht enthalten.

▸ Beim Menschen, aber auch beim Hund, setzt der Speichelfluß bereits beim Geruch oder beim Anblick von Nahrung verstärkt ein. Die Auslösung über solche Fernrezeptoren spielt beim Pferd keine oder nur eine geringe Rolle. Bestimmend sind primär direkte mechanische Reize der Maulschleimhaut.

Nach der Zerkleinerung in der Maulhöhle muß die Nahrung den Schlund (Oesophagus) passieren (siehe Grafik 93, Seite 500). Der Schlund gehört zum »Vorderdarm« und ist als Muskelschlauch für sog. peristaltischen (= fortbewegenden) Transport der Nahrung ausgelegt. Ringförmige Einschnürungen pflanzen sich wellenartig (= muskelbewegt) fort und befördern die Nahrung in den Magen. Mittelgroße Pferde schlucken einzelne Kraftfutterportionen (z. B. Quetschhaferportionen von 40 bis 50 g) nach gut einer halben Minute ab. Dabei wird die Futterportion mit der Zunge gegen die Wand des Schlundkopfes gedrückt. Dies löst das Abschlucken (Deglutition) aus. Mit diesem komplizierten Reflex ist auch eine kurze Unterbrechung der Atmung verbunden, damit Futter nicht in die Luftröhre gelangt.

Bei hastig fressenden, durch Futterneidgerangel oder Umgebungsreize in ihrer Ruhe gestörten Pferden ist die Gefahr des

»Verschluckens« nicht gering. Gleiches trifft zu auf Pferde, die mengenmäßig zu knapp gehalten werden oder bei denen zu lange Freßpausen die gierige Futteraufnahme provozieren. Freßpausen von mehr als vier bis fünf Stunden sind nach Möglichkeit – wenigstens am Tage – zu vermeiden, es sei denn, daß genügend sauberes Stroh aus der Stalleinstreu oder z. B. aus speziellen Strohraufen in einem Auslauf zur Beschäftigung zur Verfügung steht. Nach langer (z. B. krankheitsbedingter) Abstinenz fördert zunächst immer gutes Heu die Verdauungsaktivität – niemals Kraftfutter.
Es sollte – besonders während der stark appetitgesteigerten, normalerweise im Vergleich zu Rauhfutter schon gierigeren Aufnahme von Kraftfutter – jede Fütterung in beruhigter Atmosphäre ohne unnötige zusätzliche Ablenkungsreize vor sich gehen. In Offenställen mit Gruppenhaltung ist erfahrungsgemäß nur bei Vorhandensein geeigneter Freßstände (s. Abbildung S. 457) eine wirklich pferdegerechte, weitgehend störungsfreie Fütterung möglich. Besonders problematisch ist die Fütterung in engen Gemeinschaftslaufställen, also geschlossenen Stallsystemen. Hier sind die Ausweichmöglichkeiten bei Futterneidattacken meist gering. Das veranlaßt rangniedere Pferde zum hastigen Schlingen, wenn Ranghöhere sich nähern. Solche Stallverhältnisse sind ohne Modifizierungen nicht akzeptabel. Abhilfe schafft hier nur der Einbau von Freßständen oder Freßgittern bzw. vorübergehendes Anbinden mit Überwachung der Fütterung durch den Betreuer.
Bei Störungen des Abschluckens können in seltenen Fällen Speichel oder Futterteile in die Luftröhre gelangen. Erkrankungen der Lunge sind die Folge. Häufiger kommt – vornehmlich bei hochblütigen Pferden (meist rangniederen Jungpferden) – ein Verschlucken größerer Futterteile (Möhren, Äpfel, Rüben, Maiskolben) als Folge mangelhafter eigener Zerkleinerung aufgrund von Hast bei der Futteraufnahme vor. Zwar ist der Schlund an sich gut dehnbar, doch sind an Engstellen (dort, wo der Schlund durch Brustkorb und Zwerchfell gelangt) Verstopfungen mit groben Futterteilen möglich.

▸ **Schlundverstopfungen jeder Art müssen stets als Notfall schnellstens tierärztlich behandelt werden (siehe Tabelle 110, Seite 496 ff., und Grafik 93, Seite 500).**

Vermeidbar sind Schlundverstopfungen, die durch nicht oder nur mangelhaft eingeweichte Rübenschnitzel (teils auch Heucobs) verursacht werden. Rübenschnitzel sind immer vor jeder Verfütterung mit mindestens vier Teilen Wasser einen Tag lang einzuweichen – bis sie ausreichend aufgequollen sind. Werden Rübenschnitzel nicht vor Verfütterung eingeweicht, quellen sie durch Kontakt mit Speichel und setzen sich im Schlund fest.

Verdauungsvorgänge im Vorderdarm (Kopfdarm und Schlund)

- Selektion in schmackhafte, weniger schmackhafte und abzulehnende Futtermittel,
- Zerkleinerung des Futters und Ausquetschen von Inhaltsstoffen,
- Einspeichelung zum Abschlucken und zur Reduzierung der Trockensubstanz des Futterbreis.

MAGEN

Ähnlich wie bei Menschen oder Haustieren, z. B. dem Schwein, aber anders als bei Wiederkäuern wie Rind und Schaf, gelangt das Futter normalerweise beim Pferd erst nach intensivem Kauen mit genügender Einspeichelung und dem folgenden Abschlucken schichtweise in den einhöhligen, bei mittelgroßen Pferden gut 15 Liter fassenden Magen (siehe

Schlundverstopfungen, die z. B. durch das Fressen ungenügend eingeweichter Rübenschnitzel und/oder Heucobs verursacht werden können, sind Notfälle. Futter und Speichel treten nach Würgeversuchen des Pferdes aus dessen Maul und Nase aus.

Grafiken 22 und 23, Seiten 250 und 251). Dabei wird die Reihenfolge der Nahrungszufuhr als Schichtung grundsätzlich während der gesamten Magenverdauung beibehalten. Wird z. B. zunächst Rauhfutter gefressen und danach Kraftfutter, dann »lagert« der Kraftfutterbrei auf dem Rauhfutterbrei. Lediglich kleine Mengen zwischendurch aufgenommenen Tränkwassers laufen bevorzugt am Nahrungsbrei (Chymus) vorbei in den Dünndarm.

Nimmt ein Pferd allerdings größere Wassermengen während des Fressens auf, steigt die Gefahr von Verdauungsstörungen, denn große Wassermengen schwemmen einen Teil des ungenügend vorbereiteten, noch stark keimhaltigen Mageninhalts vorschnell in den empfindlichen Dünndarm (siehe Grafik 30, unten). Der übermäßig hohe Keimgehalt (= Mikroorganismen) des Futters stört dort besonders stark, weil damit Übersäuerungen verbunden sind. Unter natürlichen Verhältnissen wird Wasser deshalb

Grafik 30

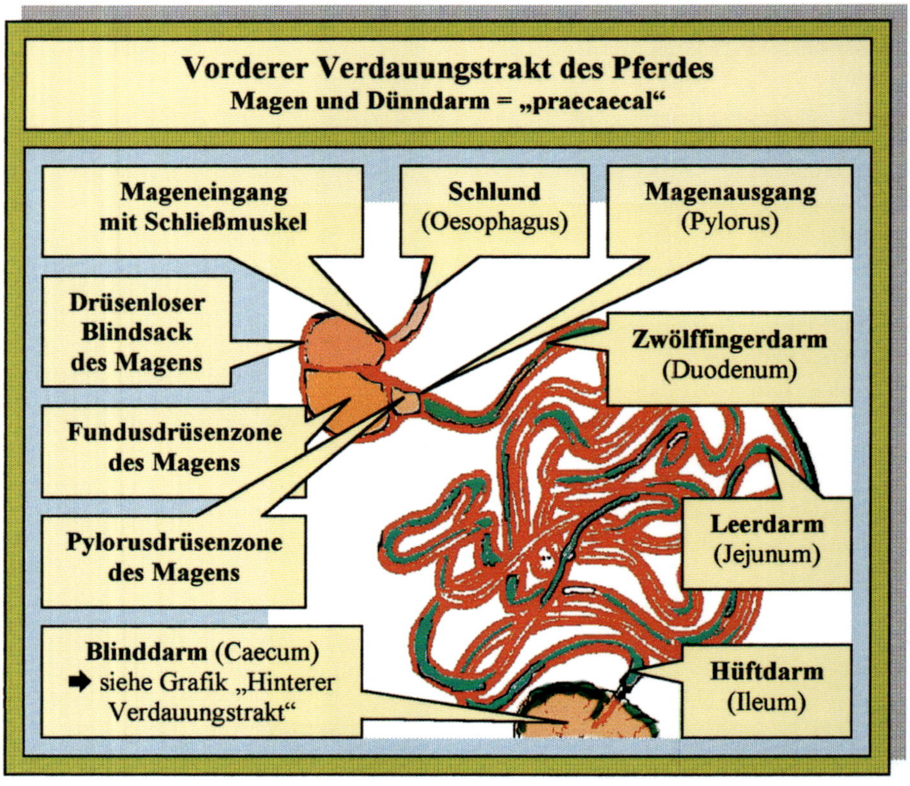

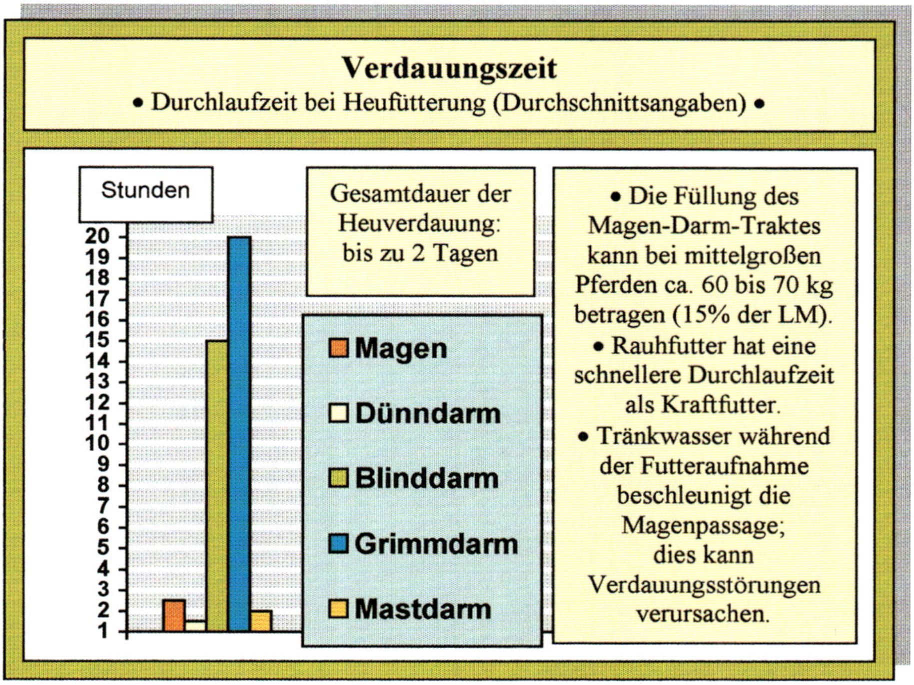

Grafik 31

durchweg erst nach dem Fressen aufgenommen.
Dieser Zusammenhang ist bei der praktischen Haltungsgestaltung zu berücksichtigen.
Daran ist das Pferd angepaßt – es benötigt zwar stets freien Zugang (= »selbstbestimmt«) zu sauberem Wasser, aber keine schnell während des Fressens erreichbare komfortable Wasserquelle.
Stehen Pferden Selbsttränken oder Kübeltränken zur Verfügung, regelt sich die Eigenversorgung dann einigermaßen naturnah und verdauungsverträglich, wenn die Tränkstelle räumlich vom Freßplatz getrennt wird. Dann muß das Pferd zum Trinken die Futteraufnahme schon etwas länger unterbrechen und zur Tränke einige Meter laufen – was es nicht gerne tut (und auch zwischendurch nicht tun sollte). Bei der räumlichen Trennung von Freßplatz und Tränke sind in erster Linie nicht Bewegungsanimation und -förderung entscheidend – wie es als einziges Ziel wiederholt in zwar wohlmeinenden, aber wenig kundigen Aufsätzen mit Hinweisen zur Stallgestaltung publiziert wurde. Wenige über den Tag verteilte Schritte oder kleine Distanzen wären auch als Animationsziel für ein Lauftier nahezu bedeutungslos. Ziel einer räumlichen Trennung von Tränke und Freßplatz ist vielmehr das verdauungsphysiologisch wichtige Fressen ohne (übermäßige) Wasseraufnahme – basierend auf Vorgaben der Natur. Vermieden werden damit gelegentlich zu beobachtende verdauungsungünstige »Sauf«-Gewohnheiten. Solche Angewohnheiten entstehen, wenn die Tränke lediglich (z. B. in Laufställen = Boxen) durch eine minimale Unterbrechung der Futteraufnahme in Verbindung mit nur einem Schritt oder lediglich einer Halsdrehung erreichbar ist.
In geschlossenen Ställen (Laufställe = Boxen) empfiehlt es sich nicht, Selbsttränken neben der Futterkrippe anzubringen. Zweckmäßig ist die Installation z. B. in einer gegenüberliegenden Ecke. In Offenställen sind separat angeordnete Freß-

stände niemals mit Tränken auszustatten. Entweder sind in einem solchen Fall die Tränken im Offenstall selbst oder – noch besser – in Auslaufecken zu installieren.

Wird von Hand getränkt, ist es ratsam, nach der Fütterung bei gesunden Pferden satt zu tränken. Bei stark erhitzten Pferden nach schweißtreibender Arbeit muß sich die Blutregulation erst wieder normal einpendeln, sie sollten zunächst durch Führen etwas abkühlen. Nach einer Verschnaufpause wird getränkt, aber erst nach längerer Pause, wenn das Pferd sich entspannt hat, darf gefüttert werden.

Wie lange die aufgenommene Nahrung im Magen verweilt, ist u.a. von der Art und Struktur des Futters abhängig. So wird Rauhfutter aufgrund starker Kautätigkeit und Einspeichelung sowie der intensiveren Durchdringung mit Magensaft schneller verdaut als die gleiche Menge Kraftfutter (= Krippenfutter). Voluminöse Futtermengen (z.B. Heu) passieren den Magen-Darm-Trakt um einiges schneller als komprimierte Futtermengen (z.B. Hafer). Die durchschnittliche Verweildauer der Nahrung im Magen beträgt ein bis maximal fünf Stunden (siehe Grafik 31, S. 271). Da Hochleistungspferde nur mit weitgehend entleertem Magen an den Start gehen sollten, muß deren Fütterung spätestens ca. 4 Stunden vorher stattfinden (siehe Grafik 89, Seite 480).

Damit Verzögerungen oder Unregelmäßigkeiten im Verdauungsablauf vermieden werden, ist es ratsam, Pferden zuerst Rauhfutter und erst danach Kraftfutter vorzulegen. Die Stabilität des Darmmilieus sowie darauf beruhende gleichmäßige Fermentationsvorgänge (= chemische Umwandlung von Stoffen durch Enzyme und Bakterien) werden so besser gewährleistet. Weitere Hinweise zur Reihenfolge der Futtermittel s. Tabelle 78, Seite 456. Die Verdauung der Nahrung im Magen ist gekennzeichnet durch den maßgeblichen Einfluß von:

- körpereigenen Substraten (= Magensaft/Salzsäure wird kontinuierlich produziert),
- Mikroorganismen (= Kleinstlebewesen/Bakterien/Protozoen), die am Futter haften und
- Enzymen (= Proteine, die chemische Reaktionen beeinflussen) aus dem Futter.

Abgeschluckte Futterportionen gelangen u.a. mit den anhaftenden Mikroorganismen (pflanzliche und tierische Einzeller) und dem durch die Mahlzähne ausgequetschten enzymhaltigen Zellsaft der Pflanzennahrung in den vorderen drüsenlosen Teil des Magens. Da der in den Magen einmündende Schlund über einen kräftigen Schließmuskel verfügt, ist – von seltenen Ausnahmen abgesehen – das Erbrechen einmal aufgenommener Nahrung nicht möglich.

Im vorderen Teil des Magens ist noch kein saurer (= salzsäurehaltiger) Magensaft enthalten. Der Säuregehalt wird ausgedrückt als »pH-Wert«, wobei der Skalenwert »7« eine neutrale Reaktion ausdrückt. Unter »7« zeigen die Skalenwerte eine immer saurer werdende Reaktion an. Über »7« beginnt die alkalische Reaktion.

- **Der jeweilige Säuregrad ist für den gesamten Verdauungskanal von erheblicher Bedeutung, denn er beeinflußt u.a. mikrobielle Vorgänge positiv oder negativ.**

Da normalerweise im vorderen säureempfindlichen Magenteil keine Magensäure enthalten ist, liegt der pH-Wert der Nahrung (= Säuregehalt) dort noch hoch im säurearmen (= basischen) Bereich, und die mit dem Futter aufgenommenen Mikroorganismen gedeihen in diesem Milieu vorzüglich. Dadurch ist es möglich, daß bereits in diesem Magenteil leicht zugängliche Kohlenhydrate und in begrenztem Umfang Proteine überwiegend durch den Stoffwechsel dieser Mikroorganismen (= mikrobiell) abgebaut werden.

Zu den Mikroorganismen zählen pflanzliche und tierische Einzeller, z. B. Hefepilze (Saccharomyces), Protozoen (in erster Linie Ciliaten) und eine Vielzahl von Bakterien, auch Keime genannt. Gar nicht selten herrscht allgemein die Vorstellung, Bakterien seien ausschließlich krankmachende Elemente oder mit infektiösen biologischen Einheiten, den Viren, gleichzusetzen.

Zum allgemeinen Verständnis hier am Rande ein Ausflug in die Mikrowelt. Abgrenzend ist zunächst anzumerken, daß

- Viren Zellparasiten sind, die allerdings – anders als Bakterien – über keinen eigenen Bau- und Energiestoffwechsel verfügen, sondern sich in Wirtszellen vermehren und ausbreiten. Sie enthalten lediglich ihre eigenen genetischen Informationen, die sie auf unterschiedlichen Übertragungswegen in ihnen gemäße pflanzliche, tierische oder menschliche Zellen einschleusen. Dadurch wird der Stoffwechsel der befallenen Wirtszelle zur Bildung virusspezifischer Substanzen und damit zur Virenvermehrung veranlaßt. Die Viren führen so die Schädigung oder den Tod der befallenen Zelle oder ganzer Organismen herbei, wenn sie nicht rechtzeitig durch das Abwehrsystem des Wirtsorganismus abgetötet werden können (siehe hierzu das Kapitel »Fehlernährung und Abwehrsystem«, Seite 491 ff.). Typisch zur Unterstützung des Abwehrsystems bei Menschen und Tieren sind Impfungen gegen Infektionen.

Bei Pflanzen dient chemischer Spritzmitteleinsatz zur Abwehr von Viruserkrankungen.

- Bakterien sind – im Gegensatz zu Viren – komplette, selbständige Organismen mit eigenem Stoffwechsel.

Es handelt sich um unterschiedlich geformte Einzeller, die zur Gruppe der Schizophyten gehören. Vermutlich sind es die ursprünglichsten Lebensformen, die bereits vor 3 Milliarden Jahren entstanden – oder (was nicht auszuschließen ist) mit Meteoriten auf der Erde landeten. Die Größe von Bakterienzellen liegt zwischen 0,0001 und 0,02 mm; sie sind soeben noch im Lichtmikroskop wahrnehmbar. Alle sind hochspezialisiert und bevorzugen ein unterschiedliches Milieu für Gedeihen und Vermehrung. Stimmt das Milieu, setzt ihr ungeheurer Vermehrungsdrang ein: Ein Bakterium vermehrt (= teilt) sich durchschnittlich alle 30 Minuten; das sind je Tag rund (2 potenziert mit 48) ¼ Billiarde Nachkommen! Ein Gramm Ackerboden enthält etwa 25 Milliarden Bakterien; in und am menschlichen Körper existieren z. B. schätzungsweise 1 000 mal mehr Bakterien als Körperzellen.

Es gibt unzählige Bakterienarten, von Streptokokken über Bazillen bis zum Essigbakterium. Ihre Widerstandsfähigkeit ist sehr unterschiedlich. Manche vertragen keine Säuren, andere bevorzugen z. B. als Milieu menschlichen Schweiß, den sie »geruchsaktiv« zersetzen. Besonders extreme Bakterienarten gedeihen unter geysir-heißen oder gar arktisch-kalten Bedingungen. Weitere (wie der Krankheitserreger Staphylococcus aureus) stellen durch ihre Multiresistenz gegenüber Antibiotica-Medikamenten ganz aktuell die moderne Medizin vor große Probleme, weil sie in der Lage sind, sich durch schnelle Generationenfolge und Erbgutübertragung (Genaustausch zu einer anderen Bakterienart) an Wirkstoffe anzupassen.

Der Bakterienstoffwechsel nutzt alle sich irgendwie bietenden Möglichkeiten: Manche leben aerob (unter Lufteinwirkung), andere anaerob (unter Luftabschluß). Entsprechend vielfältig ist ihr Vorkommen:

- Vom Fäulniserreger, der im lebenden organischen Material »arbeitet« (angefaultes Weidegras) oder als Reduzent Pflanzenteile z. B. im Kompost zersetzt und dadurch wieder anorganische Nahrung für Pflanzen schafft, über
- krankmachende Parasiten, wie den Milzbrandbazillus, der als Erreger einer

Krankheit erstmals 1876 von *Robert Koch* nachgewiesen wurde, bis zur

▸ verdauungsunterstützenden Gruppe der Symbionten-Bakterien, die bestimmte Teile des Verdauungstraktes ihres Wirts besiedeln (»Darmflora«) und durch »mikrobielle Vorgänge« (Zersetzung und Synthese) zu dessen Ernährung maßgeblich beitragen, z. B. die Cellulosezersetzer Bacterioides succinogenes, Clostridien und Ruminokokken oder bei stärkereicher Nahrung die Selenomonaden, Streptokokken und Vibrionen.

Je nach Rationenzusammenstellung variieren Bakterienarten, -menge und ihre Tätigkeit. Es besteht ein Abhängigkeitsverhältnis zwischen Nahrung sowie Art und Menge bakterieller Gärungsprodukte, wie Untersuchungen von ORTH und KAUFMANN (zitiert nach KIRCHGESSNER, 1997) ergaben. Dadurch wird im gesamten Verdauungskanal die Verdauungsleistung stark beeinflußt.

Für die Praxis bedeuten die mikrobiellen Abbauprozesse im Magen, daß (beispielsweise durch Enzyme mikrobieller Herkunft) aus Getreidekörnern ein Teil der Stärke hier verdaut wird. Auch Disaccharide, die in reifem Obst oder in Zuckerrüben enthalten sind, werden teils schon im Magen schnell verdaut (ausgenommen bei Fohlen bis zu einem Alter von 7 Monaten). Insofern sind schnell verdauliche, aber – wie später noch ausgeführt wird – maßvoll einzusetzende Futtermittel gute Energielieferanten. Durch die mikrobielle Verdauung entstehen chemische Abbauprodukte, z. B. Eiweißspaltprodukte (Ammoniak, Phenole etc.), Milchsäure und (kurzkettige) Fettsäuren sowie Kohlendioxid (CO_2) und Wasserstoff (H_2).

Mischbewegungen (tonische Kontraktionen) – als Teil der Motorik des Magens – »kneten« den Inhalt (verstärkt vor dem Magenausgang). Die Magenschleimhaut kommt dadurch mit immer neuen Teilen der Füllung in Berührung, wodurch die Drüsensekretion angeregt wird. Als Transportbewegung dient die sog. Peristaltik, ein weiterer Teil der Motorik. Bei dieser Bewegung wird der Mageninhalt wellenartig durch eine ringförmige Muskulatur in Richtung Magenausgang zum Dünndarm hin transportiert.

Gelangt durch die Transportbewegung der Nahrungsbrei in die Fundusdrüsenzone, wird er dort zunächst mit saurem Magensaft umspült, um eine – für den Fortgang der Verdauung sehr wichtige – fördernde Säuerung (= pH-Wert-Absenkung) einzuleiten. Das führt letztlich u. a. zur – jetzt in diesem Stadium – unverzichtbaren Reduzierung von Mikroorganismen. Dazu durchdringt der Magensaft intensiv gekauten und entsprechend eingespeichelten Futterbrei (z. B. aus Rauhfutter) weit besser als weniger stark aufbereiteten Futterbrei mit verbliebenen hohen (»zusammenpappenden«) Trockensubstanzgehalten (typisch für Kraftfutter). Darin liegt der Grund für die jeweils unterschiedliche pH-Wert-Absenkung bei Rauhfutter und Kraftfutter. Während der pH-Wert des Futterbreis am Magenausgang bei reinen Rauhfuttergaben auf drei sinkt (= sauer), liegt er bei reinen Kraftfuttergaben recht hoch bei sechs (= mehr basisch) und ist durch dieses wenig saure Milieu unerwünscht keimhaltiger. Dieses Milieu verursacht eine stärkere bakterielle Zersetzung des Futters mit starker Gas- und Milchsäurebildung (= Magendruck/Kolikbeschwerden durch Gas).

- Beim Pferd wird (anders als z. B. bei Mensch und Hund) ganz unabhängig von der Nahrungsaufnahme ständig Magensäure im Fundusdrüsenteil des Magens gebildet.
- Bei starkem Stress und bei überlangen Futterpausen wirkt Magensäure schädigend u. a. auf die Schleimhaut des Übergangs zum drüsenlosen Magenteil.

Grafik 32

Verdauung von Rauhfutter und Kraftfutter

• Wichtige Unterschiede (Angaben für mittelgroße Pferde) •

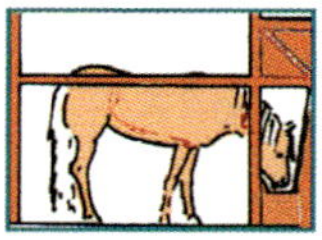

	Rauhfutter (Wiesenheu, Heusilage)	**Kraftfutter** (Hafer, Ergänzungsfutter)
Kopfdarm	lange Kauzeit: 45 min für ein kg; intensive Einspeichelung	kurze Kauzeit: 15 min für ein kg; geringe Einspeichelung
Magen	Füllung langsam, pH-Wert-Senkung gut	Füllung schnell, pH-Wert-Senkung schlecht
Dünndarm	Mikrobielle Aktivität erträglich	Mikrobielle Aktivität mengenabhängig u.U. zu hoch
Dickdarm	ausgeglichene Verdauung (säurearm)	hohe Kraftfuttergaben übersäuern und zerstören Mikroorganismen

Zusammengefaßt ist ursächlich für diesen Vorgang (»Kraftfutterbrei ist verdichtet, Rauhfutterbrei ist durchlässig und wird besser durchsäuert«) das bereits erläuterte Futteraufnahmeverhalten des Pferdes bei unterschiedlicher Grundkonsistenz der Futtermittel und darauf beruhender jeweils anderer Bearbeitung des Futters im Kopfdarm.

Da der saure Magensaft jeden schnell aufgenommenen, »verdichteten« Futterbrei nur im ersten »Arbeitsgang« umspülen, aber nicht – wie es sein sollte – genügend durchdringen kann, gelingt die Säuerung des verdichteten Futterbreis nur unvollständig. Das bedeutet wiederum: Mit diesem säureärmeren (= tendentiell basischen) Futterbrei gelangen auch vermehrt Mikroorganismen in den empfindlichen Dünndarm, der grundsätzlich für (besonders störanfällige) eigenenzymatische Verdauung zuständig ist, aber auch eine anaerobe Keim-Darmflora aufweist.

Mangelnde Säuerung mit erhöhtem Mikroorganismengehalt aus dem Magen führt im Dünndarm in der Folge nicht selten zu Fehlgärungen mit Aufgasungen und Beschwerden des Symptomenkomplexes Kolik.

Für die praktische Fütterung sind die Erkenntnisse über Folgen mangelnder Ansäuerung oder unhygienischer, keimbelasteter Futtermittel durch vorsorgliche Maßnahmen unbedingt penibel umzusetzen (siehe Grafik 32, oben). Belastetes Futter gehört immer sofort auf den Kompost.

Ratsam ist, üblicherweise von Pferden ziemlich schnell gefressenes, stärkehaltiges Kraftfutter, das zu »Verpappungen« aufgrund unzureichender Durchsaftung im Magen führt,

Störungen der Magenverdauung
(mit den genannten Folgen für die Darmverdauung) sind zu erwarten

- aufgrund zu geringer Magensaftsekretion, wenn – unabhängig von der Futterart – sofort nach der Fütterung (auch bei Rauhfutter) ohne vorangegangene längere Pause Arbeitsleistungen verlangt werden oder psychische Erregungen (z. B. ungewohntes Verladen, Unruhe im Haltungsumfeld oder tierärztliche Maßnahmen) folgen und
- bei Verfütterung stark keimhaltiger, z. B. verschmutzter, angeschimmelter, angefaulter oder durch falsche Lagerung erhitzter und vergorener Futtermittel.

- stets nur auf der Grundlage einer vorhergehenden Heuration und
- in hygienisch einwandfreiem Zustand sowie – nach Gewöhnung –
- pro Mahlzeit nur in begrenzter Menge, etwa 0,3 (Nordpferde) bis maximal 0,5 kg (Südpferde) je 100 kg LM, zu verfüttern.

Basierend auf den Ergebnissen entsprechender Untersuchungen steigt – nach ZEYNER (1995) – das Risiko für akute Verdauungsstörungen und deren Folgeerscheinungen durch unausgewogen hohe Kraftfuttergaben erheblich. Nach ihren Angaben zählen ungeeignete Fütterungsmaßnahmen zu den Hauptfaktoren, die die Entstehung von Magenulcera (= Magengeschwüre) begünstigen. Die durch große Kraftfutterportionen provozierte übermäßig starke Magensaftsekretion führt vermutlich zu Defekten der Magenschleimhaut (COENEN, 1990, 1992 und KAMPHUES et al., 1992). Dies, weil der Magensaft den hoch trockensubstanzhaltigen Brei nicht genügend zu durchdringen vermag, auch keine wirksamen Regulatoren die ungenutzte Magensaftsekretion hemmen und deshalb das Milieu der Schleimhaut negativ verändert wird.

Beispiel für ein 600 kg schweres Großpferd der Warmblutrassen (= Südpferdetyp): Als Höchstgrenze ist von maximal rd. 3 kg Kraftfutter je Mahlzeit auszugehen, das entspricht dem Richtwert für Südpferde (je 100 kg LM 0,5 kg) multipliziert mit 6. Gut verträglich ist – bei einem beispielhaft angenommenen täglichen Kraftfutterbedarf von 5 kg für ein regelmäßig mittelstark gerittenes Großpferd –, wenn das Kraftfutter auf mindestens drei Mahlzeiten verteilt und jeweils pro Mahlzeit nur knapp 1,7 kg zugeteilt werden. Nach der genannten Formel wäre es auch akzeptabel, bei mindestens zwei Mahlzeiten Portionen z. B. von jeweils 2 und 3 kg zuzuteilen.
Pferde im Erhaltungsstoffwechsel, die selten Kraftfutter bekommen, weil sie wenig arbeiten (und insbesondere Pferde des Nordtyps), sind z. B. in einem beginnenden Konditionstraining, das erhöhte Kraftfuttergaben erfordert, erst langsam an solche Leistungsrationen zu gewöhnen.
Einem Fjordpferd (= Nordpferdetyp) mit 450 kg LM, das z. B. zu Distanzritten eingesetzt und trainiert wird und von daher einen erhöhten Leistungsbedarf hat, könnte je Mahlzeit eine Kraftfutterportion von max. 1,35 kg zugeteilt werden. Da

Verdauungsvorgänge im Magen:

- im drüsenlosen Blindsack ablaufende mikrobielle, im restlichen Magenteil (Fundusdrüsenzone bis Magenausgang) auch enzymatisch gesteuerte Prozesse,
- Umwandlung von leicht abbaubaren Kohlenhydraten (z. B. Disaccharide),
- Einleitung des enzymatischen Abbaus von Proteinen,
- Magensaftsekretion in der Fundusdrüsenzone und Absenkung des pH-Wertes zur Ansäuerung des Futterbreis als Voraussetzung für die weitere ungestörte Verdauung im Dünndarm.

solche mittelgroßen Pferde des Nordtyps bereits mit rund 3 kg Kraftfutterzulage als Gesamttagesration enorme Leistungen bringen, sollte in einem solchen Fall immer eine Verteilung auf drei Mahlzeiten je 1 kg erfolgen (und nicht etwa zweimal 1,5 kg). Höhere Fütterungsfrequenzen verhindern gerade bei diesen Pferden unangenehme Blinddarmansäuerungen. Diese entstehen, wenn das Futter gierig gefressen wird und zuviele Nahrungsbestandteile noch in den Blinddarm wandern und dort eine übermäßige Milchsäuregärung in Gang setzen. Weitere Einzelheiten enthalten die später folgenden Kapitel.

In der Fundusdrüsenzone des Magens beginnt auch der Eiweiß-(Protein-)abbau. Dieser ist enzymatisch gesteuert und setzt mit dem Einfließen von Magensaft ein. Bei manchen Tierarten enthält bereits der Speichel ein pflanzliche Stärke spaltendes Enzym (Speichelamylase; amylum = Stärke). Das ist aber beim Pferd nicht der Fall. Wohl enthält der Magensaft ein entsprechendes eiweißspaltendes Enzym, das Pepsin (aber keine kohlenhydrat- oder fettspaltenden Enzyme). Pepsin braucht ein saures Milieu und muß durch Salzsäure (HCl) aus Pepsinogen (einer inaktiven Vorstufe) freigesetzt werden. Die Salzsäure wird von Zellen der Magenwanddrüsen gebildet. Sie hat die bereits beschriebene Funktion der Ansäuerung mit Reduzierung der Mikroorganismen und sie vermag Proteine zu »denaturieren«, d. h., sie kann deren räumliche Struktur zerstören, damit Enzyme leichter einwirken können. So entstehen aus großkettigen Eiweißmolekülen sog. Polypeptidketten unterschiedlicher Länge. Der Proteinabbau ist dadurch eingeleitet und wird anschließend im Dünndarm fortgesetzt, wo mehrere Enzyme zusammenwirken, um durch Zerlegung ein sog. Hydrolysat von Aminosäuren zu erzielen. Diese Enzyme stammen im Dünndarm aus Darmdrüsen und der Bauchspeicheldrüse (Pankreas).

DÜNNDARM

Durch den Magenausgang (Pylorus/ »Pförtner«) gelangt die schon stark verflüssigte Nahrung in den Dünndarm, der die qualitative Verdauungszentrale darstellt.

Der bei mittelgroßen Pferden insgesamt etwa 18 m lange Dünndarm gehört zum vorderen Verdauungstrakt. Die anatomische Lage wird fachsprachlich als »praecaecal« (= vor dem Blinddarm liegend) bezeichnet. Wie bei vielen Säugetieren besteht der Dünndarm aus drei Teilen (siehe Grafik 30, Seite 270), dem Zwölffingerdarm (Duodenum), dem Leerdarm (Jejunum) und dem Hüftdarm (Ileum). Intensive Motorik sorgt – wie im gesamten Verdauungskanal – auch in diesen Darmteilen für Durchmischung und Transport des Futterbreis. Charakteristische Mischbewegungen sind die sog. Segmentationen, die durch eine spezielle Ringmuskulatur zustandekommen. Abwechselnd spannen sich und erschlaffen nebeneinanderliegende Darmabschnitte, um den Dünndarminhalt hin- und herzuschieben (siehe Grafik 33, Seite 278). Die Darmmotorik dient zusätzlich zu den Misch- und Transportbewegungen auch als Kontaktbewegung, damit einerseits die Darmdrüsen gereizt werden, um Darmsaft abzugeben, und andererseits die Schleimhautzellen Stoffe aus dem zersetzten Nahrungsbrei in die Blut- und Lymphbahn aufnehmen können. Dazu besteht die Schleimhaut aus winzigen Zotten und einem Bürstensaum, wodurch sich die Aufnahmeoberfläche um ein Vielfaches vergrößert (siehe Grafik 34, Seite 279).

Die Motorik des gesamten Verdauungskanals – und damit die Verhinderung von manchen Funktionsstörungen – wird günstig beeinflußt durch selbstbestimmte Schrittbewegung des Pferdes entweder beim Weidegang, aber auch nach der Fütterung im Rahmen einer Gruppenauslaufhaltung oder Einzel-Boxenhal-

Grafik 33

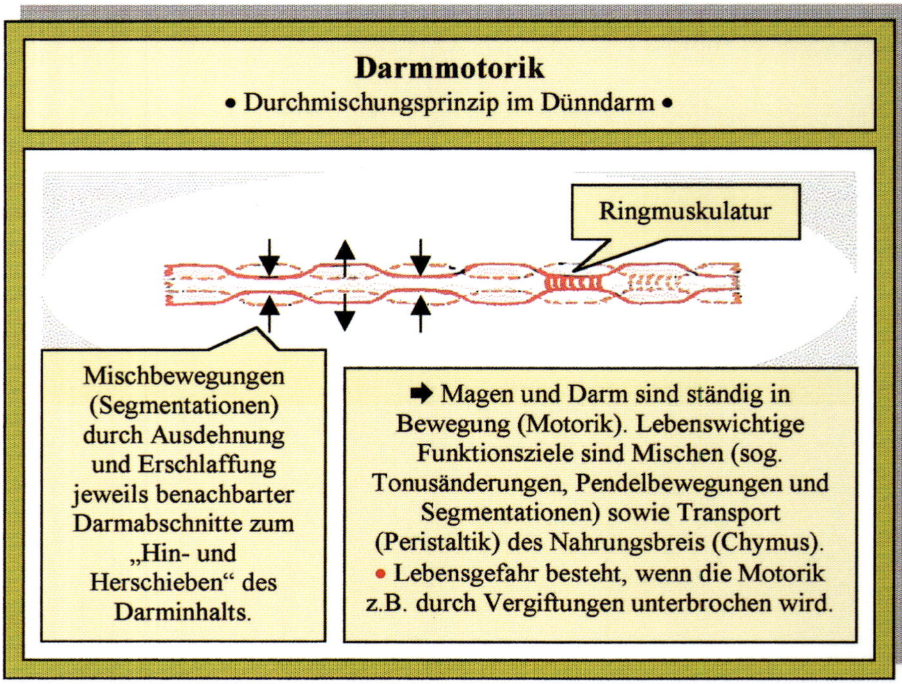

tung mit Auslaufmöglichkeit (Paddockhaltung).

Das deckt sich mit anderen Beobachtungen. HEINTZELMANN-GRÖNGRÖFT (1984) unterstreicht die Bedeutung der die Futteraufnahme begleitenden gleichmäßigen und ruhigen Bewegungen bei grasenden Pferden für die Funktion der Verdauungsorgane (so auch HOFFMANN und FUCHS, 1988). Schließlich ist in der Praxis gerade bei bewegungsarm aufgestallten Pferden die Gefahr von Verstopfungen (Obstipationen), z. B. nach Strohverzehr über 1 % der LM, besonders groß. Bei Pferden aus Gruppenauslaufhaltung sind diese Probleme vermindert.

Obschon im Dünndarm intensive Verdauungsvorgänge ablaufen, durchwandert die aufgenommene Nahrung den Dünndarm in nur rund 1 1/2 Stunden. Das ist ein verhältnismäßig kurzer Zeitraum, wenn man bedenkt, daß die später folgende Blinddarmverdauung (im Dickdarm) allein etwa 15 Stunden betragen kann.

▸ **Abbauvorgänge der Futtermittel im Dünndarm beruhen – im Gegensatz zum Magen und auch zum Blinddarm – auf rein enzymatischen Prozessen.**
Enzyme sind spezielle Verdauungsproteine sowohl aus eigener Körperproduktion (Darmdrüsen und Bauchspeicheldrüse) als auch aus dem Futter. Auch Mikroorganismen produzieren Enzyme.

Enzyme begleiten im Darmkanal die chemische Nahrungsumwandlung, die sie in Gang setzen, regulieren oder beenden (aber bei diesen Vorgängen das chemische Gleichgewicht nicht beeinflussen). Da die Enzyme ihren optimalen Wirkungsbereich bei hohen pH-Werten haben, liegt der ideale pH-Wert im Dünndarm für körpereigene Enzyme bei sieben bis acht. Das ist ein erheblicher Unterschied zu den vorher beschriebenen angestrebten sauren Verhältnissen (= niedriger pH-Wert) des Magens. Wird an Pferde pro Mahlzeit eine zu große Menge Kraftfutter verfüttert, so kehren

Grafik 34

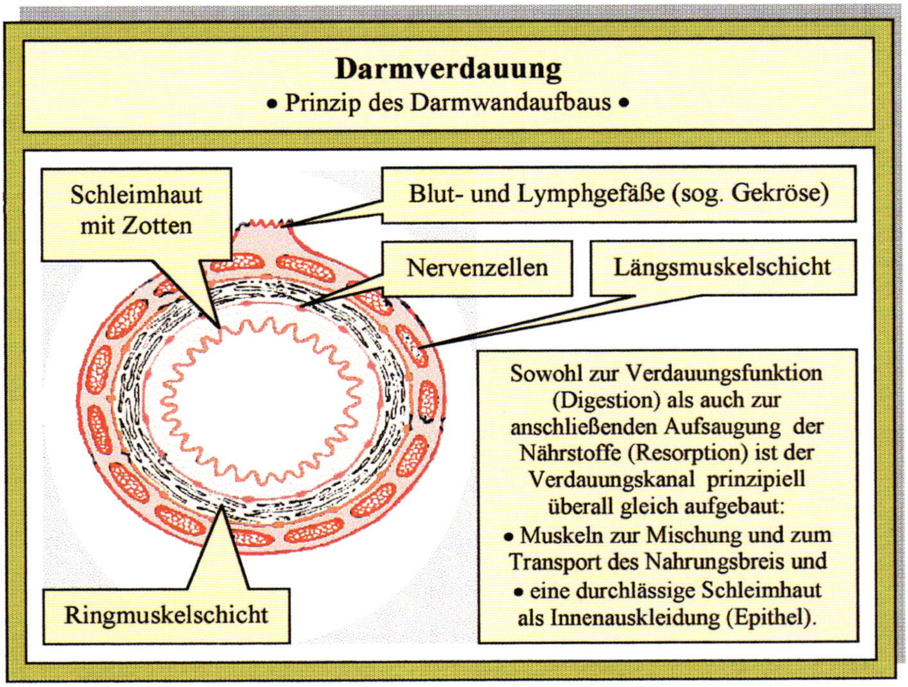

sich die Verhältnisse – bezogen auf die Anforderungen im Magen – um (siehe Grafik 35, Seite 280): Im Dünndarm sinkt durch übermäßige Kraftfutteranteile der pH-Wert unerwünscht in den sauren Bereich auf den Wert »6« oder gar darunter, im Magen steigt er durch übermäßige Kraftfutteranteile – ebenfalls unerwünscht – in den säurearmen Bereich. Große, schnell verzehrte Kraftfutterportionen bewirken also in allen Teilen des Verdauungskanals oft genau das Gegenteil von dem, was an sich für die Gesamtverdauung förderlich wäre.

Während im Magen die erwähnten sauren Verhältnisse bei niedrigem pH-Wert förderlich sind (dort ist auch die Milchsäurekonzentration nach Rauhfutterverzehr hoch), muß der Dünndarminhalt wegen der besseren Enzymwirkung einen höheren (= säurearmen) pH-Wert aufweisen.

Eine zu große Kraftfutterration führt allerdings im Dünndarm – wie bei der Beschreibung der Magenverdauung schon als Folge angedeutet – zur unerwünschten, starken Milchsäurebildung und damit zur pH-Wert-Senkung (= Übersäuerung). Die Folge sind neben möglichen Schleimhautschäden und Enzymfunktionsblockaden auch erhebliche mikrobielle Gasbildungen aus Wasserstoff und Kohlendioxid, die das Pferd belasten (Koliksymptome).

Enzyme aus der Bauchspeicheldrüse (Pankreas) und Galle aus der Leber treten in den vorderen Teil des Dünndarms ein und mischen sich mit dem Nahrungsbrei. Anatomisch und physiologisch unterscheidet sich das Pferd bei diesen Vorgängen von anderen Haustieren und auch vom Menschen. Pferden fehlt zur Dosierung eine Gallenblase, so daß die Galle (= Säure aus der Leber) kontinuierlich, uneingedickt und in großen Mengen in den Dünndarm fließt. Der physiologische Unterschied betrifft die Zusammensetzung des Bauchspeichels. Er enthält beim Pferd nur geringe Enzymmengen (Trypsin, Amylase, Lipase), aber hohe Mengen an Alkalien zur Neutralisierung

Grafik 35

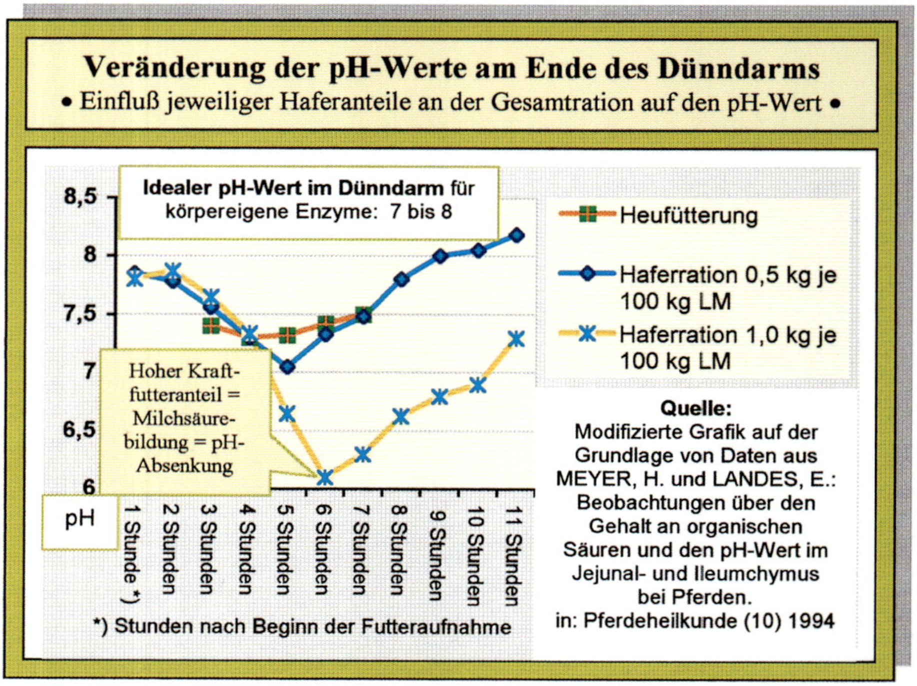

des in den Dünndarm strömenden – für das Dünndarmmilieu noch zu sauren – Mageninhalts. Somit steigt der pH-Wert im Anfangsteil des Dünndarms auf etwa 6,5; bei Rauhfutter sogar auf einen sehr säureniedrigen Wert von über 7.

Während Monosaccharide (Einfachzucker wie Glucose, Fructose und Galactose) direkt über die Darmwand ins Pfortaderblut zur Leber gelangen (siehe Grafik 36, Seite 281), ist der Stärkeabbau (z. B. aus Getreidekörnern) aufwendiger. Im Gegensatz zu den Einfachzuckern können die langkettigen Moleküle der Stärkeverbindungen die Darmwand nicht unmittelbar passieren. Das zur chemischen Zerkleinerung solcher Großmoleküle notwendige Enzym ist die Amylase. Komplexe Zuckerverbindungen (Stärke, Heteropolysaccharide) werden durch dieses Enzym in Zweifach- und Einfachzucker gespalten.

Beachtenswert für die praktische Fütterung – und zur Vermeidung häufiger Fehler – ist, daß die Amylaseaktivität beim Pferd vergleichsweise gering ist. Die Folge: Da die Futterpassage durch den Dünndarm relativ schnell verläuft, werden deshalb ziemlich abrupt ankommende, größere Stärkemengen mit ihren langkettigen Molekülen (= Kraftfutter) in der kurzen Verweilzeit nur schlecht verdaut und dann flott in den Blinddarm verschoben. Dort gehört es in großen Mengen nicht hin. Dies ist – zusätzlich zu der bereits beschriebenen unerwünschten pH-Wert-Absenkung – der zweite Gefahrenpunkt, der durch zu hohe Kraftfutterrationen pro Mahlzeit auftreten kann.

Diese Gefahr betrifft jedes ungünstig dosierte (= zuviel je Mahlzeit) Kraftfutter, aber insbesondere sehr stärkehaltige Futtermittel wie Mais und Gerste. Es empfiehlt sich daher, Pferden gerade diese Futtermittel entweder nicht oder sehr begrenzt und wenn, dann auch nur gemahlen oder nach erfolgtem Stärkeaufschluß (gekocht) anzubieten. Gleiches gilt für Futtermittel mit besonders grobkörnigem Stärkegehalt, z. B. Kartoffeln. Diese müssen deshalb vor dem Füttern gekocht

Grafik 36

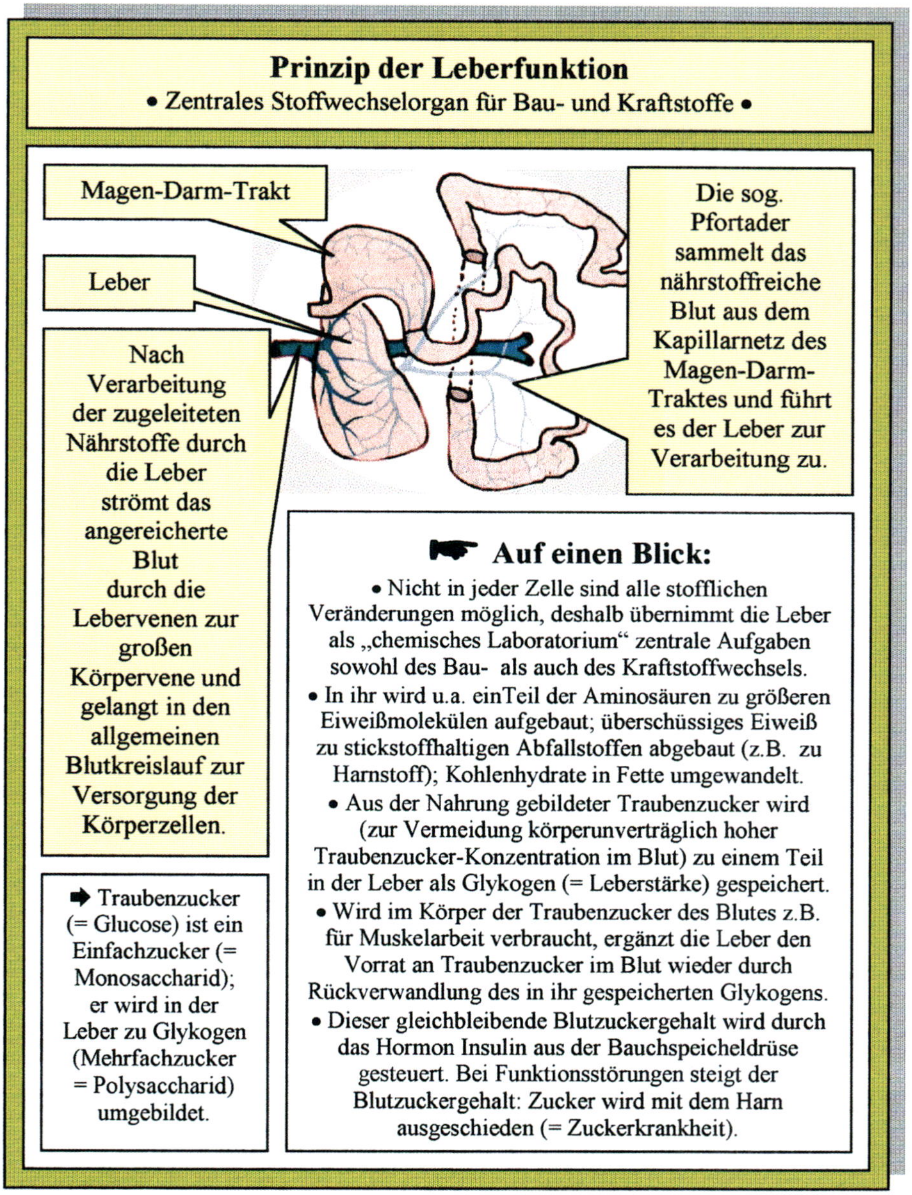

(= aufgeschlossen) werden. Grundsätzlich gelangen unverdaute Stärke- und Zuckeranteile in den Blinddarm (= Teil des Dickdarms) und unterliegen dort noch der mikrobiellen Verdauung. Wenn die Mengen nicht zu groß sind, liegt dadurch im Idealfall die Gesamtverdaulichkeit von Zucker und Stärke bei nahezu 100 %. Liegt aber kein Idealfall vor und gelangen zuviele Stärke- und Zuckeranteile vom Dünndarm in den Blinddarm, dann kommt es dort zu einer Übersäuerung und Aufgasung.

Auch aus diesem Grund ist es erneut wichtig, nur begrenzte Portionen stärkehaltiger Futtermittel je Mahlzeit zu füttern, damit diese größtenteils bereits im Dünndarm durch die oben beschriebene enzymatische Einwirkung verdaut werden (wozu wiederum ein säurearmes Milieu gehört).

Verdauungsvorgänge im Dünndarm:
- enzymatische Steuerung,
- Umwandlung von Zucker, Stärke, Fetten und Proteinen sowie
- Resorption von Fructose, Glucose, Galactose, Fettsäuren, Aminosäuren, Kalzium, Kalium, Magnesium und in geringen Mengen auch Phosphor und Chlor.

Ebenfalls enzymatisch werden Fette und Proteine im Dünndarm verdaut. Den Fettabbau bewerkstelligen die sogenannten Lipasen. Sie spalten Fette in deren Einzelkomponenten, Monoglyceride und Fettsäuren, auf. Durch die Darmschleimhaut können Monoglyceride und Fettsäuren aufgesogen werden; sie dienen dem Organismus als Kraftstoffe bzw. als Energiereserve. Fette, die den Dünndarm unverdaut passieren konnten, werden teilweise noch im Dickdarm in einzelne Teilstücke zerlegt und dort aufgesogen.
Für den Eiweiß-(Protein-)abbau im Dünndarm sind die Peptidasen zuständig, eine Gruppe von Enzymen, die Proteine in ihre Bestandteile aufspalten. Zu dieser Enzymgruppe gehört Trypsin, es spaltet Eiweiß in sogenannte Tri- und Dipeptide, die wiederum zu Aminosäuren abgebaut werden. Aminosäuren dienen dann dem Aufbau körpereigener Proteine.
Neben Glucose, Fructose und Galactose, Fettsäuren und Aminosäuren werden im Dünndarm Chlor, Kalzium, Kalium, Magnesium und geringe Phosphormengen aufgesogen (resorbiert).

DICKDARM

Nach dem letzten Abschnitt des Dünndarms, dem Hüftdarm (Ileum), schließt sich der Dickdarm als hinterer Verdauungskanal an (siehe Grafik 37, Seite 283). Fachsprachlich als »postileal« (= hinter dem Hüftdarm liegend) bezeichnet, gliedert sich der Dickdarm in drei Teile: Blinddarm (Caecum), Grimmdarm (großes Colon und kleines Colon) und Mastdarm (Rectum).
Zwischen Hüft- und Blinddarm befindet sich eine Klappe, die »Ileocaecalklappe«. Sie ist grundsätzlich geschlossen und funktioniert als Barriere zwischen dem keimarmen Dünndarm und dem für seine Funktion stark mit dickdarmkonformen Mikroorganismen (Bakterien und Protozoen) besiedelten hinteren Darmbereich. Diese Mikroorganismen sind für diesen Darmbereich nützlich und unbedingt erforderlich, würden allerdings z. B. im Dünndarm zu Störungen führen. Durch peristaltische Transportwellen des Dünndarms öffnet sich die Ileocaecalklappe, damit stoßweise Nahrungsbrei in den Dickdarm gelangen kann. Die Bewegungen (Motorik) im Dickdarm sind vergleichbar mit den Misch- und Transportbewegungen, die für den Dünndarm beschrieben wurden.
Der Blinddarm als erster Teil des Dickdarms ist bei mittelgroßen Pferden knapp einen Meter lang, er besteht aus dem Kopf (Lage: in der rechten Flanke des Pferdes) und dem spitzkegeligen Körper, der in Bauchmitte liegt und bis zum Brustbein reicht. Als große Gärkammer des Pferdes ist der Blinddarm in seiner Funktion vergleichbar mit den Vormägen des Rindes. In ihm finden (wie auch im daran anschließenden Grimmdarm) wesentliche mikrobielle Verdauungsvorgänge durch Bakterien und Protozoen (z. B. Ciliaten und Flagellaten) statt. Besonders durch die Bakterienflora (weniger durch Protozoen) ist es möglich, daß – wie beim Wiederkäuer – Rohfaser (Cellulose) verdaut werden kann.
Der Grimmdarm hat die Gestalt zweier hintereinanderliegender Hufeisen. Nach

Grafik 37

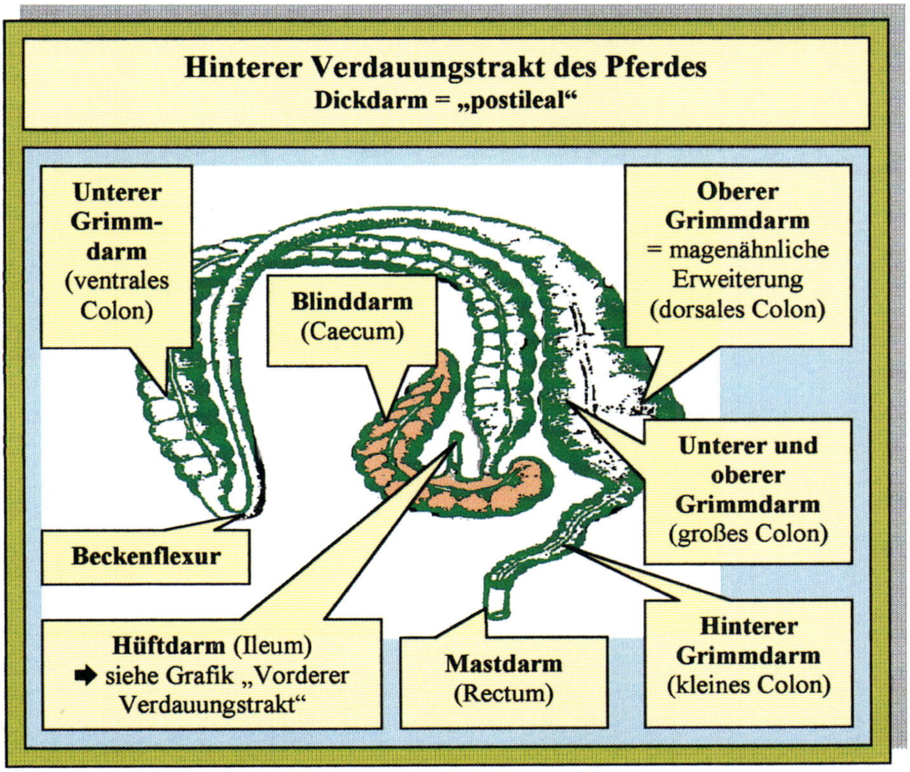

einer magensackähnlichen Erweiterung mündet er am Ende in den kleinen Grimmdarm, der in den Mastdarm übergeht. Die anatomische Ausgestaltung des kleinen Grimmdarms bewirkt die typische Kotballenform: die »Pferdeäpfel«. Im Mastdarm wird der Darminhalt durch Wasserentzug eingedickt.

Neben Rohfaserbestandteilen werden sowohl im Blinddarm als auch im Grimmdarm andere im Dünndarm unverdaute Nährstoffe zersetzt. Es finden aber nicht nur Abbauvorgänge statt, sondern auch lebenswichtige Aufbauprozesse: Mikroorganismen synthetisieren große Mengen wasserlöslicher Vitamine (Vitamine der B-Gruppe und Vitamin C).

Primär im Blinddarm läuft die mikrobielle Verdauung schwer abbaubarer Kohlenhydrate (Cellulose, Hemicellulosen und Pektine) ab. Dabei entstehen Essigsäure, Propionsäure und Buttersäure. Diese flüchtigen Fettsäuren werden über die Darmschleimhaut ins Blut aufgesogen und dienen der Energieversorgung des Pferdes. Abhängig vom aufgenommenen Futter und der Menge steigt oder fällt die Konzentration dieser flüchtigen Fettsäuren.

Der relative Anteil an Essigsäure vermindert sich z. B. mit der Zufuhr größerer Mengen leicht vergärbarer Kohlenhydrate (Kraftfutter) zugunsten von Propionsäure und Milchsäure. Einhergehend damit sinkt danach der pH-Wert im Blinddarm in den sauren Bereich, d. h. unter den für die Mikroorganismen optimalen säurearmen Wirkungsbereich von 6,5 bis 7,5. Bakterienvermehrung und -stoffwechsel erlahmen.

Bei ausschließlichem Kraftfuttereinsatz – ohne Rauhfuttergrundlage – sind die Auswirkungen besonders dramatisch: Der Säureeinfluß dezimiert die Bakterienpopulation im Blinddarm und beeinträchtigt die mikrobielle Verdauung (gerade auch der Rauhfutterbestandteile) ganz erheblich. Verstopfungen (Obstipationen) u. a. durch nicht mehr mikrobiell verdaute Rohfaser, die sich staut, sind häufige Folge nicht ausgewogener Rationszusammenstellung.

Durch mikrobielle Enzyme werden Proteine, die nicht im Dünndarm abgebaut wurden, und solche, die in Form von Darmschleim in den Dickdarm gelangen, zerlegt. Abbauprodukte der mikrobiellen Proteinverdauung sind neben dem Mikrobeneiweiß und flüchtigen Fettsäuren, Ammoniak, biogene Amine sowie Schwefelwasserstoff. Während der Schwefelwasserstoff (H_2S) als Gas über den Darm entweicht (es riecht nach »faulen Eiern«), werden die biogenen Amine in der Darmschleimhaut und der entstehende Ammoniak in der Leber durch Umbau in Harnstoff entgiftet. Harnstoff wird über die Niere mit dem Urin ausgeschieden. Neben hochwertigem Protein können auch minderwertige pflanzliche Proteine und nicht eiweißartige stickstoffhaltige Verbindungen (NPN-Verbindungen, z. B. Harnstoff, freie Aminosäuren, Alkaloide, Amide, Nitrate etc.) im Darmkanal in hochwertiges mikrobielles Eiweiß umgewandelt werden. Dieses Eiweiß ist allerdings nicht nutzbar. Nur durch seltene sog. Koprophagie, d. h. durch die orale Aufnahme des eigenen Kotes durch das Pferd, könnte dieses Eiweiß verwertbar sein.

Bei verhaltenskundlichen Beobachtungen von verwilderten Pferden in der wüstenartigen Namib-Hochebene (Süd-West-Afrika) konnte beobachtet werden, daß bei extremer Unterversorgung Pferde Exkremente aufnahmen, um Reststoffe zu verwerten. Dies ist die ungewöhnlichste Ernährungsweise in Notfällen, denn instinktiv meiden Pferde in der Natur grundsätzlich den Kontakt mit eigenen und fremden Ausscheidungen.

Exkremente von Artgenossen haben für Pferde lediglich informatorische Bedeutung. So kann der Hengst durch Beriechen der Exkremente einer Stute deren Sexualzustand erkennen. Als Besonderheit ist in diesem Zusammenhang anzumerken, daß Fohlen, bei denen zunächst besonders die Dickdarmflora noch unvollständig ist, zeitweise Exkremente aufnehmen. Dadurch gelangen Mikroorganismen in den Verdauungskanal. Denkbar ist Koprophagie bei Fohlen auch als physiologischer Vorgang zur Aufnahme von B-Vitaminen. Wenn allerdings ausgewachsene Pferde Exkremente fressen, sind durchweg die Futtergrundlagen nicht pferdegerecht. Dies kommt in miserablen Stallhaltungen oder Pseudo-Robusthaltungen vor, wo falsch verstandene Sparsamkeit und mangelnde Fachkunde sich ergänzen! Die Ausgewogenheit der Rationen – einschließlich der Versorgung mit genügend Mineral- und Ballaststoffen – ist dann sehr genau zu überprüfen und konsequent zu verbessern.

Vorgänge im Dickdarm

Mikrobielle Verdauung von

- Rohfaser (Cellulose, Hemicellulosen und Pektin),
- Proteinresten, die nicht im Dünndarm verdaut wurden sowie von NPN-Verbindungen und
- Fetten (in geringen Mengen) sowie
- die Resorption von flüchtigen Fettsäuren, Ammoniak, Phosphor, Chlor, Natrium, Kalium (in geringen Mengen) und Wasser (zu 70 bis 90 %).

Als Besonderheit im Verdauungsablauf des Pferdes ist die Phosphorabsorption zu erwähnen. Beim Pferd findet sie nicht im Dünndarm, sondern überwiegend im Dickdarm statt.

AUSSCHEIDUNG

Da nicht alle vom Körper aufgenommenen Stoffe vollständig verwertet werden können und beim Gesamtstoffwechsel Abbauprodukte anfallen, muß der Organismus diese Abfallstoffe ausscheiden, denn sie würden ihn sonst negativ belasten. Abfallstoffe können gasförmig, flüssig oder fest sein. Durch die Lungenatmung gelangen gasförmige Stoffe, in erster Linie Kohlendioxid und ein Teil des Wassers, nach außen. Der Hauptteil gelöster Abfallstoffe verläßt den Körper im Harn, der in der Niere gebildet wird.

In fester Form (Faeces = Kot/»Pferdeäpfel«) werden aus dem Enddarm

- unverdauliche Futterreste mit Wasser- und Schmutzanteilen,
- Sekrete und Schleimhautzellen sowie
- Bakterien mit ihren Stoffwechselprodukten und
- Magen-Darm-Parasiten ausgeschieden.

Auch Stoffe, die der Verdauung entgangen sind (z. B. ungenügend gekaute Haferkörner), sind in den Exkrementen enthalten. Der Darmausscheidungsvorgang wird als »Exkretion« oder »Defäkation« bezeichnet.

Die Menge fester Ausscheidungsprodukte hängt stark von der Art des Futters, der Verdaulichkeit und auch von der individuellen Verdauungsaktivität ab. Das Gewicht beläuft sich auf 1 bis 3 % der LM; das sind bei einem 600 kg schweren Warmblutpferd täglich 18 kg. Damit liegt das Gewicht der Ausscheidungen erheblich höher als das Gewicht der aufgenommenen Nahrung bei Stallfütterung. Die Trockenmasse beträgt durchschnittlich über 20 % (siehe Grafik 53, Seite 334). Je höher der Kraftfutteranteil an der Gesamttagesration, desto trockener ist der Kot. Nach dem Fressen von Heu, aber auch von rohfaserarmem, jungem Weidegras steigt der Wassergehalt im Kot an. Dies einerseits durch die stark wasserbindende Struktur des Heus mit intensiver Einspeichelung und andererseits durch die schnelle Passage gerade des jungen Grases. Der Wasserentzug im Dickdarm ist dann geringer, die Ausscheidungsprodukte entsprechend weicher, weil wasserhaltiger.

Bei Auslaufhaltung mit dort evtl. vorhandener bodennah »abgenagter« Restvegetation ebenso wie bei Weidegang auf wurzeltief abgegrasten Flächen oder nach Verfütterung von verschmutztem Schnittgras, finden sich im Kot aufgenommene Schmutzpartikel (Lehm/Sand). Diese führen u.U. zu Ablagerungen am Magengrund, da besonders Sand sich schlecht mit dem Magenbrei mischt und der Magenausgang sehr hoch liegt. Auch Sandkoliken können auftreten.

Das Absetzen des Kotes (Defäkation) geschieht durch den After des Mastdarms (Rectum). Bei genügender Anschoppung dehnt sich die Darmwand und löst Entleerungsbewegungen aus. Zugleich mit dieser Peristaltik erschlafft reflektorisch der innere Schließmuskel, aber Kot kann dann erst den Darm verlassen, wenn sich auch der äußere Schließmuskel entspannt. Dies geschieht grundsätzlich unbeeinflußt durch den Willen des Pferdes. Dennoch kann das Pferd – teils instinktgesteuert oder aus Gewohnheit – den Kot auf bestimmte Plätze konzentrieren (z. B. auf Weideteile mit überständigem, wenig schmackhaftem Bewuchs oder beim sog. Markieren auf Kotplätze anderer Pferde). Die Zahl der Kothaufen ist abhängig vom Futter und der täglichen Bewegung. Durchschnittlich sind je Pferd 12 bis 16 Kothaufen innerhalb von 24 Stunden, abgesetzt in Abständen von 60 bis 120 Minuten, normal.

- **Wenn beobachtet wird, daß – trotz üblicher Fütterung – z. B. keine entsprechend regelmäßige Defäkation stattfindet oder der Pferdekot z. B. breiig und geruchlich auffällig ist, sind u.U. gravierende Verdauungsstörungen dafür verantwortlich. Ratsam ist in solchen Fällen Konsultation des Tierarztes.**

Bedeutung der Nahrung für den Organismus

Bei Beschreibung des Stoffwechsels und der chemischen Zusammensetzung der Nahrung in den einleitenden Kapiteln sind bereits die wichtigsten Stoffgruppen kurz behandelt worden. Im Hinblick auf die konkrete Bedeutung und Funktion der Nahrungsbestandteile für den Pferdeorganismus sowie den grundlegenden Bedarf sollen nachfolgend die wissenswerten Einzelheiten dazu erläutert werden.

SYSTEMATIK DER NAHRUNGSBESTANDTEILE

Nicht in allen Veröffentlichungen sind die verwendeten Bezeichnungen für Nahrungsbestandteile einheitlich, weshalb die vom Verfasser benutzten Fachbegriffe wie folgt systematisiert und abgegrenzt werden:

Nahrung ist der Oberbegriff für alle Nahrungsmittel. Pferde benötigen Nahrung zur Versorgung mit chemischer Energie und zur Deckung des Bedarfs an sog. essentiellen (= unentbehrlichen) Nährstoffen. Nahrungsmittel sind organische (z. B. Gras, Heu, Hafer, Vitamine) und anorganische Stoffe (z. B. Mineralstoffe), die dem Körper über die Verdauungsorgane zugeführt werden. Dabei sind Nahrungsstoffe ganz allgemein alle Stoffe, die in der Nahrung enthalten sind, aber Nährstoffe nur solche, die dem Körper nutzen. Unter den Nährstoffen gibt es entbehrliche, die durch andere zu ersetzen sind, und unentbehrliche (= essentielle), die nicht durch andere ersetzt werden können. Essentielle anorganische Stoffe/Elemente sind z. B. Wasser (das nicht Nährstoff, sondern Lösungsmittel ist) sowie bestimmte Mineralstoffe. Zu den essentiellen organischen Stoffen zählen bestimmte Aminosäuren, Fettsäuren und Vitamine.

- Grundnährstoffe beinhalten jene Bestandteile der Nahrung, die der Körper als Baustoffe zur Erhaltung und Erneuerung seiner Struktur (= stofflicher Nahrungsbedarf) und als Kraftstoffe zur chemischen Energieumwandlung (= energetischer Nahrungsbedarf) verwendet;
- Wirkstoffe bezeichnen vor allem Vitamine und Mineralstoffe (Mengen- und Spurenelemente), die als Bestandteile der Nahrung die Wirkung der eigentlichen Nährstoffe ergänzen;
- Ballaststoffe kennzeichnen die Nahrungsbestandteile (Rohfaserteile), die nicht vollständig oder z. T. gar nicht verdaut werden, aber für den gesamten Verdauungsvorgang funktionsunterstützend unentbehrlich sind;
- Aroma- und Geschmacksstoffe sind chemische Verbindungen in der Nahrung; sie beeinflussen Futteraufnahme und Verdauung.

In anderer Literatur werden die Nahrungsbestandteile gemeinhin z. B. in »Energie-, Nähr- und Strukturstoffe« unterteilt. Unter »Nährstoffen« werden nach dieser anderen Einteilung in einem engeren Sinne nur die Baustoffe (= Proteine) verstanden und unter »Energiestoffen« die Kraftstoffe. »Strukturstoffe« nach der anderen Einteilung sind mit den in o.a. Systematik genannten funktionsunterstützenden Ballaststoffen gleichzusetzen. Die Bezeichnung »Strukturstoffe« weist alternativ darauf hin, daß Ballaststoffe aus der »Struktur«, also dem Gerüst der aufgenommenen Nahrung, bestehen. Allerdings können sich Mißverständnisse durch diesen Begriff »Strukturstoffe« ergeben, denn auch die Nährstoffe im Baustoffwechsel (Proteine) werden gelegentlich als Strukturstoffe bezeichnet, weil sie in erster Linie den Aufbau der Körperstruktur bewirken. Um Mißverständnisse durch Doppelsinnigkeit oder Verwechslungen zu vermeiden, wird deshalb vom Verfasser der Begriff »Strukturstoffe« für keine der Nahrungsbestandteile verwendet. Der Begriff »Nährstoffe« wird konsequent weit gefaßt, er beinhaltet sowohl Bau- als auch Kraftstoffe.

BEDEUTUNG DER STOFFE UND PROTEIN-ENERGIE-QUOTIENT

Für die gesunde Ernährung eines jeden Pferdes ist zunächst die tägliche Aufnahme von drei Grundnährstoffgruppen in einem ausgewogenen Mengenverhältnis notwendig. Zu den Grundnährstoffen gehören Proteine (= Eiweiße), Kohlenhydrate und Fette. Alle drei Grundnährstoffe sind unterschiedlich an der Deckung des Energie- und Baustoffbedarfs beteiligt.

Der Protein-Energie-Quotient
Vor allem die Einhaltung des richtigen Mengenverhältnisses zwischen Bau- und Kraftstoffen, der sog. Protein-Energie-Quotient, kurz »PEQ« genannt (siehe Grafik 40, Seite 291), ist für eine ausgewogene Versorgung des Pferdes wichtig. Dieses Mengenverhältnis bedeutet, daß im Erhaltungsstoffwechsel das Verhältnis von Proteinmaßeinheiten (verdauliches Rohprotein – DP in g) zu Kraftstoffmaßeinheiten (verdauliche Energie – DE in MJ) nach Möglichkeit 5:1 betragen sollte.

Konkrete Beispiele dazu sind im Kapitel »Praktische Rationsberechnung und -gestaltung«, Seite 460 ff.) enthalten. Oft sind die Futtermittel sehr proteinhaltig. Sowohl bei zu üppigem Weidegang als auch bei typischer Stallfütterung besteht ein Proteinüberangebot, das den Stoffwechsel des Pferdes unnötig belastet. Über eine ausgewogene Rationsgestaltung unter Beachtung des PEQ wird dies weitgehend verhindert (s. S. 463 ff.).
Als Ergänzung der Grundnährstoffe sind Wirkstoffe und Ballaststoffe als Bestandteile der Nahrung erforderlich, weil sie insgesamt erst die Stoffwechsel- und Verdauungsvorgänge der Grundnährstoffe aufbauend und lebenserhaltend wirken lassen.
Abhängig

- vom Alter (z. B. Wachstum eines Fohlens),
- vom Geschlecht (z. B. Hengste in der Deckzeit),
- von den körperlichen Anforderungen und den
- haltungsbedingten sowie klimatischen Verhältnissen

muß ein bestimmter Anteil der einzelnen Stoffe den täglichen Nahrungsbedarf decken. Dazu enthalten die folgenden Kapitel Tabellen. Durch kundige Auswahl der Futtermittel kann der Betreuer die jeweils günstige Kombination der erforderlichen Anteile der Stoffe erreichen. Dies wird ebenfalls durch entsprechende Tabellen erleichtert.

DATENGRUNDLAGE UND TABELLENWERKE

Im Kern besteht die wesentliche Datengrundlage der in den folgenden Kapiteln erstellten Tabellenwerke aus den Ergebnissen öffentlicher Forschungen, die teils vom Verfasser aufgrund eigenen Datenmaterials modifiziert wurde. Insbesondere sind als Datenquelle grundlegend die »Empfehlungen zur Energie- und Nährstoffversorgung der Pferde«, erstellt vom Ausschuß für Bedarfsnormen der Gesellschaft für Ernährungsphysiologie der Haustiere – GfE – (© DLG-Verlags-GmbH, Frankfurt a. M., 1994). Maßgeblich mitgewirkt haben daran u. a. die bekannten Ernährungswissenschaftler *Professor Dr. Dr. h.c. Manfred Kirchgeßner,* Freising-Weihenstephan (als Vorsitzender des Ausschusses) und *Professor Dr. Dr. h.c. Helmut Meyer,* Hannover (als Sachverständiger). Gleichfalls in die Tabellenwerke eingearbeitet wurden zum Teil vom Verfasser extraktweise modifizierte Daten aus den »DLG-Futterwerttabellen für Pferde«, herausgegeben von der Doku-

mentationsstelle der Universität Hohenheim (© DLG-Verlags-GmbH, Frankfurt a.M., 1995).
Grundsätzlich gilt für alle Daten und Maßstäbe der Tabellenwerke, daß es sich um Mittel- oder Näherungswerte handelt, die nie vollständige Identität mit den Daten und Anforderungen der individuellen Praxis besitzen können. Dazu ist die Bandbreite maßgeblicher Faktoren bei Pferden zu unterschiedlich. Alter, Haltung, Verhalten, Nutzungsgrad, Futterzustand und -verwertung sowie der Gesundheitszustand sind praktische Faktoren, die zu beobachten und zu berücksichtigen sind. Gleiches gilt sinngemäß für die Bewertung der Futtermittel, die u.a. durch unterschiedliche Erntebedingungen und mehr oder weniger sachgerechte Lagerung in ihren Nährstoffgehalten beeinflußt werden sowie in der Futterwirkung schwanken können (Tipp: Eigenes Grundfutter analysieren lassen, z. B. durch die LUFA).

BEDARFSKATEGORIEN UND METABOLISCHE KÖRPERGRÖSSE

Der Nährstoffbedarf, insbesondere der Kraftstoffbedarf eines jeden Organismus, ist je nach Umfang der zu leistenden Arbeit verschieden. Unterschieden werden als Bedarfskategorien: **Minimalbedarf**, **Erhaltungsbedarf** und **Leistungsbedarf**.
Unter **Minimalbedarf** oder Grundumsatz versteht man pauschal ausgedrückt einen (eher theoretischen) »Standardzustand« als Bezugsbasis. Das ist der Umsatz, den ein waches Pferd bei weitgehender Ruhe und Nüchternheit in thermoneutraler Umgebung aufweist. Die in einem solchen (experimentellen) Zustand gemessenen Umsätze sind der unerläßliche Grundbedarf, auf den sich jeder weitergehende Bedarf aufbaut. Dabei ist (nach WITTKE, 1972) »der Grundumsatz keine starre, auf den Punkt reduzierbare Größe, sondern bewegt sich wie die meisten biologischen Funktionen in einem individuellen Schwankungsbereich von 10 bis 15% zu beiden Seiten des wahrscheinlichen Mittels«. Der Grundumsatz vermag Einblicke zu geben in die bei einem Einzeltier oder einer bestimmten Rasse im Vergleich zu anderen vorliegende Intensität des Stoffwechsels. Unterschiede sind z. B. gemessen worden zwischen europäischen Rindern (Bos taurus) und indischen Rindern (Bos indicus). Danach ist die Intensität beim europäischen Rind nach WITTKE erheblich höher. Ähnlich unterscheiden mögen sich bereits die Grundumsätze zwischen Nord- und Südpferderassen aufgrund rassespezifischer Faktoren. Angaben über den Grundumsatz sind für die praktische Fütterung nur erklärend bedeutsam, ansonsten wenig sinnvoll, denn die genannten Bedingungen existieren praktisch so nirgendwo.
Vielmehr ist der zur Lebenserhaltung notwendige Energiebedarf höher als der Grundumsatz. Er wird als **Erhaltungsbedarf** oder Erhaltungsumsatz bezeichnet (= Energiebedarf bei ausgeglichener Energiebilanz mit gleichbleibendem Körpergewicht) und ergibt sich aus dem Grundumsatz und dem Energieaufwand für die Bewegungen des Pferdes im Stall- und Auslaufbereich sowie auf der Weide einschließlich sämtlicher Stoffwechselvorgänge.
Der **Leistungsbedarf** oder Leistungsumsatz enthält über den Erhaltungsumsatz hinaus jene Nährstoffmengen (siehe Grafik 38, Seite 289), die für Aufbau und Vermehrung von Körpersubstanz (Muskulatur, Wachstum), für die Produktion von Milch, für die Entwicklung eines Feten (vorgeburtliches Fohlen) oder für mechanische Nutzarbeit notwendig sind (siehe Kapitel »Muskelarbeit«, Seite 343ff.). Sämtliche Teil-Umsätze zusammen ergeben begrifflich den Gesamtumsatz. Mit welchen Anteilen am Gesamtumsatz der Minimalbedarf sowie der Erhaltungs- und Leistungszuwachs beteiligt sind, läßt sich

Grafik 38

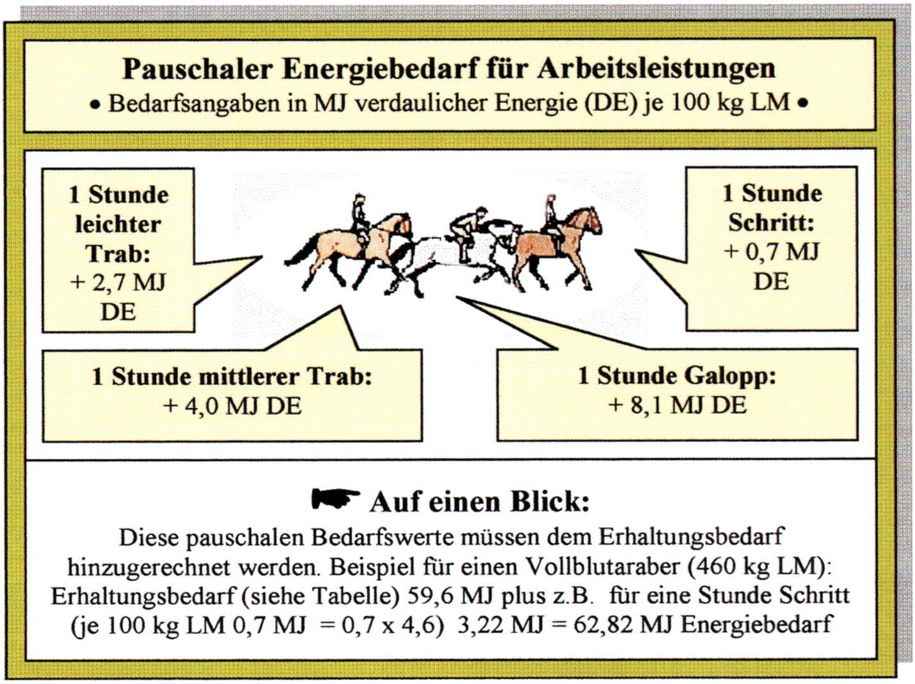

auch experimentell bei Pferden nur mit Einschränkungen exakt ermitteln.

Da im Erhaltungsbedarf ebenso wie in jedem weitergehenden Leistungsbedarf immer der Minimalbedarf (Grundumsatz) enthalten ist, werden diese Bedarfszustände stets auch von den für den Minimalbedarf maßgeblichen Faktoren (= **metabolische Körpergröße**) beeinflußt. Die Umrechnung eines bestimmten Erhaltungsbedarfs für Bau- und Kraftstoffe erfolgt über die zugrundegelegte Dreiviertel-Potenz der Lebendmasse (= metabolische Körpergröße, auch Stoffwechselmasse genannt). Das hört sich nicht nur kompliziert an, sondern ist es auch. Es ist also nicht so, daß ein großes Pferd mit einem Gewicht von 400 kg einen doppelt so hohen Bedarf wie ein 200 kg schweres Pferd hat. Der Grund liegt darin, daß große Tiere zwar einen (absolut) höheren Grundnährstoffbedarf haben als kleine, aber der Unterschied im Bedarf nicht dem Unterschied im Körpergewicht entspricht. Als Beispiel ist in Grafik 39, Seite 290, eine Tabelle enthalten, die theoretische Grundumsätze (Ruhewerte) in bezug auf Körpergewichte enthält. Der Tagesumsatz des in der Grafiktabelle enthaltenen Pferdes (500 kg LM) ist danach zwar höher als der des leichteren Schweins, doch das Pferd ist viermal so schwer wie das Schwein – der Umsatz aber weniger als dreimal größer. Das bestätigt die allgemeine Regel, wonach der Grundumsatz (Minimalbedarf) in einem geringeren Maße wächst als die Körpergröße zunimmt.

Das Koordinatenkreuz in der Grafik 39 zeigt, daß sich die Schnittpunkte nicht durch eine Gerade (siehe gestrichelte Linie in der Grafik) verbinden lassen, sondern die Verbindungslinie eine nach oben konvexe Kurve bildet (siehe rote Linie). Bei einer geraden Verbindungslinie wäre der Grundumsatz (Minimalbedarf) eine lineare Funktion des Körpergewichts. Da dies nicht zutrifft, zeigt die gekrümmte Linie, daß der Grundumsatz (Minimalbedarf) tatsächlich einer Potenz

Grafik 39

Körpergröße und Energieumsatz

• Beispiel: Grundumsatz einiger Tiere in bezug auf ihre Körpergewichte •

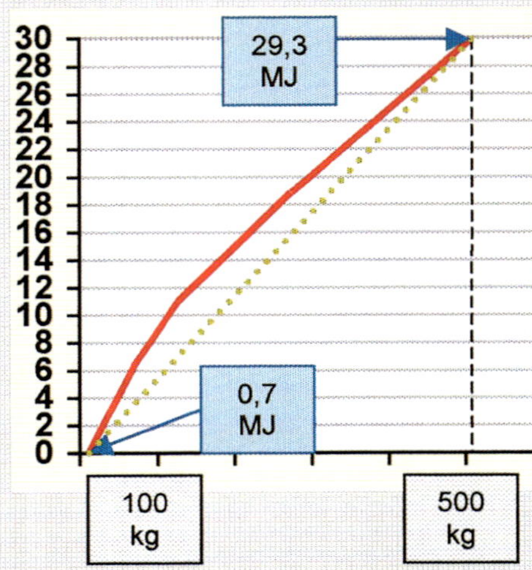

Tier	Gewicht	v.E. MJ*)
Pferd	500 kg	29,3
Pony	250 kg	18,8
Schwein	125 kg	11,3
Schaf	50 kg	6,3
Hund	15 kg	3,1
Huhn	2 kg	0,7

*) Theoretischer Energie-Mindestgrundumsatz in Ruhe

☛ Auf einen Blick:
Der Grundumsatz wächst in einem geringeren Maße als die Körpergröße zunimmt.

(und zwar erkennbar niedriger als 1) des Körpergewichts folgt.

▸ **Der Ernährungsphysiologe *Max Kleiber* ermittelte, daß der Grundumsatz der 3/4-Potenz des Körpergewichts proportional ist. Dieses Gewicht wurde »metabolische Körpergröße« genannt.**

Umfangreiche Berechnungen KLEIBERS ergaben, daß die Stoffwechselrate ausgewachsener warmblütiger Tiere von der Maus bis zum Pferd unter experimentellen Standardbedingungen durchschnittlich täglich 293 kJ (70 kcal) je kg $LM^{3/4}$ beträgt. Bezogen auf die Einheit der metabolischen Körpergröße (LM $kg^{3/4}$) ist dann der Grundumsatz bei allen warmblütigen Tieren unter experimentellen Bedingungen gleich. Aber bezogen auf die Einheit des tatsächlichen Körpergewichts (kg LM) haben kleinere Tiere einen (relativ) höheren Grundumsatz (Minimalbedarf) als große Tiere (und große einen geringeren Umsatz als kleinere).

Der Vollständigkeit halber sei die Rechenformel an einem Beispiel erläutert (unter Vorwegnahme einiger erst später noch detailliert beschriebener Einzelheiten):
Mathematische Formel: $a^{m/n} = \sqrt[n]{a^m}$
Beispiel für ein Shetlandpony mit 200 kg LM: $200^{3/4} = \sqrt[4]{200^3} = \sqrt[4]{8\,000\,000} = 53{,}2$
Die so ermittelte Zahl 53,2 ist die metabolische Körpergröße in kg. Die Zahl multipliziert man mit dem auf Seite 293 erläuterten Pauschalenergiebedarf für Nordpferde (zu dieser Gruppe gehört die Shetlandponyrasse) in Höhe von 0,54 MJ DE je LM $kg^{3/4}$ und erhält damit den Tagesbedarf im Erhaltungsstoffwechsel (= 53,2 kg × 0,54 MJ). Das sind 28,72 MJ DE für das Shetlandpony.

▸ **Um die Rationsgestaltung nicht unnötig durch zusätzliche Rechenarbeit zu erschweren, sind die maßgeblichen Berechnungen der metabolischen Körpergröße für verschiedene tatsächliche Lebendmassen bereits in spätere Tabellen eingearbeitet (z. B. Tabelle 26, S. 294).**

Grafik 40

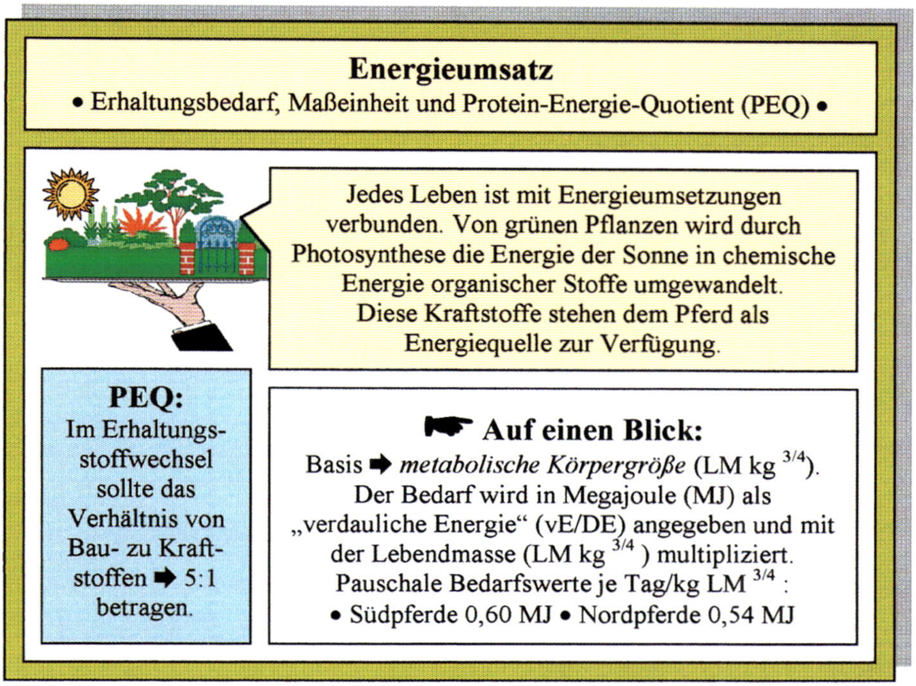

Energetische Nahrung

Kohlenhydrate bilden eine Gruppe der Grundnährstoffe, Fette eine weitere Gruppe. Zusammen mit einem Teil überschüssiger Proteine (= Eiweißkörper, die primär Baustoffe sind) werden sie auch als Energiestoffe oder Kraftstoffe bezeichnet. Während als Baustoffe die Proteine unersetzlich sind, können die primären Kraftstoffe, also Kohlenhydrate und Fette, sich teils wechselseitig ergänzen oder auch vertreten.

Wie im Zusammenhang mit den Stoffwechselvorgängen schon näher erläutert, liefern die Kraftstoffe Energie durch stufenweise Oxydation. Auf Energie ist der Organismus laufend angewiesen, damit z. B. seine Organe arbeiten, die Thermoregulation funktioniert oder neues Gewebe sich bilden kann (denn auch der z. B. zur Gewebebildung erforderliche Baustoffwechsel erfordert Energie). Letztlich können durch Energie Bewegung und Arbeit ausgeführt werden. Nun ist »Energie« als solche nicht erfaßbar, der Begriff ist ziemlich schwammig, er muß konkretisiert werden. Mit Sinnen wahrnehmbar sind nur spezielle Formen der Energie, die man unter entsprechenden Bedingungen sieht, fühlt und auch messen kann, z. B. elektrische Energie, strahlende Energie der Sonne (die von grünen Pflanzen in chemische Energie umgewandelt wird), mechanische Energie oder Wärme (siehe Grafik 40, oben).

Den physikalischen Gesetzen folgend (1. Hauptsatz der Thermodynamik = Gesetz von der Erhaltung der Energie) kann Energie weder gebildet noch zerstört werden, sondern nur von einer Form in andere Formen verwandelt werden. Streng genommen sind deshalb die üblichen Begriffe wie »Energiegewinnung« oder »Energieverbrauch« nicht korrekt, denn es geht stets nur um Verwandlungen. Alle Energieformen sind in Wärme umwandelbar, Wärme jedoch nicht vollständig in andere Energieformen. Damit sind alle Energieformen – und dazu gehört eben-

Grafik 41

Vergleich: Energieumsatz Mensch/Pferd

• Erhaltungs- und Leistungsbedarf •

Auf einen Blick:

Kilokalorie (kcal) und Kilojoule (kJ):

Übliche Maßeinheit für den Energiebedarf des Menschen ist die Kalorie (cal) bzw. die Kilokalorie (kcal).
1 kcal (= 1 000 cal) ist die Wärmemenge, die benötigt wird, um 1 kg Wasser um 1 ° Celsius zu erwärmen.
Ein für die Wärmebildung exakteres Maß ist die „thermo-chemische" Kalorie, die in Kilojoule (kJ) gemessen wird.

Umrechnungsformel:
1 cal = 4,184 J

- Kilokalorie (kcal) x 4,184 = Kilojoule (kJ)
- 1 000 Kilojoule (kJ) = 1 Megajoule (MJ)
- 1 kcal = 0,004184 MJ

(Bedarfsangaben für Pferde meist in MJ)

Erhaltungsbedarf eines erwachsenen Menschen je Tag:
2 000 bis 3 000 kcal = 8,4 bis 12,6 MJ

Zum Vergleich:
Pferd
- 450 kg LM -
ca. 53 bis 59 MJ verdauliche Energie (vE/DE)

Der Bedarf ist grob pauschaliert; er hängt von vielen Faktoren ab und sinkt mit zunehmendem Alter. Für Arbeitsleistungen muß ein **Leistungsbedarf** hinzugerechnet werden.

Vergleich des Leistungsbedarfs:

• Gehen im Schrittempo*) mit etwa vier Kilometern pro Stunde:
Mensch je km ca. 45 kcal = **0,188 MJ**
Zum Vergleich:
Mittelgroßes Pferd
(ca. 450 kg LM plus Reiter) im Schrittempo
je km = 0,720 MJ

• Langstreckenlauf:
Mensch für 20 km ca. 1 500 kcal = **6,276 MJ**
Zum Vergleich:
Gleiches Pferd - wie vor - mit Reiter
für 20 km leichten Trab **) = **20,7 MJ**

Erläuterungen zur Geschwindigkeit:
*) Tempo 15 = 1 km in 15 Minuten
**) Tempo 6 = 1 km in 6 Minuten

falls die chemische Energie der Nahrung und des Pferdekörpers – auch als Wärme meßbar.

Als Energieeinheit ist international das **Joule** festgelegt worden (Benennung nach dem englischen Physiker *James Prescott Joule*, 1818–1889). Darunter wird die Energiemenge verstanden, die notwendig ist, um ein kg Masse bei einer Beschleunigung von einem Meter pro Sekundenquadrat über einen Weg von einem Meter zu bewegen ($1\ J = 1\ kg \times m^2 \times s^{-2} = 1\ Nm$ = 1 Newtonmeter).

Der Energiebedarf des Pferdes wird – ebenso wie der Energiegehalt des Futters – als »verdauliche Energie« (vE) oder englisch: »Digestible Energy« (DE), in der Maßeinheit »Megajoule« (MJ) angegeben. Der Bedarf ausgewachsener Pferde an verdaulicher Energie im Erhaltungsstoffwechsel (d.h. ohne Arbeitsleistung) wird aufgrund wissenschaftlicher Untersuchungen mit 0,48 bis 0,62 MJ vE/DE je kg der metabolischen Körpergröße (= LM $kg^{3/4}$) angegeben (nach HOFFMANN, L., KLIPPEL, W. und SCHIEMANN, R., 1967). Entsprechend den Grunddaten der Gesellschaft für Ernährungsphysiologie der Haustiere (GfE) sind pauschal 0,60 MJ dafür anzusetzen. Der Wert 0,60 MJ kann für Südpferde herangezogen werden, während für Nordpferde – insbesondere aufgrund des geringeren Eigenbewegungsdrangs sowie besserer Hautisolation – eine Mindestreduktion um 10% auf einen Pauschalwert von 0,54 MJ (statt 0,60 MJ) sinnvoll erscheint (so auch sinngemäß ZEYNER, 1995). Beispielangaben zum Energiebedarf einiger Pferderassen im Erhaltungsstoffwechsel auf der Grundlage der metabolischen Körpergröße (LM $kg^{3/4}$) enthält Tabelle 26, Seite 294.

Als Energieeinheit auch noch gebräuchlich (z.B. in anderer Literatur) ist die **Kalorie** (cal). Darunter wird eine Wärmemenge verstanden, die 1 g Wasser um 1° Celsius erwärmt. Durch Standardisierung entwickelte sich daraus als Einheit die Wattsekunde (Ws). Sie ist gleich einem Joule. Für Umrechnungen der Maßeinheiten auf der Grundlage der sog. Rossini-Kalorie gilt: 1 cal = 4,184 J. Es gibt eine weitere, in der dritten Kommastelle abweichende Berechnung, wonach 1 cal = 4,186 J entsprechen. Die Unterschiede sind – bezogen auf Rationsberechnungen – im Endeffekt vernachlässigbar gering (siehe Grafik 41, Seite 292).

Vor Jahrzehnten wurde als Maßeinheit für den energetischen Nahrungsbedarf der meisten Haustiere sowie für den Energiegehalt des Futters die sog. **Stärkeeinheit** (St.E.) herangezogen. Diese Maßeinheit liefert zwar für Wiederkäuer verläßliche Bewertungen, war aber immer schon für den Bereich der Pferdefütterung als nicht exakt anwendbar eingestuft. Eine Stärkeeinheit entspricht dem Nettoenergiewert (das ist die Energie, die dem Körper effektiv zur Verfügung steht) eines Gramms verdaulicher Stärke. Rechnet man beispielsweise für 1 kg Heu mit 300 St.E., so besagt dies, daß 1 000 g Heu den gleichen Nettoenergiewert haben wie 300 Gramm verdauliche Stärke. Da die Verdaulichkeit der Futtermittel und damit auch der Futterwert bei Pferden und Wiederkäuern verschieden sind, wird als Maßeinheit der verdaulichen Energie seit einigen Jahren die Größenbezeichnung Megacalorie (Mcal) oder Megajoule (MJ) angegeben. Eine direkte Umrechnung alter Tabellen, die St.E.-Angaben enthalten, in Joule ist nicht möglich. Es können wohl die in manchen alten Tabellen enthaltenen Werte in »TDN« (engl.: Total Digestible Nutriments) durch Multiplikation mit 4,41 in verdauliche Energie (DE) umgerechnet werden, da 1000 TDN dem Wert von 4,41 Mcal DE entsprechen.

Will man sehr akribisch Energiebedarfswerte (und auch den im noch folgenden Abschnitt erläuterten Proteinbedarf) ermitteln, muß berücksichtigt werden, daß der Bedarf nicht linear ansteigend berech-

Tabelle 26

Energieerhaltungsbedarf ausgewachsener Pferde entsprechend der metabolischen Körpergröße – LM kg $^{3/4}$

Rasse	LM in kg	LM $^{3/4}$ in kg	Bedarfsmultiplikator	DE in MJ
Shetlandpony	170	47,1	0,54	25,4
Welshpony	250	62,9	0,54	34,0
Islandpferd	370	84,3	0,54	45,5
Connemara	430	94,5	0,54	51,0
Haflinger	440	96,1	0,54	51,9
Fjordpferd	450	97,7	0,54	52,8
Vollblutaraber	460	99,3	0,60	59,6
Quarterhorse	500	106,0	0,60	63,6
Warmblutpferd	600	121,0	0,60	72,6
Kaltblut, leicht	700	136,1	0,54	73,5
Ardenner	800	150,0	0,54	81,0
Percheron	900	164,3	0,54	88,7

net werden kann. Es muß deshalb zunächst die sog. metabolische Körpergröße ($LM^{3/4}$) als mathematisch-theoretischer Wert ermittelt werden (siehe hierzu das Beispiel »Shetlandpony« auf Seite 290).

KOHLENHYDRATE UND ENERGIEUMSETZUNG

Kohlenhydrate kommen im wesentlichen in Pflanzen vor und stellen für Pferde die Energiequelle schlechthin dar. Sie setzen sich zusammen aus Kohlenstoff (C), Wasserstoff (H) und Sauerstoff (O). Tabelle 27, Seite 297, enthält alle Stoffklassen der Kohlenhydrate.

Hauptformen der Kohlenhydrataufnahme sind die sog. Mehrfachzucker Stärke und Saccharose sowie beim Fohlen durch Milchaufnahme die Lactose. Die Mehrfachzucker werden im Magen-Darm-Trakt in einfache Zucker (= Monosaccharide) zerlegt und vom Körper aufgesaugt (im wesentlichen als Glucose und Fructose).

Durch den Stoffwechsel ergeben sich dann im Körper chemische Prozesse, z. B. Umwandlung der Glucose (Traubenzucker) in Glykogen (Leberstärke) oder auch in Fette (= Neutralfette, sog. Triglyceride), Abbau zur Energieumwandlung, Aufbau unterschiedlicher Verbindungen und wichtiger Zellsubstanzen, z. B. Lactose, nichtessentielle Aminosäuren, Glykoproteide, Nucleotide, Mucipolysaccharide.

Insbesondere die mit der Muskelarbeit des Pferdes zusammenhängenden inneren biochemischen Vorgänge sind bedeutsam. Die mit den Nährstoffen aufgesogene Energie muß verfügbar sein, um z. B. Muskelarbeit leisten zu können. Dazu steht Glykogen in Leber und Muskeln sowie Traubenzucker im Blut bereit zur chemischen Umwandlung. Würde nun durch entsprechende energieliefernde Umwandlungsvorgänge nur Wärme frei, so könnte das Pferd diese nicht zur Arbeitsleistung verwerten. Wärme kann nur in einem entsprechend disponierten Apparat mit Temperaturgefälle, z. B. in einer Dampfmaschine, zur Arbeit genutzt werden. Darin wird normal temperiertes, flüssiges Wasser durch Wärmeenergie erhitzt. Der dann durch erhitztes, gasförmiges Wasser (= Wasserdampf) entstehende Dampfdruck kann mechanisch über einen Kolben in Arbeit umgesetzt werden. Die Verhältnisse biochemischer Umsetzungen im Organismus sind erklärlicherweise an-

Grafik 42

Energieversorgung

• Energieumwandlung und -speicherung/Bedarfskategorien •

Grundsatz:

Im Energiestoffwechsel werden die Kraftstoffe aus organischer Nahrung durch *biologische Oxydation* in Wärme und Arbeit umgewandelt. Bildhaft kann dies vereinfacht als „Verbrennung" gesehen werden. Der oxydative Abbau erfolgt allerdings in einer biochemisch komplizierteren, mehrstufigen Reaktionskette.

Kraftstoffe:

Zur Energieumwandlung stehen *Kohlenhydrate, Fette* und ein Teil *überschüssiger Proteine* zur Verfügung. Im Vordergrund steht die Oxydation der Kohlenhydrate, insbesondere des Traubenzuckers (Glucose). Unter mehreren dabei ablaufenden biochemischen Prozessen dient die sog. *Glykolyse* der Spaltung des Glucosemoleküls in kleinere Einheiten unter Abgabe von Wasserstoff (H) und Bildung des Ions der Brenztraubensäure.

• Die Energie der Kraftstoffe wird teils in Wärme umgewandelt, aber auch als chemische Energie gespeichert. Speicherform für Muskelarbeit sind nicht die Kraftstoffe, sondern das im Körper daraus hergestellte *Adenosintriphosphat* (ATP), das der Organismus *unmittelbar* nutzen kann.

Auf einen Blick:

Wichtiger biologischer Nutzeffekt der biochemischen Prozesse ist die Umwandlung von Energie, die z.B. von Muskeln gespeichert werden kann. Es entstehen aus einem Molekül Traubenzucker (Glucose)

• 38 Moleküle Adenosintriphosphat (ATP) bei *aerobem* Stoffwechsel (= beim Vorhandensein von Sauerstoff), aber nur

• 2 Moleküle Adenosintriphosphat (ATP) bei *anaerobem* Stoffwechsel (= ohne Sauerstoff = geringere Energieausnutzung, da aus Glucose anaerob über Brenztraubensäure vermehrt *Milchsäure* gebildet wird).

→ Bei *trainierten* Pferden, die unter hämoglobinfördernden Bedingungen (= Frischluft) gehalten werden, überwiegt die *aerobe* Energieumwandlung; *untrainierte* Pferde bilden *anaerob* viel Milchsäure.

Bedarfskategorien:

• **Minimalbedarf** = Grundumsatz = Nüchternumsatz = theoretische Energiemenge bei völliger Ruhe

• **Erhaltungsbedarf** = Minimalbedarf + Energiebedarf für Futteraufnahme, Verdauung, Wärmeregulation und leichte Muskeltätigkeit

• **Leistungsbedarf** = Erhaltungsbedarf + Mehrbedarf für Leistungen (Arbeit, Trächtigkeit, Wachstum, Milchproduktion, Deckbeanspruchung)

ders als in wärme-mechanischen Apparaturen.
Während der Oxydation im Organismus des Pferdes wird die Nährstoffenergie nur zum Teil in Wärme umgewandelt und freigesetzt. In kalter Umgebung dient sie zur Aufrechterhaltung der Körpertemperatur; in warmer Umgebung ist sie für den Körper eher belastend (Folge: Schwitzen). Aber zu einem großen Teil wird aus den Spaltprodukten der Nahrung (Glucose) u.a. die muskelverfügbare chemische Arbeitsenergie in Form des sog. Adenosintriphosphats (ATP) gespeichert (siehe Grafik 42, Seite 295). Diese chemische Arbeitsenergie ATP könnte man grob mit dem druckerzeugenden Wasserdampf der Dampfmaschine vergleichen, wobei der sich durch ATP-Energie zusammenziehende Muskel des Körpers dem mechanisch sich bewegenden Kolben der Maschine sinnbildlich nahe käme.

▸ Adenosintriphosphat (ATP) ist zentraler Energieüberträger im Pferdekörper. Es wird in der biochemischen Reaktion (Katabolismus) der Nahrungsstoffe aus Adenosindiphosphat (ADP) und Phosphat (P) gebildet.

MONOSACCHARIDE
Unter Monosacchariden werden einfache Zucker (kurz auch »Einfachzucker« genannt) verstanden, die süß schmecken und wasserlöslich sind. Hauptsächlich die Hexosen (z.B. Glucose und Fructose) sind in der Nahrung zu finden, meist sind sie als Bausteine in Pflanzen gebunden, kommen aber auch frei z.B. in Früchten oder im Honig vor. Als Baustein von Nucleinsäuren findet sich die Ribose in nahezu allen Zellen.

OLIGOSACCHARIDE
Oligosaccharide sind Mehrfachzucker, die sich aus der Verbindung von mehreren Einfachzuckern ergeben. Saccharose ist z.B. in Zuckerrüben, Zuckerrohr und erntereifen Früchten enthalten. Lactose oder Milchzucker ist bei fast allen Tieren mit einem Gehalt von etwa 50 g je kg in der Milch enthalten. Vom Geschmack her ist Milchzucker weniger süß als Fructose oder Saccharose. In der Melasse, die häufig industriell hergestellten Ergänzungsfuttermitteln beigemischt wird, ist Raffinose mit 1 bis 2% enthalten.

POLYSACCHARIDE
Ebenfalls aus mehreren Einfachzuckern aufgebaut sind die Polysaccharide. Das sind große Moleküle, die insgesamt nicht mehr als »Zucker« zu erkennen sind; sie schmecken weder süß noch sind sie wasserlöslich. Sie sind wichtig als pflanzliche Gerüstsubstanzen sowie als Reservestoffe und stellen in Gras und Heu die Hauptfutterkomponente für Pferde dar.
Eingeteilt werden Polysaccharide in Stärke und Nichtstärke-Polysaccharide (NSP). Das hat verdauungsphysiologische Gründe, denn Stärke wird im Darmkanal durch Enzyme abgebaut, während die Nichtstärke-Polysaccharide durch Mikroorganismen zersetzt werden.

Funktion von Stärke
Die Stärke dient den Pflanzen als Reservekohlenhydrat (z.B. für »Hungerzeiten«). Dazu bilden Pflanzen besondere Vorratsgewebe, in denen die aus Glucose aufgebauten Stärkekörnchen komprimiert abgelagert werden. Besonders stärkereich sind Getreidekörner und Kartoffeln. Stärkereiche Futtermittel werden deshalb auch als »konzentrierte« Kraftfuttermittel bezeichnet, weil sie bei geringem Volumen eine hohe Energiedichte aufweisen.

GLYKOGEN (auch tierische Stärke oder »Leberstärke« genannt) ist chemisch ähnlich wie Stärke aufgebaut und wird

Tabelle 27

Stoffklassen der Kohlenhydrate		
Monosaccharide	Pentosen:	Ribose, Arabinose, Xylose
	Hexosen:	Glucose (Traubenzucker), Mannose, Galactose,
		Fructose (Fruchtzucker)
Oligosaccharide	Disaccharide:	Saccharose (Rohrzucker = Glucose+Fructose)
		Lactose (Milchzucker = Glucose+Galactose)
		Maltose (Malzzucker = Glucose+Glucose)
	Trisaccharide:	Raffinose (= Galactose+Glucose+Fructose)
Polysaccharide	Pentosane:	aus Pentosen aufgebaut
	Hexosane:	aus Hexosen aufgebaut, z. B. Stärke, Glykogen, Cellulose,
		Inulin
Heteropolysaccharide und Lignin		Hemicellulosen, Pektine, Lignin*)

*) Der Holzstoff Lignin ist chemisch kein Kohlenhydrat; Grundbausteine sind Derivate des Phenylpropans.

im Organismus aus Glucose gebildet. In begrenzten Mengen in Leber und Muskulatur gespeichert, reicht der Glucosevorrat beim Pferd nur aus, um den Energiebedarf im Erhaltungsstoffwechsel für einen Tag zu decken.

CELLULOSE gehört zu den wichtigsten Gerüstsubstanzen der Pflanzen. Rein kommt Cellulose in Baumwolle vor und mit einem hohen Anteil von nahezu 50 % im Holz.

INULIN ist aus Fructose aufgebaut (nicht zu verwechseln mit dem Hormon »Insulin«).

PENTOSANE sind mit hohen Anteilen (bis 20 %) in der Trockensubstanz (TS) von Gras und Heu enthalten. Diese Polysaccharide setzen sich aus Pentosen (Arabinose, Xylose) zusammen.

HETEROPOLYSACCHARIDE

Diese Substanzen (Hemicellulosen, Pektine) sind Begleitkohlenhydrate der Cellulose und Bestandteile der pflanzlichen Zellwände.

LIGNIN

Der Holzstoff Lignin ist – neben der Cellulose und den Pentosanen – die eigentliche Rohfaser. Lignin dient als wichtiger Ballaststoff, ist aber unverdaulich. Hoher Ligningehalt vermindert die Verdaulichkeit jeder Ration.

FETTE UND IHR STOFFWECHSEL

Neben den Kohlenhydraten gehören die Fette zu den energieliefernden Grundnährstoffen. Sie sind ebenso wie Kohlenhydrate aus Kohlenstoff (C), Wasserstoff (H) und Sauerstoff (O) aufgebaut (allerdings in anderer Anordnung). Fette sind zusammengesetzte Stoffe. Bestandteile der Fette sind eine oder mehrere Fettsäuren und das Glycerin. Im Unterschied zu den Kohlenhydraten lassen sich Fette in großen Mengen speichern.

Aus dem »Weender Analyse-System« (siehe Grafik 20, Seite 234) ergibt sich, daß zur Gruppe »Rohfett« alle sog. Lipide zusammengefaßt sind. Lipide verhalten sich im Stoffwechsel ähnlich, sind aber nur teils identisch mit den eigentlichen Fetten. Solche Lipide, die keine eigentlichen Fette sind, dienen nicht als Kraftstoffe, sondern als Bau- und Funktionsstoffe. Z. B. ist Lecithin (= Phosphorlipid) beteiligt am Aufbau der Nervengewebe und des Gehirns. Bei den folgenden Betrachtungen zum Kraftstoff »Fett« können alle Lipide, die nicht Fette im eigentlichen Sinne sind, fortfallen.

Die eigentlichen Fette (= Triglyceride) werden auch »Neutralfette« genannt, es sind chemische Fettmoleküle (sog. Ester des dreiwertigen Alkohols Glycerin mit Fettsäuren). Wenn Glycerin nur mit einer Fettsäure verestert ist, nennt sich die Ver-

bindung Monoglycerid; bei zwei Fettsäuren handelt es sich um Diglycerid.
An der Bildung von Triglyceriden sind Fettsäuren beteiligt, die – je nach molekularer Kohlenstoffkettenbildung – als »gesättigt« oder »ungesättigt« bezeichnet werden. Entscheidend für die Praxis ist, daß Fette mit hohem Anteil an kurzkettigen und ungesättigten Fettsäuren hoch verdaulich sind. Für die Pferdefütterung sind Öle mit mehrfach ungesättigten Fettsäuren (u. a. sog. Omega-3-Fettsäuren) bevorzugt einzusetzen.
Der Grund liegt darin, daß bei schwerer oder unverdaulichen langkettigen, gesättigten Fettsäuren der Schmelzpunkt so weit über der Körpertemperatur liegen kann, daß eine zur Resorption notwendige Reaktionsform (Löslichkeit mit Emulsionsbildung) im Darmkanal verhindert wird. Das Fett mit gesättigten Fettsäuren ist dann zu hart. Generell gilt, daß alle gut verdaulichen, ungesättigten pflanzlichen Fettsäuren bei durchschnittlichen Raumtemperaturen flüssig sind, es handelt sich um Öle. Dabei bezeichnet der Begriff »Öl« nur den flüssigen Zustand eines Fettes und keine besondere chemische Kategorie.
Fette stellen die komprimiertesten Kraftstoffe dar, sie enthalten pro Gewichtseinheit mehr als doppelt soviel Energie wie Kohlenhydrate. Nicht benötigte Nahrung kann der Körper in Triglyceride umwandeln und als Depotfett speichern. Fette sind ebenfalls wichtig zur Speicherung fettlöslicher Vitamine sowie als Wärmeschutz (Unterhautfett = subkutanes Fett) und als Schutzhülle für innere Organe (z. B. Nierenfett). Daß Pferde Fett benötigen, steht fest, aber entscheidend für die Fütterung ist, ob bestimmte ungesättigte Fettsäuren für das Pferd essentiell sind, also mit der Nahrung zugeführt werden müssen, weil eine Eigensynthese aus anderen Nahrungsbestandteilen nicht möglich ist. Die Frage ist für Pferde geklärt (ZEYNER, 2005); auch für viele andere Säugetiere sind Linol-, Linolen- und Arachidonsäure lebensnotwendige Nahrungsbestandteile (wichtig z. B. als wesentliche Bausteine der Körperzellen). Es deutet vieles darauf hin – und im Folgenden wird davon ausgegangen, daß besonders Linol- und Linolensäure auch für Pferde essentiell sind.
Die Fettsäuremoleküle bzw. ihre Derivate (= davon abgeleitete Moleküle) beeinflussen lebenswichtige Regulationen des Körpers, u. a. die Herzfrequenz, den Blutfluß, innersekretorische Vorgänge (Drüsen des Hormonsystems), die Ernährung der Haut- und Schleimhautzellen, Funktionsabläufe im Gehirn und im Nervensystem sowie zahlreiche Stoffwechselvorgänge (z. B. die Aufnahme fettlöslicher Vitamine A, D, E und K aus dem Verdauungstrakt in die Blutbahn). Nach MEYER

Fütterung von Öl

Ungeeignet sind tierische Fette wie Rindertalg und einige pflanzliche Öle wie Rapsöl. Sie verursachen Verdauungsbeschwerden und eine ungünstige Resorption anderer Nahrungsstoffe.
Empfehlenswert ist, bei der Zufütterung von Pflanzenöl kaltgepreßte Lebensmittelqualität bevorzugt einzusetzen. Nicht jedes x-beliebige billige Öl ist geeignet, weshalb die vom Hersteller deklarierten Inhaltsangaben verschiedener Öle miteinander verglichen werden sollten. Manche industriell gewonnenen, isolierten Fette enthalten als Rückstände u. a. sog. Extraktionsmittel (Hexane). Sie werden meist warm gepreßt, sind qualitativ ungenügend, aber billig. Nach Gewöhnung sind bei gesunden mittelgroßen Pferden z. B. tägliche Leinölgaben in Höhe von 40 bis 100 ml sinnvoll. Bei Hochleistungspferden kann die tägliche Ölzufütterung (= gleichzeitig Energielieferant) auf etwa 500 ml langsam gesteigert werden. Der Handel bietet auch Mischfutter mit essentiellen Fettsäuren an.

(1995) liegt der tägliche Linolsäurebedarf (eine typische ungesättigte pflanzliche Fettsäure, z. B. in Mais und Leinsamen enthalten) bei 5 g je kg Futtertrockensubstanz (TS).
Zu berücksichtigen ist, daß viele pflanzliche Fette sog. Antioxydantien enthalten (z. B. Vitamin E), die sehr körperfreundlich gegen sog. freie Radikale wirken (vergleiche Seite 223). Allerdings sind industriell hergestellte Fette mit künstlichen Oxydationshemmern (z. B. Butylhydroxytoluol und Etoxyquin) wegen nicht auszuschließender Stoffwechselstörungen problematisch. Mangelt es an essentiellen Fettsäuren im Organismus oder liegt ein Mißverhältnis vor (bei typischen Heu-Hafer-Rationen), treten Mangelsymptome auf. In erster Linie sind bei Mangelzuständen Störungen des Hautstoffwechsels und Haarausfall beobachtet worden, aber auch Sehstörungen sowie Störungen verschiedener Gehirn- und Nervenfunktionen, der Blutzuckerverwertung und der Fortpflanzungsfähigkeit sind nicht auszuschließen. Die Zufütterung von einwandfreiem Leinsamen (kochen, um Nährstoffe genießbar zu machen) oder sauberem – aus Leinsamen gepreßtem – speziellem, handelsüblichem Leinöl oder sonstigen geeigneten Pflanzenölen (z. B. Distelöl) ist deshalb ratsam.
Da durch Einwirkung von Gallensäure alle verdaulichen Fette vorwiegend im Dünndarm in Fettsäuren und Monoglyceride aufgespalten werden, muß bei der Fütterung allerdings jedes Übermaß an Fettzufuhr vermieden werden. Es besteht sonst u. a. die Gefahr einer Dickdarmstörung (Blockade von Mikroorganismen), wenn zuviel Fett in den Dickdarmbereich gelangt.
Bei stark überfütterten Pferden bilden sich zusammen mit Fettpolstern stets auch Wasserablagerungen. Werden solche Pferde abrupt stärker gearbeitet, um sie zu konditionieren – und wird dabei knapp gefüttert, um Depotfett abzubauen, kommt es kurzfristig nicht zu den erwarteten bleibenden Gewichtsreduktionen, da die Wasserablagerung zunächst bestehen bleibt oder sich durch Fettoxydation noch verstärken kann.

▸ **In diesem Zusammenhang muß davor gewarnt werden, zum »Abspecken« durch Aufzehren des Depotfettes Pferde abrupt drastisch »hungern« zu lassen. Dies kann u. a. zu gravierenden Störungen im Fettstoffwechsel (sog. Hyperlipidämie) – vor allem bei Pferden des Nordtyps – führen. Auch hier gilt – wie bei der gesamten Pferdehaltung – der Grundsatz der Allmählichkeit: langsam, aber kontinuierlich.**

Völlig verfehlt ist es beispielsweise (wie gelegentlich zu beobachten), wenn man Pferde des Nordtyps, die sich bei Offenstallhaltung zum Winter hin als Kälteschutz anlagebedingt ein zu starkes Fettpolster angefressen haben, bei Kälteeinbruch einfach fasten läßt oder ihnen ausschließlich eine kahle Winterweide als »Futterquelle« überläßt, damit sie durch Fasten bei erhöhter klimatisch erforderlicher Wärmeproduktion zu Lasten des Depotfettes wieder »Figur« bekommen. Das führt u. a. zu gravierenden Fettstoffwechselstörungen. Hier hilft nur vorbeugend eine stets leistungs- und klimaabgestimmte Ration, um übermäßiger Verfettung vorzubeugen – aber nicht der Entzug der notwendigen Tagesration. Schließlich ist die Gefahr von Fettstoffwechselstörungen bei verfetteten trächtigen und anschließend laktierenden (= säugenden) Stuten deshalb sehr groß, wenn u. U. während der Trächtigkeit oder Laktation eine verminderte Futteraufnahme stattfindet. Resultieren kann diese u. a. aus starker Verwurmung, aus einem Ortswechsel (z. B. Transport während der Fohlenrosse zum erneuten Decksprung und damit verbundenem Streß oder Ein-

Grafik 43

Proteine (Eiweißkörper)

• Chemische Struktur und Tagesbedarf des Pferdes •

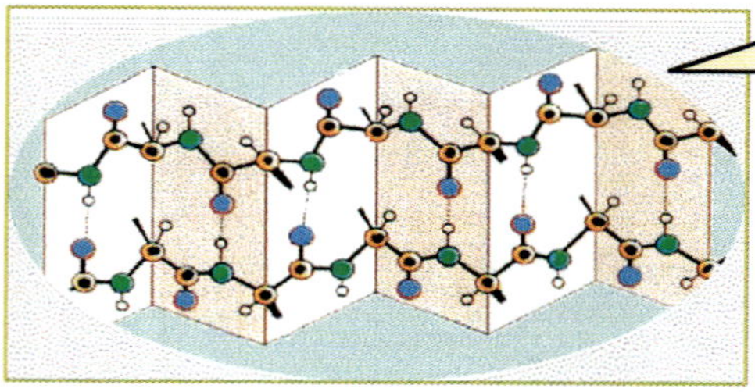

Beispiel: Proteinkette in sog. Faltblattstruktur

● Kohlenstoff ● Sauerstoff ● Stickstoff

• Proteine sind aus Aminosäuren (z.B. Lysin, Threonin, Methionin + Cystin) zusammengesetzte Stoffe; sie müssen bedarfsgerecht in der Nahrung enthalten sein.

☛ Auf einen Blick:

Erhaltungsbedarf an verdaulichem Rohprotein (vRp/DP) je Tag/ kg LM $^{3/4}$

• Südpferde 3,0 g • Nordpferde 2,7 g

koppelung auf einer abgegrasten »Hauskoppel«).

Da aber der Energie- und Proteinbedarf – vor allem in der Laktation – den Erhaltungsbedarf der Stute selbst um das Zwei- bis über Dreifache übersteigt, wird – mangels entsprechender Tagesfutteraufnahme – dann körpergesteuert mehr Depotfett abgebaut als verbraucht werden kann! Die Folge: Hyperlipidämie, d.h. Blut und Leber verfetten – u. U. mit tödlichem Ausgang.

Stoffliche Nahrung

PROTEINE ALS BAUSTOFFE

Die mit den Futtermitteln pflanzlicher (Gras, Heu etc.) oder tierischer Herkunft (z. B. Muttermilch oder Joghurt als diätetische Ergänzung) aufgenommenen Proteine dienen dem Aufbau körpereigener Proteine in den Zellen, zum Aufbau von Enzymen, Hormonen und Immunstoffen. Proteine (= Eiweißkörper) sind aus einzelnen Aminosäuren aufgebaute chemische Verbindungen, die in allen Zellen vorkommen. Sie wirken im Körper als

- Katalysatoren (Enzyme) und Regulatoren (Hormone),
- organische Stütz- und Schutzelemente (z. B. Knochen, Bindegewebe, Haut, Haare) und als
- Grundlage für Muskelfunktion und Abwehrfunktion (Immunkörper).

Je nach dem Gehalt an lebensnotwendigen Aminosäuren in den Nahrungsproteinen wird deren biologischer Wert bestimmt. Der Bedarf an Protein ist – präziser ausgedrückt – deshalb ein Bedarf an Aminosäuren, denn Proteine werden im Verdauungskanal zu Aminosäuren abgebaut und in dieser Form resorbiert (siehe Grafik 43, oben). Einige Aminosäuren kann der Körper selbst aus Traubenzucker und Stickstoffverbindungen aufbauen. Diejenigen Aminosäuren aber, die der Körper selbst aus anderen Stoffen nicht (oder nur in ungenügenden Mengen) aufbauen kann, die er aber auf-

Grafik 44

Proteinbausteine

• Aminosäuren (modifiziert nach HELFFERICH und GÜTTE) •

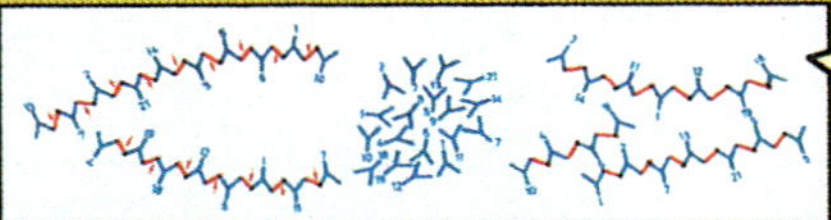

Proteine werden in ihre Aminosäuren gespalten; diese werden vom Körper zu neuen Proteinen zusammengebaut.

Unentbehrliche Aminosäuren	Entbehrliche Aminosäuren
Valin (Val)	Glycin (Gly), Alanin (Ala)
Phenylalanin (Phe)	Serin (Ser)
Leucin (Leu)	Cystein (Cys oder CySH)
Isoleucin (Ile oder Ileu)	Cystin (CysCys oder CyS)
Threonin (Thr)	Glutaminsäure (Glu)
Tryptophan (Trp oder Try)	Glutamin ($GluNH_2$)
Methionin (Met)	Asparaginsäure (Asp)
Lysin (Lys)	Asparagin ($AspNH_2$)
Arginin (Arg)	Prolin (Pro)
Histidin (His)	Hydroxyprolin (Hyp)
	Tyrosin (Tyr)

bauen muß, werden als essentiell (= lebensnotwendig/unentbehrlich) bezeichnet. Die essentiellen Aminosäuren müssen dem Körper als Bausteine des Nahrungsproteins mit dem Futter ausreichend zugeführt werden. Wichtige Aminosäuren sind z. B. Isoleucin, Leucin, Lysin, Methionin, Phenylalanin, Threonin, Tryptophan und Valin (siehe Grafik 44, oben). Der Abbau der Nahrungsproteine im Verdauungstrakt geschieht durch verschiedene Enzymgruppen (Proteasen) in unterschiedlich langer Zeit. Die Aminosäuren werden anschließend primär über die Pfortader zur Leber transportiert (ein geringer Anteil über die Lymphbahn). Entscheidend für die Spaltung der Proteinmoleküle sind viele Faktoren, u. a. auch die Gegenwart anderer Substanzen, z. B. Metallionen von Magnesium (Mg^{++}), Zink (Zn^{++}) und Mangan (Mn^{++}).

Bei Fohlen ist die Aufnahme bestimmter Proteine durch die Darmwand nur kurz nach der Geburt innerhalb von rund 24 Stunden möglich. Es handelt sich bei diesen Proteinen um Immunstoffe/Antikörper (Gammaglobuline), die mit der Muttermilch (sog. Biest- oder Kolostralmilch) aufgenommen werden müssen, um eine passive Immunisierung zu bewirken, denn das Fohlen besitzt zu diesem Zeitpunkt noch keine eigenen Immunstoffe.

Im Unterschied zu Fett kann der Körper Proteine nur in geringen Mengen speichern (z. B. in Leber und Muskulatur). Mangelnde Proteinzufuhr führt zu Leistungseinbußen und zu Wachstumsmängeln (Aminosäuren-Imbalance) oder in schweren Mangelzuständen auch zur Schwächung der Immunabwehr (z. B. mangelnde Bildung sog. Immunglobuline). Bereits das Fehlen einer einzigen essentiellen Aminosäure hemmt die gesamte Proteinneubildung im Organismus: Die Synthese wird unterbrochen und das nicht vollständige Aminosäuregemisch wird abgebaut. Für ausgewachsene Pferde im Erhaltungsstoffwechsel bieten bedarfsgerechter Weidegang auf artenreichen Flächen und Wiesenheu

Weiden mit übermäßigem Weißkleeanteil sind für Pferde als mehrstündige Futterbasis ungeeignet, weil rohfaserarmer Klee Durchfälle verursacht und durch einseitigen Eiweißüberschuß in Verbindung mit Energieüberschüssen Stoffwechselstörungen (z. B. Hufrehe) ausgelöst werden.

normalerweise alle essentiellen Aminosäuren. Bei stark beschleunigtem Wachstum von Fohlen, dem (abzulehnenden) »Hochhafern«, ist nicht auszuschließen, daß auch die körpereigene Bildung nichtessentieller Aminosäuren nicht Schritt hält. In solchen Fällen muß über das Futter auch grundsätzlich nichtessentielles Protein durch ein breites Nahrungsangebot zugeführt werden.

Der Proteinbedarf

Proteinbedarf des Pferdes und Proteingehalt des Futters werden als »verdauliches Rohprotein« (vRp) oder englisch »Digestible Protein« (DP) in der Maßeinheit »Gramm« (g) angegeben. Der Proteinerhaltungsbedarf liegt aufgrund wissenschaftlicher Untersuchungen (OLLSON und RUUDVERE, 1955, TEETER et al., 1967, SLADE et al., 1975) täglich pauschal bei 3,0 g verdaulichem Rohprotein (DP) je kg der sog. metabolischen Körpergröße ($LM^{3/4}$). Diese Menge reicht aus, um die sog. Stickstoffbilanz (N-Bilanz) des Körpers positiv zu erhalten.

An chemischen Elementen enthalten Proteine (ebenso wie die anderen Grundnährstoffgruppen Kohlenhydrate und Fette) Kohlenstoff (C), Wasserstoff (H) und Sauerstoff (O). Zusätzlich ist in Proteinen immer Stickstoff (N) sowie in manchen Verbindungen auch noch Schwefel (S) und Phosphor (P) enthalten. Prozentual beträgt die durchschnittliche Zusammensetzung der Proteinmoleküle: Kohlenstoff 53 %, Sauerstoff 22 %, Stickstoff 16 %, Wasserstoff 7 %, Schwefel 1 % und Phosphor 0,5 %.

Für ein mittelgroßes Südpferd, z. B. einen Vollblutaraber mit 460 kg LM und einer metabolischen Körpergröße von 99,3 kg, ergibt sich ein Proteinbedarf von rd. 298 g (= 99,3 × 3) verdaulichem Rohprotein täglich. Die Proteinbedarfsangaben sind in gewissen Grenzen variabel und individuell bestimmt. So hat sich bei Vergleichen zwischen Nord- und Südpferden gezeigt, daß bei Nordpferden die Proteinbedarfspauschale um 10 % auf 2,7 g je kg $LM^{3/4}$ ohne Schaden gekürzt werden kann. Das sind für ein mittelgroßes Nordpferd, z. B. ein Fjordpferd mit 450 kg LM und einer metabolischen Körpergröße von 97,7 kg, als Tagesbedarf 264 g verdauliches Rohprotein. Der geringfügig um 0,3 g höhere pauschale Bedarf bei Südpferden (3,0 g je kg $LM^{3/4}$) kann sich erklären aus der mit erheblich größerem Eigenbewegungsdrang z. B. bei ganzjähriger Gruppenauslaufhaltung verbundenen stärkeren Schweißabsonderung mit N-Verlusten.

Als groben Anhaltspunkt geht man von mindestens 0,5 g bis maximal etwa 1 g täglichem Erhaltungsbedarf an verdaulichem Rohprotein je kg tatsächlicher LM aus. Beispielangaben für verschiedene Rassen zu $LM^{3/4}$ enthält Tabelle 28, S. 303.

Eine vorübergehende Proteinunterversorgung bis zu 20 % bringt im Erhaltungsstoffwechsel ausgewachsener Pferde sel-

Tabelle 28

Proteinerhaltungsbedarf ausgewachsener Pferde entsprechend der metabolischen Körpergröße – LM kg $^{3/4}$				
Rasse	LM in kg	$LM^{3/4}$ in kg	Bedarfsmultiplikator	DP in g
Shetlandpony	170	47,1	2,7	127,2
Welshpony	250	62,9	2,7	169,8
Islandpferd	370	84,3	2,7	227,6
Connemara	430	94,5	2,7	255,2
Haflinger	440	96,1	2,7	259,5
Fjordpferd	450	97,7	2,7	263,8
Vollblutaraber	460	99,3	3,0	297,9
Quarterhorse	500	106,0	3,0	318,0
Warmblutpferd	600	121,0	3,0	363,0
Kaltblut, leicht	700	136,1	2,7	367,5
Ardenner	800	150,0	2,7	405,0
Percheron	900	164,3	2,7	443,6

ten Probleme. Proteinüberschuß in der Nahrung wird vom Pferd zwar bis zu etwa 50 % einigermaßen toleriert und führt nicht zu »Vergiftungen«, weil Proteine teils auch als Energiequelle genutzt werden und jedes gesunde Pferd die im Verdauungstrakt und im Stoffwechsel anfallenden überschüssigen Proteinabbauprodukte durch Entgiftungsmechanismen der Leber und der Nieren ausscheidet. Trotzdem ist es ratsam, die Obergrenzen der empfohlenen Pauschalmengen (3,0 g bzw. 2,7 g je kg $LM^{3/4}$ oder als grobe Faustzahl 0,5 bis 1 g je kg LM) nicht übermäßig stark und längerfristig zu überschreiten. Denn aus Aminosäuren, die der Körper nicht benötigt, bildet sich als Stickstoffverbindung Harnstoff, der mit dem Urin ausgeschieden werden muß. Je höher nun die nicht bedarfsgerechte Proteinzufuhr, desto mehr Wasser muß das Pferd zur »Entgiftung« aufnehmen und umso häufiger wird Urin abgesetzt, um Harnstoff auszuscheiden.

Für die Praxis ist bedeutsam, daß überhöhte Proteinzufuhr die Leistung nicht steigert, sondern den Stoffwechsel durch vermehrte Harnstoffsynthese belastet, was energiezehrend ist. Auch führt bei stallgehaltenen Pferden jeder Proteinüberschuß zur eigentlich unnötig verstärkten Einnässung der Einstreu mit entsprechend höherem Einstreu- und Arbeitsaufwand. Nicht unerheblich ist auch die Belastung des Stallklimas durch verstärkte Harnstoffausscheidung, denn daraus bildet sich das Schadgas Ammoniak (s. hierzu auch S. 464).

Hinzu kommen als negative Auswirkungen deutlicher Proteinüberschüsse auch Störungen des Mineralstoffhaushaltes. Erhöhte Mengen der Mineralstoffe Kalzium und Phosphor werden bei überhöhter Proteinzufuhr über die Nieren ausgeschieden.

▸ **Grundsätzlich benötigen die Mikroorganismen im Dickdarm ein bestimmtes Protein:Energie-Verhältnis (PEQ), das in bestimmten Leistungskategorien, z. B. im 1. Monat der Laktation bei Zuchtstuten, auf 9,4:1 ansteigt gegenüber 5:1 bei Pferden im Erhaltungsstoffwechsel (vgl. Tabelle 45, Seite 363).**

Proteinüberschuß wird manchmal fälschlicherweise als »Eiweißvergiftung« bezeichnet. Grund dafür scheint zu sein, daß die Auswirkungen abrupter, übermäßiger Aufnahme von jungem Frühjahrs-

grünfutter, z. B. Hufrehe (Entzündung der Huflederhaut) oder Durchfall (Diarrhoe), vorschnell auf Eiweiß-»vergiftung« zurückgeführt werden. Ursache für die genannten Störungen sind in erster Linie die rohfaserarme, durchfallfördernde Struktur des jungen Grünfutters (= Ballaststoffmangel) sowie ein gewaltiger Überschuß an Energienährstoffen. Dadurch kann eine innere Giftwirkung (z. B. durch sog. Clostridientoxine) die Hufrehe auslösen (s. Grafik 92, S. 499).
Wenn Pferde Leistungen erbringen, z. B. durch Arbeit, Trächtigkeit, Säugen eines Fohlens (= Laktation), Wachstum oder sehr starke Deckbeanspruchung, dann wird mehr Protein (z. B. für verstärkten Muskelaufbau im Konditionstraining oder für die sehr bedarfsintensive Milchproduktion usw.) benötigt. Dieser Proteinbedarf steigt dann teils ganz erheblich proportional zum Bedarf an energieliefernden Kraftstoffen (weitere Einzelheiten dazu sind im Kapitel »Nahrungsbedarf«, Seite 341 ff., enthalten).

Hafer (s. Grafik 71, S. 411), ein Rispengetreide mit länglichen Körnern, ist ein guter Eiweißlieferant. Zusätzlich enthält Hafer wichtige Fettsäuren und Schleimstoffe. Für alte Pferde sind eingeweichte Heucobs plus Haferflocken ein erstklassig verwertbares »Senioren«-Futter.

Funktionelle Nahrung

Neben den Grundnährstoffen Kohlenhydrate, Fette und Proteine sind weitere Stoffe unterschiedlicher Zusammensetzung und Funktion für den Organismus lebensnotwendig. Bei aller Unterschiedlichkeit sind diese Stoffe meist bereits in sehr kleinen Mengen hochwirksam. Mit Ausnahme der Mineral- und Ballaststoffe werden funktionelle Stoffe, das sind Vitamine, Enzyme und Hormone, deshalb auch Wirkstoffe genannt.

BALLASTSTOFFE

Zusätzlich zu den Nähr- und Wirkstoffen benötigt jedes Pferd täglich rohfaserreiches pflanzliches Futter nicht nur zur eigentlichen Ernährung, sondern zur Volumenbildung als Ballaststoff, der die Funktion des Verdauungsapparates unterstützt. Insbesondere zur

- Kaubeschäftigung,
- Speichelproduktion,
- Unterstützung der Darmmotorik sowie zur
- Syntheseleistung der Mikroorganismen

sind Ballaststoffe unersetzlich.
Weidegras, Heu, Grünfuttersilage oder Futterstroh (= Rauhfutter) enthalten – neben Nähr- und Wirkstoffen – große Mengen Ballaststoffe/Rohfaser (Abk.: Rfr; z. B. Cellulose, Lignin). Diese Rauhfuttermittel müssen deshalb anteilig in jeder Tagesration gewichtsmäßig zu etwa 50 % enthalten sein. Dabei ist allerdings Rauhfutter nicht mit Rohfaser gleichzusetzen, denn auch andere Futtermittel enthalten Rohfaser, sind aber nicht so rohfaserreich wie Rauhfutter. Losgelöst von den tatsächlichen physiologischen Anforderungen wäre theoretisch denkbar, einem Pferd durch relativ kleine, konzentrierte (industriell erzeugte) Nahrungsmengen in Form von handlichem »Alleinfutter« alle Nähr- und Wirkstoffe (ohne voluminöse Ballaststoffe) zuzuführen, doch das

reicht eben nicht aus. Zur Verdauung mit ungestörter Resorption der Nähr- und Wirkstoffe und zur Unterstützung mikrobieller Aktivitäten sind Ballaststoffe notwendig.
Cellulose ist durch Enzyme der Verdauungssäfte nicht spaltbar, sondern wird durch Mikroorganismen vergoren (ebenso Pentosane). Lignin (= Holzstoff) hingegen ist sowohl für Enzyme als auch für Mikroorganismen (Ausnahme: Pilze) »unangreifbar«, es kann nicht verdaut werden und ist lediglich als reiner Ballaststoff in nicht zu großen Mengen nützlich (ansonsten Verstopfungsgefahr). Aus diesem Grund ist die Verdaulichkeit von Kohlenhydraten und anderen Nahrungsstoffen in älteren Pflanzen (z. B. Altgras) vermindert, weil sie viel Lignin enthalten. Der Einschluß von Nahrungsstoffen in unverdauliche Ligninhüllen wird als Verholzung bezeichnet.
Pferde sind – wie im Kapitel »Futteraufnahme« schon unterstrichen, auf die kontinuierliche, täglich mehrstündige Aufnahme kleiner, voluminöser vegetarischer Futtermengen angewiesen. Darauf ist ihr Verdauungstrakt, die gesamte Resorption, letztlich ihr komplettes Wohlbefinden von Natur her eingestellt. Eine ausschließliche platz- und arbeitssparende konzentrierte »Fütterung aus dem Sack« mit denkbarer »Pillenergänzung« ist bei Pferden – anders als bei Hunden – nicht möglich.
Ballaststoffe können auch nicht ersetzt werden durch gemahlene Futtermittel (z. B. Grünmehl), die zwar nach der Deklaration (Sackaufkleber) einen hohen Rohfaseranteil aufweisen, deren Rohfaserstruktur aber durch die erfolgte Mahlbearbeitung weder zum intensiven Kauen noch Einspeicheln anregt und die ebenfalls nicht zur wichtigen ballaststofftypischen Unterstützung der Darmmotorik beitragen.
Der Rohfasergehalt in der Futtertrockensubstanz – abgekürzt: TS, das ist die

Stroh ist als Zusatzfutter zur Kaubeschäftigung und als Ballaststoff nützlich. Es darf nicht muffig sein, muss frisch-strohig riechen und sich sperrig (nicht weich und klamm) anfühlen. Um Verstopfungen (speziell bei Stallpferden) vorzubeugen, sollte man täglich nur etwa 1 kg Stroh je 100 kg Pferdegewicht (LM) zufüttern.

Frischsubstanz (FS) abzüglich Rohwasser (Rw) – der Gesamtration sollte für ausgewachsene Pferde bei 20 % und mehr liegen. Als Regel gilt: Je weniger Leistung gefordert wird, desto rohfaserreicher und beschäftigungsfördernder muß gefüttert werden (ca. 25 bis 30 % Rfr), je mehr Leistung erbracht wird, desto konzentrierter, rohfaservermindeter (ca. 20 % oder bei Hochleistungspferden etwas weniger) sollte die Ration sein.
Doch es empfiehlt sich, durchschnittlich bei Stallfütterung als Mindest-Heuration 0,8 kg (bei Leistungspferden des Südtyps) bis 1,2 kg (bei solchen des Nordtyps) je 100 kg LM täglich zusätzlich zum Kraftfutter zu verfüttern. Wenn strohfreie Einstreu bevorzugt wird, kann es erforderlich sein (zur Gewährleistung einer genügend langen Kauzeit), zusätzlich zur Beschäftigung noch etwas Futterstroh vorzulegen. Zuviel oder ausschließlich sehr ballaststoffreiche (stark verholzte = ligninhaltige) Kost ist andererseits auch nicht empfehlenswert. Durch extrem hohe Rohfasergehalte (> 50 %) wird die Verdaulichkeit der Ration stark vermindert, es steigt dann das Risiko von Verstopfungskoliken. Deshalb ist es nicht

ratsam, als Ballaststoffe ausschließlich Stroh oder sehr altes, verholztes Heu zu füttern.

▸ **Aufgenommene Strohmengen dürfen ca. 1 kg je 100 kg LM nicht übersteigen, da sonst – primär bei bewegungsarm gehaltenen Pferden – Verstopfungen (Obstipationen) auftreten können.**

Bei Leistungspferden ist zwar generell auch von ausschließlicher Rauhfutterversorgung mit Stroh abzuraten, doch kann unter bestimmten Bedingungen (z. B. Vermeidung von Heubäuchen bei Springpferden) eine Teilration Stroh als Heuersatz durchaus gewollte, positive Wirkungen hervorrufen (siehe Seite 415 f.). Die Verfütterung von durch Natronlauge aufgeschlossenem Stroh (= höher verdaulich) an Pferde ist möglich, wenn ausreichende hygienische Bedingungen vorliegen – hat sich in der Pferdefütterung aber grundsätzlich nicht bewährt (siehe Seite 395 f.).

Zunehmend werden Ställe mit Alternativstreu, z. B. Weichholzsägespänen, (Tannen- und Fichtenholz), eingestreut. Das ist angesichts häufig mangelhafter Strohqualitäten durchaus ratsam. Besonders im Hinblick auf die u. a. durch schimmelpilzbelastetes Stroh ausgelösten Erkrankungen des Symptomenkomplexes Allergie sind ausreichend warmluftgetrocknete, gesiebte und entstaubte Sägespäne ohne Schadstoffgehalte (z. B. Formaldehyd, Resopalspäne) und ohne übermäßige Harzanteile mit weniger Gesundheitsgefahren verbunden. Handelsübliche Preßspäne (Ballen ca. 30 kg schwer, gepreßtes Volumen 130 Liter = 450 Liter Einstreu) entsprechen normalerweise den gestellten Anforderungen.

Nicht ratsam ist allerdings die Verwendung frischer Sägespäne direkt aus Sägewerken. Diese sind einerseits oft als Pferdestalleinstreu zu harzhaltig, wenn Kiefernholz verarbeitet wurde, andererseits bei Lagerung in Mieten des Sägewerks durch ein feucht-warmes Milieu schnell schimmelpilzbelastet.

Immer muß bei alternativer Einstreu, z. B. aus Sägespänen, genügend Rauhfutter zur Beschäftigung vorhanden sein, da ansonsten u.U. sehr große Mengen der alternativen Einstreu gefressen werden. Dadurch können Verdauungsstörungen, in erster Linie Verstopfungen, aber auch Durchfälle, entstehen.

In der täglichen Praxis ist es ganz normal, daß gesunde Pferde aller Rassen (vor allem aber Nordpferde) zunächst bei einer Umstellung, z. B. auf Sägespäne, aus Neugier und auch später offenbar wegen des angenehmen Geschmacks der Weichholzspäne davon »naschen«. Nach Beobachtungen des Verfassers werden vereinzelt – trotz genügenden Rauhfutterangebots – sogar relativ große Mengen (bis etwa 0,3 kg je Tag bei mittelgroßen Pferden) besonders in der Haarwechselzeit und im Winter – ohne erkennbare Folgeschäden – aufgenommen.

AROMA- UND GESCHMACKSSTOFFE

Futtermittel unterscheiden sich nicht nur in ihrem Nährwert und der physikalischen Struktur, sondern auch im Geschmack und im Geruch teils sehr stark voneinander (siehe Grafik 45, S. 307). Als Weidetier ist das Pferd instinktiv stets bemüht, Futter nach den Kriterien »tauglich oder untauglich« sowie »schmackhaft oder weniger schmackhaft« zu selektieren. Bevorzugt werden von Pferden süße und salzige Futtermittel aufgenommen. Auch frisch aromatisch duftende Futtermittel (z. B. mit Kräutern, s. Tabelle 51, S. 383 f.) sind sehr beliebt. Dagegen werden muffig riechende oder mit Exkrementen kontaminierte Futtermittel instinktiv solange wie möglich gemieden. Gefressen wird solches Futter nur bei stärkstem Hungergefühl.

Grafik 45

Aroma- und Geschmacksstoffe
• Steuerung der Futteraufnahme •

Auf einen Blick:
Neben dem Nähr- und Sättigungswert haben Futtermittel auch ihren spezifischen Geruch und Geschmack. Gerade Pferde sind empfindliche „Genießer“ mit sehr gutem Geruchssinn und Geschmacksvorlieben.
➡ Geruch und Geschmack sind den Futtermitteln entweder von • Natur aus eigen oder entstehen erst durch • Konservierung, • Lagerung, • Verarbeitung oder • Zubereitung. Chemisch handelt es sich um Säuren, ätherische Öle, Aldehyden, Alkaloiden, Salze und Zucker.
Wahrnehmung dieser Stoffe: über das Nervensystem, danach Erregung über das Gehirn mit reflektorischen Wirkungen auf die Verdauungsorgane.

Praxis:
Besonders bei Leistungspferden: ➡ Positive Aroma- und Geschmacksstoffe stimulieren die Futteraufnahme. Nur frisches oder einwandfrei gelagertes, aromatisches, süßes und salziges Futter vorlegen.

MINERALSTOFFE

Unterteilt werden Mineralstoffe in Mengen- und Spurenelemente. Der Unterschied besteht darin, in welcher Menge die Mineralstoffe im Körper vorkommen und entsprechend über die Nahrung aufzunehmen sind. Als Unterscheidung zu den Spurenelementen beträgt der durchschnittliche Gehalt an Mengenelementen mehr als 50 mg je kg LM. Zu den wichtigsten Mengenelementen in der Pferdeernährung gehören Kalzium (Ca), Magnesium (Mg), Phosphor (P), Natrium (Na), Kalium (K), Chlor (Cl) und Schwefel (S).
Die Konzentration der Spurenelemente je kg LM ist gegenüber der von Mengenelementen wesentlich geringer (Ausnahme: Eisen). Spurenelemente sind deshalb aber nicht minder bedeutungsvoll für den Organismus. Bei der Pferdeernährung müssen hauptsächlich folgende Spurenelemente berücksichtigt werden: Eisen (Fe), Kupfer (Cu), Zink (Zn), Mangan (Mn), Kobalt (Co), Selen (Se) und Jod (J).
Sowohl Mengen- als auch Spurenelemente übernehmen wichtige Funktionen im gesamten Stoffwechsel (siehe Grafik 46, Seite 308). Das sind u. a.

- Herstellung der Erregbarkeit von Nerven,
- Gewährleistung der Muskelbewegung,
- Aufrechterhaltung des osmotischen Zelldrucks,
- Aufbau und Erhaltung der Funktionsfähigkeit von Geweben,
- Salzsäurebildung im Magen,
- Aktivierung von Verdauungsenzymen und
- Aufbau des Skeletts und der Zähne.

Mineralstoffe werden im Körper teils umverteilt und auch wieder ausgeschieden. Wegen der großen Bedeutung der Mineralstoffe für den gesamten Stoffwechsel ist der Organismus deshalb ständig bemüht, Verluste oder Umverteilungen im Mineralstoffhaushalt auszugleichen. Die Regulation wird gekennzeichnet durch die

- Aufnahme/Aufsaugung von Mineralstoffen aus der Nahrung und Einlagerung im Gewebe,

Grafik 46

Mineralstoffe

• Bedeutung und Funktion einiger wichtiger Elemente •

Mengenelement	Funktion	Mangelsymptom	Ursache
Kalzium (Ca)	Skelettaufbau, Nervenimpulse	Rachitis, Erschöpfung	Hafer + schlechtes Heu
Phosphor (P)	Muskelarbeit, Zellteilung	Erschöpfung, Skelettmängel	Rationen mit schlechtem Heu
Magnesium (Mg)	Übertragung der Nervenimpulse	Störungen der Nervenfunktion	Rationen aus jungem Grünfutter

Spurenelement	Funktion	Mangelsymptom	Ursache
Eisen (Fe)	Blutbildung (Hämoglobin)	Appetitlosigkeit, Gewichtsverlust	Blutverlust, Darmparasiten
Zink (Zn)	Schutz der Haut, Hormonbildung	borkige Haut, brüchige Haare	zuviel Kalzium und Phytat
Selen (Se)	Stoffwechsel	Muskelverschlag	saurer Boden

Salz (NaCl): ➡ Stets Salzlecksteine anbieten, da sonst Gefahr der Unterversorgung!

- Abgabe von Mineralstoffen über Kot, Harn und Schweiß und
- Abgabe von Mineralstoffen über die Milch bei laktierenden Stuten.

MENGENELEMENTE

Die Mengenelemente Kalzium (Ca), Magnesium (Mg), Phosphor (P), Natrium (Na), Kalium (K), Chlor (Cl) und Schwefel (S) sind im Körper mengenmäßig sehr unterschiedlich verteilt. Schwefel ist in Proteinen enthalten und wird von Pferden über ausreichende Proteinversorgung in genügender Menge aufgenommen.

Insbesondere Kalzium und Phosphor (siehe Grafik 47, Seite 309), aber auch Magnesium, sind von zentraler Bedeutung für Ausbildung und Funktion des Skeletts. Vor allem bei Stuten während der Laktationszeit und auch bei Fohlen ist der Bedarf im ersten Jahr sehr groß (spezielle Bedarfsangaben sind in den Tabellen 46 und 47, Seiten 364 und 365, im Kapitel »Nahrungsbedarf« enthalten). Große Mengen dieser Elemente sind im Skelett gespeichert (z. B. 99 % des gesamten Kalziumgehalts des Körpers). Zusätzlich aktivieren diese Mineralstoffe Enzyme im Stoffwechsel und erfüllen somit wichtige physiologische Funktionen. Kalzium- und Magnesiumionen bewirken die Erregbarkeit der Nerven sowie die Anspannung der Muskeln.

Magnesium ist beteiligt am Phosphattransfer, z. B. bei der Übertragung von Kreatinphosphat (KP) auf Adenosindiphosphat (ADP) zur Rückgewinnung des Muskelkraftstoffs Adenosintriphosphat (ATP), siehe Grafik 42, Seite 295. Die hierzu notwendigen Enzyme werden vom Magnesium aktiviert.

Kalzium ist neben den oben genannten Funktionen auch für den reibungslosen Stofftransport im Körper mitverantwortlich. Darüber hinaus ist es bei der Sekretion verschiedener Hormone sowie an enzymatischen Vorgängen wie der Blutgerinnung und der Aktivität der Amylase beteiligt.

Grafik 47

Kalzium (Ca) und Phosphor (P)

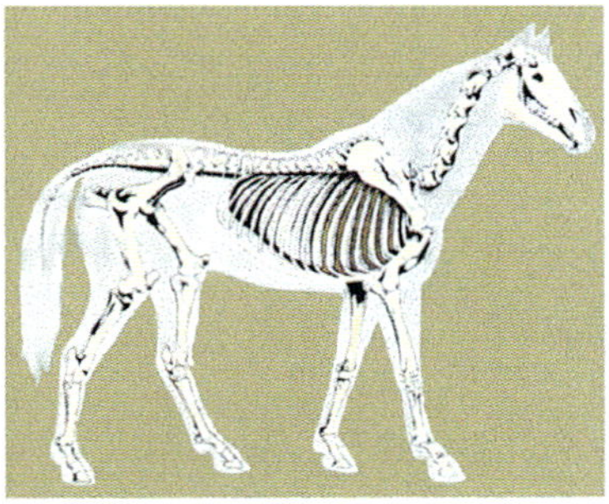

☛ Auf einen Blick:

- Kalzium und Phosphor = lebensnotwendige Mengenelemente
- Im Körper eines mittelgroßen Pferdes sind enthalten: 7 kg Kalzium und 4 kg Phosphor
- Aufgaben: Notwendig zur Stabilisierung der Knochen (sog. Mineralisierung), zur Funktion des Energiestoffwechsels, der Reizleitungen und der Blutgerinnung
- Folge eines Mangelzustands: Knochenauftreibungen und -verbiegungen, Demineralisierung des Skeletts (sog. Osteomalazie), Mangelerkrankungen (sog. Tetanie) bei laktierenden (= milchgebenden) Stuten

Grundsatz:

Das Kalzium:Phosphor-Verhältnis sollte in der Futterration nicht unter 1:1 und nicht über 3:1 liegen, da bei einem Überschuß an Phosphor die Absorption (= Aufnahme) des Kalziums gehemmt wird mit der Folge des Mineralstoffabbaus im Knochengerüst.

Praxis:

- Der Phosphorbedarf ist in der Regel gedeckt. Ausnahme: Ernährung mit stark verholztem Weidegras oder Stroh.
- Die Kalziumversorgung kann z.B. mangelhaft sein bei Rationen aus Hafer/Kleie und sehr früh (noch vor der Blüte) geerntetem Feldheu (sog. Raygras) ohne Kräuter.

Bei einem Defizit muß – wie später noch beschrieben wird – die Ration durch Kalziumpräparate (z. B. mit einem Ca:P-Verhältnis um 7:1) ergänzt werden. Sachverständige Weidebewirtschaftung mit standort- sowie nutzungsangepaßter Düngung ist in der Vegetationszeit Voraussetzung für eine ausgewogene natürliche Versor-

Achtung Kalziumdefizit!
Kalziumunterversorgung liegt meist dann vor, wenn junges Gras von intensiv gedüngten Weiden oder Feldgras (Raygras), aber auch herkömmliche Heu-Hafer-Rationen verfüttert werden. Auch früh geerntetes, kräuterarmes Heu ist kalziumarm. Durch zusätzliche Fütterung phosphorreicher Futtermittel (Weizenkleie, Nachmehle, Ölsamenrückstände) verstärkt sich das vorhandene Kalziumdefizit.

gung des Pferdes mit Mineralstoffen (siehe Grafik 48, Seite 311).
Phosphor ist Bestandteil von Nucleinsäuren (DNS, RNS) und Enzymen (NAD, NADP). Dieses Element spielt eine wichtige Rolle bei der oben angesprochenen Energieübertragung und -speicherung (ATP, ADP). Mangelerscheinungen können entstehen, wenn überwiegend nährstoffarmes, extrem überständiges (ligninhaltiges = verholztes) Gras bzw. entsprechendes Heu oder Stroh verfüttert werden.
Die Mineralstoffe Ca, P, Mg können ausschließlich in gelöster Form aus dem Darm aufgesogen werden. So beeinflußt die Art der chemischen Bindung, in der die Elemente im Futter vorliegen, und ihre Wechselwirkungen mit anderen Nahrungsbestandteilen deren Resorption wesentlich.
Kalzium und Phosphor sind im Futter häufig in Form schwerlöslicher Komplexe enthalten (z. B. Ca-Sulfat, Ca-Oxalat oder Ca-Phytat). Während Wiederkäuer diese schwerlöslichen Verbindungen in ihren Vormägen abbauen können, ist dies bei Pferden nur eingeschränkt möglich.

▸ **Die Kalzium- bzw. Phosphorverwertung beim Pferd ist sowohl vom Kalzium-Phosphor-Verhältnis als auch von deren unterschiedlichen Verbindungen im Verdauungstrakt abhängig. Das Ca:P-Verhältnis der Pferdefutterrationen sollte nicht unter 1: 1 und nicht über 3:1 liegen; ideal ist ein Verhältnis um 1,5:1 bis 2:1. Phosphorüberschuß provoziert Kalziummangel.**

Denn Kalzium wird bereits im vorderen Teil des Dünndarms aufgesogen, während die überwiegende Phosphoraufnahme erst im Dickdarm stattfindet. Bei engen Ca:P-Relationen (z. B. 1:1) bindet überschüssiger Phosphor die Kalziumionen so fest, daß sie nur schwer oder gar nicht gelöst und aufgesogen werden können. Insbesondere Phytin (= Hexaphosphorsäure des Inosits) bindet Ca und Mg; es kommt in Pflanzensamen und Getreidekörnern vor. In Tabelle 29, Seite 312, sind u. a. die Kalzium- und Phosphorbedarfsmengen pauschal angegeben.
Phosphorüberschuß ist immer zu vermeiden, er verursacht Kalziummangel und entsteht leicht bei getreidereicher Fütterung. Durch ausgleichende Regulierung der Ration mit Zufütterung von handelsüblichen Kalziumpräparaten oder kohlensaurem Futterkalk (enthält 93 % Kalziumcarbonat bzw. etwa 40 % Kalzium) läßt sich gegensteuern.
Hoher Phosphorüberschuß wird über die Nieren ausgeschieden und kann durch Harnanalysen festgestellt werden. Umgekehrt allerdings beeinflußt ein Kalziumüberschuß die Phosphorverwertung weniger stark. Denkbar sind hohe Kalziumüberschüsse bei Beweidung einseitig mit Klee und Kräutern bewachsener Extensivflächen (= schwach oder nicht gedüngte, karge Standorte). Neben mangelhaftem Rohfaserangebot entstehen in diesem Fall auch schwer lösliche Phosphorverbindungen. Da aber die Phosphoraufsaugung erst im Dickdarm erfolgt, können die dort vorhandenen Bakterien – vergleichbar den Vorgängen in den Vormägen der Wiederkäuer – die Verbindungen aufspalten, so daß der Phosphor dennoch verwertet werden

Grafik 48

Nähr-, Ballast- und Mineralstoffgehalte im Grünfutter

• Pauschalwerte je kg Frischsubstanz (FS) und Trockensubstanz (TS) •

Vergleich der Nähr- und Ballaststoffgehalte

Intensivweidegras (stark gedüngt) + Extensivweidegras (schwach gedüngt)

Art	*FS/TS*	*DP*	*DE*	*TS*	*Rfr*
Intensivgras, jung	FS	30 g	2,01 MJ	160 g	30 g
Intensivgras, jung	TS	188 g	12,59 MJ	1000 g	188 g
Intensivgras, alt	FS	25 g	2,31 MJ	240 g	72 g
Intensivgras, alt	TS	106 g	9,64 MJ	1000 g	302 g
Extensivgras, jung	FS	20 g	2,06 MJ	170 g	36 g
Extensivgras, jung	TS	118 g	12,14 MJ	1000 g	209 g
Extensivgras, alt	FS	16 g	2,31 MJ	240 g	75 g
Extensivgras, alt	TS	66 g	9,63 MJ	1000 g	311 g

Grundsatz:

• Bei starker Düngung steigt der Eiweißgehalt: ungünstig für Pferde.

• Mit zunehmendem Alter des Grünfutters sinkt der Eiweißgehalt, aber Rohfaser- und Energiegehalt nehmen zu: günstiger für Pferde.

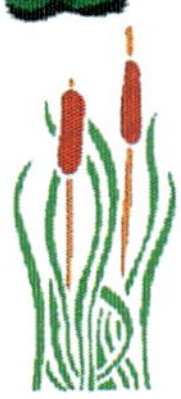

Durchschnittliche Mineralstoffgehalte *)

in g je kg Frischsubstanz (FS):

Kalzium	Phosphor	Magnesium	Natrium	Kalium
0,6-2,5	0,5-1,2	0,1-0,6	0,02-0,6	2-6

in g je kg Trockensubstanz (TS):

Kalzium	Phosphor	Magnesium	Natrium	Kalium
3-10	2-5	1-2,5	0,1-2	10-35

*) Die angegebenen Gehaltszahlen stammen aus analysierten Proben und stellen Mittelwerte dar;

Quelle: DLG-Futterwerttabellen – Pferde, Frankfurt a.M. 1995.

☛ Auf einen Blick:

Insbesondere die Eiweiß- und Mineralstoffgehalte des Grünfutters variieren sehr stark. Sie sind abhängig vom Standort und der Düngung. Bei der Weidebewirtschaftung helfen Bodenproben und Analysen durch ein Untersuchungsinstitut zur Ermittlung des konkreten Düngebedarfs.

➧ Die Forderung nach „schwacher Düngung" von Pferdeweiden bedeutet,

• keine stickstoffgetriebene reine Grasweide (= zuviel Eiweiß), aber eine kontinuierliche, harmonische Versorgung des Bodens u.a. mit Mineralstoffen und Spurenelementen (z.B. Kupfer + Selen bei Sandböden).

Tabelle 29

Täglicher Erhaltungsbedarf an Mengenelementen je 100 kg LM (Datengrundlage: GfE, 1994)					
Kalzium: 5 g	Phosphor: 3 g	Magnesium: 2 g	Natrium: 2 g	Kalium: 5 g	Chlor: 8 g

kann. Überschüssig aufgenommenes Kalzium (es werden 2- bis 3-fache Überdosierungen toleriert) wird über die Nieren und zu einem geringen Teil auch über den Dickdarm ausgeschieden. Gleiches gilt für überschüssiges Magnesium. Kalkablagerungen in der Niere (Harnsteinbildung) sind bei längerfristiger, starker Kalziumüberdosierung nicht auszuschließen.

Die Vermutung, daß die Zufuhr größerer Fettmengen mit dem Futter die Kalziumverwertung hemmt, während kleine Mengen positiv auf die Kalziumaufnahme wirken, ist nach neueren Untersuchungen so nicht bestätigt worden. Es besteht allenfalls bei Verwendung harter Fette ein Risiko für eine beeinträchtigte Ca- oder Mg-Verwertung. Keinen Effekt scheinen Fettzulagen auf die Verwertung von Phosphor zu haben, da dieser vorwiegend im Dickdarm aufgesogen wird (und nicht wie Fett, Ca, und Mg im Dünndarm).

Der Bedarf an Mengenelementen ist abhängig vom Körpergewicht und von der Leistung. Als Erhaltungsbedarf ausgewachsener Pferde sind mindestens die in Tabelle 29, oben, angegebenen Bedarfsmengen zugrundezulegen.

Die weiteren Mengenelemente Natrium (Na), Kalium (K) und Chlor (Cl) sind überwiegend für eine Vielzahl physiologischer Körperfunktionen unersetzlich und eng mit dem Wasserhaushalt des Körpers verknüpft. In erster Linie werden sie als Elektrolyte zur Aufrechterhaltung des osmotischen Drucks der Körperflüssigkeiten und im Säuren-Basen-Haushalt benötigt.

Natrium (Na) und Chlor (Cl) sind verstärkt in Skelett, Haut, Magen (Magensäure = Salzsäure = HCl) und Niere vorhanden. Hohe Konzentrationen von Kalium (K) finden sich im Nervengewebe und in der Muskulatur. Darüber hinaus sind die Mineralstoffe Na, K und Cl im Blut enthalten. Anders als bei den mehrwertigen Elementen Kalzium, Phosphor und Magnesium werden Natrium, Kalium und Chlor, da sie in sog. einwertiger Form als freie Ionen vorliegen, ziemlich vollständig vom Darm aufgesogen. Überversorgung kann das Pferd durch verstärkte Wasseraufnahme und entsprechende Ausscheidung ausgleichen.

Die Speicherung und Mobilisierung aller Mengenelemente gelingt dem Körper vor allem durch Hormone. Teils ist die Regulationsfähigkeit des Körpers recht groß, er kann sich an unterschiedliche Zufuhr anpassen. Dennoch muß auf Dauer eine ausgewogene Versorgung sichergestellt sein, die insbesondere auch im Hinblick auf verschiedene Leistungskategorien stets zu beobachten ist.

Tabelle 30

Täglicher Mineralstoffbedarf (Mengenelemente) eines mittelgroßen Pferdes (450 kg LM) im Erhaltungsstoffwechsel und in drei Leistungskategorien
(Datengrundlage: GfE, 1994)

Gesamtbedarf in		Mineralstoffbedarf je Tag in g				
Leistungskategorie	Ca	P	Mg	Na	K	Cl
Erhaltung	22,5	13,5	9	9	22,5	36
leichte Arbeit	23,6	13,5	9	20,3	30,4	54
mittlere Arbeit	23,6	13,5	10,1	32,6	36	73,1
schwere Arbeit	25,9	13,5	12,4	63	54	122,6

▸ So muß z. B. bei Pferden, die nach Ruhephasen wieder gearbeitet werden, mit einem Mineralstoffabbau aus dem Skelett gerechnet werden. Bei Beginn der Konditionierung sind deshalb vorbeugend 10 %ige Kalzium- und Phosphorzuschläge wichtig.

Bei allen Pferden ergibt sich aus täglicher Arbeit oder aus hohen Umgebungstemperaturen ein zusätzlicher Mineralstoffbedarf, der sich primär aus der Höhe der Schweißverluste und der Schweißzusammensetzung herleitet. Für die Bedarfsberechnung – insbesondere der teils erheblichen Na-, K- und Cl-Verluste über den Schweiß – sind die Angaben aus Tabelle 30, Seite 312, wichtig. Darin eingerechnet ist eine mittlere Schweißbildung. Ansonsten tritt Mangel an Na, K und Cl nur bei sehr nachlässiger Versorgung auf, da die meisten Grundfuttermittel den Erhaltungsbedarf der Pferde decken. Heu ist reich an Kalium und Chlorid; Melasse enthält viel Kalium und Natrium.

Stets ratsam ist, Salz- und Minerallecksteine zur freien Aufnahme anzubieten, um die Versorgung mit NaCl (Kochsalz) sicherzustellen.

Insbesondere im Frühjahr bei Weidegang kann sich sonst besonders ein Natriumdefizit aufbauen. Bei Pferden, denen große Leistungen abverlangt werden und die dementsprechend hohe Elektrolytverluste aufweisen, sind Mineralfutterzulagen immer unentbehrlich, denn diese Pferde können den Bedarf über Lecksteine meist nicht decken.

▸ Bei Saugfohlen sollten Lecksteine nie eingesetzt werden, denn Fohlen entwickeln gerne »Lecksucht«, die dann aufgrund übermäßiger Salzaufnahme zu Durchfällen führt. Ältere Fohlen hingegen benötigen Salzlecksteine (es sei denn, sie entwickeln eine Lecksucht).

Bei extremen Elektrolytverlusten über den Schweiß (z. B. im Hochsommer bei anstrengender Arbeit) oder bei Durchfallerkrankungen sind zusätzliche Kochsalzgaben oder die Zugabe handelsüblicher Elektrolytmischungen erforderlich.

Bei mittelgroßen Pferden können ca. 30 g Kochsalz am Tag (unter das Kraftfutter gemischt) angebracht sein. Anhaltende, sehr starke Durchfälle (90 % Wassergehalt des Kotes) mit zwangsläufig eintretenden Elektrolytverlusten und rascher Schädigung der Darmflora müssen stets unverzüglich tierärztlich untersucht und therapiert werden. Zufütterung von Probiotica (siehe Seite 334) kann ebenfalls erforderlich sein.

Pferde im Konditionstraining brauchen 10%ige Kalzium- und Phosphorzuschläge. Turnierpferde verlieren durch Schwitzen Mineralstoffe (u. a. Natrium, Kalium und Chlor), die ersetzt werden müssen durch Mineralfutterzulagen und Lecksteine.

SPURENELEMENTE

Unentbehrliche (= essentielle) Spurenelemente, die mit der Nahrung aufgenommen werden müssen, sind Eisen (Fe), Kupfer (Cu), Zink (Zn), Mangan (Mn), Kobalt (Co), Jod (J), Selen (Se). Über diese Spurenelemente liegen verschiedene Untersuchungen und Bedarfshinweise vor. Zusätzlich sind noch essentiell (und im Regelfall mit dem herkömmlichen Futter ausreichend zugeführt): Molybdän, Fluor, Chrom, Zinn, Vanadium und Silicium.

Der größte Teil der essentiellen Spurenelemente kommt nur in äußerst geringen Mikrogramm-Mengen je kg LM im Körper vor. Sehr geringer Bedarf besteht auch an den Elementen Nickel, Arsen, Blei, Aluminium, Bor, Brom, Cadmium, Germanium, Lithium und Rubidium. Auch Silber, Strontium und Quecksilber kommen im Körper vor, sie werden als Begleitelemente oder sog. akzidentelle Spurenelemente bezeichnet und können bei erhöhter Aufnahme die Verwertung essentieller Spurenelemente beeinträchtigen, z. B. durch Vergiftungswirkung (vor allem durch Quecksilber).

Insgesamt ist die Forschung zum Bedarf und zur Verwertung aller Spurenelemente bei Pferden noch nicht abgeschlossen. Die allgemeinen Empfehlungen (Tabelle 31, unten) zur Versorgung mit Spurenelementen beziehen sich auf mg-Angaben je kg Futtertrockensubstanz (TS). Dabei wird von einer mittleren täglichen TS-Aufnahme des Pferdes von 2% der Lebendmasse (LM) ausgegangen. Tabelle 11, unten, enthält beispielhaft den empfohlenen Tagesbedarf für ein mittelgroßes Pferd mit 450 kg LM.

Eisen (Fe)

Eisen liegt zwar wegen der Konzentration im Körper innerhalb der Gewichtswerte, die für Mengenelemente (50 mg je kg LM) gelten, gehört aber funktionell zu den Spurenelementen.

Sowohl für die Bildung des roten Blutfarbstoffes (Hämoglobin) als auch des Muskelfarbstoffes (Myoglobin) ist Eisen unentbehrlich. Darüber hinaus ist es Bestandteil zahlreicher Enzyme im Stoffwechsel. Über die Hälfte des Gesamteisenanteils im Körper entfällt auf Hämoglobin (60 %) und Myoglobin (20 %). Als wesentlicher Bestandteil des Blut- und Muskelfarbstoffs dient Eisen dem Sauer-

Tabelle 31

Empfehlungen zum täglichen Spurenelementbedarf des Pferdes – in mg je kg Futtertrockensubstanz – TS (nach GfE, 1994)

Spurenelement	Fohlen	Zuchtstuten	Erhaltungs- und Leistungsbedarf
Eisen (Fe)	80–100	80	60–80
Kupfer (Cu)	10–12	8–10	7–10
Zink (Zn)	50	50	50
Mangan (Mn)	40	40	40
Kobalt (Co)	0,05–0,1	0,05–0,1	0,05–0,1
Selen (Se)	0,15–0,2	0,15–0,2	0,15
Jod (J)	0,1–0,2	0,1–0,2	0,1–0,2

Tabelle 32

Täglicher Spurenelementbedarf (in mg) eines mittelgroßen Pferdes (450 kg LM)

Spurenelement	Bedarf in mg *)
Eisen (Fe)	540–720
Kupfer (Cu)	63–90
Zink (Zn)	450
Mangan (Mn)	360
Kobalt (Co)	0,45–0,90
Selen (Se)	1,35
Jod (J)	0,90–1,80

*) Angaben beziehen sich auf eine tägliche Trockensubstanzaufnahme (TS) von 9 kg, das sind 2% der LM.

stofftransport im Körper. Bei Eisenmangel ist die Zahl der roten Blutkörperchen reduziert. Folgen sind mangelhafte Sauerstoffspeicherung und dadurch angestrengte Atmung unter Belastung sowie allgemeine Leistungsschwäche und erhöhte Infektionsanfälligkeit.
Grundsätzlich ist die Sauerstoffspeicherung – und damit die Versorgung der Zellen sowie die aerobe Energieumwandlung (siehe Grafik 42, Seite 295) – bei Pferden mit mangelnder Eisenversorgung und gleichzeitig reiner Stallhaltung leistungsmindernd schlecht. Dagegen fördern – gerade bei sportlich geforderten Pferden im Konditionstraining – bedarfsgerechte Eisenversorgung und Haltungsbedingungen mit natürlichen Klimareizen und frischer Luft den Hämoglobingehalt des Blutes besonders gut.
Pferde mit hohen Blutverlusten aufgrund von Verletzungen oder Schädigungen durch Darmparasiten sind für eine verstärkte Neubildung des Blutes auf eine ausreichende Eisenzufuhr angewiesen. Auch bei hochtragenden Stuten ist eine erhöhte Eisenzufuhr erforderlich. Gleiches gilt für laktierende (= milchgebende) Stuten, die zu Beginn der Laktation zur Versorgung des Fohlens höhere Eisenmengen über die Milch abgeben. Später sinkt die Eisenabgabe über die Milch jedoch ab. Bei Leistungspferden entsteht bei intensivem Training ein Mehrbedarf, da Eisen mit dem Schweiß ausgeschieden wird. Generell gilt, daß der normale Eisenbedarf mit dem Grundfutter gedeckt wird.
Die maximal verträgliche Eisenmenge in der Futterration für ausgewachsene Tiere liegt entsprechend den Empfehlungen der GfE bei täglich 1000 mg je kg Futtertrockensubstanz (TS). Das sind bei mittelgroßen Pferden mit 450 kg LM (TS-Aufnahme etwa 2 % der LM = 9 kg) 9000 mg. Nach EDENS et al. (zitiert nach ZEYNER, 1995) entwickelten sich experimentell aufgrund von Eisengaben (0,6 mg Eisen je kg LM) innerhalb von 6 Wochen Vergiftungserscheinungen (Abmagerung,

Grafik 49

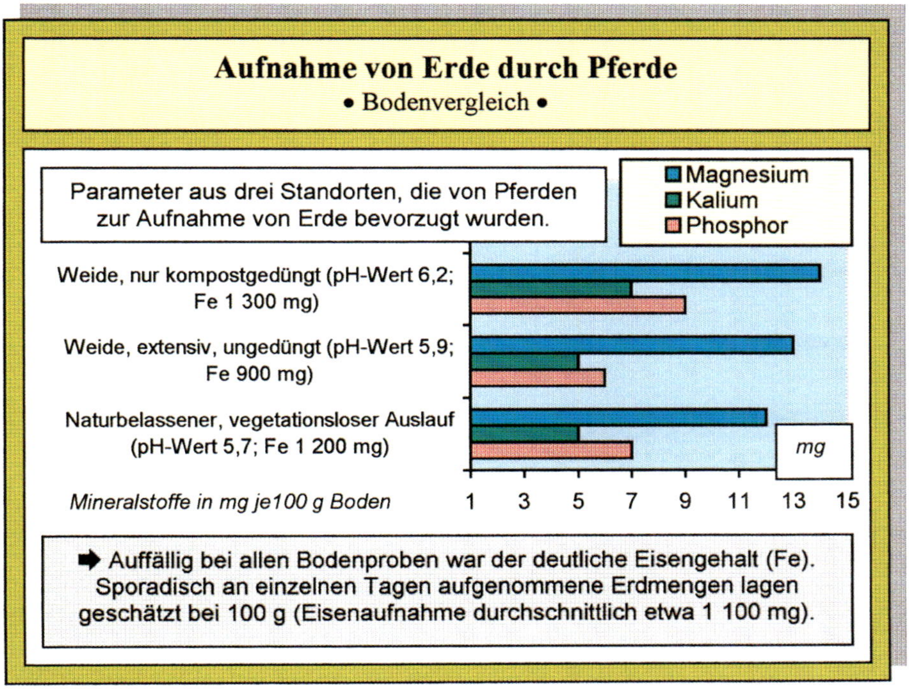

Fieber etc.). Da diese Gaben unter den angegebenen Mengen der GfE liegen, sollten vorsichtshalber Eisengaben zurückhaltend dosiert werden. Zu hohe Eisenaufnahme (z. B. denkbar bei ständiger Kontamination des Futters mit eisenhaltiger Erde) können auch die Verwertung von Phosphor (evtl. auch die Verwertung von Mangan und Zink) negativ beeinflussen. Ergänzend sei auf die Beobachtungen und Ausführungen zum Komplex »Erdefressen«, Seite 318 f., verwiesen (siehe auch Grafik 49, Seite 315). Aus diesen Beobachtungen ergibt sich die sporadische täglich zusätzliche Eisenaufnahme von etwa 1100 mg bei mittelgroßen Pferden (LM 450 kg) durch Fressen von Erde (Empfehlung GfE für Fe laut Tabelle 32, Seite 314: 540 bis 720 mg).

Kupfer (Cu)

Kupfer ist als Bestandteil von Enzymen, für die Festigkeit von Kollagen (Gefäßwände, Gelenke, Knorpel), für die Entwicklung von Nerven und zur Energieumsetzung im Zentralnervensystem sowie für Blut- und Pigmentbildung wichtig. Die größte Kupfermenge ist in Haut, Haaren und in der Leber enthalten. Auch die Schleimhautauskleidung (Epithel) des Verdauungskanals ist relativ kupferreich.

Unter natürlichen Bedingungen ist die Kupferversorgung meist ausreichend, wenngleich bei Futter von Sand-, Moor- und Marschböden Mangelerscheinungen auftreten können. Nicht ausreichend kann die Versorgung bei Saugfohlen sein. Fohlen kommen oft nur mit geringen Kupferreserven in der Leber zur Welt und werden über Milch nur ungenügend mit Kupfer versorgt. Folge eines Kupfermangels bei wachsenden Pferden sind Skelettveränderungen. Da die Stutenmilch kupferarm ist und das Fohlen zunächst nur geringe Mengen zusätzlichen Futters aufnehmen kann, sollte der Kupfergehalt des Beifutters für Saugfohlen täglich 20 bis 30 mg je kg TS betragen. Zuchtstuten und Absatzfohlen kommen dagegen mit der Hälfte (täglich 10–12 mg Cu je kg TS) aus. In der Regel genügen für ausgewachsene Pferde täglich 7–10 mg Cu je kg TS. Ältere Pferde neigen bei einer Kupferunterversorgung leichter zu Gefäßverletzungen und Pigmentverlusten.

Hohe Molybdänkonzentrationen im Futter in Kombination mit Sulfat sowie hohe Eisen- und Zinkgehalte, aber auch übermäßige Gehalte an Kalzium und Phytat aus dem Kraftfutter vermindern die Kupferverwertung der Gesamtration. Die Kupfertoleranz des Pferdes ist recht hoch. Dennoch sollten die Gaben in der Gesamtration täglich 50 mg je kg Futter-TS längerfristig nicht übersteigen, da aufgrund möglicher Wechselwirkungen mit anderen Elementen Leberschäden nicht auszuschließen sind.

In Haltungen mit Pferden und Schafen sind den Schafen kupferhaltige Ergänzungsfuttermittel und Lecksteine für Pferde stets vorzuenthalten, da die Kupfertoleranz bei Schafen sehr gering ausgeprägt ist und deshalb bei zusätzlicher Kupferzufuhr Unverträglichkeitsrisiken bestehen.

Zink (Zn)

Zink ist Bestandteil zahlreicher Enzyme und Hormone (z. B. Insulin der Bauchspeicheldrüse) im Kohlenhydrat- sowie Eiweißstoffwechsel. Es weist nach Eisen im Körper die höchste Konzentration unter den Spurenelementen auf. Dieses Spurenelement ist lebensnotwendig für die Bildung von Horn, Haut und Schleimhäuten.

Reduziertes Wachstum und verringerte Futteraufnahme bei Fohlen sowie alle borkigen Verdickungen der Haut bei gleichzeitigem Haarausfall, auch erhöhte Infektionsneigung sowie alle Veränderungen am Hufhorn lassen auf einen Zinkmangel schließen. Hohe Kalzium-,

Kupfer- und Phytatgehalte im Futter können die Zinkverwertung beeinträchtigen. Normalerweise ist die Zinkversorgung – ebenso wie die der meisten anderen Spurenelemente – im allgemeinen über das Grundfutter gesichert. Der Zinkbedarf erwachsener Pferde liegt bei täglich 50 mg je kg TS. Zusätzliche Zinkgaben von täglich 1 mg je kg LM fördern Wundheilungsprozesse. Die Zinkverträglichkeit des Pferdes ist mit täglich 500 bis 700 mg je kg TS recht hoch. Aber auch hier sind negative Wechselwirkungen mit anderen Elementen und – bei chronischer Überversorung – Leberschäden nicht auszuschließen.

Insbesondere Fohlen und auch tragende Stuten sollten bedarfsgerecht versorgt werden. Eine Überversorgung führt bei wachsenden Tieren zu Sehnen- und Bandscheibenschäden (Osteochondrosen). Die Gehalte in der Ration sollten das Zwei- bis Dreifache der Empfehlung langfristig zur Vermeidung negativer Wirkungen nicht überschreiten.

Mangan (Mn)

Mangan ist Baustein vieler Enzyme im Mineralstoff- und Fettstoffwechsel. Wichtig ist es sowohl für normales Wachstum und entsprechende Skelettentwicklung als auch für die Fruchtbarkeit (Funktion der Eierstöcke) bei Stuten. Fruchtbarkeitsstörungen bei Stuten unter Mangan-Mangelbedingungen hängen vermutlich mit einer stark verminderten Schleimproduktion der Genitalschleimhaut zusammen. Extremer Manganmangel äußert sich dann in stiller Rosse, Verzögerung oder Störung im Ablauf der Rosse, embryonalem Fruchttod und Sterilität der Stute.

Der Manganbedarf eines ausgewachsenen Pferdes beläuft sich auf 40 mg je kg TS und wird weitgehend über Grünfutter und Heu gedeckt. Grünfutter von kalkreichen Böden ist meist arm, von sauren Böden – solche, die nicht aufgekalkt wurden – reich an Mangan. Obwohl Manganüberdosierung wenig giftig wirkt, schränken hohe Gaben die Verwertung von Eisen ein und verursachen dadurch Eisenmangel. Überhöhte Kalzium- und Phosphorversorgung vermindert die Manganverwertung.

Kobalt (Co)

Kobalt ist essentiell für die Bildung des Vitamins B_{12}, das in Pflanzennahrung nicht enthalten ist und deshalb von den Mikroorganismen im Dickdarm unter Verwertung von Kobalt synthetisiert wird. Kobaltmangel führt deshalb zu einem Mangel an Vitamin B_{12} und dadurch zu Blutarmut, Hautveränderungen sowie Wachstumsstillstand. Mangelerscheinun-gen sind allerdings selten, sie können sich auf sehr leichten Sandböden ergeben. Zur täglichen Versorgung reichen 0,05 bis 0,1 mg Co je kg TS aus.

Jod (J)

Als Bestandteil der Schilddrüsenhormone ist Jod für die Steuerung des Stoffumsatzes im Körper entscheidend. Jodmangel beeinträchtigt die Hormonbildung und führt bei Fohlen zu Skelettmängeln, bei erwachsenen Pferden zu Haarwechselproblemen und zu abgeschlagenem Verhalten mit Leistungsschwäche. Auch sog. Kropfbildung wird durch mangelnde Jodzufuhr ausgelöst, denn die Schilddrüse versucht, durch Vergrößerung des Drüsengewebes die Unterproduktion von Hormonen (Trijodthyronin und Thyroxin) auszugleichen. Der Jodbedarf des Pferdes liegt täglich bei 0,1 bis 0,2 mg je kg TS. Für tragende und säugende Stuten gilt der obere Wert genauso wie für Leistungspferde. Im Heu und im Grünfutter aus küstennahen Gebieten sind die Jodgehalte meist ausreichend, während sie in den übrigen Regionen unzureichend sein können (vor allem im Gebirge). Das hängt zusammen mit dem gebietlich unterschiedlichen natürlichen Jodgehalt der

Luft und des Bodens. Pflanzen mit höheren Blausäuregehalten wie Leinsamen, Maniok, Weißklee und Leguminosen steigern den Jodbedarf. Der Bedarf kann unter diesen Umständen auf das Zweifache ansteigen. Hemmend auf die Schilddrüsenfunktion kann sich die Verfütterung von Feldfutter (z. B. Raps und Ackersenf) auswirken, da sich im Verdauungstrakt Senföle freisetzen.
Bei Jodmangel sollten kaliumjodathaltige Lecksteine angeboten werden. Auch jodiertes Haushaltssalz kann dem Futter ebenso zugemischt werden wie Algenmehl mit Jodgehalten bis zu 2 mg je g. Überhöhte Jodgaben (täglich über 10 mg je 100 kg LM oder über 5 mg je kg TS) sind besonders bei tragenden Stuten zu vermeiden, da als Folge Skelettfehlbildungen des Fohlens möglich sind.

Selen (Se)
Da Selen Bestandteil des antioxidativen Enzyms Glutathion-Peroxidase ist, schützt es die Zellmembranen durch Inaktivierung sog. freier Radikaler (Peroxide) vor Schäden. Hier besteht eine enge Wechselwirkung zur Vitamin-E-Versorgung (auch das fettlösliche Vitamin E hat eine ähnliche antioxidative Aufgabe). Beim Abbau ungesättigter Fettsäuren entstehen Peroxide, die entgiftet werden müssen. Durch Wirkung des Selens werden Peroxide in unschädliche Hydroxyfettsäuren umgewandelt. Selen ist essentiell für die Aufrechterhaltung der Membranstabilität der Zellen, die Grundvoraussetzung für den funktionierenden Zellstoffwechsel ist.
Für den Selengehalt der Futtermittel sind alle Faktoren wie Standort, Düngung, Vegetationsstadium und Konservierungsart entscheidend. Futtermittel, die unter hohen Temperaturen getrocknet werden, weisen häufig geringere Selenwerte auf als im frischen Zustand. Bei diesen Konservierungsverfahren verflüchtigt sich ein Teil des Selens in Form von Selenwasserstoff. Auch Grünfutter von sauren Böden (z. B. Auenstandorte, Granitverwitterungs- und Überschwemmungsniederungen) ist selenarm.
Ungenügende Versorgung mit Selen führt bei neugeborenen Fohlen zu Herz- und Skeletterkrankungen, Lahmheiten und Muskelverspannungen. Bei ausgewachsenen Pferden wurden durch Selenmangel verschlagähnliche Auswirkungen beobachtet (ZENTEK, 1991). Der Tagesbedarf liegt bei Pferden zwischen 0,15 bis 0,2 mg je kg TS (hohe Proteinaufnahme oder schwefelhaltiges Futter steigern den Bedarf !).
Akute Selenmängel können tierärztlich durch Injektionen behandelt werden. Vorsorglich kann durch entsprechende Lecksteine und Mineralfuttermittel einem Mangel vorgebeugt werden. Normaler Leinsamen ist mit etwa 0,63 mg je kg FS sehr selenreich, sollte aber stets bei Portionen ab 100 g nur nach etwa 10 minütigem Aufkochen, das zur Nährstoffaufbereitung beiträgt, verfüttert werden (im Handel sind inzwischen auch vorbehandelte Leinsamengemische, die nicht gekocht zu werden brauchen).
Immer ist allerdings auch darauf zu achten, daß Selen bei täglichen Dosierungen über 2 mg je kg TS giftig wirkt und bei Gaben ab 3,3 mg je kg LM sogar zum Tod führt (MILLER und WILLIAMS, 1940). Folgen einer Vergiftung durch Überdosierung sind Huferkrankungen, Haarverluste, Lahmheiten sowie Beschwerden des Symptomenkomplexes Kolik (Bauchschmerzen) mit starkem Schwitzen und Durchfällen.

ERDE
Erde, also der Boden, ist kein Nahrungsmittel. Er enthält allerdings – neben den »erdigen« Humussubstanzen – u. a. Mineralsalze. Auch für Pflanzen ist der erdige Boden selbst zwar kein primärer Wachstumsfaktor, sondern er ist wichtiger Träger und Vermittler der eigent-

lichen Wachstumsfaktoren: Wasser, Wärme, Mineralsalze. Durch das Aufschließen von Nährstoffen mit Säureabscheidung der Wurzeln und Bildung von Humussäuren wirkt die Pflanze auf den Boden ein.

Schließlich sprechen hygienische Gründe dafür, Erde aus Sicht der Nahrungsversorgung schlicht als »Verunreinigung« (u. a. durch Keime und Parasiten) anzusehen und auch futtermittelrechtlich so zu bewerten. Hinzu kommen im Zusammenhang mit der Aufnahme von unterschiedlichem Bodenmaterial durch Pferde stets zu befürchtende Verdauungsprobleme mit Verstopfungen, die pauschal mit »Sandkolik« bezeichnet werden.

Allerdings zeigen Beobachtungen des Verfassers bei naturkonform freilebenden Pferden sowie solchen in Gruppenauslaufhaltung mit Weidegang, daß Pferde aller beobachteten Rassen unter nicht umfassend exakt bestimmbaren Bedingungen gelegentlich dazu neigen, natürlich gewachsene Lehmerde durch Lecken oder Knabbern aufzunehmen. Dies auch bei optimaler Fütterung und Versorgung mit Lecksteinen.

Mineralstoffmangel, insbesondere Salzmangel, wird dafür verantwortlich gemacht (nach MEYER, 1995). Möglich ist auch, daß Spurenelementmängel (u. a. Eisen, Silicium) und zusätzlich z. B. die cremige Konsistenz des Lehm-Ton-Bodens mit Speichel gemischt ebenso eine animierende Rolle spielen wie geschmackliche Komponenten (z. B. Humussäure). Untersuchungen des Verfassers ergaben, daß u. a. Lehm mit Tonanteilen und deutlichen Eisengehalten aufgenommen wird (siehe Grafik 49, Seite 315). Dabei ist die Bevorzugung der oberen Bodenschicht (nur bis zu 5 bis 6 cm Tiefe) mit pH-Werten um 6 zu beobachten gewesen. Nach der sporadischen Aufnahme von Erde (schätzungsweise maximal 100 g an einzelnen Tagen bei mittelgroßen Pferden) sind Verdauungsstörungen nicht aufgefallen. Aufgrund des hohen Gehaltes lag die Aufnahme von Eisen (Fe) weit über den zur täglichen Versorgung allgemein empfohlenen Werten von 60 bis 80 mg je kg TS. Diese Versorgungsempfehlung beinhaltet für ein mittelgroßes Pferd (450 kg LM) mit einer TS-Aufnahme von 2% der LM etwa 9 kg TS × 70 mg (als Mittelwert) = 630 mg Eisen (Fe) täglich. Aufgenommen wurden aber durch das Erdefressen 1100 mg (s. auch Grafik 49, S. 315).

»Erdefressen« in mengenmäßig engen Grenzen gehört vermutlich zum natürlichen Ernährungsverhalten des Pferdes unter noch nicht genau nachvollziehbaren Bedarfsbedingungen. Wird Erde allerdings kontinuierlich und übermäßig aufgenommen, ist die Rationsgestaltung im Hinblick auf evtl. nicht ausreichende Kaubeschäftigung durch Ballaststoff-(Rohfaser-)mangel und insbesondere auf mangelhaften Mineralstoffgehalt dringend zu überprüfen. Gravierende Ernährungs- und Verdauungsstörungen sowie Vergiftungen sind mögliche Folgen hoher Erd- (und Eisen-)aufnahmen.

Parallel und ergänzend sei zu diesem Komplex das wenig bekannte Phänomen, die sog. Geophagie (= menschliche Gewohnheit, Erde zu essen), kurz beschrieben. In verschiedenen naturgeprägten Kulturen, so z. B. in Südafrika, werden an Straßenständen – zwischen Zigaretten und Erdnüssen – in Plastik verpackte hellbraune Lehmklümpchen angeboten, gekauft und von Einheimischen genüßlich verzehrt. Als typische Erdkonsumenten gelten (nach WOYWODT, 1999) »schwarze schwangere Frauen, weil bei ihnen ein Eisenmangel naheliegt, den man generell als Ursache der Geophagie vermutet« und »weil man diese Eßgewohnheit afrikanischen Völkern zuschreibt«. In Europa sind nur historische Sonderfälle von Geophagie bekannt: In Österreich sollen sich angeblich Ende des 19. Jahrhunderts arme Bergbauern Erde als »Bergbutter« aufs Brot geschmiert haben.

WIRKSTOFFE

STEUERUNGSSYSTEME

Das reibungslose Ineinandergreifen aller Lebensvorgänge basiert auf komplizierten Steuerungssystemen. Regulierung erfolgt z. B. über das Nervensystem, aber auch durch chemische Stoffe, die im Körper gebildet oder ihm zugeführt werden müssen und sich über die Blutbahn verteilen. Diese der Regulierung dienenden Stoffe werden als Wirkstoffe bezeichnet, weil sie als organische Verbindungen bereits in kleinsten Mengen außerordentliche Wirksamkeit entwickeln. Zu ihnen gehören Vitamine, Enzyme (auch Fermente genannt), Hormone und auch andere Wirkstoffe, die der Sicherung von Gesundheit und Leistung dienen. Fehlen in der Nahrung wichtige Stoffe, die z. B. für die Hormonbildung essentiell sind, treten Störungen in den Steuerungssystemen auf. Denn es bestehen beispielsweise enge Beziehungen zwischen dem Nervensystem und dem hormonalen System. Tag-Nacht-Rhythmus, Wärmeregulierung, Blutdruck und Blutverteilung unterliegen z. B. diesen Steuerungssystemen.

VITAMINE

Erst durch das Auftreten bestimmter Krankheiten wurde herausgefunden, daß in der Nahrung neben den eigentlichen Nährstoffen noch andere Stoffe enthalten sein müssen. Als *Vasco da Gama* im Jahre 1498 n. Chr. von seiner ersten Ostindienfahrt zurückkehrte, hatte er mehr als die Hälfte seiner Mannschaft durch die gefürchtete Seefahrerkrankheit, den Skorbut, verloren. Die Seefahrer litten an Geschwüren und Blutungen, obwohl sie zum Sattwerden genügend Mehl und eingesalzenes Fleisch zur Verfügung hatten. Erst nachdem die Erkrankten an Land frisches Obst und Gemüse zu sich nahmen, linderten sich die Beschwerden. In asiatischen Ländern trat vor 100 Jahren eine ähnliche Mangelerkrankung auf. Damals begann man, die mattgrauen Reiskörner mit Maschinen zu schälen und zu polieren, wobei Hülle und Keim des Reiskorns entfernt wurden. Zwar war der Reis nun schön weiß, aber die Menschen, die ihn als Hauptnahrungsmittel aßen, erkrankten an Lähmungen sowie Herz- und Kreislaufstörungen (sog. Beriberi-Erkrankung). 1897 entdeckten Forscher, daß Beriberi auch bei Hühnern auftrat, wenn man sie ausschließlich mit poliertem Reis fütterte. Man fand heraus, daß bei Zufütterung von Reiskleie oder Hefe die Symptome der Krankheit verschwanden. Damit setzte eine systematische Untersuchung solcher Ernährungsstörungen bei Menschen und Tieren ein. Ermittelt wurde u. a. auch die Rachitis als Mangelerkrankung.

Seit 1912 nennt man diese lebensnotwendigen und zur Krankheitsverhütung erforderlichen Ergänzungsstoffe der Nahrung Vitamine und bezeichnet sie teils vereinfachend mit Großbuchstaben.

Das ist international allerdings unüblich, denn aussagekräftiger ist die Einteilung der Vitamine nach sog. vitaminaktiven Substanzen (jedes Vitamin mit einem Großbuchstaben weist wiederum verschiedene dieser Substanzen auf). Deshalb ist die Großbuchstabenbenennung einiger Vitamine nicht durchgängig gebräuchlich (u. a. werden verschiedene B-Vitamine primär mit dem Substanznamen bezeichnet, z. B. Pantothensäure). Grundsätzlich sind Vitamine also lebensnotwendige organische Stoffe, die teils mit der Nahrung aufgenommen werden müssen. Ernährungsphysiologen fanden auch heraus, daß bestimmte Vitamine nicht mit der Nahrung zugeführt werden müssen, weil der Körper einige im Stoffwechsel aus sog. Provitaminen, das sind Vorstufen der eigentlichen Vitamine, selbst bilden kann (teils durch UV-Strahleneinwirkung der Sonne) oder andere im Verdauungskanal durch Mikroorganismen synthetisiert werden.

Vitamine unterteilt man nach ihrer Löslichkeit in fettlösliche und wasserlösliche Vitamine. Dadurch ergibt sich bereits ein Hinweis auf deren unterschiedliche Wirkung. Grob skizziert dienen

- die fettlöslichen Vitamine der Bildung und Aufrechterhaltung von Gewebestrukturen, während
- die wasserlöslichen Vitamine als Enzymbestandteile an Stoffwechselprozessen beteiligt sind.

Zu den fettlöslichen Vitaminen zählen Vitamin A, D, E und K. Das Pferd ist grundsätzlich auf die Zufuhr der fettlöslichen Vitamine A, D und E oder deren Vorstufen über das Futter angewiesen. Vitamin K wird im Darm des Pferdes größtenteils mikrobiell synthetisiert und muß nur in geringen Mengen mit dem Futter zugeführt werden. Wie die Bezeichnung vermuten läßt, stehen die fettlöslichen Vitamine in engem Zusammenhang mit der Fettverdauung. So verringert sich deren Aufnahme im Darmkanal bei gestörter Fettverdauung.

Sofern keine Darmstörungen vorliegen, sind die Mikroorganismen in der Lage, neben Vitamin K auch die wasserlöslichen Vitamine zu synthetisieren.

Vitaminmangelerscheinungen treten häufig bei allgemeinen Verdauungsstörungen auf. Ursachen sind einseitige kraftfutterreiche Fütterung oder Antibiotica-Medikation. Aufgrund der hohen Leistungsanforderungen können Vitaminmangelerscheinungen auch bei Hochleistungspferden (Rennpferde, Turnierpferde) auftreten. Sie sind auf zusätzliche Vitamingaben angewiesen. Der exakte Vitaminbedarf des Pferdes ist nicht abschließend erforscht. Von verschiedenen Wirkstoffen sind nur sehr geringe Tagesmengen erforderlich.

Die in Tabelle 33, unten, enthaltenen Bedarfsangaben sind nur zum Teil experimentell abgesichert und basieren weitgehend auf Schätzungen; sie entsprechen den Empfehlungen der Gesellschaft für Ernährungsphysiologie der Haustiere (GfE).

Fettlösliche Vitamine

Zur ersten Gruppe der fettlöslichen Vitamine gehören Vitamin A, D, E und K (siehe Grafik 50, Seite 323). Allgemein herrscht die Vorstellung, daß Vitamine, z. B. das Vitamin A, immer die gleiche chemische Verbindung darstellen. Wie oben schon kurz erläutert im Hinblick auf die international übliche Vitaminbezeichnung, kommt jedes Vitamin in verschiedenen voneinander etwas abgewandelten chemischen Verbindungen (= sog. Wirkformen, z. B. Retinol bei Vitamin A) vor. Diese Wirkformen weisen allerdings alle die gleiche Grundstruktur auf und wirken deshalb auch ähnlich. Um die ge-

Tabelle 33

Empfehlungen zur Vitaminversorgung von Pferden

Vitamin		Erhaltung/Arbeit	Fohlen	Zuchtstuten
Vitamin A	(IE je kg LM)	75	150–200	100–150
Vitamin D	(IE je kg LM)	6–10	15–20	15
Vitamin E	(mg je kg LM)	1–2 *)	1	1
Vitamin B1	(mg je kg TS)	3 **)	3	3
Vitamin B2	(mg je kg TS)	2,5	2,5	2,5
Biotin	(mg je kg TS)	0,05	0,1	0,2

*) Hochleistungspferde bis 4 mg **) Hochleistungspferde bis 5 mg

Hinweis: Zum Vitamingehalt einiger Futtermittel s. Tabelle 109, S. 490

Tabelle 34

Fettlösliche Vitamine und natürlich vorkommende vitaminaktive Substanzen		
Oberbegriff/Vitamin	Hauptverbindung	Vitaminaktive Substanzen
A	Retinol	Retinol (Vitamin-A_1-Alkohol) Retinal (Vitamin-A_1-Aldehyd) Retinsäure (Vitamin-A_1-Säure) Dehydroretinol (Vitamin A_2) Provitamin A: (Alpha-) α-Carotin (Beta-) β-Carotin (Gamma-) γ-Carotin Chryptoxanthin
D	Cholecalciferol	Cholecalciferol (Vitamin D_3) Ergocalciferol (Vitamin D_2) 1,25-Dihydroxy-Cholecalciferol
E	(Alpha-) α-Tocopherol	α-, β-, γ-, δ-Tocopherol α-, β-, γ-, δ-Tocotrienol
K	Phyllochinon	Phyllochinon (Vitamin K_1) Menachinon (Vitamin K_2) Menadion (Vitamin K_3) Menadiol (Vitamin K_4)

legentlich auch in Futtermitteldeklarationen enthaltenen chemischen Bezeichnungen einordnen zu können, enthält Tabelle 34, oben, entsprechende Angaben.

▸ *Vitamin A und ×-Carotin*

Vitamin A ist eine Sammelbezeichnung für eine Reihe ähnlicher chemischer Verbindungen. Die Hauptverbindung ist Retinol (vitaminaktive Substanz = Vitamin-A_1-Alkohol). Der Bedarf an Vitamin A wird in Internationalen Einheiten (IE) pro kg LM angegeben. Dabei entspricht eine Internationale Einheit 0,3 µg (Mikrogramm) Vitamin-A_1-Alkohol oder 0,6 µg β(=Beta)-Carotin (= Provitamin A). Das verstärkt im Grünfutter, in Silagen und Mohrrüben (Karotten, Möhren) enthaltene β-Carotin dient beim Pferd als Vorstufe zur Vitamin-A-Synthese. Aus 1 mg β-Carotin können Pferde etwa 400 IE Vitamin A bilden.

Vitamin A – auch als Epithelschutzvitamin bezeichnet – dient der Gesunderhaltung von Haut und Schleimhäuten (Epithel). Es fördert zudem die Sekretion von Wachstumshormonen und beeinflußt die Funktion der Netzhaut positiv, stärkt die Sehkraft. SCHUBERT und HENNING (1983) sowie ARBEITER und LORIN (1986) konnten nach β-Carotingaben in Höhe von 400 bzw. 500 mg am Tag eine verbesserte Fruchtbarkeit bei Stuten feststellen. Während die Leber Speicherort für Vitamin A ist, wird β-Carotin vermehrt in den Eierstöcken der Stute aufgenommen und dort in Vitamin A umgewandelt. Die Bedeutung des Vitamins A bzw. des β-Carotins für die Fruchtbarkeit von Stuten liegt u. a. in der Stimulierung der Östrogen- und Progesteronsynthese (= Hormonbildung). Bei Stallfütterung sind im Winter und Frühjahr β-Carotinzulagen für Zuchtstuten notwendig, um Fruchtbarkeitsstörungen vorzubeugen.

Reines Vitamin A muß dem Pferd mit dem Futter zugeführt werden. Aus Vitamin-Vorstufen, den sog. Provitaminen (die auch im Futter enthalten sein müssen), kann dieses Vitamin aber auch im

Grafik 50

Grundfunktion der Vitamine/Gruppe fettlösliche Vitamine

• Vorkommen, Wirkung, Mangelerscheinungen •

☛ Auf einen Blick:

• Vitamine oder ihre Vorstufen (= Provitamine) sind Bestandteile der Nahrung und lebensnotwendige Wirkstoffe für den Organismus.

• Unterschieden werden fettlösliche und wasserlösliche Vitamine.

• Aus der Gruppe der fettlöslichen Vitamine müssen A, E und z.T. auch D (bzw. die Vorstufen) ausreichend über das Futter zugeführt werden.

• Vitamin K und die wasserlöslichen Vitamine werden größtenteils auch im Darm gebildet (= Vitaminsynthese).

Grundfunktion:

Vitamine entfalten im Organismus vielseitige Wirkungen. Sie wirken auf mehrere Grundvorgänge in Zellen, Geweben, Organen und garantieren als Bausteine von Enzymen die Aufrechterhaltung komplizierter Funktionsketten im Stoffwechsel der Proteine, Kohlenhydrate und Fette.

• Ihr Verhältnis zueinander muß körpergerecht ausgeglichen sein.

➧ Die Devise „viel hilft viel" ist falsch; wahllose Dosierung ist schädlich! Fehlversorgung führt zur Anfälligkeit gegenüber ansteckenden Krankheiten oder auch zu speziellen Erkrankungen:

Unterversorgung zu Hypovitaminosen, Überversorgung zu Hypervitaminosen, totaler Mangel zu Avitaminosen.

Fettlösliche Vitamine

Vitamin	*Vorkommen*	*Wirkung*	*Mangelerscheinungen*
A	Provitamin Carotin in Grünfutter, Heu, Mohrrüben, Obst	Sehvermögen, antiinfektiös, fruchtbarkeits-fördernd	Krankheitsanfälligkeit (Darm, Augen, Schleimhaut, Horn), Sterilität
D	Provitamine im Grünfutter, Bildung durch UV-Bestrahlung (Sonne)	antirachitisch, wichtig für die Knochenbildung	Rachitis bei Fohlen, Knochenerkrankung (Osteomalacie)
E	Grünfutter, Heu, Weizenkleie, Getreidekeimlinge, pflanzliche Öle	vielseitigstes Vitamin, Stoffwechsel-beeinflussung	Herz- und Kreislauf-schwäche, Muskelschwund, Leistungsabfall
K	Grünfutter, Gerste, Mais, Brennesseln	steuert die Blut-gerinnung	gestörte Blut-gerinnung, Blutarmut

Dünndarm des Pferdes aufgebaut werden. Zu den Provitaminen zählen die verschiedenen Carotinarten, darunter das β-Carotin; es besitzt die beste Vitamin-A-Wirksamkeit und kommt in allen grünen Pflanzen vor. Deshalb ist bei Weidegang oder Fütterung von gemähtem Grünfutter die β-Carotinversorgung ausreichend. Bei einem Überangebot an β-Carotin vermindert sich die Umwandlung in Vitamin A. Dieser Mechanismus verhindert eine Überversorgung mit Vitamin A.

▸ **Durch Trocknung, Konservierung und nach längerer Lagerzeit des Futters verflüchtigen sich Carotingehalte beträchtlich. Sie liegen gegenüber dem Ausgangsmaterial oft unter 10 %.**

Im Winter ist daher bei üblicher Stallfütterung mit Heu- und Hafer-Rationen die Carotinversorgung nicht gesichert. Sie muß durch Zufütterung von Mohrrüben, Grünmehl oder Ergänzungsfutter mit bedarfsgerechten Gehalten erfolgen.
Eine kurzzeitige Unterversorgung mit Vitamin A wird beim Pferd durch Mobilisierung von in der Leber gespeicherten Reserven ausgeglichen. Bei länger bestehender Unterversorgung treten Vitamin-A-Mangelerscheinungen auf, z. B. brüchiges Hufhorn mit Neigung zur Spaltenbildung, Lahmheiten, Hornhauttrübungen mit Tränenfluß und Nachtblindheit.
Während eine Überversorgung mit dem Provitamin β-Carotin ohne negative Auswirkungen bleibt, treten bei überhöhten Vitamin-A-Gaben Gesundheitsstörungen auf, z. B. struppiges Fell, Störungen im Bewegungsablauf und allgemeiner Leistungsabfall. Vitamin-A-Gaben müssen täglich auf etwa 1000 IE je kg LM begrenzt werden. Bei Verfütterung von industriellen Mischfuttermitteln ist es meist nicht erforderlich, zusätzlich noch Mineralfuttermittel mit hohen Vitamin-A-Gehalten zu verabreichen.
Tabelle 109, Seite 490, enthält Angaben zu verschiedenen Futtermitteln und deren Gehalt an essentiellen Vitaminen.

▸ *Vitamin D (Ergocalciferol D_2 und Cholecalciferol D_3)*
Sammelbegriff für zahlreiche Verbindungen mit gleicher oder ähnlicher Wirkung ist die Bezeichnung Vitamin D. Da Vitamin D u. a. gegen Rachitis (Skelettmängel) wirkt, bezeichnet man es auch als antirachitisches Vitamin. Zwei Vitamin-D-aktive Stoffe sind von größerer Bedeutung, nämlich Vitamin D_2 und Vitamin D_3. Eine Vorstufe des Vitamins D_2, das Provitamin Ergosterin, ist in Pflanzen enthalten und wird unter kurzwelliger Sonneneinstrahlung (UV-Strahlung) in Vitamin D_2 umgewandelt. Die Umwandlung findet vor allem im geschnittenen Grünfutter (das selbst auch Vitamin D_2 enthält, aber im Vergleich zu Heu relativ arm ist an Vitamin D_2) durch Sonneneinstrahlung statt. So ist der Vitamin D_2-Gehalt im sonnengetrockneten Heu am höchsten, gefolgt von im Freien vorgewelktem und danach unterdachgetrocknetem Heu und Grünfuttersilage.
Vitamin D_3 wird vom Pferd aus einer im Körper synthetisierten Vorstufe, dem 7-Dehydrocholesterin, unter Sonneneinstrahlung in der Haut aufgebaut.

▸ **Besonders stallgehaltene Fohlen und Jungpferde, denen aufgrund von Haltungsmängeln die zur Vitaminbildung erforderliche Sonneneinstrahlung fehlt, leiden unter mangelnder Mineralisation der Knochen (siehe Grafik 91, Seite 490).**

Denn Vitamin D beeinflußt den Kalzium-Phosphor-Stoffwechsel und hat damit Einfluß auf die Knochenbildung. Experimentell ist ermittelt worden, daß Pferde äußerst empfindlich auf überhöhte Vitamin-D-Gaben reagieren. Appetitlosigkeit, Lahmheiten, Nierenversagen und ein überhöhter Plasma-Phosphor-Spiegel sind die

Folge einer sog. Hypervitaminose (= Vitaminüberversorgung). Der Vitamin-D-Bedarf ausgewachsener Pferde liegt unter Bedingungen der Stallhaltung täglich bei 6–10 IE je kg LM. Fohlen und Zuchtstuten benötigen unter gleichen Bedingungen rund 15 IE je kg LM

▸ *Vitamin E (Tocopherole)*

Wirkformen des Vitamins E sind die Tocopherole. Sie sind verstärkt in jungem Grünfutter und Trockengrünprodukten enthalten. Acht verschiedene Tocopherole werden unterschieden, von denen das D-α-Tocopherol (= Alpha-Tocopherol) die größte Vitamin-E-Wirksamkeit besitzt. Getreide enthält weniger Vitamin E, meist die biologisch vermindert wirksamen Beta-, Gamma- und Delta-Tocopherole. Tocopherole erfüllen zwei wichtige Aufgaben im Organismus: sie greifen in den Zellstoffwechsel ein (Zellatmung, Nukleinsäurestoffwechsel) und schützen als sog. Antioxidantien u. a. Zellmembranen vor oxidativer Zerstörung. Vitamin E beeinflußt damit Struktur und Funktion der verschiedensten Gewebe (Herz, Muskulatur etc.).

Neben den Membranen schützt Vitamin E auch Vitamin A und ungesättigte Fettsäuren vor Oxidation und Inaktivierung. In Anwesenheit von Vitamin E sind die bei der Oxidation von Fettsäuren anfallenden schädlichen Peroxide reduziert. So erklärt sich der steigende Vitamin-E-Bedarf mit zunehmenden Mengen ungesättigter Fettsäuren im Futter.

Bei der Fütterung von Kleien z. B. sollte daher auf eine ausreichende Vitamin-E-Versorgung geachtet werden. Auch bei reiner Stallfütterung kann Vitamin-E-Mangel auftreten. Überlagertes Heu, überlagerter gequetschter oder geschroteter Hafer sowie andere Futtermittel mit Propionsäurezusatz enthalten nur geringe Mengen Tocopherol. Dagegen weisen Trockengrünprodukte, Mais-, Leinsamen- und Weizenkeimöle relativ hohe Vitamin-E-Gehalte auf.

Bei Fohlen kann sich Vitamin-E-Mangel in der Gelbfettkrankheit (krankhafte Oxidation ungesättigter Fettsäuren u. a. im Unterhautbindegewebe) und bei ausgewachsenen Pferden in einer versteiften Lendenmuskulatur äußern. Allerdings treten bei ausgewachsenen Pferden Mangelsymptome meist nur in Kombination mit einer Selenunterversorgung auf. Im allgemeinen liegt der Vitamin-E-Bedarf täglich bei 1 mg je kg LM, bei tragenden und laktierenden Stuten bei ca. 1–2 mg je kg LM. Hochleistungspferde haben erhöhten Bedarf. Aufgrund der Schutzfunktion vor oxidativen Schädigungen biologischer Membranen müssen die Vitamin-E-Gaben bei Hochleistungspferden auf bis zu 4 mg je kg LM und Tag angehoben werden. Probleme bei Überversorgung sind bisher nicht bekannt, dennoch sollten Vitamin-E-Gaben 20 mg je kg LM am Tag nicht überschreiten.

▸ *Vitamin K (Phyllochinon K_1, Menachinon/Farnochinon K_2, Menadion K_3, Menadiol K_4)*

Die zahlreichen Formen von Vitamin K lassen sich in vier Reihen von K_1 bis K_4 einteilen. Sie alle sind u. a. für die Blutgerinnung unentbehrlich, da sie die Thrombinbildung fördern.

Deshalb, dies sei hier eingeschoben, wirken z. B. Injektionen mit Vitamin K (Phytomendione) auch als Gegenmittel (sog. Antidot) bei versehentlicher Aufnahme typischer Mäuse- und Rattenköderstoffe durch Pferde, andere Haustiere oder gar Kinder. Die Gifte in den Ködern (z. B. Pellets oder Haferflocken mit dem Wirkstoff 0,005 % Flocoumafen) führen zu inneren Blutungen (und bei sachgemäßem Gebrauch zur Vernichtung der Nager). Vitamin K bewirkt – bei rechtzeitiger Arztkonsultation und Anwendung – die Förderung der durch Gift gestörten Blutgerinnung.

Im Grünfutter ist der Vitamin K_1-Gehalt hoch, er nimmt aber – ebenso wie der schon besprochene β-Carotingehalt – unter Einfluß von Licht und Sauerstoff ab. Vitamin K wird durchweg von Darmbakterien (z. B. Escherichia coli) ausreichend synthetisiert. Bei gesunden Pferden mit nicht gestörter Darmflora sind zusätzliche Vitamin-K-Gaben deshalb entbehrlich. Ergänzende synthetisch hergestellte Vitamingaben oder Injektionen können bei Erkrankungen des Darms (z. B. nach Durchfällen), nach dem Fressen verschimmelten Futters (verursacht z. B. durch Brotreste, Klee oder Heu) sowie nach einer Antibiotica-Therapie erforderlich sein.

Wasserlösliche Vitamine

Die meisten Vitamine gehören zur wasserlöslichen Gruppe (siehe Grafik 51, Seite 327). Grundsätzlich können alle wasserlöslichen Vitamine vom Pferd mikrobiell selbst aus Einzelstoffen hergestellt (= synthetisiert) werden, so daß eine Zufuhr der kompletten Vitamine über das Futter normalerweise überflüssig ist. Allerdings führen unter verschiedenen Bedingungen Störfaktoren zur Syntheseblockierung. Dann wird eine Zufuhr erforderlich. Allgemeine – oft allerdings in der Praxis schwer zu deutende – Mangelsymptome sind Leistungsschwäche, Appetitlosigkeit, Blut- und Hautveränderungen sowie nervöse Reaktionen.

▸ *Vitamine B_1, B_2, B_6, B_{12}*

Versorgungsmängel an Vitaminen B_1, B_2, B_6 und B_{12} verursachen bei Pferden in erster Linie Stoffwechselstörungen, denn die Vitamine der B-Gruppe wirken als Bestandteile von Enzymen. Bei Unterversorgung leidet deshalb die Enzymaktivität, es treten Hautschäden, Gewebsveränderungen, Nervenstörungen und Krämpfe auf. Störungen sind bei Fohlen bis zum 6. Lebensmonat möglich, weil deren Fähigkeit zur Vitamin-Synthese generell noch nicht voll entwickelt ist. Auch nach Erkrankungen des Darmkanals sind deshalb bei allen Pferden zusätzliche Vitamingaben erforderlich. Gleiches gilt bei besonders rohfaserarmen Rationen und nach Behandlung eines Pferdes mit Antibiotica.

▸ Der Körper kann – anders als bei den fettlöslichen Vitaminen und mit Ausnahme des Vitamins B_{12} – diese B-Vitamine nur in geringen Mengen speichern.

Mängel in der Versorgung können deshalb aus Reserven nicht ausgeglichen werden, weshalb eine stetige Versorgung (= Eigensynthese durch ausreichendes Nahrungsangebot oder ersatzweise eine bedarfsgerechte zusätzliche Verabreichung) sichergestellt sein muß. Vitamin-B-reiche Futtermittel sind u. a. getrocknete Bierhefe (darin ist kein Vitamin B_{12} enthalten), Grünmehle, Molkenpulver und Rückstände der Ölgewinnung sowie Weizenkleie.

▸ *Vitamin B_1 (Thiamin, Aneurin)*

Thiamin und Aneurin sind Wirkformen des Vitamins B_1. Sie übernehmen eine zentrale Funktion im Kohlenhydratstoffwechsel zur Energiegewinnung. Vitamin-B_1-Mangel unterbindet die Prozesse der Energiegewinnung sowie indirekt den Fettaufbau (keine Weiterverarbeitung von Brenztraubensäure). Auch Freßunlust, mangelhafte Futterverwertung, Nervosität und Lahmheiten sind die Folge.

Üblicherweise reichen täglich 3 bis 5 mg Vitamin B_1 je kg Futter-TS zur Bedarfsdeckung aus. Zu berücksichtigen ist, daß der Vitamin-B_1-Bedarf mit steigender Kohlenhydratfütterung (= Kraftfutter) zunimmt. Der Bedarf von Hochleistungspferden ist aufgrund geringerer Eigensyntheseleistungen – durch Beeinträchtigung und Umschichtung der Dickdarmflora bei Verwendung kraftfutterreicher und rohfaserarmer Rationen – mit täglich 4–5 mg je kg Futter-TS höher.

Wirkungshemmend sind sog. Thiaminasen. Sie inaktivieren Vitamin B_1 und sind

Grafik 51

Wasserlösliche Vitamine

• Vorkommen, Wirkung, Mangelerscheinungen •

Auf einen Blick:

Zu den wasserlöslichen Vitaminen gehören primär die Vitamine B_1, B_2, B_6, B_{12} und das Vitamin C sowie auch die - üblicherweise nicht immer mit Großbuchstaben bezeichneten - Verbindungen Pantothensäure, Cholin, Niacin, Biotin und Folsäure.

• International wird nur unterschieden nach vitaminaktiven Substanzen (z.B. statt Vitamin B_1: „Thiamin", statt Vitamin C: „Ascorbinsäure" etc.).

Wichtige B-Vitamine

Vitamin	*Vorkommen*	*Wirkung*	*Mangelerscheinungen*
B_1	Hefe, Grünfutter, gutes Heu, Kleie	Kohlenhydrat-stoffwechsel, Appetit	Nervosität, Freßunlust, Bewegungsstörungen, Herzschäden
B_2	Hefe, Grünfutter, gutes Heu, Kleie	Zellatmung, Stoffwechsel	Haut- und Hornschäden, Sehstörungen
B_6	Hefe, Grünfutter, Getreide	Aminosäure-stoffwechsel	Hautentzündungen, Gewichtsabnahme
B_{12}	Futter tierischer Herkunft (Milch)	mit Kobalt, Blutbildung	Wachstumsverzögerung, Freßunlust

Sonstige wasserlösliche Vitamine

Substanz	*Vitamin*	*Vorkommen*	*Wirkung*	*Mangelerscheinungen*
Pantothen-säure	B_3	Grünfutter, Getreide	Stoffwechsel, Haut	Hautveränderungen, Darmstörungen
Cholin	B_4	Getreide, Soja, Hefe	Fettstoff-wechsel	schlechte Futterver-wertung
Niacin/ Nicotinsäure	B_5	Grünfutter, Kleie, Hefe	Zell-stoffwechsel	Hautentzündungen, Wachstum
Ascorbin-säure	C	Grünfutter, Heu	Appetit, Immunsystem	selten (möglich bei Streß oder Fohlen)
Biotin	H	Grünfutter, Mohrrüben,	Fettsäure-bildung, Horn	Haut- und Hornver-änderungen
Folsäure	M	Grünfutter, Hefe	blutbildend, Zellteilung	Blutarmut, Leistungsschwäche

→ Durch hohe Gehalte in Grünfutter + Heu (außer B_{12}) sowie aufgrund der Eigensynthese (auch B_{12}) im Darm des Pferdes treten Mängel an allen wasserlöslichen Vitaminen meist nur bei Störungen der Darmflora auf.

in größeren Mengen in Giftpflanzen wie Sumpfschachtelhalm und Adlerfarn enthalten (sowohl im grünen als auch im getrockneten Zustand). Auch schimmeliges Futter hat ähnliche Auswirkungen.

▸ *Vitamin B_2 (Riboflavin)*
Riboflavin ist am Stoffwechel beteiligt, besonders an der Bildung der Coenzyme Flavinmononucleotid (FMN) und Flavin-adenin-dinucleotid (FAD). Diese beiden Coenzyme sind wiederum Voraussetzung für die Energieumwandlung (ADP und ATP). Vitamin-B_2-Mangel führt zu Störungen des Zellstoffwechsels, starkem Leistungsabfall und Augenerkrankungen. Der Vitamin-B_2-Bedarf wird auf täglich ca. 2 mg je kg Futter-TS geschätzt und wird bei üblicher Fütterung gedeckt.

▸ *Vitamin B_6 (Pyridoxin)*
Vitamin B_6 beeinflußt den Eiweißstoffwechsel. Es ist wichtiger Bestandteil von Enzymen (Transaminasen, Decarboxylasen, Desaminasen, Desulfhydrase), die an der Spaltung oder Synthese von Aminosäuren mitwirken. Insbesondere den Transaminasen kommt eine zentrale Be-deutung zu. Sie stellen eine wichtige Verbindung des Aminosäurestoffwechsels mit dem Kohlenhydrat-, Fettsäuren- und Energiestoffwechsel (Citronensäurezyklus) dar. Durch Beteiligung des Vitamins B_6 am Aminosäurestoffwechsel steigt der Bedarf mit Zunahme der Proteinzufuhr. Vitamin-B_6-Mangel hemmt bei wachsenden Tieren die Entwicklung von Thymus, Milz und Lymphknoten, womit gleichzeitig eine Schwächung der Immunabwehr verbunden ist. Mangelerscheinungen sind selten. Es kann davon ausgegangen werden, daß die mikrobielle Synthese im Darm sowie eventuelle Zulagen über vitaminierte Mineralfutter ausreichend sind.

▸ *Vitamin B_{12} (Cyanocobalamin)*
Dieses Vitamin ist teils im Futter enthalten, wird aber in großen Mengen im Darm synthetisiert und beeinflußt die Aminosäuresynthese. Mängel können Wachstumshemmungen auslösen. Wenn Kobalt vorhanden ist, ist unter normalen Bedingungen kein Mangel zu erwarten. Fohlen werden durch die Milch bis zur vollständigen Darmfunktion ausreichend versorgt.

▸ *Pantothensäure (Vitamin B_3)*
Pflanzen und Mikroorganismen synthetisieren Pantothensäure. Diese Säure ist Baustein des Coenzym A, das an zahlreichen Stoffwechselvorgängen zur Energiegewinnung beteiligt ist. Für den Abbau von Fetten, Kohlenhydraten und Aminosäuren ist das Coenzym A notwendig. Darüber hinaus spielt Coenzym A auch bei einer Vielzahl von Syntheseprozessen im Organismus eine Rolle, beispielsweise bei der Bildung langkettiger Fettsäuren, der Bildung von Gallensäure oder auch dem Aufbau des roten Blutfarbstoffs. Da Pantothensäure im Darm des Pferdes ausreichend synthetisiert werden kann und auch in Futterpflanzen enthalten ist, sind Mangelzustände bei Pferden nicht beobachtet worden.

▸ *Cholin (Vitamin B_4)*
Als Baustein der Lecithine ist Cholin am Fettstoffwechsel beteiligt. Cholin ist in fast allen Futtermitteln enthalten, weshalb Mangelsymptome beim Pferd bisher unbekannt sind. Allgemein kann von ausreichender Versorgung sowie Eigensynthese ausgegangen werden. Rein systematisch gehört Cholin im Hinblick auf seine Funktion und den hohen Bedarf nicht mehr zu den Vitaminen im klassischen Sinne (KIRCHGESSNER, 1997).

▸ *Niacin/Nicotinsäure (Vitamin B_5)*
Wirkform des Niacins sind die Pyridin-Coenzyme NAD (Nicotinamid-Adenin-Dinucleotid) und NADP (NAD-Phosphat). Beide Substanzen (NAD, NADP) sind für die Energiegewinnung aus

Kohlenhydraten, Fetten und Proteinen notwendig. Der Bedarf an Niacin wird hauptsächlich über die Nahrung gedeckt. Allgemeine Mangelsymptome sind Hauterkrankungen (Dermatosen), Entzündungen des Verdauungstrakts, Störungen des zentralen Nervensystems sowie Gewichtsverlust. Sofern beim Pferd Mangelerscheinungen auftreten, äußern sie sich insbesondere in Form von Magen-Darm-Störungen (Durchfall = Diarrhoe). Allerdings treten Mängel in der Praxis nur äußerst selten auf.

▸ *Ascorbinsäure (Vitamin C)*
Dieses Vitamin wurde bereits eingangs im Hinblick auf historische Sachverhalte erwähnt, denn Unterversorgung verursachte bei Menschen Mangelkrankheiten (z. B. Skorbut). Es wird deshalb auch als Scobutamin bezeichnet. Unter ernährungsphysiologischen Gesichtspunkten ist eine Versorgung des Pferdes mit Vitamin C über das Futter in der Regel nicht notwendig, da Pferde zur Eigensynthese befähigt sind und über Grünfutter, Heu und Mohrrüben Ascorbinsäure aufnehmen. Diese Säure ist an zahlreichen Prozessen im Körper maßgeblich beteiligt. Sie fördert die Kollagenbildung (Vernetzung von Kollagen-Fasern), stabilisiert Entgiftungsreaktionen, schützt Zellmembranen vor ihrer Zerstörung durch Sauerstoff, ist Antistreßmittel und verbessert die lmmunabwehr. Ein leistungsabhängig erhöhter Vitamin-C-Bedarf kann bei Hochleistungspferden auftreten. Dieser Mehrbedarf kann dann nicht allein über die Eigensynthese gedeckt werden. Die Höhe zusätzlicher Vitamingaben ist von der jeweiligen Belastungssituation abhängig; allerdings sind mengenmäßige Angaben für zusätzliche Vitamin-C-Gaben nicht möglich. Ascorbinsäure ist eine ausgesprochen instabile Substanz und sollte daher in Form geschützter Ascorbinsäureverbindungen oder über spezielle Ergänzungsfutter zugefüttert werden.

▸ *Biotin (Vitamin H)*
Als Enzymbaustein wirkt Biotin an der Synthese von Fettsäuren sowie am Abbau von Aminosäuren mit. Es wird durchweg ausreichend im Körper synthetisiert.
Biotin hat positive Wirkungen auf Haut und Hufhorn. Ungenügende Biotinversorgung kann trockene Haut, Haarverluste und Schäden am Hufhorn begünstigen. Trotz der mikrobiellen Synthese von Biotin können prophylaktisch oder bei Haar- und Hufschäden täglich im Futter 0,05 bis 0,20 mg je kg Futter-TS zugeführt werden. Bei Pferden, die brüchiges Hufhorn aufweisen, sind zusätzliche tägliche Biotingaben von etwa 3 mg je 100 kg LM über mehrere Monate erfolgreich gewesen.
Bei schweren Schäden am Hufhorn, deren Ursache nicht in äußeren Faktoren begründet ist (z. B. mangelhafte Hufpflege, schlechter Beschlag, matschige Ausläufe mit Anhäufung hufhornschädigender Exkremente und daraus resultierenden Ammoniakgemischen oder entsprechend unhygienische Stalleinstreu), kann die Dosierung angehoben werden (Präparate enthalten je kg z. B. 2000 mg Biotin).
Tägliche handelsübliche Biotingaben von beispielsweise 18 mg sind bei mittelgroßen Pferden (450 kg LM) nach Beobachtungen des Verfassers zur Verbesserung der Hufhornkonsistenz erforderlich (halbjährige Therapiedauer). Bei Großpferden (600 kg LM) können gut 20 mg als Tagesdosis über mehrere Monate wirksam sein. Nach Angaben von GEYER und SCHULZE (1994) sind Dosierungen von 15 bis 20 mg ratsam. Die Wachstumsgeschwindigkeit des Hufhorns wird durch Biotingaben jedoch nicht erhöht, deshalb bedarf es der Geduld. Eine stetige Biotintherapie ist besonders bei Problempferden des Nordtyps (oft Haflinger, Fjordpferde, Kaltblüter) mit weiten Hufen und weichem Hufhorn empfehlenswert, da diese Pferde leicht (vor allem unbeschlagen) zur Hornspaltenbildung

Grafik 52

Leistungssteigernde und regulierende Wirkstoffe

• Körpereigene Stoffe/Futterzusatzstoffe/Doping •

☛ Auf einen Blick:

Leistungssteigernde Stoffe werden als sog. *ergotrope Stoffe* bezeichnet. Es handelt sich weder um Nähr- oder Mineralstoffe noch um Vitamine, sondern um Stoffe, die durch biochemische Wirkung zur Verbesserung der Futterverwertung sowie des Futters selbst und der Gesundheit beitragen. Futtermittelrechtlich zählen diese Stoffe zu den *„Futterzusatzstoffen"*.

➡ Unter bestimmten Bedingungen sind manche dieser Stoffe Dopingmittel.

Stoffe	*Vorkommen*	*Wirkung*
Enzyme	Körper (Magen, Darm, Zellen, z.B. Amylase) und Zusatzstoffe	Stoffwechsel, Steigerung der Verdaulichkeit, Zellauf- und -abbau
Hormone	innere Körperdrüsen (z.B. Insulin) und Zusatzstoffe (z.B. Anabolika)	Stoffwechsel- und Entwicklungsvorgänge, therapeutisch
Antibiotica	Körper und Zusatzstoffe (Stoffwechselprodukte von Bakterien und Pilzen)	wachstumssteigernd, infektionshemmend, therapeutisch
Probiotica	Körper und Zusatzstoffe (Mikroorganismen, z.B. Milchsäurebakterien)	Darmkanal-Mikroflora, verdauungsfördernd, therapeutisch
Organische Säuren	Zusatzstoffe (Konservierungsmittel, z.B. Ameisensäure)	pH-Wert-senkend, verdauungsfördernd, konservierend

neigen. Ratsam ist, jede Biotintherapie durch fachgerechte Hufpflege zu begleiten, damit sich mechanische und innere Faktoren ergänzen können.

▸ *Folsäure (Vitamin M)*

Auch Folsäure und p-Aminobenzoesäure sind Enzymbausteine; sie werden im Darm des Pferdes normalerweise ausreichend synthetisiert. Bei ausschließlich im Stall gehaltenen Pferden, die kein Grünfutter bekommen, sind Mängel beobachtet worden (Blutarmut und Leistungsschwäche nach ALLEN, 1978). Tägliche Gaben von 20 mg Folsäure führten innerhalb von 3 Wochen zur Besserung und zum Anstieg der Folsäuregehalte im Blut.

LEISTUNGSSTEIGERNDE STOFFE

Jede ausgewogene, körpergerechte Nahrung ist Grundlage für eine Leistungssteigerung. Insbesondere unter den Wirkstoffen gibt es Stoffe, die weder zu den Baustoffen noch zu den Kraftstoffen und auch nicht zu den Ballaststoffen, Mineralstoffen oder Vitaminen gehören, dennoch die Leistung des Organismus wirkungsvoll beeinflussen (siehe Grafik 52, oben). Diese Stoffe sind in erster Linie zwar körpereigene (im Körper selbst produzierte) Stoffe, sie können aber als sog. Futterzusatzstoffe auch (in den gesetzlich erlaubten Fällen medizinisch-hygienischer Unbedenklichkeit) zugefüttert werden. Sie haben derzeit primär für landwirtschaftli-

che Nutztiere leistungssteigernden (= ergotropen) Charakter.
Durch diese sog. Ergotropica werden Stoffwechselvorgänge (Ziel: bessere Futterverwertung und umfangreichere Muskelbildung) ebenso beeinflußt wie die Gesundheitsvorsorge (Schutz vor Infektionskrankheiten durch – inzwischen stark umstrittene – Antibioticazufütterung).
Nutzungsziel und Fütterung bei Pferden unterscheiden sich zwar grundsätzlich vom eigentlichen Nutztierbereich, doch sind die zukünftigen Entwicklungen auf diesem Sektor nicht abzusehen, weshalb im folgenden ein Überblick gegeben wird, um das Verständnis für Ergotropica zu vertiefen.

Achtung Doping!
Die Übergänge beim Einsatz solcher Futterzusatzstoffe zum Doping können fließend sein. Nach RICHTER und BERSCHNEIDER (1979) ist Doping »... die Veränderung eines auf der genetischen Veranlagung, der optimalen Haltung und Fütterung, dem sachgemäßen Training und aktuellen Gesundheitszustand beruhenden Leistungsvermögens im sportlichen Wettkampf, durch die Applikation (Anmerk. d. Verf.: = Eingabe) körperfremder Stoffe oder körpereigener Substanzen in unphysiologisch hohen Dosen oder die Anwendung physikalischer Manipulationen, soweit sie in den Regeln nicht ausdrücklich zugelassen sind.«

Soweit allerdings essentielle Substanzen zur Sicherung von Gesundheit und maximaler Leistungsfähigkeit bei höchster Belastung gegeben werden, wird die Grenze zum Doping noch nicht überschritten sein (s. auch S. 333 »Clenbuterol«).

ENZYME

Enzyme entstehen grundsätzlich im Körper, können aber teils auch mit der Nahrung zugeführt werden, um eine bessere Futterverwertung zu erreichen (z. B. über Fermentgetreide mit Milchsäurebakterien). Man bezeichnet Enzyme als biologische Katalysatoren des Stoffwechsels. Sie fördern diese Vorgänge, ohne sich selbst dabei direkt zu verbrauchen. Allerdings verlieren sie durch fortschreitenden Abbau nach einiger Zeit ihre Wirkung und müssen vom Körper erneuert werden. Chemisch handelt es sich um Proteinverbindungen, die zum eigentlichen Proteinanteil (dem sog. Apoenzym) ein Coenzym (aus Spurenelementen oder Vitaminen) aufweisen.
Enzyme werden als mikrobielle Produkte mit der Nahrung zugeführt; sie entstehen auch

- in den Verdauungsdrüsen als Verdauungsenzyme (z. B. Amylase zur Stärkespaltung), sie bauen Futterbestandteile im Magen-Darm-Trakt ab, und
- in den Zellen als Zellenzyme, die für den Auf- und Abbau von Körpersubstanzen im Stoffwechsel zuständig sind.

Für landwirtschaftliche Nutztiere (u. a. Schweine) ist z. B. das mikrobielle Enzym Phytase als Futterzusatzstoff zugelassen, um den Verdauungsprozeß und die Verdaulichkeit einiger Stoffe zu fördern – und damit die Leistung (in diesem Fall Wachstum = Mast) zu steigern, aber auch umweltbelastende Phosphorausscheidungen zu vermindern. Phytasezufütterung bewirkt eine bessere Spaltung von Phytaten. Vor allem Phosphor und verschiedene Spurenelemente sind in der Nahrung u. a. als Phytate (Phytinsäureverbindungen) enthalten, die aber vom Körper ohne Phytase nicht verwertet werden können. Auch die Verdaulichkeit von Kalzium, Magnesium und einiger unentbehrlicher Spurenelemente (Eisen, Kupfer, Zink, Mangan) wird gesteigert. Dies gelingt allerdings nur, wenn im Körper optimale Bedingungen gegeben sind.
Für die Pferdefütterung sind solche Zusätze noch nicht weit verbreitet. Aktuell

werden im Handel u. a. Amylasezusätze angeboten. Ob aufgrund weitergehender Forschungen zukünftig Enzyme verstärkt als Futterzusatzstoffe im Pferdebereich eingesetzt werden, bleibt abzuwarten. Insbesondere über die Zufütterung von Fermentgetreide in Pulverform, das der Handel anbietet, sind positive, verdauungsfördernde Wirkungen nachgewiesen.

HORMONE

Eine weitere Gruppe der Wirkstoffe sind Hormone. Sie sorgen für den Ablauf vieler Stoffwechsel- und Entwicklungsvorgänge im Organismus. Überschuß oder Mangel an Hormonen zeigt sich durchweg in Fehlfunktionen des Körpers.

Hormone werden in drüsenartigen Organen gebildet und durch das Blut an den jeweiligen Wirkort geleitet. Diese Art der Absonderung und Verteilung im Körper wird als innere Sekretion bezeichnet. Als äußere Sekretion werden demgegenüber alle Drüsenabsonderungen bezeichnet, die direkt am eigentlichen Wirkort stattfinden, z. B. Schweißdrüsen-, Talgdrüsen- und Speicheldrüsenabsonderung. Synthetisch hergestellte Hormone werden in der Medizin vorwiegend therapeutisch eingesetzt.

Wichtige Hormone sind das Schilddrüsenhormon Thyroxin (eine jodhaltige Aminosäure) sowie Insulin und Adrenalin. Bereits kleine Störungen der Schilddrüsenfunktion – und damit die ins Blut abgegebene Hormonmenge – können Stoffwechsel und Herzschlag krankhaft beeinflussen.

Insulin und Adrenalin, ebenfalls sehr wichtige Hormone, wirken mit bei der Regulierung des Blutzuckers durch jeweils entgegengesetzten Einfluß. Grundsätzlich muß der Blutzuckerspiegel, die Konzentration von Traubenzucker (Glucose) im Blut, in einem körperverträglichen Bereich liegen. Liegt er darunter, stellen sich Muskelzuckungen und -krämpfe ein. Liegt er darüber, wird Zukker über die Nieren mit dem Harn ausgeschieden (= Abmagerung).

Bei Pferden verläuft die Regulation des Blutzuckerspiegels in etwas weiteren Grenzen als bei anderen Säugetieren oder beim Menschen. Der Glucosespiegel im Blutplasma liegt nüchtern bei etwa 900 mg/l. Ein rapider Anstieg auf etwa 1200 mg/l ist innerhalb von gut einer Stunde nach ausgiebigem Kraftfutterverzehr möglich.

Große Kraftfutterportionen können bei Pferden, die nicht allmählich an diese Mengen gewöhnt wurden, auch zu Regulationsstörungen führen mit gegenteiligem Ergebnis, nämlich einem Absinken des Blutzuckerspiegels in den kritischen Unterzuckerungsbereich (Hypoglykämie) mit Krämpfen und Komasymptomen. Gleiche kritische Unterzuckerung ist vorprogrammiert, wenn von Pferden spontan Leistungen bis an die Erschöpfungsgrenze verlangt werden. Dann steigt der Glucosespiegel zunächst an, um später enorm abzusinken. In solchen Fällen wird tierärztliche Hilfe und die Infusion von blutzuckerspiegelerhöhenden Dextroselösungen erforderlich.

Bei fachgerecht gefütterten und bewegten (gesunden) Pferden reguliert der Organismus die Verhältnisse ohne krankmachende Effekte. Der Zuckerspiegel wäre ohne hormonelle Regulierung sonst ständig großen Schwankungen unterworfen. Je nach Energiebedarf des Körpers würde – ohne Regulierung durch Hormone – mehr oder weniger Traubenzucker dem Blut entnommen und nach kohlenhydratreicher Kost würden gleich sehr große Mengen Traubenzucker vom Darm ins Blut aufgesogen. Ein Ausgleich zur Vermeidung dieser großen Schwankungen wird vom Körper dadurch hergestellt, daß sich in der Leber (als Speicherorgan) Traubenzucker (Glucose) in Glykogen (= Leberstärke) und umgekehrt – bei Bedarf – wieder Glykogen in »blutgängigen« Traubenzucker umwandelt.

Diesen Vorgang steuern die beiden genannten Hormone: Insulin aus der Bauchspeicheldrüse (Pankreas) senkt den Zuckerspiegel im Blut, wenn kohlenhydratreiche Kost resorbiert wird (Traubenzucker verwandelt sich in Glykogen) und Adrenalin steigert ganz allgemein den Stoffwechsel und begünstigt die Spaltung (= Rückumwandlung) des gespeicherten Glykogens in Traubenzucker zur schnellen Erhöhung des Blutzuckerspiegels und damit zur Energieversorgung.
Erprobt wurden besonders bei landwirtschaftlichen Nutztieren mit dem Futter verabreichte unterschiedliche Hormongaben zur Verbesserung der Futterverwertung sowie zur Förderung des Muskelwachstums durch Eiweißansatz (= anabole Wirkung). Verbindungen, die nicht nur hormonal, sondern auch anabol wirken, bezeichnet man als Anabolica. Inzwischen sind Wachstumshormone (z. B. das Somatropin des Hypophysenvorderlappens) als Futterbestandteile bei Tieren, die zur Lebensmittelerzeugung dienen, nicht mehr zugelassen. Bei Pferden ist die Zugabe von Anabolica experimentell wenig erforscht.
Allerdings enthalten zugelassene Medikamente (z. B. solche, die bei Pferden zur Behandlung von Bronchialkrankheiten eingesetzt werden) u. a. die Substanz **Clenbuterol**. Diese Substanz dient noch – obwohl inzwischen als Futterzusatz verboten – vereinzelt als illegales Anabolikum zur Mastbeschleunigung bei Kälbern (sie vermindert den Fettanteil bei gleichzeitiger Zunahme des Muskelfleisches). Auch in der Leichtathletik ist Clenbuterol als verbotenes Mittel zur Leistungssteigerung durch Förderung des Muskelaufbaus bei Sprintern eingesetzt worden.
Für die praktische Fütterung scheiden solche Futterzusatzstoffe, die als Dopingmittel gelten, aus. Zur Beurteilung ist immer auch das geltende Futtermittelrecht einschließlich des EU-Rechts sowie die aktuelle Dopingliste der Reiterverbände ausschlaggebend.

FÜTTERUNGSANTIBIOTICA

Ebenfalls letztlich zur Förderung des Wachstums und zur besseren Futterverwertung werden durchweg den Futtermitteln für landwirtschaftliche Nutztiere (üblich z. B. bei jungen Schweinen, Kälbern und Legehennen) zugelassene Substanzen beigemischt, die als Fütterungsantibiotica bezeichnet werden. Es handelt sich dabei um in biologischen Verfahren gewonnene chemische Verbindungen (Stoffwechselprodukte von Bakterien und Pilzen), die gezielt Ansiedlung, Wachstum und Vermehrung von krankmachenden Mikroorganismen im Körper eindämmen oder behindern.
Bedenken gegen diese speziellen Fütterungsantibiotica sind aufgekommen, weil belegt wurde, dass durch Rückstände dieser Antibiotica in tierischen Produkten (Eier, Milch, Fleisch) eine sog. Resistenzbildung der sehr anpassungsfähigen Krankheitserreger mit hoher Generationenfolge gefördert wird. Dadurch besteht bei therapeutischer Verabreichung von Antibiotica sowohl in der Human- als auch in der Tiermedizin wegen dieser Resistenzbildung die Gefahr, daß letztlich die beabsichtigte Heilwirkung (= Bekämpfung von Krankheitserregern) nicht mehr erzielt werden kann.
Befürworter der Fütterungsantibiotica vertreten die Auffassung, daß bei bestimmungsgemäßem Einsatz und den notwendigen Rückstandskontrollen Unschädlichkeit für Menschen und Tiere gegeben ist. Dies auch, weil Fütterungsantibiotica – im Gegensatz zur therapeutischen Anwendung – nur in geringer Dosierung verabreicht werden.
Unabhängig von diesen sehr ernsten, aber noch nicht abschließend geklärten medizinischen Aspekten muß bei der Diskussion solcher Sachverhalte als Kri-

tik und Argument gegen die Fütterungsantibiotica berücksichtigt werden, daß Antibioticaeinsatz gerade auch bei hygienisch vernachlässigt gehaltenen Tieren vordergründig wachstumssteigernde und infektionsverhütende Wirkungen zeigt. Dies suggeriert in der täglichen Praxis dem Betreuer – trotz vorhandener Haltungsmängel – gutes Gedeihen und Gesundheit der so gehaltenen Tiere. Eine Beseitigung tierschutzrechtlich zu beanstandender Mängel bleibt deshalb leider oft auf der Strecke! Fütterungsantibiotica wurden in Einzelfällen experimentell auch bei Pferden eingesetzt, sind aber für die Praxis (noch) bedeutungslos.

PROBIOTICA

Während es sich bei den Fütterungsantibiotica um Stoffwechselprodukte von Mikroorganismen handelt, stellen Probiotica lebens- und vermehrungsfähige Mikroorganismen dar, die über das Futter verabreicht, die Mikroflora des Darmkanals leistungsfördernd verbessern sollen. Einige Stämme der über das Futter zugeführten Mikroorganismen (Bacillus cereus var. toyoi) sind sogar in der Lage, durch Schichtbildung auf der Darmschleimhaut eine Infektionsschranke gegen Krankheitserreger aufzubauen, also antibiotisch zu wirken.

Bei Pferden kann eine erwünschte mikrobielle Besiedlung und Verdrängung krankmachender Keime, z. B. bei hohen pH-Werten des Darminhalts und nach Durchfällen, durch Fütterung handelsüblicher Produkte mit darin enthaltenen Lactobazillen erzielt werden. Ein Teil der zugeführten Lactobazillen wird allerdings durch die Magensäure abgetötet. Gute Wirkungen sind auch durch die Fütterung von Fermentgetreidepulver (siehe Grafik 78, Seite 429) erzielbar.

Befriedigende Ergebnisse können z. B. bei mittelgroßen Pferden um 450 kg LM

Grafik 53

Kotzusammensetzung beim Pferd

• Unterschiede zwischen Stallfütterung und Weidegang •

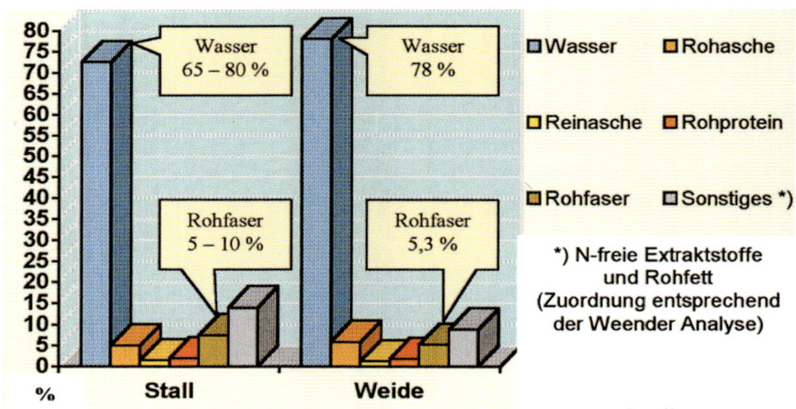

*) N-freie Extraktstoffe und Rohfett (Zuordnung entsprechend der Weender Analyse)

Auf einen Blick:
Kotform, -geruch und -konsistenz geben wichtige Hinweise auf alle Verdauungsvorgänge.

Quelle:
Modifizierte Grafik auf der Grundlage von Daten nach MÜLLER-REH (1972); GÜNTHER (1984); SCHULZE (1987)

durch Verfütterung von 120 g Joghurt oder einem Liter Dickmilch erzielt werden (für Großpferde: etwa 200 g Joghurt oder 2 Liter Dickmilch). Dabei stimulieren kleine Mengen Lactose (Milchzucker) – bis zu 1 g je kg LM/Tag nach MEYER (1995) – eine inaktive Dickdarmflora.
Zusätzlich aktiviert die Verfütterung von lebenden Hefekulturen (Saccharomyces cerevisiae plus Nährmedium) nach GEDEK (1984) die Milchsäurebakterienansiedlung. Diese lebenden Kulturen sind in handelsüblichen Produkten enthalten oder auch in typischer Bäckerhefe. Bei Überdosierung ist eine ungünstige Gasbildung im Magen nicht ausgeschlossen, weshalb nach FRAPE (1989) täglich nicht mehr als 18 mg je kg LM verfüttert werden sollten (das sind etwa 8 g für ein mittelgroßes Pferd mit 450 kg LM).

▸ **Lebende Hefekulturen sind nicht identisch mit unbelebter Hefe (z. B. Trockenhefe). Letztere liefert bei Verfütterung B-Vitamine und stimuliert den Appetit.**

Neben Probiotica, den lebenden Mikroorganismen, gibt es Prebiotica, das sind Bestandteile der Nahrung, die gezielt Wachstum und Aktivität der Dickdarm-Mikroorganismen steigern. Die bekanntesten Prebiotica sind Fructooligosaccharide (FOS) und Inuline. Probiotica und Prebiotica werden auch als Nahrungsmittel für Menschen (in Joghurt- und Frischkäse-Erzeugnissen) angeboten.

ORGANISCHE SÄUREN

Futtermittelrechtlich zugelassen sind verschiedene organische Säuren, die in erster Linie als Konservierungsstoffe zur Haltbarmachung industrieller Futtermittel fungieren. Es handelt sich um Ameisensäure, Äpfelsäure, Fumarsäure, Propionsäure, Sorbinsäure, Weinsäure und Zitronensäure. Diese Säuren besitzen vorrangig bei Jungtieren positive Wirkungen, denn deren Verdauungsfunktionen sind noch nicht voll entwickelt. Säuren werden wegen ihres frisch-herben Geschmacks gut aufgenommen, tragen zur Senkung des Futter-pH-Wertes bei und verbessern die Verdaulichkeit von Nähr- und Mineralstoffen.

Im Normalfall ausreichend für Pferde aller Rassen sind als Grundfuttermittel bestes Heu und Heulage (als Teilgrundfutter) plus bedarfsweise Kraft- und Saftfutter.

Handelsübliche Zusatzprodukte sind in der Regel frei von Dopingsubstanzen. Dennoch sollte man sich stets über die Inhaltsstoffe genau informieren.

Grafik 54

Wasser

• Physiologische Bedeutung und Anforderungen •

Grundsatz:
Ohne Wasser kein Leben, denn alle Stoffwechselprozesse vollziehen sich in wässriger Lösung.

Wasseraufnahme:
• durch Futter, z.B. in Grünfutter und Saftfutter 70 bis 90 % Rohwasser, im luftgetrockneten Futter (Heu) 10 bis 15 % Rohwasser;
• durch Tränkwasser, z.B. sauberes Quellwasser, Leitungswasser.

Wasserbildung:
• im Körper durch Oxydation organischer Nahrungsstoffe;
• es entstehen aus
1 kg Protein 0,413 kg Wasser,
1 kg Fett 1,071 kg Wasser,
1 kg Kohlenhydraten 0,555 kg Wasser.

Wasserausscheidung:
• durch Kot (enthält ca. 60 % Wasser; bei Durchfällen 90 %),
• durch Harn (Niere = wichtigstes Organ des Wasserhaushalts),
• durch Schweiß (Verdunstung fördert die Abgabe überschüssiger Wärme),
• durch Milch (es sind gut 2 Liter Wasser/Tag je 100 kg LM enthalten),
• durch Abgabe von Wasserdampf über Lunge und Haut.

Wasseransammlung im Körper:
• intrazelluläres Wasser (= in den Zellen),
• extrazelluläres Wasser (= außerhalb der Zellen, z.B. zwischen den Zellen der Gewebe einschließlich Lymphe sowie Wasser im Blutplasma),
• transzelluläres Wasser (= Wasser im Magen- und Darminhalt, im Harnblaseninhalt und im Inhalt der Milchdrüse).

Der Wasserbedarf ist umso größer (unter sonst gleichen Bedingungen),
• je jünger das Pferd, • je größer die Aufnahme an Futter-TS oder der Gehalt der Futter-TS an Rohprotein oder Mineralstoffen (Na, K, Cl),
• je höher die Milchleistung, • je größer der Schweißverlust,
• je höher die Umgebungstemperatur und
• je niedriger die relative Luftfeuchte.

Wasser

Wie Beobachtungen von RUBNER (zitiert nach KIRCHGESSNER, 1997) belegen, können Säugetiere viel länger ohne Nahrung überleben als ohne Wasser. Selbst wenn unter extremen Bedingungen etwa die Hälfte des Körperfettes oder des Proteins abgebaut und ausgeschieden sind, lebt der Organismus weiter.

Vermindert sich aber der Wassergehalt des Körpers nur um ein Zehntel, dann erlischt jedes Leben. Obwohl Wasser nicht zu den Nahrungsmitteln zählt (es enthält keine Nährstoffe), ist es im eigentlichen Sinne des Wortes lebensnotwendig als

- Lösungsmittel für Nähr- und Wirkstoffe,
- Regulator des Zelldrucks,
- Transportmittel (u. a. in Blut und Lymphe) und
- zur Regulierung der Körpertemperatur (Schwitzen, Verdunstung überschüssiger Wärme).

▸ **Grundlegendes Lebensmittel ist das Wasser: Leben ist ohne Wasser nicht möglich.**

Historischen Berichten aus Norwegen ist zu entnehmen, daß im norwegischen Vestland unter ärmlichen, naturkonformen Bedingungen früher während des strengen Winters in eingeschneiten Bergbauernhöfen sowohl das Vieh als auch die dort heimischen Fjordpferde lange Zeit nahezu ohne Futter eingesperrt wurden. Lediglich tägliche Wasseraufnahme sowie die gelegentliche Fütterung gesalzener Heringe und Trockenfisch sollen ein Überleben gesichert haben. Es soll vorgekommen sein, daß stark abgemagerte, ausgemergelte, laufunfähige Pferde nach der Schneeschmelze im Frühjahr auf Stangenbahren aus dem Stall getragen werden mußten, um sie bei Sonnenschein auf eine Bergweide zu bringen. Dort sollen sie sich angeblich in kurzer Zeit weitgehend erholt haben.

Auch Kriegsberichte über die Verwendung und nur notdürftige Versorgung von osteuropäischen Naturpferden (sog. Panjepferde) im Zweiten Weltkrieg sowie historische Reiseberichte aus Wüstengebieten Arabiens über Vollblutaraber belegen, daß extremes Fasten bei regelmäßiger Flüssigkeitszufuhr noch nicht zum Verlust der Pferde führte.

Berichte vom ersten Distanzritt in den Vereinigten Staaten von Amerika (16. + 17.9.1913) belegen ebenfalls, daß die Wasser- und Elektrolytzufuhr (= Mineralstoffe, vor allem Kochsalz und Kalium) – neben kleineren Zwischenfütterungen – bei extremen Hochleistungspferden stark entscheidend für den Sieg war. Diesen erzielte über eine Distanz von 246 km in 30 Stunden und 16 Minuten der 13jährige Vollblutaraberhengst Yaquis (nach KLYNSTRA, 1978).

Ratsam ist, eine typische Kübeltränke, z. B. ein handelsübliches Mörtelfass, auszutauschen gegen einen lebensmittelechten Behälter (z. B. eine Jagdwanne), um sog. Weichmacherkontamination auszuschließen.

Das bedeutet nicht, daß langdauernde Abstinenz und Nahrungsmängel etwa schadlos verkraftbar wären, wenn nur ausreichend für die Wasserversorgung gesorgt wird! Dies schon gar nicht bei gleichzeitig hohen Leistungsanforderungen. Stets führen solche Abstinenzbedingungen zu unterschiedlichen Auszehrungen mit Stoffwechsel- und Regulationsstörungen sowie oft bleibenden Gesundheitsschäden.

Dabei mag es sein, daß urtümliche Rassen wie Panjepferde (u.a. Koniks), Fjordpferde und Vollblutaraber, deren Zuchtgeschichte teils durch rigoros unnachsichtige Auslese gekennzeichnet ist, solche Abstinenzbedingungen kurzzeitig besser verkraften als Kulturpferde im engeren Sinne. Diese Beispiele mögen als Beleg dafür dienen, wie auch unter extremen, tierschutzrechtlich an sich verwerflichen Haltungsverhältnissen und Leistungsanforderungen nur die Wasserzufuhr letztlich den Verlust verhindert hat. Die Beispiele sollen aber nicht dazu animieren, die »Härte« dieser Rassen nun in der heutigen Praxis ebenso zu testen.

Pferden muß grundsätzlich ganztägig freier Zugang zu qualitativ einwandfreiem Tränkwasser in jedem Teil der Haltungsanlage (Weide, Stall, Auslauf) möglich sein, damit sie in selbstbestimmten Intervallen trinken können. Neben der Muttermilch benötigen Fohlen im Sommer und bei Beginn der Aufnahme von Trockenfutter sehr viel Tränkwasser. Ein einheitliches Tränkschema wird den Bedürfnissen nicht gerecht (siehe Grafik 54, Seite 336, und Ausführungen S. 271 ff.).

Neben der Menge ist die einwandfreie Qualität des Tränkwassers wichtig, denn Pferde sind außerordentlich empfindlich gegenüber chemischen Beimischungen (z. B. sehr starke Chlorung des Leitungswassers). Auch Fäkalienverschmutzungen oder erlaubte sowie unerlaubte private, industrielle (z. B. Fluor, Schwermetalle) oder landwirtschaftliche Abwässer (z. B. Gülle, Silosäfte) in natürlichen Gewässern (z. B. Vorflutern) verderben die Qualität als Tränkwasser. Bei stehenden Gewässern sind Fäulnisstoffe und Parasiten nie auszuschließen. Andererseits konnte beobachtet werden, daß Pferde aller Rassen – trotz des vorhandenen Angebots hygienisch einwandfreien Wassers und verschiedener Mineralecksteine – sehr genüßlich Oberflächenwasser aus Pfützen in Auslauf und Weide mit Lehmuntergrund tranken.

Auch im Körper selbst bildet sich durch Oxydation organischer Nahrungsstoffe Wasser (H_2O) und lagert sich ab, siehe Grafik 41, Seite 126. Dabei kann z. B. als Stoffwechselergebnis aus 1 kg Fett (u.a. Abbau durch ergänzende Sauerstoffzufuhr = Beta-Oxydation) 1,071 kg Wasser entstehen (HELFFERICH und GÜTTE, 1972). Der komplexe chemische Umwandlungsprozeß der das Fett bildenden Kohlenstoffketten kann also gewichtsmäßig eine Zunahme durch Wasserablagerung ergeben. Versuche von FLATT (zitiert nach KIRCHGESSNER, 1997) zeigten, daß bei energetischer Unterversorgung zwar Fett aus den Körperdepots abgebaut wurde, aber dennoch das Gewicht konstant blieb oder sogar zunahm. Kurzfristig führen demnach Veränderungen der Körperenergie nicht immer zu einer Gewichtsreduktion (das gilt auch für kurzfristige menschliche »Abmagerungskuren«).

Wo immer in einer Haltungsanlage möglich, empfiehlt sich die Installation von Selbsttränken.

Um auch bei Frost eine kontinuierliche Wasserversorgung sicherstellen zu können, bietet der Handel – insbesondere auch für Offenställe und Winterausläufe – frostsichere Tränken unterschiedlicher Funktion und auch bewährtes Zubehör an, um Wasserleitungen frostsicher beheizt installieren zu können (siehe Grafik 55, Seite 340).

Interessant für Ställe ohne Stromversorgung oder auch Ausläufe ist die sog.

Balltränke, die rein mechanisch ohne elektrischen Strom funktioniert. Durch ein Ballverschlußsystem wird auch bei Frost Wasser bereitgestellt, wenn die Zuleitung frostsicher isoliert und z. B. tief genug im Boden verlegt wurde. Zum Trinken wird bei diesem Tränkensystem der Ball heruntergedrückt und rollt während des Trinkvorgangs innerhalb des Gefäßes zur Seite.

Pferde tränken

Der Durst eines jeden Pferdes ist unterschiedlich ausgeprägt. Es gibt in jeder Gruppe Wenigtrinker (alte Pferde) und ausgesprochene »Säufer«. Das Pferd hat dann Durst, wenn der Druck der Zellflüssigkeiten sich vermindert, aber – überspitzt formuliert – nicht erst, wenn der Betreuer Lust verspürt oder gerade Zeit hat, Wassereimer zu schleppen. Hand- bzw. Eimertränken sind »Relikte aus altägyptischer Zeit«, sie sind für die tagtägliche Haltungspraxis auf Notfälle zu beschränken, ansonsten abzulehnen. Zu tränken ist grundsätzlich nach dem Füttern. Wenn Pferde erhitzt sind (z. B. nach einem Distanzritt oder einem Springturnier), sollte man sie zunächst führen. Erst wenn sie sich abgekühlt und etwas entspannt haben, darf getränkt werden (ähnlich wird mit der Fütterung verfahren; gefüttert werden darf erst nach Entspannung des Pferdes, weil sich der Blutkreislauf erst wieder normalisieren muß).

Vorsicht ist stets geboten bei – vor allem hochsommerlicher – Bevorratung von Wasser in unisolierten Tanks. Bei hohen Umgebungstemperaturen steigt der Keimgehalt darin stark an und verdirbt die Wasserqualität bis zur Ungenießbarkeit (= u. a. Durchfallgefahr) und bei Frost gefriert der Wasservorrat. Solche Provisorien sind selten pferdegerecht. Auch Grundwasser, das eigentlich hygienisch einwandfrei sein sollte, kann durch industrielle oder landwirtschaftliche Schadstoffe (z. B. Nitratgehalte über 50 mg je Liter) oder auch durch übermäßige natürliche mineralische Anteile (z. B. hoher Eisengehalt: erkennbar an brauner Färbung des Grundwassers) für Pferde ungeeignet sein.

Durstgefühl kann bereits während der Futteraufnahme entstehen, da Drüsensekrete in den Verdauungskanal fließen und sich durch die Sekretion neuer Wasserbedarf »zum Auffüllen« ergibt. Meist ist das Durstgefühl nach der Futteraufnahme, nach schweißträchtiger Arbeit und bei warmem Klima besonders groß.

Den genauen Bedarf regelt der Körper je nach

- Umgebungstemperatur,
- Luftfeuchtigkeit,
- Art der aufgenommenen Futtermittel (Wassergehalt von Weidegras 70–90 %) und
- der individuellen Leistung (Schweißverlust bei der Arbeit, Milchabgabe bei laktierenden Stuten).

Je höher die Trockensubstanz (TS) der Ration, desto größer ist der Wasserbedarf (pro kg verzehrte TS etwa 3–5 kg Wasser). Zuviel aufgenommenes Wasser ist durchweg unschädlich; es wird wieder ausgeschieden und nicht etwa als »Reserve« lange gespeichert: Auch »Wüstenpferde« können nicht auf Vorrat trinken! Lediglich durch gezielte Zusammenstellung von Rauhfutterrationen kann in engen Grenzen ein gewisses Wasser- und Elektrolytreservoir geschaffen werden. So bindet Heu (durch Feinfaserigkeit) im Darm pro kg etwa 3–4 kg Wasser, Stroh hingegen bindet wesentlich weniger, weil der stärkere Ligningehalt des Strohs wasserabstoßend wirkt (siehe hierzu auch Grafik 89, Seite 480).

SCHEIBE et al. (1996) ermittelten bei freilebenden Przewalski-Wildpferden im Semireservat Schorfheide durchschnitt-

Grafik 55

Frostsichere Wasserleitungen

• Heizbänder/Umlaufheizung •

Heizband

Kosten (ca.):
je m 13 Euro

Auf einen Blick:

• Selbstregulierende Heizbänder für 230 Volt-Netzspannung können sowohl bei Neuinstallation als auch zur frostsicheren Abschirmung von Altinstallationen verwendet werden.

• Sie bestehen aus speziellem Kunststoff mit eingebetteten Kohlenstoffteilchen, die zwischen zwei Kupferleitern das Heizelement bilden. Steigt die Temperatur, dehnt sich der Kunststoff aus, der Widerstand steigt, die Heizleistung sinkt; bei Abkühlung steigt die Heizleistung.

• Fehlerstromschalter (= FI-Schutz) muss installiert werden!

Selbstregulierende Heizbänder werden zur Beheizung von Wasserrohren an diesen parallel mit Aluminiumklebeband befestigt. Zusätzlich müssen die Rohre danach mit Kunststoff-Isolierschläuchen überzogen werden.

• Wo Pferde mit der 230-V-Leitung Kontakt haben könnten, ist diese massiv abzuschirmen!

Umlaufheizsystem: Heizgerät + Thermostat + Umwälzpumpe

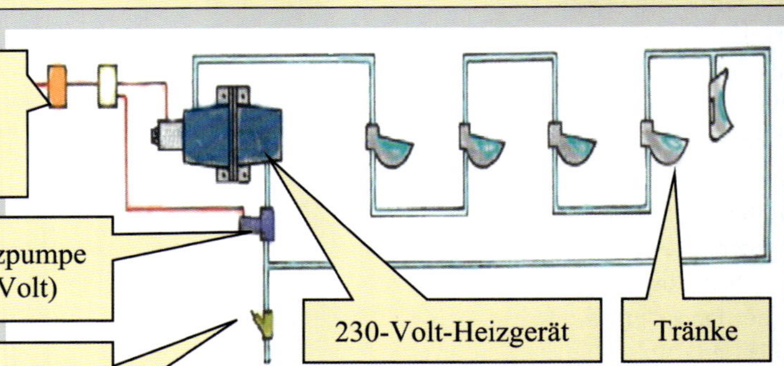

FI-Schutzschalter

Umwälzpumpe (230 Volt)

Wasserzuleitung (Absperrventil)

230-Volt-Heizgerät

Tränke

Kostenbeispiel (Material) für 4 Boxentränken und 1 Auslauftränke: ca. 1.500 Euro

lich aufgenommene Tagestränkwassermengen von maximal etwa 9 Litern. Bei freilebenden Fjordpferden in ganzjähriger Weidehaltung lag die durchschnittliche Tagesmenge etwa um 50 % höher als bei Wildpferden; lediglich im Winter sank der Bedarf zeitweise auf rund 10 Liter/Tag (BENDER, 1995). Unter vergleichbaren Bedingungen lag der Bedarf von Südpferden gut 30 % über dem von Nordpferden. Zu berücksichtigen ist beim Wasserhaushalt des Pferdes, daß Wasseraufnahme sowohl durch Futter als auch durch Tränkwasser erfolgt; zusätzlich bildet sich durch die bereits beispielhaft angesprochenen Stoffwechselprozesse im Körper Wasser (siehe Grafik 54, Seite 336).

Wasser verläßt den Körper auf unterschiedlichen Wegen. Es wird über Kot und Harn (Niere: wichtigstes Organ des Wasser- und Elektrolythaushaltes) sowie als Wasserdampf über die Lungen- und Hautatmung (sog. insensibler Wasserverlust) sowie zur Wärmeregulierung als Schweiß ausgeschieden. Ist die zugeführte Nahrung sehr protein- und mineralstoffreich, muß das Pferd mehr Wasser aufnehmen, um z. B. die Mineralien zu lösen sowie Überschüsse (Kalzium, Kalium, Natrium) und die Proteinreste (Stickstoff-Endprodukte = Harnstoff) zu verdünnen und renal (= über die Niere als Urin) auszuscheiden. Durchschnittliche Urinmengen bei mittelgroßen Pferden belaufen sich auf 6 bis 10 Liter täglich. Bei Weidegang, starken Schweißverlusten oder 100 %iger Rauhfutterfütterung steigt die Wasserabgabe über den Kot (normaler Wassergehalt im Kot um 65 %, bei Durchfällen bis 90 %), die Urinmengen vermindern sich dann teils um mehr als 50 % gegenüber der Durchschnittsmenge (das sind dann nur noch etwa 10 % der aufgenommenen Wassermenge).

Wasserbedarf von Pferden

Der tägliche Tränkwasserbedarf liegt – primär abhängig vom Körpergewicht und der Rationszusammensetzung – bei stallgefütterten Hauspferden durchschnittlich bei gut 3 Liter je kg Futter-TS. Das sind für mittelgroße Pferde im groben Jahresdurchschnitt täglich etwa 30 Liter Wasser. Bei Hochleistungspferden mit 600 kg LM kann der Tagesbedarf durchaus über 60 Liter betragen.
Je geringer die Verdaulichkeit der Gesamtration (z. B. hoher Heuanteil), desto stärker steigt der Wasserbedarf (und insgesamt auch die Kot- und Urinmenge).

Nahrungsbedarf bei unterschiedlicher Beanspruchung

GRUNDSÄTZE DES NAHRUNGSBEDARFS

Der Nahrungsbedarf eines jeden Pferdes ist letztlich zwar immer individuell bestimmt, wird aber – wie in den vorhergehenden Kapiteln schon angesprochen – pauschal in Bedarfskategorien eingeteilt, die sich an der Leistung des Pferdes orientieren (siehe Grafik 56, Seite 342). Die Bedarfskategorien lassen sich wie folgt beschreiben:

- Erhaltungsbedarf ist jene Nahrungsmenge, die ein ausgewachsenes Pferd für den Erhaltungsstoffwechsel benötigt, um seinen Körper im Fließgleichgewicht zu erhalten. Das wäre ein Pferd, das z. B. aus reiner Liebhaberei oder weil beispielsweise die Zeit zum Reiten fehlt – ohne weitergehende Nutzung und damit ohne besondere Leistungen zu erbringen – gehalten wird. Seine Leistung bestünde darin, sich in dem Zustand, in dem es sich befindet, zu erhalten. Ganz exakt definiert ist die »Produktionsleistung« eines so charakterisierten Pferdes im Erhaltungsstoffwechsel lediglich die Düngererzeugung.

Grafik 56

Leistungen des Pferdes

• Haltungsziele und Funktionen •

☛ Auf einen Blick:

Je nach Haltungsziel unterscheiden sich Funktion und Leistung des Pferdes mit sich daraus ergebenden ernährungsphysiologischen Konsequenzen.

Haltungsgrund	*Funktion des Pferdes*	*Leistung*
Hobby und Wissenschaft (ohne Nutzung im herkömmlichen Sinne)	reine Erhaltung/ Beobachtungs- und Experimentierobjekt	Düngererzeugung/ diverse Leistungen physiologischer Art
Haltung als Freizeitpferd, Therapiepferd, sog. Sportpferd, Rennpferd oder Arbeitspferd in Land- und Forstwirtschaft, Fremdenverkehr oder Zirkus	Energieumwandlung in der Muskulatur	Arbeitsleistung
Zucht (Deckhengsthaltung)	Fortpflanzung	Nachwuchserzeugung
Zucht (Stutenhaltung)	Fortpflanzung	Gravidität (= Trächtigkeit)
Zucht (Stutenhaltung)	Laktation	Säugen/Produktion von Stutenmilch
Zucht (Fohlenhaltung)	Wachstum	Fohlen- und Jungpferdeaufzucht
Erzeugung von Nahrungsmitteln	Fettsynthese	Mast

Praxis:

• Im Erhaltungsstoffwechsel sind die empfohlenen Tabellenwerte „Erhaltungsbedarf" für die tägliche Versorgung anzusetzen.

• Für Leistungen über die reine Erhaltung hinaus wird ein spezieller „Leistungsbedarf" zugrundegelegt. Dieser Leistungsbedarf ist der tägliche *Gesamtbedarf*, in dem bereits der Erhaltungsbedarf enthalten ist.

• Ist in Tabellen lediglich ein „Teilbedarf" für eine bestimmte Leistung angegeben, so muß diesem der Erhaltungsbedarf hinzugerechnet werden.

▸ Leistungsbedarf ist demgegenüber die Nahrungsmenge, die ein Pferd für bestimmte besondere Leistungen benötigt. Dabei ist Leistungsbedarf grundsätzlich jeweils ein Gesamtbedarf (siehe z. B. Tabelle 45, Seite 363): in ihm sind sowohl der Erhaltungsbedarf als auch ein zusätzlicher Teilbedarf (siehe z. B. Tabelle 45, Seite 363) für bestimmte Leistungen zusammengefaßt enthalten. Wenn der Gesamtbedarf für die jeweiligen Leistungen, z. B.
▸ Fortpflanzung (= Deckbeanspruchung eines Hengstes), ▸ Gravidität (= Trächtigkeit einer Stute), ▸ Laktation (= Milchproduktion/Säugen von Fohlen) und
▸ Muskelarbeit (= u. a. Reiten, Fahren, Holzrücken), gedeckt ist, erhält sich der Körper in dem Zustand, in dem er sich befindet; bei den Leistungen ▸ Wachstum und ▸ Mast vermehrt sich bei gedecktem Gesamtbedarf für diese speziellen Leistungen stets die Körpermasse.

Die allgemeine Bedarfshöhe für
▸ verdauliche Energie – DE – und verdauliches Rohprotein – DP – (siehe Tabelle 45, Seite 363),
▸ Mineralstoffe (siehe Tabelle 46, Seite 364),
▸ Spurenelemente (siehe Tabelle 48, Seite 366),
▸ Vitamine (siehe Tabelle 49, Seite 367),
wird innerhalb der Bedarfskategorien ergänzt durch individuelle Zu- und Abschläge sowie alters- oder situationsbedingt notwendige Änderungen in der Rationszusammenstellung. Es sind überwiegend Rasse- und Umweltfaktoren, die erhebliche Bedarfskorrekturen – vorwiegend energetischer Art, aber oft auch bei Mineralstoffen – begründen können. Solche individuellen Faktoren können in Tabellen nie berücksichtigt werden.
▸ Als Rassefaktoren wurden bereits einleitend die Unterschiede zwischen Nord- und Südpferden angesprochen: für Nordpferde sind Mindestabschläge von 10 % der allgemeinen Tabellenwerte im Erhaltungsstoffwechsel bei Bau- und Kraftstoffen vertretbar.
▸ Hinzu kommen im Einzelfall für alle Pferderassen nicht unbedeutende haltungs- und klimabedingte Korrekturen. Erhöhter Nahrungsbedarf ist z. B. immer bei Offenstallhaltung gegenüber einer Boxenhaltung unter sonst gleichen Bedingungen gegeben.
▸ Zu berücksichtigen sind auch geologisch bedingte Faktoren, denn Weidegang auf Bergweiden oder Ritte im Gebirge erfordern mehr Energie als Flachlandaktivitäten; sie bedingen u. a. auch größere Schweißverluste mit Stickstoff-(N-) und Salz-(NaCl-) ausscheidung und dadurch z. B. höheren Protein- (= N × 6,25) und Mineralstoffbedarf.
▸ Auch hohes Alter kann den Bedarf durch energetische Abschläge bis 20 % nicht unwesentlich beeinflussen. Das geht einher mit Änderungen der anzubietenden Futterkonsistenz und der Rationenzusammenstellung (z. B. tägliche Fütterung von Mash-Futter).
▸ Schließlich sind Krankheits- und Regenerationszeiten Grund für Modifizierungen (z. B. kann nach Operationen erhöhter Bedarf an hochverdaulichem Eiweiß bestehen).

MUSKELARBEIT

BEDARF FÜR BEWEGUNGSLEISTUNGEN

Jede Nutzbewegung des Pferdes, egal ob als Freitzeitpferd, Therapie- oder Reitschulpferd, sog. Sportpferd, Rennpferd, Zirkuspferd oder Holzrückepferd ist mechanische Arbeit. Diese besteht physikalisch gesehen aus horizontaler oder – während eines Ausrittes bei einem Berganstieg, beim Steigen der Hengste im Zirkus bzw. auch beim Springen im Parcours – aus vertikaler Fortbewegung des Körpers. Hinzu kommt das Tragen oder Ziehen von Lasten bei Pack- und Zugpferden. Die genaue Beschreibung

Tabelle 35

Energie- und Protein-Tagesbedarf verschiedener Nord- und Südpferderassen bei täglich einstündiger Bewegungsleistung im Trab (12 km/h) und im Arbeitsgalopp (17 km/h) unter einem ausgebildeten Reiter in ebenem Gelände

Rasse	LM kg	Reiter + Sattel kg	Trab -Tempo 5[1) 4)] DE (MJ)	DP (g)	Galopp -Tempo 3,5 [1) 5)] DE (MJ)	DP (g)
Shetlandpony [2)]	170	50	30	150	-	-
Welshpony	250	55	41	205	49	245
Islandpferd [3)]	370	70	55	275	67	335
Connemara	430	75	63	315	76	380
Haflinger [3)]	440	80	64	320	77	385
Fjordpferd [3)]	450	80	65	325	79	395
Vollblutaraber	460	80	72	360	86	430
Quarterhorse	500	85	77	385	93	465
Warmblutpferd	600	85	89	445	102	510
Kaltblut, leicht [2)]	700	85	92	460	-	-
Ardenner[2)]	800	85	103	515	-	-
Percheron[2)]	900	85	113	565	-	-

Erläuterungen:

1) Angegeben ist der Leistungsbedarf als täglicher Gesamtbedarf. Er setzt sich zusammen aus den Erhaltungsbedarfswerten für verdauliche Energie und verdauliches Protein (siehe Tabelle 26, Seite 294 und Tabelle 28, Seite 303) und dem Teilbedarf für leichten Trab (pro 100 kg LM 2,7 MJ) sowie für Arbeitsgalopp (pro 100 kg LM 5,8 MJ). Der Protein:Energie-Quotient (PEQ) beträgt 5:1.

2) Der Leistungsbedarf für einstündigen Galopp ist nicht angegeben, da für diese Rassen praxisfern.

3) Robustrassen im engeren Sinne bevorzugen Trab (Islandpferde auch Tölt und Paß) als schnellere Gangart. Die in der Tabelle angegebene einstündige Galopp-Leistung ist nur nach aufwendigem Training erzielbar.

4) Tempo 5 (= 1 km in 5 Minuten = 12 km/h) ist für alle Pferderassen (auch Shetlandponys oder Kaltblüter) im Trab ein ideales Tempo, das jedes gesunde Pferd nach einem zweiwöchigen Training durchaus eine Stunde und länger ohne Pause absolviert. Kurze Distanzritte (30 km) werden unter Wettbewerbsbedingungen in diesem Tempo geritten (mit einer halbstündigen Pause nach 15 km).

5) Tempo 3,5 (= 1 km in 3,5 Minuten = 17 km/h) ist das etwas forcierte Tempo, das bei mittleren Distanzritten ebenso üblich ist wie bei herbstlichen Reitjagden. In diesem Tempo werden junge Rennpferde (Englische Vollblüter und Arabische Vollblüter) beim täglichen Ausdauertraining gearbeitet.

der von Pferden ausgeführten Arbeit nach Strecke, Zeit usw. ist nur begrenzt möglich und nur ansatzweise vergleichbar. Üblich ist international die pauschale Einteilung in die Leistungsgruppen leichte, mittlere, schwere und sehr schwere Arbeit. Der jeweilige – den Erhaltungsbedarf übersteigende – Mehrbedarf (= Teilbedarf) an verdaulicher Energie liegt geschätzt bei 25 % für leichte, 25 bis 50 % für mittlere, 50 bis 100 % für schwere und gut 200 % für sehr schwere Arbeit. Tabelle 45, Seite 363, enthält dazu allgemeine Versorgungsempfehlungen.

Mit verstärkter Muskelarbeit ist grundsätzlich kein erheblicher Proteinmehrbedarf verbunden. Allerdings kann ein Muskelwachstum im Training ebenso einen Proteinmehrbedarf erfordern wie die Stickstoffverluste (N) im Schweiß arbeitender Pferde und die erhöhten N-Ausscheidungen über den Kot, die durch Aufnahme größerer Futtermengen entstehen. Wie im Erhaltungsstoffwechsel ist es deshalb zweckmäßig, den Protein-Energie-Quotienten (PEQ) auch beim Leistungsbedarf bei 5:1 anzusetzen, wodurch sich – im Vergleich zum Erhaltungsbedarf – dann auch ein höherer (absoluter) Wert an verdaulichem Rohprotein ergibt. Wegen des gestiegenen Energiebedarfs bleibt aber das Verhältnis bei 5:1.

Tabelle 36

Teilbedarf an verdaulicher Energie (DE) für 20minütige Bewegungsleistungen je 100 kg LM [1] (zusätzlich zum Erhaltungsbedarf) [2] [3]

Gangart	Tempo		DE (MJ) je 100 kg LM pro 20 Min.
Schritt, langsam	17	(= 1 km in 17 Min.)	0,23
Schritt, schnell	10	(= 1 km in 10 Min.)	0,33
Trab, leicht	5	(= 1 km in 5 Min.)	0,90
Trab, mittel	4	(= 1 km in 4 Min.)	1,33
Trab, schnell oder Galopp, langsam	3,5	(= 1 km in 3,5 Min.)	1,93
Galopp, schnell	2	(= 1 km in 2 Min.)	6,00
Renngalopp	1	(= 1 km in 1 Min.)[4]	(66,66) [5]

Erläuterungen:

[1] Es handelt sich um Beispiele geschätzter Bedarfswerte nach Literaturangaben, die pauschal als Anhaltspunkte zur Berechnung eines individuellen Teilbedarfs angewendet werden können. Das Gewicht von Reiter und Sattelzeug muß zum Pferdegewicht als LM-Zuschlag hinzugerechnet werden.

Die tatsächlichen praktischen Bedarfswerte können allerdings von diesen Angaben je nach Pferdetyp, Konditionierung und Haltung, Klima, Bodenverhältnissen und reiterlichem Geschick stark abweichen. Darum ist die stetige Beobachtung des Futterzustandes durch den Betreuer als wesentliches Kriterium unersetzlich.

[2] Nach Berechnung des Teilbedarfs für individuelle Leistungen muß der rassen- und gewichtsbezogene Erhaltungsbedarf an verdaulicher Energie (DE) aus Tabelle 26, Seite 294, hinzugerechnet werden, um den Gesamtbedarf an verdaulicher Energie (DE) in MJ zu ermitteln. Das bedeutet: Erhaltungsbedarf (DE) + Teilbedarf individuelle Leistungen (DE) = Gesamtbedarf an verdaulicher Energie (DE) in MJ.

[3] Für den – nicht in dieser Tabelle aufgeführten – Bedarf an verdaulichem Rohprotein (DP) gilt »PEQ 5:1«. Das bedeutet: Gesamtbedarf an verdaulicher Energie (DE) in MJ multipliziert mit 5 = Gesamtbedarf an verdaulichem Rohprotein (DP) in g.

[4] Sehr hohe Geschwindigkeit von 60 km/h, die von Pferden nur kurzzeitig im Galopp erzielt wird. Die Originalstrecke der Galopper-Derbys beträgt 1,5 englische Meilen (= 2 400 m). Es ist die Distanz für speedbegabte Steher, die das Tempo gegen Ende des Rennens noch steigern können. Die Rennzeiten für 2 400 m liegen bei etwa 2,5 min (0,960 km je min). Geschätzter Energiebedarf für diese Rennleistung je 100 kg LM etwa 8,3 MJ; das sind für einen Vollblüter mit Reiter ca. 50 MJ Teilbedarf für diese Leistung.

[5] Rein theoretischer Wert, der zeigt, daß der Energiebedarf mit zunehmender Geschwindigkeit extrem ansteigt.

In Tabelle 35, Seite 344, sind Angaben zum Leistungsbedarf (= Gesamtbedarf an verdaulicher Energie und verdaulichem Rohprotein) für typische einstündige Bewegungsleistungen verschiedener Pferderassen enthalten. Aus Tabelle 36, oben, ergibt sich der geschätzte Energie-Teilbedarf (der dem Erhaltungsbedarf aus Tabelle 26, Seite 294, hinzuzurechnen ist) für einzelne Gangarten und Geschwindigkeiten (es handelt sich um Pauschalwerte für mittelgroße Pferde).

MUSKELFUNKTION UND ENERGIEUMWANDLUNG

Alle selbständigen Bewegungen des Körpers werden durch Muskeln hervorgerufen, die durch sog. Kontraktion (= Verkürzung) arbeiten. Ein Muskel besteht aus einzelnen, spindelförmigen Muskelbündeln, die in der Muskelmitte besonders zahlreich angeordnet sind und den aufgewölbten Muskelbauch bilden. An den Enden geht der Muskel in eine oder mehrere Sehnen über, die bis zu den Knochen verlaufen und dort fest mit der Knochenhaut verwachsen sind (siehe Grafik 57, Seite 347).

Im Feinbau zeigen Skelettmuskeln und Eingeweidemuskeln (letztere bewirken die Bewegungen der Magen-, Darm- und Aderwände) Unterschiede. Bauelemente der Skelettmuskeln sind die Muskelfasern, das sind vielkernige große Zellen, die oft

Tabelle 37

Beispiele für den täglich zusätzlich zum Erhaltungsbedarf erforderlichen Teilbedarf an verdaulicher Energie (DE) für jeweils einstündige Bewegungsleistungen unterschiedlicher Rassen in einer Außenreitbahn (Boden aus Füllsand mit Lehmanteilen und Sägespänen)[1]

Bewegungspensum (insgesamt 60 Min.)	Rasse[2]	(kg LM) [3]	Teilbedarf	Erhaltungsbedarf DE (MJ)	Gesamtbedarf
10 Min. Schritt, 20 Min. leichter Trab, 10 Min. Tölt im Arbeitstempo, 10 Min. Tölt in mittlerem Tempo u. 10 Min. Schritt.	Islandpferd [4]	400	10,5	48,3	58,8
10 Min Schritt, 15 Min. leichter Trab, 15 Min. mittlerer Trab, 10 Min. mittlerer Galopp und 10 Min. Schritt.	Fjordpferd	450	15,0	52,8	67,8
	Haflinger	450	15,0	52,8	67,8
	Quarterhorse	500	17,5	63,6	81,1
	Warmblutpferd	600	21,0	72,6	93,6

[1] Bedarfswerte, die – in Anlehnung an Daten der GfE – aufgrund von Beispielfütterungen geschätzt wurden.

[2] Die Bedarfswerte für jede Rasse beziehen sich stets auf das gesamte einstündige Bewegungspensum.

[3] In den Teilbedarf sind die Gewichte von Reiter und Sattelzeug mit rund 80 kg bereits eingerechnet.

[4] Es handelt sich bei diesem Beispiel um ein größeres Islandpferd mit 1,42 m Stockmaß Widerristhöhe.

mehrere Zentimeter lang sind. Im Innern der Muskelfaser sind längsgerichtete Plasmastränge, die Fibrillen, angeordnet. Sie enthalten Proteinfäden, die sich durch Nervenimpulse verkürzen können, und zeigen gleichmäßige Querstreifung aus dunklen (sog. A-Zone aus Myosinfilamenten) und hellen (I-Streifen aus dünnen Aktinfilamenten) Streifen. Aufgrund der Feinstruktur werden diese Muskeln auch quergestreifte Muskeln genannt. Eingeweidemuskeln bestehen demgegenüber aus kleineren, spindelförmigen, einkernigen Zellen, die deutlich voneinander abgegrenzt sind. Sie weisen keine Querstreifung des Plasmas auf und werden daher glatte Muskeln genannt.

Nicht alle Muskelfasern der Skelettmuskulatur sind gleich leistungsfähig. Sehr kräftig mit schneller Kontraktion (= Verkürzung), aber auch leichter Ermüdbarkeit, sind weiße Muskelfasern mit wenig Muskelfarbstoff (= Myoglobin). Rote Muskelfasern mit viel Myoglobin dagegen arbeiten zwar langsamer, ermüden aber nicht so schnell. Bewegungsaktive, schnelle Südpferde besitzen mehr weiße, Nordpferde als ausdauernde Schrittpferdetypen mehr rote Muskelfasern.

Damit quergestreifte Muskeln sich kontrahieren (= verkürzen), bedarf es flott aufeinanderfolgender Erregungsanstöße durch entsprechende Nervenimpulse. Jeder einzelne Impuls bewirkt eine Verkürzung in den Fibrillen. Dabei gleiten die zwischen den Querstreifungen liegenden sog. Aktinfilamente zur Verkürzung des Muskels in die Myosininfilamente. Bevor die Verkürzung nachläßt, müssen immer neue Impulse folgen, solange die Verkürzung erhalten werden soll. Bei straff angespannten Muskeln zeigt sich dabei ein Muskelzittern, das häufig bei Zugpferden unter starken Belastungen beim Anziehen der Last zu beobachten ist (z. B. bei Zugleistungsprüfungen). Je schwächer unter solchen Belastungszuständen die willensbeeinflußten Impulse werden, desto »zugunwilliger« kann das betreffende Pferd sein. Dabei spielen allerdings Konditionierungsfragen und die Fütterung eine we-

Grafik 57

Muskeln

• Arten, Aufbau und Funktion •

☛ Auf einen Blick:

Alle selbständigen Bewegungen des Pferdekörpers werden durch Muskeln hervorgerufen. Viele Muskeln verlaufen von einem Knochen zum anderen (= Skelettmuskeln). Andere bewirken als Eingeweidemuskeln die Bewegungen der Magen-, Darm- und Aderwände.

• Ein besonderer Muskel ist das Herz.

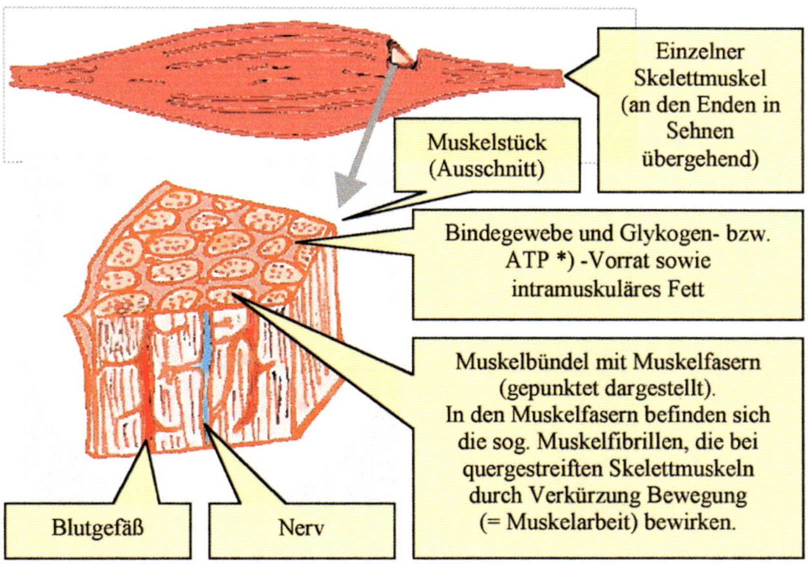

*) ATP = Adenosintriphosphat = energiereiche Verbindung von Adenosindiphosphat (ADP), Kreatinphosphat (KP) und Glucose.
• ATP liefert u.a. Energie für Muskelkontraktionen (= Muskelverkürzung = mechanische Arbeit) und wird dabei wieder in die Ausgangsverbindung ADP umgewandelt. Anschließend wird erneut aus ADP und KP - durch energieliefernde Glucose aus dem Blut bzw. Glykogen und Fett aus der Muskulatur - ATP synthetisiert. Belastungsabhängig wird dazu auch Depotfett im gesamten Körper abgebaut und in den Muskelzellen oxydiert.

Praxis:

Die Art der Energiegewinnung für Muskelarbeit hängt wesentlich von der Durchblutung der Gewebe ab. Gute Durchblutung und hoher Hämoglobingehalt = bessere Sauerstoffversorgung (O_2) und vermehrt aerober Stoffwechsel mit ergiebiger Energieumwandlung und -nutzung. Deshalb: Pferde erst 10 Minuten durchblutungsfördernd im Schritt arbeiten, dann langsam das Tempo steigern.

sentliche Rolle, denn straff angespannte Muskeln benötigen sehr viel Energie. Muskelarbeit besteht nur in einer Verkürzung des Muskels – die Wiederausdehnung nach der Verkürzung ist kein aktiver Vorgang des Muskels selbst. Dafür ist ein Gegenmuskel zuständig. Die Muskeltätigkeit ist ein Zusammenwirken von Muskel und Gegenmuskel. Anders als bei vorstehend beschriebenem Vorgang der impulsabhängigen Verkürzung quergestreifter Muskulatur können glatte Muskeln ohne stetige Nervenimpulse im Zustand der Verkürzung verharren. Der Lidhebermuskel des Augenlides ist ein Beispiel dafür. Wäre er ein quergestreifter Muskel, der aufgrund von Dauerimpulsen arbeitet, dann könnten nach wenigen Minuten die Augenlider durch Ermüdung nicht mehr offengehalten werden. Der Lidhebermuskel ist aber glatt, verkürzt sich nur langsam und hat dabei die Fähigkeit, diese Verkürzung lange Zeit beizubehalten. Er schließt sich, wenn der Gesamtorganismus ermüdet. Auffallend ist dabei noch ein weiterer Unterschied zwischen den Muskelarten: Die glatten Muskeln sind weitgehend der Beeinflussung entzogen, d.h., sie arbeiten durchweg unwillkürlich. Quergestreifte Muskeln dagegen arbeiten überwiegend willkürlich, jedenfalls sind sie durchweg willensbeeinflußt sowie auch durch Instinkte und Triebe gesteuert. Ausschließlich unwillkürlich arbeitet bei Pferden die Herzmuskulatur, obwohl sie quergestreift ist.

Das Adenosintriphosphat (ATP)

Für jede Muskeltätigkeit ist Energie erforderlich, die das Adenosintriphosphat (ATP) liefert. Es ist zentraler Energieüberträger. Ein geringer Teil der erforderlichen chemischen ATP-Energie ist im Muskel gespeichert oder wird dort durch Abbau des im Muskel auch gespeicherten Glykogens gebildet. Den Hauptteil der zur ATP-Synthese erforderlichen Energie liefert Glucose, die mit dem Blut zugeführt wird. Die biochemische Umsetzung mit ATP-Synthese läßt sich wie folgt zusammenfassen: Spaltprodukte der Nahrung (aus Rp, Rft, Rfr und N-frE) + Sauerstoff (O_2) + Adenosindiphosphat (ADP) + Phosphat (P) = Kohlendioxid (CO_2) + Wasser (H_2O) + Harnstoff ($CO(NH_2)_2$) + Adenosintriphosphat (ATP) + Wärme.

ATP liefert auch chemische Energie für Reaktionen bei der Biosynthese von Körperprodukten (z. B. Eiweißsynthese) und aktiven Transport im Körper (z. B. Stoffaustausch vom Darm zum Blut).

TRAINING, KONDITION, »ABSPECKEN«

Für die praktische Arbeit mit Pferden ist wesentlich, daß – zusätzlich zu bedarfsgerechter Fütterung – die Muskelzellen grundsätzlich ausreichenden Sauerstoff für die beschriebenen biochemischen Prozesse der Energieumwandlung benötigen. Je stärker im übrigen die Muskulatur durch ein Aufbautraining entwickelt ist, desto mehr Muskelfasern stehen für mechanische Arbeit zur Verfügung, desto kraftvoller ist das Pferd. Auch steigt durch vermehrtes Muskelgewebe, das durch Training und aufbauende Fütterung wächst, die Kapazität zur Speicherung von Nährstoffen – vor allem von intramuskulärem Fett – im Muskel. Zusätzlich muß die Fütterung dazu beitragen, ein Minimum an Depotfett als Energiereserve im Körper (z. B. unter der Haut) sicherzustellen. Gesunde, nicht überfütterte Pferde (bei denen man die Rippen zwar tasten, aber nicht sehen kann) verfügen über gut 30 g Fett je kg LM. Mit diesem Fettvorrat stehen dem Pferd etwa 1 MJ Energiereserve je kg LM zur Verfügung. Pferde, bei denen die Rippen nicht zu tasten sind, verfügen über hohe Fettreserven und sind nicht selten leistungshemmend verfettet (mehr als 70 g Fett je kg LM). Bei mittelgroßen Pferden, z. B. Fjordpferden oder Haflingern, erreicht der übermäßige Fettansatz durch Müßiggang und nicht bedarfsgerechte energiereiche Fütterung verhältnismäßig schnell 25 bis 50 kg (ca. 5 bis 10 % der LM). Südpferde verfetten weniger schnell, bei ihnen ist der Fettansatz haltungsabhängig erheblich geringer, weil sie – im Vergleich zu Nordpferden – überhöhte Energiezufuhr z. B. bei Gruppenauslaufhaltung oder ganztägigem Weidegang zu einem Teil in verstärkte Eigenbewegung mit entsprechendem Verbrauch umsetzen.

Laufen, ohne zu schnaufen

Will man zu fette Pferde auf Normalgewicht »abspecken«, hilft nur ein allmähliches, aber regelmäßiges Training ganz ohne Höchstleistungen! Das mag auf den ersten Blick nicht einleuchten, doch vorwiegend bei langsam gesteigerten Ausdauerleistungen mit nicht zu hoher Geschwindigkeit wird körperverträglich (ohne Störung des Fettstoffwechsels) Depotfett umgewandelt (= sog. Slow-motion-Fitness) und die gleichmäßige Lungenatmung (= Slogan: Laufen, ohne zu schnaufen) trainiert. Kurzfristiges Abspecken ist ein unrealistisches Ziel, denn beim Fettabbau kommt es zunächst durch biochemische Umwandlungsprozesse zur Wasserbildung und -ablagerung im Gewebe ohne anhaltende Gewichtsreduktion (s. auch S. 299 u. S. 338).

Die genannten Faktoren (Sauerstoff und Normalgewicht) steigern Leistung und Ausdauer sowie Wohlbefinden bei der Arbeit und schnelle Regeneration nach der Arbeit.

Pferde als Fluchttiere sind von Natur aus fähig, kurzzeitig – etwa 1 Minute lang ohne die an sich erforderliche erhöhte Sauerstoffzufuhr in der Muskulatur (= aerober Stoffwechsel) – ein ganz extremes Laufpensum zu bewältigen, das um ein Vielfaches höher liegt als die individuelle Durchschnittsdauerleistung. Bei übermütig auf der Weide tobenden Vollblutarabern wurden vom Verfasser kurze, spontane Spurts mit Geschwindigkeiten von 70 km/h (= knapp 19,5 m je Sekunde) gestoppt. Solche Spurts liegen erheblich über der normalen Durchschnittsdauerleistung und erfordern eine extreme Menge Energie, allerdings ohne optimale Ausnutzung der Energienährstoffe, weil eine anaerobe Umwandlung stattfindet. Das ist teils vergleichbar mit dem »Kaltstart« eines Verbrennungsmotors, der erst im warmen Zustand die Energie optimal ausnutzt. Der Unterschied ist allerdings darin zu sehen, daß der Verbrennungsmotor seine technisch vorgegebene Leistung (kw/PS) nicht situationsbedingt – so wie das Pferd bei einem solchen Spurt – überschreiten kann, sondern limitiert ist.

Wird ein Pferd nicht bei Arbeitsbeginn langsam durchblutungsanregend »aufgewärmt«, sondern abrupt stark gearbeitet, dann läuft die Energieumwandlung zunächst auch (wie beim oben geschilderten Spurt) weitgehend unvollständig ohne Sauerstoff (= anaerob) ab. Gleiches gilt (auch bei trainierten Pferden) generell für hohe Geschwindigkeiten, während bei gemäßigten Geschwindigkeiten (auch als Dauerleistung, z. B. leichter Trab bei Fjordpferden oder Arbeitsgalopp bei Vollblutarabern oder Warmblutpferden) der aerobe Stoffwechsel überwiegt. Die Ausnutzung der Energie ist aerob vollständiger und wirtschaftlicher.

Der Grund für die anaerobe Stoffwechselsituation liegt in der bei spontaner, stärkerer Muskelleistung noch nicht ausreichenden Durchblutung und der gleichzeitig dadurch unzureichenden Sauerstoffversorgung der Muskulatur. Ein ähnliches Sauerstoffdefizit zeigt sich auch dann, wenn bei bereits »aufgewärmten« Pferden die Geschwindigkeit stark gesteigert wird. Erst die genügende Sauerstoffzufuhr (O_2) liefert das zur Energieumwandlung in Adenosintriphosphat (ATP) in optimaler Menge erforderliche Kreatinphosphat (KP). Die anaerobe Energieumwandlung ist dagegen unergiebiger als der normal anzustrebende (= aerobe) Oxydationsprozeß und führt deshalb (wegen nicht vollständiger Ausnutzung der Nährstoffe und mangelhaftem Abbau der Milchsäure in der Leber) zu höherem Energieumsatz mit verstärkter, überwiegend zunächst nutzloser Milchsäurebildung im Blut und in der Muskulatur.

▸ **Folgen einer überwiegend anaeroben Stoffwechsellage sind Ermüdung, Störungen im Säuren-Basen-Haushalt und ein – gegenüber aerober Stoffwechsellage – erhöhter Energienährstoffbedarf. Kurz gesagt: der Körper wird »sauer«!**

Besonders solche Pferde neigen verstärkt zu anaerobem Stoffwechsel, die insgesamt aufgrund

- ▸ mangelnder Kondition (= untrainiert, bewegungsarm gehalten und deshalb mit schwacher, wenig ausgeprägter Muskulatur und hämoglobinarmem Blut ausgestattet) und
- ▸ unzureichender Konstitution (= kränkelnd, z. B. aufgrund von Atemwegserkrankungen oder im Hungerzustand mit sichtbaren Rippen ohne Depotfettreserven) mit jeder Leistung überfordert sind.

FORTPFLANZUNG

Deckhengste werden oft überfüttert, weil die Meinung vorherrscht, die Fortpflanzung sei stark nährstoffzehrend. Das ist grundsätzlich nicht so, denn pro Ejakulat werden im Durchschnitt nur etwa 1 g Protein und 0,018 MJ verdauliche Energie (DE) benötigt. Allerdings wird für solche Deckhengste, die

- ▸ stark beansprucht werden (10 bis 14 mal je Woche beim Decksprung an der Hand) und
- ▸ durch erregtes Temperament erhöhten Eigenbewegungsdrang ausleben sowie
- ▸ zusätzlich sinnvolle Arbeit an der Longe oder unter dem Sattel absolvieren,

als Teilbedarf für Leistung ein Zuschlag von rund 40 % des Erhaltungsbedarfs an verdaulicher Energie erforderlich sein. Der PEQ kann maximal bei 6:1 liegen. Immer ist jede Verfettung zu vermeiden, denn sie führt zu Libidomängeln (= Deckunlust).

Bei Hengsten, die frei in einer Stutenherde innerhalb eines großflächigen Areals laufen, kann durch die verstärkte Bewegungsaktivität von März bis Juni der Bedarf auch erheblich höher liegen. Entscheidend ist der tatsächliche Futterzustand, der wesentlich von der Qualität des zur Verfügung stehenden Grünlandes bestimmt wird. Auch hier gilt der Grundsatz: Die Rippen müssen tastbar, dürfen aber nicht sichtbar sein.

Überwiegend sind es Nordpferde (häufig Islandpferde und auch Fjordpferde), die als Zuchtherde relativ naturkonform mancherorts auf Extensiv- oder Ödlandflächen gehalten werden. In solchen Herden wird in erster Linie der Bedarf des Hengstes nur durch tägliche Zufütterung auszugleichen sein. Dies gilt auch im Hinblick auf starkes Schwitzen, denn warme Frühjahrswitterung und gleichzeitig noch nicht abgeschlossener Fellwechsel verursachen bei der mit dem Deckeinsatz verbundenen Eigenbewegung Elektrolytverluste. Wegen begrenzter Körperreserven führt Unterversorgung an Elektrolyten zu gesundheitlichen Störungen (z. B. zu Krämpfen). Dem muß durch Gaben handelsüblicher Elektrolytmischungen, mindestens aber durch Beimischungen von täglich rund 20 g Kochsalz (NaCl) im Kraftfutter, entgegengewirkt werden.

Beobachtungen einer in der Deckzeit naturnah in einem großen Areal gehaltenen Fjordherde, bestehend aus Hengst, sieben Stuten und vier Wallachen, erga-

Tabelle 38

Lebendmasse von Fohlen unterschiedlicher Pferderassen bei der Geburt (LM-Geburt)[1]

Rasse	kg LM $^{3/4}$ der Mutterstute	Geburtsgewicht des Fohlens [2] von .. bis .. kg
Shetlandpony	47,1	19–21
Welshpony	62,9	26–28
Islandpferd	84,3	35–37
Connemara	94,5	39–43
Haflinger	96,1	39–43
Fjordpferd	97,7	40–44
Vollblutaraber	99,3	41–45
Quarterhorse	106,0	44–48
Warmblutpferd	121,0	50–55
Kaltblut, leicht	136,1	56–61
Ardenner	150,0	62–68
Percheron	164,3	67–74

[1] Da das Geburtsgewicht der Fohlen in keiner linearen Beziehung zur LM der Mutterstuten steht, kann es nicht einfach prozentual ermittelt werden. Vielmehr ist nach HELFFERICH und GÜTTE (1972) das mittlere Geburtsgewicht der Fohlen proportional der metabolischen Körpergröße der Mutterstuten (Berechnungsformel: Geburtsmasse = 0,41 x kg LM $^{3/4}$ der Stute). In der Praxis sind zu den so ermittelten Werten Unterschiede von + 10 % feststellbar. Die niedrigen Tabellenwerte entsprechen der Berechnung nach HELFFERICH und GÜTTE, die höheren Tabellenwerte berücksichtigen die Abweichungen nach oben.

[2] Bei kleineren Rassen liegt das Geburtsgewicht eher beim niedrigen Wert, bei größeren beim höheren Wert.

ben sehr hohe tägliche Bewegungsleistungen des Hengstes (zum Teil auch zusammenhängend mit Rangordnungsgeplänkeln zwischen Hengst und Wallachen). Die Schweißverluste des Hengstes beliefen sich schätzungsweise bei Mai-Temperaturen über 21° Celsius täglich auf 6 bis 10 Liter.

GRAVIDITÄT

Ähnlich wie Deckhengste werden tragende Stuten vielfach überfüttert, weil Betreuer es »zu gut« meinen und die Zusammenhänge zwischen Ausmaß der Fruchtbildung und Nährstoffbedarf nicht immer klar genug gesehen werden. Demgegenüber befinden sich solche Zuchtstuten, die ausschließlich naturnah auf Extensivflächen gehalten werden, selten in einem guten Versorgungszustand. Die bei dieser Haltungsform zu beobachtenden Energieversorgungsmängel sind bedingt durch zwar artenreichen, optisch in der Blütezeit gefälligen Kräuterbewuchs, der aber gleichzeitig als einseitige nähr- und wirkstoffungünstige Vegetation einzustufen ist. Ebenso ungünstig wäre eine stickstoffgetriebene reine Grasweide.

Bei jeder Haltung von Zuchtstuten mit unterschiedlicher Ernährungsgrundlage ist zu berücksichtigen, daß die Trächtigkeit unterteilt wird in die niedertragende Phase bis einschließlich des 7. Monats und die hochtragende Phase vom 8. bis zum 11. Monat. In der niedertragenden Phase richtet sich der Bedarf nach den gegebenen Erhaltungs- oder Arbeitsbedingungen – ohne nennenswerten zusätzlichen Teilbedarf für die Trächtigkeit. In der hochtragenden Phase sind Leistungszulagen erforderlich (siehe Tabelle 45, Seite 363). Der PEQ steigt von 5:1 auf über 6:1, d.h., hochtragende Stuten benötigen im 11. Monat pro MJ verdaulicher Energie (DE) 6 bis 7 g verdauliches Rohprotein (DP).

Nach MEYER und AHLSWEDE (1976; Quelle: GfE, 1994) ist die Frucht-(Fötus-)entwicklung bis Ende des 7. Trächtigkeitsmonats mit 17 % der eigentlichen

(End-) Geburtsmasse noch unbedeutend. Das sind durchschnittlich (bezogen auf ein mittleres Geburtsgewicht von 50 kg) je Monat 2,4 % oder 1,2 kg. In den Folgemonaten steigt nach den genannten Untersuchungen die monatliche Entwicklung rapide: im 8. Monat um + 18 % (z. B. um rund 9 kg bei mittelgroßen Pferden), im 9. Monat um + 19 % sowie im 10. und 11. Monat um jeweils + 23 % (z. B. jeweils 11,5 kg bezogen auf das genannte Beispiel). Tabelle 38, Seite 351, enthält Angaben zu den Geburtsgewichten verschiedener Pferderassen.

LAKTATION

Da Ernährung und Wachstumsraten des Fohlens in den ersten Lebensmonaten ganz überwiegend von der Milchleistung der Mutterstute abhängig sind, empfiehlt es sich, die Ernährung laktierender Stuten besonders überlegt und bedarfsgerecht zu gestalten. Zu berücksichtigen ist, daß recht kleine Shetlandstuten bereits täglich maximal 7 Liter und Warmblut- oder Kaltblutstuten täglich z. B. über 20 bis 30 Liter Milch produzieren (Höchstleistung: Shirestuten). Eine gewaltige Milchleistung, die im 3. Laktationsmonat am höchsten ist. Die Milchmengenleistung entwickelt sich bei allen Rassen – unter sonst gleichen Bedingungen – grundsätzlich proportional der metabolischen Körpergröße. Ausgegangen werden kann von einer durchschnittlichen täglichen Milchproduktion je kg $LM^{3/4}$ von 0,14 kg im 1. Monat, von 0,17 kg im 3. Monat und von 0,12 kg im 5. Laktationsmonat. Bei kleineren Rassen liegt die Milchmenge leicht über, bei größeren unter den pauschal berechneten Werten. Nach FLADE (1990) kommen auch rassebezogene Unterschiede in Betracht. Bei Arabischen Vollblutpferden konnten gewichtsbezogen überdurchschnittlich hohe Milchleistungen festgestellt werden (siehe Tabelle 39, unten). Der Nährstoffgehalt der Stutenmilch ist bei allen Rassen annähernd gleich und variiert hauptsächlich abhängig vom Laktationsstadium. Stutenmilch ist nicht identisch mit Kuhmilch (siehe Tabelle 41, Seite 354). Kuhmilch ist energie- und proteinhaltiger. In der Stutenmilch sind im Gegensatz zur Kuhmilch große Anteile an energieliefernden Kohlenhydraten in Form von Milchzucker (Lactose) enthalten. Durch die Ausscheidung mit der Milch erhöht sich der Bedarf der Stute an Nährstoffen und auch an Mineralstoffen. Etwas mehr Magnesium (Mg) und Natrium (Na) sowie Kalium (K) und Chlorid (Cl) werden benötigt, während der Kalzium- und Phosphorbedarf sehr viel stärker bis auf das 3fache des Erhaltungsbedarfs der laktierenden Stute ansteigen kann. Angesichts der hohen Milchmengenleistung muß auch die Wasserversorgung stets mengen- und qualitätsmäßig optimal sein.

Nicht günstig ist die Stallhaltung von Stute und Fohlen ohne Vorlage von Grünfutter. Das ist bei Fohlengeburten außerhalb der Vegetationszeit (Wintergeburten) zwar nicht änderbar, aber durch Zufütterung auszugleichen. Denn die Proteinqualität im Durchschnittsheu und im Kraftfutter (z. B. Hafer) entspricht

Tabelle 39

Durchschnittliche tägliche Milchmengen bei verschiedenen Pferderassen

Rasse	Tagesmenge in kg*) (Durchschnitt von 5 Monaten)	Höchstmenge in kg
Arabisches Vollblut	14,0	17,0
Warmblut	14,3	21,0
Kaltblut	17,1	30,0

*) Quelle: FLADE, J. E.: Das Araberpferd, Neue Brehm-Bücherei Nr. 291, Lutherstadt Wittenberg 1990

durchweg nicht dem Bedarf der laktierenden Stute an essentiellen Aminosäuren (z. B. Lysin). Bei Weidegang oder Grünfuttervorlage ist der Bedarf im Normalfall gedeckt, bei Stallfütterung empfiehlt es sich, das Lysinangebot durch Fütterung von Sojaschrot oder handelsüblichem Mischfutter mit ausreichenden Lysingehalten zu verbessern. Nach MEYER (1995) wird der Lysinbedarf der Stute auf rund 3,5 g je kg Milch geschätzt. Das sind bei mittelgroßen Stuten täglich 60 g Lysin bezogen auf 16,5 Liter Milchleistung. Als Faustzahl können je MJ verdaulicher Energie 0,5 g Lysin zur Versorgung der Stute erforderlich sein. Tabelle 40, Seite 354, enthält Angaben über die Zusammensetzung von Stutenmilch.

Bereits mit der Stutenfütterung kann die Entwicklung des Saugfohlens gesteuert werden. Durch große Kraftfutteranteile an der Tagesration wird u. a. die Milchleistung erhöht. Hohe Wachstumsintensität – mit einer Verdoppelung des Geburtsgewichtes innerhalb von 30 Tagen – wird in der Rennpferdezucht angestrebt. Gelegentlich erhalten Fohlen der Rennpferdezuchten zur Intensivierung des Wachstums zusätzliche Nährstoffe über Saugtränken. In diesem Sportbereich werden oft 2jährige bereits zu ersten Rennen trainiert und eingesetzt, sie sollen deshalb schon als Saugfohlen forciert wachsen. Diese Praktiken und Ziele sind ebenso bedenklich wie die zur Erzielung der hohen Wachstumsintensität immer erforderliche extrem hochkonzentrierte Fütterung der laktierenden Stuten. Der energetische Teilbedarf für die Milchbildung beträgt bei hoher Wachstumsintensität fast das Doppelte des Bedarfs für niedrige Wachstumsintensität.

▸ **Alle Pferderassen sind erst mit gut 5 Jahren voll ausgewachsen und dementsprechend erst mit 5 bis 6 Jahren voll leistungsfähig.**

Es gibt allerdings Entwicklungsunterschiede zwischen einzelnen Rassen. Nach FLADE (1999) ist bei Kaltblütern die Massenzunahme pro Zeiteinheit größer als beim Warmblutpferd. Warmblutpferde benötigen nach diesen Ermittlungen etwa 20 % mehr Zeit für die Verdoppelung des Geburtsgewichtes, arabische Rassen noch etwas mehr. Aus diesen und weiteren Indizien wurde in früh- und spätreife Rassen unterteilt. Das ändert aber nichts daran, daß die Ausreifung des Skelettes mehr Zeit benötigt als die äußerlich wahrnehmbare Körpermasse. Keine Pferderasse ist mit 3 oder 4 Jahren voll ausgewachsen.

Als einprägsamer Anhaltspunkt für das Ende des Wachstums dient – neben Details in der Skelettentwicklung der Extremitäten – der Abschluß des Zahnwechsels. Wenn alle bleibenden Zähne sich in Reibung befinden, ist ein Pferd als »ausgewachsen« im herkömmlichen Sinne anzusehen. Das schließt nicht aus, daß vor diesem Zeitpunkt schon gut entwickelte dreijährige Pferde durch leichte (= schonende) Gewöhnungsarbeit auf ihren späteren Verwendungszweck vorbereitet werden und Vierjährige bereits mehr »vom Ernst des Lebens« erfahren.

Vorzuziehen ist gegenüber der hohen Wachstumsintensität eine mittlere Wachstumsintensität, bei der sich das Geburtsgewicht ungefähr in 40 Tagen verdoppelt. Dies ist allemal ausreichend und verhindert weitgehend die Probleme, die bei intensiver Wachstumsintensität vorprogrammiert sein können. Bekanntes Problem ist an erster Stelle die disharmonische Entwicklung von fütterungsbedingt schnell zunehmender Körpermasse, aber weniger stark beeinflußbarem langsam wachsendem Skelett, das schließlich in seiner Stützfunktion durch einen unverhältnismäßig schweren Körper überfordert werden kann. Die Bedarfsangaben für laktierende Stuten im folgenden Kapitel »Versorgungsempfehlungen« (Tabelle

Tabelle 40

Beispiel für die Zusammensetzung der Milch einer mittelgroßen Stute [1] (Vollblutaraberstute, LM 460 kg; tägliche Milchleistung im 3. Monat: 16,9 kg)

Inhaltsstoffe	insgesamt	je kg Milch	zum Vergleich: Werte je kg Kolostralmilch
Trockensubstanz	1690 g	100 g	200 g
Rohprotein [2]	304 g	18 g	100 g
Rohfett	237 g	14 g	10 g
Lactose	1099 g	65 g	50 g
Energie	35,8 MJ	2,12 MJ	3,78 MJ
Kalzium (Ca)	13,5 g	0,8 g	0,9 g
Phosphor (P)	8,5 g	0,5 g	0,8 g
Magnesium (Mg)	0,8 g	0,045 g	0,5 g
Natrium (Na)	2,5 g	0,15 g	0,6 g
Kalium (K)	6,8 g	0,4 g	1,4 g
Chlor (Cl)	5,0 g	0,3 g	1,0 g
Kupfer (Cu)	3,4 mg	0,2 mg	1,0 mg
Zink (Zn)	30,4 mg	1,8 mg	6,0 mg
Eisen (Fe)	8,5 mg	0,5 mg	1,3 mg

1) Datengrundlage/berechnet nach GfE (1994)

2) Gehalt an Aminosäuren (Lysin) 28,7 g = 1,7 g pro kg bzw. 0,8 g pro MJ

Tabelle 41

Durchschnittliche Zusammensetzung von Stuten- und Kuhmilch – in % – *)

Milchart	Trockensubstanz	Rohprotein	Rohfett	Mineralstoffe	Lactose
Stutenmilch	10,4	2,3	1,6	0,3	6,4
Kuhmilch	12,5	3,4	3,5	0,8	4,8

*) Laktationsstadium 1. bis 21. Woche (ohne Kolostralmilch)

45, Seite 363) beziehen sich deshalb nicht auf hohe Wachstumsintensität, sondern auf eine mittlere Wachstumsintensität bei gleichzeitiger Haltung mit entwicklungsfördernden Außenklimareizen.

Demgegenüber wird bei niedriger Wachstumsintensität die Verdoppelung des Fohlengewichtes erst innerhalb von 60 Tagen erreicht. Das ist vielfach bei extensiv gehaltenen Rassen der Fall, die dann allerdings nutzungsbezogen »spätreif« sind – auch als Auswirkung einer weiteren extensiven Aufzucht nach dem Absetzen von der Mutterstute. Solche Pferde sollten erst vier- bis fünfjährig mit Rücksicht auf ihre gesamte Körperentwicklung erstmals schonend eingesetzt werden. Als Beispiel mag die Zucht von Islandpferden im Ursprungsland gelten. Zu Recht wurden importierte Freizeitpferde oder vergleichbar aufgezogene Pferde noch bis vor einigen Jahren nutzungsbezogen als »spätreif« und als erst fünfjährig überhaupt belastbar (= reitbar) eingestuft, weil die Aufzucht sich – vorwiegend in Island – mehr oder weniger karg (= extensiv) gestaltete. Nicht wenige der Importpferde mußten deshalb – bei kritischer Beurteilung – als leistungsschwache, verzwergte spätreife »Kümmerform« eingestuft werden (deren sich die Isländer als Pferdekenner verständlicherweise schnell entledigten!). In Mitteleuropa haben sich heute Haltungsgrundlagen und Fütterung auch bei Züchtern der Naturrassen gewandelt: Aufzuchtintensität und -qualität sind im Vergleich zum Ursprungsland teils höher und im

Durchschnitt wohl auch besser. Das zeigt die sowohl selektions- als auch fütterungsbedingte Größenzunahme von Islandpferden auf dem Kontinent gegenüber dem Ursprungsland. Islandpferde mit 1,38 bis 1,42 m Stockmaß Widerristhöhe und hoher Leistungsfähigkeit sind heute keine Seltenheit mehr. Daraus resultiert die praktische Konsequenz, gesund aufgezogene, gut entwickelte Pferde solcher Rassen auch schon mit 4 Jahren angepaßt zu nutzen, sie aber erst ausgewachsen mit gut 5 Jahren langsam voll zu belasten.

WACHSTUM

Das Wachstum des Fohlens (Körperform und Größe) wird einerseits durch rasse- und zuchtlinienspezifische erbliche Anlagen bestimmt, aber andererseits – wie bereits oben im Hinblick auf die Laktationsleistung der Mutterstute beschrieben – auch durch die Umweltbedingungen. Haltungsumfeld, Klima, Bewegung und Fütterung sind die maßgeblichen Faktoren.

▸ **Als Grundsatz gilt: karge, extensive Fütterung = verzögertes Wachstum mit geringen Tageszunahmen; üppige, intensive Fütterung = schnelles Wachstum mit hohen Tageszunahmen (siehe Tabelle 42, Seite 357).**

Als sekundäre Nestflüchter sind Fohlen weit von der Hilfsbedürftigkeit »nesthokkender« Hundewelpen oder menschlicher Säuglinge entfernt. Innerhalb der ersten Stunde nach der Geburt stehen Fohlen auf eigenen Beinen, sie suchen und finden aufgrund angeborener Verhaltensweisen das Euter der Mutter meist allein. Einige praktische Maßnahmen können dennoch erforderlich sein, um die Erstversorgung problemlos zu sichern. Dazu gehören Vorkehrungen, um ein Wegstoßen des Fohlens durch die Stute von Anfang an zu vermeiden, denn jedes Fohlen ist auf die in der ersten Muttermilch (Kolostralmilch) enthaltenen Abwehrstoffe (Gammaglobuline) angewiesen. Nur in einem kurzen Zeitraum von gut 24 Stunden nach der Geburt können die Abwehrstoffe die Darmschleimhaut des Fohlens passieren und in der Blutbahn wirksam werden (siehe Grafik 58, Seite 356).

Falls es aus den unterschiedlichsten Gründen nicht zur Aufnahme der Kolostralmilch kommt, weil z. B. die Stute das Fohlen total abschlägt, auch kein Abmelken der Kolostralmilch möglich ist oder die Milch bereits (in seltenen Fällen) z. B. durch Überdruck abgegangen ist, kann versucht werden, über den Tierarzt unverzüglich Kontakt mit einem Hilfsdienst aufzunehmen. Hilfsdienste liefern (wenn dort vorrätig) gefrorene Kolostralmilch per Kurierdienst und versuchen, Ammenstuten zu vermitteln. Nur sehr selten wird aber die Ammenvermittlung funktionieren (vor allem nicht innerhalb von 24 Stunden). Es ist ratsam, sich auf solche sicher wohlmeinenden, aber eher theoretischen Vermittlungsangebote keinesfalls zu verlassen. Wird kontinuierlich gezüchtet, empfiehlt es sich, bei säugenden Stuten vorsorglich etwas Kolostralmilch abzumelken, um diese als Notvorrat in 0,3 Liter-Portionen bei – 20° Celsius einzufrieren (beim Auftauen hohe Temperaturen über 40° vermeiden, um Inhaltsstoffe nicht zu schädigen!). Bei Fohlen mittelgroßer Stuten werden im Bedarfsfall möglichst innerhalb der ersten 6 Stunden nach der Geburt 250 g Kolostralmilch (körperwarm aufgetaut) mittels Tränksauger eingegeben (Tabelle 104, Seite 487).

Fohlen, die keine Stuten-Kolostralmilch aufgenommen haben, sollten eine Fohlenlähme-Impfung erhalten und – falls machbar – mit verdünnter Kuh-Kolostralmilch versorgt werden (empfiehlt sich für Landwirte, die gleichzeitig Rinder- und Pferdezüchter sind).

Grafik 58

Saugfohlen

• Natürliche Versorgung •

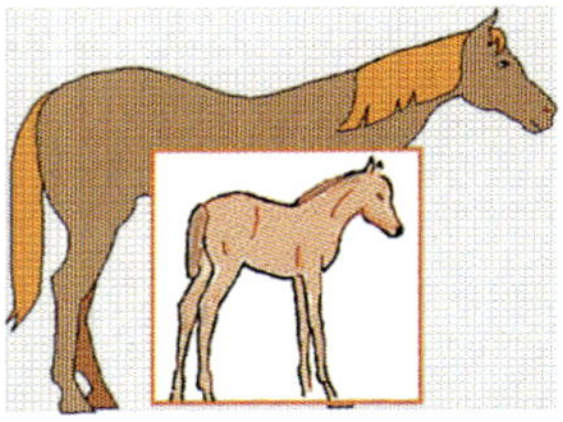

☛ Auf einen Blick:

• Geburtsgewicht:
10 % des Endgewichts
• Gewicht nach 6 Monaten:
50 % des Endgewichts

Versorgung in den ersten Wochen nach der Geburt:

• Kurz nach der Geburt Saugbewegungen mit Zunge und Lippen erkennbar.
• Nach 30 - 90 Minuten schon Aufsteh- und Ausbalancierversuche, danach erstes Stehen mit geruchsorientierter Suche nach dem Euter der Mutter.
• Entsprechend dem arteigenen Verhaltensmuster steht das Fohlen zum Saugen parallel zur Mutter; das Euter wird mit den Nüstern angestoßen („angerüstet"); danach wird abwechselnd an beiden Zitzen gesaugt.
• Die erste Muttermilch (sog. Kolostral- oder Biestmilch) enthält Abwehrstoffe und muß innerhalb der ersten 24 Stunden als erste Nahrung aufgenommen werden, da diese Stoffe nur in diesem kurzen Zeitraum die Darmschleimhaut des Fohlens passieren können.
• Kotabsatz (sog. Darmpech) und Harnabsatz sollten innerhalb von 12 Stunden erfolgt sein, da ansonsten eine nicht ungewöhnliche Verstopfung durch Paraffinölapplikation beseitigt werden und ein Verdacht auf Blasenriß (möglich beim Geburtsvorgang) untersucht werden muß.
• Innerhalb der ersten Lebenswoche wird häufig Kot der Mutter aufgenommen. Dadurch gelangen neben schädlichen Parasiten auch wichtige B-Vitamine und Darmflorakeime in den Verdauungskanal.
• In der zweiten Lebenswoche sind erste Versuche zur Aufnahme von Kraftfutter, Heu, Einstreumaterial und Weidegras festzustellen.
• Ab der dritten Woche wird etwas feste Nahrung aufgenommen, mit sechs Wochen kann das Fohlen grasen; es lernt auch, Wasser aufzunehmen.

Praxis:

• Zweckmäßig ist, bei Stuten, die das erste Fohlen gebären, das Euter
1. schon vor der Geburt häufig zu berühren und
2. durch Anwendung entspannender Medikamente
schmerzhaften Euterschwellungen vorzubeugen, um ein Wegstoßen des Fohlens durch die Stute beim ersten Trinkversuch zu verhindern.
• Stirbt die Mutter durch Geburtskomplikationen, muß die Kolostralmilch abgemolken, evtl. eingefroren und dem Fohlen auf Körpertemperatur angewärmt innerhalb von 24 Stunden eingegeben werden.
➡ Vor dieser ersten Milch keine andere Milch füttern!

Täglich durchschnittliche Gewichtszunahme eines Vollblutaraberfohlens bei unterschiedlicher Wachstumsintensität in den ersten beiden Aufzuchtjahren *)

Tabelle 42

LM-adult (kg)	Alter	Gewichtszunahme in g bei Wachstumsintensität			Fohlengewicht (LM) bei mittlerer Wachstumsintensität (kg)
		hoch	mittel	gering	
460	Geburt	-	-	-	41
	1. Monat	1400	1100	800	74 mit 1 Monat
	3. Monat	1200	900	600	128 mit 3 Monaten
	6.-12. Monat	700	500	300	224 mit 6 Monaten
	2. Jahr	500	350	200	380 mit 24 Monaten

*) Berechnet nach HELFFERICH, B. und GÜTTE, J. O.: Tierernährung in Stichworten, Kiel 1972

Durchschnittliche Lebendmasse von Fohlen und Jungpferden verschiedener Rassen 1)

Tabelle 43

Rasse	LM-adult (kg)	Alter: 6 Monate	12 Monate	24 Monate	36 Monate
		Lebendmasse am Ende des angegebenen Monats (kg) 2)			
Shetlandpony	170	83	122	156	170
Welshpony	250	120	175	225	245
Islandpferd	370	174	252	318	355
Connemara	430	198	284	370	413
Haflinger	440	202	290	378	422
Fjordpferd	450	207	297	387	432
Vollblutaraber	460	212	304	395	442
Quarterhorse	500	225	315	425	475
Warmblutpferd	600	264	366	498	564
Kaltblut, leicht	700	301	413	567	651
Ardenner	800	336	456	632	736
Percheron	900	369	504	702	819

1) Berechnet nach GfE, 1994; teils geschätzt.

2) Die Gewichte beziehen sich auf mittlere Wachstumsintensität; Abweichungen von rund 5 % nach oben oder unten sind entwicklungs- und erbbedingt in jeder Rasse möglich.

Milchmangel einer Mutterstute führt zur Unterversorgung des neugeborenen Fohlens. Der Mangel resultiert aus ungenügender Nährstoffzufuhr, ist aber auch anlagebedingt vorwiegend bei erstgebärenden Stuten zu beobachten. Durch täglich mehrmalige Zufütterung von verdünnter Kuhmilch, die – auf gut 38 ° Celsius erwärmt – in einen Tränksauger gegeben wird, kann der Mangel weitgehend behoben werden. Die Kuhmilch ist mit abgekochtem Wasser zu mischen und mit Zucker anzureichern (Rezept: 0,5 Liter Kuhmilch plus 0,2 Liter Wasser plus 10 g Zucker). Andere Mischungen führen leicht zu Durchfällen.

Wesentlich besser ist die Zufütterung handelsüblicher »Fohlenmilch«-Produkte (siehe Erläuterungen in Grafik 90, Seite 488), die qualitativ die Muttermilch voll ersetzen. Die Produkte sind pulverförmig, sie werden mit warmem Wasser angesetzt (z. B. 9 Mahlzeiten à 0,6 Liter Wasser plus 100 g Pulver am 1. Tag) und bestehen aus Magermilch- und Molkepulver. Wie in der Muttermilch sind im Pulver die gleichen Protein-, Fett- und Lactoseanteile, aber deutlich höhere

Gehalte an essentiellen Vitaminen und Mineralien enthalten.

Die bei mittlerer Aufzuchtintensität zu erwartende Gewichtsentwicklung bis zum Alter von 3 Jahren ist in Tabelle 43, Seite 357, aufgeführt. Die Zahlen zeigen, daß ein Fohlen enorm wächst. Bei mittelgroßen Rassen liegt das Geburtsgewicht (siehe Tabelle 38, Seite 351) bei etwa 10 % der Lebendmasse des ausgewachsenen Pferdes (LM-adult), nach Ablauf von nur 2 Monaten sind bereits 25 % erreicht. Als halbjähriges Fohlen, wenn die Zeit des Absetzens von der Mutter gekommen ist, wiegt das Fohlen fast 50 % seines Endgewichtes. Als Jährling erreicht es 60 bis 70 % des Endgewichtes und etwa 90 % der Widerristhöhe ausgewachsener Rassevertreter. Die Größenzunahme am Beispiel von Vollblutarabern beträgt im 1. Jahr 45 cm. Im 2. Jahr nimmt die Wachstumsgeschwindigkeit ab. Daraus ergibt sich die unbedingte Versorgungspriorität für das erste Jahr des Wachsens.

Während der tägliche Proteinbedarf anfänglich bei rund 3 g pro kg LM des Fohlens liegt, verringert er sich später auf unter 1 g pro kg LM. Die Proteinqualität wird bestimmt durch den Anteil an essentiellen Aminosäuren, insbesondere Lysin. In den Proteinen der Muttermilch sind bei einem PEQ von 10:1 ungefähr 0,8 g Lysin je MJ verdaulicher Energie (DE) enthalten. Der PEQ verringert sich bei Absatzfohlen auf 8:1, bei Jährlingen auf 7:1 und später dann auf 6:1. Als Lysinbedarf sind für Absatzfohlen je MJ verdaulicher Energie (DE) rund 0,60 g und für Jährlinge 0,45 g anzusetzen. Wenngleich bei ausgiebigem Weidegang der Aminosäurenbedarf überwiegend gedeckt werden kann, empfiehlt sich bis zur Erreichung des Jährlingsalters Zufütterung von handelsüblichem Fohlenstarter (siehe Grafik 59, Seite 359). Besonders im ersten Winter sind Rationen aus Heu und Hafer alleine – ohne Fohlenstarterzufütterung – nicht ratsam, denn mangelnde Versorgung mit Lysin oder auch Methionin führt u.U. zu Wachstumshemmungen und allgemeiner Schwächung.

Die empfohlenen Bedarfswerte für die folgenden Aufzuchtjahre (bis dreijährig) können entsprechend der rassebezogenen ausgewachsenen Lebendmasse (LM-adult) – unter Berücksichtigung von Haltungsform und Bewegungsleistung in der Gruppe – aus Tabelle 45, Seite 363, entnommen werden. Für Vierjährige gelten die Versorgungsempfehlungen für ausgewachsene Pferde bei leichter Arbeit (siehe Tabelle 45, Seite 363). Wie sich aus Untersuchungen ableiten läßt, führt extensive, knappe Fütterung von Jungpferden nicht unbedingt zu einer krankhaften Beeinflussung von Skelett und Organen (WITT, M. und LOHSE,B.,1965). Allerdings ist mit langsamerem Wachstum und damit späterer Zucht- und Arbeitsnutzung zu rechnen. Dabei ist »knappe Fütterung« nicht gleichzusetzen mit »Mangelernährung«. Extensive Fütterung bedeutet vielmehr, daß hauptsächlich Rauhfutter (Grünfutter/Heu/Heulage/Stroh) ohne nennenswerte Kraftfutterergänzung zur Verfügung steht.

Fohlen wachsen enorm: Nach zwei Monaten sind bereits 25 % des Endgewichts erreicht. Was im ersten Lebensjahr bei der Aufzucht versäumt wird, kann niemals mehr nachgeholt werden.

Grafik 59

Leistung Wachstum

• Absetzen und weitere Aufzucht von Fohlen •

☛ Auf einen Blick:

• Üblicherweise wird das Fohlen mit 6 Monaten von der Mutter abgesetzt.

• In Ausnahmefällen kann nach 3 Monaten abgesetzt werden, z.B. bei Erkrankung der Mutterstute.

• Bereits mehrere Wochen vor dem Absetzen müssen Mutter und Fohlen stundenweise separiert werden, um sich langsam daran zu gewöhnen.

• Nach dem Absetzen sollte das Fohlen in Gemeinschaft von spielbereiten Artgenossen aufwachsen.

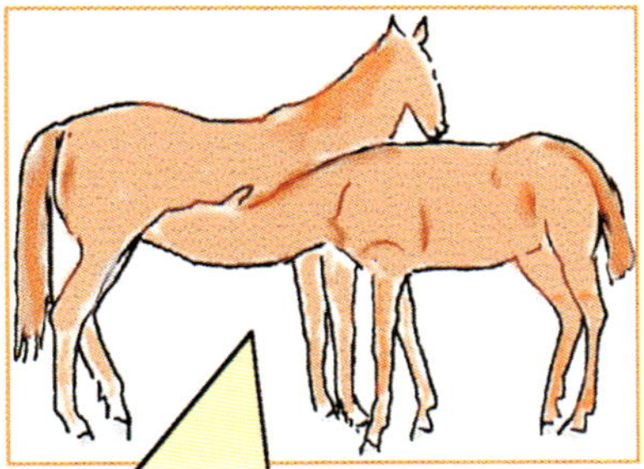

Fohlen können auch als Jährlinge noch bei der Mutter bleiben, wenn diese gesund und nicht erneut tragend ist. ➡ Der Futterbedarf der Stute bleibt dann relativ hoch.

Versorgung bis zum Alter von einem Jahr:

• In den ersten 3 Monaten ist die Muttermilch neben Heu und Weidegras die wesentliche Ernährungsgrundlage; in den Folgemonaten ist es ratsam, das Fohlen auch an Kraftfutter zu gewöhnen, damit zum Absetztermin die Umstellung der Ernährung nicht zu krass erfolgt. ➡ Regelmäßige Wurmkuren sind auch bei optimaler Haltungshygiene stets erforderlich.

• Warmblutfohlen nehmen mit 4 Monaten täglich – zusätzlich zu Milch/Rauhfutter/Weidegras – gut 1,5 kg Kraftfutter (Quetschhafer) auf, Vollblutaraberfohlen 1,2 kg, Fjordfohlen etwa 0,75 kg.

• Nach dem Absetzen fehlen dem Fohlen die wertvollen, leichtverdaulichen Inhaltsstoffe der Muttermilch, weshalb die o.a. Kraftfuttermenge allmählich zu verdoppeln ist. Der PEQ in der Gesamtration sollte 8:1 betragen.

• Im ersten Winter muß besonders bedarfsgerecht (PEQ 7:1) gefüttert werden: Wiesenheu zur beliebigen Aufnahme (sog. ad Libitum-Fütterung) plus Kraftfutter. Kraftfutter sollte vorzugsweise als handelsübliches Fohlenstarterfutter (Bezeichnung: FS 16) angeboten werden.

➡ Empfehlenswert: FS 16 als Ersatz für Hafer auch bereits an sehr junge Fohlen vor dem Absetzen verfüttern; es enthält hochwertige Komponenten.

Versorgung in den folgenden Aufzuchtjahren:

• Nach dem ersten Lebensjahr verlangsamt sich das Wachstum. Die Gefahr einer mangelhaften Fütterung verringert sich.

• Ab 2. Aufzuchtjahr reicht für die Vegetationszeit täglich ausgiebiger Weidegang. Im Herbst und im Winter sind großzügige Rauhfutterrationen plus altersentsprechende Kraftfutterrationen lt. Tabelle erforderlich.

MASSEINHEITEN UND BEZUGS-GRUNDLAGEN

Der rein energetische Nahrungsbedarf (= verdauliche Energie: Kraftstoffe) ist von allen ernährungsrelevanten Bedarfsdaten noch am ehesten meßbar. Allerdings bestehen bei der Ermittlung des Energiebedarfs für Reitleistungen größere Bestimmungsprobleme mit Unwägbarkeiten als bei der Messung des Bedarfs für Zugleistungen. Unterschiede ergeben sich sowohl beim Reiten als auch bei Zugarbeit bereits aus dem Bodenreibungswiderstand oder der Einsinktiefe: ob also auf Asphalt oder Naturboden, ob mit oder ohne Beschlag geritten oder gefahren wird, wirkt sich (nur ungenau ermittelbar) auf den Bedarf aus. Ebenso sind Gewicht und »Reitkünste« des Reiters (z. B. pferdeschonender Gleichgewichtssitz oder ein für das Pferd kräftezehrendes »Sich-tragen-Lassen« sowie Grad der Be- oder Entlastung von Vor- und Hinterhand, Geländebeschaffenheit oder Bodenverhältnisse in Hallen und auf Reitplätzen) unterschiedlich bedarfsbeeinflussend. Schwieriger noch als die energetische Bedarfsermittlung ist die exakte Bestimmung des Bedarfs an Baustoffen (= verdauliches Rohprotein) und funktioneller Nahrung (= Ballast-, Mineral- und Wirkstoffe). Besonders schwer zu erfassen sind innerhalb der funktionellen Nahrung Spurenelement- und Vitaminbedarf, denn deren optimale Wirkung oder Mangelerscheinungen lassen sich nur nach längeren Zeiträumen beurteilen. Dabei sind eindeutige Aussagen selbst nach umsichtigen Analysen nicht immer möglich, weshalb grundsätzlich auch alle Bedarfsangaben für Mineralstoffe und Vitamine als Brutto-Empfehlung pro Tag angegeben sind und nicht z. B. als verdauliche Stoffe.

Der Bedarf an Nahrungsstoffen wird üblicherweise in verschiedenen Maßeinheiten angegeben. Bei allen Tabellen ist deshalb zunächst immer die Berücksichtigung der angegebenen Maßeinheit mit Bezugsgrundlage wichtig, um nicht zu falschen Ergebnissen zu kommen. Eine der Übersichtlichkeit dienende Vereinfachung der Bezugsgrundlagen ist aus vielerlei Gründen nicht möglich.

Wird beispielsweise beim Gebrauch von Tabellen übersehen, ob es sich bei Versorgungsempfehlungen oder Futtermittelinhaltsangaben um Werte pro kg Trockensubstanz (TS) oder pro kg Frischsubstanz (FS) handelt, sind die Ergebnisse sehr unterschiedlich und führen zu falschen Berechnungen und mangelhaften Rationszusammenstellungen. Für Spurenelemente und Vitamine sind die Versorgungsempfehlungen stets als Gehalt in der vom Pferd aufzunehmenden Futtertrockensubstanz angegeben. Maßeinheiten und -angaben sowie Bezugsgrundlagen in Tabellen und Futtermittelbeschreibungen sind:

- Menge pro XY-Pferd pro Tag (z. B. pauschal für ein Großpferd der Warmblutrassen oder für ein mittelgroßes Pferd),
- Menge pro kg der Lebendmasse (LM) pro Tag (LM = tatsächliches Körpergewicht),
- Menge pro kg der ausgewachsen erreichbaren Lebendmasse (LM-adult = Angaben für Fohlen) pro Tag,
- Menge pro $kg^{3/4}$ der metabolischen Körpergröße pro Tag,
- Menge pro kg Frischsubstanz (FS) der Futterration (FS = Originalfutter),
- Menge pro kg Trockensubstanz (TS) der Futterration (TS = FS minus Rohwasser),
- Menge pro Einheit des energetischen Nährwertes (DE) des Futters (z. B. pro MJ).
- Da der Bedarf an sonstigen Nahrungsstoffen sich durchweg proportional zum energetischen Bedarf verhält, sind Angaben je $kg^{3/4}$ bzw. je MJ oft üblich.
- Als Mengenmaße werden Vom-Hun-

dert-(Prozent-)-Angaben (= x/100 oder %), Angaben in Gramm (g), Milligramm (1/1000 g = 1 mg) oder Mikrogramm (1/1000000 g = 1 mcg oder 1 µg) verwendet. Bei Vitaminen ist die Internationale Einheit (IE) das Mengenmaß.

NAHRUNGSAUFNAHMEKAPAZITÄT

Die Deckung des Nahrungsbedarfs ist einerseits vom Gehalt der Nahrung an benötigten Stoffen und deren spezieller Verdaulichkeit beim Pferd, andererseits von der aufgenommenen Nahrungsmenge und auch von der Nahrungsaufnahmekapazität abhängig. Denn von diesen Daten hängt letztlich die konkrete Rationszusammenstellung und der Grad der Nährstoffkonzentration in den Rationen ab. Je nährstoffärmer und voluminöser (= rohfaser-/ballaststoffreicher) die Ration, desto schwerer ist sie verdaulich und desto geringer ist die Nährstoffkonzentration.

Um Futtermittel miteinander vergleichen zu können und ein Maß für die Futteraufnahmekapazität des Pferdes zu bekommen, wird die TS als Bezugsgrundlage herangezogen. Die generellen Angaben über das Futteraufnahmevermögen des Pferdes beziehen sich demnach auf das getrocknete Originalfutter, also die Frischsubstanz (FS) ohne Rohwasser, das ist die Futtertrockensubstanz (TS), wie sie sich aus dem Weender Analyse-System ergibt (siehe Grafik 20, Seite 234).

Von mittelgroßen Pferden werden im Erhaltungsstoffwechsel maximal 2 kg TS je 100 kg LM aufgenommen. Das sind bei einem mittelgroßen Pferd mit 450 kg LM 9 kg TS täglich. Tabelle 44, unten, enthält prozentuale Angaben zur durchschnittlichen Aufnahme von Futtertrockensubstanz bei unterschiedlichen Leistungen. Festzustellen ist, daß das Futteraufnahmevermögen kleiner Rassen relativ höher ist als bei großen.

Bei Pferden mit einem Leistungsbedarf steigt gegenüber dem Erhaltungsbedarf die Futteraufnahme an; bei Hochleistungspferden steigt sie bis zur Aufnahmegrenze, die für mittelgroße Pferde bei maximal 3 kg TS je 100 kg LM/Tag liegt. In der Praxis sind für Hochleistungspferde, aber auch für Pferde mittlerer Leistung die Rationen unter Berücksichtigung teils nur begrenzt zur Verfügung stehender Tagesfreßzeiten am schwierigsten zusammenzustellen. Insbesondere kann die dadurch erforderliche hohe Konzentration energiereicher Rationsbestandteile (um Freßzeiten zu reduzieren, hochverdauliche Futtermittel schnell aufzunehmen und auch die gewichtsmäßige Belastung des Verdauungskanals zu reduzieren) gesundheitliche Probleme bescheren.

Als Beispiel mag ein Großpferd (LM 600 kg) mit einem Energieleistungsbedarf für

Tabelle 44

Aufnahme von Trockensubstanz (TS) in % der Lebendmasse *)

LM/ LM-adult (kg)	Erhaltung	Arbeit	Gravidität 10./11. Monat	Laktation	Wachstum **) Saugfohlen	Jährlinge	Zweijährige
200	1,3–1,6	1,8–2,9	1,9–2,1	2,4–3,0	2,8–3,2	2,6–3,0	2,1–2,5
400	1,2–1,4	1,5–2,4	1,6–1,8	2,0–2,5	2,0–2,5	1,8–2,2	1,6–1,8
600	1,1–1,3	1,4–2,2	1,4–1,6	1,8–2,3	1,9–2,2	1,8–2,0	1,5–1,7
800	1,0–1,2	1,3–2,0	1,3–1,5	1,7–2,1	1,6–1,8	1,6–1,8	1,3–1,5

*) Modifiziert nach GfE, 1994; siehe zur Weide-TS-Aufnahme S. 240.

**) Maßgebend für diese Tabelle ist nicht das tatsächliche Fohlen- oder Jungpferdegewicht, sondern die später zu erwartende ausgewachsene LM des Fohlens (siehe linke Tabellenspalte, z. B. für ein Großpferdefohlen: LM-adult = 600 kg, für ein Kaltblutfohlen LM-adult = 800 kg).

Unter Naturbedingungen regeln frei verfügbares Futterangebot und Nährstoffbedarf die Versorgung. Abgebildet ist eine Stute der Dülmener Wildbahn mit ihrem Saugfohlen bei der Mittagsruhe.

mittlere Arbeit von täglich etwa 100 MJ DE dienen (vereinfacht dargestellt nur aus Sicht der Versorgung mit energieliefernden Kraftstoffen und ohne Vernetzung mit weiteren wichtigen Details):

Wollte man den Energiebedarf ausschließlich mit Heu befriedigen, müßten etwa 14 kg Heu (1 kg FS Heu = z. B. 7,3 MJ DE) gefüttert werden. Die Freßzeit dafür betrüge 9 Stunden. Bei etwa 86 % Trockensubstanzgehalt des Heus wären das 12 kg TS: eine sehr hohe, insgesamt leistungshemmende Verdauungsbelastung für dieses Pferd. Würde man dieses Pferd nur mit Grünfutter ernähren, müßte es 44 bis 50 kg davon fressen (1 kg FS Grünfutter = 2,0 bis 2,3 MJ DE), um 100 MJ DE zur Verfügung zu haben: es wäre den ganzen Tag mit dem Grasen beschäftigt. Bei 20 % Trockensubstanzgehalt des Grünfutters ergäben sich etwa 10 kg TS. Sowohl zeitlich als auch von der Verdauungsbelastung (hohes Volumen der Grasmasse) und Energieverfügbarkeit wäre diese Versorgung bei der geforderten Leistung nicht praktizierbar. Wenn man (rein theoretisch) nur Hafer füttern würde (1 kg FS Hafer = 11,5 bis 14,0 MJ DE), wären zur Deckung des Bedarfs von 100 MJ DE etwa 8 kg notwendig. Der Trockensubstanzgehalt von Hafer liegt bei durchschnittlich 88 %, das ergäben 7 kg TS. Die Freßzeit betrüge dafür 1½ Stunden, die Verdaulichkeit läge über der von Heu oder Gras. Ausschließlich aus Sicht der Nutzung käme diese Fütterung zeitlich und von der Gewichtsbelastung des Magen-Darm-Traktes den Nutzungsansprüchen sehr entgegen. Aber reine Kraftfutterfütterung wäre für das Pferd stark lebensbedrohend!

Konsequenz: Um sowohl die nötige Kaubeschäftigung, aber auch die Nähr- und Wirkstoffverfügbarkeit in ausgewogenem körper- und leistungsgerechten Verhältnis bei nicht zu starker gewichtsmäßiger Belastung der Verdauungsorgane anzubieten, muß die Tagesration für ein solches Pferd aus Anteilen unterschiedlicher Futtermittel bestehen – bei gleichzeitig pferdegerechten Fütterungsfrequenzen mit Verdauungspausen. Beispielhafte Rationszusammenstellungen werden später im Kapitel »Beispielrationen«, Seite 479 ff., erläutert.

TABELLEN MIT VERSORGUNGS-EMPFEHLUNGEN

Um Rationen für Pferde zusammenstellen und leistungsbezogen anpassen zu können, sind in den folgenden Tabellen Richtwerte für den Energie- und Proteinbedarf, die Versorgung mit Mengen- und Spurenelementen sowie mit Vitaminen enthalten. Die Richtwerte wurden für praxisnahe Bedarfskategorien nach den jeweils angegebenen Datengrundlagen berechnet und der besseren Übersichtlichkeit wegen nur für einige markante Rassen erfaßt. Die angegebenen Gewichte (LM) und Versorgungsempfehlungen liefern als Durchschnittswerte nur Anhaltspunkte, besitzen keine absolute Versorgungsverbindlichkeit und setzen individuelle Beobachtung der Futterverwertung durch den Betreuer voraus.

Tabelle 45

Allgemeiner Energie- und Proteinbedarf in unterschiedlichen Bedarfskategorien

Bedarfskategorie	Maßeinheit	LM/LM-adult in kg						Relation in % zum Erhaltungsbedarf	PEQ x:1
		150	350	450	600	700	800		
	pro Tag								
Erhaltung	DE (MJ)	26	49	59	73	82	90	100	5
	DP (g)	130	245	295	365	410	450	100	
Leistung Muskelarbeit									
-leicht	DE (MJ)	29	54	67	82	97	113	100-125	5
	DP (g)	145	270	335	410	485	565	100-125	
-mittel	DE (MJ)	35	67	81	100	119	135	125-150	5
	DP (g)	175	335	405	500	593	675	125-150	
-schwer	DE (MJ)	45	85	103	127	151	180	150-200	5
	DP (g)	225	425	515	635	755	900	150-200	
-sehr schwer	DE (MJ)	>50	>90	>110	>135	>165	>180	>200	5
	DP (g)	>250	>450	>550	>675	>825	>900	>200	
Leistung Fortpflanzung (Deckhengste)									
	DE (MJ)	40	75	90	110	123	135		6
	DP (g)	240	450	540	660	738	810		
Leistung Gravidität									
1. bis 7. Monat	DE + DP: *kein Mehrbedarf*, sondern Bedarf wie f. Erhaltung bzw. Leistung Muskelarbeit								
8. Monat	DE (MJ)	31	60	72	91	108	113		5,7
	DP (g)	177	342	410	518	616	644		
9. + 10. Monat	DE (MJ)	32	63	76	96	114	120		6,1
	DP (g)	195	384	464	586	695	732		
11. Monat	DE (MJ)	34	66	81	101	120	126		6,4
	DP (g)	218	422	518	646	768	806		
Leistung Laktation									
1. Monat	DE (MJ)	47	90	109	135	152	168		9,4
	DP (g)	442	846	1025	1269	1429	1580		
3. Monat	DE (MJ)	50	95	114	142	159	176		8,4
	DP (g)	420	798	958	1193	1336	1478		
5. Monat	DE (MJ)	42	80	96	119	134	148		7,4
	DP (g)	311	592	710	881	992	1095		
Leistung Wachstum									
bis 6. Monat	DE (MJ)	26	49	58	73	80	87		>9
	DP (g)	237	446	528	664	728	792		
bis 12. Monat	DE (MJ)	27	52	62	74	80	86		>8
	DP (g)	219	421	502	599	648	696		
bis 18. Monat	DE (MJ)	28	53	64	77	85	91		<7
	DP (g)	193	366	442	531	587	628		
bis 24. Monat	DE (MJ)	29	54	65	79	88	96		>6
	DP (g)	177	329	397	482	537	586		
bis 36. Monat	DE (MJ)	30	57	68	84	94	103		>5
	DP (g)	156	296	354	436	489	536		

Erläuterungen: Die Tabelle enthält modifizierte allgemeine Durchschnittswerte, die teils mit Beispielfütterungen und Praxisdaten aus 124 Pferdehaltungen mit 352 Pferden abgeglichen wurden (BENDER, 1999). Haltungsbedingte, rassespezifische sowie individuell aufgrund von Alter und Gesundheitszustand erforderliche Zu- und Abschläge sind im Einzelfall zusätzlich zu berücksichtigen, z. B. Zuschläge bei winterlicher Gruppenauslaufhaltung mit Offenstall unter Frostbedingungen bis 30 %, dabei primär Rauhfutteranteil erhöhen bzw. für Jungpferde ad libitum-Rauhfuttervorlage (= nicht rationiert, sondern zur beliebigen Aufnahme); grundsätzliche Abschläge für ausgewachsene Nordpferde unter sonst gleichen Bedingungen mindestens 10 %. Abkürzungen: < bedeutet »kleiner als«, > bedeutet »größer als«. Daten-/Berechnungsgrundlagen nach: Empfehlungen zur Energie- und Nährstoffversorgung der Pferde, DLG-Verlags-GmbH, 1994; Zeyner, Annette, Dr. agr.: VET special – Diätetik beim Pferd (Tabelle 3), Gustav Fischer Verlag, 1995.

Tabelle 46

Tägliche Mineralstoffversorgung des Pferdes in unterschiedlichen Bedarfskategorien [1]							
Bedarfskategorie/		Empfehlung für die Mengenelementversorgung (g)					
Pferderasse	LM (kg)	Ca	P	Mg	Na	K	Cl
Ausgewachsene Pferde							
Erhaltung:							
Shetlandpony	170 kg	9	5	3	3	9	14
Shetlandpony, groß	200 kg	10	6	4	4	10	16
Welshpony	250 kg	13	8	5	5	13	20
Islandpferd	370 kg	18	11	7	7	18	30
Islandpferd, groß	400 kg	20	12	8	8	20	32
Connemara [2]	430 kg	22	13	9	9	22	34
Vollblutaraber	460 kg	23	14	9	9	23	37
Quarterhorse	500 kg	25	15	10	10	25	40
Warmblutpferd	600 kg	30	18	12	12	30	48
Kaltblut, leicht	700 kg	35	21	14	14	35	56
Ardenner	800 kg	40	24	16	16	40	64
Percheron	900 kg	45	27	18	18	45	72
Leistung [3]							
Muskelarbeit:							
Shetlandpony	200 kg						
-gering		10	6	4	9	13	24
-mittel		11	6	4	14	16	33
-stark		11	6	5	28	24	55
Islandpferd	400 kg						
-gering		21	12	8	18	27	48
-mittel		21	12	9	29	32	65
-stark		23	12	11	56	48	109
Warmblutpferd	600 kg						
-gering		31	18	13	27	39	73
-mittel		32	18	13	43	48	98
-stark		34	19	15	85	72	164
Ardenner	800 kg						
- gering		41	24	17	37	52	97
-mittel		42	24	18	57	64	130
-stark		46	25	20	113	96	218
Leistung [4]							
Gravidität (9.-11. Monat)							
Shetlandpony	200 kg	17	11	4	5	11	16
Islandpferd	400 kg	31	21	8	9	22	33
Warmblutpferd	600 kg	45	30	13	14	32	49
Ardenner	800 kg	59	39	17	18	42	65
Leistung							
Laktation (3. Monat)							
Shetlandpony	200 kg	25	18	5	5	15	19
Islandpferd	400 kg	43	33	10	11	30	37
Warmblutpferd	600 kg	61	46	15	16	42	54
Ardenner	800 kg	78	59	20	21	54	72

[1] Modifizierte Tabelle mit Näherungswerten, teils geschätzt (Datengrundlage: GfE, 1994).
[2] Gleiche Werte gelten für Haflinger oder Fjordpferde mit einer LM von 430 bis 450 kg.
[3] Für Pferde mit anderen Gewichten ergibt sich die Versorgungsempfehlung aus individuell zu ermittelnden Näherungswerten. So liegen z. B. die Versorgungwerte für ein 500 kg wiegendes Pferd zwischen den für LM 400 kg und LM 600 kg angegebenen Werten.
[4] Die Leistungskategorie Fortpflanzung (Deckhengste) ist nicht gesondert berücksichtigt, da sich die Versorgungsempfehlung anlehnt an die Werte für Erhaltung bzw. Muskelarbeit.

Tägliche Mineralstoffversorgung von Fohlen und Jungpferden [1]

Tabelle 47

Bedarfskategorie/ Pferderasse	LM-adult (kg)	Empfehlung für die Mengenelementversorgung (g) Ca	P	Mg	Na	K	Cl
Leistung [2]							
Wachstum							
Shetlandpony	200 kg						
3.- 6. Monat		14	10	2	2	5	5
7.-12. Monat		13	8	3	3	6	10
13.-18. Monat		11	7	3	3	8	12
19.-24. Monat		11	7	4	4	9	14
25.-36. Monat		11	7	4	4	9	15
Islandpferd	400 kg						
3.- 6. Monat		27	19	4	4	9	12
7.-12. Monat		24	16	5	5	12	18
13.-18. Monat		21	14	6	6	15	23
19.-24. Monat		21	13	7	7	17	26
25.-36. Monat		21	13	7	7	18	29
Warmblutpferd	600 kg						
3.- 6. Monat		40	28	6	6	12	18
7.-12. Monat		32	21	7	7	17	26
13.-18. Monat		31	21	9	9	21	33
19.-24. Monat		31	20	10	10	24	38
25.-36. Monat		31	20	11	11	27	43
Ardenner	800 kg						
3.- 6. Monat		52	37	7	7	16	22
7.-12. Monat		38	25	9	9	21	33
13.-18. Monat		38	26	11	11	26	41
19.-24. Monat		41	26	12	13	31	48
25.-36. Monat		41	26	14	14	35	55

[1] Modifizierte Tabelle mit Näherungswerten, teils geschätzt (Datengrundlage: GfE, 1994).

[2] Für Pferde mit anderen Gewichten ergibt sich die Versorgungsempfehlung aus individuell zu ermittelnden Näherungswerten. So liegen z. B. die Versorgungwerte für ein Fohlen oder Jungpferd, das ausgewachsen 500 kg LM erreicht, zwischen den für 400 kg LM-adult und 600 kg LM-adult angegebenen Werten.

Zur Berechnung/Schätzung des Körpergewichtes sei auf die Ausführungen im Kapitel »Praktische Rationsberechnung und -gestaltung«, Seite 460 ff., sowie auf die dort abgebildete Grafik 88, Seite 465, verwiesen.

Ägyptisch-polnisch gezogene Vollblutaraberstute »Messalina« des Verfassers. Bei solchen Hochleistungspferden, die Rennen laufen, steigt der Energiebedarf etwa auf das Doppelte des Erhaltungsbedarfs an.

Tabelle 48

Tägliche Spurenelementversorgung des Pferdes in unterschiedlichen Bedarfskategorien [1]

Bedarfskategorie/ Pferderasse	LM/ LM-adult (kg)	TS [2] (kg)	Empfehlung für die Spurenelementversorgung Eisen	Kupfer	Zink	Mangan (mg)	Kobalt	Selen	Jod
Ausgewachsene Pferde Erhaltung:									
Shetlandpony	200	2,9	203	23,2	145	116	0,22	0,44	0,58
Islandpferd	400	5,2	364	41,6	260	208	0,39	0,78	1,04
Warmblutpferd	600	7,2	504	57,6	360	288	0,54	1,08	1,44
Ardenner	800	8,8	616	70,4	440	352	0,66	1,32	1,76
Muskelarbeit:									
Shetlandpony	200	4,7	329	37,6	235	188	0,35	0,71	0,94
Islandpferd	400	7,8	546	62,4	390	312	0,59	1,17	1,56
Warmblutpferd	600	10,8	756	86,4	540	432	0,81	1,62	2,16
Ardenner	800	13,2	924	105,6	660	528	0,99	1,98	2,64
Gravidität: (10./11. Monat)									
Shetlandpony	200	4,0	320	36,0	200	160	0,30	0,70	0,80
Islandpferd	400	6,8	544	61,2	340	272	0,51	1,19	1,36
Warmblutpferd	600	9,0	720	81,0	450	360	0,68	1,58	1,80
Ardenner	800	11,2	896	100,8	560	448	0,84	1,96	2,24
Laktation:									
Shetlandpony	200	5,4	432	48,6	270	216	0,41	0,95	1,08
Islandpferd	400	9,0	720	81,0	450	360	0,68	1,58	1,80
Warmblutpferd	600	12,3	984	110,7	615	492	0,92	2,15	2,46
Ardenner	800	15,2	1216	136,8	760	608	1,14	2,66	3,04
Wachstum: 3.-6. Monat									
Shetlandpony	200	6,0	540	66,0	300	240	0,45	1,05	1,20
Islandpferd	400	9,0	810	99,0	450	360	0,68	1,58	1,80
Warmblutpferd	600	12,3	1107	135,3	615	492	0,92	2,15	2,46
Ardenner	800	13,6	1224	149,6	680	544	1,02	2,38	2,72
7.-12. Monat									
Shetlandpony	200	5,6	504	61,6	280	224	0,42	0,98	1,12
Islandpferd	400	8,0	720	88,0	400	320	0,60	1,40	1,60
Warmblutpferd	600	11,4	1026	125,4	570	456	0,86	2,00	2,28
Ardenner	800	13,6	1224	149,6	680	544	1,02	2,38	2,72
13.-24. Monat									
Shetlandpony	200	4,5	405	49,5	225	180	0,34	0,79	0,90
Islandpferd	400	6,8	612	74,8	340	272	0,51	1,19	1,36
Warmblutpferd	600	9,6	864	105,6	480	384	0,72	1,68	1,92
Ardenner	800	11,2	1008	123,2	560	448	0,84	1,96	2,24

[1] Enthalten sind Mittelwerte, die nach Daten der GfE (1994) berechnet wurden.

[2] Durchschnittliche tägliche Trockensubstanzaufnahme.

Tabelle 49

Tägliche Vitaminversorgung des Pferdes in unterschiedlichen Bedarfskategorien[1)]

Bedarfskategorie/ Pferderasse	LM/ LM-adult (kg)	TS [2)] (kg)	Versorgungsempfehlung[3)] Vit. A IE	Vit. D IE	Vit. E mg	Vit. B_1 mg	Vit. B_2 mg	Biotin mg
Erhaltung:								
Shetlandpony	200	2,9	15000	1500	200	8,7	7,3	0,15
Islandpferd	400	5,2	30000	3000	400	15,6	13,0	0,26
Warmblutpferd	600	7,2	45000	4500	600	21,6	18,0	0,36
Ardenner	800	8,8	60000	6000	800	26,4	22,0	0,44
Muskelarbeit:								
- leicht bis schwer -								
Shetlandpony	200	4,6	15000	1800	400	18,4	11,5	0,23
Islandpferd	400	7,6	30000	3600	800	30,4	19,0	0,38
Warmblutpferd	600	10,8	45000	5400	1200	43,2	27,0	0,54
Ardenner	800	13,2	60000	7200	1600	52,8	33,0	0,66
- sehr schwer -								
Shetlandpony	200	5,8	15000	2000	800	29,0	14,5	0,29
Islandpferd	400	9,6	30000	4000	1600	48,0	24,0	0,48
Warmblutpferd	600	13,2	45000	6000	2400	66,0	33,0	0,66
Ardenner	800	16,0	60000	8000	3200	80,0	40,0	0,80
Gravidität:								
(10./11. Monat)								
Shetlandpony	200	4,0	30000	3000	200	12,0	10,0	0,80
Islandpferd	400	6,8	60000	6000	400	20,4	17,0	1,36
Warmblutpferd	600	9,0	90000	9000	600	27,0	22,5	1,80
Ardenner	800	11,2	120000	12000	800	33,6	28,0	2,24
Laktation:								
Shetlandpony	200	5,4	30000	3000	200	16,2	13,5	1,08
Islandpferd	400	9,0	60000	6000	400	27,0	22,5	1,80
Warmblutpferd	600	12,3	90000	9000	600	36,9	30,8	2,46
Ardenner	800	15,2	120000	12000	800	45,6	38,0	3,04
Wachstum:								
3.-6. Monat								
Shetlandpony	200	6,0	35000	3500	200	18,0	15,0	0,60
Islandpferd	400	9,0	70000	7000	400	27,0	22,5	0,90
Warmblutpferd	600	12,3	105000	10500	600	36,9	30,8	1,23
Ardenner	800	13,6	140000	14000	800	40,8	34,0	1,36
7.-12. Monat								
Shetlandpony	200	5,6	35000	3500	200	16,8	14,0	0,56
Islandpferd	400	8,0	70000	7000	400	24,0	20,0	0,80
Warmblutpferd	600	11,4	105000	10500	600	34,2	28,5	1,14
Ardenner	800	13,6	140000	14000	800	40,8	34,0	1,36
13.-24. Monat								
Shetlandpony	200	4,5	30000	3000	200	13,5	11,3	0,45
Islandpferd	400	6,8	60000	6000	400	20,4	17,0	0,68
Warmblutpferd	600	9,6	90000	9000	600	28,8	24,0	0,96
Ardenner	800	11,2 [2)]	120000	12000	800	33,6	28,0	1,12

[1)] Enthalten sind Mittelwerte, die nach Daten der GfE (1994) berechnet wurden.
[2)] Durchschnittliche tägliche Trockensubstanzaufnahme.
[3)] Beim Vergleich mit anderen Tabellen ist zu berücksichtigen, daß sich die Versorgungsempfehlungen (Quellendaten der GfE) für die Vitamine A, D und E auf kg/LM beziehen, aber für die Vitamine B_1, B_2 und Biotin jeweils kg/TS die Bezugsgrundlage darstellt.

Kontrolle des Futterzustandes

Beobachtung und Bewertung des Futterzustands mit jeweils bedarfsgerechter Anpassung der Rationsmengen und -gehalte sind täglich ebenso erforderlich wie die Kontrolle der Futteraufnahme und der Ausscheidungen auf Unregelmäßigkeiten. Immer geben Veränderungen von Haut und Haaren sowie Hufhornmängel über die grobe Beurteilung des äußeren Futterzustandes hinaus zusätzliche Hinweise auf innere Vorgänge, z. B. Stoffwechselstörungen, Parasitenbefall und Versorgungsdefizite bei Vitaminen, Mineralstoffen, Spurenelementen oder sonstigen Wirkstoffen.

Der Futterzustand

Der äußerliche Futterzustand eines Pferdes ist im allgemeinen dann befriedigend, wenn

- man die Rippen zwar tasten, aber nicht sehen kann, also Depotfett unter der Haut gespeichert ist, und
- Haut und Haare sowie Hufe in Form, Farbe und Konsistenz unauffällig sind.

Da nicht bedarfsgerechte, mangelhafte Fütterung bei – an sich generell zu fordernder – Kalthaltung von Pferden u. a. Ursache für auftretende Probleme (z. B. Durchblutungsstörungen/Zittern bei Kälte) sein kann, soll nachfolgend gerade die Bedeutung von Haut und Haaren dargestellt werden. Damit soll vermieden werden, daß Pferde vorschnell auf Dauer – ohne Berücksichtigung der fütterungsbedingten Ursachen – aus einem eigentlich gesunden Umfeld in eine u. U. krankmachende reine Stallhaltung gebracht werden.

BEURTEILUNG VON HAUT UND HAAREN

DIE HAUT ALS ORGAN

Welche enorme grundsätzliche Bedeutung dem Organ Haut – und damit dem Deckhaar sowie den Schutzhaaren (Mähne, Schweif, Fesselbehang, Wimpern, Nasen- und Ohrmuschelbehaarung) sowie den Tast-(»Sinus«-)haaren – zukommt, wird häufig nicht intensiv genug bewertet. Dabei gehören Haut und Haare (= Fell) zu den wesentlichen äußeren Merkmalen, die man – neben der Körperform mit Muskulaturausprägung und Fettansatz – optisch beim Pferd wahrnimmt.

Das Körperfell dient dem Pferd als naturgegebene »dampfdurchlässige«, körperwarmdurchblutete »Schutzjacke« mit erstaunlichen Regulierungsmechanismen unter natürlichen Bedingungen – und rasseunabhängiger, allmählicher Anpassungs- und Abhärtungsfähigkeit gegenüber allen typischen Außenklimareizen. Fellentwicklung und Fellwechsel werden maßgeblich von der Ernährung beeinflußt.

ERKENNEN VON UNREGELMÄSSIGKEITEN

Futterzusammensetzung und -verwertung, hier insbesondere die Mineralstoffe und auch Fette, haben nicht nur Einfluß auf Skelett, Organe oder Muskeln, sondern ebenso auf den Zustand des Haarkleides. So lassen sich unter anderem Kalzium, Phosphor, Magnesium, Kalium, Natrium und auch Schwermetalle im Pferdehaar durch chemische Haarmineralstoffanalysen bestimmen. Diese Mineralien werden durch Keratin (Hornsubstanz) und Melanin (Pigmentträger) im Haar fixiert. Angemerkt sei, daß »Haaranalysen auf Pendelbasis«, wie sie gelegentlich angeboten werden, dem Bereich der Esoterik (= Geheimlehre) und nicht den Naturwissenschaften zuzurechnen sind. Aus Pendelanalysen ergeben sich keine ernsthaft nachvollziehbaren Ergebnisse. Allerdings können chemische Haarmineralstoffanalysen bei Versorgungs- und Krankheitsdiagnosen auch nie alleine ausschlaggebend sein, weil diese Analysen u.a. nur einen vergangenheitsbezogenen Langzeitzustand darlegen. Sie müssen stets ergänzt werden durch weitere Organuntersuchungen. Auch der im Haar analytisch erfaßbare Eiweißstoffwechsel kann Aufschluß über Mangelerscheinungen geben, wie sich zum Beispiel aus Fütterungsversuchen ergibt (SCHOBERL, 1965).

Rasseuntypisch langes Haar – sowohl im Sommer als auch besonders im Winter – wird als Hungerfell bezeichnet und deutet primär auf

- Ernährungsstörungen oder mangelhafte, schon mengenmäßig unzureichende Fütterung und
- sehr starke Verwurmung hin.

WÄRMEHAUSHALT UND FUTTERANSPRÜCHE BEI KALTHALTUNG

Hautdurchblutung und die gesamte Thermoregulation sind stark vernetzt mit bedarfsgerechter, klimaangepaßter Fütterung. Bei Nordpferderassen kann die Isolationswirkung des Fells einschließlich des Unterhautfettgewebes in der naßkalten Winterzeit doppelt so hoch sein wie bei Südpferden. Dies bedeutet aber nicht etwa mangelnde Robustheit von Südpferderassen unter normalen Bedingungen (Kaltstall- bzw. Offenstallhaltung), sondern belegt allein die ausgeprägtere Witterungshärte der Nordpferde auch in »nicht normalen« ganz extremen Situationen zeitweise ohne Stall.

▸ Typische Kaltstall- und Offenstallhaltungen sind für alle Pferderassen »normal« – und keine extreme Herausforderung, wenn Gewöhnung, Schutzwirkung und Ernährung stimmen.

Beim Fjordpferd ist die Isolationswirkung des Fells so groß, daß der Schnee erst nach längerer Zeit durch die Körperwärme schmilzt. Experimentell wurde ermittelt, daß die Isolationswirkung des Winterfells bei Vollblutarabern – unter gleichen Haltungsbedingungen – etwa 50–80 % unter den Fjordpferdewerten liegt; bei Südpferden muß deshalb durch verstärkte Rauhfutterfütterung »von innen« ein Wärmeausgleich erfolgen.

Erste Hinweise auf (zum Teil chronische) Durchblutungs- und Ernährungsstörungen sowie andere krankhafte Veränderungen der Haut bietet u.a. die Überprüfung der Hautelastizität.

Diese wird geprüft, indem man eine Hautfalte an Körperteilen, wo die Haut auf lockerem Unterhautgewebe aufliegt (zum Beispiel am Hals oder Rumpf) mit den Fingern hochzieht und zurückschnellen läßt. Wenn die Hautfalte nach dem Zurückschnellen sofort verschwindet und das Fell sich glatt wieder an die Unterhaut legt, ist die Hautelastizität in Ordnung. Der normale Anteil an Gewebssaft, Fettgewebe und elastischen Bindegewebsfasern ist dann vorhanden und funktionsfähig. Bei chronischen Ernährungsstörungen, starken Flüssigkeitsverlusten (Blutverlust, extremes Schwitzen, Durchfälle ohne genügende Flüssigkeitsaufnahme) oder krankhaften Hautveränderungen verschwindet die Hautfalte nur zögernd, die Elastizität ist dann erkennbar mangelhaft. Die Störungen müssen umgehend beseitigt werden (= Tierarztkonsultation).

Folgende Grundsätze haben sich in der Praxis bewährt:

- Ausreichende Fütterung, um sowohl Fettbildung und natürlichen Hautschutz als auch im Winter »innere Wärme« (genügend Rauhfutter) zu gewährleisten und überlanges, untypisches Fellwachstum (das übermäßiges Schwitzen begünstigt) auszuschließen,
- Scheren nur aus tierärztlichen Gründen (z. B. bei akuter Wundversorgung oder vor Operationen),
- Eindecken nur mit gut zu befestigenden Qualitätsdecken, nur vorübergehend und mit Kontrolle, um Hautatmung, Haarmuskelfunktion und Durchblutung nicht nachhaltig zu stören und das »Nachschwitzen« nicht zu begünstigen,
- Pflege nach winterlicher Arbeit, beginnend bereits mit abschließendem Schrittreiten und dem auf das Absatteln folgenden Trockenreiben (unter Frischlufteinwirkung) mit Stroh, Sägespänen oder Handtüchern (dabei möglichst Rauhfutter füttern) und
- Benutzung pferdegemäßer, zeitsparender Technik, denn in den vergangenen Jahren sind zur Felltrocknung (auch bei Offenstallpferden) Solaranlagen und Warmluftumhänge aus Fallschirmseide mit Erfolg eingesetzt worden (abhängig von den räumlichen Möglichkeiten).

Dabei ist selbstverständlich, daß bei Offenstallhaltung nach einer solchen Behandlung zunächst ein Verweilen im zusperrbaren Stall (Notbox) angebracht ist, um schockartige Temperaturwechsel zu vermeiden.

Futtermittel

EINTEILUNG DER FUTTERMITTEL

Um Futtermittel beurteilen, auswählen, kaufen und einsetzen zu können, ist zunächst eine Systematik zur Orientierung nützlich. Grob können Futtermittel nach ihrem Ursprung unterteilt werden in solche, die

- pflanzlichen oder
- tierischen Ursprungs

sind.

In Futtermitteln tierischer Herkunft sind durchweg Proteine höherer biologischer Wertigkeit als in pflanzlichen Futtermitteln enthalten. Zusätzlich sind in Futtermitteln tierischer Herkunft die Vitamine A und B_{12} vertreten; sie fehlen im Pflanzenfutter. Dort sind sie nur in Vorstufen (z. B. als β-(=Beta-)Carotin) zu finden, aus denen erst im Körper durch Synthese vollständige Vitamine hergestellt werden. Als Futtermittel tierischer Herkunft werden bei Pferden (neben der arteigenen Muttermilch) hauptsächlich Kuhmilchprodukte (Magermilch und Molke) eingesetzt.

Im Zusammenhang mit Dioxin-Fett-Beimischungen und BSE-Problemen (BSE = bovine spongiforme Enzephalopathie = Rinderwahnsinn bzw. beim Menschen eine Form der Creutzfeldt-Jakob-Krankheit, engl. Abk.: CJD) ist seitens mancher Pferdehalter der naheliegende Verdacht geäußert worden, ob nicht auch zur industriellen Herstellung von Pferdemischfutter Tiermehle aus der Kadaververwertung und/oder Dioxin-Fette eingesetzt werden. Der Verdacht ist weitgehend unbegründet, jedenfalls für inländische EU-Produkte.

Es kann allerdings keinesfalls ausgeschlossen werden, daß auch Pferde an BSE erkranken, wenn sie – wie seinerzeit Rinder – mit unzureichend sterilisiertem Tiermehl aus Kadavern von Scrapie-Schafen bzw. -Ziegen (oder BSE-Rindern) gefüttert werden – oder sich anderweitig infizieren. Scrapie ist eine mit BSE verwandte sog. Prionen-Erkrankung. Bei diesen Erkrankungen verändern sich gesunde Eiweißmoleküle (Prione) im Gehirn, sie werden »umgefaltet« und hochinfektiös. Angemerkt sei in diesem Zusammenhang, daß nach den Untersuchungen der Parasitologen MEHLHORN und RIESNER von der Heinrich-Heine-Universität Düsseldorf (Quelle: Medizinjournal The Lancet, 12/1999) offenbar auch Fleischfliegen, deren Maden Kadaver oder Wundfleisch verletzter lebender Tiere zu ihrer Entwicklung nutzen, als Überträger der Prioneninfektion ebenso eine Rolle spielen können wie Milben oder Bodenwürmer. Fragestellung für diese Untersuchungen war das Rätsel: Wie können Scrapie-Erreger von Schaf zu Schaf wandern – wo doch die Tiere sich nicht gegenseitig fressen? Die experimentell gefundene Erklärung ist plausibel, sollte aber keinesfalls Anlaß sein, nun jedes Schaf oder Rind von der Pferdeweide zu verbannen. Die Übertragung ist unter hiesigen Bedingungen mit glücklicherweise nur noch wenigen Scrapie- oder BSE-Fällen extrem unwahrscheinlich. Die Beimischung von Tiermehl wäre für Pferdefutter lediglich zur »Streckung« (= Volumen- und Gewichtserhöhung) als illegale Täuschungshandlung »sinnvoll«. Eine inhaltliche Produktverbesserung kann aus mehreren Gründen damit nicht erzielt werden, denn die im Tiermehl verstärkt enthaltenen Proteine würden z. B. nur die ohnehin bereits häufig übermäßig proteinreichen Pferdefutterrationen noch stärker erhöhen und den Organismus durch übermäßige (proteinabbauende) Harnstoffsynthese unnötig belasten. Dies alles einmal abgesehen davon, daß Pferde Pflanzenfresser sind und bereits von daher Tiermehl im Pferdefutter völlig abartig und deplaziert ist. Tiermehl müßte – falls eine Beimischung bei Änderung der futtermittelrechtlichen Regelungen erlaubt würde – bei der Angabe des Futterinhalts durch den Hersteller auch deklariert werden. Legal werden Tiermehle hauptsächlich zur Fütterung von Schweinen (= Allesfresser) eingesetzt. Obligatorisch ist – auch in landwirtschaftlichen Betrieben, wo viele unterschiedliche Futtermittel vorrätig sind – nur tierspezifisches Futter einzusetzen und den Austausch von speziellen Futtermitteln von einer Tierart zur anderen strikt zu vermeiden.

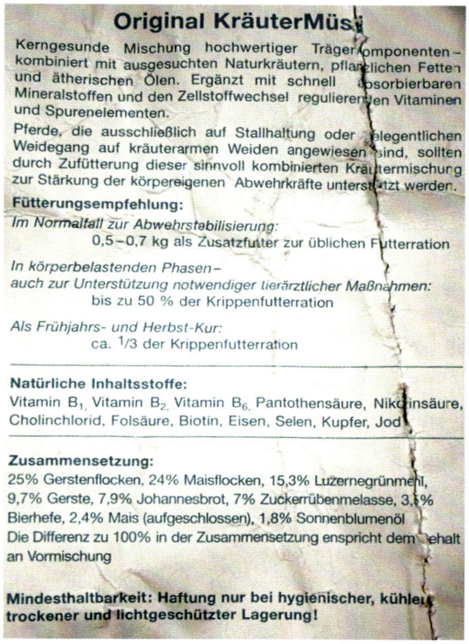

Auf sog. Sackaufklebern muß der Futtermittelhersteller entsprechend dem Futtermittelrecht genau deklarieren, um welches Futtermittel es sich handelt. Auch die Zusammensetzung ist in Prozenten anzugeben.

Aus den unterschiedlichsten Gründen sollte u. a. weder undeklariertes, diffuses Futter noch deklariertes Schweine-, Hühner-, Puten- oder Rindermischfutter an Pferde verfüttert werden! In diesen Futtermitteln finden sich für Pferde unausgewogene Nährstoffzusammensetzungen oder ungeeignete, bei Pferden giftig wirkende Zusatzstoffe. Diese sog. ionophoren Zusatzstoffe, z. B. Lasa-

lozid, Monensin-Na, Narasin und Salinomycin, sind Leistungsförderer, die bei Pferden nach GERHARDS et al. (1986) und KAMPHUES et al. (1990) teils tödliche Erkrankungen auslösen.
Das gilt nicht nur für mehlige oder pelletierte Mischfuttermittel (z. B. Kälberaufzuchtfutter), sondern auch z. B. für Heu- und Grascobs bzw. -briketts (siehe hierzu Seite 185), die nicht ausdrücklich auch als Pferdefutter deklariert sind. Auch das Futtermittelrecht gebietet strenge Trennung der Futtermittelverwendung nach Tierarten und genaue Hinweise in der Futterdeklaration (»Sackaufkleber«).
Eine weitere Unterteilung der Futtermittel in

- Wirtschaftsfuttermittel und
- Handelsfuttermittel

ist üblich. Diese Einteilung berücksichtigt Erzeugung bzw. Herkunft der Futtermittel. Wirtschaftsfuttermittel, z. B. Grünfutter und Konservate (Heu, Silage), Stroh, Mohrrüben oder Getreidekörner, erzeugt der Landwirt; Handelsfuttermittel (z. B. Mischfutter, Mineralfutter, Öle) muß der Landwirt oder der sonstige Tierhalter im Handel zukaufen.
Handelsfuttermittel erzeugt die Industrie. Hierbei werden unterschieden

- industrielle Haupterzeugnisse und
- industrielle Nebenerzeugnisse.

Industrielle Haupterzeugnisse stammen aus der Futtermittelindustrie, die sich auf diese Produkte spezialisiert hat. Industrielle Nebenerzeugnisse sind – grob definiert – »Abfallprodukte« solcher Betriebe, deren primäres Betriebsziel nicht die Futtermittelherstellung ist, sondern die z. B. Mehl aus Getreide, Zucker aus Rüben oder Bier unter Einsatz von Braugerste herstellen. Die dabei anfallenden Reststoffe (u. a. Weizenkleie, Rübenschnitzel oder Biertreber) werden als Zusatzfuttermittel (Einzelfuttermittel oder Bestandteil von Mischfuttermitteln) angeboten und verwertet.

GRUNDFUTTER UND ZUSATZFUTTER

Einprägsam für den Bereich der Pferdefütterung ist, die Futtermittel nach ihrer Ernährungswirkung in Grundfutter und Zusatzfutter zu unterteilen (siehe Grafik 60, Seite 373). Wesentliches Unterscheidungskriterium ist dabei, daß ein Pferd unter Erhaltungsbedingungen von qualitativ und quantitativ ausreichenden Rationen der Grundfutterarten (Grünfutter, Heu oder Grünfuttersilage) existieren kann, von Zusatzfutter nicht.
Hervorzuheben sind aus der Gruppe der Zusatzfuttermittel u. a. die Kraftfuttermittel (entweder als Einzelfutter in Form von Getreidekörnern/Trockenrübenschnitzeln oder als industrielles Mischfutter). Nach den futtermittelrechtlichen Bestimmungen kann Mischfutter – je nach vorgeschriebener Mindestzusammensetzung – als sog. Ergänzungsfutter (= Zusatzfutter) oder als sog. Alleinfutter (mit hohem Rohfaseranteil) deklariert werden. Zu berücksichtigen ist aber für die Fütterungspraxis, daß auch ein futtermittelrechtlich als Alleinfutter deklariertes Mischfutter im engeren Sinne praktisch auch nichts anderes als ein Zusatzfutter ist. Dies deshalb, weil auch das sog. Alleinfutter nicht ohne ein Minimum an Grundfutter – oder wenigstens zusätzlich Stroh zur Kaubeschäftigung – pferdeverträglich gefüttert werden kann.
Alleinfutter im engeren Sinne sind ausschließlich die primären Grundfuttermittel (siehe Grafik 61, Seite 374). Lediglich Heucobs (siehe Seite 395 f.) sind als industriell gepreßtes Graskonservat ebenso wie Futterstroh (unter bestimmten Bedingungen, z. B. nach Ammoniakaufschluß und Mengenbegrenzung, siehe Seite 395) sekundäre Grundfuttermittel und als weitgehender Ersatz für die primären Grundfuttermittel sowie zur ergänzenden Kaubeschäftigung geeignet.
Für den Pferdebetreuer ist die Vielzahl der Futtermittel, ihre tatsächliche oder

Grafik 60

Futtermittel

• Grundsätze/Systematik •

Grundsatz:

Der Wert eines Futtermittels wird u.a. bestimmt durch die Faktoren • Natürlichkeit, • Unverdorbenheit, • Reinheit, • Bekömmlichkeit und • Schmackhaftigkeit.

Auf einen Blick:

Futtermittel für Pferde sind Stoffe pflanzlicher, mineralischer oder tierischer (z.B. Milch) Herkunft, die verzehrt und im Körper verarbeitet werden und als Nähr-, Mineral-, Wirk- oder Funktionsstoffe wichtig sind.

Einteilung der Futtermittel:

Grundfutter (= natürliches Alleinfutter)
- Grünfutter
- Heu
- Grünfuttersilage

Zusatzfutter (= ergänzendes Futter)
- **Einzelfutter**
  - Getreide
  - Stroh
  - Wurzeln und Knollen, Obst, Hülsenfrüchte
  - Getreidenachprodukte, Maissilage
  - Ölsamen und Ölsamenrückstände
  - Fette
  - Spezialfutter (z.B. Milch, Mineralien, Fermentgetreide)
- **Mischfutter**
  - Kraftfutter
  - Mineral- und Vitaminfutter
  - Spezialfutter (z.B. Mash)

Praxis:

• Pferde im *Erhaltungsstoffwechsel* benötigen primär *Grundfutter*.

• Pferde im *Leistungsstoffwechsel* benötigen bedarfsgerechte Rationen aus *Grundfutter* und *Zusatzfutter*.

• Von Grundfutter allein kann ein Pferd existieren, von Zusatzfutter nicht.

Grafik 61

Grundfutter

• Grünfutter, Heu und Grünfuttersilage (Anwelksilage/Heulage) •

☛ Auf einen Blick:

• Grundfutter ist Erhaltungsfutter. Auch bei Hochleistungspferden mit hohem Zusatzfutterbedarf (= Kraftfutter) muß Grundfutter mit einem Mindestanteil von etwa 50 % in der Tagesration enthalten sein.

• Die folgenden Gehaltsangaben für Grundfutter sind beispielhafte Durchschnittswerte, die aufgrund unterschiedlicher Wachstums-, Ernte- und Lagerbedingungen erheblich von den tatsächlichen Werten der im Einzelfall verwendeten Futtermittel abweichen können.

Grünfutter (vor der Blüte)
- je kg Frisch- und Trockensubstanz -

	FS	TS
TS	170 g	1000 g
FS	1 kg	5,88 kg
DP	20 g	118 g
DE	2,1 MJ	12,1 MJ
PEQ	9,7:1	9,7:1
Rfr	35,5 g	209,0 g
Rft	5,3 g	31,0 g
Ca	1,7 g	10,0 g
P	0,7 g	4,3 g
Ca:P	2,3:1	2,3:1

Heu (Schnitt: Mitte der Blüte)
- je kg Frisch- und Trockensubstanz -

	FS	TS
TS	860 g	1000 g
FS	1 kg	1,16 kg
DP	54 g	63 g
DE	8,0 MJ	9,3 MJ
PEQ	6,8:1	6,8:1
Rfr	269,3 g	313,0 g
Rft	19,8 g	23,0 g
Ca	4,3 g	5,0 g
P	2,6 g	3,0 g
Ca:P	1,7:1	1,7:1

Anwelksilage mit 35 % TS
(Schnitt: Blüte)
- je kg Frisch- und Trockensubstanz -

	FS	TS
TS	350 g	1000 g
FS	1 kg	2,86 kg
DP	32 g	91 g
DE	3,6 MJ	10,3 MJ
PEQ	8,9:1	8,9:1
Rfr	102,9 g	294 g
Rft	12,6 g	37,0 g
Ca	2,0 g	5,8 g
P	1,3 g	3,6 g
Ca:P	1,6:1	1,6:1

Heulage mit 55 % TS
(Schnitt: Blüte)
- je kg Frisch- und Trockensubstanz -

	FS	TS
TS	550 g	1000 g
FS	1 kg	1,81 kg
DP	44 g	80 g
DE	4,2 MJ	7,6 MJ
PEQ	10,5:1	10,5:1
Rfr	265 g	480 g
Rft	14,0 g	25,3 g
Ca	3,0 g	5,4 g
P	2,0 g	3,6 g
Ca:P	1,5:1	1,5:1

vermutete Wirkungsweise, die unterschiedliche Dosierung und Zusammensetzung in den vergangenen Jahren nahezu unüberschaubar geworden. Nicht zuletzt die Frage, ob das eine oder andere Spezialprodukt überhaupt sinnvoll einzusetzen ist oder nicht, beschäftigt manchen – denn vielfach will man ausprobieren, was gerade »in« zu sein scheint.

Im Marktsegment der Zusatzfuttermittel oder Ersatzfuttermittel herrscht bei manchen Herstellern eine Art »Goldgräberstimmung«: Es wird versucht – auch durch unlautere sowie futtermittel- und arzneimittelrechtlich unzulässige Werbung – vorwiegend mehr oder weniger geheimnisvolle »Pülverchen und Mixturen«, häufig mit deplaziertem »Bio«- oder »Kräuterschnickschnack«-Aufdruck, zu verkaufen. Immer ist der gesunde Menschenverstand mit kritischer Sicht gefordert, wenn Werbeprospekte oberflächlich »dick« auftragen mit nebelhaften Sprüchen nach dem Wundermittel-Motto: »Blinde gehen und Lahme sehen!«. Gerade hier gilt der Grundsatz: »Augen auf – oder Beutel auf«. Damit sollen selbstverständlich nicht begrüßenswerte innovative Wirkungen neuer, wohlüberlegter und nachvollziehbarer Entwicklungen bestritten oder gar streng umweltverträglich (= sog. biologisch) produzierte Futtermittel herabgewürdigt werden.

Seinem Pferd »etwas Gutes tun zu wollen« heißt zunächst einmal, tatsächliche oder vermeintliche Mangelsituationen zu analysieren, die Haltung zu optimieren und dabei Fehler in der Fütterungstechnik sowie beim Grundfuttereinsatz zu vermeiden, aber nicht jede vielversprechende Futtermittelwerbung für »bare Münze« zu halten und allzu spontan mit gleichfalls barer Münze »säckeweise« das angepriesene Produkt einzukaufen. Vielfach können z. B. die Beschaffung qualitativ besseren Heus oder Änderungen der Fütterungstechnik/-frequenz und des Auslaufangebotes mit viel frischer Luft und Klimareizen die sparsameren, pferdeverträglicheren Alternativen zu vielen »Pülverchen« sein. Wenn dann noch Bedarf vorhanden ist, sind auch manche Zusatzfuttermittel eine willkommene Abwechslung und Bereicherung des täglichen Speiseplans. Seriöse Futtermittelhersteller und -händler legen deshalb Wert darauf, nicht etwa irgendeinen »Kräuterschnickschnack« pauschal als Ersatz für gutes Heu zu propagieren, sondern gezielt im Hinblick auf Mangelsituationen zu beraten.

Primär gilt es also, sich vorrangig damit auseinanderzusetzen, welches qualitativ einwandfreie Grundfutter jedes Pferd braucht. Erst an zweiter Stelle steht Zusatzfutter, dessen Fütterung wiederum von bestimmten Bedarfszuständen ab-hängig ist. Diese Bedarfszustände sind variabel und individuell bestimmt, treffen demnach nicht auf alle Pferde zu. Für Einsatz und Kauf von Zusatzfutter bedarf es des Marktüberblicks, um vergleichen zu können. Dazu geben die folgenden Ausführungen ebenso nützliche Hinweise wie zum Grundfuttereinsatz.

Anzumerken ist, daß durch den Verfasser in der eigenen Haltung mit 8 Pferden (4 Fjordstuten und 4 Vollblutaraberstuten) laufend und auch gezielt experimentell eine Vielzahl verschiedener marktüblicher Futtermittel eingesetzt und im Rahmen einer Praxiserhebung mit 352 Pferden aus 124 Beständen weitere Daten gesammelt und ausgewertet wurden.

Dabei gemachte Erfahrungen zur Akzeptanz, zur Dosierung und Wirkung sowie zur Fütterungstechnik und zu Störungen sind auf der Basis dieser Daten ausnahmslos praxisbezogen wiedergegeben, erheben aber nicht den Anspruch, absolut repräsentativ und vollständig zu sein. Individualität von Pferden sowie unterschiedliche Haltungs- und Nutzungsbedingungen können sehr wohl auch andere, von den hier geschilderten Beobachtungen abweichende Ergebnisse zeigen. Einige wenige Produktbeschreibungen in diesem Kapitel sind zwangsläufig mit dem Namen des jeweiligen Herstellers gekoppelt, weil das Produkt entweder nur von diesem Hersteller in einem patentierten Verfahren produziert wird oder weil das Produkt – meist stellvertretend auch für ähnliche Produkte anderer Hersteller – erwähnenswert erscheint. Exemplarisch wurden in diesen Einzelfällen Produkte mit geschütztem Markennamen (= ®) genannt, um diese hinsichtlich ihrer Zusammensetzung ganz gezielt erläutern zu können. Diese konkreten Produktangaben sind aber rein beispielhaft zu verstehen, sie basieren auf den allgemein zugänglichen Beschreibungen der Hersteller. Insbesondere können sich nämlich Produktions- und Konservierungsverfahren, inhaltliche Zusammensetzung, Dosierung und Wirkung der genannten Produkte aktuell geändert haben. Vor Kauf empfiehlt es sich deshalb, die aktuell geltende Produktbeschreibung eines jeden Herstellers genau zu überprüfen und selbstverständlich auch noch mit Produkten anderer Hersteller zu vergleichen.

Insbesondere beinhaltet jede Namensnennung demnach nicht gleichzeitig eine hervorgehobene Produktbewertung im Sinne eines umfassend vergleichenden Tests! Nicht genannte Produkte können besser oder schlechter wirken, billiger oder teurer sein als die exemplarisch genannten. Dies ist zu berücksichtigen. Viele industrielle Produkte unterscheiden sich heute von der Zusammensetzung her manchmal nur in Nuancen, weil jeder Hersteller schon aus Wettbewerbsgründen bemüht ist, die gesamte Bandbreite des Futtermittel-Know-hows anzubieten, um seine Zielgruppe und seinen Marktanteil zu erhalten und auszubauen. Bei teils exotisch anmutenden »Nischenprodukten« mangelt es dagegen an Vergleichsmöglichkeiten, weshalb kritisches Kaufverhalten dort besonders sinnvoll ist.

FUTTERMITTELRECHT UND -DEKLARATION

Wie in nahezu allen Lebensbereichen gelten auch für Futtermittel staatliche Regelungen, die von Behördenseite mehr oder weniger intensiv überwacht werden. Die Regelungen enthalten Bedingungen für die Herstellung und die Zusammensetzung, den Vertrieb (bzw. das sog. »in den Verkehr bringen«) sowie auch für die Deklaration (= Inhaltsangabe) der Futtermittel. Innerstaatliches (Bundes-)Recht ist im Futtermittelgesetz (FMG) und in der Futtermittelverordnung (FMV) enthalten. Hinzu kommt überstaatliches Recht in Form von sog. Richtlinien der Kommission oder des zuständigen Ministerrates der Europäischen Union. Die Regelungen haben das Ziel, einheitliche Rahmenbedingungen für alle Hersteller zu sichern und Käufer sowie die zu versorgenden Tiere vor Schäden zu schützen. Deshalb sind im Futtermittelrecht vorwiegend Zulassungsvorschriften, hygienische Bestimmungen (Futtermittel dürfen keinesfalls gesundheitsschädigend wirken) und Festlegungen zur einheitlichen Bezeichnung von Futtermitteln sowie zur Deklarierung von Inhaltsstoffen und zur Verwendung des Futters enthalten. Auch Höchst- und Mindestbestandteile schreiben die Regelungen bei einzelnen Futtermitteln vor. Das Futtermittelrecht bietet dem Käufer damit die Möglichkeit, die Einhaltung dieser Regeln in konkreten Fällen analytisch überprüfen zu lassen, um beispielsweise Schadensersatz für Schäden, die durch verunreinigte oder verdorbene Futtermittel entstanden sind, einklagen zu können. Anschriften von Untersuchungsinstituten (auch zur Analyse des selbstproduzierten Futters) können bei regio-

nalen Landwirtschaftskammern oder auch bei Raiffeisen-Handelsgenossenschaften erfragt werden (Institute finden sich unter der Abkürzung »LUFA« auch im Internet).
Wenn der Verdacht auf futtermittelverursachte Schäden besteht, empfiehlt es sich, unverzüglich Beweise zu sichern. Dazu gehört das geeignete Aufbewahren von Futterresten als Beweismittel, aber auch die genaue Dokumentation der Futtermenge und der Fütterungstechnik, die Benennung von Zeugen und das Aufbewahren von Dokumenten und Urkunden (Sackaufkleber, tierärztliche Befunde etc.). Nach Möglichkeit mit Hilfe eines Rechtsanwaltes sowie eines sachkundigen Tierarztes oder Beraters der Landwirtschaftskammer kann dann sowohl die Rechtslage als auch der Schadensfall geprüft werden.
Manche Beschreibungen der auf den Markt drängenden Futtermittel enthalten Werbesprüche, die konkrete gesundheitsfördernde oder leistungsbezogene Aussagen über die Wirkungsweise enthalten. Zuweilen werden dabei die engen Grenzen der Zulässigkeit solcher Anpreisungen, wie sie sich aus § 21 des Arzneimittelgesetzes und § 7 des Futtermittelgesetzes ergeben, überschritten. Medikamenttypische Wirkungen dürfen Futtermitteln nicht zugeschrieben werden, da es sich dann nicht um Futtermittel im herkömmlichen Sinne, sondern um Arzneimittel handeln würde. Arzneimittel werden aber erst nach einem besonders aufwendigen arzneimittelrechtlichen Verfahren zugelassen – ihr Vertrieb ist nicht Sache des Futtermittelhandels, sondern des niedergelassenen Tierarztes bzw. der Apotheken.
Auf dem Sackaufkleber muß vom Hersteller nicht alles bis in die letzten Einzelheiten deklariert werden. Auch sind manche Angaben nur zu verstehen, wenn man die Einteilung der Rohnährstoffgruppen nach dem Weender Analyse-System heranzieht (siehe im Kapitel »Zusammensetzung der Nahrung« Grafik 20, Seite 234). Schaut man sich gleichartige Futtermittel unterschiedlicher Hersteller an, so geben die analysierten Inhaltsstoffe wichtige Hinweise (siehe hierzu im Kapitel »Mischfutter« die Tabellen 70 u. 71, Seite 437).
Am Beispiel von Heucobs soll dies verdeutlicht werden. Im Durchschnitt liegt bei diesen Produkten z. B. der Rohaschegehalt in der Analyse bei 7 bis 13 %. Rohasche besteht aus den anorganischen Bestandteilen des Futters. Das sind u. a. Mineralstoffe und – salopp ausgedrückt – »Dreck«. Findet man nun ein Produkt, das wesentlich höhere Rohaschewerte aufweist, könnte dies mehrere Gründe haben. Es könnten erhöhte Mineralstoffanteile und größere Mengen gesundheitsschädlicher Schwermetalle (z. B. Blei) enthalten sein, weil z. B. als Basis für diese Heucobs das Grünfutter einer autobahnnahen Fläche verwendet wurde. Wahrscheinlich ist, daß die Erntebedingungen für das verwendete Grünfutter unhygienischer abliefen als wünschenswert wäre – und deshalb viel »Dreck«, z. B. Sand, den erhöhten Rohascheanteil ausmacht. Andererseits geben deklarierte Analysen bei Naturprodukten lediglich diejenigen Werte wieder, die bestimmten Proben aus der Vergangenheit entstammen. So sehr Hersteller bestrebt sein mögen, für gleichbleibend gute Qualität in den futtermittelrechtlich erlaubten Grenzen zu sorgen, so sicher kann man sein, daß eine tatsächliche Inhaltsanalyse des konkreten Sackinhalts (die man einem Labor in Auftrag geben könnte) nicht genau der deklarierten Analyse entsprechen würde – und auch gar nicht entsprechen kann, weil Naturprodukte sich nicht vollständig in ein enges Schema pressen lassen. Manipulationen sind auch nie auszuschließen, denn staatliche Kontrollen finden – wie 2011 z. B. der Dioxinskandal zeigte – nur stichproben-

artig statt. Vermutlich würde ein unseriöser Hersteller seine Analyse mit dem beispielhaft genannten hohen Rohascheanteil für Heucobs so erst gar nicht veröffentlichen, sondern durch weitere Analysen aufgrund sauberer Proben den Rohaschegehalt nach unten korrigieren. Ob sich damit gleichzeitig die laufende Produktion ebenfalls sauberer darstellt, kann bezweifelt werden. Ähnliches gilt auch für die Beurteilung von Mischfuttermitteln. Ist beispielsweise der Maniokanteil (= Mehl aus importierten Stärkeknollen) besonders hoch (weit über 5 %) und gleichzeitig ebenfalls der Rohaschegehalt (über 15 %), dann kann vermutet werden, daß u.a. das Maniokmehl erntebedingt verschmutzt gewesen sein könnte.

Manche Hersteller verweisen zur Abgrenzung von Mitbewerbern und zur Herausstellung der gleichbleibend guten Qualität ihrer Produkte auf Analysenzertifikate staatlich anerkannter Privatlabors, von denen die Produktion laufend auf freiwilliger Basis überwacht wird. Das ist in der Regel verläßlich und sehr verbraucherfreundlich, bedeutet aber nicht zwangsläufig, daß Wettbewerber ohne solche Zertifikate tatsächlich immer schlechtere Produkte haben müssen.

Wenig verbraucherfreundlich ist, daß bei industriell hergestellten Mischfuttermitteln nach Gesetzeslage nicht alle Inhaltsstoffe deklariert werden müssen. Zwar sind %-Angaben zu Rohasche, Rohfett, Rohprotein und Rohfaser – immer bezogen auf die Frischsubstanz (= Originalfutter; Abk.: FS) – vorgeschrieben, aber Rohwasserangaben (soweit sie unter 140 g/kg liegen) sowie Angaben zu N-freien Extraktstoffen und zur verdaulichen Energie (DE) müssen bzw. dürfen nicht enthalten sein (manche Hersteller geben dies aber trotzdem an). Gerade die Angabe der verdaulichen Energie ist – neben dem verdaulichen Rohprotein – eine der wichtigen Grundlagen für Rationsberechnungen.

Die Verdaulichkeit des Rohproteins in Mischfuttermitteln liegt für Pferde (ge-

Grafik 62

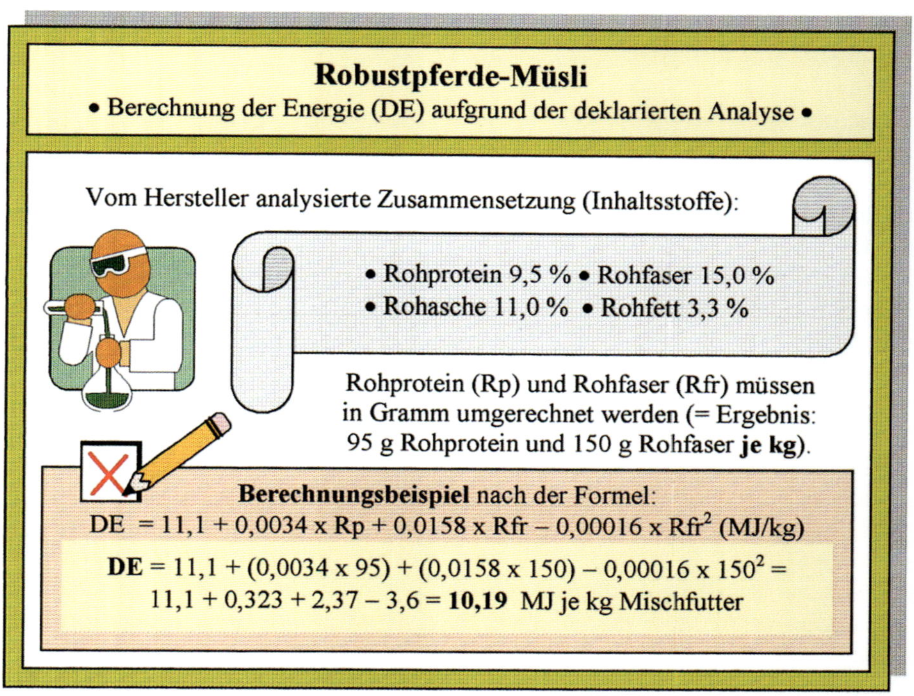

schätzt) bei 75 % (siehe hierzu Fußnote zu Tabelle 50, unten). Der Wert an verdaulicher Energie (DE) kann nicht so einfach prozentual wie das verdauliche Rohprotein ermittelt werden, sondern nur durch eine kleine Rechenoperation (Formel nach MEYER, BRONSCH und LEIBETSEDER, 1993). Für Mischfutter mit einem Trockensubstanzgehalt von etwa 88 % und Gehalten von maximal 5 % Rohfett, maximal 18 % Rohfaser und maximal 12 % Rohasche lautet die Formel (Schätzfehler etwa 5 %): DE = 11,1 plus 0,0034 x Rohprotein in g (Rp) plus 0,0158 x Rohfaser in g (Rfr) minus 0,00016 x Rohfaser in g zum Quadrat (Rfr^2). Ein Beispiel für die Inhaltsdeklaration eines Mischfutters und die Berechnung der verdaulichen Energie enthält Grafik 62, Seite 378).

VERDAULICHKEIT

Die Versorgung des Pferdes ist abhängig

- von der Menge,
- vom Nähr- und Wirkstoffangebot der aufgenommenen Futtermittel sowie
- von der Verdaulichkeit.

Für die Verdaulichkeit eines Futtermittels insgesamt sind eine Reihe unterschiedlicher Faktoren maßgebend. An erster Stelle steht der Gehalt des einzelnen Futtermittels oder des Mischfutters an Rohfaser.

Rohfaser ist nicht gleichbedeutend mit Rauhfutter (= Grundfutter), denn jedes Futtermittel hat wenigstens einen geringen Anteil an Rohfaser (nicht nur relativ »rauhe« Futtermittel wie Heu oder Stroh, sondern auch Futtergetreidekörner oder sogar manches Öl). Je stärker der Rohfasergehalt (und in der Rohfaser wiederum der Anteil an Holzstoffen, z. B. Lignin), desto geringer die Verdaulichkeit des betreffenden Futtermittels (siehe hierzu auch die Kapitel »Ballaststoffe«, Seite 304 ff. und »Fütterungsmaßnahmen und -technik«, Seite 445 ff.).

Das Pferd lebt bekanntlich nur von dem, was es an nützlichen Stoffen aufnimmt und verdaut (= resorbiert). Andererseits braucht das Pferd mindestens 20 % Rohfaser (in der Trockensubstanz seiner Tagesration) und in dieser Rohfaser wiederum auch einen geringen Anteil an unverdaulichen Holzstoffen als Teilballaststoff zwar ohne Nährwert, aber zur Darmfunktion. Sind allerdings Holzstoffe im Übermaß enthalten, z. B. bei ausschließlicher Fütterung von Stroh, überständigem Gras oder Heu aus überständigem Grünfutter, überständigen Sonnenblumen oder Maispflanzen, dann führt dies zu einer Schädigung der Mikroorganismen im Dickdarm und zu Verdauungsproblemen. Eine theoretisch vorstellbare Ration, die fast zu 100 % verdaulich wäre, würde – wegen Ballaststoffmangels – nicht pferdegerecht sein. Nähme man beispielsweise zur Versorgung des Pferdes ausschließlich Leinöl, das grundsätzlich in begrenzten Mengen hochverdaulich ist, weil es nur sehr geringe Rohfasergehalte unter 1 % aufweist, wären extreme Durchfälle die Fol-

Tabelle 50

Beispiele für die Verdaulichkeit verschiedener Futtermittel – in % –[*)]

Futtermittel	Organische Substanz	Rohprotein	Rohfett	Rohfaser	N-freie Extraktstoffe
Weidegras, jung	71	78	34	67	75
Heu	48	54	24	41	52
Haferkörner	70	79	69	26	77
Weizenkörner	87	73	30	45	92

[*)] Schätzwerte, die in der Praxis stark variieren können; für Mischfutter sind nach MEYER (1981 und 1983) folgende Verdaulichkeitsgrößenordnungen als Schätzwerte maßgebend: Rohprotein 75 %, Rohfett 70 %, Rohfaser 35 %, N-freie Extraktstoffe 80 %.

ge. Das andere Extrem wäre eine ausschließliche Strohfütterung mit hohen Rohfasergehalten um 50 % in der TS, die – neben Verstopfungskoliken – geringe Verdaulichkeit aufgrund der Holzstoffe aufweisen würde. Tabelle 50, Seite 379, enthält Angaben zur Verdaulichkeit unterschiedlicher Futtermittel.

Da der Nahrungsbedarf des Pferdes mit steigender Leistung zunimmt, aber das Fassungsvermögen des Magen-Darm-Traktes und – bei Hochleistungspferden – die zur Verfügung stehende Freßzeit begrenzt sind, sollte die Konzentration der Nährstoffe in der Tagesration mit den Leistungen ansteigen. Es müssen demnach im etwa gleichen Futtervolumen (wie es für den Erhaltungsbedarf maßgebend wäre) für Pferde im Leistungsstoffwechsel mehr Nährstoffe enthalten sein. Oft ist bei Hochleistungspferden zusätzlich noch das Futtervolumen gegenüber dem der Erhaltungsfütterung zu begrenzen.

▸ **Die Verdaulichkeit des anzubietenden Futters ist bei Pferden im Leistungsstoffwechsel höher anzusetzen (= »konzentrierteres« Futter mit geringerem Rohfasergehalt = verringertes Volumen). Dem kommt die in jüngster Zeit stärker praktizierte Auffettung von Rationen mit ener-giereichem Öl entgegen.**

Nicht nur die Futtermittelzusammensetzung, sondern auch die Bearbeitung eines Futtermittels hat Einfluß auf die Verdaulichkeit. Starke Zerkleinerung des Futters durch das Pferd selbst, durch vorbereitende mechanische Bearbeitung (z. B. Quetschen/Walzen des Hafers, Einweichen von Heucobs, Schroten von Gerste) oder durch Erhitzen (z. B. Kochen von Kartoffeln, Überbrühen einer Mash-Futtermischung mit heißem Wasser) erhöhen die Verdaulichkeit. Negativ beeinträchtigt werden kann die Verdauung hingegen von inneren Vorgängen, die z. B. auf abrupten Futterwechsel zurückzuführen sind und eine Veränderung der mikrobiellen Verdauung bewirken. Auch qualitätsmindernde Faktoren (Schmutz, Schimmel, Fäulnis), vielfach bereits ernte- oder auch lagerbedingt, beeinträchtigen die Verdaulichkeit.

Verdauungsfördernde innere Vorgänge (z. B. Fäulnishemmung und Umstimulierung entarteter Hefepilze wie Candida albicans im Darmtrakt) können andererseits wiederum durch spezielle Futtergaben (z. B. Fermentgetreide mit Milchsäurebakterien, siehe Seite 428 f.) gesteuert werden. Schließlich sind haltungsbedingte, individuelle und besonders rassebezogene Verdaulichkeitsunterschiede festzustellen. Darauf wurde bereits einleitend im Kapitel »Rassengruppen« (siehe Seite 241 ff.) hingewiesen.

Nachweislich zeigte sich – was durch langjährige Beispielfütterungen, z. B. im Bestand des Verfassers, empirisch belegt war (2011) – auch experimentell in vergleichenden exakten Fütterungsversuchen, daß Nordpferde organische Substanz, Rohfaser und N-freie Extraktstoffe teils besser als Südpferde verdauen (FUCHS, R. und HOFFMANN, M., 1983 und 1988).

▸ **Aus den genannten Untersuchungen (1988) ergibt sich auch, daß bewegungsarme Haltung die Verdaulichkeit des Futters senkt. Hinzuzufügen ist, daß ein schadgasangereichertes, sauerstoffarmes Stallklima mit hohen CO_2- und NH_3-Werten (Kohlendioxyd und Ammoniak) sich ebenfalls nachteilig auf die Verwertung der Nahrung auswirkt. Deshalb ist es auch und gerade bei Hochleistungspferden u. a. schon aus Gründen der Futterverwertung kontraproduktiv, diese noch überwiegend in eigenbewegungsbeschränkenden, schlecht belüfteten Stallsystemen, z. B. in Ständern oder Laufställen (= Boxen) ohne Paddock, zu halten.**

Grundfutter

GRÜNFUTTER

WEIDEGANG

Zum wichtigsten Grundfutter (= Rauhfutter) zählt Grünfutter, das Pferde bevorzugt durch Weidegang (siehe Grafik 84, Seite 449) in der Vegetationszeit von April bis November wenigstens zeitweise selbst »ernten« sollten oder das als geschnittenes »Mähfutter« von Dauergrünland oder – als Zusatzfutter – vom Acker portionsweise gefüttert wird.

Dem für die gesamte Pferdehaltung geltenden Grundsatz der Allmählichkeit entsprechend, sind Pferde stets langsam an alle neuen Futtermittel zu gewöhnen. Dies gilt besonders für den Übergang von rohfaserreicherer (Stall-)Fütterung auf rohfaserärmeres, junges Grünfutter im Frühjahr. Die Umstellung dauert mindestens zwei Wochen. Zur Verminderung von Risiken (Durchfall, Hufrehe und Kolik) wird vor dem Weidegang oder der Verfütterung von gemähtem Grünfutter täglich in der Umstellungszeit so lange genügend Heu zugefüttert, bis die Kotkonsistenz zwar weidegangtypisch eher etwas weich, aber keinesfalls durchfallartig breiig ist. Umgekehrt – wenngleich nicht annähernd so risikoreich – muß der nur wenige Tage dauernde Übergang von der Grünfutterfütterung zur Winterfütterung mit Heu und Silage gestaltet werden, da sich die Darmflora dann ebenfalls wieder umstellen muß.

Sehr schmackhaft sind vielseitig zusammengesetzte Pflanzenbestände des Dauergrünlandes (siehe Grafik 65, Seite 386). Je nach Nutzung, Düngung und Klima verändert sich der Pflanzenbestand, weshalb nach Möglichkeit genügend Fläche vorhanden sein sollte (siehe Grafik 63, Seite 382), um eine schonende Nutzung mit Regenerationszeiten für die strapazierte Grasnarbe vorsehen zu können. Besonders wichtig ist, daß die Grasnarbe weder von den Pferden zu kurz abgeweidet noch beim Mähen zu tief geschnitten wird (siehe Grafik 64, Seite 382). Bei Kurznarbigkeit verbreiten sich sonst sehr schnell u. a. Weißklee und Hahnenfuß, die im Übermaß aufgenommen zu Durchfällen führen und Stoffwechselprobleme auslösen können.

Grünfutter für Pferde

- Gräser, Kräuter und Leguminosen (= kleeartige Pflanzen) stammen von
- Wiesen (= nicht oder selten beweidete Dauergrünlandflächen),
- Weiden (= beweidungsfähige und auch so genutzte Dauergrünlandflächen) oder vom
- Acker (= vorübergehende Grünlandfläche für Feldfutter, das üblicherweise gemäht wird).

Überständiges Grünfutter kann mit einem Balkenmäher ziemlich sauber und grasnarbenschonend gemäht und anschließend frisch vorgelegt werden.

Grafik 63

Weideflächen

• Bedarf und Kompromisse •

Grundsatz:
Für zwei Warmblutpferde wird ein Hektar (= 10 000 qm) Weideland zur ganzjährigen Ernährung (= Gras in der Vegetationszeit und Heu im Winter) benötigt.
• Im Juni - zur Zeit des „Grasbergs“ - können ca. 25 dz (= 2 500 kg) Heu geerntet werden, wenn durch Koppelunterteilung Heuflächen reserviert wurden.

Kompromisse:
Stark begrenzter Weidegang muß durch Zufütterung ergänzt werden.

Grafik 64

Grünlandbewirtschaftung

• Grundsätze für Beweidung und Schnitthöhe •

☛ Auf einen Blick:
• Beweidung: Grashöhe bei Beschickung der Koppel >20 cm (**A**)
• Problematisch: Kurznarbigkeit <10 cm (**B**)
• Schnitt (Mähfutter, Heugras, Silagegras): 10 cm stehen lassen (**C**)

Praxis:
Ratsam ist, auch kleine Weideflächen mindestens in zwei Koppeln zu unterteilen (➡ eine Koppel jeweils zum Regenerieren sperren).

Da die Art der Nutzung den Pflanzenbestand des Dauergrünlandes bestimmt (siehe Grafik 65, Seite 386), kombiniert die beste Weideführung im Idealfall beide üblichen Nutzungsarten. Das bedeutet, daß sich Mähnutzung und Weidenutzung beim Vorhandensein genügend großer Flächen abwechseln sollten.

Wichtige Pflanzen-(Kräuter-)Inhaltsstoffe und ihre Wirkung Tabelle 51

Bezeichnung	Beschreibung	Details zur Wirkung
Alkaloide	Alkaloide sind stickstoffhaltige, meist alkalisch reagierende Verbindungen, die in Pflanzen aus Aminosäuren gebildet werden. Sie besitzen sehr häufig eine stark ausgeprägte Wirkung auf den Säugetier-Organismus. Einerseits bilden sie wertvolle Arznei-Substanzen, andererseits können sie extrem giftig und dadurch in vielen Fällen tödlich wirken. Wegen der durchweg starken Wirkung der Alkaloide auf den tierischen Organismus und des oft bitteren Geschmacks wird vermutet, dass Alkaloide von der Pflanze zum Schutz vor Fraßschäden gebildet werden. Einige Tiere haben sich als Konsumenten an die Giftigkeit angepasst; so vertragen z. B. Hasen, Kaninchen und Rehe den Verzehr von Blättern der Tollkirsche, da sie über einen Entgiftungsmechanismus verfügen. Bei Insekten (z. B. Schmetterlinge wie Monarchfalter) wirken diese Stoffe oft auch nicht giftig und können von diesen Tieren sogar gespeichert werden. Somit können sie sich selbst dadurch weitgehend vor dem Gefressenwerden schützen.	Bereits geringe Mengen können starke biologische Wirkungen hervorrufen. Aufgrund ihrer Struktur wirken einige Alkaloide als Agonisten oder Antagonisten an Rezeptoren für Neurotransmitter. Beispiele hierfür sind Hyoscyamin und Scopolamin (Muscarin-Rezeptor-Antagonisten) und Morphin (Agonist für Rezeptoren der körpereigenen Endorphine und Enkephaline). Weiterhin können Alkaloide bestimmte Enzyme (das sind Stoffe, die chemische Reaktionen beschleunigen) in ihrer Wirkung hemmen (z. B. ist Physostigmin ein Hemmstoff der Cholinesterase). Alkaloide, z. B. Colchicin (aus der Herbstzeitlose), Taxol und Vincristin, vermögen die Zellteilung zu hemmen. Pferde sind extrem empfindlich und reagieren auf etliche Alkaloide mit dramatischen Vergiftungserscheinungen, was oft (z. B. bei Buchsbaum und Eibe) unabwendbar tödlich endet. Buchsbaum enthält beispielsweise rund 70 Alkaloide, darunter Cyclobuxin D. Blätter und Rinde weisen einen Gesamt-Alkaloidgehalt von 3 % auf. Die tödliche Dosis (LD 50) beim Hund für Cyclobuxin D liegt bei 0,1 mg je kg Körpergewicht bei oraler Aufnahme. Auch bei Pferden reicht ein kleiner Zweig aus, um tödliche Vergiftungen auszulösen. Buchsbaum ist in allen Teilen giftig; besonders die Blätter enthalten diese hochgiftigen Alkaloide. Gleiches gilt für Eibengewächse, in denen u. a. extrem giftige Taxine bzw. Taxan-Derivate (Diterpene) enthalten sind. Weitere typische giftige Alkaloide sind u. a.: Akonitin (Eisenhut), Atropin (Tollkirsche), Strychnin (Brechnuß). Genußmittel-Alkaloide sind u. a.: Koffein, Nikotin, Teein. Zu den typischen medizinischen Alkaloiden zählen: Chelidonin, Kodein, Morphin.
Äherische Öle	Nahezu alle wohlriechenden Pflanzen enthalten ätherische Öle. Diese Öle sind leicht flüchtig und verschwinden bei Verdunstung vollständig. Ätherische Öle enthalten sekundäre Pflanzenstoffe*). Diese Öle dienen der Pflanze dazu, Insekten zur Bestäubung anzulocken, Schädlinge fernzuhalten und die Pflanze vor Krankheiten zu schützen, die z. B. durch Bakterien oder Pilze hervorgerufen werden.	Bekannt sind etliche unterschiedliche ätherische Öle, die z. T. recht starke Heilwirkung zeigen. Durch ihre winzige Molekular-Struktur erreichen ätherische Öle über Haut und Schleimhaut das Gewebe und den Blutkreislauf. Dadurch beeinflussen sie den gesamten Organismus. Speziell durch Einatmung gelangen sie über Schleimhäute und Lunge ebenfalls in den Blutkreislauf. Im Darmbereich lindern sie Blähungen und Krämpfe.Typische Kräuter bzw. Pflanzenteile, die ätherische Öle enthalten, sind z. B.: Eukalyptus, Fichten- und Kiefernnadeln, Kamille, Lavendel, Salbei und Thymian.
Bitterstoffe	Bitterstoffe finden sich in zahlreichen Pflanzen; es sind chemische Verbindungen, die bitter schmecken. Diese Stoffe bilden aber keine einheitliche chemische Gruppe. Bitterstoffe sind vornehmlich in den Stoffgruppen der Alkaloide, Isoprenoide und Glykoside enthalten.	Bitterstoffe wirken vorwiegend im Magen-Darm-Leber-Galle-Bereich. Sie wirken appetitanregend, fördern die Verdauung – vor allem die Fettverdauung – und regen die Darmperistaltik an. Außerdem können Bitterstoffe pathologische Keime bekämpfen. Manche Bitterstoffe wirken auch fiebersenkend. Die bittere Wirkung machen sich auch die sog. Magenbitter zunutze, die von manchen Menschen nach »schwerem« (= fettigem) Essen getrunken werden. Typische Bitterstoff-Pflanzen sind u. a.: Engelwurz, Enzian, Güldenkraut, Hopfen, Löwenzahn und Schafgarbe.

Tabelle 51
Fortsetzung

Wichtige Pflanzen-(Kräuter-)Inhaltsstoffe und ihre Wirkung (Fortsetzung)

Bezeichnung	Beschreibung	Details zur Wirkung
Cumarine	Cumarine sind Pflanzeninhaltsstoffe, die ebenfalls zu den sog. sekundären Pflanzenstoffen*) zählen; sie basieren auf der in Pflanzen enthaltenen Zimtsäure, aus der sie gebildet werden. Cumarine zeichnen sich durch einen würzigen Geruch aus. Diese Stoffe riechen wie angenehm duftendes Heu.	Cumarine sind zunächst einmal nützliche Aromastoffe, die das Raufutter für Pferde attraktiv machen. Einige Cumarine besitzen gerinnungshemmende Wirkung. Cumarin-Derivate werden in der Medizin zur Hemmung der Blutgerinnung eingesetzt, um z. B. Schlaganfälle zu verhindern. Außerdem werden sie als sog. Rodentizide zur Bekämpfung von schädlichen Nagern (Ratten und Mäuse) eingesetzt, da sie in entsprechend hoher Dosierung tödliche innere Blutungen hervorrufen. Auch wirken sie teilweise gegen Insektenbefall, werden deshalb z. B. in Mottenkissen verwendet. Typische Kräuter, die Heu-Duft verbreiten, sind u. a.: Labkraut, Lavendel, Steinklee und Waldmeister.
Flavone	Flavone, die zur Klasse der Flavonoide zählen, sind gelbe Farbstoffe (meist wasserlösliche Glycoside) in Pflanzen. Flavus (= blond, gelb) ist die aus dem Lateinischen abgeleitete Vorsilbe für gelbe Verbindungen. Sie wirken recht unterschiedlich; zählen zu den sog. sekundären Pflanzenstoffen *).	Einige Flavone unterstützen die Wirkung des Vitamins C, andere wirken auf Herz, Kreislauf sowie Leber. Eine Gruppe der Flavone übte experimentell bei Hunden und Katzen eine blutdrucksenkende (die Gefäße erweiternde) Wirkung aus. Am stärksten wirkt Quercitrin, gefolgt von Quercetin und Citrin; eine schwächere Wirkungskraft weisen Naringenin, 6–8-Oxyflavon und Rhamnetin auf, während sich Hesperidin, Hesperetin, Eriodiktyol und Homoio-Eriodiktyol experimentell als wirkungslos erwiesen. Manche Flavone wirken auch diuretisch (Harn treibend), aber auch gerinnungshemmend. Zusätzlich besitzen sie antioxidative Eigenschaften. Typische Kräuter bzw. Pflanzenteile, in denen Flavone vorkommen, sind u. a. : Birkenblätter, Ginster (wirkt giftig!), Heidekraut, Hirtentäschel, Holunderblüten, Kerbel und Lindenblüten.
Glykoside	Glykoside kommen im Pflanzenreich sehr häufig vor. Ein Glykosid ist eine chemische Verbindung, bei der ein Alkohol über eine glycosidische Bindung an einen Zuckerteil gebunden ist (Glykon + Aglykon). Der chemisch gebundene Zucker bewirkt, dass sich das Glykosid besser in wässrigen Flüssigkeiten (z. B. Blut) löst als das reine Aglykon und somit schneller vom Organismus aufgenommen (resorbiert) werden kann. Entsprechend rasant erhöht sich auch die Giftigkeit!	Die Wirkungsvielfalt und Unterschiede der Wirkstoffe sind sehr groß. Glykosiden kann deshalb pauschal keine eindeutige Wirkungsweise zugewiesen werden. Jeder einzelne Wirkstoff hat individuelle Wirkungsweisen. Glykoside sind teils zu einem festen Bestandteil in der Naturheilkunde geworden. Bei allen Glykosiden entsteht nach der Aufspaltung durch Wasseraufnahme u. a. ein sog. Aglykon (ein zuckerfreier Molekülteil, auch Genin genannt). Dieses Aglykon ist verantwortlich für die Wirkungsweise (auch die Giftwirkung) des Glykosids. Glykoside finden in der Medizin vielfältige Verwendung, beispielsweise als Herzgylokoside oder als Aminiglycosid-Antibiotika. So ist zum Beispiel ein Stoff des Fingerhutes, das Digitalis, sehr herzwirksam; die Stoffe des Faulbaums wirken abführend und die Wirkstoffe der Primel lösen Schleim. Das Glykosid Taxicatinin in Eibengewächsen ist – zusätzlich zu den enthaltenen Alkaloiden Taxin und Milossin – z. B. extrem giftig. In Maiglöckchen findet sich z. B. das hochgiftige Glykosid Convallamarin. Das sind u. a. Pflanzen, die für Pferde bei Verzehr oft tödlich enden.

Wichtige Pflanzen-(Kräuter-)Inhaltsstoffe und ihre Wirkung (Fortsetzung)

Tabelle 51 Fortsetzung

Bezeichnung	Beschreibung	Details zur Wirkung
Saponine	Saponine sind meist bitter schmeckende seifenartige Verbindungen, die oberflächenaktive Eigenschaften besitzen und in wässriger Lösung Schaum bilden. Entsprechend sind Saponine Stoffe, die auch seifenähnlich wirken. Ein besonders saponinreiches Kraut, das Seifenkraut, wurde vor Jahrzehnten noch als Seifenersatz verwendet.	In der Heilkunde wirken Saponine schleimhautreizend, sie eignen sich daher als Brechmittel oder als Harn treibende Arznei. Außerdem beschleunigen sie die Aufnahme anderer Wirkstoffe, stärken ganz allgemein die Abwehrkräfte und sind daher z. B. als Beigaben in Mischtees beliebt. Angeblich sollen sie der sog. Entschlackung des Körpers zuträglich sein. Typische Pflanzen sind: Ginseng, Hülsenfrüchte, Linde, Ringelblume, Seifenkraut, Taubnessel und Thymian.
Schleimstoffe	Schleimstoffe sind eine Gruppe von unterschiedlichen Stoffen, die gemeinsam die Eigenschaft besitzen, im Wasser aufzuquellen und sich schleimig anzufühlen.	Diese Stoffe besitzen eine erweichende, reizmildernde und einhüllende Wirkung; sie sind deshalb wertvoll zur Behandlung von Entzündungen der Schleimhäute. Mit Schleimmitteln können Reizhusten, Halsschmerzen, Magen-Darm-Störungen, aber auch manche Wunden behandelt werden. Typische Pflanzen: Beinwell, Eibisch, Flachs, Huflattich, Malve und Spitzwegerich. Besonders in Leinsamen (Flachs) sind nützliche, u. a. verdauungsfördernde Schleimstoffe für Pferde enthalten.
Solanine	Solanine sind Steroid-Alkaloide; sie findet man hauptsächlich in Teilen der Nachtschattenpflanzen (*Solanaceae*), z. B. in rohen Kartoffeln (hauptsächlich in der Schale) und in grünen Tomaten. Sie wirken giftig auf das Verdauungssystem, helfen äußerlich angewendet jedoch gegen Ekzeme.	Die schädliche Wirkung von Solanin besteht darin, dass die Kaliumkanäle der Zelle (in den Mitochondrien-Membranen) geöffnet werden. Folge ist, dass Kalium (K) ausströmt und sich der Kalziumgehalt (Ca) erhöht. Dadurch stirbt die Zelle ab. Kalium reguliert den Blutdruck sowie den Herzschlag und ist verantwortlich für die Erregbarkeit der Muskeln und Nerven. An Pferde dürfen z. B. Kartoffeln nur gekocht verfüttert werden, da durch den Kochvorgang ein Teil des Solanins ins Kochwasser übergeht. Etwa ab dem Verzehr von 100 mg Solanin (ca. 1,0 kg rohe Kartoffeln) treten Unverträglichkeitssymptome auf (Kolik). 100 g rohe Kartoffeln enthalten ca. 10 mg Solanin.

*) Sekundäre Pflanzenstoffe (Abk.: SPS) setzen sich aus einer Vielzahl von Einzel-Substanzen zusammen, die u. a. für den Geschmack, den Duft und die Farbe von Grünfutter, Obst und Gemüse verantwortlich sind. Soweit sie nützlich sind, werden sie auch »Phytamine« genannt. Fachlich korrrekt müsste es »sekundäre Pflanzeninhaltsstoffe« oder generell »Sekundär-Metabolite« heißen (allgmein gebräuchlich ist aber die Kurzbezeichnung SPS). SPS werden nur in speziellen Zelltypen der jeweiligen Pflanze hergestellt und grenzen sich von »primären Pflanzenstoffen« (u. a. Kohlenhydrate, Proteine, Fette) dadurch ab, dass sie für die Pflanze selbst nicht lebensnotwendig (im engeren Sinne) sind. Mit der Nahrung aufgenommen, schützen SPS die Erbinformationen einer Zelle des Konsumenten vor Schäden; hemmen körpereigene Enzyme, die ansonsten Tumorzellen aktivieren könnten; beeinflussen vermutlich die Zellteilung positiv und wirken zudem als Antioxidantien, indem sie sog. freie Radikale abwehren, die den Zellkern schädigen. Der Arzneimittelindustrie dienen die SPS als Basis für zahlreiche Medikamente. Sekundäre Pflanzenstoffe blieben in ihrer Wirkung lange unentdeckt. Vitamine und Mineralstoffe dominierten als in Pflanzen enthaltene Wirkstoffe. SPS galten bis vor einigen Jahren weitgehend noch ernährungsphysiologisch als eher nutzlose Stoffe, die lediglich den Pflanzen Farbe, Geruch und Geschmack gaben. Erst in neuerer Zeit ist festgestellt worden, dass viele sekundäre Pflanzenstoffe auch zahlreiche gesundheitsfördernde Eigenschaften besitzen und als wichtige Schutzstoffe fungieren können (z. B. vitaminartig wirken). Manche dieser Stoffe sind aber auch teils extrem giftig (z. B. verschiedene Alkaloide).

Buchsbaum (oft in Kübeln angepflanzt oder als Hecke) ist extrem giftig.

Thuja-Lebensbaum (wie alle Zypressengewächse) = extrem giftig.

Grafik 65

Dauergrünland und Pflanzenbestände

• Vergleich zwischen Wiesen- und Weidenutzung/Pflegegrundsätze •

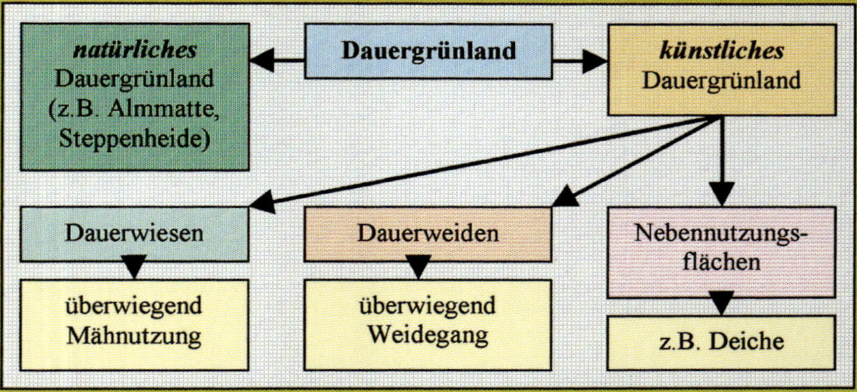

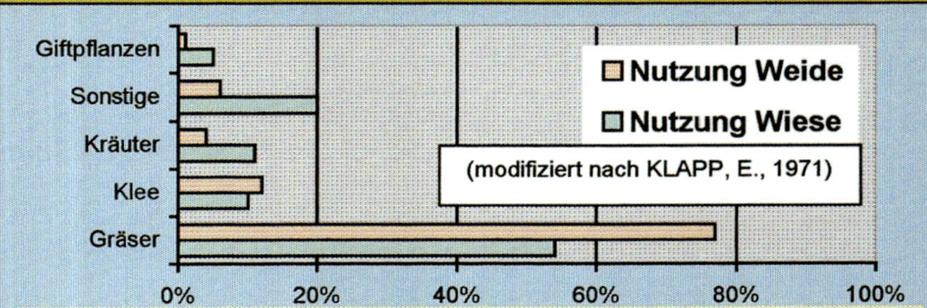

Durchschnittliche Pflanzenbestände
an gleichen Standorten bei unterschiedlichen Nutzungsarten

Grundsatz:

Pferdeweiden müssen nutzungs- und standortangepaßt nach Bodenanalyse gedüngt (Hauptnährstoffe: N, P, K, Ca sowie Kalk) und gepflegt werden, da sie sonst zu reinen Ausläufen *ohne Ernährungswert* degenerieren.

Praxis:

• Vorrangige Pflegemaßnahmen sind tägliches Absammeln des Kotes sowie Reinigungsschnitte nach dem Koppelwechsel. Ratsam ist, Exkremente und Grasreste bevorzugt mit dem Stallmist zu kompostieren, um organischen Humusdünger zu erzeugen, der frühestens nach Ablauf von 12 Monaten auf Pferdeweiden ausgebracht werden darf.

➡ Verteilen der Kothaufen oder Ausbringen von frischem Stallmist auf Pferdeweiden ist keine pferdegerechte Weidepflege, sondern begünstigt die

• Verseuchung mit Parasiten und beeinträchtigt die

• Schmackhaftigkeit des Aufwuchses ganz erheblich durch sog. Ekelstoffe.

Tabelle 52

Grünfutter (Dauergrünland)	
Kriterium	Erläuterung
Wassergehalt	relativ hoch
Energetischer Nährwert der TS	niedrig bis mittel
Sonstiger Nähr- und Wirkstoffgehalt	erheblich schwankend
Boden	Wasserhaushalt und Humusgehalt bestimmen Menge und Qualität des Aufwuchses; starke Nässe begünstigt unerwünschte Pflanzenarten und senkt den Nährwert; entscheidend sind ebenso Mineralstoffgehalt und pH-Wert (günstig pH 5 bis pH 6)
Düngung	Pflanzenertrag und Nährstoffgehalt werden durch harmonische Düngung gesteigert; einseitige Düngung verändert die Zusammensetzung des Grünfutters bis zur Gesundheitsschädlichkeit; abzulehnende Düngemittel: generell Pferdemist; Schweinegülle sowie Hühnergülle im Frühjahr, starke Stickstoffdüngung wie sie für Rindviehweiden üblich ist
Pflanzenbestand	Mischung von Ober- und Untergräsern, Leguminosen und Kräutern
Gräser	Nähr- und Wirkstoffgehalte sehr unterschiedlich; der Kaliumgehalt ist meist sehr hoch, der Natriumgehalt durchweg sehr niedrig (Werte über 1 g Na je kg TS sind selten anzutreffen oder nur nach starker Düngung mit Na-haltigen Düngemitteln wie Kainit)
Untergräser	mehr Blattmasse, mehr Eiweiß, weniger Rohfaser als Obergräser
Obergräser	mehr und längere Halme, geringerer Eiweißgehalt, mehr Rohfaser, nicht so trittfest wie Untergräser
Wertvolle Futtergräser	Wiesenrispe, Rotschwingel, Weidelgras, Wiesenschwingel, Lieschgras, Goldhafer, Fuchsschwanz, Knaulgras, Kammgras
Unerwünschte Gräser	u. a. Windhalm, Straußgras, Zittergras, Honiggras
Leguminosen	mehr Protein, P und Mg als Gräser, viel Ca, wenig Rohfaser; hauptsächlich Weißklee auf Weiden, auf Wiesen auch Rotklee
Vegetationsstadien	mit zunehmendem Alter der Pflanzen steigt der Rohfasergehalt, es sinken Wasser-, Protein-, Mineralstoff- und Vitamingehalt; hoher Nährwert generell bei viel Blattmasse, aber gleichzeitig wenig Stengelmasse
Nutzung	durch Beweiden (Tritt und Biß der Pferde) wird die Narbe dichter (sog. Bestockung) als bei Mähnutzung
Klima	Trockenheit = hoher TS-Gehalt des Grünfutters und hoher Nährstoff- und Mineralgehalt; nasse Witterung = wasserreiches, rohfaserreiches, aber mineralstoffarmes Futter; Kälte + Sonne = hoher Fructangehalt = u.U. Rehegefahr

Bewährt hat es sich, auch im Winter, wenn grundsätzlich die Weiden zur Schonung gesperrt werden sollten, Pferden stundenweise eine Koppel (= »Trampelkoppel«) mit Altgras zur Bewegung und zur Knabberbeschäftigung anzubieten. Gefrorenes Gras kann von grasgewöhnten Pferden unbedenklich gefressen werden – solange es nicht verfault ist. Soll gefrorenes Gras (z. B. nach ersten Nachtfrösten im Herbst) als Mähfutter verwendet werden, darf es nicht lange liegen. Um Fäulnisentwicklung vorzubeugen, ist sofortige Verfütterung in begrenzten Por-

Tabelle 53

Schwankung des Mineralstoffgehaltes im Weidegras – in g je kg TS – [1]

Mineralstoff	Minimum	Maximum	Durchschnitt
Kalzium[2]	1,3	16,9	6,4
Magnesium	0,7	4,5	1,8
Phosphor	0,8	6,0	3,4
Kalium	7,0	50,0	27,0
Natrium [3]	0,01	2,0	0,05

[1] Tabelle nach HELFFERICH und GÜTTE, 1972; siehe auch Grafik Nr. 48, Seite 311.

[2] Für Zuchtstuten und Fohlen kann bei jungem Weidegras der Kalziumgehalt zu gering sein. Das Ca:P-Verhältnis ist dann ebenfalls sehr eng; Folgen: Störungen des Skelettwachstums bei Fohlen oder Hypokalzämien bei Stuten. Abhilfe: Zufütterung von Mineralfutter.

[3] Bei Weidegang muß wegen des Natriummangels im Weidegras stets ein Salzleckstein (NaCl) zugänglich sein. Ausgenommen sind Pferdegruppen mit Saugfohlen; hier ist für die ausgewachsenen Pferde eine separate Natriumversorgung durch Salzzugabe in das Kraftfutter notwendig bzw. eine Natriumversorgung über zusätzliche Mineralfuttergaben wie oben zu Anmerkung 2) erläutert.

tionen ratsam. Gras mit starkem Rauhreifanteil wirkt bei manchen Pferden abführend, weshalb Heuzufütterung erforderlich ist.

GRÜNFUTTER DES DAUERGRÜNLANDES UND DES ACKERS

Einzelheiten und Unterschiede zwischen dem Grünfutter des Dauergrünlandes und des Ackers enthalten die Tabellen 52, Seite 387, und 53, oben. Grafik 21, Seite 244, enthält Ergebnisse eines Experiments zur Ermittlung der Futteraufnahmemenge unterschiedlicher Rassen bei begrenztem Weidegang. Über Weidenutzung, -pflege, -düngung und eine pferdegerechte Einzäunung informiert zusätzlich das Praxishandbuch Pferdeweide, das vom Verfasser im selben Verlag veröffentlicht wurde.

Grafik 64, Seite 382, zeigt Maßnahmen zur Vermeidung von Grünlandschäden durch Kurznarbigkeit.

HEU

Grünfutter kann durch Trocknung (= Heu) oder durch Einsäuerung (= Silage) konserviert werden. Ziele der Konservierung sind

- Futterbevorratung für die vegetationslose Zeit (Winter oder Dürrezeiten) und
- Verwertung von Grünfutterüberschüssen (sog. Grasberg im Mai/Juni).

Neben der Qualität des Grünfutters zur Zeit der Ernte (siehe Grafik 66, Seite 390) bestimmt die Konservierungsart den Grad der Nährstoffverluste des konservierten Futters (siehe Tabelle 55, Seite 389).

Älteste Konservierungsart ist die Trocknung des Grünfutters zu Heu. In unterschiedlichen Trocknungsverfahren wird der Wassergehalt des Grünfutters auf unter 16 % vermindert. Überwiegend wird Heu im Verfahren der Bodentrocknung durch Sonneneinstrahlung hergestellt und in Ballen gepreßt eingelagert. Fast nur noch in maschinell schwer zu bearbeitenden Berggebieten ist die Gerüsttrocknung (Reutertrocknung) anzutreffen. Dort wird Heu gelegentlich auch noch ungepreßt eingefahren. Bei der Unterdachtrocknung wird – nach Vortrocknung im Freien – das angetrocknete Grünfutter (Wassergehalte von 35 bis 45 %) mit kalter oder angewärmter Luft aus einem Gebläse in einem Heuturm oder einer Scheune nachgetrocknet. Die künstliche Trocknung verzichtet weitgehend auf Sonnentrocknung. Hierbei wird Grünfutter in Trocknungsanlagen mit Warmluft endgetrocknet und anschließend in Ballen gepreßt oder aber heute überwiegend zu Trockengrünprodukten verarbeitet (z. B. Grünmehl, Gras- und Heucobs, siehe Seite 395 ff.).

Tabelle 54

Grünfutter (Acker) [1]	
Kriterium	Erläuterung
Boden	ackerfähige Böden sind im Durchschnitt humushaltiger als Weideböden, weshalb höhere Erträge zu erzielen sind
Gräser [2]	Raygras, Grünmais, Grünroggen, Grünhafer, Lieschgras werden überwiegend als Mähfutter für Rindvieh angebaut, Eignung auch als Zusatzfutter für Pferde: arm an Kalzium und mit zunehmendem Alter der Pflanzen rohfaserreicher, aber eiweißärmer
Leguminosen [2]	Rotklee, Luzerne, Esparsette, Süßlupinen, Erbsen und Bohnen sind protein- und kalziumreich, aber rohfaserarm; da das Nährstoffangebot nicht ausgeglichen ist: nur als Zusatzfutter zu verwenden
Kreuzblütler [3]	als Haupt- und Zwischenfrüchte oder als Nebenprodukte des Rübenanbaus werden unterschiedliche Pflanzen angebaut: Futterraps, Senf, Rübsen/Stoppelrüben, Markstammkohl eignen sich für Pferde grundsätzlich nicht, da diese Pflanzen wegen der darin enthaltenen Senfölglykoside Verdauungsstörungen, Schleimhautreizungen und Störungen der Schilddrüsenfunktion verursachen; Rübenblätter sind rohfaserarm, enthalten aber viel Kalzium und Natrium
Sonnenblumen	fett- und rohfaserreiches Zusatzfutter

[1] Ackergrünfutter ist als Grundfutter für Pferde normalerweise nicht geeignet, sondern nur als Zusatzfutter zu anderem Grundfutter (Beispiel: morgens Weidegang, mittags Heu, abends Raygrasmähfutter, Heu und Kraftfutter). Stets muß Ackergrünfutter frisch gemäht, schattig gelagert und in kleinen Portionen vorgelegt werden (langsame Gewöhnung berücksichtigen). Erhitztes, keimhaltiges Futter führt ebenso zu Verdauungsstörungen und Beschwerden des Symptomenkomplexes Kolik wie verschmutztes Futter!

[2] Für Nordpferde grundsätzlich – auch als Heu oder Heucobs – nur in geringen Mengen geeignet. Gutes Zusatzfutter für Hochleistungspferde oder Zuchtstuten mit hohem Eiweißbedarf (hochträchtig oder laktierend).

[3] Kleine Mengen junger Pflanzen können ebenso verfüttert werden wie kleine Mengen sauberes Rübenblatt oder auch frisches Mohrrübengrün.

Nährstoffverluste bei der Trocknung durch:

- Oxydation leicht löslicher Kohlenhydrate,
- Verlust von β-Carotin bei hohen Wassergehalten,
- Abbrechen der nährstoffreichen Blattbestandteile (Bröckelverluste) durch mechanische Erntemaßnahmen (Wenden, Schwaden, Pressen; Bröckelverluste vor allem bei stark getrocknetem Grünfutter),
- Auswaschung (besonders bei fortgeschrittener Trocknung des Grünfutters) von leicht löslichen Kohlenhydraten und Mineralstoffen durch Regen,
- Gärprozesse mit starker Erwärmung oder Schimmelbildung aufgrund hohen Wassergehaltes (= zu frühes Einfahren = mangelnde Trocknung) oder
- normale Nachgärung (sog. Schwitzen).

Der Nährwert des Heus ist nicht nur vom Schnittzeitpunkt abhängig, sondern auch von der botanischen Zusammensetzung des Grünfutters. Gleiches gilt für die Schmackhaftigkeit, die bei Artenvielfalt am höchsten ist. Viel Sonne bei der Trocknung erhöht den Gehalt des Heus an Vitamin D_2, vermindert aber – bei sonst gleichen Voraussetzungen – den

Tabelle 55

Nährstoffverluste bei Grünfutterkonservierung	
Konservierungsart	Verluste in %
Bodentrocknung	30–55
Gerüsttrocknung	20–45
Unterdachtrocknung	20–30
Einsäuerung	15–30
Künstliche Trocknung	5–15

Grafik 66

Heu: Schnittzeitpunkt und Qualität

• Nähr-, Mineral- und Ballaststoffgehalte (Beispiel: Extensivweide) •

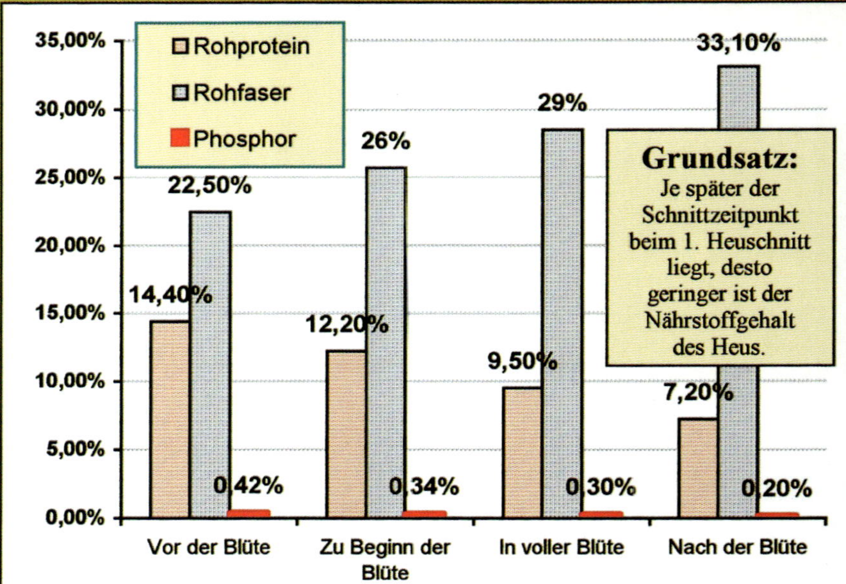

Diagramm: Durchschnittsanalysewerte aus sieben Beobachtungsjahren

Durchschnittswerte für Heu einer Extensivweide

(bei unterschiedlichen Schnittzeitpunkten /je kg Frisch- und Trockensubstanz)

	Vor der Blüte		*Beginn Blüte*		*Ende Blüte*		*Überständig*	
	FS	**TS**	**FS**	**TS**	**FS**	**TS**	**FS**	**TS**
TS	860 g	1 kg	860 g	1 kg	860 g	1 kg	860 g	1 kg
FS	1 kg	1,2 kg	1 kg	1,2 kg	1 kg	1,2 kg	1 kg	1,2 kg
DP	53 g	61 g	47 g	54 g	38 g	44 g	34 g	39 g
DEMJ	8,41	9,78	7,99	9,29	7,30	8,49	6,41	7,46
PEQ	6,2:1	6,2:1	5,8:1	5,8:1	5,2:1	5,2:1	5,2:1	5,2:1
Rfr	244 g	284 g	270 g	314 g	254 g	341 g	322 g	374 g
Rft	20,7 g	24,0 g	18,9 g	22,0 g	18,1 g	21,0 g	17,2 g	20,0 g
Ca	7,8 g	9,1 g	7,8 g	9,1 g	7,8 g	9,1 g	7,8 g	9,1 g
P	2,9 g	3,4 g	2,6 g	3,0 g	2,4 g	2,8 g	2,1 g	2,4 g
Ca:P	2,7:1	2,7:1	3,0:1	3,0:1	3,3:1	3,3:1	3,8:1	3,8:1

Praxis:

Empfehlenswerter Schnittzeitpunkt für Pferdeheu: ➡ Beginn der Blüte.

Bei spätem Schnitt (= überständiges Grünfutter): ➡ Phosphormangel.

Grasreiches Heu mit Kräuteranteilen vom ersten Schnitt ist für alle Pferderassen das geeignete Grundfutter. Es muss grünlich aussehen, frisch riechen, sich sperrig anfühlen und vor allem auch weitgehend staubfrei sein. Giftpflanzenbeimischung (aktuell u. a. häufig Kreuzkraut) ist nicht tolerabel, führt zu Leberschäden.

β-Carotin-Gehalt. Deshalb sind Heucobs aus künstlich (ohne Sonne) getrocknetem Grünfutter arm an Vitamin D_2, aber reich an β-Carotin.

Zur umfassend aussagekräftigen Beurteilung der Heuqualität (wie anderer Futtermittel auch) ist die chemische Analyse mit Berechnung der Nähr-, Mineral- und Wirkstoffanteile erforderlich. Dieses Analyseverfahren ist aufwendig und kostspielig, weshalb für die Praxis schematisierte Bewertungsmaßstäbe brauchbar sind. Hierbei werden verschiedene Kriterien, die mit Sinnen einigermaßen zu erfassen sind, bewertet (z. B. DLG-Heubewertungsschlüssel). Für die Bewertung von Heu, das den hohen Anforderungen im Bereich der Pferdefütterung genügt, hat sich das vereinfachte Schema »Heu-Qualitätsprüfung« (siehe Grafik 67, Seite 392) bewährt. Damit kann auch der weniger erfahrene Pferdehalter oder -betreuer durch Sinnenprüfung gutes von schlechtem Heu unterscheiden und Fehlkäufe oder gesundheitsschädliche Fehlfütterung vermeiden.

▸ **Bei der Qualitätsbeurteilung ist zu berücksichtigen, daß jegliches Heu mit Wassergehalten über 15 % nach der Ernte ganz normal noch zwei bis drei Monate nachschwitzt. Es darf in der Schwitzphase nicht verfüttert werden, denn Verdauungsstörungen wären die Folge.**

Da eine bakterielle Fermentation mit Wärmeentwicklung beim Heu während der Schwitzphase stattfindet, entweicht Wasserdampf, der sich außen am Heuballen niederschlägt. Das Heu ist deshalb vornehmlich in den ersten drei bis vier Wochen nach dem Einfahren leicht »klamm«. Das ist in diesem Zeitraum noch kein Qualitätsmangel, führt aber

Durch Ampfer verkrautet eine Pferdeweide, wenn dieser nicht bereits im Stadium des Austreibens (im März) bevorzugt durch tiefgründiges Ausgraben sämtlicher Wurzelteile nachhaltig bekämpft wird.

Grafik 67

Heu-Qualitätsprüfung

• Sinnenprüfung nach Geruch, Struktur und Farbe •

Grundsatz:

Heu muß sowohl aufgrund des anfälligen Verdauungstraktes als auch im Hinblick auf die empfindlichen Atemwege bei Pferden sehr hohen Qualitätsanforderungen genügen.

Geruch:	Bewertung:	Punkte:
• typisch aromatisch, würzig	ohne Risiko	10
• unauffällig oder fade	ohne Risiko	6
• untypisch fremd oder leicht brandig	Risiko	2
• stark brandig oder leicht muffig oder diffus faulig	extremes Risiko	- 20

Struktur/Verschmutzung:	Bewertung:	Punkte:
• Stengel und Blattwerk griffig – nicht weich und zart; keine Fremdkörper; nur wenige sperrige, verholzte Stengel	ohne Risiko	10
• Struktur etwas weich oder blattarm und stengelig, rauh; keine Fremdkörper	ohne Risiko	8
• Verschmutzung mit Erde (Klumpen, Staub) oder Fremdkörpern (z.B. Mist)	Risiko	- 10
• Stengel und Blattwerk teils verschimmelt oder mit Milbenbefall oder klamm oder fauleTeile oder starke Fremdkörperkontamination, Giftpflanzenanteil (z.B. Hahnenfuß)	extremes Risiko	- 20

Farbe:	Bewertung:	Punkte:
• grün bis blaßgrün	ohne Risiko	10
• beigegrün, ausgeblichen	ohne Risiko	6
• bräunlich oder schwarzbraun verbrannt oder gräulich verschimmelt	extremes Risiko	- 20

Trockene Lagerung

➡ bodenisoliert, luftig, unter Dach!

Qualitätsstufen:

Stufe	*Punkte*
gut	30
befriedigend	28
ausreichend	26 bis 16
mangelhaft	14
ungenügend	12 bis - 60

mindestens zu Teilmängeln, wenn die Belüftung des Heulagers mangelhaft ist. Fühlt das gelagerte Heu sich nach längerer Zeit noch klamm oder gar feucht an und riecht muffig, ist diese »Qualität« für Pferde ungeeignet. Solches Heu wurde nicht luftig genug gelagert oder vermutlich zu früh eingefahren und neigt dann – neben hohem Keim- und Milbengehalt – zur Schimmelbildung aufgrund des erhöhten Wassergehaltes.

Heulage mit rd. 45 % Trockensubstanz wird vom Handel in Kleinballen (durchschnittlich 22 kg) angeboten. Generell vorteilhaft ist, Rationen aus 50 % Heu und 50 % Heulage zu füttern – so lassen sich am ehesten silagebedingte oft etwas breiige Defäkationen sowie Kotwasserbildung bzw. schädliche Durchfälle vermeiden.

Grummet oder Öhmd

Junges Grünfutter vom zweiten Schnitt, das zur Heuherstellung (sog. Grummet oder Öhmd) gewonnen wird,

- weist als Heu höheren Wassergehalt auf (etwa 18–20 %), weil bei spätsommerlichen Erntebedingungen (Schwüle, kürzere Sonneneinstrahldauer, teils schon Bodennebel und dadurch erhöhte relative Luftfeuchte) die Reduzierung auf 16 % nicht gelingt,
- braucht deshalb eine längere Nachschwitzphase (mindestens 3 Monate),
- kann am ehesten durch Schimmel verderben und
- darf – als landwirtschaftliche Faustregel – nicht vor Weihnachten gefüttert werden.

Wurde Heu zu früh bzw. mit höheren Wassergehalten eingefahren, kann versucht werden, beim Einlagern durch Aufstreuen von Viehsalz das auftretende Kondenswasser zu binden und einer Schimmelbildung vorzubeugen. Dazu streut man bei Einlagerung lagenweise Salz auf die Ballenoberseite (je HD-Ballen etwa 60 g = 400–500 g/dz). Immer ist in solchen Fällen auch die Gefahr der Selbstentzündung nicht zu unterschätzen. Durch Heusonden kann die Temperaturentwicklung beobachtet werden (Risiko schon ab 60 °Celsius). Stellt man fest, daß das Heu später doch verdorben ist (»muffig und brandig«), gehört es komplett auf den Kompost. Keinesfalls darf überzähliges Heu – egal ob guter oder schlechter Qualität – als Einstreu verwendet werden, da es im Kontakt mit dem Boden schneller als Stroh verdirbt (Schimmelbildung) und bei Aufnahme durch Pferde gravierende Verdauungsstörungen verursacht.

STROH ALS HEUERSATZ

Wiesenheu ist der vorrangige, verdauungsverträgliche Nähr- und Ballaststoff und deshalb Grundfuttermittel für Pferde. Es kann teils durch Grünfuttersilage ersetzt werden, nicht so ohne weiteres aber durch Zusatzfuttermittel. Auch

Stroh ist durchweg nur dann für die Pferdehaltung geeignet, wenn es nach dem Pressen sofort luftig unter Dach gelagert wird.

Tabelle 56

Futterwert und Nährstoffgehalt von Heu

Kriterium	Erläuterung
Energiegehalt (DE)	1. Schnitt (Basis junges Grünfutter): 9–9,5 MJ; 1. Schnitt (Basis überständiges Grünfutter): 5–6 MJ
Proteingehalt (DP)	stark schwankend; Proteingehalt von 20 g bis über 100 g je kg FS, steigend mit zunehmendem Leguminosenanteil
Protein:Energie-Quotient (PEQ)	5:1 (eiweißarmes Lieschgrasheu) bis 11:1 (junges, klee- und kräuterreiches Wiesenheu)
Kalzium:Phosphor-Verhältnis (Ca:P)	1,3:1 (grasreiches Wiesenheu vom 1. Schnitt, vor der Blüte gemäht) bis 3,0:1 (z. B. junges, klee- und kräuterreiches Wiesenheu vom 2. Schnitt)
Natriumgehalt	gering; meist zwischen 0,2 g (Lieschgrasheu) bis 0,5 g (Wiesenheu) je kg FS
Carotingehalt *)	5,5 mg (Lieschgrasheu) bis 15 mg (Wiesenheu) je kg FS
Vitamin D-Gehalt	500 IE (Lieschgrasheu) bis 750 IE (Wiesenheu) je kg FS; bodengetrocknetes Heu weist aufgrund der Sonneneinstrahlung höhere Vitamin D-Gehalte auf als Heu aus Unterdachtrocknung
Trockensubstanzgehalt	durchschnittlich 860 g je kg FS
Rohfasergehalt	190 g (junges, klee- und kräuterreiches Wiesenheu vom 2. Schnitt) bis 290 g (Wiesenheu vom 1. Schnitt, nach der Blüte gemäht) je kg FS
Aufnahmekapazität	rund 3 kg je 100 kg LM (= 18 kg für ein 600 kg schweres Warmblutpferd); qualitativ einwandfreies Heu birgt für Pferde keine Risiken, ein »Überfressen« mit akuten gesundheitlichen Problemen ist bei gesunden Pferden auszuschließen, allerdings kann übermäßige Heufütterung bei Pferden im Erhaltungsstoffwechsel zur Verfettung führen
Mengenbegrenzung	Leguminosenheu (Rotklee und Luzerne) für Nordpferde generell nur geringe Mengen (200 g/100 kg LM), für Südpferde maximal 400 g/100 kg LM wegen der bedarfsübersteigenden Eiweiß- und Kalziumgehalte dieses Heus
Heu aus überständigem Grünfutter	z. B. Grassamenheu; sehr rohfaserreich (über 300 g/kg FS), für Südpferde oder Jungpferde mit Wiesenheu mischen sowie stets Mineralfutter zufüttern; für Pferde mit Zahnschäden zu holzig; gut zur Kaubeschäftigung
Heu aus Kreuzungsgräsern	Heu aus Kreuzungsgräsern (Weizen x Raygras) kann durch Grannen zu Maulverletzungen führen
Risiken	a) Giftpflanzen: giftige oder unverträgliche Pflanzen verlieren mit der Trocknung meist nicht ihre Schädlichkeit; Sumpfschachtelhalm, Kreuzkraut, Adlerfarn, Herbstzeitlose, Farnkraut, Adonisröschen, Wasserschierling und andere Pflanzen können mit dem Heu aufgenommen gesundheitsschädigend wirken; siehe Tabelle 112, Seite 504 f.

Tabelle 56 Fortsetzung

Futterwert und Nährstoffgehalt von Heu

Kriterium	Erläuterung
	b) Fremdkörper und Gifte sowie Beimengungen (u. a. Staub, Steine, Mist oder Kadaver, sowie Milben und Fäulniskeime) beeinträchtigen die Qualität und können neben Atemwegserkrankungen auch gravierende Verdauungsbeschwerden verursachen; Kadavergifte führen zu tödlichen Lähmungen (Botulismus) c) Heu von Weiden, die nicht regelmäßig von Pferdeexkrementen gereinigt wurden, kann ansteckungsfähige Endoparasiten enthalten, die bei Verzehr zu erheblichen Infektionen führen können (primär Spulwürmer, Blut- und Lungenwürmer)

*) 1 mg β-Carotin = rund 400 IE Vitamin A

Stroh gehört zu den Zusatzfuttermitteln (siehe Grafik 75, Seite 416) und ist kein Grundfutter, weil es nährstoffarm und stark rohfaser-(= lignin-)haltig ist. Stroh kann deshalb grundsätzlich nur in begrenztem Maß (0,5 bis 1 kg/100 kg LM), u.a. wegen des Risikos von Verstopfungen im Dickdarm, als Heuersatz dienen. Dennoch bietet sich Futterstroh für »Notzeiten« als Heuersatz an, wenn die geringe Verdaulichkeit der organischen Substanz des Strohs (35%) in einem sog. Strohaufschlußverfahren auf bis zu 50% verbessert wird. Damit sinkt das Verstopfungsrisiko, etwas größere Mengen können gefüttert werden.

Für Pferde ungeeignet sind Laugenaufschlußverfahren, z.B. mit Natronlauge, da das Stroh dazu vorher ziemlich klein gehäckselt werden muß (unter 5 cm) und insgesamt geschmacklich durch die al--kalische Wirkung verändert wird. Stroh hingegen, das im Ammoniakverfahren (sechswöchige Begasung mit 3 kg NH_3 je 100 kg Stroh) unter Beibehaltung des Langstrohcharakters aufgeschlossen wird, läßt sich etwa wie Heu mittlerer Qualität einsetzen. Diese Aufschlußverfahren wurden bereits im Ersten Weltkrieg aus der Not erprobt, weil die Versorgung der Reichswehrpferde mit Heu nicht sichergestellt werden konnte. Immer sind allerdings beim Einsatz von Stroh zusätzlich Eiweiß-, Mineralstoff- und Vitaminergänzungen notwendig, da Stroh nähr- und wirkstoffärmer als Heu ist.

TROCKENGRÜNFUTTER, HEU- UND GRASCOBS

Unter dem Sammelbegriff Trockengrünfutter werden verschiedene Produkte verstanden, die alle entweder aus Weidegrünfutter oder aus Feldgrünfutter (Raygras, Luzerne, Rotklee) bestehen. Gemeinsam ist diesen Produkten, daß sie nach dem Mähen künstlich mit Warmluft in speziellen Anlagen getrocknet werden und die Nähr- und Wirkstoffgehalte annähernd dem Ausgangsmaterial entsprechen. Protein- und Energiegehalt sind höher als beim Heu; gleiches gilt für den β-Carotin-Gehalt, denn künstliche Trocknungsverfahren sind erheblich schonender als Außentrocknung. Wird das künstlich getrocknete Futter anschließend gemahlen, entstehen Grünmehle, wird es pelletiert, dann nennen sich die Produkte Grünmehlpellets. Grünmehle sind zwar rohfaserreich, aber durch das Mahlen ist die Struktur der Rohfaser zerstört, die Kaufähigkeit ist dadurch stark gemindert (= die Kaumuskulatur wird wenig beansprucht). Deshalb sind diese Mehle – auch in Pelletform – kein Ersatz für kaufähiges,

Grafik 68

Heu- und Grascobs

• Unterschiede, Inhaltsstoffe, Einsatzmöglichkeiten, Fütterungstechnik •

Auf einen Blick:

Heucobs
= gehäckseltes Grünfutter, das Mitte bis Ende der Blüte gemäht, schonend warmluftgetrocknet und danach zu 15 mm dicken und 25 mm langen Cobs gepreßt wird.

Kosten (25 kg):
ca. 17 Euro

Freßzeit (1 kg):
15 - 25 Minuten

Grascobs
= *eiweißreiche* Spezial-Heucobs; Herstellungsverfahren wie Heucobs. Unterschied: jüngeres, eiweißreicheres Grünfutter (140 g Rp/kg), das in kleinere Cobs gepreßt wird (unter 15 mm).

Vergleich der durchschnittlichen Inhaltsstoffe
von Heu und PRE ALPIN ® - Heucobs
(je kg Originalfutter = FS)

Inhaltsstoff	*Heu*	*Heucobs*
Trockensubstanz (TS)	860 g	920 g
Rohprotein (Rp)	87 g	100 g
Rohfett (Rft)	20 g	35 g
Rohfaser (Rfr)	269 g	227 g
Rohasche (Ra)	69 g	99 g
Kalzium (Ca)	4,3 g	10 g
Phosphor (P)	2,6 g	4,7 g
Ca:P	1,7:1	2,1:1
β-Carotin	15 mg	69 mg
DE	**8,0**	**9,5**

Heucobmenge je Tag: nach Bedarf und Herstellerempfehlung (etwa 1 bis 1,5 kg je 100 kg LM); Problem: Freßzeit gegenüber Heu um 30 % geringer.

Grundsatz:

• Qualitativ einwandfreie Heucobs sind für alle Pferderassen als Teil des Grundfutters oder als **Grundfutterersatz für alte Pferde** (Cobs stets einweichen) und solche mit Beschwerden des Symptomenkomplexes Allergie/chronische Bronchitis geeignet.

• Im Vergleich zu Heu sind Heucobs energiereicher - bei einem idealen Ca:P-Verhältnis. Der Carotingehalt ist höher, der Gehalt an Vitamin D ist niedriger als bei sonnengetrocknetem Heu.

Praxis:

• Nach Möglichkeit zuerst *separat* etwas Heu füttern, danach erst Heucobs, um a) vorab jede Freßgier (= Gefahr von Schlundverstopfungen) einzudämmen und b) die Freßzeit zu verlängern. Heucobs *nie gleichzeitig* mit pelletiertem oder anderem Futter füttern/mischen! Bei Kauproblemen: Heucobs immer einweichen.

sättigendes Rauhfutter. Grünmehl eignet sich als Zusatzfutter oder – wegen des hohen β-Carotin-, Vitamin E- und Vitamin B-Gehaltes – als Bestandteil handelsüblicher Mischfuttermittel.
Demgegenüber sind Heucobs und – mit Einschränkungen wegen des höheren Ei-weißgehaltes und des verminderten Rohfasergehaltes – Grascobs (s. Grafik 68 Seite 396) sehr gut als Teilration zusätzlich zu Heu, Heulage oder Futterstroh und auch – immer eingeweicht – als alleiniges Grundfutter für alte Pferde geeignet.
Für Grascobs wird jüngeres Grünfutter als für Heucobs verwendet, deshalb liegt der Proteingehalt über 10% und der Rohfasergehalt unter 22%. Ideal sind Grascobs als Grundfutterergänzung für hochtragende oder laktierende (= säugende) Stuten. Raygras-, Luzerne- oder Rotkleecobs werden vorwiegend für Pferde im Leistungsstoffwechsel eingesetzt; für Pferde im Erhaltungsstoffwechsel empfehlen sich nur kleine Mengen dieser Cobs oder generell nur Heucobs »light« mit bereits durch das verwendete (spät gemähte) Ausgangsmaterial verminderten Protein- und Energiegehalten.
Besonders für Hochleistungspferde, Pferde mit Problemen des Symptomenkomplexes »Stauballergie« oder auch für alte Pferde, die normales Rauhfutter aufgrund fehlender Zähne nicht mehr genügend kauen können, sind Heu- und Grascobs fütterungstechnisch eine Alternative zu normal geerntetem Heu. Vorteilhaft ist, daß Cobs über einen Automaten (siehe Grafik 87, Seite 459, im Kapitel »Fütterungstechnik«) dosiert und die Fütterungsfrequenzen dadurch in Boxen und Freßständen pferdegerecht gestaltet werden können.
Gelegentlich vorkommende Schlundverstopfungen durch Cobs (siehe Grafik 93, Seite 500, im Kapitel »Ernährungsbedingte Störungen«) beruhen – nach einer Studie des Verfassers – oft auf vermeid- bzw. durchweg behandelbaren Fütterungsfehlern und Zahnmängeln. Grobe Cobteile werden dann zu früh abgeschluckt, sammeln sich im Schlund, quellen etwas (allerdings nicht ganz so stark wie uneingeweichte Trockenrüben-

Ursachen für Abschluckprobleme mit Cobs:

- Unangebrachtes Mischen von Cobs mit kleineren Kraftfutterpellets, Leinsamenpellets, Äpfeln oder Mohrrüben (für das Pferd ein schwer zu taxierendes, unnatürliches Futtergemisch), das Kau- und Abschluckprobleme beschert. Das Pferd neigt dann dazu, die geschmacklich durch Melasse begünstigten kleineren Kraftfutterpellets und das schmackhafte Saftfutter gierig abzuschlucken, während die größeren Cobteile im Maul noch unzureichend zerkleinert sind. Grobe Cobteile werden durch den Schluckreflex mitgeschluckt und sperren sich im Schlund.
- Hastiges Abschlucken nur unzureichend gekauter Cobteile, weil entweder der Hunger sehr groß ist (z. B. durch unzureichende Rauhfuttergaben bei gleichzeitiger strohloser Haltung auf einer Einstreu aus Spänen) oder die Fütterungseinrichtungen nicht so gestaltet sind, daß ohne Rangordnungsstreß relativ ruhig gekaut werden kann (in Gruppenauslaufhaltungen sind Freßstände das empfehlenswerte Element zur Gewährleistung von Ruhe während der Fütterung; siehe Seite 456 f.).
- Vornehmlich Jungpferde mit noch nicht vollständig ausgebildeten Backenzähnen neigen bis zum 6. Lebensjahr zeitweise während des Zahnwechsels dazu, unzureichend zu kauen und grobe Cobteile abzuschlucken. Gleiche Probleme sind registriert worden bei Pferden jeglichen Alters mit Zahnhakenbildung (vergleiche Grafik 28, Seite 264) und alten Pferden mit unvollständigem Gebiß.

schnitzel) und führen zur Verstopfung, die das Pferd im günstigsten Fall durch Würgen selbst beseitigt. Vorbeuge ist möglich durch vorheriges Einweichen der Cobs in Wasser. Durch den dann zu verfütternden »Heubrei« wird allerdings die Freßzeit weiter sehr ungünstig verkürzt, die Einspeichelung sinkt und die Kaumuskulatur hat kaum die für die »Sättigungsmeldung« an das Gehirn notwendige Beschäftigung. Wenn Pferde in dieser Form ausschließlich gefüttert werden, verspüren sie dennoch »Hunger« aufgrund des Beschäftigungs-/Kaumangels – nicht aufgrund von Nährstoffmängeln.

GRÜNFUTTERSILAGE

SILAGEARTEN UND LAGERFORMEN

Silage (von span. silos = Keller) aus gemähtem und mehr oder weniger angewelktem Grünfutter wird als Grundfutter seit etlichen Jahren mit großem Erfolg in der landwirtschaftlichen Nutztierhaltung eingesetzt. Erst vor etwa 20 Jahren erlangte Silage auch für die Pferdefütterung in nichtlandwirtschaftlichen Haltungen größere Bedeutung. Aufgrund der Vorteile, verbunden mit wichtiger Aufklärung über die hohen Ansprüche des Pferdes an die Qualität dieses Grundfutters, wird die Fütterung von Heulage (mit 45% Trockensubstanz und mehr) weiter zunehmen und das traditionell übliche Heu noch etwas stärker verdrängen.

In erster Linie für solche Pferde, die unter chronischer Bronchitis/Stauballergie leiden, ist qualitativ befriedigende Grünfuttersilage in Form sog. Heulage (von engl. haylage) ein ausgezeichnetes (Teil-)Grundfutter. Typische »Rindviehsilage« mit geringen TS-Gehalten unter 35% sollte wegen des minderen Rohfasergehaltes und des erhöhten Proteingehaltes – wenn überhaupt – nur als Teilgrundfutter (10–20% der Tagesration) vorgelegt werden.

Die Herstellung von Silage erscheint dem nicht genau orientierten Betrachter auf den ersten Blick einfach, denn gemähtes Grünfutter muß nur relativ kurze Zeit anwelken, um dann auf unterschiedliche Art und Weise zusammengepreßt und luftdicht verschlossen zu werden. Im Detail zeigen sich in der Praxis die Tücken, denn neben präzise auszuführenden technisch-handwerklichen Vorgängen ist entscheidend, daß die Pflanzen ausreichende Anteile an leichtlöslichen Kohlenhydraten, die gut vergären, aufweisen. Überständiges Grünfutter mit holzigen Gerüstsubstanzen ist deshalb weniger gut bis gar nicht geeignet. Auch zu junges Futter oder Klee ist wegen des hohen Proteingehaltes nur ungenügend gärfähig. Nicht angewelkte Pflanzen können zwar auch siliert werden, doch hat es sich bewährt, als Pferdefutter – zur Vermeidung von Durchfällen und zur Gewährleistung ausreichender Rohfaserzufuhr – vorzugsweise nur Anwelksilage mit über 35% TS oder Heulage am besten mit 45 bis 60% TS zu verwenden.

Lagerform und Technik des Silierens sind in den vergangenen Jahren laufend verbessert worden.

Im Vergleich zu Heu hat Silage folgende Vorteile:

- schnelle Ernteabwicklung innerhalb von zwei Tagen gegenüber wenigstens vier bis sechs Tagen bei der Heuernte,
- verringertes Witterungsrisiko, da zwei Tage trockenes Wetter in allen Klimagebieten eher wahrscheinlich sind als die zur Heuernte notwendigen vier bis sechs Tage,
- geringere Nährstoffverluste (wenig Bröckel- und Auswaschungsverluste, verringerte Oxydation löslicher Kohlenhydrate),
- um 10 bis 20% höherer Energiegehalt in der TS, dadurch Zusatzfuttterersparnis (= weniger Kraftfutter).

Allerdings setzt die Nutzung dieser Vorteile voraus, daß

Siliertechniken

- Freigärung in Haufen; dabei wird das Futter auf einen Haufen gefahren, durch Walzen oder Befahren mit Traktoren gepreßt und anschließend mit einer Plane luftdicht abgedeckt und mit Steinen, Reifen usw. beschwert. Futter aus Freigärhaufen ist selten für Pferde geeignet, da Qualitätsmängel bereits bei der Ernte durch Verschmutzungen beim Zusammenpressen durch Befahren mit Kraftfahrzeugen (z. B. Erde in Traktorreifen) vorprogrammiert sind. Fraß durch Nagetiere, Verunreinigungen durch Krähen sowie materialbedingte Undichtigkeiten bei Rißbildungen mit Lufteintritt tun ein übriges, um solches Futter teilweise zu verderben und für Pferde unbrauchbar zu machen. Zwar können die empfindlichen Anschnittstellen solcher Freigärhaufen durch Behandlung mit Propionsäure vor Nachgärungen geschützt werden, doch ist dies ziemlich praxisfern.
- Freigärung im Behelfssilo; durch Ausheben einer Grube und Auskleidung mit Spezialpapier wird ein »Keller« für das Gärfutter geschaffen. Qualität und Risiken entsprechen der Freigärtechnik in Haufen.
- Freigärung im Fahrsilo; auf festem Boden und zwischen gemauerten oder betonierten Seitenwänden wird das Futter abgeladen und maximal zusammengepreßt und luftdicht mit Plane verschlossen. Die Qualität ist durchweg befriedigender als bei der Haufengärung, weil Fehlgärungen durch besseren seitlichen Verschluß seltener sind. Häufiger werden Fahrsilos zur Herstellung und Lagerung von Grünmaissilage verwendet.
- Harvestore-/Massivsilogärung; das Futter wird überwiegend in runde Turmsilos aus emailliertem Eisenblech, Edelstahl, Stein, Beton oder Holz mit einem Gebläse eingebracht und mit mechanischen Vorrichtungen entnommen. Bei Beachtung hygienischer Pflegemaßnahmen (einwandfreie Säuberung des Turmsilos vor dem Einfüllen – ohne Desinfektionsmittelrückstände) sind beste Silagequalitäten bei dieser Technik möglich. Auch zur Herstellung von CCM-Maissilage (Körnermais) haben sich Turmsilos bewährt.
- Ballengärung; durch moderne Erntemaschinen und verbesserte Folienwickeltechnik ist inzwischen Ballengärung die primäre Erntetechnik für alle Grünfuttersilagen (große und kleine Rundballen sowie Quadrantballen; Gewichte dieser Ballen 200–450 kg; Kleinballen 22 kg).

- bereits bei der Ernte handwerklich und hygienisch einwandfrei gearbeitet und zügig agiert wird (z. B. schnelles Einwickeln nach dem Pressen) sowie
- Lagerung und
- Entnahme

so gestaltet werden, daß Folienbeschädigungen, Fehl- und Nachgärungen sowie Ungezieferbefall und -verunreinigungen vermieden werden. Erntefehler sind nicht korrigierbar und können das Futter für die Pferdefütterung unbrauchbar machen. Denn bei der Silageherstellung wird Grünfutter gezielt durch Mikroorganismen, die vergleichsweise empfindlich reagieren, vergoren (siehe Grafik 69, Seite 400). Die bei der Gärung entstehende Säuerung konserviert das Futter; der Vorgang entspricht im wesentlichen der Sauerkrautherstellung für die menschliche Ernährung.

Konservierung durch Säuerung ist ein natürlicher Prozeß, der ebenso seit historischer Zeit geläufig ist wie alle anderen natürlichen Konservierungsarten, die statt auf Säuerung auf maximalem Wasserentzug beruhen, z. B. Trocknung (Heu, Stockfisch), Salzen (Heringe, Pökelfleisch) oder Zuckern (Gelee). Sowohl durch Säuerung als auch durch Trocknung werden den schädlichen Kleinstlebewesen (z. B. Schimmelpilze und Fäulnisbakterien) die Lebens- und Vermehrungsgrundlagen im Grünfutter/Mais entzogen.

Grafik 69

Grünfuttersilage

• Begriffe und Zusammenhänge •

Auf einen Blick:

• **Silageherstellung** = Gärungsverfahren, bei dem sich die am angewelkten Grünfutter haftenden Milchsäurebakterien unter Luftabschluß (= *anaerob*) in CO_2-Atmosphäre vermehren und das Futter einsäuern (= konservieren)..

• **Konservierung** = Erhöhung der Säurekonzentration = Absinken des pH-Wertes unter 4 = etwa 2 % Milchsäure in der Silage.

• **Wirkung der Einsäuerung**: Hemmung der Fermentsysteme schädlicher Mikroorganismen, die zur Vermehrung eine teils neutrale bis alkalische Reaktion (= höherer pH-Wert) und *aerobe* Bedingungen benötigen.

• **Mangelgärungen** = Gärfähigkeit nimmt ab bei hohem Proteingehalt (= sehr junges Grünfutter) oder überdurchschnittlich hohem Rohfasergehalt (= überständiges, verholztes Grünfutter).

• **Fehlgärungen** = Verschmutzungen durch Erde oder angefaultes Grünfutter und Luftzutritt führen zur Vermehrung von Fäulnisbakterien und Schimmelpilzen sowie zur übermäßigen Entwicklung von Essigsäurebakterien mit Essigsäurebildung (0,3 % akzeptabel) und absolut qualitätsmindernder Aktivität von Buttersäurebakterien mit Buttersäurebildung.

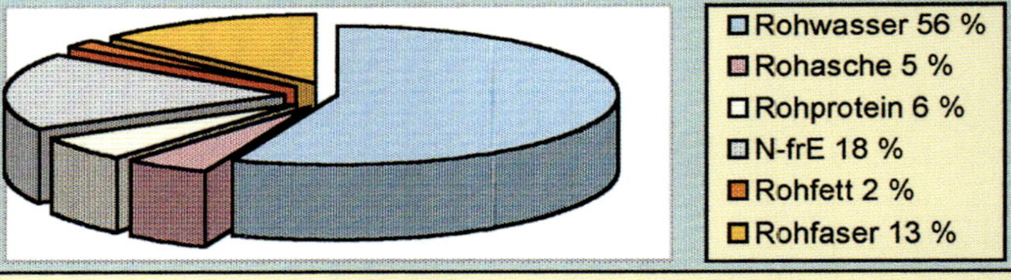

Beispiel für die Zusammensetzung
einer für Pferde empfehlenswerten Grünfuttersilage mit 44 % Trockensubstanz (TS) aufgrund starker Anwelkung des Mähgutes. Silage mit hohem Vorwelkgrad (über 40 bis 60 % TS) wird als Gärheu oder als Heulage (von engl. *haylage*) bezeichnet.

Praxis:

- Qualitativ einwandfreie Grünfuttersilage kann teilweiser Heuersatz sein.
- Als Langzeit-Alleinfutter ist Grünfuttersilage stets kritisch zu beurteilen.
- Nachteile sind u. a. Entmineralisierungen und div. Stoffwechselprobleme.

Entscheidend für die Konservierung und den erforderlichen Säuerungsprozeß sind nützliche Milchsäurebakterien, die dem Grünfutter ebenso wie schädliche Bakterien anhaften. Die speziellen Arten nützlicher Milchsäurebakterien benötigen – im Gegensatz zu schädlichen Schimmelpilzen, Essigsäure-, Buttersäure- und Fäulnisbakterien – zu ihrer Vermehrung und zur Herstellung von wichtigen Enzymen/Fermenten keinen Sauerstoff. Sie leben unter anaeroben Bedingungen in CO_2-Atmosphäre u.a. vom Pflanzensaft (leichtlösliche Kohlenhydrate) des Grünfutters.

Durch zügiges Einfahren und festes Pressen des angewelkten Mähgutes mit anschließendem luftdichten Verschluß veratmen die Pflanzen den noch vorhandenen Sauerstoff und bilden CO_2. Je besser der Luftabschluß und die durch Verdichtung herbeigeführte Luftauspressung im Mähgut, desto geringer (und günstiger) ist die Temperatur während der ablaufenden Gärung. Bei einer Kaltgärung bis 30° sind die Nährstoffverluste am geringsten, während bei Warmgärung um 35–50° mittlere Nährstoffverluste eintreten und ab 50° die Heißgärung hohe Nährstoffverluste bewirkt.

Abhängig von der Trockenmasse des Basisgrünfutters können sog. Siliermittel zusätzlich in das Futter eingebracht werden. Für den Nichtprofi empfiehlt es sich, vom Hersteller und von einem erfahrenen, kenntnisreichen Landwirt vor Ort praktische Ratschläge dazu einzuholen und nicht irgendwelche Mittel nach eigenem Gutdünken zu verwenden. Als Grundsatz gilt: je trockener das Basismaterial, desto geringer die Wirkung dieser Zusatzmittel. Unterschieden werden drei Wirkungen, die mit Zusatzmitteln erzielt werden können:

- Intensivierung der Gärung durch Zugabe von flüssigem Fermentgetreide mit lebenden Milchsäurebakterien (siehe Grafik 78, Seite 429),
- Förderung des Silierprozesses durch Ernährung der im Futter vorhandenen Milchsäurebakterien mit Zugaben von Melasse aus der Zuckerrübenverarbeitung (2 bis 4%) und Silierzucker (1 bis 2%),
- Erhöhung des Säuregrades und Unterdrückung von Gärschädlingen durch Zugabe von anorganischen Säuren (z.B. Salzsäure im speziellen sog. AIV-Verfahren), organischen Säuren und Salzen, z.B. Ameisensäure oder Salze der Ameisensäure (Streusalz).

Die enzymatische Säuerung durch Milchsäurebakterien senkt unter Luftabschluß den pH-Wert des Futters und hemmt dadurch erst den Stoffwechsel anderer Kleinstlebewesen. So werden Schimmel-, Essig- und Buttersäurebildung sowie Fäulnis vermieden. Wird dieser Konservierungsvorgang durch Luftzutritt beeinträchtigt, stagniert die Milchsäuregärung und schädliche Kleinstlebewesen gedeihen – das Futter verdirbt in kurzer Zeit. Deshalb ist während der Lagerung der Luftabschluß (z.B. unbeschädigte Wickelfolie) ebenso wichtig wie ein schneller Verbrauch angebrochener Silageballen innerhalb von zwei bis drei Tagen, da sonst unangenehme Nachgärungen und Keimvermehrung mit toxischen Wirkungen folgen.

Durch Behandlung mit wasserverdünnter Propionsäure lassen sich Silage-Anschnittstellen (in Fahrsilos) gegen Nachgärungen behandeln (Schutzmaßnahmen sind dabei zu beachten). In kleinen Pferdebeständen ist es unmöglich, z.B. große Rundballen mit einem Gewicht von > 400 kg kurzzeitig zu verbrauchen oder mäßig mit Propionsäure konservierend zu behandeln.

Um die Probleme mit Nachgärungen bei angebrochenen Großballen, die bei kleinen Pferdebeständen nur zögernd aufgebraucht werden können, auszuschließen, bietet der Handel folienverpackte Heulage in Gebinden von < 50 kg an (s. Abb.

auf S. 393). Selten sind diese mit durchsichtigen Folien verpackt, was eine optische Qualitätskontrolle verhindert. Solche Gebinde sollten möglichst schattig unter Dach gelagert werden, um Nachgärungen/Aufblähungen durch Sonneneinstrahlung zu verhindern.

PRAKTISCHE SILAGEZUBEREITUNG

Da die Zubereitung von Silage in landwirtschaftlichen Betrieben

- handwerklich nicht immer einwandfrei abläuft, weil
- einerseits die theoretischen Kenntnisse lückenhaft sind, aber
- andererseits auch eine vorrangig nutztierorientierte Sicht kein Motiv für Qualitätsproduktion zu sein scheint oder
- auch der Erntestreß manche Mängel im Ablauf verständlicherweise provoziert,

soll der folgende kurzgefaßte Überblick die wichtigsten Punkte aufzeigen, die eine pferdeverträgliche Ballensilagezubereitung bestimmen.

Aus diesem Überblick kann auch der Silagekäufer alle Grundkenntnisse gewinnen, die zum überlegten Kauf dieses Futters unbedingt notwendig sind.

Der Schnittzeitpunkt für das Grünfutter wird bestimmt vom Stadium des Aufwuchses und der Witterungsprognose. Reichlich Sonne und etwas Wind für zwei bis drei Tage sollten gewährleistet sein. Etwa Anfang bis Mitte Juni befinden sich die Pflanzen in vollem Streckenwachstum kurz vor dem Rispenschieben und erreichen 30 bis 45 cm Höhe. Dann sind Futterwert und Gärfähigkeit sehr gut. Wartet man noch bis zur Blüte, dann steigt der Rohfasergehalt von ca. 20 % auf über 30 % an. Die Struktur des Futters wird dann sperriger (was für Pferde günstiger ist), aber die Silierfähigkeit nimmt etwas ab, weil eine Verdichtung des sperrigen Materials schwieriger ist. Allgemein konnte festgestellt werden, daß am Nachmittag geschnittenes Grünfutter im Gärverlauf bessere Ergebnisse bringt als morgens geschnittenes Futter (nachmittags ist die Konzentration leichtlöslicher Kohlenhydrate in der Pflanze größer).

Wenn Grünfutter mit hohem Rohfasergehalt (in und nach der Blüte: 30 % und mehr) siliert werden soll, empfiehlt es sich, eine Ballenpresse mit Schneidwerk einzusetzen, damit das Material zerkleinert wird, dadurch die Verdichtung besser gelingt und gleichzeitig durch diese Zerkleinerung Kohlenhydrate des vermehrt austretenden Zellsaftes den Milchsäurebakterien als Nahrung zur Verfügung stehen. Die Folienwicklung muß in solchen Fällen nicht nur aus vier, sondern aus mindestens sechs Lagen bestehen, um absolute Dichtheit und optimalen Gärverlauf zu gewährleisten (teurer, aber auch optimal, wenn Ballen mehrfach transportiert werden müssen und Beschädigungsgefahr besteht, sind acht Lagen). Das Zerkleinern des Mähgutes durch ein Schneidwerk erleichtert auch das spätere Verfüttern der fertigen Silage. Bei jeder Zerkleinerung von Silage (vor allem beim Häckseln für eine Silolagerung) sollten Partikelgrößen von etwa 4 bis 5 cm Länge nicht unterschritten werden, um bei der Futteraufnahme Verstopfungen durch mangelnde Kauarbeit auszuschließen.

Die richtige Schnitthöhe beim Mähen des Grünfutteraufwuchses liegt bei 8 bis 10 cm, niemals aber unter sechs Zentimeter, wie man es häufig sieht. Direkt vor dem Mähen empfiehlt es sich, die Grünlandfläche zu begehen, um Tiere (z. B. Hasen, Kaninchen, Rehe) aufzuscheuchen, damit diese einerseits die Fläche verlassen können und geschont werden, aber andererseits nicht später als Kadaver die Silage durch Botulismusgift verderben; gleiches gilt für Heu (siehe hierzu das Kapitel »Gesundheitsrisiken durch Gifte«, Seite 498 ff.). Ratsam ist, große Flächen von Jagdausübungsberechtigten mit Hund zügig durchstöbern zu lassen. Nach dem Mähen muß das Grünfutter umgehend gezettet (= ausgebreitet) werden. Anschließend wird es noch am selben Tag wenigstens einmal, besser zweimal (wenn bereits morgens gemäht wurde) gewendet. Soweit beim Wenden Fremdkörper (Drahtstücke, Plastikabfälle, Zweige von Bäumen, Tierkadaver etc.) gesichtet werden, sind diese unbedingt einzusammeln. Unter sehr optimalen Bedingungen sowie gleichmäßigem Zetten und Wenden können bei nicht zu stickstoffreich gedüngtem Mähgut bereits nach sechs Stunden Vorwelkgrade von 35 bis 40% erreicht werden. Bleibt die Witterung günstig, kann am nächsten Tag vormittags nochmals gewendet werden. Am späten Nachmittag wird dann geschwadet (= das Futter wird dabei auf Reihen gezogen) mit nachfolgendem Pressen, Einwickeln und Lagern der Ballen. Bleibt Zeit übrig, weil auf die Presse gewartet wird, ist es ratsam, die Schwaden abzulaufen, um nach Fremdkörpern zu suchen. Das ist stets erforderlich, wenn Grünlandflächen in der Nähe öffentlicher Wege liegen, weil dort z. B. Spaziergänger und Jogger schon mal ihren Müll entsorgen.

Vor allem beim Zetten, Wenden und Pressen sind handwerkliche Fehler leicht möglich, da durch

- zu schnelles Fahren beim Zetten und Wenden das zunächst sehr wasserhaltige Mähgut zur Haufenbildung neigt, so verdichtet später noch liegen bleibt und dadurch nicht gleichmäßig anwelkt,
- zu tiefes Arbeiten am Boden (auch beim Aufnehmen mit dem Pick-Up der Presse) unnötig Erde und Sand ins Futter gelangt, was sowohl für den Silierverlauf als auch für die Verdauungsprozesse im Pferdekörper risikoreich ist.

Beim Pressen der Silageballen fördert gleichmäßige Verdichtung in einer Presse mit sog. variablem Presskammervolumen die Gärfähigkeit von rohfaserreichem Material. Nicht alle Pressen verdichten bis in den Kern des Ballens, weshalb es nützlich ist, beim Lohnunternehmer, der in der Regel das Pressen erledigt, den Einsatz einer solchen Presse – falls diese Bauart dort vorhanden ist – zu verlangen. Auch beim Kauf von Silage kann die Nachfrage nach solchen Details erste Hinweise auf die Qualität des eingewickelten Futters geben!

Ebenfalls nicht unwichtig ist die Art der Ballenbindung beim Pressen. Aus Kostengründen wird überwiegend die Schnur- oder Garnbindung bevorzugt, die für den Pferdebereich nur Nachteile bietet, denn sie läßt sich nicht flott und ausreichend sauber vom Futter trennen. In der Silage verbliebene Garnreste können, falls sie mitgefressen werden, zu ernsthaften Verdauungsstörungen führen. Deshalb bevorzuge man als Käufer (aber auch als Produzent von Silage) Ballen mit doppelter Netzbindung, die einfach zu entfernen ist und gleichzeitig dem Ballen eine bessere Stabilität verleiht.

Besonders sorgfältig müssen die Silageballen nach dem Pressen sofort separat eingewickelt werden (ohne jede Zwischenlagerung), damit der Luftabschluß gelingt. Dazu dienen Spezialfolien, die zunächst am Wickelgerät um mehr als 50% gedehnt werden, um danach sehr eng – durch die Vordehnung bedingt – mehrfach um den Ballen gewickelt zu werden. Das Einwickeln sollte spätestens zwei Stunden nach dem Pressen erledigt sein, um den Gärvorgang zügig und ohne Komplikationen einzuleiten. Dabei sind die Folienendstücke sicher festzukleben. Wenn Ballen (was sich immer empfiehlt und so zu terminieren ist) auf der Erntefläche gewickelt und anschließend transportiert werden sollen, empfiehlt sich achtfache Folienwicklung, um Transportschäden möglichst vorzubeugen, sowie die Verwendung einer Ballenzange für den Frontlader des Traktors.

Zur umfassend aussagekräftigen Beurteilung der Silägequalität (wie anderer Fut-

Grafik 70

Grünfuttersilage-Qualitätsprüfung

• Sinnenprüfung nach Geruch, Struktur und Farbe •

Grundsatz:

Silage muß aufgrund des anfälligen Verdauungstraktes bei Pferden sehr hohen Qualitätsanforderungen genügen. Dies gilt besonders dann, wenn Silage als ausschließliches Grundfutter für Pferde eingesetzt wird.

Geruch:	Bewertung:	Punkte:
• aromatisch-frisch, buttersäurefrei, angenehm säuerlich und brotartig	ohne Risiko	10
• leichter Buttersäuregeruch oder leichter Essiggeruch oder leichter Röstgeruch	Risiko	3
• mittlerer bis starker Buttersäuregeruch oder stärkerer Röstgeruch oder stärkerer Essiggeruch oder muffig-schimmeliger Geruch oder jauchiger Ammoniakgeruch	extremes Risiko	- 20

Struktur/Verschmutzung:	Bewertung:	Punkte:
• Stengel und Blattwerk griffig wie beim Grünfutter, keine Fremdkörper	ohne Risiko	10
• Struktur etwas weich und mürbe oder leichte Verschmutzung	Risiko	3
• Stengel und Blattwerk musartig-schmierig oder verschimmelt oder starke Fremdkörperkontamination	extremes Risiko	- 20

Farbe:	Bewertung:	Punkte:
• grün bei Anwelksilage, hellgrün bei Heulage	ohne Risiko	10
• beige, bräunlich, ausgelaugtes Grün	wenig Risiko	6
• sehr hell (gelblich) oder braunschwarz oder schwarzgrün oder gräulich verschimmelt	extremes Risiko	- 20

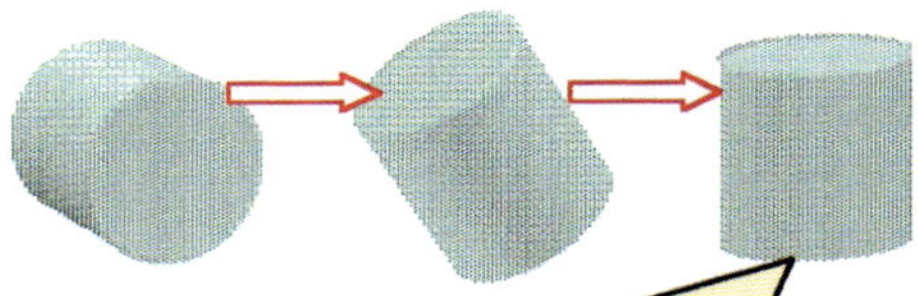

Lagerung: stets auf der flachen Seite!

Qualitätsstufen:

Stufe	*Punkte*
gut	30
befriedigend	26
ausreichend	19, 23
mangelhaft	16
ungenügend	12 bis - 60

termittel auch) ist die chemische Analyse mit Berechnung der Nähr-, Mineral- und Wirkstoffanteile erforderlich. Dieses Analyseverfahren ist aufwendig und kostspielig, weshalb für die Praxis schematisierte Bewertungsmaßstäbe brauchbar sind. Hierbei werden verschiedene Kriterien, die mit Sinnen einigermaßen zu erfassen sind, bewertet (z. B. DLG-Gärfutterschlüssel oder Silagebewertungsschlüssel nach FLIEG). Für die Bewertung von Grünfuttersilage, das den hohen Anforderungen im Bereich der Pferdefütterung genügt, hat sich das vereinfachte Schema »Grünfuttersilage-Qualitätsprüfung« (siehe Grafik 70, Seite 404) bewährt. Damit kann auch der weniger erfahrene Pferdehalter oder -betreuer durch Sinnenprüfung Fehlkäufe oder gesundheitsschädliche Fehlfütterung vermeiden.

Bei der Qualitätsbeurteilung ist zu berücksichtigen, daß jegliche Silage nach der Ernte ganz normal noch etliche Wochen gärt und sich erst langsam aromatisch voll entwickelt. Sie darf in der Gärphase (ca. 3 Monate) nicht verfüttert werden, denn Verdauungsstörungen wären die Folge. Generell muß eine kritische Beurteilung vorrangig sein; Pferde sind erst allmählich an Silagefütterung zu gewöhnen! Sehr ernsthaft zu warnen ist vor Silagen, die durch Erntefehler (zu hoher Wasser- und Dreckgehalt) mit Botulismusgift und Listerien verseucht sind.

PRAKTISCHE SILAGEFÜTTERUNG

Gute, aromatische Langhalm-Heulage ohne Schimmelbildung, frei von Fehlgärungsprodukten und sonstigen Schadstoffen (Milben, Tierkadaver, Mistreste usw.) staubt nicht und kann demnach – nach mehreren Tagen der Gewöhnung an dieses Futter – grundsätzlich an alle Pferde, die nicht unter Magen-Darm-Erkrankungen leiden, wenigstens in Teilen der Tagesration als Raufutter verfüttert werden. Häufig leiden unter Magen-Darm-Erkrankungen solche Pferde, die

- zu raufutterarm und gleichzeitig zu kraftfutterreich gefüttert werden/wurden;
- durch überlange (meist nächtliche) Nahrungskarenzen (und dadurch bedingte überschüssige Magensäure) Vorschädigungen der Magenschleimhaut und des Schlunds ausweisen;
- im Haltungsalltag (z. B. durch zu enge Boxen, durch unpassende Gruppen) und im Sportbetrieb (z. B. durch Überforderung) kontinuierlichem Stress ausgesetzt sind;
- an diffusen Schädigungen des Magen-/Darmtrakts leiden (z. B. Magendasselbefall/Wurmfraß mit der Folge von Gewebezerstörungen mit Blutungen u. Ä.). Solche (Wurmfraß-)Schäden können auch aus der Aufzucht resultieren, sie sind nicht therapierbar und belasten nicht selten solche Pferde lebenslang.

Es ist demnach bei jeder Heulagefütterung individuell vorzugehen. Anstelle von 1 kg Heu füttert man (je nach Trockensubstanz der Heulage) 1,5 bis max. 2 kg Heulage. Wenn etwa 50 % der Tages-Raufutterartion aus Heu und 50 % aus Heulage bestehen, ist dies ein guter Fütterungskompromiss. Außer Frage steht, dass Heu als Raufutter für Pferde grundsätzlich immer vorzuziehen ist. Hat man die Wahl, so entscheide man sich stets für 100 % Heu. Das kann man ernährungsphysiologisch sehr gut begründen. Doch kann dieser Grundsatz aus nachfolgend erläuterten pragmatischen Gründen sehr wohl „aufgeweicht“ werden – ohne dass bei jedem mit Silage gefütterten Pferd nun unbedingt Folgeschäden auftreten. Denn die sich seit Jahren abzeichnende Heuverknappung fördert – oft ungewollt – die vermehrte Silagefütterung. Warum dies so ist, erscheint vielen Pferdeleuten rätselhaft. Aber die Haupt-Ursachen für die fortschreitende Heuverknappung sind unter anderem:

a) Umstieg vieler Landwirte nur noch auf Grassilageproduktion statt Heuproduktion. Gründe dafür sind u. a. das risikolosere Ernteverfahren sowie die bessere Nährstoffstabilität bei Silage (speziell auch im Hinblick auf die Fütterung der Nutztiere).

b) Enorm zunehmende lukrativere Nutzung landwirtschaftlicher Flächen für die „Grüne Industrie“ statt umweltverträglich als Ackergrünland. Folge: Während bis vor einigen Jahren noch relativ viel sog. Feldheu (Raygras) vom Ackergrünland geerntet und für den Rindviehbereich und auch für den Pferdebereich (vor allem in Großbetrieben) gerne verwendet wurde, sieht man drastisch zunehmend allerorts ersatzweise „Maissteppen-Monokulturen“. Maisanbau ist das lohnendere Geschäft. Dieser Mais wird nur zum Teil überhaupt als Viehfutter geerntet. Denn: Seit Propagierung von sog. Biogasanlagen, die ein angeblicher Fortschritt sein sollen, wurden in vielen landwirtschaftlichen Betrieben solche finanziell lukrativen Anlagen aufgebaut. Zu deren Betrieb wird in großen Mengen Maishäcksel als Gärsubstrat eingesetzt. Aus Sicht des Verfassers ist diese Entwicklung für Pferdehalter schlecht, zudem ökologisch extrem problematisch und umweltschädlich, weil wertvolles Ackergrünland geopfert wird. Hinzu kommen die nicht zu unterschätzenden Gefahren durch Keimvermehrung in diesen Anlagen und die Problematik der Ausbringung von keimkontaminiertem Dünge-Schlamm aus Biogasanlagen auf Grünland; u.a. mögliche Botulismusgefahr, EHEC-Keimverseuchungsgefahr; Quelle: Göttinger Erklärung der Agrar- und Veterinär-Akademie v. März 2010: Prof. Dr. H. Böhnel; Prof. Dr. D. Dressler, Prof. Dr. M. Krüger, Dr. B. Schwagerick.

Da diese fatale Entwicklung anhält, folgt daraus, dass zwangsweise (!) in der Zukunft aus Gründen der Heu-Verknappung ein wenigstens teilweises Ausweichen auf Silage/Heulage (auch aus Kostengründen) im Pferdebereich unausweichlich sein wird.

RISIKO: ÜBERSÄUERUNGEN

Es wurde bereits oben darauf verwiesen, dass jede Silagefütterung an Pferde, die an Magen-Darm-Erkrankungen leiden, abzulehnen ist. Ein weiterer Aspekt muss berücksichtigt werden, denn – anders als bei der Heufütterung – Heulage kann bei manchen bislang gesunden Pferden verschiedene Unverträglichkeiten und sogar Verschiebungen im Säure-Basen-Haushalt mit Stoffwechselstörungen hervorrufen, deren Grad pauschal nicht abschätzbar ist. Ein gänzlich problemloses «Allein»-Futter ist Heulage für Pferde auch aus diesem Grund nicht.

Durchweg sind es sog. Übersäuerungen, die – falls sie auftreten – den Einsatz von Heulage bei Pferden problematisch werden lassen und eine sofortige Umstellung auf Heu bewirken müssen. Man unterscheidet Übersäuerungen des Magen-/Darmtraktes, des Blutes und der Muskulatur. Die Ursachen sind teils verschieden, können sich aber auch ursächlich verknüpfend darstellen.

Auf Übersäuerungen (und auch auf Magengeschwüre!) können u.a. folgende Symptome hinweisen: Rülpsen, Futterverweigerung, Abmagerung ohne andere Ursachenerkennung, Gehunlust, Leistungsverweigerung bzw. Leistungsmängel sowie Unkonzentriertheit bei der Arbeit, stoisches Verhalten mit Schmerzgesicht (z.B. zusammengekniffene Nüstern). In solchen Fällen hilft zunächst der/die erfahrene Tierarzt/Tierärztin vor Ort weiter.

Der Grund für auftretende Probleme (wozu als Symptome auch Durchfälle und Kotwasser zählen) ist, dass die ständige Zufuhr von Säure mit dem Grundfutter die körpereigenen Natriumbicarbonat-Reserven eines Pferdes u.U. angreifen können und mancher empfindliche Organismus bei (übermäßiger) Grassilagefütterung (pH 3,5 bis >5) dadurch systematisch übersäuert.

Man muss dazu auch wissen: Der Pferdekörper benötigt genügend Mineralstoffe und Spurenelemente, um Säuren zu neutralisieren. Fehlen diese, dann kann die Gefahr einer schleichenden Form der Entmineralisierung – besonders bei Jungpferden – bestehen. Es gilt deshalb vorsichtshalber grundsätzlich die Regel, dass Fohlen und Jungpferde – soweit möglich – k e i n e oder nur geringe Mengen Silage/Heulage fressen sollten. Für sie ist bestes Heu die richtige Raufuttergrundlage.

Einige Pferde reagieren auf eine zu hohe Säurezufuhr mit diffusen Stoffwechselstörungen, auch Verspannungen und Muskelverkrampfungen. Diskutiert wird, ob nicht auch (manche) Koliken bei mit Silage gefütterten Pferden eine Übersäuerungsfolge sein könnten. Festgestellt wurde bei Kolikern nämlich erhöhte Milchsäurekonzentration (NAPPERT, G. und JOHNSON, P. J., 2002).

Heu hat demgegenüber einen neutralen pH-Wert. Die Einspeichelung von Heu fördert die Bildung von Natriumbicarbonat und damit die Entsäuerung des Körpers. Nicht nur die Säure, sondern auch Histamin (Gewebshormon, das bei allergischen Reaktionen und für die Immunabwehr eine Rolle spielt) kann (nicht muss) bei einer langfristigen Fütterung von Silage negative Folgen nach sich ziehen.

Vorbeugung: Von daher ist zu raten, auch bei Verfütterung qualitätsvoller Grassilage (in Form der für Pferde am ehesten tauglichen sog. Heulage mit hohem Trockensubstanzanteil) nach Möglichkeit täglich auch noch Heu (wenigstens 1/3 der Gesamt-Raufutter-Tagesration) sowie immer zusätzlich handelsübliche Mineralstoffe nach Herstellerempfehlung beizufüttern. Auch können bei Grassilagefütterung zusätzlich verabreichte Spezialfuttermittel des Futtermittelhandels, die basenbildende Salze enthalten (Natriumhydrogencarbonat), positiv wirken und den natürlichen Entsäuerungsprozess unterstützen. Allerdings gilt Natriumhydrogencarbonat als Dopingsubstanz. Es sind deshalb bei der Teilnahme an Sportwettbewerben die jeweils aktuellen Vorschriften zu beachten, was stets rechtzeitiges Aussetzen der Zufütterung bedeutet (durchweg zwei bis drei Tagen nach dem Aussetzen sinkt der Natriumhydrogencarbonatpegel wieder auf Normalniveau).

Bei Berichten, die Nieren- und Leberprobleme sowie angelaufene Beine und Hufrehe auf Heulagefütterung zurückführen, spielen vermutlich immer Qualitätsmängel (toxische Bestandteile wie Schimmelpilze) der verfütterten Silage als Ursache die entscheidende Rolle. Untersuchungen (empirisch-faktische Erhebungen in einer Dokumentation von 2010) des Verfassers deuten darauf hin, dass sog. Robustrassen (Shetland, Isländer, Fjord) im Vergleich zu hochblütigen Rassen (u. a. Vollblutaraber, Vollblüter) in der Tendenz weniger Probleme mit Heulageverdauung und -verwertung aufweisen. Die genauen Ursachen sind nicht umfassend erforscht. Von außen sichtbare Zeichen für eine gestörte Verdauung sind bei Equiden u. a. weicher Kot und Kotwasserabgang. Bei vollblütigen Pferden zeigten sich bei 78 % der Pferde nach Heulagefütterung (= 60 % der Tages-Raufutterration bestand aus Heulage mit 45 % TS) mindestens etwas breiiger Kot und signifikant vermehrt Kotwasserabgang. Dies traf bei den Robustrassen nur auf 30 % zu. Die Symptome verschwanden weitgehend nach dreitägiger ausschließlicher Heufütterung. Diese Erhebung mag allerdings nur einen ersten Hinweis darstellen; sie zeigt aber in jedem Fall, dass gutes Heu ernährungsphysiologisch das beste Raufutter ist und Heulage als Kompromiss anzusehen ist.

Bei Renn-Vollblütern scheint in vielen Fällen eine Silagefütterung wenig sinnvoll, ja, schädlich zu sein, weil eine (oft

Rundballen-Wickelmaterial muss penibel aus Heu- und Strohballen beseitigt werden, damit nichts gefressen wird.

Silage wird heute vornehmlich durch Ballengärung hergestellt; sie darf erst nach Abschluss des Gärprozesses (bis zu ca. sechs Monate nach der Ernte) verfüttert werden.

Raufuttervergleich: Jeweils ein Kilo aufgeschütteltes Heu und Stroh. Ein Kilo Raufutter sollte stets täglich vor jedem Frühjahrs-Anweiden in den ersten zehn Tagen gefüttert werden.

bereits bestehende) durch hohen Kraftfutterverzehr bedingte Schädigung der Magenschleimhaut und des Darmmilieus durch Verfütterung von Silage/Heulage verstärkt werden kann. Die Folge sind u. a. Leistungseinbußen. Daraus könnte man vorsichtshalber als praktische Konsequenz herleiten, an Leistungspferde so wenig wie möglich angesäuerte Futtermittel wie Heulage zu verfüttern. Andererseits zeigen Experimente, dass bei Rennpferden die Zufütterung von milchsäurehaltigem Brottrunk durchaus vorteilhaft sein kann. Die genauen Zusammenhänge sind nur durch größere (kostenträchtige!) Feldversuche vollständig detektierbar.

Zusatzfutter

Zusatzfutter ergänzt bei Bedarf das Grundfutter (siehe Grafik 60, Seite 373) und wird eingeteilt in Einzelfuttermittel und Mischfuttermittel.

EINZELFUTTER

Einzelfuttermittel sind zum überwiegenden Teil Wirtschaftsfuttermittel, die landwirtschaftlich erzeugt werden, oder industrielle Nebenprodukte.

GETREIDEKÖRNER

Als Kraftfutter für die verschiedenen Leistungskategorien und als Energiezulage bei starkem Frost (z. B. bei Offenstallhaltung) oder auch – typabhängig – im Erhaltungsstoffwechsel werden Getreidekörner, vorwiegend Hafer, Gerste und Mais, zusätzlich zum Grundfutter gefüttert. Tabelle 57, Seite 409, enthält die wesentlichen Kriterien für Getreide; in Tabelle 58, Seite 409, sind die unterschiedlichen Inhaltsstoffe zum Vergleich enthalten.

Vergleicht man Hafer mit Gerste und Mais, fällt der höhere Energiegehalt und geringere PEQ von Gerste und Mais auf.

Tabelle 57

Getreidekörner (Hafer, Gerste, Mais)	
Kriterium	Erläuterung
Nährstoffgehalt	viel Energie (= Stärkegehalt hoch), 10 % Protein, wenig Fett (< 5 %)
Rohfasergehalt	10 % bei Hafer, Gerste 5 %, Mais 2 %
Ca:P-Verhältnis	unter 1:1 (kalziumarm, phosphorreich)
Protein:Energie-Quotient (PEQ)	Hafer 7,4: 1; Gerste 6,8:1; Mais 4,7:1
Vitamingehalt	Vitamin E, B-Vitamine (außer B_{12})
Lagerung/Fütterung	nach der Ernte 12 Wochen Trocknung; geschrotetes (= gemahlenes) oder gequetschtes Getreide ist nur max. 1 Woche lagerfähig, große Getreidemengen für Leistungspferde auf drei bis vier Rationen pro Tag verteilen (vorher Rauhfutter füttern)
Risiken	a) bei nicht leistungsangepaßten Rationen: Temperamentsveränderungen und Gefahr von Stoffwechselstörungen; besonders gefährdet sind Nordpferde (Hufrehe mit Hufbeinsenkung) b) einseitige Fütterung von Getreide – ohne Mineralstoffzufütterung – verursacht Störungen des Mineralstoff- sowie Säuren-Basen-Haushalts c) ernte- und lagerbedingte Muffigkeit signalisiert Schimmel und Fäulnis; Fremdkörper- und Schadstoffgehalt (Sand, Nagetierkot, Mutterkornpilz, Schwermetalle) wirkt stark qualitätsmindernd; Verfütterung kann Koliken oder Vergiftungen sowie Hufrehe verursachen d) überhöhte Mengen Stärke aus Getreidekörnern pro Mahlzeit führen zu Verdauungsstörungen, Defekten der Magenschleimhaut und Hufrehe (siehe Grafik 92, Seite 499) e) für laktierende Stuten und für Fohlen reicht die Proteinqualität (insbesondere Lysingehalt) u. U. nicht aus, wenn kein frisches Grünfutter zur Verfügung steht

Tabelle 58

Nähr-, Mineral- und Ballaststoffgehalt von Futtergetreide (Hafer, Gerste und Mais)
in g (DE in MJ) je kg Originalfutter (FS)

Getreide	TS	Rfr	Rft	Ca	P	DP	DE
Hafer	880	99	46	1,1	3,2	85	11,5
Gerste	880	50	24	0,6	3,4	87	12,8
Mais	880	23	41	0,4	2,8	64	13,6

Auch die Verdaulichkeit der Stärke ist unterschiedlich. Da die Gerste- und Maisstärke – im Gegensatz zur Haferstärke – im Magen und Dünndarm nur schwer verdaulich ist, sind hohe Gaben pro Mahlzeit zu vermeiden. Sonst sind Fehlgärungen und pH-Wert-Senkungen im Dickdarm durch überhöhten Zufluß unverdauter Stärke (vom Dünndarm in den Dickdarm) die Folge (sog. caecale Azidose). Durch mikrobielle Fermentation im Dickdarm treten dann auch energetische Verluste ein. Insofern sind hohe Gaben Gerste oder Mais pro Mahlzeit kontraproduktiv, denn die rein rechnerisch ermittelte verdauliche Energie, die dem Pferd mit einem überhöhten Rationsanteil zugeführt wird, steht energetisch für Leistungen nicht in dieser eingeplanten Größenordnung zur Verfügung.

Tabelle 59

Verdaulichkeit der Stärke von Hafer, Gerste und Mais in unterschiedlicher Konsistenz *)		
Getreideart	Konsistenz/Behandlung	Verdaulichkeit (Magen-Dünndarm)
Hafer	ganzes Korn	84 %
Hafer	gequetscht	85 %
Hafer	geschrotet	98 %
Gerste	gewalzt	21 %
Mais	ganzes Korn	29 %
Mais	gebrochen	30 %
Mais	gemahlen (< 2 mm)	46 %
Mais	hydrothermisch	90 %

*) Datengrundlage:

KIENZLE et al. (1992), KLEFFKEN (1993), MEYER et al. (1993), ILLENSEER (1994), ROTTMANN (1994)

Die Fütterung von Gerste und Mais sollte je 100 kg LM pro Mahlzeit auf 0,2 kg bei Nordpferden und 0,3 kg bei Südpferden beschränkt werden. Für Hafer empfehlen sich als Grenzwerte 0,3 kg für Nordpferde und 0,5 kg für Südpferde je 100 kg LM und Mahlzeit, s. Tabelle 77, Seite 455.

Als Folge überhöhter Stärkemengen im Dickdarm wird die Darmflora geschädigt, giftige Stoffe werden frei, die in die Blutbahn gelangen und sich als Kolik, Lahmheit oder Hufrehe zeigen. Auch die Futteraufnahme kann durch Kraftfutterüberfütterung enorm herabgesetzt sein. Man spricht dann von einem »sauergefütterten« Pferd. Nach ZEYNER et al. (1992) bewirken die Säureveränderungen im Dickdarmbereich auch eine Senkung des Kot-pH-Wertes. Durch Probenahme und pH-Wert-Messung (Kotwasseranalyse) ist eine tierärztliche Diagnose und diätetische Therapie möglich.

Hafer wurde in der leistungsorientierten Landwirtschaft durch Mais abgelöst, der sich für die Mast besser rechnet. Für die Pferdefütterung hat Hafer nach wie vor große Bedeutung. Walzhafer (auch »Quetschhafer« genannt) eignet sich u. a. vorzüglich für säugende Stuten und Fohlen.

Hafer

Während die Verwendung von Weizen und Gerste schon in den frühesten menschlichen Kulturen (z. B. in Shanidor/Irak, 5000 v. Chr.) gebräuchlich war, ist lediglich aus dem alten China der Anbau des sog. Nackthafers (Avena nuda) bekannt. Offenbar ist aber der Hafer nicht von dort nach Europa importiert worden, sondern wurde hier selbst zunächst für den Viehfutterbereich kultiviert. Für die gesamte Ernährung in Europa hat Hafer seit der Bronzezeit große Bedeutung erlangt. Funde in bronzezeitlichen Siedlungen (in Dänemark, der Schweiz und im deutschen Bodenseegebiet) weisen auf die zentrale Bedeutung des Hafers auch für die menschliche Ernährung hin. So galt »Haferbrey« oder »Mus« bis ins 16. Jahrhundert als Hauptnahrungsmittel, das von Naturforschern und Ärzten in seiner Kraft und Bekömmlichkeit gepriesen wurde. Unter günsti-

Grafik 71

Hafer

• Kurzbeschreibung/Fütterungsratschläge •

Auf einen Blick:

• Hafer (Avena sativa) ist als Einzelfutter sowie als Bestandteil von Mischfutter das bevorzugte Getreide.
• Je größer die Körner (Litergewichte über 550 g), desto höher ist der Energiegehalt – bei vermindertem Protein- und Rohfasergehalt.

Hafer = Rispengetreide; längliche, bespelzte Körner; vereinzelt Grannen.

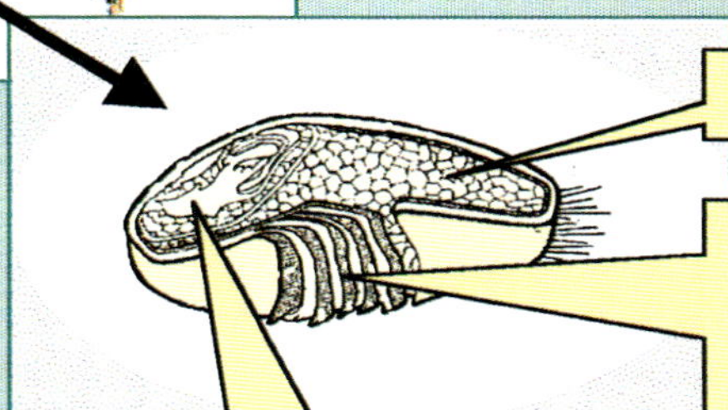

Durchschnittswerte für Hafer unterschiedlicher Korngröße (in g)

Korn	*Liter-gewicht*	*Rohfaser*	*Roh-protein*	*Rohfett*	*N-freie Extraktstoffe*
klein	< 450	150	127	56	499
mittel	450-550	103	103	48	582
groß	> 550	81	82	42	632

Durchschnittswerte für die Berechnung von Kraftfutterrationen
(Hafer der oberen Qualitätsstufe = mittelgroße Körner)
- Werte je kg *Trockensubstanz* (TS) -

DP	DE	Ca	P	Na	Cl	Rohfaser
97 g	13,09 MJ	1,2 g	3,6 g	0,2 g	1,0 g	113 g

DP	DE	TS-Gehalt
85 g	11,52 MJ	880 g

← je kg *Frischsubstanz* (FS)

Praxis:

Größere Haferrationen (= Vitamin-/Kalziummangel) erfordern Zusatzfutter.

Tabelle 60

Beurteilungskriterien für Haferkörner

Kriterium	Erläuterung
Litergewicht (ganze Körner)	> 550 g bis 600 g = schwere Sorte/hoher Nährstoffgehalt 450 bis 550 g = normale Sorte/mittlerer Nährstoffgehalt < 450 g = minderwertige, flachkörnige Sorte
Litergewicht (gequetschte Körner)	rund 25 bis 30 % unter dem Gewicht ganzer Körner
Farbe der Spelzen	gelb, weiß, schwarz (Sortenfarbe ist ohne Einfluß auf den Nährwert)
Farbveränderungen	graue oder grau-braune Stellen weisen auf Schimmel hin, grüne Körner sind unreif; Querschnitt des Korns: normal weiß, bläulich-grau = Schimmel
Geruch	säuerlicher, ranziger oder muffiger Geruch = Qualitätsmängel
Geschmack	normal nußartig, süßlich; bei Abweichungen liegt Unreife oder Schimmelbefall vor
Fremdkörper, Verunreinigungen	Unkrautsamen, Erde, Sand, Milben, Mutterkorn, Nagetierkot sind mit einem Anteil von gut 1 % stark qualitätsmindernd und teils giftig/schädlich; Mutterkorn und Nagetierkot sind besonders gefährlich
Risiken	alle Farbveränderungen, Geruchs- und Geschmacksabweichungen sowie übermäßige Anteile schädlicher Fremdkörper führen zu Störungen oder Erkrankungen (z. B. Vergiftungen durch Mutterkorn oder Leptospirose durch Nagetierkot)

gen Erntebedingungen werden meist auf sandigen Lehmböden Erträge um 50 dz/ha erwirtschaftet (auf besseren Böden auch gut 60 dz/ha). Für kundige, pferdehaltende Landwirte ist es auch heute noch (fast) Ehrensache, selbst den Hafer anzubauen und nach richtiger Trocknung auch beste Qualitäten zu lagern und zu verfüttern.

Trotz des großen Angebotes an industriellen Haferersatz-Mischfuttermitteln hat Hafer in der Pferdefütterung nach wie vor große Bedeutung (siehe Grafik 71, Seite 411). Aufgrund des hohen Spelzenanteils und seiner Korngröße wird er von Pferden recht gut gekaut und bis zum Ende des Dünndarms zu über 80 % hervorragend verdaut. Quetschen des Hafers ist erforderlich für Fohlen, Jungpferde sowie sehr alte Pferde oder Pferde bis zum Alter von 6 Jahren im akuten Zahnwechsel. Auch bei sehr gierigen Pferden, die aufgrund mangelnder Kau- und Speicheltätigkeit zu Schlundverstopfungen neigen, kann sich Quetschen empfehlen. Wenn gelegentlich im Mist nur wenige Haferkörner zu sehen sind, kann eine Zahnbehandlung notwendig sein. Rein wirtschaftlich – von der Futterverwertung her gesehen – sind ein paar unverdaute Körner bedeutungslos und rechtfertigen nicht den Aufwand des Quetschens (zumal durch das Quetschen Kautätigkeit mit Einspeichelung ungünstig herabgesetzt werden). Grundsätzlich wird durch das Quetschen nach WUSTRAU (1984) die Verdaulichkeit etwas erhöht.

Nährstoffgehalt und Gesamtqualität schwanken in Abhängigkeit von der Herkunft (Bodenart), der Saatpflege und den Ernte-, Trocknungs- und Lagerbedingungen ganz erheblich. Körner müssen mindestens 86 % TS aufweisen. Feuchte Körner verlieren Kohlenhydrate durch Veratmung, sie werden muffig und schimmelig, fördern Milbenbesatz und sind als Futter wertlos. Generell gilt, daß große, runde Körner einen höheren Nährwert

Grafik 72

Gerste

• Kurzbeschreibung/Fütterungsratschläge •

Körner: oval, bespelzt in überwiegend zweizeiliger Ähre; lange Grannen.

☛ Auf einen Blick:

• Einzelfutter/auch Mischfutter;
• verglichen mit Hafer ist Gerste härter und rohfaserärmer, aber energiereicher (PEQ geringer).

Durchschnittswerte für die Berechnung von Kraftfutterrationen

- Werte für Wintergerste je kg *Trockensubstanz* (TS) -

DP	DE	Ca	P	Na	Cl	Rohfaser
99 g	14,59 MJ	0,7 g	3,9 g	0,2 g	1,5 g	57 g

DP	DE	TS-Gehalt
87 g	12,84 MJ	880 g

← je kg *Frischsubstanz* (FS)

Grafik 73

Mais

• Kurzbeschreibung/Fütterungsratschläge •

Bis 4 m hohe Halme (gefüllt mit Mark); Körner in Kolben.

☛ Auf einen Blick:

• Einzelfutter/auch Mischfutter;
• verglichen mit Hafer ist Mais protein- und rohfaserärmer, aber energiereicher (PEQ geringer).

Durchschnittswerte für die Berechnung von Kraftfutterrationen

- Werte je kg *Trockensubstanz* (TS) -

DP	DE	Ca	P	Na	Cl	Rohfaser
73 g	15,45 MJ	0,4 g	3,2 g	0,1 g	0,7 g	26 g

DP	DE	TS-Gehalt
64 g	13,59 MJ	880 g

← je kg *Frischsubstanz* (FS)

Grafik 74

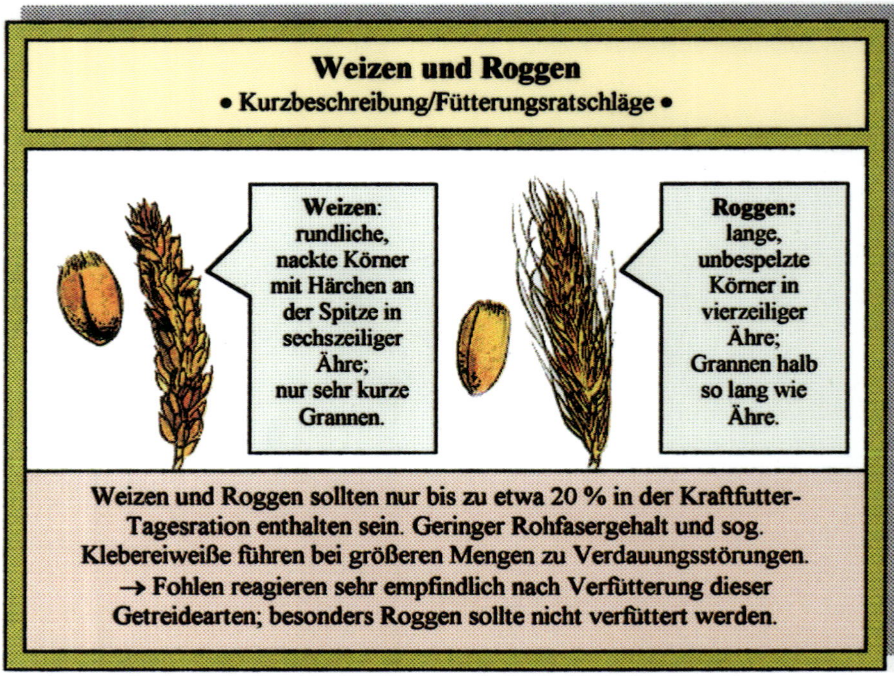

besitzen als schmale, leichte Körner. Hafer enthält relativ hohe Mengen an ungesättigten Fettsäuren (Linolsäure) und verdauungsgünstig wirkenden Schleimstoffen. Da das Ca:P-Verhältnis (wie in allen Getreidearten) sehr eng ist, muß – bei starkem Haferanteil an der Gesamtration – Kalzium über das Grundfutter oder bevorzugt über Mineralfutter zugefüttert werden.

Gerste

Wenn Gerste (siehe Grafik 72, Seite 413) als Pferdefutter eingesetzt wird, empfiehlt sich die Verwendung von Braugerste, die eiweißärmer ist als andere Gerstensorten. Da das Korn der Gerste sehr hart ist und die Verdaulichkeit (vergleiche Tabelle 59, Seite 410) im Magen-Dünndarm-Bereich schlechter ist als bei Hafer, sollten Gerstenkörner immer sehr fein geschrotet (= gemahlen) werden. 1 kg Hafer kann durch 0,9 kg Gerste ersetzt werden, wobei pro Mahlzeit die auf Seite 410 empfohlenen Grenzen eingehalten werden sollten (s. auch Tabelle 77, S. 455).

Mais

Im Vergleich zu Hafer hat Körnermais (s. Grafik 73, S. 413) einen höheren Energiegehalt und einen besseren PEQ, weil er eiweißärmer und rohfaserärmer ist. Genau wie Gerste, sollte Mais immer fein geschrotet und nur in den beschriebenen begrenzten Mengen pro Mahlzeit verfüttert werden. 0,8 kg Mais ersetzt 1 kg Hafer. In industriellen Mischfuttern wird Mais thermisch behandelt (ähnlich dem typischen »Popkorn«) beigemischt. Die thermische Behandlung verbessert die Verdaulichkeit von Mais beträchtlich (siehe zum Herstellungsverfahren auch S. 434).

Weizen und Roggen

Wenn in landwirtschaftlichen Betrieben Weizen und Roggen (siehe Grafik 74, oben) vorhanden sind, können diese

Getreidearten als kleiner Teil der Kraftfutterration für ausgewachsene Pferde dienen. Grundsätzlich sollte auf dieses Getreide verzichtet werden. Bei stärkerem Einsatz führen Verkleisterungen zu Störungen der Magenverdauung. Ähnliches gilt für **Triticale** (= Kreuzungsgetreide Weizen x Roggen), über dessen Verwendung im Bereich der Pferdefütterung wenig praktische Erfahrungen vorliegen. Auch beim Bestreben, in landwirtschaftlichen Pferdehaltungen kostengünstig zu füttern, empfiehlt sich Verwendungsverzicht.

MÜHLENNACHPRODUKTE

Beim Mahlen von Getreidekörnern zur Herstellung von Mehl und Nährmitteln wird zunächst der eigentliche Mehlkörper (80 % des Kornes) von der äußeren Schale (knapp 20 % des Kornes) mit dem Getreidekeim (1 % des Kornes) abgetrennt. Dabei fallen – abhängig vom Herstellungsverfahren – 25 % bis gut 40 % des Kornes als sog. Mühlennachprodukte an. Solche überwiegend mehligen Nachprodukte werden eingeteilt in

- Ausputz (= Abfall, kein Futtermittel),
- Schälkleie und Kleie (mit über 50 % Schalenanteil) und
- Bollmehl, Futtermehl und Nachmehl (mit unter 50 % Schalenanteil).

Für die Pferdefütterung ist vor allem Weizenkleie, die gern gefressen wird, von größerer praktischer Bedeutung. Im Vergleich zum Weizenkorn ist die Kleie rohfaser-, protein- und phosphorreicher bei sehr engem Ca:P-Verhältnis (siehe Tabelle 61, unten). Bei stärkeren Kleierationen muß das Kalziumdefizit immer durch Zufütterung eines Kalziumpräparates ausgeglichen werden (z. B. durch kohlensauren Futterkalk). Begrenzt werden sollte die tägliche Kleiefütterung auf maximal 0,2 kg/100 kg LM, um Störungen (Mineralstoffwechsel sowie Gefahr der Darmsteinbildung) zu vermeiden und auch keine zu starke abführende Wirkung, die kleietypisch ist, ungewollt zu erzielen.

STROH

Als willkommenes Zusatzfutter und teilweiser Ersatz des Grundfutters ist Stroh (siehe Grafik 75, Seite 416) in erster Linie nicht Nährstofflieferant, sondern dient der Kaubeschäftigung. Insbesondere bei Stallpferden mit keinem oder nur geringem Weidegang dient rohfaserreiches Stroh aus der Einstreu (besser: aus Fut-

Tabelle 61

Futterwert einiger Mühlennachprodukte und Vergleich mit Haferkörnern (je kg)

a) Weizenkleie							
TS/FS	TS	Rp	Rfr	Ca	P	DP	DE
TS	1000 g	160 g	134 g	1,5 g	13,4 g	119 g	11,03 MJ
FS	880 g	141 g	118 g	1,3 g	11,8 g	105 g	9,71 MJ
b) Haferfuttermehl							
TS/FS	TS	Rp	Rfr	Ca	P	DP	DE
TS	1000 g	152 g	59 g	1,5 g	4,8 g	118 g	14,10 MJ
FS	910 g	138 g	54 g	1,4 g	4,4 g	107 g	12,84 MJ
c) Haferfutterflocken							
TS/FS	TS	Rp	Rfr	Ca	P	DP	DE
TS	1000 g	139 g	22 g	0,9 g	4,4 g	106 g	15,30 MJ
FS	910 g	127 g	20 g	0,8 g	4,0 g	97 g	13,93 MJ
Zum Vergleich: Futterwert von Haferkörnern							
TS/FS	TS	Rp	Rfr	Ca	P	DP	DE
TS	1000 g	123 g	113 g	1,2 g	3,6 g	97 g	13,09 MJ
FS	880 g	108 g	99 g	1,1 g	3,2 g	85 g	11,52 MJ

Grafik 75

Stroh

• Verwendung, Futterwert, Qualitätsmerkmale •

Rundballen wiegen 250 bis 350 kg (= etwa 20 bis 25 kleine HD-Ballen).

Um Schimmelbildung zu verhindern, Rundballen nie längere Zeit nach dem Pressen im Freien liegen lassen.

☛ Auf einen Blick:

- Getreidestroh ist eiweißarm bei hohem, ligninreichen Rohfasergehalt.
- Es eignet sich als Zusatzfutter zur Ergänzung des erforderlichen Grundfutters (Rauhfutter).
- Kombiniert mit anderen Zusatzfuttermitteln (Kraftfutter sowie Vitamin- und Mineralfutter) kann es bis zu 1 kg je 100 kg LM das tägliche Grundfutter (Heu oder Weidegras) ersetzen.

Durchschnittswerte für unterschiedliches Stroh

- Werte je kg *Trockensubstanz* (TS) -

Getreideart	DP	DE	Ca	P	Na	Rohfaser
Hafer	13 g	6,67 MJ	3,7 g	1,4 g	1,8 g	443 g
Roggen	17 g	6,87 MJ	3,0 g	1,0 g	1,5 g	468 g
Weizen	10 g	5,52 MJ	3,0 g	0,9 g	0,9 g	441 g
Gerste	11 g	6,28 MJ	3,9 g	1,0 g	1,3 g	434 g
Gerste *)	11 g	7,40 MJ	3,9 g	1,0 g	1,3 g	446 g

- Werte je kg *Frischsubstanz* (FS) -

Getreide	DP	DE	TS
Hafer	11 g	5,74 MJ	860 g
Roggen	15 g	5,91 MJ	860 g
Weizen	9 g	4,75 MJ	860 g
Gerste	9,5 g	5,40 MJ	860 g
Gerste *)	9,5 g	6,36 MJ	860 g

*) aufgeschlossen mit Ammoniak (NH_3)

Grundsatz:

Stroh muß hygienisch einwandfrei sein. Auch Einstreustroh wird gefressen. Tagesbedarf bei Boxenhaltung: je qm Liegefläche mindestens 1 kg Stroh.

Praxis:

Kriterium	*Qualitätsbeurteilung*
Geruch	frisch-strohig = gute Qualität; muffig = Risiko
Struktur/ Verunreinigung	rauh und ohne Fremdkörper = gute Qualität weich oder fein oder klamm mit viel Schmutz = Risiko Schimmel oder Milben = extremes Risiko
Farbe	gelblich = gute Qualität; ausgeblichen = verregnet/alt

Doppel-Pferdetransport-Anhänger fassen maximal 50 HD-Ballen Heu/Stroh.

terraufen oder Netzen) durch die Kaubeschäftigung auch als Sättigungselement sowie zur Versorgung der Mikroorganismen im Dickdarm mit Rohfaserstoffen.

▸ **Bei Pferden (primär Nordpferden) mit überdurchschnittlich starkem Freßtrieb hat sich Stroh als nährstoffarmes Beschäftigungsfutter zu reglementiertem (= stark begrenztem) Weidegang zur Vermeidung von pathologischer Fettsucht bewährt. Dadurch wird auch ein leistungshemmender übermäßiger Heu- oder Weidebauch vermieden, weil Stroh weniger Wasser im Darm bindet als Weidegras oder Heu (= weniger Gewicht des Darminhalts).**

In zweiter Linie – besonders bei hohen Kraftfutterrationen mit starkem Proteingehalt – wirkt das proteinarme Stroh ausgleichend. Das gilt ebenfalls für die Erweiterung des engen Ca:P-Verhältnisses typischer Kraftfutterrationen. Getreidestroh mit Ca:P-Verhältnissen von 2,6:1 bis 3,3:1 gleicht den Kalziummangel teilweise aus. Wenn Pferde in Boxen gehalten werden, muß als Streustroh gute Qualität verwendet werden, denn Strohaufnahmen von 4 bis 6 kg je Tag sind z. B. bei Großpferden durchaus normal. Von daher sind als Einstreumenge je qm Boxenfläche mindestens 1 kg anzusetzen. Im Durchschnitt rechne man mit 12 bis 14 kg Stroh (gut 3/4 eines HD-Ballens) pro Pferd/Tag. Wird Stroh als Futterzusatz oder Einstreu gehäckselt, empfehlen sich Halmlängen um 5 cm, da bei kürzerer Häckselung der Kaureiz zu gering sein kann. Folge mangelnder Kautätigkeit sind u. a. Darmverstopfungen (Obstipationen).

Im Zusammenhang mit Strohfütterung ist wichtig zu wissen (insbesondere zur Fütterung von Springpferden oder Rennpferden, die für kurzzeitige Leistungen »fit« sein sollen), daß – neben Zusatzfutter (= Kraft- und Mineralfutter) – Stroh und spät nach der Blüte geerntetes Heu zusammen als Grundfutter (= Rauhfutter) eingesetzt werden sollten. Der Grund liegt darin, daß sowohl Heu aus frühem Schnitt (ebenso wie Weidegras) in der Rohfaser (Hemicellulosen, Pektine) bei der Verdauung im Darmkanal mehr Wasser speichern kann als solches Rauhfutter, das stärker verholzt ist, weil es –

Qualitätsmängel bei Stroh werden nicht selten verursacht durch zu frühes Pressen, Staubeintrag beim Pressen und unsachgemäße Lagerung in Außenlagern unter Planen.

neben Hemicellulosen und Pektinen – mehr Lignin enthält. Der Holzstoff Lignin aber stößt Wasser ab, weshalb die Darmfüllung (und damit das ungünstig belastende Gewicht des Wassers) bei Strohfütterung geringer und leistungsverträglicher ist – bei trotzdem guter Kaubeschäftigung. Immerhin bestehen rund 80 % des Darminhaltes aus Wasser! Bei Pferden, die Ausdauerleistungen (z. B. Distanzritte) absolvieren, ist höherer Wassergehalt im Darm dagegen nützlicher. Bei ihnen trägt z. B. gerade die Fütterung von Wiesenheu dazu bei, im Darmkanal ein zusätzlich nutzbares, wichtiges Wasser- und Elektrolytreservoir vorzuhalten, weil Wiesenheu bei der Verdauung in seinen Fasern stärker Wasser speichern kann als Stroh. Das erspart zwar nicht regelmäßiges Tränken oder Elektrolytzufuhr in Pausen während eines Distanzrittes, vermindert aber die erheblichen Gesundheitsgefahren als Folge innerer Austrocknung (Dehydration) während des Rittes (siehe hierzu auch Grafik 89, Seite 480).

Aufgrund moderner Erntemethoden gepaart mit Arbeitskräftemangel in der Landwirtschaft sind die Strohqualitäten in den vergangenen Jahrzehnten allgemein rapide gesunken. Gründe dafür sind relativ bescheidene oder keine Ansprüche an die Strohqualität – aus Sicht der Nutztierhaltung. Einhergehend damit wird heute nicht selten sofort hinter dem Mähdrescher die Strohpresse aufs Feld

Voraussetzungen für gute Strohqualität:

- trockene Witterungsbedingungen bei der Ernte und beim Pressen,
- Zusammenschwaden des Strohs nach dem Mähen und wenigstens einmaliges Schwadwenden am folgenden Tag vor dem Pressen,
- Reduzierung des Schmutzeintrags durch angepaßte, nicht zu tiefe Einstellung des Pick-Ups der Strohpresse unter Inkaufnahme von auf dem Acker verbleibenden Strohresten,
- tägliches Wenden und Schwaden nach Regenfällen, um Fäulnisprozessen vorzubeugen und
- luftige Unterdachlagerung; stets bei ebenerdiger Lagerung: Baufolie und Kanthölzer/Rundstangen auf den Boden legen, um den Aufstieg von Bodenfeuchte zu verhindern und die notwendige Luftzirkulation unter dem darauf zu lagernden Stroh sicherzustellen (siehe im Kapitel »Lagerung« Grafik 80, Seite 441).
- Vielversprechend wird mancherorts »Bio-Stroh« aus herbizidfreiem Anbau feilgeboten. Dieses Stroh muß allein wegen des »Bio-Werbeeffekts« nicht schon besser als anderes Stroh sein. Entscheidend ist gerade bei sog. Biostroh, ob es wirklich einwandfrei trocken ist, denn im Biostroh wachsen weit mehr Gräser (wegen des herbizidfreien Anbaus) als im »konventionellen« Stroh. Der Grasanteil bedeutet verstärkten Wassergehalt des gemähten Materials. Entsprechend muß das Mähgut gewendet werden, was durchweg arbeitsintensiver ist und einen Tag mehr Trocknungszeit als bei herkömmlichem Stroh nach sich ziehen kann. Ist Biostroh tatsächlich trocken und entsprechend aufwendiger geerntet worden, lohnt es sich, dafür etwas mehr zu bezahlen, denn es ist die beste Futterstrohqualität (Preis in Ackerbaugebieten je dz etwa 14 Euro; für einen 15 kg schweren kleinen HD-Ballen sind das 2,00 Euro). Enthält das Stroh vermehrt sehr feine Gräser (z. B. Windhalm, der sich auf Bioäckern gerne in mehrere Quadratmeter großen Horsten ansiedelt), wirkt dies qualitätsmindernd, denn diese Gräser werden schlecht gekaut und können bei Pferden mit Zahnschäden oder bei Jungpferden im Zahnwechsel zu Verstopfungen führen (u. U. kann auch giftiges Kreuzkraut enthalten sein).

geschickt, um in hohem Tempo (mit zu tief eingestelltem Pick-Up der Presse und großen Staubwolken) Großballen zu pressen. Diese Großballen weisen dadurch oft erhebliche Schmutzanteile auf.

▸ **Muffiges, schmutziges oder faules Stroh ist Gift für jede Pferdehaltung. Zwar wird solches Stroh wegen des muffigen Geruchs von Pferden nur bei großem Hungergefühl gefressen, doch auch als Einstreumaterial ist es nicht zu gebrauchen. Abzuraten ist davon, weil u.a. die enthaltenen Schimmelpilzsporen und der Staub aufgewirbelt sowie beim Liegen oder Wälzen eingeatmet werden. Das löst auf Dauer Allergien (z.B. C.O.P.D.) mit Husten aus.**

Für die Praxis ist aus diesen Gründen weniger wichtig, welche Strohsorte Pferde bevorzugen. Wichtig ist, daß man überhaupt die geeignete, saubere und trockene Qualität – unabhängig von der Sorte – bekommt. Denn jedes qualitativ befriedigende Getreidestroh kann als Futter oder Einstreu eingesetzt werden. Das gilt auch für Gerstenstroh, das früher wegen der langen Grannen, die angeblich zu Schleimhautreizungen hätten führen können, bei Pferdeleuten verpönt war. Dergleichen ist nicht nachgewiesen, zumal durch moderne Erntegeräte ein Teil der Grannen zerbröckelt.

MOHRRÜBEN, OBST UND GARTENGEMÜSE

Als schmackhaftes Saftfutter mit hohem Zuckergehalt sind Mohrrüben während der vegetationslosen Zeit ohne Weidegang für Pferde eine willkommene Delikatesse. Sie wirken appetitanregend und verfügen – auch nach längerer Lagerzeit – noch über hohe β-Carotingehalte. 2 kg je 100 kg LM decken den β-Carotinbedarf, der besonders bei Stuten und Fohlen ohne Weidegang mit Mohrrübenfütterung gut auszugleichen ist. Die Provitamin- bzw. Vitamingehalte der roten Mohrrüben (botanisch zur Umbellifen-Gruppe zählend) liegen bei 60 mg β-Carotin bzw. 4 mg Vitamin E. Gelbe Mohrrüben dagegen weisen nur etwa ein Drittel dieser Vitaminmengen auf. Rote Mohrrüben sind – wenn nur mäßig gedüngt – für die Pferdefütterung vorzuziehen.
Gartengemüse (siehe Grafik 76, Seite 420) ist kein typisches Pferdefutter, kann aber frisch geerntet, sauber gewaschen und ohne angefaulte Teile oder schmutzige Wurzeln an Pferde verfüttert werden. Gleiches gilt sinngemäß für manches Obst (siehe Grafik 77, Seite 421). Gemüse bringt Abwechslung in den Speiseplan des Pferdes. Oft sind bei vorhandenen Nutzgärten in der Erntesaison große Mengen Gemüse kaum zu verwerten. Dann ist es sinnvoll, das Gemüse zu verfüttern. Während große Mengen Salat gut vertragen werden, führt zuviel Kohl allerdings zu Gasbildungen im Magen-Darm-Trakt und wirkt blähend, weshalb davon nur geringe Mengen gefüttert werden sollten. Gut angenommen werden neben Salat auch Melonen und Rote Beete (auch Rote Rübe genannt). Obst vieler Sorten wird von Pferden wegen des hohen Fruchtzuckergehaltes sehr gerne gefressen. Es können reife, nicht angefaulte und vor allem wurm- und insektenfreie Kernobstsorten, in erster Linie Äpfel, bis zu täglich 1 kg/100 kg LM verfüttert werden. Steinobst (z.B. Kirschen, Pflaumen, Pfirsiche) eignet sich nicht für Pferde. Vorsicht ist immer bei Weidegang auf Flächen mit Obstbäumen (»Streuobstwiesen«) geboten. Dort wird Obst durch die weidenden Pferde mit großer Akrobatik genüßlich gepflückt oder Fallobst ebenso unkontrolliert aufgenommen. Das führt (neben Augenverletzungen durch Äste beim Pflücken) zu Durchfällen und manchmal zu lebensbedrohlichen Insektenstichen, weil sich Wespen gerne in Fallobst bohren und

Grafik 76

Gartengemüse

• Kohl, Melonen, gelbe und rote Mohrrüben, Radieschen, Rote Beete •

Risiko: Zuviel Kohl = Kolik

☛ Auf einen Blick:

Nicht angefaultes, gewaschenes Gartengemüse ist schmackhaftes, vitaminreiches Beifutter.

• Geringer Rohfasergehalt = Durchfallgefahr!

Durchschnittswerte für Mohrrüben - je kg -

	Rfr	Ca	P	DP	DE MJ
TS	92 g	3,8 g	3,0 g	81 g	15,1
FS	10 g	0,4 g	0,3 g	9 g	1,7

Praxis:

Mohrrüben: pro 100 kg LM 2 kg/Tag;

➡ grüne Köpfe abschneiden.

ihre Bohrgänge nicht schnell genug vor der Futteraufnahme verlassen können. Im Pferdemaul stechen sie dann in die empfindlichen Schleimhäute.

Mohrrüben und sonstiges Gemüse müssen nicht zerteilt werden. Allerdings wird die Futteraufnahme für das Pferd etwas erleichtert, wenn das Futter grob zerkleinert wird (Mindestgröße bei Mohrrüben oder Äpfeln: Würfel mit 5 cm Kantenlänge). Zerkleinerung fördert in erster Linie die Fütterungshygiene, denn manche Pferde neigen dazu, unzerteilte Salatköpfe, Möhren oder Äpfel aus der Krippe heraus komplett ins Maul zu nehmen, dann Teile abzubeißen und anschließend den Rest zu Boden fallen zu lassen. Bei Äpfeln kann durch Zerteilung auch auf Parasiten- oder Insektenbefall kontrolliert werden. Hastig fressenden Pferden ist das Futter allerdings nicht zu zerkleinern. Generell sind solche Futtermittel auch nie zu vermischen (z. B. keine Möhren oder Äpfel mit Pellets mischen), um Schlundverstopfungen vorzubeugen, die bei Fohlen und Jungpferden im Zahnwechsel durch Vermischen unterschiedlichen Futters zu befürchten sind.

RÜBEN

Neben der Mohrrübe (Daucus carota) gibt es zwei weitere Rübenarten (Beta-Rübe und Brassica-Rübe) mit unterschiedlichen Sorten. Während vorwiegend in landwirtschaftlichen Betrieben mit Pferdehaltung einige Beta-Rübensorten als Futtermittel von Bedeutung sind (Futterrüben: Gehalts- und Massenrüben), werden Brassica-Rüben (Steckrüben und Stoppelrüben) nur selten verfüttert. Die als Zwischenfrüchte für Wiederkäuer angebauten Steckrüben und Stoppelrüben sind wegen des Gehalts an Senfölen wenig schmackhaft und können bei Pferden durch sog. Kropfnoxen Schilddrüsenfunktionsstörungen hervorrufen. In den Tabellen 62 und 63, siehe Seiten 422 und 423, sind die unterschiedlichen Inhaltsstoffe aller Rübenarten dargestellt.

Grafik 77

Obst

• Kernobst, Steinobst, Weintrauben, Südfrüchte •

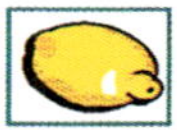

Auf einen Blick:

Reifes, nicht angefaultes, gewaschenes Obst kann in kleinen Portionen gefüttert werden.

• Geringer Rohfasergehalt = Durchfallgefahr!

Durchschnittswerte für Äpfel

	Rfr	Ca	P	DP	DE MJ
TS	58 g	0,7 g	0,8 g	13 g	14,5
FS	9 g	0,1 g	0,1 g	2 g	2,2

Risiko: Steinobst, Zierobst, Fallobst.

Praxis:

Äpfel in Würfel schneiden, um die Aufnahme aus dem Trog zu erleichtern.

Industriezuckerrüben enthalten viel Zucker (66% in der TS), ebenso die Futterzuckerrüben (58% in der TS). Sie eignen sich für arbeitende Pferde als proteinarmes Zusatzfutter zur Energieversorgung. Aufgrund des hohen Wasser- und des niedrigen Rohfasergehaltes (nur ein Drittel Rohfaser im Vergleich zu Weidegras) muß bei Rübenfütterung genügend Rauhfutter angeboten werden. Für nichtlandwirtschaftliche Pferdehaltungen können Rüben, so man sie in kleinen Mengen beziehen und kühl lagern kann, eine gute geschmackliche Aufwertung der Tagesrationen darstellen. Zweckmäßig ist, Rüben vor der Verfütterung mit Wasser und einer weichen Bürste zu reinigen und in handdicke Scheiben zu schneiden.

Die zur Rinderfütterung hergestellte Rübenblattsilage wird nur selten den hygienischen Anforderungen gerecht, die bei der Pferdefütterung zur Vermeidung von Sandkoliken unabdingbar sind. Auch aufgrund geringer Rohfasergehalte (nur 15 bis 16% in der TS) kann Rübenblattsilage nur in sehr kleinen Mengen zusammen mit genügend Rauhfutter eingesetzt werden.

ZUCKERRÜBENPRODUKTE

Industriezuckerrüben dienen der Zuckergewinnung. Dies geschieht durch technische Verfahren, bei denen die Rüben zunächst gewaschen, klein geschnitzelt (= Vollschnitzel) und danach mit heißem Wasser ausgelaugt und mit Kalkmilch (= Scheidekalk) behandelt werden. Der zuckerhaltige Saft wird anschließend gereinigt, eingedickt (= das Wasser verdampft) und zu Zucker kristallisiert. Rückstände dieses Produktionsverfahrens sind hauptsächlich braune Melasse (eine klebrige, zähe Zuckerflüssigkeit) und das ausgelaugte Rübenmark (= sog. Naß- oder Diffusionsschnitzel).

Melasse enthält in der Trockensubstanz 23% Rohwasser, 13% Rohprotein aus nichteiweißartigen, stickstoffhaltigen Amiden (= rund 80 g DP/kg FS), etwa 50% Zucker, viel Kalium (35 g/kg FS) und Natrium

Melasse kann eingesetzt werden bei:

- Leistungspferden, denn aufgrund des hohen Kalium- und Natriumgehaltes ist Melasse als Futterzusatz recht gut gerade für Pferde mit hohen Schweiß-(= Elektrolyt-)verlusten (z. B. bei Distanzritten) geeignet;
- Zuchtstuten, da wegen der abführenden Wirkung Melasse nach ZEYNER (1995) zur Entlastung des Verdauungstraktes tragender Stuten kurz vor der Geburt des Fohlens, aber auch in der Kolikprophylaxe (nicht nur bei Zuchtstuten) hilfreich sein kann;
- der Mischfutterherstellung, denn Melasse eignet sich in Anteilen von bis zu 5 % hervorragend zur Verbesserung von Schmackhaftigkeit und Akzeptanz sowie zum Pelettieren (»Zusammenkleben«) industriell hergestellten Mischfutters. Besondere Beachtung verdient bei melassehaltigen Futtermitteln das Haltbarkeitsdatum!

(6 g/kg FS). Melasse wird sehr gerne gefressen und zweckmäßigerweise wegen der sirupartigen Konsistenz anderen Futtermitteln in kleinen Mengen beigemischt. Da starker Durst und Durchfälle hohen Melassegaben folgen, empfehlen sich nur geringe Mengen, die täglich 0,2 kg/100 kg LM nicht übersteigen sollten.

Naßschnitzel (= ausgelaugtes Rübenmark, auch Preßschnitzel genannt) sind leicht verderblich, sie können in kleinen Mengen sofort frisch verfüttert oder hygienisch einwandfrei – mit Zusatz von Melasse – siliert werden. Energie- und kalziumreich, aber proteinarm, ist Naßschnitzelsilage als Zusatzfutter für sogenannte Sportpferde geeignet. Trockenschnitzel (= getrocknete Naßschnitzel; auch Trockenrübenschnitzel oder einfach Zuckerrübenschnitzel genannt) sind nur noch selten als Futter in ursprünglicher Form im Handel. Meist werden sie in Pelletform angeboten. Zu unterscheiden sind Trockenschnitzel, die melassiert sind (= Melasseschnitzel) und solche ohne Melasse. Auch in Mischfuttermitteln sind Trockenrübenschnitzelanteile (bis 10 %) enthalten. Trockenschnitzel sind eiweiß- und phosphorarm, aber energie- und kalziumreich. Der Energiegehalt (siehe Tabelle 64, Seite 423) entspricht ungefähr dem des Hafers, weshalb Trockenschnitzel als Kraftfutter eingesetzt werden können und bevorzugt Haferrationen, die phosphorreich, kalziumarm und eiweißreich sind, ausgleichend ergänzen sollten. Die Farbe von Trockenrübenschnitzel-Pellets ist nicht einheitlich. Hellere (gräulichbeige) Pellets weisen höheren Gehalt an Kalk (= Kalzium aus dem Scheidekalk) auf. Sämtliche Trockenrübenschnitzel, sowohl das Originalfutter als auch alle pelletierten Produkte, sind vor der Verfütterung zur Vermeidung von sonst unweigerlich eintretenden Schlundverstopfungen wenigstens 2 Stunden einzuweichen (besser noch tags zuvor), damit sie sich vollsaugen können (1 kg Trockenschnitzel +4 Liter Wasser). Im Sommer droht bei Hitze ein Gärprozeß, weshalb eingeweichte Schnitzel kühl aufzubewahren und spätestens nach einem Tag zu verfüttern sind.

KARTOFFELN

In Betrieben wurden vor Jahrzehnten an Arbeitspferde stärkereiche Kartoffeln in Mengen bis zu 20 kg am Tag verfüttert. Da die Verdaulichkeit von rohen Kartoffeln gering ist und auch der Gehalt an Trypsinhemmstoffen und Solanin zu Unverträglichkeiten führt (s. Tab. 51, S. 383), sollten Kartoffeln nur gekocht verfüttert werden. Sie eignen sich als eiweißarmes, hochverdauliches Beifutter mit hohem Vitamin-B-Gehalt auch gut zur Fütterung alter Pferde (s. Tab. 65, S. 424).

MANIOK

Getrocknete Produkte aus stärkereichen Knollen des Kassavastrauches (Maniokschnitzel und -mehl) werden aus tropi-

Tabelle 62

Wasser- und Zuckergehalt der Rüben (g/kg FS)

Rübensorte	Trockensubstanz	Gehalt an N-frE	Zuckergehalt
Industriezuckerrübe	240	200	160
Futterzuckerrübe	180	140	105
Gehaltsrübe	140	110	70
Massenrübe	110	80	40
Steckrübe	110	75	35
Stoppelrübe	80	50	30
Zum Vergleich:			
Mohrrübe	130	85	41

Tabelle 63

Futterwert verschiedener Rübensorten

(Angaben je kg für Trockensubstanz und Frischsubstanz)

Sorte	Rfr	Ca	P	DP	DE	DP	DE
	(TS)	(TS)	(TS)	(TS)	(TS)	(FS)	(FS)
Gehaltsrübe	66 g	2,4 g	2,5 g	57 g	13,53 MJ	9 g	2,03 MJ
Massenrübe	79 g	2,6 g	2,7 g	63 g	13,18 MJ	8 g	1,58 MJ
Futterzuckerrübe	54 g	2,4 g	1,7 g	48 g	14,26 MJ	11 g	3,28 MJ
Zum Vergleich:							
Mohrrübe	92 g	3,8 g	3,0 g	81 g	15,12 MJ	9 g	1,66 MJ

Tabelle 64

Futterwert von Melasse sowie Trockenrübenschnitzeln

a) Werte in der Trockensubstanz (TS) je kg

Futtermittel	Rohprotein	Rfr	Ca	P	DP	DE
Melasse	129 g	5 g	3,2 g	0,3 g	103 g	14,31 MJ
Trockenschnitzel	100 g	206 g	7,5 g	1,1 g	57 g	13,11 MJ
Melasseschnitzel	125 g	159 g	6,1 g	0,9 g	71 g	12,89 MJ
Zum Vergleich:						
Naßschnitzel	125 g	203 g	–	–	71 g	10,87 MJ

b) Werte in der Frischsubstanz (FS) je kg

Futtermittel	TS	Rfr	Ca	P	DP	DE
Melasse	770 g	3,8 g	2,5 g	0,2 g	79 g	11,02 MJ
Trockenschnitzel	900 g	185,6 g	6,8 g	1,0 g	51 g	11,80 MJ
Melasseschnitzel	910 g	144,8 g	5,6 g	0,8 g	65 g	11,73 MJ
Zum Vergleich:						
Naßschnitzel	258 g	52,5 g	–	–	18 g	2,81 MJ

Zum Vergleich: Futterwert von Haferkörnern

TS/FS	TS	Rp	Rfr	Ca	P	DP	DE
TS	1000 g	123 g	113 g	1,2 g	3,6 g	97 g	13,09 MJ
FS	880 g	108 g	99 g	1,1 g	3,2 g	85 g	11,52 MJ

Tabelle 65

Futterwert von gedämpften Kartoffeln (je kg)							
TS/FS	TS	Rp	Rfr	Ca	P	DP	DE
TS	1000 g	98 g	28 g	0,5 g	2,5 g	69 g	14,36 MJ
FS	220 g	22 g	6 g	0,1 g	0,6 g	15 g	3,16 MJ
Zum Vergleich: Futterwert von Haferkörnern							
TS/FS	TS	Rp	Rfr	Ca	P	DP	DE
TS	1000 g	123 g	113 g	1,2 g	3,6 g	97 g	13,09 MJ
FS	880 g	108 g	99 g	1,1 g	3,2 g	85 g	11,52 MJ

schen Ländern (z. B. aus Brasilien) importiert und in einigen Mischfuttermitteln (meist nur bis zu 5 %) als Energieträger verwendet. Die Verdaulichkeit unbehandelter Maniokstärke im Magen-Dünndarm-Bereich des Pferdes ist wie bei Kartoffeln sehr gering (nur 9 % im Gegensatz z. B. zur Verdaulichkeit von Hafer mit 84 %) und läßt sich durch hydrothermische Behandlung verbessern. Problematisch ist bei Maniok der Gehalt an blausäurehaltigen Glykosiden, aber auch der erntebedingte Schmutzanteil.

HÜLSENFRÜCHTE

Für Pferde mit höherem Eiweißbedarf eignen sich Hülsenfrüchte (Ackerbohnen, Sojabohnen, Erbsen, Süßlupinen, Wicken) zwar in geringen Mengen (etwa 0,1 kg/100 kg LM), doch sind diese Einzelfuttermittel für die Praxis unbedeutend. Außer bei Sojabohnen sind die Eiweißbestandteile biologisch weniger wertvoll als z. B. in Getreidekörnern. Hinzu kommen bei den meisten Hülsenfrüchten pferdeunverträgliche Inhaltsstoffe (Blausäure, Gerbsäuren, Schimmel in den Hülsen), die schon in kleinen Dosierungen giftig wirken, die Verdaulichkeit, aber auch die Akzeptanz herabsetzen und Akut- sowie Dauerschädigungen hervorrufen können (z. B. Blähungen, Ödeme, Gelbsucht).

Lediglich das nach der Sojaölgewinnung verbliebene dampferhitzte Sojaextraktionsschrot mit 55 % Rohproteinanteil in der TS (siehe Tabelle 66, Seite 425) ist als Zusatzfutter für Fohlen und laktierende Stuten sehr gut geeignet. Es weist hohe Gehalte an essentiellen Aminosäuren (u. a. Lysin 30 g/kg FS) auf.

MAISSILAGE

Typisches Futter für Rindvieh in landwirtschaftlichen Betrieben, aber inzwischen auch Zusatzfutter für Pferde, ist Maissilage. Unterschieden werden Grünmaissilage und Corn-Cob-Mix-Silage (Abk.: CCM). Während Grünmaissilage aus den gehäckselten kompletten Maispflanzen (Spindel und Körner) besteht, werden zur Herstellung von CCM-Silage überwiegend nur die zerkleinerten Maiskörner verwendet. CCM-Silage hat in der Frischsubstanz (FS) gut zweimal soviel Energie wie Grünmaissilage. Anders als bei Grünfuttersilage kann aufgrund der erforderlichen Häckselkonsistenz Mais nicht in Ballen gepreßt und siliert werden. Deshalb dienen Fahrsilos oder Silotürme zur Herstellung von Maissilage. Tabelle 67, Seite 426, enthält Angaben zum Futterwert.

Für Pferde geeignete Grünmaissilage sollte zum Ende der sog. Teigreife, d. h., wenn die Körner weich geworden sind, geerntet werden, da dann der Trockensubstanzgehalt auf über 30 % gestiegen ist. Vor oder zu Beginn der Teigreife sind TS-Gehalte unter 25 % zu erwarten. Nur mit Einschränkungen empfiehlt sich die Verfütterung von Silage mit TS-Gehalten unter 25 %. Wie bereits bei der Grünfuttersilage aufgezeigt, muß die Qualität jeder Silage einwandfrei sein. Insbesondere sind bei Entnahme aus einem Fahrsilo die Nachgärungsrisiken durch sofortigen luftdich-

Futterwert von Sojaextraktionsschrot (je kg)

Tabelle 66

TS/FS	TS	Rp	Rfr	Ca	P	DP	DE
TS	1000 g	552 g	39 g	3,2 g	8,0 g	502 g	16,78 MJ
FS	890 g	493 g	35 g	2,9 g	7,1 g	448 g	14,98 MJ
Zum Vergleich: Futterwert von Haferkörnern							
TS/FS	TS	Rp	Rfr	Ca	P	DP	DE
TS	1000 g	123 g	113 g	1,2 g	3,6 g	97 g	13,09 MJ
FS	880 g	108 g	99 g	1,1 g	3,2 g	85 g	11,52 MJ

ten Verschluß zu minimieren. Zu beachten ist auch, daß zu stark zerkleinerte Grünmaissilage zu Verstopfungen führen kann. Häcksellängen um 5 cm sind ideal, Längen um 2 cm sind ungeeignet.

▸ **Faustzahl: Im Futterwert entsprechen rund 3,5 kg Grünmaissilage 1 kg Hafer oder 1,5 kg Heu.**

Grünmaissilage ist fett- und energiereich aufgrund des hohen Stärkegehaltes (100 g/kg FS), aber arm an Protein und β-Carotin. Nach ROTTMANN (1994) ist die Verdaulichkeit der Stärke im Magen-Dünndarm-Bereich mit etwa 80% hoch. Nach Gewöhnung können an Südpferde (z. B. Warmblüter) im Leistungsstoffwechsel täglich etwa 2 kg Grünmaissilage je 100 kg LM verfüttert werden. Bei Nordpferden wirkt Grünmaissilage erfahrungsgemäß schnell mästend, so daß zurückhaltende Fütterung geboten ist. Laktierenden Zuchtstuten aller Rassen kann Grünmaissilage zugefüttert werden, um die nötigen Energiemengen zu liefern, wenn insbesondere der Vitamin-A- und der Proteinbedarf durch gutes Grund- und Zusatzfutter gesichert ist. Durch die mangelhaften Vitamin- und Mineralstoffgehalte bedingt, sind Pferde, die hohe Rationen Grünmaissilage erhalten, immer zusätzlich mit entsprechenden Vitamin- und Mineralgemischen zu versorgen.

Für CCM-Silage gelten die gleichen Grundbewertungen und Hygieneanforderungen wie für alle übrigen Silagen auch. Gut geeignet ist CCM-Silage mit 60% TS-Gehalt für sog. Sportpferde als Teilration. Pro Mahlzeit empfiehlt es sich, nicht mehr als 0,15 kg je 100 kg LM zu verfüttern. Für ein Großpferd mit 600 kg LM liegt die Grenze bei 1 kg pro Mahlzeit.

LEINSAMEN UND LEINSAMENRÜCKSTÄNDE

Zunehmende Bedeutung erlangt für Pferde die Zufütterung von Leinsamen. Leinsamen (gelbe und braune Sorten) sind die »Körner« der Flachspflanze. Gekennzeichnet ist Leinsamen (sortenabhängig) durch hohe Gehalte an

▸ Fett (rund 40%), darin überwiegend für das Pferd vorteilhafte ungesättigte Fettsäuren (30% Öl- und Linolsäure sowie rund 50% Linolensäure);
▸ Eiweiß (rund 20%, vor allem die essentielle Aminosäure Lysin mit 10 g je kg FS);
▸ Selen (bis 3 mg je kg FS);
▸ Schleimstoffen, die Magen und Darmschleimhäute pflegen und
▸ blausäurehaltigen Glykosiden (Linostatin und Neolinostatin), die bei Feuchtigkeit durch die Aktivität des Enzyms Linase giftige Blausäure abgeben. Deshalb müssen zur Verminderung der toxischen Wirkung zu verfütternde Leinsamenmengen über 100 g cirka 10 Minuten gekocht werden (durch Hitze wird Linase weitgehend unschädlich gemacht).

Kurz vor Verfütterung ist es ratsam, Leinsamen zu schroten, um die harte Samenschale zu zerstören, da sonst eine Verdauung nur unvollständig gelingt und

Tabelle 67

Futterwert von Grünmaissilage und Corn-Cob-Mix-Silage (je kg)

a) Grünmaissilage (Beginn der Teigreife, hoher Kolbenanteil)

TS/FS	TS	Rp	Rfr	Ca	P	DP	DE
TS	1000 g	92 g	185 g	3,3 g	2,5 g	66 g	12,55 MJ
FS	290 g	27 g	54 g	1,0 g	0,7 g	19 g	3,64 MJ

b) Grünmaissilage (Ende der Teigreife, geringer Kolbenanteil)

TS/FS	TS	Rp	Rfr	Ca	P	DP	DE
TS	1000 g	81 g	243 g	3,2 g	2,4 g	46 g	10,71 MJ
FS	320 g	26 g	78 g	1,0 g	0,8 g	15 g	3,43 MJ

c) Maiskolben "CCM" (ohne Hüllblätter)

TS/FS	TS	Rp	Rfr	Ca	P	DP *)	DE *)
TS	1000 g	105 g	53 g	0,4 g	3,2 g	74 g	15,10 MJ
FS	600 g	63 g	32 g	0,2 g	1,9 g	44 g	9,06 MJ

Zum Vergleich: Futterwert von Haferkörnern

TS/FS	TS	Rp	Rfr	Ca	P	DP	DE
TS	1000 g	123 g	113 g	1,2 g	3,6 g	97 g	13,09 MJ
FS	880 g	108 g	99 g	1,1 g	3,2 g	85 g	11,52 MJ

*) Daten aufgrund geschätzter Verdaulichkeit, keine Analysenergebnisse.

die erhofften Wirkungen, u. a. glänzendes Haar, ausbleiben. Geschroteter Leinsamen ist nur etwa einen Tag lagerfähig; er neigt zum Ranzigwerden. Es können täglich trocken und ungekocht maximal 15 bis 20 g Leinsamen je 100 kg LM gefüttert werden. Gekocht (z. B. bei der Herstellung von Mash) können auch größere Mengen verfüttert werden.

Die bei der Herstellung von Leinsamenöl durch Auspressung verbleibenden Leinsamenrückstände (Leinkuchen) sind – abhängig allerdings von Art und Zahl der Pressungen – ähnlich zu beurteilen wie Leinsamen (siehe Tabelle 68, Seite 427) selbst und können trocken verfüttert werden. Leinsamenrückstände, die mehrfach ausgepreßt wurden, sind Abfallprodukte mit wenig förderlichen Inhaltsstoffen. Handelsübliche Produkte enthalten granulierte oder pelletierte – durchweg noch verwertbare – Leinsamenrückstände (sog. Leinkuchenpellets). In dieser Form lassen sich ohne aufwendiges Schroten oder Kochen Tagesdosen um 20 g je 100 kg LM problemlos füttern. Hochwertig sind solche Leinsamenrückstände, die aus Kaltpressung stammen und nicht etliche Pressungen durchlaufen haben, sondern tatsächlich noch genügend Fett- und Schleimstoffanteile enthalten. Es empfiehlt sich, stets auf die Deklarierung zu achten und im Zweifel den Hersteller zu befragen. Enthalten Deklarationen wenig aussagekräftige, eher schwammige Angaben, sind Qualitätszweifel angebracht.

FETTE

Mit Futterfetten wurde in den vergangenen Jahren verstärkt wissenschaftlich in Fütterungsversuchen und auch praktisch anhand von Beispielfütterungen experimentiert. Dabei haben sich für die Verwendung von Pflanzenölen mit mehrfach ungesättigten, hochverdaulichen Fettsäuren (z. B. Omega-3-Fettsäuren) folgende positive Gesichtspunkte herauskristallisiert:

- Energieaufwertung durch fettreiche Rationen und
- dadurch Reduzierung des Futtervolumens sowie
- Verringerung der durch stärkereiche Getreidefütterung latent vorhandenen

Futterwert von Leinsamen und Leinsamenrückständen (je kg)							
a) Leinsamen							
TS/FS	TS	Rp	Rfr	Ca	P	DP	DE
TS	1000 g	248 g	72 g	2,9 g	6,2 g	186 g	15,98 MJ
FS	880 g	218 g	63 g	2,6 g	5,5 g	164 g	14,06 MJ
b) Leinsamenrückstandskuchen mit über 8 % Fett							
TS/FS	TS	Rp	Rfr	Ca	P	DP	DE
TS	1000 g	358 g	100 g	4,1 g	9,0 g	297 g	12,82 MJ
FS	910 g	326 g	91 g	3,7 g	8,2 g	270 g	11,68 MJ
Zum Vergleich: Futterwert von Haferkörnern							
TS/FS	TS	Rp	Rfr	Ca	P	DP	DE
TS	1000 g	123 g	113 g	1,2 g	3,6 g	97 g	13,09 MJ
FS	880 g	108 g	99 g	1,1 g	3,2 g	85 g	11,52 MJ

Tabelle 68

Verdauungs- und Verschlagprobleme bei Hochleistungspferden;

- allgemeine Verbesserung des Stoffwechsels und der Verwertung fettlöslicher Vitamine, des Muskelaufbaus und der Versorgung mit Vitamin E und essentiellen Fettsäuren bei allen Pferden.

Besonders energiereiche Mischfuttermittel (z. B. DE 15 MJ) enthalten – zur Erzielung dieser hohen Energiegehalte – meist bis zu 15 % teilgehärtete Fette. Auch zusätzlich über das Kraftfutter können Pflanzenöle verabreicht werden. Dazu eignen sich primär alle pflanzlichen Öle, vornehmlich Leinsamenöl, aber auch Sonnenblumenöl, Distelöl, Maisöl oder Sojaöl, wenn die Qualität stimmt.

Zu beachten ist, daß nicht jedes Pflanzenöl den hohen Ansprüchen genügt, die für die Pferdefütterung gelten müssen. Sowohl Frischezustand als auch die Reinheit der pflanzlichen Produkte, d. h. weitgehendes Freisein von häufig in Samen gespeicherten Schadstoffen (u. a. Blei, Cadmium), sind neben den unterschiedlichen Herstellungsverfahren (Kaltpressung, Warmpressung, Preß-Hilfsstoffe) ebenso qualitätsbeeinflussend wie die Verpackung (Öle können u. U. sog. Weichmacher aus Kunststoffbehältern herauslösen).

Unsaubere Öle belasten die inneren Speicherorgane, z. B. die Leber. Verständlich ist, daß z. B. Sonnenblumenöl aus Pflanzen, die auf einem autobahnnahen Acker geerntet wurden, nicht so schadstoffrein sein kann wie solches aus sog. kontrolliert biologischem Anbau. Auch das Herstellungsverfahren gibt Hinweise auf die Qualität. Qualitätssteigernd, weil schonend für die erwünschten Inhaltsstoffe, sind solche Verfahren, bei denen ohne Hilfsstoffe Samen kalt ausgepreßt werden. Ratsam ist, besonderes Augenmerk auch auf die Deklaration zu legen. Ob es sich um inländische Ölherstellung handelt oder nur inländisch abgefüllt wird, ist bereits ein Unterschied. Auch das Herstellungsverfahren sollte aus der Deklaration schon klar ersichtlich sein. Sind nur sparsame Angaben enthalten und ist der Preis sehr niedrig, darf im Zweifel angenommen werden, daß kein optimales Öl angeboten wird. Preislich an der Obergrenze liegen hochwertige Spezial-Leinöle (1 Liter circa 14 Euro), die speziell für den Pferdebereich nicht nur in Futtermittelqualität, sondern aus analysierten Saaten in Lebensmittelqualität kalt gepreßt werden.

Der Energiegehalt (DE) von Pflanzenölen schwankt, er liegt zwischen 35 und 45 MJ je kg Öl. Als Tagesdosis im Erhaltungsstoffwechsel sind 10 g je 100 kg LM angemessen, Pferde im Training erhalten gut die doppelte Menge, Leistungspferde können nach Gewöhnung und angepaßt an die Leistungsanforderungen etwa 50 bis 100 g je 100 kg LM täglich – verteilt auf mehrere Mahlzeiten – erhalten. Bei höheren Mengen sind Verdauungsstörungen zu erwarten. Pferde, die zu Hufrehe neigen oder gar akut davon betroffen sind, sollten vorsorglich nicht mit Öl gefüttert werden.

MILCH

Futtermittel tierischer Herkunft (siehe hierzu auch die Ausführungen zum Komplex »Tiermehl« auf Seite 370 f.) sind in der Pferdefütterung die

- arteigene Muttermilch sowie
- Milchprodukte von Rindern (siehe Tabelle 41, Seite 354).

Milchprodukte zeichnen sich aus durch hohe Proteingehalte mit bester biologischer Wertigkeit bei guter Verdaulichkeit. Sie werden vorwiegend für Fohlen und zur speziellen diätetischen Versorgung eingesetzt. Eingefrorene Kolostralmilch mit Abwehrstoffen und »normale« Muttermilch können nach dem Auftauen, das ohne starke Erhitzung erfolgen muß, als Ersatz für Kolostralmilch zur Erstversorgung bzw. zur Zufütterung verwendet werden, wenn die Mutterstute aus den unterschiedlichsten Gründen ihr Fohlen nicht oder nur ungenügend versorgen kann (siehe hierzu auch Tabelle 104, Seite 487 und Grafik 90, Seite 488).
Kuhmilchprodukte werden getrocknet im Gemisch mit anderen Futtermitteln verfüttert, z. B. in Ersatzstutenmilch (Milchaustauscher) und Fohlenstarterfutter mit der Handelsbezeichnung »FS 16« (manche Hersteller verwenden dafür auch an-dere Bezeichnungen). Unterschieden werden bei Kuhmilchprodukten Magermilchpulver (Trockenmagermilch) und Molkenpulver (Trockenmolke). Magermilch wird hergestellt durch Entzug von Fett und fettlöslichen Vitaminen aus der Vollmilch. Alle übrigen Nährstoffe bleiben erhalten, insbesondere eine hohe Konzentration essentieller Aminosäuren. Süß- oder Sauermolke entsteht aus Magermilch, der das sog. Casein entzogen wird. Der Unterschied zwischen Süß- und Sauermolke besteht darin, daß Süßmolke herstellungsbedingt aufgrund des Caseinentzugs mittels Lab weniger Kalzium enthält. Wegen der hohen Gehalte an Lactose (= Milchzucker) in Magermilch (> 40 %) und Molke (> 50 %) sind diese Produkte nur in begrenzten Mengen (rund 50 bis 80 g je 100 kg LM/Tag) an ausgewachsene Pferde zu verfüttern (z. B. an laktierende Zuchtstuten). Da ausgewachsene Pferde – anders als Fohlen – über keine geeignete Verdauungsmöglichkeit (Lactase) für größere Mengen Milchzucker verfügen, wird Lactose verstärkt im Dickdarm mikrobiell fermentiert. Dabei können größere Lactosemengen Fehlgärungen und Durchfälle auslösen.
Lediglich zur energetischen Stimulierung der Dickdarmflora können nach ZEYNER (1995) diätetisch wirksame Lactosemengen von 100 bis 200 g je 100 kg LM nüchtern verfüttert werden mit anschließender Gabe von bestem Wiesenheu. Dies aber auch erst, wenn ein Erfolg über die Fütterung pektinhaltiger Futtermittel (Äpfel, Möhren, eingeweichte Rübentrockenschnitzel) nicht erreicht werden konnte.

FERMENTGETREIDE

Die Zufütterung von Fermentgetreidepulver bzw. flüssigem Brottrunk (siehe Grafik 78, Seite 429) hat sich seit einigen Jahren u. a. zur Verbesserung der Futterverwertung, Stärkung der Abwehrkräfte und zur Unterstützung der körpereigenen Vitaminsynthese im Bereich landwirtschaftlicher Nutztiere und auch im Pferdebereich bewährt (MÜLLER-EHRENBERG, 1999). Anknüpfend an alte Traditionen der Herstellung gesunder, milchsaurer Getränke aus Getreide bzw. Brot, ist der Brottrunk bereits lange Zeit als gesundheitsförderndes Getränk Bestandteil menschlicher Ernährung (verbessert

Grafik 78

Fermentgetreide
• Herstellung/Wirkung/Dosierung •

☛ Auf einen Blick:
Fermentgetreide („Brottrunk“) aus fermentativ vergorenem Vollkornbrot ist ein probiotisches Ergänzungsfutter, das u.a. Milchsäurebakterien enthält. • Wirkungen: Förderung der Futterverwertung (u.a. Vitaminsynthese), Stärkung der Abwehrkräfte, Verbesserung der Sauerstoffversorgung.

Inhaltsstoffe KANNE Enzym-Fermentgetreide® (je 100 g): u.a. Fett 2,3 g; Proteine 9,8 g; Kohlenhydrate 62,3 g; Mineralstoffe, Vitamine, Milchsäure 3,22 g; DE 1,3 MJ

Praxis:
Tagesdosis (450 kg LM): 50 g Pulver oder 250 g flüssig

u.a. den Sauerstoffdruck und vermindert z.B. Kopfschmerzanfälligkeit). So entdeckte der deutsche Arzt und Chemiker *Friedrich Hoffmann* (1660–1742) das Pumpernickel-Brot als Naturheilmittel. Er entwickelte daraus die sog. Hoffmanns-Tropfen (Liquor ano dynus Hoffmanni), die als Heiltrank erfolgreich angewendet wurden. Nachweislich sind nach SCHOLZ (1998) eine Reihe zivilisatorischer und chronischer Krankheiten u.a. durch den Genuß vitalstoffreicher und milchsaurer Lebensmittel einzudämmen oder gar zu heilen. Besonders bemerkenswert sind in diesem Zusammenhang die Psoriasis-Studien dieses Humanmediziners sowie weitere wissenschaftliche Studien, die sich mit der Wirkung lactathaltiger Getränke aus fermentierten Getreiden auf den Stoffwechsel befassen.

Kerninhalt der Wirkungsweisen lactathaltiger Nahrung ist eine Anreicherung des Organismus mit speziellen Milchsäurebakterien (»Brotsäurebakterien«). Diese befinden sich in unterschiedlicher Zahl bereits im Organismus und erhalten durch entsprechende Nahrung »Verstärkung«. Sie sind Teil der Darmflora und übernehmen wichtige Aufgaben. So gewährleisten sie die Synthese verschiedener Vitamine und die sog. Kolonisationsresistenz: Dabei verhindert die Produktion von Milchsäure ein Ansiedeln von oral aufgenommenen, krankmachenden Keimen in der Darmschleimhaut. Da Milchsäurebakterien Wasserstoffionen abgeben können, wirken sie desinfizierend. Bakteriengifte, die u.a. Immunglobuline zu ihrer Abwehr stark binden, im Grunde diese »angreifen«, und dadurch u.U. das Immunsystem übermäßig belasten und schädigen, werden gehemmt. Aber auch außerhalb des Darms, auf der Haut, gewährleisten Milchsäurebakterien den Säureschutzmantel und damit die wichtige Funktion der Haut als Organ.

In einem sechsmonatigen Feldversuch wurde von TAMMER (1990) in vier verschiedenen Pferdebetrieben mit un-terschiedlichen Haltungs- und Fütterungsbedingungen der empirisch bereits belegte positive Einfluß von Fermentgetreidezufütterung bei Pferden – insbesondere auf die Darmflora – exakter untersucht und bestätigt. Dabei ermittelte sie auch eine – vermutlich durch Fermentgetreidefütterung ebenfalls beeinflußte – gehemmte Darmparasitenentwicklung bei den untersuchten Pferden, wobei allerdings die genauen Ursachenzusammenhänge noch nicht abschließend deutlich wurden und erst in einem Langzeitversuch exakt zu überprüfen sind.

Keinesfalls erspart eine Fermentgetreidezufütterung die aus Gründen der Parasitenprophylaxe erforderliche Stall-, Auslauf- und Weidehygiene. Wenn tatsächlich eine hypothetisch denkbare Hemmung der Parasitenentwicklung einträte, wäre dies ein zusätzlich unterstützendes, gesundheitsförderndes Element der Fütterung. Der turnusmäßige Einsatz von Wurmmitteln allerdings bliebe weiter erforderlich, um den stets vorhandenen mehr oder weniger massiven Grundpegel an Parasiten unterschiedlicher Arten und Entwicklungsstadien in den verschiedenen Körperregionen des Pferdes laufend zu dezimieren.

MINERALSALZE

Um die in der jeweiligen Futterration in unzureichender Menge enthaltenen Mineralstoffe zu ergänzen, wird die Versorgung mit Mengen- und Spurenelementen über Einzel- oder Mischfuttermittel erforderlich. Als Einzelfuttermittel gebräuchlich sind kohlensaurer Futterkalk und Viehsalz. Üblicherweise wird kohlensaurer Futterkalk ($CaCO_3$ mit 37 bis 39 % Kalziumgehalt) unter das Futter gemischt, um z. B. bei Getreidefütterung das ungünstige C:P-Verhältnis auf mindestens 1:1 anzuheben. Bei Getreide sind 1 %, bei Kleie 3 % kohlensaurer Futterkalk zuzumischen. Phosphorsaurer Futterkalk wird zwar von Pferden besser angenommen als kohlensaurer Futterkalk, empfiehlt sich aber nur in den Fällen, wo tatsächlich – neben Kalzium – auch Phosphor in der Ration fehlt. Das ist selten der Fall und beschränkt sich in der Praxis auf extensiv gehaltene Pferde, die sowohl phosphor- als auch kalziumarmes überständiges Grünfutter (oder entsprechendes Heu, z. B. von sauren Flächen) erhalten (und bei denen sich vermutlich noch weitere Mangelzustände ergeben können).

Viehsalz ist lose (auch mit Zusatz von Jod und Vergällung durch Eisenoxid)

Brottrunk für Pferde

Aus Vollkornbrot bzw. Getreide (Weizen, Roggen, Hafer aus herbizidfreiem, biologischem Anbau) und Quellwasser entsteht in einem patentierten Verfahren (KANNE-Selm, Enzym-Fermentgetreide ®) durch eine etliche Monate dauernde fermentative Milchsäuregärung Fermentgetreidepulver und Brottrunk. In einem Milliliter Brottrunk sind beispielsweise rund 5 Millionen koloniebildende Milchsäurebakterien enthalten; der pH-Wert liegt bei 2,9. Die Wirkungen von Fermentgetreide sind vielfältig.

- Brotgetreide-Milchsäurebakterien scheiden Enzyme aus; diese sind in der Lage, im Körper toxische Gewebemilchsäure abzubauen.
- Milchsäure wirkt fäulnishemmend, sie kann Krankheitskeime abtöten, entartete Hefepilze (z. B. Candida albicans) im Darmtrakt normalisieren bzw. umstimulieren, sie wirkt als Entgiftungshilfe und dient der Resorptionsverbesserung.
- Der Sauerstoff-Partialdruck im Körper wird durch Brotgetreide-Milchsäure angehoben, wodurch sich eine bessere Durchblutung – besonders auch der Haut – ergibt.
- Auch äußerliche Anwendung kann bei Hautkrankheiten lindernd wirken und Heilungsprozesse unterstützen.

zum Beimischen oder als Leckstein im Handel erhältlich. Es muß allen Pferden (mit Ausnahme von Saugfohlen) zur Verfügung stehen, damit die Natriumdefizite hauptsächlich beim Weidegang bzw. bei der Versorgung mit natriumarmem Mähfutter und nach klima- und leistungsbedingtem Schwitzen ausgeglichen werden können.

BACKWAREN

Zwar sind Backwaren (siehe Grafik 79, Seite 432) kein eigentliches Pferdefutter, doch stellt sich häufig die Frage, ob sie verfüttert werden können. Wenn in größeren Haushalten oder in Bäckereien anfallende Teigwarenreste oder Brotabfälle hygienisch einwandfrei mit Warmluft getrocknet oder getoastet werden (ganze Brote oder Brötchen sind immer vor der Trocknung zu zerteilen), sind diese einige Zeit bei trockener Lagerung haltbar. Sie eignen sich als zusätzliche Leckerbissen für Pferde und als Ergänzung der Kraftfutterrationen. Tagesmengen um 100 g je 100 kg LM (für ein Großpferd z. B. ein kleines Roggenbrot) werden problemlos vertragen. Auch recht große Mengen sind in Einzelfällen, allerdings verteilt auf mehrere Mahlzeiten, nach Angaben pferdehaltender Bäcker angeblich ohne Komplikationen verdaut worden. Wie bei anderen Futtermitteln auch, können mangelnde Kaufähigkeit aufgrund von Gebißschäden oder akuten Zahnwechsels zu Abschluckproblemen mit Schlundverstopfungen führen. Besonders gierigen Pferden ist immer zunächst Rauhfutter zu füttern, bevor Brot in die Krippe gelegt wird. Werden Brotstücke als »Leckerli« gefüttert, sollten diese nicht zu winzig sein. Günstig sind für diese Zwecke halbe Brotscheiben.

Weniger gut eignen sich

- größere Mengen frisches Brot oder
- grundsätzlich frisches oder getrocknetes Weißbrot oder
- Brötchen,

Minerallecksteine zur Selbstversorgung im Stall und auf der Weide sind obligatorisch (außer bei Saugfohlen).

denn diese »pappen« im Magen leicht zusammen und werden nicht genügend vom Magensaft durchdrungen. Ähnliche Verdauungsstörungen wie bei der Getreidefütterung sind dabei nicht auszuschließen.

MALZKEIME, BIERTREBER, BIERHEFE

Als Brauereirückstände werden – hauptsächlich in Mischfuttermitteln, seltener als Einzelfuttermittel verwendete – Reststoffe bezeichnet, die bei unterschiedlichen Arbeitsgängen zur Bierherstellung anfallen. Primär werden Brauereirückstände als Rinderfutter eingesetzt.

- **Malzkeime sind die getrockneten Keime von Gerste und Weizen, die bei der Malzbereitung übrig bleiben. Sie sind protein- und fettreich, verderben aber schnell und enthalten Hordenin, das als Dopingsubstanz wirkt (festgelegte Höchstmenge im Harn 10 mg/ml).**

Grafik 79

Backwaren

• Brot, Brötchen, Vollkornbrot, Hefekuchen, Kekse, Lebkuchen •

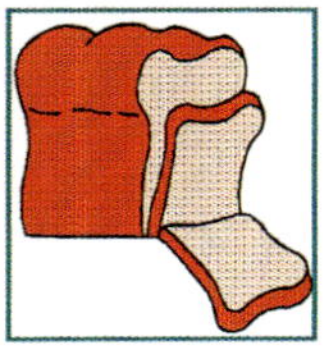

☛ Auf einen Blick:
Brotabfälle sind sehr energiereich, sie können als Teil der Kraftfutterration gefüttert werden.
• Kuchenabfälle in größeren Mengen: ungeeignet!

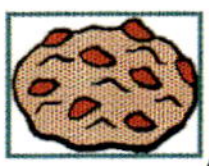

Kleine Kuchenreste sind als „Lecker-bissen" begehrt (kein Risiko).

Durchschnittswerte für Brotabfälle - je kg -

	Rfr	Ca	P	DP	DE MJ
TS	14 g	0,4 g	2,7 g	86 g	15,6
FS	11 g	0,3 g	2,2 g	69 g	12,5

Praxis:
Brot nicht frisch, sondern getrocknet füttern.
➡ Schimmelbildung = Vergiftung + Durchfall

Biertreber fällt als Rückstand bei Herstellung der Bierwürze an und ist leicht verderblich, wenn er nicht umgehend nach dem Produktionsprozeß siliert oder getrocknet wird. Protein-, Rohfaser- und Vitamin-B-Gehalt sind hoch, weshalb die Futtermittelindustrie diesen Rückstand in getrockneter Form für die Mischfutterherstellung verwendet.
Bierhefe wird durch Pressen nach Vergärung des Bieres gewonnen und anschließend getrocknet. Durch hohen Protein- und vor allem Vitamin-B-Gehalt (außer B_{12}) eignet sich getrocknete Bierhefe als Zusatzfutter bei Darmstörungen, insbesondere bei Störung der Syntheseleistung der Dickdarmflora. Wenn beispielsweise Rennpferden hohe Kraftfutterrationen – bei geringen Rauhfutterrationen – gefüttert werden, sinkt die mikrobielle Dickdarmaktivität. Es entsteht ein Mangel an B-Vitaminen. Dann kann über Fütterung von Bierhefe – ebenso wie bei Appetitlosigkeit – der Vitamin-B-Mangel wenigstens teilweise ausgeglichen werden. Für mittelgroße Pferde können in solchen Fällen täglich 250 g Trockenhefe angebracht sein.
Trockenhefe ist unbelebt und nicht identisch mit lebenden Hefekulturen (Saccharomyces cerevisiae plus Nährmedium). Diese lebenden Hefekulturen sind in handelsüblichen Produkten und in der Bäckerhefe enthalten. Sie dienen zur Stimulierung der Darmflora. Mengen von 2 g je 100 kg LM als Tagesdosis werden vertragen; bei größeren Mengen kann sich eine ungünstige kolikauslösende Gasbildung im Magen ergeben.

MISCHFUTTER

Als Mischfutter werden Futtermittel bezeichnet, die aus zwei oder mehr Einzelfuttermitteln bestehen und in der Pferdefütterung als Zusatzfutter zum Grundfutter eingesetzt werden (siehe Grafik 60, Seite 373). Mischfuttermittel können sowohl – u.a. aus mehreren Getreidearten (z.B. Mash aus Hafer, Leinsamen und Weizenkleie) – selbst hergestellt oder aus industrieller Produktion über den Handel bezogen werden.

Je nach Zielrichtung und Wirkungsweise aufgrund der Mischungskomponenten können Mischfuttermittel ihrer Funktion nach unterteilt werden in

- Kraftfuttermittel zur Versorgung mit Proteinen, Energienährstoffen sowie Mineralstoffen und Vitaminen;
- Spezialfuttermittel (z. B. Fertigmash, Kräutermischungen) und
- Mineral- und Vitaminfuttermittel zur Ergänzung von solchen Rationen, die entweder nur aus Grundfutter oder aus Grundfutter plus Mischfutter bestehen, und die aufgrund konkreter Rationsberechnung keine bedarfsgerechten Mineral- und Vitamingehalte aufweisen (ergänzungsbedürftig sind meist traditionelle Rationen aus Heu und Hafer-/Kleie-Gemischen);
- Futtermittel für besondere Ernährungszwecke (Diätfuttermittel).

Nach den rechtlichen Bestimmungen gilt für die oben genannten Mischfuttermittel aus industrieller Produktion allerdings eine andere – rein futtermittelrechtliche – Einteilung. Sie werden nicht insgesamt als »Zusatzfutter« bezeichnet, sondern unterteilt in:

- Ergänzungsfuttermittel (darin sind die oben angeführten Kraftfutter- und Spezialfuttermittel enthalten),
- Mineralfuttermittel und
- Futtermittel für besondere Ernährungszwecke.

Die Futtermitteldeklaration (Sackaufkleber) enthält die jeweils zutreffende Bezeichnung. Auf die Bezeichnung »Alleinfutter« wurde bereits einleitend hingewiesen (siehe Seite 375). In den rechtlichen Bestimmungen sind für Ergänzungsfuttermittel drei sog. Normtypen und für Mineralfuttermittel ein Normtyp festgelegt. Damit sollen Mindest- und Maximalgehalte unterschiedlicher Inhaltsstoffe sowie die Einhaltung eines pferdeverträglichen Ca:P-Verhältnisses gewährleistet werden (siehe Tabelle 69, Seite 434). Futtermittel für besondere Ernährungszwecke (z. B. Diätfuttermittel zur Behebung von Verdauungsstörungen, Elektrolyte etc.) müssen besonders gekennzeichnet sein; sie unterliegen zusätzlichen Bestimmungen, die in EU-Richtlinien enthalten sind.

Viele der handelsüblichen Mischfutterarten enthalten sowohl Kalzium als auch Vitamin A und D. Gleichzeitige Gaben von Ergänzungsfutter und Mineralfutter können (je nach Menge des Ergänzungsfutteranteils) zu Überdosierungen führen. Ein Einheitsmineralfutter für alle denkbaren Fälle kann es verständlicherweise nicht geben. Bei Rationsberechnungen ist dies – unter Einbeziehung des Grundfuttergehaltes – zu berücksichtigen. Minerallecksteine sollten allerdings zusätzlich immer bereitgestellt werden (außer für Saugfohlen), denn Überdosierungen sind dadurch nicht zu befürchten, weil die Aufnahme der Lecksteinmineralien nur sporadisch bei vom Pferd selbst verspürtem Bedarf erfolgt.

Industriell hergestellte Mischfuttermittel bieten gegenüber eigenen Mischungen erhebliche Vorteile, denn sie sind

- schnell im Handel zu beschaffen, einfach zu dosieren, vergleichsweise preisgünstig,
- lagerungsfreundlich, weil gut verpackt und in kleinen Gebinden raumsparend zu bevorraten,
- hinsichtlich der Nähr-, Mineral- und Wirkstoffzusammensetzung hinreichend genau berechenbar,
- zusammengesetzt aus mehreren gut akzeptierten Futterkomponenten,
- meist aromatisch und geschmacklich für das Pferd interessant,
- hygienisch weitgehend nicht zu beanstanden, weil der Gehalt an schädigenden Mikroorganismen (Bakterien, Pilze, Hefen) niedriger ist als bei wirtschaftseigenem Getreide.

Handelsübliche Mischfuttermittel, die als Kraftfutter eingesetzt werden, enthalten

Tabelle 69

Normtypen für Ergänzungsfutter und Mineralfutter *)

Substanz	für Fohlen	für Pferde (adult)	für Zuchtstuten	Mineralfutter
Rohprotein	min. 15 %	-	min. 15 %	-
Rohfaser	max. 10 %	-	-	-
Kalzium	min. 1,2 %	min. 0,6 %	min. 0,8 %	min. 12 %
Phosphor	max. 1,0 %	max. 0,6 %	max. 0,6 %	4 bis 8 %
Vitamin A	min. 20000 IE/kg	min. 15000 IE/kg	min. 16000 IE/kg	min. 300000 IE/kg
Vitamin D	min. 2500 IE/kg	min. 1500 IE/kg	min. 2000 IE/kg	min. 37500 IE/kg
Vitamin E	min. 100 mg/kg	min. 50 mg/kg	min. 75 mg/kg	min. 1500 mg/kg
Natrium	-	-	-	min. 6 %
Eisen	-	-	-	min. 500 mg/kg

*) Ca:P-Verhältnis i.d.R. 1,5 bis 3:1; deklariert werden müssen – neben den Anteilen der enthaltenen Einzelfuttermittel in allen Mischfuttermitteln – u. a. die Gehalte an Rp, Rft, Rfr, Ra sowie (bei > 5 % Ca und > 2 % P) Kalzium und Phospor; weiterhin Vitamin A, D, E und Antioxidantien.

überwiegend neben Hafer auch Gerste oder hydrothermisch behandelten – und damit besser verdaulichen – Mais (es gibt auch Mischfuttermittel, die ausdrücklich als »haferfrei« ausgewiesen werden). Zusätzlich sind Grünmehle, Kleien, Trokkenschnitzel und Melasse wichtige Komponenten. Sehr hohe Energiegehalte werden durch Beimischung pflanzlicher Fette erreicht. In Herstellerbeschreibungen finden sich für Getreide die Begriffe »mikronisiert« und »extrudiert«. Damit werden besondere Herstellungsverfahren bezeichnet, die dem Aufschluß der Getreidestärke dienen, um die Stärke in Mischfuttermitteln für Pferde besser verdaulich anbieten zu können.

Beim mikronisierten Getreide (Mais, Gerste, Weizen) werden die Körner gereinigt und befeuchtet durch ein Hitzefeld geführt (= hydrothermische Behandlung). Daran schließt sich die Formung der Getreideflocke an. Durch diesen »Pop-Effekt« (bekannt vom »Pop-Korn«, das als menschliches Nahrungsmittel angeboten wird) erhöht sich z. B. die Verdaulichkeit von Mais auf 90 % (ganzes Korn nur 30 %). Zusätzlicher Effekt ist das Vernichten von Keimen und Allergenen im Futter. Hitze- und Druckeinwirkung haben jedoch nur wenig mindernden Einfluß auf Vitamin- und Wirkstoffgehalt, da die hydrothermische Einwirkungszeit nur sehr kurz ist.

Extrudiertes Getreide unterliegt ähnlicher Bearbeitung zum Stärkeaufschluß. Getreide wird bei diesem Verfahren befeuchtet, gemahlen (abhängig vom Endprodukt) und durch einen Preßkanal geführt. Dabei entsteht hoher Druck und Hitze. Am Ende des Druckkanals tritt beim Getreidekorn, das nun »Extrudat« ge-nannt wird, eine Entspannung und das typisch voluminöse Aussehen ein: Die großen Stärkemoleküle wurden »geknackt« und sind für die Verdauungsenzyme im Verdauungskanal des Pferdes nun verwertbar.

Angegeben werden müssen auf der Deklaration für Ergänzungsfuttermittel die Prozentanteile aller zusammengemischten Futtermittel (in absteigender Reihenfolge des Anteils = was zuerst genannt wird, ist am stärksten enthalten usw.) ebenso wie die prozentualen Gehalte an Rohprotein, Rohfett, Rohfaser und Rohasche (bei Ergänzungsfuttermitteln mit über 5 % Kalzium und über 2 % Phosphor auch diese beiden Mineralstoffe). Weitere Zusatzangaben sind nach den Bestimmungen vorgeschrieben (z. B. Gehalte an Konservierungsstoffen, Antioxydantien, Vitamin A, D und E) oder als freiwillige Ergänzung (z. B. Spurenele-

mentgehalt) zulässig (allerdings keine Energieangaben).
Wenn bei Mischfuttermitteln die Gehalte an verdaulicher Energie (DE) und verdaulichem Rohprotein (DP) nicht deklariert werden, können diese Angaben selbst errechnet werden.

▸ **Schätzformel nach MEYER et al. (1993) für DE MJ: 11,1 + 0,0034 x Rp (in g/kg) + 0,0158 x Rfr (in g/kg) – 0,00016 x Rfr(in g/kg)^2.**

Die Verdaulichkeit des Rohproteins liegt bei 70 bis max. 75% (siehe Tabelle 50, S. 379). Sind bei einem Mischfutter 9,5% Rohprotein deklariert, entspricht dies einem Anteil von 95 g je kg Futter (FS). 70% dieses Wertes ergeben 66,5 g DP.
Empfehlenswert ist, sich das kostenlos von Händlern angebotene jeweils aktuelle Werbematerial mit detaillierten Produktbeschreibungen der Hersteller zu besorgen, denn darin sind weit mehr Angaben (auch genaue Werte zu DE und DP) enthalten als in der futtermittelrechtlichen Deklaration, die das Gebinde aufweist. Durch Studium der informativen Produktbeschreibungen unterschiedlicher Hersteller sind zusätzlich aktuelle In--halts- und Preisvergleiche zwischen einzelnen Mischfuttermitteln möglich. Das dient der Auswahl geeigneter Produkte für die eigene Pferdeversorgung nach Preis und Leistung – und verhindert Fehlkäufe.
Die Frage, woran man qualitativ gute und weniger gute oder gar untaugliche handelsübliche Mischfuttermittel erkennt, ist umfassend nicht zu beantworten. Durch geschickte Mischungskomponenten sind Mischfuttermittel aller inländischen Hersteller inhaltlich auf das jeweilige Verwendungsziel (mit herstellertypischen Gewichtungsschwerpunkten bei der Zusammensetzung und Zielgruppe) ausgerichtet. Eine objektiv »bessere« oder »schlechtere« ernährungsphysiologische Wirkung ließe sich allenfalls nur sehr aufwendig in Feldversuchen experimentell ermitteln und testartig aussagekräftig vergleichend darstellen. Wahrscheinlich blieben als Kernaussage durchaus Nuancen als Unterschiede übrig, wobei auch das Preis: Leistungsverhältnis eine Rolle spielt. Ein hochpreisiges, aufwendig hergestelltes und zusammengesetztes Mischfuttermittel, das durch teure Zutaten eine andere Wirkstoffkombination erhält, kann mit einem preisgünstigmarktgängigeren allgemeinen Mischfuttermittel fairerweise nicht gleichgesetzt und »testartig« verglichen werden.
Hauptanhaltspunkte sind deshalb für den Verbraucher in erster Linie die Gehalte der Mischfuttermittel, soweit sie z. B. Kraftfutter sind, an verdaulicher Energie (DE) und verdaulichem Rohprotein (DP) sowie an Rohfaser (Rfr). Wer seinem robust gehaltenen Freizeitpferd zum Weidegang etwas Gutes tun will, wird ein Mischfutter auswählen, das niedrige DE- und DP-Werte, aber hohe Rohfaserwerte und vor allem weidegangergänzende Mineral- und Wirkstoffgehalte aufweist (z. B. bei Weidegang auf Sand- oder Moorböden Spurenelemente wie Kupfer usw.). Umgekehrt ist derjenige mit höherem sportlichem Ziel und mehr stallgehaltenem Vierbeiner gut beraten, ein energiereiches Mischfutter auszuwählen, das stallhaltungsergänzende Stoffe, z. B. hochwertiges Pflanzenprotein und β-Carotin, enthält.
Erkennbar gibt es zwischen den Mischfuttermitteln Akzeptanzunterschiede mit Gewöhnungsbedürftigkeit, die bestimmt sind von

- der Darreichungsform (Flockung, Pelletierung, Brikettform, Bröselform, Müsliform),
- den Geschmacks- und Aromastoffen und
- den Gewohnheiten sowie Empfindlichkeiten der gehaltenen Rasse bzw. des Individuums.

Hier gilt die Einteilung in »Grob- und Feinschmecker«, was bedeutet, daß Nordpferde als »Grobschmecker« nahezu alles Genießbare auch zügig probieren, während die »Feinschmeckerfraktion« manchmal schon mehrere Anläufe nimmt, um neue Darreichungsformen, die dazu noch aromatisch ungewohnt sein mögen, zu probieren und zu akzeptieren. Aber auch dabei gibt es Ausnahmen.
Hinzu kommen Qualitätsunterschiede, die nicht grundsätzlich inhaltlich, sondern produktions- und lagerbedingt sein können. Durch industrielle Herstellung sind bei einzelnen Chargen produktionsbedingte Qualitätsabweichungen möglich. Auch können Verpackungsfehler in Verbindung mit ungeeigneten Transport- oder Lagerverhältnissen Mischfuttermittel qualitativ negativ beeinflussen. Viele Hersteller geben verbraucherfreundlich klar erkennbar nicht nur das Haltbarkeitsdatum, sondern auch Chargencodes, z. B. Produktionsnummer oder Bezugsnummer, an.

HANDELSÜBLICHE ERGÄNZUNGSFUTTERMITTEL

Manche Ergänzungsfuttermittel sind vom Hersteller als vollwertiger Haferersatz konzipiert, andere können als Teilkraftfutterkomponente einer herkömmlichen Kraftfutterration (meist Hafer) zugefügt werden, um die nähr- und wirkstoffmäßig einseitige Heu-/Haferration u. a. durch Kalzium, Spurenelemente und β-Carotin aufzuwerten. Orientiert an den nicht identischen Ansprüchen der Nord- und Südpferderassen, den abweichenden Leistungen im Freizeit- und Sportbereich bzw. den jeweiligen sog. Funktionszuständen (z. B. Laktation) sowie den verschiedenen Altersgruppen werden Ergänzungsfuttermittel konzipiert und angeboten. Deshalb sind die Unterschiede zwischen den Mischungen z.T. groß, weshalb es ratsam ist, sich an den Herstellerempfehlungen zu orientieren.

Achtung Fütterungsrisiken!
Die Art der Lagerung beim Händler, das Haltbarkeitsdatum und die Sinnenprüfung des Produktes geben Hinweise auf die Qualität. Qualitätsmindernd und mit Fütterungsrisiken verbunden sein können:

- Lagerung von Futtermitteln in Papiersäcken auf ebenerdigem, unisolierten Betonboden oder außerhalb von Räumen, weil dadurch Feuchtigkeit aufgenommen werden kann mit der Folge von Fäulnis und Schimmelbildung mit gefährlichen Giften (Aflatoxine);
- lose Mischfuttermittel, die aus hygienisch bedenklichen Transportsilotankwagen oder Lagersilos stammen (feststellbar durch Geruchsproben an den Einfüllöffnungen);
- beschädigte Gebinde, die notdürftig nach Transportfehlern oder Nagetierfraß zugeklebt wurden, und die Nagetierexkremente, Schmutz mit Keimen oder Feuchtigkeit enthalten können;
- weiche, klamme oder stark bröselnde Pellets, die Feuchtigkeit aufgenommen haben;
- Farbabweichungen (graue Flecken = Schimmel; braune Ränder an Pellets = Verbrennungen bei der Herstellung und damit Geschmacks- und Gehaltseinbußen);
- muffiger Geruch oder Fremdgeruch (z. B. nach Benzin, Fischmehl, Schweinestall);
- Beimengungen (Sand, Käfer, Milben, Holzteile in Müsli-Futtermitteln, unbekannte Fremdpartikel);
- Futtermittel aus Gebinden mit abgelaufenem Haltbarkeitsdatum (insbesondere melassehaltige Futtermittel verderben durch Zersetzung).

Tabelle 70

Inhalts-, Zusatzstoffe und Spurenelemente ALLROUND-PELLETS (je kg)			
Rohprotein	10,0 %	Vitamin A	20000 IE
Rohfaser	22,0 %	Vitamin D_3	2000 IE
Rohasche	9,0 %	Vitamin E	60 mg
Rohfett	2,0 %	Selen	0,3 mg
Kalzium	1,20 %	Magnesium	0,20 %
Phosphor	0,40 %	Natrium	0,35 %
DE	10 MJ	DP	70 g

Im Wesentlichen werden folgende Kraftfuttermischungen unterschieden, die als Ersatz für herkömmliches Getreide, meist teils als Haferersatz oder als Haferergänzung, entsprechend den Herstellerempfehlungen fungieren können:

- Ergänzungsfutter für Robustpferde (Nordpferde, aber auch robust gehaltene Südpferde) und Freizeitpferde, das relativ energiearm ist (max. 10,5 bis min. 9,5 MJ je kg FS), aber höhere Rohfasergehalte (rund 12,5 bis 22 %) aufweist;
- Ergänzungsfutter für sog. Sportpferde (meist Südpferde, aber auch sportlich stark beanspruchte Nordpferde, z. B. für Distanzritte), das – vor allem bei hoher Fettbeimischung – sehr energiereich sein kann (11,5 bis 15 MJ), nur geringe Rohfasergehalte (um 6 %) aufweist und unterschiedliche Beimischungen, u. a. von Hefepilzen, z. B. 5 x 10^9 koloniebildende Einheiten (Abk.: KBE) Bacillus cereus, enthält;
- Ergänzungsfutter für hochtragende oder laktierende Zuchtstuten mit erhöhtem Proteingehalt (um 16 %), aber auch hohen Mineralstoff- und Vitamingehalten;
- Ergänzungsfutter (Milchaustauscher) zur mutterlosen Aufzucht von Saugfohlen auf Magermilch- und Molkepulverbasis mit Traubenzucker und Mineralstoffen sowie vollständigem Vitaminangebot;
- Ergänzungsfutter für Saugfohlen und Absatzfohlen (FS 16) mit aufgeschlossenen Getreideprodukten, milchsäurebildenden Keimen, Mineralstoffen und vollständigem Vitaminangebot;
- Ergänzungsfutter für wachsende Jungpferde, das auf den spezifischen Bedarf, u. a. durch entsprechenden Proteingehalt (bis ca. 18 %), abgestellt ist.

Nachfolgend werden zwei Ergänzungsfuttermittel inländischer Hersteller exemplarisch aufgeführt (Tabellen 70 und 71). Fütterungsempfehlungen der Hersteller sind grobe Faustzahlen für die Versorgung von Großpferden. Die dabei unterstellten Körpergewichte (LM) liegen bei etwa 550 bis 600 kg. Zur Umsetzung der Herstellerempfehlungen auf andere Rassen mit geringeren oder höheren Gewichten oder in besonderen Situationen

Tabelle 71

Inhalts-, Zusatzstoffe und Spurenelemente ALPHA-MÜSLI (je kg)					
Rohprotein	9,5 %	Vitamin A	22000 IE	Eisen	290 mg
Rohfaser	15,0 %	Vitamin D_3	2400 IE	Zink	180 mg
Rohasche	11,0 %	Vitamin E	20 mg	Mangan	115 mg
Rohfett	3,3 %	Vitamin B_1	16 mg	Kupfer	28 mg
Kalzium	1,8 %	Vitamin B_2	15 mg	Jod	1,5 mg
Phosphor	0,6 %	Vitamin B_6	10 mg	Kobalt	1,0 mg
Magnesium	0,2 %	Vitamin B_{12}	50 mcg	Selen	0,7 mg
Natrium	0,6 %	Biotin	380 mcg	DP	70 g
Kalium	1,0 %	Chlor	1,3 %	DE	10,5 MJ

Pellets sind Presslinge mit unterschiedlichen Inhaltsstoffen. Auch Mineralfutter wird z. B. in Pelletform angeboten.

Typisches Kräutermüsli.

Ideales Futter für alte Pferde: Mit warmem Wasser eingeweichte Heucobs plus Handels-Kräuter-Müsli mit kurzen Heuhäckseln.

sind entsprechende Korrekturen vorzunehmen. Viele Hersteller von Futtermitteln betreiben ein Servicebüro mit Fachberatern, die weitergehende Fragen von Verbrauchern beantworten.

Produkt ALLROUND-PELLETS

Kurzcharakterisierung (Tabelle 70, S. 437): Spezielles, pelletiertes Ergänzungsfutter für Robustrassen, das als Zufutter zu Heu, Stroh und Weidegang gefüttert werden kann. Relativ eiweiß- und energiearm, dafür rohfaserreich.

Zusammensetzung:

Haferschälkleie, Sojaschalen, Luzernegrünmehl, Trockenschnitzel, Maiskleberfutter, Melasse, Gerste, Weizenkleie, Mineralstoffe, Vitaminvormischung.

Fütterungsempfehlung des Herstellers:

Täglich 1,3 kg für Robustpferde; bei leichter Arbeit 2,5 kg, bei mittlerer Arbeit 3,5 kg, bei schwerer Arbeit 4,5 kg.

Erläuterungen:

Ein preisgünstiges Futter, das von allen Pferden gut angenommen wird. Aufgrund der Zusammensetzung eignet es sich als einfaches Zufutter und Haferersatz im Erhaltungsstoffwechsel gut, wenn beispielsweise Pferde von der Weide hereingeholt werden und im Stall- und Auslaufareal etwas »Besonderes« erwarten, aber keine energiereiche Rationsergänzung angebracht ist. Anders als bei reiner Haferfütterung führt es – im Rahmen der Fütterungsempfehlung des Herstellers – gerade bei Robustrassen nordischen Ursprungs zu weniger nervösen Aufladungen.

Produkt ALPHA-MÜSLI

Kurzcharakterisierung (Tabelle 71, S. 437): Dieses Müsli-Futter in Grobstruktur ist auf den spezifischen Bedarf von robust (= naturnah) gehaltenen Pferden aller Rassen – nicht nur auf die sog. Robustpferde im engeren Sinne – abgestellt. Es eignet sich als Ergänzung zum Grundfutter.

Zusammensetzung:
Gerste, Heu, Hafer, Weizenkleie, Haferschälkleie, Maiskeime, Weizenkeime, Zuckerrübenmelasse, Sonnenblumenkerne gemahlen, Malz, Leinöl kaltgepreßt, Calciumcarbonat, Bierhefe, Magnesiumoxid, Dicalciumphosphat, Kräuter (Fenchel, Knoblauch, Anis, Thymian, Pfefferminze), Obstessig.
Fütterungsempfehlung des Herstellers:
Täglich 1 bis 2 kg für Großpferde; für Kleinpferde entsprechend weniger.

Erläuterungen:
ALPHA-MÜSLI ist aromatisch und geschmacklich vielseitig; es wird – wie alle Müsli-Futter – auch von gestreßten Pferden außerordentlich gut akzeptiert und ähnlich bevorzugt wie Quetschhafer gefressen. Im Unterschied zu einem Mineral-Ergänzungsfutter weist das Produkt höheren Energiegehalt aus den verschiedenen Energieträgern (Getreide, Getreidekeime, Pflanzenfett etc.) und durch die zugesetzten diätetischen Substanzen (Bierhefe, Weizenkleie etc.) auf. Von einem herkömmlichen, primär energieliefernden Kraftfutter unterscheidet es sich andererseits durch den mäßigen Energiegehalt, aber auch durch eine erhöhte Dosierung von Mineralstoffen und Kräutern sowie die kauanregende Grobstruktur (enthaltene Heuteile etc.).

Futtermittel richtig lagern

In jeder Pferdehaltung sind Futtermittel zu lagern, damit sie als Vorrat greifbar sind. Vorzuhaltende Lagerraumkapazitäten und Lagertechniken werden entscheidend bestimmt von
- der Art des Pferdehaltungsbetriebs,
- den Platz- und Raumverhältnissen,
- der vorwiegenden Haltungsform,
- der Größe des Pferdebestandes,
- den bevorzugten Grund- und Zusatzfuttermitteln,
- den eigenen Erntemöglichkeiten oder Zukaufsbedingungen sowie
- den örtlich unterschiedlichen fütterungstechnischen Gegebenheiten.

In pferdehaltenden landwirtschaftlichen Betrieben und professionellen Reitställen oder Gestüten gelten sowohl räumlich als auch von der Bevorratungsmenge her andere Bedingungen als im überschaubaren privaten Haltungsbetrieb mit durchschnittlich zwei bis vier Pferden.
Gemeinsam gilt für alle Haltungen das Ziel, Futtermittel so zu bevorraten, daß sie
- ohne übermäßigen manuellen oder technischen Aufwand einzulagern sind,
- nicht gestohlen oder mutwillig beschädigt bzw. verunreinigt werden,
- qualitativ einwandfrei erhalten bleiben, nicht verderben oder selbst Schäden verursachen,
- nicht eigenmächtig von Pferden ohne dosierte Zuteilung gefressen werden und
- bei Bedarf ohne großen Aufwand greifbar bzw. zuteilbar sind.

Die Lagertechnik soll in erster Linie ein Verderben der Futtermittel verhindern (siehe Grafik 80, Seite 441). Sind allerdings Futtermittel
- nicht fachgerecht geerntet (z. B. zu feucht mit Wassergehalten > 15 % eingefahrenes Heu, das anschließend schimmelt),
- mangelhaft hergestellt bzw. zu früh eingelagert worden (z. B. lose Pellets, die – nicht ausreichend ausgekühlt – vorschnell in Silos gefüllt wurden und dann durch Kondenswasserbildung schimmeln) oder
- ist das Haltbarkeitsdatum bei Handelsfuttermitteln abgelaufen, dann kann die beste Lagertechnik diese Mängel nicht ausgleichen.

Schadwirkungen mit Total- oder Teilverderbnis von Futtermitteln sind neben den herstellungsbedingten Faktoren Folgen mangelnder Lagerhygiene, schädigender klimatischer Einflüsse oder auch Kombinationen dieser Faktoren.

► **Bei allen Grund- und Zusatzfuttermitteln (und auch beim Einstreumaterial) empfiehlt sich deshalb primär eine trockene, nicht der prallen Sonne ausgesetzte, trotzdem luftige, aber schadgasfreie Raumlagerung.**

Lagerung im Freien (z.B. unter Planen) ist nicht empfehlenswert, denn sie führt aufgrund klimatischer Einflüsse und Kontaminierung durch Parasiten/Kleintiere durchweg zur Total- oder Teilverderbnis.
Bei folienverpackter Silage führt diese Form der Außenlagerung bei sehr starker Sonneneinstrahlung (je nach Feuchtigkeitsgehalt des Erntegutes) u. U. zu Kondenswasserbildung, Aufgasungen und teilweise zu Fehlgärungen. Auch sind Beschädigungen der Folien, z.B. durch Krähen oder Ratten, typisch, wenn nicht besondere Schutzmaßnahmen (u.a. genügend Bodenabstand der zu lagernden Futtermittel durch Auflage auf eine Kantholzkonstruktion, zusätzliche festverzurrte Schutzplaneneindeckung oder ein Tarnnetzüberzug mit stabilen, tiefen Bodenankern) getroffen werden.
Sinngemäß gelten die vorstehenden Bedenken und zusätzlichen Mindestschutzmaßnahmen auch für die Außenlagerung von Heu- und Strohballen. Bei diesen können zwar keine Fehlgärungen zu Mängeln führen, aber neben eindringender Witterungsfeuchte (Nebel, Regen) schlagen sich Ausdünstungen beim Schwitzen an der Innenseite von (notwendigen) Abdeckplanen nieder, tropfen wieder herunter und sorgen für eine mehr oder weniger kontinuierliche partielle Feuchte, die Schimmelpilzentwicklung bis ins Innere hinein begünstigt und auch Fäulnisbakterien oder Milben ideale Bedingungen bietet. Hinzu kommen Probleme der Verunreinigung (u.a. mit Leptospiren oder Salmonellen) durch Nagetiere, die ein Gangwerk in Ballen anlegen, um sich warm einzunisten und massenhaft Nachwuchs aufzuziehen oder – nach erfolgter Vergiftung mit handelsüblichen Ködern – dort im Verborgenen mit einhergehender giftiger Kontaminierung des betreffenden Ballens zu verenden.
Um Heu- oder Strohballen – insbesondere aus einer Außenlagerung – pferdegerecht verwerten zu können, bedarf es erhöhter Vorsichtsmaßnahmen mit unterschiedlich zeitaufwendigem »Sezieren« eines jeden Ballens. Dabei ist eine umfassende Sinnenprüfung vor jeder Verfütterung ratsam (siehe Grafik 67, Seite 392). Bei der Zerteilung und Untersuchung von durch Lagerschäden kontaminierten Ballen lohnt sich das Tragen von Handschuhen und die Vermeidung des Einatmens schädlicher Substanzen (gilt ganz besonders für Kinder, die vielleicht bei Haltungsarbeiten Hilfestellung leisten wollen). Tabelle 72, Seite 442, enthält Angaben zu Schädigungswirkungen, die auch den Menschen, z.B. bei Inhalation von Toxinen oder Schleimhautkontakten mit Nagetierexkrementen (u.a. Infektion mit Hanta-Viren), betreffen können.
Ratsam zur Vermeidung von Problemen und Zusatzkosten ist Lagerung unter einem Massivdach (= Unterdachlagerung – im Gegensatz zur Außenlagerung). Ausreichend dafür ist z.B. ein einfacher, einseitig offener Heuschober in Holzbauweise. Abhängig von Art und Menge

Unterdach-Heulagerung mit Bodenabstand (zur Belüftung) auf Holzpaletten plus Gitterstabmatten.

Lagerung von Futtermitteln

• Schädlinge und Lagertechnik •

Auf einen Blick:

Eigenschaften wie Nährstoffgehalt, Aroma, Geschmack, Bekömmlichkeit und Lagerfähigkeit von Futtermitteln werden nicht nur von den Erntefaktoren, sondern maßgeblich auch von der Lagertechnik beeinflußt. Sachgemäße Lagerung soll primär Schäden verhindern, die durch

- Kleinstlebewesen (Pilze, Bakterien, Milben),
- Insekten (Fliegen, Käfer),
- Nagetiere (Ratten, Mäuse),
- Kleine Säuger (Wiesel), • Vögel (Krähen, Tauben) und • Witterungseinflüsse (Regen, Bodenfeuchte, Sonneneinstrahlung) verursacht werden können.

Helfer, die größere tierische Schädlinge fernhalten oder dezimieren, sind Hunde und vor allem Hauskatzen. ➡ Haustiere schützen: Giftköder/Fallen durch Behältnisse absichern!

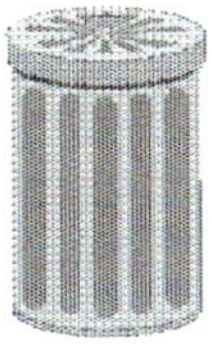

Kraftfutter (Getreide, Mischfutter) kann in trockener Umgebung in verschließ- und belüftbaren Tonnen oder Holzkisten längere Zeit gelagert werden.

Saftfutter (Mohrrüben) frostfrei, aber kühl in Kisten lagern.

Flüssigkeiten frostfrei lagern.

Heu-/Strohlager stets unter Dach.

Gemähtes Grünfutter schattig lagern und kurzfristig verfüttern.

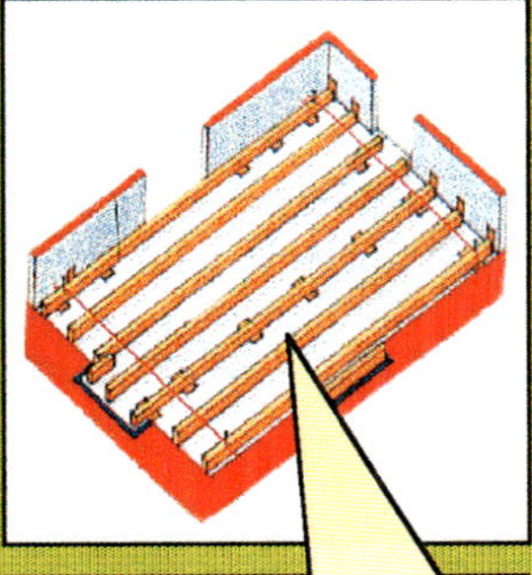

Praxis:
Nützlich zur ebenerdigen Lagerung von Heu, Stroh und Silageballen sind Bodenhölzer (Bodenabstand 30 cm, damit Katzen Nager fangen können).

Tabelle 72

Primäre Risiken bei Falschlagerung von Futtermitteln		
Futtermittel	Schädigung des Futters	Folgen bei Verfütterung
Heu, zu feucht gepreßt und zusätzlich unsachgemäß (= nicht luftig und trocken genug) gelagert oder Heu, zwar < 15 % Feuchte gepreßt, aber zu feucht gelagert (z. B. mit Bodenkontakt) oder generell bei Außenlagerung	Schimmelbildung mit Schimmelpilzsporen/ Schimmelpilztoxinen (Aflatoxine); Milbenansiedlung; Listerien; Salmonellen und Leptospiren, z. B. durch Exkremente von Nagetieren; überhöhte Lipolysaccharide (LPS)	Atembeschwerden, Allergien durch Inhalation von Allergenen (Auslösung der C.O.P.D.), Kreislaufversagen durch Lipolysaccharide; Verdauungsstörungen (Koliken), Nervosität, Organschäden (Leber, Niere), Fruchtbarkeitsstörungen, Veränderungen an Lippen und Schleimhäuten durch Pilztoxine (u. a. Satratoxin von Stachybotris atra); Durchfall, Hufrehe; Leptospireninfektion (Freßunlust, Blutharn, Vitalitätsverlust, Aborte)
Stroh – wie vor –	– wie vor –	– wie vor –
Grünfuttersilage	Fehlgärungsprodukte durch hohen pH-Wert; durch teils aerobe Bedingungen: Mikroorganismen-Besiedlung und -vermehrung (Schimmelpilze, Bakterien, Hefen), z. B. Clostridium botulinum und Clostridium perfringens	– wie vor – plus Aufgasungen durch Hefen; Schluckbeschwerden sowie Muskelzittern, Pupillenerweiterung, gestörtes Verhalten sowie zunehmende Lähmungserscheinungen mit tödlichem Ausgang
Getreide, vor allem Weizenkleie und Quetschhafer	Schimmelpilzbefall und Bakterienbesiedlung (u. a. Salmonellen, z. B. Typhimurium, durch Exkremente von Nagetieren)	Verdauungsstörungen (Koliken); Leberschäden, Nierenschäden durch Pilztoxine (u. a. durch Zitrinin von Penicillium citrinum), Hufrehe
Pellets, vor allem stark melassehaltige Produkte	– wie vor –	– wie vor –
Brotreste	Schimmelpilzbefall	Verdauungsstörungen, Hufrehe
Mohrrüben, Gemüse, Obst	Fäulnis, Frost	wie vor
Grünfutter (gemäht)	Keimvermehrung durch Erwärmung	Durchfall, Tympanien

des zu bevorratenden Futters variiert der erforderliche Raumbedarf. Für Heu und Stroh können die in Grafik 81, Seite 443, genannten Abmessungen und Gewichte Anhaltspunkte geben. Für den »Normalfall«, d.h. Weidegang der Pferde und geringe Heuzufütterung im Sommer sowie Stallfütterung von Heu und Kraftfutter im Winter (bei Stroheinstreu), rechnet man mit einem Lagervolumen für Heu und Stroh von rund 25 cbm/Pferd/Jahr (siehe Grafik 81, Seite 443).

Die bei älteren Landwirtschaftsgebäuden noch übliche deckenlastige Lagerung des Rauhfutters sowie des Einstreumaterials über dem Stallbereich hat überwiegend Nachteile. Es sind hohe statische Anforderungen zu erfüllen, die bei Altgebäuden oft nur durch vorsorglichen Austausch morscher Holzbalkendecken auf

Grafik 81

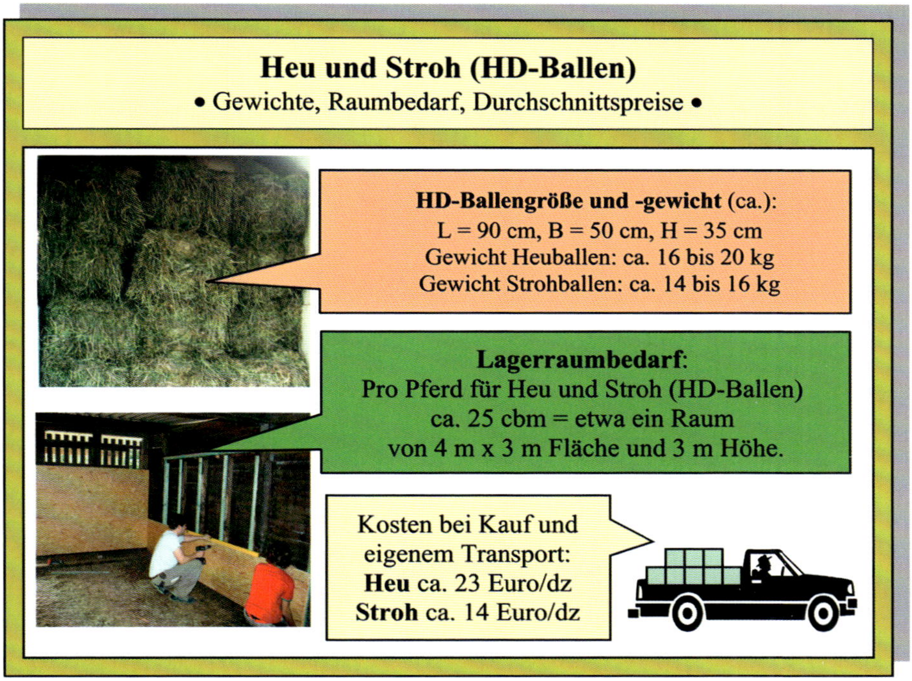

Dauer gewährleistet sind. Zudem sind Ein- und Auslagerung bei deckenlastiger Lagerung mit größerem Aufwand als bei ebenerdiger Lagerung verbunden, und es zieht – je nach Örtlichkeit – u. U. Stalldunst durch Abwurföffnungen in das Futter hinein und verdirbt es teilweise. Schließlich ist auch aus Gründen der Arbeitserleichterung und der Unfallverhütung eine erdlastige, bodenisolierte Lagerung vorzuziehen (s. Abb. S. 440).

Die Lagerung und Bevorratung von Zusatzfutter, hauptsächlich Getreide und handelsübliche Mischfutterprodukte, stellt kleine Pferdehaltungen vor geringe Probleme, denn bei Gebinden von durchschnittlich 25 kg reicht ein Sack Futter für ein mittelstark gearbeitetes Pferd schon fast eine Woche lang zur Versorgung mit Kraftfutter aus. Es empfiehlt sich deshalb, nur begrenzte Vorräte für 14 Tage anzulegen, die dann durch Zukauf frischer Produkte laufend ergänzt werden können. Abhängig von der Örtlichkeit und Erreichbarkeit der Futterkrippen hat es sich bewährt, rollbare Kunststofftonnen anzuschaffen, z. B. kleine Mülltonnen, die bis 50 kg fassen. Wenn

Tabelle 73

Abmessungen und Gewichte von hochdruckgepreßten Heu- und Strohballen

Ballenart und -größe	Heu (Ballengewicht in kg)	Stroh (Ballengewicht in kg)
Kleine Ballen, 75 cm lang	14 bis 18	11 bis 14
Mittlere Ballen, 90 cm lang	19 bis 22	15 bis 17
Große Ballen, 110 cm lang	23 bis 28	18 bis 21
Rundballen, Durchmesser 140 cm	350 bis 400	270 bis 300
Rundballen, Durchmesser 170 cm	400 bis 600	300 bis 450
Quadrantballen, 150 x 150 x 130 cm	400 bis 600	300 bis 450

Grafik 82

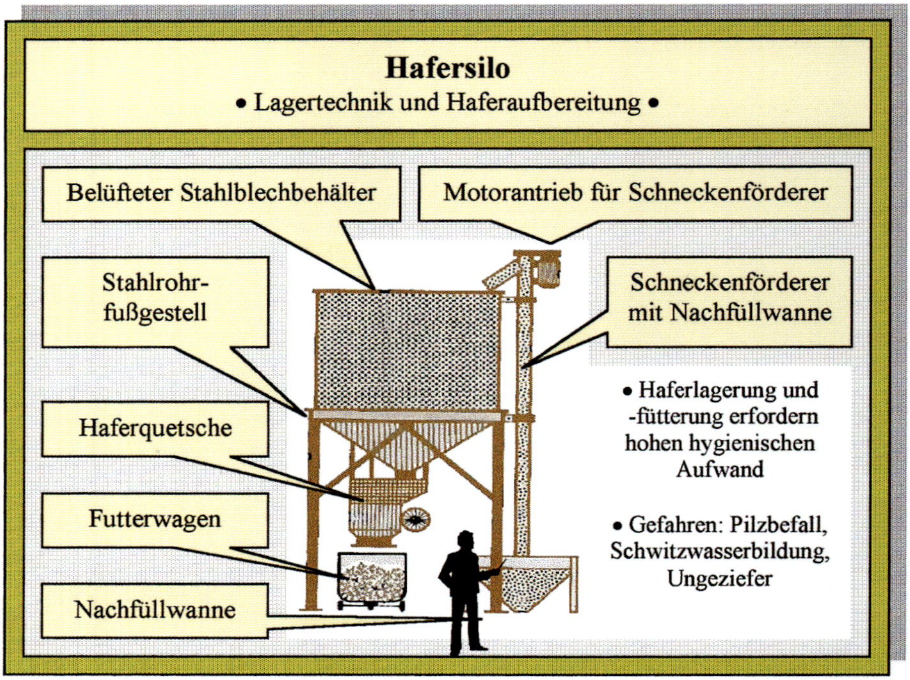

in deren Abdeckung Löcher zur Belüftung gebohrt werden, sind sowohl belüftete Lagerung als auch Transport des Futters zu den Futterkrippen einfach zu bewerkstelligen. Es können auch gummibereifte Futterwagen mit Abdeckung zur Bevorratung und gleichzeitig zum Transport genutzt werden. Vorteilhaft sind bei solchen Futterwagen separate Abteile, in die – neben dem Kraftfutter – auch andere zu dosierende Futtermittel (Mineralstoffe, Leinölgebinde, Fermentgetreide usw.) untergebracht werden können. So spart man sich in kleinen Beständen die ansonsten erforderliche stationäre Kraftfutterkiste, aus der z. B. mit Eimern erst Futter zu den Boxenfutterkrippen oder Freßständen transportiert werden müßte. Für umfangreiche Pferdebestände ab 20 Pferden ist – schon aus Gründen der Kostenreduzierung durch die dann gegebene Möglichkeit, größere Getreide- oder Pelletmengen einzukaufen – eine Silolagerung zweckmäßig. Für Großpferde mit durchschnittlichen Tagesrationen von 3 bis 4 kg Getreide ist – bei einem Raumgewicht von etwa 5 dz/cbm – ein Silovorratsvolumen von 0,2 bis 0,3 cbm pro Pferd einzukalkulieren. Unterschiedliche Silos werden angeboten, meist solche mit Edelstahlbehältern, die gut zu reinigen sind und durch Bohrungen im Vorratsbehälter die notwendigen Be- und Entlüftungsöffnungen aufweisen. Für junge oder sehr alte Pferde ist Quetschhafer besonders gut geeignet, weshalb es arbeitserleichternd ist, in entsprechenden Beständen das Getreidesilo mit einer Haferquetsche zu verbinden (siehe Grafik 82, oben).

Jede Silolagerung bedarf ständiger Kontrolle, weil durch äußere Einflüsse (Wärme, Kälte, Feuchtigkeit, Gerüche) das gelagerte Futter Aroma verliert, verklumpt oder unbrauchbar werden kann. Tägliche Kontrolle gilt primär für Silos, die mit automatischen Dosieranlagen verbunden sind, denn diese funktionieren nur mit nicht verklumptem Futter. Am besten stehen Silos unter Dach, z. B. in einer Scheune, und nicht im Freien.

Unter Dach wird einer Kondenswasserbildung durch Temperaturschwankungen und starker Sonneneinstrahlung mit der Folge beginnender Schimmelpilzbesiedlung des Futters vorgebeugt. Schädigungen der Pferde durch Schimmelpilzsporen und -toxine (sog. Mykosen und Mykotoxikosen) sind nur so vorbeugend vermeidbar. Alternativ können innerhalb von Gebäuden auch Silos mit textilen Vorratsbehältern (z. B. Hängesäcke aus luftdurchlässigem Trevira-Kunstfasergewebe) eingesetzt werden.
Selbstverständlich dürfte sein, daß bei jeder Futterlagerung sowohl räumlich als auch im Hinblick auf die Hauptwindrichtung der Einfluß schädigender Gerüche durch Misthaufen, Kamine, Ausdünstungen landwirtschaftlicher Nutztiere sowie von Jauche- oder Güllegruben ebenso berücksichtigt wird wie etwa die Vermeidung von Schadstoffanreicherungen (z. B. Blei) durch Kfz-Abgase.

Grundlagen der Rationsgestaltung

FÜTTERUNGSMASSNAHMEN UND -TECHNIK

FÜTTERUNGSFAKTOREN UND GRUNDBEDÜRFNISSE

In den einleitenden Kapiteln wurde die Ernährung freilebender Pferde sowie die Futteraufnahme dargestellt. Kennzeichnend für die Bedürfnisse (= Raumbedürfnis und Ernährungsgewohnheiten, siehe Seite 238 ff.) des Pferdes sind danach – neben der eigentlichen stoffwechselwirksamen Ernährung durch Aufnahme von Nähr-, Mineral-, Wirk- und Ballaststoffen: Lange Freßzeiten, d. h. fortwährende Aufnahme kleiner, sich erst nach Stunden des bewegungsaktiven Selektierens und Kauens bis zur Sättigung summierender Mengen relativ wenig gehaltvoller Pflanzennahrung.

Bei der Rationsgestaltung und -verfütterung sind alle dafür maßgeblichen Grundfaktoren mit den Grundbedürfnissen des Pferdes, die u. a. physiologisch sowie anatomisch vorgegeben sind, weitgehend pferdegerecht zu berücksichtigen. Ständige Vernachlässigung bzw. Manipulation der Ernährungsgrundbedürfnisse führt beim Pferd zu Streß mit möglichen Auswirkungen auf das Abwehrsystem und zu konkreten Organerkrankungen. Dies deshalb, weil die ernährungsphysiologische Anpassungsfähigkeit des Pferdes zwar gegeben, aber sehr viel enger begrenzt ist als z. B. seine Anpassungsfähigkeit und zielgerichtete geschickte Manipulierbarkeit im Bereich der Nutzung/Verwendung (siehe hierzu auch das Kapitel »Fehlernährung und Abwehrsystem«, Seite 491 ff.).
Zwar liegt es in der Natur des Pferdes, sich letztlich durch ständige Übung auch an nicht eigenbedürfnisgerechte Lagen, ja sogar an mißliche Verhältnisse zu gewöhnen und diese auch mehr oder weniger widerspruchslos zu ertragen. Diese Eigenschaft hat der historische Mensch schon vor 5000 Jahren erkannt und konsequent genutzt, um Pferde zu zähmen und später für Bewegungslei-

Zu den Grundfaktoren der Rationsgestaltung gehören:
- der Wasser- und Nahrungsbedarf (Erhaltungs- oder Leistungsbedarf unter Berücksichtigung individueller Besonderheiten, z. B. Haltungsform, Klima, Alter, Krankheit),
- das Futteraufnahmevermögen (Trockensubstanzaufnahme unter Erhaltungsbedingungen bei mittelgroßen Rassen rund 2 kg/100 kg LM pro Tag, siehe Tabelle 44, Seite 361),
- die Auswahl von Futtermitteln,
- die Kombination von Futtermitteln und
- das räumlich-technische Angebot zur Verfütterung der Futtermittel.

stungen zu nutzen. Rein oberflächlich betrachtet scheinen manche Pferde gerade auch bei unbefriedigten Ernährungsgrundbedürfnissen »zufrieden« zu sein. Das liegt an der mangelnden Fähigkeit des Pferdes, sich lautstark gegenteilig zu artikulieren.

Übersehen, verharmlost oder aus Kenntnismangel fehlgedeutet werden manchmal die »leisen Töne« (u.a. Magengeschwüre, Durchfall, Huf- und Hautmängel, Leistungsabfall, psychische Abstumpfung oder »Unarten«) als Folge mißlicher Lagen. Denn kein Pferd wiehert oder stöhnt unablässig, um auf Haltungsmängel oder unbefriedigte Ernäh-rungsbedürfnisse aufmerksam zu machen. Wenn Pferde ähnlich geräuschvoll wie unsere Hunde, z. B. mit einem Repertoire aus Bellen, jaulendem Anspringen oder hartnäckigem Winseln, auf sich in mißlichen Lagen aufmerksam machen könnten, würde vermutlich manche Pferdehaltung schon allein wegen des grenzwertüberschreitenden Geräuschpegels geschlossen! Das mag sehr markant klingen, ergibt sich aber aus der Bewertung einer Reihe von erschreckenden Praxisfällen.

Die naturgegebenen Bedürfnisse des Pferdes lassen sich also nicht ohne psychische und physische Schäden für das Pferd nahezu beliebig den primär nutzungsorientierten, organisatorischen, zeitlichen, räumlichen, technischen oder finanziellen Wunschvorstellungen des Halters anpassen. Es gilt deshalb, in der Praxis Fütterungsmaßnahmen und -technik vorrangig auf die Natur des Pferdes auszurichten und erst sekundär Nutzungsaspekte damit zu vernetzen. Daß beide Ziele durchaus mit überlegtem Management und pferdegerechten technischen Hilfsmitteln zufriedenstellend für Mensch und Pferd kombiniert werden können, beweisen kreative Pferdehalter sowohl im Freizeitreiterbereich als auch zunehmend im turniersportlich orientierten Sektor, z. B. durch Nutzung zeitgemäßer Technik, die eine kontinuierliche Versorgung mit Heucobs oder Kraftfutter möglich macht (s. Grafik 87, S. 459).

Mit den Grundfaktoren zu vernetzen sind bei allen Fütterungsmaßnahmen folgende Grundbedürfnisse des Pferdes:

- anatomisch günstige Freßhaltung (siehe Grafik 83, Seite 448); vorzugsweise bodennahe Futtervorlage;
- langdauerndes Kauen (= Mindesttagesfreßzeit ca. 5 bis 6 Std., Beispiele siehe Tabelle 74, Seite 448; Aufnahmedauer für einzelne Futtermittel siehe Grafik 81, Seite 244 und Tabelle 25, Seite 259);
- Selektionsmöglichkeiten (= abwechslungsreiches, vom Pferd selbst sortierbares und in individueller Reihenfolge freßbares, aus mehreren Aroma- und Geschmackskomponenten zusammengesetztes Futter, z. B. artenreiches Heu; Mischfutter aus Anteilen unterschiedlicher Einzelfuttermittel, z. B. Müsli-Mischfutter; Beifutter, z. B. Mohrrüben, Brottrunk, Leinsamenpellets, Kräutermischungen);
- weitgehend pünktliche Fütterungszeiten (= der Organismus stellt sich darauf ein); max. Nahrungskarenz 6–7 Stunden;
- störungsfreie Futteraufnahme (= in Ruhe, ohne stark ablenkende optische oder akustische Reize, bei ausreichendem Sauerstoffangebot, ohne Sattel- oder Geschirreinengung oder gar Trense/Stange, ohne ständige Rangordnungsgeplänkel, ohne Provozierung von Kau- und Abschluckproblemen durch mangelhafte Futterkonsistenz);
- verdauungs- und leistungsgerechte Quantität und Zusammensetzung der Futtermittel (= zuerst ballaststoffreiches Rauhfutter unter Berücksichtigung von Kältezulagen, danach Kraftfutter in Teilrationen je Mahlzeit – unter Beachtung der Leistung und der Stärkeherkunft/Getreideart entsprechend Tabelle 77 auf Seite 455, Tränken nach der Fütterung; hohe hygienische Qualität, immer alters-

gerechte Konsistenz, Kraftfutterabzug an Ruhetagen und Zulage erst wieder nach erneuter Leistung);

- Ruhepause nach dem Fressen größerer Rationen, bevor Arbeitsleistungen verlangt werden (= der Körper ist mit der Verdauung/Resorption beschäftigt, dabei stärkere Durchblutung des Verdauungskanals, Sekretion von Verdauungssäften und dadurch zunächst Verminderung der Leistungsbereitschaft und -fähigkeit, siehe Beispiel auf Seite 451);
- Bewegung zur Förderung der Darmmotorik, siehe Grafik 33, Seite 278 (= Weidegang oder Auslauffütterung); alternativ bei Stallhaltung: Spazierengehen oder schonendes Longieren (Schritt, da sonst die Atmung bei schneller Gangart durch den gefüllten Magen eingeschränkt sein kann) nach einer auf die Fütterung folgenden Verdauungspause von ca. 30 Minuten.

WEIDEGANG UND KOMBINATION MIT STALLFÜTTERUNG

Weidegang dient nicht nur der Ernährung, sondern auch der Abhärtung und Bewegung sowie der psychischen Stabilität des Pferdes, wozu insbesondere Sozialkontakte gehören. Soziale Grundbedürfnisse sind z. B. gemeinsames Grasen zusammen mit Artgenossen oder Fellknabbern in Freßpausen. Welche Grasungszeit sich für die unterschiedlichen Pferdegruppen entsprechend Typ und Leistung empfiehlt, zeigt Grafik 84, Seite 449. Wenn örtlich möglich, ist es ratsam, Pferden Weideflächen anzubieten, die zunächst von Rindern überweidet wurden. So wird vermieden, daß Pferde in großen Mengen junges, übermäßig eiweißreiches Gras aufnehmen (Gehaltsunterschiede des Grünfutters siehe Grafik 48, Seite 311). Auch die Parasitenprophylaxe läßt sich durch eine Wechselbeweidung bei einem Verhältnis Rinder:Pferde von etwa 8:1 besser verwirklichen. Rinder nehmen pferdespezifische Parasitenlarven und -eier auf – ohne selbst Schaden zu nehmen, denn die Parasiten gehen im Rinderverdauungskanal zugrunde. Ebenso werden die wesentlichen rinderspezifischen Parasiten im Verdauungskanal des Pferdes vernichtet. Insofern sind rindviehhaltende landwirtschaftliche Betriebe prädestiniert, den Bedürfnissen des Pferdes entsprechende Weideflächen zum Nachweiden anbieten zu können. Wo in nichtlandwirtschaftlichen Privathaltungen keine Wechselbeweidung möglich ist, gelten die Regeln der Pferdeweidepflege, z. B. Absammeln des Pferdekotes, nicht zu kurzes Abweiden bis auf »Golfrasenniveau«, Reinigungsschnitt und angepaßte Düngung, um auf Dauer die gesunde Ertragskraft des Grünlandes zu erhalten.

Alte Pferde (abgebildet ist eine 30jährige Fjordstute) können sehr gut in einer Gruppe mit jüngeren Pferden gehalten werden. So bleiben sie angepaßt bewegungsaktiv. Sie sind aber aufgrund der altersbedingt normalen (oft totalen) Zahnabnutzung zirka sechsmal täglich, z. B. mit in warmem Wasser eingeweichten Heucobs plus Haferflocken, zu versorgen (s. Abb. S. 438). Bei Ernährungsdefiziten verlieren sie schnell Muskelmasse, erschlaffen, verlieren Abwehrkraft und degenerieren zunehmend mit tödlichen Folgen. Durchweg sind alte Pferde zur störungsfreien Futteraufnahme von der Gruppe zu separieren. Jede Abgabe eines »Seniorenpferdes« in einen sog. Gnadenhof sollte sorgsam geprüft werden. Nicht immer ist dort die zeitlich und finanziell ausreichend altersgerecht gesicherte Versorgung gewährleistet.

Tabelle 74

Beispiele für Gesamttagesfreßzeiten unterschiedlicher Pferderassen							
Rasse	Weide	Freßdauer	Heu	Freßdauer	Hafer	Freßdauer	Gesamtzeit
Shetland	10 kg	4 Std.	2 kg	1 Std. 50 Min.	0,5 kg	10,0 Min.	ca. 6,0 Std.
Fjord	19 kg	4 Std.	2 kg	1 Std. 10 Min.	0,5 kg	7,5 Min.	ca. 5,5 Std.
Araber	14 kg	4 Std.	2 kg	1 Std. 30 Min.	2,0 kg	30,0 Min.	ca. 6,0 Std.

▸ **Vor dem Weidegang darf zwar Heu, Grünfuttersilage oder Stroh, aber niemals Kraftfutter gefüttert werden. Es könnte sonst im Verdauungskanal durch die im Gras enthaltenen Mikroorganismen eine Kraftfuttergärung (Tympanie) ausgelöst werden.**

Bei jedem **Futterwechsel** muß sich die Darmflora des Pferdes auf neue Futtermittel erst einstellen. Neue Futtermittel sind deshalb immer erst (zusätzlich zu bisher gebräuchlichen) in kleinen Mengen vorzulegen. Das gilt sowohl für alle Veränderungen im Grund- und Zusatzfutterangebot als auch insbesondere beim Übergang von der (winterlichen) Stallfütterung mit rohfaserreichem Rauhfutter zum Weidegang mit rohfaserärmerem, wasserreichen Grünfutter. Vor allem in der beginnenden Vegetationszeit im April/Mai gilt – wie in der gesamten Pferdehaltung – der **Grundsatz der Allmählichkeit**. Das bedeutet zunächst für 3–4 Tage täglich nur halbstündigen Weidegang oder übergangsweise Vorlage gemähten Grünfutters im Stall – zur Vermeidung gravierender Verdauungsstörungen und Hufrehe – unter Beibehaltung der gewohnten Rauhfutterfütterung. Stets vor dem Weidegang oder der Grünfuttervorlage erst eine Rauhfutterration verfüttern. Ab dem 5. Tag wird langsam die tägliche Weidezeit ausgedehnt; gleichzeitig kann die tägliche Rauhfutterration vermindert werden. Nach etwa 14

Grafik 83

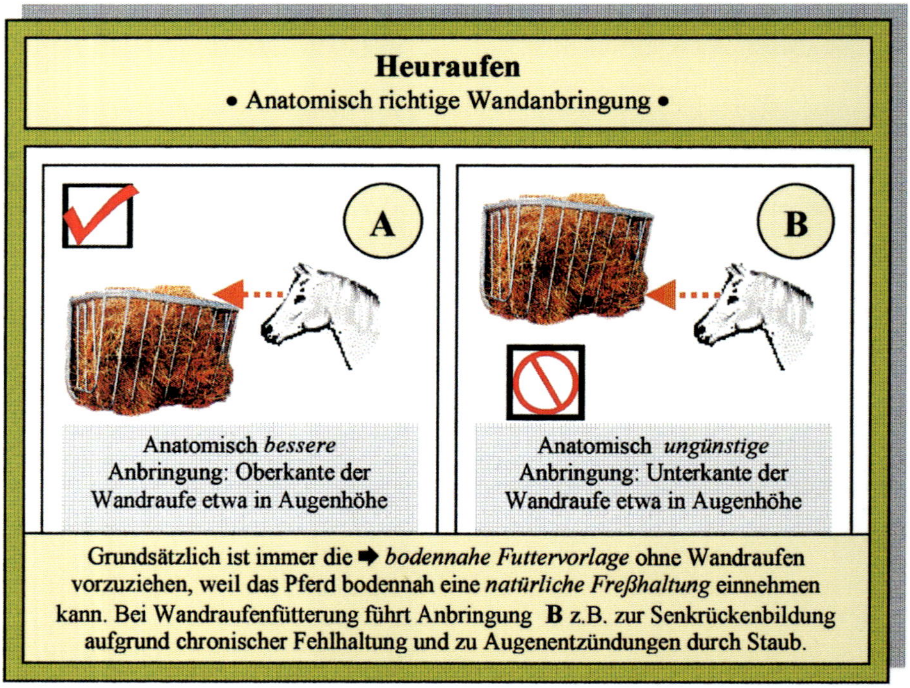

Grafik 84

Fütterungsmaßnahmen Weidegang

Grundsatz:
Weidegang sollte – mindestens stundenweise – für jedes gesunde Pferd obligatorisch sein, denn selbständiges Futtersuchen und -auswählen ist ein instinktives Grundbedürfnis des Pferdes.

Weidegang
↓
Erhaltung? – ja → Erhaltung Südpferd? – ja → Unbegrenzter Weidegang
Erhaltung? – nein ↓ Leistung
Erhaltung Südpferd? – nein ↓ Erhaltung Nordpferd: begrenzter Weidegang, ca. 5 - 6 Std./Tag + etwas Stroh/Heu zur Beschäftigung, z.B. abends

Leistung
↓
Wachstum? – ja → Unbegrenzter Weidegang
↓
Laktation? – ja → Unbegrenzter Weidegang
↓
Hochträchtigkeit? – ja → Unbegrenzter Weidegang
↓
Deckbeanspruchung? – ja → Begrenzter Weidegang, ca. 4 Std./Tag plus leistungs- und verwertungsangepaßtes Zufutter; Hochleistungspferde:
• zur Entspannung min. 1 Std.
↓
Arbeit? – ja → Begrenzter Weidegang (s. o.)

Unbegrenzter Weidegang plus leistungs- und verwertungsangepaßtes Zufutter, insbesondere Mineral- und Vitaminfutter/Lecksteine

Praxis:
Bei Erhaltungsernährung muß das Pferd 3,5 mal soviel Grünfutter fressen, als es im Winter an Heu benötigt. 5 bis 6 Stunden Weidegang täglich, je zur Hälfte morgens und nachmittags/abends, reichen dazu als Freßzeit aus.

Tagen hat sich die Darmflora weitgehend an den Futterwechsel angepaßt.

Bewegungsstimulanz im Winter, primär zum Abreagieren in einer Trampelkoppel, ist für alle Pferde ein willkommener Genuß. Gefrorenes Gras in der Koppel ist dann ungefährlich, wenn es nicht verfault ist und die Pferde winterlichen Weidegang gewohnt sind. Im Zweifel kann vorher eine Heuration gegeben werden (niemals allerdings vorher Kraftfutter), damit bei empfindlichen Pferden allzu große Freßgier abgemildert wird. Probleme mit gefrorenem Gras treten dann auf, wenn dieses gemäht wird, auftaut und erst nach längerer Lagerzeit (ca. 1 Tag) gefressen wird. Dann können Fäulnisprozesse mit unverträglichen Keimgehalten Durchfall auslösen. Zu berücksichtigen ist auch eine witterungsbedingte stärkere Verschmutzungsgefahr beim Mähen von Grünfutter unter winterlichen Bedingungen. Grundsätzlich ist davon abzuraten, überständiges Grünfutter, das teilweise an Blattspitzen und im unteren Halmbereich schon angefault ist, als Mähfutter im Winter vorzulegen. Im Gegensatz zur eigenen Selektion des Pferdes auf der Winterweide werden nämlich bei Vorlage solchen Mähfutters im Stall faule Teile eher mitgefressen.

Selbstverständlich ist dieses Schema variabel und kann zeitlich an die individuellen Gegebenheiten angepaßt werden, wobei es für jedes Pferd günstig ist, abends nach getaner Arbeit entspannenden Weidegang (mit Wälzmöglichkeit) sowie die Hauptfutterration genießen und in Ruhe verdauen zu können. Es ist ratsam, gerade diesen Aspekt auch bei individuellen Zeitvorgaben und -zwängen zu berücksichtigen. Die Nutzung kann ganztägig zwischen den Fütterungszeiten erfolgen – unter Berücksichtigung rationsangepaßter Verdauungspausen, denn der Magen des Pferdes sollte bei stärkeren Anstrengungen keine großen Futtermengen mehr enthalten: je größer die Ration, desto länger die Pause. Zu berücksichtigen ist auch die Rationszusammensetzung, weil die Magendurchlaufzeiten futtermittelabhängig sind (siehe Grafik 31, Seite 271 und Tabelle 75, Seite 451). Hoher Rauhfutteranteil (Heu) an der gefütterten Ration erfordert längere Pausen. Bei Pensionspferden sollte der Nutzer im Zweifel den Betreuer nach dem Beginn der Fütterung und der Zusammensetzung befragen, um die richtige Verdauungszeit einhalten zu können.

▸ **Als grobe Faustregel für die Dauer von »normalen« Verdauungspausen des Pferdes kann bei Rationszusammenstellun-**

Tages-Fütterungszeitenplan

Insbesondere bei sportlich genutzten Pferden oder auch in Haltungen mit nur begrenztem Weideland ist es ratsam, alle Fütterungsmaßnahmen überlegt miteinander zu kombinieren. Für solche Bestände hat sich ganzjährig folgender Tages-Fütterungszeitenplan bewährt, weil er sowohl den Bedürfnissen des Pferdes als auch den berechtigten Nutzungsansprüchen des Halters entgegenkommt (die genannte Reihenfolge der Futtermittel, die sog. Fütterungssequenz, sollte eingehalten werden):

- morgens: a) 1/8 der Tagesheuration, b) 30 Minuten Weidegang bzw. »Winterweide«-Auslauf, c) 1/8 der Tagesheuration, d) 2/6 der Tagesration Kraftfutter;
- mittags: e) 2/8 der Tagesheuration, f) 1/6 der Tagesration Kraftfutter;
- spätnachmittags: g) 1/8 der Tagesheuration:
- abends: h) 30 Minuten Weidegang, i) 3/8 der Tagesheuration; j) 3/6 der Tagesration Kraftfutter.
- nachts: Nahrungskarenz(-pause) von mehr als 6–7 Stunden vermeiden!

Tabelle 75

Länge und Inhalt des Verdauungskanals sowie Dauer der Nahrungspassage [1)]

Abschnitt	Länge in m	Heu Inhalt in g/kg LM [2)]	Kraftfutter Inhalt in g/kg LM [2)]	Dauer der Nahrungspassage
Schlund	bis 1,5	–	–	10 bis 15 Sek.
Magen	-	25 (100 %)	18 (72 %)[3)]	1 bis 5 Std.
Dünndarm	16 bis 24	22	22	1,5 Std.
Blinddarm	1	35	15	15 bis 20 Std.
Grimmdarm	6 bis 8	120	60	18 bis 24 Std.
Mastdarm	0,2 bis 0,3	–	–	1 bis 2 Std.
Gesamt	–	200	115	35 bis 50 Std.

[1)] Die Angaben beziehen sich auf ein Pferd mit 500 kg LM; modifiziert nach MEYER, 1995.

[2)] Inhalt 3 bis 4 Stunden nach Fütterungsende, wobei gleiche Mengen Heu bzw. Kraftfutter verfüttert wurden.

[3)] Erläuterung: Die Tabelle zeigt, daß im Vergleich zu Heu das Kraftfutter schneller verdaut wird und auch die Magenpassage des Kraftfutters kürzer ist. Nach 3 bis 4 Stunden ist im Magen weniger Kraftfutter als Heu vorhanden (Kraftfutterinhalt: nur 72 % der Heumenge).

gen von 60 % Rauhfutter und 40 % Kraftfutter gelten: Gesamtfreßzeit (= Kauzeit) dividiert durch 2.

Diese Regel gilt nicht für Hochleistungspferde, z. B. Springpferde am Turniertag (letzte Fütterung rd. 4 Stunden vor dem Start; siehe Grafik 89, Seite 480), oder für Pferde nach mehrstündigem Weidegang. Bei ihnen ist vor stärkerem Einsatz eine wenigstens doppelt so lange Nahrungskarenz angebracht.

Am Beispiel eines Warmblüters errechnet sich die »normale« Verdauungspause, die (entsprechend dem oben genannten Tages-Fütterungszeitenplan) im Anschluß an die Morgenfütterung einzuhalten wäre, wie folgt: Freßzeiten a und c = 1,5 kg Heu (2/8 von 6 kg Tagesration) x 40 Min./kg = 60 Min.; b) = 30 Min.; c = 2 kg Hafer (2/6 von 6 kg Tagesration) x 10 Min./kg = 20 Min., demnach insgesamt eine Freßzeit von 110 Minuten. Dividiert man durch 2, ergibt dies eine Pausendauer von 55 Minuten. Will man beispielsweise um 10.00 Uhr ausreiten, würde der Fütterungsbeginn etwa auf 7.00 Uhr zu legen sein, da das Pferd bis 9.00 Uhr frißt.

Zusätzlich zur Berücksichtigung der Freßzeit und der Rationszusammensetzung gehört etwas Fingerspitzengefühl dazu, den individuellen Pausenbedarf und die Leistungskurve eines jeden Pferdes genau einzuschätzen. Rücksichtnahme auf den Vierbeiner kann in diesem Punkt nur förderlich sein. Nutzen kann man die Pausenzeit z. B. zu notwendigen Stallarbeiten und arbeitsvorbereitenden Pflegemaßnahmen wie Striegeln, Schweif- und Hufpflege.

STALL- UND AUSLAUFFÜTTERUNG

Fütterungsmaßnahmen bei Stall- und Auslaufhaltung müssen (neben den im vorangegangenen Abschnitt erläuterten grundsätzlichen Faktoren wie max. nächtliche Nahrungskarenz, Verdauungspausen etc.) weiteren sehr unterschiedlichen An-forderungen gerecht werden. Die Anforderungen können nicht bis in alle Einzelheiten schematisch vorgegeben werden, denn sie richten sich nach unterschiedlichen Faktoren und den sich daraus individuell ergebenden Abhängigkeiten.

Fütterungsfrequenz

Die Mahlzeitenhäufigkeit wird maßgeblich bestimmt von den Kraftfutteransprüchen und der Art des Einstreumaterials. Bei Haltungen ohne Stroheinstreu sind – unabhängig vom Kraftfutterbedarf – mindestens 3 Mahlzeiten, besser 4–5, am Tag erforderlich (s. Tabelle 76, Seite 455).

Abhängigkeiten der Fütterungsmaßnahmen

- Haltungsform, z. B. Offenstall-Gruppenauslaufhaltung oder Laufstall- (= Boxen-)haltung,
- Zusammensetzung des Pferdebestandes bzw. der Offenstallgruppe,
- Nutzungsart und -intensität (Zucht, Distanzsport, Rennsport, Turniersport, Freizeitsport),
- Haltungsmotiv (Hobby, Beruf),
- Art des primären Grundfutters,
- Kraftfutteransprüche,
- Art des Einstreumaterials (Grundsatz: Bei strohloser Haltung abends sehr spät und morgens sehr früh füttern; maximale Karenz etwa 6–7 Stunden),
- Fütterungseinrichtungen und Möglichkeiten zur Variation,
- Managementmöglichkeiten und Zeitrahmen, z. B. ganztägige oder zeitbegrenzte Betreuung.

Welche Grundmaßnahmen sich bei allen Haltungsformen für die unterschiedlichen Pferdegruppen entsprechend Typ und Leistung empfehlen, zeigt Grafik 85, S. 454.

Aber auch bei vorhandener Stroheinstreu sind drei Mahlzeiten im Interesse des Pferdes und einer weitgehend störungsfreien Verdauung und ausreichend über den Tag verteilten Kaubeschäftigung immer vorzuziehen. Dreimalige Fütterung ist zudem bei hohen Kraftfutteranteilen an der Gesamttagesration – unabhängig von der Einstreuart – stets erforderlich. Zu beachten ist dabei die Art des Kraftfutters, denn je nach Stärkeherkunft dürfen davon nur begrenzte Anteile je Mahlzeit in der Ration enthalten sein. Damit wird einer krankmachenden Stärkebelastung des Blinddarms (= Ansäuerungsproblematik, Absterben der sog. gramnegativen Mikroflora mit Freisetzung von Endotoxinen, die ins Blut gelangen und z. B. Hufrehe auslösen) weitgehend vorgebeugt (»Grenzwerte« siehe Tabelle 77, Seite 455).

Das folgende Fütterungsbeispiel mit einer Mindestration für ein stark gerittenes Warmblutpferd (600 kg LM) verdeutlicht die Getreide-Grenzwerte pro Mahlzeit und die sich daraus ergebenden Konsequenzen für die Mahlzeitenhäufigkeit:

- Tagesration 6,5 kg Heu + Futtergetreide, bestehend aus 2,2 kg Hafer, 1,8 kg Gerste, 1,8 kg Mais (+ Mineral-/Vitaminfutter + Stroh aus der Einstreu + KNZ-Salzleckstein).

Bezogen auf den Kraftfutteranteil der Gesamttagesration in Höhe von 5,8 kg (= 0,97 kg je 100 kg LM) könnte die Mahlzeitenhäufigkeit wie folgt beurteilt werden:

- einmalige Fütterung: 5,8 kg Getreide = 0,97 kg/100 kg LM = Überschreitung der Limitierung von 0,50 kg Getreide/100 kg LM; die Wirkung dieser Fütterung wäre stark gesundheitsschädigend (siehe Seite 280);
- zweimalige Fütterung: 2,9 kg Getreide pro Mahlzeit = 0,48 kg/100 kg LM = wäre nur tolerabel bei Haferfütterung (Grenze 0,50 kg/100 kg LM);
- dreimalige Fütterung: 1,93 kg Getreide pro Mahlzeit = 0,32 kg/100 kg LM = Getreideanteile liegen innerhalb der Grenzen; von dem Getreidegemisch werden nicht mehr als 0,50 kg/100 kg LM pro Mahlzeit verfüttert; auch Gerste und Mais liegen unter dem Grenzwert von 0,30 kg/100 kg LM.

Fütterungssequenz

Für den ungestörten Ablauf der Verdauungsvorgänge ist die Sequenz (= Reihenfolge) der Futtermittel bei jeder Mahlzeit von nicht zu unterschätzender Bedeutung. Das gilt besonders für Kraftfutter, das grundsätzlich erst nach dem zunächst zuzuteilenden Rauhfutter gefressen werden sollte (KLEFFKEN, 1993; ZEYNER et al., 1993), damit sich das Darmmilieu stabilisiert und die Verdauung der Getreidestärke im Magen und im Dünndarm erfolgt – und nicht gesundheitsschädlich im Dickdarm.

Unterschiedliche Möglichkeiten der Fütterungssequenz enthält Tabelle 78, Seite 456.

TECHNISCHE FÜTTERUNGS-EINRICHTUNGEN

Unabhängig von der Haltungsform und den Stallsystemen müssen Fütterungs- und auch Tränkeinrichtungen (siehe Grafik 55, Seite 340) für Pferde einige wesentliche Voraussetzungen erfüllen; sie sollten

- (auch) unabhängig vom Stromnetz funktionieren,
- verletzungsverhütend konstruiert und installiert werden,
- dem Pferd Sicherheit geben, damit es in Ruhe Futter oder Wasser aufnehmen kann,
- anatomisch dem Pferdekörper und seinem Bewegungsverhalten und nicht primär der Örtlichkeit angepaßt werden,
- hygienisch gut zu pflegen sein,
- einfach und auch durch weniger erfahrene Betreuer gefahrlos zu befüllen bzw. zu bedienen sein,
- technisch zuverlässig und weitgehend wartungsfrei betrieben werden können sowie
- bei Beschädigung durch Pferde oder bei Störungen aufgrund sonstiger Ursachen einfach und schnell vorübergehend durch andere Fütterungstechniken oder Hilfsmittel ersetzbar sein.

Unter diesen Aspekten sind viele typische Fütterungseinrichtungen mindestens anatomisch unzweckmäßig oder sogar gefährlich (siehe Grafik 83, Seite 448).

Empfehlenswert zur Rauhfutterfütterung ist Bodenvorlage auf einem Futtertisch außerhalb der Box (s. Abb. S. 238). Durch ein Freßgitter (Gitterabstand = gute Kopfbreite) bedient sich das Pferd – ohne das Futter mit den Hufen zertreten zu können (wie es bei Bodenvorlage innerhalb der Box sonst leicht möglich ist). Kraftfutter wird aus herausnehmbaren oder festinstallierten, abgerundeten Eckfutterkrippen gefüttert. Ställe, die für Zuchtstuten und Fohlen vorgesehen sind, sollten zweckmäßigerweise zusätzlich mit herausnehmbaren Fohlenkrippen versehen werden können. In Offenstallanlagen haben sich – auch zur Unterbindung von

Gruppenauslauf-Offenstallanlage für eine Vierergruppe mit getrenntem Liege- und Freßbereich. Nur durch sog. Freßstände im Freßbereich ist eine weitgehend ungestörte Fütterung für jedes Pferd gewährleistet.

Grafik 85

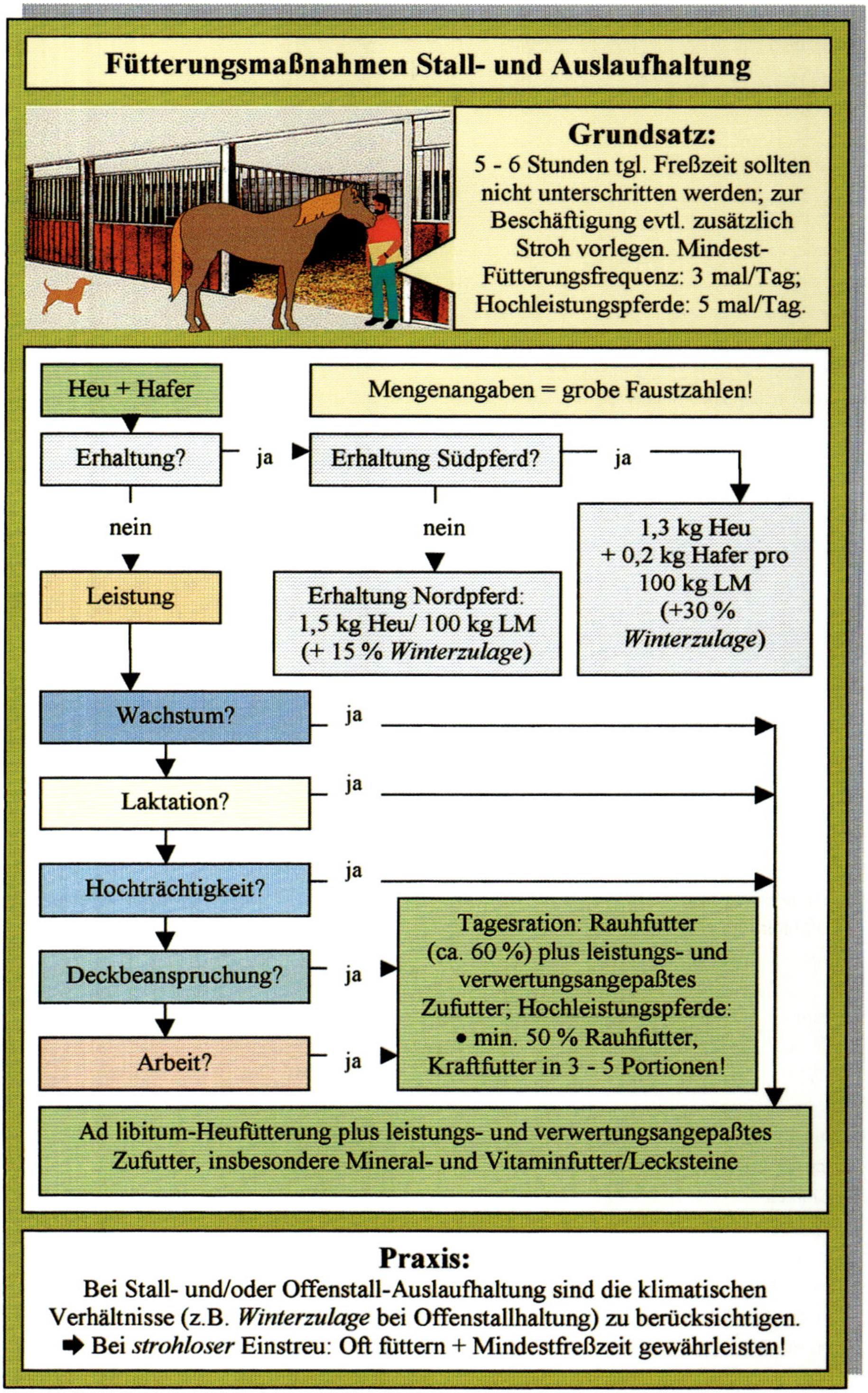
Fütterungsmaßnahmen Stall- und Auslaufhaltung
Grundsatz:
5 - 6 Stunden tgl. Freßzeit sollten nicht unterschritten werden; zur Beschäftigung evtl. zusätzlich Stroh vorlegen. Mindest-Fütterungsfrequenz: 3 mal/Tag; Hochleistungspferde: 5 mal/Tag.
Heu + Hafer
Mengenangaben = grobe Faustzahlen!
Erhaltung?
ja
Erhaltung Südpferd?
ja
nein
nein
1,3 kg Heu + 0,2 kg Hafer pro 100 kg LM (+30 % Winterzulage)
Leistung
Erhaltung Nordpferd: 1,5 kg Heu/ 100 kg LM (+ 15 % Winterzulage)
Wachstum?
ja
Laktation?
ja
Hochträchtigkeit?
ja
Deckbeanspruchung?
ja
Arbeit?
ja
Tagesration: Rauhfutter (ca. 60 %) plus leistungs- und verwertungsangepaßtes Zufutter; Hochleistungspferde: • min. 50 % Rauhfutter, Kraftfutter in 3 - 5 Portionen!
Ad libitum-Heufütterung plus leistungs- und verwertungsangepaßtes Zufutter, insbesondere Mineral- und Vitaminfutter/Lecksteine
Praxis:
Bei Stall- und/oder Offenstall-Auslaufhaltung sind die klimatischen Verhältnisse (z.B. Winterzulage bei Offenstallhaltung) zu berücksichtigen.
➡ Bei strohloser Einstreu: Oft füttern + Mindestfreßzeit gewährleisten!

Tabelle 76

Verteilung der Gesamttagesration auf 3 Mahlzeiten/Tag

Tagesabschnitt	Rauhfutteranteil [1)]	Kraftfutteranteil [2)]	Sonstige Futtermittel
Morgens	30 %	30 %	z. B. Mohrrüben
Mittags	20 %	20 %	z. B. Leinöl/Leinkuchenpellets
Abends	50 %	50 %	Vitamin-/Mineralfutter/Salz
Gesamt	100 %	100 %	z. B. Stroheinstreu [3)]

[1)] Bei nordischen Robustrassen empfiehlt es sich, den Rauhfutteranteil pro Mahlzeit nicht gleich dem Kraftfutteranteil anzusetzen, sondern zu erhöhen (z. B. 60 bis 70 % Heu, 30 % Kraftfutter pro Mahlzeit).

[2)] Zu berücksichtigen sind die Rauhfuttermindestmengen pro Tag sowie die Kraftfutterhöchstmengen pro Mahlzeit nach Tabelle 81.

[3)] Bei strohloser Haltung:
Fütterungszeiten so legen, daß (bei strohloser Einstreu) max. 6–7 Std. Nahrungskarenz nachts nicht überschritten werden!

Rangordnungsauseinandersetzungen – Freßstände als geeignete Fütterungseinrichtung sowohl für Rauhfutter als auch für Kraftfutter bewährt (s. Abb. S. 458).
Detaillierte Bauanleitungen mit Maßen für Ställe und Fütterungseinrichtungen – unter Berücksichtigung der Besonderheiten unterschiedlicher »Haltungssysteme und Pferderassen – enthalten die Kapitel »Haltungsanlagen« (S. 87 ff.) und »Stallbau« (S. 106 ff.).
In der – vorwiegend landwirtschaftlichen – Pferdehaltungspraxis sieht man nicht selten »waghalsige« Provisorien, die hauptsächlich in Pferdeausläufen oder auf Weiden der (an sich vernünftigen) Zufütterung dienen sollen. Merke: Pferde verhalten sich anders als Rinder! In solchen Fällen ist es zur Vermeidung von vorhersehbaren Unfällen nützlich, sich vorher die Bewegungsabläufe innerhalb einer Pferdegruppe und auch die anatomischen Voraussetzungen für eine befriedigende Freßhaltung zu überlegen. Daraus ergeben sich nützliche Ideen zur Umsetzung notwendiger Vorkehrungen,

Tabelle 77

Wichtige Mindest- und Maximalfuttermengen [1)]

Futtermittel	Maximalmenge [2)] pro Mahlzeit/100 kg LM	Mindestmenge pro Tag/100 kg LM	Erläuterungen
Mischfutter (Kraftfutter)	ca. 0,5 kg	–	Dosierung pro Mahlzeit hängt von der Zusammensetzung ab
Hafer	0,5 kg	–	Haferstärke ist von allen Futtergetreidearten vorzuziehen
Gerste	0,3 kg	–	Gerste = geringere Dünndarmverdaulichkeit als Hafer
Mais	0,3 kg	–	wie Gerste, bei höheren Dosen Gefahr von Hufrehe [3)], Kolik
Heu oder Stroh	–	1 kg	vorzuziehen ist Heu, ersatzweise Stroh bis max. 1 kg/100 kg LM
Grünfutter-silage	–	2 kg	als Heuersatz, vorzugsweise Heulage mit 40 bis 60 % TS-Gehalt

[1)] Die angegebenen Maximalmengen für Futtergetreide sind bei Pferden nordischer Robustrassen pro Mahlzeit um etwa 20 % zu reduzieren; bei diesen Pferden führt i.d.R. hoher Kraftfutterbedarf zu höheren Fütterungsfrequenzen als z. B. bei Warmblütern.

[2)] Für Mischfutter sind die Herstellerempfehlungen maßgebend; siehe beispielhaft Tabellen 70 u. 71, Seite 437.

[3)] Bei nordischen Robustrassen ist die Gefahr von Hufrehe besonders groß, wenn nicht allmähliche Gewöhnung an hohe (leistungsgerechte) Kraftfuttergaben auf der Grundlage ausreichender Rauhfutteranteile entsprechend der Fußnote 1) zu Tabelle 76, erfolgt.

Tabelle 78

Reihenfolge der Futtermittel (= Sequenz)

Voraussetzungen/ Rationsbedarf	Futtermittel-vorgabe[1]	Futtermittel	Futtermittel	Futtermittel	Erläuterungen
Hoher Kraft-futterbedarf	zuerst Rauhfutter[2]	danach Kraftfutter	Mineralien/ Vitamine	-	Grenzwerte Tabelle 81
Geringer Kraft-futterbedarf	Rauhfutter gleichzeitig	Kraftfutter gleichzeitig	Mineralien/ Vitamine	-	Futtermittel parallel
Stroh als Rauhfutter	zuerst etwas Kraftfutter	anschließend Stroh	danach Kraftfutter	Mineralien/ Vitamine Vorgabe	Fermentations-steigerung durch
Weidegang [3] mit Zufutter	zuerst etwas Rauhfutter	danach Weidegang	danach Kraftfutter	Mineralien/ Vitamine	zur Durchfall-prophylaxe
Weidegang [3] ohne Zufutter	keine Vorgabe	Weidegang	danach Kraftfutter	Mineralien/ Vitamine	Kraftfutter nie vor Grünfutter

[1] Bei Einsatz der Kraftfutter-Computerfütterung mit Freßständen (siehe Grafik 86, Seite 458) oder Verwendung von Kraftfutter-Dosiergeräten (siehe Grafik 87, Seite 459) sollten Laufställe (= Boxen) mit Stroh eingestreut sein oder gleichzeitig über ein Heucob-Dosiergerät verfügen. In Gruppenauslaufhaltungen empfehlen sich für solche Fälle automatischer Kraftfutterzuteilung separate, stets gefüllte Rauhfutterraufen, die den Pferden zur Verfügung stehen, damit vor jeder Kraftfutteraufnahme bereits Rauhfutter aufgenommen worden ist.

[2] Rauhfuttervorgabe bedeutet, daß bei gesunden Pferden ohne Prädisposition für Koliken nach Verzehr einer Menge von 0,5 bis 1,0 kg Rauhfutter (bei Warmblütern nach gut 20 Minuten) Kraftfutter gefüttert werden kann.

[3] Gilt auch für gemähtes Grünfutter statt Weidegang.

die sowohl für den Betreuer zweckmäßig als auch für die Pferde verletzungsverhütend sind.

Zur Kraftfutterzuteilung bieten verschiedene Hersteller Automaten an, die vom Versorgungsprinzip her empfehlenswert sind, da durch solche Dosierer häufig kleine Mahlzeiten sehr verdauungsfreundlich über den Tag verteilt angeboten werden können (siehe Grafik 86, Seite 458, und Grafik 87, Seite 459). Auch mit der Entwicklung automatisierter Zuteilungstechniken für Rauhfutter beschäftigen sich manche Hersteller – mit wechselnden, eher geringen Erfolgen.

Pferdegerechte elektronisch gesteuerte Rauhfutterdosierung ist technisch schwieriger als Kraftfutterdosierung zu bewerkstelligen, da aus Gründen der Fütterungshygiene Rauhfutter vor der Verfütterung immer zerteilt, aufgeschüttelt und auf akzeptable Qualität und Fremdkörperbeimischung kontrolliert werden muß. Die Gewährleistung menschlicher Überwachung des Futters, des Freßverhaltens sowie der störungsfreien Funktion jedes Automaten sind Voraussetzung für einen vernünftigen Einsatz.

Vor Kauf, Installation und Einsatz aufwendiger technischer Hilfsmittel empfiehlt es sich, diese zunächst ausgiebig in einem vom Hersteller benannten Betrieb, der bereits über Erfahrungen damit verfügt, kritisch auf Eignung für die eigenen Verhältnisse zu überprüfen. Dabei spielen Kosten-Nutzen-Gesichtspunkte ebenso wie Funktionssicherheit und Akzeptanz durch die jeweils gehaltenen Pferde eine wesentliche Rolle. Kraftfutterdosierer sind nur dort sinnvoll einzusetzen, wo täglich größere Futtermengen verfüttert werden und auch eine hygienische, trockene Bevorratung möglich ist. Für Freizeitpferde mit sehr stark wechselndem, eher geringem Kraftfutterbedarf dürfte sich die Anschaffung kaum lohnen, zumal in solchen Fällen laufend die Dosiersteuerung neu auf den wechselnden Bedarf einzustellen ist. In Turnier- oder Rennpferdeställen dagegen können

solche Dosierer eine sinnvolle Bereicherung sein.
Was den Einsatz der Kraftfutter-Freßstände mit Computersteuerung betrifft (siehe Grafik 86, Seite 458), so sind die Praxiserfahrungen damit sehr unterschiedlich bewertet worden. Vornehmlich für Pensionspferdehaltungen mit Gruppenauslaufhaltungen konzipiert, teilen sich mehrere Pferde, die jeweils mit einem in den Hals durch Injektion »eingepflanzten« Identifizierungs-Chip oder einem ebenfalls der elektronischen Identifizierung dienenden Halsriemen-Transponder »ausgerüstet« sind, einen Kraftfutter-Freßstand. Die programmierbare elektronische Steuerung teilt nun jedem Pferd, das den Freßstand aufsucht, die individuell vorgesehenen Mengen Kraftfutter in kleinen Portionen mehrmals am Tag zu. Das Prinzip ist überzeugend, mag aber im täglichen Ablauf nicht ohne Tücken sein. Neben der laufenden operativen Überwachung und Bedienung der Computersteuerung durch einen Betreuer sind Panik- und Fluchtreaktionen eines Pferdes in einem solchen Freßstand, ausgelöst durch plötzliche äußere Einflüsse, zu berücksichtigen. Dies erfordert mindestens eine kontinuierliche menschliche Überwachung und tilgt einen Teil der vermeintlich erzielbaren Arbeitszeitvorteile.
Nicht gleichzusetzen sind diese speziellen Computer-Freßstände mit »normalen« Freßständen einer Offenstall-Gruppenauslaufanlage, in denen ebenfalls neben Rauhfutter auch Kraftfutter (z. B. durch Einhängen eines Kunststofftroges zur Fütterungszeit) verabreicht wird. Solche Freßstände haben sich für alle Rassen bewährt. Im typischen Reihen-Freßstand einer Offenstallhaltung hat jedes Pferd beim gemeinsamen Fressen in der Gruppe stets das sichere »Gruppengefühl«, aber auch die Möglichkeit, Flucht- oder Erkundungsabsichten durch rückwärtiges Verlassen des Freßstands sofort umzusetzen. Darin unterscheiden sich

Blick in einen Freßstand mit automatischer Heuklappen-Zugvorrichtung, die von einer Zeitschaltuhr (oder bei Bedarf auch manuell) gesteuert wird.

u. a. computergesteuerte Kraftfutter-Einzelfreßstände, die vor allem bei der Haltung hochblütiger Pferde arg gewöhnungsbedürftig sind und durch baulich bedingte Enge bei rechtwinkliger Anordnung Risiken beim Herausstürmen nach vorn bergen können (s. Grafik 86, S. 458).
Als Grundsatz für den Bereich der Fütterungstechnik in der Pferdehaltung kann gelten, daß soviel technische Einrichtungen und Erleichterungen wie nötig, aber nicht rundweg alle Techniken, die vordergründig automatisch möglich sind, unbedingt eingesetzt werden sollten. Pferde sind – etwas salopp formuliert – keine Mastschweine, die »en bloc« aus (fragwürdiger) Nutztiersicht mit Knopfdruck versorgt werden können. Die altbewährte tägliche »Hand-und-Augen-Fütterung« eines arbeitenden, kontrollierenden Menschen ist unabdingbar. Verzichtet man darauf, geht ein wesentliches Beziehungselement, das schließlich zum »Horsemanship« gehört, verloren.

Grafik 86

Freßstände bestehen aus bodentiefen Trennwänden mit oberen Abtrennungen, die gegenseitiges Stören verhindern, aber dennoch Sichtkontakt und dadurch Gruppengefühl vermitteln.

FÜTTERUNG IN PENSIONSBETRIEBEN

Fütterungsmaßnahmen in Pensionsbetrieben sind eingebunden in ein Dreiecksverhältnis, das – wie eine Untersuchung des Verfassers ergab – nicht gerade spannungsfrei ist.

Drei Interessenlagen sind »unter einen Hut« zu bringen:

- die Bedürfnisse des Pferdes (sie lassen sich am ehesten nach Haltungs- und Leistungskriterien objektivieren),
- die wirtschaftlichen Ziele des Pensionsgebers und
- die Interessen des Pferdeeigners.

Wie bereits ausgeführt, kann sich in diesem Dreiecksverhältnis das Pferd selbst kaum artikulieren, es kann nicht vehement »mitdiskutieren«, es braucht kenntnisreiche Fürsprecher. Die berufenen »Fürsprecher«, Pensionsgeber (vielfach gleichzeitig Betreuer des Pferdes) und Pferdeeigner (im Normalfall gleichzeitig Nutzer = Reiter/Fahrer), sind nur zu oft unterschiedlicher Meinung, weil Interessenlage und Kenntnisniveau nicht im-

Grafik 87

mer gleich sind. Anzutreffen sind gut informierte, praxiserfahrene Betriebsleiter(innen), meist Pferdewirtschaftsmeister(in-nen) oder Agraringenieur(e)-innen, die als Pensionsgeber selten in einer Diskussion eine Antwort schuldig bleiben. Sie sind durchweg in der Lage, fachlich ihren Fütterungsstandpunkt zu begründen – sie haben »ein Auge« für Pferde. Schwierig sind dagegen solche Pensionsverhältnisse, die mehr oder weniger nutztierorientiert auf niedrigem Kenntnisniveau von unausgebildeten oder nicht richtig fortgebildeten oder beratenen, mit Pferden zu wenig erfahrenen Landwirten betrieben werden. Nicht selten übersteigen die Kenntnisse der Pferdeeigner dann die des Pensionsgebers um ein Vielfaches. Wenn gegenseitige Aufgeschlossenheit vorherrscht, was selten der Fall zu sein scheint, können beide Vertragspartner davon profitieren. Sind die Fronten verhärtet, ist letztlich zu allem Überfluß der Vierbeiner der »Dumme«! Generell ist es für jeden

Freßstand in Holzbauweise mit vorderem Rauhfutterkasten, in den bei Bedarf zusätzlich Kraftfutterkrippen eingehängt werden.

Pensionsgeber ratsam, im eigenen Geschäftsinteresse zwei- und vierbeinige Kunden eher pfleglich zu behandeln und auf zumutbare Fütterungswünsche einzugehen. Zu berücksichtigen ist auch bei Diskussionen, daß ein erheblicher Teil der Pferdeeigner nicht aus Kenntnismangel, sondern aus Platz- oder Zeitmangel sein Pferd in Pension gibt! Deshalb sind Kenntnisse physiologischer Zusammenhänge, gesundheitlicher Aspekte der Fütterung und letztlich auch des individuellen Verhaltens und der Leistung ihres Pferdes bei Pferdeeignern fundierter vorhanden als mancher Pensionsgeber es sich eingestehen will.

Hauptkonfliktpunkte sind Futtermengen, Rationsgestaltung und -zusammensetzung, Fütterungszeiten sowie generell die Qualität des Futters. Pensionsgeber wollen verständlicherweise mit dem geringsten Aufwand den größtmöglichen wirtschaftlichen Erfolg erzielen. Wenn sich dies mit den Bedürfnissen der übrigen Dreieckspartner deckt, was ein Zufall wäre, dürfte die Stimmung ungetrübt sein. Sie ist es selten, denn Pensionspferdehaltung ist kein Hobby, sondern legitimes Geschäft – was gelegentlich von Pferdeeignern, die überzogene Ansprüche stellen, geflissentlich übersehen wird.

Ein Interessenkonflikt kann schon wesentlich entschärft werden, wenn Anbieter von Pensionsplätzen den Pensionspreis in Stallkosten und Fütterungskosten unterteilen. Damit werden durch den Pferdeeigner Rationsgestaltung, Futtermenge und -qualität mehr oder weniger selbst reguliert, und der Pensionsgeber hat dabei gleichzeitig die Gewähr einer Kostendeckung. So plädiert auch JUNIUS (1998) für ein Vertragssystem, das der Wohnungsmiete vergleichbar ist, »bei der schließlich auch Kaltmiete (Boxenmiete) und Nebenkosten (Fütterung) gesondert abgerechnet werden«.

Praktische Rationsberechnung und -gestaltung

Grundlage der täglichen Fütterung sollte eine mindestens überschlägig berechnete Ration sein, denn jeder Pferdebetreuer ist gut beraten, praktische Fütterungsmaßnahmen nach »fünf Ws« auszurichten: Wie oft, wann, wo, was und wieviel wird gefüttert?

Insbesondere die Fragen, »was« und »wieviel« zu füttern ist, sind letztlich nur durch eine Rationsberechnung zu klären und festzulegen. Auch durch Intuition – allerdings nach intensiver Erfahrungszeit und guter Beobachtungsgabe – kann eine pferdegerechte Fütterung praktiziert werden. In diesen Fällen wird weitgehend auf den Taschenrechner verzichtet, doch setzt »intuitive« Handhabung ebenfalls Detailkenntnisse über Futtermittel und Bedarfskategorien voraus, die man sich zunächst aneignen muß, um sie »im Kopf« mit »Gespür« vernetzen zu können. Tabelle 79, Seite 461, enthält die wesentlichen zu berücksichtigenden Faktoren, die Grundlage einer Rationsberechnung und -gestaltung sind.

BERECHNUNGSBEISPIELE

MANUELLE UND PC-BERECHNUNGEN

Rationen können manuell mit »Köpfchen«, Tabellen und Taschenrechner oder bei Benutzung gut aufbereiteter Software mit Hilfe eines Personal-Computers (= PC) berechnet werden. PC-Berechnungen sparen Zeit, bieten eine Menge Alternativrationen zur Auswahl an – vorausgesetzt es sind aktuelle Futtermitteldaten in der Software (= Rechen- und Speicherprogramm) enthalten. PC-Einsatz verhilft durch präzise gespeicherte und verarbeitete Vorgaben in erster Linie größeren Pferdehaltungsbetrieben zur Fütterungsüberwachung und Futtermittelkosteneinsparung.

Tabelle 79

Maßgebliche Grundlagen der Rationsgestaltung	
Faktoren Pferd	Faktoren Ration
Gewicht (Lebendmasse, Abk.: LM)	Verdauliches Rohprotein (DP)
Rasse (Nord- oder Südpferd)	Verdauliche Energie (DE)
Bedarfskategorie (Erhaltung oder Leistung)	Ballaststoffgehalt/Rohfaser (Rfr)
Haltungsform (Offenstall oder Box)	Protein-Eiweiß-Quotient (PEQ)
Haltungsart (Gruppe oder einzeln)	Ca:P-Verhältnis
Jahreszeit/Klima	Aufteilung in Mahlzeiten
Individuelle Besonderheiten (z. B. Alter)	Besondere Anforderungen (z. B. Diätetik)

Tabelle 80

Normalgewichte ausgewachsener Pferde unterschiedlicher Rassen

Rasse (Widerristhöhe = Stockmaß in cm)	Nordpferd (N)/ Südpferd (S)	LM (kg)
Shetlandpony (Zwergform), klein; 65 cm	N	100
Shetlandpony, mittel; 90 cm	N	150
Shetlandpony, groß; 105 cm	N	200
Welsh-A-Pony; 122 cm	N	250
Deutsches Reitpony; 145 cm	S	380
Islandpferd, mittel; 136 cm	N	370
Islandpferd, groß; 141 cm	N	400
Fjordpferd, klein; 142 cm	N	420
Fjordpferd, mittelgroß; 145 cm	N	450
Fjordpferd, groß; 148 cm	N	480
Haflinger, mittelgroß; 143 cm	N	440
Connemara, mittelgroß; 146 cm	N	430
Vollblutaraber; 150 cm	S	420
Vollblutaraber, groß; 155 cm	S	460
Quarterhorse, mittelgroß; 155 cm	S	500
Englisches Vollblut; 162 cm	S	500
Deutsches Warmblutpferd; 166 cm	S	550

Zusätzlich können mit dem Computer detaillierte Versorgungspläne als Arbeitshilfe für Stallpersonal und zur Steuerung von Futterdosieranlagen erstellt werden. Der technisch-operative Aufwand für integrierte Futterberechnung und -steuerung sowie die Überwachung ist nicht so gering, wie gemeinhin angenommen wird. Pferde sind keine genormten Legehennen, bei denen die Fütterung mit einem Standardprogramm nahezu vollautomatisch abläuft. Jede PC-Anwendung im Pferdebereich setzt – neben Kenntnissen mechanischer Dosierzusammenhänge sowie ausreichend zuverlässiger Hard- und Software – beim Betreuer auch Grundkenntnisse der Fütterungslehre und Beherrschung manueller Berechnungsmethodik voraus. Ohne diese Vorkenntnisse können die erforderlichen Daten für Computerberechnungen weder einwandfrei eingegeben noch verstanden oder gar kontrolliert werden. Schon mancher Pferdebetreuer, der meinte, eine preisgünstige CD-Rom (= Datenträger) mit Fütterungssoftware sei im Heim-PC ähnlich einfach handhabbar wie ein Visitenkarten-Formatierungsprogramm, mußte sich zuerst einmal mit dem Me-dium Buch beschäftigen – um sich mit den Grundlagen der Fütterungslehre vertraut zu machen.

Manuelle Berechnungsbeispiele sind deshalb auch für jene Pferdebetreuer, die mit dem PC arbeiten wollen, als einführende Hilfe unabdingbar. Wer Eigenberechnungen beherrscht, wird dadurch die Qualität der angebotenen PC-Software überhaupt erst kaufentscheidend beurteilen können.

WARMBLUTSTUTE LARISSA UND FJORDWALLACH BJÖRN

Als Beispiele für manuelle Rationsberechnungen dienen nachfolgend

- die Warmblutstute Larissa, 6jährig, 1,70 m Stockmaß, Normalgewicht/LM ca. 600 kg, und
- der Fjordwallach Björn, 8jährig, 1,45 m Stockmaß, Normalgewicht/LM ca. 450 kg.

Für beide Pferde wird jeweils der tägliche

- Erhaltungsbedarf entsprechend den Tabellen 45, Seite 363, und 46, Seite 364, sowie der
- Leistungsbedarf entsprechend Tabelle 37, Seite 346, für eine einstündige Reitleistung der Bedarfskategorie »leicht bis mittel« in einer Reitbahn errechnet.

Verschiedene Rationsgestaltungen werden alternativ auf ihre Vor- und Nachteile untersucht. In klar nachvollziehbaren Einzelschritten wird jede Rationszusammensetzung so besprochen, daß auch der Unerfahrene Zugang zur »Rationsmathematik« finden kann. Dabei beschränkt sich die Berechnung und Kontrolle der Beispielrationen auf die wesentlichen Rationsfaktoren und die damit zusammenhängenden Prüfschritte (siehe Tabelle 79, Seite 461).

Die in der Tabelle 81 (S. 463) enthaltenen Angaben zum Energie-, Nähr- und Mineralstoffgehalt bieten eine beispielhafte Orientierung zu den gebräuchlichsten Futtermitteln. Angaben zu hier nicht aufgeführten Futtermitteln enthalten die Futterwerttabellen für Pferde (DLG-Verlag, Frankfurt a.M.).

Erforderlich zur Berechnung und Überprüfung einer Ration sind lediglich einfache Rechenoperationen und die Benutzung der aufgeführten Tabellen. Was zunächst für den Ungeübten aufwendig erscheinen mag, wird nach kurzzeitiger Übung nachvollziehbar. Immer bedeutet manuelle Rationsberechnung ein »Herantasten« an die Bedarfsvorgaben sowie die Erstellung mehrerer Alternativlösungen. Jede individuelle Ration ist eine »kreative Komposition«. Auch der fachlich gut informierte Pferdebetreuer findet selten auf Anhieb die rechnerisch 100%ig den vorgegebenen Bedarfsnormen entsprechende Ration, wenn mehrere Futtermittel zur Auswahl stehen.

Grundsätzlich ist eine präzise, die Bedarfsnormen erfüllende Rationsberechnung zwar wünschenswert, doch entsprechen angesichts einer Reihe von Schätzfaktoren und Unwägbarkeiten sowohl Bedarfsnormen als auch die tabellarischen Werte von Futtermitteln eher zufällig den tatsächlichen Gegebenheiten der Praxis. Da es sich bei den Vorgaben mehrheitlich um Näherungswerte mit Toleranzen handelt, wäre es wenig sinnvoll und zudem praxisfern, nun für jede Rationsberechnung eine mathematisch absolut exakte Einhaltung der Vorgaben zu erwarten. Von daher sind geringe Toleranzen im Berechnungsergebnis akzeptabel.

Insbesondere zeigt sich bei der Proteinversorgung, daß durchweg (abgesehen von tragenden oder laktierenden Stuten) der Bedarf geringer ist als das oft zwangsläufige Angebot in der Ration bei Einrechnung/Verwendung üblicher Futtermittel. Bei Berechnung der meisten Rationen – und in der Praxis (z. B. beim Weidegang) – ergeben sich hohe futtermittelbedingte Proteinüberschüsse. Auf solche Überschüsse ist der Organismus bis zu einem gewissen Grad eingestellt.

Es entstehen aus überschüssigem Eiweiß im Verdauungstrakt und im Intermediär-

Tabelle 81

Energie-, Nähr- und Mineralstoffgehalte einiger Einzel- und Mischfuttermittel
(Pauschale Durchschnittsangaben je kg Frischsubstanz = Originalfutter)

Futtermittel		FS (kg)	TS (kg)	Rfr (g)	Ca (g)	P (g)	Ca:P	DP (g)	DE (MJ)	PEQ
A	Grünfutter	1	0,17	36	1,7	0,7	2,4:1	20,0	2,10	9,5:1
B	Heu (grasreich)	1	0,86	269	4,3	2,6	1,7:1	54,0	8,00	6,8:1
C	Heu (kräuterreich)	1	0,86	270	7,8	2,6	3,0:1	47,0	7,99	5,8:1
D	Heulage	1	0,55	265	3,0	2,0	1,5:1	44,0	4,20	10,4:1
E	Anwelksilage	1	0,35	103	2,0	1,3	1,5:1	32,0	3,60	8,9:1
F	Heucobs	1	0,92	227	10,0	4,7	2,1:1	60,0	9,50	6,3:1
G	Futter-Gerstenstroh	1	0,86	373	3,4	0,9	3,8:1	9,5	6,36	1,4:1
H	Mohrrüben	1	0,11	10	0,4	0,3	1,3:1	9,0	1,66	5,4:1
I	Trockenschnitzel	1	0,90	186	6,8	1,0	6,8:1	51,0	11,80	4,3:1
J	Grünmaissilage	1	0,32	78	1,0	0,8	1,3:1	15,0	3,43	4,4:1
K	Hafer	1	0,88	99	1,1	3,2	0,3:1	85,0	11,52	7,4:1
L	Weizenkleie	1	0,88	118	1,3	11,8	0,1:1	105,0	9,71	10,8:1
M	Gerste	1	0,88	50	0,6	3,4	0,2:1	87,0	12,84	6,8:1
N	Mais	1	0,88	23	0,4	2,8	0,1:1	64,0	13,59	4,7:1
O	Fertigmash (trocken)	1	1,00	120	4,0	0,2	2,0:1	67,0	10,00	6,7:1
P	Mischfutter 1)	1	1,00	220	12,0	4,0	3,0:1	70,0	10,00	7,0:1
Q	Müslimischfutter 2)	1	1,00	150	18,0	6,0	3,0:1	70,0	10,50	6,7:1
R	Mischfutter 3)	1	1,00	130	8,0	4,5	1,8:1	90,0	11,00	8,2:1
S	Mischfutter 4)	1	1,00	90	9,0	3,5	2,6:1	70,0	14,00	5,0:1
T	Reformhafer 5)	1	1,00	150	13,0	3,0	4,3:1	74,0	10,20	7,3:1
U	Mischfutter Zucht 6)	1	1,00	95	12,0	4,0	3,0:1	90,0	12,50	7,2:1
V	Mischfutter Zucht 7)	1	1,00	120	16,0	4,0	4,0:1	150,0	11,00	13,6:1
W	Mischfutter FS 16 8)	1	1,00	35	27,0	6,0	4,5:1	120,0	13,00	9,2:1
X	Stutenmilch	1	0,10	-	0,8	0,5	1,6:1	18,0	2,12	8,5:1

1) Ergänzungsfutter – als Hafersatz – speziell rohfaserreich (siehe Tabelle 70, Seite 437).

2) Ergänzungsfutter als Teilhaferersatz (siehe Tabelle 71, Seite 437).

3) Ergänzungsfutter – als Haferersatz – komplett mineralisiert; für alle Rassen.

4) Ergänzungsfutter – als Haferersatz – komplett mineralisiert; für alle Rassen im Hochleistungssport.

5) Ergänzungsfutter als Teilhaferersatz.

6) Ergänzungsfutter – als Haferersatz – für Zuchtstuten.

7) Ergänzungsfutter als Teilhaferersatz für hochtragende/laktierende Zuchtstuten.

8) Ergänzungsfutter für Fohlen.

stoffwechsel Abbauprodukte, die der Organismus in Leber und Niere mit zusätzlichem Energieaufwand entgiften muß. Experimentell wurde ermittelt, daß rund 50%ige Eiweißüberschüsse keine erkennbaren Organschäden hervorrufen. In einem Teil veröffentlichter Rationsbeispiele, z. B. in Fachzeitschriften oder in Publikationen diverser Futtermittelhersteller, sind von anderen Autoren angesichts dieses Sachverhalts Rationsberechnungen zu finden, die ein stark überhöhtes Proteinangebot beinhalten.

Demgegenüber ist es nach den Erfahrungen des Verfassers ratsam, die Proteinbedarfsvorgaben primär bei der Stallfütterung, die insofern besser als der Weidegang beeinflußbar ist, einigermaßen einzuhalten und Eiweißüberschüsse auf maximal 20% zu begrenzen. Mit etwas Mühe gelingt dies ohne Probleme. Zu bedenken ist, daß Aminosäuren, die

Die Bewertung von Futterrationen
Die Durchführung von Prüfschritten bedeutet, daß bei jeder zu berechnenden Ration überprüft und bedarfsorientiert bewertet werden muß, ob

1. die tägliche Freßzeitvorgabe von pauschal mindestens 5 (besser mehr) Stunden durch Art und Menge der eingerechneten Futtermittel eingehalten wird;
2. die Aufnahme an Trockensubstanz (TS) im Verhältnis zum Gewicht (LM) im Normbereich liegt (siehe Tabelle 44, Seite 361);
3. der Rohfasergehalt (Rfr) in der Trockensubstanz (TS) den Mindestwert von rund 20% (= Ballaststoffbedarf) nicht unterschreitet (ausgenommen Saugfohlen);
4. der Kalzium- und Phosphorgehalt die Bedarfsnormen nicht zu stark unter- oder überschreitet (siehe Tabellen 46 und 47, Seiten 364 und 365) sowie darüber hinaus
5. das Ca:P-Verhältnis im Bereich von 3:1 bis 1:1 liegt;
6. der Bedarf an Energie (DE) und
7. der Bedarf an Protein (DP) durch die Ration gedeckt werden (siehe Tabelle 45, Seite 363) sowie
8. das Verhältnis von Protein zu Energie (PEQ) den Vorgaben weitgehend entspricht.

nicht der Proteinsynthese oder zu einem Teil als Energielieferant dienen, zu stickstoffhaltigem Harnstoff umgewandelt (= desaminiert) und mit dem Urin ausgeschieden werden. Dadurch erhöhen sich sowohl Tränkwasserbedarf als auch Urinmenge (= der Einstreuaufwand steigt). Durch Harnstoff aus Eiweißüberschüssen steigt z. B. die unkontrollierte Stickstoffbelastung des Bodens sowie die Belastung des Stallklimas durch entsprechende Ammoniak-Ausgasungen übermäßig an. Das summiert sich in einem Reitstall mit 20 bis 30 Pferden, die täglich aufgrund mangelhafter Rationszusammenstellung mit zuviel Proteinen versorgt werden, auf etliche unnötige Kubikmeter Ammoniakausgasungen. Insofern können über die Fütterung auch Umweltfaktoren nicht unbedeutend beeinflußt werden.

Pauschale Vitamin- und Mineralstoffergänzung der Beispielrationen
Als Zugabe zu den nachfolgend beispielhaft errechneten Futtermittelmengen sind handelsübliche Mineralstoffe und Vitamine (= spezielle Mischfutter, die nicht gleichzeitig Kraftfutter sind), entweder pelletiert oder in Biskuitform, entsprechend den Herstellerempfehlungen notwendig (man prüfe aber immer die genaue Zusammensetzung). Bei pelletierten Produkten kann täglich pauschal für mittelgroße Pferde mit 50 g oder 1 Biskuit als Rationszulage gerechnet werden. Siehe hierzu auch die grundsätzlichen Ausführungen im Kapitel »Beispielrationen« auf Seite 479 f.

Rasse, Normalgewicht, Alter
Für beide Beispielpferde sind die wichtigsten Individualdaten, d. h. Rasse, Normalgewicht und Alter, bekannt. Die Rassenunterschiede sind teils gravierend. Allgemeine Bedarfswerte und Tabellenwerke geben (falls nicht in diesen Tabellen besonders differenziert wird) die Zahlen für Südpferde an; bei der Anwendung auf Nordpferde sind von solchen Zahlen pauschal 10% abzuziehen. Ist das konkrete Pferdegewicht nicht bekannt, muß das jeweilige Pferd entweder gewogen oder gewichtsmäßig geschätzt werden (Beispielgewichte siehe Tabelle 80, Seite 461). Auch durch Meßdaten in Verbindung mit einer Berechnungsformel läßt sich das tatsächliche Gewicht eines Pferdes bis auf wenige Prozent Abweichung festlegen (siehe Grafik 88, Seite 465). Sind Pferde aufgrund von Fehlernährung ausgesprochen »speckig« (= man kann die Rippen

Grafik 88

Berechnung des Körpergewichts

• Lebendmasse = LM) •

☛ Auf einen Blick:

Zu ermittelnde Maße: • **Rippen-/Bauchumfang** (Meßlinie über Widerrist/Ellenbogenhöcker) • **Körperlänge** (Meßlinie vom Buggelenk zum Sitzbeinhöcker)

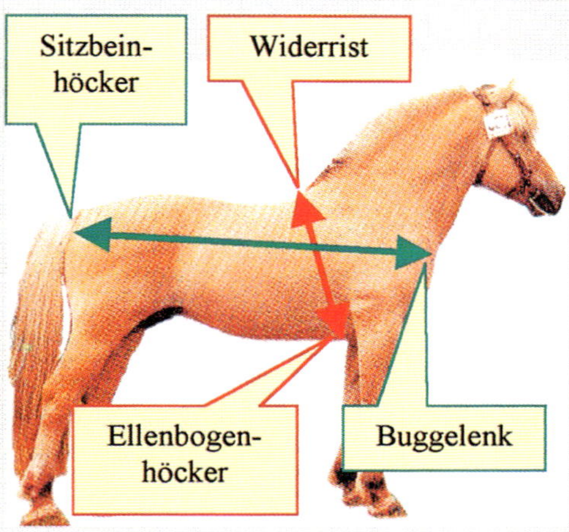

Formel *):

Rippenumfang (cm)^2
• multipliziert mit der
Körperlänge (cm)
• dividiert durch die
Zahl 11 900
ergibt das
Körpergewicht in kg.

***) Quelle:**
CARROL, C. und
HUNTINGTON, P.:
Body condition scoring and
weight estimates of Horses,
London 1988

Praxis:

Berechnungsbeispiel für ein Fjordpferd
mit Rippenumfang 195 cm und Körperlänge 142:
195 x 195 = 38 025 x 142 = 5 399 550 : 11 900 =
454 kg

• Vom Verfasser durchgeführte exakte Wiegevergleiche ergaben bei Anwendung der Formel Schwankungsbreiten um plus/minus 4 %.

nicht oder kaum ertasten) oder »rippig« (= man kann – ohne erst tasten zu müssen, die Rippen sehen), dann ist das tatsächliche Gewicht nicht zugrundezulegen, sondern es muß erst das Normalgewicht (= Gewicht eines normal genährten Pferdes) zur Rationsberechnung ermittelt werden. Dazu ist das tatsächliche Gewicht in Fällen von Überernährung rechnerisch wenigstens um 5 bis 10% zu reduzieren oder – bei einem Zustand von Unterernährung – entsprechend zu erhöhen, um als Berechnungsbasis für sämtliche Rationen das anzustrebende Normalgewicht zu erhalten. Im Zweifel frage man den Tierarzt, der von Berufs wegen ein gutes »Schätzauge« haben muß – und i.d.R. auch hat, denn bei vielen Injektionen oder auch z.B. bei der Entwurmung bildet das Gewicht des Pferdes eine wichtige Dosierungsgrundlage.

Maßgeblich für die Rationsberechnung und -gestaltung ist auch das Alter. Sowohl junge als auch alte Pferde sind hinsichtlich des Wechsels bzw. des Abriebzustands der Zähne, aber auch im Hinblick auf mehr oder weniger Eigenbewegungsaktivitäten bei Rationsberechnungen und -gestaltungen (= Auswahl der Futtermittel) besonders sorgfältig einzuschätzen.

Stoffwechsel-/Bedarfskategorie

Zu den Individualdaten zählt auch die Bedarfskategorie. Sie ist abhängig von den Anforderungen. Werden an das Pferd keine besonderen Anforderungen gestellt, soll es sich ohne Leistungen nur »erhalten«, dann ist der Erhaltungsbedarf maßgebend und muß berechnet werden. Dieser ist in der Praxis immer für Ruhetage, sog. Stehtage, vorzusehen (Beispielerhaltungsbedarf für die Warmblutstute »Larissa« und den Fjordwallach »Björn« siehe Tabelle 82, unten).

▸ **Erst wenn Leistungen erbracht wurden, ist eine Erhaltungsration leistungsentsprechend durch Fingerspitzengefühl und Berechnung anzupassen (= zu erhöhen).**

Eine Art vorbeugender Fütterung bei ausreichend ernährten Pferden in gutem Futterzustand, wie sie gelegentlich wohlmeinend praktiziert wird, führt zu groben Ungenauigkeiten und zu Gesundheitsrisiken.

Wer z. B. ein Freizeitpferd sonntags reiten möchte, muß dafür nicht vorsorglich samstags, wenn das Pferd an diesem Tag keine Leistung erbringt, eine Sonderration Hafer füttern! Lediglich die Fütterungsmaßnahmen sind auf eine kommende Leistung abzustimmen, z. B. rechtzeitige Terminierung der Fütterung, weil Verdauungspausen vor jeder Leistung einzuhalten sind.

Vor Höchstleistungen muß der Pferdemagen weitgehend entleert sein: Eine vorbeugende Fütterung kurz vor dem Start, z. B. in einem Springturnier oder einem Rennen, wäre extrem gefährlich, nicht leistungserhöhend, ja sogar leistungsmindernd. Dies u. a., weil durch die Fütterung ausgelöste verstärkte Blutansammlungen im Verdauungstrakt gebunden werden, die dem Verdauungsprozeß bzw. der Resorption und dem Transport von Nährstoffen dienen. Während des Verdauungsvorgangs (die Magenentleerung dauert u. U. mehrere Stunden) kann deshalb erklärlicherweise nicht schnell genug genügend sauerstoff- und nährstoffreiches Blut zur leistungsgerechten Versorgung von Organen und Muskulatur zur Verfügung stehen. Wenn Pferde unter solchen Bedingungen zu Höchstleistungen angetrieben werden, ist dies kontraproduktiv und grob gesundheitsschädigend.

Berechnung Erhaltungsbedarf

Aus Tabelle 82 ergibt sich der Erhaltungsbedarf für die beiden genannten

Tabelle 82

Beispielerhaltungsbedarf »Larissa« und »Björn« (vgl. Tabelle 45/46, Seite 363/364)

Pferd	Rfr in der TS	Ca g	P g	Ca:P	DP g	DE MJ	PEQ
Warmblutstute Larissa (Südpferd), 600 kg LM	ca. 20 %	30 (lt. Tab. 46)	18 (lt.Tab. 46)	1,7:1	365 (lt.Tab. 45)	73 (lt.Tab. 45)	5:1
Fjordwallach Björn (Nordpferd), 450 kg LM	ca. 20 %	23 (lt. Tab. 46)	14 (lt. Tab. 46)	1,7:1	265 (= 295 lt. Tab. 45 abzügl. 10 %)	53 (= 59 lt. Tab. 45 abzügl. 10 %)	5:1

Bedarf	FS kg	TS kg	Rfr TS	Ca g	P g	Ca:P	DP g	DE MJ	PEQ
Larissa, 600 kg	–	–	20 %	30,0	18,0	1,7:1	365	73,00	5:1
Ration	FS kg	TS kg	Rfr g	Ca g	P g	Ca:P	DP g	DE MJ	PEQ
Heu	6,00	5,16	1620	46,8	15,6	3,0:1	282	47,94	5,8:1
Hafer	2,00	1,76	198	2,2	6,4	7,4:1	170	23,04	7,4:1
Summe	8,00	6,92	1818	49,0	22,0	2,2:1	452	70,98	6,4:1

Tabelle 83

Beispielpferde. Nun muß geprüft werden, welche Futtermittel in welchen Mengen und in welchem Verhältnis zueinander den vorgegebenen Bedarf decken.

Unterstellt einmal, es handelt sich um eine Stallfütterung (beispielsweise im Herbst nach Beendigung der Weidesaison), beginnt man die Rationsplanung mit der Grundfutterkomponente Heu, denn Grundfutter ist das Hauptfutter jeder Ration oder im Erhaltungsstoffwechsel auch für leichtfuttrige Pferde das Alleinfutter ohne Zusatzfutter. Die Anforderung lautet: mindestens ca. 1 kg Heu je 100 kg LM. Die Warmblutstute erhält deshalb erst einmal 6 kg, der Fjordwallach 4,5 kg. Nun schaut man sich die Inhaltsstoffe von Heu in Tabelle 81, z. B. Zeile C, Seite 463, an und trägt die Zahlen (Angaben je kg jeweils multipliziert mit der Heumenge 6 kg bzw. 4,5 kg) in eine vorbereitete Tabelle ein (siehe Tabellen 83, oben, und 86, Seite 471). Da die Heuration mit ihren Inhaltsstoffen noch nicht den Bedarf erfüllt, teilt man versuchsweise zusätzlich Hafer zu (orientiert am restlichen Energiebedarf, z. B. Larissa: Gesamtbedarf 73 MJ DE abzüglich Heu 47,94 MJ DE = 25,06 MJ DE Restbedarf an Energie). Da Hafer laut Tabelle 81, Zeile K, Seite 463, je kg 11,52 MJ DE enthält, entspräche der Restbedarf von 25,06 MJ DE ungefähr der Menge von 2 kg Hafer.

Nun kann der **erste Versuch** einer Rationsberechnung (Tabelle 83, oben) beurteilt werden. Für **Larissa** ergäbe sich aus der 1. Beispielfutterration eine Gesamtfuttermenge von 8 kg. Damit wäre das Pferd täglich (verteilt über drei Mahlzeiten) etwa 4,4 Stunden beschäftigt (6 kg Heu × 40 Minuten Freßzeit + 2 kg Hafer × 12 Minuten Freßzeit, siehe Tabelle 25, Seite 259). Die täglich anzustrebende Mindestfreßzeit liegt bei rund 5 Stunden – sie würde durch die Ration nicht ganz erreicht. An Trockensubstanz würden 1,15 % des Körpergewichts aufgenommen (6,92 kg TS bezogen auf 600 kg LM); dies entspräche der Normspanne von 1,1 bis 1,3 % (siehe Tabelle 44, Seite 361). Der Mindestballaststoffbedarf von ca. 20 % Rohfaser in der Trockensubstanz der Gesamtration ist erfüllt; die Trockensubstanz enthält rund 26,3 % Rohfaser (1818 g Rfr bezogen auf 6,92 kg TS). Die Mineralstoffe Kalzium und Phosphor werden in ausreichender Menge und in einem akzeptablen Verhältnis zugeführt. Um 23 % über dem Bedarf von 365 g liegt der Eiweißgehalt der Gesamtration mit 452 g. Der Energiebedarf wird zwar um 2 MJ unterschritten, aber durch einen Teil des Eiweißüberschusses wird dies kompensiert. Durch den Eiweißüberschuß steigt der PEQ auf ein ungünstiges Verhältnis von 6,4:1; Richtnorm für den PEQ im Erhaltungsstoffwechsel wäre 5:1.

Fazit: Die Ration ist nicht in allen Punkten optimal, sie sollte auf Dauer so nicht verfüttert werden. Voraussetzung für vorübergehende Verfütterung dieser Ration: es wird gutes, nicht überlagertes Wiesenheu gefüttert, damit auch z. B. genügend β-Carotin in der Ration enthalten ist. Ist die Heuqualität weniger gut (z. B. Heu von sehr schwach gedüngten Wiesen/Weiden oder aus überständigem Aufwuchs), empfiehlt sich eine Mineral- und

Vitaminergänzung mit handelsüblichen Produkten (dabei Zusammensetzung und Herstellerempfehlung beachten).

Da sich die Ration nicht ganz optimal zusammensetzt, beginnt eine **zweite Berechnung**, die alle festgestellten Mängel der ersten Ration ausgleichen soll. Die durch die zunächst eingerechneten Futtermittel zu erwartende

- Tagesfreßzeit war zu kurz,
- der Eiweißgehalt der Ration zu hoch.

Schaut man in die Tabelle 81, Seite 463, bietet sich Gerstenstroh (Zeile G in Tabelle 81) als Teilheuersatz an, denn es ist einerseits eiweißarm, aber rohfaserreich und wirkt deshalb freßzeitverlängernd. Das wären genau die Punkte, die verbessert werden sollen. Zusätzlich könnte man den Hafer ersetzen durch ein Mischfutter mit geringerem Eiweißgehalt. Hier bietet sich z. B. ein Müslimischfutter an (Zeile Q in Tabelle 81), das schmackhaft ist, zusätzlich weniger Eiweiß und Energie als Hafer enthält und rund 30 % mehr Rohfaser aufweist. Da man davon mengenmäßig etwas mehr als den zu ersetzenden Haferanteil füttern kann, wird zusätzlich die Freßzeit der Gesamtration nochmals etwas verlängert. Das Berechnungsergebnis dieser zweiten Rationszusammenstellung für Larissa zeigt Tabelle 84, unten.

Diese zweite Beispielfutterration ergibt eine um 10 % erhöhte Gesamtfuttermenge (FS). Aufgrund der Zusammensetzung der Ration ist eine Freßzeit von knapp 5 Stunden gewährleistet, und es sind mit 29,2 % Rohfasergehalt in der TS (2306 g Rfr bezogen auf 7,89 kg TS) auch genügend Ballaststoffe (Norm = mehr als 20 % in der TS) enthalten. An Trockensubstanz würden durch diese Tagesration 1,3 % des Körpergewichts aufgenommen (7,89 kg TS bezogen auf 600 kg LM); dies läge innerhalb der Normspanne für den Erhaltungsstoffwechsel von 1,1 bis 1,3 % (siehe Tabelle 44, Seite 361). Die Mineralstoffe Kalzium und Phosphor sind in hoher, ausreichender Menge, aber in einem normüberschreitenden Verhältnis von 3,1:1 (Ideal = 1,5:1 bis 2:1; tolerierbar 1:1 bis 3:1) in dieser Ration enthalten. Um 7 % über dem Bedarf von 365 g liegt der Eiweißgehalt mit 392 g, was nicht problematisch ist, denn das geringgradig überschüssige Eiweiß wird entweder in Energie umgewandelt oder über die Niere ausgeschieden (Harnstoffsynthese). Fast genau der Bedarfsvorgabe entspricht der Energiegehalt der Ration; der geringe Fehlbetrag von 0,18 MJ wird durch den Eiweißüberschuß kompensiert. Auch der PEQ liegt mit 5,4:1 im Bereich tolerierbarer Grenzen (Richtnorm 5:1).

Fazit: Diese Ration ist schon akzeptabler, bedarf aber noch im Hinblick auf das zu weite Ca:P-Verhältnis (= Kalziumüberschuß) einer Korrektur. Zwar ist Kalziumüberschuß bis zum Zwei- bis Dreifachen des Bedarfs für das Pferd erträglich (wenn andere Mineralstoffe ausreichend vorhanden sind, z. B. Eisen, Magnesium, Mangan, Phosphor und Zink), doch können sich bei dauerndem Kalziumüberschuß Harnsteine bilden. Das liegt daran, daß überschüssiges Kalzium über die

Tabelle 84

Bedarf	**FS kg**	**TS kg**	**Rfr TS**	**Ca g**	**P g**	**Ca:P**	**DP g**	**DE MJ**	**PEQ**
Larissa, 600 kg	–	–	20 %	30	18	1,7:1	365	73,00	5:1
Ration	FS kg	TS kg	Rfr g	Ca g	P g	Ca:P	DP g	DE MJ	PEQ
Gerstenstroh	2,00	1,72	746	6,8	1,8	3,8:1	19	12,72	1,4:1
Heu	4,50	3,87	1215	35,1	11,7	3,0:1	212	35,95	5,8:1
Müslimischfutter	2,30	2,30	345	41,4	13,8	3,0:1	161	24,15	6,6:1
Summe	8,80	7,89	2306	83,3	26,5	3,1:1	392	72,82	5,4:1

Tabelle 85

Bedarf	FS kg	TS kg	Rfr TS	Ca g	P g	Ca:P	DP g	DE MJ	PEQ
Larissa, 600 kg	–	–	20 %	30	18	1,7:1	365	73,00	5:1
Ration	FS kg	TS kg	Rfr g	Ca g	P g	Ca:P	DP g	DE MJ	PEQ
Gerstenstroh	2,00	1,72	746	6,8	1,8	3,8:1	19	12,72	1,4:1
Heu	4,50	3,87	1215	35,1	11,7	3,0:1	212	35,95	5,8:1
Müslimischfutter	2,00	2,00	300	36,0	12,0	3,0:1	140	21,00	6,7:1
Weizenkleie	0,30	0,26	35	0,4	3,5	0,1:1	32	2,91	10,8:1
Summe	8,80	7,85	2296	78,3	29,0	2,7:1	403	72,58	5,6:1

Niere ausgeschieden wird und sich dabei in diesem Organ Kalk ablagert.

Da sich die Ration noch nicht optimal zusammensetzt, beginnt eine **dritte Berechnung**, die den festgestellten Mangel der zweiten Ration ausgleichen soll.

Von den in Tabelle 81, Seite 463, aufgeführten gängigen Futtermitteln bietet sich Weizenkleie (Zeile L in Tabelle 81) als Teilersatz des Müslimischfutters an. Weizenkleie ist kalziumarm und phosphorreich (Ca:P = 0,1:1), sie hat etwa den gleichen Energiegehalt wie das Müslimischfutter, ist allerdings ca. 30 % eiweißreicher.

Das Berechnungsergebnis dieser dritten Rationszusammenstellung für Larissa zeigt Tabelle 85, oben.

Die dritte Beispielfutterration gewährleistet eine Freßzeit von knapp 5 Stunden. Es sind mit 29,2 % Rohfasergehalt in der TS (2296 g Rfr bezogen auf 7,85 kg TS) auch genügend Ballaststoffe (Norm = mehr als 20 % in der TS) darin enthalten. An Trockensubstanz würden durch diese Tagesration 1,3 % des Körpergewichts aufgenommen (7,85 kg TS bezogen auf 600 kg LM); dies läge innerhalb der Normspanne von 1,1 bis 1,3 % (siehe Tabelle 44, Seite 361). In der Ration sind die Mineralstoffe Kalzium und Phosphor in hoher, mehr als ausreichender Menge mit einem tolerierbaren Verhältnis von 2,7:1 (Normspanne 1:1 bis 3:1) enthalten. Der Eiweißgehalt der Ration von 403 g übersteigt den Bedarf von 365 g um tolerierbare 10 %. Geringfügig unter der Bedarfsvorgabe von 73,0 MJ liegt der Energiegehalt der Ration mit 72,58 MJ; der Fehlbetrag wird durch den Eiweißüberschuß kompensiert. Auch der PEQ liegt mit 5,6:1 im Bereich tolerierbarer Grenzen (Richtnorm 5:1).

Fazit: Diese Ration ist akzeptabel. Sie bietet für einen Warmblüter im Erhaltungsstoffwechsel das erforderliche Minimum an Kaubeschäftigung und Nährstoffzufuhr. Durch den Anteil an mineralisiertem und vitaminiertem Mischfutter – in Verbindung mit Heu als Grundfutter und einem Salzleckstein – ist der Bedarf des Pferdes an Mineral- und Wirkstoffen weitgehend gedeckt. Der relativ hohe Kalziumgehalt einer Ration (bei Wahrung der Ca:P-Verhältnisnormen) hat dann Vorteile, wenn ein Pferd aus dem Erhaltungsstoffwechsel (evtl. nach einer Winterpause) wieder ins Training genommen wird. In dieser besonderen Übergangsphase kann der Kalziumbedarf den Normbedarf um 20 % übersteigen.

Rationskorrektur/-anpassung: Je nach Haltungsumfeld (z. B. Gruppenhaltung), Temperament und Eigenbewegungsdrang kann die Beispielration im Erhaltungsstoffwechsel zu knapp bemessen sein. Reduziert sich das Gewicht bei einem gesunden, entwurmten Warmblutpferd innerhalb einiger Tage nach Fütterung mit diesen Beispiel-Tagesrationen, kann zunächst der Heuanteil versuchsweise um 1 kg sowie der Weizenkleieanteil um 0,5 kg angehoben werden. Bei Gruppenhaltung im Offenstall sind in der feucht-kalten Jahreszeit durchschnittliche Tageszuschläge zum Erhaltungsbedarf von 1,5 bis 2,0 kg Heu und 0,5 bis 1,0 kg Hafer erforderlich. Sehr strenger

Frost mit auskühlendem Wind sowie winterliche Laufspiele erfordern weitere Bedarfszuschläge zum Erhaltungsbedarf. Bei extremen Minustemperaturen um 15 bis 20° bleiben Warmblüter mit funktionierendem Thermoregulationsvermögen in Offenstallhaltungen dann gesund und vital, wenn geschützte, trockene Liegeflächen vorhanden sind und die tägliche Rauhfuttermenge verdoppelt wird. Es handelt sich dabei um klimatische Leistungszuschläge. Bezogen auf die Rationsbestandteile in Tabelle 85, Seite 469, müßten bei extremen Verhältnissen täglich insgesamt 9 kg Heu und 4 kg Stroh als Grundfutter im Rahmen eines klimatisch modifizierten Erhaltungsbedarfs vorgelegt werden. Es ergeben sich dadurch Trockensubstanzaufnahmen bis etwa 2,2 % der LM.

Prinzipiell zwar gleich wie für die Warmblutstute Larissa, aber mit typbedingten Unterschieden muß die Rationsberechnung für Nordpferde, hier als Beispiel für den **Fjordwallach Björn**, vorgenommen werden.

Zugeteilt wurde dem Fjordwallach zunächst einmal – ebenso wie der Warmblutstute – die Mindestration Rauhfutter (je 100 kg LM 1 kg Heu) als Grundfutteranteil an der Gesamtration (siehe Tabelle 86, Seite 471). Da die Heuration von 4,5 kg mit ihren Inhaltsstoffen noch nicht den gesamten Bedarf abdeckt und Nordpferde primär Rauhfutterverwerter sind, könnte auch die gesamte Tagesration nur aus Heu bestehen. Orientiert am Energiebedarf von 53 MJ wäre das eine Tagesration von 6,6 kg Heu. Diese Tagesmenge ergibt sich rechnerisch, wenn der gesamte Energiebedarf für einen Tag (= 53 MJ) durch den Energiegehalt von 1 kg Heu (kräuterreich), also 7,99 MJ (laut Tabelle 81, Zeile C, Seite 463), geteilt wird.

Will man die Ration – was vorzuziehen ist – auf einen für Nordpferde im Erhaltungsstoffwechsel wichtigen hohen Rohfasergehalt und auf eine möglichst lange Freßzeit hin abstimmen, kann die ursprüngliche Heuzuteilung von 4,5 kg auch bestehen bleiben. Dann werden zusätzlich zu 4,5 kg Heu als Teilrauhfutterkomponente 2 kg Stroh zugeteilt. Orientiert am restlichen Energiebedarf (Gesamtbedarf 53 MJ DE abzüglich 35,95 MJ für 4,5 kg zugeteiltes Heu = 17,05 MJ DE Restbedarf an Energie) verbleiben nach Abzug dieser 2 kg Stroh (1 kg Stroh = 6,36 MJ x 2 = 12,72 MJ) noch 4,33 MJ ungedeckter Restenergiebedarf (verbliebener Restbedarf an Energie nach Heuzuteilung 17,05 MJ abzüglich 12,72 MJ für das Stroh = 4,33 MJ neuer Restenergiebedarf). Da Heulage laut Tabelle 81, Zeile D, Seite 463, je kg 4,20 MJ DE enthält, entspräche der Restbedarf von 4,33 MJ DE ungefähr der Menge von 1 kg Heulage. Versuchsweise wird 1 kg Heulage hinzugerechnet.

Die Rationsberechnung (Tabelle 86, Seite 471) kann jetzt wie folgt beurteilt werden: Für Björn ergibt sich aus der Beispielfutterration eine Gesamtfuttermenge von 7,5 kg. Damit wäre das Pferd täglich (verteilt über drei Mahlzeiten) etwa 5,5 Stunden beschäftigt (4,5 kg Heu x 42 Minuten Freßzeit + 2 kg Stroh x 50 Minuten Freßzeit + 1 kg Heulage x 41 Minuten Freßzeit; siehe Tabelle 25, Seite 259). Die täglich anzustrebende Mindestfreßzeit liegt bei rund 5 Stunden. Für Nordpferde sollte die Freßzeit nach Möglichkeit darüber liegen, weil der extreme genetisch verankerte Freßtrieb dadurch besser befriedigt wird und im Erhaltungsstoffwechsel sonst bei mangelnder Beschäftigung »Unarten« (Holznagen etc.) gefördert würden. Mit 5,5 Stunden Freßzeit bietet die Beispielration die erforderliche Mindestbeschäftigungszeit. An Trockensubstanz würden 1,4 % des Körpergewichts aufgenommen (6,14 kg TS bezogen auf 450 kg LM). Damit liegt die Trockensubstanzaufnahme über der Normspanne von 1,1 bis 1,3 % (siehe Tabelle 44, Seite 361). Die Überschreitung ist für Nord-

Tabelle 86

Bedarf	FS kg	TS kg	Rfr TS	Ca g	P g	Ca:P	DP g	DE MJ	PEQ
Björn, 450 kg	–	–	20 %	23,0	14,0	1,6:1	265	53,00	5:1
Ration	FS kg	TS kg	Rfr g	Ca g	P g	Ca:P	DP g	DE MJ	PEQ
Heu	4,50	3,87	1215	35,1	11,7	3,0:1	212	35,95	5,8:1
Stroh	2,00	1,72	746	6,8	1,8	3,8:1	19	12,72	1,4:1
Heulage	1,00	0,55	265	3,0	2,0	1,5:1	44	4,20	10,4:1
Summe	7,50	6,14	2226	44,9	15,5	2,8:1	275	52,87	5,2:1

pferde wünschenswert und korrespondiert mit den erhöhten Freßzeitansprüchen. Der Mindestballaststoffbedarf von ca. 20 % Rohfaser in der Trockensubstanz der Gesamtration ist erfüllt: Die Trockensubstanz der Beispielration enthält rund 36,3 % Rohfaser (2226 g Rfr bezogen auf 6,14 kg TS), womit sowohl ausreichende Kaubeschäftigung als auch verdauungsfördernde Darmmotorik und Versorgung der Dickdarmflora beim primären Rauhfutterverwerter Fjordpferd gewährleistet sind. Die Mineralstoffe Kalzium und Phosphor werden in ausreichender Menge und in einem akzeptablen Verhältnis (2,8:1) zugeführt. Um 4 % über dem Bedarf von 265 g liegt der Eiweißgehalt der Gesamtration mit 275 g. Der Energiebedarf wird geringfügig um 0,13 MJ unterschritten, aber durch den Eiweißüberschuß wird dies kompensiert. Durch die insgesamt ausgeglichene Ration erreicht der PEQ ein günstiges Verhältnis von 5,2:1; Richtnorm für den PEQ im Erhaltungsstoffwechsel wäre 5:1.

Fazit: Die Ration ist in allen Punkten optimal, sie kann auf Dauer so verfüttert werden.

Rationskorrektur/-anpassung: Je nach Haltungsumfeld (z. B. Gruppenhaltung), Temperament und Eigenbewegungsdrang kann die Beispielration im Erhaltungsstoffwechsel zu knapp bemessen sein. Reduziert sich das Gewicht bei einem gesunden, entwurmten Fjordpferd innerhalb einiger Tage nach Fütterung mit dieser Beispiel-Tagesration, kann zunächst der Heuanteil versuchsweise um 1 kg sowie der Heulageanteil um 0,5 kg angehoben werden. Bei Gruppenhaltung im Offenstall sind in der feucht-kalten Jahreszeit durchschnittliche Tageszuschläge zum Erhaltungsbedarf von 1,0 kg Heu und evtl. 0,5 bis 1,0 kg Hafer oder vorzugsweise Ergänzungsfutter mit hohem Rohfaseranteil (siehe Tabelle 70, Seite 437), erforderlich. Sehr strenger Frost mit auskühlendem Wind sowie winterliche Laufspiele erfordern weitere Bedarfszuschläge zum Erhaltungsbedarf. Bei extremen Minustemperaturen um 15 bis 20 °C bleiben Fjordpferde mit funktionierendem Thermoregulationsvermögen bei voll ausgebildetem Winterfell in Offenstallhaltungen dann gesund und vital, wenn geschützte, trockene Liegeflächen vorhanden sind und die tägliche Rauhfuttermenge um 15 bis 50 % erhöht wird. Es handelt sich dabei um klimatische Leistungszuschläge. Bezogen auf die Rationsbestandteile in Tabelle 86, oben, müßten bei extremen Verhältnissen täglich durchschnittlich insgesamt 6,5 kg Heu und 3 kg Stroh als Grundfutter im Rahmen eines klimatisch modifizierten Erhaltungsbedarfs vorgelegt werden. Es ergeben sich dadurch Trockensubstanzaufnahmen bis etwa 2,0 % der LM.

Berechnung Leistungsbedarf

Aus Tabelle 87, Seite 472, ergibt sich der Leistungsbedarf für die beiden genannten Beispielpferde.

Erkennbar ist, daß für die gleiche Bewegungsleistung der Fjordwallach rund 30 % weniger Nährstoffe benötigt. Dabei sind in erster Linie die quantitativen Faktoren (Zeit und Streckenleistung) vergleichbar, weniger die Qualität der Bewegungsleistung in der Reitbahn. Beim reinen Nährstoffbedarfsvergleich bleibt unberücksichtigt, daß – bei allen Vorzügen, die Fjordpferde und andere »handliche« mittelgroße Rassen z.B. beim Geländereiten tatsächlich bieten – die Reitqualität eines großrahmigen Warmblutpferdes in der Bahn von mittelgroßen Rassen des Nordtyps selten erreicht werden kann. Letztlich ist dies dem subjektiven Reiterempfinden zuzuordnen. Beurteilt man den Nährstoffverbrauch rein ökonomisch, spricht vieles für den Einsatz mittelgroßer Pferde.

Geprüft werden muß, welche Futtermittel in welchen Mengen und in welchem Verhältnis zueinander den vorgegebenen Bedarf der Beispielpferde decken.

Stallfütterung unterstellt, muß zunächst die Ration für den Erhaltungsbedarf daraufhin überprüft werden, ob sie relativ einfach zu ergänzen ist. Hierzu orientiert man sich am Mehrbedarf für Energie und Protein. Dieser beträgt für die Warmblutstute 21 MJ für Energie und 105 g für Protein. Da in der Erhaltungsration bereits 10 % (= + 38 g) zuviel Protein enthalten ist, würde eine Proteinzufuhr von 105 g minus 38 g = 67 g ausreichen. Aus Tabelle 81, Zeile Q, Seite 463, läßt sich entnehmen, daß beispielsweise zusätzlich zum Erhaltungsfutter nochmals 2 kg Müslimischfutter die erforderliche Energie liefern würden. Doch bei näherem Hinsehen – unter Berücksichtigung der Gehaltswerte der Beispielration für den Erhaltungsbedarf der Stute (siehe Tabelle 85, Seite 469) – zeigt sich, daß bei zusätzlicher Gabe dieses sehr kalziumhaltigen Müslifutters der Kalziumgehalt der Gesamtration übermäßig stark ansteigen würde. Aus diesem Grund wird dieses Mischfutter auch seitens des Herstellers (siehe Erläuterungen zu Tabelle 71, Seite 437) nur in Mengen bis zu 2 kg für Großpferde empfohlen. Deshalb muß ersatzweise ein anderes Futter ermittelt werden. Durch geringen Eiweiß-, aber hohen Energiegehalt zeichnen sich Trockenrübenschnitzel aus. Etwa 1,8 kg würden

Tabelle 87

	Rfr in der TS	Ca g	P g	Ca:P	DP g	DE MJ	PEQ
a) Warmblutstute Larissa (Südpferd), 600 kg LM	ca. 20 %	30 (lt. Tab. 46)	18 (lt. Tab. 46)	1,7:1	365 (lt. Tab. 45)	73 (lt. Tab. 45)	5:1
plus Teilbedarf für Bewegungsleistung		+ 1	–	1,7:1	+ 105	+ 21	5:1
Gesamt-Leistungsbedarf Larissa		31	18	1,7:1	470	94	5:1
b) Fjordwallach Björn (Nordpferd), 450 kg LM	ca. 20 %	23 (lt. Tab. 46)	14 (lt. Tab. 46)	1,7:1	265 (=295 lt. Tab. 45 abzgl. 10 %)	53 (=59 lt. Tab. 45 abzgl. 10 %)	5:1
plus Teilbedarf für Bewegungsleistung		–	–	1,7:1	+ 75	+ 15	5:1
Gesamt-Leistungsbedarf Björn		23	14	1,7:1	340	68	5:1

Beispielleistungsbedarf »Larissa« und »Björn«
für eine einstündige Reitleistung der Bedarfskategorie »leicht bis mittel« in einer Reitbahn (Teilbedarf siehe Tabelle 37, Seite 346; Tabellen 45 und 46 siehe S. 363 und 364)

Bedarf	FS kg	TS kg	Rfr TS	Ca g	P g	Ca:P	DP g	DE MJ	PEQ
Larissa, 600 kg	-	-	20 %	31	18	1,7:1	470	94,00	5:1
Ration	FS kg	TS kg	Rfr g	Ca g	P g	Ca:P	DP g	DE MJ	PEQ
Gerstenstroh	2,00	1,72	746	6,8	1,8	3,8:1	19	12,72	1,4:1
Heu	4,50	3,87	1215	35,1	11,7	3,0:1	212	35,95	5,8:1
Mischfutter	3,80	3,80	494	30,4	17,1	1,8:1	342	41,80	8,2:1
Weizenkleie	0,30	0,26	35	0,4	3,5	0,1:1	32	2,91	10,8:1
Summe	10,60	9,65	2490	72,7	34,1	2,1:1	605	93,38	6,5:1

Tabelle 88

1. Beispielleistungsration für die Warmblutstute Larissa, 600 kg LM (1 Stunde Bewegungsleistung)
Beurteilung: Nicht akzeptabel, da der Eiweißgehalt um 29 % zu hoch liegt

ausreichen, um den Energiemehrbedarf zu decken; der Eiweißbedarf würde zusätzlich mit 108 g gedeckt (benötigt würden aber nur 67 g, weil die Erhaltungsration schon 10 % mehr enthält). Schließlich würde auch der Kalziumgehalt der Leistungsration durch 1,8 kg Trockenrübenschnitzelzulage wiederum zu hoch ausfallen.

Benötigt wird ein kalzium- und eiweißarmes, aber energiereiches Futter. Diese Anforderungen erfüllen grundsätzlich Trockenrübenschnitzel, aber nicht in dem Maß, wie es auf Grundlage dieser speziellen Erhaltungsration gerade erforderlich wäre. Deshalb kann die Erhaltungsration nicht ohne Veränderungen einfach als Grundlage der Leistungsration dienen. »Knackpunkt« in der Erhaltungsration ist das Müslimischfutter mit relativ hohem Kalziumgehalt: das Müslimischfutter muß ersetzt werden; die gesamte Ration ist neu zu gestalten. Orientiert am Energiebedarf wären als Ersatz 21 MJ für das Müslimischfutter und nochmals 21 MJ als Leistungszulage für die Bewegung, also zusammen 42 MJ, in der Ration zu berücksichtigen. Dies könnte probeweise durch ein handelsübliches Mischfutter geschehen, das als Hafterersatz komplett mineralisiert im Handel angeboten wird (siehe Tabelle 81, Zeile R, Seite 463).

Der Energiegehalt dieses probeweise ausgewählten Futters beträgt 11 MJ. Bei dem zu deckenden Bedarf in Höhe von 42 MJ wären 3,8 kg (42 MJ dividiert durch 11 MJ) dieses Hafterersatzmischfutters erforderlich.

Die sich daraus ergebende erste Beispielleistungsration (Tabelle 88, oben) gewährleistet eine Freßzeit von gut 5 Stunden, und es sind mit 25,8 % Rohfasergehalt in der TS (2490 g Rfr bezogen auf 9,65 kg TS) auch genügend Ballaststoffe (Norm = mehr als 20 % in der TS) enthalten. An Trockensubstanz würden durch diese Tagesration 1,6 % des Körpergewichts aufgenommen (9,65 kg TS bezogen auf 600 kg LM); dies läge innerhalb der Normspanne für arbeitende Pferde von 1,4 bis 2,2 % (siehe Tabelle 44, Seite 361). In der Ration sind die Mineralstoffe Kalzium und Phosphor in hoher, ausreichender Menge mit einem idealen Verhältnis von 2,1:1 (Normspanne 1:1 bis 3:1) enthalten. Der Eiweißgehalt der Ration von 605 g übersteigt den Bedarf von 470 g um nicht tolerierbare 29 %. Geringfügig mit 0,62 MJ unter der Bedarfsvorgabe von 94,0 MJ liegt der Energiegehalt der Ration mit 93,38 MJ. Nicht im Toleranzbereich liegt – wegen des zu hohen Eiweißgehaltes – der PEQ mit 6,5:1 gegenüber der anzusetzenden Norm mit 5:1.

Fazit: Diese Ration ist nicht akzeptabel. Sie bietet einen unnötig hohen Proteingehalt, der den Stoffwechsel durch vermehrte Harnstoffsynthese belastet und

Tabelle 89

Bedarf	FS kg	TS kg	Rfr TS	Ca g	P g	Ca:P	DP g	DE MJ	PEQ
Larissa, 600 kg	–	–	20%	31,0	18,0	1,7:1	470	94,00	5:1
Ration	FS kg	TS kg	Rfr g	Ca g	P g	Ca:P	DP g	DE MJ	PEQ
Gerstenstroh	2,00	1,72	746	6,8	1,8	3,8:1	19	12,72	1,4:1
Heu	4,50	3,87	1215	35,1	11,7	3,0:1	212	35,95	5,8:1
Mischfutter	1,90	1,90	247	15,2	8,6	1,8:1	171	20,90	8,2:1
Trockenschnitzel	2,00	1,80	372	13,6	2,0	6,8:1	102	23,60	4,3:1
Summe	10,40	9,29	2580	70,7	24,1	2,9:1	504	93,17	5,4:1

2. Beispielleistungsration für die Warmblutstute Larissa, 600 kg LM (1 Stunde Bewegungsleistung)
Beurteilung: Akzeptabel

als weiteren Nebeneffekt dadurch auch höhere Urinmengen produziert. Durch vermehrte Urinausscheidung steigen wiederum Wasser- und Einstreubedarf.

Da die Ration noch nicht optimal zusammengesetzt ist, bedarf es einer Umgestaltung mit neuer Berechnung, um den Proteingehalt und damit den PEQ zu reduzieren. Zunächst werden vorsorglich der Weizenkleieanteil wegen des relativ hohen Proteingehaltes von 105 g DP pro kg ebenso wie das Mischfutter gestrichen. Orientiert am Energiebedarf sind dann 45,53 MJ neu in die Ration einzurechnen, und zwar 0,62 MJ Energiefehlbedarf der 1. Beispielleistungsration plus 2,91 MJ für die fortfallende Weizenkleie plus weiterhin 42 MJ als Ersatz des Müslimischfutters (21 MJ) und als Leistungszulage (21 MJ). Der Bedarf von 45,53 MJ (zusätzlich zur verbleibenden Rauhfutterration aus 2 kg Stroh und 4,5 kg Heu) könnte gedeckt werden durch eine Kombination aus den bereits erwähnten eiweißarmen Trockenrübenschnitzeln (Zeile I in Tabelle 81, Seite 463) und dem Mischfutter (Zeile R in Tabelle 81), das versuchsweise bereits mit 3,8 kg in der 1. Beispielleistungsration enthalten war.

Die sich daraus ergebende zweite Beispielleistungsration (Tabelle 89, oben) gewährleistet eine Freßzeit von 5 Stunden, und es sind mit 27,8% Rohfasergehalt in der TS (2580 g Rfr bezogen auf 9,29 kg TS) auch genügend Ballaststoffe (Norm = mehr als 20% in der TS) enthalten. An Trockensubstanz würden durch diese Tagesration 1,55% des Körpergewichts aufgenommen (9,29 kg TS bezogen auf 600 kg LM); dies läge innerhalb der Normspanne für arbeitende Pferde von 1,4 bis 2,2% (siehe Tabelle 44, Seite 361). In der Ration sind die Mineralstoffe Kalzium und Phosphor in hoher, ausreichender Menge mit einem noch tolerierbaren Verhältnis von 2,9:1 (Normspanne 1:1 bis 3:1) enthalten. Der Eiweißgehalt der Ration von 504 g übersteigt den Bedarf von 470 g um tolerierbare 7%. Geringfügig unter der Bedarfsvorgabe von 94,0 MJ liegt der Energiegehalt der Ration mit 93,17 MJ. Durch den Eiweißüberschuß, der in Teilen energieliefernd ist, wird der geringe Restenergiebedarf gedeckt. Ebenfalls im Toleranzbereich liegt der PEQ mit 5,4:1 – verglichen mit der maßgeblichen Norm von 5:1.

Fazit: Diese Ration ist akzepabel. Sie könnte noch in zwei Punkten optimiert werden: a) Reduzierung des Eiweißgehaltes, um den PEQ von 5:1 einzuhalten; b) Reduzierung des Kalziumgehaltes, um ein etwas engeres Ca:P-Verhältnis zu erhalten. Hierzu wäre als Rationsbestandteil Grünmaissilage (Zeile J in Tabelle 81, Seite 463) ideal. Dieses Futtermittel bietet sich in erster Linie für landwirtschaftliche Betriebe mit Pferdehaltung an. In die Tabellen 90 und 91, Seite 475, wurden

deshalb die Werte für Grünmaissilage als mögliche Alternative eingerechnet.
Die sich durch Kürzung des Rübentrockenschnitzelanteils um 1 kg und Einrechnung von 3,5 kg Grünmaissilage als Ersatz dafür ergebende dritte Beispielleistungsration (Tabelle 90, unten) gewährleistet eine Freßzeit von über 5 Stunden. Mit 28 % Rohfasergehalt in der TS (2667 g Rfr bezogen auf 9,51 kg TS) sind auch genügend Ballaststoffe (Norm = mehr als 20 % in der TS) enthalten. An Trockensubstanz würden durch diese Tagesration 1,58 % des Körpergewichts aufgenommen (9,51 kg TS bezogen auf 600 kg LM); dies läge innerhalb der Normspanne für arbeitende Pferde von 1,4 bis 2,2 % (siehe Tabelle 44, Seite 361). In der Ration sind die Mineralstoffe Kalzium und Phosphor in ausreichender Menge mit einem akzeptablen Verhältnis von 2,6:1 (Normspanne 1:1 bis 3:1) enthalten. Der Eiweißgehalt der Ration von 505 g übersteigt den Bedarf von 470 g um tolerierbare 7 %. Geringfügig unter der Bedarfsvorgabe von 94,0 MJ liegt der Energiegehalt der Ration mit 93,37 MJ. Durch den Eiweißüberschuß, der in Teilen energieliefernd ist, wird der geringe Restenergiebedarf gedeckt. Ebenfalls im Toleranzbereich liegt der PEQ mit 5,4:1 – verglichen mit der maßgeblichen Norm von 5:1.
Im Vergleich zur 2. Beispielleistungsration (Tabelle 89, Seite 474) ergibt sich aus der Rationsgestaltung mit Grünmaissilage ein besseres Ca:P-Verhältnis sowie eine – günstig wirkende – verlängerte Freßzeit. Das Futtervolumen liegt um 2,5 kg höher und auch der Rohfasergehalt hat sich um 3,5 % erhöht, die Ration

Tabelle 90

Bedarf	**FS kg**	**TS kg**	**Rfr TS**	**Ca g**	**P g**	**Ca:P**	**DP g**	**DE MJ**	**PEQ**
Larissa, 600 kg	–	–	20 %	31,0	18,0	1,7:1	470	94,00	5:1
Ration	FS kg	TS kg	Rfr g	Ca g	P g	Ca:P	DP g	DE MJ	PEQ
Gerstenstroh	2,00	1,72	746	6,8	1,8	3,8:1	19	12,72	1,4:1
Heu	4,50	3,87	1215	35,1	11,7	3,0:1	212	35,95	5,8:1
Mischfutter	1,90	1,90	247	15,2	8,6	1,8:1	171	20,90	8,2:1
Trockenschnitzel	1,00	0,90	186	6,8	1,0	6,8:1	51	11,80	4,3:1
Grünmaissilage	3,5	1,12	273	3,5	2,8	1,3:1	52	12,00	4,4:1
Summe	12,90	9,51	2667	67,4	25,9	2,6:1	505	93,37	5,4:1

3. Beispielleistungsration für die Warmblutstute Larissa, 600 kg LM (1 Stunde Bewegungsleistung)
Beurteilung: Akzeptabel, wenn wirtschaftseigene Grünmaissilage vorhanden ist

Tabelle 91

Bedarf	**FS kg**	**TS kg**	**Rfr TS**	**Ca g**	**P g**	**Ca:P**	**DP g**	**DE MJ**	**PEQ**
Larissa, 600 kg	–	–	20 %	31,0	18,0	1,7:1	470	94,00	5:1
Ration	FS kg	TS kg	Rfr g	Ca g	P g	Ca:P	DP g	DE MJ	PEQ
Gerstenstroh	2,00	1,72	746	6,8	1,8	3,8:1	19	12,72	1,4:1
Heu	4,50	3,87	1215	35,1	11,7	3,0:1	212	35,95	5,8:1
Mischfutter	1,00	1,00	130	8,0	4,5	1,8:1	90	11,00	8,2:1
Trockenschnitzel	1,50	1,35	279	10,2	1,5	6,8:1	77	17,70	4,3:1
Grünmaissilage	4,80	1,54	374	4,8	3,8	1,3:1	72	16,46	4,4:1
Summe	13,8	9,48	2744	64,9	23,3	2,8:1	470	93,83	5:1

4. Beispielleistungsration für die Warmblutstute Larissa, 600 kg LM (1 Stunde Bewegungsleistung)
Beurteilung: Akzeptabel, wenn wirtschaftseigene Grünmaissilage vorhanden ist

Kopf der Fjordstute »Nancy« mit dichtem Winterhaar, das vor großen Wärmeverlusten schützt und »energiesparend« wirkt.

ist demnach weniger »konzentriert« (= geringere Energiedichte). Diese Faktoren tragen aber dazu bei, dem Pferd ein besseres Sättigungsgefühl zu geben.
Die sich durch Kürzung sowohl des Rübentrockenschnitzelanteils um 0,5 kg als auch des Mischfutteranteils um 0,9 kg und Einrechnung von 4,8 kg Grünmaissilage als Ersatz ergebende vierte Beispielleistungsration (Tabelle 91, Seite 475) gewährleistet eine Freßzeit von fast 6 Stunden. Es sind mit 28,9 % Rohfasergehalt in der TS (2744 g Rfr bezogen auf 9,48 kg TS) auch genügend Ballaststoffe (Norm = mehr als 20 % in der TS) enthalten. An Trockensubstanz würden durch diese Tagesration 1,58 % des Körpergewichts aufgenommen (9,48 kg TS bezogen auf 600 kg LM); dies läge innerhalb der Normspanne für arbeitende Pferde von 1,4 bis 2,2 % (siehe Tabelle 44, Seite 361). In der Ration sind die Mineralstoffe Kalzium und Phosphor in ausreichender Menge mit einem akzeptablen Verhältnis von 2,6:1 (Normspanne 1:1 bis 3:1) enthalten. Der Eiweißgehalt der Ration von 470 g entspricht exakt dem vorgegebenen Bedarf. Geringfügig unter der Bedarfsvorgabe von 94,0 MJ liegt der Energiegehalt der Ration mit 93,83 MJ. Durch eine geringe Gabe von Leinkuchenpellets (siehe Tabelle 68, Seite 427) oder auch z. B. Leinöl wird der Restenergiebedarf gedeckt. Ebenfalls exakt der Vorgabe entspricht mit 5:1 der PEQ in der Ration.
Im Vergleich zur 2. Beispielleistungsration (Tabelle 89, Seite 474) ergibt sich aus der Rationsgestaltung (Tabelle 91, Seite 475) mit größerem Anteil an Grünmaissilage eine exakte Proteinversorgung sowie eine – günstig wirkende – verlängerte Freßzeit. Das Futtervolumen liegt um 3,4 kg höher und auch der Rohfasergehalt hat sich um rund 6 % erhöht, die Ration ist demnach weniger »konzentriert« (= geringere Energiedichte). Diese Faktoren stärken das Sättigungsgefühl. Für Warmblüter bo-denständiger Zuchtgrundlage – ohne oder nur mit geringem Vollblutanteil – wäre eine solche Ration vorzuziehen.
Aus Tabelle 87, Seite 472, ergibt sich der Leistungsbedarf für die beiden genannten Beispielpferde.
Auch für den **Fjordwallach Björn** muß geprüft werden, welche Futtermittel in welchen Mengen und in welchem Verhältnis zueinander den vorgegebenen Bedarf für 1 Stunde Bewegungsleistung in der Bahn decken. Aus Tabelle 37, Seite 346, ergibt sich der Teilbedarf für die Bewegungsleistung.
Unterstellt, es handelt sich – wie bei der Berechnung des Erhaltungsbedarfs – um eine Stallfütterung, dann muß zunächst die Ration für den Erhaltungsbedarf als

Bedarf	FS kg	TS kg	Rfr TS	Ca g	P g	Ca:P	DP g	DE MJ	PEQ
Björn, 450 kg	–	–	20 %	23,0	14,0	1,6:1	340	68,00	5,0:1
Ration	FS kg	TS kg	Rfr g	Ca g	P g	Ca:P	DP g	DE MJ	PEQ
Heu	4,50	3,87	1215	35,1	11,7	3,0:1	212	35,95	5,8:1
Stroh	2,00	1,72	746	6,8	1,8	3,8:1	19	12,72	1,4:1
Mischfutter	1,95	1,95	429	23,4	7,8	3,0:1	136	19,50	7,0:1
Summe	8,45	7,54	2390	65,3	21,3	3,0:1	367	68,17	5,4:1

Tabelle 92

1. Beispielleistungsration für den Fjordwallach Björn, 450 kg LM (1 Stunde Bewegungsleistung)
Beurteilung: Als einmalige Ration akzeptabel, als Dauerration nicht genügend ausgeglichen

Basis daraufhin überprüft werden, ob sie relativ einfach zu ergänzen ist. Hierzu orientiert man sich am Mehrbedarf für Energie und Protein. Dieser beträgt für den Fjordwallach 15 MJ für Energie und 75 g für Protein. Wenn man nun die Rationszusammenstellung vereinfachen möchte, nimmt man zunächst einmal die Heulage aus der Erhaltungsration heraus. Es verbleiben als Rauhfutter 4,5 kg Heu und 2,0 kg Stroh. Diese Futtermittel liefern bereits 48,67 MJ Energie, wobei die Eiweißkomponente zunächst noch unberücksichtigt bleibt. Zu decken wäre noch ein Energiebedarf von 19,33 MJ (68 MJ abzüglich 48,67 MJ für Heu und Stroh = 19,33 MJ). Aus Tabelle 81, Zeile P, Seite 463, läßt sich entnehmen, daß beispielsweise zusätzlich zum Erhaltungsfutter knapp 2 kg Mischfutter die zusätzlich für die Bewegungsleistung erforderliche Energiemenge liefern würden.

Die sich daraus für den Fjordwallach ergebende **erste Beispielleistungsration** (Tabelle 92, oben) gewährleistet eine Freßzeit von gut 5 Stunden. Mit 31,7 % Rohfasergehalt in der TS (2390 g Rfr bezogen auf 7,54 kg TS) sind auch genügend Ballaststoffe (Norm = mehr als 20 % in der TS) enthalten. An Trockensubstanz würden durch diese Tagesration 1,7 % des Körpergewichts aufgenommen (7,54 kg TS bezogen auf 450 kg LM); dies läge innerhalb der Normspanne von 1,5 bis 2,4 % für arbeitende Pferde (LM von 400 bis 600 kg; siehe Tabelle 44, Seite 361). In der Ration sind die Mineralstoffe Kalzium und Phosphor in sehr hoher, gerade noch vertretbarer Menge mit einem Verhältnis von 3:1 (Normspanne 1:1 bis 3:1) enthalten. Der Eiweißgehalt der Ration von 367 g übersteigt den Bedarf von 340 g um tolerierbare 8 %. Geringfügig mit 0,17 MJ über der Bedarfsvorgabe von 68,0 MJ liegt der Energiegehalt der Ration mit 68,17 MJ. Überhöht ist – wegen des bedarfsüberschreitenden Eiweißgehaltes – der PEQ mit 5,4:1 gegenüber der maßgeblichen Norm von 5:1.

Fazit: Akzeptabel als Gelegenheitsration, nicht als Dauerration. Die Ration bietet einen überhöhten Proteingehalt, der den Stoffwechsel durch vermehrte Harnstoffsynthese – noch vertretbar – belastet, aber als weiteren Nebeneffekt dadurch auch geringfügig höhere Urinmengen produziert. Der Kalziumgehalt ist mehr als 2,5 mal so hoch wie der Bedarf; das Ca:P-Verhältnis der Gesamtration mit 3:1 an der Grenze des Vertretbaren. Da die Ration noch nicht optimal zusammengesetzt ist, bedarf es einer Umgestaltung mit neuer Berechnung, um sowohl das Ca:P-Verhältnis enger zu gestalten als auch den Proteingehalt und damit den PEQ zu reduzieren. Statt der Leistungszulage ausschließlich aus Mischfutter kann als Leistungszulage zum Rauhfutter eine Kombination aus kalziumarmem Hafer und Mischfutter ersatzweise eingerechnet werden. Auch beim Rauhfutter

Tabelle 93

Bedarf	FS kg	TS kg	Rfr TS	Ca g	P g	Ca:P	DP g	DE MJ	PEQ
Björn, 450 kg	–	–	20 %	23,0	14,0	1,6:1	340	68,00	5,0:1
Ration	FS kg	TS kg	Rfr g	Ca g	P g	Ca:P	DP g	DE MJ	PEQ
Heu	4,00	3,44	1080	31,2	10,4	3,0:1	188	31,96	5,8:1
Stroh	2,50	2,15	933	8,5	2,3	3,8:1	24	15,90	1,4:1
Hafer	1,00	0,88	99	1,1	3,2	0,3:1	85	11,52	7,4:1
Mischfutter	0,80	0,80	104	9,6	3,2	3,0:1	56	8,00	7,0:1
Summe	8,30	7,27	2216	50,4	19,1	2,6:1	353	67,38	5,2:1

2. Beispielleistungsration für den Fjordwallach Björn, 450 kg LM (1 Stunde Bewegungsleistung)
Beurteilung: Akzeptabel

selbst bringt die Erhöhung des Strohanteils auf 2,5 kg zu Lasten der Heuration eine wünschenswerte Korrektur.

Die **zweite Beispielleistungsration** (Tabelle 93, oben) mit einer Zulage, bestehend aus 1 kg Hafer (Tabelle 81, Zeile K, Seite 463) und 0,8 kg Mischfutter (Tabelle 81, Zeile P, Seite 463), gewährleistet eine Freßzeit von gut 5 Stunden. Mit 30,5 % Rohfasergehalt in der TS (2216 g Rfr bezogen auf 7,27 kg TS) sind auch genügend Ballaststoffe (Norm = mehr als 20 % in der TS) enthalten. Die Trockensubstanzaufnahme beträgt 1,6 % des Körpergewichts (7,27 kg TS bezogen auf 450 kg LM); dies läge innerhalb der Normspanne von 1,5 bis 2,4 % für arbeitende Pferde (LM von 400 bis 600 kg; siehe Tabelle 44, Seite 361). In der Ration sind die Mineralstoffe Kalzium und Phosphor in hoher, aber noch vertretbarer Menge mit einem Verhältnis von 2,6:1 (Normspanne 1:1 bis 3:1) enthalten. Der Eiweißgehalt der Ration von 353 g übersteigt den Bedarf von 340 g um tolerierbare 4 %. Geringfügig mit 0,62 MJ unter der Bedarfsvorgabe von 68,0 MJ liegt der Energiegehalt der Ration mit 67,38 MJ. Zusätzliche Energie als Ausgleich für dieses geringe Defizit liefert der übersteigende Proteingehalt. Der PEQ mit 5,2:1 überschreitet zwar die maßgebliche Norm von 5:1, ist aber tolerabel.

Fazit: Die Zusammensetzung ist akzeptabel und als Dauerration geeignet. Sie kann, wenn nur begrenzte Mengen an qualitativ befriedigendem Stroh vorhanden sind, auch so umgestaltet werden, daß sich eine höhere Heumenge ergibt. Dabei ist zu beachten, daß es sich bei dem in Tabelle 81, Zeile C, Seite 463, beispielhaft aufgeführten Heu um solches von schwach gedüngten Flächen handelt (= höherer Kräuteranteil), wodurch der Kalziumgehalt mit 7,8 g pro kg Heu (FS)

Tabelle 94

Bedarf	FS kg	TS kg	Rfr TS	Ca g	P g	Ca:P	DP g	DE MJ	PEQ
Björn, 450 kg	–	–	20 %	23,0	14,0	1,6:1	340	68,00	5,0:1
Ration	FS kg	TS kg	Rfr g	Ca g	P g	Ca:P	DP g	DE MJ	PEQ
Heu	5,00	4,30	1350	39,0	13,0	3,0:1	235	39,95	5,8:1
Stroh	1,50	1,30	560	5,1	1,4	3,8:1	14	9,54	1,4:1
Maiskörner	1,00	0,88	23	0,4	2,8	0,1:1	64	13,59	4,7:1
Mischfutter	0,50	0,50	110	6,0	2,0	3,0:1	35	5,00	7,0:1
Summe	8,00	6,98	2043	50,5	19,2	2,6:1	348	68,08	5,1:1

3. Beispielleistungsration für den Fjordwallach Björn, 450 kg LM (1 Stunde Bewegungsleistung)
Beurteilung: Akzeptabel

relativ hoch ausfällt. Bei einem grasreichen, etwas weniger schmackhaften Heu ohne starken Kräuteranteil läge der Kalziumgehalt bei rund 4 bis 5 g/kg FS (siehe Tabelle 81, Zeile B, Seite 463). Um bei Verwendung der Beispielfuttermittel noch etwas zur Reduktion des Protein- und Kalziumgehaltes beizutragen, könnte der Haferanteil auch gegen Maiskörner ausgetauscht werden. Gleichzeitig ist Verminderung des Mischfutters erforderlich, da Mais energiereicher als Hafer ist.

Die **dritte Beispielleistungsration** (Tabelle 94, Seite 478) mit einer Zulage, bestehend aus 1 kg Mais (Tabelle 81, Zeile N, Seite 463) und 0,5 kg Mischfutter (Tabelle 81, Zeile P, Seite 463), gewährleistet eine Freßzeit von 5 Stunden. Mit 29,3 % Rohfasergehalt in der TS (2043 g Rfr bezogen auf 6,98 kg TS) sind auch genügend Ballaststoffe (Norm = mehr als 20 % in der TS) enthalten. Die Trockensubstanzaufnahme beträgt 1,6 % des Körpergewichts (6,98 kg TS bezogen auf 450 kg LM); dies läge innerhalb der Normspanne von 1,5 bis 2,4 % für arbeitende Pferde (LM von 400 bis 600 kg; siehe Tabelle 44, Seite 361). In der Ration sind die Mineralstoffe Kalzium und Phosphor in hoher, aber noch vertretbarer Menge mit einem Verhältnis von 2,6:1 (Normspanne 1:1 bis 3:1) enthalten. Der Eiweißgehalt der Ration von 348 g übersteigt den Bedarf von 340 g um tolerierbare 2,5 %. Geringfügig mit 0,08 MJ über der Bedarfsvorgabe von 68,0 MJ liegt der Energiegehalt der Ration mit 68,08 MJ. Der PEQ mit 5,1:1 überschreitet zwar die maßgebliche Norm von 5:1, ist aber tolerabel.

Fazit: Die Zusammensetzung ist akzeptabel und als Dauerration – aufgeteilt in drei Mahlzeiten – geeignet. In landwirtschaftlichen Betrieben mit Körnermaisanbau kann eine solche Ration sinnvoll sein. Beachtet werden muß bei Mais die strikte Mengenbegrenzung pro Mahlzeit (siehe Seite 410). Diese Begrenzung pro Mahlzeit liegt für Nordpferde, also auch für den hier als Beispiel herangezogenen Fjordwallach, bei 0,2 kg je 100 kg LM. Das bedeutet als Höchstmenge: 4,5 x 0,2 kg = 0,9 kg Maiskörner pro Mahlzeit. Die in der 3. Beispielleistungsration für Björn (Tabelle 94, Seite 478) enthaltene Maismenge von 1 kg müßte demnach auf wenigstens zwei oder drei tägliche Mahlzeiten verteilt werden. Zur Erhöhung der Verdaulichkeit empfiehlt sich das Schroten (= Mahlen) der sehr harten Maiskörner mit einer speziellen Körnermühle.

Beispielrationen

Reit- und Zugpferde, die »hobbymäßig« beansprucht werden, stellen zahlenmäßig die Hauptgruppe privat gehaltener Pferde dar.

Dabei zeigt sich, daß – rassenunabhängig – von solchen Pferden regelmäßig keine relativ gleichartigen Leistungen (wie etwa bei einem Reitschulpferd) gefordert werden. Ausgehend und weitgehend zeitlich bestimmt von beruflichen und familiären Freiräumen, werden Freizeitpferde

- zu unregelmäßigen Zeiten oder Zeitabschnitten (z. B. nur am Wochenende),
- in nicht immer günstigen Stoffwechselsituationen (z. B. Grasbauch)
- mit den Ambitionen ihres Reiters oder Fahrers

mehr oder weniger planvoll, meist nach »Lust und Laune«, konfrontiert.

Deshalb ist die Fütterungs-, Konditionierungs- und Leistungssituation in Verbindung mit ernährungsphysiologischen Abläufen eines Freizeitpferdes pauschal manchmal schwieriger zu beurteilen und »in den Griff« zu bekommen als z. B. die eines im Training weitgehend gleichbleibend professionell arbeitenden Trabrennpferdes. Läßt sich die Leistungsration eines Trabers nach Bahnstrecke, Tempo/Zeit noch einigermaßen berechnen oder zumindest aus Erfahrung belegen, so ist die Schwankungsbreite bei Frei-

Grafik 89

Fütterungsmaßnahmen bei Hochleistungspferden

• Rennen, Springen, Dressur, Reining, Vielseitigkeit, Distanz •

☛ Auf einen Blick:

Bei Höchstleistungen von

• kurzer Dauer (z.B. Rennen und Springen) werden Kraftreserven im trainierten *Muskel* anaerob umgewandelt, aber bei

• Dauerleistungen (z.B. Distanzritt) wird aerob zusätzlich *Depotfett* umgewandelt.

Grundsatz:

Hohe Leistungen werden gemeinsam bestimmt von den vier Faktoren:

• Veranlagung (= ererbte Anlagen/Eigenschaften),

• Training (= Steigerung und Erhaltung der Leistungsfähigkeit/Kondition),

• bewegungs- und klimaaktive Haltung (= Stärkung des Atmungs-, Thermoregulations- und Kreislaufsystems) sowie

• leistungsgerechte Fütterung des Pferdes.

Praxis:

Da der Energiebedarf von Hochleistungspferden bei

• Kurzleistung, z.B. bei Galoppern und Trabern, auf das Doppelte, bei

• Ausdauerleistung, z.B. bei Vielseitigkeitspferden und Distanzpferden, auf *mehr* als das Doppelte des Erhaltungsbedarfs ansteigen kann, müssen Rationen aus absolut hochwertigem Futter mit hoher Energiedichte (= kleine Menge mit viel Energie) bestehen. Die besten Voraussetzungen dazu bieten handelsübliche Hochleistungsmischfutter mit rund 14 MJ pro kg.

Fütterungsmaßnahmen:

• Letzte reguläre Fütterung 4 Stunden vor dem Start,

• erste große Fütterung etwa 2 Stunden nach der Leistung.

Kurzleistungspferde müssen sehnig, muskulös und reaktionsschnell sein; sie benötigen **maximal** 1 kg Rauhfutter pro 100 kg LM. Neben Heu sollte bestes *Stroh* als Grundfutter dienen; Stroh bindet im Verdauungstrakt weniger Wasser als Heu und ist deshalb gewichtsmäßig für Kurzleistungspferde günstiger.
Dauerleistungspferde sind bevorzugt muskulös-rundlich und verfügen über genügend Depotfett; sie benötigen **minimal** 1 kg Rauhfutter pro 100 kg LM, besser mehr, und zwar primär bestes *Heu* als Grundfutter. Durch Heu wird im Verdauungstrakt Wasser gebunden, das bei Dauerleistungen verfügbar ist und vorschnelle Dehydration vermeidet.

zeitpferden größer. Nicht nur die teils exotischen Pferderassen bestimmen das Bild im Freizeitreiter- und Fahrerbereich, sondern die nicht einheitlichen Belastungen durch unterschiedliche Reitstile sowie Gangarten- und Beschäftigungsvielfalt kommen hinzu. So ist z. B. das halbstündige Einüben einer herkömmlichen A-Dressur in der Regel weitaus kräfteschonender für das Pferd als etwa die halbstündigen Übungen für eine sog. Reining-Prüfung mit Sliding Stops, Spins usw. im Westernbereich. Auch kann die forcierte Töltarbeit eines temperamentvollen Isländers in der Bahn mehr Energie verbrauchen als die ebenso lange und schnelle Trabarbeit eines andersrassigen Pferdes mit gleichem Gewicht.
Nicht genau bestimmbare Unterschiede verbieten auch in den übrigen Sparten des Amateur- und Profisports sowie im Zucht- und Aufzuchtbereich eine undifferenzierte Übernahme von Beispielrationen. So nützlich einerseits Tabellenempfehlungen auch sein mögen, so sehr muß andererseits der **Grundsatz »Fütterung nach individueller Futterverwertung und Leistung«** beachtet werden.
Bei Warmblutpferden ist z. B. immer mit Zuschlägen in allen Bedarfskategorien zu rechnen, je mehr Vollblutanteil das Pedigree eines Pferdes aufweist. Bei Vollblutarabern schließlich sind hauptsächlich bei Trainingsbeginn, vor allem im Gelände mit vielen Reizsituationen, stets Zuschläge erforderlich, weil durch Temperament und Bewegungsaktivität (u. a. Piaffieren, Tänzeln) Energieverbrauch und Mineralstoffverlust durch Schwitzen übermäßig ansteigen können. Auch sind Fütterungsmaßnahmen bzw. Fütterungstechnik nach Leistungskategorien zu differenzieren.

▸ Für Turnier- und besonders für Hochleistungspferde müssen Kraftreserven in den Muskeln bereits während des vorbereitenden Trainings durch langsam gesteigerte hohe Kraftfutterrationen (auf der wichtigen Grundlage von genügend Rauhfutter) aufgebaut werden. Dazu sind spezielle Fütterungsregeln, u. a. täglich hohe Fütterungsfrequenzen, zu beachten (siehe Grafik 89, Seite 480 und Erläuterungen zur Strohfütterung, Seite 417).

MINERAL- UND VITAMIN-ERGÄNZUNG

Als allgemeiner Grundsatz zur Mineral- und Vitaminergänzung gilt:

- Nur wenn größere Mengen von vollvitaminiertem und vollmineralisiertem Mischfutter (= Kraftfutter, siehe auch die Ausführungen auf Seite 433 f.) gefüttert werden, kann auf Mineralstoff- und Vitaminergänzung weitgehend verzichtet werden.
- Als Grundfutterergänzung zum Weidegang sowie bei traditionellen Heu-/Haferrationen, wie sie z. B. im Rationsplaner auf Seite 528 als Orientierungshilfe pauschal dargestellt sind, ist handelsübliches Mineral- und Vitamin-Mischfutter immer zusätzlich erforderlich.
- Zu berücksichtigen ist, daß nicht jedes Mineral- und Vitamin-Mischfutter die gleiche Zusammensetzung aufweist. Abhängig von der verfütterten Hauptration (wichtige Vitaminunterschiede siehe Tabelle 109, Seite 490) sollte beim Einsatz jedes speziellen Mineral- und Vitamin-Mischfutters mindestens geachtet werden auf
- den Kalzium- und Phosphorgehalt sowie
- den Vitamin-A-,
- den Vitamin-D- und
- den Vitamin-E-Gehalt.

Ist die Hauptration bereits sehr kalziumhaltig, wie z. B. bei Heu von Extensivflächen mit Kräuteranteilen (Ca-Gehalt rund 6 bis 8 g/kg FS im Gegensatz zu Grasheu mit einem Ca-Gehalt von 4 bis 5 g/kg FS), dann sollte ein kalziumarmes Mineral- und Vitamin-Mischfutter ausgewählt werden. Wird andererseits kalziumarmes Getreide gefüttert, empfiehlt sich ein entsprechend kalziumhaltiges Präparat als Zusatzfutter. Bei altem Heu aus dem Vorjahr (sog. überlagertes Heu) ist – wegen der lagerzeitabhängigen Verflüchtigung von β-Carotin (Vitamin-A-Vorstufe) im alten Heu – auf Vitamin-A-Ergänzung größter Wert zu legen. In einem solchen Fall würde ein spezielles Mineral- und Vitamin-Mischfutter mit 640000 IE Vitamin A vorzuziehen sein. Eine Ergänzung mit einem Produkt, daß beispielsweise nur 90000 IE Vitamin A enthält, wäre nicht bedarfsgerecht. Ähnliches gilt für die Versorgung mit den Vitaminen D und E. Anwelksilage bzw. Heulage und Heu aus Unterdachtrocknung oder auch sämtliche Gras- und Heucobs enthalten weniger Vitamin D und E als sonnengetrocknetes Heu. Dies muß bei der Auswahl des Mineral- und Vitamin-Mischfutters entsprechend berücksichtigt werden.

REIT- UND ZUGPFERDE

Zwischen Zugleistung und Reitleistung bestehen teils große Unterschiede. Diese sind dann vernachlässigbar gering, wenn mit modernen Kutschen – gummibereift mit verhältnismäßig geringem Zugwiderstand – gefahren wird. Der Zugwiderstand entspricht dann – grob geschätzt – der Belastung eines Reitpferdes durch den Reiter. Aus Vereinfachungsgründen kann deshalb für die Bemessung einer Zugleistung ein pauschaler Bedarf in ähnlicher Höhe wie für eine zeitlich und streckenmäßig vergleichbare Reitleistung unterstellt werden. Die **Beispielrationen sind Tagesrationen**, die auf mindestens drei Mahlzeiten zu verteilen und durchweg noch mit handelsüblichen Vitamin- und Mineralstoffen sowie im Bedarfsfall auch mit Elektrolyten zu ergänzen sind. Ideal ist, wenn man die Grundfuttergehalte durch Analysen ermitteln läßt.

Vor der Winterruhe dürfen Weideflächen im Herbst nicht kahl gefressen werden. Wie abgebildet, so sollte etwa eine Handbreit Gras stehen bleiben, da sonst bei Kahlfrösten die Grasnarbe teils abstirbt.

Tabelle 95

Bedarf		FS kg	TS kg	Rfr TS	Ca g	P g	Ca:P	DP g	DE MJ	PEQ
Isländer, 350 kg		–	–	20 %	21,0	12,0	1,8:1	294	58,80	5,0:1
Ration	Art [1]	FS kg	TS kg	Rfr g	Ca g	P g	Ca:P	DP g	DE MJ	PEQ
Heu	B	4,00	3,44	1076	17,2	10,4	1,7:1	216	32,00	6,8:1
Gerstenstroh	G	2,00	1,72	746	6,8	1,8	3,8:1	19	12,72	1,4:1
Trockenschnitzel	I	0,50	0,45	93	3,4	0,5	6,8:1	26	5,90	4,3:1
Mischfutter	P	0,80	0,80	176	9,6	3,2	3,0:1	56	8,00	7,0:1
Summe		7,30	6,41	2091	37,0	15,9	2,3:1	317	58,62	5,4:1
Ergebnisse		5,5 [2]	1,83 [3]	32,6 [4]	–	–	–	–	–	–

[1] Futtermittelart aus Tabelle 81, Seite 463; [2] Freßzeit in Stunden
[3] TS-Aufnahme in Prozent bezogen auf LM; [4] Rohfasergehalt in Prozent bezogen auf TS

Beispielleistungsration Isländer, 350 kg LM
Leistung: 1 Stunde Reiten der Bedarfskategorie »leicht bis mittel« in einer Reitbahn (Bewegungspensum und Bedarfsnorm siehe Tabelle 81, Seite 463)

Tabelle 96

Bedarf		FS kg	TS kg	Rfr TS	Ca g	P g	Ca:P	DP g	DE MJ	PEQ
Quarterhorse, 500 kg		–	–	20 %	25,0	15,0	1,7:1	406	81,10	5,0:1
Ration	Art [1]	FS kg	TS kg	Rfr g	Ca g	P g	Ca:P	DP g	DE MJ	PEQ
Heu	B	4,00	3,44	1076	17,2	10,4	1,7:1	216	32,00	6,8:1
Gerstenstroh	G	2,00	1,72	746	6,8	1,8	3,8:1	19	12,72	1,4:1
Trockenschnitzel	I	0,50	0,45	93	3,4	0,5	6,8:1	26	5,90	4,3:1
Mischfutter	P	3,00	3,00	660	36	12	3,0:1	210	30,00	7,0:1
Summe		9,50	8,61	2575	63,4	24,7	2,6:1	471	81,62	5,7:1
Ergebnisse		5,0 [2]	1,72 [3]	29,9 [4]	–	–	–	–	–	–

[1] Futtermittelart aus Tabelle 81, Seite 463; [2] Freßzeit in Stunden
[3] TS-Aufnahme in Prozent bezogen auf LM; [4] Rohfasergehalt in Prozent bezogen auf TS

Beispielleistungsration Quarterhorse, 500 kg LM
Leistung: 1 Stunde Reiten der Bedarfskategorie »leicht bis mittel« in einer Reitbahn (Bewegungspensum und Bedarfsnorm siehe Tabelle 37, Seite 346)

Fjordwallach Harald v. Hjalmar, der langjährig vom Verfasser als Distanzpferd trainiert und in Wettbewerben geritten wurde. Mittelgroße Freizeitpferde benötigen (bei mittleren Distanzen) Kraftfutter-Rationen von zirka 3 kg täglich.

Tabelle 97

Bedarf		FS kg	TS kg	Rfr TS	Ca g	P g	Ca:P	DP g	DE MJ	PEQ
Warmblutpferd, 600 kg		–	–	20 %	34,0	19,0	1,8:1	635	127,00	5,0:1
Ration	Art[1)]	FS kg	TS kg	Rfr g	Ca g	P g	Ca:P	DP g	DE MJ	PEQ
Heu	B	6,00	5,16	1614	25,8	15,6	1,7:1	324	48,00	6,8:1
Gerstenstroh	G	2,50	2,15	933	8,5	2,3	3,8:1	24	15,90	1,4:1
Mischfutter	S	4,50	4,50	405	40,5	15,8	2,6:1	315	63,00	5,0:1
Summe		13,0	11,81	2952	74,8	33,7	2,2:1	663	126,90	5,2:1
Ergebnisse		6,5 [2)]	1,97 [3)]	25,0 [4)]	–	–	–	–	–	–

[1)] Futtermittelart aus Tabelle 81, Seite 463; [2)] Freßzeit in Stunden
[3)] TS-Aufnahme in Prozent bezogen auf LM;
[4)] Rohfasergehalt in Prozent bezogen auf TS

Beispielleistungsration Warmblutpferd, 600 kg LM
Leistung: 3 Stunden Reiten der Bedarfskategorie »schwer« in einer Reitbahn
(Bedarfsnormen siehe Tabelle 45, Seite 363 und Tabelle 46, Seite 364)

Tabelle 98

Bedarf		FS kg	TS kg	Rfr TS	Ca g	P g	Ca:P	DP g	DE MJ	PEQ
Vollblutaraber, 450 kg		–	–	20 %	24,0	13,0	1,8:1	515	103,00	5,0:1
Ration	Art[1)]	FS kg	TS kg	Rfr g	Ca g	P g	Ca:P	DP g	DE MJ	PEQ
Heu	B	4,00	3,44	1076	17,2	10,4	1,7:1	216	32,00	6,8:1
Gerstenstroh	G	2,00	1,72	746	6,8	1,8	3,8:1	19	12,72	1,4:1
Müslimischfutter	Q	0,90	0,90	135	16,2	5,4	3,0:1	63	9,45	6,7:1
Mischfutter	S	3,50	3,50	315	31,5	12,3	2,6:1	245	49,00	5,0:1
Summe		10,4	9,56	2272	71,7	29,9	2,4:1	543	103,17	5,3:1
Ergebnisse		5,5 [2)]	2,12 [3)]	23,8 [4)]	–	–	–	–	–	–

[1)] Futtermittelart aus Tabelle 81, Seite 463;
[2)] Freßzeit in Stunden
[3)] TS-Aufnahme in Prozent bezogen auf LM;
[4)] Rohfasergehalt in Prozent bezogen auf TS

Beispielleistungsration Vollblutaraber, 450 kg LM
Leistung: 3 Stunden Reiten der Bedarfskategorie »schwer« in einer Reitbahn
(Bedarfsnormen siehe Tabelle 45, Seite 363 und Tabelle 46, Seite 364)

Turnierpferde (hier abgebildet ein Warmblutpferd im L-Springen) sind durchweg der Bedarfskategorie »mittel« bis »schwer« zuzuordnen (siehe Tabelle 45 auf Seite 363 und Tabelle 97 – oben).

Tabelle 99

Bedarf[1]		FS kg	TS kg	Rfr TS	Ca g	P g	Ca:P	DP g	DE MJ	PEQ
Warmblutpferd, 600 kg		–	–	20 %	35	20	1,8:1	> 675	> 135	5,0:1
Ration	Art[2]	FS kg	TS kg	Rfr g	Ca g	P g	Ca:P	DP g	DE MJ	PEQ
Heu	C	6,50	5,59	1755	50,7	16,9	3,0:1	306	51,93	5,8:1
Gerstenstroh	G	1,00	0,86	373	3,4	0,9	3,8:1	10	6,36	1,4:1
Mais	N	2,00	1,76	46	0,8	5,6	0,1:1	64	13,59	4,7:1
Mischfutter	S	4,50	4,5	405	40,5	17,75	2,6:1	315	63,0	5,0:1
Summe		14,00	12,71	2579	95,4	41,15	2,3:1	695	134,88	5,2:1
Ergebnisse		6,5[3]	2,11[4]	20,3[5]	–	–	–	–	–	–

[1] Rationsbeispiel: Bedarf für einen Distanzritt über ca. 50 km; der tägliche Energiebedarf für lange Distanzritte oder für die Absolvierung der Geländestrecke am 3. Tag einer Vielseitigkeitsprüfung »Military«) liegt bei ungefähr 150 bis 180 MJ (siehe auch Grafik 89, Seite 480); schon im Training sind ausreichend hohe Heuanteile in jeder Tagesration vorzusehen; Heu bindet im Verdauungskanal Wasser, das für einen Teil der Schweißverluste ausgleichend wirken kann und vorschnelle Dehydration verhindert;

► geschorene Pferde haben Schweißverdunstungsprobleme: der Schweiß verdunstet nicht, d. h., er kühlt nicht ausreichend, weil er zu schnell abfließt – es wird deshalb ständig noch mehr Schweiß gebildet als bei nicht geschorenen Pferden = Scheren ist nicht sinnvoll;

[2] Futtermittelart aus Tabelle 81, Seite 463; um bei hohen Rauhfuttergaben die Gesamtfuttermengen in Grenzen zu halten, empfiehlt sich energiereiches Hochleistungsmischfutter, dem Fette beigemischt sind;

[3] Freßzeit in Stunden; letzte Fütterung 4 Std. vor dem Start; in Pausen 300 g Grünmehl-Melasse-Mischung mit 50 g Salz oder 500 g Heu sowie anschließend dem abgekühlten Pferd Wasser mit Elektrolyten anbieten; nach dem Ritt: gleiche Ration wie in den Pausen + Wasser + Elektrolyte anbieten; Wartezeit nach dem Ritt von 1,5 bis 2 Std. bis zur regulären, gehaltvolleren Abendfütterung (siehe auch Grafik 89, S. 480);

[4] TS-Aufnahme in Prozent bezogen auf LM (die maximale TS-Aufnahme sollte 2,5 kg/100 kg LM nicht übersteigen);

[5] Rohfasergehalt in Prozent bezogen auf TS

Beispielleistungsration für ein Warmblutpferd, 600 kg LM
Leistung: mehrstündige Reitleistung der Bedarfskategorie »sehr schwer«
(Bedarfsnormen siehe Tabelle 45, Seite 363 und Tabelle 46, Seite 364)

Tabelle 100

Bedarf[1]		FS kg	TS kg	Rfr TS	Ca g	P g	Ca:P	DP g	DE MJ	PEQ
Vollblutaraber, 450 kg		–	–	20 %	26,0	14,0	1,8:1	> 550	> 110	5,0:1
Ration	Art[2]	FS kg	TS kg	Rfr g	Ca g	P g	Ca:P	DP g	DE MJ	PEQ
Heu	B	4,00	3,44	1076	17,2	10,4	1,7:1	216	32,00	6,8:1
Gerstenstroh	G	1,50	1,29	560	5,1	1,35	3,8:1	15	9,54	1,4:1
Mischfutter	S	4,90	4,90	441	44,1	17,2	2,6:1	343	68,60	5,0:1
Summe		10,4	9,63	2077	66,4	29,4	2,3:1	574	110,14	5,2:1
Ergebnisse		5,0[3]	2,14[4]	21,6[5]	–	–	–	–	–	–

[1] Rationsbeispiel: Bedarf für Galopprennen über 2400 m, wie sie z. B. für Vollblutaraber auf der Rennbahn Frankfurt a. M. (D) oder in Warschau (Polen) ausgetragen werden; zum Vergleich: der tägliche Energiebedarf für Englische Vollblüter (sog. Galopper) beträgt bei > 500 kg LM etwa 130 MJ; 5 %ige Fettbeimischung vermindert bei sehr hohem Energiebedarf den ansonsten erforderlichen erheblichen Stärkeanteil in der Ration (siehe auch Grafik 81, Seite 463, und Tabelle 36, Seite 345);

[2] Futtermittelart aus Tabelle 81, Seite 463; als Kraftfutter empfiehlt sich energiereiches Hochleistungsmischfutter, im Gegensatz zu Hochleistungspferden mit Dauerleistungen, z. B. Distanzpferde, sind für Rennpferde nur maximale Rauhfuttermengen von 1 kg/100 kg LM bzw. 1 % der LM vorzusehen, um die Gewichtsbelastung des Verdauungskanals zu begrenzen; die Futtermittelqualität muß den höchsten Anforderungen genügen, da insbesondere mit Aflatoxinen (Schimmelpilzgifte) kontaminiertes Futter erhebliche Störungen und Leistungseinbußen nach sich zieht;

[3] Freßzeit in Stunden; letzte Fütterung etwa 4 Std. vor dem Start; nach dem Rennen etwas Heu + Wasser + Elektrolyte/Salz; Hauptfütterung erst 2 Stunden nach dem Rennen, wenn sich die Blutverteilung im Organismus wieder normalisiert hat;

[4] TS-Aufnahme in Prozent bezogen auf LM;

[5] Rohfasergehalt in Prozent bezogen auf TS

Beispielleistungsration Vollblutaraber, 450 kg LM
Leistung: Galopprennen/Reitleistung der Bedarfskategorie »sehr schwer«
(Bedarfsnormen siehe Tabelle 45, Seite 363 und Tabelle 46, Seite 364)

Tabelle 101

Bedarf		FS kg	S kg	Rfr TS	Ca g	P g	Ca:P	DP g	DE MJ	PEQ
Warmblutstute, 600 kg		–	–	20 %	45,0	30,0	1,5:1	586	96,00	6,1:1
Ration	Art [1]	FS kg	TS kg	Rfr g	Ca g	P g	Ca:P	DP g	DE MJ	PEQ
Heu	B	6,00	5,16	1614	25,8	15,6	1,7:1	324	48,00	6,8:1
Gerstenstroh	G	2,00	1,72	746	6,80	1,8	3,8:1	19	12,72	1,4:1
Hafer	K	2,00	1,76	198	2,2	6,4	0,3:1	170	23,04	7,4:1
Mischfutter	U	1,00	1,00	95	12,0	4,0	3,0:1	90	12,50	7,2:1
Summe		11,0	9,63	2653	46,8	27,8	1,7:1	603	96,26	6,3:1
Ergebnisse		6,0 [2]	1,60 [3]	27,5 [4]	–	–	–	–	–	–

[1] Futtermittelart aus Tabelle 81, Seite 463; [2] Freßzeit in Stunden
[3] TS-Aufnahme in Prozent bezogen auf LM; [4] Rohfasergehalt in Prozent bezogen auf TS

Beispielleistungsration Warmblutstute, 600 kg LM
▸ Graviditäts-Ration für den 9. und 10. Trächtigkeitsmonat
(Bedarfsnormen siehe Tabelle 45, Seite 363 und Tabelle 46, Seite 364)

Tabelle 102

Bedarf		FS kg	TS kg	Rfr TS	Ca g	P g	Ca:P	DP g	DE MJ	PEQ
Haflingerstute, 450 kg		–	–	20 %	36,0	23,0	1,5:1	464	76,00	6,1:1
Ration	Art [1]	FS kg	TS kg	Rfr g	Ca g	P g	Ca:P	DP g	DE MJ	PEQ
Heu	B	6,50	5,59	1749	27,9	16,9	1,7:1	351	52,00	6,8:1
Mischfutter	U	2,00	2,00	190	24,0	8,0	3,0:1	180	25,00	7,2:1
Summe		8,50	7,59	1939	51,9	24,9	2,0:1	531	77,00	6,9:1
Ergebnisse		5,5 [2]	1,68 [3]	25,5 [4]	–	–	–	–	–	–

[1] Futtermittelart aus Tabelle 81, Seite 463; [2] Freßzeit in Stunden [3] TS-Aufnahme in Prozent bezogen auf LM;
[4] Rohfasergehalt in Prozent bezogen auf TS

Beispielleistungsration für eine Haflingerstute, 450 kg LM
▸ Graviditäts-Ration für den 9. und 10. Trächtigkeitsmonat
(Bedarfsnormen siehe Tabelle 45, Seite 363 und Tabelle 46, Seite 364)

Tabelle 103

Bedarf		FS kg	TS kg	Rfr TS	Ca g	P g	Ca:P	DP g	DE MJ	PEQ
Warmblutstute, 600 kg		–	–	20 %	61,0	46,0	1,3:1	1193	142,00	8,4:1
Ration	Art [1]	FS kg	TS kg	Rfr g	Ca g	P g	Ca:P	DP g	DE MJ	PEQ
6Std. Weidegang	A	18,00	3,06	648	30,6	12,6	2,4:1	360	37,80	9,5:1
Heu	B	6,00	5,16	1614	25,8	15,6	1,7:1	324	48,00	6,8:1
Hafer	K	3,00	2,64	297	3,3	9,6	0,3:1	255	34,56	7,4:1
Mischfutter	V	2,00	2,00	240	32,0	8,0	4,0:1	300	22,00	13,6:1
Summe		29,0	12,86	2799	91,7	45,8	2,0:1	1239	142,36	8,7:1
Ergebnisse		10,5 [2]	2,14 [3]	21,8 [4]	–	–	–	–	–	–

[1] Futtermittelart aus Tabelle 81, Seite 463;
[2] Freßzeit in Stunden
[3] TS-Aufnahme in Prozent bezogen auf LM;
[4] Rohfasergehalt in Prozent bezogen auf TS

Beispielleistungsration für eine Warmblutstute, 600 kg LM
▸ Laktations-Ration für den 3. Monat
(Bedarfsnormen siehe Tabelle 45, Seite 363 und Tabelle 46, Seite 364)

Tabelle 104

Tränkplan zur Kolostralmilchversorgung von Fohlen in den ersten Lebensstunden[1) 2)] (siehe auch Grafik 90 »Stutenmilch-Ersatz«, Seite 487)			
Lebensstunde des Fohlens	Islandpferd Geburtsgewicht ca. 37 kg	Vollblutaraber Geburtsgewicht ca. 45 kg	Warmblutpferd Geburtsgewicht ca. 55 kg
1. bis 6.	stündlich 195 g = insgesamt 1170 g	stündlich 220 g = insgesamt 1320 g	stündlich 275 g = insgesamt 1650 g
8. bis 24.	zweistündlich 305 g = insgesamt 3900 g	zweistündlich 345 g = insgesamt 4400 g	zweistündlich 430 g = insgesamt 5500 g
Summe 1.–24.	5170 g	5720 g	7150 g
Mindestaufnahme [3)] von Kolostralmilch in den ersten 24 Stunden[4)]	10 % des Geburtsgewichtes: 3700 g	10 % des Geburtsgewichtes: 4500 g	10 % des Geburtsgewichtes: 5500 g

[1)] Datengrundlage nach ZEYNER (1995).

[2)] Geburtsgewichte siehe Tabelle 38, Seite 351.

[3)] Nach PUGH und WILLIAMS (1992).

[4)] Zur passiven Immunisierung und zur Vitaminaufnahme (vor allem Vitamin A) ist die Versorgung mit Kolostralmilch (= Kolostrum) in den ersten Stunden nach der Geburt für das Saugfohlen lebenswichtig. Ist aus den unterschiedlichsten Gründen (z. B. Tod der Mutter oder sog. hämolytischer Ikterus = Unverträglichkeit zwischen Proteinen im Blut der Mutterstute und des Fohlens) die natürliche Kolostralmilchaufnahme gestört, muß Frisch- oder Gefrierkolostrum möglichst schon in den ersten sechs Stunden per Tränksauger oder durch den Tierarzt per Sonde eingegeben werden. Wenn arteigenes Kolostrum nicht verfügbar ist, kann als Kolostrumersatz z. B. Folan® nach Konsultation des Tierarztes als Notlösung eingesetzt werden. Zusätzlich ist in diesem Fall Antibioticaschutz erforderlich. Es empfiehlt sich, eine hohe Tränkfrequenz einzuhalten (entsprechend dem Tränkplan der Tabelle).

Tränkplan zur Kolostralmilchversorgung von Fohlen in den ersten Lebensstunden (siehe auch Grafik 90 »Stutenmilch-Ersatz«, Seite 488)

Tabelle 105

Bedarf		**FS kg**	**TS kg**	**Rfr TS**	**Ca g**	**P g**	**Ca:P**	**DP g**	**DE MJ**	**PEQ**
Warmblutsaugfohlen		–	–	10 %	40	28	1,4:1	664	73,00	9:1
Ration	Art [1)]	FS kg	TS kg	Rfr g	Ca g	P g	Ca:P	DP g	DE MJ	PEQ
12 Std. Weideg.	A	6,00	1,02	216	8,5	3,5	2,4:1	120	12,60	9,5:1
Heu	B	1,00	0,86	269	43	2,6	1,7:1	54	8,00	6,8:1
Mischfutter	V	0,70	0,70	84	11,2	2,8	4,0:1	105	7,70	13,6:1
Mischfutter FS	W	1,00	1,00	35	27	6,0	4,5:1	120	13,00	9,2:1
Stutenmilch	X	15,00	1,50	–	12	7,5	1,6:1	270	31,8	8,5:1
Summe		23,7	5,08	604	63	22,4	2,8:1	669	73,1	9,1:1
Ergebnisse		13,5 [2)]	1,92 [3)]	11,9 [4)]	–	–	–	–	–	–

[1)] Futtermittelart aus Tabelle 81, Seite 463;

[2)] Freßzeit in Stunden (einschließlich Weidezeit, die bei Fohlen unterbrochen wird durch Lauf- und Ruhezeiten und deshalb nicht ausschließlich Kauzeit ist);

[3)] TS-Aufnahme in Prozent bezogen auf 264 kg = LM mit 6 Monaten;

[4)] Rohfasergehalt in Prozent bezogen auf TS (beim Saugfohlen bedingt u. a. der hohe Milchanteil den entwicklungsentsprechend geringeren Ballaststoffgehalt der Ration, der im Vergleich zu den Ballaststoffanforderungen an Rationen für ältere Pferde (= 20 %) nur rund 10 % beträgt).

Beispielration Warmblutsaugfohlen, 600 kg LM-adult (vom 3. bis 6. Lebensmonat; Gewichte siehe Tabelle 43, Seite 357; Bedarfsnormen siehe Tabelle 45, Seite 363 und Tabelle 46, Seite 364)

Grafik 90

Stutenmilch-Ersatz

• Fütterung bei Milchmangel oder bei mutterlosen Fohlen •

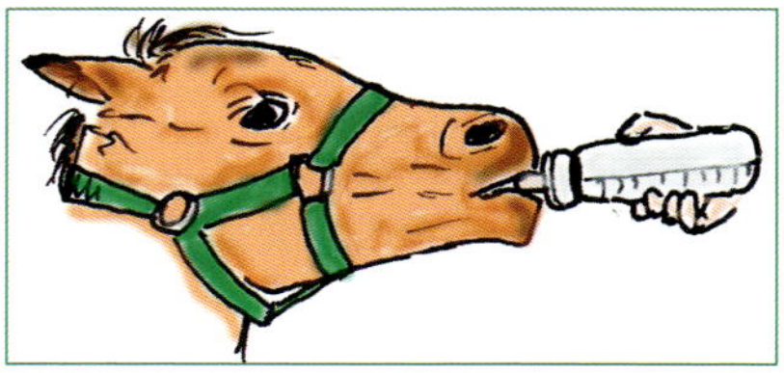

Auf einen Blick:

Handelsübliche „Fohlenmilch"- Produkte können die Muttermilch ersetzen.

„Fohlenmilch"- Produkte:

Wesentlich besser als verdünnte Kuhmilch ist die Zufütterung handelsüblicher „Fohlenmilch"- Produkte, die qualitativ die Muttermilch voll ersetzen. Die Produkte sind pulverförmig, werden mit warmem Wasser nach Herstellervorschrift dosiert und angesetzt; sie bestehen u. a. aus Magermilch- und Molkepulver sowie Traubenzucker. Wie in der Muttermilch sind im Pulver die gleichen Protein-, Fett- und Lactoseanteile, aber höhere Gehalte an essentiellen Vitaminen und Mineralien enthalten.

Praxis:

• Fohlen müssen das Trinken aus einem Tränksauger erst lernen. Als Hilfsmittel kann zunächst der eigene Finger des Betreuers dienen.

• Anfangs benötigt das Fohlen mehr als eine Stunde, bis es die angebotene Milch annimmt. Voraussetzung ist, daß die Milch ausreichend auf Körpertemperatur erwärmt wurde (38° Celsius oder etwas darüber).

• Tränksauger und Hände dürfen nicht mit pferdeuntypischen Duftstoffen behaftet sein (z. B. Spülmittel, Seife, Rasierwasser, Parfüm).

• Tränkplan mit Mischangaben pro Tag für die ersten 4 Wochen (Beispiel-Fohlen: LM-adult 450 kg; ohne/geringe Muttermilchversorgung)

Fohlenalter	*Mahlzeiten/Tag*	*Wasser (Liter)*	*Pulver (Gramm)*
0-3 Tage	9	0,6	100
4. Tag	8	1,0	150
5. Tag	6	1,5	220
6. Tag	6	1,5	250
7. Tag	5	2,0	350
2. Woche	5	2,5	450
3. Woche	4	3,5	580
4. Woche	4	4,0	700

• Ab der 2./3. Woche zusätzlich: Wasser und bestes Wiesenheu.

Kosten:

Sehr hochwertige Produkte kosten pro 25 kg ca. 90 Euro; für viermonatige mutterlose Aufzucht sind ca. 750 Euro anzusetzen.

Tabelle 106

Bedarf		FS kg	TS kg	Rfr TS	Ca g	P g	Ca:P	DP g	DE MJ	PEQ
Warmblutabsatzfohlen		–	–	20 %	32,0	21,0	1,5:1	599	74,00	8,0:1
Ration	Art [1]	FS kg	TS kg	Rfr g	Ca g	P g	Ca:P	DP g	DE MJ	PEQ
8 Std. Weideg.	A	5,00	0,85	180	8,5	3,5	2,4:1	100	10,50	9,5:1
Heu	B	5,00	4,30	1345	21,5	13	1,7:1	270	40,00	6,8:1
Mischfutter FS	W	1,80	1,80	63	48,6	10,8	4,5:1	216	23,40	9,2:1
Summe		11,8	6,95	1588	78,6	27,3	2,8:1	586	73,90	7,9:1
Ergebnisse		13,5 [2]	1,90 [3]	22,84 [4]	–	–	–	–	–	–

[1] Futtermittelart aus Tabelle 81, Seite 463;
[2] Freßzeit in Stunden (einschließlich Weidezeit, die bei Fohlen unterbrochen wird durch Lauf- und Ruhezeiten und deshalb nicht ausschließlich Kauzeit ist); [3] TS-Aufnahme in Prozent bezogen auf 366 kg = LM mit 12 Monaten;
[4] Rohfasergehalt in Prozent bezogen auf TS.

Beispielration Warmblutabsatzfohlen, 600 kg LM-adult (vom 7. bis 12. Lebensmonat; Gewichte siehe Tabelle 43, Seite 357; Bedarfsnormen siehe Tabelle 45, Seite 363 und Tabelle 47, Seite 365)

JUNGPFERDE

Tabelle 107

Bedarf		FS kg	TS kg	Rfr TS	Ca g	P g	Ca:P	DP g	DE MJ	PEQ
2jähriges Warmblutpferd		–	–	20 %	31,0	20,0	1,6:1	482	79,00	> 6,0:1
Ration	Art [1]	FS kg	TS kg	Rfr g	Ca g	P g	Ca:P	DP g	DE MJ	PEQ
4 Std. Weideg.	A	9,00	1,53	324	15,3	6,3	2,4:1	180	18,9	9,5:1
Heu	B	5,00	4,30	1345	21,5	13,0	1,7:1	270	40,00	6,8:1
Gerstenstroh	G	1,00	0,86	373	3,4	0,9c	3,8:1	10	6,36	1,4:1
Mais	N	1,00	0,88	23	0,4	2,8	0,1:1	64	13,59	4,7:1
Summe		16,0	7,57	2065	40,6	23,0	1,8:1	524	78,85	6,6:1
Ergebnisse		8,5 [2]	1,52 [3]	27,27 [4]	–	–	–	–	–	–

[1] Futtermittelart aus Tabelle 81, Seite 463;
[2] Freßzeit pauschal in Stunden (einschließlich Weidezeit, die bei Jungpferden durch Laufspiele unterbrochen wird und deshalb nicht ausschließlich Kauzeit ist); [3] TS-Aufnahme in Prozent bezogen auf 498 kg = LM mit 24 Monaten;
[4] Rohfasergehalt in Prozent bezogen auf TS.

Beispielration Warmblutpferd, zweijährig, 600 kg LM-adult, zu Beginn der Weidesaison im April/Mai (Gewichte siehe Tab. 43, S. 357; Bedarfsnormen s. Tab. 45, S. 363 und Tab. 47, S. 365)

Tabelle 108

Bedarf		FS kg	TS kg	Rfr TS	Ca g	P g	Ca:P	DP g	DE MJ	PEQ
2jähriger Vollblutaraber		–	–	20 %	23,5	14,5	1,6:1	397	65	> 6,0:1
Ration	Art [1]	FS kg	TS kg	Rfr g	Ca g	P g	Ca:P	DP g	DE MJ	PEQ
4 Std. Weideg.	A	7,50	1,28	270	12,8	5,3	2,4:1	150	15,75	9,5:1
Heu	B	4,00	3,44	1076	17,2	10,4	1,7:1	216	32,0	6,8:1
Anwelksilage	E	1,00	0,35	103	2,0	1,3	1,5:1	32	3,60	8,9:1
Mais	N	1,00	0,88	23	0,4	2,8	0,1:1	64	13,59	4,7:1
Summe		13,5	5,95	1472	32,4	19,8	1,6:1	462	64,94	7,1:1
Ergebnisse		8,5 [2]	1,56 [3]	24,7 [4]	–	–	–	–	–	–

[1] Futtermittelart aus Tabelle 81, Seite 463;
[2] Freßzeit pauschal in Stunden (einschließlich Weidezeit, die bei Jungpferden durch Laufspiele unterbrochen wird und deshalb nicht ausschließlich Kauzeit ist); siehe auch Grafik 91, Seite 490; [3] TS-Aufnahme in Prozent bezogen auf 380 kg = LM mit 24 Monaten;
[4] Rohfasergehalt in Prozent bezogen auf TS.

Beispielration Vollblutaraber, zweijährig, 450 kg LM-adult, zu Beginn der Weidesaison im April/Mai

Tabelle 109

Gehalt einiger Futtermittel an essentiellen Vitaminen je kg Frischsubstanz (FS)

Futterart	Beta-Carotin mg	Vitamin D IE	Vitamin E mg
Weidegras/Mähfutter (jung)	50–75	30–50	25–80
Weidegras (alt/überständig)	30–50	50	5–10
Anwelkgrassilage	20–50	60–80	10–15
Heu (Sonnentrocknung)	5–10	500–1000	20–100
Heu (Unterdachtrocknung)	15–20	200	10–20
Rote Mohrrüben	50–60	–	4
Hafer	–	–	18
Mais	4	–	19
Gerste	4	–	32
Weizenkleie	2	–	17
Weizenkeimöl	–	–	700–2000

modifiziert nach JEROCH, H., FLACHOWSKY, G. und WEISSBACH, F.: Futtermittelkunde, Gustav Fischer Verlag, Jena und Stuttgart 1993 sowie DLG-Futterwerttabellen

Grafik 91

Fütterung von Jungpferden

• Entwicklungsgerechte Vernetzung von Haltung und Fütterung •

Grundsatz:

Jungpferde jeder Rasse sollten robust zu jeder Jahreszeit ohne starke Bewegungseinschränkung und unter natürlichen Bedingungen des Außenklimas in der Gruppe aufwachsen.

Praxis:

- Im 2. Lebenshalbjahr, d.h. im 1. Winter, wachsen Fohlen sehr intensiv = hoher Eiweiß- und Vitamin-/Mineralstoffbedarf. Stallhaltung begünstigt Entwicklungsstörungen (durch Bewegungsmangel) und Skelettmängel (Vit. D-Mangel) sowie Abwehrschwäche (Vit. A-Mangel).
- Bei Weidegang ist zu rechnen mit Mängeln an Ca, P, Na, Cu, Zn und Se; diese müssen ausgeglichen werden.
- Nur durch überlegte Haltung und entsprechende Fütterung kann relativ gleichmäßiges Wachstum erreicht werden.

MESSALINA v. GHENT
Zweijährige Vollblutaraber-Jungstute des Verfassers in spätsommerlicher Weidekondition.

• Jungpferde müssen sich zur herbstlichen Fellwechselzeit zwar – wie abgebildet – in rundlicher, nicht aber in übertrieben speckig-mastiger Kondition befinden.

Ernährungsbedingte Störungen

FEHLERNÄHRUNG UND ABWEHRSYSTEM

Basis für die Pferdegesundheit ist – neben pferdegemäßen Haltungsbedingungen und Maßnahmen der direkten Gesundheitsvorsorge (Impfungen, Wurmkuren etc.) – eine artgemäße, individuellbedarfsgerechte Ernährung. Diese muß bei Pferden immer – anders als es bei landwirtschaftlichen Nutztieren teils aus den unterschiedlichsten Gründen üblich ist – vom Betreuer persönlich und nicht weitgehend von automatisierten Systemen überwacht und gesteuert werden, weil Pferde lange gesund als vierbeinige Partner leben sollen. Das aber setzt stetige abwägende menschliche Kontrolle voraus.

In den Kapiteln »Kontrolle des Futterzustandes« sowie »Fütterungsmaßnahmen und -technik« wurden bereits spezielle Kriterien zu fütterungs- und haltungsbedingten Anforderungen und auftretenden Unregelmäßigkeiten besprochen, die sich u. a. im Zustand von Haut und Haaren ausdrücken. Zugrundeliegend – und durch die Ernährung selbst, aber auch durch begleitende äußere Faktoren beeinflußbar – sind bei Erkrankungen insgesamt komplexe innere Zustände und Vorgänge, die allgemein als das Abwehrsystem (= Immunsystem) eines Lebewesens bezeichnet werden.

Die Immunologie als Wissenschaft vom Abwehrsystem beschäftigt sich heute

Formen der Fehlernährung

In der Praxis sind aus Unkenntnis oder Gleichgültigkeit, aus Sparsamkeitsgründen, doch auch ebenso aus übertriebener Versorgung folgende Formen der Fehlernährung anzutreffen:

a) völliger Mangel an Nahrung (Fasten, Hungern);
- ohne Trinkwasser (nach wenigen Tagen Dehydration tritt der Tod ein),
- mit Trinkwasser (nach Aufzehrung von Körperreserven und -substanz Tod nach Wochen);

b) teilweiser Mangel an Nahrung (suboptimale Versorgung);
- Unterernährung = Unterversorgung mit Energie, die bei jungen Pferden zum zeitweisen Wachstumsstop bzw. zu verzögertem Wachstum führt, bei ausgewachsenen Pferden zu Gewichtsverlust. Abrupte, starke Unterernährung regt bei fetten Pferden eine übermäßige Mobilisierung von Depotfettreserven an und erhöht die Blutfettwerte. Dadurch besteht, besonders bei trächtigen Nordpferdestuten (urwüchsige Ponyrassen), die Gefahr tödlich verlaufender Hyperlipidämien;
- Mangelernährung = Unterversorgung mit einem oder mehreren essentiellen Nähr- und Wirkstoffen, die nach Verbrauch der Reserven und Unterschreitung der Minimalgrenze zu teils charakteristischen Mangelerscheinungen oder zu Leistungsabfall und verringerter Futteraufnahme führt (z. B. Fehlen von Biotin bewirkt Haut- und Hufmängel, Eiweißmangel führt zur Immunschwäche);

c) Überangebot an Nahrung;
- Überernährung = Überversorgung mit Energie, die starken Fettansatz oder u. a. Störungen des Kohlenhydratstoffwechsels hervorruft, sich leistungsmindernd und lebenszeitverkürzend auswirkt (»Equines Metabolisches Syndrom«/ Insulinresistenz);
- Überversorgung mit Nähr-, Mineral- und Wirkstoffen = verminderte Futteraufnahme, Belastung von Organen (z. B. bei erhöhter Eiweißzufuhr vermehrte Harnstoffsynthese des Organismus), bei Mißverhältnissen zwischen Mineralstoffen negative Wirkungen (z. B. Knochenentkalkung), bei Überschreiten toxischer Grenzen Vergiftungserscheinungen.

nicht mehr nur eng begrenzt mit den Abwehrmechanismen und der Resistenz des Organismus gegen Infektionskrankheiten, sondern sieht ein breites Feld physiologischer Vorgänge, die mit Abwehrmechanismen vernetzt sind und als wichtige Teilbasis dafür die Ernährung betreffen.

Gesundes Wachstum von Jungpferden sowie Kondition und Leistungsfähigkeit, Fruchtbarkeit und Langlebigkeit ausgewachsener Pferde sind bei fortgesetzter Fehlernährung oder rein schematischen Versorgungsmaßnahmen mit unzureichender Fütterungstechnik nicht oder nur ansatzweise erzielbar.

Bei Fehlernährung und den die Fütterung begleitenden äußeren Faktoren sind es die eingangs angesprochenen Auswirkungen auf das Immunsystem, die im Zusammenhang mit der Ernährung noch zu selten bedacht werden. Wenn einleitend im Kapitel »Biologische Grundlagen« als Ziel des Fütterungsverständnisses eine »ganzheitliche Erfassung des Pferdes als Lebewesen« hervorgehoben wurde, dann sind in dieses Verständnis auch Erkenntnisse darüber einzubeziehen, welche langfristigen Auswirkungen sorglose Fehlernährung und verfehlte Fütterungstechnik auf das Immunsystem haben. Nun soll an dieser Stelle kein vertiefter Exkurs in dieses Gebiet erfolgen, aber es ist sinnvoll, sich ein paar Grundlagen zu vergegenwärtigen, die im folgenden in Kurzform dargestellt werden.

Zum Komplex Immunsystem zählen alle Vorgänge, die sich zwischen dem Körpereigenen und dem Körperfremden abspielen. Körpereigen sind alle normalen Zellen, Moleküle und auch die angeborenen Mechanismen des Organismus. Körperfremd ist alles, was für den Organismus störend sein könnte, vor allem Giftstoffe, Parasiten, Mikroorganismen (Bakterien, Viren, Pilze), Schadgase etc., Geschwulstzellen, Zellen von nicht identischem Körpereiweiß usw. Da laufend Körperfremdes auf jeden Körper einwirkt, muß der Organismus in der Lage sein, das zu erkennen, zu bewerten, zu verarbeiten – und abzuwehren. Jede Fremdkörpersubstanz, die erkannt wird, bezeichnet man als Antigen, die Reaktion darauf als Immunantwort.

Alle hochorganisierten Lebewesen besitzen verschiedene Barrieren zur Abwehr. Die Haut, als äußere Hülle, schützt zunächst vor groben »Eindringlingen«. Sie besitzt viele Nervenpunkte und Muskeln bis in die Haarwurzeln hinein, ist also empfindlich und kann dadurch fühlen und abgestimmt reagieren. Fliegen oder Bremsen werden als Plagegeister erkannt und z. B. durch Zucken einzelner Körperpartien abgewehrt. Beim Putzen aber, das als angenehm empfunden wird, erfolgt keine abwehrende Reaktion. Klar wird daraus, daß z. B. Fohlen und Jungpferde erst langsam lernen müssen, daß Berührung ihres Körpers durch Menschen keine Gefahr bedeutet und damit keine Abwehr erforderlich ist. Prinzipiell ähnlich verlaufen auch komplizierte Lernprozesse im Körperinneren bei der Immunantwort (z. B. beim »biologischen Gedächtnis« und der Bildung von spezifischen Antikörpern gegen bestimmte Antigene).

Neben der Haut sind auch schleimhaltige Sekrete, z. B. in Bronchien und im Darm, sowie bestimmte Enzyme oder in Verbindung damit z. B. symbiotisch wirkende Milchsäurebakterien Barrieren, die dafür sorgen, daß krankmachende Fremdkörper (z. B. Viren, Fäulniskeime) nicht weiter in den Körper eindringen bzw. sich nicht stärker vermehren können.

Sekretorische Antikörper bilden in hoher Konzentration auf allen Schleimhäuten eine Abwehrschicht gegenüber Krankheitserregern. Wenn nun durch

- unzuträgliches Stallklima – insbesondere aufgrund von staubigem oder schimmelpilzkontaminiertem Futter – die Atemwegsschleimhäute belastet werden oder

▸ durch einseitige, starke Kraftfutterfütterung und auch durch

▸ verdorbenes, stark keimhaltiges Futter

der Verdauungskanal in seiner Schutzfunktion beeinträchtigt wird, weil sich u. a. durch Störungen des Säurehaushalts Schleimhautdefekte und Umschichtungen der Darmflora einstellen, dann werden diese Barrieren des Immunsystems in ihrer Funktion beeinträchtigt und geschwächt: Fremdes dringt schneller in den Körper vor. Atemwegs- und Magen-Darm-Erkrankungen mit entsprechendem Leistungsabfall sowie zusätzliche Kosten für Diagnosen und Therapien – auf Dauer gar chronische Schäden – sind mögliche Folgen. In diesen Punkten führen »kleine Ursachen zu großen Wirkungen«.

Sind die Barrieren, z. B. die Schleimhäute der Bronchien, erst durch körperfeindliche Stoffe oder Organismen durchbrochen, mobilisiert der Körper über die Blutbahn sein Bekämpfungsarsenal. Neben dem Schleimhautimmunsystem sind es zwei weitere Abwehrsäulen, das zelluläre und das humorale Immunsystem, die »Abwehrwaffen« bereithalten: a) Immunzellen und b) Serumproteine. Immunzellen sind Monozyten, Granulozyten und Makrophagen (Freßzellen). Sie werden in Form von Blutzellen im Knochenmark, Thymus und weiteren sog. lymphatischen Geweben gebildet und dann in die Blutbahn abgegeben. Von dort gelangen sie weiter an andere Stellen des Körpers. Immunzellen zerstören schädliche Stoffe oder Organismen und produzieren nützliche Serumkomponenten. Von weiteren Blutzellen, den B-Lymphozyten (antikörperbildende Plasmazellen), werden Serumproteine (= Antikörper = Immunglobuline) produziert. Das sind Eiweißverbindungen (z. B. Immunglobulin G, M, A, D, E). Diese Antikörper verbinden sich mit eingedrungenen Fremdkörpern, um sie u. a. für Freßzellen besser greifbar zu machen. Eine Reihe weiterer Vorgänge kennzeichnet die Immunantwort, z. B. Entzündungen und Fieber.

Wie oben schon angedeutet, »lernt« das Immunsystem und »merkt« sich bestimmte, einmal bereits erfolgreich bekämpfte, schädliche Stoffe oder Organismen. Kehren sie erneut wieder, erfolgt daraufhin eine sehr viel schnellere Immunantwort durch Bereitstellung nun schon vorhandener spezifischer Antikörper: das bedeutet »Immunität« – der Körper erkrankt dann nicht. Erst nach Ablauf unterschiedlich langer Zeiträume erlahmt dieses »biologische Gedächtnis«. Zur Krankheitsvorbeuge werden diese Mechanismen bei Impfungen genutzt. Man spricht von aktiver Immunisierung, wenn mit abgeschwächten Erregern vorsorglich (vor Ausbruch einer bestimmten Erkrankung) das Immunsystem provoziert werden soll, schon Antikörper zu bilden, um im Ernstfall schneller gewappnet zu sein. Passive Immunisierung bedeutet demgegenüber, daß durch Impfung mit Antikörpern (die ein anderes Tier gebildet hat) akut eine bereits bestehende Erkrankung bekämpft wird.

Wenn, was zusehends häufiger bei Mensch und Tier vorkommt, das Abwehrsystem verwirrt ist, kann es entweder zu stark oder zu schwach reagieren. Beide Reaktionsweisen sind krankhaft. Eine unangemessen starke Immunantwort findet sich bei Überempfindlichkeit gegenüber manchen Stoffen, z. B. gegenüber Eiweiß aus Pollen, Heustaub, Milben, Insektengiften, Nahrungseiweiß, chemischen Substanzen wie Schädlingsbekämpfungsmitteln oder Medikamenten, die dann Allergene genannt werden. Die Immunantwort führt in solchen Fällen zu allergischen Reaktionen, u. a. zu Hautveränderungen, Hustenanfällen oder zum Schockzustand. Diese allergischen Reaktionen können entweder echte Allergien sein, die nach einer Sensibilisierungsreaktion auftreten, oder Unverträglichkeitserschei-

nungen, die als sog. Pseudoallergien bezeichnet werden.
Ist dagegen die Abwehr nicht vorhanden oder zu schwach, spricht man von einer Immunschwäche. Der Organismus er--krankt dann bereits beim Eindringen normalerweise harmloser Erreger. Immunschwäche kann angeboren sein, wird aber meist durch Infektionen (z. B. Infektion bei Menschen mit dem HIV-Virus = Immunschwächekrankheit AIDS) oder verstärkt durch äußere Faktoren hervorgerufen.

Einflüsse auf das Immunsystem des Pferdes
Äußere Faktoren, die das Immunsystem des Pferdes beeinflussen, sind in erster Linie
- die Umgangs- und Arbeitsatmosphäre,
- der Haltungs- und Leistungskomplex sowie
- die Ernährung.

Wenn diese Faktoren in der Praxis nicht einigermaßen pferdegerecht berücksichtigt werden, das Pferd sich demnach in seiner Umweltorientierung, in seinem Verhalten und seinen physiologischen Ansprüchen und Leistungen stets nur an vorgegebene, unbefriedigende und z.T. extrem unnatürliche Verhältnisse anpassen muß, führt dies zum Streß (= u. a. Änderung der Hormonproduktion usw.) Das ist beim Pferd ähnlich wie bei allen anderen Säugetieren. Denn: Pferde sind trotz jahrtausendelanger Domestikation herdengebundene, freiheitsliebende, stundenlang fressende Fluchttiere geblieben, die deshalb extrem streßempfindlich sind.

- **Angstgefühle und Überforderungen ohne Fluchtmöglichkeit erzeugen, ebenso wie anhaltende Bedürfnismängel aufgrund von Haltungsfehlern mit räumlicher Enge und Fehlernährung oder fehlerhafter Fütterungstechnik, Streß, der sowohl vegetative als auch motorische Störungen verursacht und damit Erkrankungen hervorruft oder begünstigt durch Schwächung des Immunsystems.**

Dem Ideal kommt nahe, wer die genannten drei Faktoren ausreichend pferdegerecht miteinander vernetzt. Voraussetzung dazu sind Erfahrungen und Kenntnisse sowie deren konsequente Umsetzung, um Pferden beim Umgang und bei der Arbeit ein Sicherheitsgefühl zu geben und Haltung sowie Ernährung bedürfnisgerecht zu gestalten. Durch überlegte Konzepte kann psychischer und physiologischer Streß weitgehend schon vorbeugend gedämmt werden.
Zwei grundlegende Unterscheidungen stehen sich konträr im Hinblick auf die pferdegerechte Berücksichtigung der oben genannten äußeren Faktoren zur Streßvermeidung gegenüber. Während besonders bei den Faktoren »Umgangs-/ Arbeitsatmosphäre und Leistungskomplex« das Pferd durch geschickte (durchaus legitime) Manipulation, also durch Lob und wohldosierte Strafe, zum menschlich definierten Nutzungsziel geführt wird (ohne daß dieses Ziel insgesamt dem ureigenen natürlichen Bedürfnis des Pferdes entspräche), muß der Haltungs- und Fütterungskomplex sich ganz erheblich stärker am natürlichen Bedürfnis des Pferdes selbst orientieren.
Etwas kompakter ausgedrückt bedeutet dies für die Praxis: Ein Pferd zu satteln und zu reiten entspricht zwar nicht seiner Natur und seinem generellen Bedürfnis, aber durch Manipulation, bestehend aus ständiger Übung in weitgehend beruhigender, belohnender sowie sicherer Atmosphäre mit Vertrauensbasis, schafft man einen im Idealfall fleißig und weitgehend auch zufrieden und streßfrei mitarbeitenden vierbeinigen »Partner«. Drückt man es kraß aus, dann ist dieser »Partner« –

mangels Gleichberechtigung und Mitbestimmung – natürlich nur ein »eingelullter« Sklave oder erträglicher definiert, ein Diener. Es liegt im Rahmen der Anpassungsfähigkeit des Pferdes, daß es sich menschlichen Nutzungszielen beugt und dies auch – im Idealfall – ohne bedrohliche Schäden übersteht.

Im Haltungs- und Fütterungskomplex wirken sich Manipulationen, die darauf gerichtet sind, biologisch grundlegende Eigenbedürfnisse des Pferdes arg zu beschränken, gar zu vernachlässigen oder rein nutzungsbezogen (so wie bei der Arbeit) umzumünzen, anders aus. Bestehende oder auftretende Bedürfnismängel bei der Haltung und besonders bei der Ernährung führen immer zu Streß mit krankmachenden Effekten (u. a. Magengeschwüre).

Als Beispiel dafür sei die häufig nicht ausreichende Beschäftigungs-/Freßzeit (= Kauzeit) stallgehaltener Pferde angeführt. Hier sind weder geschickte noch plumpe Manipulationen, z. B. die Idee, Steine in die Futterkrippe zu legen, um die »Freßzeit (!)« zu verlängern, wirksam: Entweder das Pferd kaut oder es kaut nicht. Folge des ungenügenden Kauangebots (= Ablaufmängel physiologischer Art), sind u. a. Verhaltensstörungen im Stall und bei der Arbeit sowie ständiges Hungergefühl – und das bedeutet Streß! Diesen Streß kann man nicht (wie bei der Arbeit) durch gutes Zureden, Flüstern, Dominanz- und Körpersignale oder sicher wohlmeinende Streicheleinheiten mit massierendem und »psychologischem« Touch oder kleinen Gaben von Leckerlis abbauen. Nur weitgehende Befriedigung der natürlichen Eigenbedürfnisse des Pferdes schafft in solchen Punkten die erstrebenswerte Streßfreiheit.

Das Pferd läßt sich in diesem Bereich seiner physiologischen Lebensansprüche nicht ohne Gesundheitsschäden manipulieren. Haltungs- und Fütterungsanpassungen finden dort ihre naturgegebene Grenze, wo die Grundbedürfnisse des Pferdes nach Menge, Inhalt und Struktur des Futters, nach Geselligkeit, wenigstens zeitweise freier Bewegung und Anteilnahme am Umweltgeschehen unter Bedingungen des Außenklimas nicht mehr befriedigt werden. Konkrete Mangelerkrankungen werden in solchen Fällen durch eine allgemeine Schwächung des Abwehrsystems (= allgemeine Krankheitsanfälligkeit) begleitet.

Täglich sind innerhalb von 24 Stunden etwa fünf bis sechs Stunden Kauzeit als Minimum anzusetzen, da sonst »Hungerstreß« einsetzt. Ebenso sollten überlange Futterpausen (mehr als 6 bis 7 Std.) vermieden werden, da sonst die beim Pferd kontinuierlich in den Magen fließende Säure – mangels Futter – Teile des Magens schädigt.

ERKRANKUNGEN VORBEUGEN, ERKENNEN, ABSTELLEN

PROBLEMSCHLÜSSEL FEHLERNÄHRUNG

Bei den in Tabelle 110, Seite 496 ff., dargestellten Zusammenhängen (= »Problemschlüssel«) handelt es sich um allgemeine Hinweise, die jeden Pferdebetreuer zu vorausschauenden Vorsichtsmaßnahmen anregen sollen, damit Probleme erst gar nicht entstehen.

Im konkret eingetretenen Problemfall, z. B. bei Verschlag oder Koliksymptomen, ersetzen die allgemein gehaltenen Tabellenhinweise selbstverständlich nicht die grundsätzlich immer erforderliche Kon-

Tabelle 110

Wichtige Hinweise auf Magen-Darm-Störungen und fehlerhafte Ernährung

Symptome/Befund	Mögliche Ursache	Gegenmaßnahmen/Erläuterungen
Freßunlust, mangelnde Vitalität, Leistungsabfall, Atembeschwerden, struppiges Haarkleid, vermindertes Wachstum, geringe Milchleistung, Fruchtbarkeitsstörungen, Infektionsanfälligkeit, Kotfressen, Holzbenagen	Unzureichendes Nahrungsangebot (sog. suboptimale Versorgung) mit Mängeln an einem oder mehreren essentiellen Nährstoffen; evtl. gleichzeitig starke Verwurmung und mangelhafte Haltungsgrundlage (zu klein, zu feucht, parasitenverseucht); überlange Nahrungskarenzen(-pausen), z. B. des nachts mehr als 6–7 Std., und dadurch verursachte Magengeschwüre	a) Ursachen für Ernährungs- und Haltungsmängel analysieren (lassen) und abstellen; b) vorhandene Futtermittel stets auf Qualitätsmängel überprüfen, evtl. entfernen; nährstoffreiches, sauberes Futter beschaffen sowie hygienisch einwandfrei lagern und füttern; c) Gesundheitsvorsorge optimieren: Stalleinstreu und -klima verbessern, regelmäßig entwurmen.
Appetitlosigkeit/ Futterverweigerung/ Anstieg der Triglyceride im Plasma auf weit > 5,5 mmol/l	Erkrankung (Infektion); Energiedefizit aufgrund mangelnder Zufuhr über das Futter; durch starke Mobilisierung von Depotfett Störung des Fettstoffwechsels (Hyperlipidämie)	Je nach tierärztlicher Diagnose und Symptomatik evtl. Sondenernährung; Bewegung, um Verdauungsvorgänge zu fördern und Energiebedarf (= Hungergefühl) zu erzeugen; Aufstallen mit Sichtkontakt zu einem gut fressenden Pferd, um Freßtrieb zu stimulieren; Futterqualität überprüfen.
Taumeln/ Leistungsminderung/ Kreislaufstörungen/ Erhöhte Methämoglobinbildung	Hohe Nitrataufnahme, z. B. durch a) junges Grünfutter nach starker Stickstoffdüngung oder b) kontaminiertes Grundwasser, c) große Mengen stark gedüngter Mohrrüben	Medikation nach tierärztlicher Untersuchung; nur einwandfreies Trinkwasser mit geringem Nitratgehalt (max. 50 mg/l) verwenden; Grün- und Rauhfutter darf nur max. 10 g Nitrat je kg TS enthalten; zurückhaltende Stickstoffdüngung.
Bewegungs- und Kreislaufstörungen/ Atmungsprobleme	Aufnahme von Giftpflanzen, vor allem Eibe, Eisenhut, Jakobs-Kreuzkraut, Seidelbast und Schwarze Tollkirsche	Bei Verdacht auf Vergiftungen immer tierärztliche Notfallbehandlung; Kontrolle über sämtliche Futtermittel herstellen, z. B. durch sichere Abstandszäune von giftigen Gehölzen.
Verhaltensauffälligkeiten wie Erregung oder Apathie	Übermäßiger (> 1 g/kg) Mutterkorngehalt (Pilz Claviceps purpurea) im Kraftfutter oder auch im Heu (Grassamen)	Bei Verdacht auf Vergiftungen tierärztliche Notfallbehandlung; Getreidekörner stichprobenartig kontrollieren auf schwarze Mutterkornbeimengungen.
Gespannte Kruppenmuskulatur, steifer Gang, dunkler Harn	Überfütterung mit Kraftfutter (Lumbago/Kreuzverschlag) oder diffuse Störungen im Kohlenhydratstoffwechsel	Tierarzt konsultieren, Warmhalten der Muskelpartien; prädisponierte Pferde nur knapp mit Kraftfutter versorgen, Versorgung mit Na, Cl, Ca, Vit. E und Selen sicherstellen.

Tabelle 110 Fortsetzung

Wichtige Hinweise auf Magen-Darm-Störungen und fehlerhafte Ernährung

Symptome/Befund	Mögliche Ursache	Gegenmaßnahmen/Erläuterungen
Apathie oder kurze Erregung, Scharren, ungewohntes häufiges Hinlegen und Aufstehen nach rund 5 Minuten, stetige Halsdrehung zur Seite; festere, kleinere Kotballen als üblich	Bauchbeschwerden (Kolik), z. B. durch Verstopfung (Obstipation) nach zu schneller Futteraufnahme, bei starkem Wurmbefall, Fütterung von verdorbenem oder ausschließlich stark verholztem Futter; Magengeschwüre	Tierärztliche Behandlung erforderlich (Schmerzmittel, evtl. Paraffinöleinlauf mittels Magenschlundsonde zur Auflösung der angeschoppten festen Massen); Ursachen vorbeugend bekämpfen (Entwurmen, gutes Rauhfutter füttern).
Heftige Bauchbeschwerden, Dunkelfärbung der Schleimhäute, Erfolglosigkeit krampflösender Injektionen	Darmverschluß (Ileus) unterschiedlicher Ursache, z. B. Einklemmung in der Bruchpforte oder am Milz-Nierenband	Absolut ernster Notfall; Behandlung: Operation zur Lebensrettung
Bewegungsstörungen, Verlagerung des Gewichts auf die Hinterhand, starke Pulsation der Mittelfußarterie	Rehe der Vorderhufe aufgrund verminderter arterieller Durchblutung der Huflederhaut. Ursachen: Abrupter Futterwechsel, Kohlenhydratüberfütterung, verdorbenes Futter oder Pflanzengift; siehe Grafik 92, Seite 499	Tierärztliche Behandlung erforderlich. Unterstützende Maßnahmen: kühlende Wasserbäder und schonendes Führen auf weichem Untergrund zur Förderung der Durchblutung.
Weicher, kuhfladenartiger Kot	Aufnahme von Erde oder verschmutzter Restvegetation, z. B. in Sandausläufen, oder zu rohfaserarme Rationen (zuviel junges Gras, Weizenkleie, Äpfel); Silageunverträglichkeit (siehe dazu S. 405 f.)	Ausreichende Mengen Heu füttern, evtl. nach Besserung vorsorglich entwurmen; Restvegetation z. B. in Sandausläufen ausmerzen; bei längerer Dauer (> 1Tag) oder beim gleichzeitigen Auftreten von Fieber tierärztliche Behandlung erforderlich.
Wässriger Durchfall	Zu lange Nahrungspause (Karenz); Verwurmung (vor allem bei Fohlendurchfall,siehe Grafik 96, Seite 510); Veränderung der Dickdarmschleimhaut durch Überfütterung, Futterwechsel, Streß durch Erschöpfung/Erregung/Turnier/Transport, Antibiotica, Bakterien	Einwandfreies Heu und zusätzlich Elektrolyte füttern; bei längerer Dauer oder beim gleichzeitigen Auftreten von Fieber tierärztliche Behandlung erforderlich; regelmäßige Wurmkuren, besonders gegen kleine Palisadenwürmer (Strongyliden), Bandwürmer und bei Fohlen verstärkt gegen Zwergfadenwürmer (Strongyloides westeri).
Würgen, Rülpsen, kolikartiges Verhalten, geringgradiges Erbrechen	Magenüberladung meist durch übermäßige Grünfutteraufnahme oder Rückfluß des Darminhalts in den Magen, z. B. als Begleiterscheinung einer Darmkolik	Nahrungszufuhr sofort unterbrechen, Tierarzt benachrichtigen; bei einem »Überfressen« an Grünfutter klingen Symptome u.U. nach einer Stunde ab; Diagnose durch den Tierarzt mittels Magenschlundsonde, evtl. Magenspülung.

Tabelle 110 Fortsetzung

Wichtige Hinweise auf Magen-Darm-Störungen und fehlerhafte Ernährung		
Symptome/Befund	Mögliche Ursache	Gegenmaßnahmen/Erläuterungen
Würgen, Prusten, Nasenausfluß (eingespeichelter Futterbrei) und Aushusten von Futterpartikeln, z. B. Schweißausbruch, Scharren und anschließende Apathie	Schlundverstopfung (Ösophagusobstipation) durch nicht eingeweichte Trockenschnitzel, Freßgier oder Zahnfehler (z. B. bei Heucob-, Pellet- oder Obstfütterung); siehe Grafik 93, Seite 500, und Erläuterungen Seite 397	Notfallmaßnahmen: Zugang zur Tränke unterbinden und Tierarzt verständigen, der bei gesenktem Pferdekopf eine Schlundspülung vornehmen kann (evtl. ist dazu Klinikaufenthalt erforderlich). Wichtig: Pferde können nicht oder nur in geringem Maß erbrechen.

sultation eines Tierarztes. Gelegentlich wird dies leichtfertig von Pferdehaltern aus Sparsamkeitsgründen hinausgezögert, wie Tierärzte berichten, man wartet erst einmal ab. Die Risiken sind nicht gering. Zwar mag es hin und wieder ausreichen, sofort telefonisch mit genauer Beschreibung aller Details (Pferdedaten, Fütterungsdaten, Leistungsdaten) allgemeinen tierärztlichen Rat einzuholen, doch wird meist der Patient vor Ort zu untersuchen sein, denn »Ferndiagnosen und -therapien« sind nur die zweifelhafte Domäne von Geistheilern! Als Mindesthonorar für eine Untersuchung mit folgender Injektionsbehandlung sind 100 Euro plus Fahrtkosten anzusetzen. Ein vergleichsweise geringer Betrag, den der Zögernde vernünftigerweise zur Verhütung ernster Folgen für den Vierbeiner schon aufwenden sollte.

Zur Unterbringung eines erkrankten Pferdes bzw. zur Vorbereitung eines tierärztlichen Notfallbesuchs empfiehlt sich im Interesse des Pferdes – auch bei Offenstallhaltungen – die Bereitstellung einer üppig und sauber eingestreuten sowie gut beleuchteten und belüfteten (Not-)Box. Eine solche kann auch in einem geräumigen Offenstall durch mobile, dennoch stabile, verletzungsverhütende Elemente (die man vorsorglich beschaffen und für Notfälle bereithalten sollte) hergestellt werden. Nur so kann ein erkranktes Pferd ausreichend vom Betreuer überwacht und vom Tierarzt präzise und hygienisch erträglich medizinisch versorgt werden.

GESUNDHEITSRISIKEN DURCH GIFTE

GIFTPLANZEN UND SCHADSTOFFE

Die natürliche Umwelt birgt seit jeher für Pferde (auch in relativ unberührten Naturreservaten) potentielle Gefahren durch Giftpflanzen und Umweltgifte (z. B. Ablagerungen schädlicher Partikel auf Futtermitteln durch Waldbrände).

Da das selbstverständliche Ziel der Fütterung die Erzeugung positiver Wirkungen ist und nicht die Inkaufnahme einer Schädigung des Pferdes, empfiehlt sich – wo immer möglich, Vorbeugung gegen Schadstoffe jeder Art und Herkunft. Nun läßt sich allerdings unter praktischen Bedingungen nie ganz ausschließen, daß Pferde sowohl im Stall als auch im Freien, in Auslauf und Koppel oder beim Ausritt, schädigende Substanzen entweder

- zusammen mit Futtermitteln (z. B. hohe Nitratwerte im stark stickstoffgedüngten Grünfutter oder Kreuzkraut in Heu/Heulage) oder
- getrennt von Futtermitteln (z. B. Holzschutzmittel beim Benagen von Stallteilen oder Farnkraut beim Ausritt im Wald) aufnehmen.

Die gefährlichsten Giftpflanzen und Schadstoffe sollte jeder Pferdebetreuer kennen, um Pferde davor soweit wie

Grafik 92

Hufrehe

• Symptome, Ursachen, Vorbeugung •

Auf einen Blick:

• Hufrehe ist eine schwere Erkrankung der Gliedmaßen, hervorgerufen durch eine diffuse Entzündung der Huflederhaut. Folge: Hufbeinsenkung.
• Starke Lahmheit – entweder an allen vier Beinen oder (das ist der typische Fall) nur an den Vordergliedmaßen – ist die erste akute Folge.
• Das Hauptkörpergewicht wird auf die Hinterbeine verlagert; das Gewicht, das die Vordergliedmaßen noch zu tragen haben, ruht auf den Ballen.

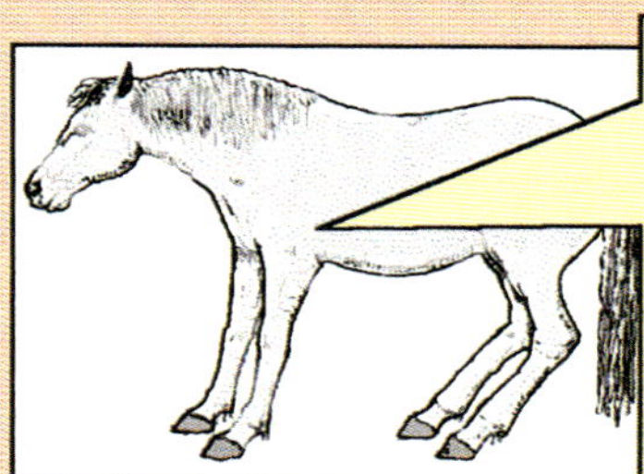

➡ Auffallend: Die weit nach vorn gestellten Vorderfüße und die unter den Rumpf geschobenen Hinterfüße.
• Weitere Symptome: Wärmebildung in den betroffenen Hufen, starke Pulsation in der Mittelfußarterie, Unruhe und Schweißausbrüche durch Schmerzen, Erhöhung der Körpertemperatur.

Ursachen:

a) mechanisch-traumatisch, z.B. durch falsche Hufzubereitung/fehlerhaften Hufbeschlag, Hufsohlenprellung bei unebenem, steinigem Boden;
b) toxisch-chemisch, z.B. aufgrund von Fehlernährung durch
• Kraftfutterüberfütterung,
• generell alle nicht leistungsangepaßten Rationen mit übermäßiger Aufnahme von Kohlenhydraten (besonders Gerste, Melasse = stärke-, zuckerreich) und Eiweiß (z.B. stickstoffgetriebene frische Weide),
• Aufnahme von ungeeignetem Mischfutter (z.B. Hühnerfutter), verdorbenem, schimmeligem Futter oder Giftpflanzen,
• abrupten Futterwechsel, • üppiges Grünfutter oder Leguminosenheu,
• Aufnahme großer Mengen kalten Wassers bei Überhitzung;
➡ Folgen: Magen-Darm-Entzündungen, Vergiftungen, u.a. caecale Azidose/Störung der mikrobiellen Fermentation im Dickdarm mit Freisetzung von Endotoxinen, die über die Blutbahn durch ihre Giftwirkung zur Entzündung der Huflederhautblättchen führen.

Praxis:

Vorbeugung: Beachtung der Ursachen; streng leistungsbezogene Fütterung; generell Überernährung vermeiden; evtl. Weidegang begrenzen.
Behandlung: Tierarzt konsultieren; Kühlung der Hufe mit Wasser.

Grafik 93

Abschluckprobleme

• Schlundverstopfung durch Fremdkörper oder Futtermittel •

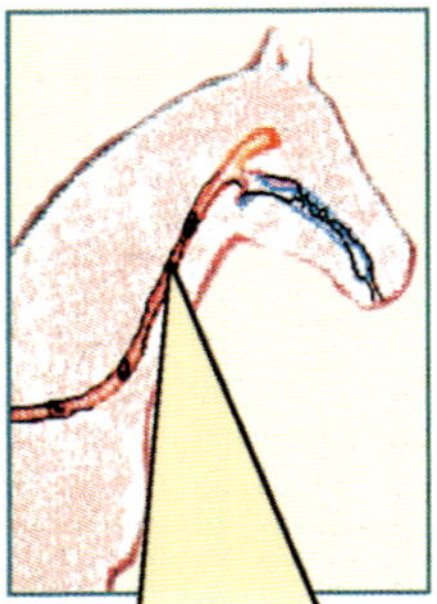

☛ Auf einen Blick:

• Abschluckprobleme bei der Aufnahme von Grundfutter (Grünfutter, Heu, Grünfuttersilage) sind bei gesunden Pferden nahezu ausgeschlossen.

• Probleme kann es geben, wenn Saft- oder Trockenfuttermittel (u.a. Körner, Mischfutter, Heucobs) wenig zerkaut gefressen werden oder Rübentrockenschnitzel nicht eingeweicht wurden.

Schon kleine Mengen schlecht zerkleinerter, ungenügend eingespeichelter oder nicht eingeweichter Futtermittel können zu dramatischen Verstopfungen führen.

Symptome: Pferd scharrt erregt, frißt nicht mehr, würgt Speichel und Schleim aus Maul und Nüstern, danach teilnahmslos (= Schlundverstopfung durch Fremdkörper oder Futterteile).

➡ Akutmaßnahmen:

• Aufnahme von Wasser strikt unterbinden, da der Schlund sonst „überläuft" und Wasser über die Luftröhre in die Lunge gelangt.

• Hals äußerlich untersuchen, um Verstopfungsstelle zu ertasten.

• Tierarzt sofort verständigen, eigene Untersuchungen erläutern und Ratschläge für die Wartezeit einholen (z.B. Unterstützung der Schlundpassage durch Massieren der evtl. ertasteten verstopften Stelle).

Praxis:

Häufigste Ursachen und vorbeugende Maßnahmen

Ursache	*Vorbeugung*
Fremdkörper werden verschluckt (Steine, Lehmklumpen, Draht)	Heu und Futterstroh außerhalb des Freßbereichs säubern = aufschütteln
Unzerkautes Abschlucken kleiner Mohrrüben, Äpfel oder Kartoffeln	Fütterung kleiner Teile vermeiden; Vorzerkleinerung nicht unter 5 cm
Aufnahme von nicht eingeweichten Rübentrockenschnitzeln (Pellets)	Pelletierte Trockenschnitzel mehrere Stunden einweichen
Gieriges Fressen von Kraftfutter (Körner, Mischfutter-Pellets) oder Heucobs	Fütterungsfrequenzen erhöhen, Heu zuerst füttern, Pellets vermeiden, Körner quetschen, Cobs einweichen
Ungenügende Zerkleinerung bei Zahnschäden oder im Zahnwechsel	Zahnbehandlung, Futter quetschen, Heucobs einweichen, keine Pellets

Grafik 94

Giftige Pflanzen und ungiftiges „Knabberfutter“

• Erläutert sind nur die wichtigsten Pflanzen •

☛ Auf einen Blick:

Von ihrer Entwicklungsgeschichte her sind Pferde universelle Pflanzenfresser, sie fressen nicht nur Gras, sondern bevorzugen zum Knabbern neben Buschwerk auch Nadel- und Laubgehölze sowie deren Früchte.

- Nicht immer verschmähen sie instinktiv giftige/unverträgliche Pflanzen.

Giftig oder unverträglich (je nach Dosis):

- Eibe (*50 g = ein kleiner Zweig ist tödlich*)
- Buchsbaum (*Lähmungen*)
- Goldregen • Robinie • Tollkirsche (*Atemlähmung*)
- Zypresse/Thuja (*Kolik, Schleimhautreizung*)
- Lupine • Sumpfschachtelhalm (*u.a. Darmentzündung*)
- Kreuzkraut (*Leberentzündung*)
- Liguster • Herbstzeitlose (*Darmentzündung, Kolik*)
- Adlerfarn • Hahnenfuß (*diverse Symptome, Schwäche)*
- Samen (Bucheckern) der Buche (*Kolik, Krämpfe*)
- Unreife Früchte (Eicheln) und Rinde der Eiche (*Kolik*)

Ungiftig und als zusätzliches Knabberfutter verträglich (bei vorheriger Rauhfuttersättigung):

- Himbeer- und Johannisbeersträucher
- Laubbaumholz von Birken und Obstbäumen, z.B. Apfelbaum, Birnbaum, Kirschbaum
- Nadelbaumholz (Harzgehalt sollte gering sein); gut: Tanne + Fichte; ➡ nur geringe Mengen vorlegen: Kiefer + Lärche (Harzgehalt sehr hoch = unverträglich)

Praxis:

Vorsorglich muß in jedem Haltungsareal die Erreichbarkeit aller nicht eindeutig als ungefährlich einzustufenden Gewächse und deren Früchte verhindert werden, z.B. durch ausreichend sicheren Zaunabstand.

➡ Wenn in der Nähe des Haltungsareals giftige Sträucher oder Gehölze wachsen, u.a. Eiben- oder Thujahecken, ist es ratsam, Kinder, Besucher und Nachbarn über die Giftwirkung aufzuklären, um z.B. die versehentliche Fütterung von Zweigen (= lebensbedrohliche Folgen) auszuschließen.

Giftiges Kreuz-/Greiskraut (*Senecio ssp.*) ist primär auf Extensivgrünland (zunehmend auf falsch bewirtschafteten Pferdeweiden) zu finden. Kreuzkraut erzeugt Leberschäden (Gift speichert sich dort an). Besonders gefährlich ist Heu/Heulage mit Kreuz-/Greiskrautanteilen, weil Pferde darin die Giftpflanzen nicht mehr erkennen können.

möglich schützen zu können (siehe Grafik 94, Seite 501). Nicht immer sind auffällige Symptome nach Aufnahme von schädlichen Substanzen feststellbar, denn neben der Toxinart sind die Begleitumstände, die Art der Aufnahme und nicht zuletzt auch die Dosis entscheidend für auftretende Schäden.

Forschungen über alle Schadwirkungen, die als Vergiftungen oder Unverträglichkeiten bei der Aufnahme unterschiedlichster Pflanzen oder chemischer Verbindungen auftreten können, liegen nur eng begrenzt vor. Kaum erforscht sind Kombinationswirkungen mehrerer Schadfaktoren. Solche Wechselbeziehungen oder eine Dauerbelastung setzen Langzeituntersuchungen voraus. Eine spezielle Toxikologie, die alle Zusammenhänge zwischen Dosis und Wirkung untersuchen könnte, ist für den Pferdebereich wirtschaftlich aber uninteressant. Deshalb sind Ergebnisse aus der Nutztierforschung heranzuziehen. Daraus ergibt sich, daß Einflüsse von Umweltfaktoren (z. B. Schadstoffe in der Atemluft oder Luftschadstoffe als Staubablagerung auf Futtermitteln; siehe Tabelle 111, Seite 503) alleine und im Zusammenwirken mit schadstoffhaltiger (= toxischer) Nahrung Gesundheitsstörungen beim Pferd auslösen können.

Betroffen sind von ernährungsbedingten Schadwirkungen entweder

- der Gesamtorganismus oder
- besonders gefährdete Zielorgane, z. B. Schleimhäute oder die Leber als Speicherorgan, aber auch das Fettgewebe, das sich mit Schadstoffen anreichert, oder das Nerven- und Hormonsystem.
- Schließlich können die Organe mit Entgiftungs- und Ausscheidungsfunktion von Giftwirkungen selbst betroffen sein, z. B. Niere, Darm, Speicheldrüsen oder die Haut.

Achtung Giftpflanzen!
Um ein Höchstmaß an vorbeugender Sicherheit zu gewinnen, sollte jede Substanz und jede Pflanze, die der Betreuer nicht als unschädlich kennt, für Pferde – soweit beeinflußbar – unerreichbar bleiben. Im Zweifel sind Pflanzen auszumerzen bzw. umzupflanzen. Gerade der botanische Bereich bietet Verwechslungsgefahren. Es sind z. B. die Nadeln einer hochtoxisch wirkenden Eibe manchen ungiftigen Tannennadeln sehr ähnlich. Empfehlenswert ist, sich in Gärtnereien oder botanischen Gärten selbst oder unter Anleitung einen Überblick zu verschaffen und sich Details zur Unterscheidung einzuprägen, denn bildliche Darstellungen reichen alleine zur einwandfreien Bestimmung nicht aus.

Kontaminierung von Futtermitteln durch Luftschadstoffe[*)]

Tabelle 111

Schadstoff	Herkunft (primär)	Erläuterung/Wirkung
Benzol (C_6H_6)	Kfz-Auspuff	Anreicherung im Futter; lagert sich nach Aufnahme im Fettgewebe ab, schädigt Knochenmark und Gehirn
Dioxine(PCDD) und Furane (PCDF)	Nebenprodukt der Chemie-Industrie, Freisetzung bei Bränden (z. B. PVC-Brand) oder Müllverbrennung	Anreicherung in der Stutenmilch; bei Aufnahme Störungen an inneren Organen (Leber, Milz, Niere)
Pentachlorphenol (PCP)	Altlasten der chemischen Industrie, Ausgasung von Holz--schutzmitteln	Anreicherung im Futter; verursacht Schädigungen des Nervensystems und Anreicherung in der Stutenmilch
Polychlorierte Biphenyle (PCB)	Mülldeponien; Imprägniermittel, Altöle, Farben, Weichmacher	Anreicherung im Futter; Ablagerung im Fettgewebe und Anreicherung in der Stutenmilch; erbgutschädigend
Dieselruß	Auspuff (unvollständige Verbrennung von Dieselkraftstoff)	Ablagerung auf Grünfutter und Getreide; allergiefördernd, krebsauslösend
Lungengängiger Feinstaub	Schwebstaub der Luft durch Haus- und Industriefeuerungen sowie Kfz-Verkehr	– wie vor –
Teeröle (Carbolineen)	Holzschutzmittel (lt. Teerölverordnung seit 1991 in Deutschland verboten; gleiches gilt für die Verwendung getränkter Bahnschwellen, Masten u. Ä.)	Kontaminierung von Futtermitteln bei Lagerung auf teerölgetränkten Holzuntergründen; Teeröle enthalten polyzyklische aromatische Kohlenwasserstoffe und Phenole, die als krebserregend eingestuft sind
Chlorkohlenwasserstoffe (z. B. Lindan oder DDT)	Schädlingsbekämpfungsmittel (seit 1977 in Deutschland verboten)	Anreicherung in Futtermitteln; Schwächung der Immunabwehr
Pestizide/Fungizide	Pflanzenschutzmittel, Schädlingsbekämpfungsmittel	Anreicherung in Futtermitteln (nicht bestimmungsgemäße Anwendung); Schädigung des Nervensystems
Schwermetalle (z. B. Blei)	Kfz-Auspuff	Anreicherung in Futtermitteln; Nierenschäden

*) Tabelle 112, Seite 504 ff., enthält zusätzliche Informationen über fütterungsrelevante Schadwirkungen.

HECKEN

Aus optischen und ökologischen Gründen bietet sich mancherorts die Anpflanzung zaunnaher Hecken an. Diese sollten für Pferde nicht erreichbar sein – selbst wenn man (was immer ratsam ist) ausschließlich ungiftige Sträucher und Gehölze pflanzt, denn alles würde angefressen – unter Umständen mit der Folge von Verdauungsstörungen oder Verletzungen, z. B. durch Dornen. Grenzabstände zu Nachbargrundstücken oder Gewäs-

Tabelle 112

Pflanzen/Futtermittel und schädliche Inhaltsstoffe *)

Pflanze/Futter/Substanz	Risikobereich	Erläuterungen/Wirkungen
Adlerfarn	Weideränder	Inappetenz, Schwäche, Vitamin-B-Inaktivierung
Adonisröschen	Wiesen und Weiden	Schleimhautreizungen, Herzrhythmusstörungen
Alpenkreuzkraut	Wiesen und Weiden	Erregung, Leberschäden
Besenginster	Ziergärten, Parks, Waldrand	Lähmungen
Betäubender Kälberkopf	Naturweiden	Darmentzündung
Bilsenkraut	Wegränder, Naturweiden	Erregung, Kreislaufstörungen
Bingelkraut	Weideränder	Lähmungen, Leberschädigung
Brassicapflanzen/ Zwischenfrüchte (Senföle)	Herbstfeldfutter zur Rinderfütterung	kleine Mengen verträglich
Buche	Wälder, Parks	Früchte (Bucheckern) = Kolikgefahr
Buchsbaum	Ziergärten, Parks	Lähmungen, ab 500 g tödliche Wirkung
Eibe	Ziergärten, Parks, Wälder, Hecken	Lähmungen, ab 50 g tödliche Wirkung; z. B. tötet die Giftwirkung eines kleinen Zweiges ein Islandpony (350 kg LM)
Eiche	Wälder, Parks	grüne Eicheln und Eichenrinde = Kolikgefahr
Eisenhut	Wegränder	Lähmungen, kleine Menge tödlich
Fingerhut	Waldlichtungen	Herzrhythmusstörungen, kleine Mengen tödlich
Giftlattich	Schutthalden	Lähmungen
Goldhafer	Wiesen und Weiden	Nierenschäden, Gefäßverkalkungen
Goldregen	Wälder, Parks	Atemlähmung
Nitrat im Grün- und Rauhfutter	stark gedüngtes Futter	Kreislaufstörungen bei mehr als 10 g Nitrat/kg TS
Gundermann	Wiesen und Weiden	Darmentzündung, Durchfall
Hahnenfuß	vorwiegend feuchte Wiesen und Weiden	Darmentzündung, Durchfall
Heckenkirsche	Waldränder	Krämpfe
Iris	Ziergärten	Zwiebel = Kolikgefahr
Johanniskraut	Weideränder	Hautsensibilisierung
Kreuzkraut	Wald- und Wegränder, Naturweiden	sehr giftig, einschließlich Wurzel; Leberschädigung
Leinsamen (Blausäure)	größere Mengen	abgekocht verfüttert = unschädlich
Lilie	Ziergärten	Kolikgefahr
Lupine (Alkaloide)	Ziergärten, Waldränder	Schluckbeschwerden, Krämpfe (ausgenommen kleine Mengen Süßlupinen)
Nachtschatten	Wegränder	Erregung und Atemnot
Osterluzei	Waldränder	Darmstörungen

Pflanzen/Futtermittel und schädliche Inhaltsstoffe *)

Tabelle 112 Fortsetzung

Pflanze/Futter/Substanz	Risikobereich	Erläuterungen/Wirkungen
Pfaffenhütchen	Wälder, Wegränder	Krämpfe
Pferdesaat	Moorweiden	Krämpfe, Erregung
Rhododendron	Ziergärten, Parks	Nervosität
Pilzbefall	Kleearten, Getreide (Mutterkorn)	Durchfall, Erregung
Robinie	Wälder, Parks	Kolik, Lähmungen
Seidelbast	Wälder, Parks	Kolik, Atemnot
Staudenwicke	Wegränder, Wälder	Lähmungen
Stechapfel	Waldränder	Lähmungen, Samen sehr giftig
Schierling	Tieflandweiden, Uferbereiche	Wasserschierling und Fleckschierling sind sehr giftig; Gefahr von Lähmungen
Schwarze Tollkirsche	Wälder, Parks	Atemlähmung, ab 100 g tödlich
Zypressen (u. a. Thuja)	Parks, Hecken	Schleimhautreizungen, Durchfall, Kolik
Unreife Gartenfrüchte/ Unreifes Obst	Gärten/Obstwiesen	Kolikgefahr, Kreislaufstörungen

*) Die Tabelle liefert nur Anhaltspunkte und erhebt keinen Anspruch auf Vollständigkeit; siehe auch ergänzend Tabelle 72, Seite 442 und Tabelle 111, Seite 503. Hinweis: Auch konserviert (z. B. in Heu und Silage) bleibt bei vielen Giftstoffen die Schädlichkeit ganz oder zum Teil bestehen (z. B. bei Kreuzkraut in allen Konservaten und bei Hahnenfuß vornehmlich in Silage)

sern müssen vorher ebenso geklärt werden wie Landschaftsschutzbestimmungen und örtliche Gestaltungssatzungen, die bestimmte Pflanzenarten vorschreiben können.
Welche Pflanzen für den Standort brauchbar sind, erfährt man in einer Baumschule oder regionalen Landschaftsgärtnerei. Auch Umweltämter geben entsprechende Auskünfte. Vom Verfasser wurden auf sandigen Lehmböden im niederrheinischen Flachland gute Erfahrungen gemacht mit Kombinationshecken aus Haselnuß, Weißdorn, Korbweide sowie Johannisbeere und Brombeere. Diese Hecken werden im Herbst geschnitten, das Johannisbeerschnittgut an – zuvor ausreichend mit Heu versorgte – Pferde verfüttert. Durch Zugabe von etwas erdigem Kompost in das Pflanzloch oder als spätere Düngung gedeihen solche Hecken besonders gut. Auch Heckenkirschen werden häufig verwendet, obwohl sie zu den Giftpflanzen zählen.

Frische Zweige (hier abgebildet ein extrem giftiger Eibenzweig) sind für Pferde eine Delikatesse. Um Vergiftungen und Unverträglichkeitsrisiken vorzubeugen, sind vorsorglich Bäume, Sträucher und Hecken immer auf Abstand sicher abzugrenzen. Eiben, Tollkirschen, Zypressen und ähnliche Giftgehölze sollten in erreichbarer Nähe von Pferdehaltungen ausgemerzt werden.

▸ **Hochgiftig sind Liguster- und Zypressen-/Thujahecken (sog. Lebensbaumhekken), alle Eibensorten (bereits 50 Gramm Eibennadeln können tödlich wirken) sowie Buchsbaum und Goldregen.**

LAUB

Noch vor knapp 100 Jahren war es üblich, im Herbst das Laub zu sammeln, um es als Wintereinstreu für Pferde bereitzuhalten. Auch galt Laub schon in früher historischer Zeit in ärmlichen bäuerlichen Betrieben als billiges Zusatzfutter für Pferde.

Grundsätzlich ist trockenes, nicht mit Schadstoffen, Schimmelpilzen, Hundekot oder Erde kontaminiertes Herbstlaub von allen bodenständigen Obstbaumgehölzen für Pferde in begrenzten Mengen nicht gefährlich.

Anders verhält es sich mit Laub und Früchten von Wald- und Landschaftsbäumen sowie Ziergehölzen. Bei letzteren ist immer äußerste Vorsicht angebracht, denn sowohl Rinde als auch Laub und Früchte sind stets mindestens unverträglich. Für Pferde sind beim Fressen von Laub ansonsten Dosis und Gesamtumstände entscheidend. So können z. B. Eichen- oder Kastanienblätter sowie auch reife Eicheln und Kastanien als zusätzliches Futter in begrenzter Menge unbedenklich sein. Wenn Pferde aber auf abgegrasten Herbstweiden nicht bedarfsgerecht zugefüttert werden und deshalb unter dort vielleicht wachsenden Laubbäumen (u. a. Eichen, Buchen, Ahorn) ständig nach Eicheln oder giftigen Bucheckern und den heruntergefallenen Blättern (v. a. Ahornblätter) suchen, um sich damit satt zu fressen, sind teils lebensbedrohliche Auswirkungen zu erwarten. Rassetypische herbstliche »Bevorratungs-Freßgier« bei Nordpferden führt ebenfalls zu solchen Ergebnissen.

Zusätzlich zu toxischen Wirkungen, die als Beschwerden des Symptomenkomplexes Kolik und Verhaltensstörungen hervortreten, kann aufgrund mineralischer Fehlversorgung der Muskelstoffwechsel solcher Pferde nachhaltig und mit tödlichem Ausgang gestört werden.

Vorsorglich sollten Pferde auf der Weide oder im Paddock von Baumgruppen mit unverträglichen Früchten oder Laub (u. a. Ahorn) entweder zeitweise ferngehalten oder mindestens satt mit Rauhfutter und handels-üblichen Mineral-/Vitaminergänzungsfuttermitteln gefüttert werden. Parallel dazu empfiehlt es sich, z. B. grüne Eicheln laufend abzusammeln.

HERBIZIDE, INSEKTIZIDE, RODENTIZIDE

Gelegentlich sind in der Praxis bei Pferden Vergiftungserscheinungen nach unvorsichtigem Gebrauch, d. h. unter Nichtbeachtung der Anwendungsbestimmungen, von Herbiziden (Pflanzenschutzmittel,z. B. Round-Up®/2,4 D), Insektiziden (Schädlingsbekämpfungsmittel) und Rodentiziden (Bekämpfungsmittel gegen Nager) beobachtet worden. Auswirkungen äußern sich zunächst durch Störung des Normalverhaltens und Appetitlosigkeit (Inappetenz). Funktionsstörungen innerer Organe sind anzunehmen. Nach der Aufnahme von Rodentiziden muß mit inneren Blutungen gerechnet werden. Unverzüglich ist durch den herbeizurufenden Tierarzt schon bei Vergiftungsverdacht ein Gegenmittel zu injizieren (z. B. Vitamin K; siehe hierzu Ausführungen auf Seite 325).

DÜNGEMITTEL

Nach der Ausbringung von mineralischen Düngemitteln sind Vergiftungen ebenfalls möglich, wenn zwischen Ausbringung und Nutzung gedüngter Weiden – unter Berücksichtigung der Witterung – nicht wenigstens 2 Wochen liegen. Bei anhaltender Trockenheit (ohne Bodenfeuchte durch Tau) kann diese Zeit sich verdoppeln. Insbesondere Kurznarbigkeit begünstigt eine Aufnahme von Düngemitteln, wenn keine Wartezeiten eingehalten werden. Die hier und da in landwirtschaftlichen Betrieben zu beobachtende Ausbringung von Mineraldünger während der Koppelverweilzeit von Weidetieren ist ein eklatanter Verstoß gegen die Grundsätze ordnungsgemäßer

Landwirtschaft und Tierhaltung. Solche unüberlegten Praktiken mögen zwar arbeitssparend sein, sie provozieren aber gerade bei Pferden Ernährungsstörungen und Gesundheitsschäden.

BOTULISMUS

Insbesondere die Futtermittelvergiftung Botulismus ist in den vergangenen Jahren ins Blickfeld der Öffentlichkeit geraten. Offenbar einhergehend mit verstärkter Silagefütterung im Pferdebereich sind daraus resultierende spektakuläre Vergiftungen mit Pferdeverlusten publiziert worden.

Botulismus mit der Folge von Organlähmungen wird durch die Aufnahme des Nervengiftstoffes Botulin hervorgerufen, der von Clostridien (Fäulnisbakterien) ausgeschieden wird. Auch bei anderen Erkrankungen sind u.a. Clostridien beteiligt, z.B. bei Durchfallerkrankungen, Wundinfektionen (Pararauschbrand) und bei der Entstehung des Wundstarrkrampfes (Clostridium tetani).

Clostridien sind anaerobe Bakterien, die überall in der Natur als Reduzenten an Fäulnisprozessen beteiligt sind (siehe Grafik 19, S. 232). Sie gedeihen im Mist, in der Erde, aber auch im Darm vieler Lebewesen sowie bevorzugt in luftdicht abgeschlossenen, unhygienisch geernteten Futtermitteln (wie Silage, aber auch u. U. im Heu). Nicht alle Clostridien sind gleich gefährlich. Besonders giftig sind die Ausscheidungen von Clostridium perfringens und v.a. Clostridium botulinum (ist in der menschlichen Ernährung Verursacher von Fleischvergiftungen).

Die Folgen einer Botulismuserkrankung können perakut verlaufen und in kurzer Zeit durch Atemlähmung zum Verlust des betroffenen Pferdes führen. Bei akutem oder subakutem (weniger massivem) Verlauf sind länger andauernde Lähmungen mit Schluckbeschwerden und Bewegungsstörungen typische Symptome. Aber auch bei diesen Verläufen tritt meist der Tod durch Atemlähmung ein. Eine erfolgversprechende Therapie, z.B. durch ein Gegengift, wird in den USA erforscht. Dort werden Pferde inzwischen gegen Botulismus geimpft. Letztlich hilft nur penible Vorbeugung, d.h. Ernte, Lagerung und Zuteilung aller Futtermittel müssen in erster Linie im Interesse des Pferdes, aber schließlich auch im Hinblick auf den eigenen Geldbeutel den hygienischen und fachlichen Anforderungen genügen. Unangebracht sind Sparsamkeit (z.B. Kauf billiger, teilverdorbener Silage), Zeitdruck und Nachlässigkeit bei der Fütterung.

Ursachen einer Botulismuserkrankung

Ausgelöst werden kann die Erkrankung durch Aufnahme

- von jedwedem Futter und Wasser, das von Ratten oder Mäusen durch Exkremente kontaminiert wurde;
- von fauligem Futter jedweder Art, z. B.

a) Silage, die hygienisch und handwerklich nicht ordnungsgemäß geerntet und gepreßt wurde und in der dadurch die Milchsäuregärung (= Konservierung und Vermehrungshemmung von schädlichen Fäulnisbakterien durch Milchsäurebakterien) nur unvollkommen ablief;

b) Silage oder Heu/Stroh mit eingepreßten faulenden, clostridienbehafteten Kadavern oder Kadaverteilen (auch Heu/Stroh mit ausgetrockneten, »mumifizierten« Kadavern ist weder als Futter noch als Einstreu geeignet);

c) zu lange in warmer Umgebung eingeweichten Trockenrübenschnitzeln;

d) Getreide oder Mischfuttermitteln, die in feuchten Behältnissen aufbewahrt wurden;

e) feucht-muffigem Heu oder Stroh, dessen Preßballenkern den Keimen gute Vermehrungsbedingungen bietet.

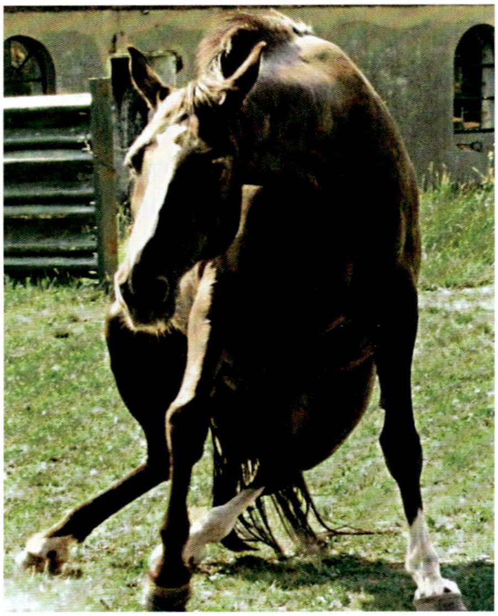

Bei Vergiftungen, extremer Verwurmung und fütterungsbedingten Muskelproblemen zeigen Pferde oft taumelnden Gang, sie schwanken, wälzen sich, kommen anschließend nur schwer wieder ins Gleichgewicht.

MAGEN-DARM-PARASITEN

Neben äußeren Parasiten (u. a. Haarlinge, Milben, Pilze, Zecken) sind Pferde – wie andere Säugetiere und auch der Mensch – stets gefährdet, sich mit inneren Parasiten auf unterschiedliche Weise zu infizieren (siehe Grafik 95, Seite 509). Viele innere Parasiten sind spezifisch, sie haben sich auf eine bestimmte Tierart als »Wirt« spezialisiert, d. h., daß sie sich im Laufe ihrer Evolution an das arttypische Eiweiß dieser Tierart angepaßt haben und diese Tierart zur eigenen Entwicklung und Vermehrung nutzen (siehe Tabelle 15, Seite 178). In einem anderen Tierkörper gehen sie zugrunde. Aber auch innere Parasiten, die in unterschiedlichen Stadien ihrer Entwicklung verschiedene Tierarten besiedeln, sind für Pferde nicht ungefährlich (z. B. Bandwurmfinnen und Bandwürmer).

Vorbeugend helfen Auslauf-, Stall- und Weidehygiene sowie regelmäßige Wurmkuren nach Absprache mit dem Tierarzt zur Eindämmung der Parasitenbesiedlung und zur Vermeidung ernsthafter Folgeschäden (z. B. Ernährungsstörungen, Organschäden).

Ganz wesentlich ist die im Frühjahr etwa eine Woche vor dem ersten Weidegang gleichzeitig bei allen Pferden eines Bestandes durchzuführende Wurmkur.

Wurmmittel gibt es in unterschiedlicher Form: pelletiert, granuliert und als Paste in einem Kunststoffinjektor mit Dosierschieber. Vorzuziehen ist in der Regel die Paste mit Kunststoffinjektor, da diese mit ein wenig Übung sehr verläßlich dosiert werden kann (niemals unterdosieren!).

Die Verabreichung der Wurmmittelpaste geschieht durch Einführung des Injektors in die Maulspalte des Pferdes mit sofort folgender Plazierung der rauszudrückenden Paste auf den hinteren Zungenhals – unter kurzzeitigem Hochhalten des Pferdekopfes (im Maul sollte sich dabei kein Futter befinden!). Am Tag der Entwurmung wird dann zunächst entsprechend dem ungefähren Lebendgewicht des zu entwurmenden Pferdes der Dosierer des Injektors auf eine Gewichtsmarkierung festgedreht. Danach entfernt man die Schutzkappe des Injektors, steckt ihn griffbereit in die Tasche (Seitentasche des Putzkittels o. Ä.) und halftert das zu entwurmende Pferd auf. Anschließend wird (nach vorherigem Einführen des Fingers) sofort der Injektor in die Maulspalte geschoben, das Pferd am Halfter fixiert und sein Kopf kurz hochgedrückt, damit es die Paste abschluckt. Damit ist der Vorgang auch schon erledigt.

Bei stark verwurmten Pferden sieht man bereits am nächsten Tag in den Kothaufen zigtausende weitgehend abgetöteter Strongyliden (rote Blutwürmer). Auffällig sind auch abgehende, einen Zentimeter lange rötliche Magendassellarven, die im Sommer von der sogenannten »Biesfliege« (oder Pferdedassel: eine hummelähnliche Fliege) als sichtbare gelbe Eier an den Vorderröhren der

Grafik 95

Magen-Darm-Parasiten

• Infizierung, Schäden, Bekämpfung, Vorbeugung •

☛ Auf einen Blick:

Magen-Darm-Parasiten besiedeln das Körperinnere und schädigen das Pferd z.B. durch Nährstoffentzug und giftige Stoffwechselprodukte.
➡ Konkrete Folgen: Stoffwechselstörungen, Abmagerung, Geschwüre, Blutgefäßinnenhautentzündungen, Verschluß der Bauchschlagader mit tödlich verlaufender Kolik, Schleimhautschäden, Appetitlosigkeit, Verdauungsstörungen (Durchfall, Verstopfungskoliken).

Pferdespezifische und andere Parasiten:
Überwiegend sind Parasiten nur auf eine Tierart, z.B. nur auf Pferde spezialisiert (= spezifisch). Parasiten, die primär andere Tierarten infizieren, allerdings auch Pferde infizieren können, sind z.B.

- Bandwürmer (Hunde),
- Lungenwürmer (Esel),
- Magenwürmer und
- Leberegel (Wiederkäuer).

Infektion
z.B. durch orale Aufnahme von Parasitenlarven, -gliedern oder Parasiteneiern beim

- Ablecken kontaminierter Untergründe oder durch
- Fressen verseuchten Futters (Grünfutter *und* Konservate).

Immer scheidet zuvor ein Wirt (Pferd, Wiederkäuer oder anderes Tier, z.B. Hund) infektiöse Parasitenformen aus, die entweder auf direktem Wege oder über einen Zwischenwirt (z.B. Schnecke, Moosmilbe) nach Weiterentwicklung in den Pferdekörper gelangen.

- Auch *Heu oder Silage* von verkoteten Flächen kann z.B. Palisadenwurmlarven (Strongyliden) enthalten.

Praxis:

Ob und wie stark ein Pferd mit Parasiten infiziert ist, kann auch über Kotproben nicht absolut umfassend diagnostiziert werden, weshalb laufend eine zweistufige Prophylaxe notwendig ist. Diese besteht aus

- einer maximalen Stall-, Auslauf- und Weidehygiene und
- der Parasitenbekämpfung mit richtig dosierten, turnusmäßig wenigstens 4 mal jährlich anzuwendenden Medikamenten (sog. Antiparasitaria).

➡ Medikamente ersetzen nicht die Hygiene, sie ergänzen diese.

Grafik 96

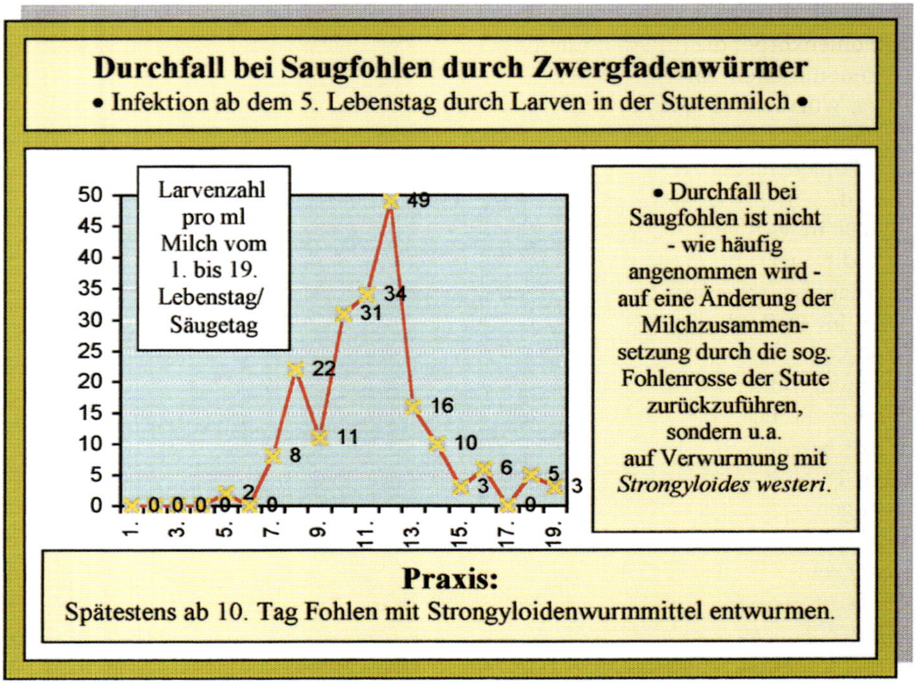

Pferde abgelegt wurden und von diesen (falls man die Eier nicht mit Insektiziden beseitigt hat) durch Ablecken aufgenommen wurden.

In den Organen verendeter Pferde aus unhygienischen Haltungen sind z. B. ca. 30 000 parasitierende Strongylidenwürmer gezählt worden. Fälle tödlich verlaufender Wurmkoliken bei Pferden, die zwar jahrelang regelmäßig entwurmt wurden, bei denen aber die Haltungshygiene überwiegend mangelhaft war, belegen die langfristig auftretenden unweigerlichen Gesundheitsprobleme durch innere Parasiten – trotz Wurmkuren. In Pferdehaltungen, die durch Nichtabsammeln des Kots von den Weiden oder durch unhygienische, schlecht gepflegte Matratzenstreu chronisch parasitenverseucht sind, muß wenigstens sechsmal jährlich jedes Pferd entwurmt werden. Dabei wechselt man bei jeder Behandlung den Wirkstoff, um Resistenzen vorzubeugen sowie alle Parasitenarten tatsächlich auch bekämpfen zu können (denn nicht alle Präparate wirken auf jede Parasitenart – die Wirkstoffunterschiede entscheiden!).

Fohlen müssen immer frühzeitig erstmals nach der ersten Lebenswoche (spätestens ab 10. Lebenstag) zusammen mit der Mutter und danach am 17., 24. und 38. Lebenstag entwurmt werden (danach reichen größere Abstände). Durch die Muttermilch sind sie bereits mit Parasiten (oft auch schon recht große Spulwürmer) infiziert. Insbesondere die nur wenige Millimeter großen Zwergfadenwürmer (Strongyloides westeri) sind häufige Dünndarmparasiten, deren Larven bei Fohlen gefährliche Lungenentzündungen mit tödlichem Ausgang hervorrufen können. In der Stutenmilch sind schon innerhalb der ersten Woche nach der Geburt Zwergfadenwurmlarven (Entwicklungsstadien) nachzuweisen. Diese Larvenausscheidung erreicht am 10. bis 12.Tag ihren Höhepunkt; sie dauert etwa 3 Wochen (siehe Grafik 83, oben; nach MECHOW, 1978).

Innerhalb von 5 Tagen entwickeln sich im Fohlenkörper die mit der Stutenmilch aufgenommenen Larven zu geschlechtsreifen Würmern (8–9 mm groß). Tausende Eier werden von ihnen produziert und vom Fohlen ausgeschieden.

Aus den Eiern entwickeln sich sehr schnell in wenigen Tagen Larven, weshalb die Eier nur in sehr frischem Kot überhaupt nachweisbar sind. Die aus den Eiern im Stall oder im Weidegras ausgeschlüpften, ansteckungsfähigen Larven kriechen umher, bohren sich anschließend in die Haut des Fohlens und erreichen über den Blutkreislauf die Lunge. Beim Durchbohren der Lungenbläschen erzeugen sie einen kurzen Hustenreiz, werden dadurch ins Maul gehustet und entwickeln sich nach dem Abschlucken im Darm des Fohlens zu geschlechtsreifen Würmern, die Durchfälle verursachen.

Die anhaltende Durchbohrung der Lungenbläschen führt zu Gewebeschäden, wodurch eingedrungene Keime Lungenentzündungen verursachen können.

Anders als beim Fohlen durchbohren Zwergfadenwurmlarven bei der Stute nicht nur die Lunge, sondern sie wandern durch die Blutbahn in das Gesäuge. Dort verweilen sie als sog. Dauerstadien, um später über die Milch ausgeschieden zu werden. Wirksame Bekämpfung ist nur im Fohlen möglich.

▸ **Es empfiehlt sich deshalb eine fachgerechte Haltungshygiene, damit der Pferdeorganismus nicht ständig organschädigenden Reinfektionen durch immer neue Larvengenerationen ausgesetzt wird und die gewünschte leistungs- und gesundheitsfördernde Wirkung der Fütterung tatsächlich auch erzielt wird.**

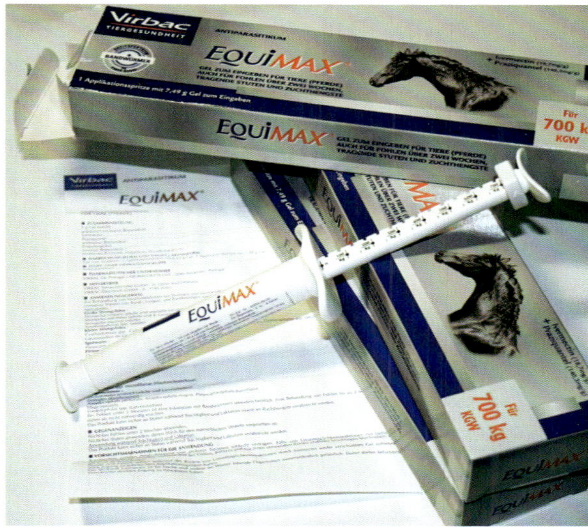

Wurmkuren ergänzen die Haltungshygiene, aber sie ersetzen diese nicht! Wurmmittel mit teils gleichen Wirkstoffen werden von unterschiedlichen Firmen hergestellt (z. B. als Gel). Entscheidend ist, dass man den Wirkstoff zur Vermeidung von Wurmresistenzen stets wechselt. Der Firmenname ist dabei nicht maßgebend, sondern der jeweilige Wirkstoff, über den der Beipackzettel Auskunft gibt.

Kleine und große Reiter schätzen leistungsfähige Pferde. Leistung bringt ein Pferd auf Dauer nur, wenn Haltung, Fütterung und Gesundheitsvorsorge samt Wurmprophylaxe stimmen.

Alte Pferde

ALTERUNGSPROZESS

Alter, »Gnadenbrot« und Tod, das sind nahezu »Tabu-Themen«, die aber aus Gründen der Vollständigkeit und der Umgangsethik in einem Sachbuch über artgerechte Pferdehaltung nicht fehlen dürfen: Jedes hoch organisierte Lebewesen altert relativ schnell, so auch der Pferdeorganismus. Bei der berechtigten Euphorie, die den Kauf eines jungen Pferdes, seine Ausbildung und schließlich den Spaß und die Freude beim täglichen Umgang begleitet, wird oft verdrängt oder schlicht ganz vergessen, dass irgendwann die Galoppsprünge nicht mehr so leicht fallen, die Dressurarbeit schleppend wird, ja, der Gesichtsausdruck eher müde, abgeklärt wirkt, die Atmung schwerer klingt. Aus dem quirligen Vierbeiner ist dann ein Senior oder eine Seniorin geworden – nur, man hat's irgendwie gar nicht so recht bemerkt! Wann ein Pferd »alt« ist, hängt einerseits von der Rasse, aber ganz entscheidend auch von seinen Lebens- und Nutzungsbedingungen und nicht zuletzt vom Gesundheitszustand ab. Belegt ist, dass naturnah gehaltene Ponyrassen durchweg sehr alt werden: Es gibt 35-jährige Fjordpferde oder Islandpferde, die naturnah gehalten und noch leicht geritten werden – die Isländerstute *Tulle* aus Dänemark soll angeblich 53 Jahre alt geworden sein, was sicher eine Ausnahme ist. Ein normales Beispiel: Das seinerzeit älteste Pferd aus dem Bestand des Verfassers, die zuletzt 31-jährige Fjordstute *Leika* (siehe Abbildung auf Seite 513), lebte als Alpha-Stute in einer Offenstall-Gruppe mit jüngeren Stuten, auch temperamentvolleren Vollblutarabern, mit denen sie morgens und nachmittags noch ohne jedes Problem wetteifernd die stundenweise zugeteilte Koppel im gestreckten Galopp aufsuchte. Sie wurde noch mit 25 sporadisch in allen Gangarten im Gelände geritten und nahezu täglich etwa 20 Minuten in der Gruppe »zirkusmäßig« im Round Pen bewegt. Bewegung (sie war 13 Jahre in einem Trekking-Betrieb) sowie frische Luft und anspruchsvolle Gruppenkumpane haben diese Stute »jung« erhalten. Aber auch große Warmblutpferde müssen nicht mit durchschnittlich 14 Jahren schon aus Altersgründen »ausrangiert« werden, wie es statistisch ermittelt wurde. Viele Beispiele aus Offenstallhaltungen zeigen, dass selbst 25- bis 30-jährige Großpferde noch altersangepasst leben und »teilzeitmäßig« sogar noch arbeiten können (mit bescheidenem Zusatzaufwand des Betreuers), was nicht unwichtig ist – und ihnen mit verständigen Reitern sehr gut bekommt. Auch unter stark naturkonformen Bedingungen mit teils karger Nahrung erreichen Pferde (wie einige Stuten der Dülmener Herde) ein relativ hohes Alter – sie sind offenbar Künstler des Mangels und der Askese! Letztlich sterben Wildpferde aber durchschnittlich etwa fünf bis acht Jahre früher als vergleichbare Hauspferde, weil u.a. die altersbedingt zahnlosen Kiefer keine Nahrung mehr stoffwechselgerecht zerkleinern können. Dem kann bei Hauspferden einigermaßen komfortabel durch Spezialfuttermittel, z.B. eingeweichte Heu-Cobs und handelsübliches Mash-«Schlapp«-Futter, das nur noch mit warmem Wasser zu übergießen ist, begegnet werden.

ABSCHIED

Ein sicher richtiger, dennoch wenig tröstender, nüchterner Spruch lautet: »Der Tod gehört zum Leben.« Mit dieser banalen Feststellung kann niemand, der an seinem Vierbeiner hängt, in der konkreten Situation des Abschieds etwas anfangen. Der Realität des Abschieds muss sich jeder Pferdeliebhaber dennoch irgendwann stellen, vor allem dann, wenn aktiv zu entscheiden ist, ob die Einschlä-

ferung durch den Tierarzt mit Medikamenten oder der Bolzenschuss des Schlachters das (leidende) Leben de facto beenden soll (siehe zu den – leider sehr technisch-organisatorischen – Fakten Tabelle 113, Seite 514).
Vielleicht kann man sich dann trösten, wenn ein langes, durchweg »glückliches« Pferdeleben bewusst schmerzfrei geplant zu Ende geht? Es ist auch deshalb zu Lebzeiten des Vierbeiners schon günstig, ihm ein wenigstens halbwegs »glückliches« Pferdeleben anzubieten. Eine überlieferte indianische Weisheit sagt: »Der Schlaf ist der Bruder des Todes«. Demzufolge hätte der Tod im Pferdeleben bereits tausendfach zugeschlagen. Man bedenke: Das tote Pferd spürt – ähnlich wie im Tiefschlaf – den Verlust an aktivem Leben nicht, sein irdisches Bewusstsein existiert nicht mehr. Ob es in den »ewigen Weidegründen« nach indianischer Vorstellung oder im »Pferdehimmel«, wie es in Kindergeschichten sinnbildlich heißt, verweilt, mag zwar irgendwie esoterisch reizvoll zu überdenken sein, hilft dennoch nicht weiter. Und noch etwas: Das Pferd ist zu Lebzeiten in der – an sich schon aus Menschensicht beneidenswerten – Ausgangssituation, über sein Leben, seine Gesundheitslage und über den Tod nicht bewusst oder gar philosophisch nachdenken zu können: Es weiß nicht, dass es sterben muss – das ist ein unschätzbarer, beneidenswerter Vorteil. Allerdings fühlt es bei Altersschwäche sicher instinktiv, dass die »Lebensuhr abläuft«, was sich aus Beobachtungen schließen lässt. Was wir emotional beim Tod des Vierbeiners empfinden und teils heftig betrauern, ist letztlich unser eigener Verlust an Lebensfreude mit unserem vertrauten Vierbei-

War auch mit 25 Jahren noch »topfit«: Fjordstute *Leika von Leif*.

Tabelle 113

Wie sterben Pferde?

Ursache	Erläuterung
Organversagen	Natürliche Todesursache aufgrund von Altersschwäche, Krankheit, Unfall mit Verbluten u. Ä.; Tierkörperbeseitigungsanstalt benachrichtigen. Kosten regional unterschiedlich: um 100 Euro.
Schlachtung (Bolzenschuss)	Notschlachtung/Schlachthofschlachtung (Hausschlachtung entfällt im Normalfall, da nur für den Eigenbedarf zulässig!): Durch den ausschießenden Bolzen eines auf den Kopf aufgesetzten Schussapparates wird das Pferd bewusstlos betäubt; nach Abfließen des Blutes aus dem geöffneten Halsbereich stirbt das Pferd. Schlachterlös für ein Großpferd etwa 400 Euro.
Euthanasie (Medikamenten-Injektion)	Es gibt zwei gebräuchliche Methoden; a) Injektion mit einer Überdosis Narkosemittel (Atemlähmung und Herzstillstand folgen nach wenigen Sekunden); b) Zunächst Injektion einer nicht tödlichen Narkosedosis und danach erst Injektion eines herz- und kreislaufwirksamen Tötungsmittels (immer) über einen Venen-Katheter (sog. Braunüle); anschließend muss der Pferdekörper von einer zu verständigenden Tierkörperbeseitigungsanstalt abgeholt werden. Kosten für die Tierarztleistungen und die Abholung des Körpers: ca. 350 Euro.

ner – ihm aber geht's allemal besser, als wenn er dahinsiechend, z. B. kurzatmig mit Wasser in der Lunge, zockelnd mit schmerzenden Knochen und zusätzlich mit zahnlosen Kiefern, sich weiter herumschleppen müsste! Wer würde sich das als Mensch schon wünschen? Die altgriechische Bedeutung des Begriffs der »Euthanasie« ist durch Missbrauch negativ besetzt. Der Begriff beinhaltet aber »eu« = gut und »thanatos« = Tod – und

Bei Pferden in Gruppenauslaufhaltung sollten die Gruppenkumpane (vergleichbar mit dem Verhalten wild lebender Pferde) ausgiebig vom toten Pferd Abschied nehmen können.

schließlich gibt's in der deutschen Sprache das inhaltsschwere Wort »Gnadentod«, worunter unsere letzte verantwortungsbewusste Entscheidung – auf die das uns anvertraute Pferd ein Recht hat, zu verstehen ist.

EIN BEISPIEL:
Bedingt durch fortschreitende Herzinsuffizienz musste die 31-jährige Fjordstute Leika des Verfassers im Winter leider nach einem Kollaps im Auslauf durch den herbeigerufenen Tierarzt euthanasiert werden.
Aus verhaltenskundlicher Sicht war es sodann erforderlich, dass die übrigen Gruppenstuten nun Abschied nehmen konnten. Dies ist auch unter Naturbedingungen so. Niemals lassen frei lebende Pferde einen sterbenden oder gestorbenen Kumpanen sofort achtlos liegen. Dies ist auch bei anderen sozial lebenden Säugern verhaltenskundlich gut belegt: bei Elefanten zum Beispiel.
Auf dem nebenstehenden Foto ist zu sehen, wie die drei übrigen Stuten den Körper beriechen und möglicherweise ein

„Denkprozess“ einsetzt, der instinktiv zum Ergebnis hat: Das war's wohl.

Auffallend war, dass alle Stuten durch Scharren versuchten, die leblose Leitstute irgendwie zu untersuchen bzw. zum Aufstehen zu animieren. Erst nach ca. 60 Minuten nahm das Interesse an dem leblosen und langsam auskühlenden Körper etwas ab.

Zur artgemäßen Haltung gehört auch ein würdiger Tod des Pferdes und – soweit örtlich machbar – das verhaltensgerechte Abschiednehmen der Kumpane!

PERSPEKTIVE?

Auch die Euthanasie zählt im weitesten Sinne zur artgerechten Haltung. Was hilft danach? Nun, man sollte schon wohl überlegt planen, sich ein anderes Pferd zuzulegen, aber nicht etwa als »Ersatz« des toten, eigentlich ja unersetzlichen Individuums, sondern als eigenständigen, neuen vierbeinigen Partner, mit dem ein weiterer Abschnitt der eigenen Pferdepassion (im Sinne von freudiger Leidenschaft und nicht im Sinne von Leidensweg!) beginnt.

Nachwort

Nicht nur blitz-blank geputzte Pferde, bestes Sattelzeug oder gemütliche Reiterstuben mit exquisiten Getränken für alle Anlässe, sondern insgesamt

- gepflegte, erst durch natürliche Klima- und Umweltreize sowie
- Bewegungs- und Kontaktmöglichkeiten pferdegemäße, zudem
- sicher eingezäunte Haltungsanlagen mit Weideland und
- genügend große, trocken eingestreute Stall-/Liegeflächen

sind die aussagekräftigen »Visiten-Karten« der PferdehalterInnen. Werden diese Faktoren noch durch einen pferdefreundlichen Umgangston und -stil sowie genügend Arbeitsfreude ergänzt, kann man von idealen Zuständen und »glücklichen« Pferden sprechen. Nicht überall wird alles sofort 100 %-ig gebaut und organisiert werden können: Wichtig ist, dass man sein Ziel immer klar vor Augen hat und daran kontinuierlich arbeitet!

Für PferdehalterInnen gilt der Spruch des Philosophen *Seneca* (1 bis 65 n. Chr.): »Per aspera ad astra« (Über raue Wege zu den Sternen)! Ohne Disziplin und ein Quäntchen Fleiß gelingt nämlich im Haltungsalltag nichts. Aus der modernen Chaosforschung ist bekannt, dass zur Wahrscheinlichkeit auch der Eintritt des Unwahrscheinlichen gehört. Bei jeder Pferdehaltung ist es deshalb nützlich, sich u. a. aus Sicherheitsgründen und Verantwortung für die anvertrauten Vierbeiner auch am Unwahrscheinlichen zu orientieren, dabei viele Faktoren der Haltungsplanung und des -alltags exakt zu durchdenken, bevor sie umgesetzt werden. Dazu wurde dieses Buch »Pferdehaltung und Fütterung« geschrieben, um den Weg zu optimalen Haltungs- und Ernährungsbedingungen aufzuzeigen und das Verständnis für die Ansprüche von Pferden als Freizeitpartner zu fördern. Dies konsequent und praxisgerecht zu erreichen, sich dabei aber selbst noch ein positives Lebensgefühl mit ausgleichender Zufriedenheit zu erhalten – trotz jeder Menge Arbeit, ist Absicht und Wunsch von Verfasser und Verlag.

Tabelle 114

Abmessungen und Berechnungsformeln für Offenställe

Art/Bauteil	Erläuterungen	Empfehlung, z. B. für Stockmaß 1,55 m
Liegebereich	Platzbedarf je Pferd errechnet sich nach der Formel: Widerristhöhe × Widerristhöhe × 3	Mindestens zwei Pferde gemeinsam als Kleingruppe halten
Fressstände	Länge einschließlich Trogkasten/Krippe: Widerristhöhe × 2 Breite ca. $\frac{1}{2}$ Widerristhöhe	3,00 m 0,80 m
Trennwände für Fressstände	Höhe: ca. Widerristhöhe Höhe im Trog-/Krippenbereich: ca. Widerristhöhe plus $\frac{1}{3}$ Ausführung: z. B. bodentiefe Vollholzbauweise mit Sehschlitzen im Trog /Krippenbereich; als extreme Sicherheitsreserve Trennwände herausnehmbar konstruieren, um bei sehr seltenem Festliegen, z. B. von kollabierten Pferden, helfen zu können	1,50 m 2,00 m
Trogkasten/Krippe	Höhe des Trog-/Krippenbodens: zwischen $\frac{1}{3}$ und $\frac{1}{4}$ der Widerristhöhe	0,40 m
Tränke	Grundsätzlich außerhalb des Stalles im Auslaufbereich vorsehen; niemals im Fressstand, allenfalls im Offenstall-Liegebereich	
Ausgänge (Türen)	Breite: Mindestens $\frac{2}{3}$ der Widerristhöhe Höhe: Widerristhöhe × 1,5 Zahl/Besonderheiten: Grundsätzlich zwei getrennte Ausgänge; bei nur einem Ausgang empfiehlt sich eine Breite von Widerristhöhe × 2,5; bei witterungsungünstiger Lage der Ausgänge oder bei sportlich stark genutzten Pferden ist als Wind-/Kältebremse (gleichzeitig Insektenschutz) ein lichtdurchlässiger PVC-Streifenvorhang sehr empfehlenswert	1,10 m 2,30 m
Lecksteinhalter	Höhe: $\frac{2}{3}$ der Widerristhöhe Kunststoffhalter für 10 kg-Lecksteine zweckmäßig außerhalb des Stalles oder im Liegebereich Zahl: Zwei Lecksteinarten anbieten a) Salzleckstein (Natriumchlorid) b) Mineralleckstein (Kalzium, Magnesium, Phosphor, Mangan, Zink, Eisen, Jod, Kobalt, Selen)	1,00 m 2 Stück
Futtergang	Zur Befüllung von Trögen in Fressständen und zum Herausnehmen eingehängter Kraftfutter-Krippen (während Pferde sich im Fressstand befinden) erforderlich; Breite: etwa Heuballenlänge	1,00 m

Tabelle 115

Allgemeine Maße für Auslauf, Stall und Zäune

Auslauf	Fläche:	Boxen-Paddocks je mittelgroßes Pferd	50 qm
		Gruppenauslauf je mittelgroßes Pferd	50 bis 200 qm
	Tretschicht (Oberboden):	z. B. Sandgemisch mit 50 % Gatterspänen	
	Einzäunungsbeispiele:	Stahlpanels für Paddocks	
		Holz plus Elektrozaun für andere Ausläufe	
Stall	Stallhöhe:	für Ponys mindestens	2,50 m
		für Großpferde	3,50 m
	Türbreite (Öffnung immer nach außen!):		1,20 m
	Liegebereich im Offenstall:		
	Mindest-Platzbedarf:	für kleine Ponys	5 qm
		für große Ponys	7 qm
		für Großpferde	11 qm
		(für lebhafte Bestände möglichst 100 % mehr Platz vorsehen!)	
	Frei begehbare Fressstände:		
	Länge = Widerristhöhe des Pferdes multipliziert mit zwei		
	Breite = Widerristhöhe des Pferdes geteilt durch zwei		
	Boxenfläche:	kleine Ponys	2,5 m × 2,5 m
		große Ponys	3,0 m × 3,5 m
		Großpferde	3,5 m × 4,0 m
	Einstreubedarf pro Jahr bei 365 Tagen Boxenhaltung:		
	10 dz Stroh je Pferd (= 70 kleine Hochdruckballen)		
	Mistanfall pro Jahr bei 365 Tagen Boxenhaltung:		
	80 dz Mist je Pferd bei mittlerer Einstreu von 3 kg/Tag		
Paddock-Zäune	Zaunmindesthöhe:	für kleine Rassen	1,20 m
		für große Rassen	1,60 m
	Elektroleiter:	Außenzauninstallation mit mindestens drei Reihen E-Leiter;	
		Bodenabstand des untersten E-Drahtes/E-Bandes	
		für kleine Rassen	ca. 0,30 m
		für große Rassen	ca. 0,60 m
	Außenzaun-Pfahlabstand:		2,50 m oder 3,00 m
	E-Zaungeräte:		
	Beste Versorgung:	220/230 Volt Netzstrom oder (weniger gut) 9 Volt-Trockenbatterie; Impulsenergie wenigstens ein Joule.	
Vorratsräume	Volumen:	Einstreustroh für zwei Pferde	ca. 30 cbm
		Sägespäneballen für zwei Pferde	ca. 25 cbm
		Winterheu für zwei Pferde	ca. 30 cbm
		(jeweils Jahresvorrat)	
Mistlager	Fläche:	bei Stroheinstreu für zwei Pferde (Jahresmistmenge ca. 45 cbm)	30 qm
		bei Späneeinstreu für zwei Pferde (Jahresmistmenge ca. 30 cbm)	15 qm

Grafik 97

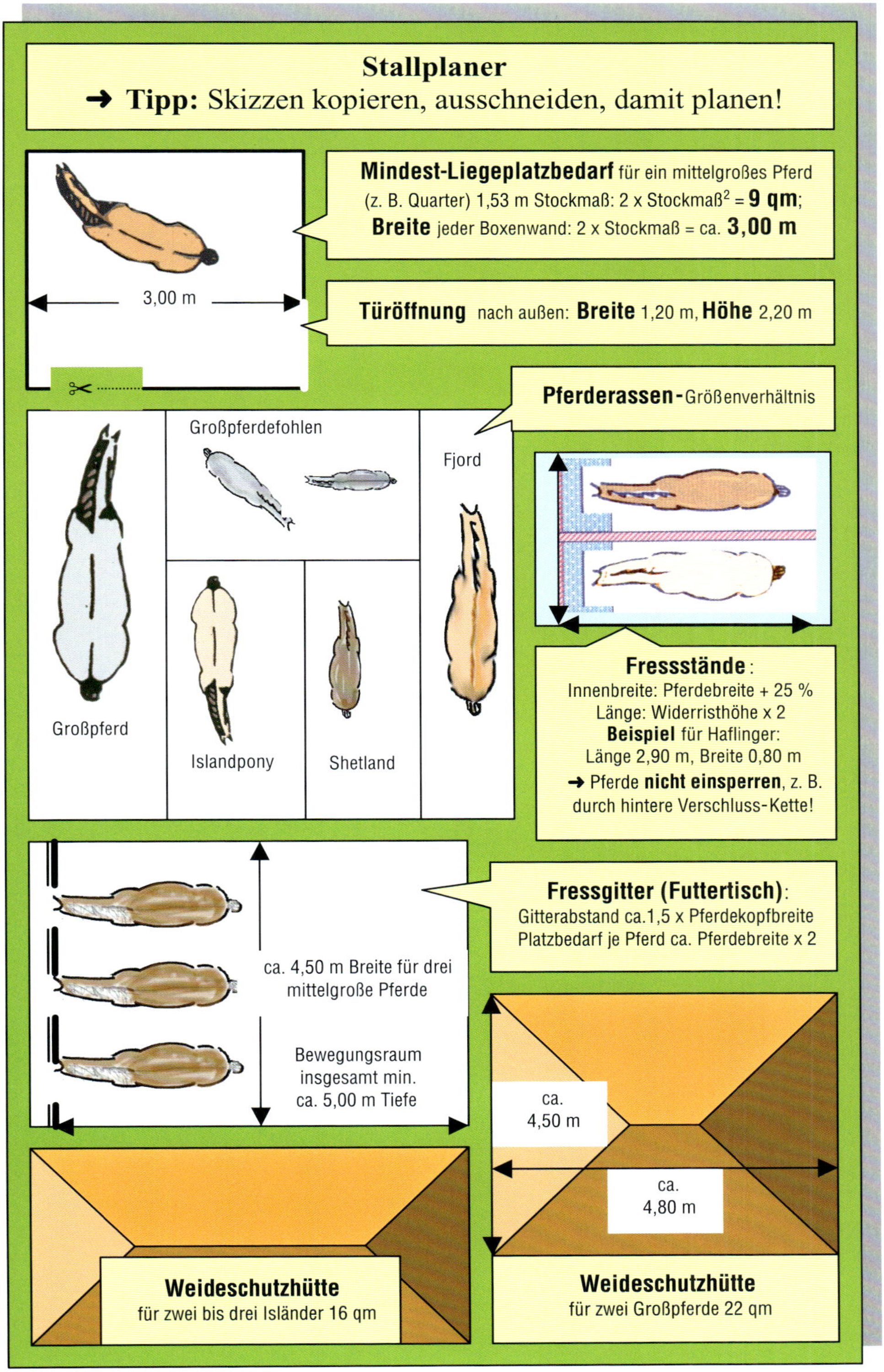
Stallplaner
➜ Tipp: Skizzen kopieren, ausschneiden, damit planen!
Mindest-Liegeplatzbedarf für ein mittelgroßes Pferd (z. B. Quarter) 1,53 m Stockmaß: 2 x Stockmaß² = 9 qm; Breite jeder Boxenwand: 2 x Stockmaß = ca. 3,00 m
3,00 m
Türöffnung nach außen: Breite 1,20 m, Höhe 2,20 m
Pferderassen-Größenverhältnis
Großpferdefohlen
Fjord
Großpferd
Islandpony
Shetland
Fressstände:
Innenbreite: Pferdebreite + 25 %
Länge: Widerristhöhe x 2
Beispiel für Haflinger:
Länge 2,90 m, Breite 0,80 m
➜ Pferde nicht einsperren, z. B. durch hintere Verschluss-Kette!
Fressgitter (Futtertisch):
Gitterabstand ca.1,5 x Pferdekopfbreite
Platzbedarf je Pferd ca. Pferdebreite x 2
ca. 4,50 m Breite für drei mittelgroße Pferde
Bewegungsraum insgesamt min. ca. 5,00 m Tiefe
ca. 4,50 m
ca. 4,80 m
Weideschutzhütte
für zwei bis drei Isländer 16 qm
Weideschutzhütte
für zwei Großpferde 22 qm

Oben links: Sehr nützlich ist die Anfertigung eines Holzmodells (hier im Maßstab 1:22,5 mit dazu passenden Figuren). Oben rechts: Am Modell lassen sich Platzverhältnisse und Inneneinrichtung wirklichkeitsnäher als auf einem Plan betrachten; auch Arbeitsabläufe können damit simuliert werden.

Grafik 98

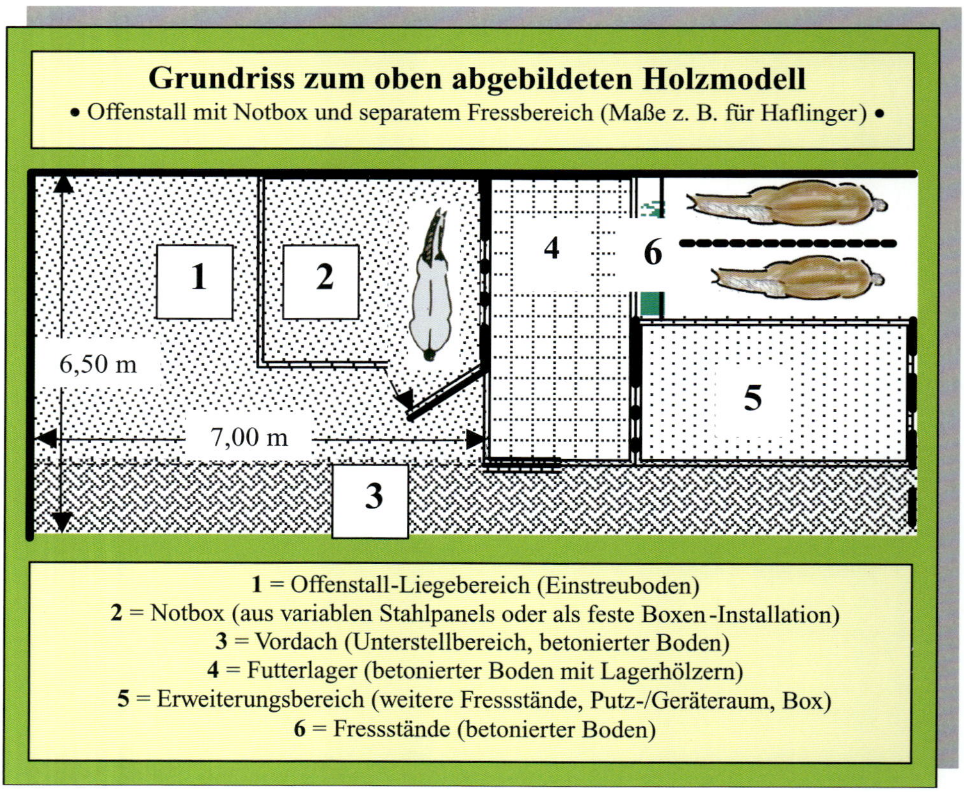

Tabelle 116

Eignung von Materialien als Oberboden-Tretschicht für Ausläufe

Material	Verwendung	Vorteile	Nachteile	Eignung
Gewachsener Boden	–	–	vermatscht	ungeeignet
Weichholz-Hackschnitzel	im Lauf-, Wälz- und Liegebereich	liegefreundlich, kostengünstig	Verrottung = nach drei bis fünf Jahren Austausch; pflegeaufwändig	geeignet
Rindenmulch	–	–	unhygienisch, Vergiftungsgefahr	ungeeignet
Splitt	im Laufbereich	wasserdurchlässig	große Körnung ist scharfkantig, reine Splittflächen sind bewegungshemmend	geeignet als Zuschlagstoff für lehmhaltigen Sand
Kies oder Kiesel	–	–	bewegungshemmend, pflegeaufwändig	ungeeignet
Lava	im Laufbereich	fest, aber wasserdurchlässig	nicht sehr wälzfreundlich	geeignet
Sand	überall	wasserdurchlässig, pflegefreundlich	Staubentwicklung; falls zu tiefgründig: Sehnenprobleme	geeignet
Sägespäne	überall im Gemisch mit Sand	weich und elastisch	Verrottung	geeignet als Zuschlagstoff
Beton oder Pflaster	vor dem Stall oder zwingend für enge Paddocks	dauerhaft mit Unterbau	ohne geeigneten Unterbau (z. B. Schutt) frostempfindlich	geeignet
Gummi-recyclingpflaster	vor dem Stall	beinfreundlich	hoher qm-Preis (ca. 35 €)	geeignet
Beton-Rasengittersteine	vor dem Stall	keine Versiegelung, da wasserdurchlässig	Lochbildung mit Kanten, wenn Verfüllung zu gering; Folge: Hufprobleme (Eisenabriss)	nur bei sehr aufwändiger Pflege des Füllmaterials halbwegs geeignet
Recycling-Rasengittersteine	vor dem Stall	wie vor; huffreundlicher	wie vor; aber geringere Hufprobleme	wie vor

Tabelle 117

Übersicht über Kosten und Anbieter verschiedener Produkte für Stall- und Paddockböden*)

Produkt	Beschreibung/Einsatz	Ca.-Preis (je qm/€ incl. Mwst., ohne Fracht!)	Anbieter
A) Bodenplatten/-matten			
Equiplus®	Stall- und Paddockmatte, 1,20 × 0,80m	39,00	Hofmeister Pferdesport Kirchstr. 47 58285 Gevelsberg Tel.: 0 23 32/5 53 60 www.MasterJump.de
Geo 2000®	Gitterlochplatte mit Boden-Haltestiften; Plattengröße 38 × 34,5 × 3,5 cm, zusammensteckbar; pro qm 8 Platten	14,50	KS-Montage Brühlweg 1 74909 Mechesheim Tel.: 0 62 26/78 99 70 www.ksmontage.de
Equiground®	Reitbodengitterplatte (für alle Tretschichten geeignet); Plattengröße 33 × 33 × 3,6 cm mit Haken-Steck-Verbindung; pro qm 10,9 Platten	9,90	Funke Kunststoffe GmbH Siegenbeckstraße 15 59071 Hamm-Ventrop Tel.: 0 23 88/3 07 10 www.funkegruppe.de
	Paddockgitterplatte, Plattengröße 64 × 33 × 3,8 cm mit Haken-Steck-Verbindung; pro qm 5,45 Platten	9,90	
Otto®	OTTO's Lochmatte (Außenverwendung für Reitplätze), Mattengröße 1,20 × 0,86 m = 1 qm (22 kg)	14,50	Otto Reitplatzbau Am Umspannwerk 6 90518 Altdorf Tel.: 0 91 87/9 71 10) www.ottosport.de
	OTTO's Paddockmatte, Mattengröße 1,20 × 0,86 m = 1 qm (23 kg) – nur noch zeitlich begrenzt lieferbar!	14,00	
	OTTO's Stallmatte, Mattengröße 1,15 × 0,75 = 0,86 qm (28 kg), werden mit Überlappungssystem einfach verlegt; lassen sich passgenau mit einer Handkreissäge zuschneiden	17,40	
	OTTO's Gummisteine, ähnliche Form wie Betonverbundsteine (20 × 165 × 43 mm); beinfreundlich!	43,30	
Ritter®	EquiTerr-Wabenplatte, Plattengröße 50 × 39 × 4,5 cm, pro qm 5 Platten	9,60	Ritter GmbH Kaufbeurer Str. 55 86830 Schwabmünchen Tel.: 0 82 32/5 00 30 www.ritter-online.de

Tabelle 117
Fortsetzung

Übersicht über Kosten und Anbieter verschiedener Produkte für Stall- und Paddockböden*)

Produkt	Beschreibung/Einsatz	Ca.-Preis (je qm/€ incl. Mwst., ohne Fracht!)	Anbieter
B) Pflaster			
TTE-Pflaster®	TTE-Massiv-Gitter (mit Nut und Feder); wird mit TTE-Pflastersteinen ausgefüllt und ergibt eine pflegeleichte, wasserdurchlässige Oberfläche – ohne aufwändigen Unterbau (auch Multi-Gitter ohne Pflastersteine für Paddocks und Reitanlagen – kein Unterbau erforderlich – lieferbar)	13,20/7,00	Hübner-Lee GmbH & Co. KG Gewerbestr. 1 D-87752 Holzgünz Tel.: 0 83 93/9 22 90 www.huebner-lee.de
C) Trenngewebe			
Viatrift®	Original-Viatrift-Trennlage aus Polyethylen-Monofil (280 g/qm)	5,20	Huesker Synthetic GmbH Fabrikstr. 13–15 48712 Gescher Tel.: 0 25 42/70 10 www.huesker.com
D) Tretschichtmischungen			
Concours®	Sand-Kunstfaser-Holzschnitzel-Gemisch	17,00	Top Mineral AG Hinterleymenweg 6 b CH-4246 Wahlen Tel.: 00 41/61/7 63 88 88 www.topmineral.com
terra-tex®	Quarzsand-Mischung mit Zuschlagstoffen (synthetisches Material)	14,00	terra-bausysteme GmbH Am Sportplatz 16 77743 Neuried Tel.: 0 78 08/91 04 33 www.terra-bausysteme.de
D) Komplettsystem			
»Ebbe & Flut«®	Komplettes Reitplatz- (oder Auslauf-) System, bei dem mit Folie ein wasserdichtes Becken hergestellt wird; darin werden Drainagerohre in Spezialsand verlegt; Wasserzu- und -ablauf über Sensoren sichert eine gleichmäßige Grundfeuchte, womit eine elastische, staubfreie Fläche hergestellt wird; Einbaustärke gut 40 cm (Kosten für einen Platz von 20 × 40 m etwa 26.000 Euro)	24,00	Dammann Reit- und Sportplatzbau, Großholthuysen 6 47661 Issum Tel.: 0 28 33/9 43 20 www.risohorse2000.de

*) Alle Text- und Tabellen-Angaben sind nur beispielhaft zu verstehen; Produktnennungen sind ein Ausschnitt aus dem erreichbaren Marktangebot; die Angaben erfolgen ohne Gewähr und unter Ausschluss jeder Haftung, sie stellen insbesondere keine testähnliche Bewertung dar. Aus der Verwendung von Marken- und Herstellernamen kann nicht geschlossen werden, dass es sich um frei verfügbare Bezeichnungen handelt, denn in der Regel sind es (auch ohne Zusatzangabe) eingetragene Warenzeichen = ®. Vor jeder praktischen Umsetzung von Bodenausbaumaßnahmen empfiehlt es sich, die örtlichen Voraussetzungen konkret zu prüfen und aktuelle Angebote unterschiedlicher Anbieter einzuholen und zu vergleichen sowie die Einsatzanweisungen der Hersteller zur Grundlage der Bauausführung zu machen.

Tabelle 118

Einstreumaterial – Das Wichtigste des aktuellen Marktes auf einen Blick*)

Nr.	Einstreuart	Produkt	Kurzbeschreibung/ Preis je Einzelgebinde	Hersteller/ Vertrieb	Nachteile	Vorteile
1	Stroh	Hochdruckballen 15–20 kg	konventionelle Einstreu; Preis: ca. 1,50 € in Ackerbaugebieten	Landwirte	aufgrund von Erntefehlern: Milben-/Staubgefahr	preisgünstig, gute Verrottung
2	Stroh	Rundballen durchschnittlich 250–300 kg (sehr große Rundballen bis 400 kg schwer)	Einstreu vorwiegend in landwirtschaftlichen Betrieben; Preis: ca. 25 €	Landwirte	aufgrund von Ernte- und (häufig auch) Lagerfehlern: Milben-/Staubgefahr	preisgünstig, gute Verrottung
3	Späne	Alpenspan	Weichholzhobelspäne (Fichte); Gebinde 73 × 50 × 37 cm, Gewicht 20 kg, Pressvolumen 135 Liter, Schüttmenge ca. 500 Liter; ca. 15 Ballen auf Europalette; Preis: ca. 7 €	Hersteller Pabst (A); Vertrieb u. a. über Agrobs GmbH, D-82541 Degerndorf www.agrobs.de	höhere Kosten als Stroh; schlechtere Kompostierung; Raufutterversorgung muss über Grünfutter, Heu und Futterstroh großzügig (vor allem nachts!) bemessen werden	raumsparend stapelfähig; günstige Saug- und Geruchsbindeeigenschaften; staub- und keimarm; kein unkontrolliertes Strohfressen
4	Späne	Allspan	vergleichbares Produkt wie Nr. 3	Allspan GmbH Spanverarbeitur D-76189 Karlsruhe www.allspan.de	wie Nr. 3	wie Nr. 3
5	Späne	Edelspan	vergleichbares Produkt wie Nr. 3	Vezelverwerking Barneveld B.V., NL-3771 Barneveld; Vertrieb u.a. über Mertens GmbH & Co. KG D-50858 Köln www.mertensgruppe.de	wie Nr. 3	wie Nr. 3
6	Späne	Raiffeisenspan	vergleichbares Produkt wie Nr. 3	Raiffeisen-Waren-Zentrale-Rhein-Main eG, D-50668 Köln www.rwz.de	wie Nr. 3	wie Nr. 3
7	Späne	Tierwohl-Standard	vergleichbares Produkt wie Nr. 3	J. Rettenmaier & Söhne GmbH & Co. KG D-73494 Rosenberg / www.grs.de	wie Nr. 3	wie Nr. 3 (Spezialgabel wird angeboten)

Einstreumaterial – Das Wichtigste des aktuellen Marktes auf einen Blick*)

Nr.	Einstreuart	Produkt	Kurzbeschreibung/ Preis je Einzelgebinde	Hersteller/ Vertrieb	Nachteile	Vorteile
8	Späne mit Zusätzen	Biotruciolo (patentiert)	vergleichbares Produkt wie Nr. 3 plus Enzym- und Bakterienmischung; Preis: ca. 8,50 €	Pedemonte Giovanni, I-15074 Cremolino; Vertrieb über Agrobs GmbH, D-82541 Münsing/ Degerndorf	wie Nr. 3	wie Nr. 3 plus bessere Geruchsbindung und Kompostierbarkeit
9	Weichholzgranulat	JRS-Tierwohl-Super®	Weichholzgranulat mit Partikelgrößen um 1,25 mm; sägemehlähnlich, wenig staubend; Gebinde ca. 80 × 50 × 30 cm, Gewicht 25 kg, Schüttmenge ca. 200 Liter; 18 Säcke auf einer Norm-Palette; Preis: ca. 8 € je Sack	J. Rettenmaier & Söhne GmbH & Co. KG D-73494 Rosen-Rosenberg	wie Nr. 3	wie Nr. 3 plus stark erhöhte Saugkraft und etwas einfacheres Ausmisten (da mehlig, auch schnell zu säubernde Pferde)
10	Strohpellets	Animalstar	mittelgroße Strohpresslinge, Säcke à 20 kg; Preis: ca. 6,50 €	Vertrieb u. a. über Mertens GmbH & Co. KG, D-50858 Köln	wird in seltenen Fällen bei nicht ausreichend mit Raufutter gefütterten Pferden gefressen; bei Pferden mit Zahnfehlern (Haken) sind u. U. dann Schlundverstopfungen möglich	einfache Handhabung, gutes Saugvermögen und gute Kompostierbarkeit
11	Strohpellets	Biolan	mittelgroße Strohpresslinge, Säcke à 20 kg; Preis: ca. 6 €	Raiffeisen-Waren-Zentrale-Rhein-Main eG, D-50668 Köln	wie Nr. 10	wie Nr. 10
12	Strohpellets	Anipelli	mittelgroße Strohpresslinge, Säcke à 20 kg; Preis: ca. 7 €	LANDI, CH-3001 Bern www.landi.ch	wie Nr. 10	wie Nr. 10
13	Strohpellets	Hippolex	große, runde Strohpresslinge, ca. 5 cm × 2 cm; Säcke à 20 kg; Preis: ca. 6 €	Krause Strohschmiede GmbH, D-06647 Frankroda	wie Nr. 10	wie Nr. 10
14	Strohpellets	Streufex	kleine, granulierte Strohpresslinge; Säcke à 25 kg (ca. 50 Liter); Preis: ca. 6 €	Fex Öko-Faserverarbeitungs GmbH, A-2183 Neusiedl/ Zaya / www.fex.at	wie Nr. 10	wie Nr. 10 (sehr gute Kompostierbarkeit)

Einstreumaterial – Das Wichtigste des aktuellen Marktes auf einen Blick*)

Nr.	Einstreuart	Produkt	Kurzbeschreibung/ Preis je Einzelgebinde	Hersteller/ Vertrieb	Nachteile	Vorteile
15	Stroh-Zellulose-Gemisch	Happymix-Original	Pressmaterial in 70 Liter-Ballen (Schüttmenge 300 Liter) Palette 24 Ballen; Preis: ca. 8 €	Pro Rind AG, CH-9464 Rüthi/SG www.happymix.ch	wie Nr. 10	ähnlich gut saugfähig wie kleines Strohgranulat; gut geruchsbindend
16	Papier	Eco-Snip-Papierschnitzel	Pressschnitzel (aussortierte Zeitung) in 70 Liter-Ballen, Schüttmenge ca. 350 Liter; Palette 24 Ballen, Preis: ca. 9 €	Pro Rind AG, CH-9464 Rüthi/SG www.happymix.ch	etwas pflegeaufwändiger als Späne; kein umfassendes Vertriebssystem	exzellente Einstreu für Allergiker; gute Saugkraft und Geruchsbindung; flott zu kompostieren
17	Chinaschilf	Cavalit	grobstrukturierte Einstreu, entstaubt; Säcke à 22 kg (= 200 Liter); Palette 16 Säcke; Preis: ca. 8 €	GSB Genossenschaft Biomasse-Technologie, CH-3232 Ins	Pflege und Einstreumenge etwa wie kleine Strohhäcksel; kein umfassendes Vetriebssystem; siehe Nr. 18	gute Saugkraft und Geruchsbindung; einfach zu kompostieren; kann auch mit Stroh gemischt werden
18	Leinenstroh/ Flachs	Linabox®	feinstrukturierte Einstreu; Gebinde: 21 kg-Ballen; Palette 30 Ballen; Preis: ca. 8 €	Vertrieb u.a. Bacher Products GmbH D-68642 Bürstadt	Pflege und Einstreumenge etwa wie kleine Strohhäcksel; nicht überall erhältlich; bei nicht ausreichend mit Heu versorgten Pferden in sehr seltenen Fällen Anschoppungskoliken	sehr gute Saugkraft (zehn mal mehr als Stroh); beste Kompostierbarkeit; ziemlich staubfrei
19	Leinenstroh/ Flachs	Hemparade®	wie Nr. 18	Hersteller HempFlax B.V. (NL); Vertrieb u. a. über Mertens GmbH & Co. KG, D-58686 Menden	wie Nr. 18	wie Nr. 18
20	Leinenstroh/ Flachs	Bioilin	wie Nr. 18	Marthy-Setz AG, CH-5040 Schöftland	wie Nr. 18	wie Nr. 18
21	Leinenstroh/ Flachs	Bio-Lijn	wie Nr. 18	T-Plus bvba B-Oostende; Vertrieb über Hugo Mogck, D-45481 Mülheim/Ruhr www.reitsport-mogck.de	wie Nr. 18 (Bio-Lijn enthält Bitterstoffe, die eine Aufnahme verhindern sollen)	wie Nr. 18

Einstreumaterial – Das Wichtigste des aktuellen Marktes auf einen Blick*)

Nr.	Einstreuart	Produkt	Kurzbeschreibung/ Preis je Einzelgebinde	Hersteller/ Vertrieb	Nachteile	Vorteile
22	Leinenstroh/ Flachs	Euro-Lin	wie Nr. 18	Vetripharm, D-86916 Kaufering www.vetripharm.de	wie Nr. 18	wie Nr. 18
23	Leinenstroh/ Flachs	D´Ecolit	wie Nr. 18	Marc Etter CH-3225 Müntschemier	wie Nr. 18	wie Nr. 18
24	Hanf	Bafa-Hanf-Einstreu	feinstrukturierte Einstreu; Gebinde: 20 kg-Ballen mit 200 Liter Streuvolumen; Palette 30 Ballen, Preis: ca. 9 €	BAFA Badische Naturfaseraufbereitung GmbH, D-76316 Malsch www.bafa-gmbh.de	Pflege und Einstreumenge etwa wie kleine Strohhäcksel; nicht überall erhältlich; bei raufutterhungrigen (= nicht ausreichend mit Heu versorgten) Pferden in sehr seltenen Fällen Anschoppungskoliken	enorme Saugfähigkeit; schnelle Kompostreife (4–6 Monate)
25	Hanf	Vernaro-Hanf	wie Nr. 24	Vertrieb über MERLIN® Reitsportbedarf, D-33803 Steinhagen	wie Nr. 24 (die Zugabe von ätherischen Ölen bremst die Aufnahme durch Pferde und wehrt Insekten ab)	wie Nr. 24
26	Hanf	Aubiose-Han	wie Nr. 24	Vertrieb über Marthy-Setz AG, CH-5040 Schöftland	wie Nr. 24	wie Nr. 24 (Aubiose bietet eine Spezialgabel an)

*) Die Tabelle enthält lediglich beispielhafte Angaben ohne jede Gewähr und erhebt keinen Anspruch auf Vollständigkeit; es gibt weitere bewährte Hersteller. Mit der Auflistung der Produkte ist keine testähnliche Produktbewertung verbunden. Aktuelle Informationen über die Produkte, ihren Einsatz und Bezug, insbesondere aktuelle Preise, Bezugsmengennachlässe, Transportzuschläge und regionale Vertriebsstellen, versenden die Hersteller auf Anfrage.
Die genannten Preise liefern deshalb nur unverbindliche Anhaltspunkte!

Tabelle 119

RATIONSPLANER

► Pauschaler täglicher Protein- und Energiebedarf in unterschiedlichen Bedarfskategorien [1]

► Grobe Faustzahlen für die tägliche Heu-/Haferration [2] [3] [4]

► Auf einen Blick: Schnelle Rationsplanung – so wird's gemacht

1. Pferdegewicht ermitteln oder ungefähr schätzen (siehe Tabelle 80, Seite 461, und Grafik 88, Seite 465).
2. Unter Berücksichtigung der Bedarfskategorie (Erhaltung oder zutreffende Leistung, Spalte 1) den Pauschalbedarf (Protein = DP, Energie = DE) und die Heu-/Haferration in der passenden (oder annähernden) Gewichtsspalte 3 bis 8 herauslesen.

		Gewicht in kg (LM bzw. LM-adult)					
Bedarfskategorie	Bedarf/ Heu-/Hafer-ration	150	350	450	600	700	800
Spalte 1	Spalte 2	Spalte 3	Spalte 4	Spalte 5	Spalte 6	Spalte 7	Spalte 8
Erhaltung	Protein DP (g)	130	245	295	365	410	450
einschließlich	Energie DE (MJ)	26	49	59	73	82	90
sehr leichter	Heu (kg)	3,25	5,50	6,00	6,25	7,00	7,50
Arbeit	Hafer (kg)	0,00	0,50	1,00	2,00	2,25	2,50
Leistung	Protein DP (g)	175	335	405	500	593	675
mittlere	Energie DE (MJ)	35	67	81	100	119	135
Arbeit	Heu (kg)	3,25	5,50	6,50	6,50	7,25	8,00
(ca. 2 Std. Reiten)	Hafer (kg)	0,75	1,50	2,50	4,25	5,25	6,25
Leistung	Protein DP (g)	195	384	464	586	695	732
Gravidität	Energie DE (MJ)	32	63	76	96	114	120
(9. Monat)	Heu (kg)	3,25	6,00	6,25	7,00	7,25	7,25
	Hafer (kg)	0,50	1,25	2,25	3,50	4,75	5,25
Leistung	Protein DP (g)	442	846	1025	1269	1429	1580
Laktation	Energie DE (MJ)	47	90	109	135	152	168
(1. Monat)	Heu (kg)	3,75	6,50	7,00	7,50	8,50	9,00
	Hafer (kg)	1,50	3,25	4,50	6,50	7,25	8,25
Leistung	Protein DP (g)	193	366	442	531	587	628
Wachstum	Energie DE (MJ)	28	53	64	77	85	91
Fohlen	Heu (kg)	3,00	5,50	6,00	6,25	7,00	7,50
(ab 12 Monate)	Hafer (kg)	0,50	0,75	1,50	2,50	2,75	2,75

[1] Für Nordpferde (z. B. Isländer, Fjordpferde, Kaltblüter) können Bedarfswerte und Rationen um ca. 10 % reduziert werden.

[2] Zusätzlich sind Vitamin- und Mineralstoffergänzungen durch spezielle Mischfuttermittel erforderlich.

[3] Als kompletter oder teilweiser Ersatz der Haferration empfehlen sich handelsübliche Mischfuttermittel.

[4] Diese Rationen sind bewußt sehr einfach zusammengestellt; sie dienen zur ersten Planung und sollen einen Anhaltspunkt über die Größenordnung des Futterbedarfs geben. Nach Möglichkeit sind diese Rationen von der Zusammensetzung her und auch geschmacklich »aufzubessern« durch alternative Futtermittel auf der Grundlage individueller Berechnung, wie sie im Kapitel »Praktische Rationsberechnung und -gestaltung«, Seite 460 ff., erläutert ist.

Beifütterungs-Situationen

Tabelle 120

Nr.	Situation	Bewertung/Lösungsmöglichkeiten
1	Herbstlicher Futtermangel aus klimatischen Gründen (= Vegetationsende im Oktober; im Bergland im September)	Jahreszeitlich normal; Zufütterung von Raufutter ab September/Oktober
2	Sommerlicher Futtermangel aus klimatischen Gründen (= Trockenheit, primär bei Sandböden oder im Bergland)	Standortabhängig normal; entweder beregnen, mehr Fläche zulegen durch Kauf/Pacht oder Raufutterzufütterung im Juli/August; im August Düngung erhöhen (Kompost oder chemischer NPK-Dünger)
3	Futtermangel aus Gründen zu geringer Grünlandflächen	Ungünstig, weil üblicherweise verbunden mit hoher Besatzdichte der Mini-Flächen; Folge: Bodenverdichtung und Fruchtbarkeitsprobleme der Narbe durch mangelnde Belüftungsmöglichkeiten und Staunässe, deshalb immer weniger Erträge; ganzjährig umfangreich beifüttern, Weiden zeitweise schonen; immer Kompostdüngung zur Förderung des Bodenlebens erforderlich
4	Futtermangel aufgrund von Fehlbewirtschaftung mit beginnender Narbendegeneration und üppiger Geilstellenvegetation sowie einseitiger Verkrautung (Sauerampfer, Brennnesselhorste, Hahnenfußplätze, Ferkelkraut; auch starke Vermoosung)	»Mittleres Weide-Chaos«; ganzjährig starke Beifütterung, Vegetation koppelweise abmähen und Narbe fräsen, danach Nachsaat (mit viel Knaulgras) und ausgewogene Düngung
5	Starker Futtermangel durch Überbeweidung/Fehlbewirtschaftung (meist) von Standweiden; größere Narbenzerstörung, kleine und große Kahlstellen ohne Bewuchs, dadurch Bodenerosionsgefahr und Gefahr der Aufnahme von Schmutz/Sand	»Totales Weide-Chaos«, ganzjährig umfangreiche Beifütterung[1] erforderlich sowie Flohsamenschalen (Plantago ovata)-Kur[2] bei allen Pferden, um den zwangsläufig durch zahlreiche Kahlstellen in der Weidenarbe aufgenommenen »Dreck« aus dem Magen-Darm-Trakt zu entfernen; auf Dauer Standweide in mehrere Koppeln unterteilen und turnusmäßige Ruhezeiten zur Narbenschonung einhalten (z. B. fünf Tage Grasungsphase, danach je Koppel wenigstens zwei Wochen Ruhephase zur Regenerierung von Narbe und Boden)
6	Hoher Nährstoffbedarf bei Zuchtpferden/Fohlen, der durch den Weideaufwuchs nicht ausreichend gedeckt wird	Vorwiegend rassespezifische Kraftfutterzufütterung bei hochtragenden oder säugenden Stuten sowie bei Absatzfohlen[3] u. Jährlingen
7	Qualifizierte, konditionsgerechte Rationszusammensetzung für sportlich stark genutzte Pferde, die nur begrenzt weiden sollten	Umfangreiche Beifütterung (Weidegang vorwiegend zur Entspannung, weniger zur Ernährung)
8	Qualifizierte Rationszusammensetzung für Ekzempferde	Umfangreiche Beifütterung

Anmerkung: Die Nennung von bewährten Produkten und Herstellern ist rein beispielhaft zu verstehen; teils gibt es ähnliche Produkte auch von anderen Anbietern; beim Vergleich sollte nicht in erster Linie der Preis, sondern vielmehr die qualitativ hochwertige Produktzusammensetzung und der gezielte Anwendungsbereich im Vordergrund stehen, um eine vollwertige Weidezufütterung auch tatsächlich zu gewährleisten.

1) Es sind immer spezielle Vitamin-Mineralstoff-Präparate zuzufüttern (z. B. Masterhorse-Weide-Bigs®).

2) Sehr zu empfehlen zur Magen-Darm-Reinigung (tgl. ca. 20 g bis 25 g in 500 ml Wasser aufgequollen – wird als Zugabe zum Kraftfutter gut gefressen):
Indische Flohsamenschalen (Art. Nr. 3840) von MASTERHORSE®, 71701 Schwieberdingen, Felsenbergweg 15,
Tel.: freecall 0800/6278374, Internet: www.masterhorse.de

3) Für Absatzfohlen ist vorzugsweise spezielles Fohlenstarterfutter erforderlich (z. B. Fohlengold® St. Hippolyt).

Tabelle 121

Rationsbeispiele für Weidegang plus Beifütterung

Nr.	Beispielpferd	Qualität der Weide/ Dauer des Weidegangs	Gesamtration Weide + Zufütterung
1	Quarter Horse-Wallach, 10 J., Freizeitpferd; Haltung: Box oder Offenstall mit frei zugänglichem Sandpaddock	Weide mäßiger Qualität, 5 bis 10 cm Grashöhe; viel unerwünschter Bewuchs, z. B. Hahnenfuß, Weißklee und Sauerampfer; Weidegang im Sommer: morgens zwei Stunden, spätabends zwei Stunden; Gesamtgrasaufnahme in vier Stunden etwa 8 bis 12 kg (Defizit: wenigstens 12 kg Gras; Natriummangel geschätzt 25 g)	Morgens vor dem zweistündigen Weidegang 1 kg Futterstroh, mittags 1 kg Heu, Futterkarenz (= Pause), nachmittags leichte Bahnarbeit oder 1 Stunde Geländeritt mit mäßigem Tempo (etwa Tempo 6 = 1 km in sechs Min. = viel Schritt und Trab, kurze Canter), danach 1,5 kg Heu plus 1,0 kg Kraftfutter sowie 40 g Mineralpellets; spätabends zwei Stunden Weidegang
2	Warmblutstute (Vollblutanteil), 8 J., sportliche Nutzung; Haltung: Box oder Offenstall mit frei zugänglichem Sandpaddock	Weide mäßiger bis befriedigender Qualität, 15 cm Grashöhe; grasreich; Weidegang im Sommer: morgens zwei Stunden, spätabends zwei Stunden; Gesamtgrasaufnahme in vier Stunden etwa 10 bis 14 kg (Defizit: wenigstens 16 kg Gras; Natriummangel geschätzt 40 g)	Morgens vor dem zweistündigen Weidegang 1 kg Futterstroh, mittags 1 kg Heu, Futterkarenz (= Pause), nachmittags mittelschwere Bahnarbeit oder 1 Stunde Geländeritt mit flottem Tempo (etwa Tempo 4 = 1 km in vier Min. = Schritt, viel Trab und Galopp), danach 3,0 kg Heu plus 3,0 kg Kraftfutter sowie 40 bis 60 g Mineralpellets; spätabends zwei Stunden Weidegang

Auf mageren Weiden muss ausreichend zugefüttert werden, wie hier bei den Paint Horses während des Trockensommers 2003.

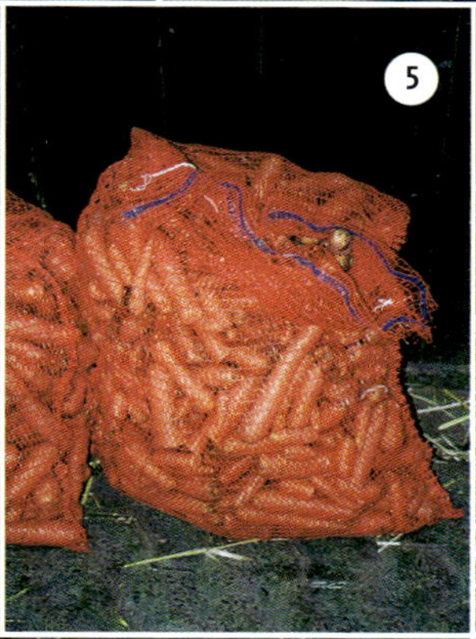

Futter

1 Hafer ist das Pferdekraftfutter schlechthin; er wird oft als »Quetschhafer« gefüttert.

2 Weizen darf an Pferde nur in geringen Mengen (wegen schädlicher Klebereiweiße) verfüttert werden.

3 Gerste, vor allem Braugerste, kann als Teilration beigefüttert werden.

4 Von diesem Futter kann ein Pferd leben: Heu, Mineralfutter, Heulage (hier: Miniballen), Müsli-Zusatzfutter, Leinsamen-Öl.

5 Vor allem im Winter sind schmackhafte, karotinhaltige Möhren wichtiges Beifutter.

6 Nasses Heu für Allergiker sollte möglichst flott nach dem Wässern verfüttert werden, da sich die darin immer enthaltenen Keime (Ruhestadien, die erst durch Nässe wieder »zum Leben erweckt« werden) explosionsartig vermehren; sie verursachen u. a. Durchfälle.

7 Mit einer Zugwaage wiegt man Raufutter-Portionen ab.

8 Ein Großpferd frisst eine Schubkarre Schnittgras in einer halben Stunde, auf der Weide benötigt es für die gleiche Menge eine knappe Stunde.

9 Heu-Cobs sind vor allem eingeweicht für alte Pferde mit Kauproblemen ein gutes Grundfutter.

Fachlexikon

Definitionen, Fachbegriffe, Daten und Fakten

Abruffütterung Kraftfutterfütterung bei Gruppenhaltung durch Transponder gesteuerte automatisierte Futterstationen (= automatisch sich öffnende und schließende Fressstände mit rechnergesteuerter individueller Zuteilung), womit eine an sich im Prinzip sinnvolle Verteilung der Kraftfutter-Tagesration auf viele kleine Portionen über den ganzen Tag erreicht werden soll. Das Verfahren ist umstritten, weil es nicht dem Bedürfnis nach Fressen in der Gruppe entspricht sowie auch technisch noch nicht überall optimal ausgereift ist. Durch Fehlfunktionen, Verhaltensauffälligkeiten und Futterneidattacken sowie Angst vor der Austreibhilfe des automatischen Fresstandes, aber auch bei unvorhersehbaren Umweltreizen (z. B. Hubschrauber-Tiefflug, Knall u. Ä.) kann eine solche Abruffütterung – vor allem bei Haltung hochblütiger Pferde – ohne Aufsicht problematisch werden. Primär mit intensiver menschlicher Überwachung sind solche Systeme einsetzbar. Alternativ erleichtern Kraftfutterdosierautomaten, die in Boxen oder Fressständen (siehe Abbildung auf Seite 91) installiert werden und die alle Pferde eines Bestandes zur gleichen Zeit mehrmals am Tag versorgen, die Kraftfutterzuteilung weitgehend arbeitssparend und pferdegerecht.

Aggression Drohen, Schlagen (»Keilen«) und Beißen sind zur Bestimmung der Rangordnung in der Gruppe und zur Verteidigung als normal einzuordnen. Unerwünscht sind Aggressionen gegenüber Menschen. Ursachen dafür sind mangelnde Dominanz des Menschen sowie Angst und Schmerzen des Pferdes, aber auch frustrierende, nicht bedürfnisentsprechende Haltungszustände. U. a. durch tierärztliche Behandlung, Haltungsoptimierung sowie durch Lernprozesse aufgrund vertrauensbildender Bodenarbeit kann aggressives Verhalten eingedämmt oder abgestellt werden. Aggressivität von Pferden aus Angst gegenüber ganz bestimmten Einzelpersonen, die auf nachhaltig gestörtem Vertrauen aufgrund extrem ungerechter Behandlung (z. B. cholerisches Prügeln, ständig lautes Anmaulen) durch diese Personen beruht, ist unumkehrbar.

Bestandsbuch Buch, das vom Pferdehalter (bei Pensionshaltungen vom Pensionsgeber) zu führen ist (und fünf Jahre nach der letzten Eintragung aufbewahrt werden muss), wenn Tiere, die der Lebensmittelgewinnung dienen, in einem Bestand gehalten werden. Eingetragen werden die genaue Identität des Pferdes sowie alle tierärztlichen Medikationen mit Datum und Nummer des tierärztlichen Anwendungs- und Abgabebelegs, der fünf Jahre aufzubewahren ist. Zusätzlich sind immer entsprechende Eintragungen auch im Equidenpass (primär durch den Tierarzt) vorzunehmen.

Bewegungsdefizit Mangelnde Bewegung in Pferdehaltungen ohne Auslauf/Weide führt zu Gesundheitsschäden (Herz-/Kreislauferkrankungen, mangelndes Knochenwachstum), zum Verlust antrainierter Kondition und zu Verhaltensauffälligkeiten, da Pferde in der Natur täglich bis zu 20 km zurücklegen und dieses stetige Bewegungsbedürfnis genetisch fixiert ist. Im Offenstall mit Auslauf sind immerhin noch maximal fünf km täglich an freier Bewegungsleistung festzustellen. Bei Stallhaltung kann durch Einsatz von Führanlagen und Bewegungsbändern (letztere sind wegen der geraden Laufrichtung sehnenschonender und deshalb immer vorzuziehen) täglich ansatzweise das Defizit durch max. 30 bis 40 Minuten Schritt ausgeglichen werden.

Blitz Elektrische Entladung mit 300 Sekundenkilometer Geschwindigkeit, Stromstärken bis zu 100.000 Ampère und Temperaturen bis 30.000 °C. Blitze (vom indogermanischen »bhlei« = leuchten) entstehen durch die unterschiedliche elektrische Ladung von kleinen Wassertröpfchen und Eiskristallen in Gewitterwolken. Durch Wind und die damit verbundene Reibung werden kleinere Partikel positiv und die größeren negativ aufgeladen. Die kleineren Teilchen wirbeln durch den Luftstrom an den oberen Wolkenrand, so dass ein Ladungsungleichgewicht in der Wolke und zwischen dem negativ geladenen unteren Bereich der Wolke und dem Erdboden entsteht, das nach Ausgleich strebt. Die Luft dehnt sich durch das schlagartige Erhitzen nach Blitz-Entladung aus. Folge: Donner kracht. Wo ein Blitz einschlägt, fließt noch im Umkreis von 20 Metern Strom durch den Boden. Befindet sich ein Lebewesen in dem Spannungstrichter, überbrückt es – je weiter seine Füße auseinander stehen – eine umso größere Spannung. Diese Schrittspannung kann einen lebensgefährlichen Stromstoß durch den Körper jagen. Da bei Pferden der Abstand zwischen Vorder- und Hinterextremitäten verhältnismäßig groß ist, besteht bei Weideaufenthalt besondere Stromschlaggefahr durch die abstandsbedingte hohe Schrittspannung. Gefahr besteht immer in überschwemmten Weidegebieten, an Waldrändern, unter allein stehenden Bäumen, auf Hügel- oder Dünenspitzen sowie in Zaunnähe. Pferde sollten sich möglichst im Stall oder in Weideschutzhütten aufhalten, wenn diese zweckmäßigerweise mit Blitzschutzanlagen versehen wurden. Kann man als Mensch nicht ins sichere Auto oder ins Haus flüchten, lautet eine der Regeln: Füße zusammen, in die Hocke und auf Abstand gehen zu potenziellen Einschlagstellen (Wasserstellen, Zäune, Bäume, Metallgegenstände, andere Menschen oder Tiere).

Bodenarbeit Arbeit/Spiel mit Pferden als abwechslungsreicher Teil des Haltungsalltags, meist an der Hand oder an der Longe. Im Viereck oder im Round Pen lernt das Pferd Respekt, Vertrauen zum Betreuer und Ausbilder, aber auch das Treiben sowie das Verhalten, in kritischen Situationen mit Angst umzugehen, einem Druck auszuweichen und auf Signale zu reagieren. Wichtig ist Bodenarbeit als grundlegende Arbeit zum sog. Dominanztraining mit dem Ziel, als Mensch bzw. Ausbilder das Leittier zu werden. Dabei verlangt der Ausbilder als Leittier bedingungsloses Vertrauen und Unterordnung, er gewährleistet dafür Schutz und Sicherheit. Als Grundwissen erforderlich sind dazu unbedingt sowohl exakte verhaltenskundliche als auch besonders rassenspezifische Kenntnisse und eine dem Pferd verständliche Körpersprache des ruhigen, konsequenten, angstfreien und keinesfalls cholerischen Ausbilders. Verschiedene Bodentrainings-Methoden (die im Grunde alle nicht absolut neu sind) unterscheiden sich zwar technisch und in Begleitübungen, arbeiten aber weitgehend mit Körpersprache auf zwei Ebenen. Auf der körperlichen Ebene wird mit Signalen getrieben, gestoppt, gewendet. Auf der geistigen Ebene werden Entwicklungen in der Beziehung zwischen Mensch und Pferd gefördert, die ein kompliziertes Beziehungsgeflecht gruppendynamischer Art zur Klärung der Rangfolge beinhalten. Jede Bodentrainings-Methode muss auf das jeweilige Pferd abgestimmt werden. Bekannte, viel diskutierte, teils spektakulär-erfolgreiche Ausbilder bzw. Kommunikationstrainer sind u. a. *Monty Roberts* und die KOSMOS-Autoren *GaWaNi Pony Boy*, *Klaus Ferdinand Hempfling* sowie *Heinz Welz*.

Botulismus Erkrankung/Lebensmittelvergiftung primär durch orale Aufnahme von Gift des Bakteriums *Clostridium botulinum*. Die Bakterien (acht unterschiedliche Typen) leben im Boden (»Dreck«) sowie im Darmtrakt von Menschen und Tieren. Das Gift gehört zu den stärksten natürlichen Nervengiften und greift in erster Linie Muskelnerven an; es bildet sich insbesondere im warmen, sauerstoffarmen Milieu, z. B. unter ungünstigen, unhygienischen Silierbedingungen mit Kontamination der Silage durch Dreck und/oder faulende Tierkadaver (u. a. Nager, Vögel, Kaninchen). Etwa 50 g Silage oder Heu (durch einen infizierten Kadaver kontaminiert) reichen zur Infektion eines Pferdes aus. Pferde zeigen zunächst Schluck- und Kaubeschwerden, später ist 90 %-iger Verlust durch Atemlähmung zu erwarten. Gegen die Bakterien-Typen C und D kann im Vorstadium der Erkrankung ein offiziell in der EU nicht zugelassenes Antitoxin aus Südafrika mit Genehmigung des Amtstierarztes eingesetzt werden.

Brandschutz Vorkehrungen baulich-technischer sowie organisatorischer Art, um Brandkatastrophen vorzubeugen. Dazu gehören in kleinen Ställen/Offenställen neben Blitzschutzanlagen immer Feuerlöscher, aber in größeren Stallanlagen zusätzlich auch mehrere stalltaugliche (gegen Schmutz unempfindliche) Infrarot-Rauchmelder (»Fireray«) und isoliert angebrachte, wintertaugliche Sprinkleranlagen. Absolutes Rauchverbot und eine Elektroinstallation nach VDE-Vorschrift sind lebenswichtig und letztlich Voraussetzung für etwaige Versicherungsleistungen der Gebäudeversicherung im Schadensfall.

Denken Leistung des Gehirns, die auf dem Informationsfluss zwischen den Nervenzellen beruht. Pferde denken anders als Menschen; ihr Denken orientiert sich an den konkreten Dingen ihres Lebenskreises und des Erbgedächtnisses – abstrakte Gedanken und eine entsprechende Vorstellungskraft fehlt ihnen vermutlich ebenso wie ein »Ich«-Bewusstsein, das Menschen und auch z. B. Schimpansen besitzen. Eine bestimmte Klasse von Eiweiß-Molekülen, die Neurexine, organisieren die komplizierten Signalübermittlungen im Gehirn. Neurexine haben entscheidenden Einfluss auf die Effizienz der Informationsübertragung (KATTENSTROTH, 2003). Bei Pferden sind es einige Milliarden Nervenzellen, die miteinander kommunizieren (das menschliche Gehirn besteht aus über zehn Milliarden Nervenzellen). An ihren langen Fortsätzen, den Axonen, leiten die Nervenzellen Signale in Form von elektrischen Impulsen weiter. Jede einzelne Nervenzelle ist an Hunderten von Kontaktstellen (sog. Synapsen) mit anderen verknüpft. Die Zellen trennt nur ein sehr schmaler Spalt, zu dessen elektrischer Überwindung Zusatzstoffe benötigt werden. Bei sog. elektrischen Synapsen überbrücken kleine Eiweißmoleküle als Zusatzstoffe den Zwischenraum und setzen sehr schnelle Verhaltensmuster in Gang, die für ein Überleben wichtig sind, z. B. Fluchtreflexe. Die sog. chemische Synapse wandelt das elektrische Signal in chemische Botenstoffe um, die Neurotransmitter (u. a. Adrenalin, Dopamin, Glutamat, Serotonin). Die »Nervigkeit« und das Lernvermögen von Pferden unterschiedlicher Rassen hängt u. a. eng zusammen mit der Schnelligkeit der Reizübertragung und der Produktion chemischer Botenstoffe. Die »Chemie« des Gehirns kann ernährungsbedingt verändert werden, z. B. erfordert die Ausschüttung der Neurotransmitter eine erhöhte Kalziumkonzentration, die bei extremem Kalziummangel gestört sein kann.

Dominanz Begriff für die überlegene Stellung in der Rangordnung einer Gruppe. Pferde wollen sich einem starken Leittier anvertrauen; doch bevor sie das tun, testen sie, ob dieser Anführer entschlossen und selbstsicher ist, damit er ihnen das gewünschte Sicherheitsgefühl vermittelt. Leider ist der Begriff der Dominanz teils durch manche unüberlegte »Guru-Faselei« negativ besetzt. Richtig verstanden bedeutet Dominanz des Betreuers oder Reiters über sein Pferd: Positive Autoritätsbeziehung, die nicht auf Furcht beruht, sondern bei gleichzeitiger Freundschaft konsequent besteht. Training der Dominanz ist erlernbar und u. a. durch diverse Round Pen-Methoden möglich.

Dülmener Mittelgroße, dem ausgestorbenen Tarpan ähnliche, meist grau- und braunfalbe Nordpferderasse, die im Merfelder Bruch, einem gut 350 Hektar großen Reservat des Herzogs von

Croy bei Dülmen in Westfalen, naturkonform als rund 350-köpfige »Wildpferdherde« seit historischer Zeit stalllos gehalten wird. Dülmener dienten bereits seit 1958 dem führenden Verhaltenskundler *Prof. Dr. Klaus Zeeb* als einzigartige Beobachtungsquelle. Die Herde war auch Grundlage aktueller verhaltenskundlicher Studien des Verfassers (2003 bis 2015).

Equidenpass Urkunde mit einer individuellen Lebens-Nummer, die in der EU gesetzlich für alle Equiden (u. a. Pferde, Esel) vorgeschrieben ist und genaue Daten zur Identität eines jeden Pferdes enthält; ohne Equidenpass (auch »Pferdepass« genannt) darf kein Equide auf öffentlichen Straßen transportiert werden, auch ist ohne Equidenpass grundsätzlich keine Schlachtung mehr zulässig. Bei Pferden, die als »Lebensmittel« deklariert sind, muss sowohl im Equidenpass (primär durch den Tierarzt) als auch in einem separaten Bestandsbuch (durch den Halter) jede Medikation/Behandlung eingetragen werden! Diese Bestimmungen binden auch Hobbypferdehaltungen. Ausnahmen von der doppelten Eintragungspflicht aller Medikationen gelten nur für Pferde, die durch unterschriftliche Bestätigung des Eigentümers im Equidenpass ausdrücklich und unwiderruflich als nicht zur Schlachtung deklariert sind.

Erkundungsverhalten »Neugier« und Reaktion auf das Reizangebot der Umwelt; aktive Reaktionen auf akustische, optische und geruchliche Reize stimulieren das Reaktionsvermögen des Pferdes. Die Übung des Reaktionsvermögens mit Befriedigung der arttypischen Neugier gehört zu den Grundbedürfnissen des Pferdes.

Fluchtreaktion Pferdetypisches, angeborenes Verhalten (AAM = angeborener auslösender Mechanismus) als erste Reaktion auf beängstigende Umweltreize. Dieses Fluchtverhalten kann durch Lernen positiv und negativ verändert werden, es bestimmt sich dann nach dem erworbenen und angeborenen auslösenden Mechanismus (EAAM).

Fressstand Frei zugänglicher rechteckiger Stallteil (Tiefe: zweimal Widerristhöhe, Breite: ungefähr halbes Stockmaß plus 10 %), mit Futtertrog, den jedes Pferd einer Gruppe zum ungestörten Fressen von Rau- und Kraftfutter (z. B. mit Einhängekrippe) grundsätzlich nach eigenem Belieben aufsuchen und verlassen kann. Günstig ist, wenn die bodentief geschlossenen Trennwände herausnehmbar konstruiert werden.

Frustration Spannung, die durch Ausbleiben eines erwarteten Zustands oder einer Handlung hervorgerufen wird: Ein Bedürfnis wird nicht wie erwartet befriedigt, z. B. bei typischen, für das Pferd hör- und sehbare Fütterungsvorbereitungen ohne sofort folgende Futterzuteilung. Reaktion: Stress (u. a. erhöhter Blutdruck) und (statt des Futterkauens) Ersatzhandlungen (Scharren, Kopfwerfen, Keilen, Holznagen).

Futterneid Rangordnungsbedingtes Verhalten, das sich durch Drohen oder Beißen gegenüber Kumpanen zeigt, wenn Futter zugeteilt wird. Um Futterneid zu vermeiden oder einzudämmen, sollten Fütterungsvorbereitungen zügig erfolgen. Es müssen bei Gruppenhaltung für jedes Pferd geeignete Fressstände vorhanden sein, die Ruhe, Sicherheit und genügend Zeit zum Fressen gewährleisten; alte Pferde sind u. U. zu separieren, da sie eine altersbedingte längere Kauzeit benötigen.

Futterselektion Pferde fressen bereits als Fohlen selektiv, d. h., sie sind arttypisch neugierig und untersuchen viele Dinge auf Konsistenz, Geschmack und Fressbarkeit. Gleichzeitig spielt der Nachahmungstrieb (Beobachtung der Mutterstute durch das Fohlen) eine wichtige Rolle für die Selektion. Giftige Pflanzen werden nur dann gemieden, wenn sie geruchlich und geschmacklich unattraktiv sind oder sofort nach ihrer Aufnahme eine Unverträglichkeit eintritt (was selten ist), die das Pferd sich künftig merken kann. Verändern sich u. a. Konsistenz und Geschmack einer Giftpflanze durch Konservierung (z. B. ist Hahnenfuß in der Silage noch teils giftig), so erlischt die Erinnerung (= es ist keine sog. Repellenswirkung mehr vorhanden).

Gaskolik Krampfzustand bei Magenüberladung (meist bei Überfütterung mit stark mineralgedüngtem Grünfutter).

Geilstellen Landwirtschaftlicher Vulgärbegriff für durch Kot- und Urin-Ausscheidung stark gedüngte und deshalb besonders üppig wachsende Weidevegetation, die aufgrund der Dung-Ekelstoffe von der ausscheidenden Tierart nicht oder erst nach Jahren abgefressen wird; im Rahmen der Weidepflege sind Geilstellen deshalb regelmäßig komplett abzumähen.

Gen Erbeinheit/Erbanlage; Gene sind in Chromosomen angeordnet. Ein Gen bestimmt die Ausbildung eines bestimmten Merkmals. Die Gesamtheit der Merkmale eines Organismus wird als Genom bezeichnet.

Genfood Nahrungsmittel und Futter aus gentechnisch veränderten Pflanzen. Insbesondere Soja und Mais wurden als Grundstoffe im Jahr 2002 auf 58,7 Millionen Hektar Landwirtschaftsfläche angebaut, hauptsächlich in den USA. Nach britischen Studien unter Leitung von *Prof. Dr. David King* gibt es keine Hinweise darauf, dass die gentechnisch veränderten (transgenen) Pflanzen, die heute schon auf dem Markt sind, die Gesundheit von Menschen gefährden. Auch beim Einsatz von Gen-Mais oder Gen-Soja als Futter für Tiere gibt es keine erkennbaren Probleme. Mögliche Langzeiteffekte sind – mangels entsprechender Studien – allerdings nicht abschätzbar. Auswirkungen der grünen Gentechnik auf die Umwelt sind u. U. aber risikoreicher als bisher angenommen. Es gibt allerdings bislang keine wissenschaftlichen Beweise dafür, dass z. B. die modernen insektenresistenten High-Tech-Pflanzen, die sich mit Gentechnik selbst durch Giftstoffe gegen Fressschädlinge schützen können, auch andere Organismen entscheidend gefährden.

Gentechnik Methode der Molekularbiologie und der Biotechnologie, durch die Gene und deren Regulatoren isoliert, analysiert, verändert und wieder in Organismen eingebaut werden. Seit 1970, der Entdeckung der sog. Restriktionsenzyme, die einzelne Gene aus einem DNS-Faden herausschneiden können, lassen sich solche Methoden erfolgreich anwenden. Bei Genfood ist – wegen nicht exakt vorhersehbarer Langzeitauswirkungen – die Gentechnik und ihre Freilandanwendung stark umstritten.

Giftpflanzen Viele Pflanzen aus Parks (Eibe, Goldregen), aber manchmal auch Kräuter, besonders auf Wiesen und (weniger häufig) auf Weiden, die schwach oder stark giftig, teils tödlich wirken können. Pferde meiden diese Pflanzen nicht instinktiv! Relativ stark verbreitet sind auf Wiesen und Weiden der giftige Hahnenfuß und die hoch giftige Herbstzeitlose. Während Hahnenfuß vor allem im Heu und teils auch in Silage den Großteil der Giftwirkung durch Trocknung einbüßt (Protoanemonin wird zu ungiftigem Anemonin), verliert die Herbstzeitlose weder durch Heutrocknung noch durch das Silieren ihre besonders starke Giftigkeit! Solche Pflanzen sind deshalb auf Nutzflächen rigoros auszumerzen oder mindestens horstweise auszuzäunen.

Gülle Flüssigmist aus Exkrementen (Harn, unverdaute Nahrungsreste, abgestorbene Zellen der Darmwand, sonstige organische und anorganische Partikel) und Produktionsabwässern der einstreulosen Nutztierhaltung.

Guru Lehrer des Hinduismus; diese grundsätzlich ehrenwerte Bezeichnung wird im Pferdebereich nicht selten zu Recht, gelegentlich aber auch zu Unrecht als ironische Bezeichnung für solche Menschen verwendet, die spektakulär herausgebrachte Heilungs-, Reit- und Kommunikationsmethoden in Wort, Schrift und Film tatsächlich oder vermeintlich mit betonter Selbstdarstellung und teils esoterischer Verschleierung des Inhalts verbreiten. Zielgruppen sind manchmal leicht gläubige, kritiklose, wissbegierige Laien ohne fundierte Grundlagenkenntnisse und Vergleichsmöglichkeiten. Oft wird altes, überliefertes Wissen, das Fachleuten zwar bekannt ist, aber den unerfahrenen Laien fasziniert, gleichsam als die »1.000-fachste Erfindung des Rades« modifiziert, neu verpackt, werbewirksam garniert und in der Praxis durchaus positiv und erfolgreich angewendet. So gab es z. B. den »Horse-Whisperer« (= Pferdeflüsterer) nach *Graf Wrangel* (Quelle: Das Buch vom Pferde, 1902) bereits im 19. Jahrhundert in England.

Helminthen Eingeweidewürmer, u. a. Saug- (*Trematoden*), Band-(*Zestoden*) und Faden- oder Rundwürmer (*Nematoden*).

Herpes Viruserkrankung, die Fieber, Mattigkeit und Lähmungen mit Totalverlust sowie z. B. auch Fehlgeburten auslöst. Nur konsequente, regelmäßige Impfung des gesamten Bestandes hilft vorbeugend. Die Grundimmunisierung umfasst zwei Impfungen im Abstand von drei Monaten; Auffrischungsinjektionen sind alle neun Monate fällig; Fohlen können bereits mit drei Monaten geimpft werden.

Hufrehe Erkrankung der Huflederhaut (*Pododermatitis aseptica diffusa*), die u. a. ausgelöst wird durch mechanische Überbelastung und bei Stoffwechselstörungen (z. B. Überfütterung) sowie im Zusammenhang mit Infektionskrankheiten, bei Nachgeburtsverhalten und auch u. U. nach Arzneimitteleingabe.

Imprägnierung Schutz von Bauholz durch Anstrich oder physikalisch-chemische Verfahren (z. B. Kesseldruckimprägnierung, Tränkung); die Bezeichnung allein sagt noch nichts über die Haltbarkeit aus. Wichtig ist, nach welcher Vorschrift imprägniert wurde, z. B. DIN 68800-3 oder RAL-Gütezeichen der Gütergemeinschaft Imprägnierte Holzbauelemente e.V.

Kleben Unerwünschtes oder gestörtes Verhalten, das auf Angst oder dem Schutzinstinkt (z. B. der Mutterstute gegenüber ihrem Fohlen) beruht – mit unterschiedlich starkem Abwehrverhalten bei Trennung des Pferdes von Artgenossen oder auch beim Wegreiten oder Fortführen vom Stall oder der Weide. Nur aufwändiges, konsequentes Training mit Trennübungen ohne »Prügelei«, aber mit Belohnungen für bereits kurzzeitiges Trennen, verändern das Verhalten.

Kolik Übergeordneter Begriff für alle Krankheitserscheinungen (»Bauchschmerzen«) vornehmlich des Verdauungstraktes, die mit Unruhe und Schmerzen verbunden sind; Einteilung in drei Gruppen: spastische Kolik, Gaskolik, Obstipationskolik; unverzügliche tierärztliche rektale Untersuchung und Medikation sind immer angeraten! Oft hilft zur Entspannung Führen des Pferdes im Schritt bis zum Eintreffen des Tierarztes.

Komfortverhalten Wälzen, Scheuern sowie verschiedene Formen der Fellpflege.

Körpersprache Mit Sinnen wahrnehmbare Zeichen, die von Menschen oder Tieren bewusst oder unbewusst abgegeben werden, aber meist der Verständigung zwischen Gruppenmitgliedern und Außenstehenden dienen. Bei der Erziehung von Pferden bzw. beim methodischen Bodentraining wirken auf die Hinterhand des Pferdes gerichtete Bewegungen vorwärts treibend, auf den Rumpf gerichtete seitwärts treibend und vor die Vorhand gerichtete verwahrend. Wird ein Pferd direkt angeschaut, wirkt auch dies verwahrend-bremsend, wird der Blick abgewendet und bewegt man sich mit entspannter Körperhaltung langsam fort, wirkt dies auf das Pferd animierend zum Folgen. Nicht nur im Round Pen, sondern auch im Haltungsalltag muss die Körpersprache stets vom Betreuer konsequent eingehalten werden als ständige Botschaft. Inkonsequenzen oder unterwürfige Haltung des Betreuers (z. B. ein Pferd drängelt oder durchsucht ungestraft rupfend die Jackentaschen nach Leckerli) gefährden die Dominanz, verunsichern zudem das Pferd und sind keinesfalls »pferdische« Freundschaftszeichen, sondern schlicht und einfach »Frechheiten«, die sich Pferde ungestraft nur gegenüber Rangniedrigen erlauben.

Lahmheit Zustand, in dem das natürliche Bewegungsmuster des Pferdes in Rhythmus und Gleichmäßigkeit gestört ist. Ein gesundes Pferd nickt beim Laufen gleichmäßig mit dem Kopf. Bei einem einseitig lahmen Pferd bewegt sich z. B. der Kopf sehr stark zum Boden hin, wenn das Pferd mit der gesunden Gliedmaße auffußt. Die Intensität der Bewegungsstörung wird in Grade eingeteilt: Grad I = taktunrein, Grad V = stocklahm. Lahmheitsursachen: Erkrankungen und Verletzungen des Bewegungsapparates sowie sehr häufig unsachgemäße(r) Hufbearbeitung/-beschlag oder Stoffwechselstörungen (primär Hufrehe/Huflederhautentzündung).

Markierungsverhalten Beriechen (Aufnehmen von Duftstoff-Informationen, sog. Pheromone) an Kot- oder Urinplätzen anderer Pferde mit darauf folgendem Überkoten oder Überharnen, was bei allen Pferden zu beobachten ist, vor allem bei Hengsten. Bei Hengsten zählt das Markieren durch Überkoten zum Rangverhalten (der Ranghöchste markiert als Letzter alle anderen Kotplätze).

Ontogenese Individualentwicklung eines Lebewesens von der befruchteten Eizelle bis zum Absterben. Die Entwicklung wird durch Umweltbedingungen, körperliche Entwicklung und Reifung sowie durch Lernen beeinflusst und im sehr guten Gedächtnis des Pferdes nahezu unwiderruflich abgespeichert. Die beste Lernzeit mit den stärksten Verhaltensänderungen (= z. B. zur Erziehung und Ausbildung) bietet die Jugendentwicklung, sie dauert bei Pferden etwa bis zum sechsten Lebensjahr. Fehlverhalten durch mangelhafte Haltung und nicht pferdegerechten Umgang aus der Zeit der Jugendentwicklung ist zwar oberflächlich, aber durchweg nicht dauerhaft zu korrigieren.

Parasiten Ein- oder vielzellige Schmarotzer, die auf Kosten des befallenen Individuums (Wirtes) leben. Unterschieden werden Endoparasiten, die im Körper leben (Würmer und Einzeller), und Ektoparasiten (z. B. Gliederfüßer), die auf oder in der Haut leben.

Pferdesteuer Abgabe, die immer wieder in allen Bundesländern auf kommunaler Ebene diskutiert wird (z. B. 2003 in Wendlingen am Neckar in Baden-Württemberg) und die jeden Pferdeeigner mit mehreren hundert Euro pro Jahr belasten soll. Im Vordergrund scheint hierbei mangels sachlicher Begründungen der »Abschröpfungsgedanke« einiger nicht besonders sachkundiger Kommunalpolitiker aller Parteien zu stehen sowie die unverantwortliche und ungerechte Förderung von Neidkomplexen bei Nichtreitern gegenüber angeblich »privilegierten« Pferdeeignern. Eine Pferdesteuer ist weder ordnungspolitisch noch wirtschaftspolitisch sinnvoll und würde zu einem erheblichen Rückgang der Pferdebestände mit gravierenden wirtschaftlichen Folgen für Handel, Landwirtschaft und gewerbliche Reit- und Ausflugsbetriebe führen. Daraus resultierende Steuerausfälle würden erheblich die Nettoeinnahmen der Pferdesteuer übersteigen. Demnach wäre die Pferdesteuer eine kontraproduktive Maßnahme mit hohen Verwaltungskosten und zwangsläufig ungewöhnlich aufwändigen personellen Überwachungsmaßnahmen. Die Befürworter übersehen zudem, dass 80% aller Reitpferde in Deutschland wenigstens zeitweise von Kindern und Jugendlichen privat und in Vereinen gepflegt und diszipliniert geritten werden. Pädagogen und Mediziner sehen darin eine der sinnvollsten Freizeitbeschäftigungen, insbesondere für die gesunde Entwicklung von Körper und Geist Heranwachsender und allgemein als Ausgleich zum Beruf. Durch Drehen an der Kostenschraube würde gerade auch sozial Benachteiligten oder wirtschaftlich schwachen Eltern die Möglichkeit genommen, Jugendliche sinnvoll mit naturnahem Verantwortungsbewusstsein aufwachsen zu lassen. Pferdehaltern ist zu raten, rechtzeitig in ihrer Kommune solidarisierende Protestmaßnahmen zu initiieren, um solchen unsinnigen Überlegungen bereits im Anfangsstadium sachlich, aber vehement entgegenzutreten.

pH-Wert Maß (z. B.) für den Säuregrad des Bodens (Skalenwert 7 = neutral); Durchschnitts-pH-Wert von Weiden im Flachland – abhängig von der Bodenart – etwa 5,1.

Pony Kleines Pferd (Turnierponymaß bis ca. 148 cm Stockmaß); oft als Zusatz zur Herkunftsbezeichnung der Rasse, z. B. Islandpony, oder als Zusatz zur Verwendung, z. B. Reitpony. Überwiegend handelt es sich bei den Ponyrassen im engeren Sinne um kleine bis mittelgroße Pferde der nördlichen Kaltklimazone; spezielle Reitponyrassen (z. B. das Deutsche Reitpony) hingegen entstammen ursprünglich Kreuzungen zwischen Nord- und Südpferden (z. B. Welsh-B-Ponystute × Vollblutaraberhengst).

Prägung Besonders wichtiger Lernprozess bei Fohlen, der von der Geburt bis etwa zum zweiten Lebenstag zeitlich begrenzt ist. In dieser Prägungszeit lernt das Fohlen durch Sinneseindrücke seine Mutter kennen und weiß erst dadurch, dass es zur Art der Pferde gehört. Ohne Kontakt zur Mutterstute (z. B. bei Tod der Stute und Aufzucht nur durch Menschen – ohne anderen Pferdekontakt) ist die Prägung unumkehrbar gestört.

Rangordnung Zum weitgehend reibungslosen Zusammenleben in der Gruppe gehört eine mehr oder weniger feste Rangordnung. Bei frei lebenden Herden ist häufig der Herdenhengst das ranghöchste Pferd – gefolgt von der Leitstute. Während in Kleingruppen die Rangordnung meist linear von oben nach unten verläuft, sind in großen Gruppen auch Durchbrechungen der linearen Ordnung, sog. Dreiecks-Rangverhältnisse, zu beobachten, z. B.: Pferd A dominiert B, B dominiert C, doch A ist C untergeordnet. Durch sog. Rang-Index-Ermittlung (Formel nach SAMBRAUS, 1975) kann die Rangposition jedes Pferdes ermittelt werden. Dabei wird durch intensive Beobachtungen festgestellt, wie sich die Pferde der Beobachtungsgruppe in den dominanten Verhaltensweisen unterscheiden.

Ruheverhalten Über 24 Stunden verteilte unterschiedlich intensive Ruhe- und Schlafphasen vom »Dösen« bis zum Tiefschlaf. Zur umfassenden Erholung ist bei ausgewachsenen Pferden die täglich wenigstens ein- bis zweistündige Tiefschlafphase in gestreckter Seitenlage wichtig; jedes pferdegerechte Haltungssystem muss jedem Pferd dafür genügend trockenen, weichen und – vor allem im Winter – sauber eingestreuten Platz mit ausreichender Fläche zur Verfügung stellen (harte Stallböden ohne Einstreu, z. B. Beton- oder Holzböden, entsprechen nicht diesen Forderungen).

Sachkunde Kenntnisse und Fertigkeiten, über die nach dem Tierschutzgesetz jeder Pferdehalter verfügen muss; gewerbliche, erlaubnispflichtige Pferdehalter sind laut Gesetz verpflichtet, ihre Sachkunde auch konkret gegenüber dem Amtstierarzt nachzuweisen. Sachkunde kann durch langjährige Praxis oder bevorzugt über Lehrgänge mit anerkannter Prüfung nachgewiesen werden.

Schmerz Die Diagnostik von akutem oder chronischem Schmerz bei Pferden ist nicht immer einfach und vielfach nicht eindeutig, denn durch tierspezifische Lautäußerungen (wie sie z. B. als Jaulen oder Winseln bei Hunden typisch sind) kann bei Pferden nicht auf Schmerz geschlossen werden. So ist das Stöhnen eines Pferdes allein noch kein Hinweis auf Schmerzen, sondern deutet auf Anstrengung hin (z. B. ist es auch beim genüsslichen Wälzen zu hören). Akute Schmerzen zeigen sich oft in der Änderung des Bewegungsablaufs (Bauchtreten, Scharren, häufiges Liegen); chronische Schmerzen äußern sich in Wesensveränderungen, Apathie oder Abmagerung. Ergänzend sind nach ZIERZ (1993) physiologische Parameter als Hinweise zur Schmerzdiagnostik sehr nützlich; z. B. Erhöhung der Herz- und Atemfrequenz sowie der Körpertemperatur, Veränderung schmerzbedingter Stoffwechselreaktionen, u. a. sind messbare Parameter die Konzentration von Glukokortikoiden, Adrenalin und Noradrenalin.

Shetlandpony Verzwergte Nordponyrasse, die von den Shetlandinseln stammt; ein absolut robustes und extrem genügsames, vollwertiges Arbeitspony, auch ausdauerndes Fahrpony oder geduldiges Reitpony für Kinder. Neben dem eigentlichen Originaltyp (bis 1,07 m Stockmaß) wird als »Classicpony« (bis 1,12 m Stockmaß) eine sportliche Form und als »Minipony« (bis 0,87 m Stockmaß) eine Zwergform des Originaltyps gezüchtet. Shetlandponys sind durch Haltungsmängel immer gefährdet, an Hufrehe und pathologischer Fettsucht durch Überfütterung unheilbar zu erkranken, weshalb gerade ihre Haltung ausreichende Fachkenntnisse und eine gute Beobachtungsgabe erfordert. Diese Ponys sind primär keine »Knuddeltiere« oder »Rasenmäher«, sondern vollwertige Equiden!

Sommerekzem Allergische Reaktion der Haut (= starker Juckreiz und Scheuerdrang mit Sekundärinfektionen) nach Stichen von Kriebelmücken oder Gnitzen, die in feucht-warmer Umgebung, besonders an Bächen und Teichen, aber auch an Waldrändern oder Misthaufen ein ideales Biotop finden (sie sind auch dämmerungsaktiv). Auf die Ekzembereitschaft wirken sich u. a. Fütterungsfehler und Stoffwechselstörungen negativ aus. Ursachen- und Behandlungsfragen sind noch nicht abschließend für alle Fälle zufriedenstellend geklärt. Es helfen a) Vorbeugung durch geeignetes Haltungsareal (z. B. Nordseeklima), b) knappe, aber vor allem wirkstoffausgewogene Fütterung, z. B. auch mit Algenpräparaten (Mineralien und Vitamine), c) Linderung durch Einreibmittel, z. B. ein spezielles geruchsneutrales Fischöl, d) Cortison-Behandlung (mit Nebenwirkungsrisiken).

Sozialverhalten Geruchs-, Sicht- sowie Berührungskontakte zwischen Pferden zur Befriedigung natürlicher Bedürfnisse.

Speichel Stark wasserhaltiges Sekret aus den großen und kleinen Speicheldrüsen (bei Pferden täglich mehrere Liter); enthalten sind darin u. a. auch stärkespaltende Enzyme (Amylasen), geringe Mengen an Immunglobinen (Abwehrstoffe) und Eiweiß in Form von Glycoproteinen (Mucin). Speichel erhöht die Gleitfähigkeit des Futterbreis und ermöglicht dadurch das Schlucken und die Weiterbeförderung in den Schlund und den Magen. Störungen der Speichelproduktion (z. B. bei Wassermangel) verursachen u. a. Schlundverstopfungen.

Spielen Gesunde Pferde jeden Alters sind mehr oder weniger spielbereit, wenn sie sich wohl fühlen. Das zeigt sich in der Regel nur in einer Gruppe, u. a. durch Laufspiele, Buckeln, spielerische Scheinkämpfe u. Ä. Jahreszeit und Witterung sowie Futterzustand und Rasse spielen für die Häufigkeit hierbei eine Rolle (z. B. bei manchen Vollblutarabern des Verfassers über 20 Spiele am Tag). Verfehlt ist es, Pferden mit Beschäftigungs- und Bewegungsmangel als Alibi in unzureichenden Haltungen Bälle o. Ä. in den Stall zu hängen. Solche Utensilien sind als Dauerersatz nicht oder wenig geeignet zur eigentlich erforderlichen artgerechten Bedürfnisbefriedigung zusammen mit Artgenossen.

Staub »Normaler« Staub, z. B. Sandstaub im Freiland, ist für gesunde Pferde bei nur gelegentlicher Einwirkung weniger problematisch. Dagegen sind alle Stäube, die mit Krankheitserregern (u. a. Bakterien, Schimmelpilze) versetzt sind (z. B. Staubaufwirbelung im Stallbereich durch

Kehren) gesundheitsgefährlich. Besonders das Einatmen von Schwebstäuben erhöht die Gefahr von Erkrankungen und reduziert die Lebenserwartung. Als Schwebstaub gelten einzelne Teilchen (Partikel), die kleiner als zehn Mikrometer sind (ein Mikrometer = 0,000001 Meter) und bis in die Verästelungen der Lunge vordringen können, also »lungengängig« sind. Nicht ungefährlich sind Weiden direkt an Autobahnen, da dort lungengängige Rußpartikel aus Dieselmotoren auf Dauer Pferdelungen kontaminieren können.

Steingallen Dunkel gefärbte Hornflecke der Hufsohle, die nach Schädigung der Huflederhaut durch Blutungen entstehen.

Süßgräser Echte Gräser, die als Getreidearten des Ackers und Grasarten von Wiesen und Weiden die wesentliche Nahrungsgrundlage für Pferde darstellen.

Tetanus Infektion mit dem Wundstarrkrampferreger *Clostridium tetani*, meist durch nicht blutende Verletzungen, die sich schnell schließen. Der Erreger produziert ein stark wirkendes Nervengift (Neurotoxin), das die Muskulatur versteift und letztlich in vielen Fällen nach drei bis zehn Tagen zum Verlust des Pferdes führt. Vorbeugung bereits bei Fohlen ab viertem Lebensmonat durch unbedingt notwendige aktive Schutzimpfung (Grundimmunisierung = zwei Impfungen im vierwöchigen Abstand plus eine Impfung nach zwölf Monaten, danach Wiederholungsimpfungen je nach Impfschema des Herstellers).

Tierklinik Einrichtung zur stationären Aufnahme von Pferden, die besonderen Bestimmungen unterliegt. Eine Tierklinik muss stets schnell und rund um die Uhr erreichbar sein, weiter muss sie verfügen über a) entsprechende Experten (wenigstens zwei vollzeitige Tierärzte und zwei ausgebildete TierarzthelferInnen), b) mindestens sechs Boxen und die notwendigen Räume (zwei Behandlungsräume, Röntgen-, Operations- Labor- und Apothekenraum sowie Aufwachbox), c) medizinische Diagnosegeräte wie Ultraschall oder Szintigrafie. Sehr große private Tierkliniken verfügen über bis zu 70 Boxen, z. B. die Tierklinik Hochmoor in D-48712 Gescher (Leitung *Prof. Dr. Bernhard Huskamp*), und beschäftigen über 40 Mitarbeiter, darunter 16 Tierärzte. Die größten Tierkliniken findet man an ausländischen Universitäten, z. B. Utrecht/NL, mit 80 Boxen und 98 Mitarbeitern, darunter 53 Tierärzte.

Tragschicht Beim künstlichen Bodenaufbau, z. B. für Ausläufe oder Reitplätze, fest verdichtete, dennoch Wasser durchlässige Schicht unterhalb der obersten Bodenschicht, der Tretschicht.

Trinkverhalten Pferde trinken nach individuellem Bedarf, der von Außentemperatur, Schweißabsonderung und Futterzusammensetzung abhängt; häufig überträgt sich die Trinkstimmung in der Gruppe und alle Pferde suchen gemeinsam die Tränke auf. Südpferde trinken im Durchschnitt – nach langjährigen Messungen des Verfassers – etwa 20 % mehr als Nordpferde. Bei gestörtem Trinkverhalten (bei alten Pferden zu beobachten) oder Wasserentzug mangels Trinkmöglichkeit (z. B. defekte Selbsttränke) drohen besonders bei hohen Außentemperaturen Nierenschäden und tödliche Dehydrationen (Austrocknung des Körpers/Zelldruckverringerung).

Trennschicht Zwischenlage beim künstlichen Bodenaufbau für Ausläufe und Reitplätze, sie trennt Tret- und Tragschicht und verhindert eine Vermischung der Materialien.

Tretschicht Oberste Bodenschicht (z. B. Sand mit Zuschlagstoffen, u. a. Hackspäne) bei einem Auslauf oder Reitplatz.

Verhaltensstörung Verhalten des Pferdes, das in Form, Stärke und Häufigkeit vom Normalen gravierend abweicht. Ursachen können Organdefekte, Erkrankungen, fütterungsbedingte Mangelzustände sowie Haltungs- und Umgangsdefizite sein. Erbliche Veranlagung kann Verhaltensstörungen – vor allem bei hochblütigen Pferden – begünstigen.

Wasser Flüssigkeit (chem. Formel: H_2O), die als Lösungsmittel für den Stoffwechsel lebensnotwendig ist. Wasser ist allerdings kein Nahrungsmittel, weil es keine Nährstoffe enthält. Enthalten sind im Naturwasser u. a. Mineralstoffe, die den Geschmack beeinflussen. Hydrogencarbonatreiches Wasser kommt in Gebieten mit kalkreichen Gesteinen vor und weist einen eher neutralen Geschmack auf, weil die darin enthaltenen Calcium-Ionen geschmacksneutral sind. Anders Sulfat-Wasser, das in Regionen vorkommt, in denen das Gestein besonders viel Gips eingelagert hat. Der Geschmack ist süßlich bis leicht bitter. Chloridhaltiges Wasser hat salzhaltiges Gestein durchlaufen und schmeckt deshalb leicht salzig, wenn gleichzeitig der Natriumgehalt hoch ist. Es ist dann das beste Wasser für Pferde. Im Tiefland findet sich häufig sehr stark eisenhaltiges Wasser, das bereits an der bräunlichen Farbe zu erkennen ist und als Trinkwasser ebenso ungeeignet ist wie Wasser aus Moorgebieten mit sehr hohem Huminsäureanteil. Pferde orientieren sich am Geruch und Geschmack des Wassers; sie verweigern meist zunächst Natur-Tränkwasser ungewohnter Zusammensetzung ebenso wie stark gechlortes Leitungswasser.

Weide Grünland, das – im Gegensatz zur Wiese – in der Regel eingezäunt ist und vorwiegend von Haustieren beweidet wird.

Westernpferde Pferde im Quadratformat (mittelgroß, gute Muskelansatzflächen, weicher Rücken), die zum »Westernreiten« (= besonderer Reitstil) eingesetzt werden; im engeren Sinne zählen dazu nur die Rassen Quarter Horse, Paint Horse und Appaloosa. Im Western-Turniersport werden sie – in Anlehnung an Ziele der Cowboy-Gebrauchsreiterei – eingesetzt zu den Disziplinen »Trail« (sich im unwegsamen Gelände bewegen), »Cutting« (ein Rind aus der Herde trennen) und »Pleasure« (bequem lange Strecken bewältigen).

Westernreiten Reitstil (als Alternative zur klassisch-englischen Reitweise), der sich für alle Pferdetypen eignet, aber unterschiedliche Ziele beinhaltet: a) Gebrauchsreiterei Rinder hütender Cowboys, b) Western-Turniersport und c) Freizeitreiten im Westernstil.
Wiese Grünland, das üblicherweise nicht beweidet und auch nicht eingezäunt wird; Nutzung durch ein- oder mehrmalige Mahd, z. B. als Heuwiese oder – ohne landwirtschaftliche Nutzung – als Naturschutzareal (u. a. Stilllegungsflächen).
Windchill Darunter wird die »gefühlte« Temperatur verstanden, wenn bei Kälte der Wind (meist Ost- oder Nordwind) den Körper schneller auskühlt und dadurch die »gefühlte« Temperatur erheblich unter der exakt mit dem Thermometer gemessenen Temperatur liegt. Der Chill-Faktor bzw. die Windchill-Temperatur (Abk.: Twc) wird nicht exakt gemessen, sondern errechnet; dabei verknüpft man die tatsächliche Lufttemperatur (Abk.: T) mit der Windgeschwindigkeit (Abk.: vw) in km/h und der Quadratwurzel (Abk.: SQRT). Die komplizierte Formel lautet: Twc = 33 + (0,478 + 0,237*SQRT – (vw) – 0,0124*vw) (T –33); siehe auch im Internet: www.wetter-mensch-natur.de. Bei Offenstallhaltung (insbesondere von Südpferden) ist für winterliche »Kälte«-Raufutter-Rationszulagen immer die »gefühlte« Temperatur maßgebend.
Zecke Ektoparasit (es gibt diverse Arten), z. B. Holzbock (*Ixodes ricinus*), der an dünn behaarten Stellen (Ohren, Analregion, Euter) Blut saugt; dadurch Gefahr von Zeckentoxikosen und Übertragung von Einzellern und Wurmstadien (Filarien) auf Pferde. Eine Abtötung von Zecken durch Aufträufeln von flüssigen Substanzen (z. B. Kleber oder Alkohol) ist kontraproduktiv, da beim Absterben zusätzlich Giftstoffe in die Blutbahn des befallenen Pferdes gelangen. Entfernung des Parasiten gelingt ohne Probleme mit einer speziellen Zeckenzange (im Fachhandel erhältlich).

Register

Absatzfohlen 487
Abschied (Tod) 513 f.
Abschlucken 268, 270, 397, 500
Abspecken 299, 348
Abwehrsystem 173, 491 f.
Adenosintriphosphat (ATP) 227, 296, 348
Alkaloide 383
Altersbestimmung 263
Altpferde 260, 447, 513 f.
Aminosäuren 224, 300 f.
Ampfer 391
Anbinden 209
Ankaufsuntersuchung 54
Arbeitsleistungen 288
Aromastoffe 286, 306
Artgerechtigkeit 44 f.
Asche 233
Ascorbinsäure 329
Assimilation 229
Atmung 229
ATP 227, 296, 348
Aufsaugung (Resorption) 258
Aufzucht 359
Aufzuchtintensität 358
Ausgewachsensein 222, 353
Auslaufbau 150
Auslauffütterung 451
Auslaufhaltung 71, 84 f., 146 f.
Ausscheidung (u. a. Urin, Kot) 75, 285, 356
Automatisierung 91

B12-Vitamin 326
B-Vitamine 327, 336, 356
Backwaren 431 f.
Bakterien 173 f., 273, 401 f., 492
Ballaststoffe 286, 304
Bauchspeicheldrüse 279
Baukosten 107 f.
Baurecht 97 ff.
Baustoffwechsel 224
Bedarfskategorien 288 f., 295
Bedeckung 188
Beispielrationen (Rationsplaner) 479 ff., 528
Beta(β)-Carotin 322, 324, 370
Bewegungsstimulanz 450
Bicarbonat (Speichel-/Natrium-) 268, 406
Bierhefe 255, 431 f.
Biertreber 431 f.
Biogasanlagen 406
Biotin 329
Bitterstoffe 383
Blattgrün 229 f.
Blinddarm 250, 282
Blut 243, 258
Botulismus 406, 507
Brotreste 442
Brottrunk 408, 430
Buchsbaum 385

Ca:P-Verhältnis 309
Carnivoren 255
Cellulose 234, 236, 250, 297, 305
Chip (Mikro-) 56
Chlorophyll 230
Cholin 328
Chromosomen 222, 237
Corn-Cob-Mix-Silage 423, 425
Cumarine 384

Darmmotorik 278
Darmverdauung 279
Darmverstopfung 259, 417
Dauergrünland 386
Depotfett 224
Desinfektion 175
Desoxyribonukleinsäure 222
Dickdarm 282 ff.
Diffusion 223
Disaccharide 237
DNA, DNS 222
Domestikation 247
Doping 331, 407
Düngebeispiel 167
Düngemittel 506
Dünndarm 277 ff.
Durchfall 285, 313, 406, 510

Eibe 504
Einspeichelung 267
Einzelfutter 408 ff.
Einstreu 180 ff., 524
Eisen 314
Eiweiße 224 f., 291, 300 f.
Elektrolyte 223, 313, 337, 418
Elektrozaun 158
Energie-Tagesbedarf 344
Energiebedarf 289, 363
Energiequellen 227
Energiespeicherung 226, 295
Energiestoffe 291
Energiestoffwechsel 225 ff.
Energieumsatz 288, 292
Energieumsetzung 290, 294
Energieumwandlung 226, 291, 295, 345

Entmineralisierung 407
Enzyme 237, 278, 331
Eohippus 246
Equidenpass 56
Equus 15 f., 246 f.
Erbfaktoren 222
Erde (Fressen von) 315, 318
Ergänzungsfuttermittel 434, 436 f.
Erhaltungsbedarf (-umsatz) 288, 466 ff.
Erkrankungen 495
Ernährung, fehlerhafte 496 ff.
Ernährungsphysiologie 218 f.
Ernährungsverhalten 240
Ersatzfuttermittel 375
Euthanasie 514

Falschlagerung (Futter-) 442
Fehlernährung 491, 495
Fehlgärung (Verdauungs-) 231, 256
Fermentgetreide 428 ff.
Fette 291, 297, 426 ff.
Fettgewebe 222
Fettsäuren 297 f.
Fjordpferd 244, 338, 369, 476 f., 483
Flavone 384
Fleischfresser 255
Fließgleichgewicht 251
Fohlen 222, 355 f.
Folsäure 330
Fortpflanzung 188 f., 350
Fossilien 246
Freizeitpferde 483
Freßgitter 238
Freßstand 124 f., 456 ff.
Freßtrieb 38, 243, 245
Freßzeiten 240, 448
Frischsubstanz 235, 305
Fructose 237, 282, 294
Futteransprüche 38, 369
Futteraufnahme 38, 244, 253, 259, 446 f.
Futtermittel 227, 370 f., 373, 439 f., 442
Futtermitteldeklaration 376
Futtermittelgehalte 463
Futtermittelrecht 376
Futterpassage 280
Futter-/Fresspause 183, 240, 252, 405, 450
Futterrationen 464, 479, 528
Futtersuchen 38, 239
Futtertrockensubstanz 234, 305
Fütterungsantibiotica 333
Fütterungseinrichtungen 453
Fütterungsfrequenz 264, 452
Fütterungslehre 218
Fütterungsmaßnahmen 452
Fütterungsrisiken 405, 436
Fütterungssequenz 459
Fütterungszeiten 446
Futterverwertung 243, 245 f.
Futterwechsel 448
Futterzustand 368

Galactose 282
Gallensäure 299
Gärung 229 f.
Gemüse 419, 442
Gene 222
Geotextilien (Auslaufbau-) 152
Gerste 414
Gesamtration 305
Geschichte 246 ff.
Geschmacksstoffe 286, 306
Getreide 442
Getreidekörner 408 ff.
Gewichtsentwicklung 358
Gewichtszunahme 357
Gift(-pflanzen) 385, 498, 501 f.
Glucose 230, 282, 294
Glykogen 227, 237, 296
Glykoside 384
Grascobs 395 ff.
Grasungszeit 240
Gravidität 351
Grummet 393
Grundbedürfnisse 445
Grundfutter 305, 372 ff., 381, 405
Grundnährstoffe 286
Grünfutter 311, 387 f., 402
Grünfutterkonservierung 389
Grünfuttersilage 393, 398, 400, 405, 442
Grünfuttersilage (-Qualität/-Risiken) 404 f.
Grünmaissilage 426
Gruppenhaltung 32, 86

Hafer 410 ff.
Hafersilo 444
Hakenzähne 260, 263 f.
Haltungsanlagen 88 f.
Haltungsansprüche 23 f., 63 f.
Harnstoff(-menge) 75, 303 f.
Hauspferd 15 f., 237 f.
Haustierwerdung 15 f., 247
Hefekulturen 335
Herbivoren 255
Herbizide 506
Heteropolysaccharide 297
Heu 388 ff., 442
Heucobs 377, 395 ff.
Heulage(-Risiken) 393, 398 f., 405
Heunetz 238, 254
Heu-Qualitätsprüfung 392
Heuraufen 448
Heuverknappung 405
Heuwässern 268
Hochleistungspferde 406, 480, 484
Holzstoff 250, 305
Hormone 332
Hufpflege 213
Hunger(-gefühl) 220, 252
Hufrehe 407, 499
Hülsenfrüchte 424

Islandpferde 238, 244, 481, 483
Immunsystem 494
Insektizide 506
Insulin(-resistenz; Hormon) 252, 491
Inulin (ein N-freier Extraktstoff) 234, 297
Jagdwanne (als Tränke) 169, 179, 337
Jod 307
Jungpferde 263, 490

Kalthaltung 369 f.
Kalzium 309 f.
Kalzium:Phosphor-Verhältnis (Ca:P) 310
Karenz (Nahrungs-) 183, 240, 252, 405, 451
Kartoffeln 422
Kastration 194
Kauen (Bedürfnis) 238, 252, 257, 446, 495
Kaufvertrag 55, 93
Kauzeit 240
Keime 173 f., 270
Knabberfutter 501
Kobalt 317
Kohlendioxid 228
Kohlenhydrate 227, 291, 294, 297
Kohlenmonoxid 228
Kolik 407
Kolostralmilch 355, 487
Kompostmiete 187
Kondition 348 ff.
Konsumenten 231 f.
Kopfdarm 262, 269
Körpergewicht 465
Körpergröße, metabolische 288, 290
Körpertemperatur 228
Kot(-menge) 75, 181, 285
Kotwasser 406
Kotzusammensetzung 334
Kraftfutter 256, 272, 275
Kraftfutter-Dosiergerät 459
Kraftfutter-Freßstand 457 ff.
Kraftfutterzuteilung 457 ff.
Kraftstoffe 291
Kreuz-/Greiskraut 498, 502, 504
Kübeltränke 169, 179, 337
Kuhmilch 352
Kupfer 316

Lagertechnik (Futter-) 441

Laktation 352 ff.
Laub 506
Lebendmasse (LM) 357, 461, 465
Leberfunktion 258, 281
Lecksteine 313
Leinsamen(-öl) 299, 425f.
Leistungen (des Pferdes) 342
Leistungsbedarf 288, 346, 471 ff.
Leistungsumsatz 288
Leptin(-gehalt) 252
Lignin 234, 237, 297, 305
Luftschadstoffe 503
Lymphe 258

Magen 37, 250, 269, 272, 274 f.
Magen-Darm-Parasiten 179 ff., 508 ff.
Magen-Darm-Störungen 496 ff.
Magendaseln 179
Magengeschwüre 240, 274, 406, 495
Magensäure 240, 256, 268, 272, 276, 307, 405
Magenverdauung 276, 405
Mahlzeiten 455
Mais 414
Maissilage 424 f.
Malzkeime 431 f.
Mangan 317
Maniok 422 ff.
Mash 254 f.
Matratzenstreu 181
Maulhöhle 257, 268
Melasse 422
Mengenlehre 307
Metabolische Körpergröße 288 f., 294
Metabolismus 225, 251
Mikrochip (Transponder) 56
Milch(-zucker) 296, 354, 428
Milchbackenzähne 263, 265
Milchmangel 357
Milchmengen 352
Milchpraemolaren 263
Milchsäure(-bakterien) 401, 407
Milchzangen 263
Mindest-Heuration 305, 405
Mindest-Freßzeit 240
Mineralstoffe 286, 307 f., 407, 430 f., 434, 481 f.
Mischfuttermittel 432 ff.
Mistverwertung 184
Mohrrüben 419 ff., 442
Monogastrier 250
Monosaccharide 237, 296
Motorik (Darm-) 277 f.
Mühlennachprodukte 415
Muskeln 343 ff.
Müsli 438 f.
Mutterstute 357 ff.

Nachgärung 401
Nährstoffe 304
Nahrungsaufnahme 252, 361
Nahrungsbedarf 253, 341 ff.
Nahrungskarenz 183, 240, 252, 405, 450
Naßschnitzel 422
Nestflüchter, sekundäre 238, 355
Nesthocker 239
Neutralfette 224
N-freie Extraktstoffe 234 f., 237
Niacin 328
Nicotinsäure 328
Nordpferde 43, 242, 253, 293, 299, 417
Normalgewicht 461
NPN-Substanzen 236
Nukleotide 222
Obst 419 ff., 442
Obstipation 266, 417
Offenstallbau 124 ff.
Offenstallhaltung 72, 86 f., 369, 470
Öhmd 393
Öl 298
Öle, ätherische 383
Oligosaccharide 237, 296
Omnivoren 255
Organismus 225
Osmose 229
Oxidation 226 f.

Pacht 93 f.
Paddock 146 f.
Pantothensäure 328
Parasiten 226, 508 ff.
PC-Berechnung (Futter-) 460 ff.
Pellets 438, 442
Pensionsbetrieb 458 ff.
Pensionshaltung 79 f.
Pentosane 297
PEQ 303
Pferdebeurteilung 48 f.
Pferdekauf 48 f.
Pferdemagen 37, 250
Pferdepass 56
Pferdepflege 209 ff.
Pflanzenfresser (-gebiß) 255, 259
Pflanzenstoffe, sekundäre 385
Pflanzenstoffwechsel 229
Phosphor 309
Photosynthese 229 f.
Physiologie 218 f.
Phthalate (Weichmacher) 179
Pliohippus 247
Polysaccharide 237, 296
Probiotica 334 f.
Produzenten 232
Proteinbedarf 303, 344
Protein-Energie-Quotient (PEQ) 287, 303
Proteinbausteine 301
Proteinbedarf 302, 363
Proteine 225, 291, 300 f.
Prozesse, anabolische/katabolische 252
Przewalskipferd 16, 247

Radikale, freie 223
Rassengruppen 42 f., 241 ff.
Rationsberechnung (-planer) 460 ff., 528
Rationsgestaltung 290, 445 ff., 460
Rauhfutter 256, 264, 275
Raumbedürfnis 237
Reduzenten 231 f.
Regenwasser(-eignung) 170
Reitpferde 482
Resthof 196 ff.
Rindermagen 251
Robustpferde 243, 407
Rodentizide 506
Roggen 414 f.
Rohasche 234, 236
Rohfaser(-struktur) 236, 305
Rohfasergehalt 305
Rohfett 234, 236
Rohnährstoffgruppen 235
Rohprotein 234
Rohwasser 234, 305
Rüben 420 f.
Rübenblattsilage 421

Saccharose 294
Sachkunde-Nachweis 66
Sackaufkleber 371, 377
Saponine 385
Sättigung 241
Saugfohlen 356, 487, 510
Säure-Basen-Haushalt 406
Säuren, organische 335
Säurezufuhr 407
Schädlinge 441
Schadstoffe 498
Schätzformel nach Meyer et al. 435
Scheren 211
Schimmelpilze 407
Schlachtung 514
Schlafen 39, 41
Schleimstoffe 385
Schlund 257, 269
Schlundverstopfung 269 f.
Schneidezähne 261
Schnitthöhe 402
Schutzhütte 86
Schweiß 211, 313
Sekundäre Pflanzenstoffe 385 ff.
Selen 318
Shetland(-pony) 244
Silagezubereitung 399 f., 402
Solanine 385
Sozialkontakte 32, 84, 86
Speichel(-bicarbonat) 268, 406
Spulwürmer 181
Spurenelemente 313
Spurenelementversorgung 366
Stallarten 72 f.
Stallbau 107 ff.
Stallfütterung 447 ff.
Stallklima 74

Stärke 227, 237, 282, 294, 296
Stoffe, leistungssteigernde 330
Stoffe, nichtstickstoffhaltige 237
Stoffwechsel 219, 225, 258
Stoffwechsellage, aerobe/anaerobe 349f.
Stoffwechselphysiologie 218f.
Stoffwechselstörungen 228, 406
Stroh 180f., 305, 393ff., 415ff.
Strongylidenwürmer 510
Strukturstoffe 286
Stutenmilch-Ersatz 488
Substanz, organische 236
Substanzklassen 233
Südpferde 43, 242, 293

Tabellen (Bedarfs-) 363
Tag-Nacht-Rhythmus 252
Tages-Fütterungszeitenplan 450
Tarpan 8
Thermoregulation 291
Thuja (Zypressenarten) 385, 501, 505
Tierschutz 66
Tod 514
Training 348ff.
Tränkwasser 38, 167f., 170, 240, 253, 271, 336ff.
Transponder (Mikrochip) 56,62
Traubenzucker 227, 230, 237
Triglyceride 224
Triticale 415
Trockengrünfutter 395ff.
Trockenrübenschnitzel 421f.
Trockensubstanz (TS) 234f., 305, 361
Turnierpferde 484

Übersäuerungen 406
Umweltphysiologie 219
Unterschiede, rassebezogene 242
Urin(-menge) 75, 285
Urpferdchen 246

Verbrennung 226
Verbrennungsanalyse 236
Verdaulichkeit 379f.
Verdauung 250, 258, 276, 282
Verdauungsorgane 256, 270
Verdauungspausen (Karenz) 236, 405, 451f.
Verdauungsphysiologie 249
Verdauungszeit 271
Verstopfung 259, 266, 305
Vitamin A 322ff.
Vitamin B 326ff.
Vitamin C 329f.
Vitamin E 325
Vitamin K 325f.
Vitamine 286, 320ff.
Vitamine, fettlösliche 298, 321ff.
Vitamine, wasserlösliche 326ff.
Vitaminversorgung 367, 481f.
Vollblut 243f., 253, 407
Vollblutaraber 244, 253, 338, 358, 365, 484
Vorderdarm 269
Vorratsspeicherung 227

Wachstum 353ff.
Warmblutpferd 236, 484
Wärmehaushalt 369
Wasser 167ff., 336ff.
Wasseransammlung 336
Wasserausscheidung 336
Wasserbedarf 38, 240, 336, 341
Wasserleitungen, frostsichere 340
Weender-Analyse-System 234
Weideflächen 93, 382
Weidegang 244, 381, 447ff.
Weidepflege/-düngung 159ff.
Weizen 414f.
Weizenkleie 414f.
Wiederkäuer 250f., 254, 293
Wildpferd 15f., 237f.
Wirkstoffe 320f.
Wolfszähne 260
Wurmkur 510f.

Zahnaltersbestimmung 263
Zähne 257, 262
Zahnprobleme 264f., 267
Zahnwechsel 260, 353
Zaunbau 155ff.
Zellaufbau/-teilung 221f.
Zink 301, 316
Zucht 188f.
Zuchtstuten 51, 299, 486
Zucker 282
Zuckerrübenprodukte 421f.
Zugpferde 242, 348, 482
Zusatzfutter 372, 408ff.
Zwangsmaßnahmen 213f.
Zwergfadenwürmer 510
Zypressen 501, 505

Bildnachweis

Alle Fotos von Ingolf Bender, mit Ausnahme von S. 25 (Katja Pauls), S. 137 (Attila Somos), S. 179 und 513 (Ulla Thal), S. 213 (Ursula Bender), S. 218 (Dr. Carsten Ritter), S. 238 (Barbara Schnabel) sowie S. 483 (Peter Kalus).
Mit fünf Motiven aus antiquarischen Büchern der Sammlung des Verfassers (die vollständige Quellenangabe dazu findet sich bei den jeweiligen Abbildungen).

Alle Grafiken und Tabellen: Ingolf Bender.

Quellenhinweis: Die wichtigsten Literatur-Quellen sind mit Autorennamen und Jahreszahl im Text jeweils angegeben. Das umfangreiche Literaturverzeichnis wurde aus Platzgründen nicht abgedruckt, kann aber von Interessenten beim KOSMOS Verlag angefordert werden (info@kosmos.de).

Impressum

Umschlaggestaltung von eStudio Calamar unter Verwendung eines Farbfotos von Christiane Slawik (www.slawik.com) und eines Farbfotos von Ursula Bender (hintere Umschlagseite).

Vollständig aktualisierter und überarbeiteter Doppelband aus den Titeln „Praxishandbuch Pferdehaltung“ und „Praxishandbuch Pferdefütterung“.

Mit 254 Fotos, 98 Grafiken und 121 Tabellen.

Unser gesamtes Programm finden Sie unter **kosmos.de**
Über Neuigkeiten informieren Sie regelmäßig unsere Newsletter, einfach anmelden unter **kosmos.de/newsletter**

Gedruckt auf chlorfrei gebleichtem Papier

ISBN 978-3-440-14988-1
Redaktion: Katja Pauls
Produktion: Nina Renz
Printed in Slovakia / Imprimé en Slovaquie

FSC
www.fsc.org
MIX
Paper from responsible sources
FSC® C084279